완벽한 자율학습서

완자는 친절하고 자세한 설명, 효율적인 맞춤형 학습법으로
학생들에게 학습의 자신감을 향상시켜 미소 짓게 합니다.

ⓦ는 완자(WJ)와 미소(ⓤ)가 만든 완자의 새로운 얼굴입니다.

세상이 변해도 배움의 즐거움은 변함없도록

시대는 빠르게 변해도
배움의 즐거움은
변함없어야 하기에

어제의 비상은
남다른 교재부터
결이 다른 콘텐츠
전에 없던 교육 플랫폼까지

변함없는 혁신으로
교육 문화 환경의 새로운 전형을
실현해왔습니다.

비상은 오늘, 다시 한번
새로운 교육 문화 환경을 실현하기 위한
또 하나의 혁신을 시작합니다.

오늘의 내가 어제의 나를 초월하고
오늘의 교육이 어제의 교육을 초월하여
배움의 즐거움을 지속하는 혁신,

바로, 메타인지 기반 완전 학습을.

상상을 실현하는 교육 문화 기업 비상

메타인지 기반 완전 학습

초월을 뜻하는 meta와 생각을 뜻하는 인지가 결합한 메타인지는
자신이 알고 모르는 것을 스스로 구분하고 학습계획을 세우도록 하는
궁극의 학습 능력입니다. 비상의 메타인지 기반 완전 학습 시스템은
잠들어 있는 메타인지를 깨워 공부를 100% 내 것으로 만들도록 합니다.

지구과학 I

Structure 구성과 특징

01 단원 시작하기

본 학습에 들어가기에 앞서
중등 과학이나 통합과학에서
배운 내용들을 간단히 복습한다.

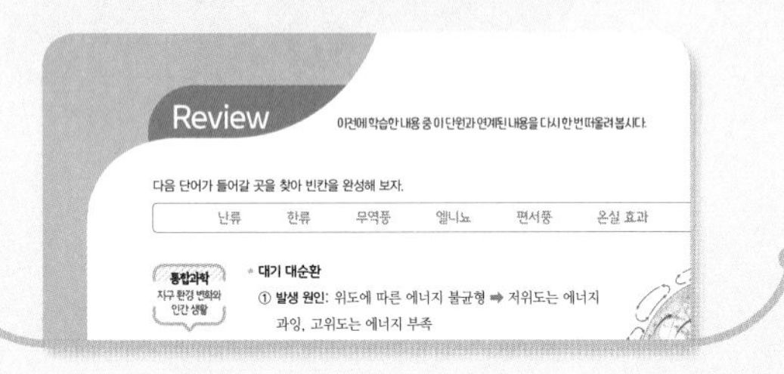

02 단원 핵심 내용 파악하기

이 단원에서 꼭 알아야 하는 핵심 포인트를 확인하고,
친절하게 설명된 개념 정리로 개념을 이해한다.

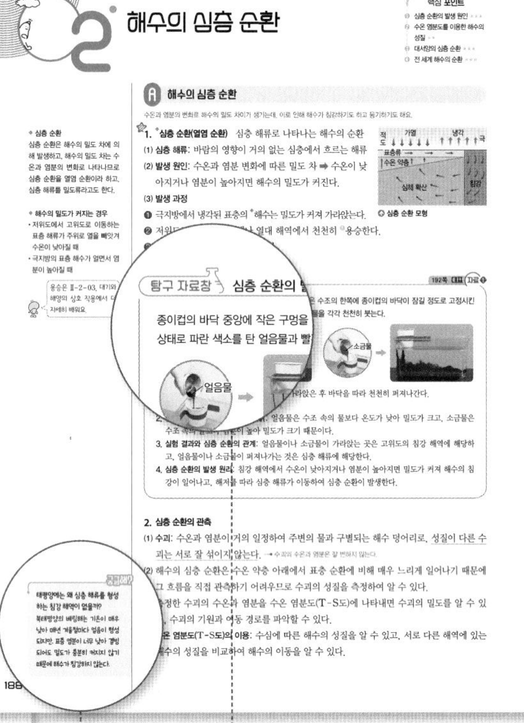

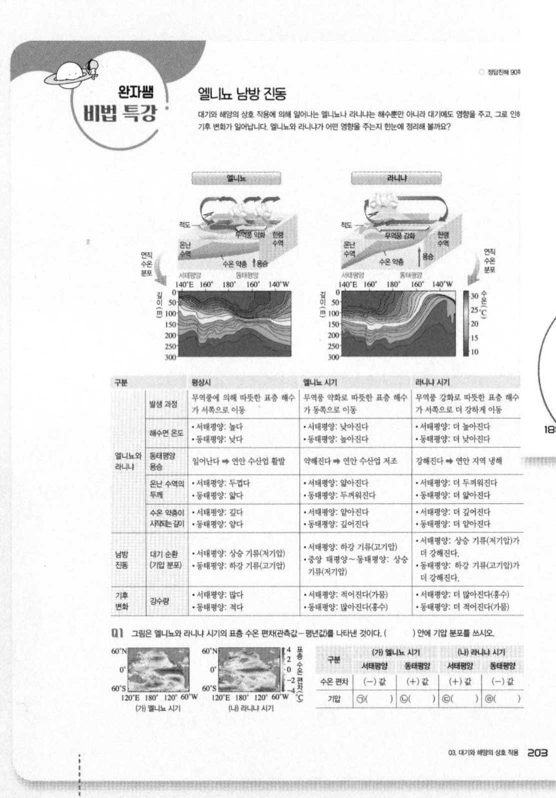

탐구 자료창

교과서에 나오는 중요한 탐구를 명료하게
정리했으니 관련된 문제에 대비할 수 있어.

암기해! 주의해! 궁금해?

암기해야 하는 내용이나 주의해야 하는
내용이 꼼꼼하게 제시되어 있어.

완자쌤 비법 특강

더 자세하게 알고 싶거나 반복 학습이 필요한
경우 활용할 수 있도록 비법 특강을 준비했어.

03 내신 문제 풀기

개념을 확인하고, 대표 자료를 철저하게 분석한다.
내신 기출을 반영한 내신 만점 문제로 기본을 다지고,
실력UP 문제에 도전하여 실력을 키운다.

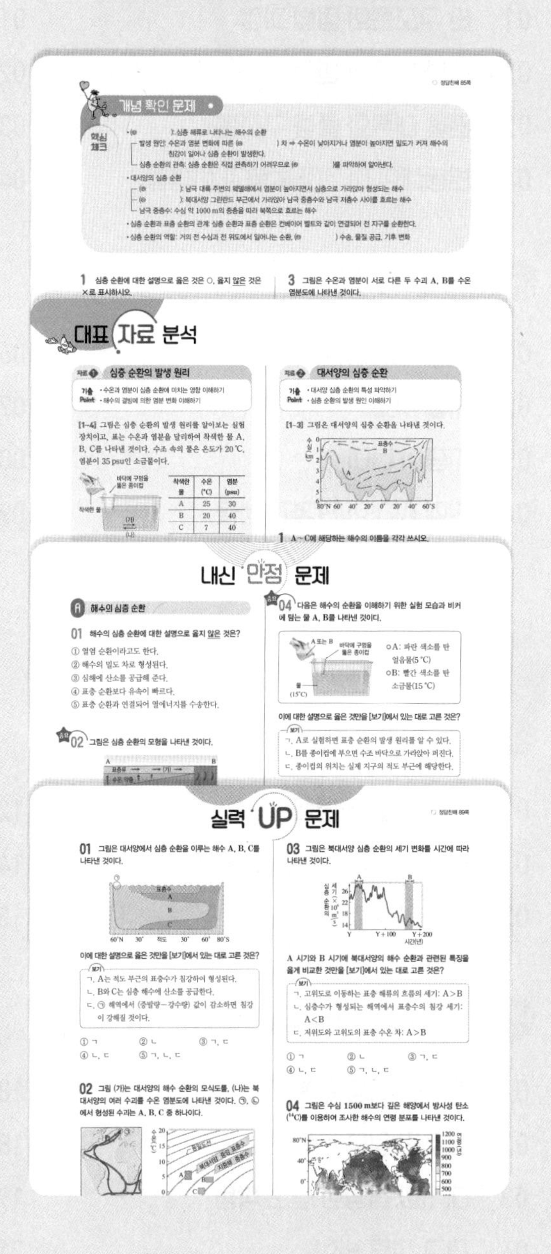

04 반복 학습으로 실력 다지기

중단원 핵심 정리와 중단원 마무리 문제로
단원 내용을 완벽하게 내 것으로 만든 후,
수능 실전 문제에도 도전한다.

핵심 정리

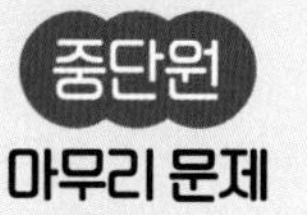

마무리 문제

수능 실전 문제

시험 전 핵심 자료로 정리하기

시험에 꼭 나오는 핵심 자료만 모아놓아
시험 전에 한 번에 정리할 수 있다.

완자쌤의 비밀노트

QR 코드를 찍으면
완자쌤의 비밀노트로
최종 복습할 수 있어.

Ⅰ 고체 지구

Ⅱ 대기와 해양

III 우주

1 별과 외계 행성계

2 외부 은하와 우주 팽창

완자와 내 교과서 비교하기

대단원	중단원	소단원	완자	비상교육	교학사	금성	미래엔	천재교육	YBM
I 고체 지구	1 지권의 변동	01 판 구조론의 정립 과정	10~23	11~18	13~20	13~18	14~21	11~17	13~21
		02 대륙 분포의 변화	24~35	20~25	21~26	19~23	22~27	18~21	23~31
		03 맨틀 대류와 플룸 구조론	36~45	26~29	21, 27~29	27~29	28~30	22~25	22, 32~33
		04 변동대의 마그마 활동과 화성암	46~55	30~33	30~33	30~33	32~35	31~38	34~37
	2 지구의 역사	01 퇴적 구조와 퇴적 환경	68~75	39~43	37~41	45~48	46~49	47~51	45~49
		02 지질 구조	76~83	44~48	42~46	49~51	50~53	52~56	50~54
		03 지층의 나이	84~97	50~57	47~55	52~61	54~63	59~66	55~61
		04 지질 시대의 환경과 생물	98~111	58~65	56~63	62~69	64~71	67~72	62~72

대단원	중단원	소단원	완자	비상교육	교학사	금성	미래엔	천재교육	YBM
II 대기와 해양	1 대기와 해양의 변화	01 기압과 날씨 변화	124~139	77~83	75~82	79~83	82~89	81~85	81~88
		02 태풍과 우리나라의 주요 악기상	140~153	84~95	83~91	84~95	90~97	86~94	89~101
		03 해수의 성질	154~167	96~103	92~98	99~103	98~103	97~102	102~109
	2 대기와 해양의 상호 작용	01 해수의 표층 순환	180~187	109~113	101~106	113~115	114~117	111~114	117~121
		02 해수의 심층 순환	188~197	114~117	107~109	116~119	118~121	115~117	123~127
		03 대기와 해양의 상호 작용	198~209	118~123	111~117	120~123	122~129	118~122	128~134
		04 지구 기후 변화	210~225	124~132	118~124	127~135	130~136	125~138	135~145

대단원	중단원	소단원	완자	비상교육	교학사	금성	미래엔	천재교육	YBM
III 우주	1 별과 외계 행성계	01 별의 물리량	238~251	143~147	133~138	145~148	148~150	147~151	153~159
		02 H-R도와 별의 분류	252~259	149~153	138, 139~142	150~152	151~155	152~155	160~163
		03 별의 진화	260~267	154~159	143~147	153~157	156~159	156~160	164~168
		04 별의 에너지원과 내부 구조	268~277	160~164	148~151	158~160	160~162	161~164	169~172
		05 외계 행성계와 외계 생명체 탐사	278~293	166~177	152~161	165~171	164~171	167~172	173~183
	2 외부 은하와 우주 팽창	01 외부 은하	306~313	183~188	165~169	181~183	182~187	181~185	191~197
		02 빅뱅 우주론	314~329	189~197	170~175	184~192	188~195	186~193	198~209
		03 암흑 물질과 암흑 에너지	330~336	198~201	176~178	191~195	196~197	194~196	209~214

I 고체 지구

1 지권의 변동

Review

이전에 학습한 내용 중 이 단원과 연계된 내용을 다시 한 번 떠올려 봅시다.

다음 단어가 들어갈 곳을 찾아 빈칸을 완성해 보자.

맨틀	발산형	심성암	화산암	변환 단층	판 구조론

통합과학
지구 시스템

• **지구 내부의 층상 구조**

지각	단단한 지구의 겉 부분(고체 상태)
❶	가장 큰 부피를 차지(고체 상태)
외핵	철, 니켈로 이루어짐(액체 상태)
내핵	철, 니켈로 이루어짐(고체 상태)

지각 맨틀 외핵 내핵 5~35 km 2900 km 5100 km 6400 km 바다 대륙 지각 해양 지각 맨틀 모호면

• ❷ 지구의 표면은 크고 작은 여러 개의 판으로 이루어져 있으며, 판의 상대적인 운동으로 판 경계에서 지각 변동이 일어난다는 이론

① **판의 분포**: 지구 표면은 10여 개의 판으로 이루어져 있다.

② **판 경계의 종류**: 판의 상대적인 이동 방향에 따라 발산형 경계, 수렴형 경계, 보존형 경계로 구분한다.

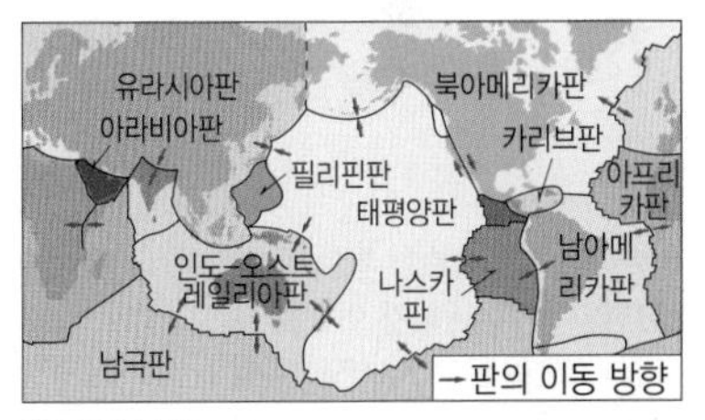

판의 분포

구분	❸ 경계	수렴형 경계		보존형 경계
		섭입형	충돌형	
판의 이동 방향	해령 / 판 판	해구 / 판 판	습곡 산맥 / 판 판	변환 단층 / 판 판
발달하는 지형	해령, 열곡대	해구, 호상 열도, 습곡 산맥	습곡 산맥	❹

중1
지권의 변화

• **화성암** 마그마가 식어서 굳은 암석 ➡ 생성 위치에 따라 마그마의 냉각 속도가 달라지므로 암석의 결정 크기가 다르다.

구분	❺	❻
생성 위치	지표 부근	지하 깊은 곳
마그마의 냉각 속도	빠르다	느리다
결정 크기	작다	크다
암석의 예	현무암	화강암

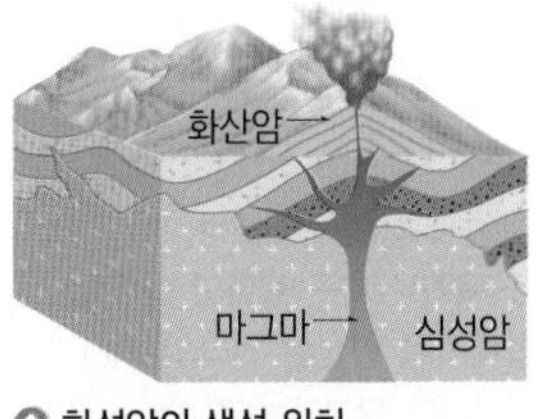

화성암의 생성 위치

답 ❶ 맨틀 ❷ 판 구조론 ❸ 발산형 ❹ 변환 단층 ❺ 화산암 ❻ 심성암

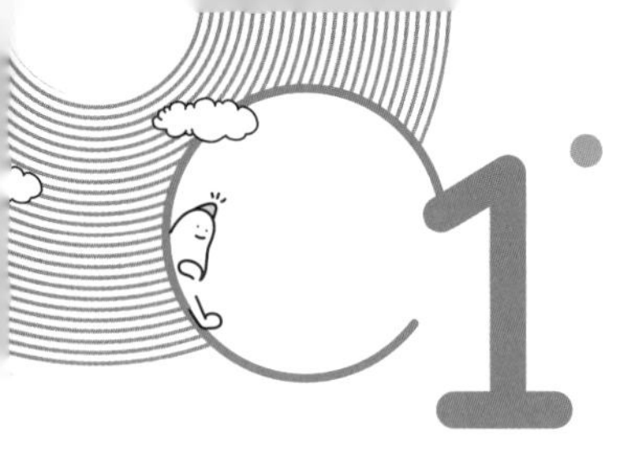

판 구조론의 정립 과정

핵심 포인트
1. 대륙 이동설의 증거 ★★★
2. 맨틀 대류설 ★★
3. 음향 측심법 ★★★
4. 해양저 확장설의 증거 ★★★
5. 판 구조론의 정립 과정 ★★★

A 대륙 이동설

판 구조론은 지구상에서 일어나는 지각 변동을 종합적으로 설명하는 이론입니다. 베게너의 대륙 이동설에서 시작하여 여러 학설로 수정, 보완되었고 판 구조론으로 정립되었지요. 자, 그럼 대륙 이동설부터 알아볼까요?

1. 대륙 이동설 과거에 모든 대륙들이 하나로 모여 판게아라는 [1]초대륙을 이루었으며, 약 2억 년 전부터 분리되고 이동하여 현재와 같은 대륙 분포를 이루었다는 학설 ➡ 1912년 ◆베게너가 여러 가지 증거를 제시하면서 대륙 이동설이 본격적으로 등장하였다.

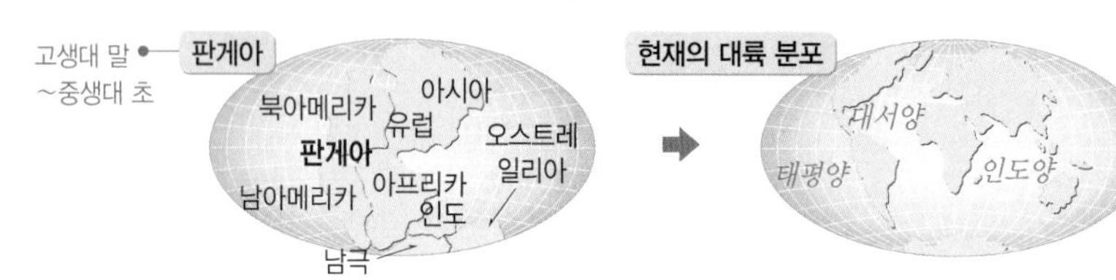

2. 베게너가 주장한 대륙 이동의 증거

(1) **해안선 모양의 유사성**: 멀리 떨어진 대륙의 해안선 모양이 유사하다.

(2) **화석 분포의 연속성**: 멀리 떨어진 대륙에서 같은 종의 화석이 발견된다.

(3) **지질 구조의 연속성**: 멀리 떨어진 대륙에서 암석과 지질 구조가 연속적으로 나타난다.

(4) ◆**빙하의 흔적**: 여러 대륙에서 고생대 말 빙하의 흔적이 발견된다.

| 대륙 이동설의 증거 | 17쪽 대표 자료 1

해안선 모양의 유사성

남아메리카 아프리카 / 아프리카 남아메리카

남아메리카 대륙 동해안과 아프리카 대륙 서해안의 해안선 모양이 유사하여 해안선이 잘 맞춰진다.

화석 분포의 연속성

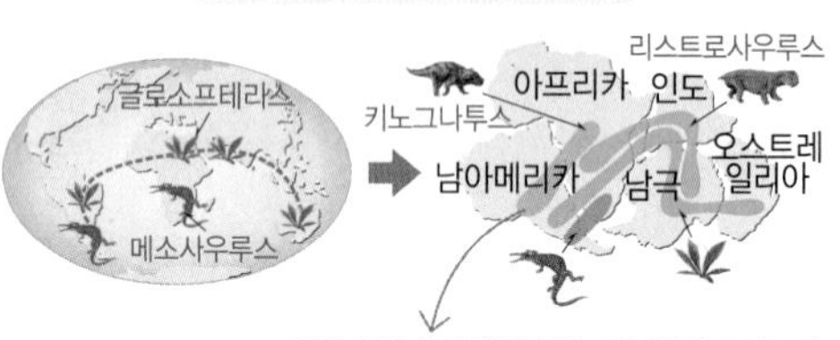

같은 종의 화석이 발견되는 대륙들을 모아보면 화석의 분포 지역이 연결된다.

지질 구조의 연속성

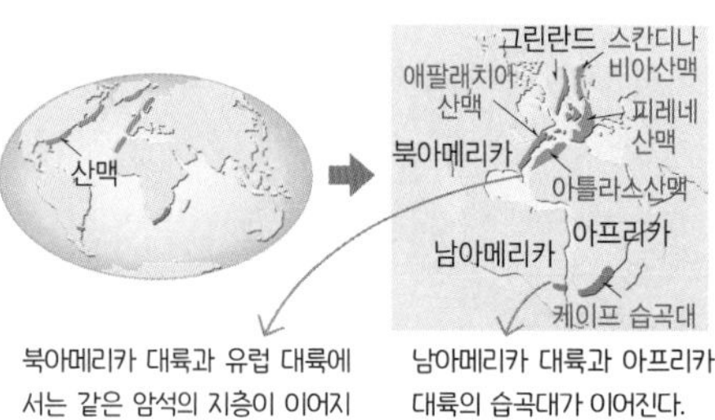

북아메리카 대륙과 유럽 대륙에서는 같은 암석의 지층이 이어지고, 산맥이 이어진다.

남아메리카 대륙과 아프리카 대륙의 습곡대가 이어진다.

빙하의 흔적

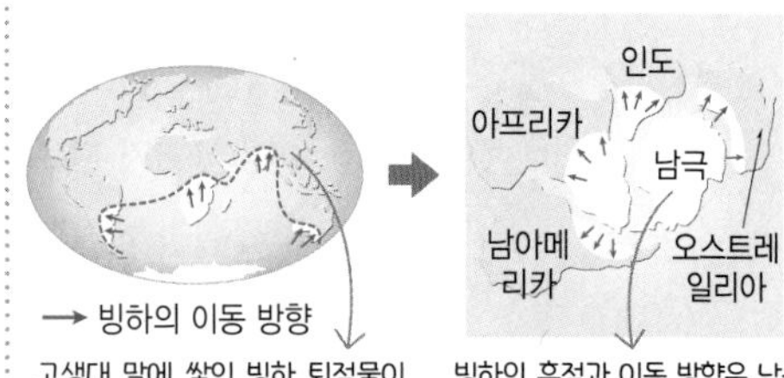

고생대 말에 쌓인 빙하 퇴적물이 오늘날 저위도에 위치한 대륙에서도 발견된다. (저위도: 따뜻한 지역)

빙하의 흔적과 이동 방향은 남극 대륙에서 흩어져 나간 모양이다.

3. 베게너의 대륙 이동설의 한계 대륙 이동의 원동력을 설명하지 못하였다. ➡ 발표 당시에 대다수의 과학자들에게 인정받지 못하였다.
(원동력: 대륙을 이동하게 하는 힘의 원동력)

YBM 교과서에만 나와요.

◆ **베게너 이전에 대륙 이동에 대한 주장들**

베게너 이전에도 대륙이 갈라져 이동하였다는 주장들이 있었다.
- 17세기 초, 베이컨: 남아메리카와 아프리카의 해안선 모양이 유사한 것은 우연이 아니다.
- 19세기, 훔볼트: 대서양에 인접한 육지들은 생물학적, 지질학적, 기후학적 유사성이 있으므로 과거에 붙어 있었을 것이다.
- 19세기 말, 쥐스: 현재 남반구 대륙의 일부는 과거에 하나였다가 떨어져 나온 것이다.

◆ **빙하의 흔적과 빙하 퇴적물**
- 빙하의 흔적: 빙하가 이동할 때 암석 표면을 긁고 지나가면서 암석에 남은 자국이다. 여러 대륙에서 발견된 고생대 말 빙하의 흔적을 모으면 빙하의 흔적이 남극 대륙을 중심으로 모인다.
- 빙하 퇴적물: 빙하가 이동하다가 녹으면서 빙하 속에 있는 암석, 자갈 등이 섞여 쌓인 퇴적물이다.

암기해!

대륙 이동의 증거
- 해안선 모양의 유사성
- 화석 분포의 연속성
- 지질 구조의 연속성
- 빙하의 흔적

용어

[1] **초대륙(超 뛰어넘다, 大 크다, 陸 육지)** 지구 표면의 대륙들이 합쳐져서 형성된 하나의 커다란 대륙이다. 판게아는 고생대 말부터 중생대 초까지 있었던 초대륙으로, '모든 땅들'이라는 뜻의 그리스어이다.

B 맨틀 대류설

1920년대 후반, 홈스는 맨틀 대류설을 제시하여 베게너가 설명하지 못한 대륙 이동의 원동력을 설명하였어요.

1. 맨틀 대류설 맨틀 내에 있는 방사성 원소의 붕괴열과 지구 중심부에서 올라오는 열로 맨틀 상부와 하부의 온도 차이가 생기고, 그 때문에 열대류가 일어나 맨틀 위에 있는 대륙이 대류를 따라 이동한다는 학설 ➡ 대륙 이동의 원동력: 맨틀 대류

| 홈스의 맨틀 대류설 |

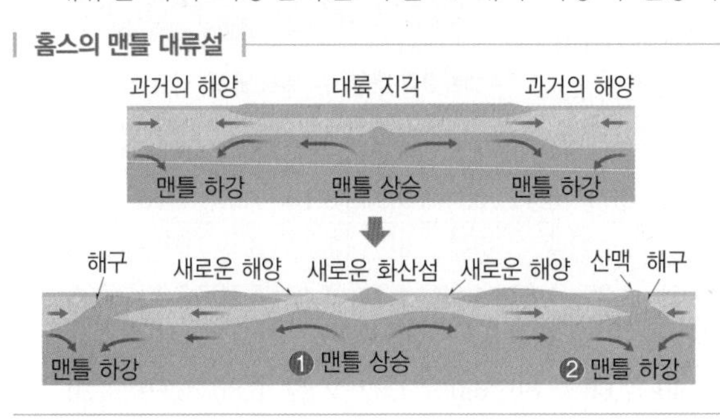

❶ 맨틀 대류의 상승부: 대륙이 갈라져 양쪽으로 이동하여 새로운 해양이 형성되고, 마그마 활동으로 새로운 지각이 생성된다.

❷ 맨틀 대류의 하강부: 지각이 맨틀 속으로 들어가고, 횡압력이 작용하여 산맥이 형성된다.

홈스는 대륙 이동의 원동력을 맨틀 대류로 설명하였지만, 당시에 관측 기술이 발달하지 못하여 결정적인 증거를 제시하지 못했어요.

2. 맨틀 대류설의 한계 가설을 뒷받침할 수 있는 관측적 증거를 제시하지 못하였다.

C 해저 지형 탐사

제2차 세계 대전 이후 탐사 장비와 관측 기술이 크게 발달하면서 정밀한 해저 지형 탐사가 가능해졌어요. 이로 인해 다양한 해저 지형이 밝혀졌고, 대서양을 비롯한 여러 해양의 해저 지형도가 제작되었지요.

1. 음향 측심법 해수면에서 발사한 음파가 해저면에 반사되어 되돌아오는 데 걸린 시간을 측정하여 수심을 알아내는 방법

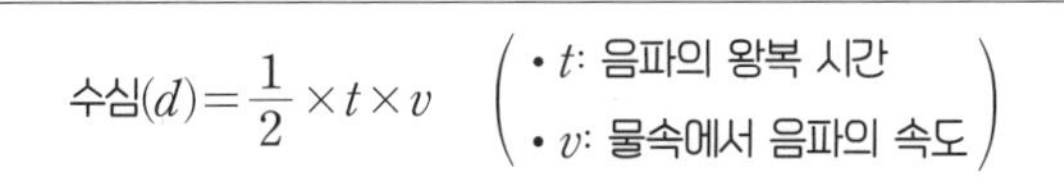

$$수심(d)=\frac{1}{2}\times t\times v \quad \left(\begin{array}{l}\bullet\ t\text{: 음파의 왕복 시간}\\ \bullet\ v\text{: 물속에서 음파의 속도}\end{array}\right)$$

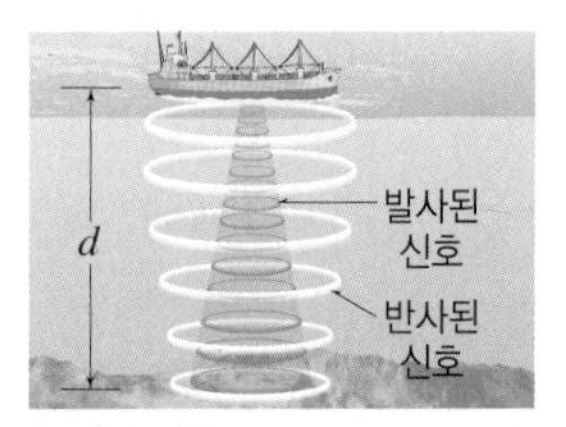

⬆ 음향 측심법

(1) 음파의 왕복 시간이 길수록 수심이 깊다. → 음파의 왕복 시간이 긴 곳은 수심이 깊고, 지형의 높이가 낮다.

(2) 측정한 수심을 통해 해저의 기복을 조사하여 해저 지형을 알아낸다.

2. 해저 지형 음향 측심법을 이용하여 해령, 해구 등의 해저 지형이 밝혀졌다.

| ◆해저 지형의 특징 |

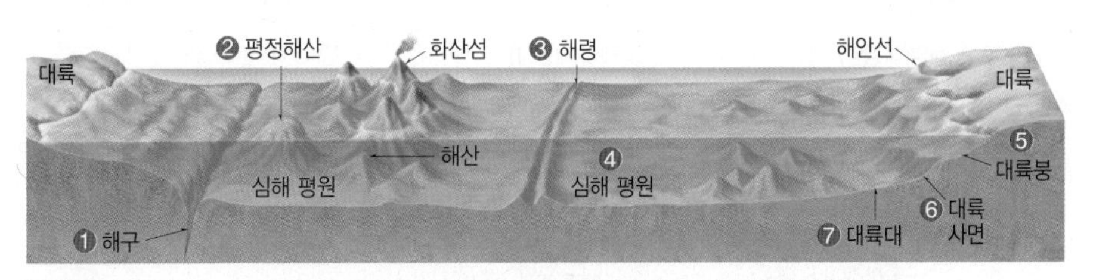

❶ 해구: 수심 약 6 km 이상의 좁고 깊은 골짜기 ➡ 판이 다른 판 밑으로 섭입하면서 형성

❷ 평정해산: [1]해산 중 산 정상부가 파도의 침식 작용으로 깎여 평평해진 해산

❸ 해령: 깊은 바다에 발달한 좁고 긴 해저 산맥으로, 중앙에 열곡(V자 모양으로 갈라진 골짜기) 발달

❹ 심해 평원: 수심 3 km~6 km의 평탄한 지형으로, 해산이나 평정해산이 분포하며 해저 지형의 대부분을 차지

❺ 대륙붕: 수심이 200 m 이하이며, 거의 경사가 없는 평평한 지형

❻ 대륙 사면: 대륙붕에서 이어진 경사가 비교적 급한 지형으로, [2]저탁류에 의해 해저 협곡 발달

❼ 대륙대: 경사가 비교적 완만한 지형으로, [3]저탁암 형성

◆ **해저 지형의 구분**

- 대륙 주변부: 육지에 가까이 발달한 지형 예 대륙붕, 대륙 사면, 대륙대
- 심해저 지형: 육지에서 멀리 떨어진 지형 예 심해 평원, 평정해산, 화산섬, 해령

(용어)

❶ **해산(海 바다, 山 산)** 심해저에서 1000 m 이상 솟아 있는 해저 지형

❷ **저탁류(底 바닥, 濁 흐리다, 流 흐름)** 경사가 급한 곳의 퇴적물이 빠르게 흘러내리는 흐름

❸ **저탁암** 저탁류에 포함된 퇴적물이 입자가 큰 것부터 쌓여 만들어진 암석

탐구 자료창 음향 측심 자료로 해저 지형 추정

17쪽 대표 자료❷

과정 > 그림은 태평양과 대서양의 A~C 해역에서 탐사 구간을 나타낸 것이고, 표는 각 해역의 직선 구간을 따라 일정한 간격으로 떨어져 있는 지점에서 해수면에서 보낸 음파가 해저면에 반사되어 되돌아오는 데 걸린 시간을 측정하여 나타낸 것이다. (단, 각 해역 안에서 지점 사이 간격은 일정하지만, A와 B 해역의 지점 사이 간격과 C 해역의 지점 사이 간격은 다르다.)

▲ 태평양과 대서양의 탐사 구간

A	지점	1	2	3	4	5	6	7	8	9	10
	음파의 왕복 시간(초)	7.15	7.99	6.77	6.41	5.07	9.96	6.13	7.62	7.76	7.12
B	지점	1	2	3	4	5	6	7	8	9	10
	음파의 왕복 시간(초)	5.46	5.61	4.99	4.81	4.67	4.33	4.45	5.10	5.40	5.53
C	지점	1	2	3	4	5	6	7	8	9	10
	음파의 왕복 시간(초)	4.80	6.40	7.60	4.80	6.00	4.80	2.80	6.80	6.60	1.20

❶ 음파의 왕복 시간으로 각 지점의 수심을 구한다. (단, 물속에서 음파의 속도는 1500 m/s이다.)

예 A 해역에서 지점 1의 수심(d)$=\frac{1}{2}\times t\times v=\frac{1}{2}\times 7.15\ \text{s}\times 1500\ \text{m/s}=5362.5\ \text{m}$

❷ 각 측정 지점의 수심을 표시하고 이를 연결하여 해저 지형의 단면도를 그린다.

결과 >

A	지점	1	2	3	4	5	6	7	8	9	10
	수심(m)	5362.5	5992.5	5077.5	4807.5	3802.5	7470.0	4597.5	5715.0	5820.0	5340.0
B	지점	1	2	3	4	5	6	7	8	9	10
	수심(m)	4095.0	4207.5	3742.5	3607.5	3502.5	3247.5	3337.5	3825.0	4050.0	4147.5
C	지점	1	2	3	4	5	6	7	8	9	10
	수심(m)	3600.0	4800.0	5700.0	3600.0	4500.0	3600.0	2100.0	5100.0	4950.0	900.0

▲ A 해역(태평양)

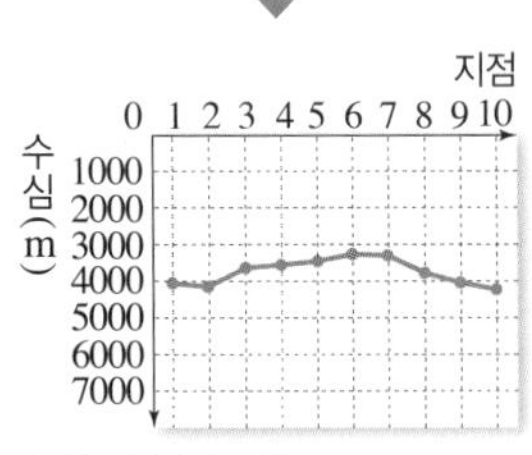

▲ B 해역(태평양)

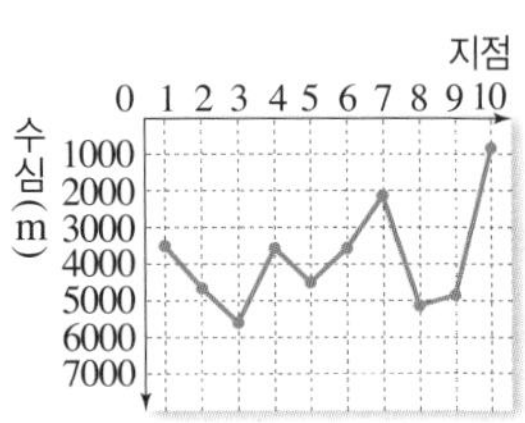

▲ C 해역(대서양)

해역에 따라 음향 측심 자료 값으로 해저 지형의 단면도를 그리면 해령의 중앙에 V자 모양의 열곡이 나타나기도 해요.

해석 >

① 서태평양 해역에는 수심 6000 m 이상인 깊은 골짜기가 있다.
➡ 해구 분포 — 마리아나 해구

② 동태평양 해역에는 해저에서 높이 솟아올라 있는 해저 산맥이 있다.
➡ 해령 분포 — 동태평양 해령

③ 대서양 중심부에는 해저에서 높이 솟아 있는 해저 산맥이 있다.
➡ 해령 분포 — 대서양 중앙 해령

확인 문제

1 음파의 왕복 시간이 길수록 해저면의 깊이가 (   ).

2 수심이 약 6000 m 이상으로 급격히 깊어지는 깊은 골짜기에 해당하는 해저 지형은 (   )이다.

3 태평양에는 해구와 해령이 분포하고, 대서양에는 (   )이(가) 분포한다.

확인 문제 답

1 깊다
2 해구
3 해령

핵심 체크

- (❶): 과거에 모든 대륙들이 하나로 모여 판게아를 이루었다가 분리되고 이동하여 현재와 같은 대륙 분포를 이루었다는 학설로, 베게너 주장
  - 증거: 해안선 모양의 유사성, 화석 분포의 연속성, (❷)의 연속성, 빙하의 흔적
  - 한계: 대륙 이동의 원동력을 설명하지 못하였다.
- (❸): 맨틀 내에서 상부와 하부의 온도 차로 열대류가 일어난다는 학설로, 홈스 주장
- 해저 지형 탐사: 음향 측심법으로 음파의 왕복 시간을 통해 (❹)을 측정하여 해저 지형을 알아낸다.
  - 수심(d)$=\frac{1}{2}\times$음파의 왕복 시간(t)$\times$물속에서 음파의 속도(v) ➡ 음파의 왕복 시간이 (❺) 수심이 깊다.
  - 해저에는 수심 약 6 km 이상의 좁고 깊은 골짜기인 (❻)가 있고, 해저 산맥인 (❼)이 있다.

1 대륙 이동설에 대한 설명으로 옳은 것은 ○, 옳지 않은 것은 ×로 표시하시오.

(1) 판게아가 분리되어 현재와 같은 대륙 분포를 이루었다는 학설이다. ( )

(2) 멀리 있는 대륙의 해안선 모양이 유사한 것은 대륙 이동의 증거가 될 수 있다. ( )

(3) 베게너는 대륙 이동의 원동력을 설명하였다. ( )

2 베게너가 제시한 대륙 이동설의 증거를 [보기]에서 있는 대로 고르시오.

보기

ㄱ. 맨틀 대류	ㄴ. 빙하의 흔적
ㄷ. 해안선 모양의 일치	ㄹ. 해양 지각의 나이
ㅁ. 지질 구조의 연속성	ㅂ. 화석 분포의 연속성

3 그림은 대륙이 한 덩어리였을 때 산맥의 분포를 나타낸 것이다.
애팔래치아산맥과 가장 유사한 지질 구조를 나타내는 산맥을 쓰시오.

4 홈스는 대륙 이동의 원동력을 ㉠( )라고 하였으며, 맨틀 내에서 상부와 하부의 ㉡( ) 차이로 열대류가 일어난다고 주장하였다.

5 그림은 맨틀 대류설을 모식적으로 나타낸 것이다.

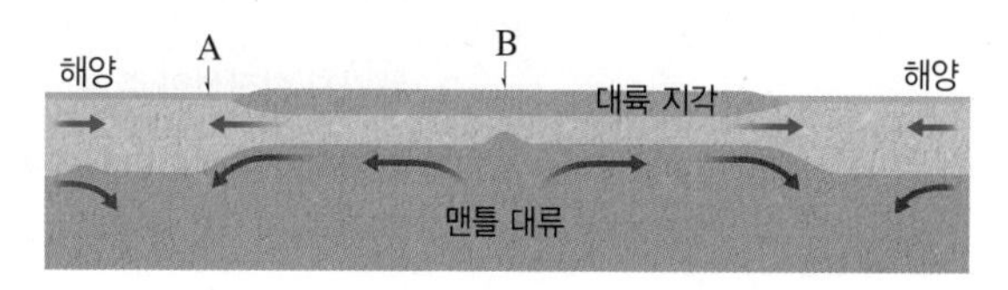

A와 B 중 앞으로 (가)새로운 해양이 생성될 가능성이 있는 지역과 (나)두꺼운 산맥이 형성될 가능성이 있는 지역을 고르시오.

6 그림은 해안에서 바다로 이동하면서 해양 관측선에서 음파의 왕복 시간을 측정하여 나타낸 것이다. (단, 물속에서 음파의 속도는 1500 m/s이다.)

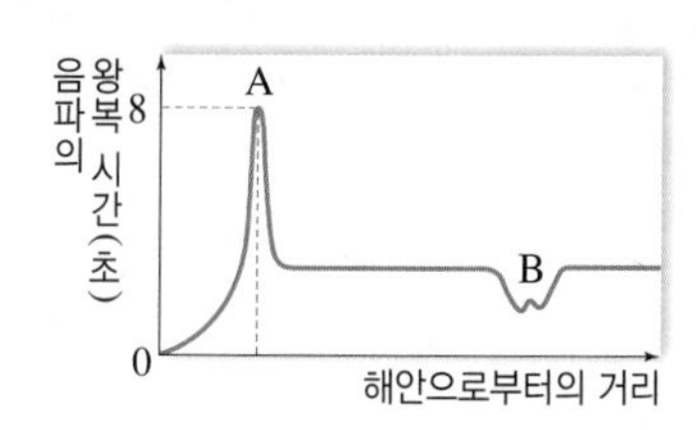

(1) A와 B 중 수심이 상대적으로 깊은 곳을 쓰시오.

(2) A 지점의 수심은 몇 m인지 구하시오.

(3) 수심 3000 m 지점에서 음파의 왕복 시간을 구하시오.

7 해양 관측선에서 음파를 발사하였을 때, 해저면에 반사되어 되돌아오는 데 걸린 시간이 평균적으로 가장 긴 지형은 무엇인가?

① 해구 ② 해령 ③ 대륙대
④ 대륙붕 ⑤ 대륙 사면

D 해양저 확장설(해저 확장설)

음향 측심법으로 밝혀낸 해저 지형은 해양저 확장설의 기초 자료가 되었어요. 1962년 헤스와 디츠는 해저 지형의 특징을 설명하기 위해 해양저 확장설을 제안하였고, 탐사 기술이 발전하면서 이를 뒷받침하는 증거들이 등장했어요.

1. 해양저 확장설 해령 아래에서 맨틀 물질이 상승하여 새로운 해양 지각이 생성되고, 해양 지각이 맨틀 대류를 따라 해령을 중심으로 양쪽으로 멀어지면서 해양저가 확장되며, 해양 지각이 해구에서 소멸된다는 학설

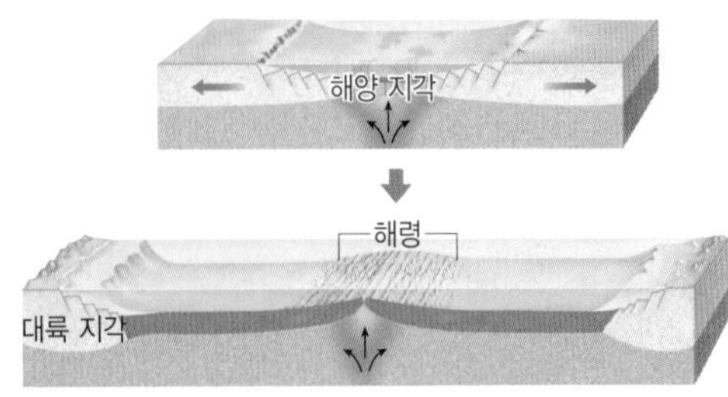

해령 부근의 특징: 중앙에 V자 모양의 열곡이 발달한다. 해령 주위에서 지열(지각 열류량)이 높고, 해령에서 멀어질수록 지열이 낮아진다.

맨틀 물질의 상승부에 해령이 존재하고, 열곡을 따라 새로운 해양 지각이 생성된다. 해양 지각은 양쪽으로 이동하여 해구에서 맨틀 속으로 섭입되어 소멸된다.

해양저 확장설

궁금해?

해양저는 계속 확장하여 넓어지기만 할까?

해령에서 만들어진 해양 지각은 해구에서 소멸되기 때문에 해양저가 계속 확장만 하는 것은 아니다. 해양 지각 중 나이가 약 1억8천만 년 이상 된 것은 거의 존재하지 않는다.

2. 해양저 확장설의 증거

1963년 바인과 매슈스가 해양저 확장설의 증거로 제시하였다.

(1) 고지자기 줄무늬의 대칭적 분포: 고지자기 줄무늬가 해령을 축으로 대칭적으로 나타난다.

① ◆고지자기: 지질 시대에 생성된 암석에 남아 있는 지구 자기

② 탐사 기술: 자력계를 이용하여 해양 지각의 고지자기 측정

③ 고지자기 줄무늬: 지질 시대 동안 지구 자기장의 방향이 현재와 같은 정자극기(정상기)와 현재와 반대인 역자극기(역전기)가 반복되어 고지자기 줄무늬가 나타난다.

고지자기 줄무늬의 대칭적 분포 18쪽 대표 자료❸

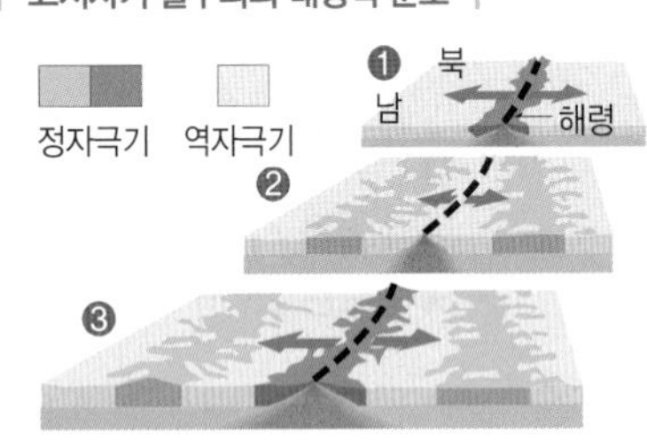

❶ 해령에서 해양 지각이 생성될 때 자성을 띤 광물이 당시 지구 자기장의 방향으로 배열되어 줄무늬가 생긴다. ➡ 정자극기

❷ 해양 지각이 양쪽으로 이동하고 지구 자기장 방향이 반대로 되면 해령 부근에서 고지자기 방향이 반대인 줄무늬가 생긴다. ➡ 역자극기

❸ 이 과정이 반복되면 고지자기 줄무늬가 해령을 축으로 대칭을 이룬다.

◆ **고지자기 생성**

마그마가 냉각되면서 암석이 생성될 때, 자성을 띤 광물이 지구 자기장의 방향을 따라 배열된다.

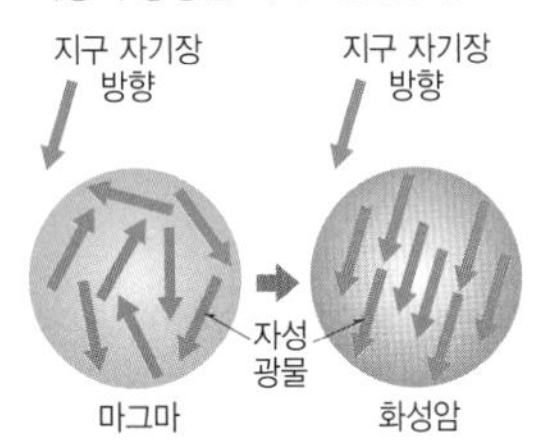

이후 지구 자기장의 세기와 방향이 변해도 자성을 띠는 광물의 배열은 생성 당시 그대로 남아 있어 생성 당시의 자기장 방향을 알려 준다.

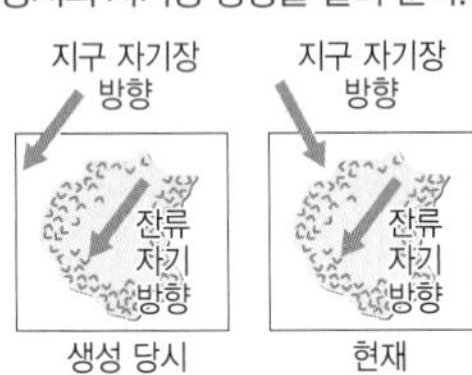

(2) 해양 지각의 나이, 해저 퇴적물의 두께, 수심: 해령에서 멀어질수록 해양 지각의 나이가 많아지고, 해저 퇴적물의 두께가 두꺼워지며, 수심이 깊어진다.

① 탐사 기술: 해양 시추선이 채취한 해양 지각의 방사성 동위 원소로 해양 지각의 나이 측정

② 전 세계 해양 지각의 나이 분포, 해령 부근 해양 지각의 나이, 해저 퇴적물의 두께, 수심

전 세계 해양 지각의 나이 분포

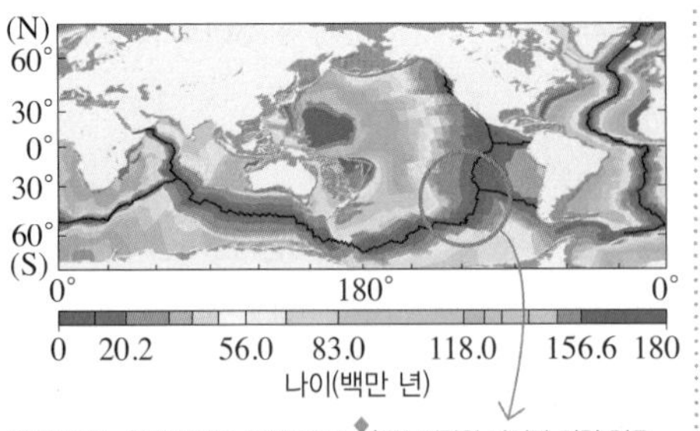

해령에서는 해양 지각이 생성되므로 ◆해양 지각의 나이가 가장 적고, 해령에서 멀수록 해양 지각의 나이가 많다.

해양 지각의 나이, 해저 퇴적물의 두께, 수심

해령에서 멀수록 해양 지각의 나이가 많고, 퇴적물이 쌓이는 시간이 길어져 해저 퇴적물의 두께가 두꺼워지며, 수심이 깊다.

◆ **해양 지각의 나이**

해령에서 멀수록 해양 지각의 나이가 많아지며, 해령을 중심으로 해양 지각의 나이는 대칭을 이룬다.

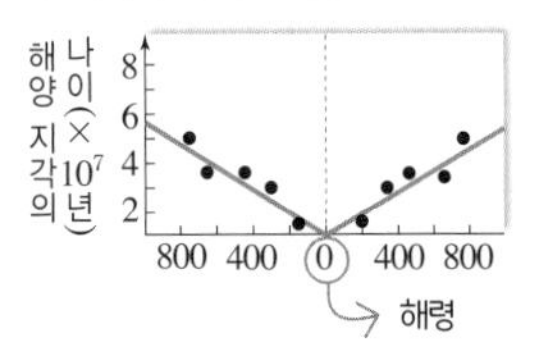

(3) 열곡과 ◆변환 단층의 발견: 해령에서 해양 지각이 확장되면서 열곡이 형성되고, 해양 지각의 확장 속도 차이로 변환 단층이 형성된다. ─● 해령에서 맨틀 물질이 올라와 양쪽으로 퍼져나갈 때 속도 차이가 생긴다.

| 변환 단층에서의 지각 변동 |

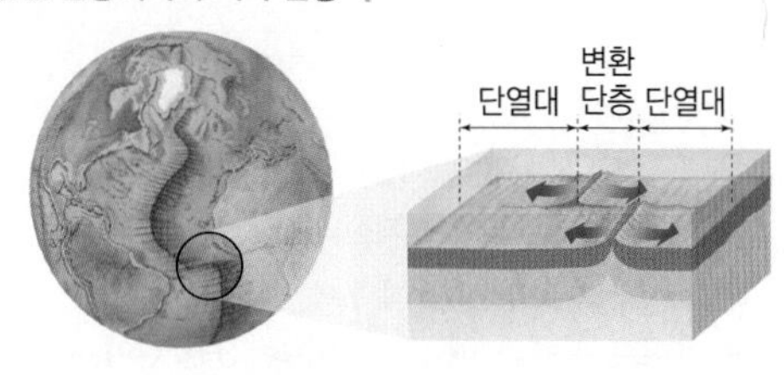

- 변환 단층: 해령과 해령 사이에서 발달하여 이웃한 판이 서로 반대 방향으로 이동하면서 천발 지진이 자주 발생한다.
- 해령에서 대륙 쪽으로 길게 발달한 단열대: 이웃한 판이 같은 방향으로 이동하여 지진이 거의 발생하지 않는다.

(4) ❶섭입대 주변 지진의 진원 깊이 분포: 섭입대를 따라 지진이 발생하며, 해구 부근에서부터 대륙 쪽으로 갈수록 진원 깊이가 깊어진다.

① 탐사 기술: 표준화된 지진 관측망 구축

② 해양 지각이 해구에서 소멸한다는 증거가 된다.

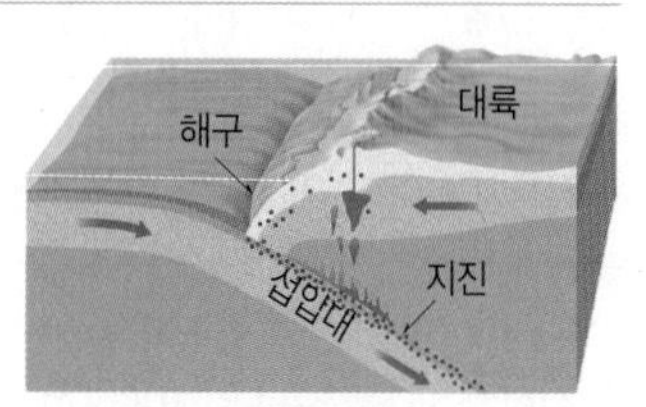

⬆ 섭입대 주변의 진원 ─● 지진 발생 지점

| 일본 해구와 페루 해구에서 섭입대 주변의 진원 깊이 분포 |

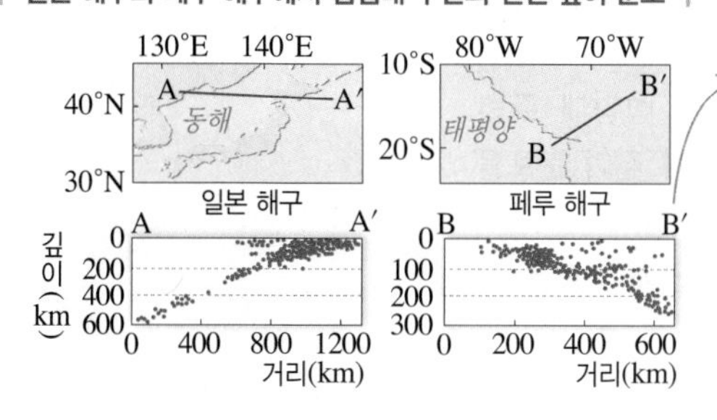

A′에서 A로 갈수록, B에서 B′로 갈수록 진원 깊이가 깊어진다. = 해구(A′ 부근, B 부근)에서 대륙 쪽으로 갈수록 진원 깊이가 깊어진다.

해령에서 생성되어 이동해 온 밀도가 큰 판이 해구에서 밀도가 작은 판 밑으로 섭입하여 소멸한다.
➡ 섭입되는 판: A′ 지점의 판, B 지점의 판

E 판 구조론

1970년대 초에는 대륙 이동설, 맨틀 대류설, 해양저 확장설이 통합된 이론인 판 구조론이 정립되었어요.

1. 판 구조론

지구 표면은 여러 개의 크고 작은 ◆판으로 이루어져 있고, 판이 서로 다른 방향과 속도로 이동하여 판 경계에서 지진, 화산 활동 등의 지각 변동이 일어난다는 이론

(1) 판

판 (암석권)	지각과 맨틀 최상부를 포함한 평균 두께 약 100 km 부분으로, 단단한 암석으로 이루어져 있어 암석권이라고도 한다. • 해양판: 해양 지각을 포함하는 판 • 대륙판: 대륙 지각을 포함하는 판 ─ 두께: 해양판 < 대륙판 ─ 밀도: 해양판 > 대륙판	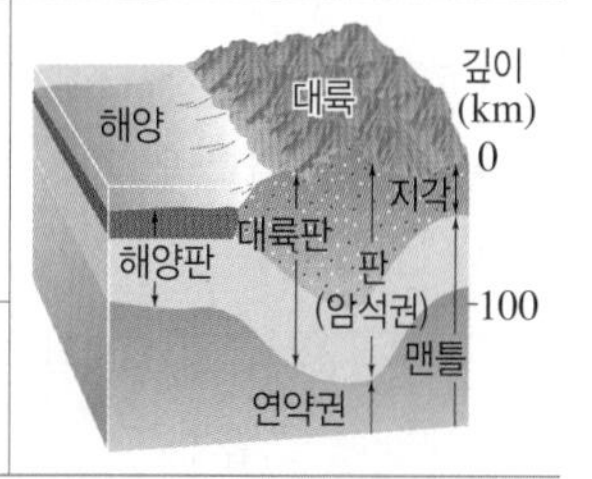
연약권	암석권 아래의 깊이 약 100 km~400 km인 부분으로, 고체이지만 유동성이 있다. ➡ 맨틀 대류가 일어나 판이 움직인다.	

(2) 판 이동의 원동력: 맨틀 대류

2. 판 구조론의 정립 과정 18쪽 대표 자료❹

대륙 이동설 (베게너) ➡ 맨틀 대류설 (홈스) ➡ 해양저 확장설 (헤스와 디츠) ➡ ◆판 구조론 (윌슨, 아이작스, 모건, 매켄지 등)

◆ 변환 단층

윌슨은 해령과 해령 사이에서 해령에 직각 방향으로 발달한 단층을 변환 단층이라고 불렀고, 변환 단층을 해양저 확장의 결과라고 생각하였으며, 산안드레아스 단층을 조사하여 이를 확인하였다. 산안드레아스 단층은 육지로 드러난 변환 단층이다.

암기해!

해양저 확장설의 증거
- 고지자기 줄무늬의 대칭적 분포
- 해양 지각의 나이
- 해저 퇴적물의 두께, 수심
- 열곡과 변환 단층의 발견
- 섭입대 주변 지진의 진원 깊이 분포

◆ 지구를 덮고 있는 판

◆ 판 구조론이 정립되기까지
- 윌슨: 해령과 변환 단층을 경계로 구분되는 땅덩어리에 '판'이라는 용어를 사용하였다.
- 아이작스: 판은 지각과 맨틀의 최상부로 구성되었다고 하였고, 이를 암석권이라고 하였다. 그리고 암석권은 연약권 바로 위에서 이동한다고 제안하였다.
- 모건과 매켄지: 판 구조론이라는 용어를 도입하였다.

(용어)

❶ 섭입(攝 당기다, 入 들어가다) 밀도가 큰 판이 밀도가 작은 판 밑으로 비스듬히 들어가는 것

개념 확인 문제

핵심 체크

- (❶): 해령에서 새로운 해양 지각이 생성되고, 해령을 중심으로 양쪽으로 멀어지면서 해양저가 확장되며, 해양 지각이 (❷)에서 소멸된다는 학설
- 해양저 확장설의 증거

(❸) 줄무늬의 대칭적 분포	해양 지각의 나이	해저 퇴적물의 두께, 수심	열곡과 (❻) 발견	(❼) 주변 지진의 진원 깊이 분포
해령을 중심으로 고지자기 줄무늬가 대칭을 이룬다.	해령에서 멀어질수록 해양 지각의 나이가 (❹)진다.	해령에서 멀어질수록 해저 퇴적물의 두께가 (❺)지고, 수심이 깊어진다.	해양 지각의 확장 속도 차이로 해령과 해령 사이에서 발달한 단층	해구에서 대륙 쪽으로 갈수록 진원 깊이가 깊어진다.

- (❽): 지구 표면은 여러 개의 판으로 이루어져 있고, 상대적인 판의 운동으로 판 경계에서 지각 변동이 일어난다는 이론
  - (❾): 지각과 맨틀 최상부를 포함한 평균 두께 약 100 km 부분으로, 암석권이라고도 한다.
  - (❿): 암석권 아래의 깊이 약 100 km~400 km 부분으로, 대류가 일어난다.

1 해양저 확장설에 대한 설명으로 옳은 것은 ○, 옳지 않은 것은 ×로 표시하시오.

(1) 해령에서 새로운 해양 지각이 생성된다. ( )
(2) 해령을 축으로 고지자기 줄무늬가 대칭을 이룬다. ( )
(3) 해구보다 해령에서 암석의 나이가 많다. ( )
(4) 변환 단층은 해양 지각의 확장 속도가 일정하기 때문에 형성된다. ( )
(5) 섭입대에서 진원 깊이 분포는 해구에서 해양 지각이 소멸한다는 증거가 된다. ( )

2 해양저 확장설의 증거와 각 증거를 관측하는 데 이용된 탐사 기술을 옳게 연결하시오.

(1) 해저 지형도 작성 • • ㉠ 자력계
(2) 고지자기 줄무늬 분포 • • ㉡ 음향 측심법
(3) 해양 지각의 나이 • • ㉢ 해양 시추선
(4) 섭입대 부근의 진원 깊이 • • ㉣ 지진 관측망 구축

3 그림은 동태평양 해령 부근의 해저 지점 A~C를 나타낸 것이다.

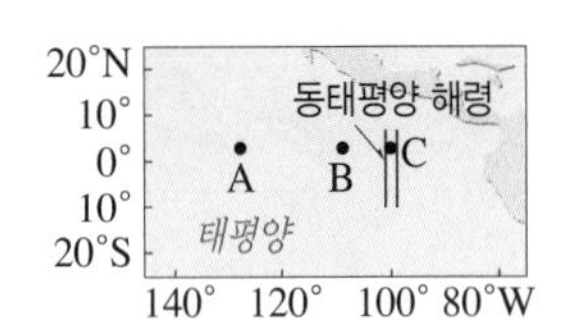

(1) 열곡이 분포할 가능성이 있는 지점을 쓰시오.
(2) 해양 지각의 나이가 가장 많은 지점을 쓰시오.
(3) 해저 퇴적물의 두께가 가장 두꺼운 지점을 쓰시오.

4 그림은 섭입대 주변 지진의 진원 깊이 분포를 나타낸 것이다. ( ) 안에 알맞은 말을 고르시오.

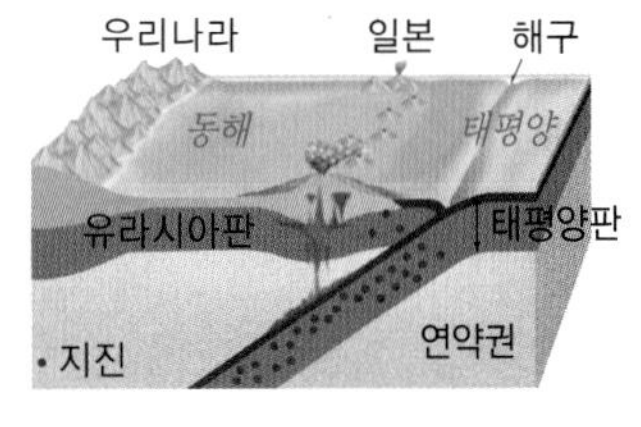

(1) 진원 깊이는 해구에서 (해양, 대륙) 쪽으로 갈수록 깊어진다.
(2) 유라시아판은 태평양판보다 밀도가 (작다, 크다).
(3) 섭입대에서는 판이 (생성, 소멸)된다.
(4) 섭입대 주변 지진의 진원 깊이 분포는 (맨틀 대류설, 해양저 확장설)의 증거가 된다.

5 그림은 판의 구조를 나타낸 것이다. A, B에 해당하는 층의 이름을 쓰시오.

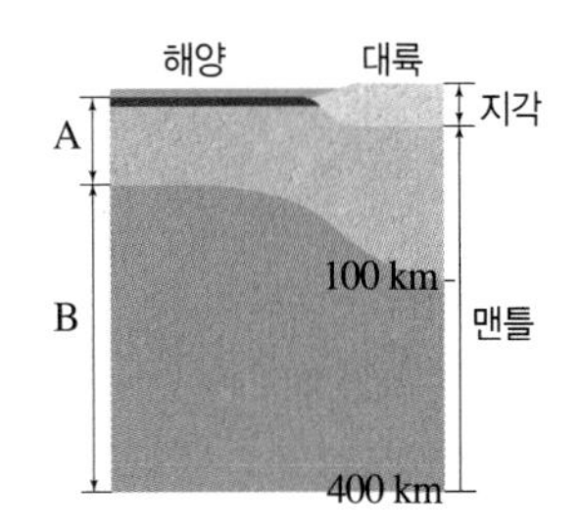

6 학설 (가)~(라)를 등장한 시간 순서대로 나열하시오.

(가) 판 구조론	(나) 대륙 이동설
(다) 맨틀 대류설	(라) 해양저 확장설

대표 자료 분석

정답친해 3쪽

자료 ❶ 베게너의 대륙 이동설

기출 Point
- 베게너가 제시한 대륙 이동설의 증거 이해하기
- 베게너의 대륙 이동설의 한계점 알기

[1~4] 그림 (가)는 대륙들이 하나로 모여 있는 고생대 말 초대륙의 모습이고, (나)는 현재 대륙 분포에 베게너가 제시한 대륙 이동의 증거를 나타낸 것이다.

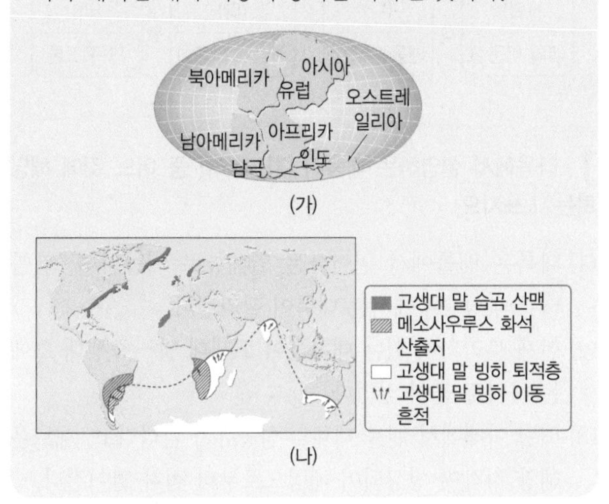

(가)

(나)

1 베게너는 과거에 대륙들이 (가)와 같이 하나로 모여 (   )라는 초대륙을 이루었으며, 초대륙이 분리되고 이동하여 현재 (나)와 같은 대륙 분포를 이루었다고 주장하였다.

2 베게너가 주장한 대륙 이동의 증거를 쓰시오.

3 베게너가 제안한 대륙 이동설은 (   )을 설명하지 못하였다는 한계점이 있었다.

4 빈출 선택지로 완벽 정리!

(1) (나)의 고생대 말 습곡 산맥은 서로 떨어져 있는 대륙에서 각각 형성되었다. (○ / ×)

(2) 메소사우루스는 남아메리카와 아프리카 대륙이 분리되기 전에 번성하였다. (○ / ×)

(3) (나)에서 고생대 말 빙하 퇴적층이 분포하는 대륙들은 (가) 시기에 서로 붙어 있었다. (○ / ×)

(4) 대륙이 갈라져 이동할 때 인도 대륙은 남반구에서 북반구로 이동하였다. (○ / ×)

자료 ❷ 음향 측심 자료 해석

기출 Point
- 음파를 이용한 수심 측정 방법 알기
- 음향 측심 자료를 해석하여 해저 지형 파악하기

[1~5] 표는 A와 B 해역에서 직선 구간을 따라 일정한 간격으로 음향 측심을 한 자료이다. A와 B 해역에는 각각 해령과 해구 중 하나가 존재하며, 해양에서 음파의 평균 속도는 1500 m/s이다.

A 해역	탐사 지점	A_1	A_2	A_3	A_4	A_5	A_6
	음파의 왕복 시간(초)	5.5	5.2	4.8	4.2	4.7	5.1
B 해역	탐사 지점	B_1	B_2	B_3	B_4	B_5	B_6
	음파의 왕복 시간(초)	5.6	9.4	6.2	5.9	5.7	5.6

1 A 해역에서 A_4를 기준으로 양쪽으로 멀어지면서 수심은 어떻게 변하는지 쓰시오.

2 B_1에서 B_2로 가면서 수심은 ㉠(깊어, 얕아)지고, B_2에서 B_6으로 가면서 수심은 ㉡(깊어, 얕아)진다.

3 B 해역에서 수심이 가장 깊은 지점을 쓰고, 수심이 몇 m인지 계산하시오.

4 A 해역과 B 해역 중 해령이 존재하는 지점은 ㉠(   ) 부근이고, 해구가 존재하는 지점은 ㉡(   ) 부근이다.

5 빈출 선택지로 완벽 정리!

(1) 음파의 왕복 시간이 길수록 수심이 깊다. (○ / ×)

(2) 평균 수심은 A 해역이 B 해역보다 깊다. (○ / ×)

(3) B 해역에서 해저면의 기울기는 B_1~B_2 구간에서 가장 급하다. (○ / ×)

(4) B 해역에서 음파의 왕복 시간이 가장 긴 지점은 해양 지각이 생성되는 판의 경계에 해당한다. (○ / ×)

(5) 판의 경계에서 해양 지각의 평균 연령은 A 해역이 B 해역보다 많다. (○ / ×)

자료 ❸ 해양저 확장설의 증거

기출 Point
• 고지자기 줄무늬 해석하기
• 해양저 확장설의 증거 이해하기

[1~4] 그림은 해령을 중심으로 양쪽으로 멀어지면서 측정한 해저 암석의 고지자기 줄무늬와 해양 지각의 나이를 나타낸 것이다.

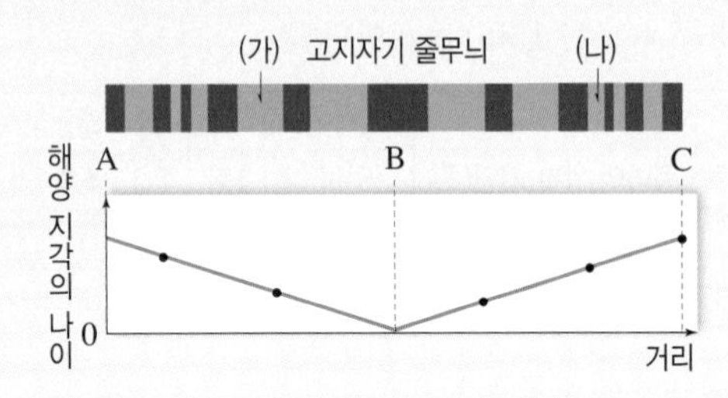

1 A~C 중 해령이 있는 지점을 쓰시오.

2 해령을 중심으로 나타나는 고지자기 줄무늬 분포의 특징을 쓰시오.

3 (가)와 (나) 지점에서 다음 값의 크기를 비교하여 부등호로 나타내시오.

(1) 해양 지각의 나이 : (가) ☐ (나)
(2) 해저 퇴적물의 두께 : (가) ☐ (나)
(3) 수심 : (가) ☐ (나)

4 빈출 선택지로 완벽 정리!

(1) (가)에서 암석이 생성될 당시 지구 자기장의 방향은 현재와 반대이다. .... (○ / ×)
(2) (가)와 (나) 사이의 거리는 점점 멀어진다. .... (○ / ×)
(3) A에서는 해양 지각이 생성된다. .... (○ / ×)
(4) A에서 B로 갈수록 해저 퇴적물의 두께가 두껍다. .... (○ / ×)
(5) C의 해양 지각은 B에서 이동한 것이다. .... (○ / ×)
(6) 해양 지각의 지열은 B가 A보다 높다. .... (○ / ×)

자료 ❹ 판 구조론의 정립 과정

기출 Point
• 대륙 이동설, 해양저 확장설의 증거 구분하기
• 대륙 이동설, 맨틀 대류설, 해양저 확장설의 특징 이해하기

[1~3] 다음은 판 구조론이 정립되는 과정에서 등장한 여러 학설들을 순서대로 나타낸 것이다.

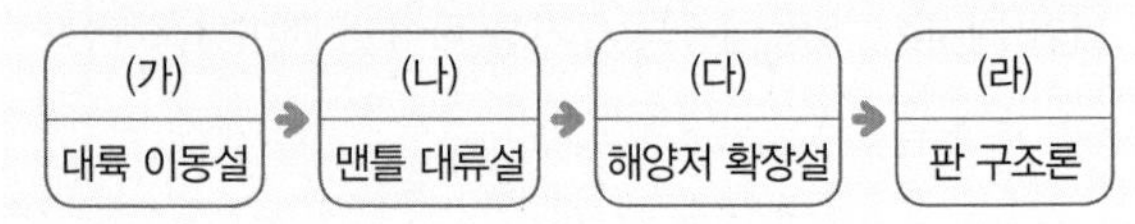

1 다음에서 설명하는 내용이 (가)~(라) 중 어느 것에 해당하는지 쓰시오.

(1) 대륙은 맨틀에서 일어나는 열대류로 이동하며, 맨틀 대류의 상승부에서는 대륙이 갈라진다.
(2) 현재 분리되어 있는 대륙들이 고생대 말~중생대 초에는 하나로 붙어 있었다.
(3) 해령 아래에서 맨틀 대류의 상승류가 나타나고, 새로운 해양 지각이 생성되어 해령으로부터 점차 멀어진다.

2 (다)의 증거가 아닌 것은?

① 빙하 흔적 ② 열곡과 변환 단층
③ 해양 지각의 나이 ④ 고지자기 줄무늬 분포
⑤ 섭입대 주변 지진의 진원 깊이

3 빈출 선택지로 완벽 정리!

(1) (가)는 대륙 이동의 원동력을 설명하지 못하였다. .... (○ / ×)
(2) (나)는 해양저 확장을 설명하기 위해 등장하였다. .... (○ / ×)
(3) (다)의 등장에 음향 측심법이 큰 영향을 미쳤다. .... (○ / ×)
(4) (다)에 따르면, 해령에서 멀어질수록 해저 퇴적물 최하층의 나이는 많아진다. .... (○ / ×)
(5) (라)에 따르면, 지구 표면은 지각과 상부 맨틀의 일부로 이루어진 하나의 판으로 이루어져 있다. .... (○ / ×)

내신 만점 문제

정답친해 5쪽

A 대륙 이동설

중요 **01** 베게너가 주장한 대륙 이동설의 증거가 아닌 것은?

① 유럽과 북아메리카 대륙에 있는 산맥의 암석과 지질 구조가 연속적으로 나타난다.
② 기후가 다른 여러 대륙에서 같은 종의 고생물 화석이 발견된다.
③ 고생대 말 빙하의 흔적이 적도 지역에서 나타난다.
④ 맨틀 내의 열대류에 의해 대륙 이동이 일어난다.
⑤ 인접한 대륙의 해안선이 서로 잘 맞추어진다.

02 그림은 베게너가 대륙 이동의 증거로 제시한 화석의 분포를 나타낸 것이다.

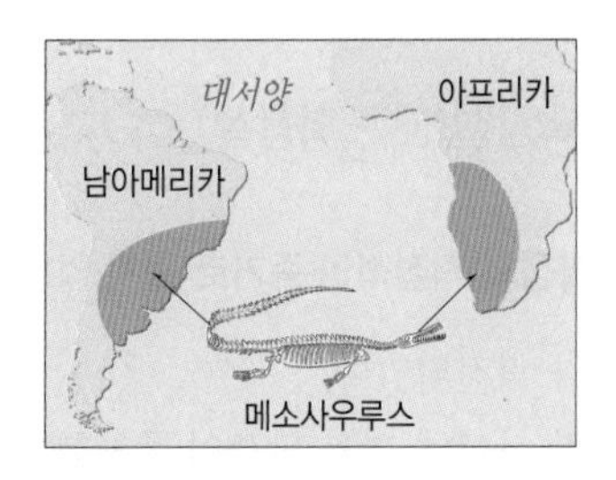

이 자료에 대해 베게너가 주장한 내용으로 옳은 것만을 [보기]에서 있는 대로 고른 것은?

보기
ㄱ. 이 생물은 대서양을 건너 이동하여 두 대륙에서 발견된다.
ㄴ. 이 생물은 두 대륙이 붙어 있을 때 출현하여 번성하였다.
ㄷ. 대서양의 심해 퇴적물에서는 이 생물 화석이 산출될 수 있다.

① ㄱ ② ㄴ ③ ㄷ
④ ㄱ, ㄷ ⑤ ㄴ, ㄷ

서술형 **03** 베게너의 대륙 이동설이 처음 등장하였을 때 지지를 받지 못한 까닭을 서술하시오.

중요 **04** 그림 (가)는 현재 여러 대륙에서 발견되는 빙하의 흔적과 이동 방향을, (나)는 (가)를 근거로 복원한 고생대 말의 대륙 분포를 나타낸 것이다.

□ 고생대 말 빙하 퇴적층 / 고생대 말 빙하 이동 흔적

적도 남아메리카 아프리카 인도 오스트레일리아 남극
(가)

남아메리카 아프리카 인도 오스트레일리아 남극 적도
(나)

이에 대한 설명으로 옳은 것만을 [보기]에서 있는 대로 고른 것은?

보기
ㄱ. 고생대 말에는 판게아가 형성되었다.
ㄴ. 인도 대륙은 한때 적도에 위치한 적이 있었다.
ㄷ. 고생대 말에는 적도 부근에 빙하가 넓게 분포하였다.

① ㄱ ② ㄷ ③ ㄱ, ㄴ
④ ㄴ, ㄷ ⑤ ㄱ, ㄴ, ㄷ

B 맨틀 대류설

05 그림은 홈스의 맨틀 대류설 모형을 나타낸 것이다

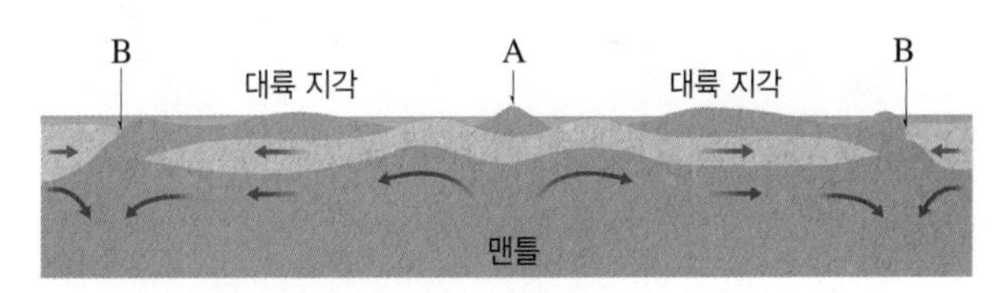

이에 대한 설명으로 옳은 것은?

① 맨틀 대류는 A에서 하강하고, B에서 상승한다.
② 해양 지각은 A에서 소멸하고, B에서 생성된다.
③ A에서는 횡압력이 작용하여 습곡 산맥이 발달한다.
④ 방사성 원소의 붕괴열과 지구 중심부에서 올라오는 열 때문에 맨틀 상부와 하부의 온도 차이로 열대류가 일어난다.
⑤ 홈스는 맨틀 대류의 증거를 제시하여 맨틀 대류설은 발표 당시에 인정받았다.

C 해저 지형 탐사

06 그림은 해령과 해구를 포함한 해저 지형의 모식도를 나타낸 것이다.

이에 대한 설명으로 옳은 것만을 [보기]에서 있는 대로 고른 것은?

보기
ㄱ. A~C 중 해양 관측선에서 발사한 음파의 왕복 시간은 A에서 가장 짧다.
ㄴ. 해양 지각이 소멸되는 곳은 B이다.
ㄷ. C는 해령에 해당한다.

① ㄱ ② ㄴ ③ ㄱ, ㄷ ④ ㄴ, ㄷ ⑤ ㄱ, ㄴ, ㄷ

[07~08] 그림은 어느 해안에서 바다 쪽으로 나가면서 해수면에서 발사한 음파가 해저면에 반사되어 되돌아오는 데 걸린 시간을 나타낸 것이다. 물속에서 음파의 속도는 1500 m/s이다.

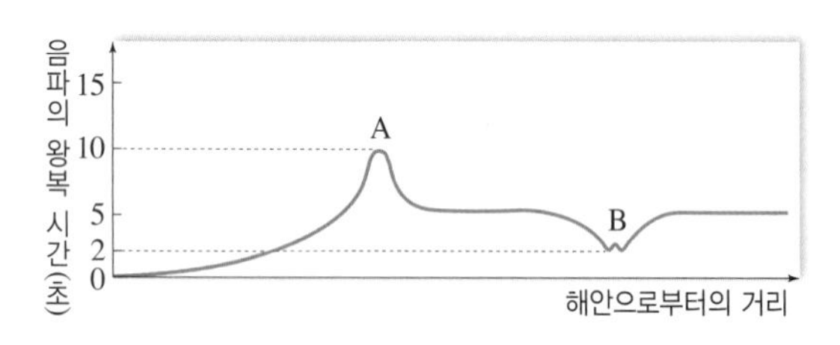

07 A 지점에 발달한 해저 지형으로 가장 적합한 것은?

① 해구 ② 해령 ③ 해산
④ 대륙 사면 ⑤ 심해 평원

08 이에 대한 해석으로 옳은 것만을 [보기]에서 있는 대로 고른 것은?

보기
ㄱ. A에서 B로 갈수록 수심이 대체로 깊어진다.
ㄴ. A 지점의 수심은 7500 m이다.
ㄷ. B 지점은 해구로, 해양 지각이 소멸한다.

① ㄱ ② ㄴ ③ ㄱ, ㄷ ④ ㄴ, ㄷ ⑤ ㄱ, ㄴ, ㄷ

중요 **09** 표는 어느 해역에서 직선 구간을 따라 일정한 간격으로 음향 측심을 한 자료를 나타낸 것이다. 이 해역에는 해령이나 해구 중 하나가 존재하고, 물속에서 음파의 속도는 1500 m/s이다.

탐사 지점	A_1	A_2	A_3	A_4	A_5	A_6
음파의 왕복 시간(초)	7.3	7.1	6.6	3.9	6.5	6.9

이에 대한 설명으로 옳은 것만을 [보기]에서 있는 대로 고른 것은?

보기
ㄱ. A_1~A_6 중 수심은 A_4에서 가장 얕다.
ㄴ. A_1~A_3 구간에는 대륙붕이 발달해 있다.
ㄷ. 이 해역에는 해구가 분포한다.

① ㄱ ② ㄴ ③ ㄱ, ㄷ
④ ㄴ, ㄷ ⑤ ㄱ, ㄴ, ㄷ

D 해양저 확장설(해저 확장설)

중요 **10** 해양저 확장의 직접적인 증거로 옳지 않은 것은?

① 지구 자기가 역전되었다.
② 해령과 해령 사이에 변환 단층이 존재한다.
③ 해령 부근의 고지자기 줄무늬가 대칭을 이룬다.
④ 해령에서 멀어질수록 해저 암석의 나이가 증가한다.
⑤ 섭입대 부근의 진원 깊이가 대륙 쪽으로 갈수록 깊어진다.

11 그림 (가)는 해령 부근의 A, B 지역을, (나)는 B 지역에서 측정한 고지자기 줄무늬를 나타낸 것이다.

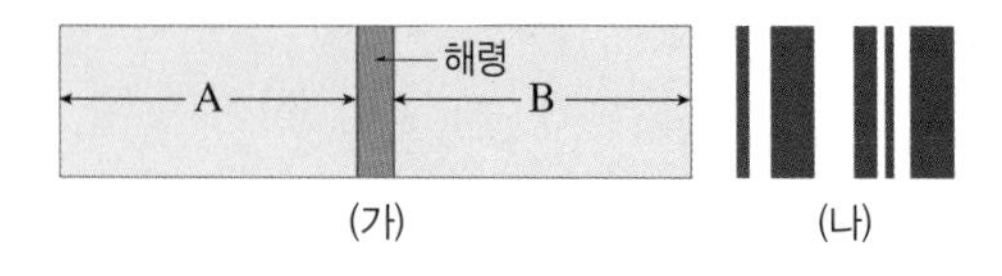

(가) (나)

A 지역의 고지자기 줄무늬로 옳은 것은?

①

②

③
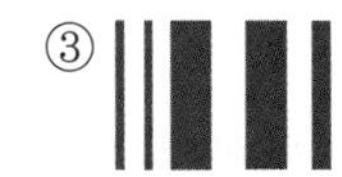
④
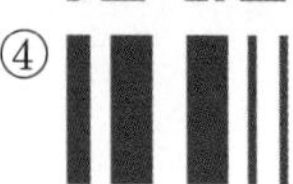
⑤

중요 **12** 그림 (가)와 (나)는 서로 다른 두 해령 부근의 고지자기 분포를 나타낸 것이다.

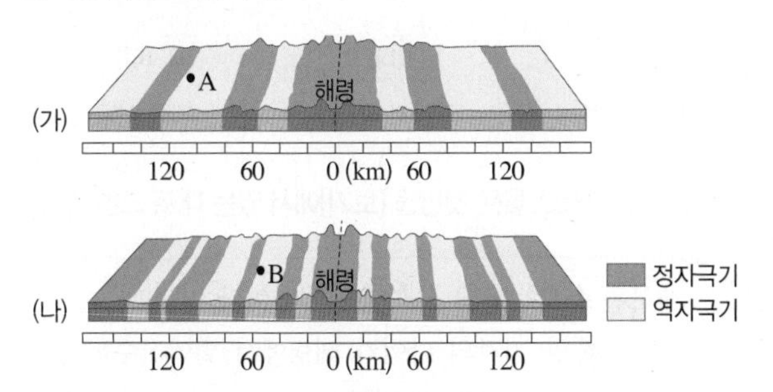

이에 대한 설명으로 옳지 않은 것은?

① 고지자기 줄무늬는 해령을 중심으로 대칭을 이룬다.
② A가 생성될 때 지구 자기장의 방향은 현재와 같았다.
③ A의 해양 지각은 해령 쪽의 반대 방향으로 이동한다.
④ A와 B 지점에서의 암석 나이는 비슷하다.
⑤ (나)보다 (가)에서 해양저의 확장 속도가 빠르다.

서술형 **13** 해령에서 해구로 갈수록 (가)~(다) 물리량은 어떻게 변하는지 서술하시오.

(가) 해양 지각의 나이
(나) 해저 퇴적물의 두께
(다) 해저 퇴적물 최하층의 나이

---

14 그림은 동태평양에서 해양 지각의 연령 분포를 나타낸 것이다.

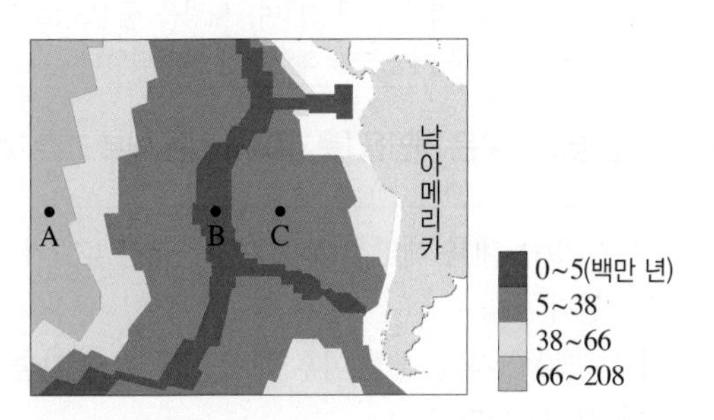

A~C 중 해양 지각이 생성되는 곳과 가장 오래된 생물의 화석이 산출될 수 있는 곳을 순서대로 옳게 짝 지은 것은?

① A, B ② A, C ③ B, A
④ B, C ⑤ C, B

중요 **15** 그림은 어느 해령 부근의 여러 지점에서 측정한 해양 지각의 나이를 나타낸 것이다.

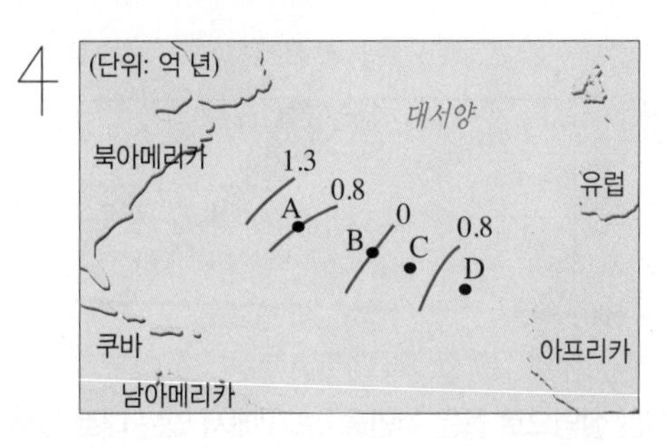

이에 대한 설명으로 옳은 것만을 [보기]에서 있는 대로 고른 것은?

보기
ㄱ. A에서 B로 갈수록 해저 퇴적물의 두께는 두꺼워진다.
ㄴ. B의 하부에는 맨틀 대류의 상승류가 있다.
ㄷ. C와 D 사이의 거리는 점점 멀어진다.

① ㄱ ② ㄴ ③ ㄱ, ㄷ
④ ㄴ, ㄷ ⑤ ㄱ, ㄴ, ㄷ

16 그림은 해령과 변환 단층을 나타낸 것이다.
이에 대한 설명으로 옳은 것만을 [보기]에서 있는 대로 고른 것은?

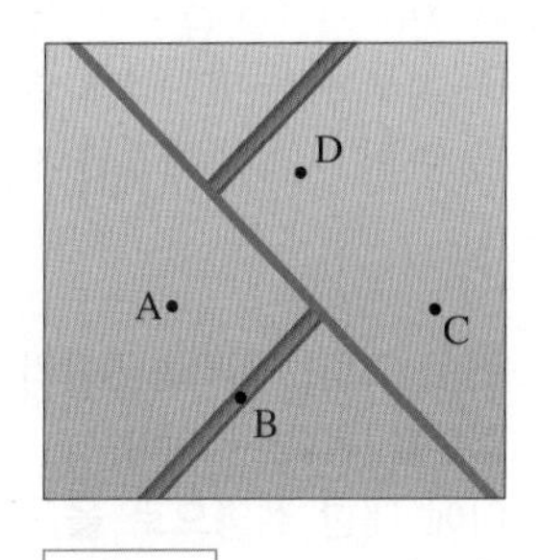

보기
ㄱ. A와 D 사이의 판의 경계에서는 화산 활동이 활발하게 일어난다.
ㄴ. A~D 중 해양 지각의 나이는 B에서 가장 적다.
ㄷ. 변환 단층은 해양 지각의 확장 속도 차이로 해령과 평행하게 발달한다.

① ㄱ ② ㄴ ③ ㄱ, ㄷ
④ ㄴ, ㄷ ⑤ ㄱ, ㄴ, ㄷ

17 그림은 해양에 위치한 어느 판 경계 부근의 진원 깊이 분포를 나타낸 단면도이다.

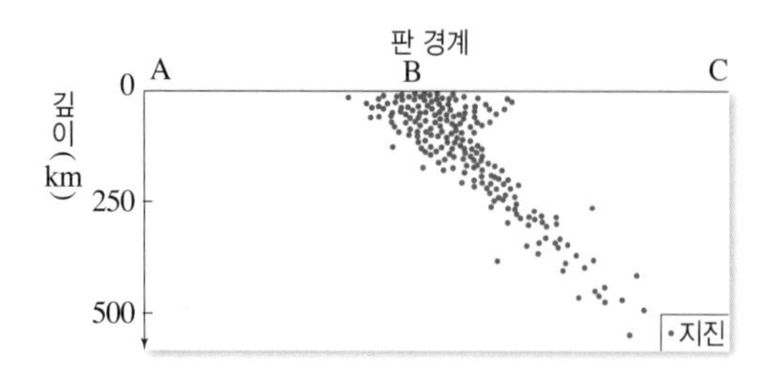

이에 대한 설명으로 옳은 것만을 [보기]에서 있는 대로 고른 것은?

보기
ㄱ. 판이 소멸되는 경계이다.
ㄴ. 판 경계에 열곡이 발달한다.
ㄷ. A−B 판이 B−C 판보다 밀도가 크다.

① ㄱ ② ㄴ ③ ㄱ, ㄷ
④ ㄴ, ㄷ ⑤ ㄱ, ㄴ, ㄷ

E 판 구조론

18 판 구조론에서 판에 대한 설명으로 옳은 것은?

① 지각에 해당한다.
② 연약권 아래에 있다.
③ 암석권과 연약권을 포함한다.
④ 모두 같은 방향으로 움직인다.
⑤ 판의 두께는 대륙판이 해양판보다 두껍다.

19 그림은 지각과 맨틀의 일부를 나타낸 것이다. 이에 대한 설명으로 옳은 것만을 [보기]에서 있는 대로 고른 것은?

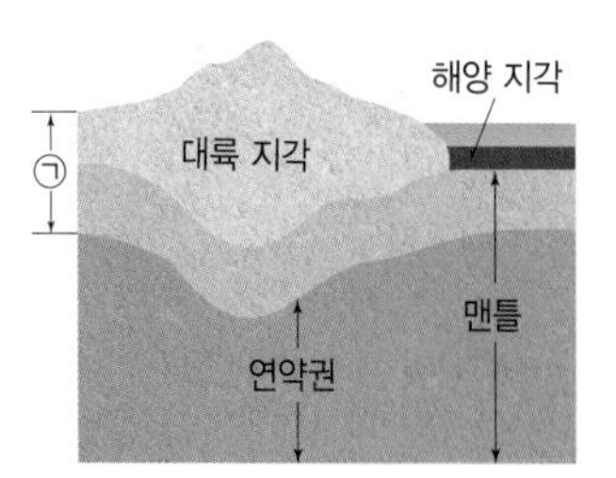

보기
ㄱ. ㉠은 판에 해당한다.
ㄴ. 밀도는 연약권보다 ㉠이 더 크다.
ㄷ. 연약권에서는 물질의 대류가 일어난다.

① ㄱ ② ㄴ ③ ㄱ, ㄷ
④ ㄴ, ㄷ ⑤ ㄱ, ㄴ, ㄷ

중요 **20** 다음은 판 구조론이 정립되기까지 제시되었던 이론 (가), (나), (다)를 시간 순서 없이 나타낸 것이다.

(가)	(나)	(다)
맨틀 대류설	해양저 확장설	대륙 이동설

이에 대한 설명으로 옳은 것만을 [보기]에서 있는 대로 고른 것은?

보기
ㄱ. 제시된 순서는 (다) → (가) → (나)이다.
ㄴ. (나)는 해양 지각의 나이가 해령에서 멀어질수록 많아지는 것을 설명할 수 있다.
ㄷ. (가)는 제시된 당시에 대륙 이동의 원동력 문제를 설명하여 인정받았다.

① ㄱ ② ㄷ ③ ㄱ, ㄴ
④ ㄴ, ㄷ ⑤ ㄱ, ㄴ, ㄷ

중요 **21** 표는 판 구조론의 정립에 기여한 두 학설의 내용을 요약하여 나타낸 것이다.

학설	내용
(가)	지구상의 모든 대륙이 한때는 하나의 초대륙인 판게아를 이루고 있었으며, 약 2억 년 전부터 판게아가 분리되기 시작하여 현재의 대륙 분포가 되었다.
(나)	해령에서 상승한 고온의 마그마가 해저 산맥을 만들고, V자형의 열곡에서 분출된 현무암질 마그마가 굳어져 새로운 해양 지각이 생성되며, 해령을 중심으로 서로 반대 방향으로 이동하여 해양저가 확장되었다.

이에 대한 설명으로 옳은 것만을 [보기]에서 있는 대로 고른 것은?

보기
ㄱ. 떨어져 있는 대륙 해안선 모양의 유사성은 (가)의 증거가 된다.
ㄴ. (나)는 제2차 세계 대전 이후 해저 지형 탐사 기술이 발달하면서 등장하였다.
ㄷ. (가)가 (나)보다 먼저 등장하였다.

① ㄱ ② ㄴ ③ ㄱ, ㄷ
④ ㄴ, ㄷ ⑤ ㄱ, ㄴ, ㄷ

실력 UP 문제

정답친해 8쪽

01 그림은 대륙 이동의 증거가 되는 고생대 말 습곡 산맥의 분포, 대서양 중앙 해령 주변의 고지자기 줄무늬 분포, 메소사우루스 화석 산출지 분포, 고생대 말 빙하 퇴적층의 분포와 빙하의 이동 흔적을 나타낸 것이다.

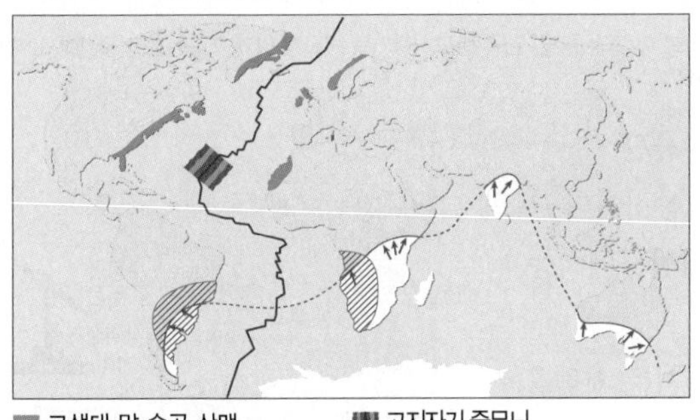

이에 대한 해석으로 옳은 것은?

① 습곡 산맥은 판게아가 갈라진 후에 형성되었다.
② 메소사우루스는 판게아가 갈라진 후에 처음 출현하였다.
③ 고생대 말에 빙하 퇴적층은 모두 연결되어 있었다.
④ 베게너는 고지자기 줄무늬가 대칭을 이루는 것을 대륙 이동설의 증거로 제시하였다.
⑤ 고생대 말에는 저위도 지역에도 빙하가 분포하였다.

02 그림 (가)와 (나)는 확장 속도가 서로 다른 해양 지각에서 측정한 고지자기의 분포를 순서 없이 나타낸 것이다.

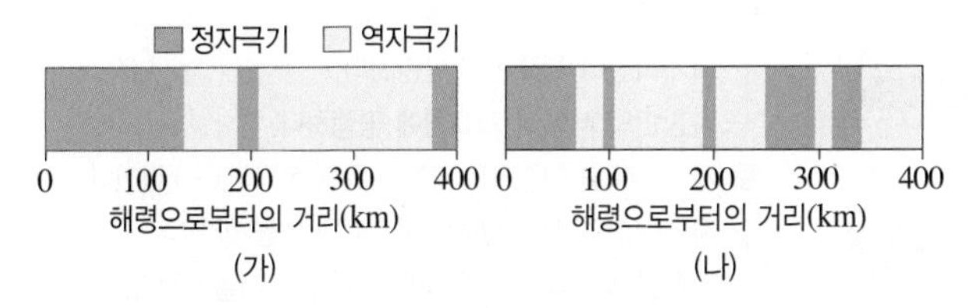

이에 대한 설명으로 옳은 것만을 [보기]에서 있는 대로 고른 것은?

보기
ㄱ. 해령에서 100 km 떨어진 지점의 암석의 나이는 (나)가 (가)보다 많다.
ㄴ. 해양 지각의 확장 속도는 (가)가 (나)보다 빠르다.
ㄷ. (가)에 나타나는 고지자기 역전 양상은 (나)에도 나타난다.

① ㄱ ② ㄷ ③ ㄱ, ㄴ
④ ㄴ, ㄷ ⑤ ㄱ, ㄴ, ㄷ

03 그림은 어느 해역에서 음향 측심법으로 측정한 수심 분포를 나타낸 것이다.

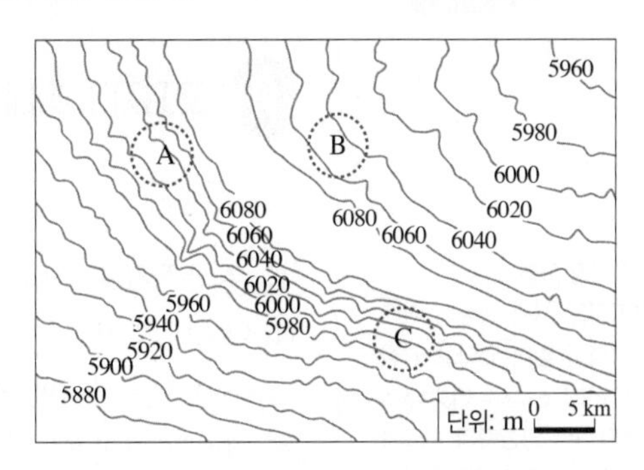

이 해역에 대한 설명으로 옳은 것만을 [보기]에서 있는 대로 고른 것은? (단, 해양에서 음파의 속도는 1500 m/s이다.)

보기
ㄱ. A와 B 사이에는 해구가 분포한다.
ㄴ. 해저면의 평균 기울기는 B가 C보다 급하다.
ㄷ. 수심이 가장 깊은 지점에서 음파의 왕복 시간은 8초보다 짧다.

① ㄱ ② ㄴ ③ ㄱ, ㄷ
④ ㄴ, ㄷ ⑤ ㄱ, ㄴ, ㄷ

04 그림 (가)는 같은 속력으로 확장하는 두 해양판의 경계를, (나)는 (가)의 해령 부근에서 해양 지각의 연령에 따른 수심을 나타낸 것이다.

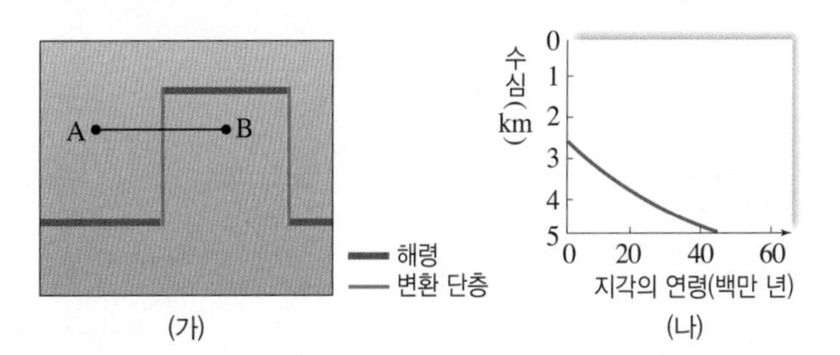

이에 대한 설명으로 옳은 것만을 [보기]에서 있는 대로 고른 것은?

보기
ㄱ. 해양 지각의 나이는 A보다 B에서 많다.
ㄴ. 음향 측심법으로 수심을 측정하면 음파의 왕복 시간은 B보다 A에서 길 것이다.
ㄷ. 앞으로 A와 B 사이의 거리는 멀어질 것이다.

① ㄱ ② ㄷ ③ ㄱ, ㄴ
④ ㄴ, ㄷ ⑤ ㄱ, ㄴ, ㄷ

대륙 분포의 변화

핵심 포인트

❶ 지구 자기장과 복각 ★★
❷ 고지자기를 이용한 대륙의 이동 복원 ★★★
❸ 판 경계와 대륙의 이동 ★★
❹ 지질 시대 대륙 분포 변화 ★★★

A 고지자기와 대륙의 이동

암석에 남아 있는 과거 지구 자기장의 기록을 고지자기라고 합니다. 한 번 기록된 고지자기는 변하지 않기 때문에 고지자기를 분석하면 과거 대륙이 시간에 따라 어떻게 이동했는지 알 수 있어요.

◆ **지구 자기장 모형**
지구 자기장은 지구 중심에 거대한 막대자석이 놓여 있다고 가정할 때 자기장의 모습과 비슷하다. 막대자석의 S극 방향축과 지표가 만나는 지점을 지자기 북극이라고 한다.

1. ◆지구 자기장 지구 자기력이 미치는 공간

(1) 나침반의 자침은 ❶자기력선을 따라 움직이며, 북반구에서는 나침반 자침의 N극이, 남반구에서는 나침반 자침의 S극이 지표를 향한다.

(2) 나침반 자침의 N극이 90°로 기울어지는 지점을 자북극이라고 한다.

(3) 지구의 자전축과 북반구의 지표면이 만나는 지점을 지리상 북극이라고 한다.

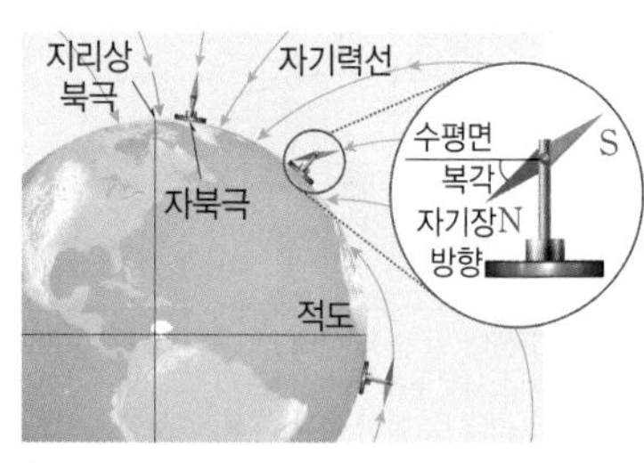

⬆ 지구 자기장과 복각

(4) 복각과 편각

◆ **지리상 북극과 자북극의 위치**

어느 한 지점에서 지리상 북극 방향과 나침반 자침이 가리키는 방향은 일치하지 않으므로 편각이 발생한다.

복각 (교학사, 미래엔, 천재 교과서에만 나와요.)

나침반의 자침이 수평면과 이루는 각 ➡ 자기 적도에서 자극으로 갈수록 복각의 크기가 커진다.
- 자북극: 복각이 +90°이다.
- 자기 적도: 복각이 0°이다.
- 자남극: 복각이 −90°이다.

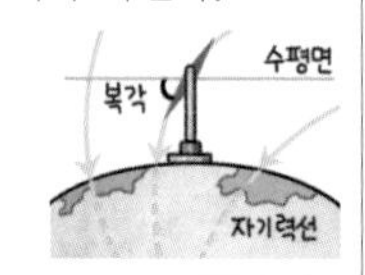

◆**편각** (천재 교과서에만 나와요.)

지구 표면의 한 수평면 위의 관측 지점에서 진북과 자북이 이루는 각
- 진북: 지리상 북극 방향
- 자북: 나침반 자침의 N극이 가리키는 방향

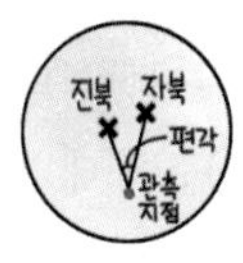

지구 자기장과 위도에 따른 복각

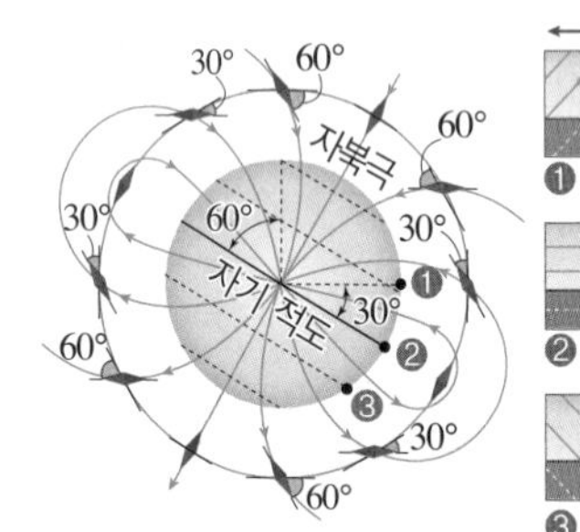

❶ 30°N 지역
❷ 자기 적도 지역
복각
❸ 30°S 지역

❶ 자기 적도를 기준으로 북쪽에 위치: 복각이 (+) 값이다.
- 자기력선이 비스듬히 지표면을 향해 들어간다.
- 나침반 자침의 N극이 지표면 쪽으로 기울어진다.

❷ 자기 적도: 복각이 0°이다.
- 자기력선이 지표면에 나란하다.
- 나침반의 자침이 지표면에 평행하다.

❸ 자기 적도를 기준으로 남쪽에 위치: 복각이 (−) 값이다.
- 자기력선이 지표면에서 비스듬히 위를 향한다.
- 나침반 자침의 S극이 지표면 쪽으로 기울어진다.

궁금해?

자북극? 지자기 북극?
자북극은 실제 자기장으로 측정한 복각이 90°인 지점이고, 지자기 북극은 지구 가운데에 막대자석이 있다고 가정한 모형에서 S극의 축이 지표면과 만나는 지점이다. 고지자기학에서는 과거의 실제 자기장을 알 수 없으므로 과거 지구 자기장을 가정하고 연구한다.

심화+ 복각과 편각

지구 표면의 어느 지점에서 나침반 자침의 N극에 작용하는 자기력의 크기를 전 자기력이라고 한다. 나침반의 자침은 전 자기력을 따라 기울어진다.

1. **복각**: 수평면에 대해 나침반의 자침이 기울어진 각도 ➡ 자침의 N극이 아래로 내려가면 (+), 위로 올라가면 (−)로 표시한다.
2. **편각**: 진북과 자북 사이의 각도 ➡ 나침반 자침의 N극이 진북의 동쪽을 가리키면 E 또는 (+)로 표시하고, 진북의 서쪽을 가리키면 W 또는 (−)로 표시한다.

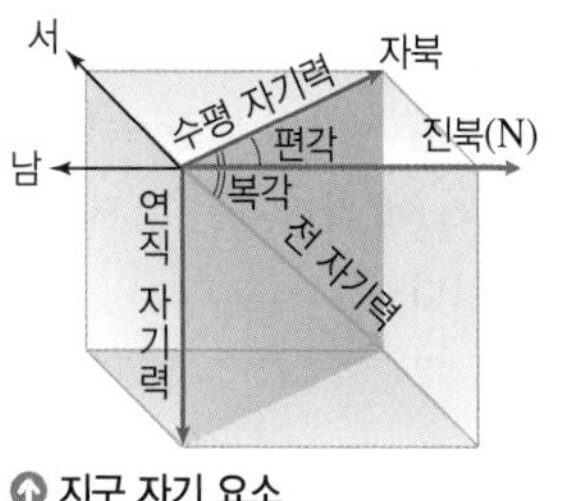

⬆ 지구 자기 요소

용어

❶ 자기력선(磁 자석, 氣 기운, 力 힘, 線 줄) 자기장 안의 각 점에서 자기력의 방향을 나타내는 선

2. 고지자기를 이용한 대륙의 이동 복원 (완자쌤 비법 특강 26쪽)

(1) **고지자기**: 지질 시대에 생성된 암석에 남아 있는 ❶잔류 자기

① 고지자기의 복각을 측정하면, 암석이 만들어질 당시의 위도를 추정할 수 있다.

예 • 고지자기의 복각이 (+) 값이다. ➡ 암석이 생성될 당시 대륙은 북반구에 있었다.
• 고지자기의 복각이 +90°이다. ➡ 암석이 생성될 당시 대륙은 지자기 북극에 있었다.

② 암석의 나이, 복각, 고지자기 방향 등으로 대륙의 이동 경로를 복원할 수 있다.

예 어느 대륙에서 생성된 암석의 나이가 적을수록 고지자기 복각의 크기가 커졌다. ➡ 대륙은 고위도로 이동하였다.

(2) ◆**지자기 북극의 겉보기 이동 경로**: 1950년대 초, 유럽 대륙의 암석과 북아메리카 대륙의 암석에 기록된 고지자기를 측정하여 알아낸 지자기 북극의 이동 경로를 지도에 표시해 본 결과, 지자기 북극의 이동 경로가 두 갈래로 나타났다. ➡ 지질 시대 동안 지자기 북극은 하나였으므로 두 대륙에서 측정한 지자기 북극의 이동 경로가 일치하지 않는 것은 대륙이 이동하여 나타난 겉보기 이동 경로이기 때문이다.

지자기 북극의 겉보기 이동 경로

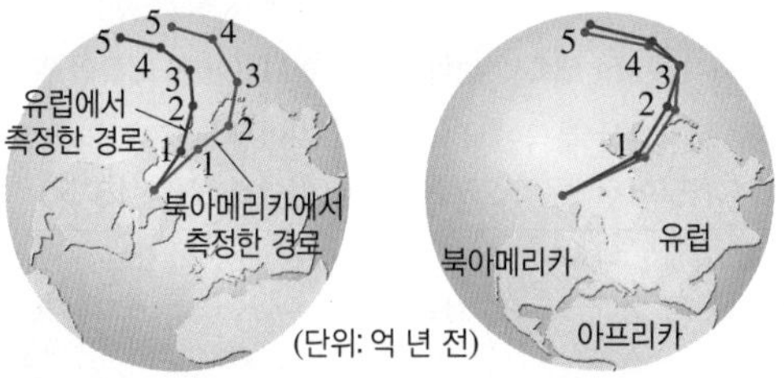

❶ 현재의 대륙 분포와 지자기 북극의 이동 경로
❷ 지자기 북극의 이동 경로를 일치시켰을 때 대륙 분포

❶ 현재 유럽 대륙과 북아메리카 대륙의 암석에서 측정한 지자기 북극의 이동 경로가 두 갈래로 나타난다. ➡ 대륙이 이동했기 때문

❷ 과거의 대륙 분포 추정: 지자기 북극의 이동 경로를 일치시켜 보면, 두 대륙이 모여 있는 모습이 된다. ➡ 과거에 유럽 대륙과 북아메리카 대륙이 붙어 있었음을 알 수 있다.

(3) **인도 대륙의 이동**: 인도 대륙에서 여러 시기에 생성된 암석의 고지자기 복각을 측정한 결과, 약 7100만 년 전 남반구에 있었던 인도 대륙은 북상하여 유라시아 대륙과 충돌하면서 히말라야산맥을 형성하였고, 현재 인도 대륙은 북반구에 있다.

궁금해?

지자기 북극의 위치는 지리상 북극과 정확히 일치하지 않는데, 고지자기의 복각으로 어떻게 위도를 추정할까?

고지자기학에서는 지자기극도 조금씩 이동하지만 수천 년~수만 년 단위로의 지자기극의 평균 위치를 구하면 지리상 극과 일치하는 것을 전제로 한다. 따라서 고지자기의 복각은 위도에 비례하므로 고지자기의 복각을 이용하면 과거 대륙의 위도를 추정할 수 있다.

◆ **지자기 북극의 겉보기 이동 경로와 대륙 이동설의 증거**
지자기 북극의 이동 경로가 두 개로 나뉜 것처럼 보이는 것은 대륙이 이동하였기 때문에 나타나는 겉보기 이동이며, 이 연구 결과는 베게너의 대륙 이동설을 부활시키는 계기가 되었다.

용어

❶ **잔류 자기(殘 남다, 留 머무르다, 磁 자석, 氣 기운)** 자성체에 자기장을 놓아 자화시킨 후 자기장을 치워도 그대로 남아 있는 자기

탐구 자료창 인도 대륙의 이동 경로 복원 (교학사, 미래엔, YBM 교과서에만 나와요.)

31쪽 대표 자료❶

그림은 지질 시대 동안 인도 대륙의 위치와 고지자기로 알아낸 복각을 나타낸 것이다. (단, 위도 1° 사이의 거리는 110 km로 가정한다.)

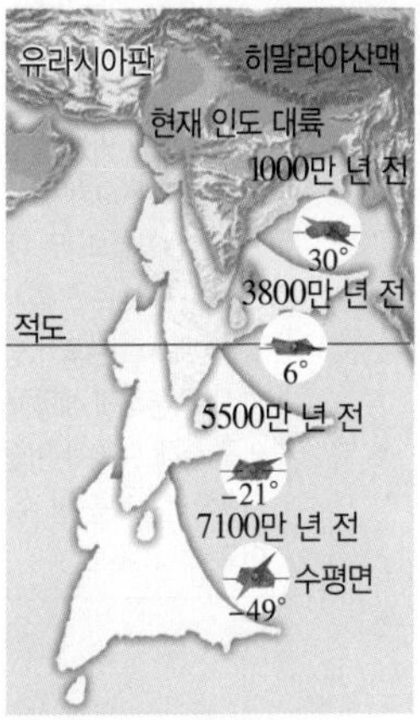

⊙ 인도 대륙의 위치와 복각

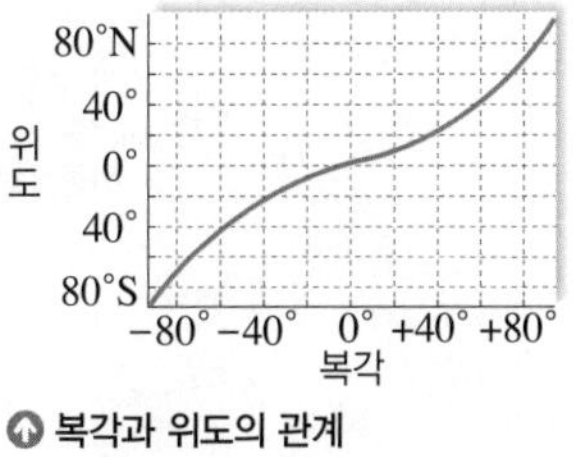

⊙ 복각과 위도의 관계

➡

시기(만 년 전)	7100	5500	3800	1000	현재
복각	−49°	−21°	+6°	+30°	+36°
위도	30°S	11°S	3°N	16°N	20°N
이동 거리(km)	0	2090	1540	1430	440
이동 속도(cm/년)	0	약 13.1	약 9.1	약 5.1	약 4.4

1. **인도 대륙의 위도**: 복각과 위도의 관계 그래프에서 각 시기의 복각에 해당하는 위도를 읽는다.
2. **인도 대륙의 이동 거리**: 위도 차로 구한다. 예 (30−11)×110 km=2090 km
3. **인도 대륙의 이동 속도**: 이동 거리를 이동 시간으로 나눈다. 예 2090 km÷(7100−5500)만 년≒13.1 cm/년
4. **결론**: 인도 대륙의 이동 속도는 점점 느려졌으며, 평균 이동 속도는 (50×110 km)÷7100만 년≒7.7 cm/년이다.
└ 50: 현재와 7100만 년 전의 위도 차

고지자기와 대륙의 이동 복원

고지자기를 해석하여 과거 대륙 분포의 모습을 어떻게 추정하는지 예시를 통해 알아보아요. 또한, 북아메리카 대륙과 유럽 대륙에서 고지자기를 측정하여 알아낸 지자기 북극의 이동 경로로 과거의 대륙 분포를 복원한 모습을 자세히 살펴볼까요?

1 고지자기극의 겉보기 이동 경로와 대륙의 이동 경로

그림은 현재 대륙의 위치와 시기별 고지자기극의 위치를 나타낸 것이다. 고지자기극은 이 대륙의 고지자기 방향으로 추정한 지리상 북극이고, 실제 지리상 북극의 위치는 변하지 않았다.

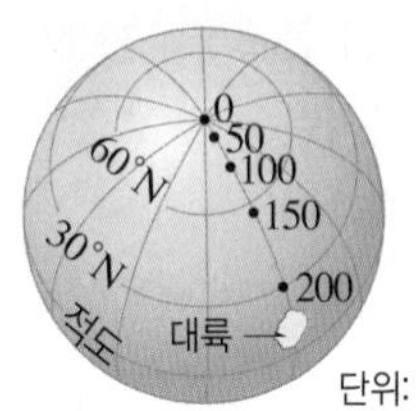

단위: 백만 년 전(Ma)

대륙은 현재(0 Ma) 지리상 북극으로부터 약 75° 떨어진 곳에 있고, 200 Ma에는 지리상 북극으로부터 약 15° 떨어진 곳에 있어요. 지질 시대 동안 지리상 북극의 위치는 변하지 않았기 때문에 이 대륙은 200 Ma에 지리상 북극에서 약 15° 떨어진 고위도 지역(약 75°N)에 있다가 점점 남쪽으로 이동하여 현재는 지리상 북극에서 약 75° 떨어진 저위도 지역(약 15°N)으로 이동한 것을 알 수 있어요. 각 시기별 대륙의 위치와 지리상 북극의 위치를 살펴볼까요?

200 Ma 대륙의 위치	150 Ma 대륙의 위치	100 Ma 대륙의 위치	50 Ma 대륙의 위치	0 Ma(현재) 대륙의 위치
지리상 북극에서 약 15° 떨어진 곳(약 75°N)	지리상 북극에서 약 35° 떨어진 곳(약 55°N)	지리상 북극에서 약 55° 떨어진 곳(약 35°N)	지리상 북극에서 약 65° 떨어진 곳(약 25°N)	지리상 북극에서 약 75° 떨어진 곳(약 15°N)
200 Ma, 60°N, 30°N, 적도	150 Ma, 60°N, 30°N, 적도	100 Ma, 60°N, 30°N, 적도	50 Ma, 60°N, 30°N, 적도	0 Ma, 60°N, 30°N, 적도

Q1 200 Ma에서 현재까지 대륙이 이동하는 동안 복각의 크기는 어떻게 변하였는가?

2 대륙의 이동과 지자기 북극의 겉보기 이동 경로

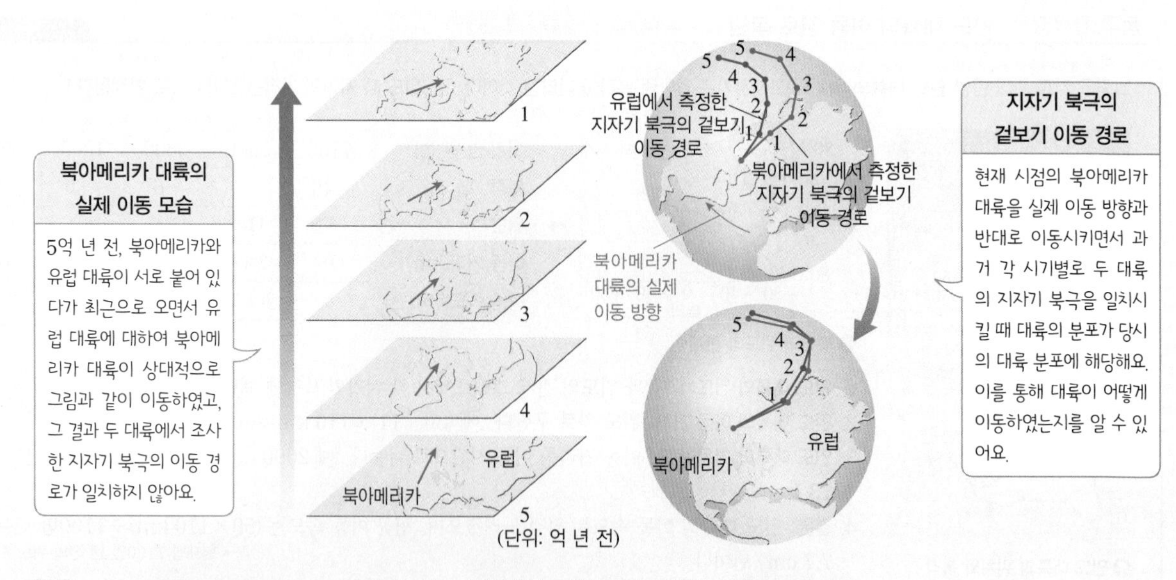

Q2 대륙이 이동하지 않았다면 두 대륙에서 조사한 지자기 북극의 이동 경로는 어떻게 나타나겠는가?

B 판 경계와 대륙의 이동

대륙 지각과 해양 지각은 판을 따라 이동하며, 판 경계에서 지각이 생성되거나 소멸하면서 끊임없이 이동하여 대륙 분포가 변해요.

1. 판 경계의 종류 상대적인 판의 이동 방향에 따라 구분한다.

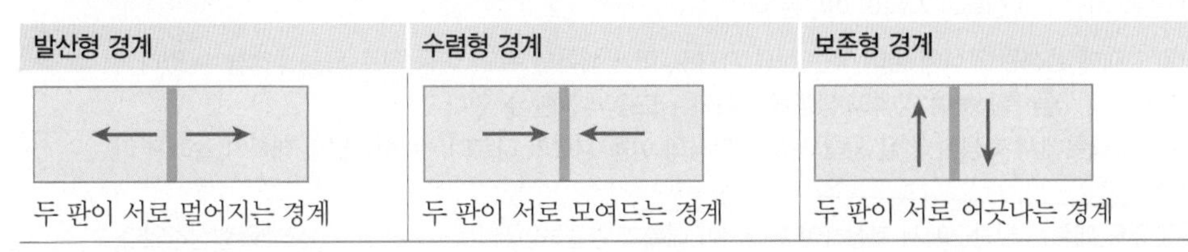

주의해!

두 판의 이동 방향이 같을 때 판 경계의 구분

두 판의 이동 속력에 따라 발산형 경계일 수도 있고, 수렴형 경계일 수도 있다.

• 발산형 경계

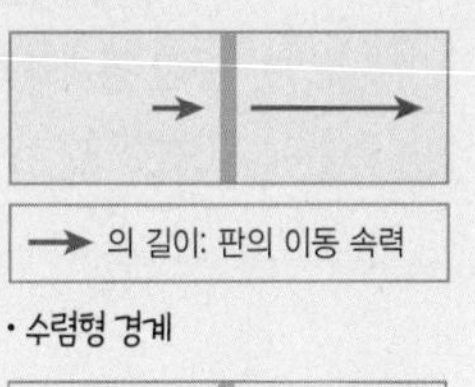

• 수렴형 경계

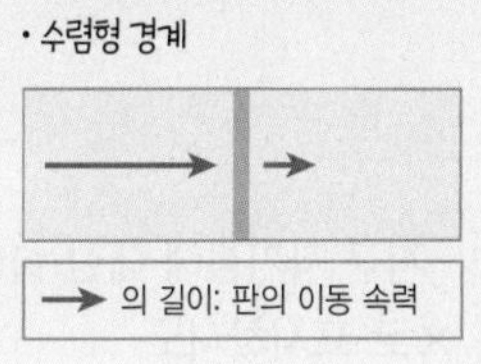

2. 판 경계의 지각 변동

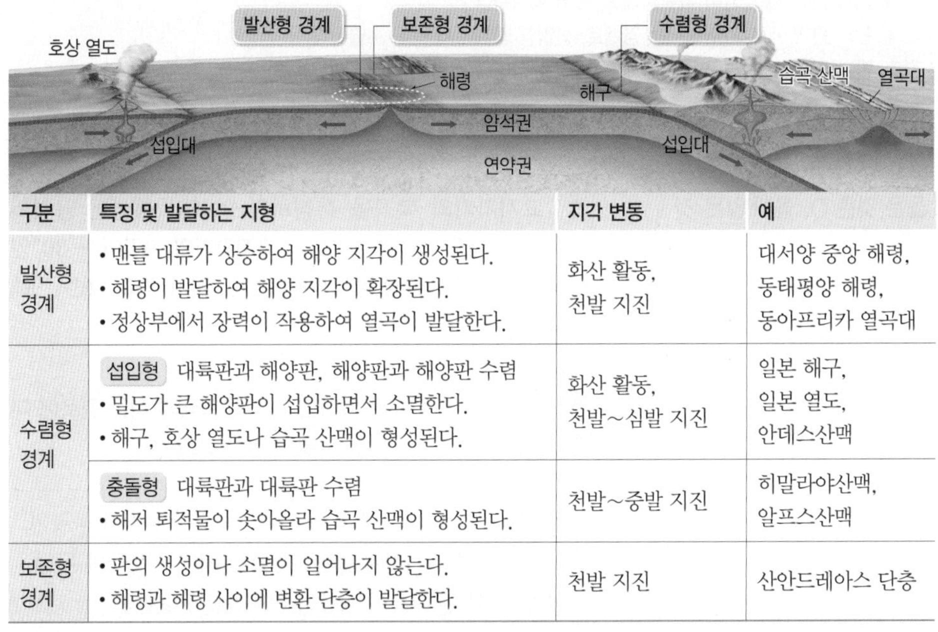

구분	특징 및 발달하는 지형	지각 변동	예
발산형 경계	• 맨틀 대류가 상승하여 해양 지각이 생성된다. • 해령이 발달하여 해양 지각이 확장된다. • 정상부에서 장력이 작용하여 열곡이 발달한다.	화산 활동, 천발 지진	대서양 중앙 해령, 동태평양 해령, 동아프리카 열곡대
수렴형 경계	섭입형 대륙판과 해양판, 해양판과 해양판 수렴 • 밀도가 큰 해양판이 섭입하면서 소멸한다. • 해구, 호상 열도나 습곡 산맥이 형성된다.	화산 활동, 천발~심발 지진	일본 해구, 일본 열도, 안데스산맥
	충돌형 대륙판과 대륙판 수렴 • 해저 퇴적물이 솟아올라 습곡 산맥이 형성된다.	천발~중발 지진	히말라야산맥, 알프스산맥
보존형 경계	• 판의 생성이나 소멸이 일어나지 않는다. • 해령과 해령 사이에 변환 단층이 발달한다.	천발 지진	산안드레아스 단층

31쪽 대표 자료❷

전 세계 판 경계와 지각 변동

[판 경계에서 지각 변동의 특징]

• 발산형 경계인 해령에서는 해양 지각이 생성되고, 수렴형 경계인 해구에서는 해양 지각이 소멸된다.
• 해령에서 해구로 갈수록 해양 지각의 나이가 증가한다.
• 섭입대 부근: 해구에서 대륙판 쪽으로 갈수록 진원 깊이가 깊어진다.

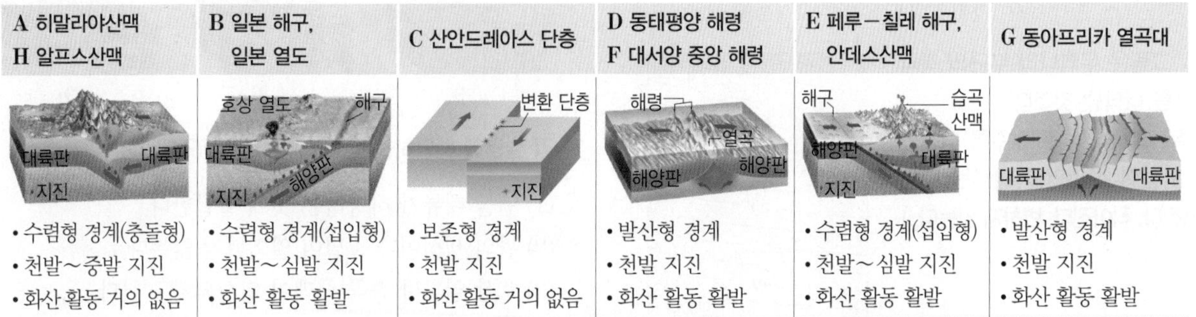

개념 확인 문제

핵심 체크

- 지구 자기장: 지구 자기력이 미치는 공간 ➡ 자기력선을 따라 나침반의 자침이 움직인다.
  - (❶): 나침반의 자침이 수평면과 이루는 각 ➡ 고위도로 갈수록 복각의 크기가 커진다.
  - (❷): 관측 지점에서 진북과 자북이 이루는 각
- (❸): 지질 시대에 생성된 암석에 남아 있는 잔류 자기로, 과거 대륙의 위도, 이동 경로 등을 추정할 수 있다.
  - 고지자기의 (❹)을 측정하여 암석이 생성될 당시의 위도를 추정할 수 있다.
  - 예 유럽과 북아메리카 대륙에서 측정한 지질 시대 지자기 북극의 이동 경로가 다르다. ➡ 하나였던 대륙이 갈라져 이동하였기 때문이다.
  - 예 지질 시대 동안 인도 대륙은 남반구에서 북상하여 유라시아 대륙과 충돌하면서 (❺)산맥을 형성하였다.
- 판 경계와 대륙의 이동: 지각이 판을 따라 이동하고, 판 경계에서 지각이 생성되거나 소멸되면서 대륙 분포가 변한다.
  - (❻) 경계: 판과 판이 서로 멀어지는 경계로, 판이 생성된다.
  - (❼) 경계: 판과 판이 서로 가까워지는 경계로, 섭입형 경계에서 판이 소멸된다.
  - (❽) 경계: 판과 판이 서로 어긋나는 경계로, 판의 생성이나 소멸이 일어나지 않는다.

1 지구 자기장에 대한 설명으로 옳은 것은 ○, 옳지 않은 것은 ×로 표시하시오.

(1) 관측 지점에서 자북과 진북이 이루는 각은 복각이다. ( )

(2) 자기 적도에서 멀수록 복각의 크기가 크다. ( )

(3) 지구 자기장의 방향이 변하면 암석에 기록된 고지자기의 방향도 변한다. ( )

2 그림은 위도가 서로 다른 A와 B 지점에서 나침반의 자침이 기울어진 정도를 나타낸 것이다.

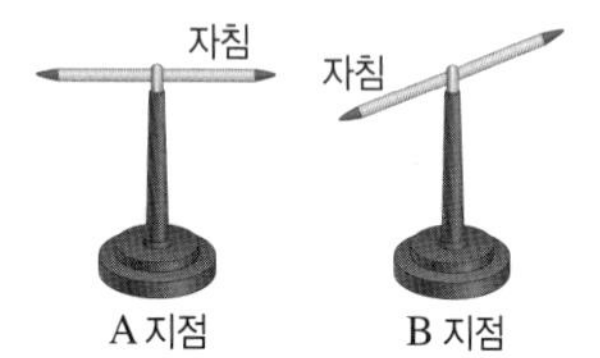

A와 B 지점 중 (가) 복각이 더 큰 지점과 (나) 자기 적도에 더 가까운 지점을 각각 쓰시오.

3 그림은 우리나라 부근의 복각 분포를 나타낸 것이다.

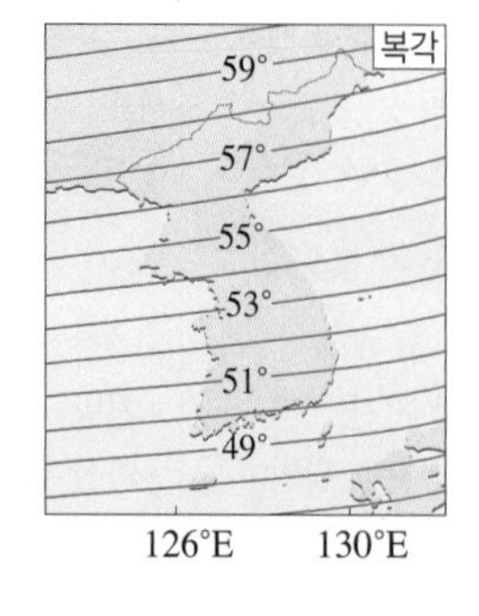

제주도에서 서울로 갈수록 나침반의 자침이 수평면과 이루는 각은 (커진다, 작아진다, 변하지 않는다.)

4 고지자기의 복각을 측정하면 암석이 생성될 당시의 ㉠(위도, 경도)를 알 수 있다. 고지자기의 복각이 $-30°$인 대륙은 암석이 생성될 당시 ㉡(북반구, 자기 적도, 남반구)에 있었다.

5 고지자기 측정으로 알아낸 지자기 북극의 이동 경로에 대한 설명 중 ( ) 안에 알맞은 말을 고르시오.

> 유럽과 북아메리카 대륙에서 각각 측정한 지자기 북극의 이동 경로가 일치하지 않는 까닭은 (지자기 북극이 두 개였기 때문, 두 대륙이 이동하였기 때문)이다.

6 고지자기 관측 자료로 인도 대륙의 이동 경로를 복원한 결과, 지질 시대 동안 인도 대륙은 (남반구에서 북반구로, 북반구에서 남반구로) 이동하였다.

7 그림 (가)~(다)는 서로 다른 판 경계를 나타낸 것이다.

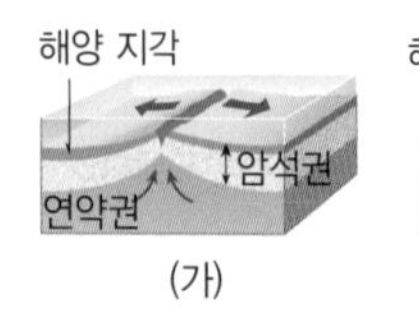

(가)

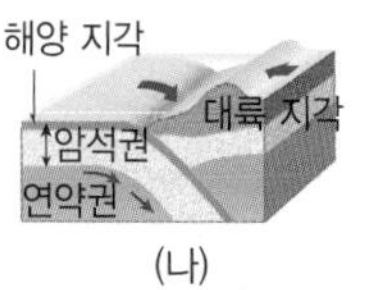

(나)

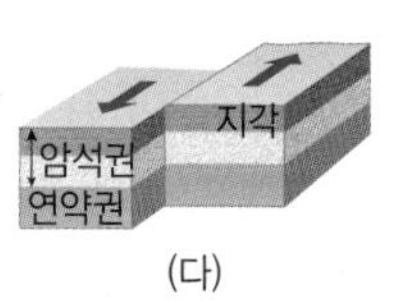

(다)

각 설명에 해당하는 판 경계를 고르시오.

(1) 맨틀 대류가 하강하는 곳에 발달한다.

(2) 판의 생성이나 소멸이 일어나지 않는다.

(3) 호상 열도나 습곡 산맥이 형성되기도 한다.

(4) 새로운 해양판이 생성되며, 천발 지진이 일어난다.

C 과거와 미래의 대륙 분포 변화

1. 지질 시대 대륙 분포의 변화

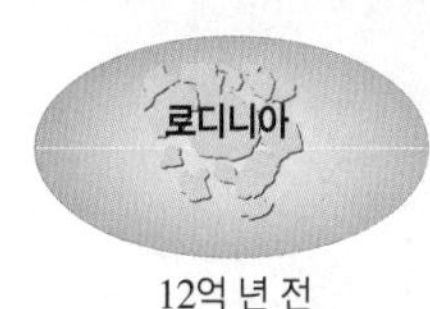

12억 년 전

5억4천만 년 전

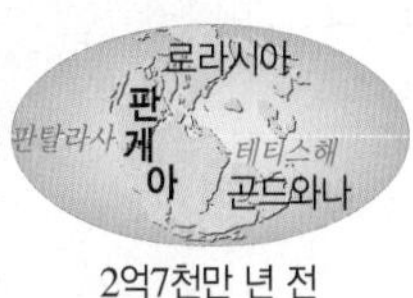

2억7천만 년 전

1억5천만 년 전

5천만 년 전

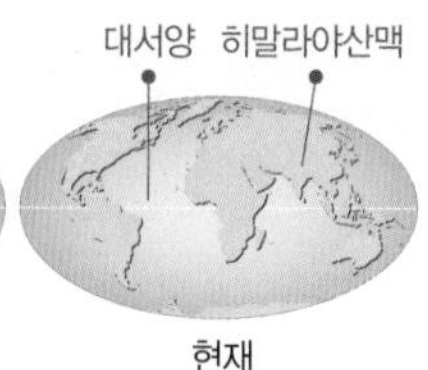

현재

(1) **로디니아**: 약 12억 년 전 '로디니아'라는 초대륙이 존재하였다.
└● 로디니아 이전에도 여러 차례 초대륙이 존재하였다. 가장 오래된 초대륙은 약 36억 년 전 존재했던 발바라이다.

(2) **판게아 형성**: 로디니아가 여러 대륙으로 분리되어 이동하다가 다시 모여 고생대 말(약 2억 7천만 년 전)에 초대륙 '판게아'를 형성하였다.

① 테티스해를 사이에 두고 판게아의 북반구에는 로라시아 대륙, 남반구에는 곤드와나 대륙이 분포하였으며, 판게아 주변의 바다를 판탈라사라고 한다.

② 판게아가 형성되면서 ◆애팔래치아산맥이 형성되었다. ─● 베게너가 대륙 이동설의 증거로 제시한 산맥

(3) **판게아 분리**: 약 2억 년 전(중생대 초)에 판게아가 분리되기 시작하여 로라시아 대륙이 북아메리카 대륙과 유라시아 대륙으로 분리되었다.
└● 열곡을 따라 용암이 분출되면서 대륙이 분리된다.

(4) **대서양 형성**: 약 1억5천만 년 전, 대서양이 열리면서 로라시아 대륙과 곤드와나 대륙이 거의 분리되었고, 다른 대륙들이 남극 대륙에서 분리되어 북쪽으로 이동하였다.

(5) **남대서양 확장**: 약 1억 년 전, 남아메리카 대륙과 아프리카 대륙이 분리되면서 남대서양이 확장되었다. ➡ 이후 아프리카 대륙에서 인도 대륙과 마다가스카르섬이 분리되었고, 남극 대륙에서 오스트레일리아 대륙이 분리되었다.

(6) **히말라야산맥 형성**: 약 6천만 년 전 이후(신생대)에 인도 대륙이 유라시아 대륙과 충돌하여 히말라야산맥이 형성되었다. ─● 현재에도 두 대륙의 충돌이 계속되어 히말라야산맥의 높이가 상승하고 있다.

┌● 판 경계에서 판이 생성되거나 소멸하는 비율은 거의 일정하기 때문에 지구 전체의 표면적은 넓어지지 않는다.

2. 미래의 대륙 분포 변화

대륙들이 합쳐지고 분리되는 과정이 반복될 것이다.

(1) 판의 이동 속도와 방향을 분석하여 대륙 분포를 예측할 수 있다. 예 ◆동아프리카 열곡대

(2) 앞으로 2억 년 후~2억5천만 년 후에는 새로운 초대륙이 형성될 것으로 예측된다.

(3) 초대륙의 형성 주기는 약 3억 년~5억 년으로 추정된다.

| 초대륙의 형성과 분리 | 비상, YBM 교과서에만 나와요.

초대륙 형성 → 초대륙 분리 (열곡대) → 해저 확장 (해령) → 대륙 주변부에서 해구와 섭입대 형성 (해구) → 섭입대에서 해양 지각 소멸 → 대륙과 대륙 충돌 → 초대륙 형성

• 초대륙 아래에서 맨틀의 상승류가 형성되면 대륙 내부에 열곡대가 생기고, 이곳이 새로운 판의 경계가 되어 대륙이 분리된다. 분리된 대륙 사이에 해양이 만들어지면 해저에 해령이 발달한다.
• 해양판은 수렴형 경계에서 대륙판 밑으로 섭입하면서 소멸하고, 대륙과 대륙이 가까워지다가 충돌하여 대륙이 성장하고 계속 되면 거대한 초대륙이 만들어질 수 있다.

비상 교과서에만 나와요.

◆ **애팔래치아산맥 형성**
판게아가 형성되면서 북아메리카 대륙이 아프리카 대륙 및 유럽 대륙과 충돌하여 애팔래치아산맥이 형성되었다.

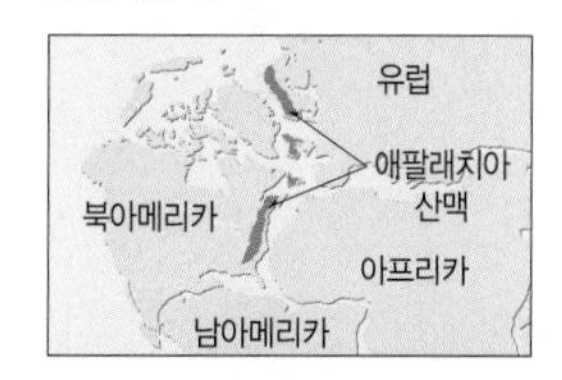

이후 대서양이 형성되면서 애팔래치아산맥과 칼레도니아산맥으로 분리되었다.

미래엔 교과서에만 나와요.

◆ **동아프리카 열곡대**
현재 아프리카 대륙이 동아프리카 열곡대를 중심으로 분리되며, 이곳에 해령이 생성되면서 새로운 바다가 만들어질 것이다.

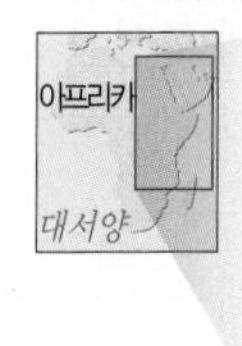

◆ **판의 이동 속도와 방향**
최근에는 GPS(위성 위치 확인 시스템)를 이용하여 측정한다.

탐구 자료창 ◆**판의 이동 속도와 방향으로 예측한 미래의 대륙 분포**

그림은 현재 주요 대륙이 분포하는 판의 이동 속도와 이동 방향을 나타낸 것이다. (단, 위도와 경도 10° 간격을 1000 km로 가정한다.)

└● 동태평양 해령에서 판의 이동 속도 (16.8 cm/년)가 가장 빠르다.

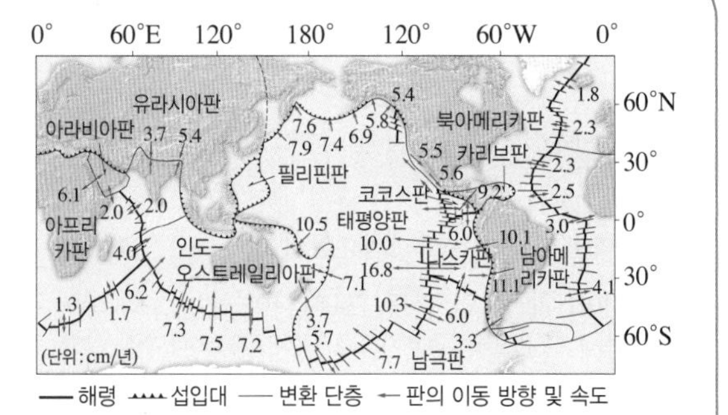

1. **판의 이동 거리**: 이동 속도가 2 cm/년인 판이 2억 년 후 이동한 거리는 2 cm/년×200000000년=4000 km이므로 위도나 경도는 40° 이동한다.
2. **미래의 대륙 분포(스코티지가 예측한 대륙 분포)**: 초대륙(판게아울티마)이 형성될 것이다.

- 태평양은 현재보다 좁아지다가 넓어지고, 대서양은 현재보다 넓어지다가 다시 좁아져 사라지며, 인도양은 대륙 사이에 갇혀 내해가 될 것으로 예측된다.
- 대륙과 대륙이 모이는 과정에서 수렴형 경계가 많이 형성되며, 초대륙이 형성될 가능성은 커진다.

정답친해 9쪽

개념 확인 문제

핵심 체크

- 지질 시대 대륙 분포의 변화: 약 12억 년 전 (❶)라는 초대륙이 있었다. → 고생대 말에 (❷)라는 초대륙을 형성하였다. → 중생대 초에 초대륙이 분리되기 시작하였다. → 신생대에 인도 대륙과 유라시아 대륙이 충돌하여 히말라야산맥이 형성되었다.
- 미래의 대륙 분포의 변화: 판이 이동함에 따라 초대륙의 형성과 분리가 반복되면서 대륙 분포가 변한다.
  - 대륙들이 모이는 과정에서 (❸) 경계가 많이 생성된다.
  - 판의 (❹)와 이동 방향을 분석하여 미래의 대륙 분포를 예측할 수 있다.

1 대륙 분포의 변화에 대한 설명으로 옳은 것은 ○, 옳지 않은 것은 ×로 표시하시오.

(1) 지질 시대 동안 초대륙은 한 번만 있었다. ( )
(2) 가장 최근에 형성된 초대륙은 판게아이다. ( )
(3) 대륙이 분리되는 초기에 발산형 경계가 형성된다. ( )
(4) 해령에서 해양 지각이 생성되어 지구 전체의 표면적은 계속 넓어진다. ( )

2 그림 (가)~(다)는 고생대 말부터 현재까지의 대륙 분포를 시간 순서 없이 나타낸 것이다.

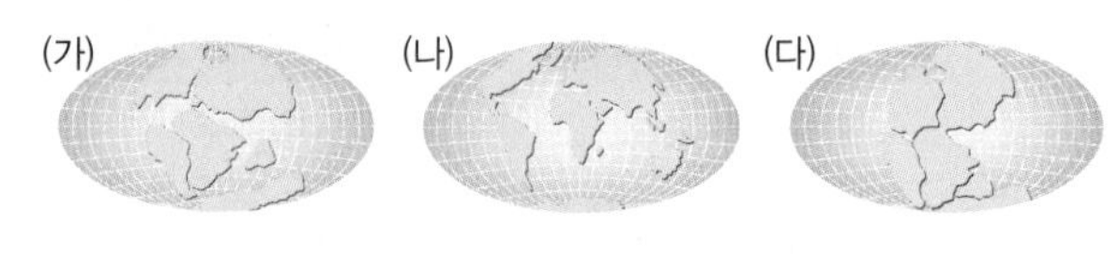

(1) 판게아가 형성된 시기를 쓰시오.
(2) 오래된 것부터 순서대로 나열하시오.
(3) (가)~(다) 시기 동안 대서양의 크기 변화를 쓰시오.

대표 자료 분석

정답친해 10쪽

자료 ❶ 고지자기와 인도 대륙의 이동

기출 Point
- 고지자기 복각 자료 해석하기
- 고지자기 복각으로 대륙의 위치 추정하기

[1~4] 그림 (가)는 고지자기 복각과 위도의 관계를, (나)는 인도 대륙에서 조사한 과거 시기별 복각을 나타낸 것이다. (단, 이 기간 동안 지자기 북극의 위치는 변하지 않았다고 가정한다.)

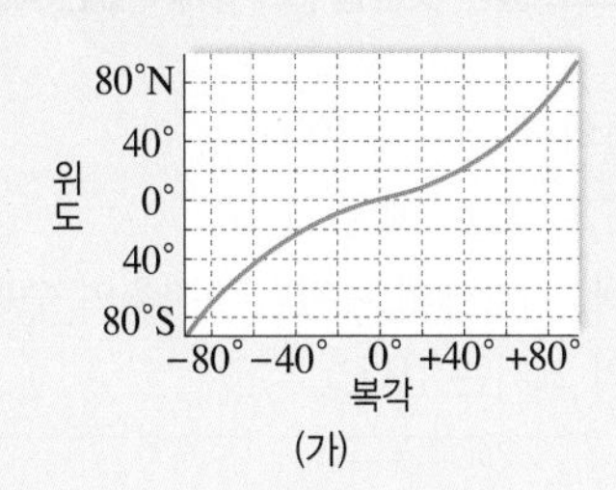

(가)

시기(만 년 전)	7100	5500	3800	1000	현재
복각	−49°	−21°	+6°	+30°	+36°

(나)

1 (가)에서는 적도 부근에서 고위도로 갈수록 복각의 크기가 (커진다, 작아진다).

2 (나)를 통해 인도 대륙은 7100만 년 전에 ㉠(남반구, 북반구)에 있었고, 현재 ㉡(남반구, 북반구)에 있다는 것을 알 수 있다.

3 7100만 년 전부터 현재까지 인도 대륙은 (북쪽, 남쪽)으로 이동하였다.

4 빈출 선택지로 완벽 정리!

(1) 복각은 자기 적도에서 0°이다. (○ / ×)
(2) 고위도로 갈수록 복각의 크기는 커진다. (○ / ×)
(3) 남반구에서 나침반의 자침은 대체로 N극이 지표 쪽을 향하면서 기울어진다. (○ / ×)
(4) 5500만 년 전 인도 대륙은 남반구에 있었다. (○ / ×)
(5) 7100만 년 전부터 1000만 년 전 사이에 인도 대륙은 자기 적도를 통과하였다. (○ / ×)
(6) 인도 대륙의 고지자기 복각 변화로 인도 대륙의 이동을 알 수 있다. (○ / ×)

자료 ❷ 전 세계 판 경계와 지각 변동

기출 Point
- 판 경계의 종류에 따라 발달하는 지형 알기
- 판 경계에서 일어나는 지각 변동 파악하기

[1~4] 그림은 전 세계 주요 판의 경계와 이동 방향을 나타낸 것이다.

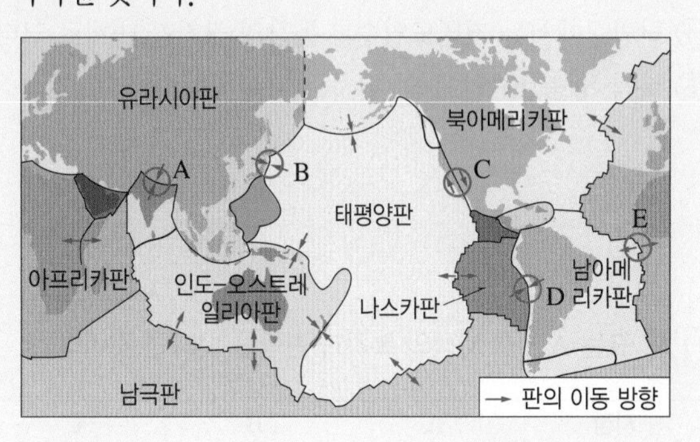

1 판 경계 A~E를 (가)발산형 경계, (나)수렴형 경계, (다)보존형 경계로 구분하시오.

2 판 경계 A~E 중 맨틀 대류가 (가)상승하는 경계와 (나)하강하는 경계를 각각 고르시오.

3 A~E 부근에 형성되는 지형을 옳게 연결한 것은?

① A – 해구
② B – 열곡대
③ C – 해령
④ D – 습곡 산맥
⑤ E – 호상 열도

4 빈출 선택지로 완벽 정리!

(1) A에서는 화산 활동이 활발하게 일어난다. (○ / ×)
(2) B에서는 천발~심발 지진이 발생한다. (○ / ×)
(3) C에서는 지진과 화산 활동이 활발하다. (○ / ×)
(4) D에서는 대륙판 아래로 해양판이 섭입한다. (○ / ×)
(5) E에서는 해양 지각이 생성된다. (○ / ×)

내신 만점 문제

중요 01 지구 자기장에 대한 설명으로 옳은 것은?

① 나침반 자침의 S극은 북쪽을 향한다.
② 나침반의 자침이 수평면과 이루는 각은 편각이다.
③ 고지자기를 이용하여 과거의 대륙 분포를 알 수 없다.
④ 남반구에서는 저위도일수록 복각의 크기가 대체로 크다.
⑤ 복각이 +90°인 곳의 위치는 자북극이다.

02 표는 A~C 지점의 복각과 편각을 나타낸 것이다.

지점	A	B	C
복각	0°	+30°	+45°
편각	10°E	0°	5°W

A~C 지점 중 나침반의 자침이 가장 많이 기울어진 곳과 자북극에서 가장 멀리 떨어진 곳을 순서대로 쓰시오.

03 그림은 지구 자기장을 나타낸 것이다.

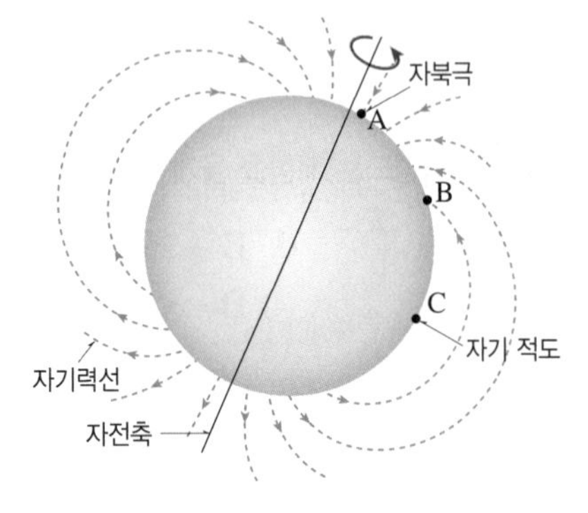

이에 대한 설명으로 옳은 것만을 [보기]에서 있는 대로 고른 것은?

보기
ㄱ. 복각의 크기는 A 지점이 B 지점보다 크다.
ㄴ. B 지점에서 나침반 자침의 S극은 지표를 향한다.
ㄷ. C 지점의 복각은 0°이다.

① ㄱ ② ㄴ ③ ㄷ
④ ㄱ, ㄷ ⑤ ㄴ, ㄷ

중요 04 그림 (가)와 (나)는 지구 표면의 서로 다른 두 지점에서 자기력선 분포를 나타낸 것이다.

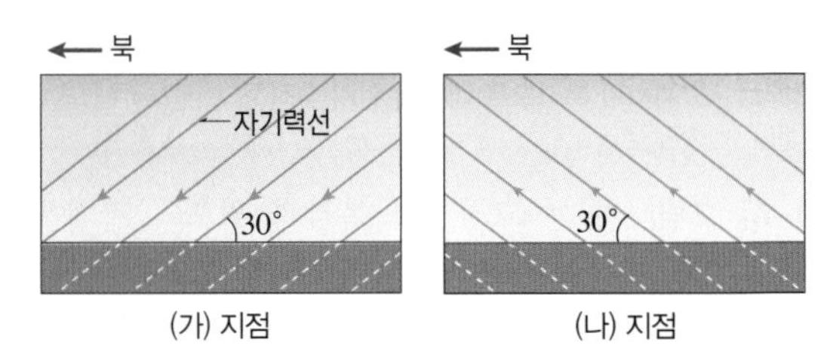

이에 대한 해석으로 옳은 것만을 [보기]에서 있는 대로 고른 것은?

보기
ㄱ. (가) 지점의 복각은 +30°이다.
ㄴ. (나) 지점은 북반구에 위치한다.
ㄷ. (가)와 (나) 지점에서 나침반의 자침이 수평면에 기울어진 각의 크기는 같다.

① ㄱ ② ㄴ ③ ㄱ, ㄷ
④ ㄴ, ㄷ ⑤ ㄱ, ㄴ, ㄷ

05 그림은 1920년부터 2015년까지 자북극의 위치를 나타낸 것이다.

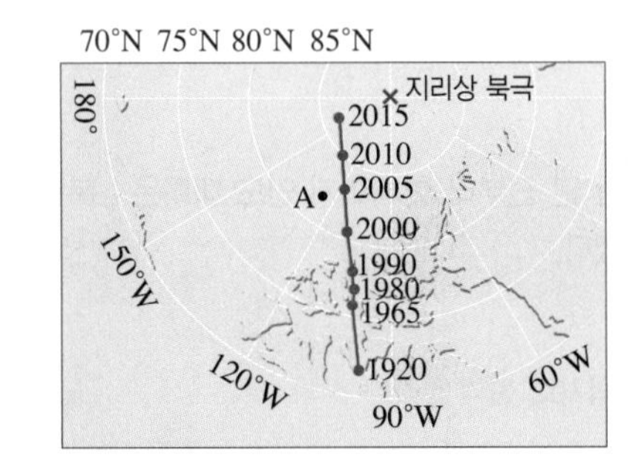

이에 대한 설명으로 옳은 것만을 [보기]에서 있는 대로 고른 것은?

보기
ㄱ. A 지점에서 복각은 2005년에 가장 컸다.
ㄴ. A 지점에서 2005년~2015년 동안 복각의 크기는 증가하였다.
ㄷ. A 지점은 이 기간 동안 복각이 0°인 때가 있었다.

① ㄱ ② ㄴ ③ ㄱ, ㄷ
④ ㄴ, ㄷ ⑤ ㄱ, ㄴ, ㄷ

06 그림은 유럽과 북아메리카 대륙에서 고지자기를 측정하여 알아낸 지자기 북극의 겉보기 이동 경로를 나타낸 것이다. 지자기 북극은 고지자기 방향으로부터 추정한 지리상 북극과 일치하고, 지리상 북극은 변하지 않았다.

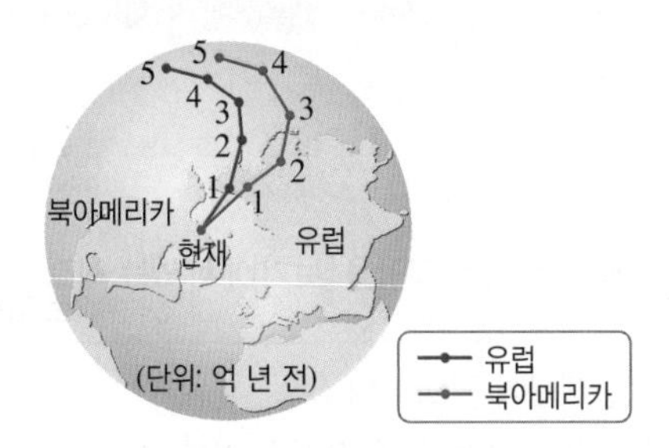

이에 대한 설명으로 옳은 것만을 [보기]에서 있는 대로 고른 것은?

보기
ㄱ. 5억 년 전에 지자기 북극은 2개였다.
ㄴ. 5억 년 전 이후로 북아메리카에서 측정한 고지자기 복각은 일정하였다.
ㄷ. 두 대륙에서 측정한 지자기 북극의 이동 경로가 일치하지 않는 것은 대륙이 이동하였기 때문이다.

① ㄱ ② ㄷ ③ ㄱ, ㄴ ④ ㄴ, ㄷ ⑤ ㄱ, ㄴ, ㄷ

중요 **07** 그림 (가)는 약 7100만 년 전부터 현재까지 인도 대륙의 위치 변화를, (나)는 지구 자기장이 정자극기일 때 위도와 고지자기 복각의 관계를 나타낸 것이다.

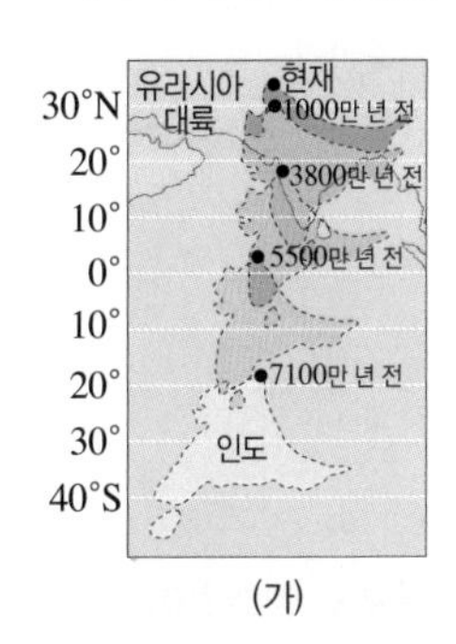

(가)

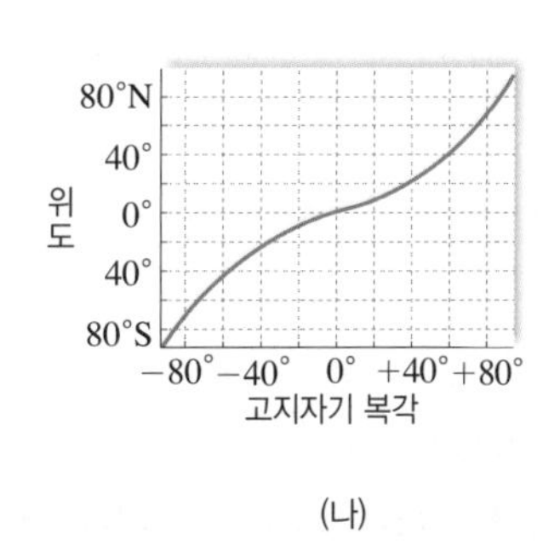

(나)

이에 대한 설명으로 옳은 것만을 [보기]에서 있는 대로 고른 것은?

보기
ㄱ. 이 기간 동안 인도 대륙의 복각 크기는 감소하다가 증가하였다.
ㄴ. 히말라야산맥은 과거에 적도 부근에 위치하였다.
ㄷ. 3800만 년 전에 생성된 암석의 고지자기 복각의 크기는 암석이 생성된 이후로 증가하였다.

① ㄱ ② ㄷ ③ ㄱ, ㄴ ④ ㄴ, ㄷ ⑤ ㄱ, ㄴ, ㄷ

서술형 **08** 인도 대륙은 약 7100만 년 전에 위도 30°S에 위치하였고, 현재 위도가 20°N이라고 할 때, 이 기간 동안 인도 대륙이 (가)이동한 거리(km)를 비례식을 세워 구하고, (나)평균 이동 속도(cm/년)를 식을 세워 구하시오. (단, 위도 1° 사이의 거리는 110 km로 가정하고, 이동 속도는 소수점 아래 둘째 자리에서 반올림한다.)

B 판 경계와 대륙의 이동

09 그림은 어느 지역의 판 경계와 진앙 분포를 나타낸 것이다.

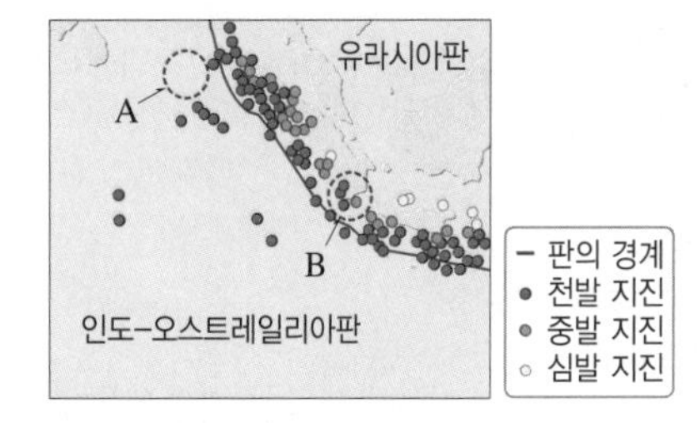

그림에 나타나는 판 경계의 종류를 쓰고, A와 B 중 화산 활동이 활발한 지역을 고르시오.

중요 **10** 그림은 판 경계, 나스카판과 남아메리카판에서 해양 지각의 연령 분포를 나타낸 것이다.

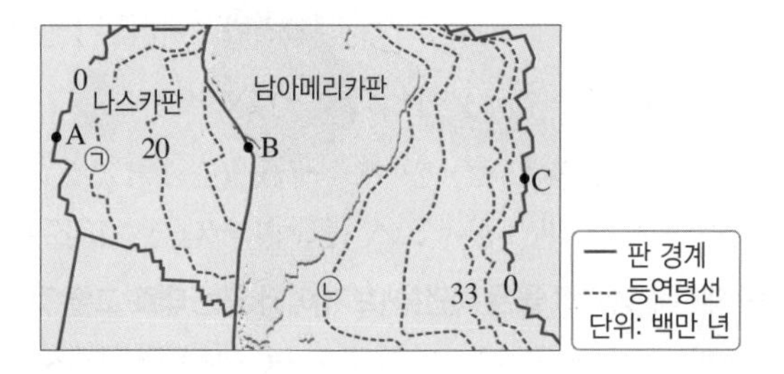

이에 대한 설명으로 옳은 것만을 [보기]에서 있는 대로 고른 것은?

보기
ㄱ. A와 C의 하부에는 맨틀 대류의 하강류가 있다.
ㄴ. 해양 지각의 연령은 ㉠보다 ㉡에서 많다.
ㄷ. A~C 중 습곡 산맥은 B 부근에서 형성될 수 있다.

① ㄱ ② ㄷ ③ ㄱ, ㄴ
④ ㄴ, ㄷ ⑤ ㄱ, ㄴ, ㄷ

C 과거와 미래의 대륙 분포 변화

11 그림은 과거 서로 다른 시기의 대륙 분포 모습을 시간 순서 없이 나타낸 것이다.

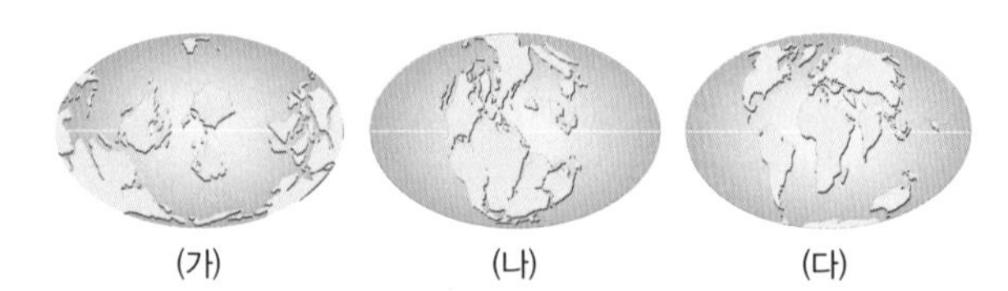

(가) (나) (다)

대륙 분포가 변화한 순서대로 옳게 나열한 것은?

① (가) → (나) → (다)
② (가) → (다) → (나)
③ (나) → (가) → (다)
④ (나) → (다) → (가)
⑤ (다) → (나) → (가)

중요 **12** 그림 (가)와 (나)는 중생대 초와 중생대 말의 대륙 분포의 모습을 시간 순서 없이 나타낸 것이다.

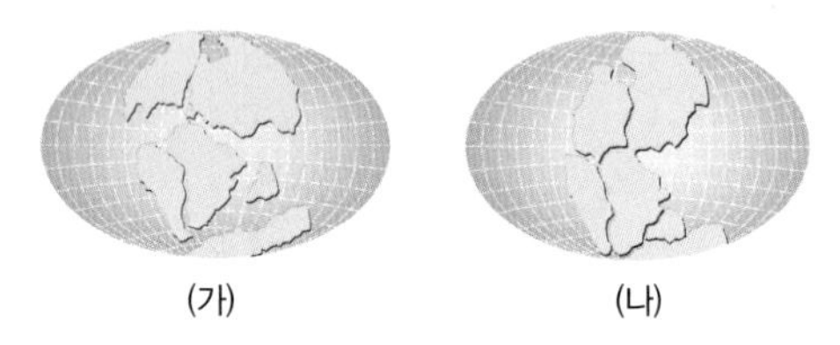

(가) (나)

이에 대한 설명으로 옳은 것만을 [보기]에서 있는 대로 고른 것은?

보기

ㄱ. (가)는 (나)보다 이전의 대륙 분포이다.
ㄴ. (나)와 같은 대륙 분포가 만들어지는 과정에서 습곡 산맥이 형성되기도 한다.
ㄷ. (나) 이후에는 발산형 경계보다 수렴형 경계가 많이 발달하였다.

① ㄱ ② ㄴ ③ ㄱ, ㄷ
④ ㄴ, ㄷ ⑤ ㄱ, ㄴ, ㄷ

13 그림은 판의 운동으로 대륙 지각과 해양 지각의 분포가 (가)에서 (나)로 변한 모습을 나타낸 것이다.

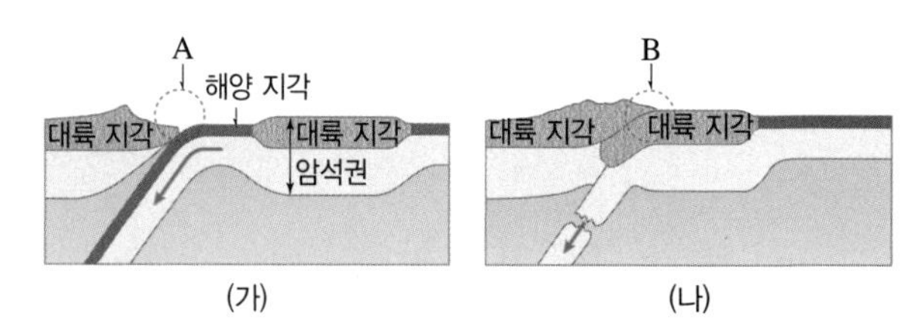

(가) (나)

이에 대한 설명으로 옳은 것만을 [보기]에서 있는 대로 고른 것은?

보기

ㄱ. A에는 해구가 발달한다.
ㄴ. B에는 습곡 산맥이 형성될 수 있다.
ㄷ. 여러 곳의 판 경계에서 (나) 과정이 일어나면 초대륙이 형성될 수 있다.

① ㄱ ② ㄴ ③ ㄱ, ㄷ
④ ㄴ, ㄷ ⑤ ㄱ, ㄴ, ㄷ

서술형 **14** 그림 (가)와 (나)는 미래의 대륙 분포를 예측하여 나타낸 것이다.

(가) 1억 년 후

(나) 2억 년 후

이 모형에서 (가)와 (나) 사이에 대서양에 발달하는 판 경계의 종류를 쓰고, 그렇게 판단한 까닭을 서술하시오.

실력 UP 문제

정답친해 13쪽

01 그림은 북반구에서 남북 방향으로 위치가 이동하는 어느 해령 주변 암석에 기록된 고지자기 분포를 나타낸 것이다.

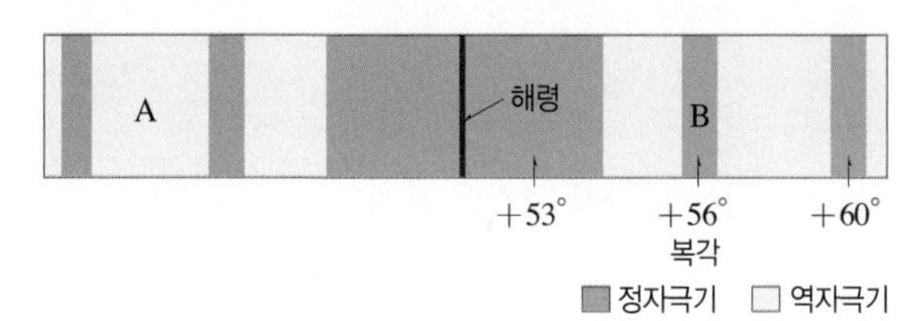

이에 대한 설명으로 옳은 것만을 [보기]에서 있는 대로 고른 것은? (단, 지리상 북극의 위치는 변하지 않았다.)

보기
ㄱ. A의 해양 지각은 B의 해양 지각보다 먼저 생성되었다.
ㄴ. A의 고지자기 복각은 +56°~+60°사이의 값이다.
ㄷ. 해령은 저위도로 이동하고 있다.

① ㄱ ② ㄴ ③ ㄱ, ㄷ
④ ㄴ, ㄷ ⑤ ㄱ, ㄴ, ㄷ

02 그림은 지질 시대 동안 남북 방향으로 이동한 어느 대륙에서 채취한 암석 A, B, C의 나이와 암석이 생성될 당시 고지자기의 방향과 복각을 나타낸 것이다.

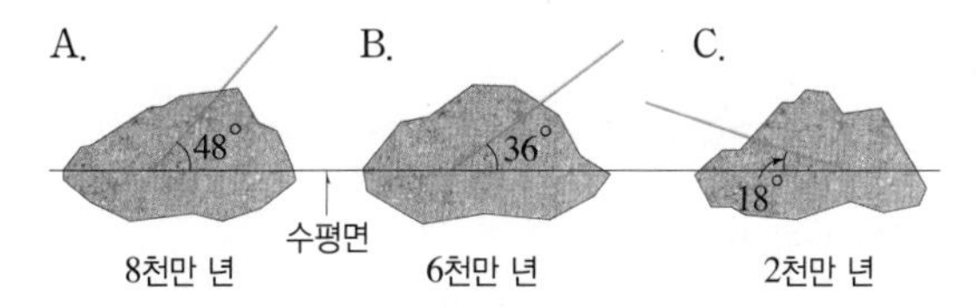

이에 대한 설명으로 옳은 것만을 [보기]에서 있는 대로 고른 것은? (단, A, B, C는 정자극기에 생성되었고, 지리상 북극의 위치는 변하지 않았다.)

보기
ㄱ. 이 기간 동안 복각의 크기는 계속 감소하였다.
ㄴ. A가 B보다 고위도에서 생성되었다.
ㄷ. B~C 기간 동안 이 대륙은 적도를 통과하였다.

① ㄱ ② ㄴ ③ ㄱ, ㄷ
④ ㄴ, ㄷ ⑤ ㄱ, ㄴ, ㄷ

03 그림은 어느 대륙의 현재 위치와 시기별 고지자기극 위치를 나타낸 것이다. 고지자기극은 이 대륙의 고지자기 방향으로 추정한 지리상 북극이고, 실제 지리상 북극의 위치는 변하지 않았다. 그림의 경도선과 위도선 간격은 각각 30°이다.

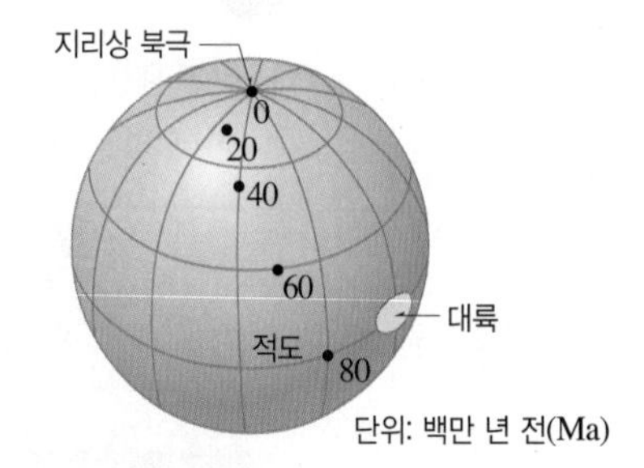

이 기간 동안 일어난 현상에 대한 설명으로 옳은 것만을 [보기]에서 있는 대로 고른 것은?

보기
ㄱ. 80 Ma에 대륙은 적도에 위치하였다.
ㄴ. 대륙은 저위도로 이동하였다.
ㄷ. 대륙의 고지자기 복각은 감소하였다.

① ㄱ ② ㄷ ③ ㄱ, ㄴ
④ ㄴ, ㄷ ⑤ ㄱ, ㄴ, ㄷ

04 그림은 현재 판의 이동 방향과 이동 속력을 나타낸 것이다. 화살표의 길이는 판의 이동 속력에 비례한다.

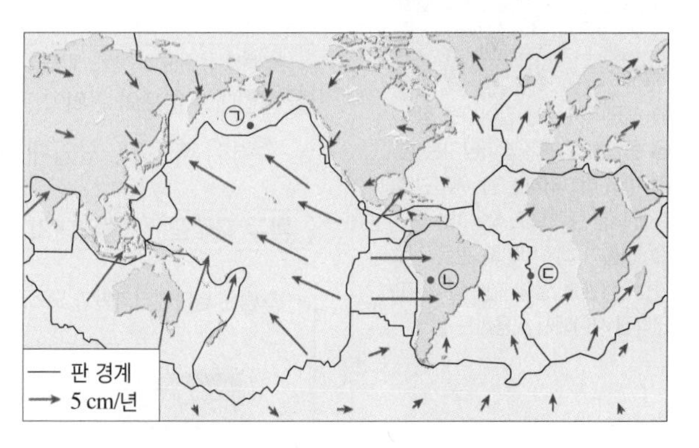

이에 대한 설명으로 옳지 않은 것은?

① ㉠의 하부에는 섭입대가 존재한다.
② ㉡의 하부에서는 해양 지각이 소멸한다.
③ ㉢은 ㉡보다 진원의 평균 깊이가 얕다.
④ 대서양의 면적은 점점 넓어질 것이다.
⑤ 남아메리카 대륙과 아프리카 대륙은 점점 가까워질 것이다.

3 맨틀 대류와 플룸 구조론

핵심 포인트
❶ 맨틀 대류 ★★★
❷ 판을 이동시키는 힘 ★★
❸ 플룸 구조론 ★★★
❹ 열점 ★★★

지구 내부의 변동은 상부 맨틀의 대류로 일어나는 판의 운동과 지구 내부에서 일어나는 플룸의 운동으로 설명할 수 있어요. Ⓐ 맨틀 대류 Ⓑ 플룸 구조론

A 맨틀 대류

1. 맨틀 대류(상부 맨틀의 운동) 맨틀 내에 존재하는 방사성 원소의 붕괴열과 맨틀 상하부의 깊이에 따른 온도 차에 의해 [1]연약권에서 일어나는 대류

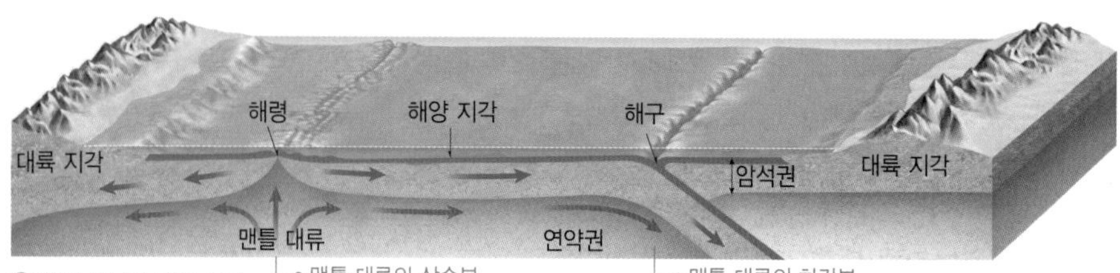

▲ 맨틀 대류와 판의 이동 — 맨틀 대류의 상승부 / 맨틀 대류의 하강부

(1) 맨틀 대류와 지각 변동: 맨틀에서 뜨거운 물질은 가벼워져 상승하고, 차가워진 물질은 무거워져 하강하여 대류가 일어난다.

맨틀 대류의 상승부	맨틀 대류의 하강부
대륙이 갈라져 이동하면서 해령이 형성되고, 화산 활동 및 지진이 발생한다.	해양판이 맨틀 속으로 들어가 소멸되는 과정에서 해구가 형성되고, 화산 활동 및 지진이 발생한다.

(2) 판의 이동: 맨틀 대류를 따라 연약권 위에 놓인 판(암석권)이 이동한다.

① ◆판 이동의 원동력: 맨틀 대류, 해령에서 판을 밀어내는 힘, 섭입하는 판이 잡아당기는 힘 등 (판 자체에서 발생하는 물리적인 힘)

해령에서 판을 밀어내는 힘	섭입하는 판이 잡아당기는 힘
맨틀 대류가 상승하는 곳에서 해양 지각이 생성되면서 해령이 생성되고, 인접한 두 판을 밀어내는 힘이 작용한다.	냉각되어 밀도가 커진 해양판이 해구에서 섭입대를 따라 침강하면서 연결된 기존의 판을 잡아당기는 힘이 작용한다.

└ 해령에서 판을 밀어내는 힘은 섭입하는 판이 잡아당기는 힘에 비해 판의 이동에 미치는 영향이 작다.

② 섭입대의 분포와 판의 이동 속력: 일반적으로 섭입대가 있는 판이 섭입대가 없는 판보다 이동 속력이 빠르고, 섭입대의 면적이 넓을수록 판의 이동 속력이 빠르다.

◆ **판 이동의 원동력**
맨틀이 대류하는 과정에서 발생하는 여러 힘이 함께 작용하여 판이 이동하는 것으로 해석된다.

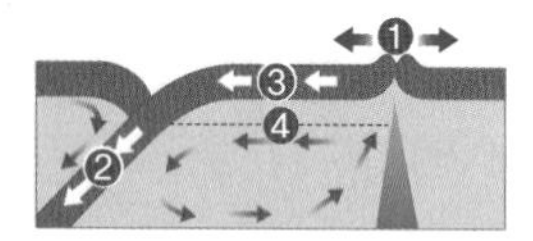

❶ 해령에서 판을 밀어내는 힘
❷ 섭입하는 판이 잡아당기는 힘
❸ 판이 미끄러지는 힘: 해저면 경사에 의한 중력으로 작용하는 힘
❹ 맨틀이 대류하면서 판을 싣고 가는 힘(맨틀 끌림 힘): 암석권과 연약권 사이에서 작용하는 힘

탐구 자료창 섭입대의 역할에 따른 판의 이동 속력 비교 (비상 교과서에만 나와요.)

그림은 남아메리카판과 오스트레일리아판의 단면을 나타낸 것이다.

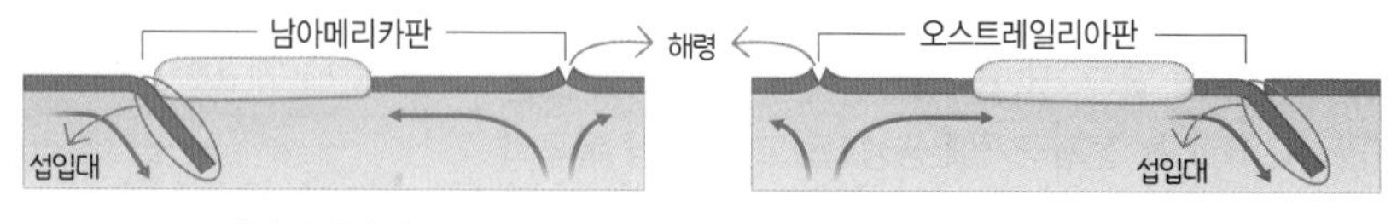

1. **섭입대의 분포:** 남아메리카판은 섭입대가 없고, 오스트레일리아판은 섭입대가 있다.
   ➡ **남아메리카판:** 해령에서 미는 힘은 존재하지만 섭입하는 판이 잡아당기는 힘은 존재하지 않는다.
   ➡ **오스트레일리아판:** 해령에서 미는 힘과 함께 섭입하는 판이 잡아당기는 힘이 존재한다.
2. **판의 이동 속력:** 남아메리카판보다 오스트레일리아판의 이동 속력이 더 빠르다.

2. 맨틀 대류로 설명하는 판 구조론의 한계점 판 경계에서 일어나는 지각 변동은 설명할 수 있지만, 판 내부에서 일어나는 지각 변동은 설명할 수 없다.

└ 예 판의 경계가 아닌 태평양판 내부에 위치한 하와이섬에서 일어나는 화산 활동

용어

❶ **연약권(軟 연하다, 弱 약하다, 圈 범위)** 상부 맨틀에서 물질이 부분 용융되어 대류가 일어나는 부분으로, 고체 상태이지만 지구 내부의 열과 압력의 영향으로 유동성이 있다.

B 플룸 구조론

하와이섬의 화산 활동처럼 판 내부에서 일어나는 대규모 화산 활동을 설명하기 위해 플룸 구조론이 등장했어요.

1. 플룸 구조론 맨틀 내부에서 온도 차이로 인한 밀도 변화 때문에 상승하거나 하강하는 플룸이 발생하여 지구 내부의 변동이 일어난다는 이론 → 지구 내부의 대규모 수직 운동

(1) 플룸: 지각과 맨틀 최하부 사이에서 기둥 모양으로 하강하거나 상승하는 물질과 에너지의 흐름
- 맨틀 최하부: 맨틀과 외핵의 경계
- 기둥 모양: 폭 약 100 km 미만인 가늘고 긴 원기둥 형태

① 차가운 플룸과 뜨거운 플룸 41쪽 대표 자료❶

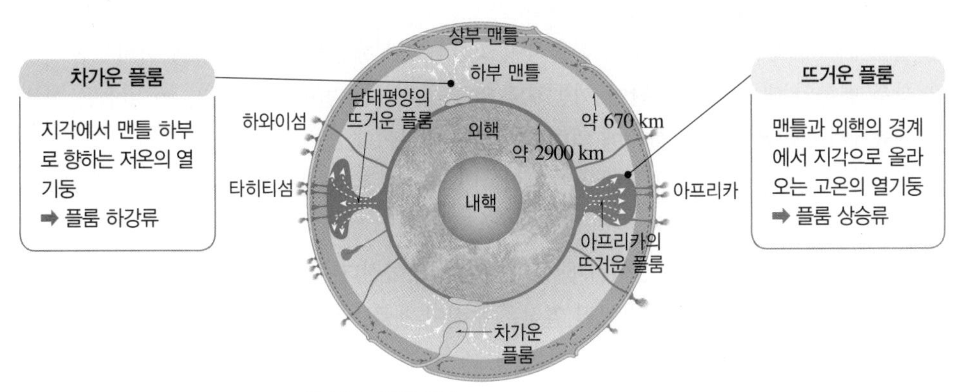

▲ 플룸 구조론 모형

② **지구 내부의 플룸 운동**: 아시아 지역에 거대한 플룸 하강류가 있고, 남태평양과 아프리카 등에 2개~3개의 거대한 플룸 상승류가 있어 맨틀 전반에 걸친 운동이 일어나고 있다.

③ **차가운 플룸과 뜨거운 플룸의 생성**: 수렴형 경계에서 ◆섭입된 판의 물질이 상부 맨틀과 하부 맨틀 경계부에 쌓여 있다가 밀도가 커지면 맨틀과 외핵의 경계부까지 가라앉아 차가운 플룸이 생성된다. → 차가운 플룸이 맨틀과 외핵의 경계인 맨틀 최하부에 도달하면서 온도 교란이 일어나고, 물질을 밀어 올리는 힘이 작용하여 ◆뜨거운 플룸이 생성된다.

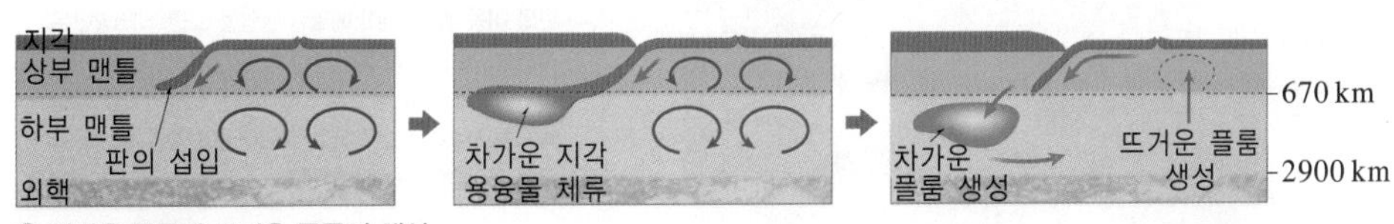

▲ 차가운 플룸과 뜨거운 플룸의 생성

(2) 플룸 구조의 조사 방법: 지진파 단층 촬영 ➡ 지구 내부의 ◆지진파 전달 속도를 분석하여 온도 분포를 알아내고, 이를 이용하여 플룸 구조를 조사한다.

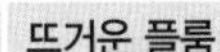

차가운 플룸	뜨거운 플룸
주변 맨틀에 비해 온도가 낮고, 밀도가 크다. ➡ 지진파 전달 속도가 빠른 곳이 기둥 모양으로 나타난다.	주변 맨틀에 비해 온도가 높고, 밀도가 작다. ➡ 지진파 전달 속도가 느린 곳이 기둥 모양으로 나타난다.

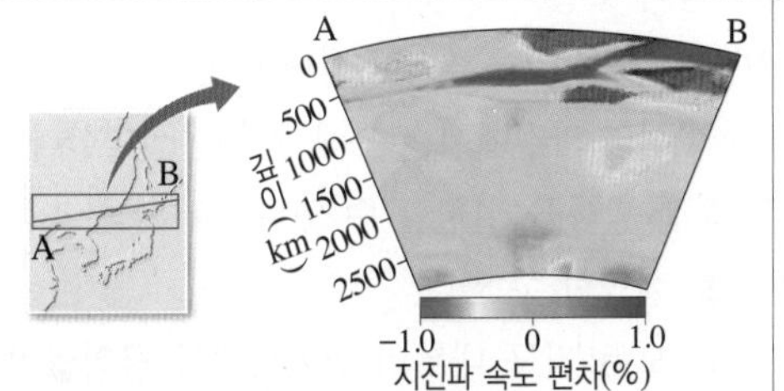

▲ 한반도 주변 지하의 차가운 플룸

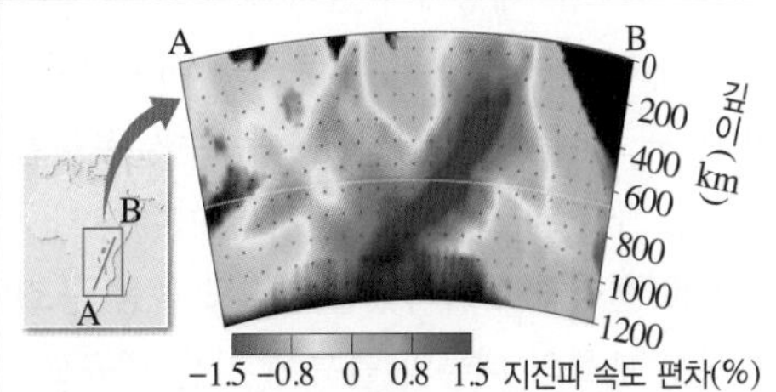

▲ 동아프리카 지하의 뜨거운 플룸

◆ **섭입된 판의 밀도 변화**
상부 맨틀의 최하단인 지하 약 670 km 부근까지 섭입된 판은 더 이상 지구 내부로 들어가지 못하고 쌓인다. 판이 쌓이면서 냉각과 압축이 진행되어 밀도가 커지면 가라앉아 차가운 플룸을 형성한다.

비상, 천재 교과서에만 나와요.

◆ **플룸 상승류 관찰 실험**
[과정] 비커에 찬물(또는 물엿)을 담고, 비커 바닥에 잉크를 떨어뜨린다. 비커 바닥의 물이 고르게 착색된 후, 비커 바닥 중앙을 가열한다.
[결과] 가열된 곳에서 버섯 모양으로 상승류가 나타난다.

실험	실제
물(물엿)	맨틀
상승하는 잉크(상승하는 물엿)	뜨거운 플룸
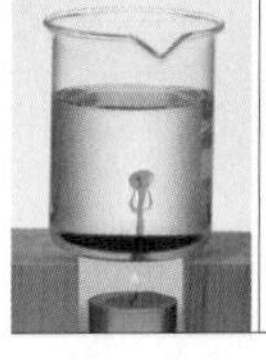	

◆ **지구 내부 온도와 지진파 전달 속도의 관계**
- 주변보다 온도가 낮은 곳: 물질의 밀도가 커서 지진파가 빠르게 전달된다.
- 주변보다 온도가 높은 곳: 물질의 밀도가 작아 지진파가 느리게 전달된다.

2. 열점 뜨거운 플룸이 상승하여 지표면과 만나는 지점 아래에 마그마가 생성되는 곳

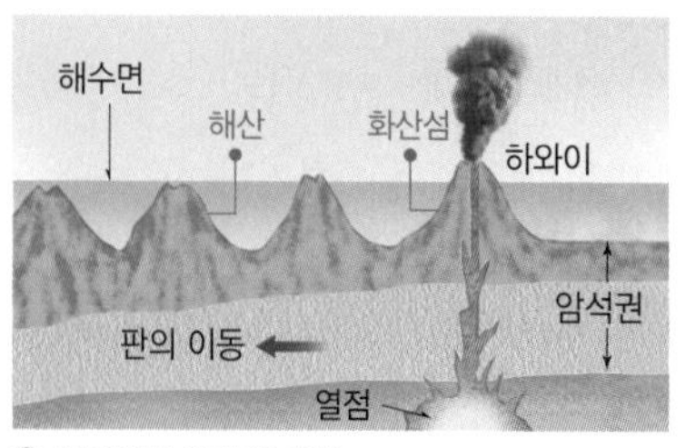

열점에서 화산섬 생성

열점의 분포

(1) **열점에서 화산섬의 생성** 완자쌤 비법 특강 39쪽

① 열점에서 마그마가 지각을 뚫고 분출하여 화산섬이나 해산을 생성한다. 예 하와이섬

② 상부 맨틀의 대류를 따라 판이 이동해도 열점의 위치는 변하지 않는다. ➡ 열점은 하부 맨틀에서 올라온 뜨거운 플룸에 의해 생성되기 때문이다.

③ 열점에서 생성된 화산섬이나 해산은 판의 이동 방향으로 배열되고, 열점에서는 새로운 화산섬이나 해산이 생성된다.

④ 열점에서 멀어질수록 화산섬이나 해산의 나이가 많아진다.

(2) **열점의 분포**: 전 세계적으로 확인된 열점은 수십여 개로, 열점은 판 경계와 관계 없이 분포한다. ➡ 열점은 해양판 내부(예 하와이섬)에도 있고, 대륙판 내부(예 옐로스톤)에도 있다.

(3) **열점에서 생성된 화산섬으로 알 수 있는 사실**

① 판의 이동 방향: 나이가 적은 화산섬에서 나이가 많은 화산섬 방향으로 판이 이동하였다.

② 판의 이동 속도: 화산섬과 열점 사이의 거리를 화산섬의 나이(생성 시기)로 나누어 구한다.

하와이 열도의 생성 41쪽 대표 자료 ❷

열점에서 형성된 화산섬들이 태평양판의 이동으로 열점을 벗어나 일렬로 배열되어 있다.

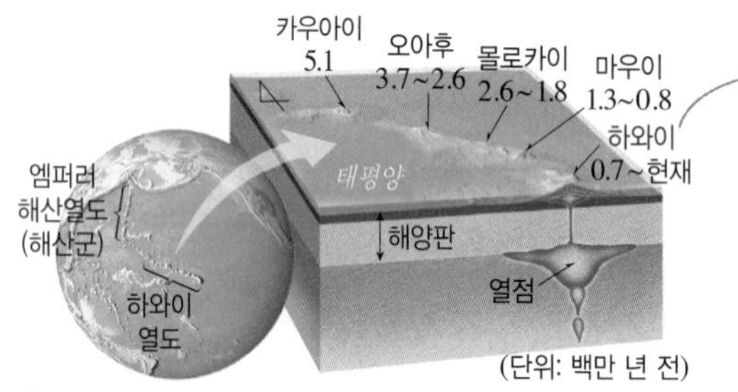

하와이 열도를 이루는 화산섬과 해산의 생성 시기

- **화산 활동**: 하와이섬에서 일어난다.
- **화산섬의 나이**: 하와이섬에서 멀수록 많다.
- **판의 이동 방향**: 섬이 배열된 방향을 보면, 태평양판은 북서쪽으로 이동하였다.
- **하와이섬의 미래**: 앞으로 하와이섬은 태평양판을 따라 북서쪽으로 이동할 것이고, 하와이섬이 있던 자리에 새로운 화산섬이 생성될 것이다.

3. 맨틀 대류(상부 맨틀의 운동)와 플룸 구조론

(1) 상부 맨틀의 대류와 플룸에 따른 대규모 운동은 판을 움직이게 하는 힘을 발생시킨다.

(2) 일반적으로 해령에서 판이 생성되어 해구에서 판이 소멸되기 전까지는 판 구조론으로 설명하며, 판이 섭입된 이후 지구 내부에서의 변화는 플룸 구조론으로 설명한다.

(3) 판 구조론은 판의 섭입 전에는 수평 운동을, 판의 섭입 과정에서는 수직 운동을 설명한다.

(4) 플룸 구조론은 판 내부에서 일어나는 대규모 화산 활동을 설명할 수 있다. ➡ 판 구조론으로 설명하기 어려웠던 열점도 플룸 구조론으로 설명할 수 있다.

(5) 상부 맨틀의 대류와 플룸에 따른 대규모 운동은 모두 지구 내부의 열에너지를 끊임없이 지구 표면으로 전달한다.

암기해!

• 상부 맨틀의 운동과 플룸 운동 비교

상부 맨틀의 운동	플룸 운동
연약권 내의 대류	맨틀 전체에서 물질의 상승과 하강
판의 섭입 전의 수평 운동, 섭입대에서 수직 운동을 설명한다.	지구 내부의 대규모 수직 운동을 주로 설명한다.
예 해령, 해구, 변환 단층	예 열점

하와이 열도의 생성 과정과 판의 이동

열점에서 생성된 화산섬의 나이와 배열 자료를 제시하고, 화산섬의 생성 과정이나 판의 이동 방향 등의 정보를 묻는 문제들이 출제됩니다. 판의 이동 방향이 바뀌었을 경우에는 난이도가 올라가지요. 대표적인 예인 하와이섬으로 자세히 알아볼까요?

1 열점 주변에서 화산섬의 생성

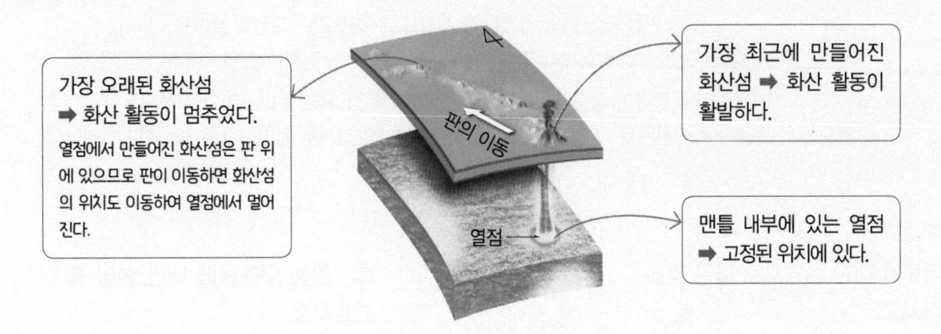

Q1 열점에서 북서쪽으로 갈수록 열점에서 생성된 화산섬의 나이가 많아진다면, 판의 이동 방향은 어느 쪽인가?

2 엠퍼러 해산열도와 하와이 열도의 생성과 판의 이동 방향

열점에서 엠퍼러 해산열도가 생성된 후 하와이 열도가 생성되었고, 중간에 판의 이동 방향이 바뀌어 화산섬이 배열된 방향이 바뀌었다.

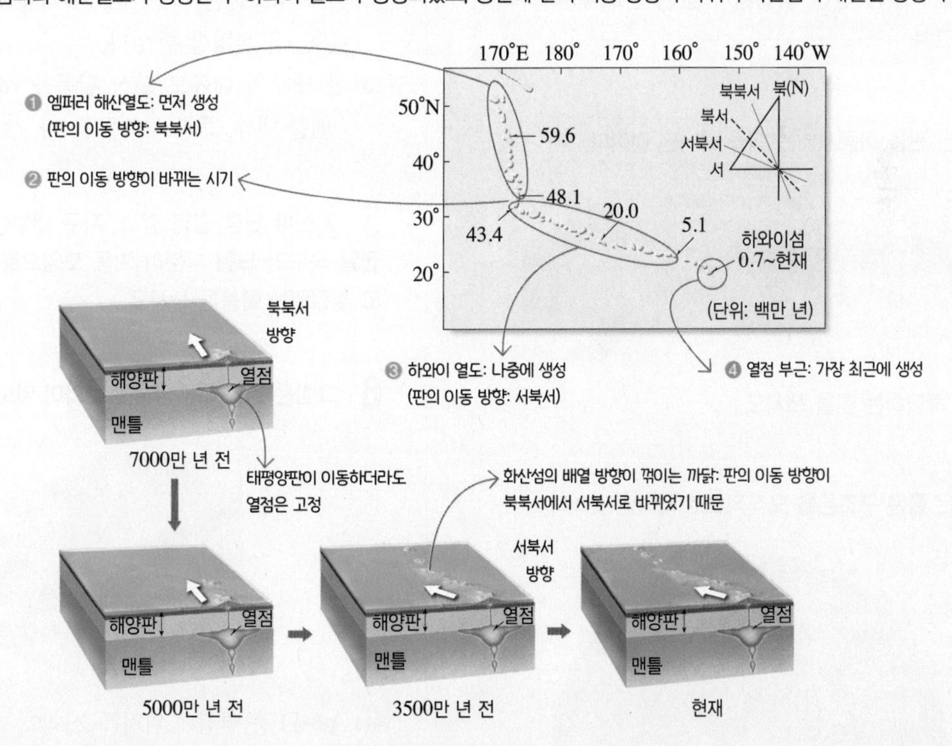

Q2 어느 열점에서 가까운 곳의 화산섬은 북북서 방향으로 배열되어 있고, 열점에서 멀리 떨어진 화산섬은 서북서 방향으로 배열되어 있다면 판의 이동 방향은 어떻게 변하였는가?

정답친해 14쪽

개념 확인 문제

핵심 체크

- (❶): 방사성 원소의 붕괴열과 맨틀 상하부의 깊이에 따른 온도 차에 의해 연약권에서 일어나는 대류
- 판 이동의 원동력: 맨틀 대류, (❷)에서 판을 밀어내는 힘, (❸)하는 판이 잡아당기는 힘 등
- (❹): 맨틀 내부에서 상승하거나 하강하는 플룸이 발생하여 지구 내부의 변동이 일어난다는 이론
  - (❺) 플룸: 지각에서 맨틀 하부로 향하는 저온의 열기둥
    ➡ 같은 깊이에서 주변 맨틀 물질보다 밀도가 (❻), 지진파 전달 속도가 빠르다.
  - (❼) 플룸: 맨틀과 외핵의 경계에서 지각으로 올라오는 고온의 열기둥
    ➡ 같은 깊이에서 주변 맨틀 물질보다 밀도가 (❽), 지진파 전달 속도가 느리다.
- (❾): 뜨거운 플룸이 상승하여 지표면과 만나는 지점 아래에 마그마가 생성되는 곳
  ➡ 열점에서 생성된 화산섬은 판의 이동 방향으로 배열되고, 열점에서 멀어질수록 화산섬의 나이가 (❿).

1 맨틀 대류에 대한 설명으로 옳은 것은 ○, 옳지 않은 것은 ×로 표시하시오.

(1) 연약권은 액체 상태로, 대류가 일어난다. ········ ( )
(2) 맨틀 대류의 상승부에서는 판이 갈라지면서 해령이 생성된다. ········ ( )
(3) 판 이동의 원동력에는 맨틀 대류밖에 없다. ········ ( )
(4) 섭입대에서는 침강하는 판이 기존의 판을 밀어내는 힘이 작용한다. ········ ( )
(5) 섭입대가 있는 판은 섭입대가 없는 판보다 이동 속력이 빠르다. ········ ( )

2 그림은 판을 이동시키는 힘을 나타낸 것이다.

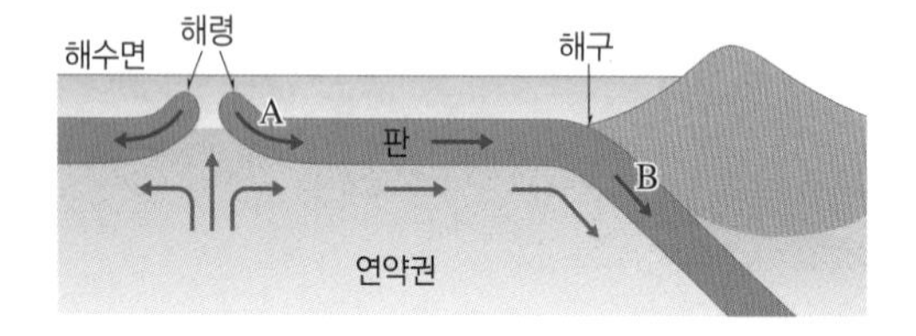

A와 B에 해당하는 힘을 쓰시오.

3 그림은 플룸 구조론을 모식적으로 나타낸 것이다.

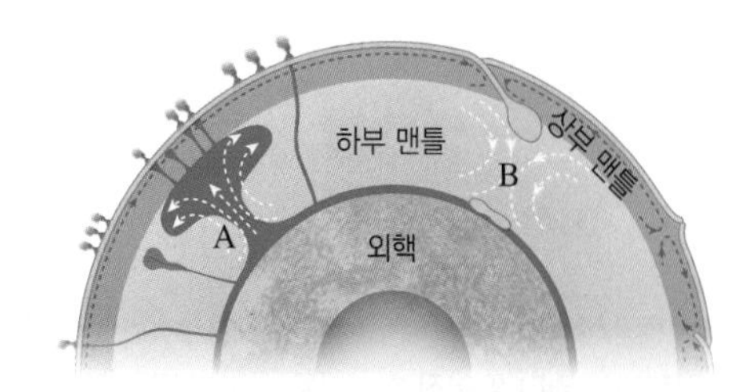

A와 B에서 생성되는 플룸의 종류를 쓰시오.

4 플룸 구조론에 대한 설명 중 ( ) 안에 알맞은 말을 고르시오.

(1) 판이 섭입하는 경계 아래에서 (뜨거운 플룸, 차가운 플룸)이 형성된다.
(2) 아시아 지역 지하에는 거대한 (플룸 상승류, 플룸 하강류)가 있다.
(3) 아프리카 지역 지하에는 거대한 (플룸 상승류, 플룸 하강류)가 있다.
(4) 플룸 구조론은 지구 내부의 대규모 (수평 운동, 수직 운동)을 설명할 수 있다.
(5) 판 내부의 대규모 화산 활동을 설명할 수 있는 것은 (맨틀 대류, 플룸 구조론)이다.

5 지진파 단층 촬영 결과, 지구 내부에서 주변보다 지진파 전달 속도가 느린 부분이 기둥 모양으로 나타나는 곳에 있다고 추정되는 플룸을 쓰시오.

6 그림은 열점에서 생성된 하와이 열도를 나타낸 것이다.

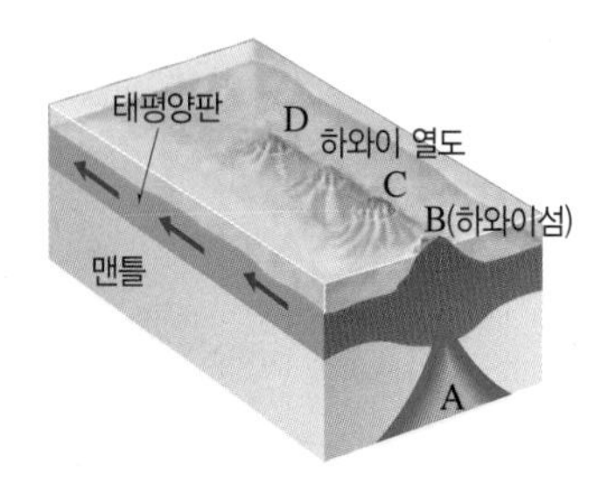

(1) A～D 중 열점의 위치를 쓰시오.
(2) B～D 중 가장 나이가 많은 화산섬을 쓰시오.
(3) B～D 중 현재 화산 활동이 가장 활발한 곳을 쓰시오.

정답친해 15쪽

대표 자료 분석

자료 ❶ 플룸 구조론

기출 Point
- 플룸의 종류 구분하기
- 플룸의 생성 원리 이해하기

[1~4] 그림은 지구 내부의 플룸 구조를 나타낸 모형이다.

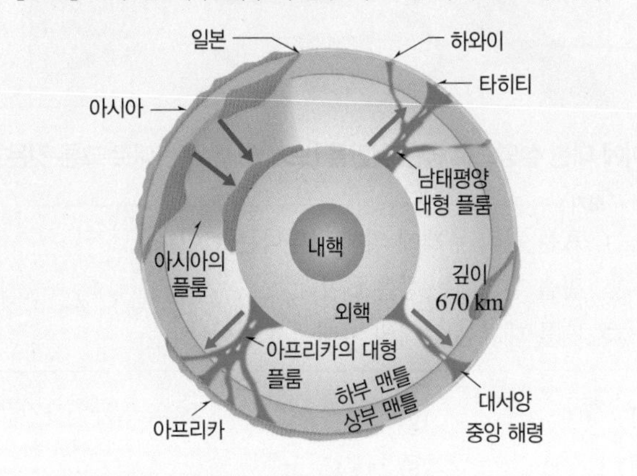

1 남태평양에서 형성되는 플룸의 종류를 쓰시오.

2 차가운 플룸은 해양판이 섭입되어 만들어진 차갑고 밀도가 ㉠(　　　) 물질이 ㉡(　　　) 쪽으로 가라앉으면서 형성된다.

3 일반적으로 플룸 상승류가 형성되는 지구 내부의 위치를 쓰시오.

4 빈출 선택지로 완벽 정리!

(1) 플룸 상승류와 플룸 하강류는 일반적으로 상부 맨틀 내에서 일어난다. ········ (○ / ×)

(2) 해양판은 섭입대를 따라 침강하여 맨틀과 외핵의 경계에 축적되었다가 내핵까지 도달한다. ········ (○ / ×)

(3) 지진파의 전달 속도는 플룸 상승류가 있는 지역보다 플룸 하강류가 있는 지역에서 빠르다. ········ (○ / ×)

(4) 열점은 플룸 상승류가 있는 곳에서 생성된다. (○ / ×)

(5) 일본 아래에는 열점이 존재할 확률이 높다. (○ / ×)

자료 ❷ 열점

기출 Point
- 열점의 특징 알기
- 하와이 열도의 생성 원리 이해하기

[1~4] 그림 (가)는 하와이섬의 생성 과정을, (나)는 엠퍼러 해산열도와 하와이 열도의 분포와 생성 시기를 나타낸 것이다.

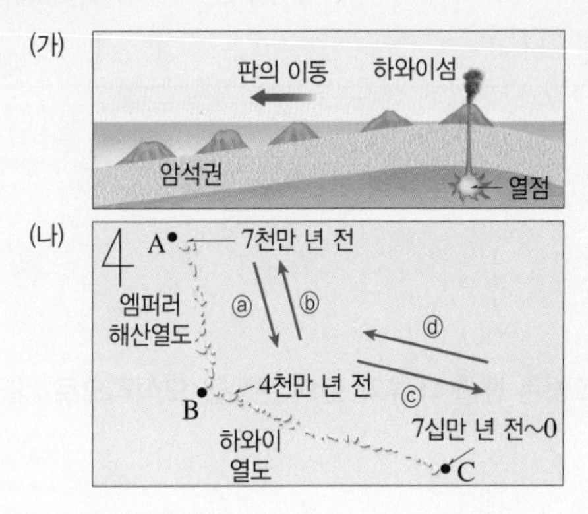

1 (가)에서 하와이섬에서 멀어질수록 열도를 이루는 섬의 나이는 (증가, 감소)한다.

2 (나)에서 A~C 중 하와이섬의 위치를 고르시오.

3 엠퍼러 해산열도와 하와이 열도의 배열 방향이 다른 까닭을 쓰시오.

4 빈출 선택지로 완벽 정리!

(1) 하와이섬은 판 경계에 있다. ········ (○ / ×)

(2) 하와이섬은 플룸 상승류가 있는 지역에 있다. (○ / ×)

(3) 태평양판의 이동 방향은 ⓓ → ⓑ로 변하였다. ········ (○ / ×)

(4) 앞으로 하와이 열도에서 화산 활동이 활발한 지역은 하와이섬의 북서쪽으로 이동할 것이다. ········ (○ / ×)

(5) 열점은 판의 이동 방향과 반대 방향으로 이동한다. ········ (○ / ×)

(6) 하와이 열도의 분포로부터 판의 평균 이동 속도를 구할 수 있다. ········ (○ / ×)

내신 만점 문제

A 맨틀 대류

01 맨틀 대류에 대한 설명으로 옳은 것만을 [보기]에서 있는 대로 고른 것은?

보기
ㄱ. 암석권에서 일어나는 대류를 따라 판이 이동한다.
ㄴ. 맨틀 상부와 하부의 온도 차이로 대류가 일어난다.
ㄷ. 맨틀 대류의 상승부와 하강부는 대체로 판 경계와 일치한다.

① ㄱ ② ㄴ ③ ㄱ, ㄷ
④ ㄴ, ㄷ ⑤ ㄱ, ㄴ, ㄷ

02 그림은 맨틀 대류와 판의 운동을 모식적으로 나타낸 것이다.

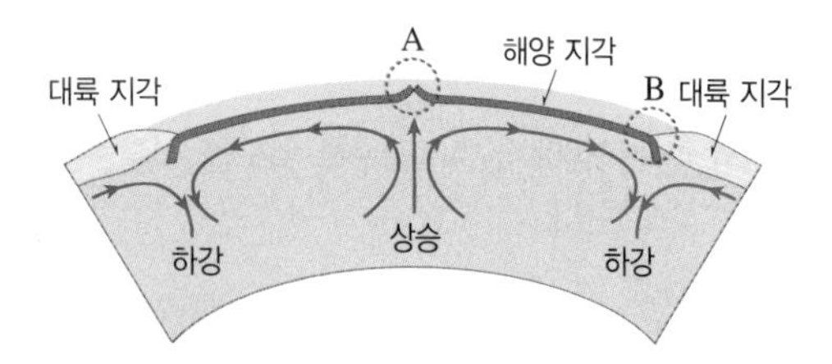

이에 대한 설명으로 옳은 것만을 [보기]에서 있는 대로 고른 것은?

보기
ㄱ. A에서는 해령이 형성된다.
ㄴ. B에서는 해양판이 대륙판 밑으로 소멸된다.
ㄷ. 섭입형 경계에서는 맨틀 대류의 하강류가 있다.

① ㄱ ② ㄴ ③ ㄱ, ㄷ
④ ㄴ, ㄷ ⑤ ㄱ, ㄴ, ㄷ

서술형

03 다음 (가)~(라) 장소에서 판을 이동시키는 데 작용하는 힘을 각각 서술하시오.

(가) 고온·저밀도의 물질이 상승하는 해령
(나) 차갑고 무거운 해양판이 섭입하여 침강하는 해구
(다) 해령에서 해구까지 판이 경사진 지역
(라) 맨틀 대류 부근의 암석권과 연약권 사이

중요

04 그림은 맨틀 대류와 판에 작용하는 힘을 모식적으로 나타낸 것이다. A와 B는 각각 판을 밀어내는 힘과 판을 잡아당기는 힘 중 하나이다.

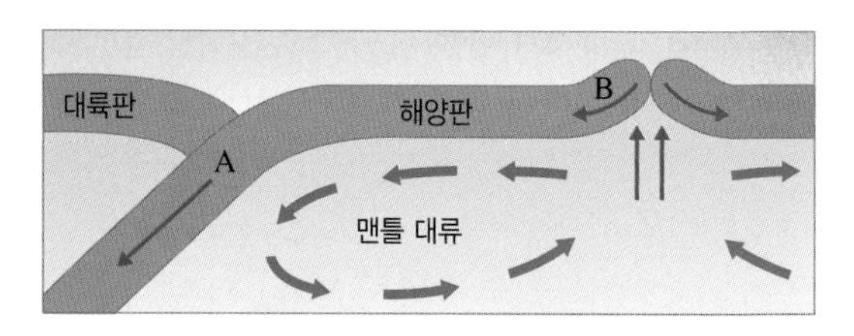

이에 대한 설명으로 옳은 것만을 [보기]에서 있는 대로 고른 것은?

보기
ㄱ. A는 판의 무게에 의해 나타나는 힘이다.
ㄴ. 판을 밀어내는 힘은 B이다.
ㄷ. 맨틀 대류는 암석권 아래에서 일어난다.

① ㄱ ② ㄴ ③ ㄱ, ㄷ
④ ㄴ, ㄷ ⑤ ㄱ, ㄴ, ㄷ

05 그림은 남아메리카판과 나스카판 주변의 판 경계와 판의 이동을 나타낸 것이다.

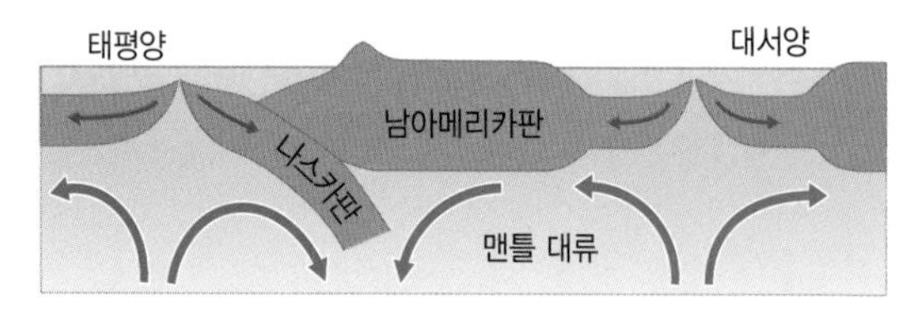

이에 대한 설명으로 옳은 것만을 [보기]에서 있는 대로 고른 것은?

보기
ㄱ. 남아메리카판은 맨틀 대류와 해령에서 판을 밀어내는 힘에 의해 이동한다.
ㄴ. 나스카판의 이동에는 해령에서 판을 밀어내는 힘보다 섭입하는 판이 잡아당기는 힘의 역할이 크다.
ㄷ. 판의 이동 속도는 나스카판보다 남아메리카판이 크다.

① ㄱ ② ㄷ ③ ㄱ, ㄴ
④ ㄴ, ㄷ ⑤ ㄱ, ㄴ, ㄷ

B 플룸 구조론

중요 **06** 그림은 플룸 구조론에 따른 지구 내부의 운동을 나타낸 것이다.

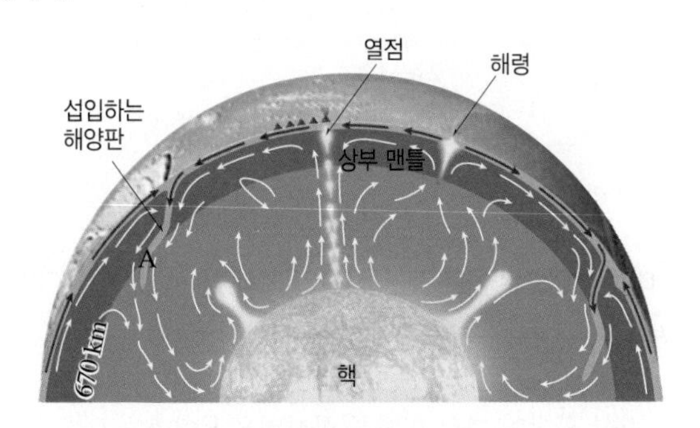

이에 대한 설명으로 옳은 것만을 [보기]에서 있는 대로 고른 것은?

보기
ㄱ. A에 쌓여 있던 판의 물질이 가라앉아 차가운 플룸을 만든다.
ㄴ. 뜨거운 플룸은 맨틀과 외핵의 경계에서 형성된다.
ㄷ. 플룸은 맨틀 전체에서 물질과 에너지의 이동을 일으킨다.

① ㄱ ② ㄷ ③ ㄱ, ㄴ
④ ㄴ, ㄷ ⑤ ㄱ, ㄴ, ㄷ

07 그림 (가)와 (나)는 차가운 플룸과 뜨거운 플룸의 모습을 순서 없이 나타낸 것이다.

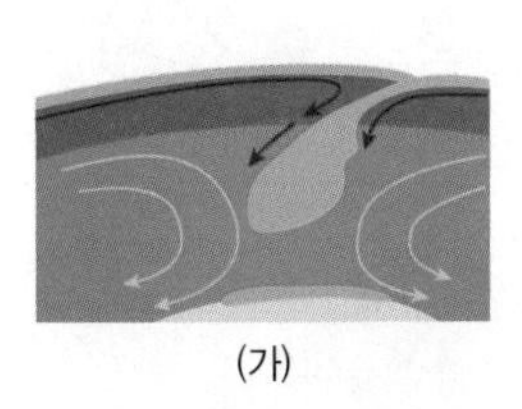
(가)

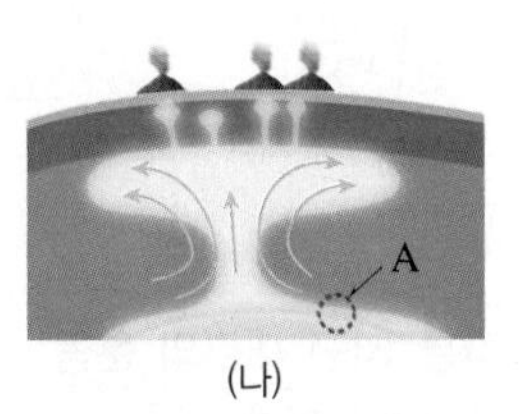

(나)

이에 대한 설명으로 옳은 것만을 [보기]에서 있는 대로 고른 것은?

보기
ㄱ. 차가운 플룸에 해당하는 것은 (가)이다.
ㄴ. A는 외핵과 내핵의 경계 부근이다.
ㄷ. (가), (나)에서 물질의 흐름은 연직 방향보다 수평 방향으로 강하게 일어난다.

① ㄱ ② ㄴ ③ ㄱ, ㄷ
④ ㄴ, ㄷ ⑤ ㄱ, ㄴ, ㄷ

서술형 **08** 다음은 플룸의 연직 이동 원리를 알아보는 실험이다.

[실험 과정]
찬물이 담긴 비커 바닥에 스포이트로 수성 잉크를 떨어뜨리고, 비커 바닥의 물이 고르게 착색된 후 비커 바닥 중앙을 가열한다.

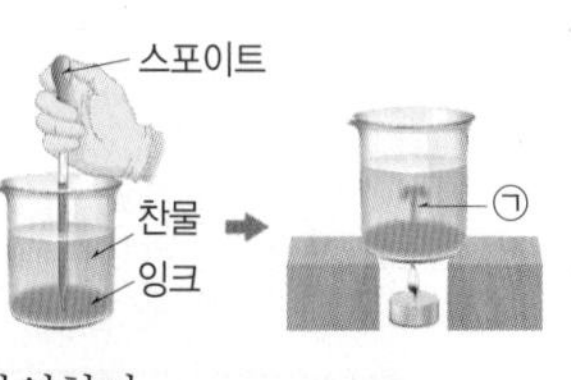

잉크에 착색된 물이 이동한 ㉠은 어느 플룸에 해당하는지 쓰고, 연직 방향으로 상승하는 원리를 서술하시오.

09 그림은 지구 내부의 플룸 구조와 같은 깊이의 세 지점 A, B, C를 나타낸 것이다.

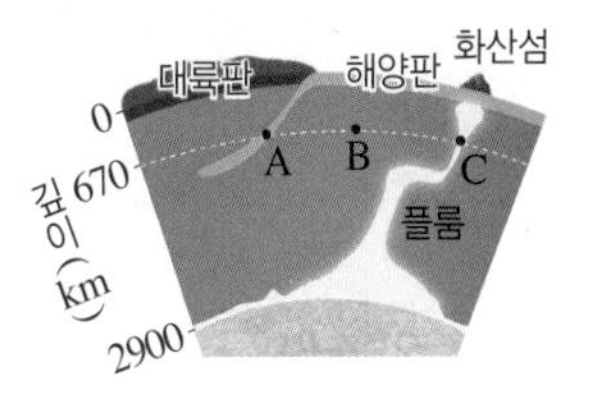

이에 대한 설명으로 옳은 것만을 [보기]에서 있는 대로 고른 것은?

보기
ㄱ. A는 B보다 온도가 낮다.
ㄴ. A~C 중 지진파의 속도는 C에서 가장 빠르다.
ㄷ. 뜨거운 플룸은 지구 내부의 에너지를 지구 표면으로 전달하는 역할을 한다.

① ㄱ ② ㄴ ③ ㄱ, ㄷ
④ ㄴ, ㄷ ⑤ ㄱ, ㄴ, ㄷ

중요 **10** 그림은 깊이에 따른 지진파의 속도 분포를 나타낸 것이다.

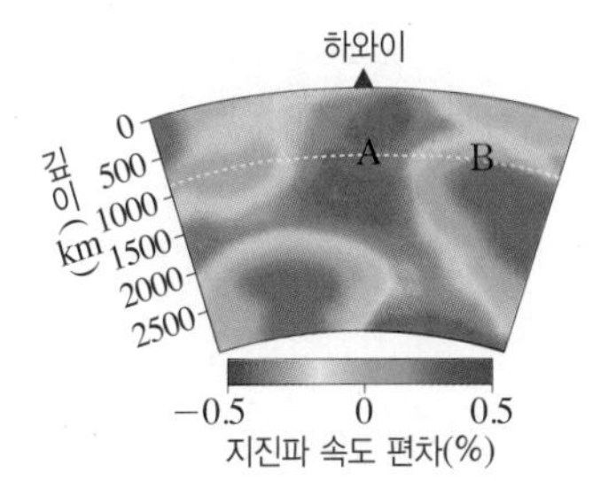

이에 대한 설명으로 옳은 것만을 [보기]에서 있는 대로 고른 것은?

보기
ㄱ. 하와이는 플룸 상승류의 위쪽에 위치한다.
ㄴ. A는 B보다 밀도가 작다.
ㄷ. 하와이섬의 위치는 열점에 고정되어 있다.

① ㄱ ② ㄷ ③ ㄱ, ㄴ
④ ㄴ, ㄷ ⑤ ㄱ, ㄴ, ㄷ

11 그림은 동일한 열점에서 분출된 마그마에 의해 형성된 화산섬 ㉠과 ㉡을 나타낸 것이다.

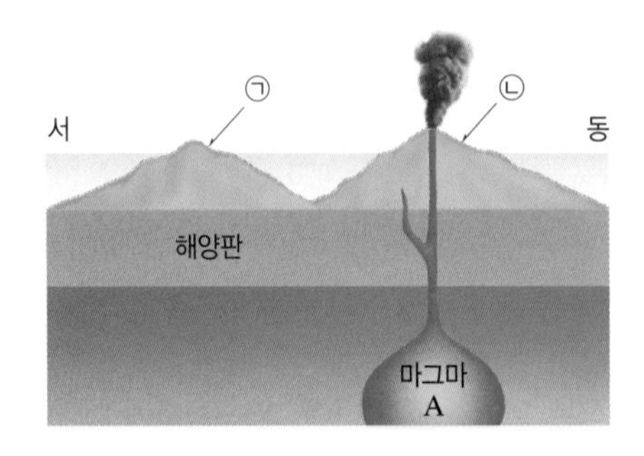

이에 대한 설명으로 옳은 것만을 [보기]에서 있는 대로 고른 것은?

보기
ㄱ. A의 마그마는 뜨거운 플룸이 상승하면서 맨틀 물질이 부분 용융되어 생성된다.
ㄴ. 화산섬의 나이는 ㉠이 ㉡보다 적다.
ㄷ. 해양판은 서쪽에서 동쪽으로 이동한다.

① ㄱ ② ㄴ ③ ㄱ, ㄷ
④ ㄴ, ㄷ ⑤ ㄱ, ㄴ, ㄷ

12 그림은 전 세계의 판 경계와 열점의 분포를 나타낸 것이다.

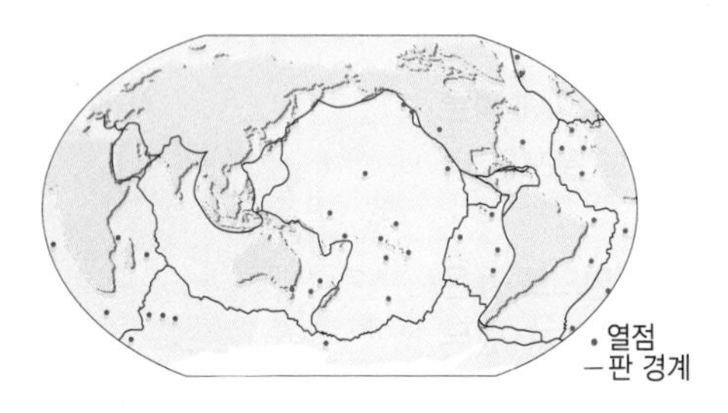

이에 대한 설명으로 옳은 것만을 [보기]에서 있는 대로 고른 것은?

보기
ㄱ. 열점은 대부분 판 경계를 따라 분포한다.
ㄴ. 열점의 위치는 판의 이동을 따라 변한다.
ㄷ. 뜨거운 플룸이 상승하면서 열점이 생성된다.

① ㄱ ② ㄷ ③ ㄱ, ㄴ
④ ㄴ, ㄷ ⑤ ㄱ, ㄴ, ㄷ

중요 **13** 그림은 어느 열점에서 형성된 후 이동한 화산섬 A~E의 암석 연령을 조사하여 나타낸 것이다.

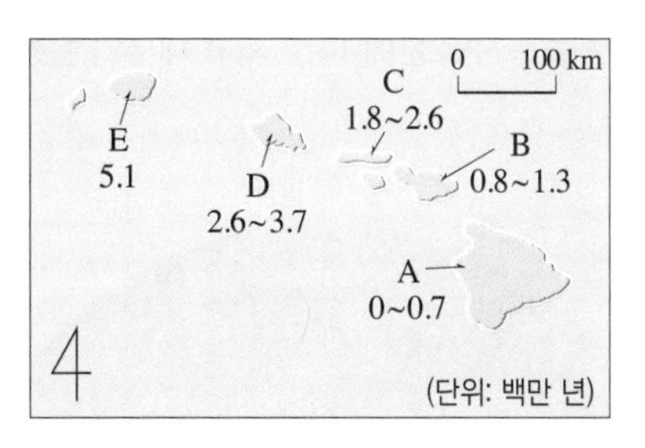

이에 대한 설명으로 옳은 것만을 [보기]에서 있는 대로 고른 것은?

보기
ㄱ. 열점에서 가장 가까운 화산섬은 A이다.
ㄴ. 화산 활동이 가장 활발한 화산섬은 E이다.
ㄷ. 화산섬이 생성되는 동안 판은 북서 방향으로 이동하였다.
ㄹ. 화산섬들 사이의 거리는 앞으로 더 멀어질 것이다.

① ㄱ, ㄷ ② ㄱ, ㄹ ③ ㄴ, ㄷ
④ ㄱ, ㄴ, ㄹ ⑤ ㄴ, ㄷ, ㄹ

중요 **14** 판 구조론과 비교하여 플룸 구조론에 대해 주장하는 내용이 옳은 학생의 이름을 모두 쓰시오.

15 그림은 플룸 구조론에 따른 지구 내부의 운동을 나타낸 것이다.
이에 대한 설명으로 옳지 <u>않은</u> 것은?

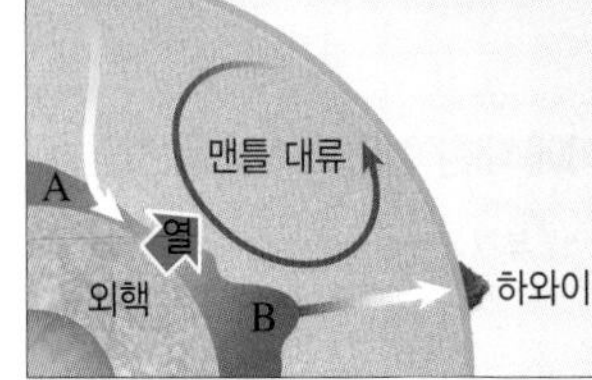

① 물질의 온도는 A가 B보다 낮다.
② 열점은 뜨거운 플룸의 영향으로 형성된다.
③ 판이 이동해도 열점의 위치는 변하지 않는다.
④ 판 구조론으로 하와이섬의 생성을 설명할 수 있다.
⑤ 해양판이 섭입되는 곳에서 차가운 플룸이 형성된다.

정답친해 18쪽

01 그림은 판의 경계와 이동 방향을 모식적으로 나타낸 것이다.

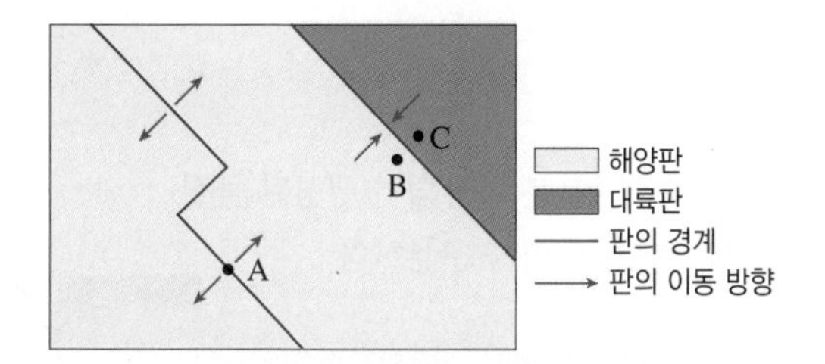

이에 대한 설명으로 옳은 것만을 [보기]에서 있는 대로 고른 것은?

보기
ㄱ. A에서는 판을 밀어내는 힘이 작용한다.
ㄴ. B와 C 하부에서는 맨틀 대류의 하강이 일어난다.
ㄷ. C의 하부에서는 B가 속한 판을 섭입대 쪽으로 잡아당기는 힘이 작용한다.

① ㄱ ② ㄷ ③ ㄱ, ㄴ
④ ㄴ, ㄷ ⑤ ㄱ, ㄴ, ㄷ

02 그림은 남서쪽으로 이동하는 북아메리카판 내부에 위치한 옐로스톤 부근의 지진파 속도 분포를 나타낸 것이다.

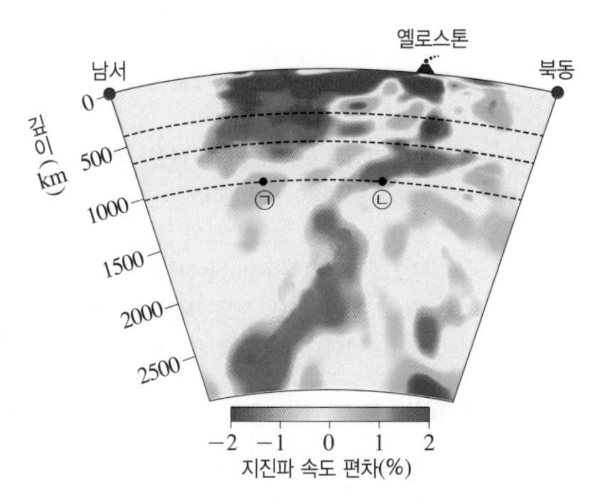

이에 대한 설명으로 옳은 것만을 [보기]에서 있는 대로 고른 것은?

보기
ㄱ. 밀도는 ㉠이 ㉡보다 작다.
ㄴ. 옐로스톤은 차가운 플룸 위에 형성되었다.
ㄷ. 북아메리카판에서 앞으로 화산 활동이 활발하게 일어나는 곳은 옐로스톤의 북동쪽으로 이동할 것이다.

① ㄱ ② ㄷ ③ ㄱ, ㄴ
④ ㄴ, ㄷ ⑤ ㄱ, ㄴ, ㄷ

03 그림은 열점에 의해 형성된 화산섬과 해산의 일부를 나타낸 것이다. 이 화산섬과 해산들은 태평양판에 위치한다.

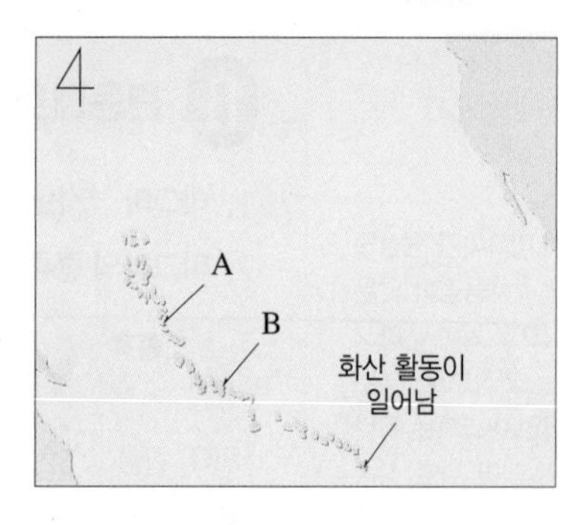

이에 대한 설명으로 옳은 것만을 [보기]에서 있는 대로 고른 것은?

보기
ㄱ. 화산섬 A는 B보다 먼저 생성되었다.
ㄴ. 화산섬 A와 B는 같은 열점에서 생성되었다.
ㄷ. 현재 태평양판은 남동쪽으로 이동하고 있다.

① ㄱ ② ㄷ ③ ㄱ, ㄴ
④ ㄴ, ㄷ ⑤ ㄱ, ㄴ, ㄷ

04 그림은 화산 열도를 이루는 섬 A~C의 열점으로부터의 거리와 연령을 나타낸 것이다.

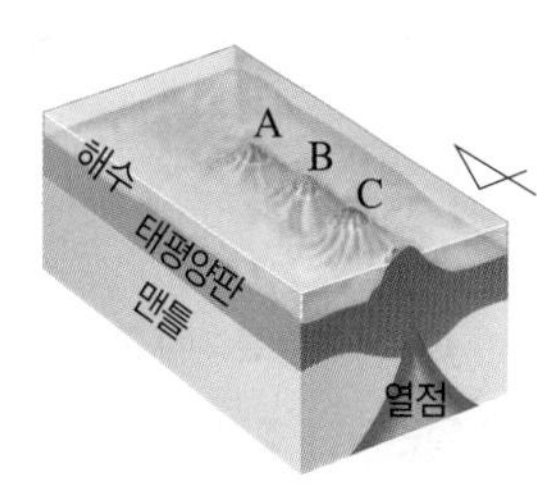

섬	열점으로부터의 거리(km)	연령(만 년)
A	300	320
B	200	200
C	120	100

이에 대한 설명으로 옳은 것만을 [보기]에서 있는 대로 고른 것은?

보기
ㄱ. A~C는 모두 열점에서 분출한 마그마에 의해 형성되었다.
ㄴ. 섬이 형성되는 동안 태평양판은 남쪽으로 이동하였다.
ㄷ. 이 기간 동안 태평양판의 이동 속도는 일정하였다.

① ㄱ ② ㄴ ③ ㄱ, ㄷ
④ ㄴ, ㄷ ⑤ ㄱ, ㄴ, ㄷ

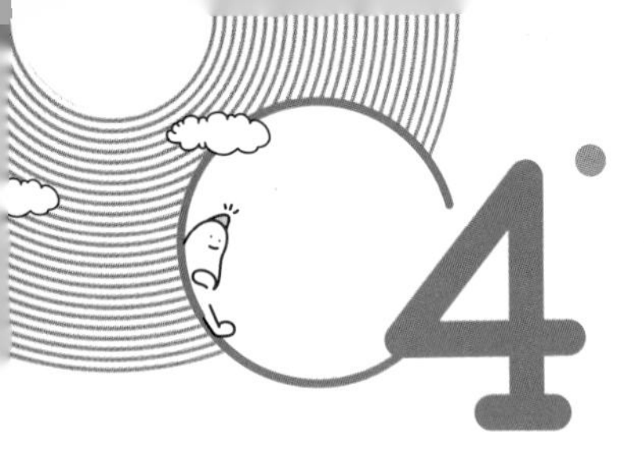

4 변동대의 마그마 활동과 화성암

핵심 포인트
1. 마그마의 종류 ★★
2. 마그마의 생성 조건 ★★★
3. 마그마의 생성 장소 ★★★
4. 화성암의 분류 ★★★
5. 한반도의 화성암 ★★

A 변동대의 마그마 생성

1. 마그마 지구 내부에서 지각이나 맨틀의 암석이 ◆부분 용융되어 생성된 물질

2. 마그마의 종류 일반적으로 화학 조성(SiO_2 함량)에 따라 구분한다.

50쪽 대표 자료 ❶

성질 \ 종류	현무암질 마그마	안산암질 마그마	유문암질 마그마
SiO_2 함량	52 % 이하	52 %～63 %	63 % 이상
온도	높다 → 1000 ℃ 이상	←→	낮다 → 800 ℃ 이하
점성	작다	←→	크다
유동성	크다	←→	작다
휘발 성분	적다 → 조용히 분출	←→	많다 → 폭발적으로 분출
화산체의 경사 (화산체: 마그마가 분출하여 생성된 산)	경사가 완만한 화산이 만들어진다. (마그마의 점성이 작고, 유동성이 크기 때문) ❷용암 대지 (예 철원) ❸순상 화산 (예 한라산)	←→	경사가 급한 화산이 만들어진다. (마그마의 점성이 크고, 유동성이 작기 때문) ❹종상 화산 (예 피나투보 화산)

3. 마그마의 생성 조건 암석의 온도가 용융점보다 높을 때 부분 용융이 일어난다.

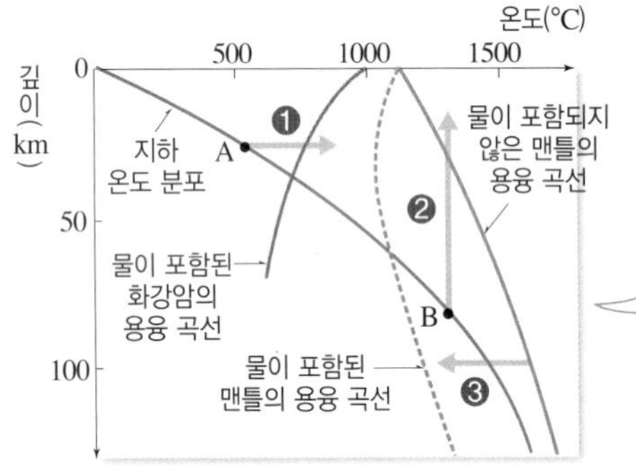

- 지하 온도 분포: 깊은 곳으로 갈수록 온도가 높아진다.
- 물이 포함된 화강암의 용융 곡선: 깊은 곳으로 갈수록 용융점이 낮아진다.
- 물이 포함되지 않은 맨틀의 용융 곡선: 깊은 곳으로 갈수록 용융점이 높아진다.
- 물이 포함된 맨틀의 용융 곡선: 같은 깊이에서 물이 포함되지 않은 맨틀보다 용융점이 낮다.

▲ 깊이에 따른 지하 온도 분포와 암석의 용융 곡선 50쪽 대표 자료 ❷

(1) **일반적인 조건**: 지하에서 암석의 온도가 용융점보다 낮아 마그마가 생성되기 어렵다.

(2) **마그마의 생성 조건**: 온도 상승, 압력 감소, 물의 공급에 의한 용융점 하강 등의 변화로 암석의 온도가 용융점보다 높아질 때 마그마가 생성된다.

❶ 온도 상승	◆대륙 지각(A)이 가열되어 암석의 온도가 상승(❶)하다 물이 포함된 화강암의 용융점에 도달하면, 화강암의 부분 용융이 일어나 유문암질 마그마가 생성된다.
❷ 압력 감소	맨틀 물질(B)이 지하 깊은 곳에서 얕은 곳으로 상승하여 압력이 감소(❷)하면, 맨틀 물질의 온도보다 맨틀의 용융점이 낮아져 부분 용융이 일어나 현무암질 마그마가 생성된다.
❸ 물의 공급에 의한 용융점 하강	맨틀에 물이 공급되면 맨틀의 용융점이 낮아지므로(❸), 맨틀(B)의 온도보다 용융점이 낮아진다. 따라서 맨틀의 부분 용융이 일어나 현무암질 마그마가 생성된다.

◆ **부분 용융**
암석이 용융되어 마그마가 생성될 때 구성 광물 중 ❶용융점이 낮은 광물부터 부분적으로 녹아서 마그마가 만들어지는 과정으로, 부분 용융으로 만들어진 마그마는 주위 암석보다 밀도가 작아 위로 상승한다.

암기해! 마그마의 성질 비교

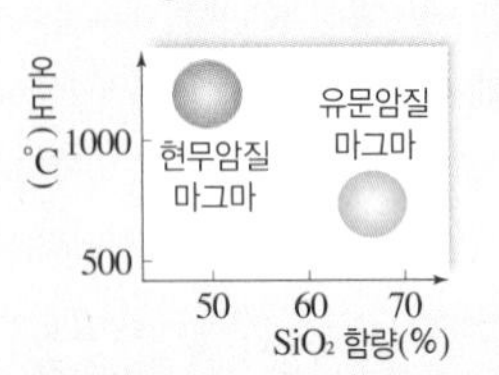

- 현무암질 마그마가 유문암질 마그마보다 큰 성질: 온도, 유동성
- 유문암질 마그마가 현무암질 마그마보다 큰 성질: SiO_2 함량, 점성, 휘발 성분 함량, 화산체의 경사

◆ **대륙 지각 하부**
대륙 지각을 구성하는 화강암은 물을 포함하고 있는데, 물이 포함된 화강암은 지하 깊은 곳으로 갈수록 용융점이 낮아진다. 지하 깊은 곳의 대륙 지각 하부에서 지하의 온도가 물이 포함된 화강암의 용융점과 같으면 마그마가 생성될 수 있지만, 이보다 얕은 곳에서는 지구 내부 온도가 높아져야 마그마가 생성된다.

용어
❶ **용융점** 물질이 고체에서 액체로 상태 변화가 일어날 때의 온도(=용융 온도=녹는점)
❷ **용암 대지** 용암이 분출하여 넓게 퍼져 만들어진 평탄한 지형
❸ **순상(楯 방패, 狀 모양) 화산** 방패 모양의 경사가 완만한 화산
❹ **종상(鐘 종, 狀 모양) 화산** 종 모양의 경사가 급한 화산

4. 마그마의 생성 장소 50쪽 대표 자료 ❷

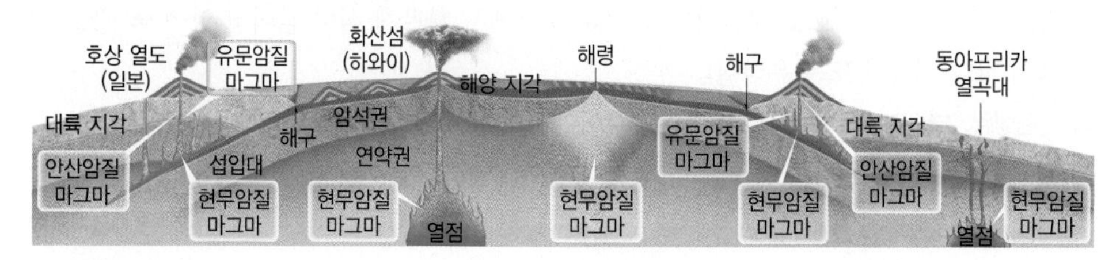

(1) 열점(판의 내부)

① 뜨거운 플룸의 상승류를 따라 맨틀 물질이 상승한다. → 압력이 감소하여 맨틀 물질의 부분 용융이 일어난다. → 현무암질 마그마가 생성된다.

② 지표에서 주로 현무암질 마그마가 분출한다.

(2) 해령(판의 발산형 경계)

① 맨틀 대류의 상승류를 따라 맨틀 물질이 상승한다. → 압력이 감소하여 맨틀 물질의 부분 용융이 일어난다. → 현무암질 마그마가 생성된다.

② 지표에서 주로 현무암질 마그마가 분출한다.

(3) 섭입대(판의 수렴형 경계)

① 섭입대 부근 맨틀(연약권): 해양 지각과 해양 퇴적물이 섭입할 때 온도와 압력이 높아져 해양 지각과 해양 퇴적물을 이루는 [1]함수 광물에서 물이 배출된다. → 맨틀(연약권)에 공급된 물이 맨틀의 용융점을 낮춰 맨틀이 부분 용융된다. → 주로 현무암질 마그마가 생성된다.

② 섭입대 부근 대륙 지각 하부: 연약권에서 생성된 현무암질 마그마가 상승하다가 대륙 지각 하부를 가열시켜 대륙 지각이 부분 용융되어 유문암질 마그마가 생성되고, 현무암질 마그마와 유문암질 마그마가 혼합되어 안산암질 마그마가 생성된다.

③ ◆지표에서 주로 안산암질 마그마가 분출한다.

해양판 / 현무암질 마그마 / 습윤한 맨틀의 부분 용융 / 맨틀 / 섭입하는 지각에서 물이 나옴 / 대륙 지각 / 안산암질 마그마 / 유문암질 마그마 / 현무암질 마그마의 부착 / 맨틀(암석권) / 연약권

섭입대에서 마그마 생성

◆ **안산암선**
태평양 주변의 호상 열도와 습곡 산맥에서는 주로 안산암질 마그마가 분출한다. 태평양 주변을 따라 안산암이 분포하는 한계선을 안산암선이라고 하는데, 안산암선은 판의 수렴형 경계와 대체로 나란하다.

암기해!

생성 장소에 따른 마그마 종류
- 열점, 해령: 압력 감소로 현무암질 마그마 생성
- 섭입대 부근 맨틀: 물 공급에 의한 용융점 하강으로 현무암질 마그마 생성
- 섭입대 부근 대륙 지각 하부: 온도 상승으로 유문암질 마그마 생성, 유문암질 마그마와 현무암질 마그마 혼합으로 안산암질 마그마 생성

지표에서 주로 분출되는 마그마 종류
- 열점: 현무암질 마그마
- 해령: 현무암질 마그마
- 섭입대: 안산암질 마그마

B 화성암

1. 화성암 마그마가 지각 내부나 지표에서 냉각되어 만들어진 암석

2. 화성암의 분류 화학 조성과 조직에 따라 구분한다.

(1) 화학 조성(SiO_2 함량)에 따른 화성암 분류: 염기성암, 중성암, 산성암

산성암과 염기성암은 화학에서 말하는 산, 염기와는 관련이 없고, SiO_2 함량에 따른 구분일 뿐이에요.

구분	염기성암	중성암	산성암
SiO_2 함량	52 % 이하	52 %~63 %	63 % 이상
특징	• 현무암질 마그마가 식어 만들어진 암석 • ◆고철질 광물을 많이 포함하여 고철질암이라고도 한다. • 유색 광물의 함량이 많아 어두운색을 띤다. (감람석, 휘석, 각섬석, 흑운모 등)	• 안산암질 마그마가 식어 만들어진 암석	• 유문암질 마그마가 식어 만들어진 암석 • ◆규장질 광물을 많이 포함하여 규장질암이라고도 한다. • 무색 광물의 함량이 많아 밝은색을 띤다. (사장석, 정장석, 석영 등)

◆ **고철질 광물과 규장질 광물**
- 고철질 광물: 철(Fe), 마그네슘(Mg)을 많이 포함하는 광물
  예 감람석, 휘석, 각섬석, 흑운모
- 규장질 광물: 규소(Si), 알루미늄(Al)을 많이 포함하는 광물
  예 석영, 장석, 백운모

용어

[1] **함수(含 머금다, 水 물) 광물** 광물의 구조 내에 수산화 이온(OH^-)을 포함하고 있어 가열하면 물(H_2O)이 빠져나오는 광물
예 운모류, 각섬석 등

(2) ◆**조직에 따른 화성암 분류**: ◆산출 상태, 마그마의 냉각 속도, 광물 결정의 크기에 따른 분류

① 화산암: 마그마가 지표로 분출하거나 지표 부근에서 빠르게 식어 굳어진 암석 ➡ 광물 결정이 작다(세립질 또는 유리질).

② 반심성암: 마그마가 비교적 지하 얕은 깊이에서 냉각되어 굳어진 암석 → 암상, 암맥으로 산출

③ 심성암: 마그마가 지하 깊은 곳에서 천천히 식어 굳어진 암석 ➡ 광물 결정이 크다(조립질).

| 화학 조성과 조직에 따른 화성암 분류 |

51쪽 대표 자료❸

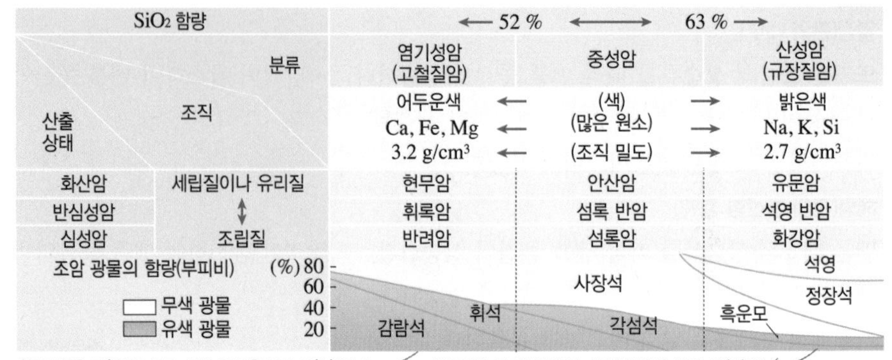

염기성암은 고철질암으로, 유색 광물을 많이 포함하여 어두운색을 띠고, 밀도가 크다.

산성암은 규장질암으로, 무색 광물을 많이 포함하여 밝은색을 띠고, 밀도가 작다.

◆ **암석의 조직**
- 조립질 조직: 광물 결정이 크게 자란 경우
- 세립질 조직: 광물 결정이 작게 자란 경우
- 유리질 조직: 결정을 형성하지 못하여 보이지 않는 경우
- 반상 조직: 큰 결정과 작은 결정이 섞여 있는 경우

◆ **암석의 산출 상태(생성 위치)**

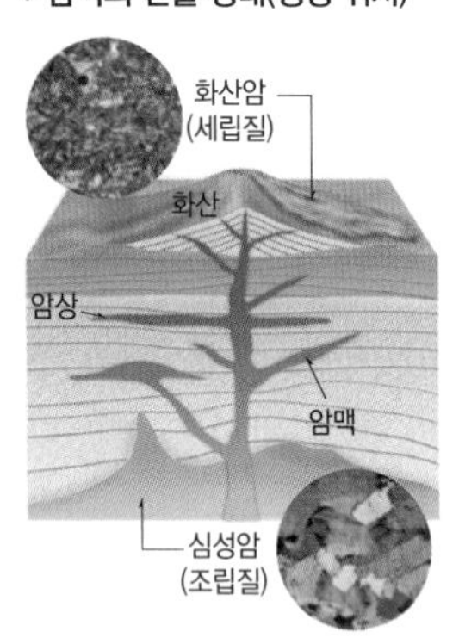

- 암상: 마그마가 층리와 나란하게 관입한 화성암체
- 암맥: 마그마가 층리에 비스듬하게 관입한 화성암체

암기해!

대표적인 암석의 분류
- 현무암: 염기성암, 화산암
- 화강암: 산성암, 심성암
- 반려암: 염기성암, 심성암

C 한반도의 화성암 지형

1. 한반도의 화성암 분포 한반도에 분포하는 화성암의 대부분은 중생대 화강암이다.

→ 한반도에서 선캄브리아 시대 암석은 변성암, 고생대 암석은 퇴적암, 중생대 암석은 화강암, 신생대 암석은 현무암이 주를 이룬다.

2. 화산암 지형

(1) **분포 지역**: 백두산, 한탄강 일대, 제주도, 울릉도, 독도 → 화산섬

(2) **형성 시기 및 구성 암석**: 대부분 신생대에 현무암질 마그마가 분출하여 형성된 현무암(해양 지각의 주요 구성 암석)으로 이루어져 있다. ➡ 현무암이 형성되면서 ◆주상 절리가 발달하기도 한다.

(3) 제주 마라도와 변산반도 등에는 각각 안산암과 유문암이 소규모로 분포한다.

3. 심성암 지형

(1) **분포 지역**: 설악산 울산바위, 북한산 인수봉 등 우리나라 전역에 걸쳐 분포한다.

(2) **형성 시기 및 구성 암석**: 대부분 중생대에 유문암질 마그마가 관입하여 형성된 화강암(대륙 지각의 주요 구성 암석)으로 이루어져 있다. ➡ 지하 깊은 곳에서 형성된 화강암이 상부 지층이 풍화, 침식 작용을 받아 깎여 나간 후 융기하여 지표로 드러나면서 ◆판상 절리가 발달하기도 한다.

(3) 부산 황령산과 경북 양북면 해안에는 각각 반려암과 섬록암이 소규모로 분포한다.

51쪽 대표 자료❹

▲ 한탄강 재인 폭포 ▲ 제주도 용두암 ▲ 설악산 울산바위 ▲ 북한산 인수봉

◆ **절리**

절리는 암석이 갈라진 틈으로, 주상 절리, 판상 절리 등이 있다.
- 주상 절리: 마그마가 지표로 분출하여 급격히 식으면서 형성된 기둥 모양의 절리
- 판상 절리: 화강암과 같은 심성암이 지표로 노출되면서 압력 감소로 형성된 판 모양의 절리

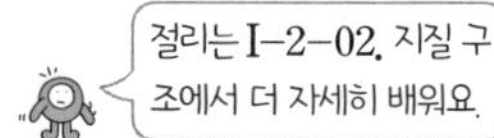

개념 확인 문제

핵심 체크

- 마그마: 지구 내부에서 지각이나 맨틀의 암석이 부분 용융되어 생성된 물질
  - 종류: (❶) 마그마, 안산암질 마그마, 유문암질 마그마
  - 생성 조건: (❷) 상승, (❸) 감소, (❹)의 공급에 의한 용융점 하강 등으로 암석의 온도가 용융점보다 높아질 때 마그마가 생성된다.
  - 생성 장소: 해령과 열점에서는 (❺) 마그마가, (❻) 부근에서는 현무암질 마그마, 안산암질 마그마, 유문암질 마그마가 생성된다.
- 화성암의 분류
  - 화학 조성에 따른 분류: 염기성암, 중성암, 산성암 ➡ (❼): SiO_2 함량이 적고, 어두운색을 띠는 화성암
  - 조직에 따른 분류: 화산암, 반심성암, 심성암 ➡ (❽): 지하 깊은 곳에서 생성되어 조립질 조직인 화성암
- 한반도의 화성암 지형: 화산암 지형은 대부분 신생대에 형성된 (❾)으로, 심성암 지형은 대부분 중생대에 형성된 (❿)으로 이루어져 있다.

1 마그마의 종류에 대한 설명 중 ( ) 안에 알맞은 말을 고르시오.

(1) SiO_2 함량이 63 % 이상인 마그마는 (현무암질, 안산암질, 유문암질) 마그마이다.
(2) 현무암질 마그마는 유문암질 마그마보다 온도가 ㉠(높고, 낮고), 점성이 ㉡(크다, 작다).
(3) 유문암질 마그마는 현무암질 마그마보다 경사가 (급한, 완만한) 화산체를 형성한다.

2 그림은 물이 포함되지 않은 맨틀의 용융 곡선, 물이 포함된 화강암의 용융 곡선, 지하의 온도 분포를 나타낸 것이다.

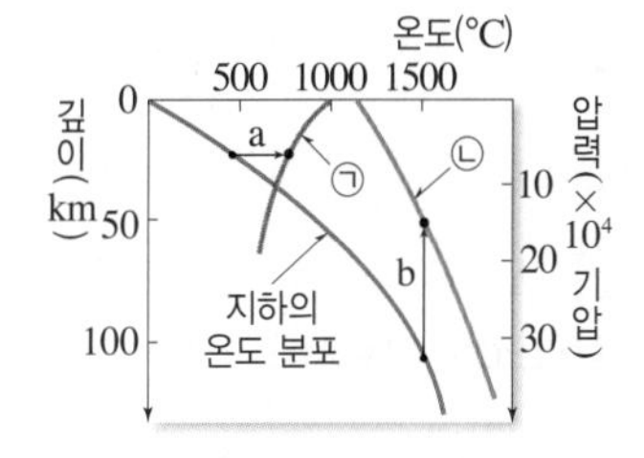

(1) ㉠과 ㉡은 어떤 용융 곡선에 해당하는지 쓰시오.
(2) a 과정에서 ( )가 상승하여 용융점에 도달한다.
(3) b 과정에서 ( )이 감소하여 용융점에 도달한다.

3 다음 과정으로 생성된 마그마의 종류를 쓰시오.

(1) 상승하는 플룸이 압력 감소로 부분 용융되어 생성
(2) 해령에서 맨틀 물질이 상승하여 부분 용융되어 생성
(3) 섭입대에서 생성되어 상승한 마그마가 열을 공급하여 대륙 지각 하부가 부분 용융되어 생성
(4) 현무암질 마그마와 유문암질 마그마가 혼합되어 생성

4 화성암에 대한 설명 중 ( ) 안에 알맞은 말을 고르시오.

(1) 화성암은 (조직, 화학 조성)에 따라 염기성암, 중성암, 산성암으로 구분한다.
(2) 유문암질 마그마가 냉각되어 생성된 암석은 (산성암, 염기성암)이다.
(3) SiO_2 함량이 많을수록 화성암의 색이 (밝다, 어둡다).
(4) 심성암의 조직은 (세립질, 조립질)이다.

5 표는 화성암의 분류를 나타낸 것이다.

구분	염기성암	중성암	산성암
화산암	A	B	유문암
심성암	반려암	섬록암	C

A～C에 해당하는 대표적인 암석의 이름을 쓰시오.

6 유문암질 마그마가 천천히 식어 굳어진 암석의 예를 쓰시오.

7 우리나라에 분포하는 화성암의 대부분을 차지하는 암석은?

① 고생대 화강암 ② 중생대 현무암
③ 중생대 화강암 ④ 신생대 현무암
⑤ 신생대 화강암

대표 자료 분석

자료 ❶ 마그마의 종류

기출 Point
- 마그마의 종류 구분하기
- 마그마의 종류에 따른 성질 비교하기

[1~4] 표는 마그마의 종류와 성질을 나타낸 것이다.

성질	(가)	(나)
SiO_2 함량	52 % 이하	63 % 이상
온도	약 1000 ℃ 이상	약 800 ℃ 이하
점성	작다	크다
분출 유형	조용히 분출	폭발적으로 분출
화산체의 경사	㉠	㉡

1 (가)와 (나)에 해당하는 마그마의 종류를 쓰시오.

2 SiO_2 함량이 많을수록 마그마의 유동성은 어떻게 변하는지 쓰시오.

3 (가)와 (나) 마그마가 분출하여 만들어진 화산체의 경사를 비교하여 ㉠과 ㉡에 알맞은 말을 쓰시오.

4 빈출 선택지로 완벽 정리!

(1) SiO_2 함량이 60 %인 마그마는 유문암질 마그마이다. (○ / ×)

(2) 마그마의 온도가 높을수록 마그마의 유동성은 작아진다. (○ / ×)

(3) 점성이 큰 마그마가 분출하면 화산 활동이 폭발적으로 일어날 수 있다. (○ / ×)

(4) 유문암질 마그마가 분출하면 현무암질 마그마가 분출할 때보다 경사가 급한 화산이 만들어진다. (○ / ×)

(5) 용암 대지가 만들어질 가능성은 유문암질 마그마가 분출할 때가 현무암질 마그마 분출할 때보다 크다. (○ / ×)

자료 ❷ 마그마의 생성 조건과 생성 장소

기출 Point
- 마그마의 생성 조건 이해하기
- 생성 장소에 따른 마그마의 생성 과정 알기

[1~4] 그림 (가)는 마그마의 생성 조건을, (나)는 마그마의 생성 장소를 나타낸 것이다.

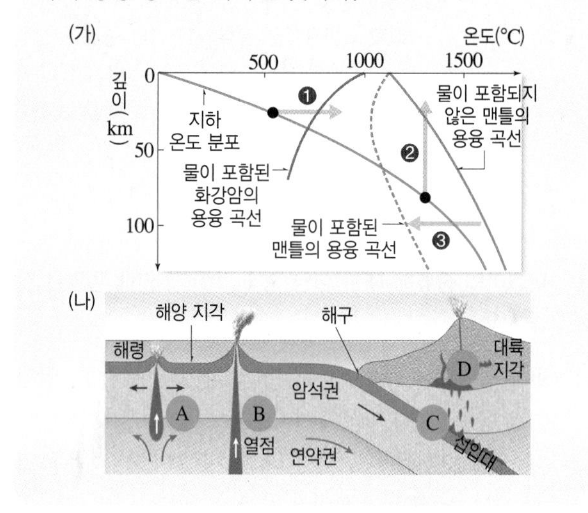

1 (가)에서 마그마가 생성되는 ❶~❸ 조건을 쓰시오.

2 (나)의 A~D에서 생성되는 마그마의 종류를 쓰시오.

3 A~D 중 ❶~❸ 조건으로 마그마가 생성되는 장소를 각각 모두 고르시오.

❶: ________ ❷: ________ ❸: ________

4 빈출 선택지로 완벽 정리!

(1) (가)에서 지하로 깊이 들어갈수록 지하의 온도와 물이 포함되지 않은 맨틀의 용융점은 모두 상승한다. (○ / ×)

(2) A, B, C에서는 모두 현무암질 마그마가 생성된다. (○ / ×)

(3) A와 B에서 마그마가 생성되는 원리는 지구 내부 온도의 상승으로 용융점에 도달하는 것이다. (○ / ×)

(4) 안산암질 마그마는 C와 D에서 생성되는 마그마가 혼합되어 생성될 수 있다. (○ / ×)

자료 ❸ 화성암의 분류

기출 Point
- 화성암의 분류 기준 알기
- 화성암의 종류에 따른 특징 비교하기

[1~4] 표는 화성암의 분류와 특징을 나타낸 것이다.

SiO_2 함량		← 52%	↔	63% →
산출 상태 \ 조직 \ 분류		염기성암 (고철질암)	중성암	산성암 (규장질암)
		어두운색 ←	(색)	→ 밝은색
		Ca, Fe, Mg ←	(많은 원소)	→ Na, K, Si
화산암	세립질	현무암	안산암	유문암
심성암	조립질	반려암	섬록암	화강암
마그마 온도(°C)		높다 ← 1000	↔	800 → 낮다
마그마 점성		작다	중간	크다

1 화성암을 염기성암, 중성암, 산성암으로 분류하는 기준을 쓰시오.

2 화산암이 심성암보다 광물 결정이 작은 까닭을 쓰시오.

3 반려암과 화강암의 공통점과 차이점을 [보기]에서 각각 고르시오.

보기
ㄱ. 암석의 조직 밀도　　ㄴ. 마그마의 냉각 속도
ㄷ. Ca, Fe 함량　　ㄹ. 광물 결정의 크기

4 빈출 선택지로 완벽 정리!

(1) 현무암은 유문암보다 SiO_2 함량이 많다. ······ (○ / ×)
(2) 현무암은 반려암보다 마그마가 빨리 냉각되어 생성된 암석이다. ······ (○ / ×)
(3) 화강암은 색이 밝고, 광물 결정의 크기가 작다. ······ (○ / ×)
(4) 유문암질 마그마가 지하 깊은 곳에서 식으면 유문암이 된다. ······ (○ / ×)
(5) 현무암질 마그마는 유문암질 마그마보다 경사가 완만한 화산체를 이룬다. ······ (○ / ×)

자료 ❹ 한반도의 화성암 지형

기출 Point
- 한반도의 화산암 지형과 심성암 지형 구분하기
- 한반도 화성암 지형의 구성 암석의 특징 비교하기

[1~5] 그림 (가)~(라)는 한반도에 있는 화성암 지형을 나타낸 것이다.

(가) 북한산 인수봉

(나) 한탄강 용암 지대

(다) 제주도 용두암

(라) 설악산 울산바위

1 (가)~(라)를 이루는 화성암의 이름을 각각 쓰시오.

2 (가)~(라) 중 화산암 지형을 모두 고르시오.

3 (가)~(라) 중 중생대에 생성된 지형을 모두 고르시오.

4 (가)와 (나)에 발달한 절리의 종류를 각각 쓰시오.

5 빈출 선택지로 완벽 정리!

(1) (가)와 (라)는 산성암에 해당한다. ······ (○ / ×)
(2) (가)의 암석은 (다)의 암석보다 지하 깊은 곳에서 생성되었다. ······ (○ / ×)
(3) (나)는 (라)보다 광물 결정의 크기가 크다. ······ (○ / ×)
(4) (다)는 (가)보다 SiO_2 함량이 많다. ······ (○ / ×)
(5) 현무암질 마그마가 분출하여 형성된 지형은 (나)와 (다)이다. ······ (○ / ×)

내신 만점 문제

A 변동대의 마그마 생성

01 그림은 현무암질 마그마와 유문암질 마그마의 SiO_2 함량과 유동성을 나타낸 것이다.
(나)와 비교하여 (가)의 물리량이 더 큰 것만을 [보기]에서 있는 대로 고른 것은?

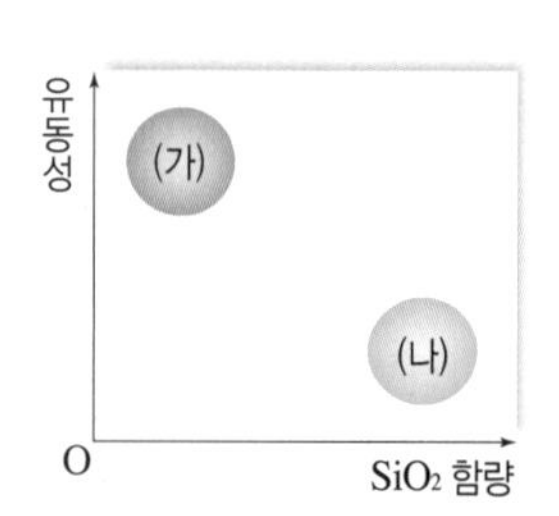

보기
ㄱ. 온도　　ㄴ. 점성　　ㄷ. 화산체의 경사

① ㄱ　② ㄴ　③ ㄱ, ㄷ
④ ㄴ, ㄷ　⑤ ㄱ, ㄴ, ㄷ

서술형
02 그림 (가)와 (나)는 현무암질 마그마와 유문암질 마그마가 형성한 화산체를 순서 없이 나타낸 것이다.

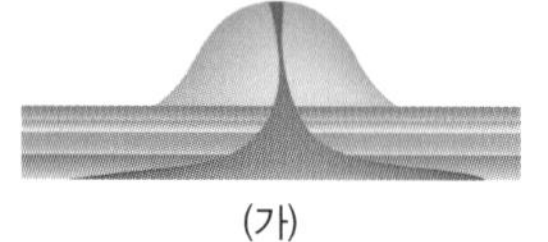
(가)

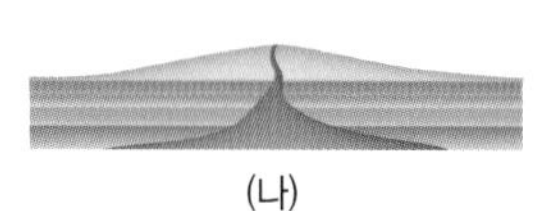
(나)

(가)와 (나) 중 현무암질 마그마가 형성한 화산체를 고르고, 그 까닭을 마그마의 온도와 점성을 포함하여 서술하시오.

중요
03 그림은 지하의 온도 분포와 암석의 용융 곡선을 나타낸 것이다.

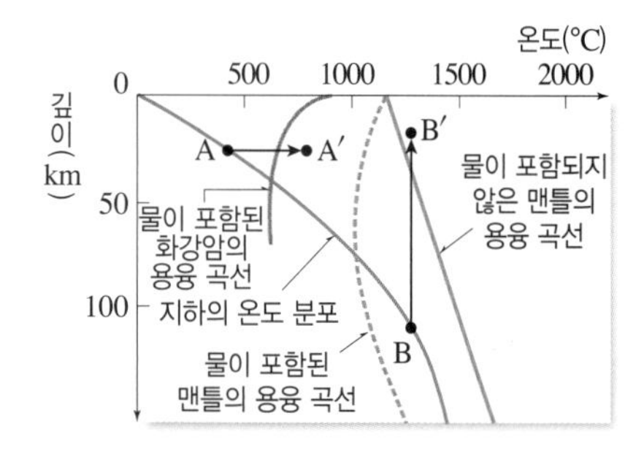

이에 대한 설명으로 옳지 않은 것은?

① A 조건일 때는 마그마가 생성되지 않는다.
② A → A′는 압력 감소로 마그마가 생성되는 과정이다.
③ 지하 깊은 곳으로 갈수록 지하의 온도가 높아진다.
④ B → B′ 과정으로 현무암질 마그마가 생성된다.
⑤ 맨틀에 물이 공급되면 용융점이 낮아진다.

서술형
04 그림은 마그마가 생성되는 장소를 나타낸 것이다.

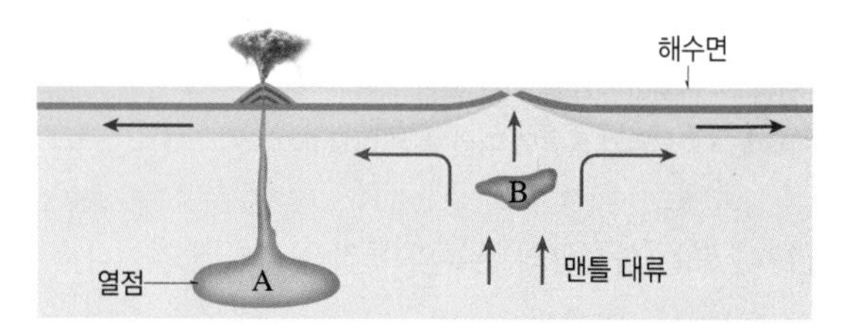

A와 B에서 생성되는 마그마의 종류와 마그마가 생성되는 과정을 각각 서술하시오.

중요
05 그림은 마그마가 생성되는 지역 A～D를 나타낸 것이다.

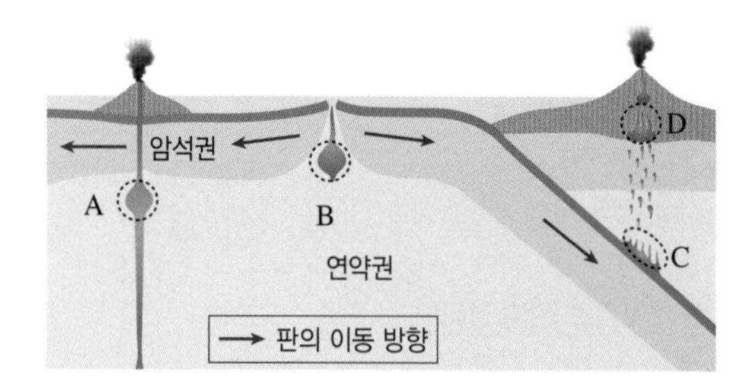

이에 대한 설명으로 옳은 것만을 [보기]에서 있는 대로 고른 것은?

보기
ㄱ. 맨틀 물질의 상승에 따른 압력 감소로 마그마가 생성되는 곳은 A와 B이다.
ㄴ. A, B, C에서는 모두 현무암질 마그마가 생성된다.
ㄷ. 생성되는 마그마의 SiO_2 함량은 D가 가장 적다.

① ㄱ　② ㄷ　③ ㄱ, ㄴ
④ ㄴ, ㄷ　⑤ ㄱ, ㄴ, ㄷ

06 그림 (가)는 지하의 온도 분포와 암석의 용융 곡선을, (나)는 해령 부근의 모습을 나타낸 것이다.

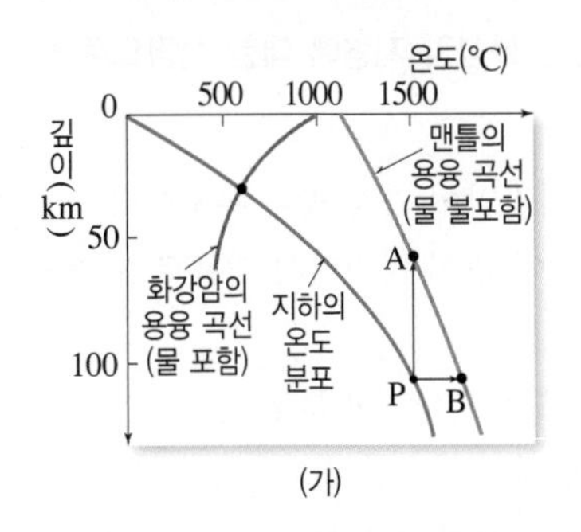

(가)

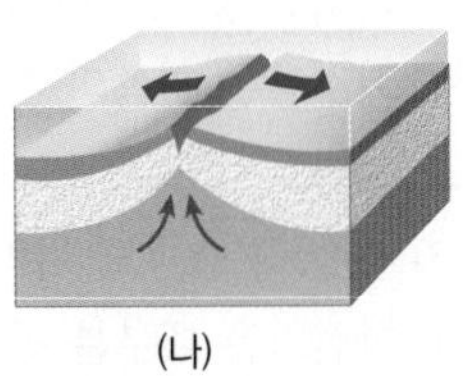
(나)

이에 대한 설명으로 옳은 것만을 [보기]에서 있는 대로 고른 것은?

보기
ㄱ. 물을 포함한 화강암은 압력이 커질수록 용융점이 높아진다.
ㄴ. 열점에서 마그마는 P → A 과정으로 생성된다.
ㄷ. (나)에서 마그마는 P → B 과정으로 생성된다.

① ㄱ ② ㄴ ③ ㄱ, ㄷ
④ ㄴ, ㄷ ⑤ ㄱ, ㄴ, ㄷ

08 그림은 화성암의 산출 상태를 나타낸 것이다.

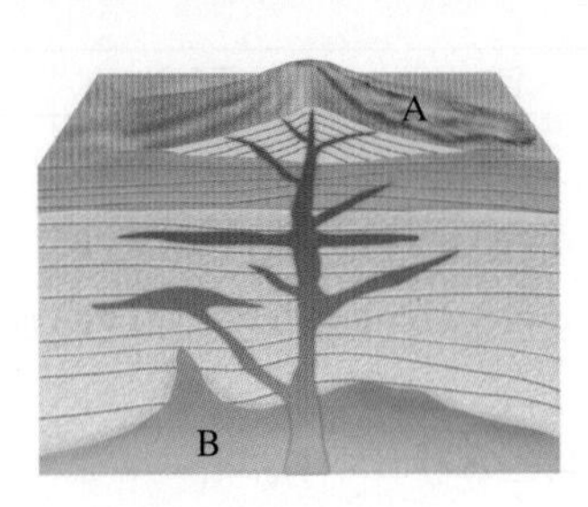

이에 대한 설명으로 옳은 것만을 [보기]에서 있는 대로 고른 것은?

보기
ㄱ. A는 세립질 조직, B는 조립질 조직이 잘 나타난다.
ㄴ. 마그마의 냉각 속도는 A가 B보다 빠르다.
ㄷ. 현무암은 B로 산출된다.

① ㄱ ② ㄷ ③ ㄱ, ㄴ
④ ㄴ, ㄷ ⑤ ㄱ, ㄴ, ㄷ

B 화성암

중요 **07** 그림은 염기성암과 산성암으로 분류되는 화성암 A와 B의 화학 조성을 순서 없이 나타낸 것이다.

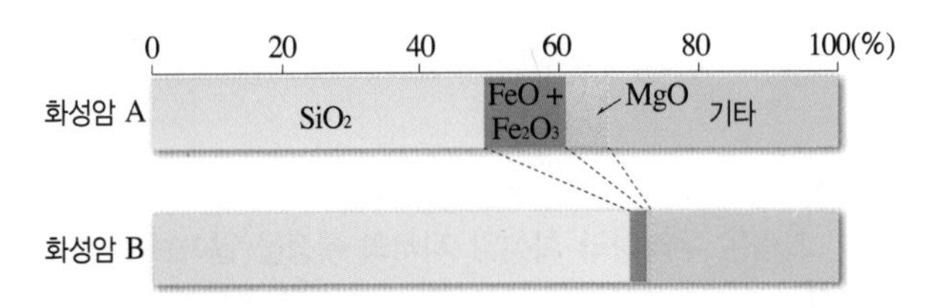

이에 대한 설명으로 옳은 것만을 [보기]에서 있는 대로 고른 것은?

보기
ㄱ. A는 산성암에 속한다.
ㄴ. 유문암질 마그마가 지표로 분출하여 식은 암석 성분은 B에 가깝다.
ㄷ. 유색 광물의 함량비는 A가 B보다 높다.

① ㄱ ② ㄴ ③ ㄱ, ㄷ
④ ㄴ, ㄷ ⑤ ㄱ, ㄴ, ㄷ

09 그림 (가)와 (나)는 화강암과 현무암의 모습을 순서 없이 나타낸 것이다.

(가)

(나)

(나)가 (가)보다 더 큰 값을 갖는 물리량을 [보기]에서 있는 대로 고른 것은?

보기
ㄱ. 마그마의 냉각 속도
ㄴ. 유색 광물의 함량
ㄷ. SiO_2 함량

① ㄱ ② ㄷ ③ ㄱ, ㄴ
④ ㄴ, ㄷ ⑤ ㄱ, ㄴ, ㄷ

10 표는 화성암을 분류한 것이다.

구분	염기성암	중성암	산성암
화산암	현무암	안산암	B
심성암	A	섬록암	화강암

이에 대한 설명으로 옳은 것만을 [보기]에서 있는 대로 고른 것은?

보기
ㄱ. 암석의 색은 A가 B보다 밝다.
ㄴ. 마그마의 냉각 속도는 B가 A보다 빨랐다.
ㄷ. 반려암은 B에 해당한다.

① ㄱ ② ㄴ ③ ㄱ, ㄷ
④ ㄴ, ㄷ ⑤ ㄱ, ㄴ, ㄷ

11 표는 화성암의 종류와 주요 조암 광물의 부피비를 나타낸 것이다.

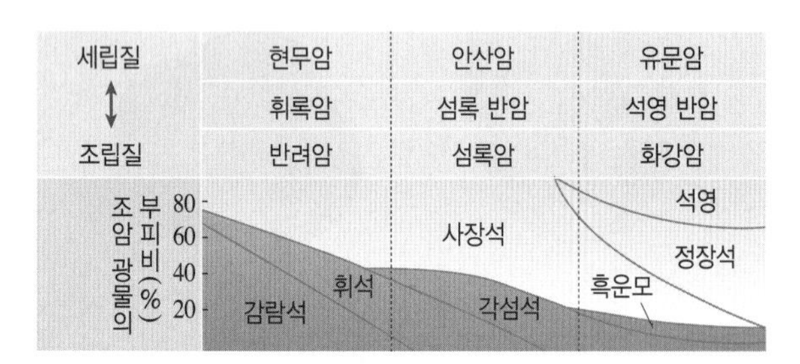

이에 대한 설명으로 옳은 것만을 [보기]에서 있는 대로 고른 것은?

보기
ㄱ. 휘록암은 석영 반암보다 SiO_2 함량이 많다.
ㄴ. (Fe+Mg)의 함량은 현무암이 화강암보다 많다.
ㄷ. 반려암과 화강암은 주로 암맥으로 산출된다.

① ㄱ ② ㄴ ③ ㄱ, ㄷ
④ ㄴ, ㄷ ⑤ ㄱ, ㄴ, ㄷ

C 한반도의 화성암 지형

12 우리나라에 분포하는 화성암 지형에 대한 설명으로 옳지 않은 것은?

① 화성암 중 중생대의 화강암이 가장 많이 분포한다.
② 화강암은 위쪽의 지층이 깎여 나가면서 지표로 노출되었다.
③ 제주도, 울릉도 지역에는 화산암이 분포한다.
④ 화산암은 대부분 신생대의 현무암이다.
⑤ 화산암이 심성암보다 더 넓게 분포한다.

13 그림은 우리나라의 화성암 지형을 나타낸 것이다.

(가) 북한산의 암봉

(나) 한탄강의 암석

이에 대한 설명으로 옳은 것만을 [보기]에서 있는 대로 고른 것은?

보기
ㄱ. (가)의 암석이 (나)의 암석보다 먼저 생성되었다.
ㄴ. (나)는 화산암으로 이루어져 있다.
ㄷ. (가)에는 판상 절리, (나)에는 주상 절리가 발달한다.

① ㄱ ② ㄷ ③ ㄱ, ㄴ
④ ㄴ, ㄷ ⑤ ㄱ, ㄴ, ㄷ

14 그림은 우리나라 화성암 지역의 특징을 알아보는 흐름도이다.

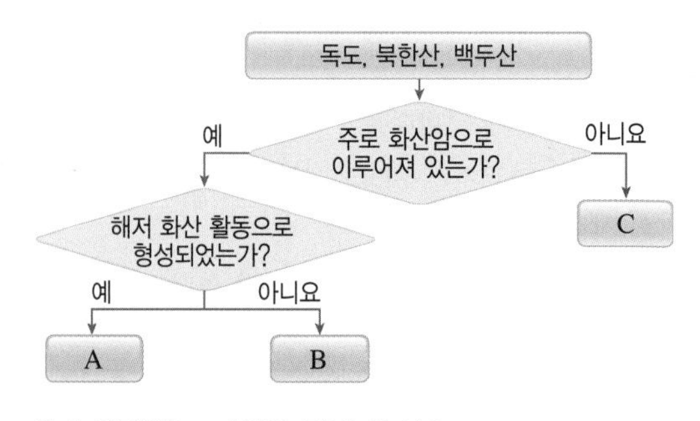

A~C에 해당하는 지역을 각각 쓰시오.

정답친해 23쪽

01 그림은 화산체를 이룬 용암 A와 B의 SiO_2 함량을 나타낸 것이다.

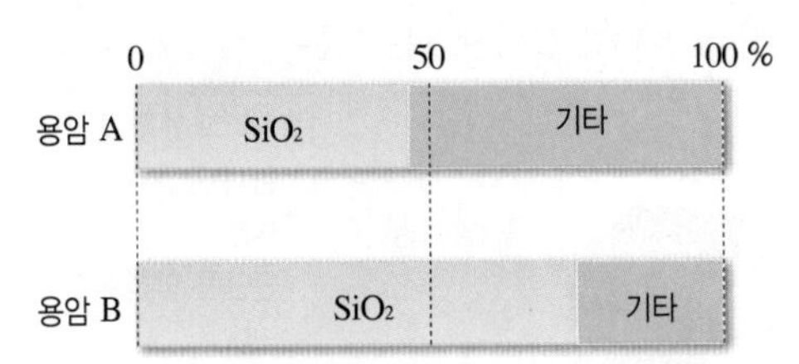

이에 대한 설명으로 옳은 것만을 [보기]에서 있는 대로 고른 것은?

보기

ㄱ. 용암의 점성은 A가 B보다 크다.
ㄴ. 용암이 분출할 때는 A가 B보다 폭발적이다.
ㄷ. 용암으로 이루어진 화산체의 $\frac{\text{화산체 높이}}{\text{화산체 밑면적}}$ 값은 A가 B보다 작다.

① ㄱ ② ㄷ ③ ㄱ, ㄴ
④ ㄴ, ㄷ ⑤ ㄱ, ㄴ, ㄷ

02 그림은 지하의 온도 분포와 암석의 용융 곡선을 나타낸 것이다. A와 B는 각각 물이 포함된 맨틀의 용융 곡선과 물이 포함되지 않은 맨틀의 용융 곡선 중 하나이다.

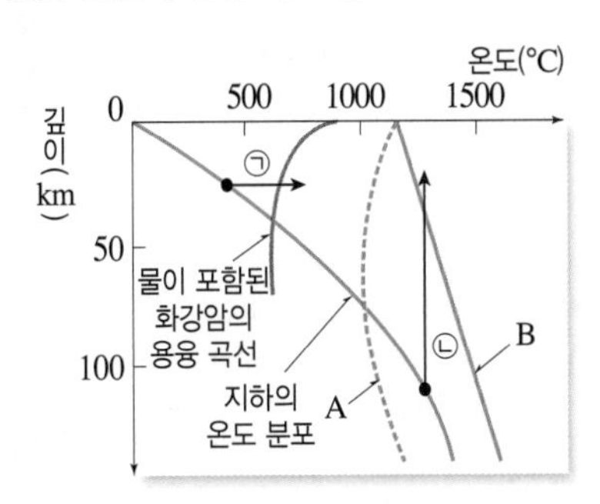

이에 대한 설명으로 옳은 것만을 [보기]에서 있는 대로 고른 것은?

보기

ㄱ. 물이 포함되지 않은 맨틀의 용융 곡선은 B이다.
ㄴ. 해령에서는 주로 ㉠의 과정으로 마그마가 생성된다.
ㄷ. 섭입대에서 마그마가 생성되는 경우의 맨틀 용융 곡선은 A이다.

① ㄱ ② ㄴ ③ ㄱ, ㄷ
④ ㄴ, ㄷ ⑤ ㄱ, ㄴ, ㄷ

03 그림은 어느 조건에서 마그마가 생성될 때 깊이에 따른 지하 온도 분포 변화(➡)와 맨틀의 용융 곡선을 나타낸 것이다.

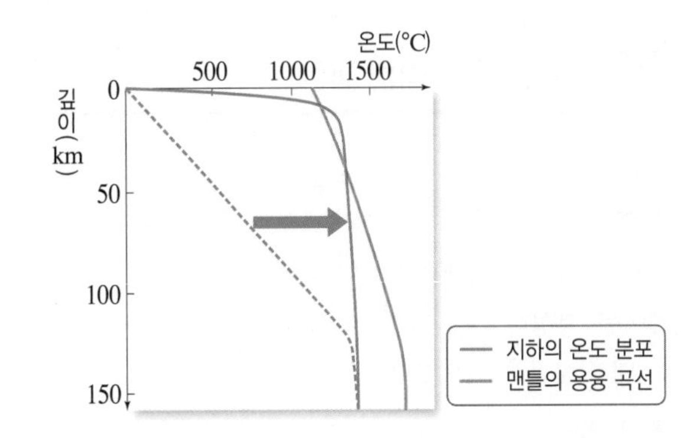

이에 대한 설명으로 옳은 것만을 [보기]에서 있는 대로 고른 것은?

보기

ㄱ. 고온의 물질이 상승하여 마그마가 생성되는 경우이다.
ㄴ. 생성되는 마그마는 유문암질 마그마이다.
ㄷ. 깊이 100 km 지점에서는 마그마가 생성된다.

① ㄱ ② ㄷ ③ ㄱ, ㄴ
④ ㄴ, ㄷ ⑤ ㄱ, ㄴ, ㄷ

04 그림 (가)와 (나)는 우리나라의 화성암 지형을 나타낸 것이다.

(가) 제주도 지삿개

(나) 설악산 울산바위

이에 대한 설명으로 옳은 것만을 [보기]에서 있는 대로 고른 것은?

보기

ㄱ. 암석의 나이는 (가)가 (나)보다 많다.
ㄴ. 암석의 생성 깊이는 (가)가 (나)보다 깊다.
ㄷ. 구성 암석의 SiO_2 함량은 (나)가 (가)보다 많다.

① ㄱ ② ㄷ ③ ㄱ, ㄴ
④ ㄴ, ㄷ ⑤ ㄱ, ㄴ, ㄷ

01 판 구조론의 정립 과정

대륙 이동설 ➡ 맨틀 대류설 ➡ 해저 지형 탐사 ➡ 해양저 확장설 ➡ 판 구조론

1. (❶   ) 과거에 모든 대륙들이 하나로 모여 초대륙인 판게아를 형성하였고, 판게아가 분리되고 이동하여 현재와 같은 대륙 분포를 이루었다는 학설

대륙 이동설의 증거	해안선 모양의 유사성, 화석 분포의 연속성, 지질 구조의 연속성, 빙하의 흔적 등
한계	대륙 이동의 원동력을 설명하지 못하였다.

2. 맨틀 대류설 맨틀 상부와 하부의 온도 차이로 열대류가 일어나 맨틀 위에 있는 대륙이 대류를 따라 이동한다는 학설 ➡ 대륙 이동의 원동력: (❷   )

맨틀 대류설 모형	• 맨틀 대류의 상승부: 새로운 지각과 바다가 생성된다. • 맨틀 대류의 하강부: 산맥이 형성된다.
한계	맨틀 대류의 관측적 증거를 제시하지 못하였다.

3. 해저 지형 탐사 (❸   )으로 다양한 해저 지형 발견

> 수심$(d)=\frac{1}{2}\times$음파의 왕복 시간$(t)\times$물속에서 음파의 속도(v)
> ➡ 음파의 왕복 시간이 길수록 수심이 (❹   ).

4. 해양저 확장설 해령 아래에서 맨틀 물질이 상승하여 새로운 해양 지각이 생성되고, 맨틀 대류를 따라 (❺   )을 중심으로 양쪽으로 멀어지면서 해양저가 확장되며, 해양 지각이 해구에서 소멸한다는 학설

(1) 해양 지각은 해령에서 생성되고, 해구에서 소멸한다.

(2) 해양저 확장설의 증거

고지자기 줄무늬의 대칭적 분포	고지자기 줄무늬가 해령을 축으로 대칭을 이룬다. ➡ 탐사 기술: 자력계
해양 지각의 나이, 해저 퇴적물의 두께, 수심 분포	해령에서 멀어질수록 해양 지각의 나이가 많아지고, 해저 퇴적물의 두께가 두꺼워지며, 수심이 깊어진다. ➡ 탐사 기술: 해양 시추선, 방사성 동위 원소
열곡과 변환 단층의 발견	해령에서 해양 지각이 확장되면서 열곡이 생성되고, (❻)이 발달한다.
섭입대 주변 지진의 진원 깊이 분포	해구에서 대륙 쪽으로 갈수록 진원의 깊이가 깊어진다. ➡ 탐사 기술: 표준화된 지진 관측망 구축

5. 판 구조론 지구 표면은 여러 개의 크고 작은 판으로 이루어져 있고, 판이 서로 다른 방향과 속도로 이동하여 판 경계에서 지각 변동이 일어난다는 이론

	판(암석권)	• 지각과 맨틀 최상부를 포함한 평균 두께 약 100 km 부분 • 단단한 암석으로 이루어져 있다.
	(❼)	• 암석권 아래의 깊이 약 100 km ~ 400 km 부분 • 고체이지만, 유동성이 있다. ➡ 맨틀 대류가 일어난다.

02 대륙 분포의 변화

1. 고지자기와 대륙의 이동

지구 자기장	• 지구 자기력이 미치는 공간 • (❽): 나침반의 자침이 수평면과 이루는 각 ➡ 자기 적도에서 자극으로 갈수록 크기 증가
고지자기 연구	• 암석 속의 고지자기 복각으로 암석이 생성될 당시의 (❾)를 추정할 수 있다.
고지자기와 대륙의 이동 복원	• **지자기 북극의 겉보기 이동 경로**: 지질 시대 동안 지자기 북극은 하나였는데, 서로 떨어져 있는 두 대륙에서 측정한 지자기 북극의 이동 경로가 두 개이다. ➡ 이동 경로를 하나로 겹쳐 보면 과거에 두 대륙이 붙어 있었던 적이 있었다. (단위: 억 년 전) • **인도 대륙의 이동**: 인도 대륙은 남반구에서 북상하여 유라시아 대륙과 충돌하면서 히말라야산맥을 형성하였고, 현재 북반구에 있다.

2. 판 경계와 대륙의 이동

판 경계		발달하는 지형	지각 변동
발산형 경계	대륙판－대륙판	열곡대	천발 지진, 화산 활동 활발
	해양판－해양판	해령, 열곡	
(❿)	대륙판－해양판	해구, 호상 열도, 습곡 산맥	천발~심발 지진, 화산 활동 활발
	해양판－해양판	해구, 호상 열도	
	대륙판－대륙판	습곡 산맥	천발~중발 지진
보존형 경계		변환 단층	천발 지진

3. 과거와 미래의 대륙 분포 변화 초대륙 로디니아(약 12억 년 전) → 초대륙 판게아(약 2억7천만 년 전) → 판게아 분리 → 현재의 대륙 분포 → 새로운 초대륙(2억 년 후~2억5천만 년 후)

3 맨틀 대류와 플룸 구조론

1. 맨틀 대류(상부 맨틀의 운동) 맨틀 내에 존재하는 방사성 원소의 붕괴열과 맨틀 상하의 온도 차이로 연약권에서 일어나는 대류 ➡ 판 경계에서 일어나는 화산 활동을 설명할 수 있다.

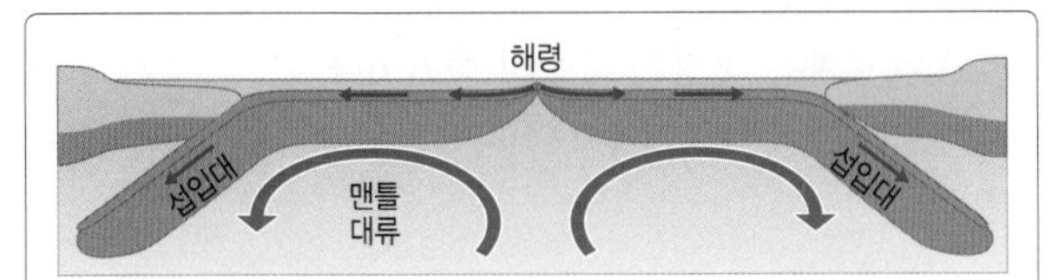

[판 이동의 원동력]
- 맨틀 대류
- 섭입하는 판이 (⑪) 힘: 냉각되어 밀도가 커진 해양판이 해구에서 섭입대를 따라 침강하면서 연결된 기존의 판을 잡아당기는 힘
- 해령에서 판을 밀어내는 힘: 해양 지각이 생성되면서 해령(해저 산맥)이 생성될 때 인접한 두 판을 밀어내는 힘

2. 플룸 구조론 플룸의 상승이나 하강이 일어나 지구 내부의 변동이 일어난다는 이론 ➡ 판 내부의 화산 활동을 설명할 수 있다.

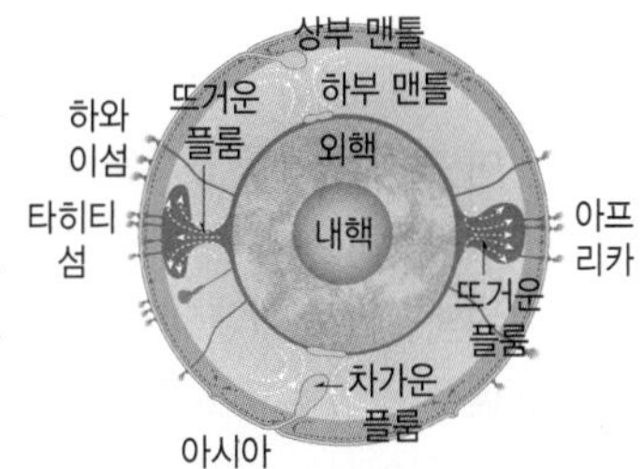

플룸	(⑫)	섭입된 해양판이 상부 맨틀과 하부 맨틀의 경계부에 쌓여 있다가 맨틀과 외핵의 경계부까지 가라앉아 형성된다. 예 아시아 하부의 플룸 하강류
	(⑬)	맨틀과 외핵의 경계부에서 뜨거운 물질이 상승한다. 예 남태평양과 아프리카 하부의 거대한 플룸 상승류
	• 조사 방법: 지진파 전달 속도 분포 분석(지진파 단층 촬영)	
열점	• 열점: 뜨거운 플룸이 상승하여 지표면과 만나는 지점 아래에 마그마가 생성되는 곳 ➡ 열점 위에서 해산, 화산섬이 생성된다. 예 하와이섬 • 판이 이동하여도 열점의 위치는 변하지 않는다. • 열점에서 멀수록 화산섬의 나이가 (⑭)하고, 화산섬은 판의 이동 방향으로 배열된다.	

4 변동대의 마그마 활동과 화성암

1. 마그마의 종류

현무암질 마그마	안산암질 마그마	유문암질 마그마
SiO_2 함량 52 % 이하, 온도가 높고, 점성이 작다.	SiO_2 함량 52 %~63 %	SiO_2 함량 63 % 이상, 온도가 낮고, 점성이 크다.

2. 마그마의 생성 조건

지하의 온도 분포와 암석의 용융 곡선	마그마의 생성 조건
온도(°C) 500 1000 1500 / 깊이(km) 0 50 100 / 화강암의 용융 곡선(물 포함) / 지하 온도 분포 / 맨틀의 용융 곡선(물 불포함) / 맨틀의 용융 곡선(물 포함) / ⓐ ⓑ ⓒ	ⓐ 온도 상승 ⓑ (⑮) ⓒ (⑯)

3. 마그마의 생성 장소

해령	• 맨틀 물질이 상승하면서 압력의 감소로 부분 용융되어 현무암질 마그마 생성
열점	• 플룸 상승류를 따라 상승한 맨틀 물질이 압력의 감소로 부분 용융되어 (⑰) 마그마 생성
섭입대 부근	• 해양 지각의 함수 광물에서 섭입대 부근 맨틀(연약권)에 (⑱)을 공급하여 맨틀의 용융점이 낮아져 맨틀이 부분 용융되어 현무암질 마그마 생성 • 연약권에서 생성된 마그마가 상승하다가 대륙 지각 하부를 가열시켜 부분 용융되어 (⑲) 마그마 생성 • 현무암질 마그마와 유문암질 마그마의 혼합으로 안산암질 마그마 생성

4. 화성암의 분류 화학 조성과 조직에 따라 분류

SiO_2 함량(%)		← 52 ⟷	63 →	
	분류	염기성암	중성암	산성암
산출 상태	조직	어두운색 ← Ca, Fe, Mg ←	(색) (많은 원소)	→ 밝은색 → Na, K, Si
화산암	세립질	현무암	안산암	유문암
심성암	조립질	반려암	섬록암	화강암
마그마 온도(°C)		높다 ← 1000	⟷ 800	→ 낮다

5. 한반도의 화성암 지형

화산암	• 대부분 신생대에 형성된 현무암 • 백두산, 제주도, 울릉도, 독도, 한탄강 일대에 분포
심성암	• 대부분 (⑳)에 마그마가 관입하여 형성된 화강암 • 북한산, 설악산 등 우리나라 전역에 걸쳐 넓게 분포

중단원 마무리 문제

하 중 상

01 그림은 중생대 초에 번성하였던 파충류인 사이노그나투스 화석이 발견되는 지역을 나타낸 것이다.

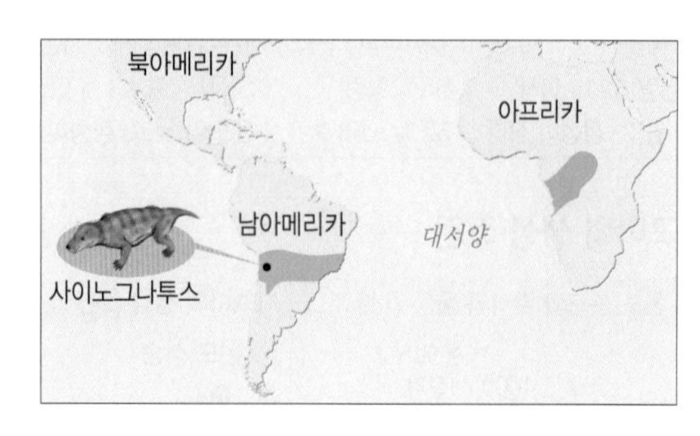

이에 대한 설명으로 옳은 것만을 [보기]에서 있는 대로 고른 것은?

보기
ㄱ. 사이노그나투스는 전 세계에 넓게 분포하였다.
ㄴ. 사이노그나투스가 번성하였던 시기에 두 대륙은 붙어 있었다.
ㄷ. 두 대륙에서 서로 연결되는 지질 구조가 발견될 수 있다.

① ㄱ ② ㄷ ③ ㄱ, ㄴ
④ ㄴ, ㄷ ⑤ ㄱ, ㄴ, ㄷ

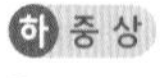

02 해양저 확장설에 대한 설명으로 옳지 않은 것은?

① 해령에서 멀어질수록 대체로 수심이 깊어진다.
② 맨틀 대류가 하강하는 곳에서는 해령이 형성된다.
③ 해령에서 해구로 갈수록 해저 퇴적물의 두께가 두꺼워진다.
④ 해령에서 생성된 해양 지각은 해구에서 소멸된다.
⑤ 고지자기 줄무늬는 해령을 중심으로 대칭적으로 분포한다.

하 중 상

03 그림은 해령 부근의 판의 운동을 나타낸 것이다.

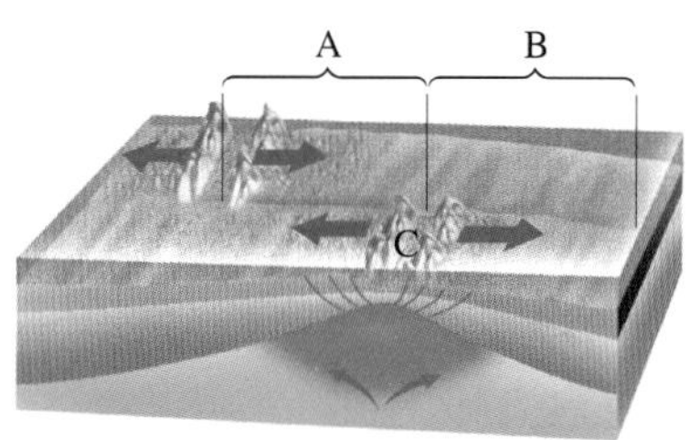

A ~ C에 대한 설명으로 옳지 않은 것은?

① A는 변환 단층이다.
② 지진은 A보다 B에서 자주 발생한다.
③ C에서는 열곡이 형성된다.
④ 화산 활동은 C에서만 일어난다.
⑤ A의 존재는 해양저 확장의 증거이다.

하 중 상

04 다음은 판 구조론이 정립되는 과정에서 등장한 여러 가설이나 이론을 설명한 것이다.

(가) 약 2억 년 전에 초대륙인 판게아가 분리되고 이동하여 현재의 대륙 분포를 이루었다.
(나) 해령에서 새로운 해양 지각이 만들어지고 양쪽으로 멀어지면서 해양저가 확장된다.
(다) 맨틀 내에서 대류가 일어나면서 맨틀 대류가 상승하는 곳에서는 새로운 지각이 형성되고, 맨틀 대류가 하강하는 곳에서는 지각이 맨틀 속으로 들어간다.

이에 대한 설명으로 옳은 것만을 [보기]에서 있는 대로 고른 것은?

보기
ㄱ. 등장한 시간 순서는 (가) → (다) → (나)이다.
ㄴ. 해령을 중심으로 고지자기 줄무늬가 대칭적인 것은 (가)의 증거로 제시되었다.
ㄷ. (다)는 당시에 대륙 이동의 원동력 문제를 해결하기 위해 등장하였다.

① ㄱ ② ㄴ ③ ㄱ, ㄷ
④ ㄴ, ㄷ ⑤ ㄱ, ㄴ, ㄷ

정답친해 24쪽

하 중 상

05 그림 (가)는 지구 자기장 모형을, (나)는 A와 B 지점 중 한 지점의 복각을 나타낸 것이다.

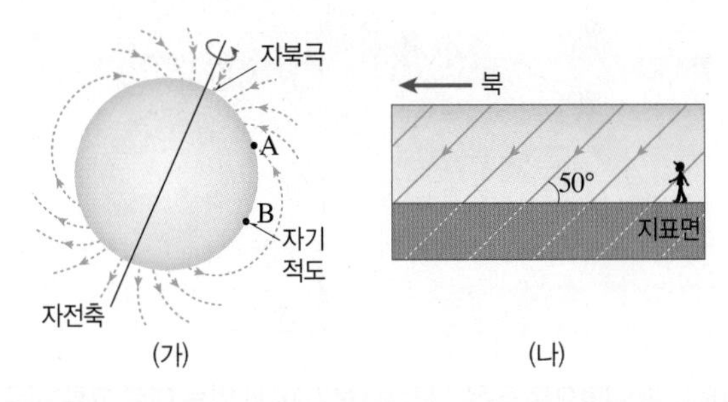

(가) (나)

이에 대한 설명으로 옳은 것만을 [보기]에서 있는 대로 고른 것은?

보기
ㄱ. A에서 B로 가면서 복각은 증가한다.
ㄴ. (나)에서 복각은 +50°이다.
ㄷ. (나)는 B에서 관측한 것이다.

① ㄴ ② ㄷ ③ ㄱ, ㄴ
④ ㄱ, ㄷ ⑤ ㄱ, ㄴ, ㄷ

하 중 상

06 그림 (가)~(다)는 서로 다른 판 경계를 나타낸 것이다.

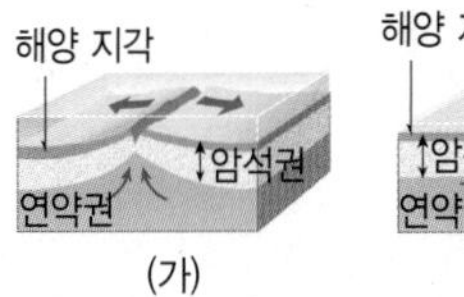

(가)

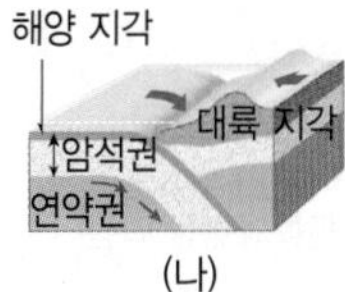

(나)

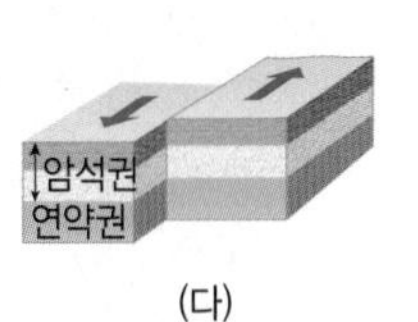

(다)

이에 대한 설명으로 옳은 것만을 [보기]에서 있는 대로 고른 것은?

보기
ㄱ. (가)는 맨틀 대류가 상승하면서 유문암질 마그마가 생성되어 새로운 해양판이 생성된다.
ㄴ. (나)에서는 해양판이 대륙판 밑으로 섭입되면서 차가운 플룸을 형성하기도 한다.
ㄷ. (나)가 많아지면 초대륙이 형성될 가능성이 커진다.
ㄹ. (가)~(다)는 모두 판 경계이므로 지진과 화산 활동이 활발하게 일어난다.

① ㄱ, ㄴ ② ㄱ, ㄹ ③ ㄴ, ㄷ
④ ㄴ, ㄹ ⑤ ㄷ, ㄹ

하 중 상

07 그림은 판의 경계와 진원 깊이가 300 km 이상인 지진의 진앙을 나타낸 것이다.

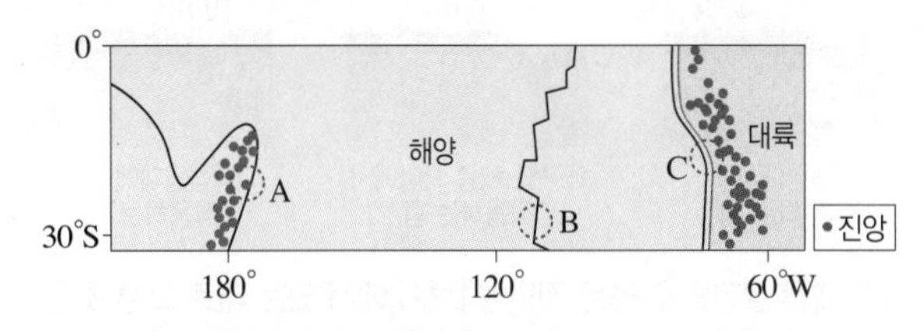

A, B, C 지역 중 맨틀 대류의 상승부에 위치하는 곳과 습곡 산맥이 형성될 수 있는 곳을 각각 순서대로 쓰시오.

[08~09] 그림 (가), (나), (다)는 판게아 형성 전후로 서로 다른 시기의 대륙 분포를 시간 순서 없이 나타낸 것이다.

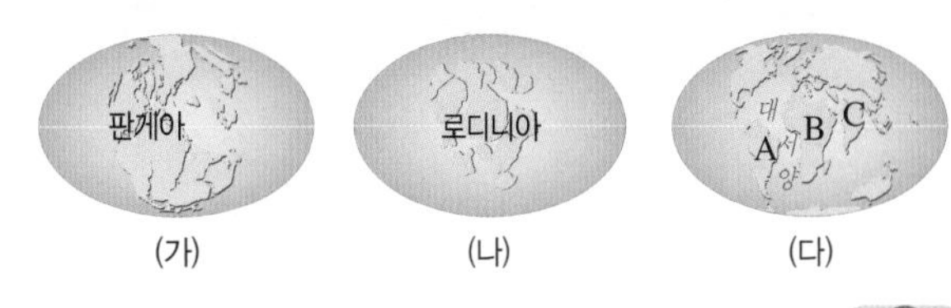

(가) (나) (다)

하 중 상

08 (가)~(다)에 대한 설명으로 옳은 것만을 [보기]에서 있는 대로 고른 것은?

보기
ㄱ. 대륙의 분포 순서는 (나) → (가) → (다)이다.
ㄴ. 판게아가 형성되는 과정에서 판의 수렴형 경계가 만들어졌다.
ㄷ. (다) 이후에 대서양의 면적은 넓어졌다.

① ㄱ ② ㄷ ③ ㄱ, ㄴ
④ ㄴ, ㄷ ⑤ ㄱ, ㄴ, ㄷ

하 중 상

09 A~C 대륙이 고생대 말에 하나였음을 증명하기 위한 방법으로 옳은 것만을 [보기]에서 있는 대로 고른 것은?

보기
ㄱ. A와 B 대륙에서 중생대 말에 번성한 화석 분포 지역의 연결성을 조사한다.
ㄴ. B와 C 대륙에서 고생대 말의 빙하 퇴적물 분포 지역을 찾아 연결성을 조사한다.
ㄷ. A~C 대륙에 분포하는 암석의 지질 시대별 고지자기를 측정하여 대륙의 이동 경로를 조사한다.

① ㄱ ② ㄷ ③ ㄱ, ㄴ
④ ㄴ, ㄷ ⑤ ㄱ, ㄴ, ㄷ

하 중 상

10 그림은 판을 이동시키는 세 힘 (가)~(다)를 나타낸 것이다.

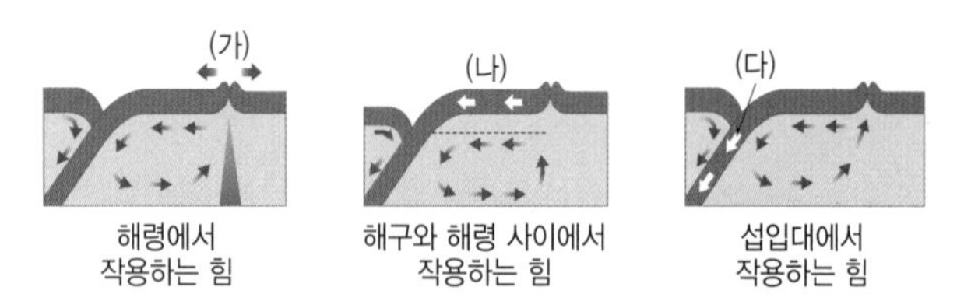

이에 대한 설명으로 옳은 것만을 [보기]에서 있는 대로 고른 것은?

ㄱ. (가)는 판을 밀어내는 힘이다.
ㄴ. (나)는 판이 미끄러지는 힘이다.
ㄷ. (다)가 작용하는 판은 (다)가 작용하지 않는 판보다 판의 이동 속력이 빠르다.

① ㄱ ② ㄷ ③ ㄱ, ㄴ
④ ㄴ, ㄷ ⑤ ㄱ, ㄴ, ㄷ

하 중 상

11 그림은 플룸 구조론 모형을 나타낸 것이다.

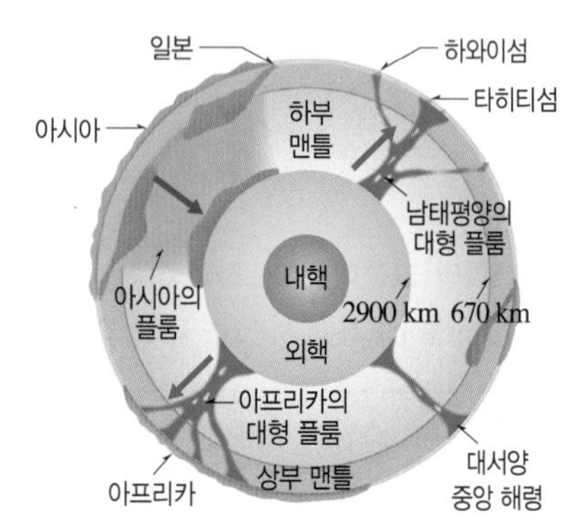

이에 대한 설명으로 옳지 않은 것은?

① 열점은 뜨거운 플룸이 상승하면서 형성된다.
② 아시아 대륙 밑에서는 차가운 플룸이 형성된다.
③ 주로 상부 맨틀에서 일어나는 변화를 설명한다.
④ 판 내부에서 일어나는 화산 활동을 설명할 수 있다.
⑤ 플룸 상승류를 통과할 때 지진파의 속도는 느려진다.

하 중 상

12 그림은 판의 경계와 플룸을 모식적으로 나타낸 것이다.

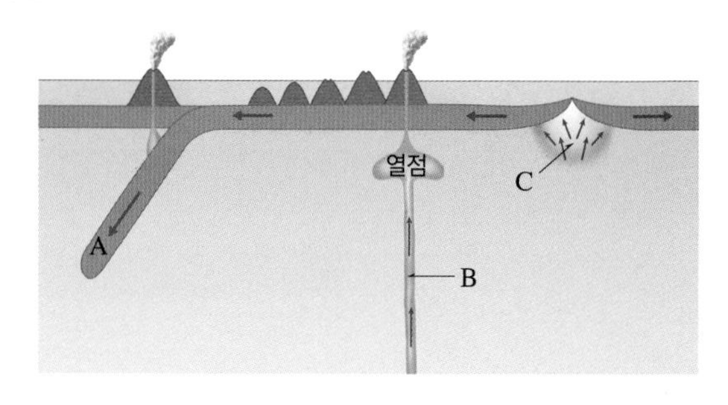

이에 대한 설명으로 옳은 것만을 [보기]에서 있는 대로 고른 것은?

보기

ㄱ. A의 물질이 쌓여 외핵 쪽으로 가라앉으면 그 영향으로 B가 형성된다.
ㄴ. B는 뜨거운 플룸에 해당한다.
ㄷ. C에서는 현무암질 마그마가 생성되어 분출한다.

① ㄱ ② ㄷ ③ ㄱ, ㄴ
④ ㄴ, ㄷ ⑤ ㄱ, ㄴ, ㄷ

하 중 상

13 그림은 지하의 온도 분포와 암석의 용융 곡선을 나타낸 것이다.

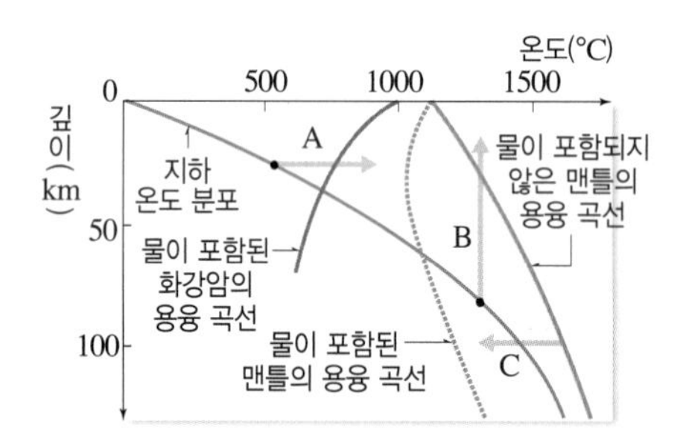

마그마가 생성되는 조건 A~C에 해당하는 예를 [보기]에서 골라 옳게 짝 지은 것은?

보기

ㄱ. 발산형 경계에서 맨틀 물질이 상승하면서 부분 용융되어 마그마가 생성된다.
ㄴ. 섭입대 부근의 연약권에서 생성된 마그마가 대륙 지각 하부를 가열하여 마그마가 생성된다.
ㄷ. 섭입대에서 해양 지각으로부터 배출되는 물이 연약권에 공급되어 마그마가 생성된다.

① A – ㄱ ② A – ㄷ ③ B – ㄱ
④ B – ㄴ ⑤ C – ㄱ

하 중 상

14 그림은 마그마가 생성되는 장소를 나타낸 것이다.

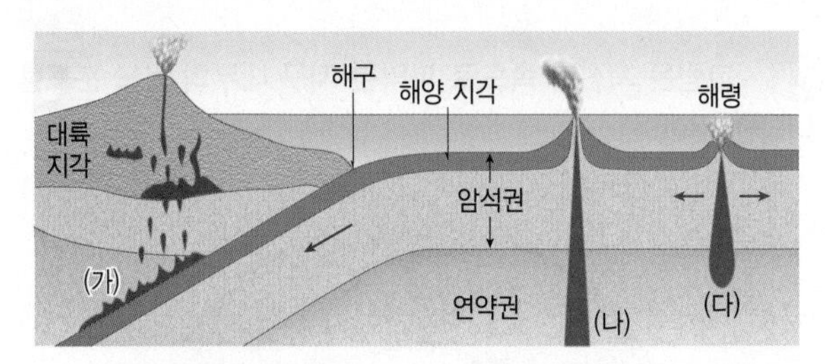

(가)~(다) 중 압력 감소로 현무암질 마그마가 생성되는 장소를 모두 고른 것은?

① (가)　② (다)　③ (가), (나)
④ (나), (다)　⑤ (가), (나), (다)

하 중 상

15 그림은 마그마의 냉각 속도와 화학 조성에 따라 화성암을 분류한 것이다.

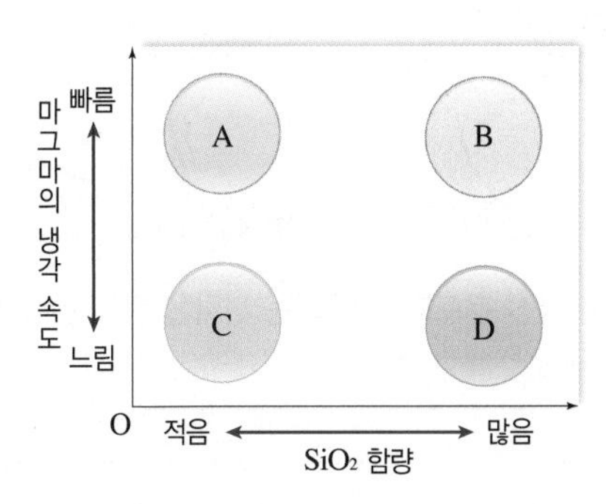

이에 대한 설명으로 옳은 것만을 [보기]에서 있는 대로 고른 것은?

보기
ㄱ. A는 B보다 어두운색을 띤다.
ㄴ. B는 D보다 지하 깊은 곳에서 생성되었다.
ㄷ. 반려암의 특성은 B보다 C에 가깝다.

① ㄱ　② ㄴ　③ ㄱ, ㄷ
④ ㄴ, ㄷ　⑤ ㄱ, ㄴ, ㄷ

하 중 상

16 표는 화성암 A와 B의 SiO_2 함량과 광물 결정의 크기를 나타낸 것이다.

SiO_2 함량		← 52 %	↔ 63 %	→
광물 결정의 크기	조립질	A		
	세립질			B

이에 대한 설명으로 옳은 것만을 [보기]에서 있는 대로 고른 것은?

보기
ㄱ. 유색 광물의 함량은 A가 B보다 많다.
ㄴ. 마그마의 냉각 속도는 A가 B보다 빠르다.
ㄷ. 현무암질 마그마가 굳어서 만들어진 암석은 B이다.

① ㄱ　② ㄷ　③ ㄱ, ㄴ
④ ㄴ, ㄷ　⑤ ㄱ, ㄴ, ㄷ

하 중 상

17 그림은 우리나라에서 화성암으로 이루어진 지형을 나타낸 것이다.

보기

ㄱ. 설악산 울산바위　ㄴ. 독도
ㄷ. 한탄강 주변　ㄹ. 북한산 인수봉

마그마가 지하 깊은 곳에서 식어서 굳어진 암석으로 이루어져 있는 지형을 [보기]에서 있는 대로 고른 것은?

① ㄱ, ㄴ　② ㄱ, ㄹ　③ ㄴ, ㄷ
④ ㄴ, ㄹ　⑤ ㄷ, ㄹ

하 중 상

18 그림은 북태평양 어느 해역에서 해양 관측선에서 발사된 음파가 해저면에 반사되어 되돌아오는 데 걸린 시간을 나타낸 것이다. (단, 해양에서 음파의 속도는 1500 m/s이다.)

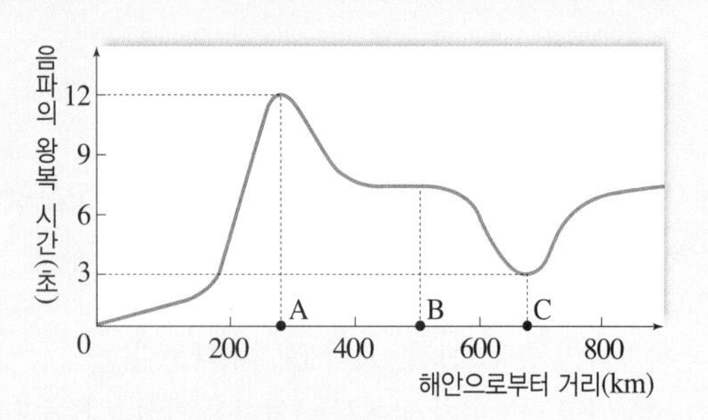

A~C 중 해령과 해구가 발달한 지점을 각각 쓰고, 그렇게 판단한 까닭을 서술하시오.

하 중 상

19 해양저 확장설을 뒷받침하는 사실 중 해령을 기준으로 다음 특징이 어떻게 나타나는지 각각 서술하시오.

> 고지자기 줄무늬, 해양 지각의 나이,
> 해저 퇴적물의 두께

하 중 상

20 그림은 북아메리카 대륙과 유럽 대륙에서 조사한 지질 시대 동안 지자기 북극의 이동 경로를 나타낸 것이다.

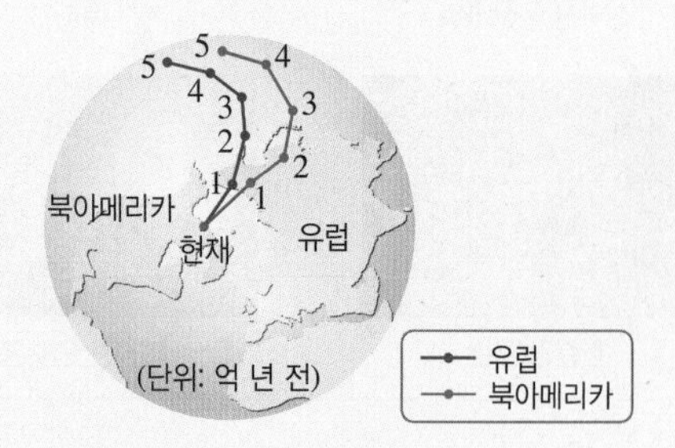

두 대륙에서 조사한 지자기 북극의 이동 경로가 일치하지 않는 까닭을 서술하시오.

하 중 상

21 그림은 지진파 속도로 파악한 지구 내부의 온도 분포를 나타낸 것이다.

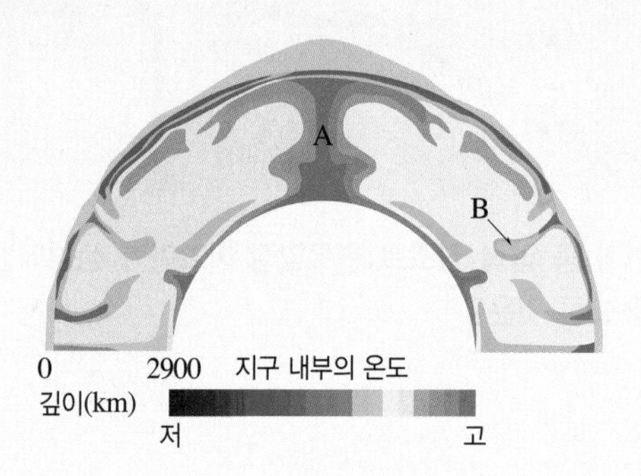

(1) A와 B 중 플룸 상승류가 발달하는 곳을 쓰고, 그 까닭을 서술하시오.

(2) 판의 발산형 경계와 수렴형 경계 중 B의 생성과 관련이 있는 경계를 쓰시오.

하 중 상

22 태평양 가장자리에 발달한 호상 열도나 습곡 산맥에는 안산암이 띠 모양으로 분포하는 안산암선이 있다.

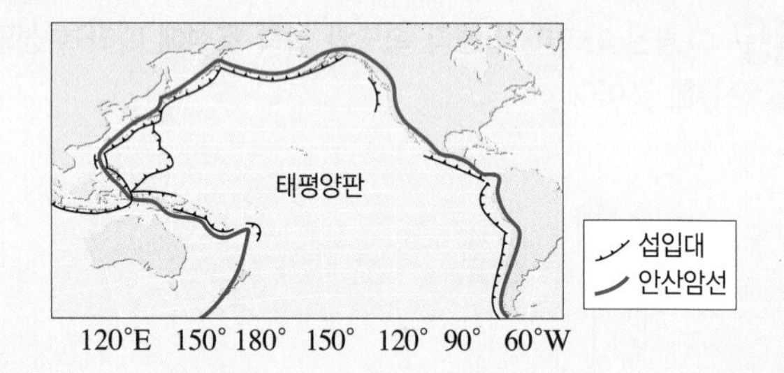

이러한 안산암선 분포가 나타나는 까닭을 판의 운동과 관련지어 서술하시오.

하 중 상

23 그림은 북한산 인수봉의 모습이다.
이와 같은 암석이 지표에 드러나는 과정을 서술하시오.

수능 실전 문제

• 수능 출제 경향

이 단원에서는 대륙 이동의 증거, 해양저 확장, 고지자기 해석과 대륙의 이동, 플륨 구조론, 마그마의 생성 조건 및 생성 장소, 화성암의 분류가 자주 출제되는 주제이다. 기본 내용을 바탕으로 다양한 자료를 해석할 수 있는 능력을 키우는 것이 중요하다.

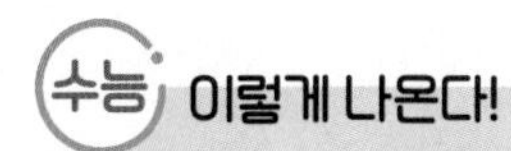

이렇게 나온다!

그림 (가)는 대서양 중앙 해령 부근의 고지자기 분포를, (나)는 고지자기 줄무늬가 형성되는 과정을 모식적으로 나타낸 것이다.

❶ 해령은 맨틀 대류가 상승하는 곳에서 발달한 지형이다.

(가)

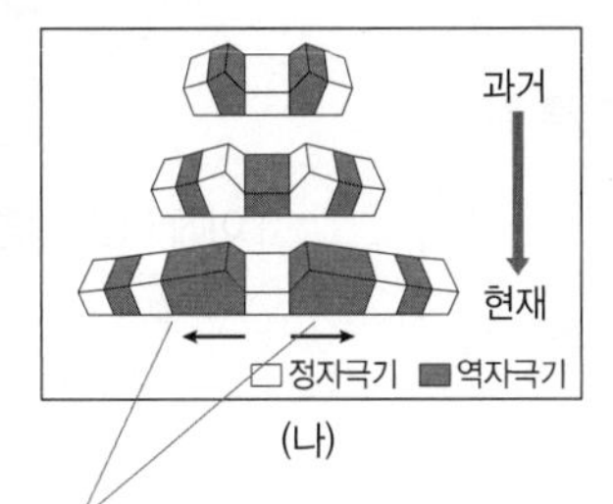

(나)

❷ 해령에서 생성된 해양 지각은 해령 축을 중심으로 양쪽으로 멀어진다.

❸ 과거에서 현재로 오면서 해양 지각이 해령 축을 중심으로 양쪽으로 멀어지기 때문에 해령에서 생성된 고지자기 줄무늬가 각각 양쪽으로 이동하여 대칭적으로 분포한다.

이에 대한 설명으로 옳은 것만을 [보기]에서 있는 대로 고른 것은?

보기

ㄱ. 해령에서는 현무암질 암석으로 이루어진 지각이 생성된다.
ㄴ. 해령에서 멀어질수록 해저 퇴적물의 두께가 감소한다.
ㄷ. (가)의 고지자기 분포는 해양저 확장의 증거가 된다.

① ㄱ　② ㄴ　③ ㄱ, ㄷ　④ ㄴ, ㄷ　⑤ ㄱ, ㄴ, ㄷ

출제개념

해령 부근의 고지자기 분포, 해양저 확장

▶ 본문 14쪽

마그마의 생성 장소

▶ 본문 47쪽

출제의도

대서양 중앙 해령 부근의 고기자기 분포를 해석하여 해양저가 확장되었음을 알아내는 문제이다.

전략적 풀이

❶ 해령의 열곡을 따라 분출하는 마그마의 종류를 생각해 본다.

ㄱ. 해령에서는 맨틀 물질이 상승하면서 (　　) 감소로 (　　) 마그마가 생성되며, 열곡을 따라 분출한 마그마는 현무암질 암석으로 이루어진 해양 지각을 생성한다.

❷ 해양저가 확장되는 과정에 대해 생각해 본다.

ㄴ. 해령에서 생성된 해양 지각은 맨틀 대류를 따라 양쪽으로 이동하므로 해령으로부터 멀어질수록 해양 지각의 나이가 (　　)하고, 해저 퇴적물의 두께가 (　　)진다.

❸ 고지자기 분포가 해양저 확장의 증거가 됨을 파악한다.

ㄷ. 해령에서 분출한 고온의 마그마 속에는 철 성분이 포함되어 있는데, 마그마가 냉각될 때 철 성분은 당시의 지구 (　　) 방향으로 배열되어 굳는다. 이후 지구 (　　) 방향이 역전되면 해령에서 새로운 마그마 분출로 생긴 철 성분은 역전된 상태로 배열되지만, 해양저 확장으로 해령에서 멀리 이동한 암석 속의 철 성분은 배열된 방향이 변하지 않는다. 따라서 해령을 축으로 정자극기와 역자극기가 반복되어 나타나는 것은 해양저 확장의 증거가 된다.

❶ 압력, 현무암질 ❷ 증가, 두꺼워 ❸ 자기장, 자기장

답 ③

수능 실전 문제

01 그림 (가)는 현재 대륙 분포와 고생대 말에 생성된 빙하 흔적을, (나)는 고생대 말의 대륙 분포와 빙하 흔적을 나타낸 것이다.

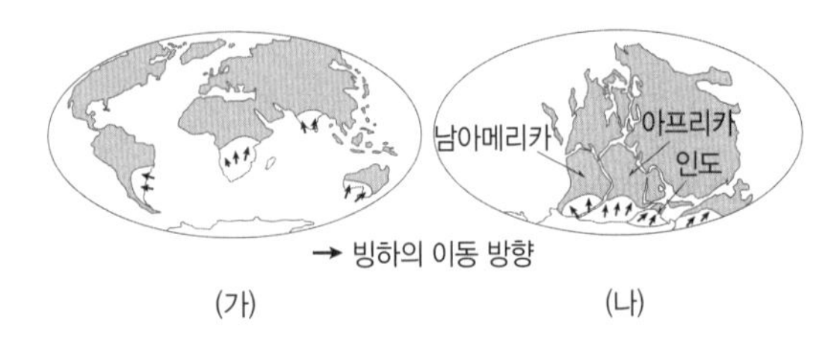

이에 대한 설명으로 옳은 것만을 [보기]에서 있는 대로 고른 것은?

보기
ㄱ. 고생대 말에는 빙하가 적도까지 분포하였다.
ㄴ. 현재 남아메리카와 아프리카 대륙에서 같은 종류의 고생대 생물 화석이 발견될 수 있다.
ㄷ. 고생대 말 이후 인도 대륙의 고지자기 복각의 크기는 계속 증가하였다.

① ㄱ ② ㄴ ③ ㄱ, ㄷ
④ ㄴ, ㄷ ⑤ ㄱ, ㄴ, ㄷ

02 그림은 어느 해령 부근의 고지자기 분포와 세 지점 A~C의 위치를 나타낸 것이다.

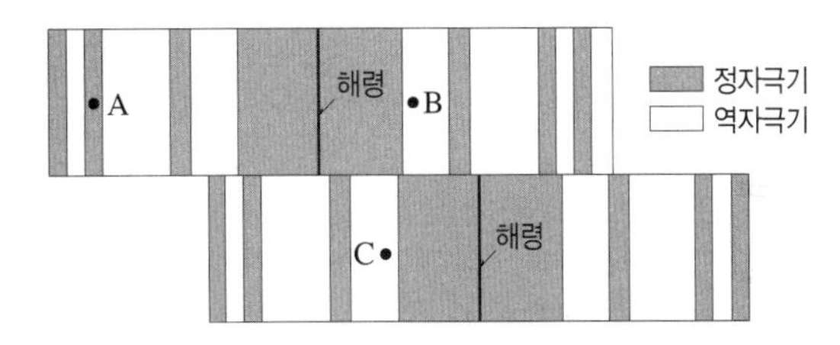

이에 대한 설명으로 옳은 것만을 [보기]에서 있는 대로 고른 것은?

보기
ㄱ. B와 C의 해양 지각의 생성 시기는 거의 같다.
ㄴ. 해저 퇴적물의 두께는 A에서 가장 두껍다.
ㄷ. A와 C는 동일한 판에 위치한다.

① ㄱ ② ㄷ ③ ㄱ, ㄴ
④ ㄴ, ㄷ ⑤ ㄱ, ㄴ, ㄷ

03 그림 (가)와 (나)는 대서양의 서로 다른 해역에서 해령에 직각 방향으로 같은 거리를 이동하면서 음파를 이용하여 조사한 수심을 나타낸 것이다. 조사 해역에서 해양 지각의 최고 연령은 (가)가 (나)보다 약 3배 많았다.

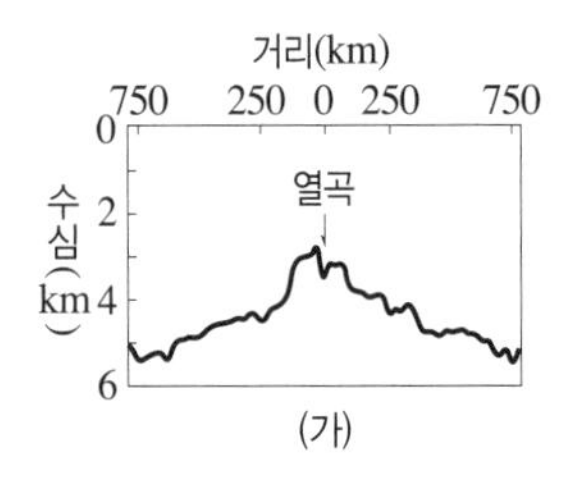

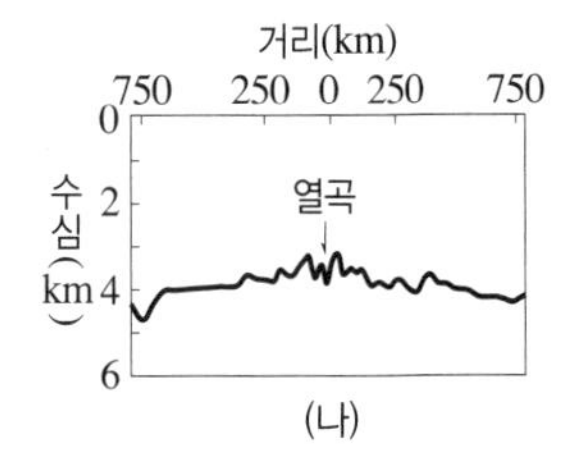

이에 대한 설명으로 옳은 것만을 [보기]에서 있는 대로 고른 것은?

보기
ㄱ. 음파의 평균 왕복 시간은 (가)가 (나)보다 길다.
ㄴ. 해양 지각의 평균 확장 속력은 (가)가 (나)보다 빠르다.
ㄷ. 수평 거리 250 km에 위치한 해양 지각의 나이는 (나)가 (가)보다 많다.

① ㄱ ② ㄷ ③ ㄱ, ㄴ
④ ㄴ, ㄷ ⑤ ㄱ, ㄴ, ㄷ

04 그림은 북아메리카 서부 지역의 판 경계와 운동 방향을 나타낸 것이다.

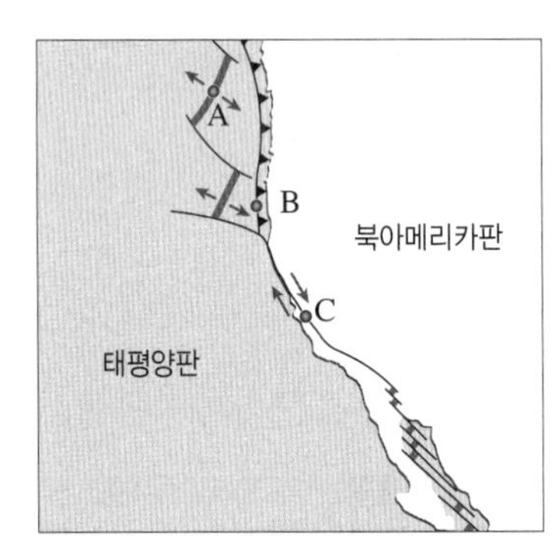

판 경계인 A~C에 대한 설명으로 옳은 것만을 [보기]에서 있는 대로 고른 것은?

보기
ㄱ. A에서는 압력 감소의 영향으로 형성된 현무암질 마그마가 분출한다.
ㄴ. B에서는 판을 밀어내는 힘이 작용한다.
ㄷ. C의 하부에서는 플룸 하강류가 형성될 수 있다.

① ㄱ ② ㄴ ③ ㄱ, ㄷ
④ ㄴ, ㄷ ⑤ ㄱ, ㄴ, ㄷ

05 그림 (가)~(다)는 초대륙이 형성된 이후 판이 분리되고, 이동하는 과정을 순서 없이 모식적으로 나타낸 것이다.

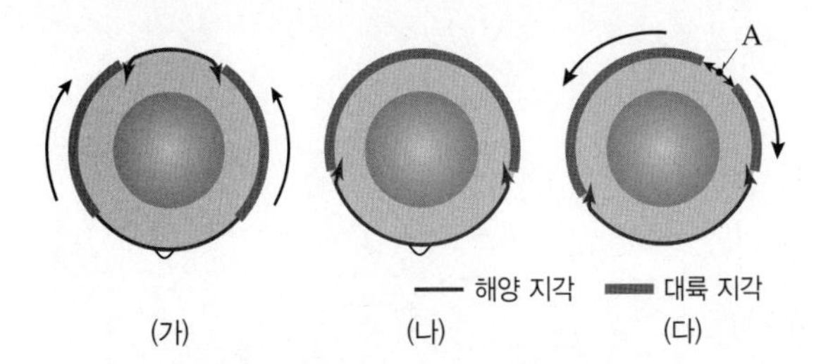

이에 대한 설명으로 옳은 것만을 [보기]에서 있는 대로 고른 것은? (단, 화살표는 판의 이동 방향을 나타낸다.)

보기
ㄱ. 초대륙이 형성된 단계는 (나)이다.
ㄴ. (가) 단계 이후에 초대륙이 형성될 수 있다.
ㄷ. (나) → (다) 과정은 A 아래에서 상승하는 플룸의 영향으로 일어난다.

① ㄱ ② ㄷ ③ ㄱ, ㄴ
④ ㄴ, ㄷ ⑤ ㄱ, ㄴ, ㄷ

06 그림 (가)~(다)는 500만 년 전부터 현재까지 태평양판 내부에서 일어나는 화산 활동으로 하와이 열도가 형성되는 과정을 순서대로 나타낸 것이다.

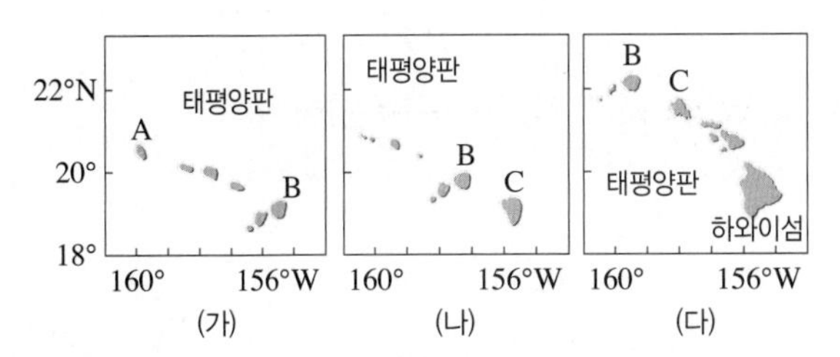

이에 대한 설명으로 옳은 것만을 [보기]에서 있는 대로 고른 것은?

보기
ㄱ. 태평양판은 북서쪽으로 이동하였다.
ㄴ. 화산 활동이 일어나는 위치는 북서쪽으로 이동하였다.
ㄷ. 현재 이후에 화산섬은 C와 하와이섬 사이에 생성될 것이다.

① ㄱ ② ㄷ ③ ㄱ, ㄴ
④ ㄴ, ㄷ ⑤ ㄱ, ㄴ, ㄷ

07 그림 (가)는 마그마가 생성되는 지역 A~C를, (나)는 지하 온도 분포와 암석의 용융 곡선을 나타낸 것이다.

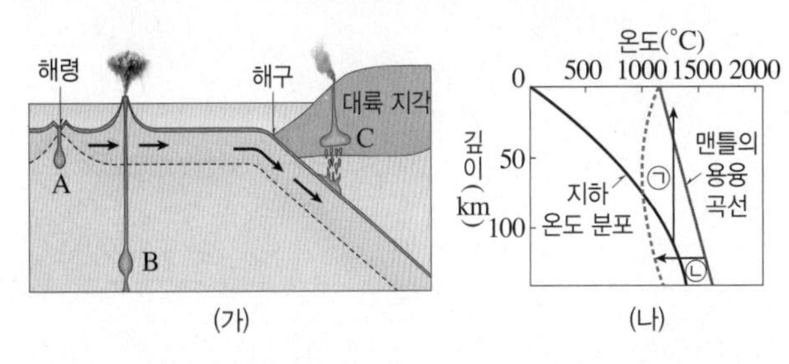

이에 대한 설명으로 옳은 것만을 [보기]에서 있는 대로 고른 것은?

보기
ㄱ. A와 B에서 마그마는 ㉠ 과정에 의해 생성된다.
ㄴ. B의 위치는 판의 이동을 따라 변한다.
ㄷ. A~C에서 생성되는 마그마 중 SiO_2 함량은 C에서 가장 높다.

① ㄱ ② ㄴ ③ ㄱ, ㄷ
④ ㄴ, ㄷ ⑤ ㄱ, ㄴ, ㄷ

08 그림은 화강암과 현무암의 특성에 따른 물리량의 차이를 나타낸 것이다.

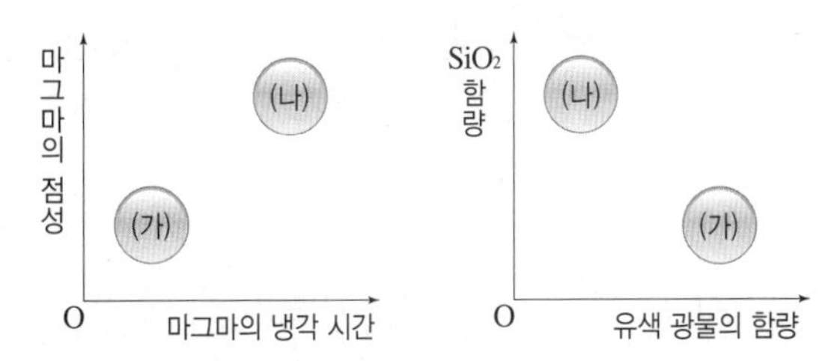

이에 대한 설명으로 옳은 것만을 [보기]에서 있는 대로 고른 것은?

보기
ㄱ. 광물 결정의 크기는 (가)가 (나)보다 작다.
ㄴ. (가)는 (나)보다 조직 밀도가 크다.
ㄷ. 우리나라에는 (가)보다 (나)가 더 넓게 분포한다.

① ㄱ ② ㄷ ③ ㄱ, ㄴ
④ ㄴ, ㄷ ⑤ ㄱ, ㄴ, ㄷ

I 고체 지구

2 지구의 역사

Review

이전에 학습한 내용 중 이 단원과 연계된 내용을 다시 한 번 떠올려 봅시다.

다음 단어가 들어갈 곳을 찾아 빈칸을 완성해 보자.

사암	역암	고생대	신생대	중생대	시상 화석	표준 화석	선캄브리아 시대

중1
지권의 변화

- **퇴적암** 퇴적물이 다져지고 굳어져 만들어진 암석

① **퇴적암의 생성 과정:** 바다나 호수 바닥에 퇴적물이 쌓인다. → 위쪽 퇴적물에 눌려 아래쪽 퇴적물이 다져진다. → 물에 녹아 있던 광물 성분이 침전되어 퇴적물 사이를 채워 퇴적물이 단단하게 굳는다.

② **퇴적암의 종류**

퇴적암	❶	❷	셰일	석회암
특징	크기가 큰 자갈이 포함되어 만들어진 퇴적암	주로 모래로 만들어진 퇴적암	크기가 매우 작은 진흙으로 만들어진 퇴적암	석회 물질이 가라앉거나 석회질 생물체의 유해가 쌓여 굳어진 퇴적암

③ **퇴적암의 특징**

- **층리:** 종류와 크기가 다른 퇴적물이 쌓이면서 나타나는 평행한 줄무늬
- **화석:** 퇴적물에 남겨진 과거 생물의 유해나 흔적

- **화석을 이용한 과거의 해석**

① ❸ ______을 이용하여 지층이 생성된 시대를 알 수 있다.

예 고생대(삼엽충, 갑주어, 방추충), 중생대(공룡, 암모나이트), 신생대(화폐석, 매머드)

② ❹ ______을 이용하여 지층이 생성될 당시 환경을 알 수 있다.

예 고사리(따뜻하고 습한 육지), 산호(따뜻하고 얕은 바다), 조개(얕은 바다나 갯벌)

③ 나중에 생성된 지층일수록 진화된 생물의 화석이 발견된다.

④ 화석으로 발견된 생물의 서식 환경을 통해 지층이 생성될 당시의 환경을 유추할 수 있다.

- **지질 시대의 환경과 생물**

지질 시대	❺	❻	❼	❽
환경	광합성 생물(남세균)이 출현하여 대기 중 산소 농도가 증가하였다.	중기와 말기에 빙하기가 있었고, 판게아가 형성되었다.	전반적으로 온난하였고, 판게아가 분리되기 시작하였다.	후기에 4번의 빙하기와 3번의 간빙기, 현재와 비슷한 수륙 분포
생물	스트로마톨라이트(남세균), 에디아카라 동물군(다세포 생물)	무척추동물(삼엽충 등), 어류(갑주어 등), 양서류, 양치식물 번성	암모나이트, 파충류(공룡 등), 겉씨식물 번성	화폐석, 포유류(매머드 등), 속씨식물 번성, 인류의 조상 출현
특징	• 발견되는 화석이 매우 드물다. • 최초의 생물이 바다에 출현하였다.	• 최초의 육상 생물이 출현하였다. • 말기에 생물의 대멸종이 있었다.	• 다양한 서식지가 형성되면서 생물이 다시 번성하였다.	• 현재와 비슷한 생물 종을 이루었다.

답 ❶ 역암 ❷ 사암 ❸ 표준 화석 ❹ 시상 화석 ❺ 선캄브리아 시대 ❻ 고생대 ❼ 중생대 ❽ 신생대

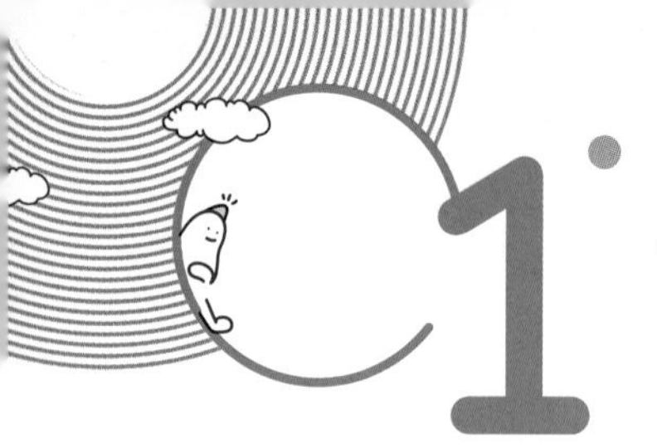

1 퇴적 구조와 퇴적 환경

핵심 포인트
1. 속성 작용 ★★
2. 퇴적암의 종류 ★★★
3. 퇴적 환경과 퇴적 구조 ★★
4. 우리나라의 대표적 퇴적 지형 ★★

A 퇴적암

1. 퇴적암 ◆퇴적물이 다져지고 굳어져 만들어진 암석

2. 속성 작용 퇴적물이 쌓인 후 ◆퇴적암이 되기까지의 전체 과정

(1) **다짐 작용**: 퇴적물이 오랫동안 쌓여 아래 부분의 퇴적물이 위에 쌓인 퇴적물에 눌리면서 퇴적물 입자 사이의 간격이 좁아져 치밀하게 다져지는 작용

(2) [1]**교결 작용**: 지하수에 녹아 있던 석회 물질, 규질, 산화 철 등(교결 물질이라고 한다.)이 퇴적물 사이에 침전되어 퇴적물 입자 사이의 간격을 메우며 서로 붙여 굳어지게 하는 작용

속성 작용 72쪽 대표 자료❶

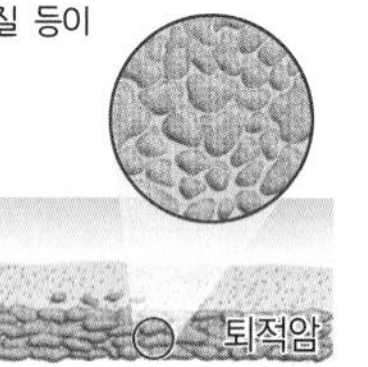

- 퇴적물은 속성 작용(다짐 작용, 교결 작용)을 거쳐 단단한 퇴적암이 된다.
- 퇴적물에서 퇴적암이 되면서 밀도는 커지고, 퇴적물 입자 사이의 간격인 공극은 줄어든다.

3. 퇴적암의 종류 구성 물질의 기원에 따라 구분

(1) **쇄설성 퇴적암**: 암석이 풍화, 침식을 받아 생성된 입자나 화산 분출물이 쌓여 만들어진 퇴적암 (구성 물질의 종류와 입자 크기에 따라 구분)

쇄설성 퇴적암	역암	사암	셰일	응회암
퇴적물	자갈, 모래, 점토	모래, 점토	점토	화산재

(2) **화학적 퇴적암**: 물속에 녹아 있던 석회 물질, 규질, 산화 철, 염분 물질이 침전하거나 물이 증발함에 따라 잔류하여 만들어진 퇴적암

화학적 퇴적암	석회암	처트	암염
퇴적물	탄산 칼슘($CaCO_3$)	규질	염화 나트륨($NaCl$)

(3) **유기적 퇴적암**: 생물의 유해나 골격의 일부가 쌓여서 만들어진 퇴적암

유기적 퇴적암	석탄	◆석회암	◆처트
퇴적물	식물체	석회질 생물체	규질 생물체

◆ **퇴적물**
지표에 있는 암석이 풍화나 침식 작용을 받아 생긴 쇄설물, 호수나 바다에 녹아 있는 물질, 생물의 유해 등이 물, 빙하, 바람 등과 함께 운반되어 쌓인 물질

◆ **퇴적암의 생성 과정**
(암석) → 풍화 작용 → (퇴적물) → 침식, 운반 작용 → 퇴적 작용 → 속성 작용 → (퇴적암)

궁금해?
퇴적암에 나타나는 특징으로 무엇이 있을까?
퇴적물이 쌓이면서 형성된 지표면과 나란한 줄무늬 구조인 층리, 생물의 변천 과정이나 지구의 역사를 이해하는 중요한 자료가 되는 화석이 있다.

◆ **석회암과 처트**
석회암과 처트는 화학 성분의 침전이나 유기물 퇴적으로 모두 만들어질 수 있으므로 퇴적물을 확인하여 판단해야 한다.

용어
[1] 교결(膠 붙다, 結 엉기다) 작용
퇴적물 입자 사이를 단단히 연결시켜 주는 작용

B 퇴적 환경과 퇴적 구조

1. 퇴적 환경 퇴적물이 쌓이는 곳 ➡ 육상 환경, 연안 환경, 해양 환경으로 구분한다.

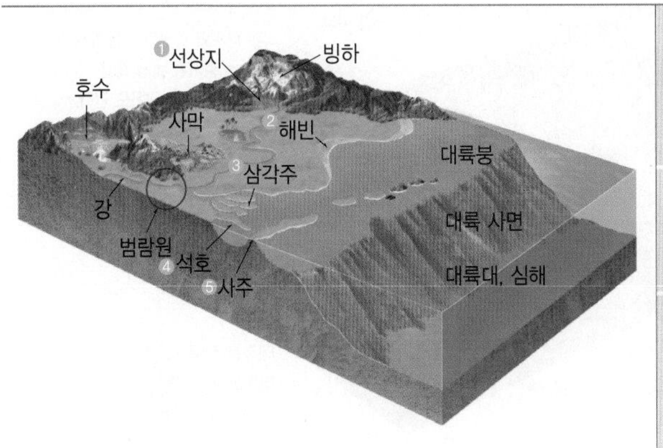

육상 환경	육지 내에 주로 쇄설성 퇴적물이 퇴적되는 곳 예 선상지, 강, 호수, 사막, 범람원, 빙하 등
연안 환경	육상 환경과 해양 환경 사이에 있는 곳 조간대, 강 하구도 있다. 예 삼각주, 해빈, 사주, 석호 등
해양 환경	가장 넓은 면적을 차지하는 퇴적 환경 예 대륙붕, 대륙 사면, 대륙대, 심해 등

퇴적암에서는 퇴적물이 쌓이면서 일반적으로 층리가 나타나고, 퇴적 환경에 따라 퇴적물이 쌓이면서 특징적인 퇴적 구조가 나타나요.

2. 퇴적 구조 퇴적 장소와 퇴적 환경에 따라 퇴적암에 나타나는 특징적인 구조 ➡ 퇴적 당시의 환경을 추정하거나 지층의 상하 관계를 밝히는 데 이용된다.

72쪽 대표 자료❷

종류	내용	형성 과정
❻사층리	• 물이나 바람의 방향이 자주 변하는 환경에서 층리가 기울어진 상태로 쌓인 퇴적 구조 • 퇴적 환경: 사막이나 하천 • 과거 물이 흘렀던 방향이나 바람이 불었던 방향을 알 수 있다.	물·바람의 방향 / 상 / 하 바람이 불거나 물이 흘러가는 방향 쪽의 비탈면에 입자가 쌓일 때 형성된다.
❼점이 층리	• 한 지층 내에서 위로 갈수록 입자의 크기가 작아지는 퇴적 구조 • 퇴적 환경: 심해저, 수심이 깊은 호수 • ◆저탁류로 형성되는 쇄설성 퇴적암에 잘 나타난다.	상 / 하 수심이 비교적 깊은 곳에서 다양한 크기의 퇴적물이 한꺼번에 쌓일 때 형성된다.
❽연흔	• 물결의 영향으로 퇴적물 표면에 생긴 물결 모양이 남은 퇴적 구조 • 퇴적 환경: 수심이 얕은 곳 • 물의 흐름이 양쪽 방향으로 반복적으로 나타나면 대칭 형태를 보이고, 한쪽 방향으로 나타나면 비대칭 형태를 보인다.	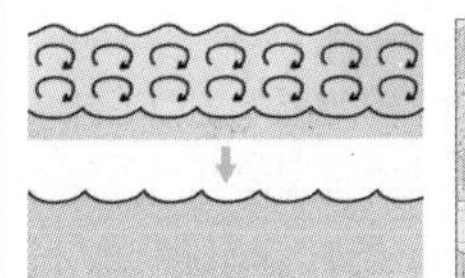 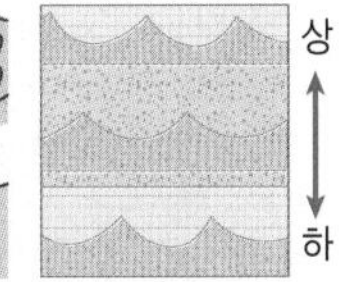 수심이 얕은 물 밑에서 흐르는 물이나 파도의 흔적이 퇴적물 표면에 남아 형성된다.
❾건열	• 건조한 환경에 노출되어 퇴적물 표면이 V자 모양으로 갈라진 퇴적 구조 • 퇴적 환경: 건조 기후 지역 • 점토와 같이 입자가 매우 작은 퇴적물이 수면 위의 건조한 환경에 노출되었을 때 만들어진다.	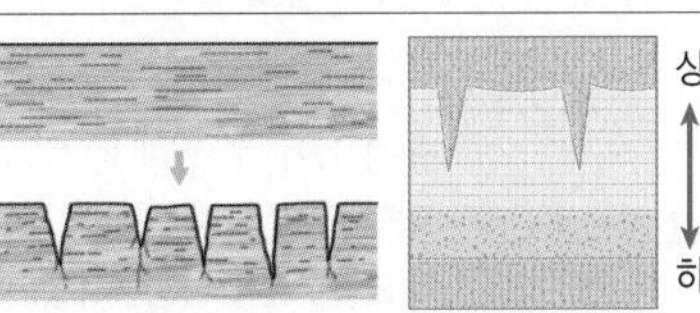 증발이나 융기로 습한 진흙이 건조한 대기에 노출되면서 균열이 형성된다.

◆ **저탁류**
대륙붕 끝에 쌓인 퇴적물이 해저 화산 활동이나 지진 등으로 갑자기 무너져 해저 경사면을 따라 빠르게 흘러내리는 흐름이다.

용어

❶ **선상지(扇 부채, 狀 형상, 地 땅)** 경사가 급한 계곡이 평탄한 지역과 만나 급격한 퇴적이 일어나는 부채꼴 모양의 지형
❷ **해빈(海 바다, 濱 물가)** 해안선에서 모래나 자갈이 쌓여 있는 지형
❸ **삼각주(三 셋, 角 뿔, 洲 물가)** 강이나 호수의 하구에서 유수의 흐름이 느려져 퇴적이 일어나는 삼각형 모양의 지형
❹ **석호(潟 개펄, 湖 호수)** 연안에서 사주와 같은 장애물로 바다와 분리된 얕은 호수
❺ **사주(砂 모래, 洲 물가)** 해안이나 하구 부근에 발달하는 모래나 자갈로 이루어진 지형
❻ **사(斜 기울다)층리** 퇴적물이 기울어진 상태로 쌓인 퇴적 구조
❼ **점이(漸 차츰, 移 옮기다) 층리** 퇴적물 입자의 크기가 위로 갈수록 작아지는 퇴적 구조
❽ **연흔(漣 잔물결, 痕 흔적)** 물결 모양 자국이 있는 퇴적 구조
❾ **건열(乾 마르다, 裂 찢어지다)** 퇴적물의 표면이 갈라져 균열이 만들어진 퇴적 구조

퇴적 환경과 퇴적 구조

퇴적 당시의 환경에 따라 퇴적물의 종류가 달라지고, 특징적인 퇴적 구조가 만들어진다.

하천 퇴적물이 쌓이는 곳 ➡ 점이 층리, 건열, 연흔 등 형성

사층리, 사암 형성

역암 형성

선상지

빙하

사층리, 사암 형성

파도와 조류가 작용하는 곳 ➡ 층리가 넓게 발달, 연흔이 형성되기도 한다.

호수

사막

해빈

대륙붕

삼각주

강

대륙 사면

범람원

석호

사주

대륙대, 심해

홍수로 하천의 물이 제방을 넘어 퇴적물이 쌓이는 곳 ➡ 사층리, 건열 등 형성

하천이 바다와 만나는 곳 ➡ 사층리 형성

대륙붕, 대륙 사면의 퇴적물이 이동하여 쌓이는 곳 ➡ 점이 층리 형성

C 우리나라의 퇴적 지형

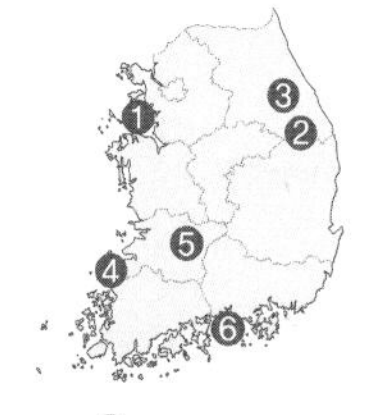

우리나라 퇴적 지형에는 퇴적 구조, 지각 변동의 흔적, 화석 등이 있어 과거 한반도의 환경을 재구성하는 데 도움이 된다.

퇴적 지형	내용
❶ 경기도 화성시 시화호	• 형성 시기: 중생대 백악기 • 퇴적 환경: 호수 • 주요 퇴적암: 역암, 사암 • 공룡알과 공룡 뼈 화석이 발견된다.
❷ 강원도 태백시 구문소	• 형성 시기: 고생대 초기 • 퇴적 환경: 바다 • 주요 퇴적암: 셰일, 석회암 • 연흔과 건열이 관찰된다. • 고생대 삼엽충 화석이 발견된다.
❸ 강원도 석회암 지대	• 형성 시기: 고생대 • 퇴적 환경: 바다 • 주요 퇴적암: 석회암 • 고씨동굴과 같은 석회동굴이 있고, 종유석, 석순, 석주가 관찰된다.
❹ 전라북도 부안군 채석강	• 형성 시기: 중생대 말기 • 퇴적 환경: 호수 • 주요 퇴적암: 역암, 사암 • 연흔, 층리, 단층, 습곡이 관찰된다. • 해식 절벽, 해식 동굴이 관찰된다.
❺ 전라북도 진안군 마이산	• 형성 시기: 중생대 말기 • 퇴적 환경: 호수와 호수 주변부 • 주요 퇴적암: 역암 • 융기하여 차별 침식을 받아 형성된 지형으로, 표면에 ◆타포니가 많다.
❻ 경상남도 고성군 덕명리 해안	• 형성 시기: 중생대 말기 • 퇴적 환경: 호수와 호수 주변부 • 주요 퇴적암: 사암, 셰일 • 연흔과 건열이 관찰된다. • 공룡 발자국과 새 발자국 화석이 발견된다.
❼ 제주도 한경면 수월봉	• 형성 시기: 신생대 말기 • 퇴적 환경: 수성 화산 활동 • 주요 퇴적암: 응회암 • 층리와 화산탄 때문에 퇴적층이 눌린 구조가 관찰된다.
❽ 제주도 서귀포층	• 형성 시기: 신생대 • 퇴적 환경: 바다 • 주요 퇴적암: 사암, 셰일 • 사층리가 관찰된다. • 조개나 산호 화석이 발견된다.

◆ **타포니(tafoni)**
암벽에 벌집처럼 생긴 구멍 형태의 지형으로, 선택적 풍화로 자갈 등이 떨어져 나가 구멍이 생긴 것이다.

개념 확인 문제

핵심 체크

- (❶): 퇴적물이 쌓인 후 퇴적암이 되기까지의 전체 과정으로, 다짐 작용과 (❷)을 거친다.
- 퇴적암의 종류
  - (❸) 퇴적암: 암석이 부서져 생긴 퇴적물이나 화산 분출물이 쌓여 만들어진 퇴적암
  - 화학적 퇴적암: 물속에 녹아 있던 석회 물질, 규질 등이 침전되거나 물이 증발함에 따라 잔류하여 만들어진 퇴적암
  - (❹) 퇴적암: 생물의 유해나 골격의 일부가 쌓여 만들어진 퇴적암
- 퇴적 환경: 육상 환경, (❺), 해양 환경으로 구분한다.
- 퇴적 구조
  - (❻): 물이나 바람의 방향이 자주 변하는 환경에서 층리가 기울어져 쌓인 퇴적 구조
  - (❼): 한 지층 내에서 위로 갈수록 입자의 크기가 작아지는 퇴적 구조
  - (❽): 물결의 영향으로 퇴적물의 표면에 생긴 물결 모양이 남은 퇴적 구조
  - (❾): 건조한 환경에 노출되어 퇴적물 표면이 V자 모양으로 갈라진 퇴적 구조

1 퇴적암과 퇴적 구조에 대한 설명으로 옳은 것은 ○, 옳지 않은 것은 ×로 표시하시오.

(1) 다짐 작용을 받으면 공극이 늘어난다. ( )

(2) 증발로 형성된 암염은 화학적 퇴적암이다. ( )

(3) 생물체의 유해가 쌓여 만들어진 퇴적암을 유기적 퇴적암이라고 한다. ( )

(4) 퇴적 구조 중 점이 층리는 연안 환경에서 잘 형성된다. ( )

2 퇴적암의 형성 과정 중 ( ) 안에 알맞은 말을 쓰시오.

> 퇴적물의 압력으로 퇴적물 입자 사이 간격이 줄어드는 ㉠( ) 작용과 물속에 녹아 있던 석회질, 규질 물질의 침전으로 퇴적물 입자가 단단히 연결되는 ㉡( ) 작용을 거치면 공극이 감소하고, ㉢( )가 증가한다.

3 각 퇴적암과 그 종류를 옳게 연결하시오.

(1) 셰일 •   • ㉠ 쇄설성 퇴적암

(2) 석탄 •   • ㉡ 화학적 퇴적암

(3) 암염 •   • ㉢ 유기적 퇴적암

4 퇴적 환경을 '육상', '연안', '해양'으로 구분하시오.

(1) 삼각주, 해빈 등에 퇴적물이 쌓인다. ( )

(2) 하천, 호수, 선상지 등에 퇴적물이 쌓인다. ( )

(3) 육지에서 이동해 온 퇴적물과 해수에 녹아 있는 물질이 가라앉아 쌓인다. ( )

5 그림 (가)~(라)는 여러 퇴적 구조의 단면을 나타낸 것이다.

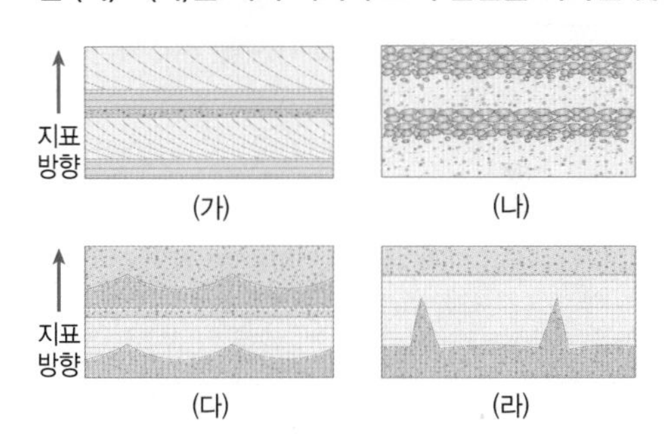

(1) (가)~(라) 각각의 이름을 쓰시오.

(2) 바람이나 물의 이동 방향을 알 수 있는 것을 쓰시오.

(3) 과거에 건조한 환경이었음을 알려 주는 것을 쓰시오.

(4) 지층이 역전된 것을 모두 쓰시오.

6 그림 (가)와 (나)는 우리나라의 퇴적 지형을 나타낸 것이다.

(가) 태백시 구문소

(나) 전라북도 마이산

(가)와 (나)를 이루고 있는 주요 퇴적암과 퇴적 환경을 쓰시오.

구분	(가)	(나)
주요 퇴적암	㉠	㉡
퇴적 환경	㉢	㉣

정답친해 30쪽

자료 ❶ 퇴적암의 생성과 종류

기출 Point
- 퇴적암이 생성되는 속성 작용 이해하기
- 퇴적암의 종류 구분하기

[1~4] 그림은 퇴적암이 생성되는 과정을 나타낸 것이고, 표는 퇴적암의 종류를 나타낸 것이다.

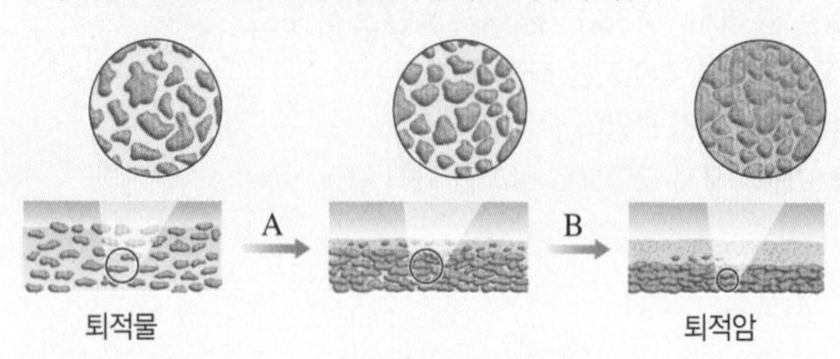

구분	퇴적물 → 퇴적암
(가)	주로 모래 → 사암, 점토 → 셰일, 주로 자갈 → 역암
	화산재 → 응회암
(나)	석회 물질($CaCO_3$) 침전 → 석회암
	규질(SiO_2) 침전 → 처트
	증발 잔류($NaCl$) → 암염
(다)	석회질($CaCO_3$) 생물체 → 석회암
	규질(SiO_2) 생물체 → 처트

1 그림에서 A와 B에 해당하는 작용을 쓰시오.

2 A와 B 작용으로 나타나는 퇴적물의 밀도와 공극의 변화를 쓰시오.

3 (가)~(다)에 해당하는 퇴적암의 종류를 쓰시오.

4 빈출 선택지로 완벽 정리!

(1) A와 B의 전 과정을 속성 작용이라고 한다. (○ / ×)
(2) B 작용에 관여하는 물질은 주로 규질이나 석회 물질이다. ········ (○ / ×)
(3) (가)는 퇴적물 입자의 크기와 종류에 따라 생성되는 퇴적암이 달라진다. ········ (○ / ×)
(4) (다)에서는 화석이 거의 산출되지 않는다. ···· (○ / ×)

자료 ❷ 퇴적 구조

기출 Point
- 퇴적 구조에 따른 퇴적 환경 이해하기
- 퇴적 구조를 통해 지층의 역전 판단하기

[1~3] 그림 (가)~(라)는 여러 가지 퇴적 구조의 단면을 나타낸 것이다.

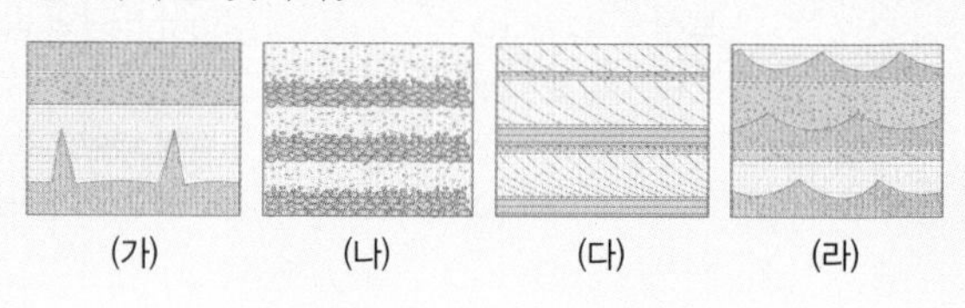

1 각 설명에 해당하는 퇴적 구조를 찾아 쓰시오.

(1) 건조한 환경에서 형성된 퇴적 구조
(2) (나)와 (라) 중 수심이 더 깊은 환경에서 형성된 퇴적 구조
(3) 지층이 역전되었음을 알려 주는 퇴적 구조

2 그림은 (다)의 일부를 확대하여 나타낸 것이다.

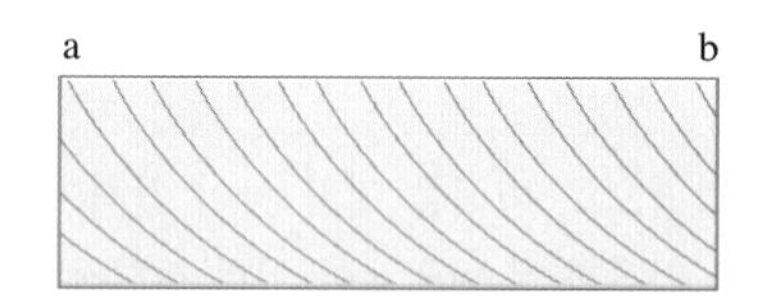

이 퇴적 구조가 형성될 당시 바람이나 물의 이동 방향을 a, b로 나타내시오.

3 빈출 선택지로 완벽 정리!

(1) (가) 퇴적 구조가 형성될 당시 퇴적면이 공기 중에 노출된 적이 있다. ········ (○ / ×)
(2) (나)는 일반적으로 수심이 얕은 호수 주변 환경에서 잘 형성된다. ········ (○ / ×)
(3) (다)에서는 퇴적물이 운반되어 온 방향을 추정할 수 있다. ········ (○ / ×)
(4) (라)는 셰일보다 역암에서 잘 형성되는 퇴적 구조이다. ········ (○ / ×)

내신 만점 문제

정답친해 31쪽

A 퇴적암

중요

01 그림은 퇴적물이 퇴적암으로 만들어지는 과정 A, B를 나타낸 것이다.

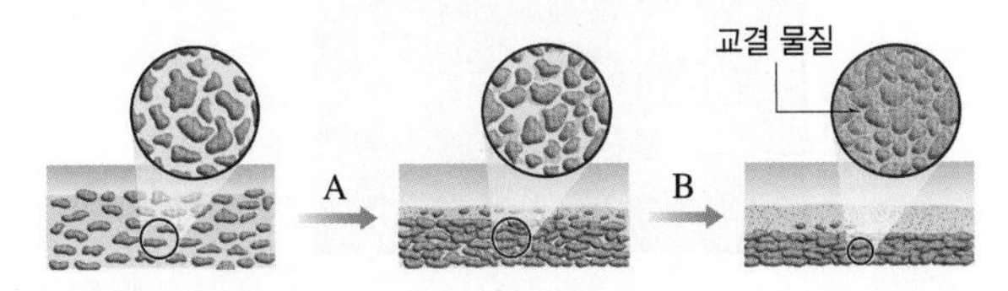

이에 대한 설명으로 옳은 것만을 [보기]에서 있는 대로 고른 것은?

보기
ㄱ. A에 의해 퇴적물의 밀도는 증가한다.
ㄴ. B에서 공극은 침전 물질로 채워진다.
ㄷ. A와 B 과정에서 공극의 부피는 감소한다.

① ㄱ ② ㄷ ③ ㄱ, ㄴ
④ ㄴ, ㄷ ⑤ ㄱ, ㄴ, ㄷ

서술형

02 그림은 퇴적암이 생성되는 주요 과정을 나타낸 것이다.

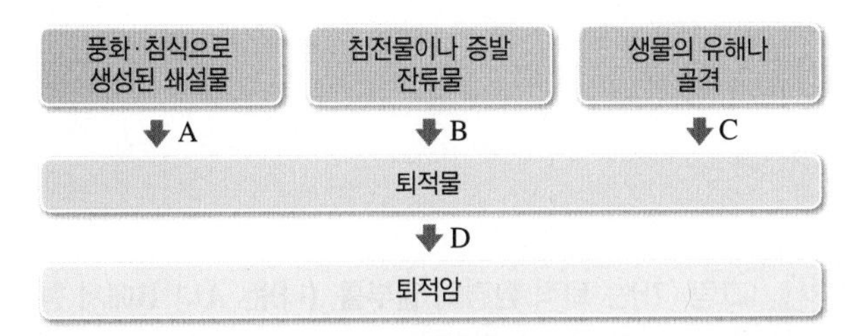

A～C가 쌓여 만들어지는 퇴적암의 종류를 쓰고, D 과정에서 퇴적물의 밀도 변화를 서술하시오.

중요

03 그림은 세 퇴적암을 특징에 따라 구분하는 과정을 나타낸 것이다.

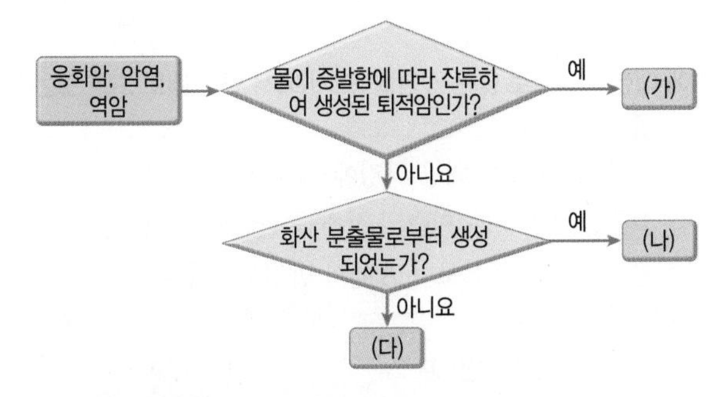

(가)～(다)에 해당하는 암석을 쓰시오.

04 그림 (가)～(다)는 구성 물질의 기원이 다른 세 퇴적암을 나타낸 것이다.

이에 대한 설명으로 옳은 것만을 [보기]에서 있는 대로 고른 것은?

보기
ㄱ. (가)는 쇄설성 퇴적암, (다)는 화학적 퇴적암에 속한다.
ㄴ. (나)는 화강암의 풍화로 생성된 물질이 굳은 것이다.
ㄷ. (다)는 화산 분출물이 퇴적되어 굳은 것이다.

① ㄱ ② ㄴ ③ ㄷ
④ ㄱ, ㄴ ⑤ ㄱ, ㄷ

B 퇴적 환경과 퇴적 구조

05 그림은 퇴적암에 나타나는 어느 퇴적 구조를 나타낸 것이다.

이에 대한 설명으로 옳은 것은?

① 얕은 바다에서 해파에 의해 잘 형성된다.
② 깊은 물속에서 형성된 퇴적암에 잘 나타난다.
③ 퇴적암의 생성 시기를 지시해주는 퇴적 구조이다.
④ 퇴적 당시 건조한 기후 환경에 노출되어 형성된다.
⑤ 층리가 기울어진 상태로 형성된 구조이다.

서술형

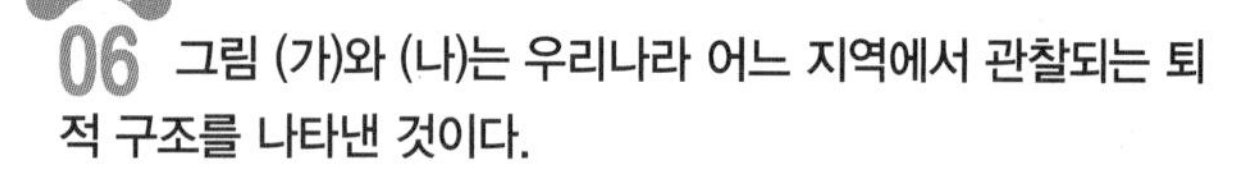

06 그림 (가)와 (나)는 우리나라 어느 지역에서 관찰되는 퇴적 구조를 나타낸 것이다.

(가)

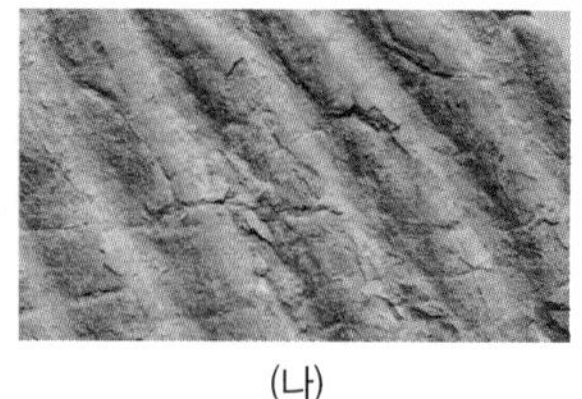
(나)

각 퇴적 구조의 이름과 형성 당시의 환경을 서술하시오.

---

07 그림은 어느 지층에서 관찰되는 퇴적 구조를 나타낸 것이다.

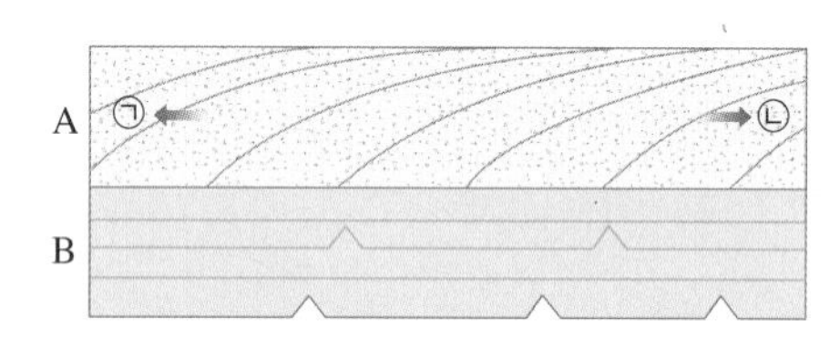

이에 대한 설명으로 옳은 것만을 [보기]에서 있는 대로 고른 것은?

보기
ㄱ. A에서 퇴적물이 운반된 방향은 ㉠이다.
ㄴ. B가 퇴적된 후 건조한 환경에 노출된 적이 있다.
ㄷ. A가 B보다 먼저 형성되었다.

① ㄱ ② ㄷ ③ ㄱ, ㄴ
④ ㄴ, ㄷ ⑤ ㄱ, ㄴ, ㄷ

중요

08 그림은 어느 지층에서 관찰되는 퇴적 구조를 나타낸 것이다.

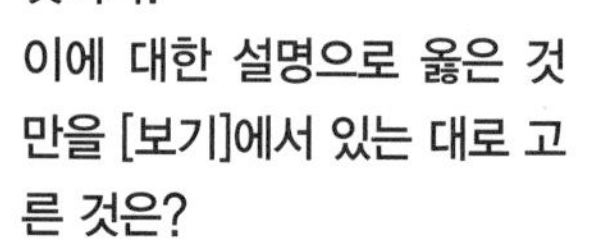

이에 대한 설명으로 옳은 것만을 [보기]에서 있는 대로 고른 것은?

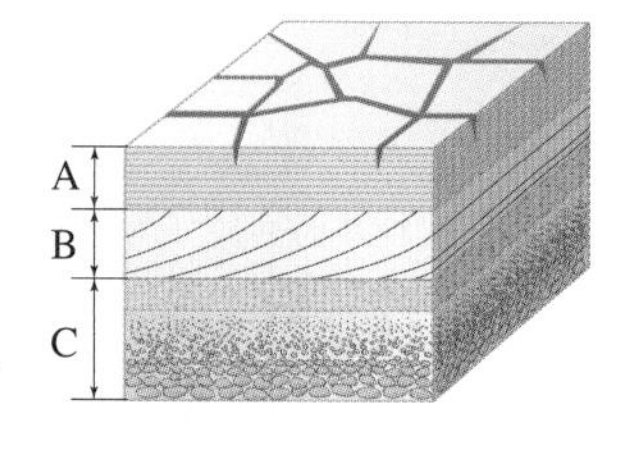

보기
ㄱ. A가 형성될 때 C가 형성될 때보다 수심이 깊었다.
ㄴ. B는 사막 환경에서도 형성될 수 있다.
ㄷ. A~C가 형성되는 동안 지각 변동으로 지층의 역전이 있었다.

① ㄱ ② ㄴ ③ ㄱ, ㄷ
④ ㄴ, ㄷ ⑤ ㄱ, ㄴ, ㄷ

09 그림은 어느 퇴적 구조의 단면을 나타낸 것이다.

이에 대한 설명으로 옳은 것만을 [보기]에서 있는 대로 고른 것은?

보기
ㄱ. 점이 층리이다.
ㄴ. 지층이 역전되었다.
ㄷ. 퇴적 구조가 형성되는 동안 지표로 드러난 적이 있다.

① ㄱ ② ㄷ ③ ㄱ, ㄴ
④ ㄴ, ㄷ ⑤ ㄱ, ㄴ, ㄷ

중요

10 그림 (가)는 퇴적 환경의 일부를, (나)는 A나 B에서 형성된 퇴적 구조를 나타낸 것이다.

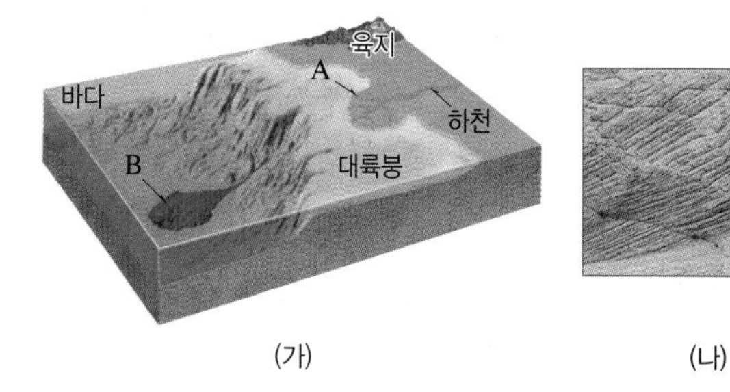

(가) (나)

이에 대한 설명으로 옳은 것만을 [보기]에서 있는 대로 고른 것은?

보기
ㄱ. A와 B는 모두 해양 환경에 해당한다.
ㄴ. (나)를 이용하여 지층의 상하를 판단할 수 있다.
ㄷ. (나)의 구조는 B보다 A에서 발견되기 쉽다.

① ㄱ ② ㄷ ③ ㄱ, ㄴ
④ ㄴ, ㄷ ⑤ ㄱ, ㄴ, ㄷ

실력 UP 문제

정답친해 33쪽

C 우리나라의 퇴적 지형

중요 11 그림은 우리나라 지질 명소인 (가)와 (나)의 위치와 발견되는 암석 및 화석을 나타낸 것이다.

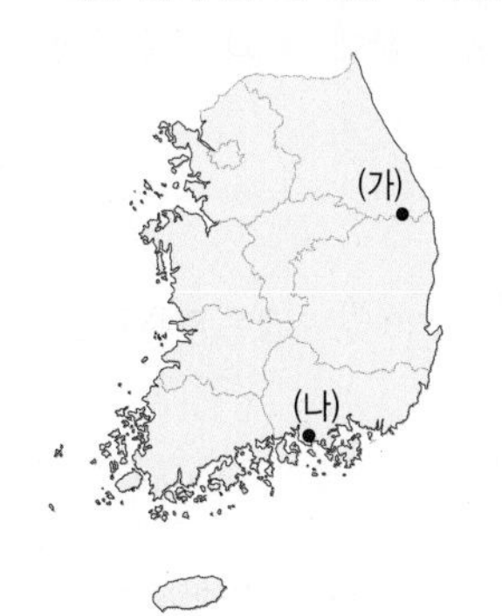

(가)	석회암이 주로 발견된다. 삼엽충 화석을 볼 수 있다.
(나)	셰일이 주로 발견된다. 공룡 발자국 화석을 볼 수 있다.

이에 대한 설명으로 옳은 것만을 [보기]에서 있는 대로 고른 것은?

보기
ㄱ. (가)와 (나)에서 발견되는 암석은 모두 쇄설성 퇴적암이다.
ㄴ. (나)에서 발견되는 암석은 연안 환경에서 퇴적되었다.
ㄷ. (가)의 암석이 (나)의 암석보다 오래되었다.

① ㄱ ② ㄷ ③ ㄱ, ㄴ
④ ㄴ, ㄷ ⑤ ㄱ, ㄴ, ㄷ

12 그림 (가)와 (나)는 우리나라의 지질 명소 두 곳의 모습을 나타낸 것이다.

(가) 제주도 수월봉

(나) 전라북도 마이산

이에 대한 설명으로 옳은 것만을 [보기]에서 있는 대로 고른 것은?

보기
ㄱ. (가)에서는 층리가 발달한다.
ㄴ. (나)의 뚫린 구멍은 화산 분출의 흔적이다.
ㄷ. (가)와 (나)에서는 모두 연흔이 쉽게 관찰된다.

① ㄱ ② ㄴ ③ ㄷ
④ ㄱ, ㄴ ⑤ ㄱ, ㄷ

01 그림은 퇴적암이 형성되는 과정의 일부를 나타낸 것이다.

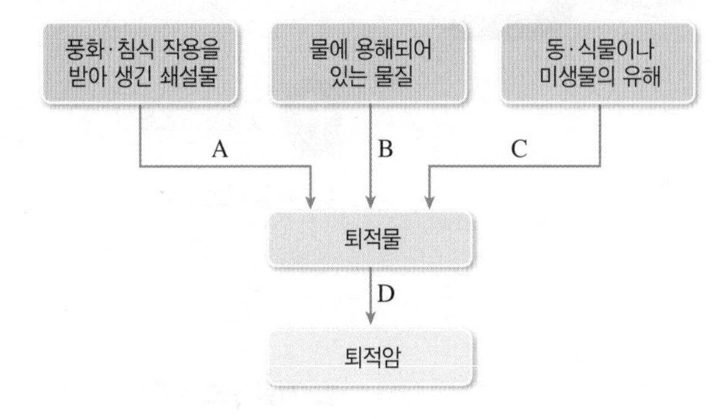

이에 대한 설명으로 옳은 것만을 [보기]에서 있는 대로 고른 것은?

보기
ㄱ. A와 D 과정을 통해 화학적 퇴적암이 형성된다.
ㄴ. B와 D 과정을 통해 형성된 암석은 입자의 크기에 따라 분류한다.
ㄷ. D 과정에서 다짐 작용과 교결 작용이 일어난다.

① ㄱ ② ㄷ ③ ㄱ, ㄴ
④ ㄴ, ㄷ ⑤ ㄱ, ㄴ, ㄷ

02 그림 (가)와 (나)는 퇴적 구조인 사층리와 점이 층리를 순서 없이 나타낸 것이다.

(가)

(나)

이에 대한 설명으로 옳은 것만을 [보기]에서 있는 대로 고른 것은?

보기
ㄱ. (가)를 통해 퇴적물이 공급된 방향을 추정할 수 있다.
ㄴ. (나)는 퇴적물의 퇴적 속도 차이 때문에 생긴다.
ㄷ. (가)와 (나)는 층리면보다 지층의 단면에서 관찰된다.

① ㄱ ② ㄷ ③ ㄱ, ㄴ
④ ㄴ, ㄷ ⑤ ㄱ, ㄴ, ㄷ

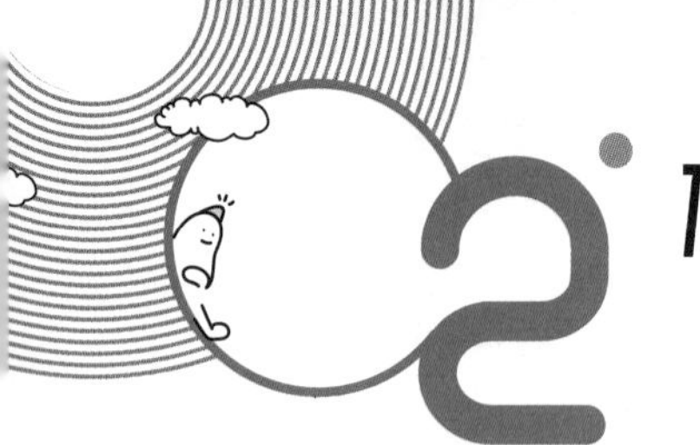

지질 구조

A 지질 구조

1. 지질 구조 지층이나 암석이 지각 변동을 받아 여러 모양으로 변형된 상태 ➡ 과거에 일어났던 지각 변동을 알 수 있다.

2. 지질 구조의 종류

(1) **습곡**: 지층이 양쪽에서 미는 힘인 횡압력을 받아 휘어진 지질 구조

① 지하 깊은 곳의 고온·고압 환경에서 만들어진다. ─● 온도가 높을 때 끊어지기보다 휘어지기 쉽기 때문

② 구조

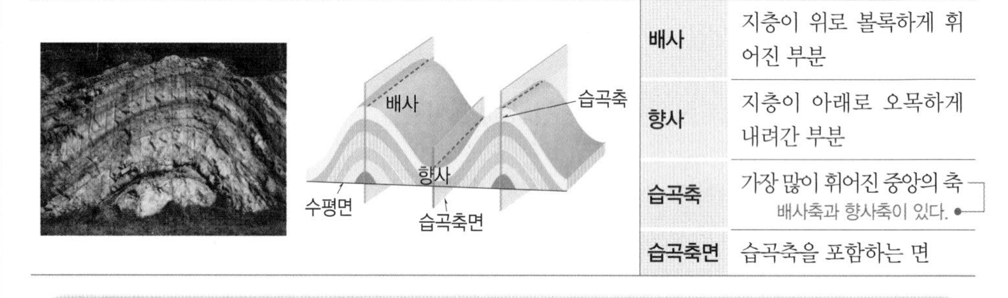

배사	지층이 위로 볼록하게 휘어진 부분
향사	지층이 아래로 오목하게 내려간 부분
습곡축	가장 많이 휘어진 중앙의 축 (배사축과 향사축이 있다.)
습곡축면	습곡축을 포함하는 면

습곡의 종류 (교학사, 미래엔 교과서에만 나와요.)

습곡은 습곡축면의 기울기에 따라 정습곡, 경사 습곡, 횡와[1] 습곡으로 구분할 수 있다.

정습곡	경사 습곡	◆횡와 습곡
습곡축면이 수평면에 대해 거의 수직인 습곡	습곡축면이 수평면에 대해 기울어진 습곡 	습곡축면이 거의 수평으로 누운 습곡 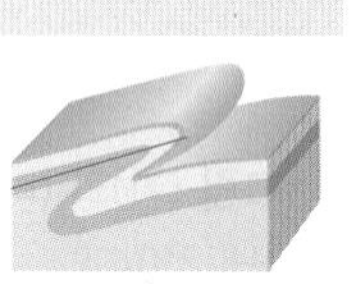

(2) **단층**: 지층이 힘을 받아 끊어지면서 양쪽 지층이 상대적으로 이동하여 형성된 지질 구조

① 온도가 낮은 지표 근처에서 만들어진다. ─● 습곡 작용이 일어나는 깊이보다 얕은 곳에서 형성

② 구조와 종류 ─● 상반과 하반의 상대적인 이동에 따라 구분

80쪽 대표 자료 1

단층의 구조	단층의 종류		
하반, 단층면, 상반	정단층 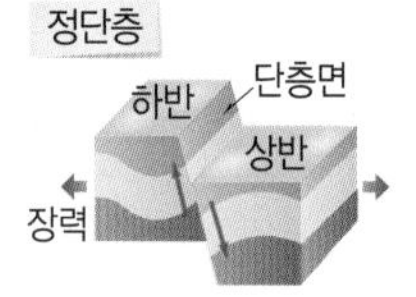	역단층 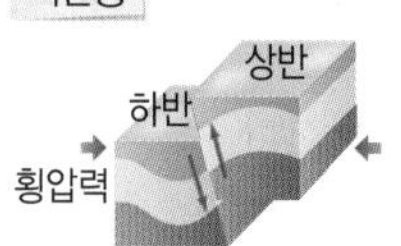	주향 이동 단층 
• 단층면: 지층이 끊어진 면 • 상반: 단층면의 위쪽 부분 • 하반: 단층면의 아래쪽 부분	• 하반에 대해 상반이 아래로 이동한 단층 • 양쪽에서 잡아당기는 힘(장력)을 받아 형성	• 하반에 대해 상반이 위로 이동한 단층 • 양쪽에서 미는 힘(횡압력)을 받아 형성	• 단층면을 경계로 상반과 하반이 수평 방향으로 이동한 단층

◆ **횡와 습곡**
지층이 지각 변동을 받지 않았다면 아래에 있는 지층이 먼저 쌓인 것이다. 그러나 횡와 습곡에서는 먼저 쌓인 지층의 일부가 위로 올라오므로 지층이 쌓인 순서를 해석하는데 혼란을 줄 수 있다.

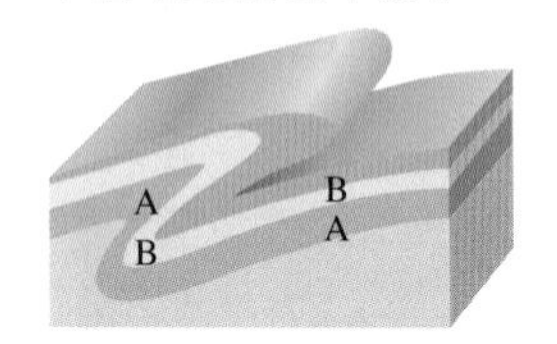

암기해!
작용하는 힘에 따른 지질 구조
• 장력: 정단층
• 횡압력: 습곡, 역단층

용어
[1] 횡와(橫 가로, 臥 눕다) 습곡 습곡축면이 거의 수평으로 누운 모습의 습곡

심화 + 주향 이동 단층과 변환 단층 차이점

변환 단층은 판 경계 중 보존형 경계에서 형성되는 단층으로, 주향 이동 단층의 일종이다.

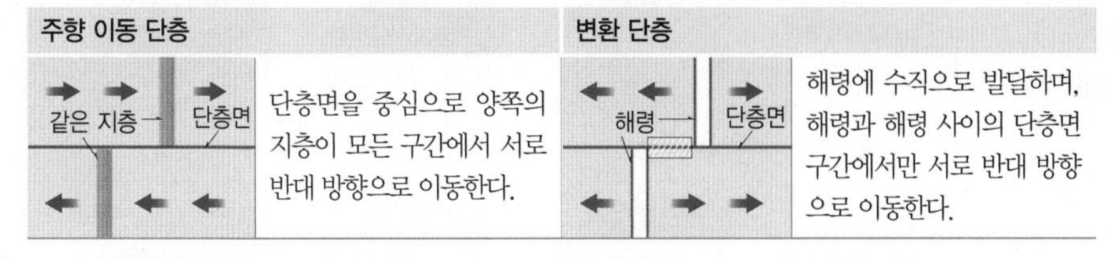

(3) 절리: 암석 내에 형성된 틈이나 균열 → 단층과 달리 틈을 따라 양쪽 지층의 상대적인 이동이 없다.

① 생성 원인: 마그마나 용암이 빠르게 식으면서 수축할 때, 지하 깊은 곳의 암석이 융기할 때, 지층이 습곡 작용을 받을 때 만들어진다. → 절리가 많이 발달한 지역은 지반이 약하므로 건축물을 지을 때 유의해야 한다.

② 종류

주상 절리		◆판상 절리	
	• 기둥 모양의 절리 • 화산암에서 잘 나타난다. • 용암이 중심 방향으로 빠르게 냉각되는 과정에서 수축하여 만들어진다.	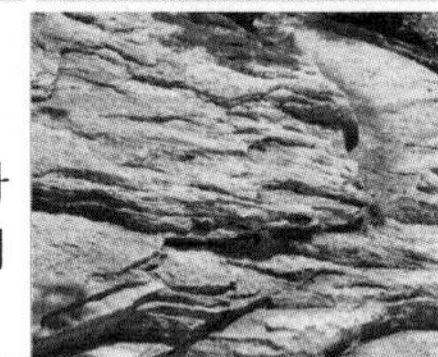	• 얇은 판 모양의 절리 • 심성암에서 잘 나타난다. • 융기할 때 암석을 누르는 압력이 감소하여 서서히 팽창하여 만들어진다.

◆ **박리 현상**
판상 절리가 잘 발달하면 기반암에서 암괴가 양파 껍질처럼 떨어져 나오는데, 이를 박리 현상이라고 한다.

(4) 부정합

① 정합: 지층이 연속적으로 쌓였을 때 인접한 상하 지층 사이의 관계

② 부정합: ◆조륙 운동이나 조산 운동 등으로 인접한 상하 지층 사이에 큰 시간 차이가 있을 때 두 지층 사이의 관계 ➡ 경계면을 부정합면이라고 한다.

③ 생성 과정: 퇴적 → 융기 → 침식 → 침강 → 퇴적 과정을 거쳐 만들어진다. 80쪽 대표 자료❷
(융기 → 침식 → 침강: 퇴적이 중단되는 동안 일어난 작용이다.)

퇴적	융기	침식	침강 및 퇴적
	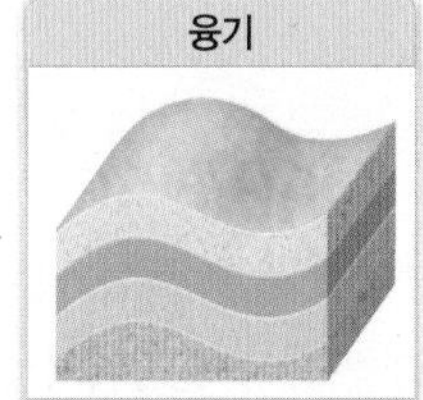		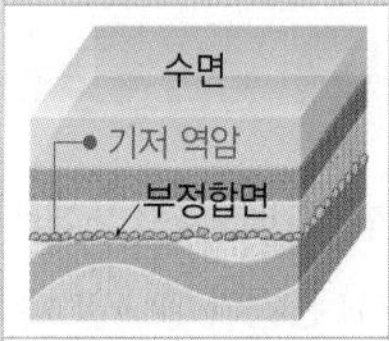
물 밑에서 퇴적이 일어나 지층이 연속적으로 쌓인다. → 정합	지각 변동을 받아 지층이 융기하여 수면 위로 노출된다.	노출된 지층의 윗부분이 풍화·침식 작용을 받아 깎인다.	지층이 수면 아래로 침강하고 침식된 면 위에 새로운 지층이 쌓인다.

◆ **조륙 운동과 조산 운동**
• 조륙 운동: 넓은 범위에 걸쳐 지각이 서서히 융기하거나 침강하는 운동
• 조산 운동: 거대한 습곡 산맥을 형성하는 지각 변동

암기해!
• 부정합의 생성 과정
퇴적 → 융기 → 침식 → 침강 → 퇴적
• 부정합의 특징
- 인접한 두 지층 사이의 시간 간격이 크다.
- 지층의 융기, 침강이 있었다.
- 부정합면 위쪽에 기저 역암이 있다.

④ 종류: 융기하기 전이나 융기하면서 받은 지각 변동에 따라 구분

평행 부정합	경사 부정합	❶난정합
부정합면	부정합면	사암 / 부정합면 / 편마암
• 부정합면을 경계로 상하 지층의 층리가 나란한 부정합이다. • 대부분 조륙 운동만을 받은 지층에서 나타난다.	• 부정합면을 경계로 상하 지층의 층리가 경사진 부정합이다. • 대부분 조산 운동을 받은 지층에서 나타난다.	• 부정합면의 아래에 심성암이나 변성암이 분포하는 부정합이다. • 부정합면을 경계로 상하 지층의 평행 여부를 판단하기 어렵다.

(용어)
❶ **난정합(難 어렵다, 整 가지런하다, 合 모으다)** 부정합면 아래에 심성암이나 변성암이 분포할 때의 부정합으로, 형성되기 어려운 부정합이라고 해서 붙여진 이름이다.

부정합면 위에는 침식되면서 남은 자갈이 퇴적되는 경우가 있는데, 이를 기저 역암이라고 해요. 부정합에서 B와 D 사이에 나타나요. 기저 역암이 보이면 부정합이 형성되었다고 판단할 수 있어요.

⑤ 부정합의 종류에 따른 생성 과정 천재 교과서에만 나와요.

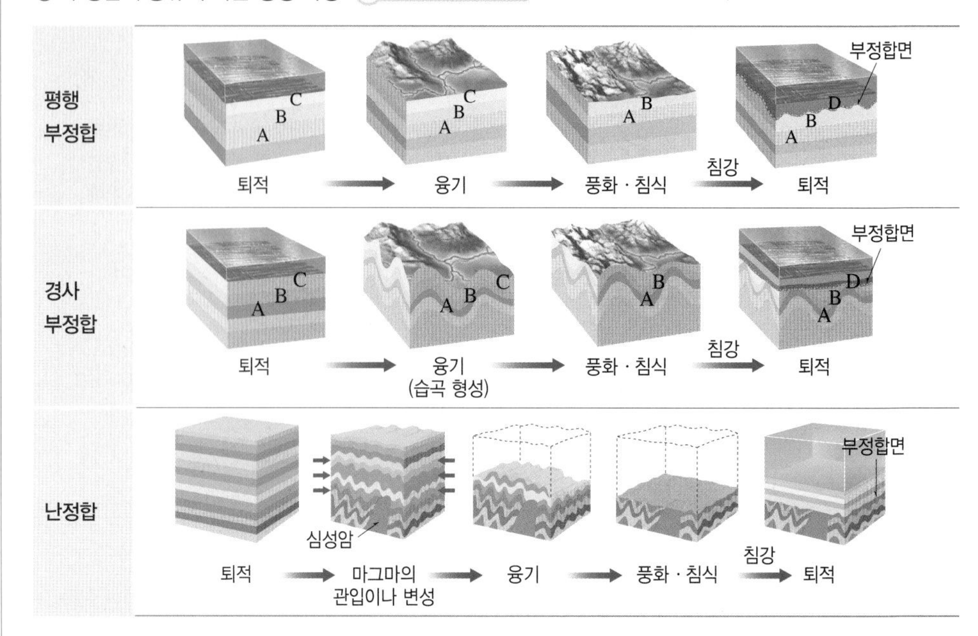

3. 판의 운동과 지질 구조

발산형 경계	수렴형 경계	보존형 경계
• 양쪽에서 잡아당기는 힘인 장력이 작용하여 정단층이 잘 발견된다. • 대표적인 예: 동아프리카 열곡대, 대서양 중앙 해령의 열곡	• 양쪽에서 미는 힘인 횡압력이 작용하여 습곡과 역단층이 잘 발견된다. • 대표적인 예: 히말라야산맥, 알프스산맥	• 양쪽에서 비트는 힘이 작용하여 주향 이동 단층(변환 단층)이 잘 발견된다. • 대표적인 예: 산안드레아스 단층

◆ 관입암과 포획암

관입암

포획암

B 관입과 포획

1. ❶관입 지하에서 마그마가 주변의 지층이나 암석을 뚫고 들어가는 것

(1) **관입이 일어날 때 변화:** 마그마 주변의 암석이 열을 받아 변성되거나 관입한 화성암은 차가운 주변 암석의 영향으로 급격히 식은 흔적이 나타나기도 한다.

(2) **◆관입암:** 관입한 마그마가 식어 굳어진 암석

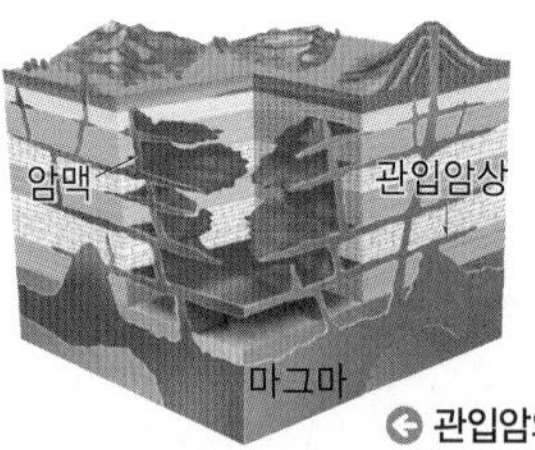

관입암의 대표적인 예

• 관입암상: 마그마가 주변 암석의 층상 구조와 평행하게 흘러 들어가 식어 굳어진 것
• 암맥: 마그마가 주변 암석의 층상 구조를 가로질러 관입한 후 식어 굳어진 것

2. ❷포획 마그마가 관입할 때 주위의 암석이나 지층의 조각이 떨어져 나와 마그마에 포함되어 굳은 구조 ➡ 이때 포획된 암석을 ◆포획암이라고 한다.

3. 관입암과 포획암으로 알 수 있는 사실 지구 내부 물질 연구, 지층과 암석의 생성 순서 판단 등

(용어)
❶ 관입(貫 꿰뚫다, 入 들어가다) 마그마가 주변의 지층이나 암석을 뚫고 들어가는 것
❷ 포획(捕 사로잡다, 獲 얻다) 마그마가 관입할 때 기존의 암석 조각을 감싸 포함하는 것

정답친해 33쪽

개념 확인 문제

핵심 체크

- (❶): 지층이나 암석이 지각 변동을 받아 여러 모양으로 변형된 상태
  - (❷): 지층이 양쪽에서 미는 (❸)을 받아 휘어진 모양 ➡ 종류: 정습곡, 경사 습곡, 횡와 습곡
  - (❹): 지층이 끊어지면서 양쪽 지층이 상대적으로 이동한 모양 ➡ 종류: 정단층, 역단층, 주향 이동 단층
  - (❺): 암석 내에 형성된 틈이나 균열 ➡ 종류: 주상 절리, 판상 절리
  - (❻): 인접한 상하 지층 사이에 큰 시간 차이가 있을 때 두 지층 사이의 관계 ➡ 종류: 평행 부정합, 경사 부정합, 난정합
- 판의 운동과 지질 구조: 발산형 경계에서는 정단층, 수렴형 경계에서는 (❼)이나 역단층, 보존형 경계에서는 (❽)이 주로 발견된다.
- (❾): 지하에서 마그마가 주변의 지층이나 암석을 뚫고 들어가는 것
- (❿): 마그마가 관입할 때 주위의 암석이나 지층의 조각이 마그마에 포함되어 굳은 구조 ➡ 지구 내부 물질을 연구하거나 지층과 암석의 (⓫)를 판단

1 지질 구조에 대한 설명으로 옳은 것은 ○, 옳지 않은 것은 ×로 표시하시오.

(1) 지층이 퇴적된 후 횡압력을 받으면 습곡이나 역단층이 형성된다. ( )

(2) 부정합면을 경계로 상하 지층의 연령은 거의 차이가 없다. ( )

(3) 경사 부정합은 부정합면을 경계로 상하 지층이 나란하다. ( )

(4) 히말라야산맥과 같은 습곡 산맥에서 형성되는 단층은 주로 정단층이다. ( )

(5) 마그마가 관입할 때 주위의 암석이나 지층의 일부가 마그마와 함께 굳은 것을 포획암이라고 한다. ( )

2 그림 (가)는 습곡, (나)는 단층의 구조를 나타낸 것이다.

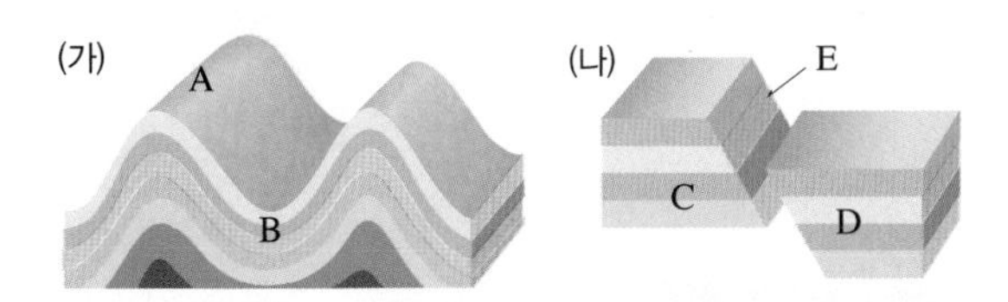

A～E에 해당하는 이름을 쓰시오.

3 단층에 대한 설명 중 ( ) 안에 알맞은 말을 고르시오.

(1) 상반이 상대적으로 아래로 이동한 단층은 ㉠(정단층, 역단층), 상반이 상대적으로 위로 이동한 단층은 ㉡(정단층, 역단층)이다.

(2) 정단층은 지층이 (장력, 횡압력)을 받아 만들어진다.

4 ( ) 안에 알맞은 말을 고르시오.

(1) 지하 깊은 곳의 암석이 융기할 때 암석을 누르는 압력이 감소하면 (주상 절리, 판상 절리)가 잘 발달한다.

(2) 부정합면을 경계로 상하 지층이 나란한 것은 (평행 부정합, 경사 부정합, 난정합)이다.

5 부정합의 생성 과정 중 ( ) 안에 알맞은 말을 쓰시오.

퇴적 → 융기 → ㉠( ) → ㉡( ) → 퇴적

6 그림 (가)~(다)는 지질 구조의 모습을 나타낸 것이다.

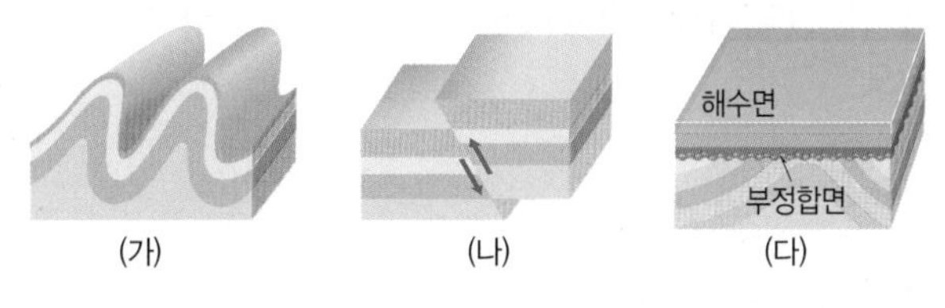

(1) 지층에 작용하는 힘으로 지층이 끊어지면서 서로 어긋난 지질 구조를 쓰시오.

(2) 인접한 두 지층이 시간적으로 불연속적인 관계에 있는 지질 구조를 쓰시오.

(3) 지층이 횡압력을 받아 휘어진 지질 구조를 쓰시오.

7 그림은 암석에서 포획이 관찰되는 모습을 나타낸 것이다. A, B 중 포획암에 해당하는 것을 쓰시오.

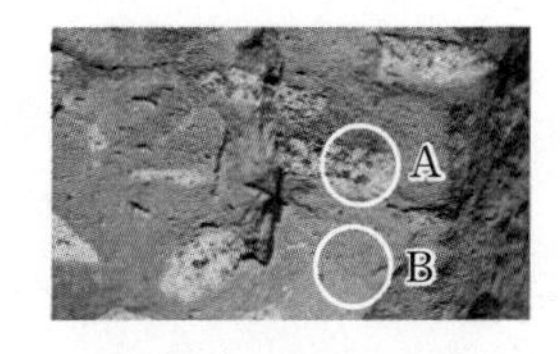

대표 자료 분석

정답친해 34쪽

자료 ❶ 습곡, 단층

기출 Point
- 습곡과 단층 구분하기
- 횡압력이나 장력으로 형성되는 지질 구조 판단하기

[1~4] 그림 (가)~(라)는 다양한 지질 구조를 나타낸 것이다.

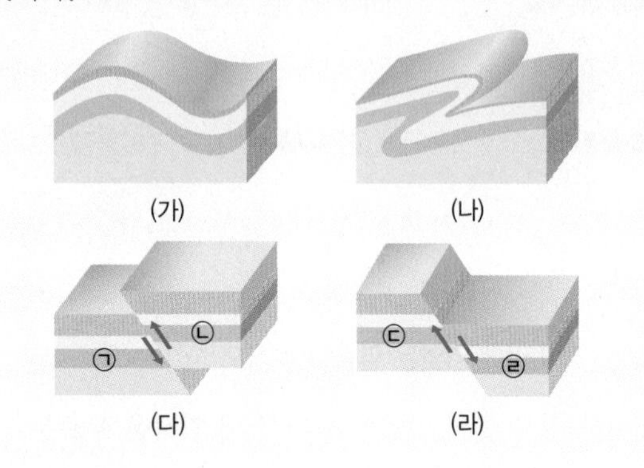

1 지질 구조 (가)~(라) 중 횡압력이 작용하여 만들어진 것만을 있는 대로 쓰시오.

2 (가), (나) 중 지층의 순서가 역전된 곳이 나타날 수 있는 것을 쓰시오.

3 (다), (라)에서 상반에 해당하는 것을 모두 골라 기호로 쓰시오.

4 빈출 선택지로 완벽 정리!

(1) (가)에서 위로 볼록한 부분은 배사이다. (○ / ×)
(2) (가)와 (나)는 습곡축면의 기울기로 구분한다. (○ / ×)
(3) (가)는 (다)가 만들어지는 깊이보다 얕은 곳에서 만들어진다. (○ / ×)
(4) (나)에 작용하는 힘으로 (라)도 만들어질 수 있다. (○ / ×)
(5) (라)는 장력이 작용하여 만들어진 것이다. (○ / ×)
(6) 습곡 산맥에서는 (라)보다 (다)가 잘 만들어진다. (○ / ×)

자료 ❷ 부정합

기출 Point
- 부정합의 생성 순서 판단하기
- 부정합의 종류 구분하기

[1~4] 그림은 부정합의 생성 과정을 나타낸 것이다.

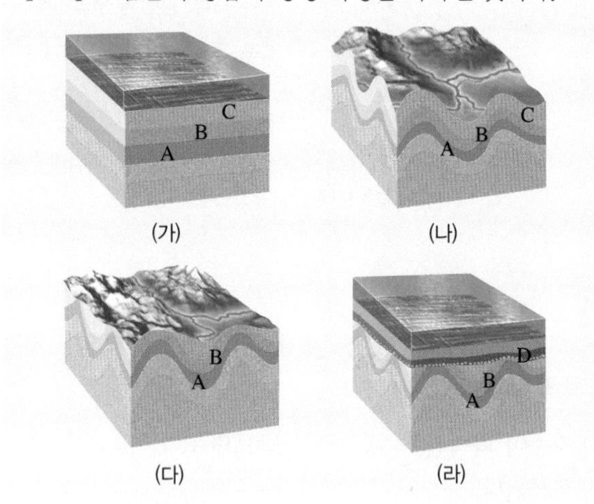

1 (가)~(라) 중 풍화나 침식 작용이 일어나는 단계를 쓰시오.

2 (라)에서 상하 인접한 두 지층 중 생성 시간 차이가 가장 크게 나는 지층을 쓰시오.

3 (가)~(라) 과정을 통해 형성되는 부정합의 종류는 무엇인지 쓰시오.

4 빈출 선택지로 완벽 정리!

(1) (나)에서 지층의 융기와 습곡이 일어났다. (○ / ×)
(2) (다)의 지표면이 (라)에서 부정합면이 된다. (○ / ×)
(3) A층과 B층은 부정합 관계이다. (○ / ×)
(4) B층과 D층에서 산출되는 화석은 진화 정도에 차이가 거의 없다. (○ / ×)
(5) B층과 D층의 경계면 위에는 기저 역암이 분포하기도 한다. (○ / ×)

내신 만점 문제

정답친해 35쪽

A 지질 구조

01 그림은 어느 지질 구조를 나타낸 것으로 A, B는 각각 배사와 향사 중 하나이다.

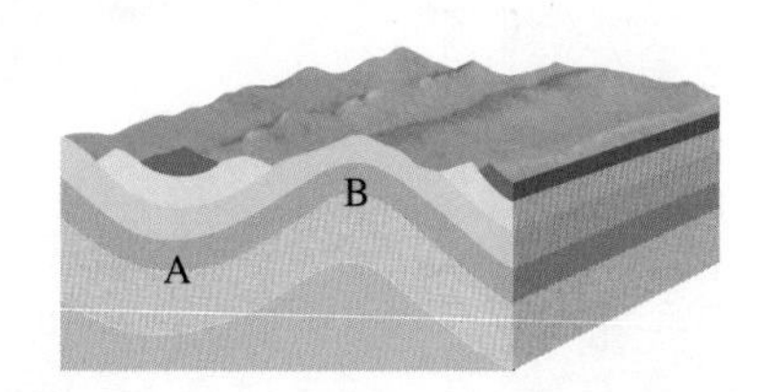

이에 대한 설명으로 옳은 것만을 [보기]에서 있는 대로 고른 것은?

보기
ㄱ. 지층이 퇴적된 후 횡압력을 받아 형성된 구조이다.
ㄴ. A는 배사이다.
ㄷ. 습곡 산맥에 발달한 지질 구조이다.

① ㄱ ② ㄴ ③ ㄱ, ㄷ
④ ㄴ, ㄷ ⑤ ㄱ, ㄴ, ㄷ

중요 **02** 그림 (가)와 (나)는 서로 다른 습곡을 나타낸 것이다.

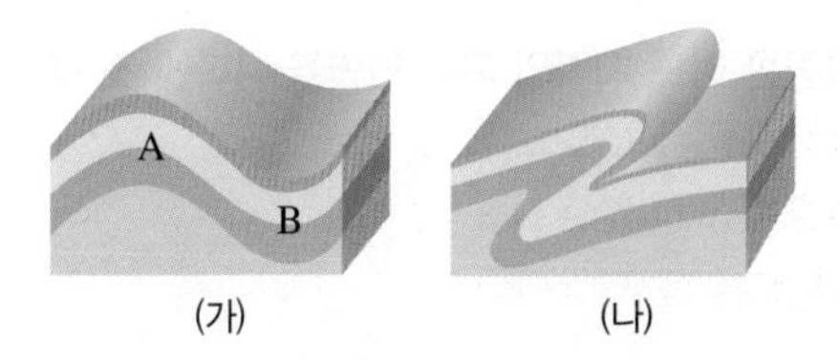

(가) (나)

이에 대한 설명으로 옳은 것만을 [보기]에서 있는 대로 고른 것은?

보기
ㄱ. (가)에서 A는 배사, B는 향사이다.
ㄴ. (가)는 정습곡, (나)는 횡와 습곡이다.
ㄷ. (나)에서 지층이 역전된 부분이 나타난다.

① ㄱ ② ㄷ ③ ㄱ, ㄴ
④ ㄴ, ㄷ ⑤ ㄱ, ㄴ, ㄷ

중요 **03** 그림은 단층을 구분하는 과정을 나타낸 것이다.

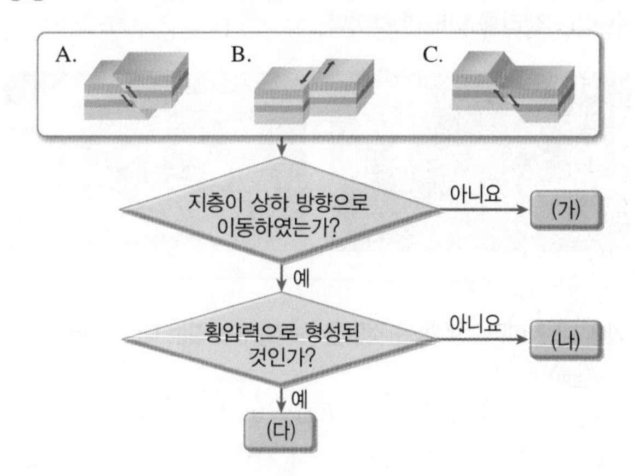

(가)~(다)에 해당하는 단층을 A~C에서 골라 옳게 짝 지은 것은?

	(가)	(나)	(다)
①	A	B	C
②	A	C	B
③	B	A	C
④	B	C	A
⑤	C	B	A

04 그림 (가)와 (나)는 수평으로 쌓인 지층이 서로 다른 힘을 받아 형성된 지질 구조를 나타낸 것이다.

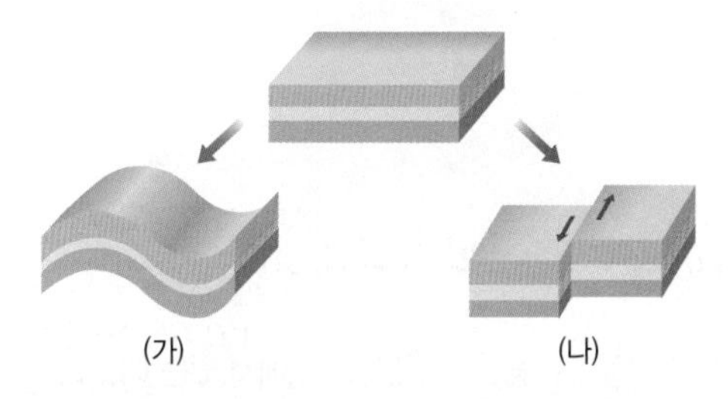

(가) (나)

이에 대한 설명으로 옳은 것만을 [보기]에서 있는 대로 고른 것은?

보기
ㄱ. (가)는 습곡, (나)는 단층이다.
ㄴ. (나)는 양쪽 지층이 단층면이 뻗어 있는 방향과 나란하게 수평으로만 이동하였다.
ㄷ. 보존형 경계에는 (나) 지질 구조가 발달되어 있다.

① ㄱ ② ㄷ ③ ㄱ, ㄴ
④ ㄴ, ㄷ ⑤ ㄱ, ㄴ, ㄷ

05 그림 (가)와 (나)는 우리나라의 서로 다른 지역에서 볼 수 있는 절리를 나타낸 것이다.

(가)

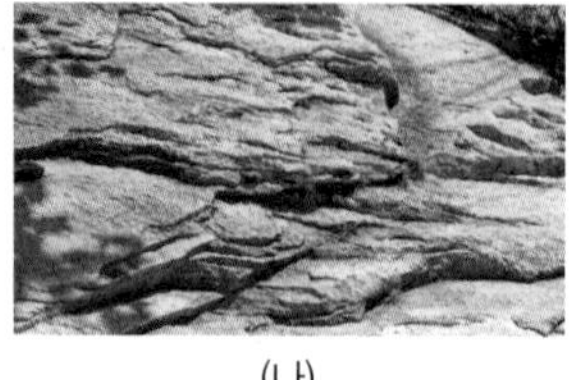
(나)

이에 대한 설명으로 옳은 것만을 [보기]에서 있는 대로 고른 것은?

보기
ㄱ. (가)는 주상 절리이고, (나)는 판상 절리이다.
ㄴ. (나)는 지표 부근의 용암이 식으면서 수축하는 과정에서 형성되었다.
ㄷ. 암석이 생성된 깊이는 (가)보다 (나)가 얕다.

① ㄱ ② ㄷ ③ ㄱ, ㄴ
④ ㄴ, ㄷ ⑤ ㄱ, ㄴ, ㄷ

06 그림은 어느 지역의 지층을 나타낸 것이다.

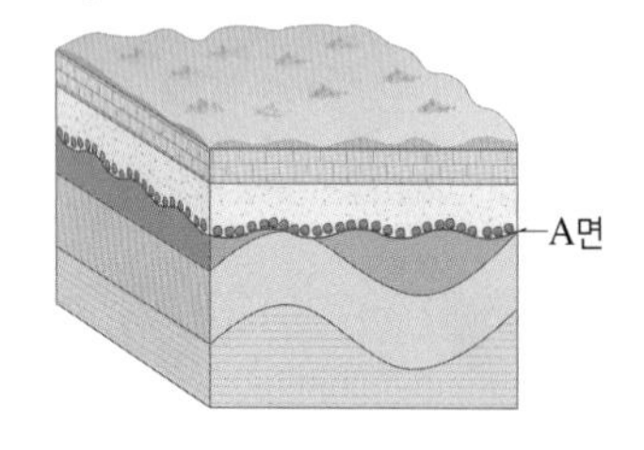

이에 대한 설명으로 옳은 것만을 [보기]에서 있는 대로 고른 것은?

보기
ㄱ. A면의 하부 지층은 과거에 횡압력을 받은 적이 있다.
ㄴ. A면을 기준으로 상부 지층과 하부 지층은 퇴적된 시간 간격이 크다.
ㄷ. 이 지역은 과거에 융기하여 침식 작용을 받은 적이 있다.

① ㄱ ② ㄷ ③ ㄱ, ㄴ
④ ㄴ, ㄷ ⑤ ㄱ, ㄴ, ㄷ

중요

07 그림 (가)와 (나)는 서로 다른 종류의 부정합이 생성되는 과정을 나타낸 것이다.

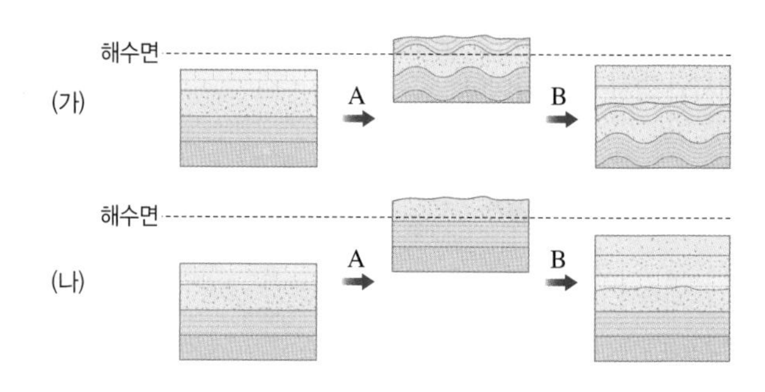

이에 대한 설명으로 옳은 것만을 [보기]에서 있는 대로 고른 것은?

보기
ㄱ. A는 융기, B는 침강의 과정이다.
ㄴ. A와 B 사이에 퇴적이 중단되는 현상이 일어났다.
ㄷ. (가)에서는 부정합면을 경계로 상하의 층리면이 경사져 있다.

① ㄱ ② ㄷ ③ ㄱ, ㄴ
④ ㄴ, ㄷ ⑤ ㄱ, ㄴ, ㄷ

서술형

08 그림은 어느 지역의 지층 단면을 나타낸 것이다.

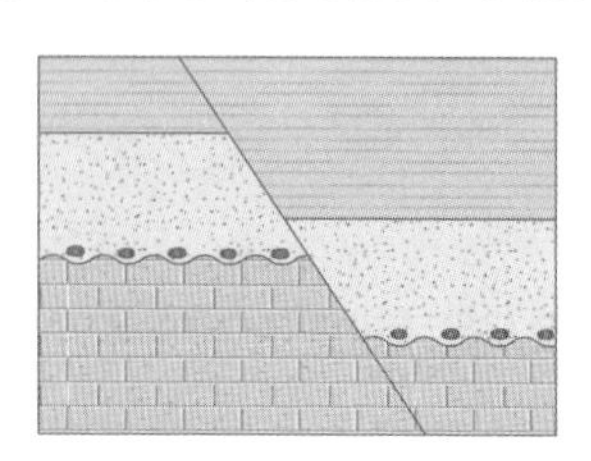

이 지역에서 관찰되는 지질 구조를 다음에서 모두 고르고, 형성된 순서를 근거와 함께 서술하시오.

경사 부정합, 평행 부정합, 정단층, 역단층, 습곡

정답친해 36쪽

09 그림 (가), (나), (다)는 서로 다른 종류의 지질 구조를 나타낸 것이다.

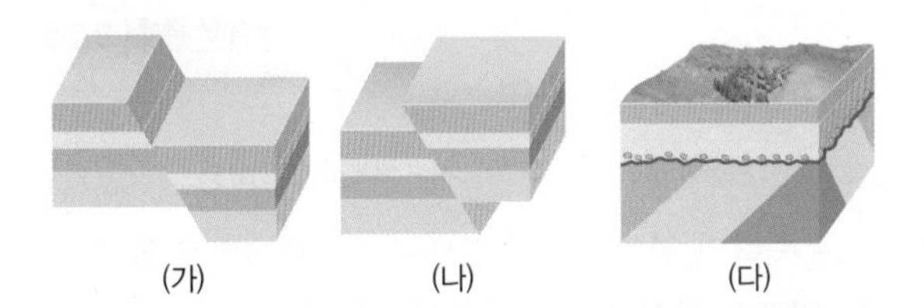

이에 대한 설명으로 옳은 것만을 [보기]에서 있는 대로 고른 것은?

보기
ㄱ. (가)는 판의 발산형 경계에서 형성될 수 있다.
ㄴ. 변환 단층은 (나)의 예에 해당한다.
ㄷ. (다)에서는 침식 흔적이 관찰된다.

① ㄱ ② ㄴ ③ ㄱ, ㄷ
④ ㄴ, ㄷ ⑤ ㄱ, ㄴ, ㄷ

B 관입과 포획

10 그림은 마그마가 관입할 때 주변 암석에서 떨어져 나온 암석 조각이 마그마 속으로 유입된 후 굳어진 모습을 나타낸 것이다.

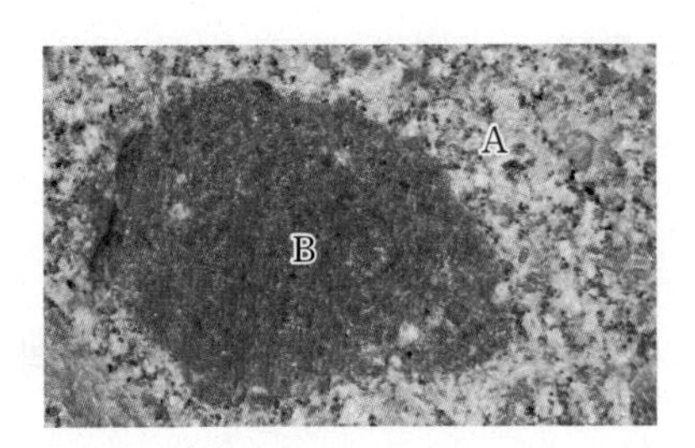

이에 대한 설명으로 옳은 것만을 [보기]에서 있는 대로 고른 것은?

보기
ㄱ. A는 화성암이다.
ㄴ. B는 포획암이다.
ㄷ. A는 B보다 먼저 생성되었다.

① ㄱ ② ㄷ ③ ㄱ, ㄴ
④ ㄴ, ㄷ ⑤ ㄱ, ㄴ, ㄷ

01 그림은 어느 지역의 지질 구조가 변화된 과정을 나타낸 것이다.

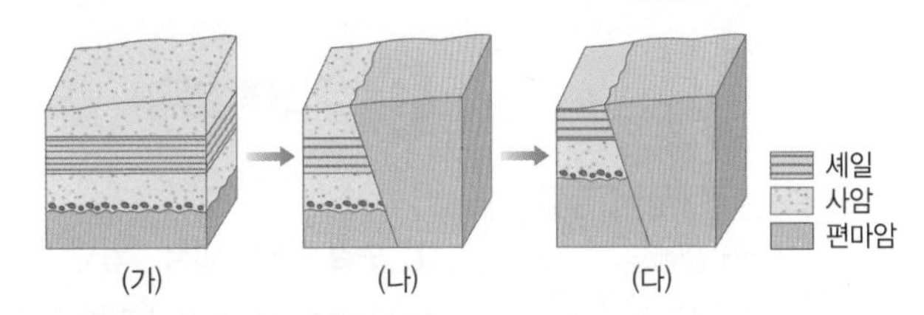

이에 대한 설명으로 옳은 것만을 [보기]에서 있는 대로 고른 것은?

보기
ㄱ. 편마암과 사암 사이에는 평행 부정합이 발달한다.
ㄴ. (나)에 형성된 단층은 열곡대에 잘 발달한다.
ㄷ. (나) → (다) 과정에서 지반의 융기로 침식이 일어났다.

① ㄱ ② ㄷ ③ ㄱ, ㄴ
④ ㄴ, ㄷ ⑤ ㄱ, ㄴ, ㄷ

02 그림 (가), (나), (다)는 서로 다른 지질 구조를 나타낸 것으로 각각 절리, 단층, 습곡 중의 하나이다.

이에 대한 설명으로 옳은 것만을 [보기]에서 있는 대로 고른 것은?

보기
ㄱ. (가)는 용암이 급격히 냉각되면서 수축하여 형성되었다.
ㄴ. (나)는 지반의 상하 이동이 일어나면서 형성되었다.
ㄷ. (다)에서는 지층의 역전이 관찰된다.

① ㄱ ② ㄷ ③ ㄱ, ㄴ
④ ㄴ, ㄷ ⑤ ㄱ, ㄴ, ㄷ

3 지층의 나이

핵심 포인트
1. 지층의 선후 관계와 지사학 법칙 ★★
2. 상대 연령 결정 ★★★
3. 반감기와 지층의 절대 연령 ★★★

A 지사학 법칙

지층의 선후 관계를 결정하고, 지구의 역사를 추론하는 데 지사학 법칙이 필요해요. 지사학 법칙에 대해 알아볼까요?

> 동일 과정의 원리는 현재 지각에서 발생하는 지질학적 사건들이 과거에도 동일하게 일어났다고 가정하는 것이에요.
> 지사학에서는 동일 과정의 원리를 바탕으로 다양한 법칙을 이용하여 지층의 선후 관계를 결정해요.

1. 수평 퇴적의 법칙 일반적으로 퇴적물은 중력의 영향으로 수평으로 쌓인다. ➡ 현재 지층이 기울어져 있거나 휘어져 있으면 지각 변동을 받았다고 판단한다.

2. 지층 누중의 법칙 지층이 쌓일 때 아래쪽은 위쪽보다 먼저 퇴적되었다. ➡ 지각 변동으로 지층이 변형되거나 역전되지 않았다면 아래쪽 지층일수록 먼저 생성된 지층이다.
- 지층의 변형이나 역전은 퇴적 구조나 화석으로 판단한다.

▲ 수평 퇴적의 법칙

▲ 지층 누중의 법칙

3. 관입의 법칙 관입한 암석은 관입당한 암석보다 나중에 생성되었다. ➡ 마그마가 관입하면 열 때문에 관입당한 암석은 변성 작용을 받으므로 변성된 암석이 먼저 생성된 것이다.

화성암의 관입과 분출

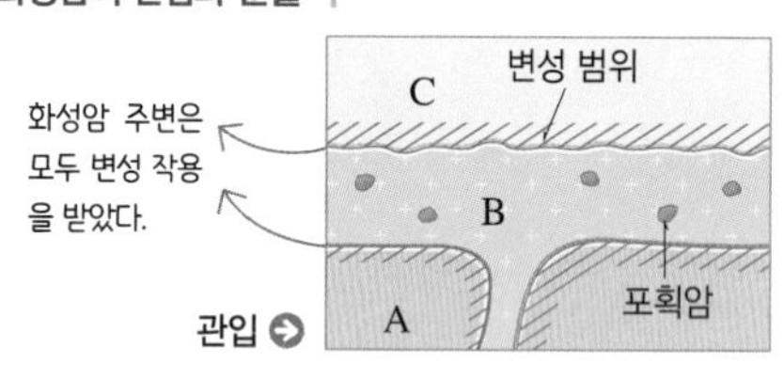

관입

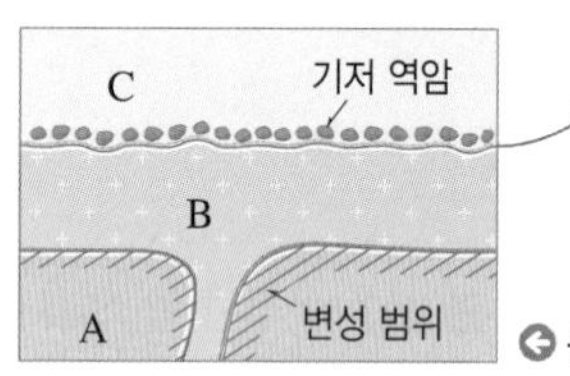

분출

- 관입이 일어났을 때: 마그마가 기존의 암석을 뚫고 관입하면 화성암 주변은 모두 변성 작용을 받고, 기존 암석의 일부가 화성암 속에 포함될 수 있다.
- 분출이 일어났을 때: 마그마가 지표로 분출한 후 새로운 지층이 퇴적되었다면 분출한 화산암의 위쪽으로는 변성되지 않고, 침식 흔적이나 기저 역암이 나타난다.

4. 부정합의 법칙 부정합면을 경계로 상하 지층 사이에는 긴 시간 간격이 있다. ➡ 이를 경계로 상하 지층을 이루는 구성 암석의 종류와 상태, 지질 구조, 화석의 종류가 달라진다.
- 부정합면 위에 기저 역암이 나타나므로 이를 통해 지층의 역전을 판단할 수 있다.

5. 동물군 천이의 법칙 퇴적 시기가 다른 지층에서는 발견되는 화석의 종류가 달라진다. ➡ 더 복잡하고 진화된 화석이 발견되는 지층이 나중에 생성된 지층이다.

▲ 부정합의 법칙

▲ 동물군 천이의 법칙

B 상대 연령

1. 상대 연령 지층의 생성 시기와 지질학적 사건의 발생 순서를 상대적으로 밝혀낸 것
(지층 → 또는 암석)

2. 지층의 상대 연령 판단

(1) **지사학 법칙 이용**: 한 지역에서 상대적인 지층의 생성 순서를 결정한다.

탐구 자료창 지층의 생성 순서 결정 91쪽 대표 자료❷

그림은 어느 지역의 지층 단면을 나타낸 것이다.

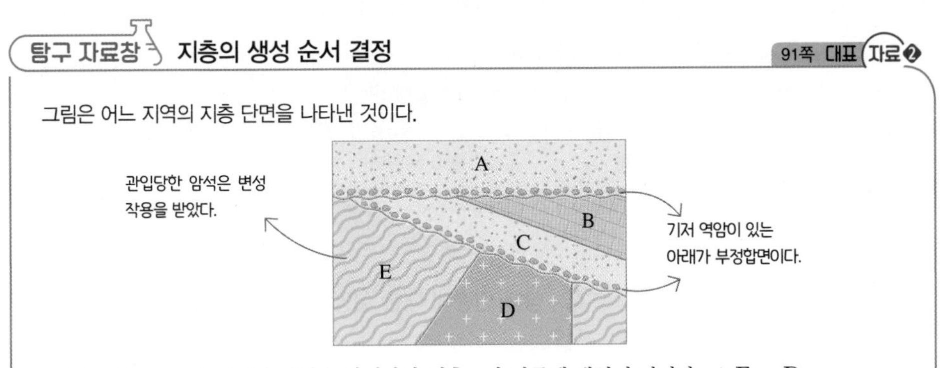

1. **관입의 법칙 적용**: 관입한 암석은 관입당한 지층보다 나중에 생성된 것이다. ➡ E → D
2. **부정합의 법칙 적용**: 부정합이 나타나면 부정합면 아래층이 위층보다 오래되었고, 기저 역암이 있는 쪽이 위층이다. ➡ E와 D → C, C와 B → A
3. **지층 누중의 법칙 적용**: 지층이 역전되지 않았다면, 아래층이 위층보다 오래되었다. ➡ C → B
4. **결론**: 지층과 암석의 상대적인 생성 순서는 지층 E 퇴적 → 화성암 D 관입 → (부정합) → 지층 C 퇴적 → 지층 B 퇴적 → (부정합) → 지층 A 퇴적이다.

(2) **지층 대비**: 서로 떨어져 있는 여러 지역의 지층을 비교하여 상대적인 선후 관계를 밝히는 것

① [1]암상에 의한 대비: 지층을 구성하는 암석의 종류나 열쇠층을 이용하여 대비한다. ➡ 비교적 가까운 거리에 있는 지층 대비에 이용

- 열쇠층([2]건층): 지층 대비에 기준이 되는 층 예 응회암층, 석탄층 등
- 열쇠층의 조건: 비교적 짧은 시기 동안 퇴적되었으면서 넓은 지역에 분포하는 지층

② 화석에 의한 대비: 진화 속도가 빠르거나 비교적 짧은 시기 동안 번성하여 퇴적 시기를 지시해 주는 ◆표준 화석을 이용하여 대비한다. ➡ 멀리 떨어져 있는 지층 대비에 이용

지층 대비 92쪽 대표 자료❸

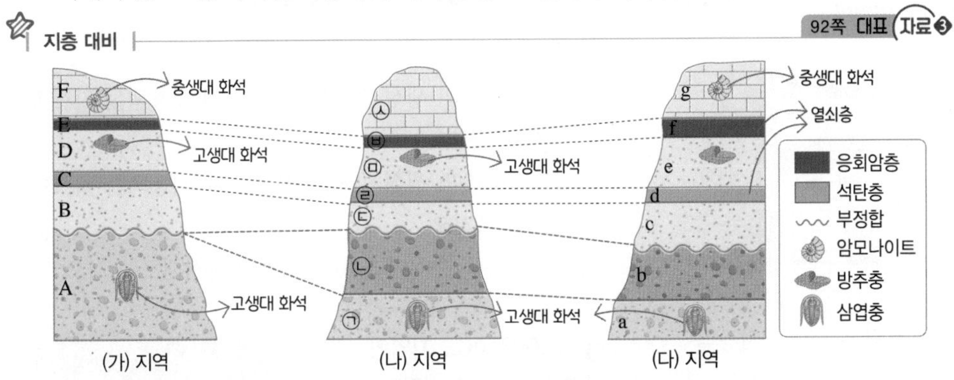

- 응회암층과 석탄층은 열쇠층이고, (가)~(다) 지역에서 각 열쇠층은 같은 시기에 퇴적되었다고 볼 수 있다.
- 암모나이트 화석이 발견된 지층이 삼엽충이나 방추충 화석이 발견된 지층보다 더 나중에 생성되었다.
- 지층의 상대 연령: A, ㉠, a → ㉡, b → (부정합) → B, ㉢, c → C, ㉣, d → D, ㉤, e → E, ㉥, f → F, ㉦, g
(C, ㉣, d / E, ㉥, f → 열쇠층)

◆ **대표적인 표준 화석**
- 고생대: 삼엽충, 갑주어, 방추충
- 중생대: 공룡, 암모나이트
- 신생대: 매머드, 화폐석

암기해!
지층 대비 방법
- 가까운 거리의 지층 대비: 열쇠층 이용
- 먼 거리의 지층 대비: 표준 화석 이용

용어
❶ **암상(岩 바위, 相 서로)** 암석이 생성되는 환경에 따라 나타나는 암석의 성분, 조직, 색깔 등 일반적인 특징
❷ **건층(鍵 열쇠, 層 층)** 서로 떨어져 있는 암석의 생성 시기를 비교할 때 단서가 되는 지층

개념 확인 문제

핵심 체크

- 지사학 법칙
  - 수평 퇴적의 법칙: 퇴적물은 일반적으로 수평으로 쌓인다.
  - (❶): 지층이 쌓일 때 아래쪽은 위쪽보다 먼저 퇴적되었다.
  - (❷): 관입한 암석은 관입당한 암석보다 나중에 생성되었다.
  - 부정합의 법칙: 부정합면을 경계로 상하 지층 사이에는 긴 시간 간격이 있다.
  - (❸): 퇴적 시기가 다른 지층에서 발견되는 화석의 종류가 다르다.
- (❹): 지층이나 암석의 생성 시기와 지질학적 사건의 발생 순서를 상대적으로 밝혀내는 것
- (❺) 이용: 한 지역에서 상대적인 지층의 생성 순서를 결정
- 지층 대비: 서로 떨어져 있는 여러 지역의 지층을 비교하여 상대적인 선후 관계를 밝히는 것
  - 암상에 의한 대비: 비교적 가까운 거리에 있는 지층을 비교할 때, (❻)을 이용한다.
  - 화석에 의한 대비: 멀리 떨어져 있는 지층을 비교할 때, (❼)을 이용한다.

1 지사학 법칙에 대한 설명으로 옳은 것은 ○, 옳지 않은 것은 ×로 표시하시오.

(1) 퇴적물은 대체로 수평으로 쌓인다. ( )
(2) 나중에 형성된 지층일수록 더 진화된 생물 화석이 나타난다. ( )
(3) 부정합면을 경계로 상하 지층은 생성 시기의 차이가 크게 난다. ( )

2 ( ) 안에 알맞은 말을 고르시오.

(1) 지층이 역전되지 않았다면 ㉠(위, 아래) 지층이 ㉡(위, 아래) 지층보다 먼저 형성되었다.
(2) 관입한 암석이 관입당한 지층보다 (먼저, 나중에) 형성되었다.

3 그림은 비교적 가까운 곳에 있는 A~C 지역의 지층 단면을 나타낸 것이다. (단, 지층의 역전은 없었다.)

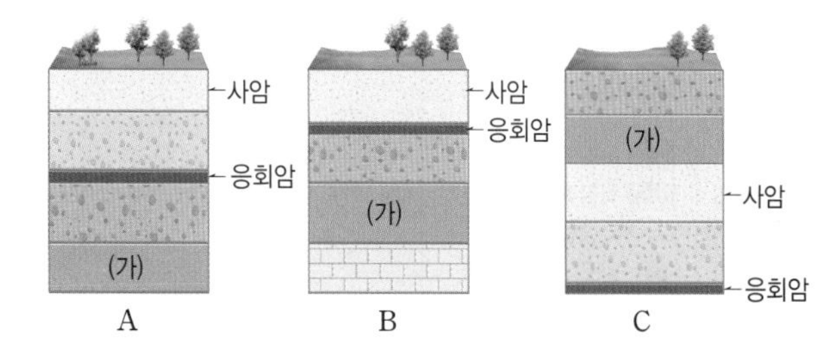

(1) A~C 지역에서 열쇠층으로 이용될 수 있는 지층을 쓰시오.
(2) A~C 지역의 (가) 지층은 모두 같은 시기에 생성되었는지 판단하시오.
(3) 가장 오래된 지층이 있는 지역을 쓰시오.

4 상대 연령에 대한 설명 중 ( ) 안에 알맞은 말을 쓰시오.

(1) 상하 두 지층 사이에 시간적 공백이 있는 두 지층의 관계를 ㉠( )이라 하고, ㉡( )의 법칙에 따라 아래 지층이 더 오래된 것이다.
(2) 가까운 거리에 있는 지층은 ( )에 의한 대비를 이용하여 선후 관계를 밝힌다.
(3) 멀리 떨어져 있는 지층에서의 선후 관계는 ( )을 이용한다.

5 그림은 어느 지역의 지질 단면도이다.

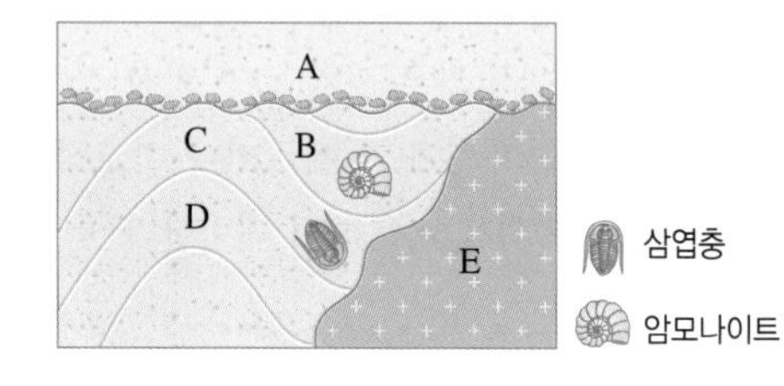

(1) B층과 C층의 생성 순서를 정하는 데 적용되는 지사학 법칙을 쓰시오.
(2) C층과 E층의 생성 순서를 정하는 데 적용되는 지사학 법칙을 쓰시오.
(3) A~E층을 오래된 지층부터 생성 순서대로 쓰시오.

6 그림은 어느 지역의 지층 단면도를 나타낸 것이다. A~C를 먼저 생성된 것부터 순서대로 쓰시오.

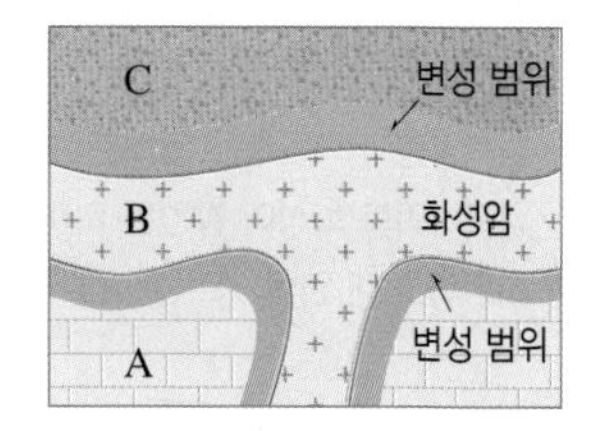

C 절대 연령

1. 절대 연령 암석의 생성 시기나 지질학적 사건의 발생 시기를 수치로 나타내는 것

2. ❶방사성 ◆동위 원소

(1) **방사성 동위 원소**: 시간이 지남에 따라 방사선을 방출하면서 일정한 속도로 붕괴하여 안정한 원소로 변한다.

① 모원소: 붕괴하는 원래의 방사성 동위 원소

② 자원소: 모원소가 붕괴하여 새로 생성된 안정한 원소

(2) **◆방사성 동위 원소의 반감기**: 방사성 동위 원소가 붕괴하여 처음 양의 절반으로 줄어드는 데 걸리는 시간 ➡ 외부 온도나 압력의 변화에 관계없이 일정하다. — 반감기는 방사성 동위 원소의 종류에 따라 다르다.

방사성 동위 원소		반감기(년)	효과적인 연대 결정 범위(년)	포함 물질
모원소	자원소			
^{238}U	^{206}Pb	약 45억	1천만~46억	지르콘, 우라니나이트, 피치블렌드
^{235}U	^{207}Pb	약 7억	1천만~46억	지르콘, 우라니나이트, 피치블렌드
^{40}K	^{40}Ar	약 13억	5만~46억	휘석, 흑운모, 백운모, 정장석, 화산암
^{87}Rb	^{87}Sr	약 492억	1천만~46억	흑운모, 백운모, 정장석, 각섬석
^{14}C	^{14}N	약 5730	100~7만	뼈, 나무 등 탄소를 포함한 유기물

3. 방사성 동위 원소의 반감기와 절대 연령 암석 또는 광물 안에 포함된 모원소와 자원소의 양과 반감기를 이용하여 암석 또는 광물의 절대 연령을 측정할 수 있다. 완자쌤 비법 특강 89쪽

$$N=N_0\times\left(\frac{1}{2}\right)^{\frac{t}{T}}$$

(N: t년 후 모원소의 양, N_0: 처음 모원소의 양, T: 반감기, t: 절대 연령)

반감기를 이용한 절대 연령 측정

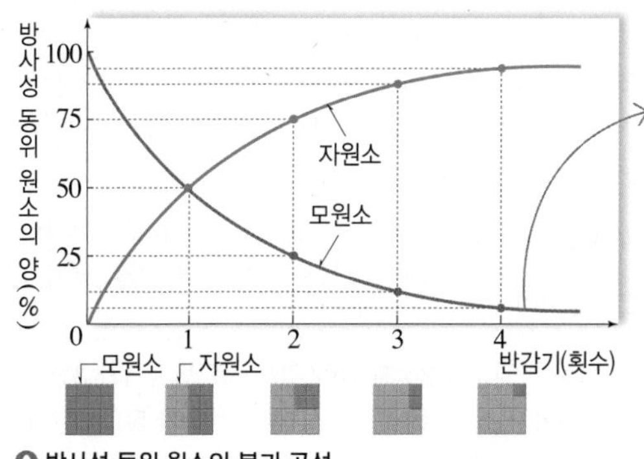

반감기가 1번 지나면 모원소의 양은 $\frac{1}{2}$(50 %)로 줄어들고, 2번 지나면 모원소의 양은 $\frac{1}{4}$(25 %)로, 3번 지나면 $\frac{1}{8}$(12.5 %)로 줄어든다.

▲ 방사성 동위 원소의 붕괴 곡선

- 방사성 동위 원소의 모원소와 자원소의 양을 알면, 반감기 횟수(n)를 구할 수 있다.

  ➡ $\frac{\text{남아 있는 모원소의 양}}{\text{처음 모원소의 양}}=\left(\frac{1}{2}\right)^n$
- 반감기가 그래프로 주어질 때에는 방사성 동위 원소의 양이 50 %인 위치의 시간을 확인한다.
- 절대 연령은 (반감기×반감기 횟수)로 구한다.

◆ **동위 원소**
양성자 수가 같아서 원자 번호는 같지만, 중성자 수가 달라서 질량수가 다른 원소를 말한다. 같은 종류의 원자라 하더라도 중성자 수가 다르면 물리적 성질이 달라진다.

◆ **절대 연령 측정에 이용하는 방사성 동위 원소의 조건**
모원소의 반감기가 시료의 나이와 비교해 적절해야 한다. ➡ 모원소의 반감기가 시료의 나이에 비해 너무 길면 붕괴한 양이 적어 정확한 측정이 어렵고, 너무 짧으면 오래전에 모두 붕괴하여 측정이 불가능하다.

암기해!

상대 연령과 절대 연령
- 상대 연령 결정: 지사학 법칙이나 지층 대비를 이용하여 생성 순서 결정
- 절대 연령 결정: 방사성 동위 원소의 반감기와 반감기가 경과된 횟수를 파악하여 연령 결정

(용어)

❶ **방사성(放 내놓다, 射 쏘다, 性 성질)** 원자핵으로부터 방사선을 방출하면서 붕괴하는 성질

4. 방사성 동위 원소 이용

(1) 반감기의 길이에 따른 이용

① 반감기가 긴 방사성 동위 원소 이용: 지구의 탄생 시기나 공룡의 멸종 시기 등 먼 과거의 지질학적인 사건이 발생한 시기를 알아낸다.

② ◆반감기가 짧은 방사성 동위 원소 이용: 가까운 지질 시대의 연령 측정, 고고학 유적이나 유물의 연대 측정, 지구 환경 변화 연구 등에 활용한다.

(2) 암석의 절대 연령: 암석에 따라 절대 연령으로 알 수 있는 시기가 달라진다.

① 화성암: 마그마에서 광물이 정출된 시기를 나타낸다.

② 변성암: 변성 작용이 일어난 시기를 나타낸다.

③ 퇴적암: 퇴적암의 생성 시기가 아니라 퇴적물 근원암의 생성 시기를 나타내므로 쇄설성 퇴적암의 절대 연령은 측정하지 않는다.

└ 퇴적암의 구성 입자는 퇴적암보다 먼저 생성된 근원암에서 유래된 것이기 때문

YBM 교과서에만 나와요.

◆ 방사성 탄소(^{14}C)의 이용

- 대기 중의 CO_2를 이루고 있는 탄소는 대부분 탄소 ^{12}C로 존재하지만 극히 일부는 방사성 탄소 ^{14}C로 존재한다.
- 대기 중의 탄소 비율: 대기 중의 ^{14}C는 다시 붕괴하여 ^{14}N로 변한다. ➡ 대기 중에 존재하는 ^{12}C와 ^{14}C의 비율은 일정하게 유지된다.
- 살아 있는 생물체 내의 탄소 비율은 광합성과 호흡으로 대기에서의 비율과 같지만 죽은 생물체에서는 탄소의 공급이 중단된다. 생물체 속에서 ^{12}C는 붕괴하지 않지만 ^{14}C는 ^{14}N로 붕괴하므로 ^{12}C와 ^{14}C의 비율은 변하게 된다. ➡ 따라서 대기 중의 ^{12}C와 ^{14}C의 비율과 죽은 생물체 내 ^{12}C와 ^{14}C의 비율을 비교하면 그 생물이 죽은 후 현재까지 경과한 시간을 알 수 있다.

탐구 자료창 방사성 동위 원소 반감기를 이용한 절대 연령 측정

그림 (가)는 어느 지역 지층의 단면 모습이고, (나)는 이 지층 중 암맥에 포함되어 있는 방사성 동위 원소 X의 붕괴 곡선이다. (단, 암맥 A와 B에 방사성 동위 원소 X가 각각 25 %, 50 % 남아 있다.)

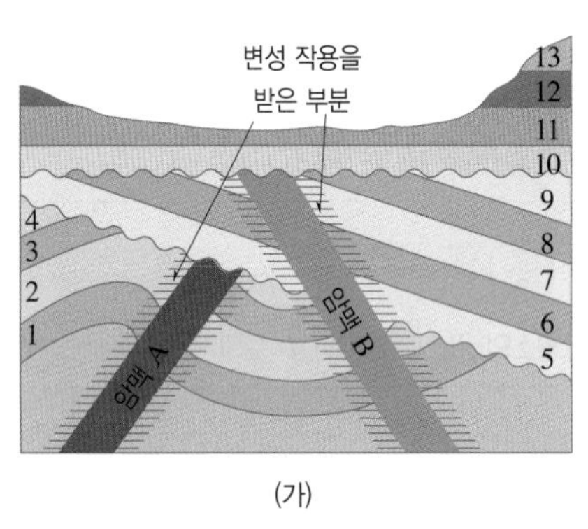

(가)

모원소의 양(%) 100, 80, 60, 40, 20 / 0, 100, 200, 300, 400 / 반감기 / 시간(백만 년)

(나)

1. **(가)에서 이 지역에서 일어난 지질학적 사건의 순서**: 지층 누중의 법칙, 관입의 법칙, 부정합의 법칙을 적용하여 판단할 수 있다. 이 지역에서 일어난 지질학적 사건의 순서는 퇴적 → 습곡 → 암맥 A 관입 → 부정합 → 퇴적 → 암맥 B 관입 → 부정합 → 퇴적이다.

2. **(나)에서 방사성 동위 원소 X의 반감기**: 모원소가 처음 양의 $\frac{1}{2}$로 줄어드는 데 걸리는 시간이므로 2억 년이다.

그래프에서 모원소의 양이 50 %가 되는 지점의 시간을 확인하면 반감기를 찾을 수 있어요.

3. **암맥 A와 B가 관입한 시기**: 암맥 A에 방사성 동위 원소가 25 % 남아 있으므로 반감기가 2번 지났고, 관입한 시기는 약 4억 년 전(2억 년×2번)이다. 암맥 B에 방사성 동위 원소가 50 % 남아 있으므로 반감기가 1번 지났고, 관입한 시기는 약 2억 년 전이다.

4. **지층 5~9의 절대 연령**: 1, 2, 3, 4 지층이 차례대로 퇴적 → 암맥 A 관입(약 4억 년 전) → 부정합 형성 → 5, 6, 7, 8, 9 지층이 차례대로 퇴적 → 암맥 B 관입(약 2억 년 전) → 부정합 형성 → 10, 11, 12, 13 지층이 차례대로 퇴적

➡ 지층 5~9의 절대 연령을 추정하면 약 2억 년~4억 년 사이이다.

반감기를 이용한 절대 연령 측정

반감기를 이용하여 절대 연령을 구할 때 방사성 동위 원소의 붕괴 곡선이 주어지기도 하지만, 모원소와 자원소의 비율과 반감기만 주고 절대 연령을 계산하는 문제도 나온답니다. 두 가지 모두의 형태를 알아 두어 절대 연령 구하는 문제를 정복해 보아요.

1 방사성 동위 원소 붕괴 곡선 해석

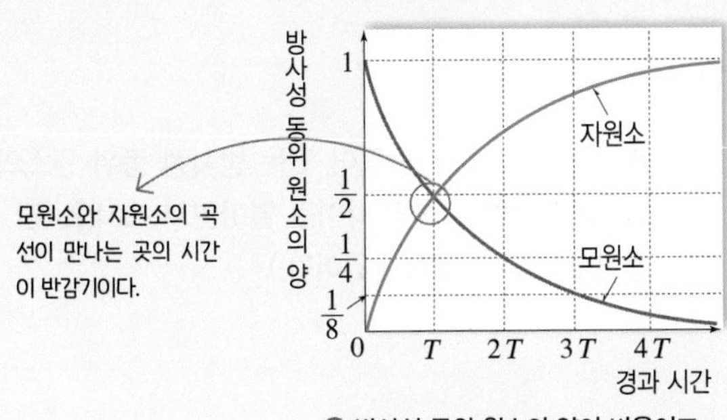

▲ 방사성 동위 원소의 양이 비율이고, 모원소와 자원소 곡선이 모두 있을 때

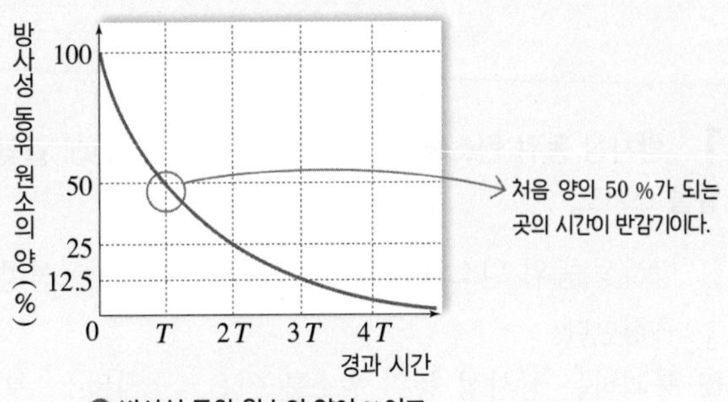

▲ 방사성 동위 원소의 양이 %이고, 모원소 곡선만 있을 때

현재 암석 속에 포함된 방사성 동위 원소가 1 mg이고, 이 원소가 붕괴되어 생성된 원소가 7 mg이라고 할 때, 암석의 절대 연령을 구해 보자.

❶ 모원소와 자원소를 구분한다. ➡ 줄어드는 방사성 동위 원소가 모원소이고, 늘어나는 원소가 자원소이다.

❷ 모원소(방사성 동위 원소)의 처음 양과 남은 양을 찾는다.

➡ 모원소의 처음 양은 모원소의 남은 양과 자원소의 양을 합한 8 mg(1 mg+7 mg)이고, 모원소의 남은 양은 1 mg이다.

❸ 모원소(방사성 동위 원소)의 처음 양에 대한 남은 양의 비율을 구한다. ➡ $\frac{\text{남은 양}}{\text{처음 양}}=\frac{1\text{ mg}}{8\text{ mg}}=\frac{1}{8}=12.5\ \%$

❹ 방사성 동위 원소 붕괴 곡선의 세로축에서 비율을 찾은 후, 가로축의 시간을 읽는다. 이때의 시간이 구하고자 하는 암석의 절대 연령이다. ➡ $3T$(T는 반감기이다. 반감기가 1억 년이면 암석의 절대 연령은 3억 년이다.)

Q1 어느 암석에 들어 있던 방사성 동위 원소 4 mg이 붕괴하여 새로운 원소 3 mg이 만들어졌다면, 이 암석의 절대 연령을 위 그래프를 이용하여 구하시오.

2 남은 양의 비율

남은 양의 비율	$\frac{1}{2}$ 또는 50 %	$\frac{1}{4}$ 또는 25 %	$\frac{1}{8}$ 또는 12.5 %	$\frac{1}{16}$ 또는 6.25 %
반감기 횟수	1번	2번	3번	4번

❶ 암석에 포함된 방사성 동위 원소의 반감기를 확인한다. 예 2억 년

❷ 방사성 동위 원소의 처음 양에 대한 남은 양의 비율을 구한다. 이 비율로 반감기 횟수를 구한다.

예 방사성 동위 원소가 처음 양의 25 %가 남아 있다면, 반감기가 2번 지났다.

❸ 반감기에 반감기 횟수를 곱한 값이 이 암석의 절대 연령이다. 예 2억 년×2번=4억 년

Q2 어느 암석에서 반감기가 13.5억 년인 칼륨(^{40}K) 8 mg이 붕괴하여 아르곤(^{40}Ar) 4 mg이 생성되었다면, 이 암석의 절대 연령은 얼마인지 구하시오.

정답친해 38쪽

개념 확인 문제

핵심 체크

- (❶): 암석이나 광물이 생성된 시기를 구체적인 수치로 나타내는 것
- (❷): 방사선을 방출하면서 일정한 속도로 붕괴되어 안정한 원소로 변하는 원소
  - (❸): 붕괴하는 원래의 방사성 동위 원소
  - (❹): 원래의 방사성 동위 원소가 붕괴하여 새로 생성되는 안정한 원소
- (❺): 방사성 동위 원소가 붕괴하여 처음 양의 반으로 줄어드는 데 걸리는 시간

1 방사성 동위 원소에 대한 설명 중 ( ) 안에 알맞은 말을 쓰시오.

(1) 방사성 동위 원소의 ( )를 이용하여 절대 연령을 측정한다.

(2) 붕괴하는 방사성 동위 원소를 ㉠( )원소, 붕괴로 생성되는 원소를 ㉡( )원소라고 한다.

(3) 방사성 동위 원소의 반감기는 온도와 압력 변화에 관계없이 ( )하다.

2 절대 연령 측정에 대한 설명으로 옳은 것은 ○, 옳지 <u>않은</u> 것은 ×로 표시하시오.

(1) 방사성 동위 원소의 반감기가 1번 지나면 모원소 : 자원소=1 : 2이다. ( )

(2) 생성 시기가 오래된 암석의 절대 연령을 측정할 때에는 반감기가 짧은 것보다 긴 방사성 동위 원소가 유리하다. ( )

(3) 방사성 동위 원소의 반감기를 이용하면 쇄설성 퇴적암의 생성 시기를 알 수 있다. ( )

(4) 방사성 동위 원소의 반감기를 이용하여 측정한 화성암의 절대 연령은 화성암을 이루는 광물이 정출된 시기를 나타낸다. ( )

3 암석에서 절대 연령을 측정하여 알 수 있는 시기와 관련된 암석을 옳게 연결하시오.

(1) 광물이 정출된 시기를 알 수 있다. • • ㉠ 퇴적암

(2) 절대 연령을 측정하지 않는다. • • ㉡ 화성암

(3) 변성 작용이 일어난 시기를 알 수 있다. • • ㉢ 변성암

4 어떤 암석 속에 들어 있는 방사성 동위 원소의 반감기가 2번 지났다면 암석의 나이는 얼마인지 쓰시오. (단, 이 방사성 동위 원소의 반감기는 T이다.)

5 그림은 어떤 암석 속에 들어 있는 방사성 동위 원소의 시간에 따른 변화량을 나타낸 것이다.

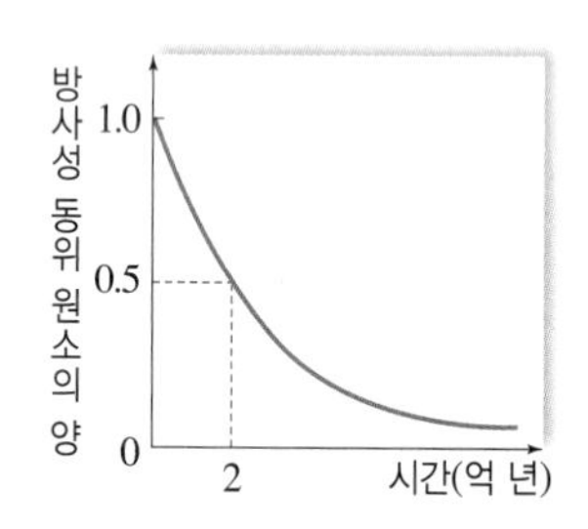

(1) 이 방사성 동위 원소의 반감기는 얼마인지 쓰시오.

(2) 반감기가 두 번 지나면 방사성 동위 원소의 양은 처음과 비교하여 얼마로 감소되는지 쓰시오.

(3) 현재 이 암석 속에 남아 있는 방사성 동위 원소의 양이 0.125라고 할 때 이 암석의 나이를 구하시오.

6 표는 어느 암석에 들어 있는 두 방사성 동위 원소의 반감기를 나타낸 것이다.

방사성 동위 원소	반감기
(가)	약 21억 년
(나)	약 7억 년

(1) 이 암석에 (가) 방사성 동위 원소의 모원소와 자원소의 비율이 1 : 1이었다고 할 때, 이 암석의 나이를 구하시오.

(2) 이 암석에 들어 있는 (나) 방사성 동위 원소의 모원소 : 자원소의 비율을 쓰시오.

정답친해 38쪽

대표 자료 분석

자료 1 지사학 법칙

기출 Point
- 지사학 법칙 구분하기
- 지사학 법칙 적용하기

[1~3] 그림은 어느 지역의 지질 단면도를 나타낸 것이다. (단, 지층이 역전되지 않았다고 가정한다.)

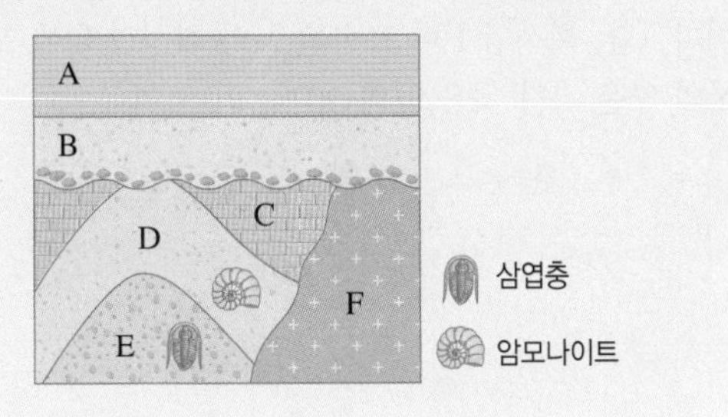

1 다음 설명에 해당하는 지사학 법칙을 쓰시오.

(1) 퇴적물은 중력의 영향으로 수평면과 나란하게 쌓인다.
(2) 아래쪽 지층은 위쪽 지층보다 먼저 퇴적되었다.
(3) 관입한 암석은 관입당한 지층보다 나중에 생성되었다.
(4) 부정합면을 경계로 상하 지층 사이에는 긴 시간 간격이 있다.
(5) 퇴적 시기가 다른 지층에서는 발견되는 화석의 종류가 달라진다.

2 A~F 지층 중 각각에서 적용한 지사학 법칙과 생성 순서를 쓰시오.

(1) A와 B 지층:
(2) B와 F 지층:
(3) C와 F 지층:
(4) D와 E 지층:

3 빈출 선택지로 완벽 정리!

(1) C~E 지층은 퇴적된 다음 지각 변동을 받지 않았다. (○ / ×)
(2) 이 지역에서 지층의 생성 순서는 E → D → C → F → B → A이다. (○ / ×)

자료 2 지층의 생성 순서

기출 Point
- 지층의 생성 순서 결정하기
- 지층의 생성 순서 판단에 적용된 지사학 법칙 파악하기

[1~3] 그림은 (가)~(라) 지역의 지질 단면도를 모식적으로 나타낸 것이다. (단, 지층이 역전되지 않았다고 가정한다.)

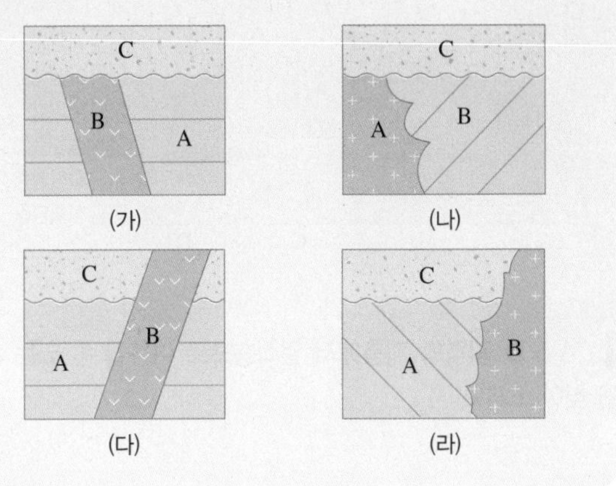

1 각 지역에서 A~C 지층의 생성 순서를 쓰시오.

(1) (가) 지역:
(2) (나) 지역:
(3) (다) 지역:
(4) (라) 지역:

2 네 지역에서 A~C 지층의 생성 순서를 판단하는 데 적용된 지사학 법칙을 [보기]에서 있는 대로 고르시오.

보기
ㄱ. 관입의 법칙
ㄴ. 부정합의 법칙
ㄷ. 지층 누중의 법칙
ㄹ. 동물군 천이의 법칙

3 빈출 선택지로 완벽 정리!

(1) 네 지역에서 A~C 지층 중 B 지층이 가장 먼저 생성된 지역은 (나)이다. (○ / ×)
(2) (가)와 (나) 지역에서는 C 지층이 가장 나중에 생성되었다. (○ / ×)
(3) (다)와 (라) 지역에서는 B 지층이 가장 나중에 생성되었다. (○ / ×)
(4) (라) 지역에서 A의 지층이 퇴적되고 지각 변동을 받지 않았다. (○ / ×)

자료 3 지층의 대비

기출 Point
- 암상에 의한 지층 대비하기
- 지층 대비에 의한 지층의 생성 순서 결정하기

[1~5] 그림은 비교적 가까운 곳에 있는 A~D 지역의 지층 단면을 나타낸 것이다. (단, 지층의 역전은 없었다.)

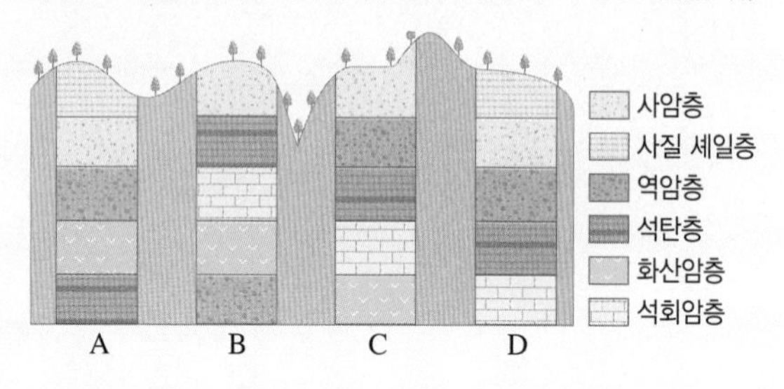

1 A~D 지역의 지층에서 열쇠층으로 이용될 수 있는 지층을 찾아 쓰시오.

2 네 지역의 지층을 대비하여 서로 같은 시기에 퇴적된 지층을 연결하시오.

3 A~D 중 석탄층이 퇴적된 이후로 지층이 연속적으로 퇴적된 지역을 쓰시오.

4 A~D 지역 중 가장 오래된 지층이 있는 지역을 고르고, 그 지층의 이름을 쓰시오.

5 빈출 선택지로 완벽 정리!

(1) A와 C 지역의 화산암층은 같은 시기에 생성되었다. (○ / ×)

(2) B와 D 지역의 역암층은 같은 시기에 퇴적되었다. (○ / ×)

(3) C 지역에서 석탄층과 역암층은 부정합 관계이다. (○ / ×)

자료 4 지질 단면도 해석과 절대 연령 측정

기출 Point
- 지질 단면도에서 지층과 암석의 생성 순서 구하기
- 반감기를 이용한 암석의 절대 연령 구하기

[1~4] 그림 (가)는 어느 지역의 지질 단면도이고, (나)는 방사성 동위 원소 X와 Y의 붕괴 곡선을 나타낸 것이다. (단, 화성암 P에 포함된 X와 화성암 Q에 포함된 Y의 양은 각각 처음 양의 50 %, 80 %이다.)

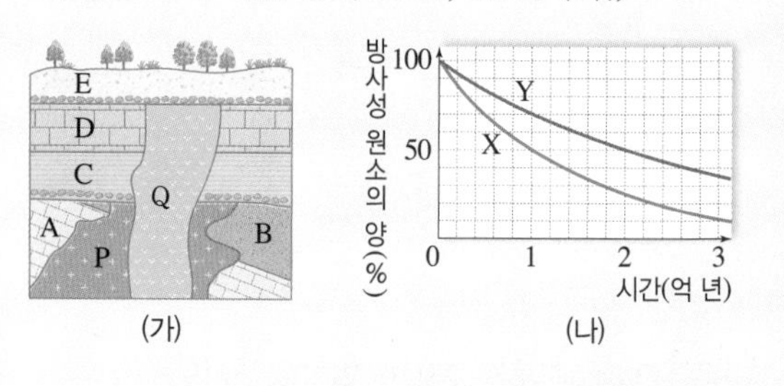

(가) (나)

1 (가) 지역에서 지층의 생성 순서를 쓰시오.

2 (가)와 (나)에 대한 설명 중 ( ) 안에 알맞은 말을 고르시오.

(1) (가)에서 화성암 P와 Q가 관입한 후 각각 침식 작용을 (받았다, 받지 않았다).

(2) (나)에서 X와 Y 중 반감기는 Y가 더 (길다, 짧다).

(3) 화성암 P의 절대 연령은 (1억 년, 2억 년)이다.

3 지층 C와 D의 절대 연령을 옳게 나타낸 것은?

① 2억 년 이상
② 1.6억 년~2억 년
③ 1억 년~1.6억 년
④ 0.6억 년~1억 년
⑤ 0.6억 년 미만

4 빈출 선택지로 완벽 정리!

(1) (나)에서 Y의 반감기는 2억 년이다. (○ / ×)

(2) 2억 년 된 암석 속에는 방사성 동위 원소 X의 양이 생성 당시의 50 %가 남아 있다. (○ / ×)

(3) 1억 년 전~0.6억 년 전 기간 동안 이 지역은 융기, 침강 작용을 받았다. (○ / ×)

(4) 화성암 P에 포함되어 있는 방사성 동위 원소 X의 모원소와 자원소의 비율은 3 : 1이다. (○ / ×)

내신 만점 문제

정답친해 40쪽

A 지사학 법칙

중요 **01** 그림은 어느 지역의 지질 단면도를 나타낸 것이다.

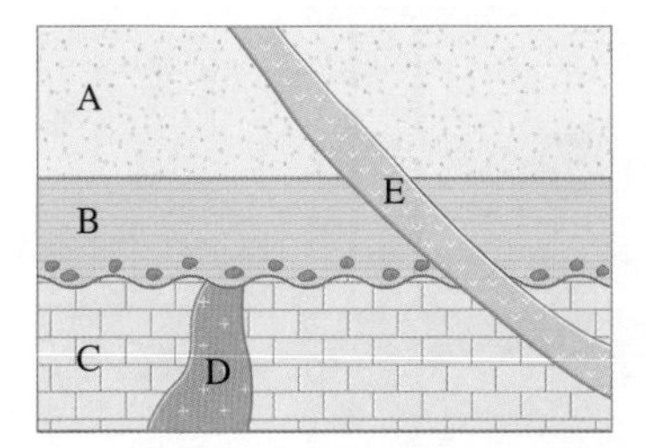

두 지층의 관계를 판단하는 데 적용된 지사학 법칙으로 옳지 않은 것은?

① A와 B는 수평층이다. – 수평 퇴적의 법칙
② B는 A보다 먼저 생성되었다. – 지층 누중의 법칙
③ B와 C는 생성 시기의 차이가 크다. – 부정합의 법칙
④ B는 E보다 먼저 생성되었다. – 동물군 천이의 법칙
⑤ C는 D보다 먼저 생성되었다. – 관입의 법칙

02 그림은 지층의 생성 과정을 통해 지사학 법칙을 이해하는 수업 모습을 나타낸 것이다.

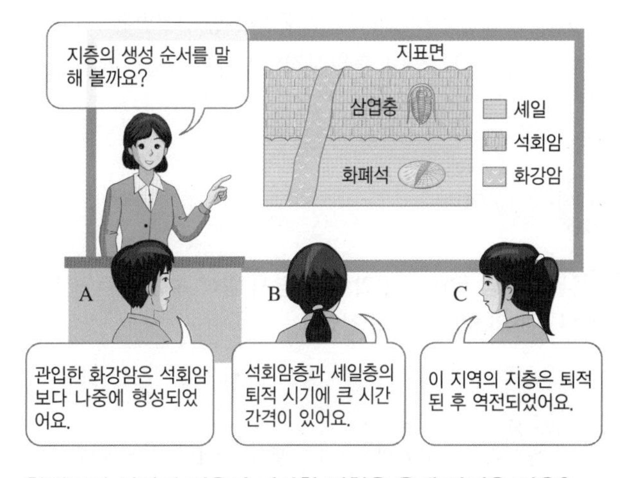

학생들의 설명에 적용된 지사학 법칙을 옳게 짝지은 것은?

	A	B	C
①	관입의 법칙	부정합의 법칙	동물군 천이의 법칙
②	관입의 법칙	수평 퇴적의 법칙	부정합의 법칙
③	지층 누중의 법칙	부정합의 법칙	동물군 천이의 법칙
④	지층 누중의 법칙	수평 퇴적의 법칙	부정합의 법칙
⑤	부정합의 법칙	동물군 천이의 법칙	지층 누중의 법칙

중요 **03** 그림 (가)와 (나)는 서로 다른 지역에서 형성된 화강암과 사암을 나타낸 지질 단면의 모습이다.

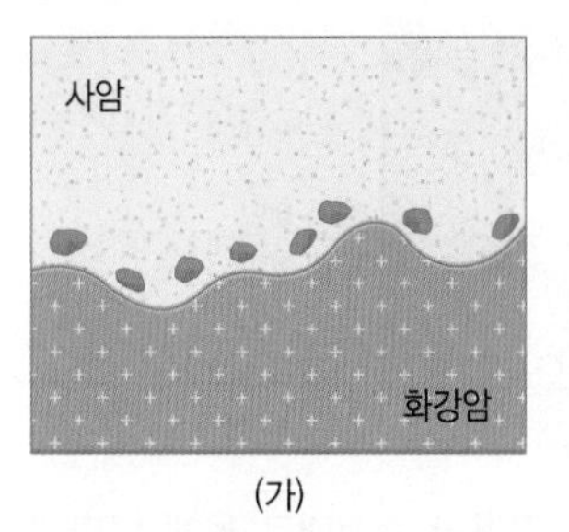

(가)

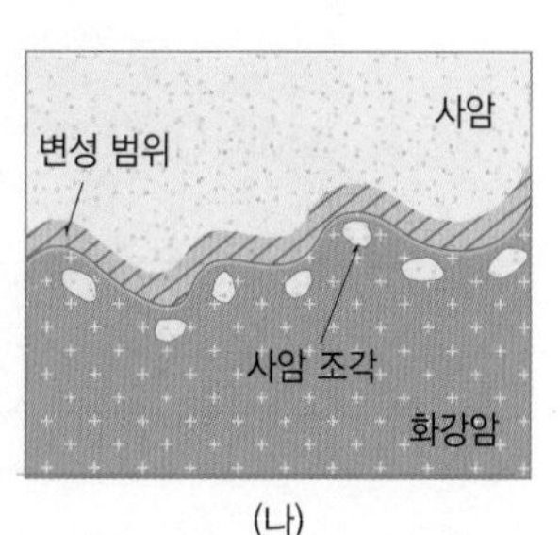

(나)

이에 대한 설명으로 옳은 것만을 [보기]에서 있는 대로 고른 것은?

보기
ㄱ. (가)에서는 화강암이 사암보다 먼저 생성되었다.
ㄴ. (나)의 사암 조각은 기저 역암에 해당한다.
ㄷ. (가)에서 사암과 화강암의 생성 순서는 관입의 법칙을 적용하여 정할 수 있다.

① ㄱ ② ㄴ ③ ㄱ, ㄷ
④ ㄴ, ㄷ ⑤ ㄱ, ㄴ, ㄷ

B 상대 연령

서술형 **04** 그림은 서로 다른 세 지역 (가), (나), (다)의 지층 단면과 산출되는 화석을 나타낸 것이다. 같은 화석이 산출되는 지층의 생성 시기는 같다.

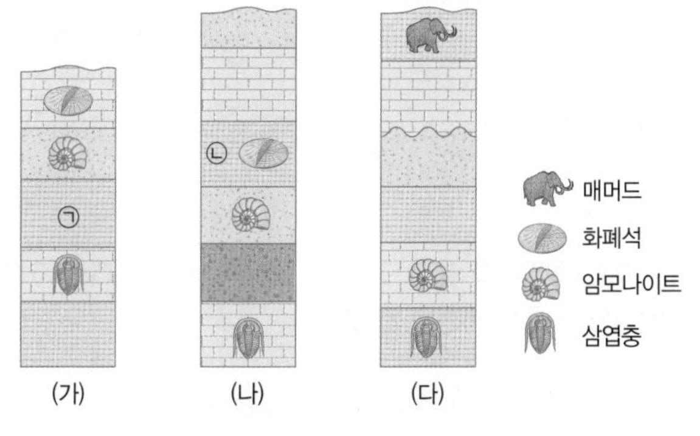

(1) 가장 오래된 지층은 어느 지역에 분포하는지 쓰시오.

(2) ㉠과 ㉡ 지층의 선후 관계를 서술하시오.

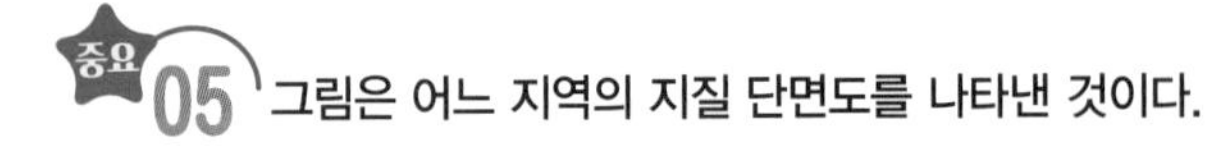

중요 **05** 그림은 어느 지역의 지질 단면도를 나타낸 것이다.

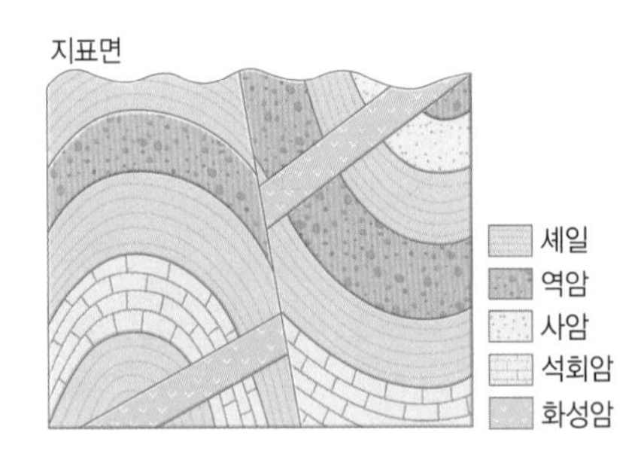

이 지역에서 지질학적 현상이 일어난 순서대로 옳게 나타낸 것은?

① 습곡 → 관입 → 정단층
② 습곡 → 관입 → 역단층
③ 관입 → 습곡 → 정단층
④ 정단층 → 관입 → 습곡
⑤ 역단층 → 관입 → 습곡

중요 **06** 그림은 인접한 (가), (나), (다) 지역의 지질 단면을 나타낸 것이다.

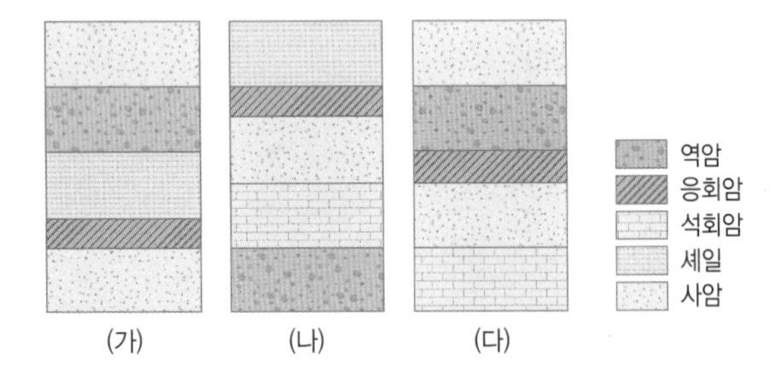

이에 대한 설명으로 옳은 것만을 [보기]에서 있는 대로 고른 것은? (단, 지층의 역전은 없었다.)

보기
ㄱ. 열쇠층으로 가장 적합한 층은 응회암층이다.
ㄴ. 가장 나중에 퇴적된 지층은 셰일층이다.
ㄷ. (나)의 역암층은 (다)의 역암층보다 먼저 퇴적되었다.

① ㄱ ② ㄴ ③ ㄱ, ㄷ
④ ㄴ, ㄷ ⑤ ㄱ, ㄴ, ㄷ

[07~08] 그림 (가)는 어느 지역에서 동물 화석이 산출되는 지층의 범위를, (나)와 (다)는 (가)의 지역에서 멀리 떨어진 두 지층에서 산출된 동물 화석을 나타낸 것이다.

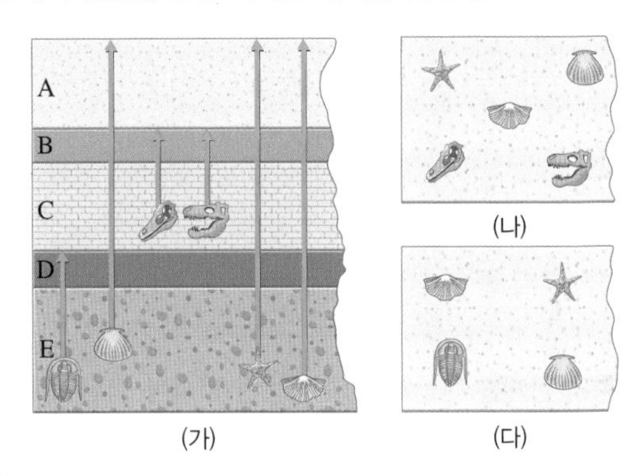

서술형 **07** (나)와 (다) 지층의 생성 순서를 근거와 함께 서술하시오.

08 이에 대한 설명으로 옳은 것만을 [보기]에서 있는 대로 고르시오.

보기
ㄱ. (나)보다 (다)에서 더 진화된 동물 화석이 산출될 가능성이 크다.
ㄴ. (다) 지층은 (가)의 C층보다 먼저 형성되었다.
ㄷ. (가)에서 D층과 E층은 부정합 관계일 가능성이 크다.

C 절대 연령

09 화성암 (가)~(라)의 생성 당시 암석 속에 있던 방사성 동위 원소의 양은 다음과 같았다.

(가)	(나)	(다)	(라)
방사성 동위 원소 A 20 g	방사성 동위 원소 A 10 g	방사성 동위 원소 B 20 g	방사성 동위 원소 B 10 g

암석이 생성되고 2년이 지났을 때, 모원소가 가장 많이 남은 암석과 가장 적게 남은 암석을 순서대로 옳게 나열한 것은? (단, 방사성 동위 원소 A의 반감기는 1년, 방사성 동위 원소 B의 반감기는 2년이다.)

① (가), (라) ② (나), (다) ③ (다), (나)
④ (다), (라) ⑤ (라), (나)

중요

10 그림은 어느 암석에 들어 있는 방사성 동위 원소 X와 Y의 붕괴 곡선을 나타낸 것이다.

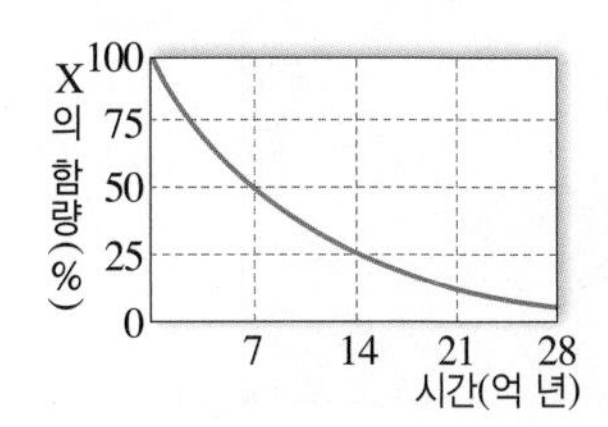

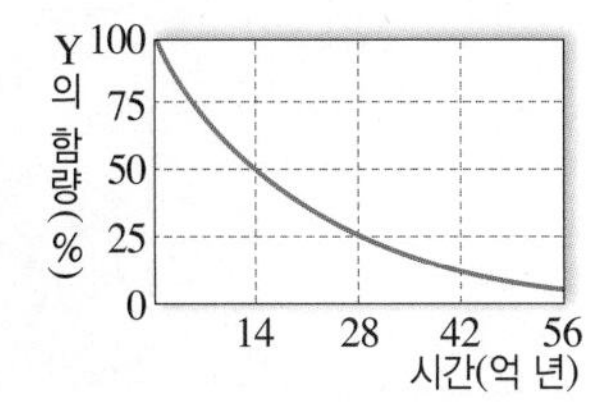

이에 대한 설명으로 옳은 것만을 [보기]에서 있는 대로 고른 것은?

보기

ㄱ. Y의 반감기는 X의 2배이다.

ㄴ. 암석에 들어 있는 X와 Y의 양이 같다면, 14억 년 후 감소한 방사성 동위 원소의 양은 X가 Y의 2배이다.

ㄷ. 이 암석의 나이가 10억 년이라면 X의 $\left(\frac{\text{자원소 함량}}{\text{모원소 함량}}\right)$ 값은 1보다 작다.

① ㄱ　② ㄷ　③ ㄱ, ㄴ
④ ㄴ, ㄷ　⑤ ㄱ, ㄴ, ㄷ

서술형

11 그림 (가)와 (나)는 서로 다른 지역의 지층을 나타낸 것이다. 두 지역에서 화성암의 절대 연령은 같다.

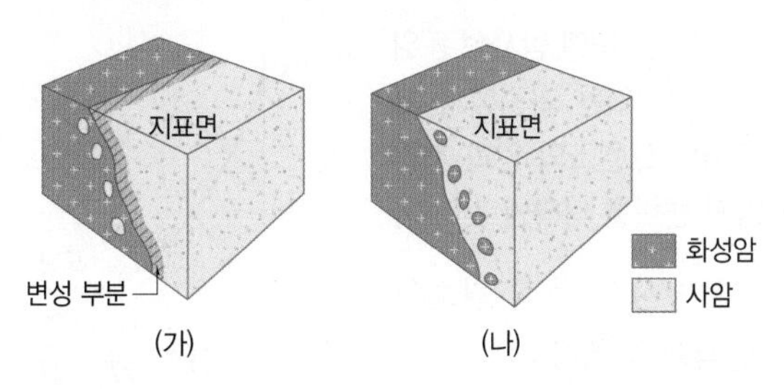

(가)　(나)

(1) (가)와 (나)를 화성암이 관입한 경우와 분출한 경우로 구분하여 쓰시오.

(2) (가)와 (나)의 사암의 연령을 비교하여 서술하시오.

[12~13] 그림 (가)는 어느 지역의 지층을, (나)는 (가)의 암석 A에 포함되어 있는 방사성 동위 원소 X의 시간에 따른 함량비 변화를 나타낸 것이다. 암석 A의 방사성 동위 원소 X의 모원소 : 자원소=1 : 7이었다.

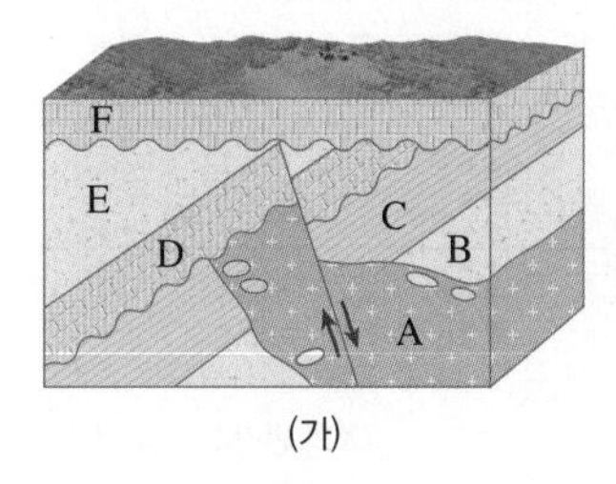

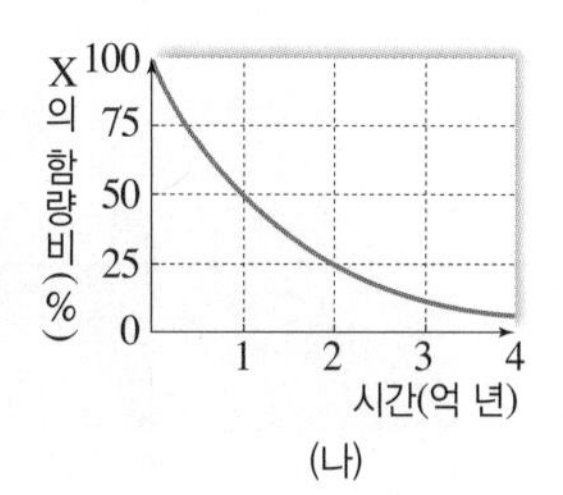

(가)　(나)

12 이 지역에 형성된 지질 구조의 생성 순서를 쓰시오.

13 이에 대한 설명으로 옳은 것만을 [보기]에서 있는 대로 고른 것은?

보기

ㄱ. C에서는 공룡 화석이 산출될 수 있다.

ㄴ. 이 지역에서는 단층이 형성된 후 적어도 2번의 융기 작용이 있었다.

ㄷ. 지층의 생성 순서를 정하는데 동물군 천이의 법칙이 적용된다.

① ㄱ　② ㄴ　③ ㄱ, ㄷ
④ ㄴ, ㄷ　⑤ ㄱ, ㄴ, ㄷ

14 그림 (가)는 방사성 동위 원소 Ⅰ과 Ⅱ의 붕괴 곡선이고, (나)는 화성암 A, B, C에 들어 있는 방사성 동위 원소 Ⅰ과 Ⅱ의 처음 양과 현재 남아 있는 양을 나타낸 것이다.

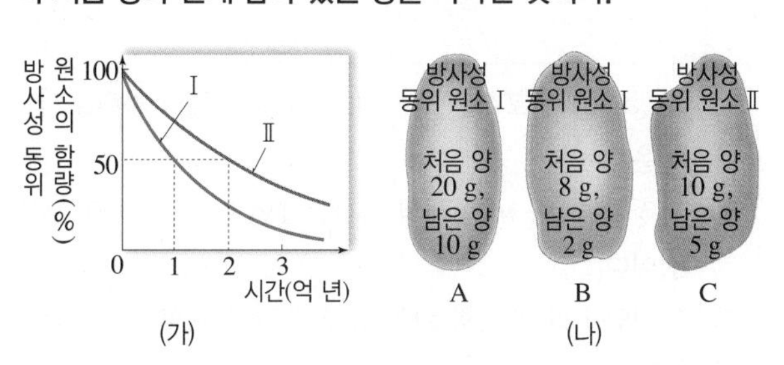

(가)　(나)

화성암 A, B, C의 나이를 옳게 비교한 것은?

① A=B>C　② A>C>B　③ B=C>A
④ B>A=C　⑤ C>A>B

[15~16] 그림 (가)는 어느 지역의 지질 단면도를, (나)는 방사성 동위 원소 X가 붕괴되는 과정에서 자원소와의 상대적인 양을 나타낸 것이다. ㉠과 ㉡은 각각 화성암 A 또는 B의 방사성 동위 원소 X와 자원소의 상대적인 양이다.

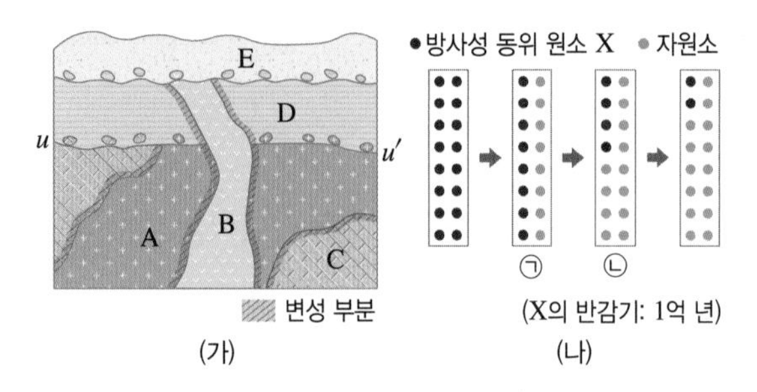

15 (가)에서 지층의 생성 순서를 옳게 나열한 것은?

① A → C → D → B → E
② A → C → B → D → E
③ B → A → C → D → E
④ C → A → B → D → E
⑤ C → A → D → B → E

중요 **16** 이에 대한 설명으로 옳은 것만을 [보기]에서 있는 대로 고른 것은?

보기
ㄱ. 화성암 A에 포함된 방사성 동위 원소 X와 자원소의 양은 ㉠이다.
ㄴ. 부정합면 $u-u'$의 생성 시기는 1억 년 전 ~ 2억 년 전이다.
ㄷ. 화성암 B에는 A와 D의 암석 조각이 포획암으로 나타날 수 있다.

① ㄱ ② ㄷ ③ ㄱ, ㄴ
④ ㄴ, ㄷ ⑤ ㄱ, ㄴ, ㄷ

[17~18] 그림은 어느 지역의 지질 단면도를, 표는 화성암에 들어 있는 방사성 동위 원소 P, Q의 양과 반감기를 나타낸 것이다.

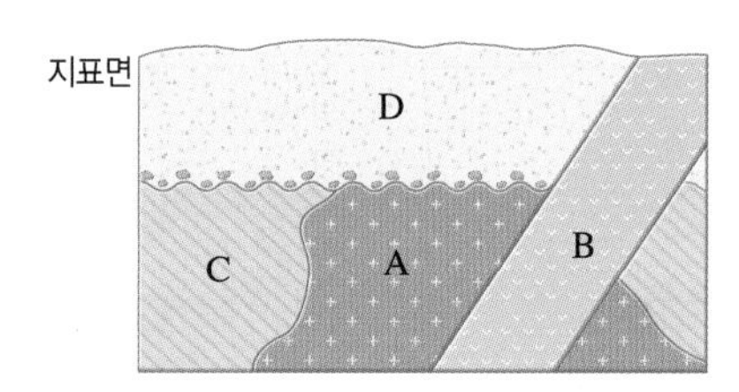

방사성 동위 원소	반감기	암석 A	암석 B
P	2억 년	처음 양의 25 %	처음 양의 50 %
Q	(가)	처음 양의 6.25 %	처음 양의 25 %

17 A와 B의 생성 순서를 정하는 데 적용된 지사학 법칙으로 옳은 것은?

① 동물군 천이의 법칙 ② 수평 퇴적의 법칙
③ 지층 누중의 법칙 ④ 부정합의 법칙
⑤ 관입의 법칙

중요 **18** 이에 대한 설명으로 옳은 것만을 [보기]에서 있는 대로 고른 것은?

보기
ㄱ. (가)는 1억 년이다.
ㄴ. 가장 나중에 생긴 암석은 D이다.
ㄷ. D의 절대 연령은 1억 년~2억 년이다.

① ㄱ ② ㄷ ③ ㄱ, ㄴ
④ ㄴ, ㄷ ⑤ ㄱ, ㄴ, ㄷ

중요 서술형 **19** 그림은 어떤 방사성 동위 원소가 붕괴되는 과정에서 시간에 따른 모원소의 양과 자원소 양의 변화를 나타낸 것이다.

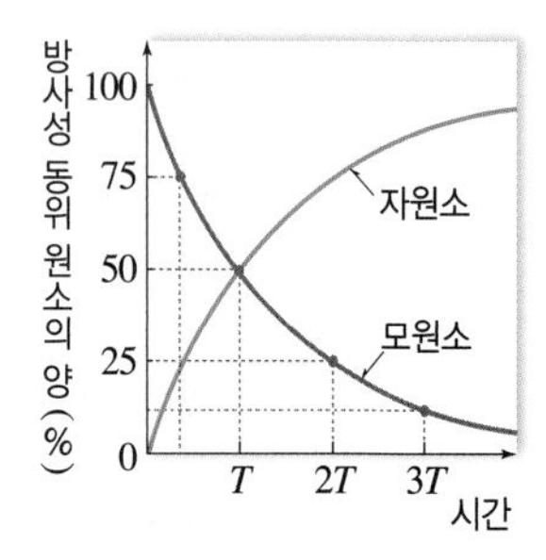

(1) 이 방사성 동위 원소의 반감기를 쓰시오.

(2) 어느 암석에 있는 이 방사성 동위 원소의 모원소와 자원소의 비율이 1 : 7일 때 암석의 절대 연령을 계산 과정과 함께 서술하시오.

실력 UP 문제

◌ 정답친해 42쪽

01 그림은 어느 지역의 지질 단면도와 산출되는 화석을 나타낸 것이다.

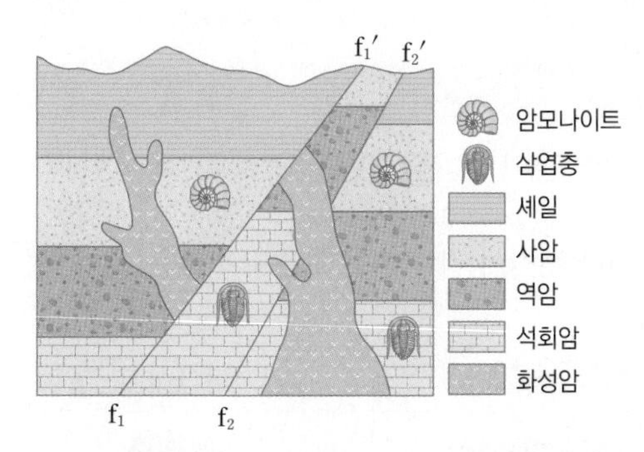

이에 대한 설명으로 옳은 것만을 [보기]에서 있는 대로 고른 것은?

보기

ㄱ. 사암층은 바다에서 퇴적되었다.
ㄴ. 단층 f_1-f_1'는 f_2-f_2'보다 나중에 형성되었다.
ㄷ. 단층을 형성한 횡압력이 작용한 시기는 화성암이 관입하기 전이다.

① ㄱ ② ㄷ ③ ㄱ, ㄴ
④ ㄴ, ㄷ ⑤ ㄱ, ㄴ, ㄷ

02 그림 (가)와 (나)는 화성암이 생성되고 1억 년 후와 2억 년 후 암석 속의 방사성 동위 원소 X와 X가 붕괴되어 생성된 자원소의 구성 비율을 순서 없이 나타낸 것이다.

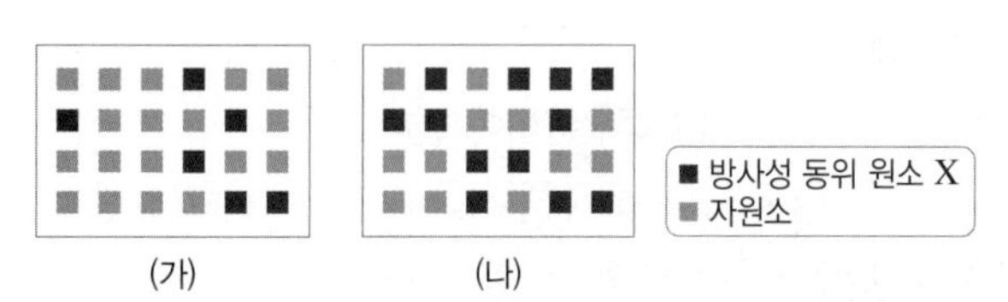

이에 대한 설명으로 옳은 것만을 [보기]에서 있는 대로 고른 것은?

보기

ㄱ. (가)는 화성암이 생성되고 2억 년이 지난 것이다.
ㄴ. 방사성 동위 원소 X의 반감기는 1억 년이다.
ㄷ. 화성암이 생성되고 3.5억 년 후 $\frac{\text{X의 양}}{\text{X의 자원소 양}}$ 값은 $\frac{1}{7}$보다 크다.

① ㄱ ② ㄷ ③ ㄱ, ㄴ
④ ㄴ, ㄷ ⑤ ㄱ, ㄴ, ㄷ

03 그림 (가)는 어느 지역의 지질 단면도를, (나)는 방사성 동위 원소 P, Q의 붕괴 곡선을 나타낸 것이다. 화성암 A, B에는 방사성 동위 원소 P, Q 중 하나가 포함되어 있으며, A와 B에 포함되어 있는 방사성 동위 원소는 각각 처음 양의 $\frac{1}{8}$, 처음 양의 $\frac{1}{2}$이다. C에서는 암모나이트 화석이 산출된다.

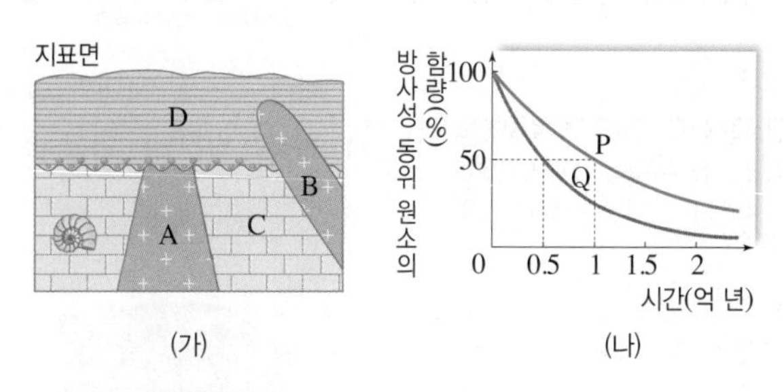

이에 대한 설명으로 옳은 것만을 [보기]에서 있는 대로 고른 것은?

보기

ㄱ. 이 지역은 최소한 2회 융기하였다.
ㄴ. A에 포함된 방사성 동위 원소는 P이다.
ㄷ. D에서는 화폐석 화석이 산출될 수 있다.

① ㄱ ② ㄷ ③ ㄱ, ㄴ
④ ㄴ, ㄷ ⑤ ㄱ, ㄴ, ㄷ

04 그림은 서로 떨어져 있는 세 지역 (가), (나), (다)의 지층과 산출되는 표준 화석을 나타낸 것이다.

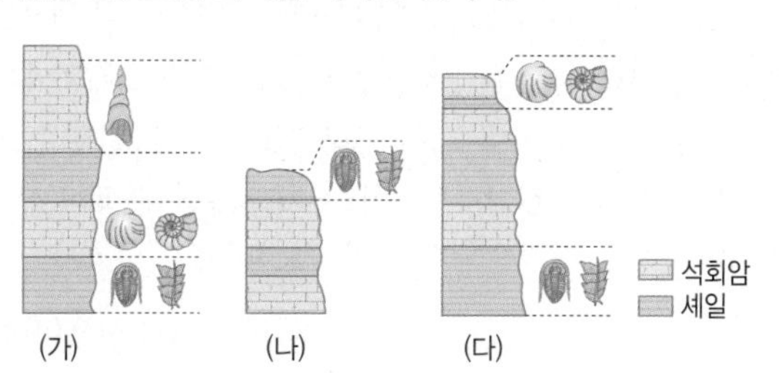

이에 대한 설명으로 옳은 것만을 [보기]에서 있는 대로 고른 것은?

보기

ㄱ. 가장 오래된 지층은 (나) 지역에 분포한다.
ㄴ. (나)에서는 공룡 화석이 산출될 수 있다.
ㄷ. 퇴적층의 평균 연령은 (가)가 가장 적다.

① ㄱ ② ㄴ ③ ㄱ, ㄷ
④ ㄴ, ㄷ ⑤ ㄱ, ㄴ, ㄷ

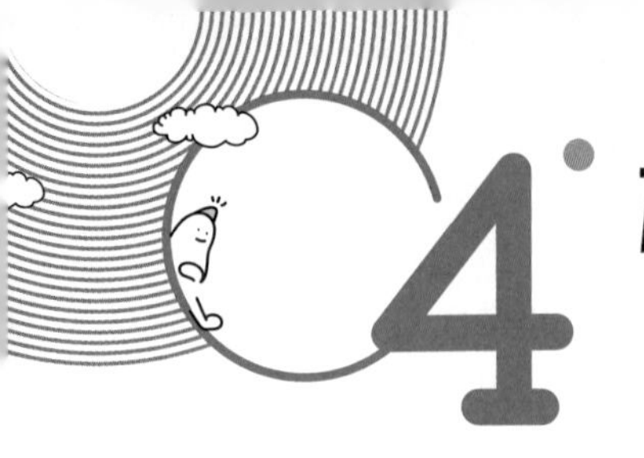

4 지질 시대의 환경과 생물

핵심 포인트
- ❶ 표준 화석과 시상 화석 ★★★
- ❷ 고기후 연구 방법 ★★★
- ❸ 지질 시대 구분 기준과 단위 ★★
- ❹ 지질 시대의 환경과 생물 ★★★

A 화석

지층에서 발견되는 여러가지 화석은 지질 시대를 연구하는 중요한 자료가 돼요. 지질 시대를 구분하는 기준이 되거나 당시의 환경을 알려주는 화석에 대해 알아볼까요?

◆ **지질 시대**
지구가 생긴 이후 지질 활동이 있었던 모든 시기로, 지구가 탄생한 약 46억 년 전부터 현재까지를 말한다.

1. 화석 ◆지질 시대에 살았던 생물의 유해나 흔적이 지층 속에 보존되어 있는 것 ― 주로 퇴적암에서 발견된다.

(1) 화석이 발견되는 과정 천재 교과서에만 나와요.

매몰	퇴적	지표에 노출
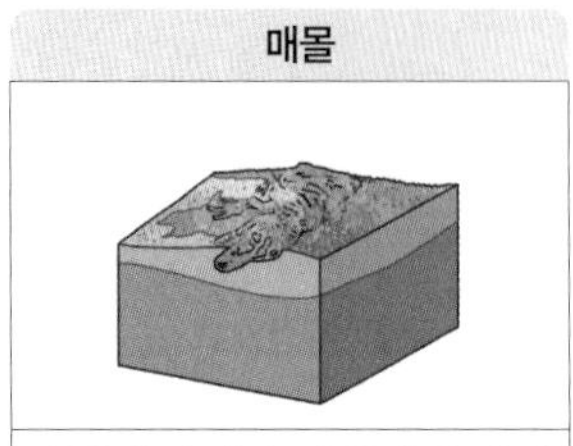	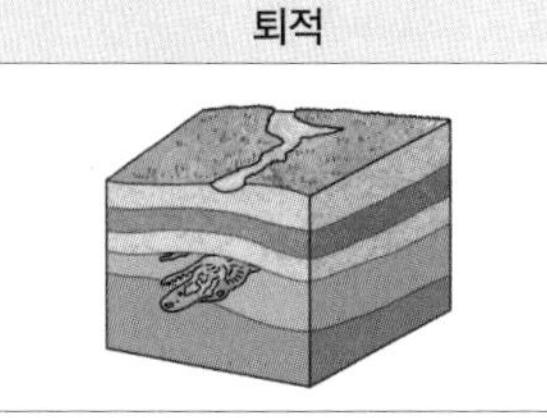	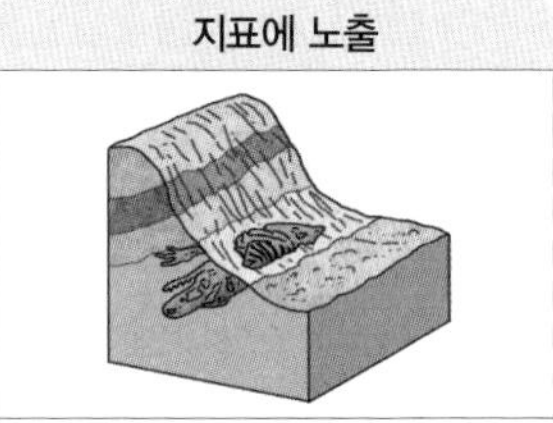
생물의 유해나 생물의 흔적이 빠르게 매몰된다.	퇴적층이 계속 쌓이면서 퇴적암이 되고, 화석이 된다.	지각 변동으로 지표에 노출되면서 화석으로 발견된다.

(2) 화석이 생성되는 조건
① 뼈, 이빨, 껍데기와 같이 단단한 부분이 있어야 한다.
② 생물체가 죽은 다음 퇴적물에 빨리 묻혀야 한다.
③ 원래의 성분이 ◆화석화 작용을 받아야 한다.
④ 퇴적암이 생성된 후 심한 지각 변동이나 변성 작용을 받지 않아야 한다.

(3) 화석의 이용: 지층의 대비 및 지질 시대의 구분, 고기후 및 과거의 수륙 분포 추정, 생물 진화의 증거, 에너지 자원의 탐사 등

◆ **화석화 작용**
생물을 이루는 원래의 성분이 재결정되거나 광물질로 치환되거나 탄소 성분만 남아 단단해지는 과정이다.

2. 표준 화석과 시상 화석

(1) 표준 화석: 지질 시대를 구분하는 기준이 되는 화석
① 조건: 생존 기간이 짧고, 개체 수가 많으며, 분포 면적이 넓어야 한다.
② 대표적인 예: 삼엽충, 방추충(고생대), 암모나이트, 공룡(중생대), 화폐석, 매머드(신생대)

(2) 시상 화석: 생물이 살았던 당시의 환경을 알려 주는 화석
① 조건: 생존 기간이 길고, 분포 면적이 좁으며, 환경 변화에 민감해야 한다.
② 대표적인 예: 산호(따뜻하고 얕은 바다 환경), 고사리(온난 다습한 육지 환경)

암기해!
표준 화석과 시상 화석
- 표준 화석의 조건: 생존 기간이 짧고, 분포 면적이 넓다.
- 시상 화석의 조건: 생존 기간이 길고, 환경 변화에 민감하다.

표준 화석과 시상 화석 
106쪽 대표 자료❶

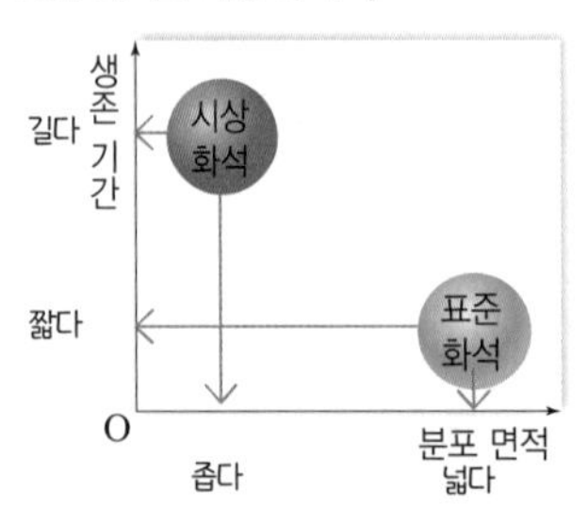

- 표준 화석: 지질 시대를 구분하는 기준이 된다. ➡ 생존 기간은 짧고, 분포 면적이 넓어야 한다.
- 시상 화석: 생물이 살았던 당시의 환경을 알려 준다. ➡ 생존 기간은 길고, 분포 면적이 좁아야 한다. 예 조개(얕은 바다나 갯벌)

B 고기후 연구

기상을 관측하기 이전 지질 시대의 기후를 고기후라고 해요. 고기후를 알기 위해 무엇을 조사하고 연구하는지 알아볼까요?

1. 고기후 연구 방법 (완자쌤 비법 특강 100쪽)

106쪽 대표 자료❷

연구 방법	내용	
화석 연구	시상 화석의 종류와 분포로부터 과거의 환경을 추정한다. 예 고사리: 온난 습윤한 기후에서 서식하므로, 고사리 화석이 발견되면 그 당시 기후가 온난 습윤했음을 알 수 있다.	고사리 화석
나무 나이테 조사	• 나무 나이테의 개수와 폭을 연구하여 과거의 기온과 강수량 변화를 추정한다. ➡ 기온이 높고 강수량이 많으면 나이테의 폭이 넓고, 밀도가 작아진다. 나무의 생장 조건이 그 해의 기온이나 강수량의 영향으로 결정되기 때문 • 비교적 가까운 과거(수천 년 전)까지의 기후를 알아낼 수 있다.	나무 나이테
꽃가루 화석 연구	꽃가루 화석의 종류를 분석하면 기후와 식물의 분포 등을 알 수 있다.	꽃가루
석순 연구	방사성 탄소를 이용하여 생성 시기를 추정하고, 산소 동위 원소비를 이용하여 생성 당시 기온을 추정한다. ➡ 석순은 동굴의 습도와 해당 지역의 강수량 등에 영향을 받기 때문	석순
❶빙하 코어 분석	• 빙하에 포함된 공기로부터 과거 대기 성분을 파악할 수 있다. • 빙하에 포함된 꽃가루로 당시 환경을 추정할 수 있다. • 산소 동위 원소비를 이용하여 기온을 추정할 수 있다. ➡ 빙하 코어에는 눈이 쌓일 당시의 꽃가루나 대기 성분이 포함될 수 있기 때문	빙하 코어
유공충 화석 분석	바다에서 살았던 유공충 껍데기의 ◆산소 동위 원소비를 이용하여 해수의 온도를 추정할 수 있다.	유공충 화석

비교적 가까운 과거의 기후는 문헌이나 빙하 코어, 종유석과 석순, 나무 나이테, 산호 골격, 꽃가루 등을 이용하여 알아내며, 지질 시대와 같이 보다 먼 과거의 기후는 고생물 화석, 지층의 퇴적물, 빙하의 흔적 등을 통해 알아냅니다.

◆ **산소 동위 원소비**

빙하 속 물 분자의 산소 동위 원소비$\left(\frac{^{18}O}{^{16}O}\right)$는 기온이 높을수록 높고, 해양 생물체 화석 속의 산소 동위 원소비$\left(\frac{^{18}O}{^{16}O}\right)$는 수온이 높을수록 낮다.

2. 지질 시대의 기후

2. 지질 시대의 기후 중생대는 대체로 온난하였으나 중생대를 제외한 전 지질 시대 동안 여러 번에 걸쳐 빙하기가 있었다.

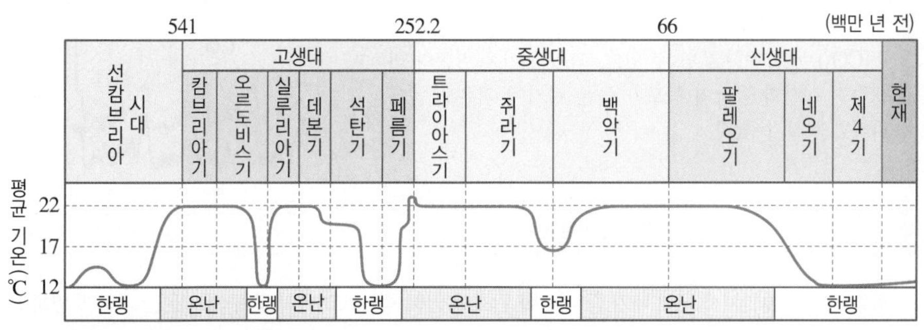

⬆ 지질 시대별 지구의 평균 기온 변화

용어

❶ **빙하 코어(ice core)** 빙하에 구멍을 뚫어 채취한 원통 모양의 얼음 기둥

정답친해 43쪽

빙하 코어 분석

빙하는 쌓인 눈이 오랫동안 압축되어 생성된 것으로, 눈이 쌓이면서 당시의 공기가 포함되어 빙하 속에 간직되어 있습니다. 이 때문에 극 지역에서는 시추를 통해 빙하 코어를 채취하고, 빙하 코어를 분석하여 수십만 년 전의 기후까지 알 수 있답니다. 빙하 코어에서 어떻게 기후를 알 수 있는지 구체적으로 알아보아요.

1 빙하의 줄무늬 분석

빙하 코어의 줄무늬 수를 세어 빙하의 생성 시기(나이)를 알 수 있다.

빙하는 쌓인 눈이 단단히 다져져 만들어지는 것이고, 계절에 따라 눈이 다르게 쌓여 줄무늬가 나타난다. 따라서 채취한 빙하 코어에서 이 줄무늬의 수를 세어 빙하의 생성 시기(나이)를 판단한다.

2 빙하의 산소 동위 원소비 분석

빙하의 얼음을 구성하는 물 분자에는 산소 동위 원소(^{18}O, ^{16}O)가 들어 있어 이를 통해 기온을 알 수 있다.

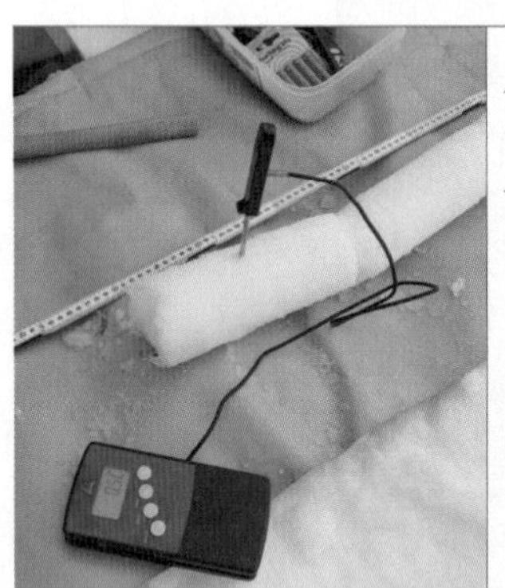

산소 동위 원소비$\left(\frac{^{18}O}{^{16}O}\right)$는 기온 변화에 따라 비율이 달라지며, 따뜻한 시기에는 $\frac{^{18}O}{^{16}O}$의 비율이 높고 찬 시기에는 $\frac{^{18}O}{^{16}O}$의 비율이 낮다.

물 분자(H_2O)를 이루는 산소(O)는 ^{18}O와 ^{16}O 두 가지 동위 원소가 있다. ➡ ^{18}O는 ^{16}O보다 증발이 잘 안되고, 응결은 잘 된다. (^{18}O는 ^{16}O보다 무겁고 인력이 세기 때문) ➡ 따뜻한 기후일 때는 고위도 지방에 $\frac{^{18}O}{^{16}O}$가 높은 구름이 생성되어 눈이 내려 쌓이면 빙하 속 $\frac{^{18}O}{^{16}O}$의 비율이 높아진다.

Q1 빙하 코어에서 (가)와 (나) 두 시기의 산소 동위 원소비를 측정하였더니 (가)보다 (나)에서 $\frac{^{18}O}{^{16}O}$의 비율이 높았다. 두 시기 중 따뜻한 기후는 언제인가?

3 빙하에 포함된 공기 방울 분석

빙하가 만들어지는 과정에서 눈이 쌓일 당시 포함된 공기 방울을 분석하면 과거의 대기 성분과 기온을 알 수 있다.

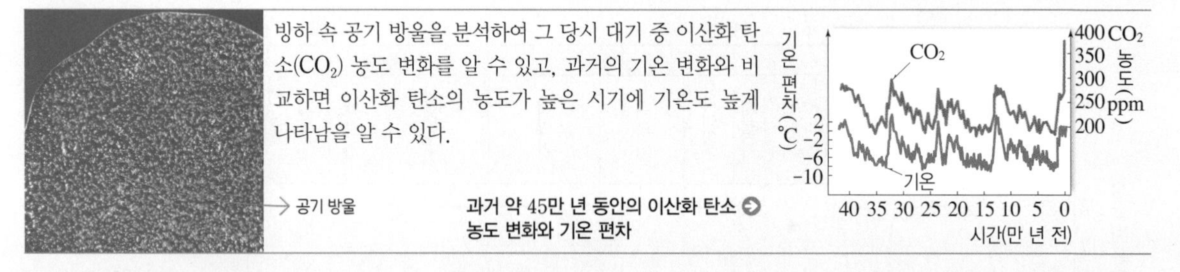

빙하 속 공기 방울을 분석하여 그 당시 대기 중 이산화 탄소(CO_2) 농도 변화를 알 수 있고, 과거의 기온 변화와 비교하면 이산화 탄소의 농도가 높은 시기에 기온도 높게 나타남을 알 수 있다.

과거 약 45만 년 동안의 이산화 탄소 농도 변화와 기온 편차

Q2 산업 혁명 이후 화석 연료의 사용이 늘면서 최근에 대기 중 이산화 탄소의 양이 증가하고 있다. 지구의 기온은 어떻게 변하고 있을까?

정답친해 43쪽

개념 확인 문제

핵심 체크

- 화석: (❶)에 살았던 생물의 유해나 흔적이 지층 속에 보존되어 있는 것
- (❷) ┌ 지질 시대를 구분하는 기준이 되는 화석
  └ 조건: 생존 기간이 (❸), 분포 면적이 넓고, 개체 수가 많아야 한다.
- (❹) ┌ 생물이 살았던 당시의 환경을 알려 주는 화석
  └ 조건: 생존 기간이 (❺), 분포 면적이 좁고, 환경 변화에 민감해야 한다.
- 화석의 이용: 지질 시대 구분, 고기후 및 과거의 수륙 분포 추정, 생물 진화의 증거 등
- 고기후 연구 방법: 화석 연구, 나무의 (❻) 조사, 꽃가루 화석 연구, 석순 연구, (❼) 코어 분석, 유공충 화석 분석
- 지질 시대의 기후: 중생대에는 대체로 온난하였으나 이 외의 전 지질 시대 동안 여러 번의 빙하기가 있었다.

1 표준 화석과 시상 화석에 대한 설명으로 옳은 것은 ○, 옳지 않은 것은 ×로 표시하시오.

(1) 생존 기간이 긴 생물일수록 표준 화석으로 적합하다. ( )

(2) 표준 화석을 이용하면 화성암의 절대 연령을 알 수 있다. ( )

(3) 특정한 환경에서만 서식하는 생물일수록 시상 화석으로 적합하다. ( )

(4) 시상 화석은 지질 시대를 구분하는 데 유용하게 이용된다. ( )

2 화석이 생성되는 조건에 대한 설명 중 ( ) 안에 알맞은 말을 쓰시오.

(1) 뼈, 껍데기 등과 같이 ( ) 부분이 있는 것이 유리하다.

(2) 원래의 성분이 ( ) 작용을 받아야 한다.

(3) 퇴적암이 생성된 이후 심한 지각 변동 또는 ( )을 받지 않아야 한다.

3 다음은 어느 지역에서 산출되는 화석을 나타낸 것이다.

지층 \ 화석	a	b	c	d
A			○	
B	○		○	
C	○		○	○
D			○	○
E		○	○	○
F			○	

화석 a~d 중 (가) 시상 화석과 (나) 표준 화석으로 가장 적합한 화석을 각각 고르시오.

4 그림은 A, B 생물의 분포 면적과 생존 기간을 나타낸 것이다.
표준 화석과 시상 화석으로 적합한 화석을 각각 쓰시오.

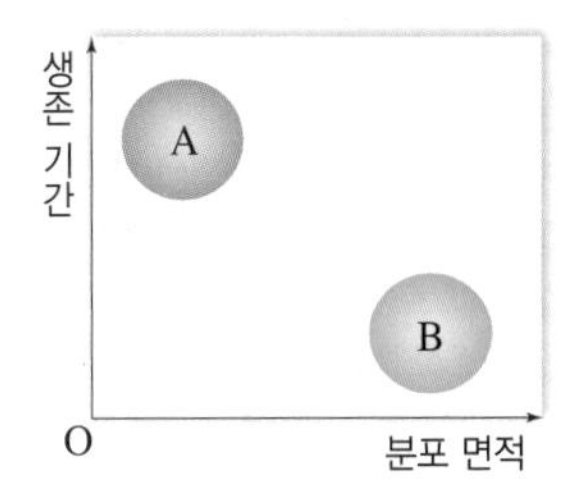

5 고기후를 연구하는 방법에 대한 설명으로 옳은 것은 ○, 옳지 않은 것은 ×로 표시하시오.

(1) 나무 나이테의 개수와 나이테의 폭 변화를 연구한다. ( )

(2) 석순 속에 포함된 방사성 탄소를 조사하여 석순 생성 당시의 기온을 추정한다. ( )

(3) 빙하에 포함되어 있는 꽃가루를 연구하여 식물의 종류와 서식 환경을 알아낸다. ( )

6 그림은 지질 시대 동안 평균 기온 변화를 나타낸 것이다.

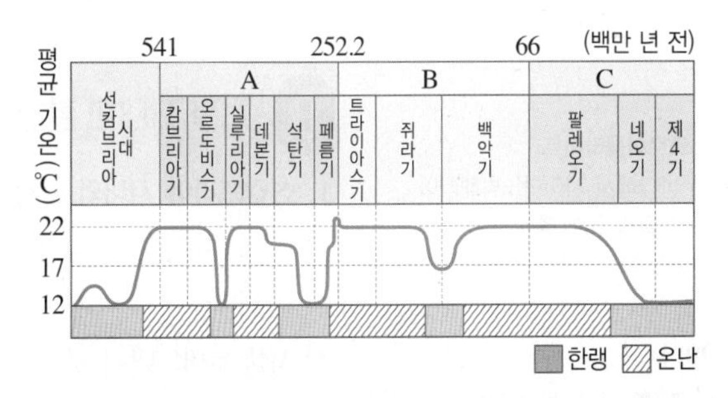

A~C 중 온난한 기후가 지속된 지질 시대와 가장 최근에 빙하기가 있었던 지질 시대를 순서대로 쓰시오.

C 지질 시대의 구분

1. 지질 시대 지구가 탄생한 약 46억 년 전부터 현재까지의 기간

2. 지질 시대 구분의 기준

(1) **생물계에서 일어난 급격한 변화:** 많은 종류의 생물이 갑자기 전멸하거나 출현한 시기를 경계로 구분한다.

(2) **대규모 지각 변동:** 상하 지층의 시간 차이가 크고, 화석의 종류가 뚜렷하게 달라지는 것을 경계로 구분한다. ➡ 주로 부정합면을 경계로 구분한다.

3. 지질 시대의 구분 단위 누대 → 대 → 기로 구분한다.

(1) [1]**누대:** 지질 시대를 구분하는 가장 큰 단위로, 생물체가 없거나 화석이 거의 발견되지 않는 선캄브리아 시대(시생 누대, 원생 누대)와 화석이 풍부하게 산출되는 현생 누대로 구분한다.

(2) **대:** 누대를 세분하는 단위 ➡ ◆고생대, 중생대, 신생대로 구분한다.

(3) **기:** 대를 세분하는 단위

지질 시대			절대 연령 (백만 년 전)
	누대	대	
	현생 누대	신생대	66.0
		중생대	252.2
		고생대	541.0
선캄브리아 시대	원생 누대	신원생대	1000
		중원생대	1600
		고원생대	2500
	시생 누대	신시생대	2800
		중시생대	3200
		고시생대	3600
		초시생대	

지질 시대		절대 연령 (백만 년 전)
대	기	
신생대	제4기	2.58
	네오기	23.03
	팔레오기	66.0
중생대	백악기	145.0
	쥐라기	201.3
	트라이아스기	252.2
고생대	페름기	298.9
	석탄기	358.9
	데본기	419.2
	실루리아기	443.8
	오르도비스기	485.4
	캄브리아기	541.0

4. 지질 시대의 길이

(1) 선캄브리아 시대가 대부분을 차지한다.(지질 시대의 약 88 %)

(2) ◆**지질 시대의 상대적 길이:** 선캄브리아 시대≫고생대>중생대>신생대

◆ **지질 시대 이름에 '생'이 들어가는 까닭**
지질 시대 구분은 큰 지각 변동이 일어난 시기를 기준으로 하지만, 실제적으로는 생물의 대량 멸종과 같은 생물계의 급격한 변화가 일어난 시기를 기준으로 구분한다. 이 때문에 고생대, 중생대, 신생대라고 이름 붙였다.

◆ **지질 시대의 상대적 길이**

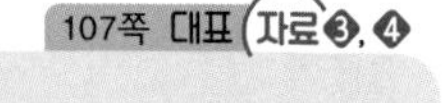
107쪽 대표 자료 ❸, ❹

D 지질 시대의 환경과 생물

1. 선캄브리아 시대의 환경과 생물 생물이 많지 않았고, 여러 차례의 지각 변동을 받았으므로 환경을 알기 어렵다.

(1) **시생 누대:** 대기 중에는 산소가 거의 없었으며, 원핵 생물인 사이아노박테리아(남세균)가 출현하였다. ➡ ◆스트로마톨라이트가 발견된다.

⬆ 사이아노박테리아와 스트로마톨라이트

◆ **스트로마톨라이트**
얕은 바다에서 사이아노박테리아가 퇴적물과 함께 층상으로 쌓여 만들어진 화석이다.

용어

❶ **누대(累 여러, 代 시대)** 지질학에서 사용하는 단위로, 수십 억 년의 기간

(2) **원생 누대**: 사이아노박테리아의 광합성으로 대기 중 산소의 양이 점차 증가하였다.

① 원생 누대 후기에는 원시적인 다세포 생물이 출현하였고, 일부는 에디아카라 동물군 화석으로 남아 있다.

② 에디아카라 동물군 화석: 약 6.7억 년 전의 원생 누대 후기의 화석으로, 무척추동물로서 해파리, 벌레, 해면동물 등 단단한 골격이나 껍데기가 없는 흔적 화석으로 산출된다.

⬆ 에디아카라 동물군 복원도

2. 고생대의 환경과 생물 고생대는 약 5.41억 년 전~2.522억 년 전이다.

(1) **환경**

① 기후: 기후는 대체로 온난하였고, 오르도비스기 말과 석탄기 말에 빙하기가 있었다.

② 수륙 분포: 말기에 대륙들이 하나로 합쳐져서 판게아가 형성되었다.

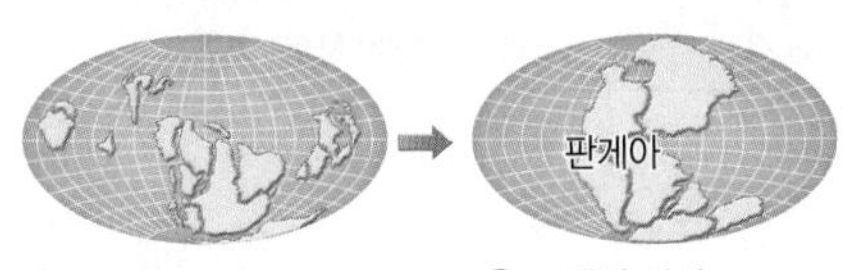

⬆ 고생대 중기 ⬆ 고생대 말기

(2) **생물**: 해양 생물이 급격히 증가하였고, 다양한 무척추동물, 어류, 양서류, 파충류가 출현하였다. 또한 육상식물이 출현하여 양치식물이 번성하고 겉씨식물이 출현하였다.

고생대		생물	주요 화석
초기	캄브리아기	• 삼엽충, 완족류 등 무척추동물 번성	
	오르도비스기	• 삼엽충, 완족류, 두족류, 필석류, 복족류, 산호 등 번성 • 최초의 척추동물인 어류 출현	
	실루리아기	• 필석류, 산호, 완족류, 갑주어 번성 • 대기 중에 형성된 ◆오존층의 영향으로 육상 식물 출현	필석
	데본기	• 갑주어를 비롯한 어류 번성 (어류의 시대) • 양서류 출현	삼엽충, 갑주어
	석탄기와 페름기	• 유공충, 산호, 두족류, 완족류 번성 • 방추충(푸줄리나) 크게 번성 • 육상에는 거대한 삼림을 이루었던 [1]양치식물이 매몰되어 석탄층을 형성 • 중기 석탄기에는 파충류 출현	방추충
말기	페름기 말	• 겉씨식물(소철, 은행나무) 출현 • 삼엽충, 방추충을 비롯한 해양 생물 종의 90 % 이상 멸종	

◆ **오존층 형성**
사이아노박테리아의 광합성으로 산소가 바다에 포화된 다음 대기로 방출되어 쌓이기 시작하였고, 고생대에 오존층이 두껍게 형성되어 실루리아기에 이르러 생물이 육상으로 진출하게 되었다.

3. 중생대의 환경과 생물 중생대는 약 2.522억 년 전~0.66억 년 전이다.

(1) **환경**

① 기후: 온난한 기후가 지속되었으며 빙하기가 없었다.

② 수륙 분포: 판게아가 분리되면서 생물의 서식 환경이 다양해졌다.

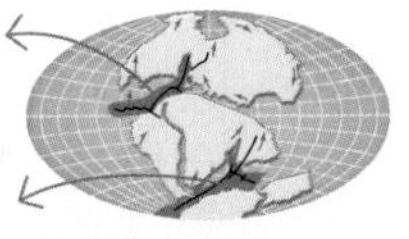

⬆ 중생대 말기

(용어)

[1] **양치(羊 양, 齒 이)식물** 관다발 식물 중 꽃이 피지 않고 홀씨로 번식하는 식물로, 모양이 양의 이빨 모양과 비슷하여 붙여진 이름

◆ 시조새

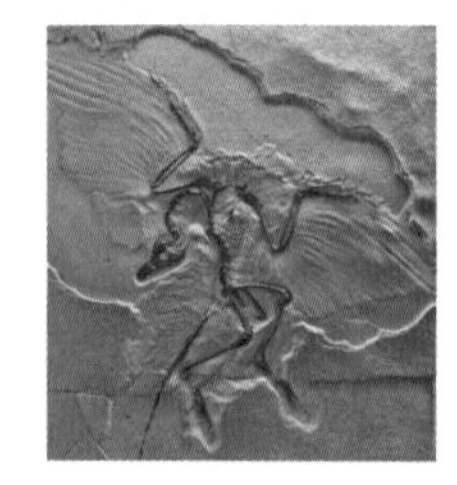

독일 남부의 졸른호펜 지역에 분포하는 석회암에서 발견되었다. 이 시조새 화석은 파충류의 특징인 이빨, 4개의 다리, 꼬리뼈, 새의 특징인 깃털을 가지고 있다.

(2) **생물**: 고생대 말의 생물 대량 멸종 이후 더욱 다양한 생물들이 출현하였고, 공룡을 비롯한 파충류가 전 기간에 걸쳐 크게 번성하였다. ➡ 파충류의 시대

중생대		생물	주요 화석
전기	트라이아스기	두족류에 속하는 암모나이트, 공룡을 비롯한 파충류 번성, 원시 포유류 출현 소철류, 은행류 등과 같은 겉씨식물이 번성	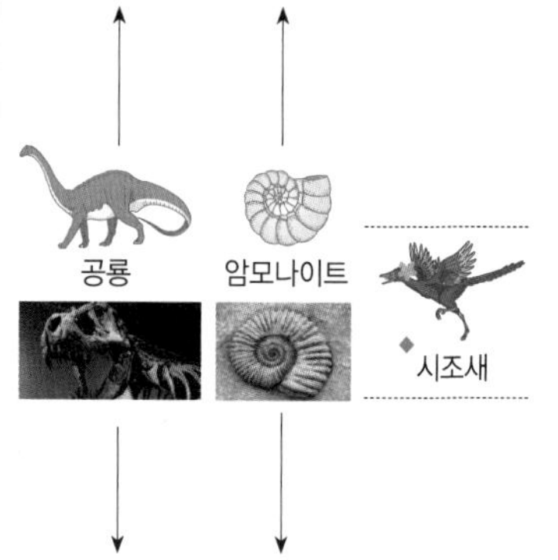 공룡, 암모나이트, ◆시조새
	쥐라기	바다: 암모나이트가 크게 번성 육지: 공룡이 번성하여 종류가 다양해졌으며, 쥐라기 말에는 ❶시조새 출현	
말기	백악기	백악기 말에는 암모나이트, 공룡 등이 쇠퇴하여 멸종, 영장류 출현 속씨식물 출현	

4. 신생대의 환경과 생물 신생대는 약 0.66억 년 전~현재까지이다.

(1) **환경**

① 기후: 팔레오기와 네오기에는 온난하였고, 제4기에는 빙하기와 간빙기가 있었다.

② 수륙 분포: 현재와 비슷한 수륙 분포가 형성되었다.

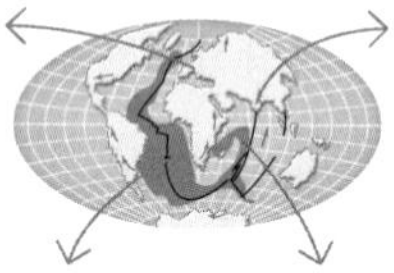

알프스산맥 형성
유라시아 대륙과 아프리카 대륙의 충돌
히말라야산맥 형성
유라시아 대륙과 인도 대륙의 충돌
대서양
인도양

⬆ 신생대 말기

(2) **생물**: 포유류가 번성하여 종의 수가 많아졌고, 조류도 번성하였으며, 속씨식물과 침엽수가 번성하였다. ➡ 포유류의 시대 또는 조류의 시대

신생대		생물	주요 화석
전기	팔레오기	• 화폐석을 포함한 유공충이 번성 • 속씨식물의 번성으로 초원을 형성	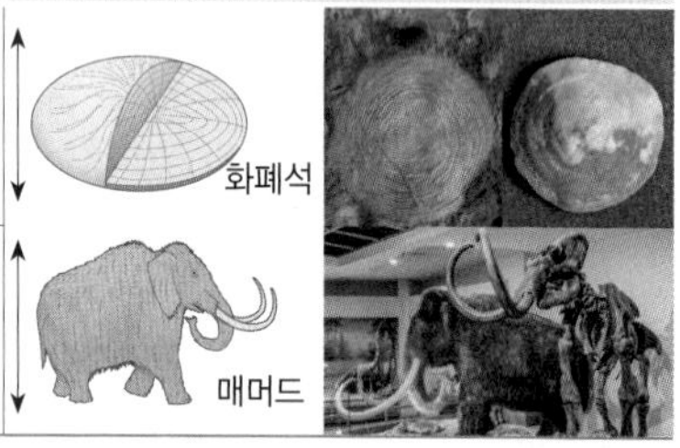 화폐석
	네오기		
말기	제4기	• 매머드를 비롯한 대형 포유류가 번성 • 여러 차례의 빙하기로 매머드 멸종 • 인류의 조상 출현	매머드

암기해!

• 생물의 진화 과정
• 척추동물: 어류 → 양서류 → 파충류 → 조류와 포유류
• 식물: 해조류 → 양치식물 → 겉씨식물 → 속씨식물

지질 시대 생물의 대량 멸종

금성, YBM 교과서에만 나와요.

지질 시대 동안 대멸종은 5번 정도 일어났고, 각 시기에 다양한 요인이 작용하여 일어났다.

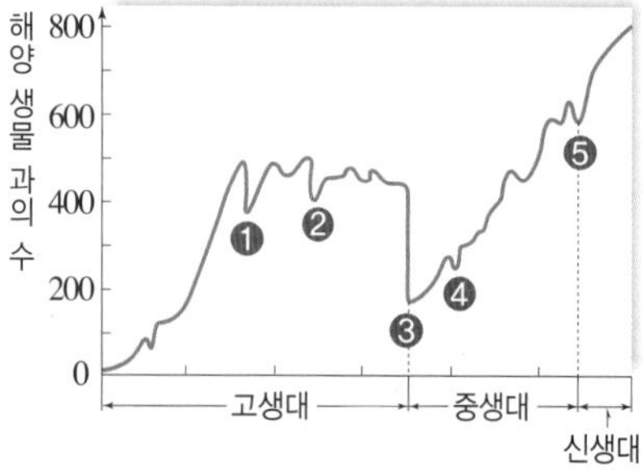

해양 생물 과의 수
800
600
400
200
0
고생대
중생대
신생대
❶ ❷ ❸ ❹ ❺

❶ 빙하기 때 해수면과 기온 하강, 화산 폭발 등
❷ 빙하기 도래, 운석 충돌 등
❸ 판게아 형성, 운석 충돌 등 ➡ 가장 큰 규모의 대규모 멸종이 일어남
❹ 판게아 분리에 따른 대규모 화산 폭발 등
❺ 소행성 충돌, 화산 폭발 등

(용어)

❶ 시조(始 비롯하다, 祖 조상)새 조류 최고(最古)의 조상으로 추정되는 동물 화석

개념 확인 문제

핵심 체크

- 지질 시대 구분 기준: 생물계에서 일어난 급격한 변화, 대규모 (❶) ➡ 지질 시대의 구분 단위 중 가장 큰 단위는 (❷)이고, 세부적으로 대-기 단위로 구분
- (❸) ┌ 환경: 생물이 많지 않았고, 여러 차례 지각 변동을 받아 환경을 알기 어렵다.
  └ 생물: 최초의 생물 출현, 스트로마톨라이트, 에디아카라 동물군 화석 발견
- (❹) ┌ 환경: 말기에 대륙이 하나로 합쳐진 판게아가 형성되었다.
  └ 생물: 어류, 양서류, 양치식물 번성, (❺)에 육상에 생물이 최초로 출현
- (❻) ┌ 환경: 전반적으로 온난하였고, 판게아가 분리되기 시작하였다.
  └ 생물: 공룡을 비롯한 파충류, 암모나이트, 겉씨식물 번성
- (❼) ┌ 환경: (❽)에 여러 차례의 빙하기와 간빙기가 있었다.
  └ 생물: 포유류(매머드 등), 조류, 화폐석, 속씨식물 번성, 인류 조상 출현

1 지질 시대 환경에 대한 설명으로 옳은 것은 ○, 옳지 않은 것은 ×로 표시하시오.

(1) 생물계의 급격한 변화가 일어난 시기를 기준으로 지질 시대를 구분할 수 있다. ( )
(2) 현생 누대는 크게 3개의 대로 구분된다. ( )
(3) 시생 누대에 사이아노박테리아가 출현하여 광합성을 하였다. ( )
(4) 고생대에는 빙하기 없는 온난한 기후였다. ( )

2 지질 시대 생물에 대한 설명 중 ( ) 안에 알맞은 말을 쓰시오.

(1) 어류가 출현하여 번성한 시대는 ( )이다.
(2) 삼엽충은 ( ) 전 기간에 걸쳐 생존하였다.
(3) 암모나이트가 번성한 지질 시대에는 ( )식물이 번성하였다.

3 그림은 지질 시대 중 선캄브리아 시대, 고생대, 중생대, 신생대가 차지하는 비율을 나타낸 것이다. A~D를 오래된 시대부터 순서대로 쓰시오.

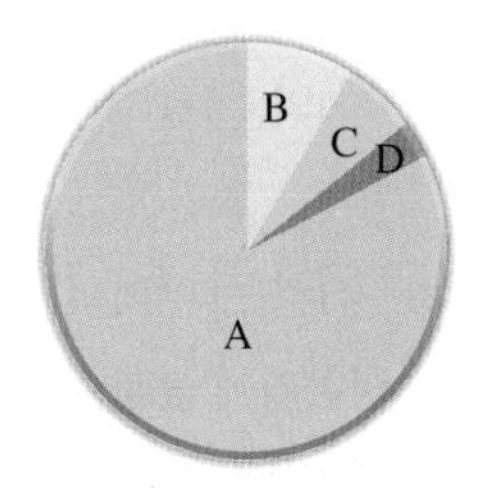

4 다음은 지질 시대에 번성한 식물의 종류이다.

양치식물, 속씨식물, 겉씨식물

번성한 시간 순서대로 오래된 것부터 지질 시대와 함께 쓰시오.

5 지질 시대 동안 나타난 생물 종의 특징과 관련된 지질 시대를 옳게 연결하시오.

(1) 속씨식물이 번성하였다. • • ㉠ 선캄브리아 시대
(2) 광합성 생물이 출현하였다. • • ㉡ 고생대
(3) 파충류가 번성하였다. • • ㉢ 중생대
(4) 가장 큰 규모로 생물의 대멸종이 일어났다. • • ㉣ 신생대

6 다음 설명에 해당하는 화석을 [보기]에서 고르시오.

보기
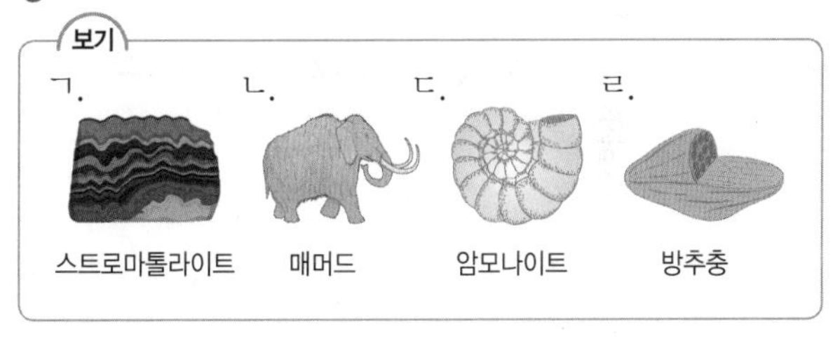

(1) 사이아노박테리아가 퇴적물과 함께 쌓여 만들어진 화석
(2) 고생대 말기에 번성하였던 바다 생물의 화석
(3) 중생대 바다에서 번성하였던 대표적인 생물의 화석
(4) 신생대 제4기에 번성하였던 대형 육상 포유류의 화석

7 고생대에 번성한 생물의 화석이 아닌 것은?

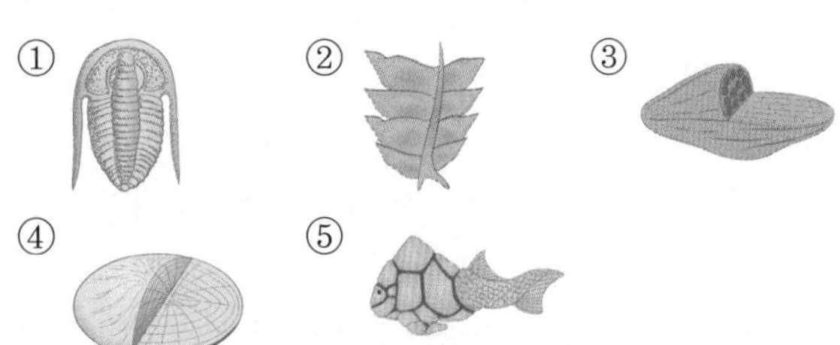

대표 자료 분석

자료 ❶ 화석의 종류

기출 Point
- 표준 화석과 시상 화석의 조건 적용하기
- 표준 화석과 시상 화석으로 알 수 있는 것 파악하기

[1~3] 그림 (가)는 a~e 생물의 생존 온도와 분포 면적을, (나)는 a~e 생물의 생존 기간을 나타낸 것이다. (단, 지층은 ㉠에서 ㉥으로 갈수록 최근에 퇴적되었다.)

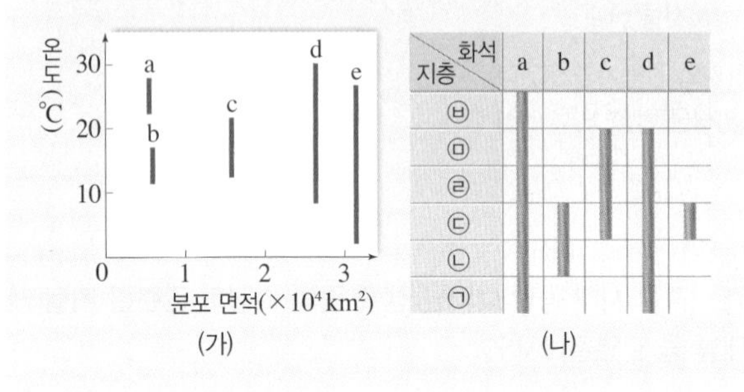

1 a~e 중 표준 화석으로 가장 적합한 것을 고르시오.

2 a~e 중 시상 화석으로 가장 적합한 것을 고르시오.

3 빈출 선택지로 완벽 정리!

(1) a는 생존 기간이 길고, 분포 면적이 좁다. ······ (○ / ×)

(2) a는 c보다 따뜻한 기후에서 살았다. ······ (○ / ×)

(3) b는 d보다 환경 변화에 매우 민감하다. ······ (○ / ×)

(4) 생존 기간이 가장 긴 생물 종은 e이다. ······ (○ / ×)

(5) 화석에 의한 지층의 대비에는 a 화석보다 e 화석이 유용하다. ······ (○ / ×)

(6) 화석이 산출되는 지층의 퇴적 환경을 추정하려면 e 화석보다 a 화석이 유용하다. ······ (○ / ×)

(7) e에 해당하는 생물의 예로는 산호가 있다. ······ (○ / ×)

자료 ❷ 고기후 연구

기출 Point
- 고기후를 연구하는 방법 파악하기
- 지질 시대의 기후 변화 판단하기

[1~3] 그림 (가)는 과거의 기후를 조사하는 방법이고, (나)는 지질 시대의 기온 분포를 나타낸 것이다.

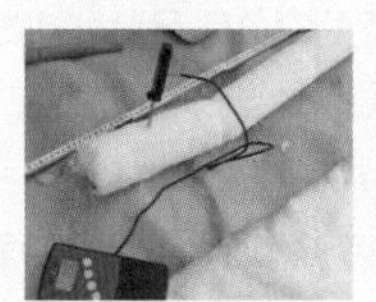
㉠ 빙하 코어 연구

㉡ 나무 나이테 조사

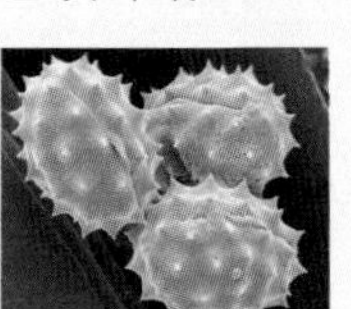
㉢ 꽃가루 연구

(가)

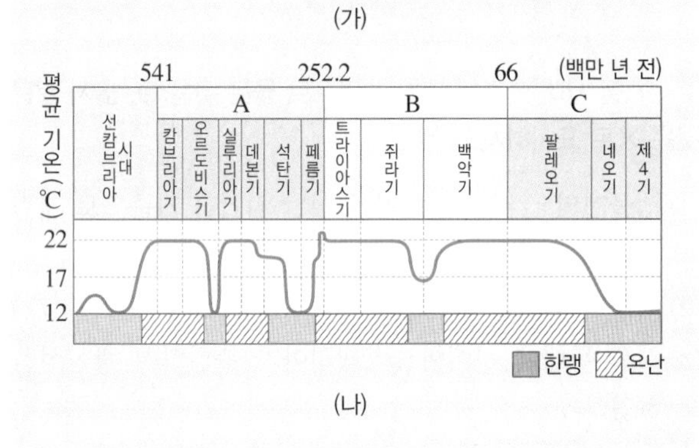

(나)

1 (가)의 ㉡에서 나이테 간격이 비교적 넓은 시기의 강수량과 기온이 어떠한지 쓰시오.

2 ㉠~㉢ 중 과거 대기의 성분을 직접적으로 알아낼 수 있는 방법을 고르시오.

3 빈출 선택지로 완벽 정리!

(1) (가)의 ㉠을 통해 빙하의 나이를 추정할 수 있다. ······ (○ / ×)

(2) (가)의 ㉠에서 산소 동위 원소비$\left(\frac{^{18}O}{^{16}O}\right)$는 간빙기보다 빙하기에 높다. ······ (○ / ×)

(3) (가)의 ㉢을 통해 과거의 식생 분포를 알 수 있다. ······ (○ / ×)

(4) (나)의 A 시대 기후 조사에는 (가)의 ㉠과 ㉡ 방법을 이용한다. ······ (○ / ×)

(5) (나)의 C 시대는 전기보다 후기에 해수면의 높이가 높았다. ······ (○ / ×)

자료 ❸ 지질 시대별 생물

기출 Point
- 지질 시대별 대표적 표준 화석 적용하기
- 지질 시대별 생물의 서식 환경 적용하기

[1~3] 그림 (가)~(바)는 지질 시대에 번성했던 생물 화석을 나타낸 것이다.

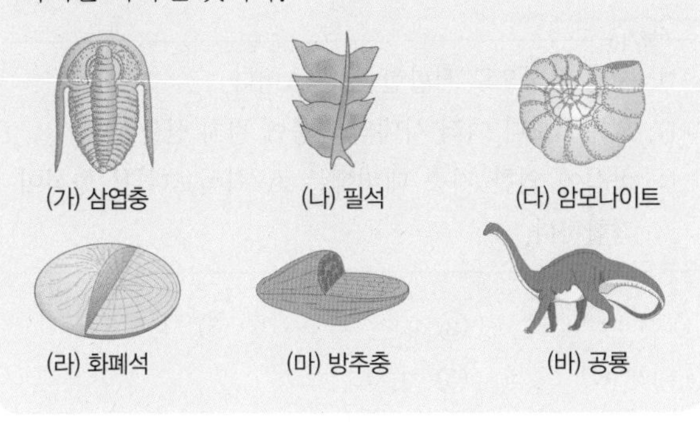

1 (가)~(바) 중 중생대에 번성했던 생물의 화석을 모두 고르시오.

2 (가)~(바) 중 바다에서 서식했던 생물의 화석을 모두 고르시오.

3 빈출 선택지로 완벽 정리!

(1) (가)와 (나)는 고생대에 번성한 생물이다. (○ / ×)
(2) 고생대에 가장 먼저 출현한 생물은 (나)이다. (○ / ×)
(3) (다)는 (라)보다 먼저 출현한 생물이다. (○ / ×)
(4) 중생대 말에 멸종된 생물은 (다)와 (바)이다. (○ / ×)
(5) (라)가 번성한 시기에 육지에서는 겉씨식물이 번성하였다. (○ / ×)
(6) (나)와 (라)는 같은 시기에 형성된 지층에서 함께 산출되기도 한다. (○ / ×)
(7) (바)는 중생대 호수 환경에서 퇴적된 지층에서 산출될 수 있다. (○ / ×)

자료 ❹ 지질 시대의 환경과 생물

기출 Point
- 지질 시대의 환경 변화 파악하기
- 환경 변화에 따른 생물 종의 변화 알기

[1~5] 그림은 지질 시대 동안 일어난 주요 사건을 나타낸 것이다.

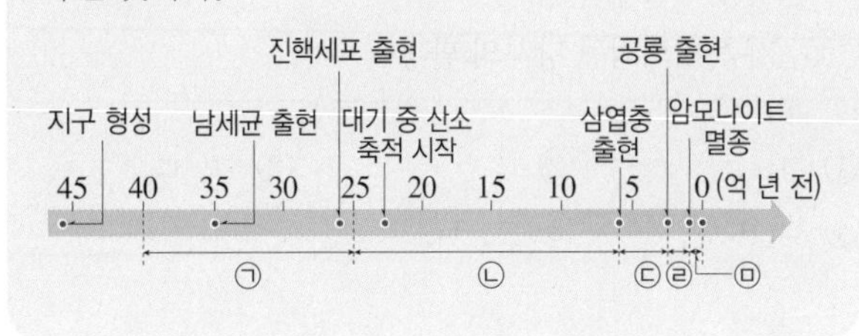

1 ㉠~㉤에 해당하는 각 지질 시대의 이름을 쓰시오.

2 ㉠~㉤ 중 판게아가 분리되기 시작한 지질 시대를 쓰시오.

3 ㉠~㉤ 중 빙하기가 없었던 지질 시대를 쓰시오.

4 가장 큰 규모의 생물의 대멸종이 일어난 시기는 어느 지질 시대의 경계인지 쓰시오.

5 빈출 선택지로 완벽 정리!

(1) 생물의 광합성이 최초로 일어난 시기는 ㉠이다. (○ / ×)
(2) 최초의 육상 식물은 ㉡ 시기에 출현하였다. (○ / ×)
(3) 대륙의 충돌로 히말라야산맥이 생성되기 시작한 시기는 ㉢이다. (○ / ×)
(4) 파충류가 번성한 시기는 ㉣이다. (○ / ×)

내신 만점 문제

A 화석

01 화석을 이용하여 알 수 있는 것만을 [보기]에서 있는 대로 고른 것은?

보기
ㄱ. 지층의 생성 순서
ㄴ. 지층의 절대 연령
ㄷ. 지층이 퇴적될 당시의 환경

① ㄱ ② ㄴ ③ ㄱ, ㄷ
④ ㄴ, ㄷ ⑤ ㄱ, ㄴ, ㄷ

02 그림은 지층의 역전이 없는 어느 지역의 지층에서 산출되는 화석을 나타낸 것이다.
A층에서 산출될 수 있는 바다 생물 화석은?

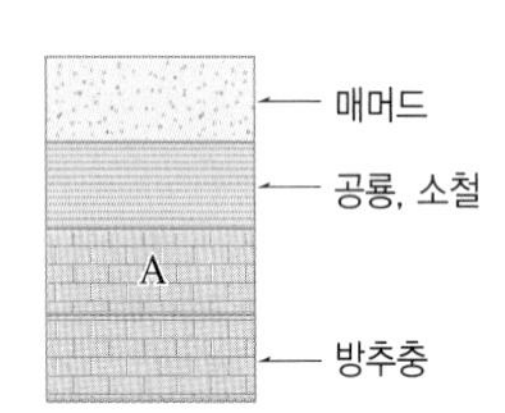

① 갑주어 ② 시조새 ③ 필석
④ 화폐석 ⑤ 암모나이트

중요 서술형
03 그림은 같은 지질 시대에 번성하였던 생물 화석을 나타낸 것이다.

(가) 방추충

(나) 고사리

(다) 산호

(1) 퇴적 당시의 환경을 알려 주는 화석의 종류와 이에 해당하는 화석으로 적합한 것을 찾아 서술하시오.

(2) 지층이 퇴적된 지질 시대를 추정하는 데 유용한 화석의 종류와 이에 해당하는 화석으로 적합한 것을 찾아 서술하시오.

중요
04 그림은 생물의 분포 면적과 생존 기간을 나타낸 것이다. 이에 대한 설명으로 옳은 것만을 [보기]에서 있는 대로 고른 것은?

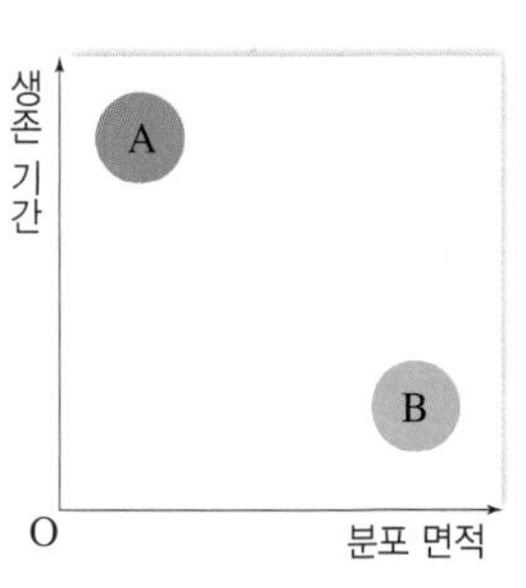

보기
ㄱ. 시상 화석으로 적합한 것은 A이다.
ㄴ. A는 B보다 여러 시대의 지층에 걸쳐 산출된다.
ㄷ. 화석에 의한 지층 대비에는 A 화석보다 B 화석이 적합하다.

① ㄱ ② ㄴ ③ ㄱ, ㄷ
④ ㄴ, ㄷ ⑤ ㄱ, ㄴ, ㄷ

B 고기후 연구

중요
05 고기후의 연구 방법으로 적합하지 않은 것은?

① 빙하 코어 연구
② 산호 성장선 연구
③ 꽃가루 화석 연구
④ 나무 나이테 연구
⑤ 암석 속 방사성 동위 원소 반감기 연구

중요
06 다음 글은 과거의 기후 환경을 알아보기 위해 여러 지역을 조사한 결과를 설명한 것이다.

(가) 나무의 나이테 간격이 넓게 나타난다.
(나) 넓은 지역에 빙하 퇴적물이 분포하고 있다.
(다) 바다 생물 화석 속의 $\frac{^{18}O}{^{16}O}$가 상대적으로 낮게 나타난다.

(가)~(다) 중 과거의 기후가 온난하였을 것으로 추정되는 것을 모두 고른 것은?

① (나) ② (다) ③ (가), (나)
④ (가), (다) ⑤ (가), (나), (다)

07 그림은 지질 시대 동안 지구 평균 기온 변화를 나타낸 것이다. A～D는 각각 선캄브리아 시대, 고생대, 중생대, 신생대 중의 하나이다.

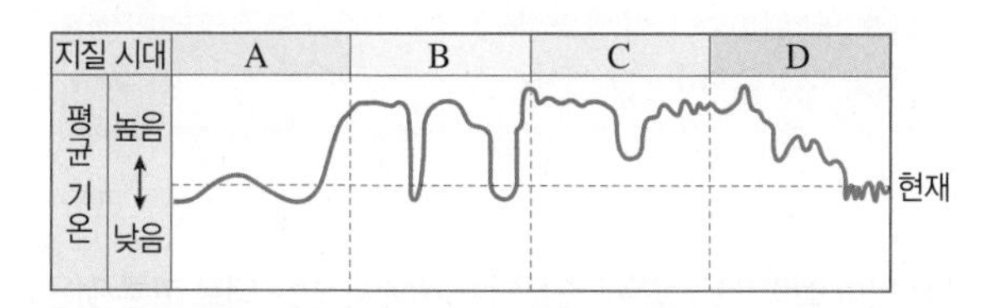

이에 대한 설명으로 옳은 것만을 [보기]에서 있는 대로 고른 것은?

보기
ㄱ. 대기 중의 오존 농도는 A보다 B 시대에 높았다.
ㄴ. 빙하기가 없었던 시대는 C이다.
ㄷ. D 시대에 평균 해수면은 후기가 전기보다 높았을 것이다.

① ㄱ ② ㄷ ③ ㄱ, ㄴ ④ ㄴ, ㄷ ⑤ ㄱ, ㄴ, ㄷ

C 지질 시대의 구분

08 그림은 어느 지역의 지층 A～D에서 산출되는 서로 다른 종의 화석 ㉠～㉩을 조사하여 그 분포를 나타낸 것이다. (단, A에서 D로 갈수록 새로운 지층이다.)

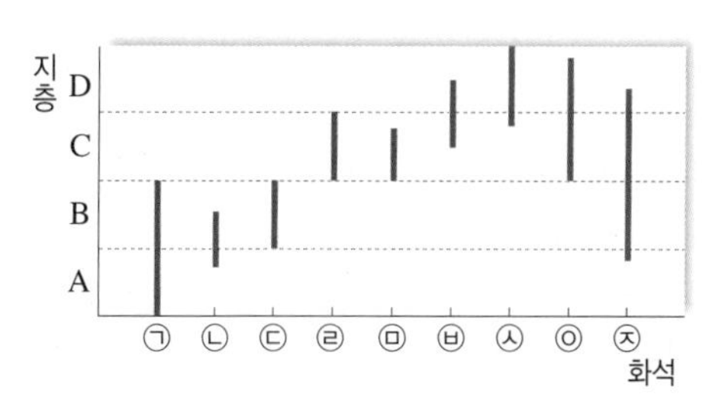

지질 시대를 구분하는 경계로 가장 적합한 곳을 쓰시오.

09 표는 서로 다른 세 지역의 지층에서 산출되는 화석을 정리한 것이다.

지층	화석
A	방추충, 산호
B	공룡 발자국
C	매머드

이에 대한 설명으로 옳은 것만을 [보기]에서 있는 대로 고른 것은?

ㄱ. 지층 A는 수온이 낮은 깊은 바다에서 생성되었다.
ㄴ. 지층 B는 중생대의 육지에서 퇴적되었다.
ㄷ. 나이가 가장 젊은 지층은 C이다.

① ㄱ ② ㄷ ③ ㄱ, ㄴ ④ ㄴ, ㄷ ⑤ ㄱ, ㄴ, ㄷ

중요 **10** 그림은 선캄브리아 시대, 고생대, 중생대, 신생대를 상대적 길이에 따라 나타낸 것이다.

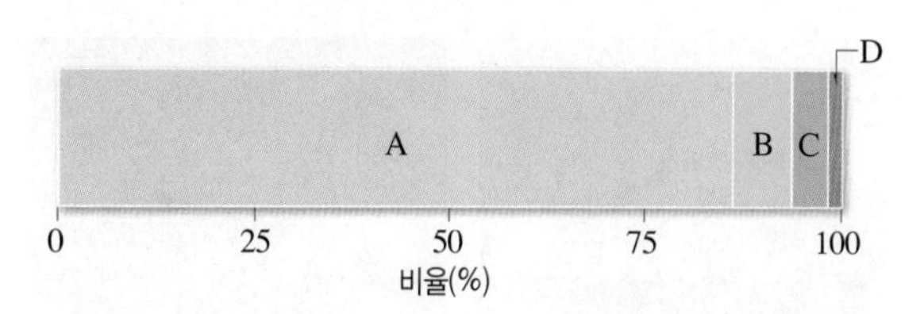

이에 대한 설명으로 옳은 것만을 [보기]에서 있는 대로 고른 것은?

보기
ㄱ. A 시기에는 다양한 동물 화석이 많이 발견된다.
ㄴ. 삼엽충은 B 시대의 표준 화석이다.
ㄷ. 남세균이 출현한 시기는 D이다.

① ㄱ ② ㄴ ③ ㄱ, ㄷ
④ ㄴ, ㄷ ⑤ ㄱ, ㄴ, ㄷ

D 지질 시대의 환경과 생물

중요 **11** 그림 (가)～(다)는 서로 다른 지층에서 발견된 화석을 나타낸 것이다.

(가) 삼엽충

(나) 암모나이트

(다) 매머드

이에 대한 설명으로 옳은 것만을 [보기]에서 있는 대로 고른 것은?

보기
ㄱ. 번성했던 기간은 (가)가 가장 길다.
ㄴ. (나)가 번성한 시대에 육지에는 공룡이 번성하였다.
ㄷ. (다)가 번성한 시대에 양치식물이 번성하였다.

① ㄱ ② ㄷ ③ ㄱ, ㄴ
④ ㄴ, ㄷ ⑤ ㄱ, ㄴ, ㄷ

[12~13] 그림 (가)와 (나)는 각각 서로 다른 지질 시대의 환경을 복원한 모식도이다.

(가)

(나)

12 (가)와 (나)는 어느 지질 시대의 환경인지 쓰고, 각 시대의 대표적인 표준 화석을 두 가지씩 쓰시오.

13 이에 대한 설명으로 옳은 것만을 [보기]에서 있는 대로 고른 것은?

보기
ㄱ. (가) 시대의 바다에는 암모나이트가 번성하였다.
ㄴ. (나) 시대의 초기에는 생물들이 바다에서만 살았다.
ㄷ. 육지에서 양치식물이 번성한 시대는 (가)이다.

① ㄱ ② ㄴ ③ ㄱ, ㄷ
④ ㄴ, ㄷ ⑤ ㄱ, ㄴ, ㄷ

서술형
14 그림은 어느 지역에서 관찰되는 지층과 화석을 나타낸 단면도이다.

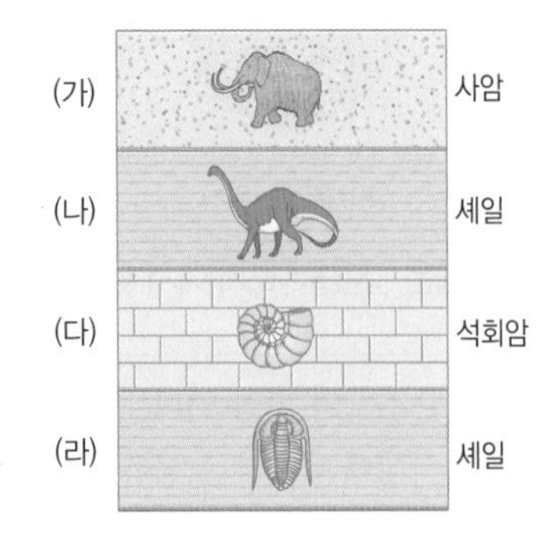

지층 (가)~(라)가 생성된 지질 시대와 퇴적 환경(육지 또는 바다)에 대해 각각 서술하시오.

15 그림은 현생 누대 동안 번성한 주요 동물계를 나타낸 것이다. A, B, C는 '대' 단위로 구분한 지질 시대이다.

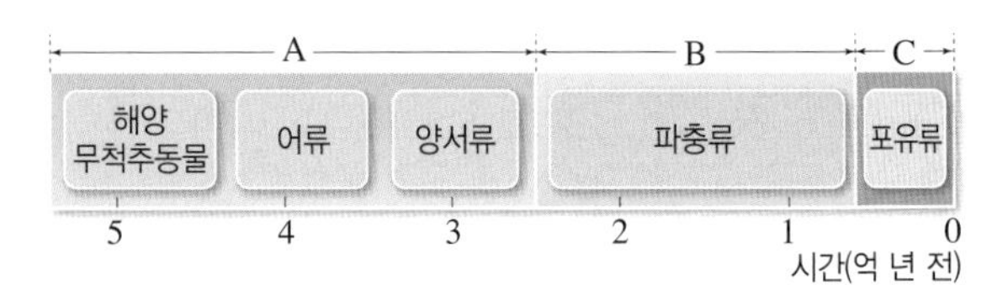

이에 대한 설명으로 옳은 것만을 [보기]에서 있는 대로 고른 것은?

보기
ㄱ. A 시대에 판게아가 갈라지기 시작하였다.
ㄴ. A와 B 시대의 경계 시기에 가장 큰 규모의 생물 대멸종이 일어났다.
ㄷ. 속씨식물은 C 시대에 처음으로 출현하였다.

① ㄱ ② ㄴ ③ ㄱ, ㄷ
④ ㄴ, ㄷ ⑤ ㄱ, ㄴ, ㄷ

중요
16 그림은 고생대부터 신생대까지 해양 생물 종(속)의 수 변화를 나타낸 것이다.

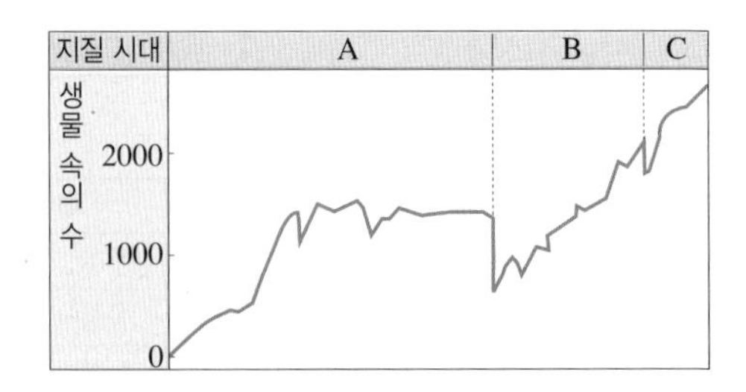

이에 대한 설명으로 옳지 않은 것은?

① A는 고생대이다.
② B 시기에 파충류가 번성하였다.
③ 지질 시대의 길이는 C가 가장 짧다.
④ 생물 속의 수가 가장 많은 지질 시대는 A이다.
⑤ B와 C의 경계 시기에 암모나이트가 멸종하였다.

실력 UP 문제

정답친해 48쪽

01 그림은 어느 지질 시대 동안 지구의 평균 기온 변화를 나타낸 것이다. (현재 지구의 평균 기온은 15 °C이다.)

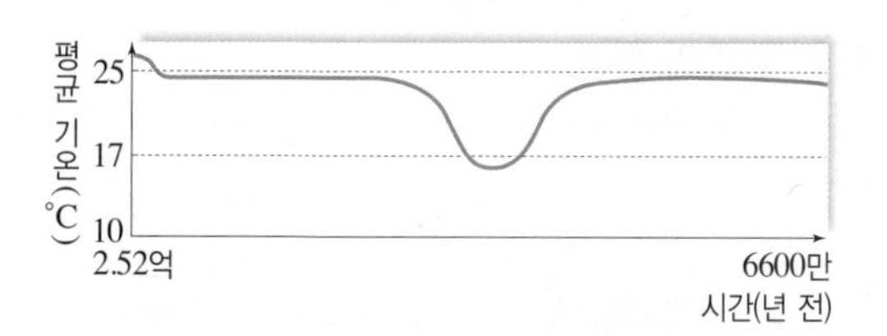

이 지질 시대에 대한 설명으로 옳은 것만을 [보기]에서 있는 대로 고른 것은?

보기
ㄱ. 현재보다 평균 기온이 높고 파충류가 번성하였다.
ㄴ. 이 시대의 기후 변화는 빙하 코어를 연구하여 알아낸다.
ㄷ. 초기에 판게아가 분리되면서 대서양이 형성되기 시작하였다.

① ㄱ ② ㄴ ③ ㄱ, ㄷ
④ ㄴ, ㄷ ⑤ ㄱ, ㄴ, ㄷ

02 그림 (가)와 (나)는 지질 시대에 번성했던 생물의 화석을 나타낸 것이다.

(가) 화폐석

(나) 필석

이에 대한 설명으로 옳은 것만을 [보기]에서 있는 대로 고른 것은?

보기
ㄱ. (가)가 번성했던 시기에 겉씨식물이 번성하였다.
ㄴ. (가)와 (나)의 지층은 바다에서 퇴적되었다.
ㄷ. (나)가 (가)보다 먼저 출현하였다.

① ㄱ ② ㄷ ③ ㄱ, ㄴ
④ ㄴ, ㄷ ⑤ ㄱ, ㄴ, ㄷ

03 그림 (가), (나), (다)는 현생 누대 동안 생물계에 있었던 주요 사건을 순서 없이 나타낸 것이다.

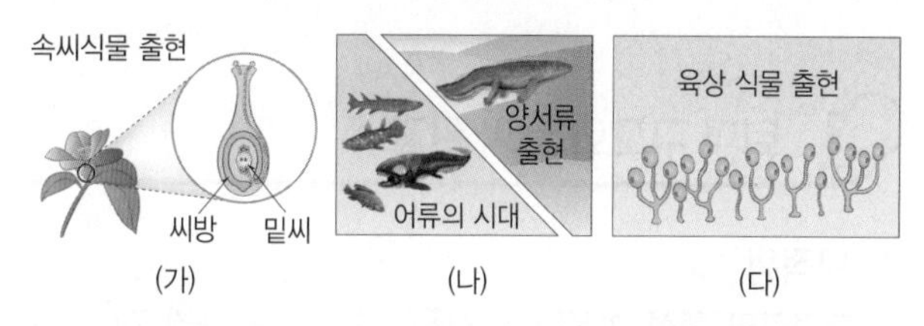

(가) (나) (다)

이에 대한 설명으로 옳은 것만을 [보기]에서 있는 대로 고른 것은?

보기
ㄱ. 주요 사건의 순서는 (나) → (가) → (다)이다.
ㄴ. (가) 시기 말에 판게아가 형성되었다.
ㄷ. (다) 시기에는 오존층이 자외선을 차단하였다.

① ㄱ ② ㄷ ③ ㄱ, ㄴ
④ ㄴ, ㄷ ⑤ ㄱ, ㄴ, ㄷ

04 그림은 포유류, 어류, 파충류의 생존 시기를 순서 없이 나타낸 것이다.

기 \ 생물	A	B	C
제4기			
네오기			
팔레오기			
백악기			
쥐라기			
트라이아스기			
페름기			
석탄기			
데본기			
실루리아기			
오르도비스기			
캄브리아기			

이에 대한 설명으로 옳은 것만을 [보기]에서 있는 대로 고른 것은?

보기
ㄱ. A는 어류이다.
ㄴ. C는 신생대에 번성하였다.
ㄷ. 파충류는 고생대에 출현하였다.

① ㄱ ② ㄷ ③ ㄱ, ㄴ
④ ㄴ, ㄷ ⑤ ㄱ, ㄴ, ㄷ

1 퇴적 구조와 퇴적 환경

1. 퇴적암

(1) **퇴적암의 생성 과정(속성 작용)**: 퇴적 → 다짐 작용 → (❶) → 퇴적암 ➡ 밀도 증가, 공극 감소

(2) **퇴적암의 종류**

쇄설성 퇴적암	• 풍화와 침식 또는 화산 분출로 생성된 퇴적암 • 종류: 역암(주로 자갈), 사암(주로 모래), 셰일(점토), 응회암(화산재)
(❷) 퇴적암	• 물속 물질의 침전이나 물의 증발로 생성된 퇴적암 • 종류: 석회암(탄산 칼슘), 처트(규질), 암염(염화 나트륨)
유기적 퇴적암	• 생물체의 껍데기나 골격이 쌓여 생성된 퇴적암 • 종류: 석탄(식물체), 석회암(석회질 생물체)

2. 퇴적 환경과 퇴적 구조

(1) **퇴적 환경**: 퇴적물이 쌓이는 곳

육상 환경	연안 환경	(❸)
육지 내에 주로 쇄설성 퇴적물이 퇴적되는 곳	육상 환경과 해양 환경 사이에 있는 곳	가장 넓은 면적을 차지하는 퇴적 환경

(2) **퇴적 구조**: 퇴적 당시의 환경 추정, 지층의 상하 관계 판단

사층리	점이 층리	(❹)	(❺)
물·바람이 흐른 방향 / 상 / 하	상 / 하	상 / 하	상 / 하
층리가 경사져 나타나는 구조	위로 갈수록 입자 크기가 작아짐	퇴적물에 물결 모양이 남은 구조	대기에 노출되어 수축으로 형성
연안 환경, 사막	깊은 해양 환경	연안 환경, 호수	건조한 환경

3. 우리나라의 퇴적 지형

강원도 태백시 구문소	• 퇴적 환경: (❻) • 주요 퇴적암: 석회암, 셰일 • 연흔과 건열이 관찰되고, 삼엽충 화석이 발견된다.
전라북도 부안군 채석강	• 퇴적 환경: 호수 • 주요 퇴적암: 역암, 사암 • 연흔, 층리, 단층, 습곡, 해식 절벽, 해식 동굴이 관찰된다.
경상남도 고성군 덕명리 해안	• 퇴적 환경: 호수, 호수 주변부 • 주요 퇴적암: 사암, 셰일 • (❼)과 건열이 관찰되고, 공룡 발자국과 새발자국 화석이 발견된다.

2 지질 구조

1. 지질 구조의 종류

(1) **습곡**: 지층이 퇴적된 후 (❽)을 받아 휘어진 구조

구조	• 배사: 위로 볼록하게 휘어진 부분 • 향사: 아래로 오목하게 내려간 부분 • 습곡축: 습곡에서 가장 많이 휘어진 중앙의 축
종류	정습곡, 경사 습곡, 횡와 습곡

(2) **단층**: 지층에 횡압력이나 장력이 작용하여 지층이 끊어지면서 이동하여 서로 어긋난 구조

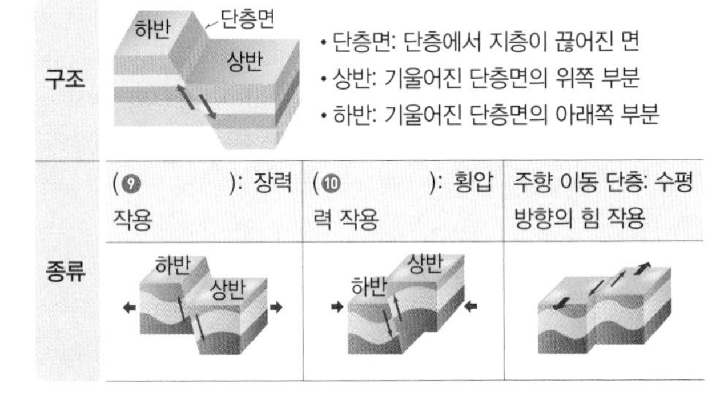

구조	• 단층면: 단층에서 지층이 끊어진 면 • 상반: 기울어진 단층면의 위쪽 부분 • 하반: 기울어진 단층면의 아래쪽 부분		
종류	(❾): 장력 작용	(❿): 횡압력 작용	주향 이동 단층: 수평 방향의 힘 작용

(3) **절리**: 암석 내에 형성된 틈이나 균열

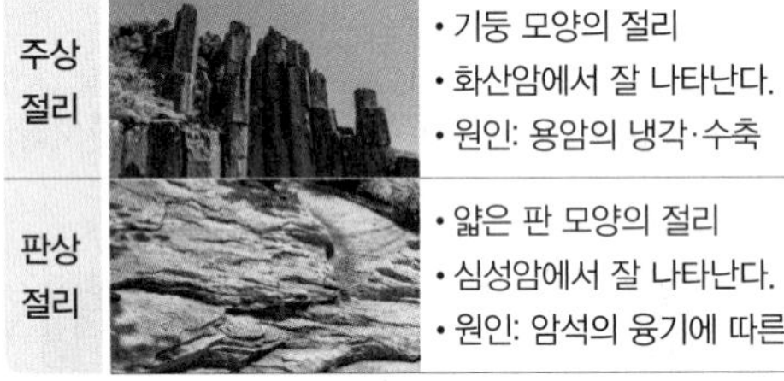

주상 절리	• 기둥 모양의 절리 • 화산암에서 잘 나타난다. • 원인: 용암의 냉각·수축
판상 절리	• 얇은 판 모양의 절리 • 심성암에서 잘 나타난다. • 원인: 암석의 융기에 따른 압력 감소

(4) (⓫): 긴 시간 간격이 있는 지층 사이의 관계

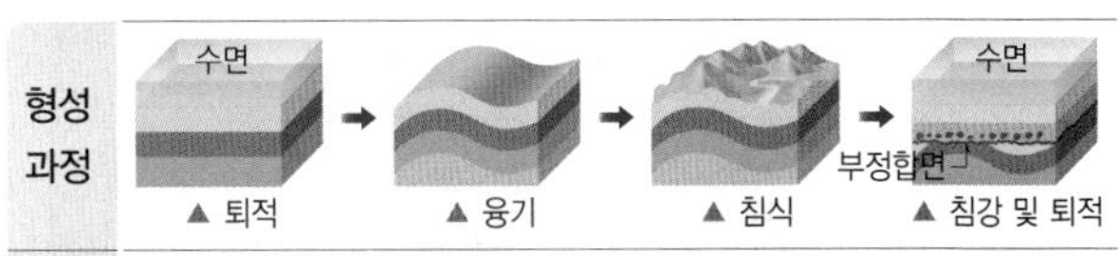

형성 과정	▲ 퇴적 → ▲ 융기 → ▲ 침식 → ▲ 침강 및 퇴적
종류	• 평행 부정합: 부정합면을 경계로 상하 지층의 층리가 나란하다. • 경사 부정합: 부정합면을 경계로 상하 지층의 층리가 경사져 있다. • 난정합: 부정합면의 아래 지층에 화성암이나 변성암이 있다.

2. 관입과 포획 마그마가 주변의 지층이나 암석을 뚫고 들어가는 것을 (⓬), 이때 주위의 암석이나 지층의 일부가 마그마와 함께 굳은 것을 (⓭)이라고 한다.

1. 지사학 법칙

수평 퇴적의 법칙	일반적으로 퇴적물은 중력의 영향으로 수평으로 쌓이므로 지층이 기울어져 있거나 휘어져 있으면 지각 변동을 받은 것이다.
지층 누중의 법칙	지각 변동으로 지층이 변형되거나 역전되지 않았다면 아래쪽 지층이 먼저 생성된 지층이고, 위쪽 지층이 나중에 생성된 지층이다.
관입의 법칙	마그마가 관입하면 열 때문에 관입당한 암석은 변성 작용을 받으므로 변성된 암석이 먼저 생성된 것이다.
부정합의 법칙	부정합면 위에 기저 역암이 나타나기도 하며, 이를 경계로 상하 지층을 이루는 구성 암석의 종류와 상태, 지질 구조, 화석의 종류가 달라진다.
(⓮) 의 법칙	더 복잡하고 진화된 화석이 발견되는 지층이 나중에 생성된 지층이다.

2. 상대 연령 지층이나 암석의 생성 시기와 지질학적 사건의 발생 순서를 상대적으로 밝혀낸 것

암상에 의한 대비	화석에 의한 대비
지층을 구성하는 암석의 종류나 특징 있는 지층(열쇠층)을 이용하여 대비한다. ➡ 비교적 가까운 거리에 있는 지층의 대비에 이용	표준 화석을 이용하여 대비한다. ➡ 비교적 멀리 떨어져 있는 지층의 대비에 이용
A B C D	a b c d e / A B C D E F

3. 절대 연령 지층이나 암석이 생성된 시기를 구체적인 수치로 나타내는 것

(1) **방사성 동위 원소의 (⓯   )**: 방사성 동위 원소가 붕괴하여 처음 양의 절반으로 줄어드는 데 걸리는 시간

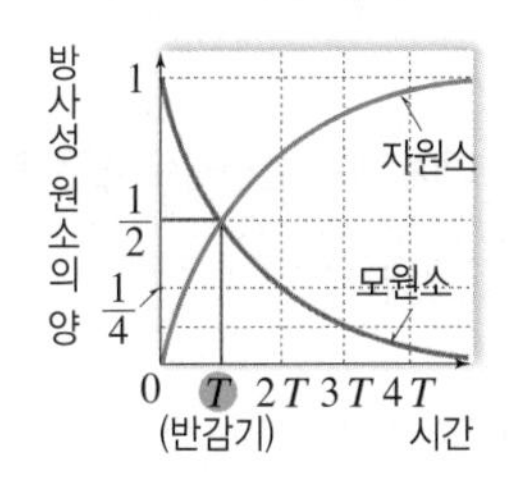

(2) **절대 연령 측정**: 암석 속 방사성 동위 원소의 반감기를 이용하여 측정

> 절대 연령=방사성 동위 원소의 반감기×반감기 경과 횟수

4 지질 시대의 환경과 생물

1. 화석

(1) (⓰   ): 지질 시대를 구분하는 기준이 되는 화석

(2) (⓱   ): 지층이 생성될 당시의 환경을 알려 주는 화석

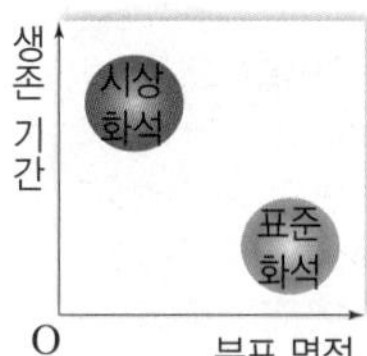

2. 고기후 연구

(⓲) 연구	빙하에 포함된 공기 방울 속 당시의 대기 조성과 산소 동위 원소비$\left(\frac{^{18}O}{^{16}O}\right)$를 이용하여 기온을 추정한다.
나무의 나이테 조사	나이테의 폭 등을 연구하여 과거의 기온과 강수량 변화를 추정한다.
지층의 퇴적물과 화석 연구	지층의 퇴적물 속에 있는 꽃가루 및 석순 등의 조사와 시상 화석으로부터 과거의 기후를 추정한다.

3. 지질 시대의 구분과 지질 시대 환경

(1) **구분 기준**: (⓳   )의 급격한 변화, 대규모 지각 변동

(2) **구분 단위**: (⓴   )－대－기－세

(3) **지질 시대의 환경과 생물**

<table>
<tr><th>누대</th><th>대</th><th>기</th><th colspan="3">주요 화석</th><th>생물의 변천</th></tr>
<tr><td rowspan="12">현생 누대</td><td rowspan="3">신생대</td><td>제4기</td><td colspan="3" rowspan="3">매머드, (㉑   )</td><td>포유류 번성, 인류 출현</td></tr>
<tr><td>네오기</td><td rowspan="2">속씨식물 번성</td></tr>
<tr><td>팔레오기</td></tr>
<tr><td rowspan="3">중생대</td><td>백악기</td><td colspan="3" rowspan="3">(㉒   ), 암모나이트</td><td>속씨식물 출현</td></tr>
<tr><td>쥐라기</td><td>파충류, 겉씨식물 번성</td></tr>
<tr><td>트라이아스기</td><td>포유류 출현</td></tr>
<tr><td rowspan="6">고생대</td><td>페름기</td><td colspan="2" rowspan="2">방추충</td><td rowspan="6">삼엽충</td><td>겉씨식물 출현</td></tr>
<tr><td>석탄기</td><td>양서류 번성</td></tr>
<tr><td>데본기</td><td></td><td rowspan="2">갑주어</td><td>어류 번성</td></tr>
<tr><td>실루리아기</td><td rowspan="2">필석</td><td>(㉓   ) 출현</td></tr>
<tr><td>오르도비스기</td><td></td><td>필석류 번성</td></tr>
<tr><td>캄브리아기</td><td colspan="2"></td><td>삼엽충 출현</td></tr>
<tr><td rowspan="7">선캄브리아 시대</td><td rowspan="3">원생 누대</td><td>신원생대</td><td colspan="3" rowspan="3">에디아카라 동물군</td><td rowspan="3">원시적인 다세포 생물 출현</td></tr>
<tr><td>중원생대</td></tr>
<tr><td>고원생대</td></tr>
<tr><td rowspan="4">시생 누대</td><td>신시생대</td><td colspan="3" rowspan="4">스트로마톨라이트</td><td rowspan="4">(㉔   ) 생물 출현</td></tr>
<tr><td>중시생대</td></tr>
<tr><td>고시생대</td></tr>
<tr><td>초시생대</td></tr>
</table>

중단원 마무리 문제

하 중 상

01 그림은 퇴적물이 퇴적암으로 되는 과정을 나타낸 것이다.

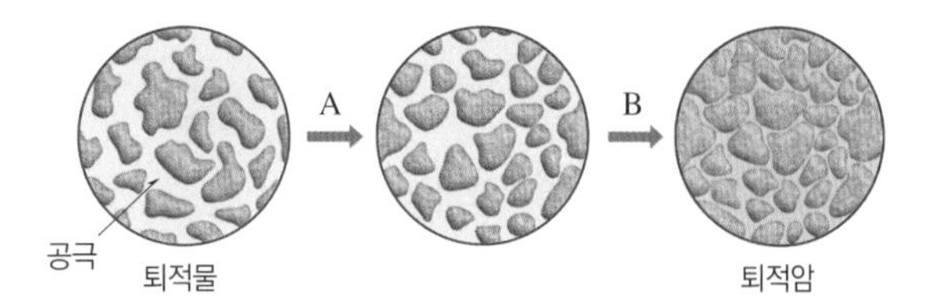

A와 B 과정에 대한 설명으로 옳지 않은 것은?

① A는 다짐 작용, B는 교결 작용에 해당한다.
② A 과정에서 퇴적물의 밀도는 증가한다.
③ A 과정은 주로 퇴적물의 압력 때문에 일어난다.
④ B 과정은 석회질 등의 물질로 공극이 채워지면서 일어난다.
⑤ A와 B 과정은 주로 지하 깊은 곳에서 일어난다.

하 중 상

02 그림 (가)~(다)는 여러 퇴적암을 나타낸 것이다.

이에 대한 설명으로 옳은 것만을 [보기]에서 있는 대로 고른 것은?

보기
ㄱ. (가)는 주로 자갈 크기의 퇴적물이 굳어서 생성된다.
ㄴ. (나)는 (다)보다 주로 수심이 깊은 환경에서 생성된다.
ㄷ. (다)에 묽은 염산을 떨어뜨리면 표면에 기포가 발생한다.

① ㄱ ② ㄴ ③ ㄱ, ㄷ
④ ㄴ, ㄷ ⑤ ㄱ, ㄴ, ㄷ

하 중 상

03 다음은 강원도 태백시 구문소 지역에 분포하는 퇴적층의 특징을 나타낸 것이다.

- 주로 석회암과 셰일로 구성되어 있다.
- 삼엽충, 완족류 화석이 산출되며 연흔이 관찰되기도 한다.

이 지역의 퇴적층이 형성된 지질 시대와 퇴적 환경을 순서대로 옳게 나타낸 것은?

① 고생대, 해양 환경 ② 고생대, 육상 환경
③ 중생대, 해양 환경 ④ 중생대, 육상 환경
⑤ 신생대, 연안 환경

하 중 상

04 그림은 퇴적암에서 관찰되는 특징적인 퇴적 구조이다.

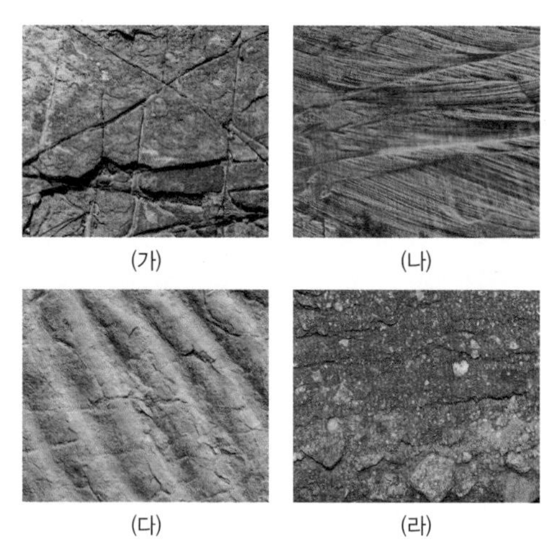

이에 대한 설명으로 옳은 것만을 [보기]에서 있는 대로 고른 것은?

보기
ㄱ. (가)는 건조한 환경에서 형성된다.
ㄴ. (나)와 (다)는 수심이 깊은 바다에서 형성된다.
ㄷ. (라)는 퇴적물의 침강 속도 차이 때문에 형성된다.

① ㄱ ② ㄴ ③ ㄱ, ㄷ
④ ㄴ, ㄷ ⑤ ㄱ, ㄴ, ㄷ

하 중 상

05 그림은 어느 지역의 지질 구조를 모식적으로 나타낸 것이다.

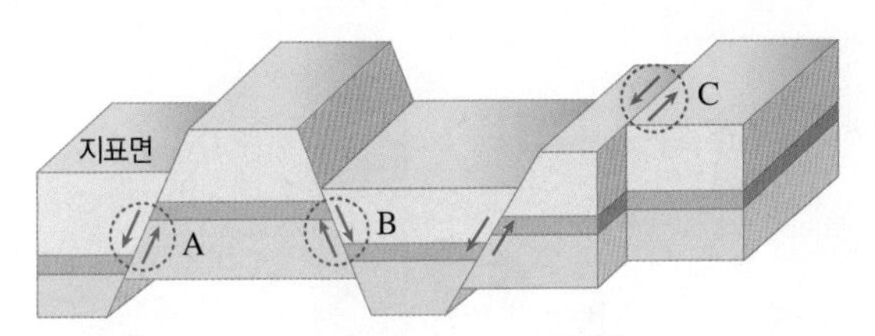

이에 대한 설명으로 옳은 것만을 [보기]에서 있는 대로 고른 것은?

보기
ㄱ. A는 역단층, B는 정단층이다.
ㄴ. C의 단층은 장력에 의해 형성되었다.
ㄷ. 판의 보존형 경계에서는 C의 단층이 나타난다.

① ㄱ ② ㄷ ③ ㄱ, ㄴ
④ ㄴ, ㄷ ⑤ ㄱ, ㄴ, ㄷ

하 중 상

06 그림은 어느 부정합이 형성되는 과정을 나타낸 것이다.

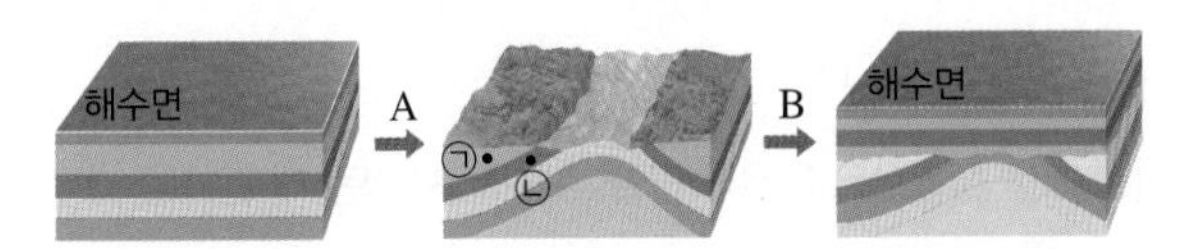

이에 대한 설명으로 옳은 것만을 [보기]에서 있는 대로 고른 것은?

보기
ㄱ. A는 주로 조산 운동이 일어나는 과정에서 나타난다.
ㄴ. ㉠과 ㉡의 퇴적 시기에 큰 시간 간격이 존재한다.
ㄷ. A와 B 과정에서 경사 부정합이 형성된다.

① ㄱ ② ㄴ ③ ㄱ, ㄷ
④ ㄴ, ㄷ ⑤ ㄱ, ㄴ, ㄷ

하 중 상

07 다음은 어느 지역의 지질 단면도이다.

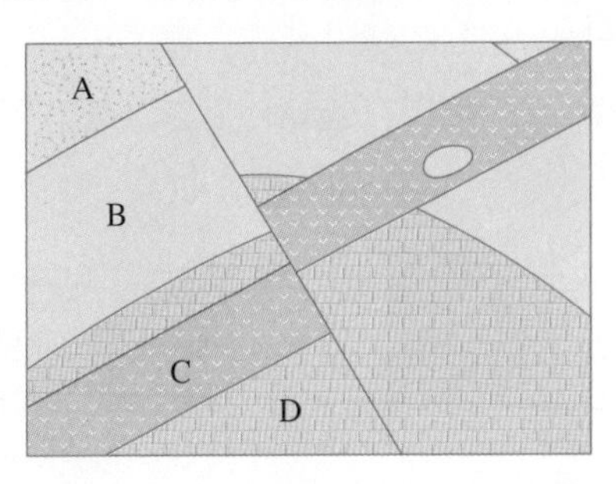

이에 대한 설명으로 옳은 것만을 [보기]에서 있는 대로 고른 것은? (단, 지층은 역전되지 않았다.)

보기
ㄱ. 지층이 퇴적된 후 횡압력을 받았다.
ㄴ. 지층의 생성 순서는 D → B → A → C이다.
ㄷ. 지층의 생성 순서 결정에 관입의 법칙이 적용된다.

① ㄱ ② ㄷ ③ ㄱ, ㄴ
④ ㄴ, ㄷ ⑤ ㄱ, ㄴ, ㄷ

하 중 상

08 그림 (가)와 (나)는 서로 다른 절리가 형성되는 과정을 나타낸 것이다.

(가)	(나)
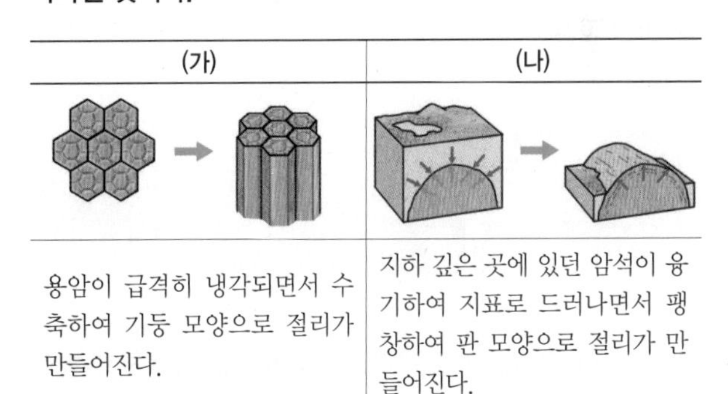	
용암이 급격히 냉각되면서 수축하여 기둥 모양으로 절리가 만들어진다.	지하 깊은 곳에 있던 암석이 융기하여 지표로 드러나면서 팽창하여 판 모양으로 절리가 만들어진다.

이에 대한 설명으로 옳은 것만을 [보기]에서 있는 대로 고른 것은?

보기
ㄱ. (가)는 주상 절리에 해당한다.
ㄴ. (나)는 화강암에 잘 나타나는 절리이다.
ㄷ. (가)와 (나)가 형성되면 암석의 풍화가 촉진된다.

① ㄱ ② ㄴ ③ ㄱ, ㄷ
④ ㄴ, ㄷ ⑤ ㄱ, ㄴ, ㄷ

하 중 상

09 그림은 마그마의 관입이나 분출이 일어난 두 지역을 나타낸 것이다.

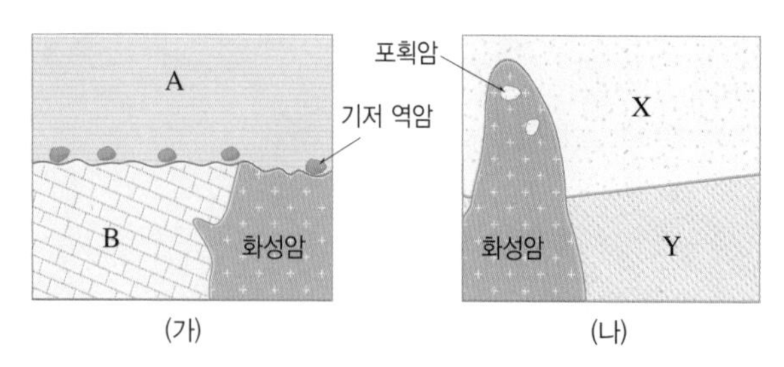

이에 대한 설명으로 옳은 것만을 [보기]에서 있는 대로 고른 것은? (단, (가)와 (나) 지역 화성암의 절대 연령은 같다.)

보기

ㄱ. (가)에서 화성암이 A 지층보다 나중에 생성되었다.
ㄴ. (나)에서 포획암은 화성암보다 먼저 생성되었다.
ㄷ. (나)의 X 지층의 퇴적 시기는 (가)의 A 지층보다 빠르다.

① ㄱ ② ㄷ ③ ㄱ, ㄴ
④ ㄴ, ㄷ ⑤ ㄱ, ㄴ, ㄷ

하 중 상

10 그림 (가), (나), (다)는 서로 다른 세 지역에서 작성한 지질 단면도이다.

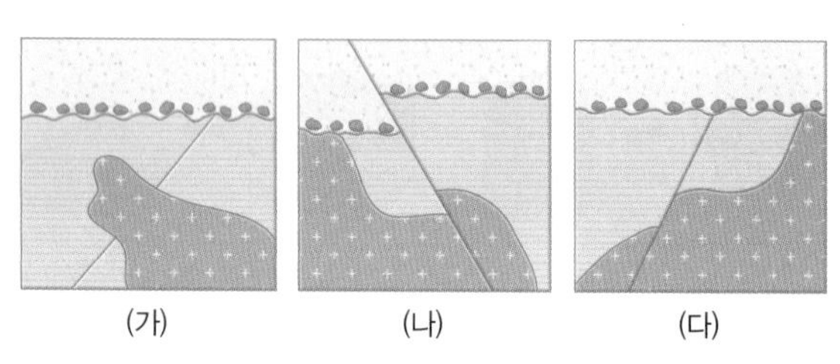

이 지역에 나타나는 지질 구조와 지층의 생성 순서에 대한 설명으로 옳은 것만을 [보기]에서 있는 대로 고른 것은?

보기

ㄱ. (나)에서는 관입이 단층보다 먼저 일어났다.
ㄴ. (다)의 지질 구조 중 부정합이 가장 나중에 형성되었다.
ㄷ. 단층이 부정합보다 먼저 형성된 지역은 (가)와 (다)이다.

① ㄱ ② ㄷ ③ ㄱ, ㄴ
④ ㄴ, ㄷ ⑤ ㄱ, ㄴ, ㄷ

하 중 상

11 그림은 (가), (나), (다) 지역의 지층과 산출 화석을 나타낸 것이다.

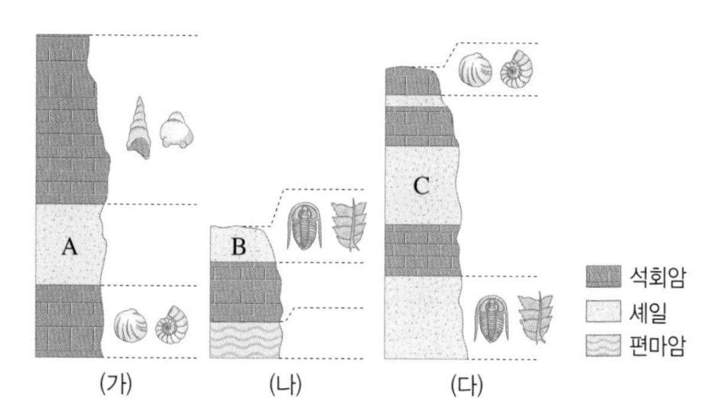

이에 대한 설명으로 옳은 것만을 [보기]에서 있는 대로 고른 것은?

보기

ㄱ. 가장 오래된 지층은 (나) 지역에 있다.
ㄴ. A~C층이 퇴적된 순서는 A → C → B이다.
ㄷ. C 셰일층에서는 화폐석 화석이 산출될 수 있다.

① ㄱ ② ㄴ ③ ㄱ, ㄷ
④ ㄴ, ㄷ ⑤ ㄱ, ㄴ, ㄷ

하 중 상

12 그림 (가)와 (나)는 각각 방사성 동위 원소 X와 Y의 시간에 따른 함량을 나타낸 것이다.

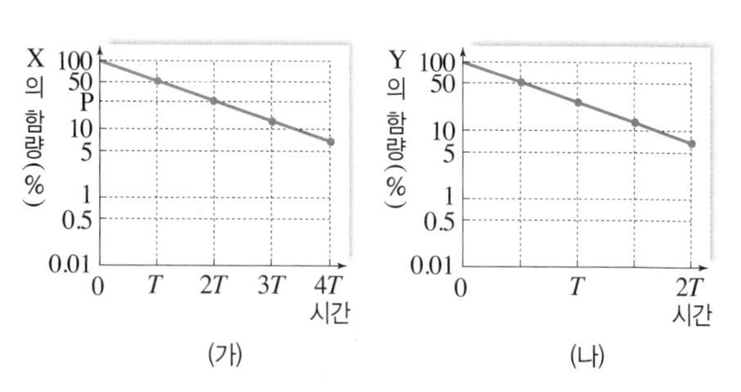

이에 대한 설명으로 옳은 것만을 [보기]에서 있는 대로 고른 것은?

보기

ㄱ. (가)에서 P는 25이다.
ㄴ. 반감기는 X가 Y의 2배이다.
ㄷ. (나)에서 $1.5T$시간 경과 후 Y의 함량은 처음 양의 $\frac{1}{4}$보다 크다.

① ㄱ ② ㄷ ③ ㄱ, ㄴ
④ ㄴ, ㄷ ⑤ ㄱ, ㄴ, ㄷ

하 중 상

13 그림 (가), (나), (다)는 서로 다른 지층에서 발견된 표준 화석이다.

(가)

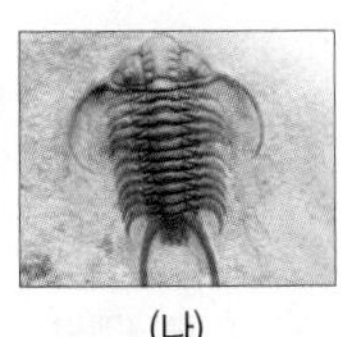
(나)

(다)

이에 대한 설명으로 옳은 것만을 [보기]에서 있는 대로 고른 것은?

보기
ㄱ. (가)는 육지 환경에서 퇴적된 지층에서 발견된다.
ㄴ. 번성했던 기간이 가장 긴 생물은 (나)이다.
ㄷ. (다)는 (가)와 함께 멸종하였다.

① ㄱ ② ㄷ ③ ㄱ, ㄴ
④ ㄴ, ㄷ ⑤ ㄱ, ㄴ, ㄷ

하 중 상

14 그림은 현생 누대에 속하는 서로 다른 지질 시대의 생태계 모습을 나타낸 것이다.

(가)

(나)

(다)

이에 대한 설명으로 옳은 것만을 [보기]에서 있는 대로 고른 것은?

보기
ㄱ. 오존층이 형성되어 육상 생물이 최초로 출현한 지질 시대는 (가)이다.
ㄴ. 양치식물은 (나) 시대에 크게 번성하였다.
ㄷ. 평균 기온은 (다) 시대가 (나) 시대보다 높았다.

① ㄱ ② ㄴ ③ ㄱ, ㄷ
④ ㄴ, ㄷ ⑤ ㄱ, ㄴ, ㄷ

서술형 문제

하 중 상

15 그림은 바람으로 형성된 어느 지역의 퇴적 구조를 나타낸 것이다.
A~C층에 형성된 퇴적 구조를 쓰고, 세 층의 생성 순서를 근거와 함께 서술하시오.

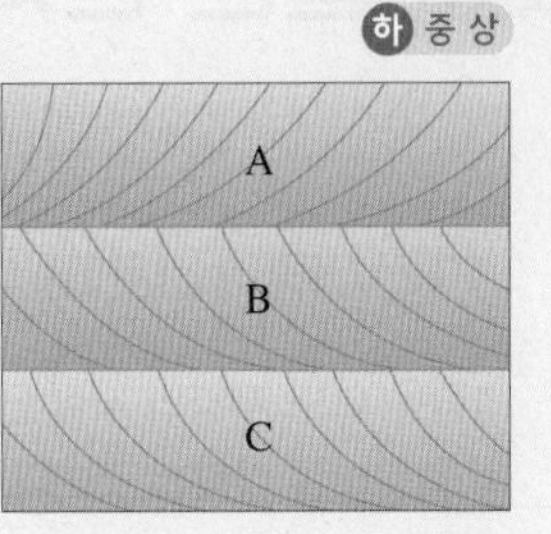

하 중 상

16 그림은 어느 지역의 지질 단면도를 나타낸 것이다.

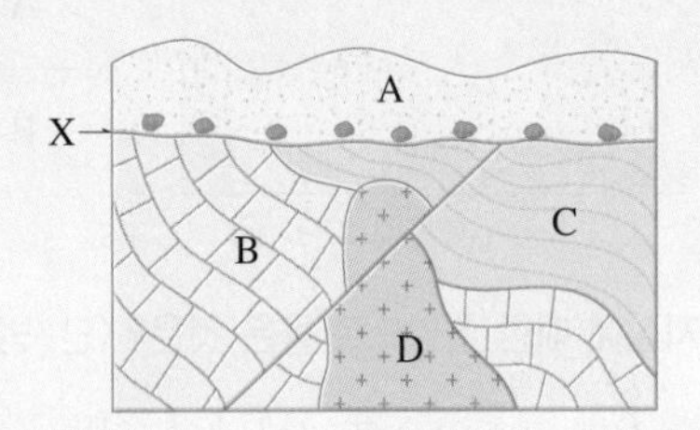

이 지역에서 관찰되는 지질 구조를 모두 쓰고, 지질 구조의 형성 순서를 근거와 함께 서술하시오.

하 중 상

17 그림 (가)에서 A~D는 신생대, 중생대, 고생대, 선캄브리아 시대를 상대적인 길이에 따라 나타낸 것이고, (나)는 어느 지질 시대에 번성하였던 생물을 나타낸 것이다.

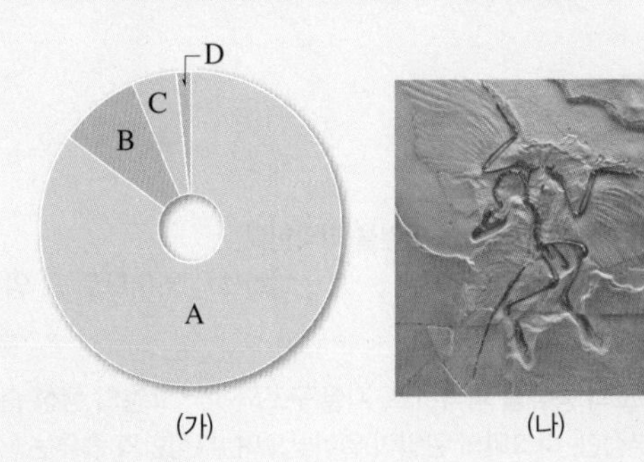

(가) (나)

(1) A~D 지질 시대를 각각 쓰시오.

(2) (나) 생물의 이름을 쓰고, 이 생물이 출현하였던 지질 시대를 A~D 중에서 고르시오.

수능 실전 문제

• 수능 출제 경향

이 단원은 퇴적암과 지질 구조의 특징, 지층과 암석의 상대 연령과 절대 연령 측정, 지질 시대의 구분 및 환경과 생물에 관한 내용으로 구성되어 있으며 수능에서 꾸준히 출제되고 있다. 특히, 상대 연령과 절대 연령 측정, 지질 시대의 환경을 묻는 문제들이 자주 출제된다.

수능 이렇게 나온다!

그림은 어느 지역의 지질 단면도를, 표는 화성암 A와 B에 포함된 방사성 동위 원소 X와 자원소의 함량비를 나타낸 것이다.

❶ 화성암 A가 생성된 후, B가 A를 관입하였다.

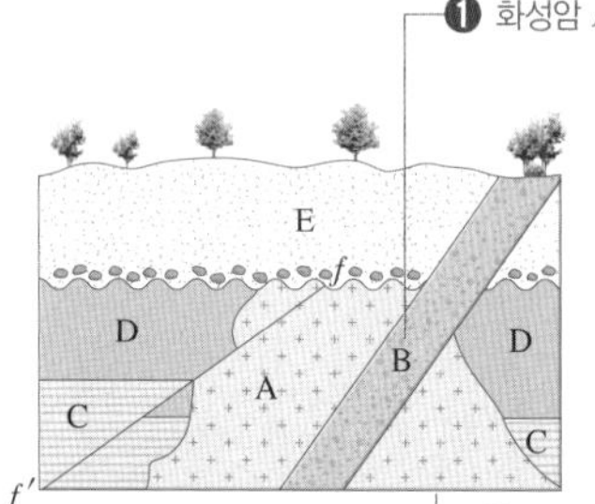

❷ 지질 구조: 관입, 역단층, 부정합

❸ A는 반감기가 2번, B는 1번 지났다.

화성암	방사성 동위 원소 X	자원소
A	$\frac{1}{4}$	$\frac{3}{4}$
B	$\frac{1}{2}$	$\frac{1}{2}$

이 지역의 지질에 대한 설명으로 옳은 것은? (단, 방사성 동위 원소 X의 반감기는 1억 년이다.)

① A에서는 B가 포획암으로 나타날 수 있다.
② E에서는 매머드가 발견될 수 있다.
③ 경사 부정합이 있다.
④ 단층 $f-f'$는 중생대에 형성되었다.
⑤ 지층과 암석의 생성 순서는 C → D → A → B → E이다.

출제개념

상대 연령과 절대 연령을 이용한 지층의 생성 순서

▶ 본문 85쪽, 87~88쪽

출제의도

지층, 암석, 지질 구조의 생성 순서를 판단하고, 방사성 동위 원소 반감기와 비율을 통해 절대 연령을 측정하여 지층의 퇴적 시기를 확인하는 문제이다.

전략적 풀이

❶ 포획암이 생성될 수 있는 조건을 파악한다.

① A 암석은 B 암석보다 먼저 (　　　)한 화성암이므로 A 암석에서는 B 암석이 (　　　)으로 나타날 수 없다.

❷ 지질 구조의 종류를 파악하고, 지질 구조와 A~E층의 생성 순서를 파악한다.

③ 단층, 부정합, 마그마의 관입이 일어났으며, 부정합의 종류는 (　　　) 부정합, 난정합이 있다.

⑤ A, C, D층은 단층으로 끊어졌고, 단층 $f-f'$는 부정합으로 끊어졌다. 따라서 지층의 생성 순서는 C → D → (　　　) 관입 → 단층 $f-f'$ → 부정합 → E → (　　　) 관입이다.

❸ 방사성 동위 원소의 반감기를 이용하여 A, B 암석의 절대 연령을 측정하고, E층의 퇴적 시기와 단층 $f-f'$의 형성 시기를 판단한다.

②, ④ A 암석은 반감기가 (　　　)번 지났으므로 절대 연령은 2억 년(1억 년×2번)이고, B 암석은 반감기가 (　　　)번 지났으므로 절대 연령은 1억 년(1억 년×1번)이다. 따라서 A 암석과 B 암석 사이에 형성된 단층 $f-f'$와 E층은 (　　　)에 만들어진 것이다.

❶ 관입, 포획암 ❷ 경사, A, B ❸ 2, 1, 중생대

답 ④

01 그림은 퇴적암이 형성되는 과정의 일부를 나타낸 것이다.

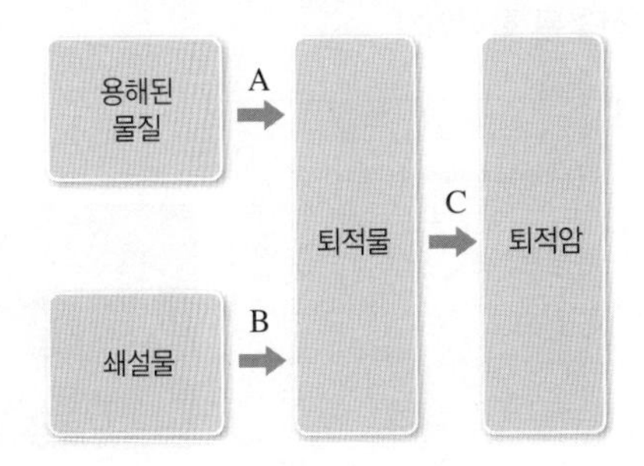

이에 대한 설명으로 옳은 것만을 [보기]에서 있는 대로 고른 것은?

보기
ㄱ. A 과정에서 공극이 감소한다.
ㄴ. B는 주로 지표 부근에서 일어난다.
ㄷ. C는 속성 작용에 해당한다.

① ㄱ ② ㄷ ③ ㄱ, ㄴ
④ ㄴ, ㄷ ⑤ ㄱ, ㄴ, ㄷ

02 그림은 형성 과정이 다른 퇴적물로 이루어진 퇴적암 (가)~(다)의 생성 과정을 나타낸 것이다.

(가)	(나)	(다)
분출된 화산재가 쌓이고 굳어져서 생성된다.	생물체의 유해 등이 해저에 쌓여 굳어져 생성된다.	물의 증발로 잔류한 물질이 굳어져 생성된다.

이에 대한 설명으로 옳은 것만을 [보기]에서 있는 대로 고른 것은?

보기
ㄱ. (가)는 쇄설성 퇴적암에 속한다.
ㄴ. (나)와 같은 암석에는 사층리가 잘 나타난다.
ㄷ. (다)는 건조한 환경에서 잘 형성된다.

① ㄱ ② ㄴ ③ ㄱ, ㄷ
④ ㄴ, ㄷ ⑤ ㄱ, ㄴ, ㄷ

03 그림은 어느 지역의 지질 단면과 퇴적 구조를 나타낸 것이다.

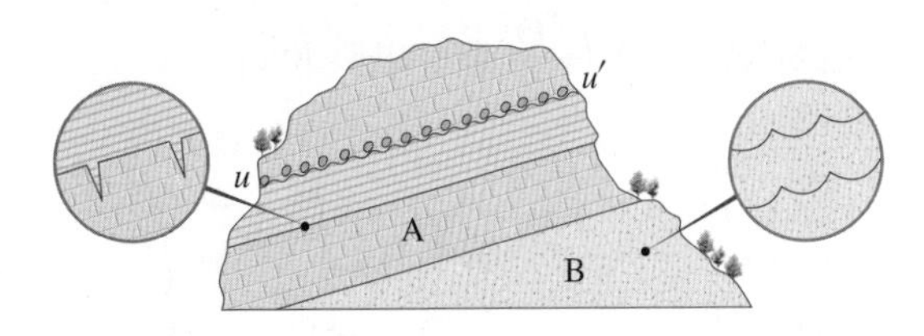

이에 대한 설명으로 옳은 것만을 [보기]에서 있는 대로 고른 것은?

보기
ㄱ. $u-u'$는 경사 부정합이다.
ㄴ. A층은 퇴적된 후 건조한 대기에 노출된 적이 있었다.
ㄷ. 이 지역의 지층은 역전되었다.

① ㄱ ② ㄴ ③ ㄱ, ㄷ
④ ㄴ, ㄷ ⑤ ㄱ, ㄴ, ㄷ

04 다음은 강원도 태백시 구문소의 지질에 대한 설명이다.

• 석회암이 두껍게 퇴적되어 있다.
• 화석 (가), 완족류 등의 화석이 산출된다.
• (나)와 같은 퇴적 구조가 나타난다.

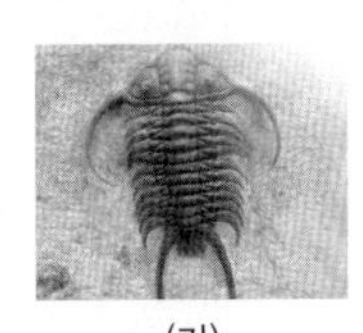
(가)

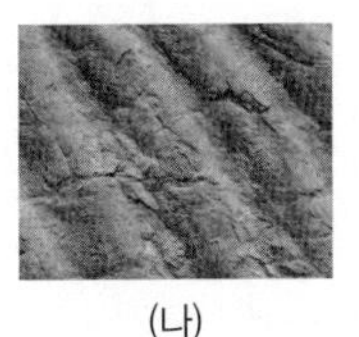
(나)

이 지역에 대한 설명으로 옳은 것만을 [보기]에서 있는 대로 고른 것은?

보기
ㄱ. 주로 쇄설성 퇴적암이 분포한다.
ㄴ. 고생대에 생성된 암석이 분포한다.
ㄷ. (나)는 수심이 얕은 물 밑에서 생성되었다.

① ㄱ ② ㄴ ③ ㄱ, ㄷ
④ ㄴ, ㄷ ⑤ ㄱ, ㄴ, ㄷ

05 그림 (가)는 과거 42만 년 동안의 대기 중 CO_2 농도를, (나)는 같은 기간 동안의 대기 또는 해양 생물의 껍질에서 측정한 산소 동위 원소비($\frac{^{18}O}{^{16}O}$)를 나타낸 것이다.

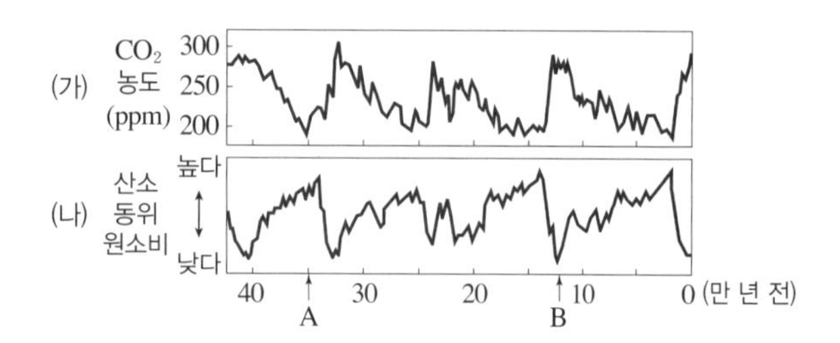

이에 대한 설명으로 옳은 것만을 [보기]에서 있는 대로 고른 것은?

보기
ㄱ. 대륙 빙하의 면적은 A보다 B 시기에 넓었을 것이다.
ㄴ. 해수 중에서 증발하는 수증기량은 B보다 A 시기에 많을 것이다.
ㄷ. (나)는 해양 생물의 껍질에서 측정한 산소 동위 원소비에 해당한다.

① ㄱ ② ㄷ ③ ㄱ, ㄴ ④ ㄴ, ㄷ ⑤ ㄱ, ㄴ, ㄷ

06 그림 (가)는 어느 지역의 지층 A~E에서 발견된 화석의 산출 범위를, (나)는 다른 두 지역의 지층 ㉠과 ㉡에서 발견된 화석을 나타낸 것이다.

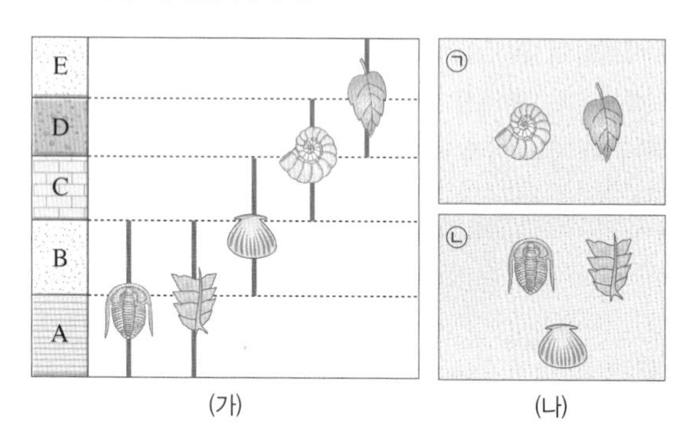

(가) (나)

이에 대한 설명으로 옳은 것만을 [보기]에서 있는 대로 고른 것은? (단, (가)에서 지층은 역전되지 않았다.)

보기
ㄱ. 지층 ㉠은 지층 D에 대비된다.
ㄴ. 지층 ㉠이 지층 ㉡보다 나중에 생성되었다.
ㄷ. 산출 화석군의 변화는 지층 B와 C의 경계에서 가장 크다.

① ㄱ ② ㄷ ③ ㄱ, ㄴ ④ ㄴ, ㄷ ⑤ ㄱ, ㄴ, ㄷ

[07~08] 그림 (가)는 어느 지역의 지질 단면도이고, (나)는 B 지층에서 산출된 화석이다.

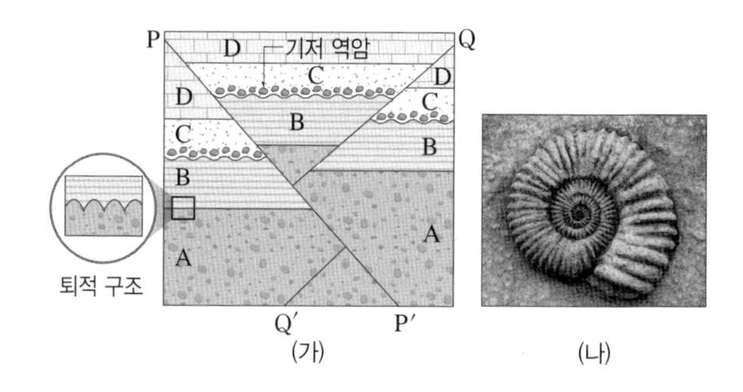

(가) (나)

07 두 지층 사이의 생성 순서를 밝히는 데 적용된 지사학 법칙으로 옳은 것만을 [보기]에서 있는 대로 고른 것은?

보기
ㄱ. A－B 지층: 지층 누중의 법칙
ㄴ. B－C 지층: 부정합의 법칙
ㄷ. C－D 지층: 수평 퇴적의 법칙

① ㄱ ② ㄴ ③ ㄱ, ㄷ
④ ㄴ, ㄷ ⑤ ㄱ, ㄴ, ㄷ

08 이에 대한 설명으로 옳은 것만을 [보기]에서 있는 대로 고른 것은?

보기
ㄱ. A 지층에서는 삼엽충 화석이 산출될 수 있다.
ㄴ. 단층 P－P′와 Q－Q′는 횡압력이 작용하여 형성되었다.
ㄷ. 이 지역은 단층 Q－Q′가 생기기 전에 수면 위로 노출된 적이 있다.

① ㄱ ② ㄷ ③ ㄱ, ㄴ
④ ㄴ, ㄷ ⑤ ㄱ, ㄴ, ㄷ

09 그림 (가)는 어느 지역의 지질 단면도를, (나)는 X에서 Y까지 암석의 연령을 나타낸 것이다.

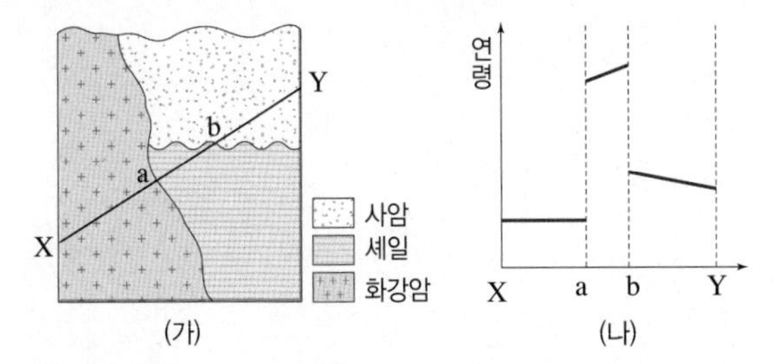

이에 대한 설명으로 옳은 것만을 [보기]에서 있는 대로 고른 것은?

보기

ㄱ. (가)에서 암석의 생성 순서는 화강암 → 셰일 → 사암이다.

ㄴ. 지층의 역전이 일어난 부분은 a－b 구간이다.

ㄷ. b－Y 구간이 형성되기 전에 지층의 융기, 침강 작용이 있었다.

① ㄱ ② ㄷ ③ ㄱ, ㄴ
④ ㄴ, ㄷ ⑤ ㄱ, ㄴ, ㄷ

10 그림 (가)는 어느 지역의 지질 단면도이고, (나)는 방사성 동위 원소 Ⅰ과 Ⅱ의 시간에 따른 함량 변화를 나타낸 것이다.

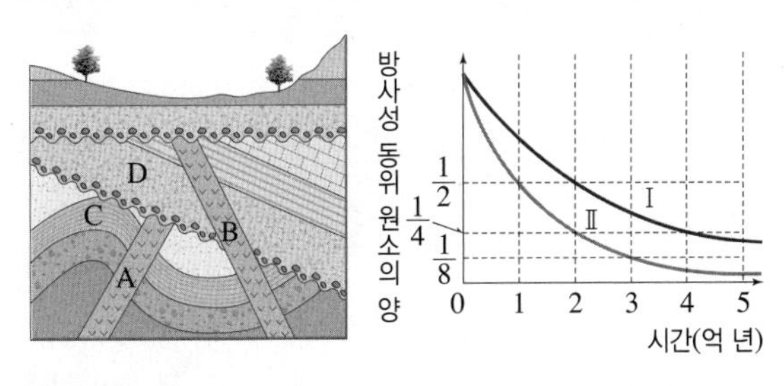

이에 대한 설명으로 옳은 것만을 [보기]에서 있는 대로 고른 것은? (단, 화성암 A에는 원소 Ⅰ이, 화성암 B에는 원소 Ⅱ가 포함되어 있으며, 모원소와 자원소의 비는 모두 1 : 1이다.)

보기

ㄱ. C → D → A → B 순으로 생성되었다.

ㄴ. 지층 D에서는 방추충 화석이 산출될 수 있다.

ㄷ. 이 지역은 최소한 3회의 융기 작용이 있었다.

① ㄱ ② ㄷ ③ ㄱ, ㄷ
④ ㄴ, ㄷ ⑤ ㄱ, ㄴ, ㄷ

11 그림은 어느 지역의 지질 단면도와 지층에서 산출되는 화석의 범위를 나타낸 것이다.

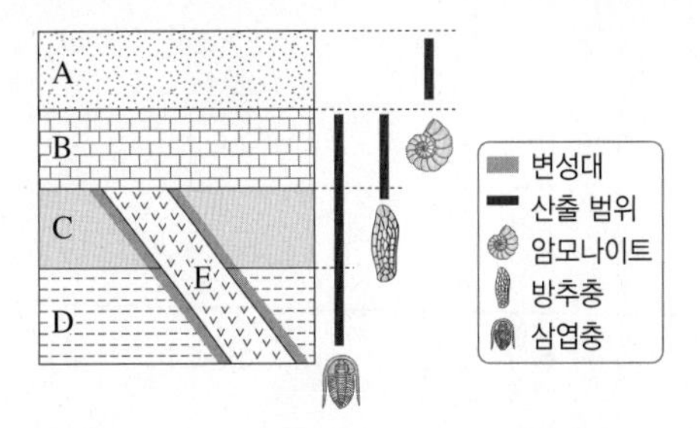

이에 대한 설명으로 옳은 것만을 [보기]에서 있는 대로 고른 것은?

보기

ㄱ. A~D는 모두 바다에서 퇴적된 지층이다.

ㄴ. E가 관입한 시대에 겉씨식물이 번성하였다.

ㄷ. A와 B는 부정합 관계에 해당한다.

① ㄱ ② ㄴ ③ ㄱ, ㄷ
④ ㄴ, ㄷ ⑤ ㄱ, ㄴ, ㄷ

12 그림은 현생 누대 동안 생물 과의 멸종 비율을 나타낸 것이다.

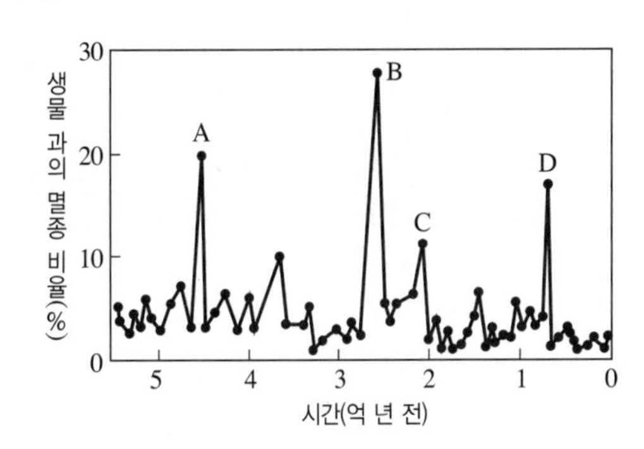

이에 대한 설명으로 옳은 것만을 [보기]에서 있는 대로 고른 것은?

보기

ㄱ. A 시기에 삼엽충이 멸종되었다.

ㄴ. B와 D 시기 사이에는 빙하기가 없었다.

ㄷ. 판게아가 갈라지기 시작한 시기는 C보다 D에 가깝다.

① ㄱ ② ㄴ ③ ㄱ, ㄷ
④ ㄴ, ㄷ ⑤ ㄱ, ㄴ, ㄷ

Ⅲ 대기와 해양

1 대기와 해양의 변화

Review

이전에 학습한 내용 중 이 단원과 연계된 내용을 다시 한 번 떠올려 봅시다.

다음 단어가 들어갈 곳을 찾아 빈칸을 완성해 보자.

여름	고기압	북서풍	저기압	수온 약층	온난 전선	한랭 건조	한랭 전선	염분비 일정

중3 기권과 날씨

- **우리나라 주변의 기단**

시베리아 기단
고위도 (한랭)
오호츠크해 기단
대륙 (건조)
해양 (다습)
양쯔강 기단
저위도 (온난, 고온)
북태평양 기단

기단	영향을 주는 계절	특징
시베리아 기단	겨울	❶
양쯔강 기단	봄, 가을	온난 건조
오호츠크해 기단	초여름, 가을	한랭 다습
북태평양 기단	❷	고온 다습

- **전선의 종류**

❸	찬 공기가 따뜻한 공기를 파고들 때 형성되는 전선
❹	따뜻한 공기가 찬 공기를 타고 오를 때 형성되는 전선
정체 전선	두 기단의 세력이 비슷할 때 한곳에 오랫동안 머물러 있는 전선
폐색 전선	한랭 전선과 온난 전선이 겹쳐져서 형성되는 전선

- **고기압, 저기압, 온대 저기압**

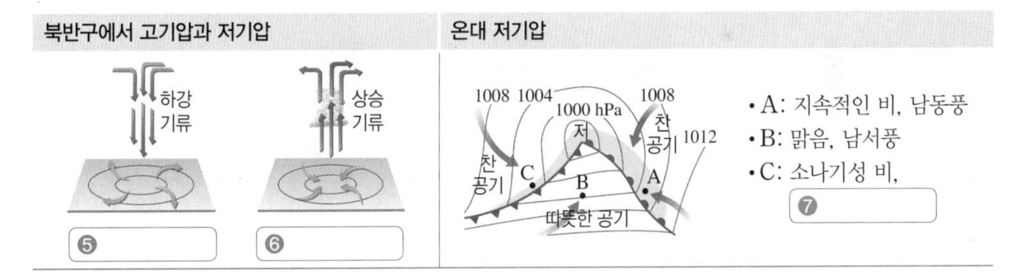

중2 수권과 해수의 순환

- **염류와 염분**

① **염류**: 해수에 녹아 있는 여러 가지 물질

② **염분**: 해수에 녹아 있는 염류의 총량을 g 수로 나타낸 것

③ ❽ **법칙**: 해수는 지역에 따라 염분은 달라도 염류의 비율은 항상 일정하다.

- **해수의 층상 구조**

혼합층	태양 에너지의 가열로 수온이 높고, 바람의 혼합 작용으로 깊이에 따라 수온이 거의 일정한 층
❾	깊이가 깊어짐에 따라 수온이 급격히 낮아지는 층
심해층	수온이 낮고 수온 변화가 거의 없는 층

답 ❶ 한랭 건조 ❷ 여름 ❸ 한랭 전선 ❹ 온난 전선 ❺ 고기압 ❻ 저기압 ❼ 북서풍 ❽ 염분비 일정 ❾ 수온 약층

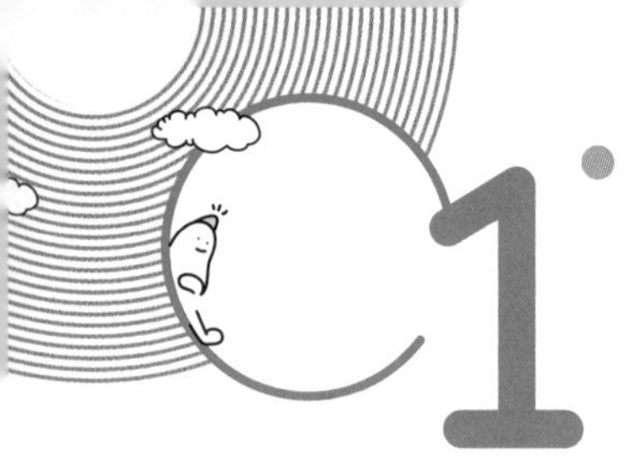

1 기압과 날씨 변화

핵심 포인트
- ❶ 고기압과 저기압 ★★★
- ❷ 위성 영상과 날씨 해석 ★★
- ❸ 정체성 고기압과 이동성 고기압 ★★
- ❹ 온대 저기압과 날씨 ★★★

A 기압과 날씨

1. 기단의 생성과 변질

(1) [1]**기단**: 기온과 습도 등의 성질이 비슷한 커다란 공기 덩어리 — 기단은 넓은 대륙이나 해양과 같이 비슷한 성질을 갖는 공기가 존재하게 되는 넓은 지역에서 발생한다.

(2) **우리나라에 영향을 주는 기단** 134쪽 대표 자료❶

시베리아 기단
고위도 (한랭)
오호츠크해 기단
대륙 (건조)
해양 (다습)
양쯔강 기단
저위도 (온난, 고온)
북태평양 기단

기단	◆성질	영향을 주는 계절
시베리아 기단	한랭 건조	겨울
양쯔강 기단	온난 건조	봄, 가을
오호츠크해 기단	한랭 다습	초여름 장마철, 가을
북태평양 기단	고온 다습	여름

⬆ 우리나라 주변의 기단 — 우리나라는 북반구의 중위도 지역에서 대륙과 해양이 접하는 경계에 위치하여 계절에 따라 영향을 받는 기단의 종류가 다르다.

(3) **기단의 이동과 성질 변화**: 기단은 이동하면 세력이 확장되거나 약화되는데, 이때 기단은 새로 만나는 지표면과 열과 수증기를 교환하면서 성질이 달라진다. 미래엔, YBM 교과서에만 나와요.

찬 기단이 따뜻한 바다 위를 통과할 때	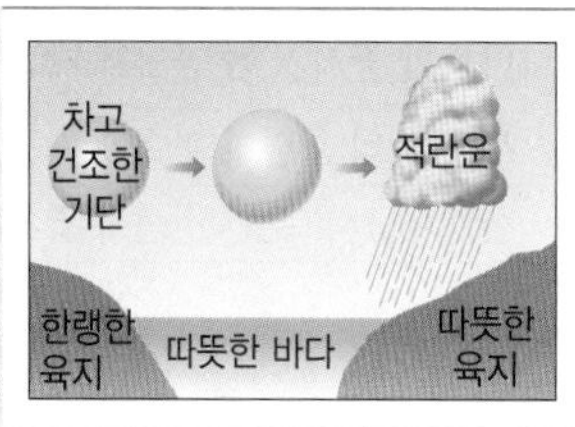	따뜻한 바다에서 열과 수증기가 공급됨(기온과 습도 증가) → 기층의 아래쪽부터 가열되어 기단이 불안정해짐 → 강한 상승 기류의 발생으로 적운형 구름이 생성됨 예 시베리아 기단이 황해를 지나 남하하면 열과 수증기가 공급되어 습도가 높아지고 기층이 불안정해지면서 적란운이 생성되어 서해안에 폭설이 내리기도 한다.
따뜻한 기단이 찬 바다 위를 통과할 때	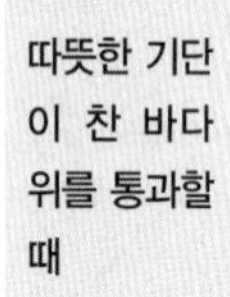따뜻한 기단 층운 또는 안개 따뜻한 바다 찬 바다 한랭한 육지	찬 바다에 열을 빼앗기고 수증기가 공급됨(기온 하강, 습도 증가) → 기층의 아래쪽부터 냉각되므로 기단이 안정해짐 → 상승 기류가 약해지면서 층운형 구름이나 안개가 생성됨 예 북태평양 기단이 북상하여 우리나라 동해의 찬 해수면의 영향을 받으면 안개가 자주 발생한다.

2. 고기압과 저기압

구분	고기압	저기압
개념	주변보다 [2]기압이 상대적으로 높은 곳	주변보다 기압이 상대적으로 낮은 곳
기류	하강 기류 — 공기가 상층 대기에서 지표면으로 내려와서 공기의 양이 상대적으로 많아진 고기압 중심으로부터 주변 지역을 향해 바람이 불어 나간다.	상승 기류 — 지표면의 공기가 상층 대기로 이동하면 상대적으로 공기의 양이 적어진 저기압 중심을 향해 주변 지역으로부터 바람이 불어 들어온다.
바람	고기압 중심에서 주변 지역으로 불어 나간다. — 북반구 지역은 전향력의 영향으로 고기압 중심에서 주변 지역을 향해 시계 방향으로 돌면서 불어 나간다.	주변 지역에서 저기압 중심으로 불어 들어온다. — 북반구 지역은 전향력의 영향으로 저기압 중심을 향해 주변 지역으로부터 시계 반대 방향으로 돌면서 불어 들어온다.
날씨	맑음	흐림, 비
	하강 기류 발달 → 단열 압축 → 기온 상승 → 상대 습도 감소 → 구름 소멸 → 맑은 날씨	상승 기류 발달 → 단열 팽창 → 기온 하강 → 상대 습도 증가 → 구름 형성 → 흐린 날씨

◆ 기단의 성질

대륙에서 발생	건조
해양에서 발생	다습
고위도에서 발생	한랭
저위도에서 발생	온난(고온)

주의해!

기단의 변질
기단은 차가운 지역에서 만들어지면 한랭한 기단이 되고, 다습한 해양에서 만들어지면 다습한 기단이 된다. 또한 따뜻한 기단이라도 차가운 지역으로 이동하면 이동 시 지표면과의 열 교환으로 인해 기층의 아래쪽부터 차가워지며 성질이 변하게 된다.

암기해!

고기압과 저기압에서의 날씨
- 고기압: 하강 기류 → 구름 소멸 → 맑음
- 저기압: 상승 기류 → 구름 생성 → 흐림, 비

용어

❶ 기단(氣 공기, 團 덩어리) 수평 방향으로 온도·습도 등이 거의 같게 넓은 범위에 걸쳐 퍼져 있는 공기 덩어리

❷ 기압(氣 공기, 壓 누르다) 대기의 압력, 공기의 질량이 단위 면적을 누르는 압력으로, 지표면에서 평균 기압은 1기압(약 1013 hPa)이다.

북반구 지역의 고기압과 저기압에서의 날씨

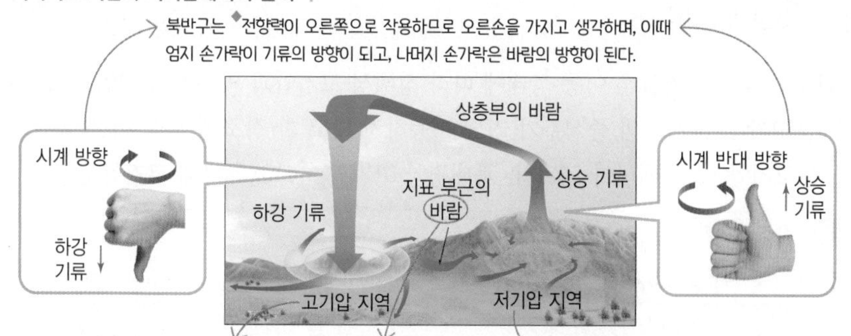

- 고기압 중심에서는 하강 기류로 인해 구름이 소멸하므로 맑은 날씨가 된다.
- 고기압 중심으로부터 주변 지역을 향해 바람이 시계 방향으로 돌면서 불어 나간다.

고기압에서 저기압으로 바람이 분다.

- 저기압 중심에서는 상승 기류로 인해 구름이 형성되므로 흐리거나 비가 온다.
- 저기압 중심을 향해 주변 지역으로부터 바람이 시계 반대 방향으로 돌면서 불어 들어온다.

3. 위성 영상과 날씨

구분	가시 영상	적외 영상
관측하는 파장	❶가시광선	❷적외선
알 수 있는 것	구름과 지표면이 반사한 태양광의 세기	물체가 온도에 따라 방출하는 적외선 에너지의 양
장점 및 단점	야간에는 관측이 안 됨	낮과 밤에 관계없이 관측 가능

위성 영상 해석

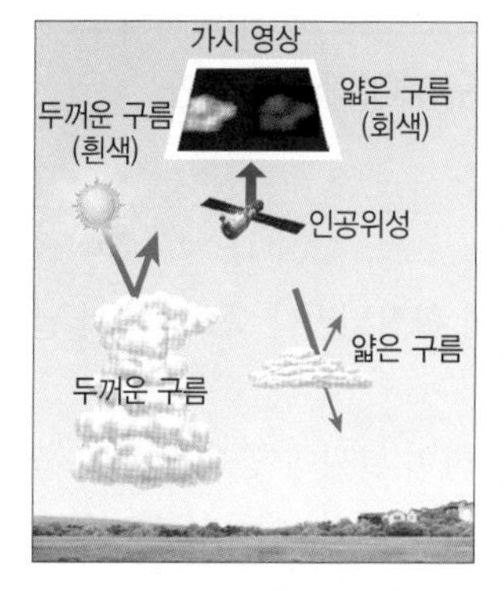

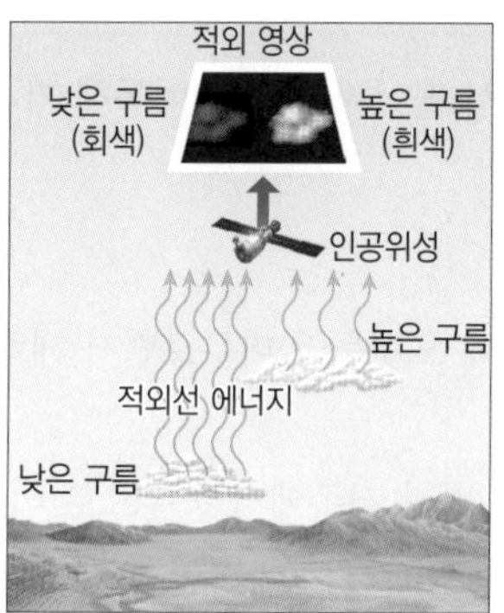

- 가시 영상: 두께가 두꺼운 구름일수록 태양 빛을 많이 반사하므로 밝게 관측된다.
  적란운이 층운보다 흰색으로 관측된다.
- 적외 영상: 높은 곳에 있는 구름일수록(온도가 낮은 구름일수록) 밝게 보인다.
  상층운은 하층운보다 온도가 낮아 흰색으로 보인다.
- 가시 영상은 낮에만 관측 가능하고, 적외 영상은 24시간 관측이 가능하다.

탐구 자료창 고기압과 저기압일 때의 날씨 해석

그림 (가)와 (나)는 같은 날, 같은 시각의 일기도와 위성 영상을 나타낸 것이다.

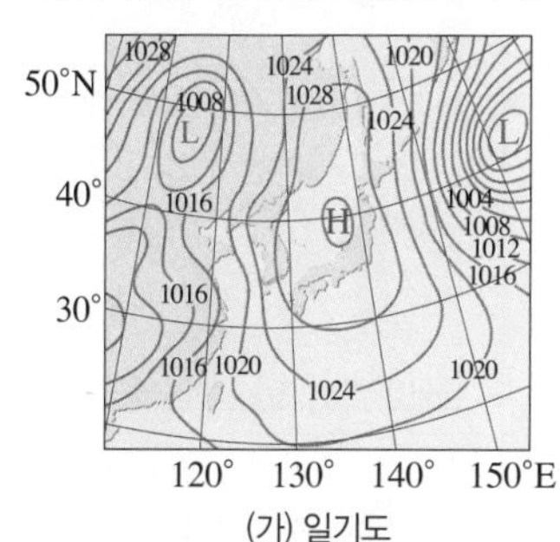

(가) 일기도

(나) 위성 영상(가시 영상)

저기압이 발달한 곳에는 구름이 많이 분포한다.

고기압이 발달한 곳에는 구름이 거의 없다.

1. **우리나라 울릉도의 날씨 해석:** 우리나라 울릉도는 고기압의 영향으로 현재 날씨가 맑다.
2. **구름의 두께와 위성 영상:** 가시 영상에서 구름의 두께가 두꺼운 곳일수록 밝게 나타난다.

◆ **전향력**
지구의 자전 운동 때문에 물체의 운동 방향이 북반구에서는 운동 방향의 오른쪽 방향으로, 남반구에서는 운동 방향의 왼쪽 방향으로 휘어지게 하는 힘이다.

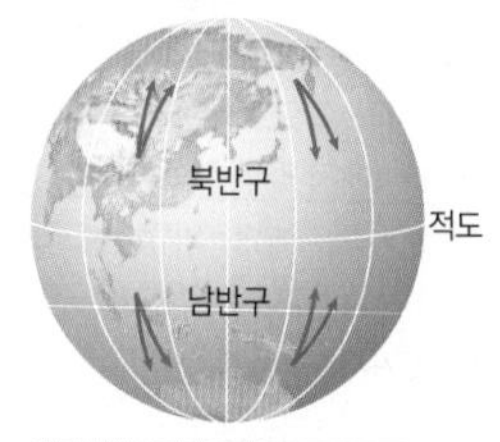

주의해!

북반구의 기압과 바람
고기압에서는 바람이 시계 방향으로 불어 나가고, 저기압에서는 바람이 시계 반대 방향으로 불어 들어온다.

궁금해?

온도가 낮은 구름일수록 적외 영상에서 밝게 보이는 까닭은?
물체의 온도가 높을수록 더 많은 적외선 에너지를 방출하고, 적외 영상은 고온일수록 더 검게 나타나도록 인공적으로 처리한 것이다. 따라서 온도가 낮은 구름일수록 밝게 표시된다.

용어

❶ **가시광선(可視 보다, 光線 빛)** 눈으로 지각되는 파장 범위를 가진 빛으로, 파장 범위는 380~780 nm의 전자파이다.

❷ **적외선(赤 빨간색, 外 바깥, 線 빛)** 파장이 가시광선의 붉은색보다 길고 극초단파보다는 짧은 전자파이다.

B 고기압과 날씨

1. 고기압의 종류 고기압은 이동 상태에 따라 정체성 고기압과 이동성 고기압으로 구분한다.

(1) **정체성 고기압**: 고기압의 중심부가 거의 이동하지 않고 한 장소에 오랜 시간 머무르는 규모가 큰 고기압 예 시베리아 고기압, 북태평양 고기압, ◆오호츠크해 고기압 등

◆ **오호츠크해 고기압의 영향을 받는 계절의 날씨 특징**
- 높새 바람: 오호츠크해 고기압이 우리나라 쪽으로 확장되면서 영동 지방에서 태백산맥을 넘어 영서 지방으로 부는 바람 ➡ 영서 지방은 영동 지방보다 고온 건조한 날씨가 나타난다.

심화 + 특징에 따른 고기압의 분류

구분	온난 고기압	한랭 고기압
모식도	높이(km) 10, 5 / 고, 온난, 한랭, 400 hPa, 600 hPa, 800 hPa, 1000 hPa / 상층부도 고기압	높이(km) 10, 5 / 저, 고, 한랭, 온난, 400 hPa, 600hPa, 800 hPa, 1000 hPa / 상층부는 저기압
생성 원인	대기 대순환에 의해 중위도 상공에 수렴된 공기가 하강하여 형성	고위도 지역에서 찬 지표면의 영향으로 냉각된 공기가 침강하여 형성
특징	중심부의 온도가 주변보다 높음, 키 큰 고기압	중심부의 온도가 주변보다 낮음, 키 작은 고기압
예	북태평양 고기압	시베리아 고기압

(2) **이동성 고기압**: 정체성 고기압에서 떨어져 나와서 이동해 가는 규모가 작은 고기압
예 양쯔강 고기압

암기해!
- 고기압과 우리나라의 날씨
  - 시베리아 고기압: 겨울, 춥고 건조한 날씨
  - 북태평양 고기압: 여름, 덥고 습한 날씨
  - 이동성 고기압: 봄, 가을, 날씨 변화 심함

2. 고기압과 날씨

(1) **정체성 고기압과 날씨**: 같은 장소에 오랫동안 머무르면서 세력이 확장되거나 축소되면서 날씨에 영향을 준다.

(2) **이동성 고기압과 날씨**: ❶편서풍을 따라 서쪽에서 동쪽으로 이동하며 날씨에 영향을 준다.
➡ 이동성 고기압이 우리나라를 통과하는 데 3일~4일 정도가 걸리며, 이동성 고기압을 따라 이동성 저기압이 다가오게 되므로 봄철과 가을철에는 날씨 변화가 심하다.

(3) **우리나라의 계절별 일기도와 날씨 특징**

겨울철 일기도	여름철 일기도	봄철, 가을철 일기도
H, L, 1052, 1056, 1048, 1044, 1040, 1036, 1032, 1028, 1024, 1020, 980, 984, 988, 992, 996, 1000, 1004, 1008, 1012, 1016, 120°, 130°, 140° E	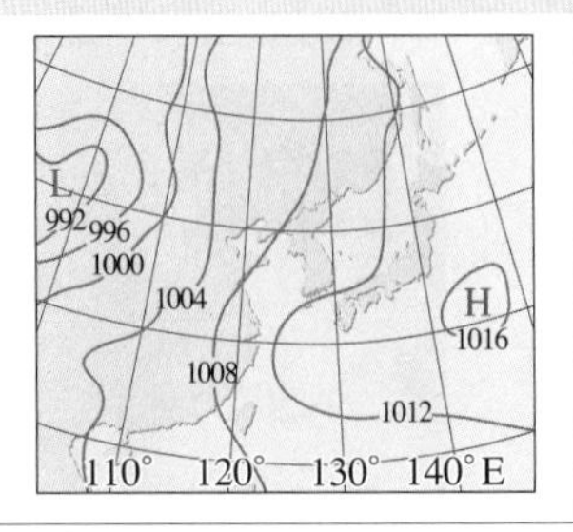	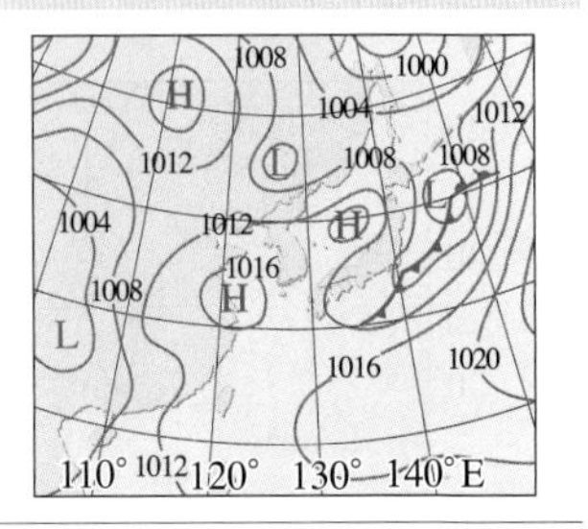
• 시베리아 고기압의 영향을 받아 차고 건조한 북서 계절풍이 강하게 분다.(서고동저형의 기압 배치) • 한파와 ❷삼한 사온 현상이 나타난다.	• 북태평양 고기압의 영향을 받아 고온 다습한 남풍 계열의 바람이 분다.(남고북저형의 기압 배치) • 무더위와 함께 ❸열대야 현상 등이 나타난다.	• 양쯔강 유역에서 발달한 이동성 고기압과 저기압이 교대로 통과하기 때문에 날씨 변화가 심하다. • 봄철에는 황사 현상이 자주 발생한다.

(용어)

❶ **편서풍(偏 치우치다, 西 서쪽, 風 바람)** 위도 30°~60° 사이의 중위도 지역에서 서쪽에서 동쪽으로 부는 바람

❷ **삼한 사온(三 셋, 寒 춥다, 四 넷, 溫 따뜻하다)** 겨울철에 우리나라와 중국, 만주 등지에서 주기적으로 3일 가량 추운 날씨가 계속되다가, 다음 4일 가량은 따뜻한 날씨가 이어지는 현상

❸ **열대야(熱 덥다, 帶 띠, 夜 밤)** 최저 기온이 25 ℃ 이하로 내려가지 않는 더운 밤

개념 확인 문제

핵심 체크

- (❶): 기온과 습도 등의 성질이 비슷한 커다란 공기 덩어리
- 기단의 변질: 찬 기단이 따뜻한 바다 위를 통과하게 되면, 기단의 습도는 (❷)하고 기온은 (❸)한다.
- (❹): 주변보다 상대적으로 기압이 높은 곳으로, (❺) 기류가 발달한다.
- (❻): 주변보다 상대적으로 기압이 낮은 곳으로, (❼) 기류가 발달한다.
- 가시 영상과 적외 영상 중에서 (❽)은 낮과 밤의 구별 없이 24시간 관측이 가능하다.
- 고기압의 종류
  - (❾): 중심부가 거의 이동하지 않고 한 장소에 오랜 시간 머무르는 규모가 큰 고기압
  - (❿): 정체성 고기압에서 떨어져 나와서 이동해 가는 규모가 작은 고기압
- 우리나라 날씨에 영향을 주는 고기압
  - (⓫) 고기압: 겨울－한파, 심한 사온
  - (⓬) 고기압: 여름－무더위, 열대야 현상
  - 이동성 고기압: (⓭)－날씨 변화가 심함

1 기단에 대한 설명으로 옳은 것은 ○, 옳지 않은 것은 × 로 표시하시오.

(1) 저위도에서 형성된 기단은 따뜻하다. ( )
(2) 대륙에서 형성된 기단은 해양에서 형성된 기단보다 습도가 높다. ( )
(3) 우리나라의 여름철에 영향을 주는 기단은 북태평양 기단으로 한랭 건조하다. ( )
(4) 온난 다습한 기단이 한랭한 바다 위를 지나가게 되면 기층이 안정해져 층운형 구름이 발달한다. ( )

2 기단의 성질이 그림과 같이 (가) → (나)로 변화하였을 때, 이 기단은 ㉠(저, 고)위도 지역의 ㉡(육지, 바다)에서 생성되어 ㉢(저, 고)위도 지역의 ㉣(육지, 바다) 위를 지나 이동하였다.

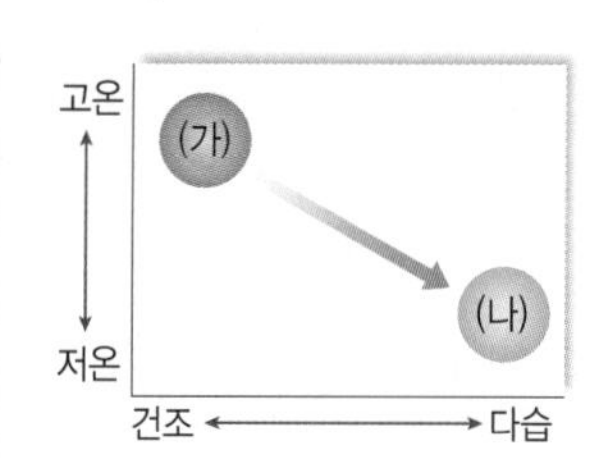

3 북반구의 고기압에 대한 설명은 '고', 저기압에 대한 설명은 '저'라고 쓰시오.

(1) 중심부는 주변 지역보다 기압이 낮다. ( )
(2) 중심부에서는 하강 기류가 발달한다. ( )
(3) 중심부에서 주변 지역으로 바람이 시계 방향으로 돌면서 불어 나간다. ( )
(4) 중심부 기류 내에서는 단열 팽창이 일어나 구름이 잘 형성된다. ( )

4 위성 영상에 대한 설명 중 ( ) 안에 알맞은 말을 쓰시오.

> 구름이나 육지, 바다 등에서 반사되는 태양광의 세기를 영상으로 관측하는 것은 ㉠( ) 영상이고, 에너지를 방출하는 물체의 온도를 감지하여 나타내는 것은 ㉡( ) 영상이다.

5 우리나라의 날씨 변화 경향에 대한 설명 중 ( ) 안에 알맞은 말을 쓰시오.

> 우리나라는 ㉠( )이 부는 지역에 속해 있어 정체성 고기압의 영향을 받는 계절을 제외한 ㉡( )에는 이동성 고기압과 저기압이 교대로 서쪽에서 동쪽으로 통과하면서 날씨에 영향을 준다.

6 그림은 우리나라 어느 계절의 일기도를 나타낸 것이다.
이와 같은 일기도가 나타날 때 우리나라에서 나타나는 날씨의 특징으로 옳은 것만을 [보기]에서 있는 대로 고르시오.

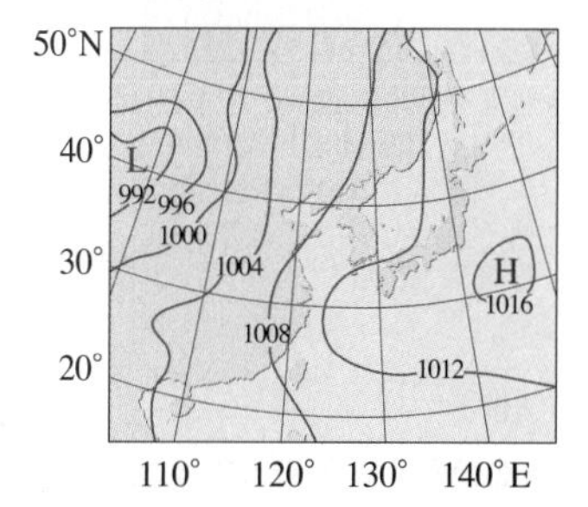

> 보기
> ㄱ. 한파 ㄴ. 무더위 ㄷ. 황사 ㄹ. 열대야

C 온대 저기압과 날씨

1. 온대 저기압 온대 지방에서 발생하며, 한랭 전선 및 온난 전선을 동반하는 저기압이다.

2. 전선면과 전선

(1) **전선면:** 차가운 기단과 따뜻한 기단이 만나 생기는 경계면으로, 지표면에서 차가운 기단이 있는 방향으로 비스듬하게 경사져 있는 모습으로 보인다.

(2) [1]**전선:** 전선면과 지표면이 만나서 이루는 경계선이다.

(3) **전선 통과 전후의 날씨:** 전선과 전선면을 경계로 성질이 뚜렷하게 다른 두 기단이 접하고 있으므로 기압, 기온, 강수량, 풍향 등이 전선이 통과한 후에 크게 달라진다.

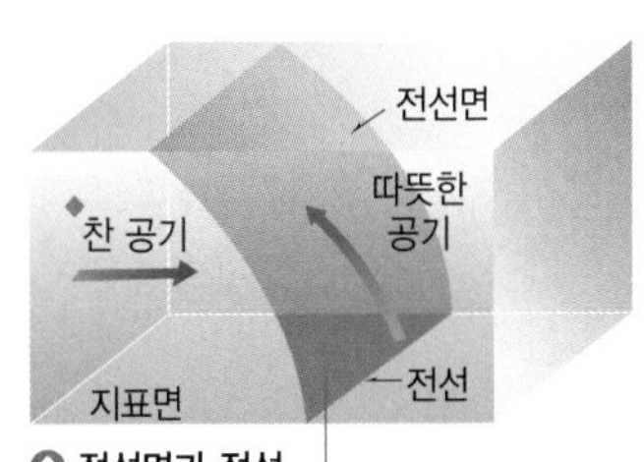

⊙ 전선면과 전선

밀도가 큰 찬 공기가 전선면의 아랫부분으로 비스듬하게 파고들고 밀도가 작은 따뜻한 공기가 전선면의 위쪽에 위치하므로 전선면이 차가운 기단이 있는 방향으로 비스듬하게 기울어진 모습이 된다.

3. 전선의 종류 

(1) **한랭 전선과 온난 전선**

구분		한랭 전선	온난 전선
모식도 및 정의		적란운, 따뜻한 공기, 찬 공기, 소나기, 한랭 전선 찬 공기가 따뜻한 공기의 아래쪽으로 파고들면서 형성되는 전선 찬 공기가 따뜻한 공기를 밀면서 이동한다.	권운, 권층운, 고층운, 난층운, 따뜻한 공기, 찬 공기, 온난 전선, 지속적인 비 따뜻한 공기가 찬 공기의 위로 타고 올라가면서 형성되는 전선 따뜻한 공기가 찬 공기를 밀면서 이동한다.
전선면의 경사		급하다	완만하다
전선 이동 속도		빠르다	느리다
형성되는 구름		◆적운형 구름(적운, 적란운)	◆층운형 구름(권운, 권층운, 고층운, 난층운)
강수 구역과 형태		전선의 뒤쪽 좁은 지역, 소나기성 비	전선의 앞쪽 넓은 지역, 지속적인 비
전선 통과 시	기온	하강	상승
	풍향	남서풍 → 북서풍으로 변화	남동풍 → 남서풍으로 변화

(2) ◆**폐색 전선:** 이동 속도가 빠른 뒤쪽의 한랭 전선이 이동 속도가 느린 앞쪽의 온난 전선을 쫓아가 만나 겹쳐져서 형성되는 전선

넓은 지역에 걸쳐 구름이 생기고 강수 구역이 넓다.

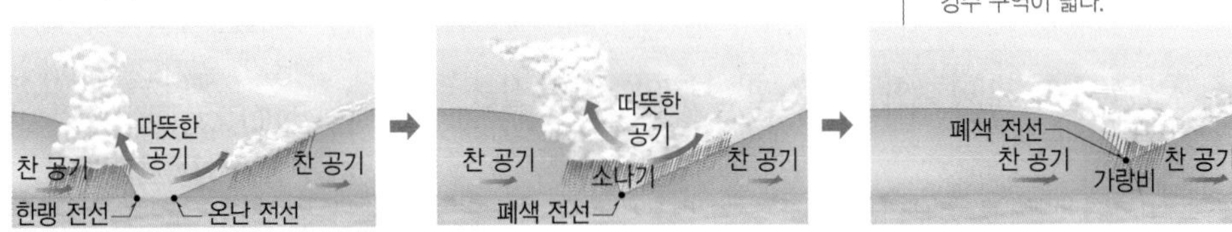

⊙ 폐색 전선의 형성 과정 YBM 교과서에만 나와요.

(3) **정체 전선:** 세력이 비슷한 찬 공기와 따뜻한 공기가 만나 한곳에 오랫동안 머무르는 전선

① 전선이 거의 이동하지 않으므로 한 지역에 오랜 시간 동안 지속적으로 비가 내린다.

② 대표적인 예로는 초여름에 우리나라에 영향을 미치는 장마 전선이 있다.

우리나라 부근의 장마 전선은 남쪽의 따뜻한 기단과 북쪽의 찬 기단이 만나 형성되는데, 초여름에는 북태평양 기단과 오호츠크해 기단이 만나 형성된다. 장마 전선은 기단의 세력 변화에 따라 남북 방향으로 이동한다.

◆ **공기의 온도와 밀도**
공기는 온도가 높을수록 밀도가 작다. 따라서 따뜻한 공기는 찬 공기에 비해 밀도가 작다.

◆ **적운형 구름과 층운형 구름**
적운형 구름은 수직으로 발달하는 두께가 두꺼운 구름이고, 층운형 구름은 수평으로 발달하는 두께가 얇은 구름이다.

암기해!

한랭 전선과 온난 전선

한랭 전선	온난 전선
기울기 급함	기울기 완만함
속도 빠름	속도 느림
적운형 구름	층운형 구름
소나기성 비	지속적인 비

◆ **폐색 전선의 종류**

• 한랭형 폐색 전선: 한랭 전선 쪽의 더 찬 공기가 온난 전선 쪽의 찬 공기 아래로 파고들면서 형성된다.

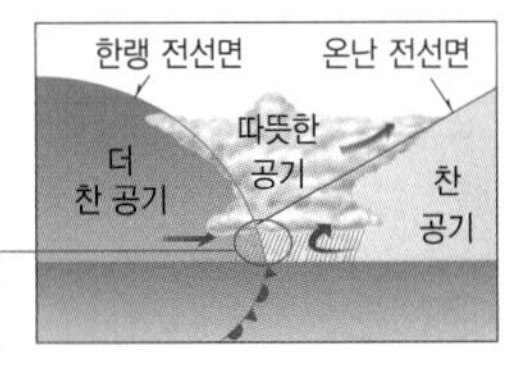

• 온난형 폐색 전선: 한랭 전선 쪽의 찬 공기가 온난 전선 쪽의 더 찬 공기 위쪽으로 타고 상승하면서 형성된다.

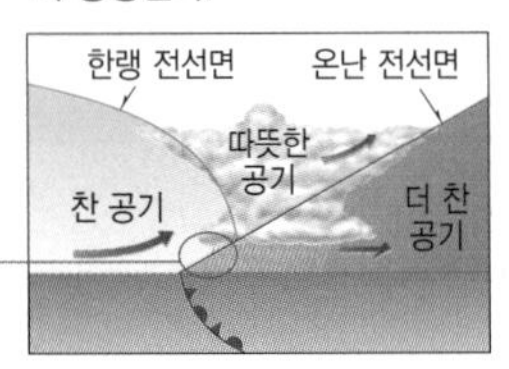

한랭 전선의 찬 공기와 온난 전선의 찬 공기가 겹쳐진 부분의 모습이 한랭 전선 모습이면 한랭형 폐색 전선, 온난 전선 모습이면 온난형 폐색 전선이다.

용어

❶ **전선(前 맨앞쪽, 線 선)** 성질이 다른 두 기단의 경계면이 지표면과 만나는 선. 지표면에서 찬 기단과 따뜻한 기단의 경계에 해당한다.

전선과 강수 구역 YBM 교과서에만 나와요.

1. 밀도가 큰 찬 공기가 밀도가 작은 따뜻한 공기의 아래쪽에 위치하므로 전선면은 항상 찬 공기 쪽으로 기울어져 있다.
2. **전선을 나타내는 기호와 강수 구역의 표시:** 찬 공기와 따뜻한 공기가 만나는 전선면의 위쪽에 구름이 생기므로(전선면이 찬 공기가 있는 곳으로 비스듬하게 경사져 있음) 강수 구역은 항상 찬 공기가 있는 쪽에 형성된다.

한랭 전선

온난 전선

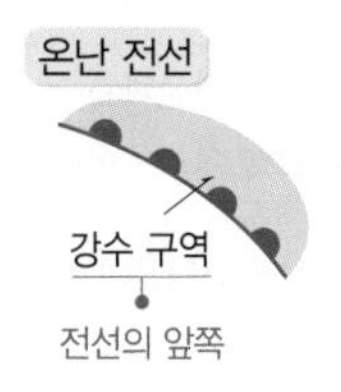

폐색 전선

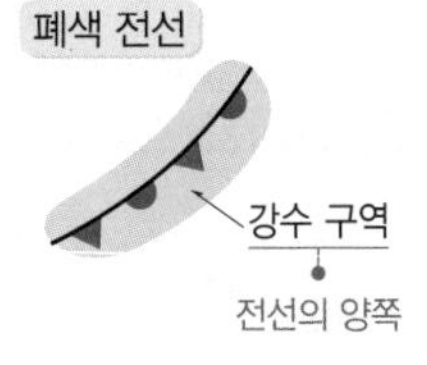

정체 전선

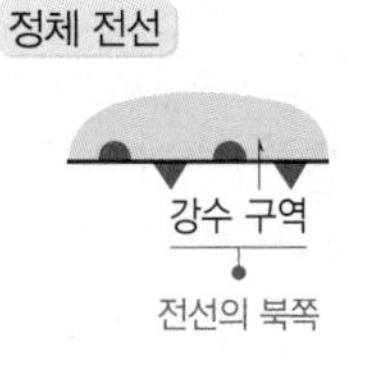

주의해!

전선과 강수 구역
한랭 전선, 온난 전선, 정체 전선은 구름이 있는 전선면이 찬 공기가 있는 쪽으로 기울어져 있어 차가운 공기가 있는 쪽에만 강수 구역이 생긴다. 하지만 한랭 전선과 온난 전선이 만나서 형성된 폐색 전선은 한랭 전선면과 온난 전선면이 전선의 양쪽으로 기울어져 있어 전선의 앞과 뒤에 모두 강수 구역이 생긴다.

4. 온대 저기압과 날씨

(1) 온대 저기압

① 온대 저기압 중심의 남서쪽에는 한랭 전선이, 남동쪽에는 온난 전선이 존재한다.

② 온대 지방에서 발생하며, 편서풍의 영향으로 서쪽에서 동쪽 방향으로 이동해 간다.

(2) ◆**온대 저기압의 발생과 소멸:** 찬 공기와 따뜻한 공기가 만나는 정체 전선에서 파동이 생성될 때 발생하며, 한랭 전선과 온난 전선이 겹쳐진 폐색 전선이 형성되면서 소멸한다.

◆ **온대 저기압과 전선**
편서풍을 타고 이동하는 온대 저기압의 앞쪽에는 온난 전선이, 뒤쪽에는 한랭 전선이 존재한다. 이동 속도가 빠른 한랭 전선이 이동 속도가 느린 온난 전선을 따라가 겹쳐져 폐색 전선이 형성되면 온대 저기압이 소멸한다.

❶ 전선 형성		❷ 파동 형성	
중위도 지방에서 고위도의 찬 공기와 저위도의 따뜻한 공기가 만나 정체 전선이 형성된다.	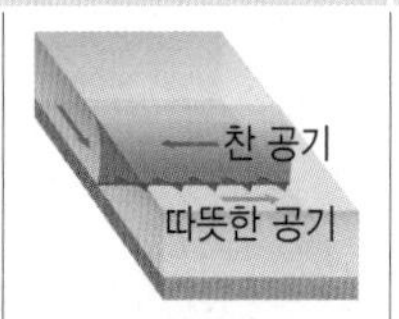	남북 간의 기온 차로 파동이 발생하고, 지구의 자전 때문에 저기압성 소용돌이가 발생한다.	
❸ 온대 저기압 발달		**❹ 폐색 시작**	
저기압 중심의 남서쪽에 한랭 전선이 형성되고, 남동쪽에 온난 전선이 형성되어 온대 저기압이 발달한다.	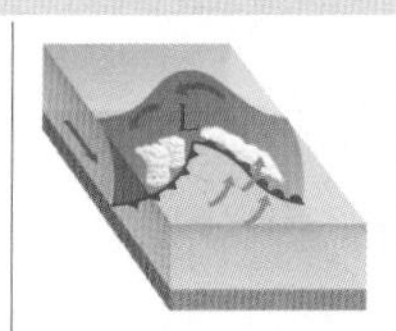	한랭 전선이 온난 전선보다 이동 속도가 빠르므로 중심 부근부터 겹쳐져 폐색 전선이 만들어진다.	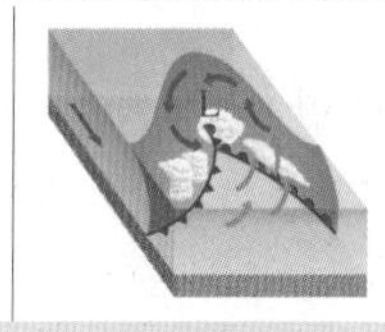
❺ 폐색 전선 발달		**❻ 온대 저기압 소멸**	
한랭 전선과 온난 전선이 겹쳐지는 폐색 전선이 뚜렷하게 나타난다.	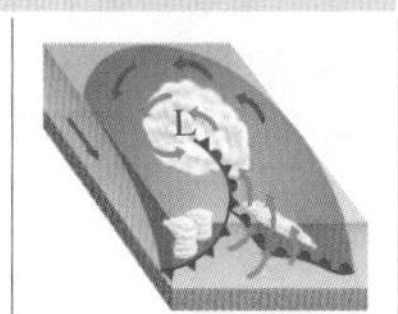	따뜻한 공기는 위쪽, 찬 공기는 아래쪽에 있는 안정한 상태가 되어 온대 저기압이 소멸된다. → 발생 후 약 5일~7일이 경과하면 소멸된다.	

(3) **온대 저기압의 에너지원:** 찬 공기가 따뜻한 공기 아래로 파고들면서 감소한 위치 에너지가 운동 에너지로 전환되어 가는 과정에서 발생한다.

온대 저기압의 에너지원

○ 찬 공기의 중심
× 따뜻한 공기의 중심
⊗ 전체 중심

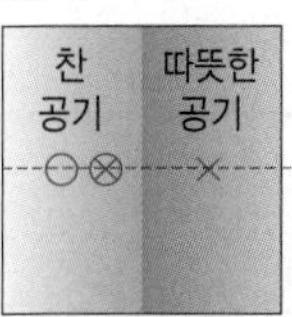

찬 공기와 따뜻한 공기가 만난다.

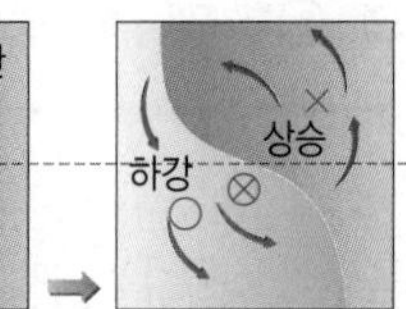

밀도 차로 연직 운동이 일어난다.

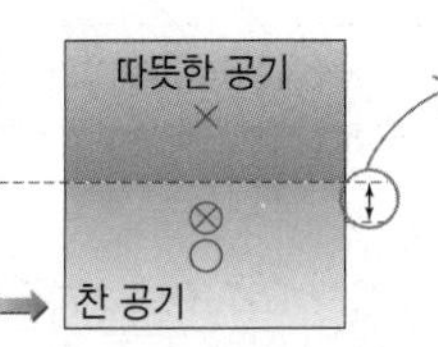

두 공기가 섞이면서 중심이 내려간다.

이만큼 위치 에너지가 감소하였고, 감소한 양만큼 운동 에너지로 바뀐다.

온대 저기압에서 찬 공기가 따뜻한 공기의 아래로 파고들 때 감소한 만큼의 위치 에너지가 운동 에너지로 전환되고, 이 전환된 운동 에너지가 온대 저기압의 에너지원이라는 것을 기억해요.

◆ 일기도에서 전선의 위치
저기압을 중심으로 남동풍과 남서풍이 부는 사이에 온난 전선이, 남서풍과 북서풍이 부는 사이에 한랭 전선이 위치한다.

(4) 온대 저기압의 구조와 주변의 날씨 완자쌤 비법 특강 132쪽

① 온대 저기압은 서쪽에서 동쪽으로 이동하므로 온난 전선, 한랭 전선 순으로 통과한다.

② ◆전선을 경계로 하여 풍향, 날씨, 기온 등이 크게 달라진다.

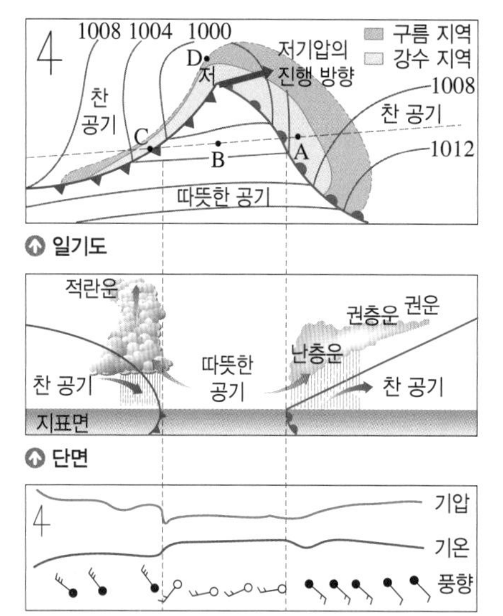

일기도

단면

기압, 기온, 풍향 변화

135쪽 대표 자료 ❸, ❹

지역	위치	풍향	특징
A	온난 전선 앞쪽	남동풍	• 층운형 구름 • 지속적인 비
B	온난 전선과 한랭 전선 사이	남서풍	• 대체로 맑음 • 기온이 가장 높음
C	한랭 전선 뒤쪽	북서풍	• 적운형 구름 • 소나기성 비
D	저기압 중심	북풍 계열	• 상승 기류 발달 • 날씨 흐림

[온대 저기압이 통과할 때 날씨 변화]
- 기압 변화: 온난 전선이 통과한 후에는 하강하고, 한랭 전선이 통과한 후에는 상승한다.
- 기온 변화: 온난 전선이 통과한 후에는 상승하고, 한랭 전선이 통과한 후에는 하강한다.
- 풍향 변화: 남동풍 → 남서풍 → 북서풍

◆ 일기 예보의 종류
일일 예보 외에 1주일 동안의 일기를 예상하는 주간 예보, 한 달 동안의 일기를 예상하는 장기 예보, 태풍, 대설 등의 기상 재해가 예상될 때 발표하는 기상 특보(주의보, 경보) 등이 있다.

D 일기 예보

1. ◆일기 예보의 과정

일기 요소 관측 및 자료 수집 → 연속된 지상 일기도 작성 및 분석 → 예상 일기도 작성 → 일기 예보

◆ 라디오 존데
고층 기상 관측 기기로 질소를 넣은 풍선에 존데(sonde)를 매달아 띄우면 약 30 km 상공까지 올라가면서 기온, 기압, 습도, 풍향, 풍속 등을 측정하여 지상으로 송신한다.

2. 일기 요소 관측
기상 관측소에서 ◆라디오 존데, 기상 레이더, 기상 위성 등을 이용하여 관측

기상 레이더 관측	기상 위성을 통한 관측	
	가시 영상	적외 영상
전파가 구름 속 빗방울에 반사되는 시간을 측정하여 강우 정도, 구름의 이동 속도 및 방향 등을 분석한다.	가시광선이 반사되는 정도를 이용하여 구름의 존재 유무와 함께 두께 등을 측정한다.	구름이나 지표면 등이 방출하는 적외선의 양을 이용하여 구름의 높이와 온도를 측정한다.

◆ 일기 기호에서 풍향과 풍속 읽기
운량을 나타내는 곳이 관측 지점이고, 바람은 관측 지점을 향해서 불어온다.

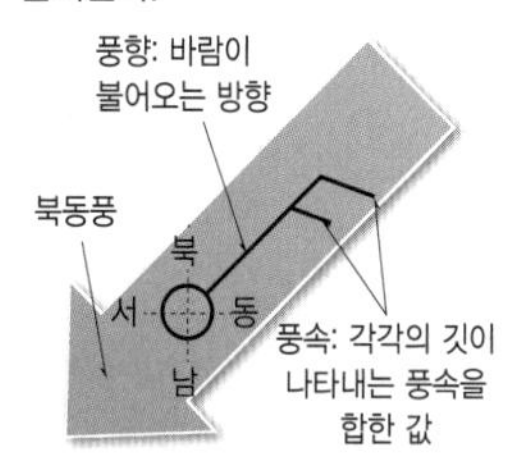

3. ◆일기도에 사용되는 기호

일기	● 비	✳ 눈	뇌우	☰ 안개	가랑비	소나기
운량	0, 1, 2~3, 4, 5, 6, 7~8, 9, 10, 불분명					
풍속 (m/s)	0, 2, 5, 7, 12, 25, 27	Ⓗ 고기압	Ⓛ 저기압	태풍		

풍속(12 m/s), 풍향(북서풍), 기온(18 ℃) 18, 일기(안개), 기압 (1028.0 hPa) 280, 운량(갬)

4. 일기도 해석 방법

(1) **바람**: ❶등압선의 간격이 좁을수록 강하게 불며, 고기압에서 저기압 방향으로 불어간다.

(2) **우리나라의 날씨 변화**: 편서풍대에 속하여 일기 상태가 서 → 동 방향으로 변해간다. – 우리나라 서쪽의 날씨가 곧 우리나라의 날씨가 될 것으로 예상할 수 있다.

(용어)
❶ 등압선(等 같다, 壓 압력, 線 선) 일기도에서 기압이 같은 지점을 서로 연결하여 이은 선

탐구 자료창 일기도와 위성 영상을 이용한 기상 현상 해석

과정 > 그림 (가)~(다)는 어느 날 3시간 간격으로 작성된 일기도와 같은 날, 같은 시각에 촬영한 ◆적외 영상이다.

(가) 6시

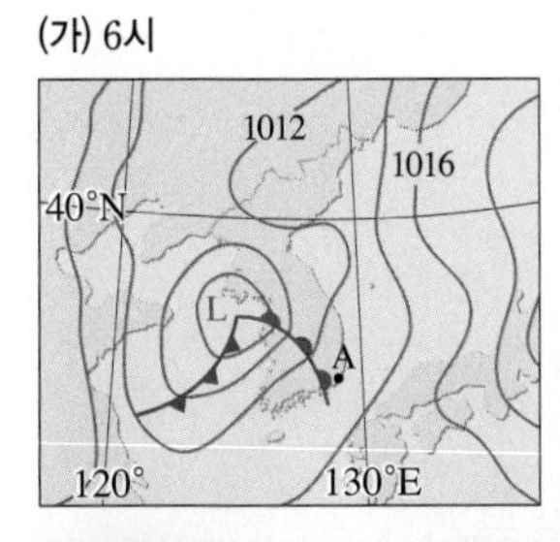

(나) 9시

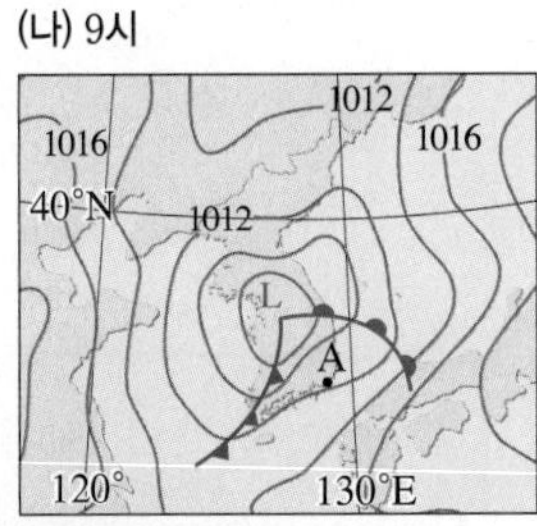

(다) 12시

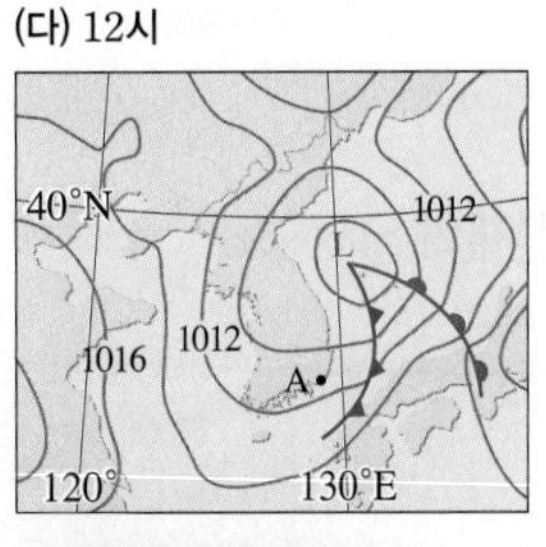

◆ **적외 영상**
높게 떠 있는 구름일수록, 즉 온도가 낮은 구름일수록 밝게 보인다.

해석 > ① ◆온대 저기압의 이동: 황해상에서 우리나라를 거쳐 동해 쪽으로 이동하였다. ➡ 온대 저기압이 편서풍을 따라 이동하기 때문이다.

② 일기도와 촬영된 적외 영상을 이용한 A 지역의 날씨 해석

일기도 작성 시각	관측된 색	A 지역의 날씨
(가) 6시	회색	온도가 높은 구름, 즉 높이가 낮은 구름(난층운)의 영향을 받음
(나) 9시	어두운 색	구름이 거의 없는 맑은 날씨가 나타남
(다) 12시	밝은 색	높은 곳까지 발달하는 적운형 구름이 나타남

◆ **온대 저기압의 이동에 따른 관측 장소와 전선의 관계**
온대 저기압이 서에서 동으로 이동해 감에 따라 관측 장소와 전선의 상대적 위치가 달라져 관측 장소의 날씨가 변한다.

같은 탐구 다른 실험

천재 교과서에만 나와요.

과정 > ❶ 일기도의 온대 저기압과 고기압 중심 위치, A, B, C의 위치를 적외 영상에 표시한다.
❷ 적외 영상에서 A와 B 지역 구름 높이를 비교한다.

해석 > A 지역의 구름이 B 지역의 구름보다 밝게 보이므로 더 높이 떠 있는 구름이다.

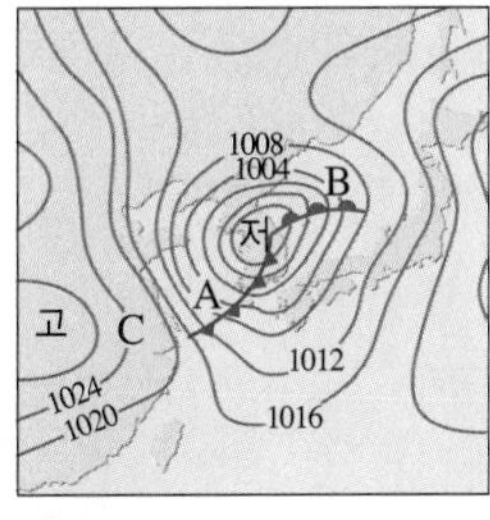
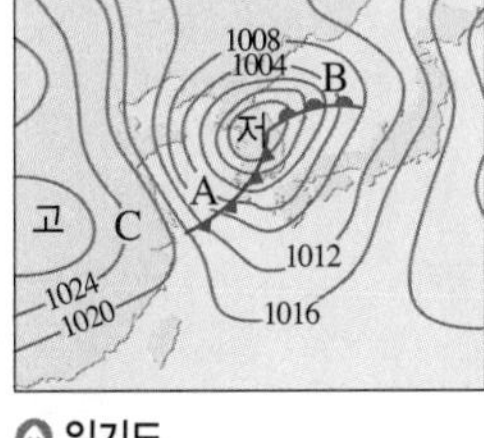

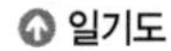
일기도

적외 영상

확인 문제
1 위 그림 (가) 6시의 A 위치에서 기온과 (나) 9시의 A 위치에서 기온을 비교해 보자.
2 적외 영상에 나타난 구름의 색깔이 밝을수록 구름의 높이는 (높게, 낮게) 나타난다.
3 가시 영상과 적외 영상 중에서 24시간 관측이 가능한 것은 무엇인가?

확인 문제 답
1 (가)<(나)
2 높게
3 적외 영상

완자쌤 비법 특강

온대 저기압의 이동과 날씨 변화

온대 저기압은 우리나라의 날씨 변화에 큰 영향을 미치는 일기 현상이에요. 따라서 온대 저기압 주변에서 나타나는 날씨 변화를 정확하게 정리하고 있으면 일상생활 속에서 나타나는 여러 일기 현상을 아주 쉽게 이해할 수 있답니다. 그럼 온대 저기압이 이동함에 따라 나타나는 지역별 날씨 변화에 대해 정리해 보아요.

1 A～E 각 지역별 현재의 날씨

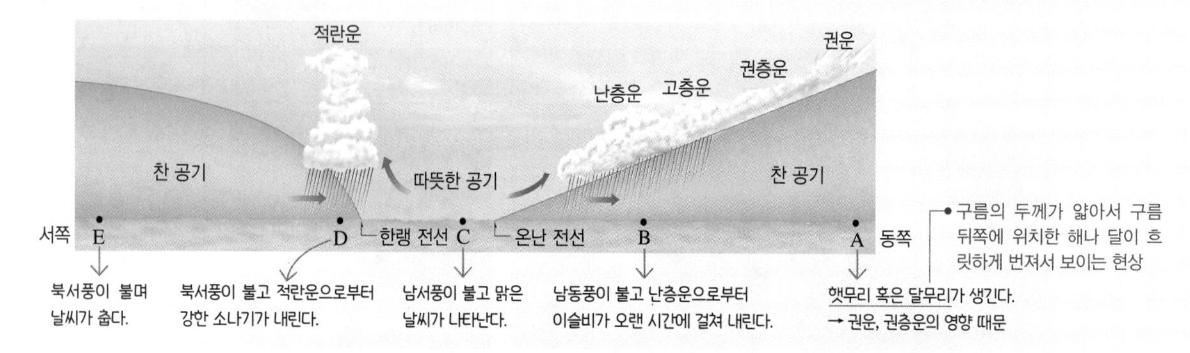

Q1 A～E 지역 중 현재 기온이 가장 높은 지역은 어디인가?

2 온대 저기압의 이동과 각 지역별 날씨

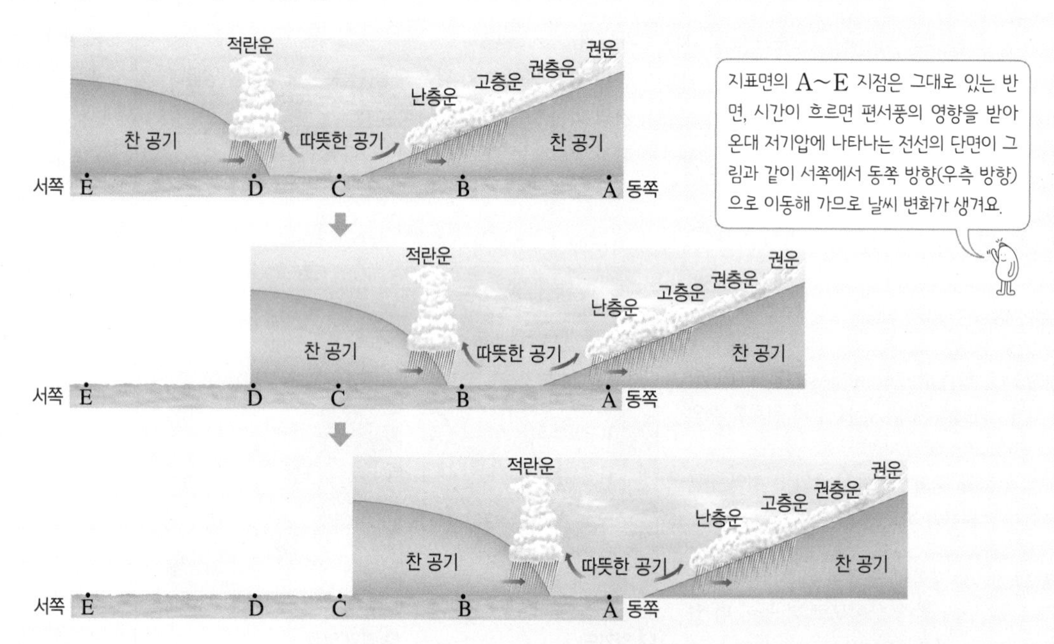

온대 저기압이 지나가는 동안의 A 지역 날씨 변화

시간이 흐르면서 온대 저기압의 먼 앞쪽에 위치하던 A 지역은 온대 저기압의 단면이 이동해 와서 지나가게 되므로 B → C → D → E 지역에서 나타났던 날씨가 순서대로 나타난다.

햇무리나 달무리가 나타난다. ➡ 남동풍이 불면서 이슬비가 내린다. ➡ 남서풍이 불고 맑은 날씨가 나타난다. ➡ 북서풍이 불면서 소나기가 내린다. ➡ 북서풍이 불면서 날씨가 춥다.

Q2 온대 저기압이 서쪽에서 동쪽 방향으로 이동해 가는 까닭은 무엇인가?

Q3 A 지역에서는 풍향이 어떻게 변하는가?

◌ 정답친해 56쪽

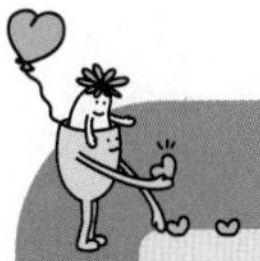

개념 확인 문제

핵심 체크

- 찬 공기가 따뜻한 공기의 아래쪽으로 파고들면서 생기는 전선을 (❶), 따뜻한 공기가 찬 공기 위로 타고 올라가면서 생기는 전선을 (❷)이라고 한다.
- (가)~(라) 각 전선 기호의 이름을 쓰고, 각각의 강수 구역을 기호로 쓰시오.

전선 기호	A / B	C / D	E / F	G / H
전선 이름	(❸)	(❹)	(❺)	(❻)
강수 구역	(❼)	(❽)	(❾)	(❿)

- 온대 저기압은 중위도 지역에서 발생하며, (⓫)을 따라서 서쪽 → 동쪽으로 이동해 간다.
- 온대 저기압 중심의 (⓬)쪽에 있는 한랭 전선이 (⓭)쪽에 있는 온난 전선보다 빠르게 이동한다.

1 그림 (가)와 (나)에 해당하는 전선의 이름을 쓰시오.

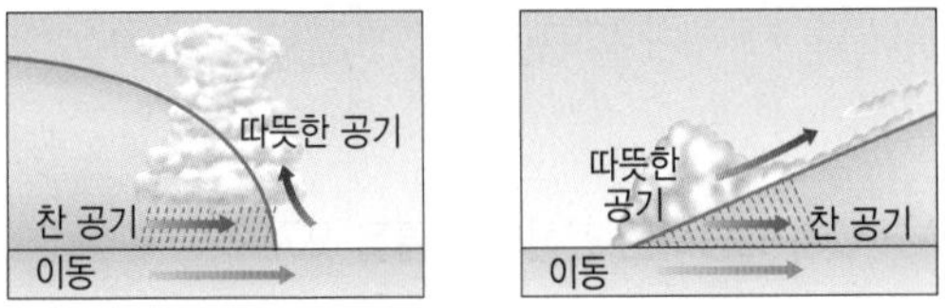

(가) (나)

2 그림은 우리나라를 통과하는 어느 온대 저기압에 동반된 한랭 전선과 온난 전선을 구름의 두께와 전선면의 기울기에 따라 구분한 것이다.
다음 설명 중 ( ) 안에 알맞은 말을 고르시오.

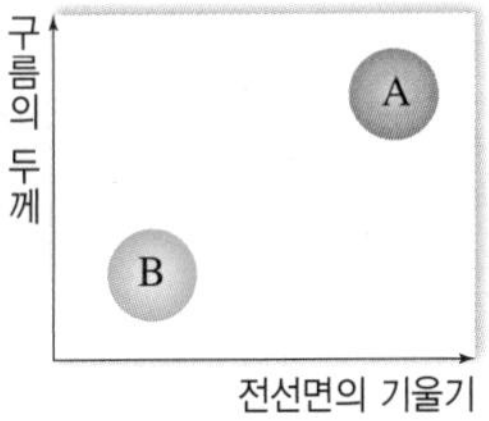

> 온난 전선은 ㉠(A, B), 한랭 전선은 ㉡(A, B)에 해당하며 A는 B보다 이동 속도가 ㉢(느리다, 빠르다).

3 초여름 우리나라에 영향을 미치는 장마 전선에 대한 설명으로 옳은 것은 ○, 옳지 않은 것은 ×로 표시하시오.

(1) 정체 전선에 해당한다. ( )
(2) 전선의 남쪽에서 많은 비가 내린다. ( )
(3) 전선이 남쪽 혹은 북쪽으로 이동한다. ( )
(4) 북태평양 기단의 세력이 강해지면 전선이 북쪽으로 이동한다. ( )

4 그림은 온대 저기압의 발생 및 소멸 과정을 순서에 관계없이 나타낸 것이다.

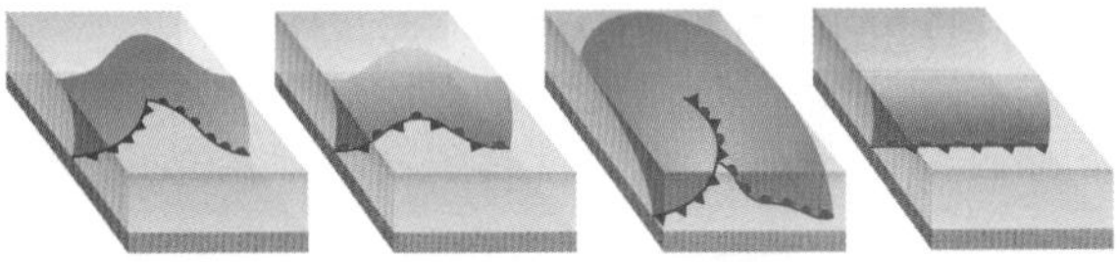
(가) (나) (다) (라)

(1) 온대 저기압의 발달 과정을 순서대로 옳게 나열하시오.
(2) (가)~(라) 중 현재 폐색 전선이 형성된 과정을 고르시오.

5 그림은 북반구 지역에서 온대 저기압 주변의 등압선과 전선 모습을 나타낸 것이다.

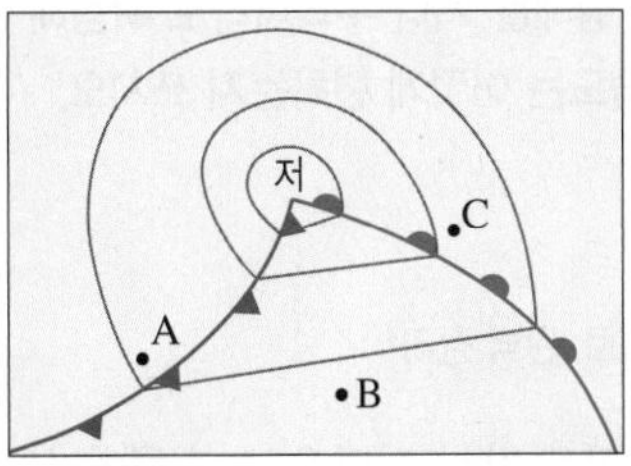

이에 대한 설명으로 옳은 것은 ○, 옳지 않은 것은 ×로 표시하시오.

(1) A 지역에는 현재 남서풍이 불고 있다. ( )
(2) A 지역에는 층운형 구름이 잘 발달한다. ( )
(3) A~C 중 기온이 가장 높은 곳은 B 지역이다. ( )
(4) C 지역은 온난 전선 통과 후 기온이 상승한다. ( )
(5) C 지역은 온대 저기압이 통과하면서 남동풍 → 북서풍 → 남서풍으로 풍향이 바뀐다. ( )

대표 자료 분석

자료 1 우리나라에 영향을 주는 기단

기출 Point
• 계절별 우리나라에 영향을 주는 기단 파악하기
• 기단의 생성과 변질 이해하기

[1~4] 그림은 우리나라에 영향을 주는 기단을 나타낸 것이다.

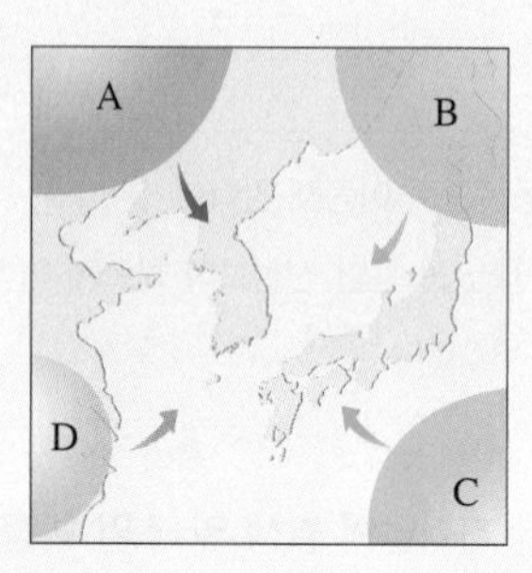

1 A~D 기단의 이름을 쓰시오.

2 다음에서 설명하는 기단을 찾아 기호를 쓰시오

(1) 고온 다습한 기단
(2) 정체성 고기압을 만드는 기단
(3) 봄철과 가을철에 영향을 주는 기단
(4) 한랭 건조한 겨울철 날씨에 영향을 주는 기단

3 A 기단이 황해를 지나 우리나라로 확장해 올 때, 기단 하층의 기온과 습도는 어떻게 변하는지 쓰시오.

4 빈출 선택지로 완벽 정리!

(1) 건조한 성질을 갖는 기단은 A와 B이다. ········ (○ / ×)
(2) B는 D보다 기온이 낮은 기단이다. ················ (○ / ×)
(3) 초여름에 B와 C가 만나면 장마 전선이 형성된다. ················ (○ / ×)
(4) C의 영향을 받을 때 무더위, 열대야가 나타난다. ················ (○ / ×)
(5) D의 영향을 받을 때 날씨 변화가 심하다. ····· (○ / ×)
(6) A는 늦봄에 영서 지방이 영동 지방보다 고온 건조한 날씨가 나타나도록 한다. ················ (○ / ×)

자료 2 전선과 날씨

기출 Point
• 전선의 종류와 특징 이해하기
• 온대 저기압에 나타난 전선의 특징 비교하기

[1~3] 그림은 우리나라 주변의 일기도를, A, B, C는 일기도상에 나타난 전선의 모습을 나타낸 것이다.

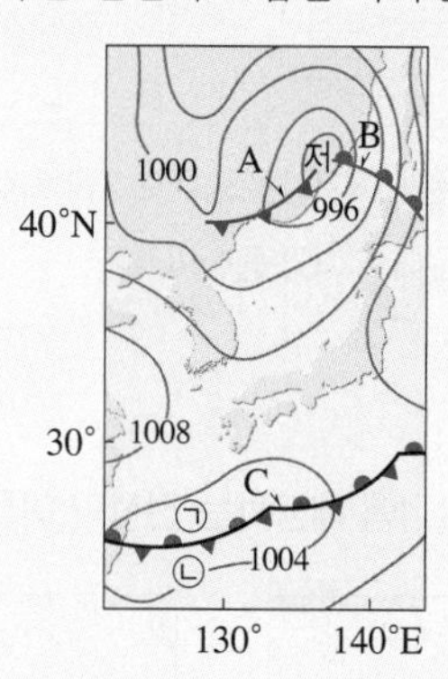

1 A~C에 해당하는 전선의 이름을 쓰시오.

2 ㉠과 ㉡ 중 (가) 구름이 더 많이 분포하는 지역과 (나) 강수량이 더 많은 지역을 순서대로 쓰시오.

3 빈출 선택지로 완벽 정리!

(1) A의 뒤쪽에는 소나기성 비가 내린다. ············ (○ / ×)
(2) A의 전선면을 따라 층운형 구름이 형성된다. (○ / ×)
(3) A는 B보다 전선면의 경사가 급하다. ··········· (○ / ×)
(4) A는 B보다 이동 속도가 느리다. ················ (○ / ×)
(5) B가 통과하고 나면 기온이 낮아진다. ··········· (○ / ×)
(6) B가 통과할 때 풍향은 남동풍에서 남서풍으로 변한다. ················ (○ / ×)
(7) C는 장마 전선에 해당한다. ······················ (○ / ×)
(8) C 전선 부근의 구름을 형성하는 수증기는 주로 전선의 북쪽에 위치한 기단에서 공급된다. ··········· (○ / ×)

정답친해 57쪽

자료 ③ 온대 저기압과 날씨

기출 Point
- 온대 저기압의 이동 방향 파악하기
- 온대 저기압 주변 지역의 날씨 해석하기

[1~5] 그림 (가)와 (나)는 우리나라 주변에 발달한 온대 저기압을 시간 순서 없이 나타낸 것이다.

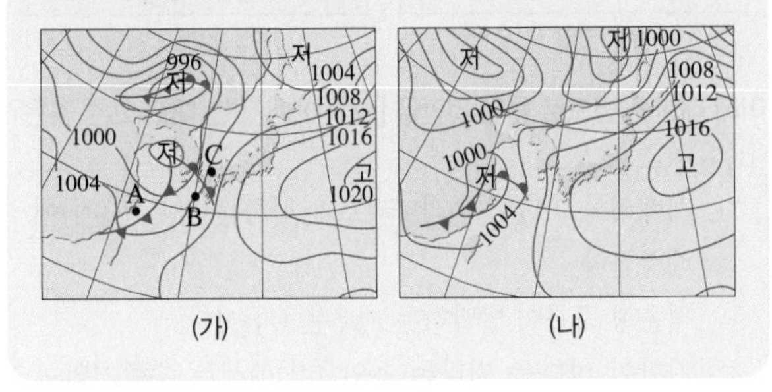

(가) (나)

1 (가)의 A~C 중 기온이 가장 높은 지역을 쓰시오.

2 (가)의 A~C 중 북서풍이 부는 곳을 쓰시오.

3 (가)의 C 지역에 발달한 구름의 종류와 강수 형태를 쓰시오.

4 (가)와 (나) 중 먼저 관측된 것을 쓰시오.

5 빈출 선택지로 완벽 정리!

(1) 온대 저기압은 편서풍을 따라 서에서 동으로 이동해 간다. .... (○ / ×)
(2) (가)보다 (나)에서 온대 저기압 중심의 기압이 낮다. .... (○ / ×)
(3) A 지역에서는 소나기성 비가 내린다. .... (○ / ×)
(4) B 지역에서는 남동풍이 분다. .... (○ / ×)
(5) C 지역은 날씨가 맑다. .... (○ / ×)

자료 ④ 온대 저기압의 이동에 따른 날씨 해석

기출 Point
- 기상 요소의 변화에 따른 전선 위치 파악하기
- 온대 저기압의 이동과 주변 풍향의 변화 이해하기

[1~4] 그림 (가)는 어느 온대 저기압 중심의 이동 경로와 관측 지역을, (나)의 A, B, C는 이 온대 저기압 중심이 우리나라를 통과하는 동안 원주와 거제 중 한 지역에서 관측한 풍향과 풍속을 시간 순서에 관계없이 나타낸 것이다.

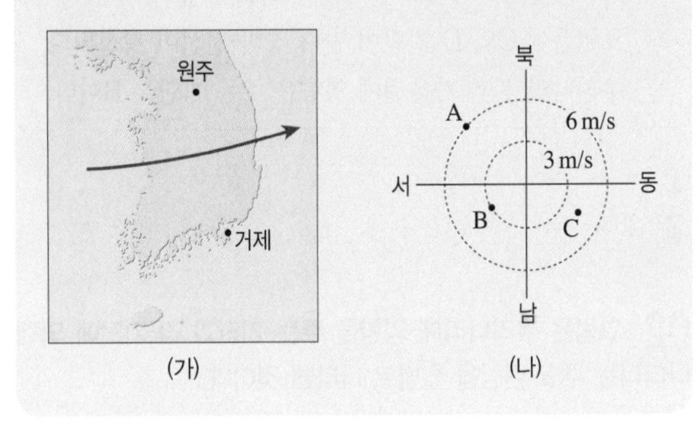

(가) (나)

1 (나)는 (가)의 원주와 거제 중 어느 지역에서 관측한 결과인지 쓰시오.

2 (나)에서 A, B, C의 관측 시간을 순서대로 옳게 나열하시오.

3 (나)의 풍향 변화로 볼 때, 온난 전선은 A, B, C 중 어느 두 시각 사이에 통과했는지 쓰시오.

4 빈출 선택지로 완벽 정리!

(1) C와 B 사이에는 기온이 낮아졌을 것이다. .... (○ / ×)
(2) B 바람이 부는 시각에 관측 지역에는 소나기가 내렸을 것이다. .... (○ / ×)
(3) B 시각보다 A 시각에 등압선의 간격이 더 좁을 것이다. .... (○ / ×)
(4) A 바람이 부는 시각에는 관측 지역에 층운형 구름이 존재한다. .... (○ / ×)

내신 만점 문제

A 기압과 날씨

01 그림은 우리나라에 영향을 주는 기단을 나타낸 것이다.
이에 대한 설명으로 옳은 것만을 [보기]에서 있는 대로 고른 것은?

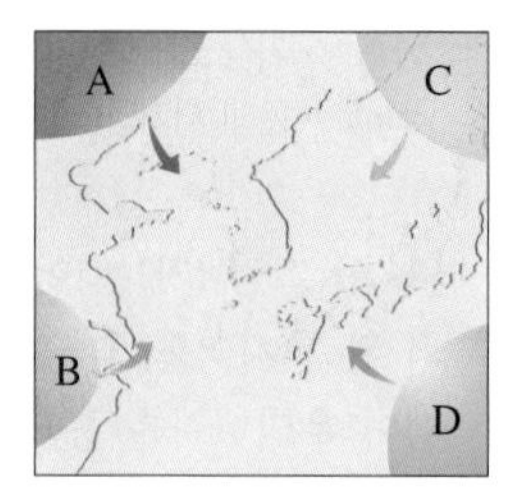

보기
ㄱ. A 기단은 D 기단보다 기온과 습도가 높다.
ㄴ. 초여름에 C와 D 기단이 만나 장마 전선이 형성된다.
ㄷ. 우리나라 봄과 가을철에 영향을 주는 기단은 B이다.

① ㄱ ② ㄷ ③ ㄱ, ㄴ
④ ㄴ, ㄷ ⑤ ㄱ, ㄴ, ㄷ

02 그림은 우리나라에 영향을 주는 기단과 각 기단에 의해 나타나는 주요 현상을 월별로 나타낸 것이다.

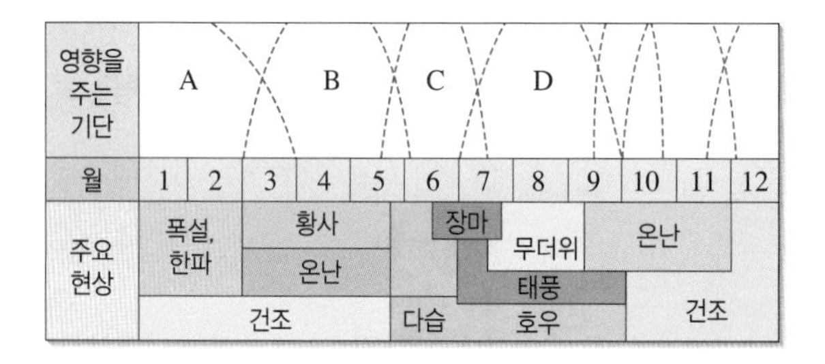

이에 대한 설명으로 옳지 않은 것은?

① A는 한랭 건조한 기단이다.
② B는 양쯔강 기단이다.
③ A와 D는 온도가 비슷한 기단이다.
④ C와 D는 습도가 높은 기단이다.
⑤ D는 고온 다습한 북태평양 기단이다.

03 북반구의 고기압에 대한 설명으로 옳은 것만을 [보기]에서 있는 대로 고른 것은?

보기
ㄱ. 중심부에서는 상승 기류가 나타난다.
ㄴ. 주변 지역에서 중심부로 바람이 불어 들어간다.
ㄷ. 중심부 기류 내에서는 단열 압축이 일어나 기온이 상승한다.

① ㄱ ② ㄴ ③ ㄷ ④ ㄱ, ㄴ ⑤ ㄴ, ㄷ

중요 **04** 그림 (가)와 (나)는 기단이 변질되는 경우를 나타낸 것이다.

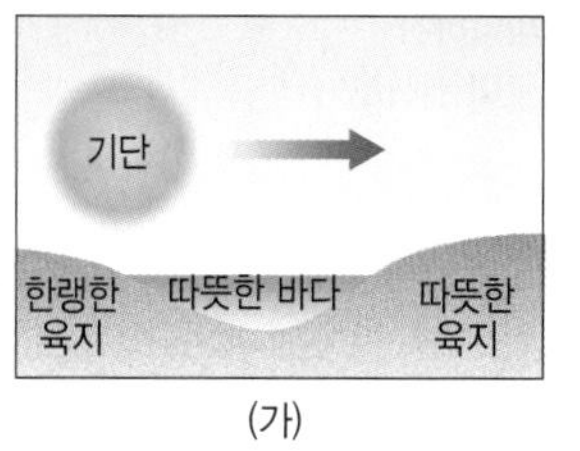

(가)

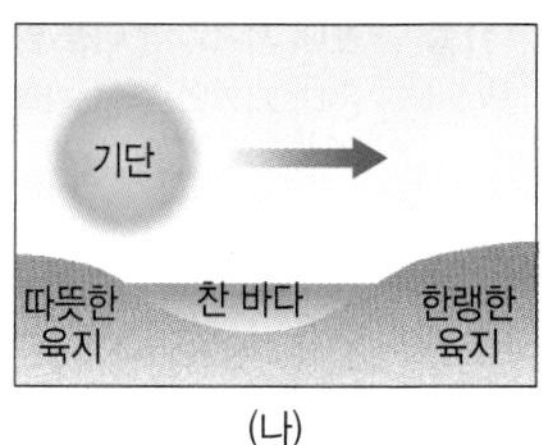

(나)

이에 대한 설명으로 옳은 것만을 [보기]에서 있는 대로 고른 것은?

보기
ㄱ. 시베리아 기단이 우리나라로 남하하는 경우는 (가)에 해당한다.
ㄴ. 적운형 구름이 발달하는 경우는 (가)이다.
ㄷ. 기단이 바다를 지나는 동안 (가)에서는 수증기압이 높아지고, (나)에서는 수증기압이 낮아진다.

① ㄱ ② ㄷ ③ ㄱ, ㄴ
④ ㄴ, ㄷ ⑤ ㄱ, ㄴ, ㄷ

중요 **05** 그림 (가)와 (나)는 북반구 지역에서 하강 기류와 상승 기류가 생기는 모습을 나타낸 것이다.

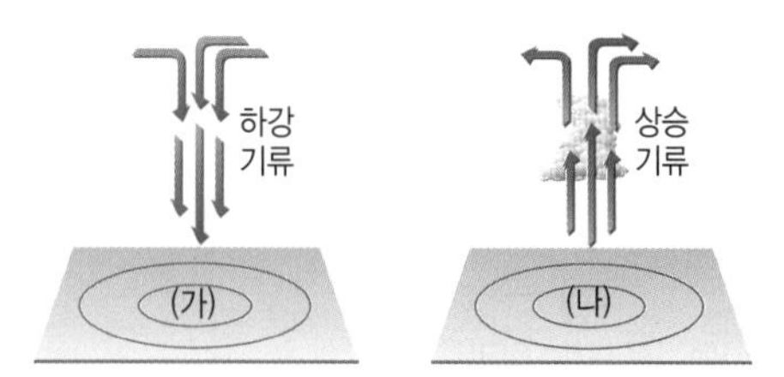

(가)와 (나)에 대한 설명으로 옳은 것은?

① (가)는 고기압, (나)는 저기압이다.
② (가)는 (나)보다 비가 올 확률이 높다.
③ (가)의 하강 기류 내에서는 단열 팽창이 일어난다.
④ (나)의 상승 기류 내에서는 기온이 점차 높아진다.
⑤ (나)에서 바람은 주변 지역을 향해 시계 방향으로 불어 나간다.

06 그림 (가)와 (나)는 2017년 8월 4일 같은 시각에 천리안 위성에서 촬영한 가시 영상과 적외 영상을 나타낸 것이다.

(가) 가시 영상

(나) 적외 영상

이에 대한 설명으로 옳은 것만을 [보기]에서 있는 대로 고른 것은?

보기
ㄱ. (가)는 24시간 관측이 가능하다.
ㄴ. (가)는 구름의 두께가 두꺼울수록 밝게 보인다.
ㄷ. (나)는 고도가 낮은 구름일수록 더 밝게 보인다.

① ㄱ ② ㄴ ③ ㄱ, ㄷ
④ ㄴ, ㄷ ⑤ ㄱ, ㄴ, ㄷ

B 고기압과 날씨

중요 **07** 그림은 어느 계절에 우리나라 주변의 일기도를 나타낸 것이다.

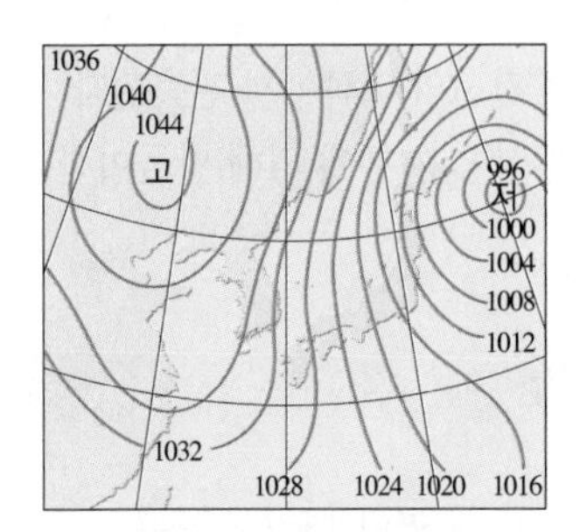

이 계절에 나타나는 일기 현상으로 옳은 것은?

① 황사 현상이 자주 발생한다.
② 무더위와 열대야 현상이 나타난다.
③ 장마 전선의 영향으로 많은 비가 내린다.
④ 강한 북서 계절풍이 불고 기온이 매우 낮다.
⑤ 북태평양 고기압이 우리나라에 영향을 미친다.

C 온대 저기압과 날씨

08 그림 (가)~(라)는 여러 종류의 전선을 기호로 나타낸 것이다.

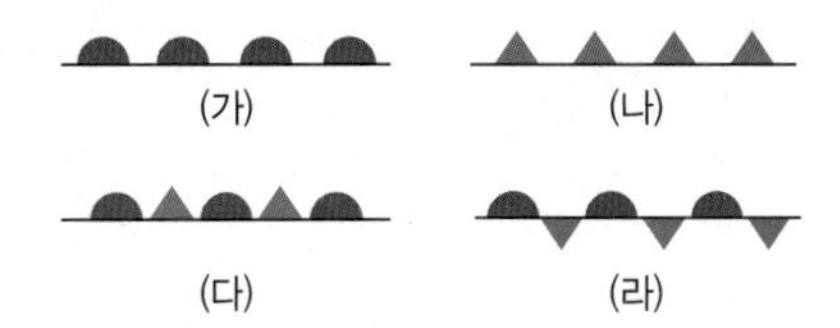

이에 대한 설명으로 옳은 것만을 [보기]에서 있는 대로 고른 것은?

보기
ㄱ. (가)는 (나)보다 구름의 두께가 더 두껍다.
ㄴ. (가)와 (나)가 만나면 (다)가 만들어진다.
ㄷ. (라)의 대표적인 예는 장마 전선이다.

① ㄱ ② ㄴ ③ ㄱ, ㄷ
④ ㄴ, ㄷ ⑤ ㄱ, ㄴ, ㄷ

중요 **09** 그림 (가)는 중위도 지역에 형성된 어느 전선의 모습을, (나)는 A~C 지역 중 한 곳에서 본 깃발 날리는 모습이다.

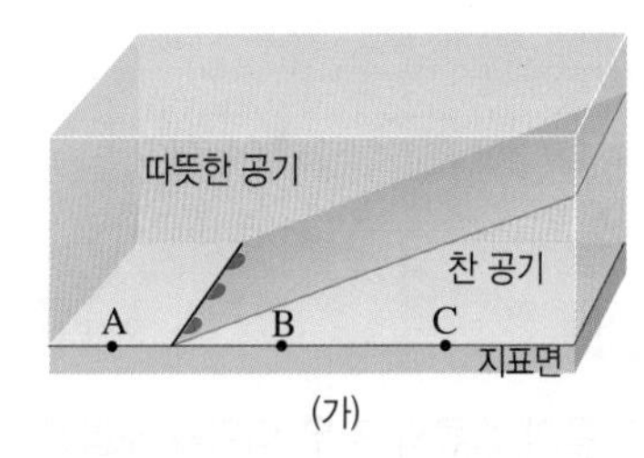

(가)

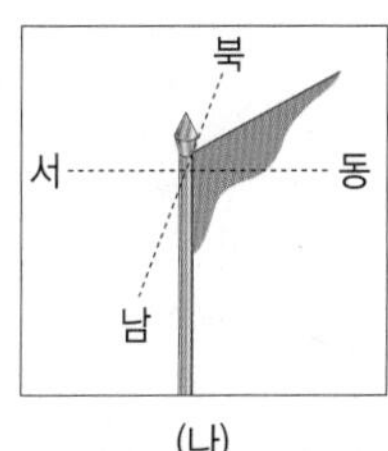

(나)

이에 대한 설명으로 옳은 것만을 [보기]에서 있는 대로 고른 것은?

보기
ㄱ. (가)의 전선면에는 층운형 구름이 존재한다.
ㄴ. (나)는 A에서 본 모습이다.
ㄷ. (나)가 관측되는 곳에서는 비가 내리고 있을 것이다.

① ㄱ ② ㄷ ③ ㄱ, ㄴ
④ ㄴ, ㄷ ⑤ ㄱ, ㄴ, ㄷ

10 온대 저기압에 대한 설명으로 옳지 않은 것은?

① 온대 지방에서 발생한다.
② 중심 기압이 높을수록 세력이 강하다.
③ 편서풍을 따라 서쪽에서 동쪽으로 이동한다.
④ 대부분 한랭 전선과 온난 전선을 동반한다.
⑤ 기층의 위치 에너지를 에너지원으로 하여 발달한다.

11 그림 (가)와 (나)는 저기압의 발생에서 소멸까지의 과정 중에서 어느 시기의 등압선 분포를 시간 순서와 관계없이 나타낸 것이다.

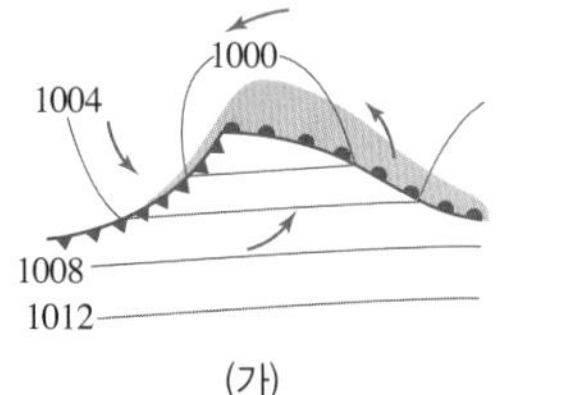

(가)

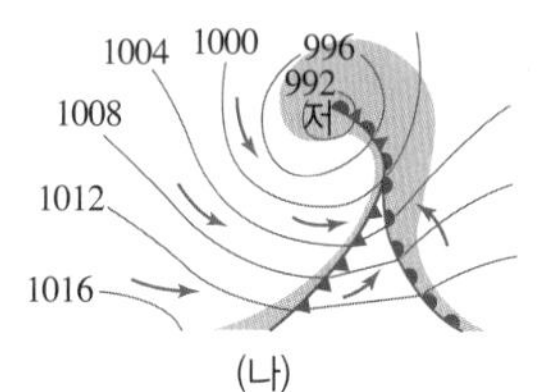

(나)

이에 대한 설명으로 옳은 것만을 [보기]에서 있는 대로 고른 것은?

보기
ㄱ. 한랭 전선은 온난 전선보다 이동 속도가 빠르다.
ㄴ. 온대 저기압은 시간이 지나면 (가) → (나)로 변해간다.
ㄷ. 온대 저기압은 (가)보다 (나)에서 세력이 더 강하다.

① ㄱ ② ㄴ ③ ㄱ, ㄷ
④ ㄴ, ㄷ ⑤ ㄱ, ㄴ, ㄷ

서술형
12 그림은 온대 저기압의 단면을 나타낸 것이다.

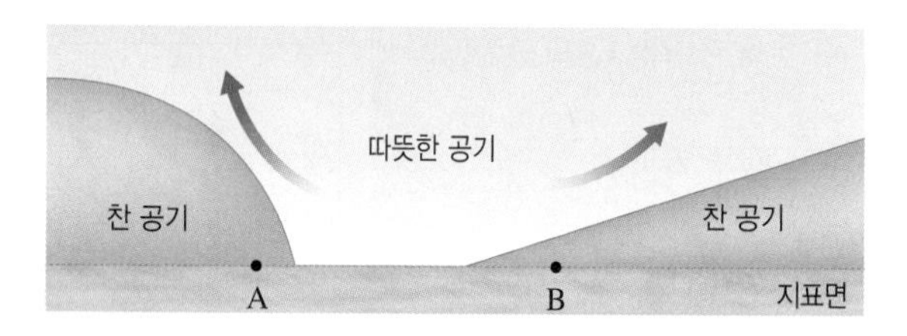

A와 B 지역의 날씨를 구름의 종류와 강우 범위를 포함하여 서술하시오.

중요
13 그림은 우리나라 부근에 발달한 온대 저기압을 나타낸 것이다.
A ~ C 지역에 대한 설명으로 옳은 것만을 [보기]에서 있는 대로 고른 것은?

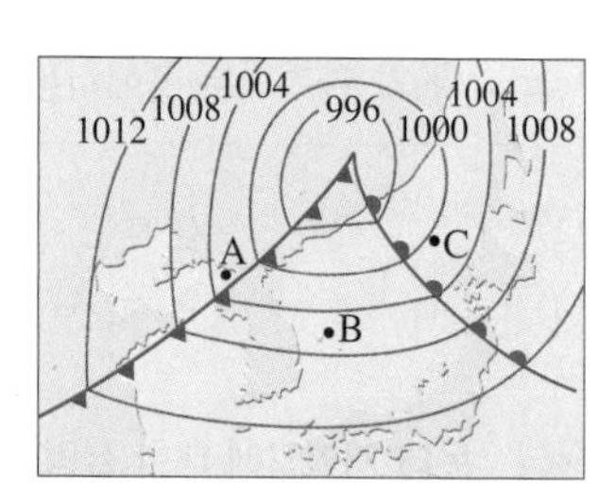

보기
ㄱ. 기압이 가장 높은 곳은 A 지역이다.
ㄴ. B 지역은 C 지역보다 기온이 높다.
ㄷ. C 지역에는 남서풍이 분다.

① ㄱ ② ㄴ ③ ㄷ ④ ㄱ, ㄴ ⑤ ㄴ, ㄷ

서술형
14 그림은 어느 지역에서 온대 저기압이 통과하는 동안 풍향의 변화를 시간 순으로 관측하여 나타낸 것이다.

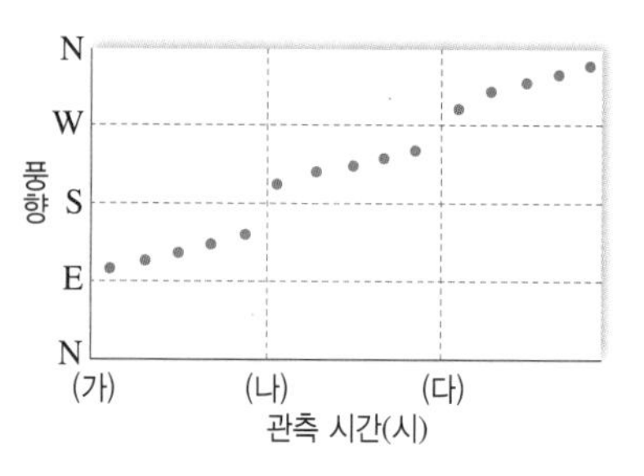

(나)와 (다) 시기에 통과한 전선을 각각 풍향 변화와 함께 서술하시오.

중요
15 그림 (가)와 (나)는 온대 저기압이 우리나라의 어떤 지역을 통과하는 동안 관찰된 기상 현상을 순서 없이 나타낸 것이다.

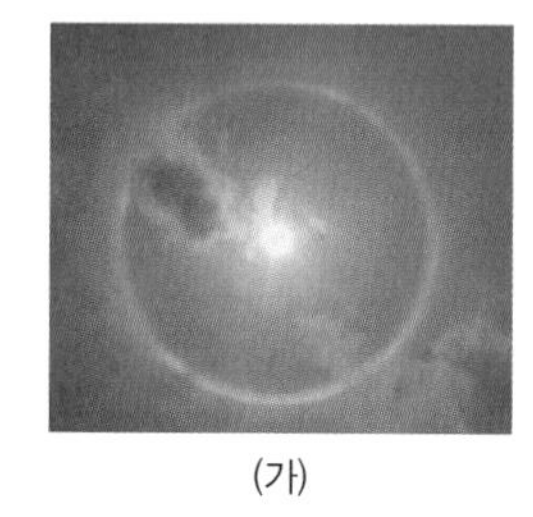
(가)

(나)

이에 대한 설명으로 옳지 않은 것은?

① (가)에 발달한 구름은 권층운이다.
② (가)가 (나)보다 먼저 관찰된다.
③ (가)는 온난 전선의 접근을 알려 준다.
④ (나)는 한랭 전선의 앞쪽에서 관측된다.
⑤ (나)는 강한 상승 기류에 의해 만들어진다.

D 일기 예보

16 그림은 어느 지역의 대기 상태를 일기 기호로 나타낸 것이다.
이 일기 기호를 해석한 것으로 옳지 않은 것은?

4
15
104

① 풍향: 북동풍 ② 풍속: 12 m/s
③ 날씨: 소나기 ④ 현재 기온: 15 °C
⑤ 현재 기압: 104 hPa

실력 UP 문제

정답친해 61쪽

01 그림은 어느 날 우리나라 부근의 일기도를 나타낸 것이다.
A 기단이 우리나라에 영향을 미치는 계절의 특징으로 옳은 것은?

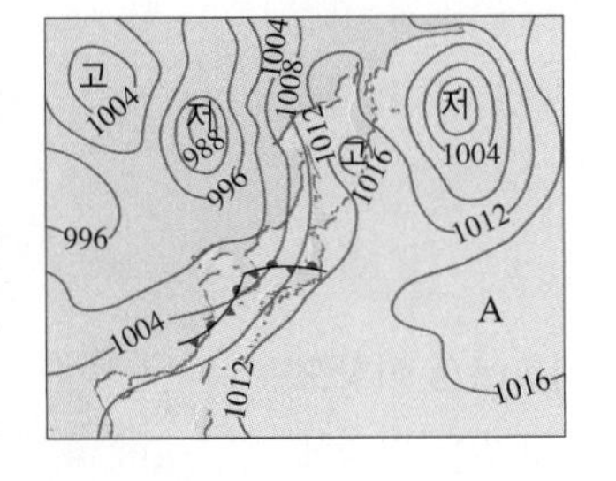

① 황사가 자주 발생한다.
② 높새바람 때문에 영동 지방에 가뭄이 든다.
③ 무덥고 습한 날씨와 열대야 현상이 생긴다.
④ 이동성 저기압이 자주 통과해 흐린 날이 많다.
⑤ 강풍과 한파, 그리고 폭설 등이 자주 나타난다.

02 그림은 온대 저기압의 영향을 받는 우리나라 부근의 세 지역 A, B, C의 위치와 풍향을 나타낸 것이다. 이에 대한 설명으로 옳은 것은?

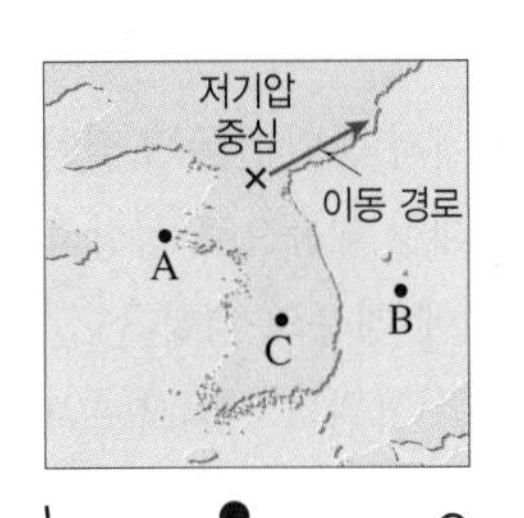

① A는 한랭 전선의 앞쪽에 위치한다.
② A는 C보다 기온이 높다.
③ B에서는 강한 소나기가 내리고 있다.
④ 온난 전선은 B와 C 사이에 위치한다.
⑤ A～C 중 C의 기압이 가장 낮다.

03 그림은 온대 저기압이 통과하는 동안 서울에서 관측한 기온과 기압의 변화를 나타낸 것이다.

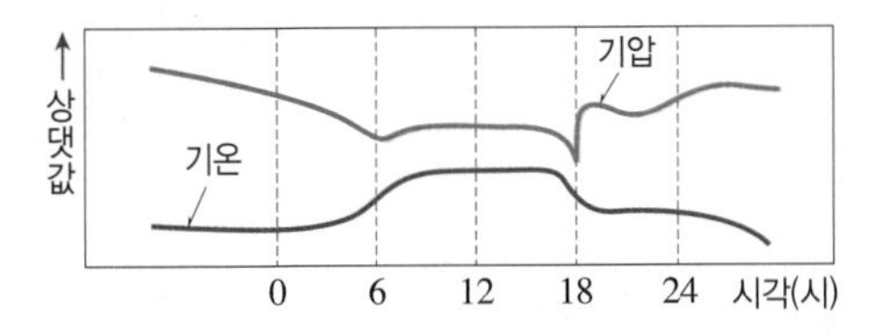

이에 대한 설명으로 옳은 것만을 [보기]에서 있는 대로 고른 것은?

보기
ㄱ. 5시경에는 남풍 계열의 바람이 불었다.
ㄴ. 12시경에는 약한 이슬비가 조금씩 내렸다.
ㄷ. 이 기간에 서울의 풍향은 시계 방향으로 변했다.

① ㄱ ② ㄴ ③ ㄱ, ㄷ
④ ㄴ, ㄷ ⑤ ㄱ, ㄴ, ㄷ

04 그림 (가)와 (나)는 어느 날 같은 시각 우리나라 주변의 가시 영상과 지상 일기도를 각각 나타낸 것이다.

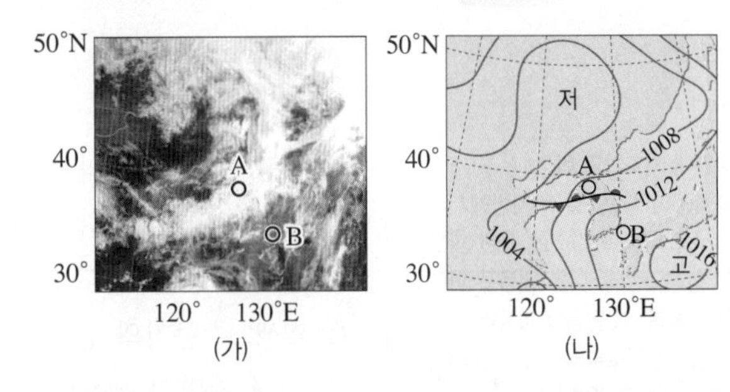

이에 대한 설명으로 옳은 것만을 [보기]에서 있는 대로 고른 것은?

보기
ㄱ. (가)의 위성 영상은 밤에 관측하였을 것이다.
ㄴ. 구름의 두께는 A 지역이 B 지역보다 두껍다.
ㄷ. A 지역의 구름은 주로 전선 북쪽의 기단에서 공급받은 수증기로 형성된다.

① ㄱ ② ㄴ ③ ㄱ, ㄷ
④ ㄴ, ㄷ ⑤ ㄱ, ㄴ, ㄷ

05 그림 (가)와 (나)는 12시간 간격으로 작성된 우리나라 주변 일기도를 순서 없이 나타낸 것이다.

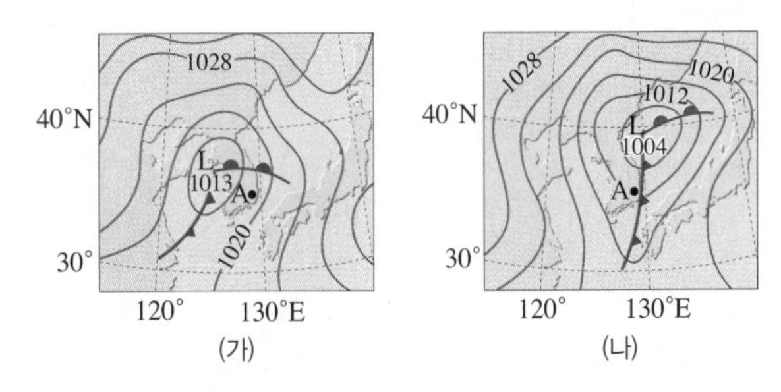

이에 대한 설명으로 옳은 것은?

① (가)의 A 지역에는 남동풍이 분다.
② (가)는 (나)보다 12시간 전의 일기도이다.
③ 이 기간에 A 지역은 기온이 높아졌다.
④ (나)의 A 지역은 맑은 날씨가 나타난다.
⑤ (나)의 A 지역에는 층운형 구름이 형성된다.

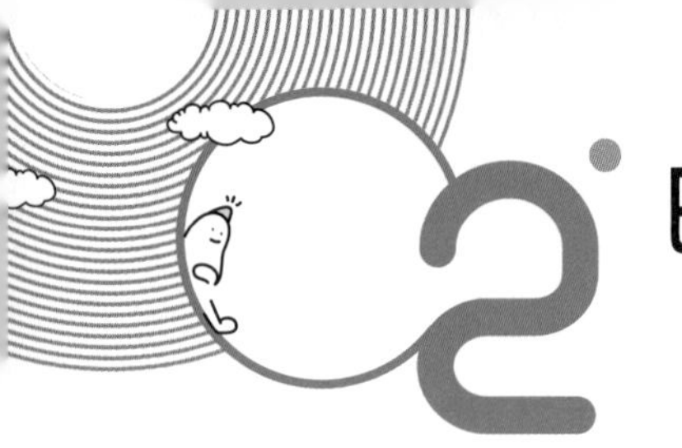

2 태풍과 우리나라의 주요 악기상

핵심 포인트
1. 태풍의 특징 ★★★
2. 태풍의 위험 반원과 안전 반원 ★★★
3. 뇌우 ★★★
4. 악기상으로 인한 재해 ★★

A 태풍

◆ **열대 저기압의 형성**
무역풍이 부는 열대 지방에서도 편서풍 파동과 비슷한 약한 파동이 형성되는데, 이를 편동풍 파동이라 하며, 이 편동풍 파동에서 생긴 소용돌이로부터 만들어진 저기압이 열대 저기압이다.

1. 태풍 중심 부근의 최대 풍속이 17 m/s 이상으로 발달한 우리나라 주변의 북태평양 지역에 영향을 주는 ◆열대 저기압

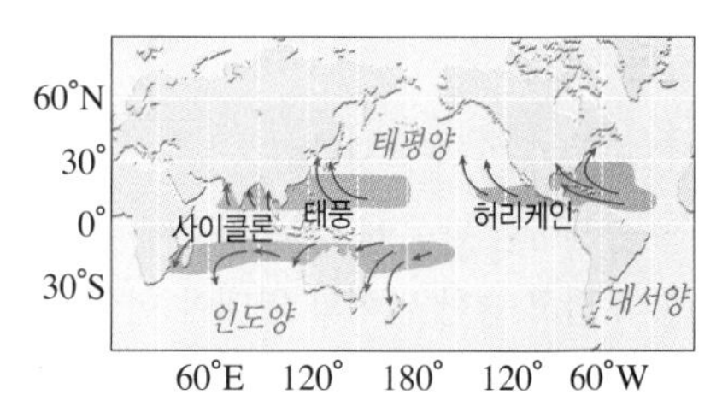

⊙ **열대 저기압의 발생 지역** → 발생 지역에 따라 이름이 다르다.

(1) 발생: 수증기의 공급이 충분히 잘 이루어지는 열대 지방의 해상, 즉 위도 5°~25°, 수온이 약 27 °C 이상인 열대 해상에서 발생한다.
위도 0°~5°인 지역은 전향력이 매우 약해 초기 저기압성 소용돌이가 생기는 데 어려움이 있어 열대 저기압이 발생하기 어렵다.

(2) 태풍의 에너지원: 수증기가 물방울로 응결하는 동안 방출하는 ❶응결열
수권과 기권의 상호 작용으로 발생

(3) ◆태풍의 특징

① 전선을 동반하지 않고 일기도상에서 등압선은 조밀한 ❷동심원의 형태를 보인다.
② 공급된 수증기의 양이 많을수록 대형 태풍으로 성장하며, 많은 비와 강한 바람을 동반한다.
③ 우리나라는 주로 7월~9월 사이에 태풍의 영향을 집중적으로 받는다.
④ 짧은 시간 동안 대규모의 에너지를 고위도 지역으로 이동시켜 지구의 ❸열평형에 기여한다.

무역풍대에서 발생하므로 낮은 기온의 차가운 공기가 존재하지 않아 전선이 생기지 않기 때문에 소용돌이 모양을 따라 등압선이 동심원의 형태로 나타난다.

◆ **태풍의 이름**
아시아 태풍 위원회에 소속된 14개국에서 제출한 10개씩의 이름을 순번을 정하여 순서대로 적용하며, 대형 태풍으로 성장하여 큰 피해를 준 경우는 새로운 이름으로 대체하여 사용한다. 예 2002년 큰 피해를 준 태풍 루사는 누리로, 2003년에 큰 피해를 준 태풍 매미는 무지개로 그 이름이 대체되었다.

2. 태풍의 구조

(1) 태풍의 구조: 지름이 수백 km 정도이고, 북반구에서 바람이 시계 반대 방향으로 불어 들어가며 강한 상승 기류가 발달한다. ➡ 중심 부근에는 두꺼운 적란운이 발달한다.

(2) 태풍의 눈: 태풍 중심으로부터 약 30 km~50 km에 이르는 범위로, 약한 하강 기류가 발생하여 날씨가 맑고 바람이 약한 구역

주의해!
태풍의 눈
반경이 약 30 km~50 km이며, 약한 하강 기류가 생기는 곳이지만 기압이 가장 낮은 저기압의 중심부에 해당한다.

태풍의 구조와 풍속 및 기압

147쪽 대표 자료❶

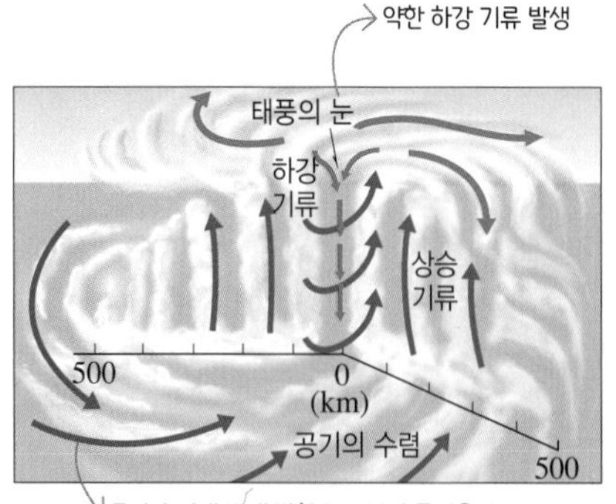

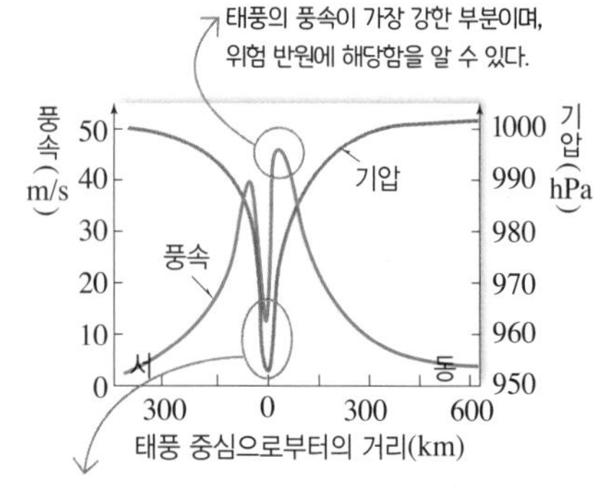

3. 태풍의 이동

(1) 이동 경로: 북태평양 고기압의 서쪽 가장자리를 따라 포물선 궤도를 그리며 고위도 지역으로 이동해 간다.

용어
❶ **응결열**(凝 엉기다, 結 맺다, 熱 열) 기체인 수증기가 액체인 물방울로 변할 때 방출하는 에너지
❷ **동심원**(同 같다, 心 중심, 圓 원) 같은 중심을 가지고 있는 여러 개의 원
❸ **열평형**(熱 열, 平衡 평형) 물체와 물체 사이, 혹은 물체의 각 부분 사이에 열이 평형을 이루고 있는 상태

① 무역풍의 영향을 받는 발생 초기에는 북서쪽으로 이동하다가 편서풍의 영향을 받는 북위 25°~30° 부근을 지나면서 북동쪽으로 이동 방향이 바뀐다.

② 태풍은 무역풍의 영향을 받는 지역에서는 느린 속도로 이동하지만 편서풍의 영향을 받는 지점으로 진입한 이후부터는 이동 속도가 대체로 빨라진다.

• 태풍이 서쪽을 향하여 이동하다가 북쪽이나 동쪽으로 이동 방향이 바뀌는 지점을 전향점이라 하며, 전향점을 기준으로 남쪽에서는 무역풍의 영향을, 북쪽에서는 편서풍의 영향을 받으며 이동한다.

(2) 위험 반원과 안전 반원 완자쌤 비법 특강 142쪽

① 위험 반원: 태풍 이동 경로의 오른쪽 반원 ➡ 태풍 내 바람 방향이 태풍의 이동 방향 및 대기 대순환의 바람 방향과 같은 방향이므로 풍속이 강해져 더 큰 피해가 발생하고, 풍향이 시계 방향으로 변한다.

② 안전 반원(가항 반원): 태풍 이동 경로의 왼쪽 반원 ➡ 태풍 내 바람 방향이 태풍의 이동 방향 및 대기 대순환에 의한 바람 방향과 반대 방향이므로 풍속이 약해져 피해가 더 작게 발생하고, 풍향이 시계 반대 방향으로 변한다.

태풍의 이동과 위험 반원, 안전 반원 147쪽 대표 자료❷

50°N 7월 8월 편서풍 40° 9월 10월 30° 6월 20° 무역풍 120° 130° 140°E

편서풍대 태풍의 진로 중위도 고압대 무역풍대

진행 방향의 왼쪽(안전 반원): 태풍 내 풍향이 태풍의 이동 방향 및 대기 대순환의 풍향과 반대 ➡ 풍속 약함

진행 방향의 오른쪽(위험 반원): 태풍 내 풍향이 태풍의 이동 방향 및 대기 대순환의 풍향과 일치 ➡ 풍속 강함

암기해!

온대 저기압과 태풍 비교

구분	온대 저기압	태풍
발생 장소	온대 지방	5°~25°의 열대 해상
에너지원	기층의 위치 에너지	수증기의 응결열
등압선	타원형	조밀한 동심원
전선 유무	한랭 전선, 온난 전선	없음
이동 경로	서 → 동	남 → 북 (포물선)

4. 태풍의 소멸과 피해

(1) 소멸: 수온이 낮은 고위도 해상으로 북상하거나 육지에 상륙하면 수증기의 공급이 줄어들고 지표면과의 마찰 증가로 운동 에너지가 감소하게 되므로 세력이 약해져 소멸한다. ➡ 기권과 지권(수권)의 상호 작용으로 소멸 • 태풍은 육지에 상륙하면 중심 기압이 높아지면서 세력이 급격하게 약해진다.

(2) 피해: 주로 섬이나 해안 지방에서 강풍 피해가 발생하고, ❶집중 호우에 의한 피해가 발생한다. 또한 태풍이 육지에 상륙할 때 바닷물이 육지로 넘치는 ❷해일 피해가 발생하기도 한다.

• 태풍 중심부의 기압이 낮아 해수면이 높아지기 때문이다.

탐구 자료창 **태풍의 이동과 날씨 변화**

그림은 우리나라를 지나간 태풍의 이동 경로를 나타낸 것이다.

1. **태풍의 이동 경로**: 북서쪽으로 이동하다가 위도 25° 부근부터 북동쪽으로 이동하였다.
2. **태풍의 중심 기압 변화**: 육지에 상륙하면서 수증기의 공급이 줄어들고, 지표면과의 마찰 때문에 중심 기압은 높아진다.
3. **날씨 변화**: 태풍의 영향을 받을 때는 바람이 강하게 불고 비가 내린다.
4. **태풍 진행 방향의 오른쪽과 왼쪽 비교**: 진행 방향의 오른쪽 지역은 왼쪽 지역보다 풍속이 더 강하고, 비가 더 많이 내린다.

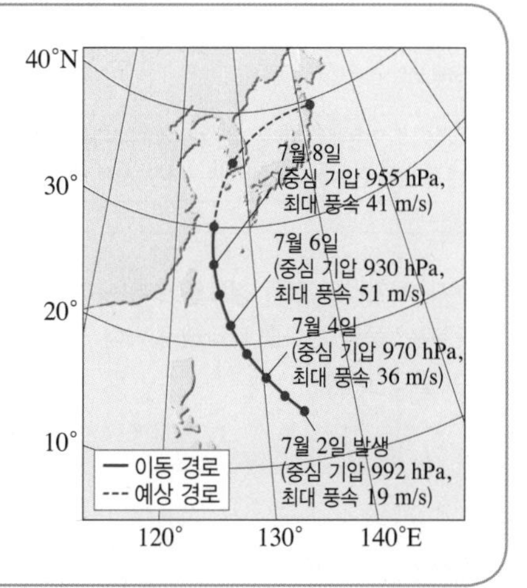

용어

❶ **집중 호우(集 모이다, 中 가운데, 豪 호걸, 雨 비)** 어느 한 지역에 갑자기 한꺼번에 쏟아지는 비

❷ **해일(海 바다, 溢 넘치다)** 바닷물이 갑자기 크게 일어나 육지로 넘쳐 들어오는 현상

정답친해 62쪽

우리가 사는 세상에서 저기압은 날씨 변화에 아주 많은 영향을 미치고 있어요. 저기압에는 온대 저기압과 열대 저기압이 있지만 이들 저기압이 이동할 때 이동 경로 주변에서의 풍향 변화가 같은 원리에 의해 생기고 있음을 다음을 통해 이해해 보아요.

1 태풍(열대 저기압)의 이동과 주변의 풍향 변화

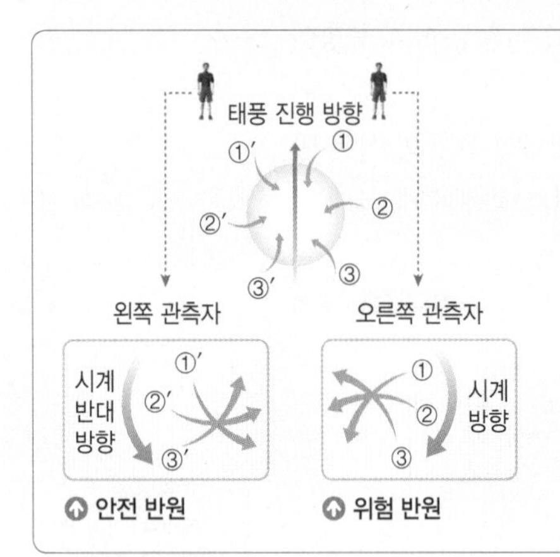

안전 반원 위험 반원

- 태풍이 진행할 때 이동 경로의 왼쪽에 위치한 지역은 풍향이 ①′ → ②′ → ③′(시계 반대 방향)으로 변한다.
- 태풍이 진행할 때 이동 경로의 오른쪽에 위치한 지역은 풍향이 ① → ② → ③(시계 방향)으로 변한다.
- 태풍의 안전 반원에서는 시계 반대 방향으로 풍향이 변하고, 태풍의 위험 반원에서는 시계 방향으로 풍향이 변한다.

Q1 태풍이 이동하는 동안 어느 지역에서 생긴 풍향 변화를 조사하였더니, 풍향이 북동풍 → 남동풍 → 남서풍 → 서풍으로 변하였다. 이 지역은 위험 반원과 안전 반원 중 어디에 속하였는가?

2 북반구에서 온대 저기압 이동 시 주변의 풍향 변화

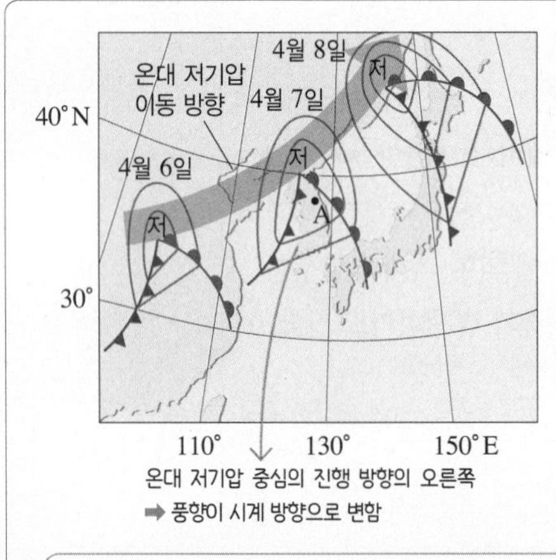

온대 저기압 중심의 진행 방향의 오른쪽
➡ 풍향이 시계 방향으로 변함

- 온대 저기압의 이동: 편서풍의 영향으로 서에서 동으로 이동해 간다.
- 관측 장소와 전선의 관계: 온대 저기압이 서에서 동으로 이동해 감에 따라 관측 장소와 전선의 상대적 위치가 달라져 관측 장소의 날씨가 변한다.

구분	4월 6일과 7일 사이	4월 7일	4월 7일과 8일 사이
관측 장소 A의 위치	온난 전선의 앞쪽	온난 전선과 한랭 전선의 사이	한랭 전선의 뒤쪽
A 지점 풍향	남동풍	남서풍	북서풍

➡ 북반구에서 온대 저기압이 통과할 때에도 저기압 중심의 진행 방향의 오른쪽(A)은 풍향이 시계 방향으로 변하고, 왼쪽은 시계 반대 방향으로 변한다는 것을 알 수 있다.

온대 저기압은 서쪽에서 동쪽 방향으로 이동해요. 따라서 위 1번 자료의 태풍 진행 방향을 시계 방향으로 90° 정도 회전시켜서 본 모습과 닮아 있어요. 즉, 온대 저기압 이동 경로의 오른쪽(남쪽, 관측 장소 A)에서는 풍향이 시계 방향으로, 왼쪽(북쪽)에서는 풍향이 시계 반대 방향으로 변해간답니다.

Q2 그림 (가)는 어느 날 온대 저기압의 이동 경로를, (나)는 이날 관측소 A, B 중 한 곳에서 관측한 풍향 변화를 나타낸 것이다. (나)는 A와 B 중 어디에서 관측한 결과인가?

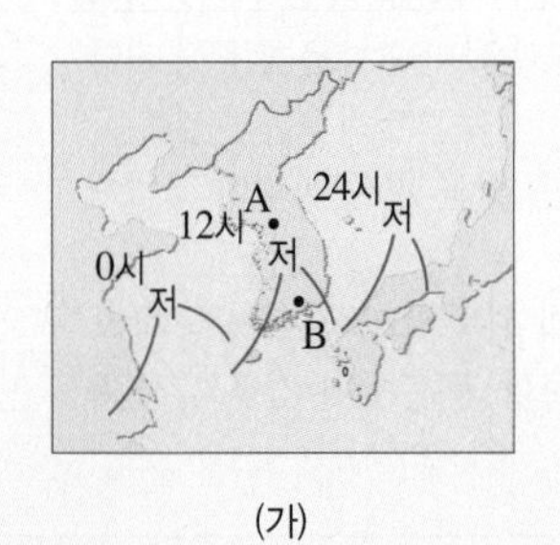

(가)

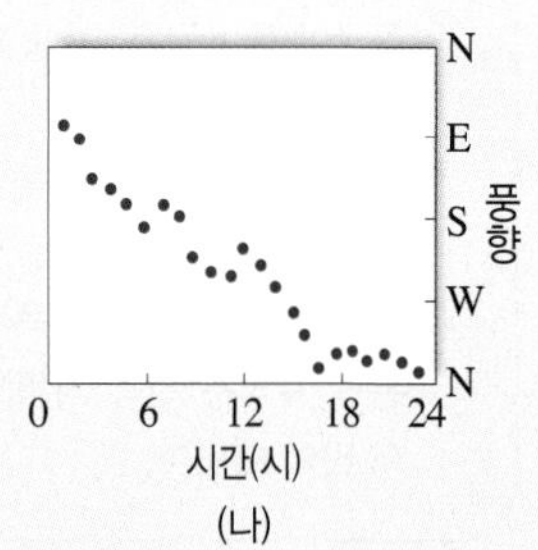

(나)

개념 확인 문제

핵심 체크

- 태풍: 중심 부근의 최대 풍속이 (❶) m/s 이상으로 발달한 열대 저기압
- 태풍의 에너지원: 수증기가 물방울로 응결하는 동안 방출하는 (❷)
- 태풍의 특징: 일기도에서 등압선이 조밀한 (❸)을 이루고 있으며, (❹)을 동반하지 않는다.
- (❺): 태풍 중심으로부터 약 30 km~50 km에 이르는 범위로, 약한 하강 기류가 나타난다.
- 태풍의 이동

위험 반원	• 태풍 이동 경로의 (❻) 반원으로, 풍향이 (❼) 방향으로 변하는 지역 • 강한 풍속과 많은 비로 인해 더 큰 피해가 생기는 지역
안전 반원	• 태풍 이동 경로의 (❽) 반원으로, 풍향이 (❾) 방향으로 변하는 지역 • 상대적으로 바람이 약하고 비가 적게 와서 피해가 작게 생기는 지역

1 태풍에 대한 설명으로 옳은 것은 ○, 옳지 않은 것은 ×로 표시하시오.

(1) 수온이 높은 열대 해상에서 발생한다. ( )
(2) 주로 전선을 동반하는 경우가 많다. ( )
(3) 육지에 상륙하면 세력이 약해진다. ( )
(4) 태풍의 눈에서는 약한 상승 기류가 나타난다. ( )
(5) 우리나라는 주로 7월~9월 사이에 영향을 준다. ( )

2 그림은 태풍 주변의 기압과 풍속의 관계를 나타낸 것이다.

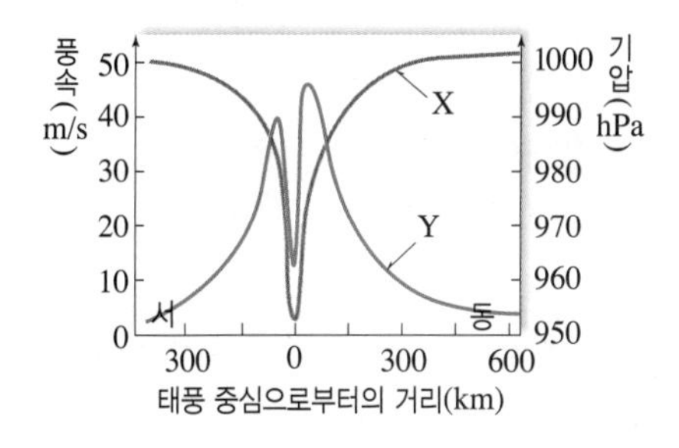

(1) 그래프의 X와 Y는 무엇을 나타내는지 쓰시오.
(2) 태풍의 중심은 기압이 가장 (낮은, 높은) 곳으로, 바람이 거의 불지 않는다.

3 태풍의 발생 및 소멸에 대한 설명 중 ( ) 안에 알맞은 말을 쓰시오.

> 태풍은 위도 ㉠( )인 열대 해상에서 ㉡( )과 수권의 상호 작용에 의해 발생하며, ㉢( )의 공급이 차단되면 세력이 급격하게 약해진다.

4 그림은 태풍의 이동 경로를 나타낸 것이다. A~D 중 위험 반원에 해당하는 곳을 모두 쓰시오.

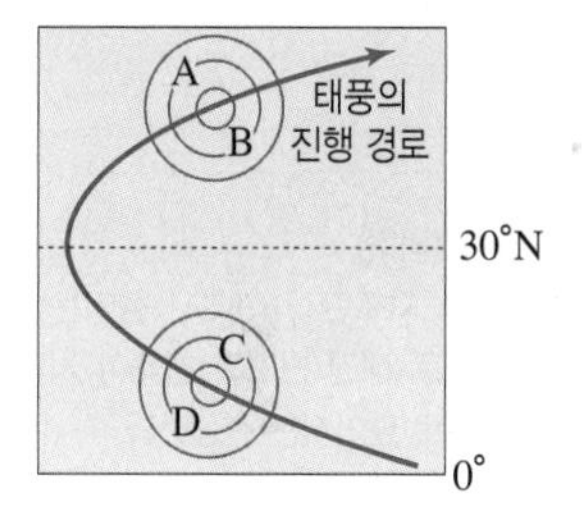

5 그림은 북반구의 어느 지점에서 태풍이 통과하는 동안 측정한 풍향을 나타낸 것이다. 이 지점은 위험 반원과 안전 반원 중 어디에 위치하는지 쓰시오.

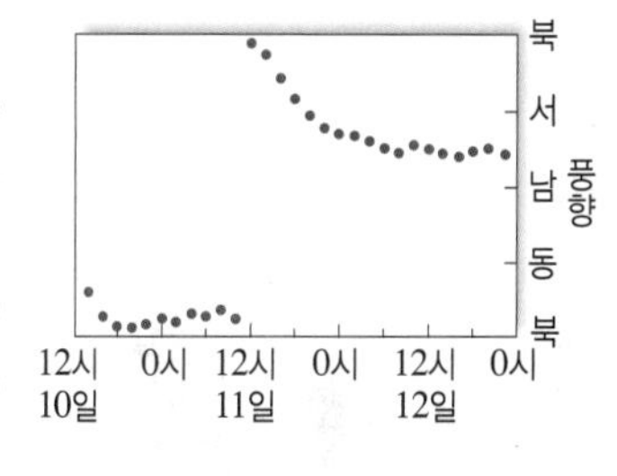

6 그림은 태풍의 동서 단면을 나타낸 것이다.

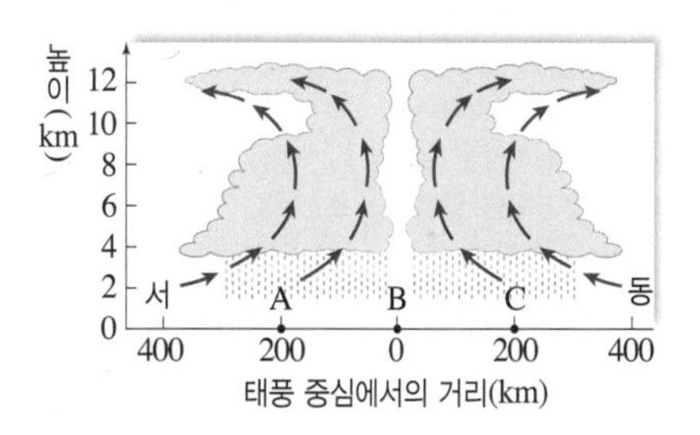

이에 대한 설명으로 옳은 것은 ○, 옳지 않은 것은 ×로 표시하시오.

(1) A는 위험 반원에 속한다. ( )
(2) B에는 태풍의 눈이 나타난다. ( )
(3) A보다 C에서 풍속이 더 약하다. ( )
(4) B보다 C의 기압이 더 높게 나타난다. ( )

B 우리나라의 주요 ❶악기상

천둥과 번개는 동시에 발생하지만 빛이 소리보다 이동 속도가 빠르므로 번개가 친 후에 천둥 소리를 들을 수 있어요.

1. ❷뇌우 천둥과 번개를 동반하면서 소나기가 강하게 내리는 현상

(1) **뇌우의 발생**: 매우 불안정한 대기에서 형성된 뇌운에서 주로 발생하며, 구름과 구름 사이, 구름과 지면 사이에서 생기는 강한 방전이 일어날 때 발생한다.

① 여름철에 국지적으로 가열된 공기가 빠르고 강하게 상승할 때
② 온대 저기압이나 태풍에 의해 강한 상승 기류가 발생할 때
③ 한랭 전선에서 찬 공기 위로 따뜻한 공기가 빠르게 상승할 때

(2) **뇌우의 발달 과정**: 적운 단계 → 성숙 단계 → 소멸 단계를 거친다. 148쪽 대표 자료❸

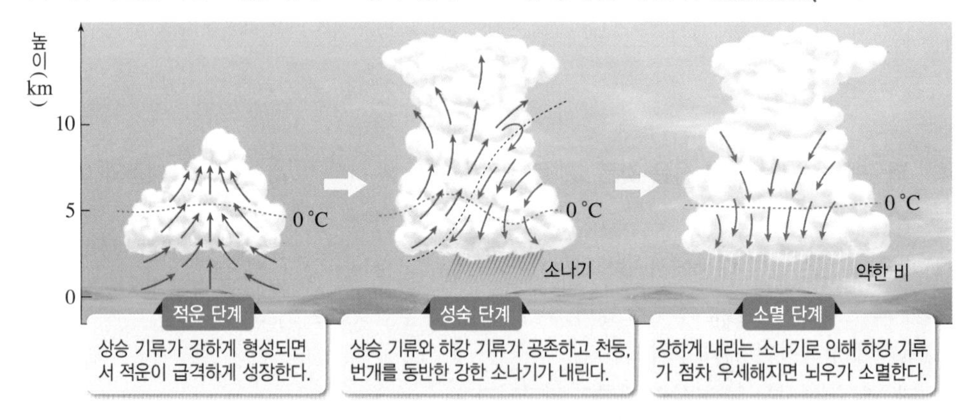

◆ **낙뢰(벼락)**
구름과 지표면 사이에서 생기는 방전으로 생긴 번개와 천둥이 지표면으로 떨어지는 현상이다.

(3) **뇌우에 의한 피해**: 우리나라에서 뇌우는 6월~8월 사이에 가장 많이 발생하며, 국지성 호우, 번개, 우박 등을 동반하기 때문에 침수, ◆낙뢰 등으로 인해 인명 및 농작물 피해가 발생한다.

◆ **우박의 단면 모습**

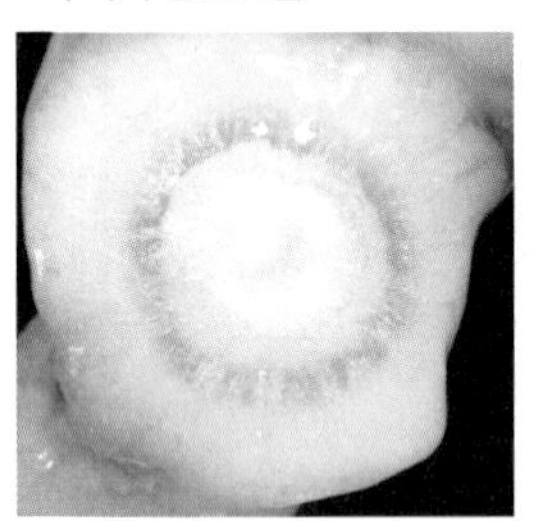

중심에 불투명한 핵이 있고 주위에는 투명한 층과 불투명한 층이 교대로 겹쳐져 있다. 우박에 이와 같은 층이 생기는 까닭은 상승 기류의 세기가 다른 곳을 통과하여 구름층 속에서 상승과 하강을 여러 차례 반복하였거나 구름 알갱이의 농도가 다른 곳을 통과하였기 때문이다.

2. ◆우박 지름 5 mm 이상의 얼음덩어리가 지표면으로 떨어지는 현상

(1) **생성 과정**: 초여름이나 여름에서 가을로 넘어가는 시기에 자주 발생하며, 적란운 속에서 기류에 의해 얼음덩어리가 상승과 하강을 반복하며 큰 얼음덩어리로 성장하여 무거워지면 중력에 의해 지표면으로 떨어지는 우박이 된다.

(2) **피해**: 농작물의 잎에 구멍이 뚫리거나 농작물 줄기 등이 부러져 수확할 수 없게 되는 피해가 발생하며, 비닐하우스 등의 시설물이 심하게 파괴되거나 피해가 발생한다.

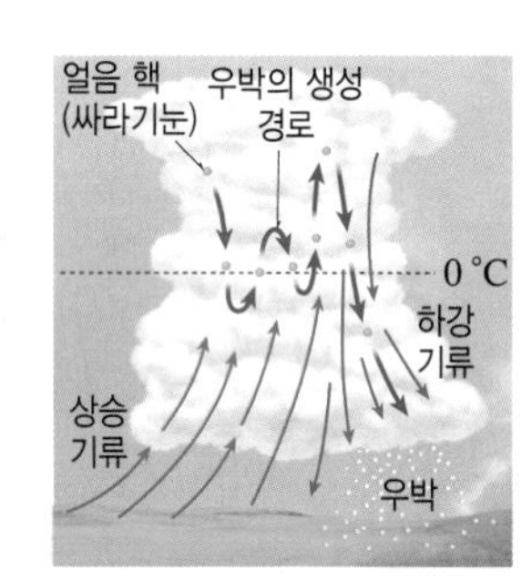

⬆ 우박의 생성 과정

3. 국지성 호우(집중 호우) 짧은 시간 동안에 좁은 지역에서 일정량 이상의 비가 집중되어 내리는 현상 ➡ 1시간 동안 30 mm 이상의 비가 내리거나 하루 동안 80 mm 이상 또는 연 강수량의 약 10 %에 상당하는 비가 내리는 것을 말한다.

구분	내용
발생	• 강한 상승 기류에 의해 적란운이 발생할 때 • 장마 전선, 태풍 등의 영향을 받거나 대기가 불안정할 때, 지형의 영향을 많이 받음
규모	수십 분~수 시간 정도 지속되며, 보통 반경 10 km~20 km인 비교적 좁은 지역에 내린다.
피해	가옥과 농경지 및 도로 침수, 산사태 등

(용어)
❶ **악기상(惡 악하다, 氣 기운, 象 형상)** 일상생활에 어려움을 유발하거나 재해를 유발하는 기준 이상의 기상 현상으로, 태풍, 강풍, 호우, 대설, 건조, 한파, 황사, 폭염 등이 있다.
❷ **뇌우(雷 번개, 雨 비)** 번개가 치면서 내리는 비

4. ◆폭설 짧은 시간 동안에 많은 양의 눈이 내리는 현상

발생	• 겨울철에 저기압이 통과할 때 • 시베리아 고기압이 남하하면서 해수면으로부터 열과 수증기를 공급받아 눈구름이 만들어질 때
피해	도로 교통의 마비와 교통사고의 증가, 농가나 축사의 비닐하우스 붕괴 등

5. ❶황사 중국 북부나 몽골 사막 또는 대륙의 황토지대에서 강한 바람에 날려 대기 중으로 퍼져 올라간 다량의 ◆먼지구름이 편서풍을 타고 이동해 오는 현상

① 발원지: 중국의 고비 사막, 타클라마칸 사막, 황토 고원 등

② 발생: 주로 3월에서 5월 사이에 많이 발생하며, 발원지에서 강풍이 불거나 햇빛이 강하게 비추어 저기압이 형성될 때 발생한다.

⊙ 황사의 발원지와 이동 경로

③ 이동 방향: 편서풍을 따라 서에서 동으로 이동해 간다. ➡ 우리나라는 일본보다 더 많은 영향을 받는다.

④ 피해: 기관지염, 천식 등 호흡기 질환, 심혈관계 질환, 안과 질환, 정밀한 기계의 고장 유발, 항공기 운항 지연 및 결항, 농작물 생장 장애 등

148쪽 대표 자료❹

6. 기타 다양한 악기상

(1) **강풍**: 평균 풍속 14 m/s 이상의 바람이 10분 이상 지속되는 현상

발생	• 온대 저기압이나 겨울철 시베리아 고기압의 영향을 받을 때 • 여름철에 태풍이 통과할 때
피해	농작물 낙과 피해, 비닐하우스 파괴, 가로수와 간판 피해, 선박 침몰 등

(2) **한파**: 저온의 기단이 위도가 낮은 곳으로 유입되어 급격한 기온 하강을 일으키는 현상

발생	한랭 건조한 시베리아 고기압이 위도가 낮은 지역까지 확장되면서 발생
피해	장시간 노출 시 저체온증이나 동상 피해, 수도 계량기나 보일러 배관 등 파손

7. 악기상에 따른 피해를 줄이는 방법

뇌우	• 번개로 발생하는 피해를 줄이기 위해 피뢰침 설치
국지성 호우	• 저지대나 상습 침수 지역에서는 신속히 대피 • 사전에 배수로나 하수구 정비, 위험 시설물 제거
폭설	• 신속한 제설 작업, 눈의 무게를 견딜 수 있는 튼튼한 구조의 시설물 설치 • 도로변에 모래나 염화 칼슘 준비, 대중교통 이용
황사	• 황사를 예보하여 대비 • 외출 시에는 황사 마스크를 착용하거나 실외 활동을 자제
강풍	• 가급적 외출을 삼가고 건물의 유리창이 파손되지 않도록 주의 • 해안가에서는 파도에 휩쓸릴 위험이 있으니 바닷가로 나가지 않도록 함

◆ **대설 주의보와 대설 경보**
24시간 내에 내릴 눈의 적설량이 다음과 같아 피해가 예상될 때 주의보나 경보를 발령한다.

구분	대설 주의보	대설 경보
서울과 기타 광역시	5 cm 이상	20 cm 이상
기타 일반 지역	10 cm 이상	30 cm 이상
울릉도, 독도	20 cm 이상	50 cm 이상

◆ **미세 먼지**
지름이 10 μm보다 작고 여러 가지 성분을 포함하여 대기 중에 떠 있는 물질로, 이 중 지름이 2.5 μm보다 작은 것을 초미세 먼지라고 한다.

용어
❶ **황사(黃 누렇다, 沙 모래)** 누런 모래 먼지. 중국 대륙의 사막이나 황토 지대에 있는 가는 모래가 강한 바람으로 인하여 날아올랐다가 점차 내려오는 현상

정답친해 63쪽

개념 확인 문제

핵심 체크

- (❶): 천둥과 번개를 동반하면서 강한 소나기가 내리는 현상
- (❷): 눈 결정 주위에 차가운 물방울이 얼어붙어 지상으로 떨어지는 지름 5 mm 이상의 얼음덩어리
- (❸): 짧은 시간 동안 좁은 지역에 많은 비가 내리는 현상
- (❹): 짧은 시간 동안 많은 양의 눈이 내리는 현상
- (❺): 중국 북부나 몽골 사막 또는 대륙의 황토 지대에서 대기 중으로 올라간 미세한 토양 입자가 서서히 내려오는 현상
- (❻): 평균 풍속 14 m/s 이상의 바람이 10분 이상 지속되는 현상
- (❼): 저온의 기단이 위도가 낮은 곳으로 유입되어 급격한 기온 하강을 일으키는 현상

1 뇌우는 ㉠( ) 단계 → ㉡( ) 단계 → 소멸 단계를 거치면서 발달한다.

2 뇌우에 대한 설명으로 옳은 것은 ○, 옳지 않은 것은 × 로 표시하시오.

(1) 강한 상승 기류가 발달하는 곳에서 주로 나타난다. ( )

(2) 천둥과 번개를 동반하고 강한 소나기가 내린다. ( )

(3) 성숙 단계에서는 상승 기류만 나타난다. ( )

(4) 강한 상승 기류와 하강 기류가 공존하는 단계는 뇌우의 소멸 단계에 해당한다. ( )

3 표는 2019년 우리나라 월별 낙뢰 발생 횟수를 조사한 것이다.

월	1월	2월	3월	4월	5월	6월
횟수	1	3	2306	3065	461	7844

월	7월	8월	9월	10월	11월	12월
횟수	17671	15980	10210	3736	4426	18

봄, 여름, 가을, 겨울 중 뇌우가 가장 많이 발생한 계절을 쓰시오.

4 우박이 내릴 당시의 기상 상태에 대한 설명 중 ( ) 안에 알맞은 말을 쓰시오.

> ㉠( )과 같은 구름이 형성되어 있으며, 대기가 매우 불안정하여 강한 ㉡( ) 기류가 발달해 있다.

5 다음은 국지성 호우에 대한 설명이다.

> 국지성 호우는 강한 (①) 기류에 의해 적란운이 발생하여 (②) 지역에 1시간 동안 (③) mm 이상, 혹은 하루 동안 (④) mm 이상의 많은 비가 집중적으로 내리거나 연평균 강수량의 (⑤) % 정도의 비가 하루 동안 내리는 것을 말한다.

①~⑤에 들어갈 말로 옳지 않은 것은?

① 상승 ② 좁은 ③ 30 ④ 80 ⑤ 20

6 그림은 황사가 발생하여 이동해 가는 모습을 나타낸 것으로, ( ) 안에 알맞은 말을 고르시오.

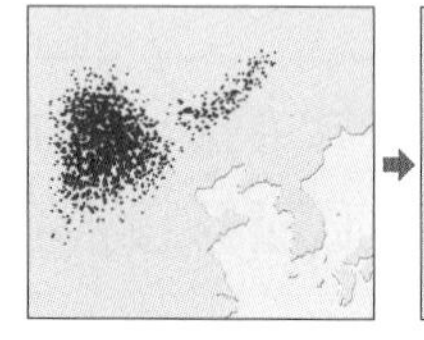
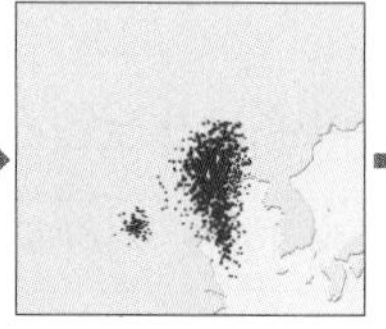
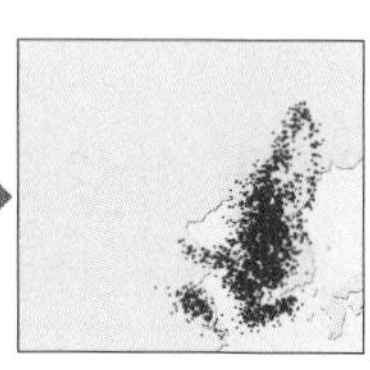

> 황사는 ㉠(무역풍, 편서풍)에 의해 서쪽에서 동쪽으로 이동하고, 우리나라에서 황사가 가장 많이 발생하는 계절은 ㉡(봄철, 여름철)이다.

7 우리나라에 영향을 주는 주요 악기상에 대한 설명으로 옳은 것은 ○, 옳지 않은 것은 ×로 표시하시오.

(1) 뇌우는 주로 온난 전선이 통과할 때 발생한다. ( )

(2) 집중 호우는 대기가 안정한 경우에 발생한다. ( )

(3) 중국과 몽골 지역의 사막화를 억제하면 황사에 의한 피해를 줄일 수 있다. ( )

대표 자료 분석

정답친해 63쪽

자료 ① 태풍의 구조

기출 Point
- 태풍의 구조와 기압 분포 이해하기
- 태풍 주변의 물리량 변화 파악하기

[1~4] 그림은 잘 발달한 태풍의 물리량을 태풍 중심으로부터의 거리에 따라 개략적으로 나타낸 것이다. A, B, C는 해수면상의 강수량, 기압, 풍속을 순서 없이 나타낸 것이다.

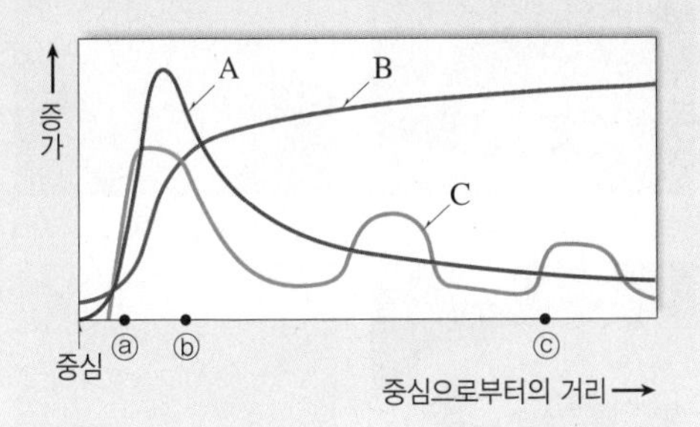

1 A, B, C는 각각 어떤 물리량을 나타내는지 쓰시오.

2 지역 ⓑ과 ⓒ에서의 등압선 간격을 비교하시오.

3 태풍 중심과 ⓐ 사이 지역에 대한 설명 중 (　　) 안에 알맞은 말을 쓰시오.

> 이 지역은 바람이 매우 약한 태풍의 ㉠(　　)에 해당하여 약한 ㉡(　　) 기류가 발생하고 ㉢(　　) 날씨가 나타난다.

4 빈출 선택지로 완벽 정리!

(1) 태풍에서 바람은 중심에서 가장 강하게 분다. (○ / ×)
(2) 태풍은 중심부의 기압이 낮을수록 세력이 강하다. (○ / ×)
(3) 태풍의 강수량은 중심에서 멀어질수록 일정하게 줄어든다. (○ / ×)
(4) 태풍의 눈은 약한 하강 기류가 존재하지만 저기압의 중심부에 해당하여 기압이 가장 낮다. (○ / ×)
(5) 위험 반원에 속하는 지역은 안전 반원에 속하는 지역보다 A의 값이 크다. (○ / ×)

자료 ② 태풍의 이동과 위험 반원 및 안전 반원

기출 Point
- 태풍 주변에서의 풍향 변화 이해하기
- 태풍의 위험 반원과 안전 반원 판단하기

[1~4] 그림은 어느 태풍의 이동 경로를, 표는 이 태풍이 이동하는 동안 관측소 A에서 관측한 풍향과 태풍의 중심 기압 변화를 나타낸 것이다. A의 위치는 (가)와 (나) 중 하나이다.

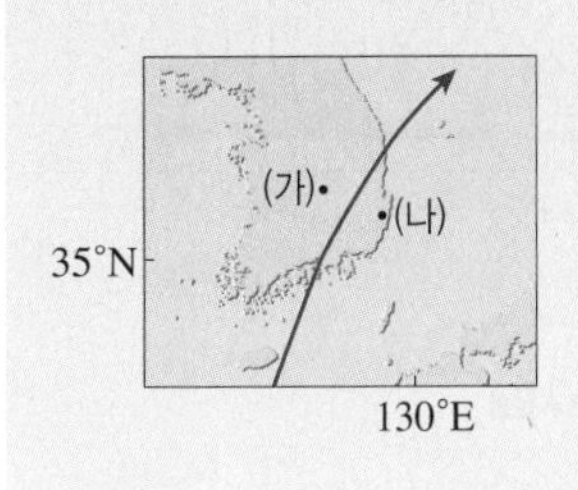

일시	풍향	태풍의 중심 기압 (hPa)
12일 21시	동	955
13일 00시	남동	960
13일 03시	남남서	970
13일 06시	남서	970

1 관측소 A의 위치는 (가)와 (나) 중 어느 곳에 해당하는지 쓰시오.

2 12일 21시와 13일 03시의 태풍의 세력을 비교하시오.

3 태풍이 통과하는 동안 (가)와 (나) 지점에 대한 설명 중 (　　) 안에 알맞은 말을 고르시오.

> (가)는 ㉠(위험, 안전) 반원에, (나)는 ㉡(위험, 안전) 반원에 속한다. 따라서 (가) 지점은 (나) 지점보다 풍속이 ㉢(약, 강)하고, 더 ㉣(작은, 큰) 피해가 발생하였다.

4 빈출 선택지로 완벽 정리!

(1) 태풍이 이동하는 동안 (가) 지점의 풍향은 시계 반대 방향으로 변한다. (○ / ×)
(2) 태풍이 우리나라를 통과하는 동안 중심 기압은 대체로 높아지고 있다. (○ / ×)
(3) 현재 태풍은 무역풍의 영향을 받으며 이동한다. (○ / ×)
(4) 태풍이 우리나라를 통과하는 동안 수증기의 공급이 원활히 이루어졌을 것이다. (○ / ×)

자료 ❸ 뇌우

기출 Point
- 뇌우의 발달 단계 해석하기
- 뇌우가 발생하는 경우 판단하기

[1~3] 그림은 뇌우의 발달 단계를 나타낸 것이다.

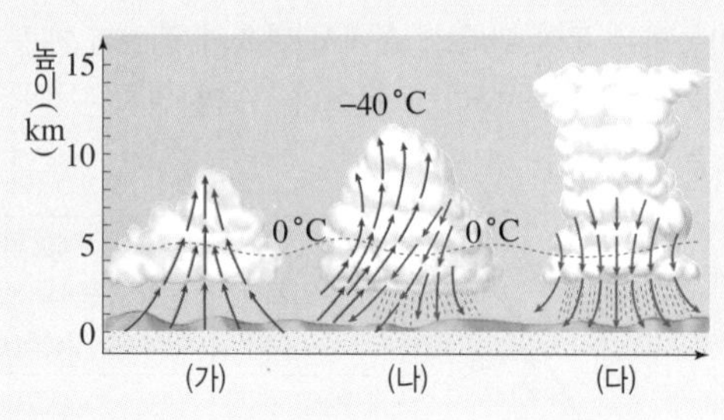

1 (가)~(다) 단계의 이름을 쓰시오.

2 뇌우의 발생 조건으로 옳은 것만을 [보기]에서 있는 대로 고르시오.

보기
ㄱ. 여름철에 국지적으로 가열된 공기가 상승할 때
ㄴ. 태풍에 의해 상승 기류가 발생할 때
ㄷ. 한랭 전선에서 찬 공기 위로 따뜻한 공기가 빠르게 상승할 때

3 빈출 선택지로 완벽 정리!

(1) 뇌우는 층운형 구름이 형성되는 지역에서 발생한다. (○ / ×)

(2) 뇌우는 천둥과 번개 및 집중 호우 등을 동반한다. (○ / ×)

(3) (가) 단계에서는 상승 기류만 나타난다. (○ / ×)

(4) (나) 단계에서는 상승 기류와 하강 기류가 공존한다. (○ / ×)

(5) (다) 단계에서는 천둥과 번개를 동반한 강한 소나기가 내린다. (○ / ×)

자료 ❹ 다양한 악기상

기출 Point
- 우리나라의 다양한 악기상 이해하기
- 다양한 악기상으로 인한 피해 판단하기

[1~3] 그림 (가)~(라)는 다양한 악기상으로 인해 생긴 피해 모습을 나타낸 것이다.

(가) 집중 호우

(나) 우박

(다) 폭설

(라) 황사

1 (나)와 같은 현상이 자주 일어나는 계절을 쓰시오.

2 (가)~(라) 중 다른 악기상과 달리 겨울철에만 나타나는 것을 쓰시오.

3 빈출 선택지로 완벽 정리!

(1) 악기상은 대기가 불안정할 때 잘 나타난다. (○ / ×)

(2) (가)는 1시간에 30 mm 이상, 하루에 80 mm 이상의 비가 집중적으로 내리는 현상이다. (○ / ×)

(3) (나) 우박을 쪼갠 단면에서는 층상 구조를 볼 수 있다. (○ / ×)

(4) (다)는 양쯔강 기단의 영향을 받을 때 나타난다. (○ / ×)

(5) (라)는 주로 여름철에 발생한다. (○ / ×)

(6) (라)는 지권과 기권의 상호 작용으로 발생한다. (○ / ×)

내신 만점 문제

정답친해 64쪽

A 태풍

01 태풍에 대한 설명으로 옳지 않은 것은?

① 열대 저기압에 속한다.
② 등압선이 동심원을 이루고 있다.
③ 위도 0°~5°의 적도 부근 해상에서 발생한다.
④ 대부분 포물선 궤도를 이루며 이동한다.
⑤ 많은 비와 강풍을 동반하여 큰 피해를 준다.

[02~03] 그림은 두 종류의 저기압이 우리나라 주변에 나타난 일기도를 나타낸 것이다.

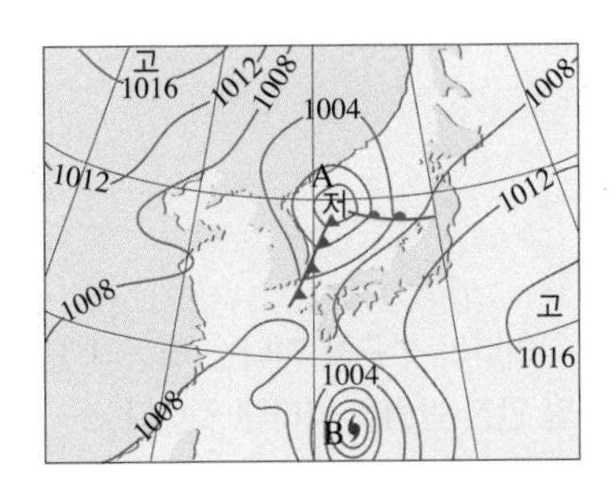

서술형

02 저기압 A와 B의 종류와 에너지원은 무엇인지 서술하시오.

중요

03 A와 B에 대한 설명으로 옳지 않은 것은?

① B는 육지에 상륙하면 중심 기압이 높아질 것이다.
② A와 B는 모두 중심부에 하강 기류가 존재한다.
③ 일반적으로 B가 A보다 더 강한 바람을 동반한다.
④ A는 주로 동쪽으로, B는 고위도로 이동한다.
⑤ A는 한대 전선대 부근에서, B는 수온이 높은 열대 해상에서 발생한다.

중요

04 그림 (가)는 태풍 주변의 구름 분포 모습을, (나)는 태풍 주변의 풍속과 기압 분포를 나타낸 것이다.

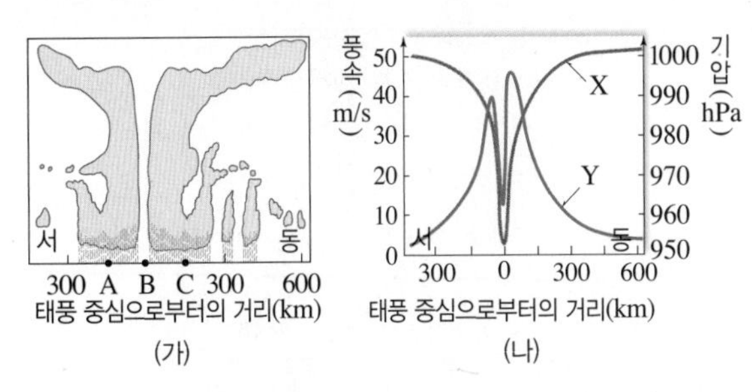

이에 대한 설명으로 옳은 것만을 [보기]에서 있는 대로 고른 것은?

보기
ㄱ. (가)의 B 지역에서 가장 강한 상승 기류가 생긴다.
ㄴ. (가)의 A 지역보다 C 지역에서 더 강한 바람이 분다.
ㄷ. (나)의 X는 풍속 분포를, Y는 기압 분포를 나타낸다.

① ㄱ ② ㄴ ③ ㄱ, ㄷ
④ ㄴ, ㄷ ⑤ ㄱ, ㄴ, ㄷ

05 그림은 어느 한 지역에서 태풍이 통과하는 3일 동안 관측한 기압, 풍속, 풍향의 변화를 나타낸 것이다.

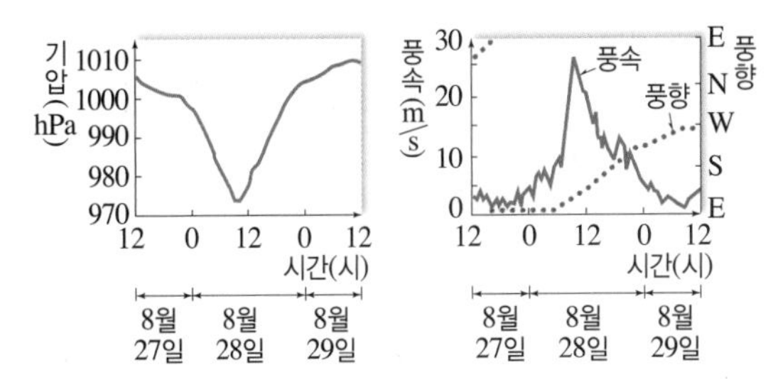

이에 대한 설명으로 옳은 것만을 [보기]에서 있는 대로 고른 것은?

보기
ㄱ. 8월 28일 10시경에 태풍 중심에 위치하였다.
ㄴ. 관측 지역은 태풍의 위험 반원에 위치하였다.
ㄷ. 8월 28일에 태풍에 의한 피해가 가장 컸다.

① ㄱ ② ㄴ ③ ㄱ, ㄷ
④ ㄴ, ㄷ ⑤ ㄱ, ㄴ, ㄷ

06 그림은 7월 2일에 발생한 어느 태풍의 이동 경로와 7월 9일 이후의 예상 경로를 나타낸 것이다.

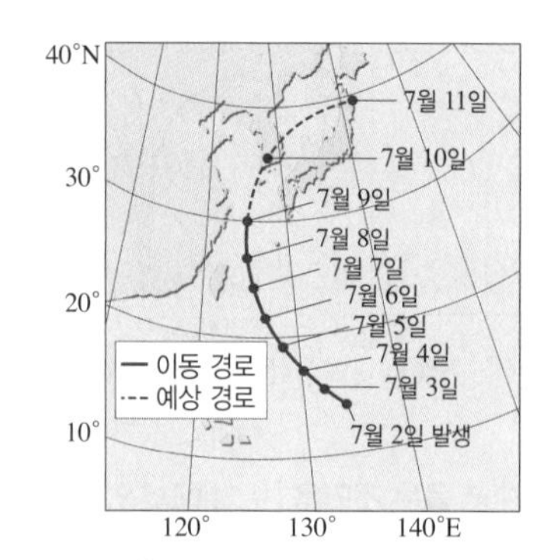

7월 9일 이후의 태풍에 대한 설명으로 옳은 것만을 [보기]에서 있는 대로 고른 것은?

보기
ㄱ. 중심 기압이 더 높아질 것이다.
ㄴ. 이동 속도가 더 빨라질 것이다.
ㄷ. 태풍의 눈이 더욱 뚜렷해질 것이다.

① ㄱ ② ㄷ ③ ㄱ, ㄴ
④ ㄴ, ㄷ ⑤ ㄱ, ㄴ, ㄷ

07 그림은 태풍의 구름과 풍속의 분포를 나타낸 것이다.

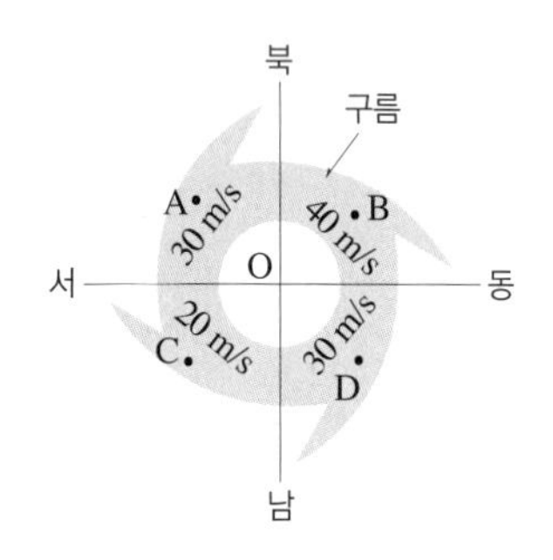

이에 대한 설명으로 옳은 것만을 [보기]에서 있는 대로 고른 것은?

보기
ㄱ. 태풍은 북서 방향으로 이동하고 있다.
ㄴ. B 지역은 위험 반원에, C 지역은 안전 반원에 속한다.
ㄷ. 태풍 이동 경로에 영향을 미치는 바람은 무역풍이다.

① ㄱ ② ㄴ ③ ㄱ, ㄷ
④ ㄴ, ㄷ ⑤ ㄱ, ㄴ, ㄷ

08 표는 어느 태풍의 중심 위치, 중심 기압, 이동 속도를 나타낸 것이다.

일시 (월/일 시 : 분)	중심 위치		중심 기압 (hPa)	이동 속도 (km/h)
	위도(°N)	경도(°E)		
06/30 09 : 00	20.1	129.8	990	4
07/01 09 : 00	23.7	127.4	985	21
07/02 09 : 00	27.2	127.1	975	19
07/03 09 : 00	31.9	128.2	975	24
07/04 09 : 00	37.4	132.4	985	52
07/04 18 : 00	40.1	135.8	990	50

이 자료에 대한 설명으로 옳은 것만을 [보기]에서 있는 대로 고른 것은?

보기
ㄱ. 6월 30일 태풍은 무역풍의 영향을 받으며 이동하였다.
ㄴ. 7월 4일 18시 이후에 태풍 세력은 더 강해질 것이다.
ㄷ. 7월 4일 이 태풍은 북동 방향으로 이동하고 있다.

① ㄱ ② ㄴ ③ ㄱ, ㄷ
④ ㄴ, ㄷ ⑤ ㄱ, ㄴ, ㄷ

중요 **09** 그림은 우리나라 부근을 지나는 태풍의 월별 이동 경로와 위험 반원 및 안전 반원을 나타낸 것이다.

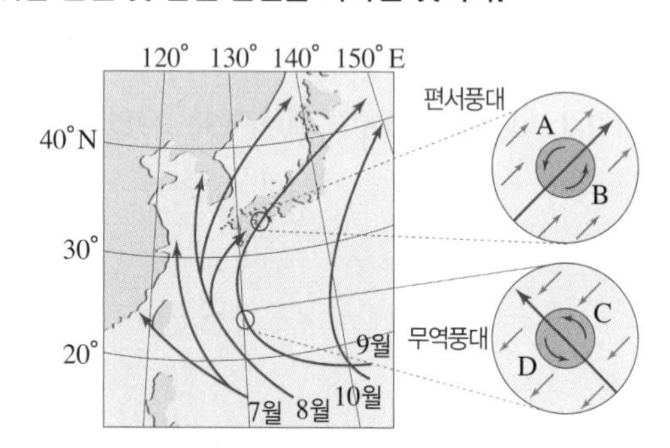

이에 대한 설명으로 옳은 것만을 [보기]에서 있는 대로 고른 것은?

보기
ㄱ. A와 C는 위험 반원, B와 D는 안전 반원이다.
ㄴ. 태풍의 이동 속도는 무역풍대보다 편서풍대에서 더 빠르다.
ㄷ. 풍속은 태풍 이동 경로의 오른쪽 반원이 왼쪽 반원보다 더 강하다.

① ㄱ ② ㄷ ③ ㄱ, ㄴ
④ ㄱ, ㄷ ⑤ ㄴ, ㄷ

10 그림은 태풍이 통과하는 동안 우리나라의 어느 관측소에서 관측한 기상 요소의 변화를 나타낸 것이다.

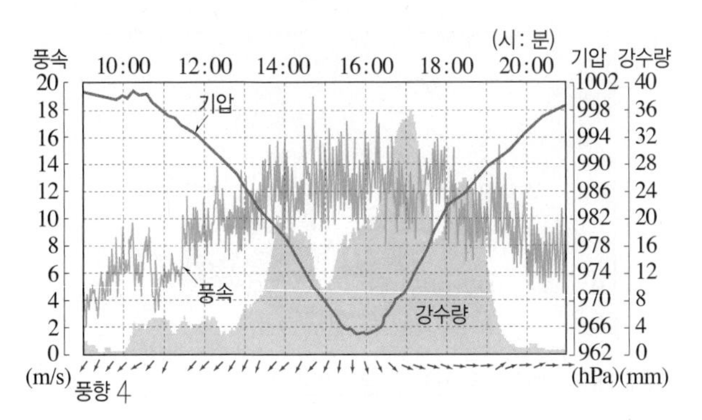

이에 대한 설명으로 옳은 것만을 [보기]에서 있는 대로 고른 것은?

보기
ㄱ. 태풍 중심이 가장 가까이 통과할 때는 바람이 거의 불지 않았다.
ㄴ. 강수량은 태풍이 다가올 때보다 태풍 중심이 가장 가까이 통과한 후에 더 많았다.
ㄷ. 관측 지역은 안전 반원에 속해 있어 태풍에 의한 피해가 상대적으로 작았다.

① ㄱ ② ㄷ ③ ㄱ, ㄴ ④ ㄴ, ㄷ ⑤ ㄱ, ㄴ, ㄷ

중요 **11** 그림 (가)는 어느 태풍이 우리나라 주변을 통과하는 경로를, (나)는 이 태풍의 중심 기압 및 최대 풍속의 변화를 나타낸 것이다.

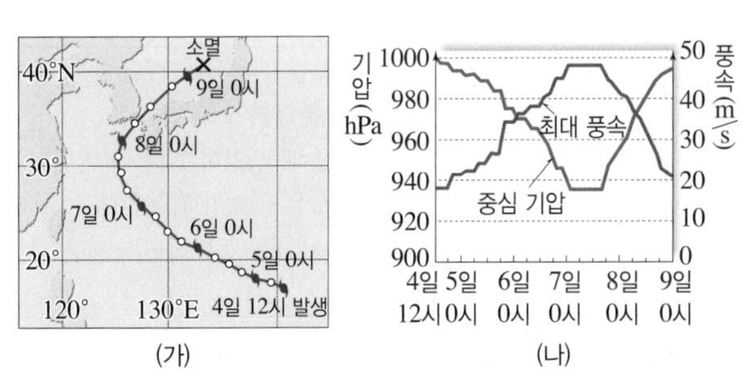

(가) (나)

이에 대한 설명으로 옳은 것만을 [보기]에서 있는 대로 고른 것은?

보기
ㄱ. 이 태풍은 편서풍대에서 발생하였다.
ㄴ. 7일경에 세력이 가장 강했을 것이다.
ㄷ. 태풍이 통과할 때 부산에서의 풍향은 시계 방향으로 변했을 것이다.

① ㄱ ② ㄴ ③ ㄱ, ㄷ ④ ㄴ, ㄷ ⑤ ㄱ, ㄴ, ㄷ

B 우리나라의 주요 악기상

중요 **12** 그림은 뇌우의 발달 과정을 순서 없이 나타낸 것이다.

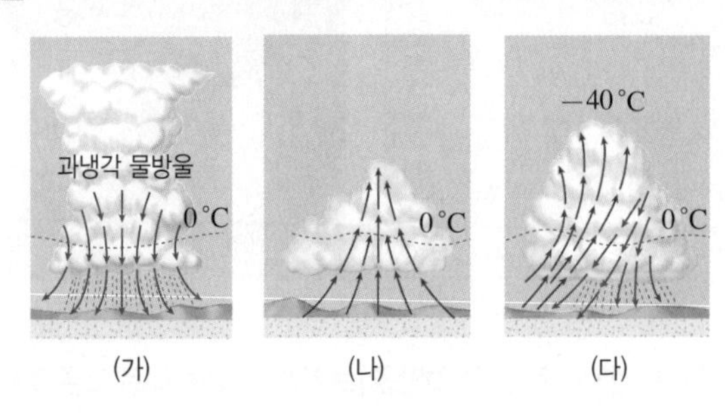

(가) (나) (다)

이에 대한 설명으로 옳지 않은 것은?

① (나) 단계에서는 상승 기류만 존재한다.
② 뇌우의 발달 순서는 (가) → (다) → (나)이다.
③ 뇌우는 대기가 매우 불안정할 때 잘 발생한다.
④ (다) 단계에서는 천둥 및 번개가 치며 소나기가 내린다.
⑤ 집중 호우에 의한 피해는 (다) 단계가 (가) 단계보다 크다.

13 그림은 뇌우와 우박에 대하여 학생 A, B, C가 나눈 대화를 나타낸 것이다.

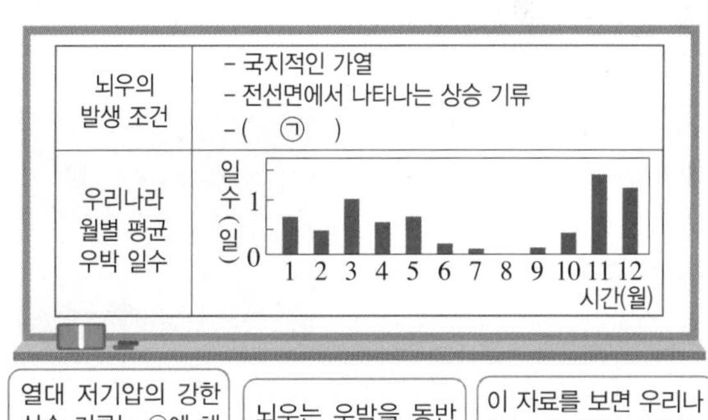

뇌우의 발생 조건	- 국지적인 가열 - 전선면에서 나타나는 상승 기류 - (㉠)
우리나라 월별 평균 우박 일수	(그래프: 일수(일), 시간(월) 1~12)

제시한 내용이 옳은 학생만을 있는 대로 고른 것은?

① A ② C ③ A, B
④ B, C ⑤ A, B, C

14 그림 (가)와 (나)는 어느 해 12월 눈이 많이 내린 날의 일기도와 구름 사진을 나타낸 것이다.

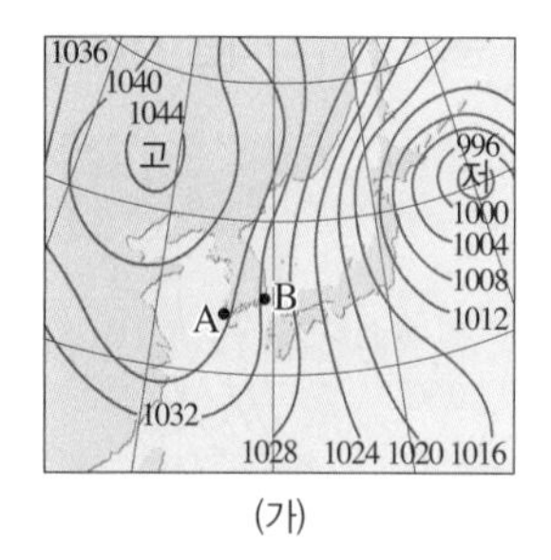

(가)

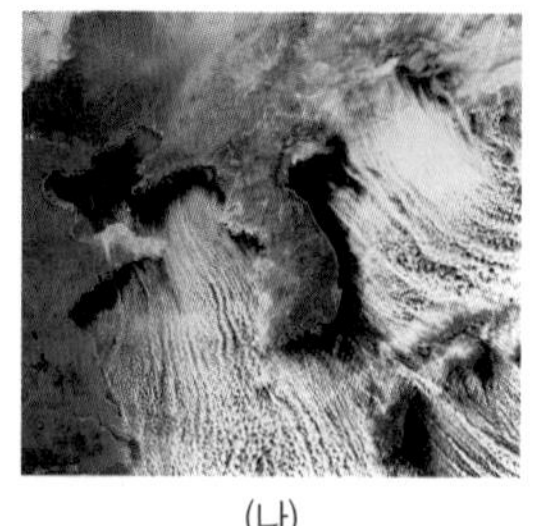
(나)

이에 대한 설명으로 옳은 것만을 [보기]에서 있는 대로 고른 것은?

보기
ㄱ. 우리나라에는 강한 북서풍이 분다.
ㄴ. 폭설이 내릴 가능성은 B 지역보다 A 지역에서 높다.
ㄷ. 시베리아 기단이 우리나라에 영향을 주었다.

① ㄱ ② ㄴ ③ ㄱ, ㄷ
④ ㄴ, ㄷ ⑤ ㄱ, ㄴ, ㄷ

15 다음은 서울 지역에 내린 집중 호우로 인해 발생한 피해를 보도한 내용 중 일부이다.

추석 연휴 첫날 서울 지역은 300 mm에 가까운 비가 내리면서 시내 곳곳이 물에 잠기고 도로가 통제되는 피해를 입었다. 강수량이 전체적으로 많은 데다 일부 지역은 시간당 100 mm 이상의 강수량을 기록하면서 피해가 커졌다.

이에 대한 설명으로 옳지 않은 것은?

① 국지성 호우라고도 한다.
② 강한 상승 기류가 생길 때 나타나는 현상이다.
③ 적운형 구름으로부터 소나기성 비가 내린다.
④ 반지름 수백 km의 넓은 지역에 걸쳐 나타난다.
⑤ 피해를 줄이기 위해 사전에 배수로를 점검해야 한다.

중요 **16** 그림은 최근 10년 간 발생한 황사의 발원지와 이동 경로를 나타낸 것이다.

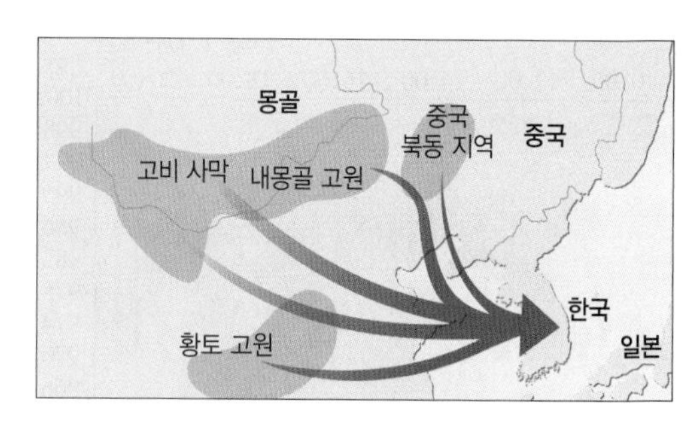

이에 대한 설명으로 옳지 않은 것은?

① 발원지가 건조할수록 황사는 심해진다.
② 황사의 발생은 기압의 분포와 관계가 있다.
③ 황사는 편서풍을 타고 우리나라로 이동한다.
④ 우리나라에 상승 기류가 발달하면 황사 피해가 증가한다.
⑤ 중국이나 몽골의 사막 면적이 넓어질수록 우리나라로 이동해 오는 황사의 양이 증가할 것이다.

중요 **17** 표는 우리나라에 나타나는 다양한 악기상과 그에 수반한 자연 재해를 설명한 것이다.

(가)	많은 미세 먼지로 인해 호흡기 질환과 안과 질환 등이 발생하고 반도체 등 첨단 산업의 불량률이 증가한다.
(나)	시베리아 기단이 황해를 건너올 때 생기며, 교통이 마비되고 비닐하우스 등이 주저앉는 등의 피해가 발생한다.
(다)	강한 상승 기류로 인해 천둥과 번개를 동반하면서 짧은 시간 동안에 많은 비가 내린다.

이에 대한 설명으로 옳은 것만을 [보기]에서 있는 대로 고른 것은?

보기
ㄱ. (가)는 봄철에 자주 발생한다.
ㄴ. (나)는 기단 내에 하강 기류가 발달한다.
ㄷ. (다)는 적란운이나 적운 등의 구름이 발달할 때 잘 일어난다.

① ㄱ ② ㄷ ③ ㄱ, ㄴ
④ ㄱ, ㄷ ⑤ ㄴ, ㄷ

실력 UP 문제

정답친해 67쪽

01 표는 최근 30년 동안 발생한 태풍 수의 월별 평균값을 나타낸 것이다. (　　) 안의 숫자는 우리나라에 영향을 준 태풍의 평균값이다.

기간	1월~3월	4월~6월	7월~9월	10월~12월
30년 평균 [1986년~2015년]	0.9 (0.0)	3.5 (0.4)	13.9 (2.6)	6.2 (0.1)

이에 대한 설명으로 옳은 것만을 [보기]에서 있는 대로 고른 것은?

보기
ㄱ. 태풍은 7월~9월에 가장 많이 발생한다.
ㄴ. 우리나라에 영향을 주는 태풍 수는 3개/1년 정도이다.
ㄷ. 태풍 발생 해역의 수온은 1월~3월에 가장 높을 것이다.

① ㄴ　② ㄷ　③ ㄱ, ㄴ　④ ㄴ, ㄷ　⑤ ㄱ, ㄴ, ㄷ

02 그림은 북반구 해상에서 관측한 어느 태풍의 하층(고도 2 km 수평면) 풍속 분포를 나타낸 것이다.

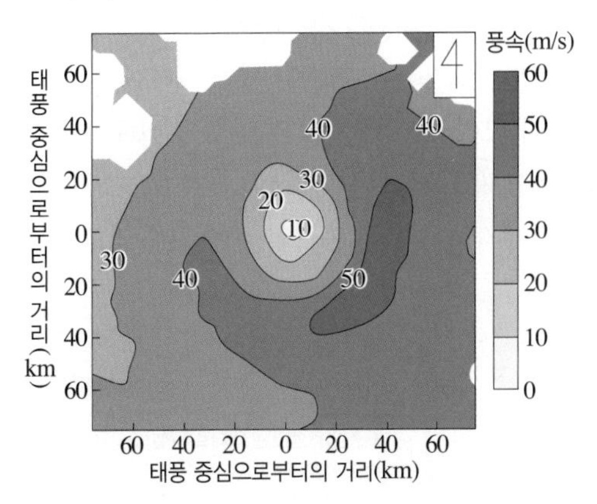

이에 대한 설명으로 옳은 것만을 [보기]에서 있는 대로 고른 것은? (단, 등압선은 태풍의 이동 방향 축에 대해 대칭이라고 가정한다.)

보기
ㄱ. 태풍은 편서풍의 영향을 받으며 이동한다.
ㄴ. 태풍이 이동하는 속도는 점차 느려질 것이다.
ㄷ. 태풍 주변의 공기는 시계 방향으로 회전하고 있다.

① ㄱ　② ㄴ　③ ㄱ, ㄷ　④ ㄴ, ㄷ　⑤ ㄱ, ㄴ, ㄷ

03 그림은 북반구 어느 지점에서 태풍이 통과하는 동안 관측한 기압, 풍속, 풍향을 나타낸 것이다.

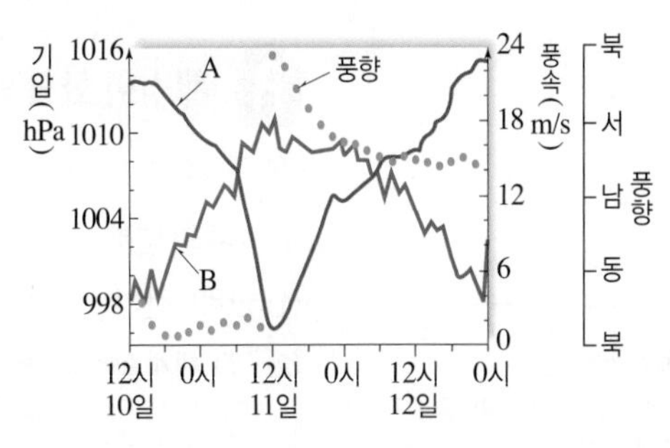

이에 대한 설명으로 옳은 것만을 [보기]에서 있는 대로 고른 것은?

보기
ㄱ. A는 기압, B는 풍속이다.
ㄴ. 이 지점은 안전 반원에 위치하였다.
ㄷ. 11일 12시경에 이 지점에 태풍의 눈이 통과하였다.

① ㄱ　② ㄷ　③ ㄱ, ㄴ　④ ㄴ, ㄷ　⑤ ㄱ, ㄴ, ㄷ

04 그림은 어느 해 2월에 발생한 황사 물질의 이동 경로와 이 기간 동안에 제주도에서 측정한 대기질의 농도를 나타낸 것이다.

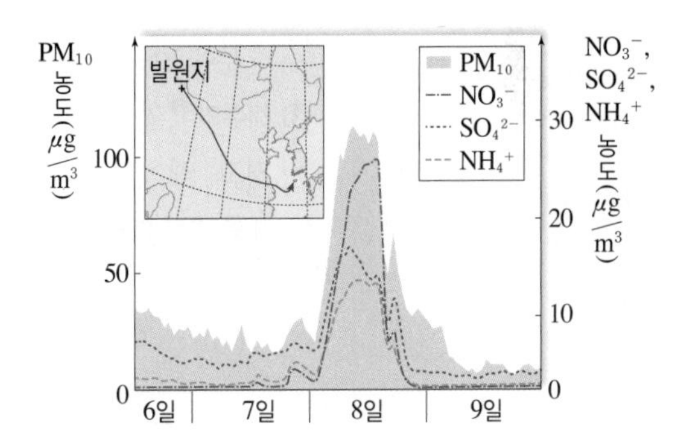

이에 대한 설명으로 옳은 것만을 [보기]에서 있는 대로 고른 것은?

보기
ㄱ. 황사의 이동은 서풍 계열 바람의 영향을 받았다.
ㄴ. 2월 8일에 제주도는 저기압의 영향을 받았을 것이다.
ㄷ. 2월 8일에 제주도에서는 호흡기 계통의 환자 발생이 증가하였을 것이다.

① ㄱ　② ㄴ　③ ㄱ, ㄷ　④ ㄴ, ㄷ　⑤ ㄱ, ㄴ, ㄷ

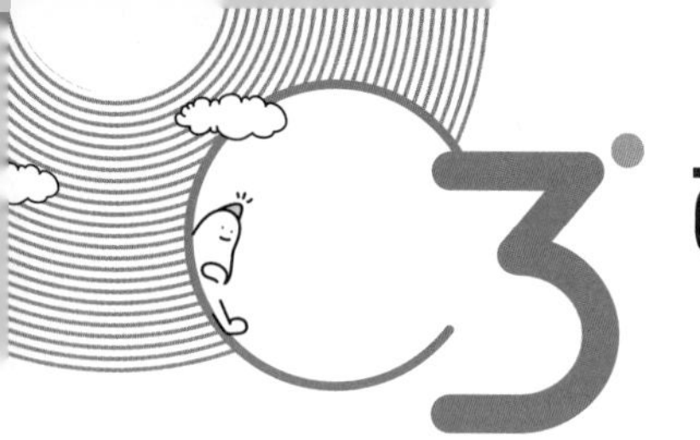

3 해수의 성질

핵심 포인트
1. 표층 해수의 염분 변화 ★★★
2. 해수의 수온 분포 ★★★
3. 해수의 밀도 변화 ★★★

A 해수의 화학적 성질

해수의 염분을 변화시키는 요인에 대해 이해하고, 위도에 따른 표층 염분 분포를 해석할 수 있어야 해요.

1. 해수의 염분 해수 1 kg 속에 녹아 있는 염류의 총량을 g 수로 나타낸 값

(1) **단위**: 전기 전도도로 측정하는 염분의 단위인 psu(실용염분단위)를 사용한다.

(2) ◆**전 세계 해수의 평균 염분**: 약 35 psu
해수 1000 g에 염류 35 g이 녹아 있다는 뜻이다. 즉, 순수한 물 965 g과 염류 35 g이 섞여 있는 1 kg의 해수란 의미이다.

(3) **염분비 일정 법칙**

① 각 해양에서 염분은 서로 다른 값으로 나타난다. 하지만 해수에 녹아 있는 염류 사이의 상대적인 비율은 거의 일정하다.

② 염류 중의 한 성분이 차지하는 양을 알면 염분을 구할 수 있다. → 어떤 해수 1 kg에 녹아 있는 염화 나트륨의 양이 23.32 g이라면, 염분이 35 psu인 해수에 염화 나트륨이 27.21 g 들어 있으므로, 이 해수의 염분(x)은 비례식 35 psu : 27.21 g = x : 23.32 g으로 계산할 수 있다. 따라서 이 해수의 염분은 약 30 psu가 된다.

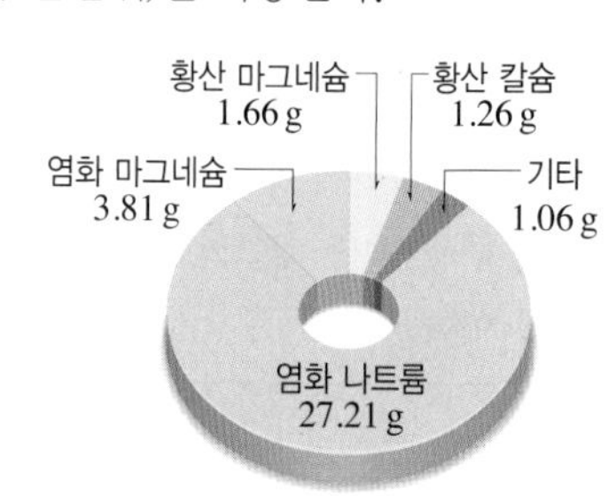

▲ 염분이 35 psu일 때 염류 구성

◆ **전 세계 해수의 염분**
염분은 증발량과 강수량 등 지역적 특성의 영향을 받아 달라진다. 전 세계 해수의 평균 염분은 약 35 psu이지만, 지중해는 약 38 psu, 홍해는 약 41 psu, 사해는 약 200 psu이다.

2. 표층 염분의 변화

(1) **표층 염분의 변화 요인**: 가장 큰 영향을 주는 것은 증발량과 강수량이다.

① **증발량과 강수량**: 증발량이 많을수록, 강수량이 적을수록 염분이 높게 나타난다.

② **강물의 유입**: 염분을 포함하지 않은 빗물이 모여 흐르는 강물은 해수에 비해 염분이 낮기 때문에 강물이 유입되는 곳에서는 염분이 낮게 나타난다.

③ **해수의 [1]결빙과 [2]해빙**: 해수가 결빙되면 염류가 주위로 빠져나와 주변 해수의 염분이 높아지고, 해빙되는 지역은 염분이 낮아진다.

암기해!
- **표층 염분이 높은 곳**
  - 증발량이 강수량보다 많은 곳
  - 해수의 결빙이 일어나는 곳
- **표층 염분이 낮은 곳**
  - 강수량이 증발량보다 많은 곳
  - 해빙이 일어나는 곳
  - 강물이 유입되는 연안 지역

(2) **표층 염분 분포의 특징**

전 세계 해수의 표층 염분 분포

161쪽 대표 자료 1

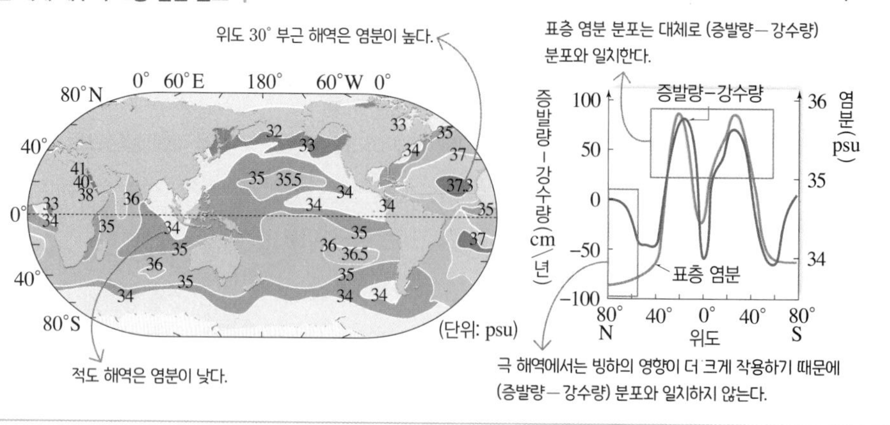

① **적도 해역**: 저압대가 위치하여 강수량이 증발량보다 많으므로 표층 염분이 낮다.

용어
1. **결빙**(結 맺다, 氷 얼음) 물이 얼어 붙음
2. **해빙**(解 풀다, 氷 얼음) 얼음이 녹아 물로 변하는 현상

② 중위도(위도 30° 부근) 해역: 고압대가 위치하여 맑은 날씨가 주로 나타나므로 상대적으로 증발량이 강수량보다 많아 표층 염분이 높게 나타난다.

③ 극 해역: 빙하가 녹는 해역은 표층 염분이 낮고, 해수의 결빙이 일어나는 해역은 표층 염분이 높게 나타난다.

④ 대서양 해역: 염분이 높은 지중해수 등의 유입으로 인해 태평양 해역보다 표층 염분이 높다.

⑤ 대륙 연안 해역: 육지로부터 담수가 유입되므로 대양의 중심 해역보다 표층 염분이 낮다.

3. ❶용존 기체

(1) **용존 기체**: 해수 속에 녹아 있는 산소, 이산화 탄소, 질소 등 여러 종류의 기체

(2) **◆기체의 ❷용해도**: 수압이 클수록, 수온이 낮을수록 증가한다.

① 기체는 액체보다 에너지를 많이 가진 상태이기 때문에 수온이 낮은 상태(에너지를 방출하기 쉬운 상태)일 때 물 속에 잘 녹아든다. → 한류가 난류보다 용존 산소량이 많다.

② 이산화 탄소는 산소보다 물에 잘 녹으며, 수온 변화에 따른 용해도 변화가 더 크다.

(3) **용존 기체의 수심별 변화 특징**

① 용존 산소: 대기 중의 산소가 해수 표면으로 녹아 들어오거나 ◆해양 식물의 광합성 작용으로 생성되어 공급되며, 해양 생물의 생명 활동에 반드시 필요한 기체이다.

② 용존 이산화 탄소: 대기로부터 해수 표면을 통해 녹아들거나 해양 식물의 생명 활동 과정에서 생성되어 존재하며, 중탄산염 이온(HCO_3^-), 또는 탄산염 이온(CO_3^{2-})의 형태로 존재한다.

③ 수심에 따른 용존 산소량 및 용존 이산화 탄소량의 변화 특징

구분	◆용존 산소량	용존 이산화 탄소량
그래프	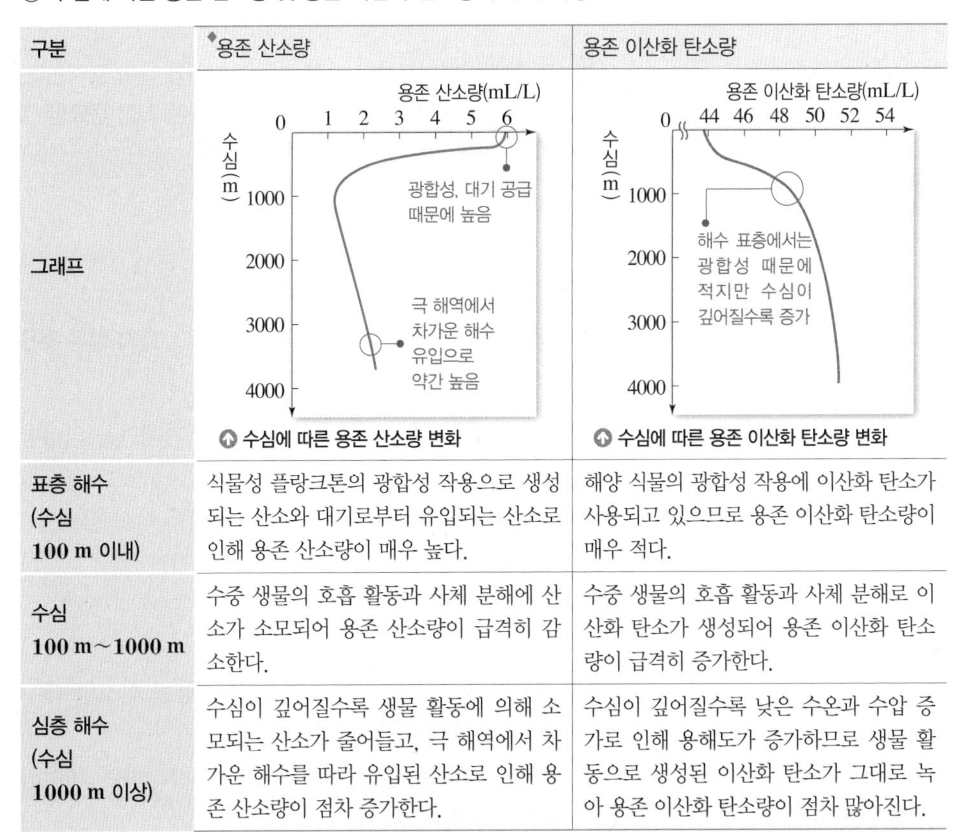 ⬆ 수심에 따른 용존 산소량 변화	⬆ 수심에 따른 용존 이산화 탄소량 변화
표층 해수 (수심 100 m 이내)	식물성 플랑크톤의 광합성 작용으로 생성되는 산소와 대기로부터 유입되는 산소로 인해 용존 산소량이 매우 높다.	해양 식물의 광합성 작용에 이산화 탄소가 사용되고 있으므로 용존 이산화 탄소량이 매우 적다.
수심 100 m~1000 m	수중 생물의 호흡 활동과 사체 분해에 산소가 소모되어 용존 산소량이 급격히 감소한다.	수중 생물의 호흡 활동과 사체 분해로 이산화 탄소가 생성되어 용존 이산화 탄소량이 급격히 증가한다.
심층 해수 (수심 1000 m 이상)	수심이 깊어질수록 생물 활동에 의해 소모되는 산소가 줄어들고, 극 해역에서 차가운 해수를 따라 유입된 산소로 인해 용존 산소량이 점차 증가한다.	수심이 깊어질수록 낮은 수온과 수압 증가로 인해 용해도가 증가하므로 생물 활동으로 생성된 이산화 탄소가 그대로 녹아 용존 이산화 탄소량이 점차 많아진다.

◆ 수온 변화에 따른 기체의 용해도
기체는 용액의 온도가 낮을수록 많이 녹는다. 따라서 해수의 수온이 높을수록 녹아 있는 산소와 이산화 탄소의 양은 적어진다.

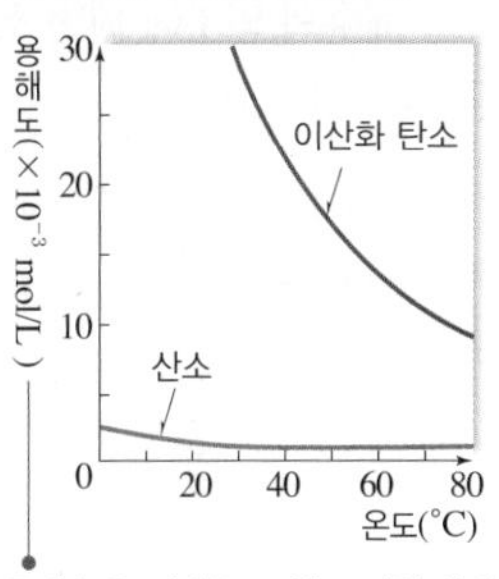

물에 녹은 기체를 20 °C, 1기압 상태로 환산한 값이다.

◆ 해양 식물의 광합성 작용
태양 빛과 물, 이산화 탄소를 흡수하여 유기물을 합성한 후 산소를 배출하는 반응이다.

◆ 용존 산소량(DO)
해수에 녹아 있는 산소의 양으로, Dissolved Oxygen의 약자인 DO로 표기한다.

암기해!
표층 해수에 용존 산소량이 가장 많은 까닭
- 해양 식물의 광합성 작용에 의해 산소가 공급되기 때문
- 대기로부터 산소가 용해되기 때문

(용어)
❶ **용존(溶 녹다, 存 있다) 기체** 해수에 녹아 있는 기체
❷ **용해도(溶 녹다, 解 풀다, 度 법도)** 일정한 온도에서 물질이 액체에 녹을 수 있는 최대의 양

개념 확인 문제

핵심 체크

- (❶): 해수 1kg 속에 녹아 있는 염류의 총량을 g 수로 나타낸 값
- (❷): 해수의 염분은 다르더라도 염류 사이의 상대적인 비율은 거의 일정하다는 법칙
- 표층 염분의 변화 요인: (❸)과 강수량, (❹)의 유입, 해빙과 결빙
- (❺): 해수의 표면을 통해 해수에 녹아 들어온 여러 종류의 기체
- 기체의 용해도: 기체는 액체보다 (❻) 에너지를 가진 상태이기 때문에 에너지를 쉽게 방출할 수 있는 상태, 즉 수온이 (❼)수록 용해도가 크다.
- (❽): 해양 생물이 호흡을 통해 필요한 에너지를 생산하는 데 필요한 용존 기체

1 해수의 염분에 대한 설명으로 옳은 것은 ○, 옳지 않은 것은 ×로 표시하시오.

(1) 염분이 35 psu인 해수 1 kg에는 순수한 물 965 g과 염류 35 g이 들어 있다. ( )

(2) 표층 해수의 염분 변화에 가장 큰 영향을 주는 요인은 증발량과 강수량이다. ( )

(3) 해수의 염분이 달라지면 염류 사이의 상대적인 비율도 달라진다. ( )

(4) 적도 해역보다는 중위도 해역에서 염분이 더 높게 나타난다. ( )

2 표는 (가)와 (나) 지역의 염류의 양을 측정하여 나타낸 것이다.

염류	(가)	(나)
염화 나트륨	24.88 g	(A)
염화 마그네슘	3.48 g	4.35 g
기타	3.64 g	4.55 g
합계	32.00 g	(B)

A와 B에 해당하는 값을 쓰시오.

3 다음 각 설명에 해당하는 요인만을 [보기]에서 있는 대로 고르시오.

보기
ㄱ. 강수량 증가 ㄴ. 증발량 증가 ㄷ. 강물의 유입
ㄹ. 해수의 결빙 ㅁ. 해빙

(1) 해수의 표층 염분을 증가시키는 요인

(2) 대륙 연안 지역의 염분에 가장 큰 영향을 주는 요인

(3) 극 해역의 염분 변화에 가장 큰 영향을 주는 요인

4 그림은 위도별 표층 염분 분포를 나타낸 것으로, 적도 해역보다 중위도 해역에서 표층 염분이 더 높게 나타난다. 그 까닭에 대한 설명 중 ( ) 안에 알맞은 말을 고르시오.

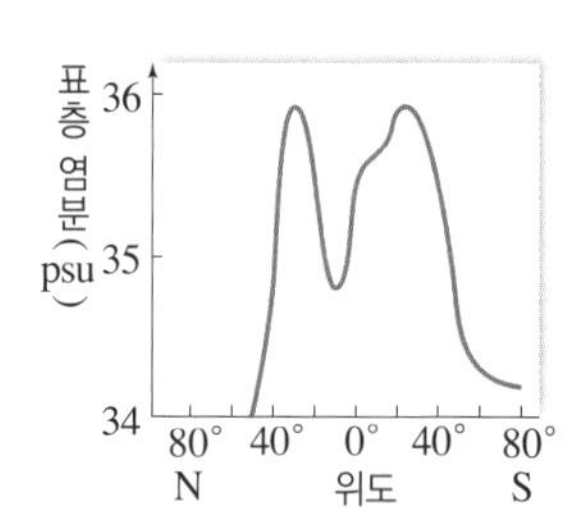

적도 해역은 저압대가 위치하여 증발량이 강수량보다 ㉠(적, 많)고, 중위도 해역은 고압대가 위치하여 증발량이 강수량보다 ㉡(적, 많)기 때문이다.

5 해수에는 대기로부터 여러 종류의 기체가 녹아 들어간다. 이러한 용존 기체 중 해양 생물의 생명 활동에 가장 중요한 영향을 주는 기체를 있는 대로 고르면? (2개)

① 산소 ② 수소 ③ 질소
④ 아르곤 ⑤ 이산화 탄소

6 용존 기체에 대한 설명으로 옳은 것은 ○, 옳지 않은 것은 ×로 표시하시오.

(1) 용존 기체는 대기로부터 녹아 들어간 기체만을 의미한다. ( )

(2) 산소는 이산화 탄소보다 해수에 더 많이 녹아 있다. ( )

(3) 용존 산소량은 심층 해수보다 표층 해수에 더 많다. ( )

(4) 해양 생물은 호흡 활동을 하는 동안 용존 산소를 흡수하고 이산화 탄소를 배출한다. ( )

(5) 지구 온난화로 인해 해수의 수온이 상승하면 해수의 용존 산소량이 증가할 것이다. ( )

B 해수의 물리적 성질

1. 해수의 수온

(1) 표층 수온의 변화 요인: 태양 복사 에너지의 양에 가장 큰 영향을 받는다. → 태양 복사 에너지가 많이 입사되는 저위도 해역은 수온이 높고, 적게 입사되는 고위도 해역은 수온이 낮다.

(2) 표층 수온 분포의 특징

① 전 세계 해양의 표층 수온은 약 0 ℃~30 ℃이다.

② 저위도에서 고위도로 갈수록 수온이 낮아진다. ➡ ◆저위도에서 고위도로 갈수록 지표면에 도달하는 태양 복사 에너지의 양이 적어지기 때문

③ 계절에 따른 수온 변화 정도는 대양의 중심부보다 대륙 연안 지역에서 더 크다. ➡ 대륙은 해양보다 비열이 작아 계절에 따른 온도 변화가 더 크게 나타나기 때문

④ 등수온선의 분포는 대체로 위도와 나란하게 나타난다.

⑤ ❶해류나 ❷용승 등의 영향을 받는 곳은 등수온선이 위도와 나란하지 않다. ➡ 동일한 위도에서는 ◆난류의 영향을 받는 대양의 서안이 한류의 영향을 받는 대양의 동안보다 수온이 높다.

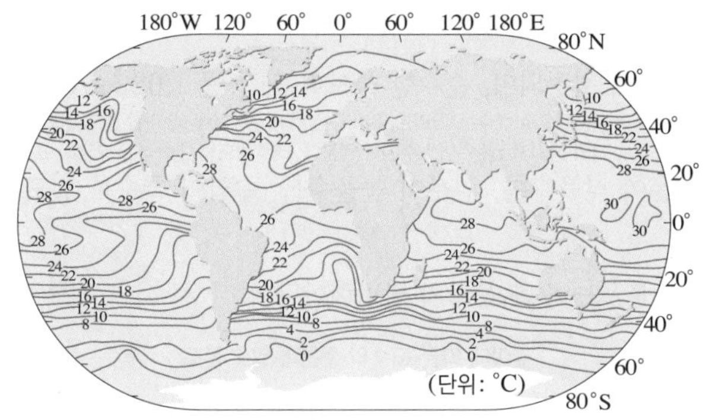

전 세계 해양의 표층 수온 분포

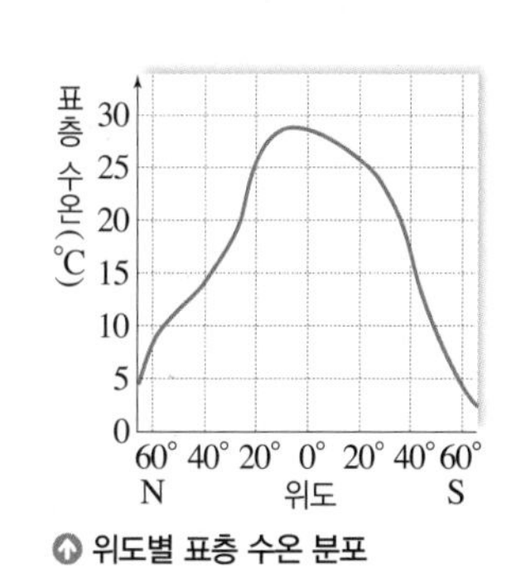

위도별 표층 수온 분포

2. 연직 수온 분포

해수 표면에 입사된 태양 복사 에너지양 중에서 해수에 흡수되는 양은 수심이 깊어질수록 급격히 감소한다. → 약 85 %의 태양 복사 에너지가 수심 10 m 이내에서 흡수된다.

(1) 해양의 층상 구조: 깊이에 따른 수온 분포로 혼합층, 수온 약층, 심해층으로 구분한다.

혼합층	태양 복사 에너지에 의한 가열로 수온이 높고, 바람에 의한 강제 혼합 작용으로 인해 깊이에 따라 수온이 거의 일정해진 표층 해수층 → 바람이 강하게 부는 해역일수록 혼합층의 두께가 두껍게 나타난다.	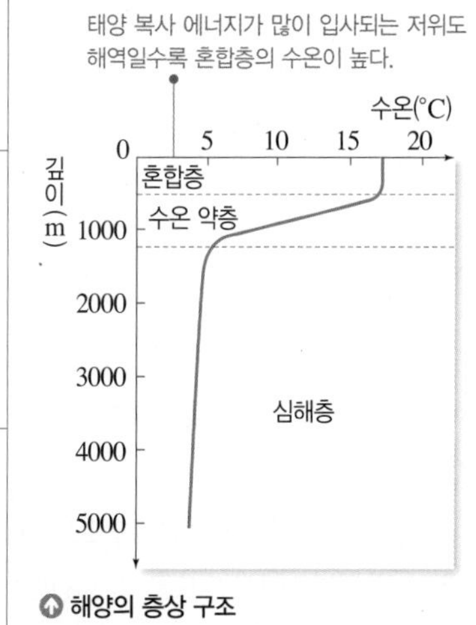
수온 약층	• 혼합층 아래에서 수심이 깊어짐에 따라 수온이 급격히 낮아지는 해수층 • 위쪽에는 따뜻하고 가벼운 해수가, 아래쪽에는 차고 무거운 해수가 존재하여 매우 안정하다. • 혼합층과 심해층 사이에서 물질과 에너지 교환을 차단하는 역할을 한다.	
심해층	• 수온 약층 아래에서 깊이에 따른 수온 변화가 거의 없는 해수층 → 양극 지방 부근 해역에서 수온이 낮아져 무거워진 해수가 침강하여 생긴다. • 위도 및 계절에 관계없이 수온이 거의 일정하다. ➡ 수심이 깊어 태양 복사 에너지의 영향을 받지 않는다.	

해양의 층상 구조

◆ **지표면에 도달하는 태양 복사 에너지**
태양의 남중 고도가 높은 적도 부근(C)에 가장 많은 에너지가 도달하고 양극 지방으로 가면서(C→B→A) 태양의 남중 고도가 낮아져 지표면에 도달하는 태양 복사 에너지의 양도 줄어든다.

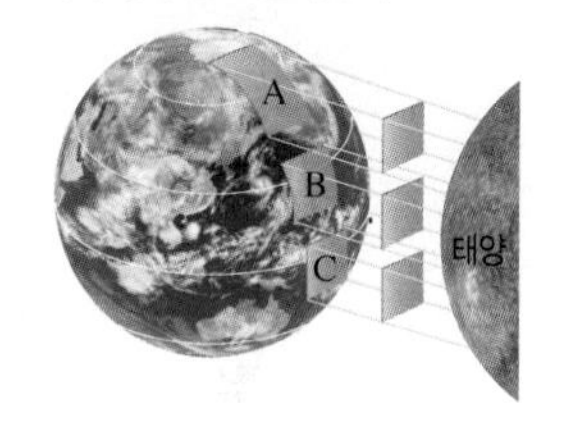

◆ **난류와 한류**
저위도에서 고위도로 흐르는 따뜻한 해수를 난류, 고위도에서 저위도로 흐르는 차가운 해수를 한류라고 한다.

암기해!
• 혼합층 두께
바람이 강한 지역일수록 두껍다.
• 혼합층 수온
위도가 낮은 지역일수록 높다.

용어
❶ **해류(海 바다, 流 흐르다)** 일정한 방향으로 이동하는 바닷물의 흐름
❷ **용승(湧 솟다, 昇 오르다)** 수심 200 m~300 m에 해당하는 중층(中層)의 찬 바닷물이 해수 표면으로 솟아오르는 현상

(2) 위도별 해양의 층상 구조

① 저위도 해역: 표층 수온이 높아 심층과 온도 차이가 크므로 수온 약층이 잘 발달한다.

② 중위도 해역: 바람이 강하게 불어 혼합층의 두께가 두껍고, 해양의 층상 구조가 가장 뚜렷하게 나타난다.

③ 고위도 해역: 표층과 심층의 온도 차이가 거의 없어 층상 구조가 발달하지 않는다.

위도와 깊이에 따른 해수의 층상 구조 161쪽 대표 자료❷

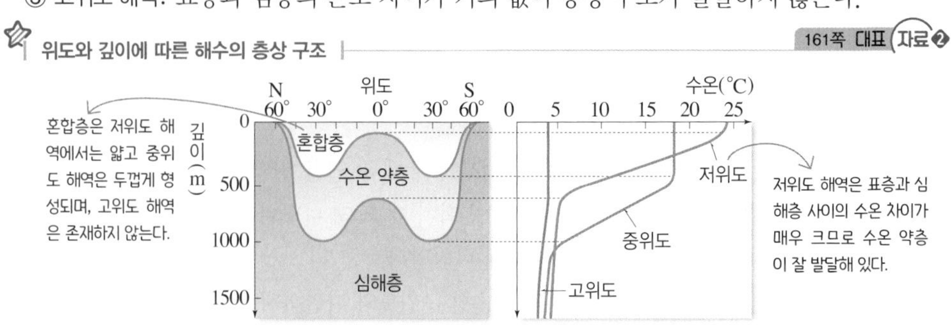

3. 해수의 밀도 주로 수온과 염분에 의해 결정되며, 순수한 물보다 약간 큰 1.022 g/cm³~1.027 g/cm³의 밀도 값을 갖는다.
- 일반적으로 해수는 거의 압축되지 않기 때문에 수압에 의한 밀도 변화량은 거의 생기지 않는 반면 수온과 염분에 의한 밀도의 변화량은 상당히 크다.

◆ **수온과 염분에 의한 밀도 변화**
해양에서 염분은 대체로 큰 차이가 나지 않지만 수온은 적도와 양극 지방 사이에 큰 차이가 난다. 따라서 해수의 밀도는 염분보다는 수온 차이의 영향을 더 크게 받는다.

(1) ◆**해수 밀도에 영향을 주는 요인**: 수온이 낮을수록, 염분이 높을수록, 수압이 클수록 밀도가 커진다.

(2) **해수의 밀도 분포 특징**: 해수의 밀도 분포는 수온 분포와 반비례한다.

위도에 따른 표층 해수의 수온과 밀도 분포	깊이에 따른 해수의 수온과 밀도 분포
밀도(g/cm³) 1.028 1.026 1.024 1.022 / 수온(°C) 30 20 10 0 / 60° S 0° 위도 60° N / 수온 / 밀도 / 염분에 의한 영향보다 수온에 의한 영향을 더 많이 받기 때문에 해수의 밀도 분포는 수온 분포와 반대로 나타난다.	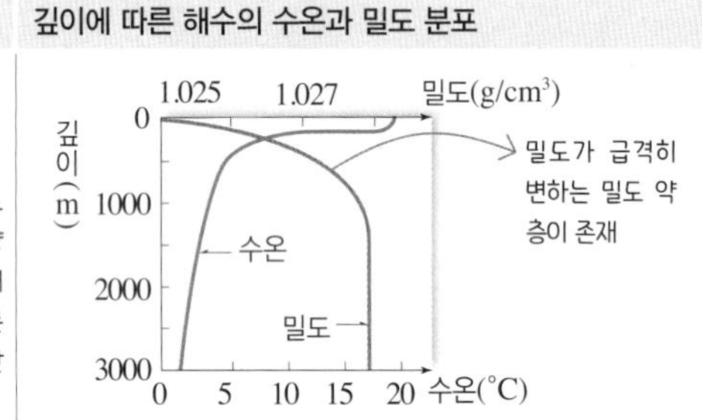
• 적도 해역: 밀도가 가장 작다. ➡ 수온이 가장 높고 저압대가 분포하여 염분이 낮기 때문 • 북반구에서 위도 50°~60° 해역: 밀도가 가장 크다. ➡ 수온이 낮기 때문 • 북반구 위도 60° 이상 해역: 밀도가 감소한다. ➡ 빙하가 녹으면서 염분이 낮아지기 때문	• 수심이 깊어질수록 밀도는 증가하고 수온은 낮아진다. ➡ 수온과 밀도가 반비례하기 때문 • 수온 약층에서 밀도가 급격히 증가한다. ➡ 수온 약층에서 수온이 급격히 낮아지기 때문 • 심해층에서는 수심이 달라져도 밀도가 거의 변하지 않는다. ➡ 수온이 거의 변하지 않기 때문

(3) **수온 염분도(T-S도)**: 세로축을 해수의 수온으로, 가로축을 염분으로 하여 수온과 염분, 밀도 사이의 관계를 그래프로 나타낸 것 162쪽 대표 자료❸

① 등밀도선에 놓인 서로 다른 두 지점 A와 B는 수온과 염분이 다르더라도 밀도가 1.025 g/cm³로 서로 같다.

② 수온 염분도에서 밀도를 찾는 방법: 주어진 수온과 염분이 교차하는 점을 지나는 등밀도선의 밀도값을 읽는다.
예 수온이 10 ℃이고, 염분이 33.8 psu인 해수의 밀도(C 지점의 밀도): 1.026 g/cm³

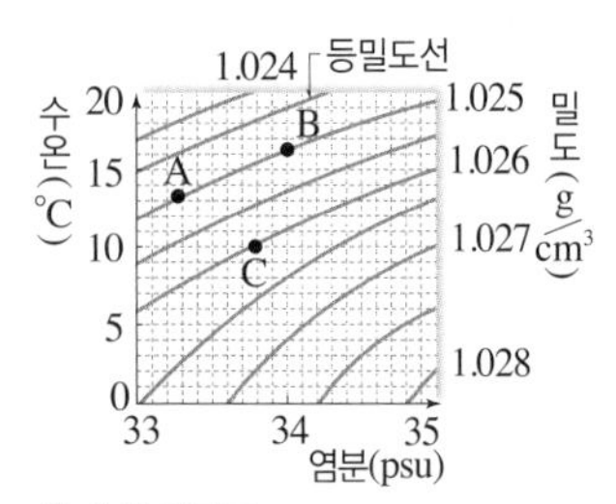

⬆ 수온 염분도

탐구 자료창 우리나라 주변 해역의 해수 성질

162쪽 대표 자료 ❹

과정 > ❶ ◆ARGO 프로그램에서 동해에 있는 뜰개 1개를 선택하여 겨울철(2월)과 여름철(8월)의 수온과 염분의 연직 분포 그래프를 확인한다.

❷ 과정 ❶에서 선택한 시기에 나타난 밀도의 연직 분포 그래프를 확인한다.

결과 >

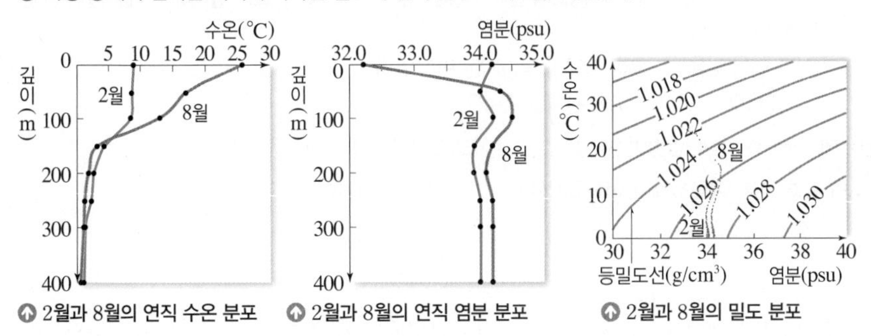

⬆ 2월과 8월의 연직 수온 분포 ⬆ 2월과 8월의 연직 염분 분포 ⬆ 2월과 8월의 밀도 분포

해석 > ① 수온 분포

- 표층 수온: 겨울철에는 약 8 ℃, 여름철에는 약 26 ℃로 나타난다.
- 혼합층: 겨울철에는 약 100 m 깊이까지 발달하고, 여름철에는 거의 발달하지 않는다.
  ➡ 우리나라는 여름철보다 겨울철에 바람이 강하게 분다.

② 염분 분포

- 표층 염분: 겨울철 > 여름철 ➡ 우리나라는 겨울철보다 여름철에 강수량이 많다.
- 심해층 해수의 염분은 거의 변하지 않는다.

③ 밀도 분포

- 표층 해수의 밀도: 겨울철(약 1.026 g/cm^3) > 여름철(약 1.022 g/cm^3)
- 심해층 해수의 밀도는 여름철과 겨울철에 관계없이 약 1.027 g/cm^{3}로 거의 일정하다.

◆ **ARGO 프로그램 이용법**

① argo.nimr.go.kr의 주소로 ARGO 프로그램에 접속한다.

② 지연모드 ARGO 자료에서 ARGO NIMS를 선택한다.

③ 여러 개의 뜰개 중에서 하나를 선택한다.

④ 일자를 조정하여 겨울철의 하루를 선택하고 수온과 염분 자료, T−S도를 확인한다.

⑤ 일자를 조정하여 여름철의 하루를 선택하고 수온과 염분 자료, T−S도를 확인한다.

같은 탐구 다른 실험

미래엔, YBM 교과서에만 나와요.

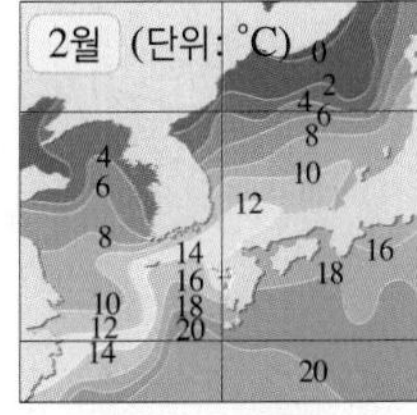

⬆ 2월의 수온 분포

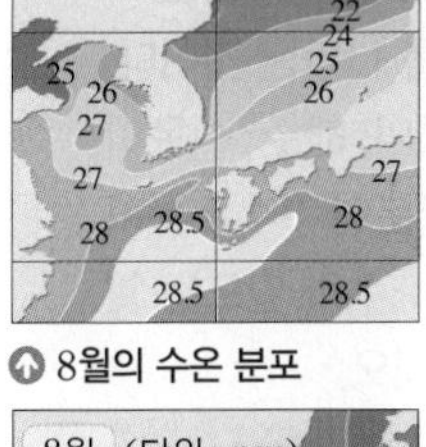

⬆ 8월의 수온 분포

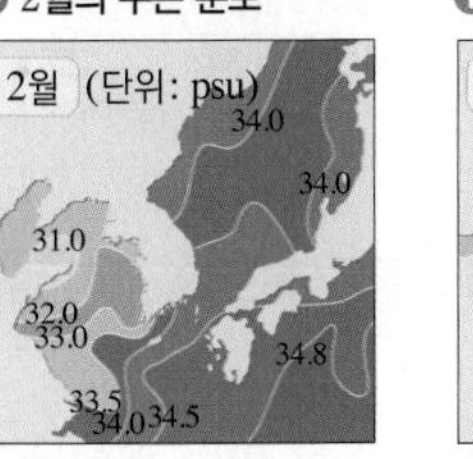

⬆ 2월의 염분 분포

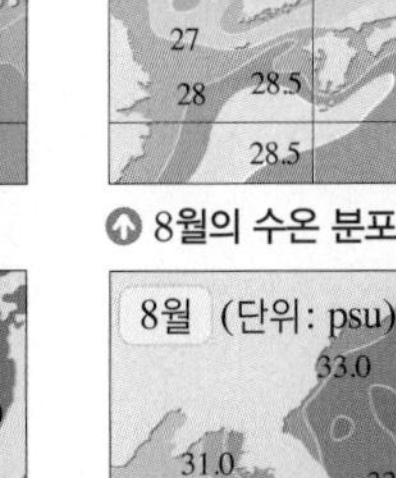

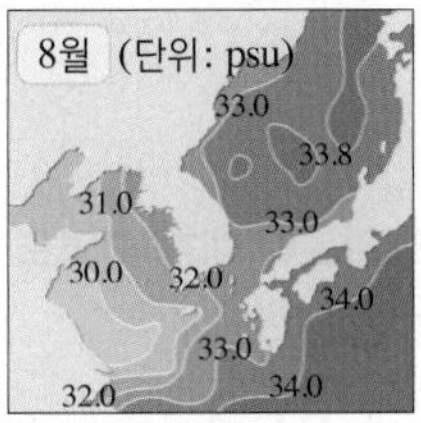

⬆ 8월의 염분 분포

과정 > 그림은 2월과 8월에 우리나라 근해의 수온과 염분 분포를 나타낸 것이다.

결과 > ① 수온: 연중 남해에서 가장 높고, 남북 간의 차이는 동해에서 가장 크다.

② 염분

- 황해가 가장 낮게, 동해가 가장 높게 나타난다. ➡ 중국과 우리나라의 하천수 대부분이 황해로 유입된다.
- 겨울보다 여름에 더 낮게 나타난다.
  ➡ 여름철에는 겨울철보다 강수량이 많기 때문이다.

확인 문제

1 동해에서의 혼합층 두께로 볼 때 여름철보다 겨울철에 바람이 더 (   ) 분다.

2 동해의 표층 염분이 겨울철보다 여름철에 더 낮은 것은 연평균 강수량의 대부분이 (   )에 집중되기 때문이다.

3 우리나라와 중국에서 유입되는 대부분의 하천수가 황해로 흐르기 때문에 황해는 동해나 남해에 비해서 염분이 (   ) 나타난다.

확인 문제 답

1 강하게
2 여름철
3 낮게

개념 확인 문제

핵심 체크

- 표층 해수의 수온: (❶)의 입사량이 많을수록 수온이 높게 나타난다.
- 해양의 층상 구조: 깊이에 따른 수온 분포를 기준으로 구분
  - (❷): 태양 복사 에너지에 의한 가열로 수온이 높고, 바람에 의한 혼합으로 깊이에 관계없이 수온이 거의 일정한 층
  - (❸): 깊이가 깊어질수록 수온이 급격히 낮아지는 안정한 층
  - 심해층: (❹)와 (❺)에 관계없이 수온이 거의 일정한 층
- 해수의 밀도: 수온이 (❻), 염분이 (❼) 크게 나타난다.
- 우리나라 부근 해역의 표층 염분: 겨울철보다 여름철에 (❽) 나타난다.

1 그림은 깊이에 따른 수온 분포를 나타낸 것이다. A, B, C층의 이름을 순서대로 쓰시오.

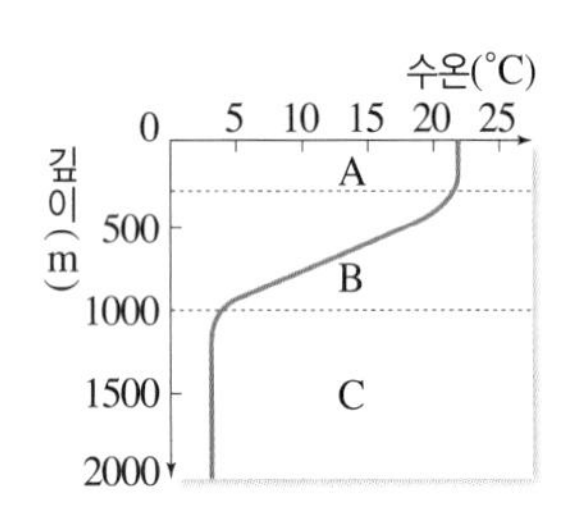

2 혼합층의 형성에 가장 큰 영향을 미치는 요인 두 가지를 [보기]에서 고르시오.

보기
ㄱ. 태양 복사 에너지　　ㄴ. 지구 복사 에너지
ㄷ. 바람의 세기　　ㄹ. 염분의 농도

3 위도별 해수의 층상 구조에 대한 설명으로 옳은 것은 ○, 옳지 않은 것은 ×로 표시하시오.

(1) 적도 해역은 중위도 해역보다 혼합층의 두께가 두껍다. ( )
(2) 위도 60° 이상의 고위도 해역은 혼합층이 생기지 않는다. ( )
(3) 수온 약층이 시작되는 위치는 중위도 해역에서 가장 깊게 나타난다. ( )
(4) 양극 지방에서도 깊이에 따른 수온 분포에 따라 혼합층과 수온 약층이 생긴다. ( )

4 그림은 수온 염분도에 A, B 두 해역 해수의 밀도를 조사하여 표시한 것이다. 다음 설명 중 ( ) 안에 알맞은 말을 고르시오.

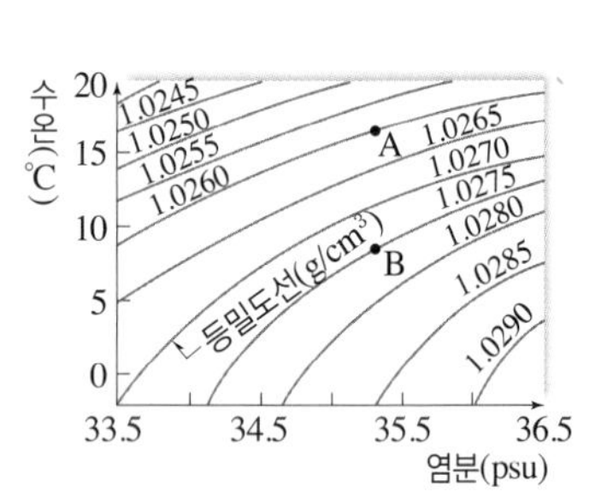

A와 B 해역의 염분은 같지만, A 해역보다 B 해역의 밀도가 더 크다. 이는 B 해역이 A 해역보다 수온이 (낮기, 높기) 때문이다.

5 그림은 수온 염분도(T-S도)를 나타낸 것이다. 어느 지역의 해수 수온이 15 ℃, 염분이 34.4 psu일 때, 이 해수의 밀도는 얼마인지 쓰시오.

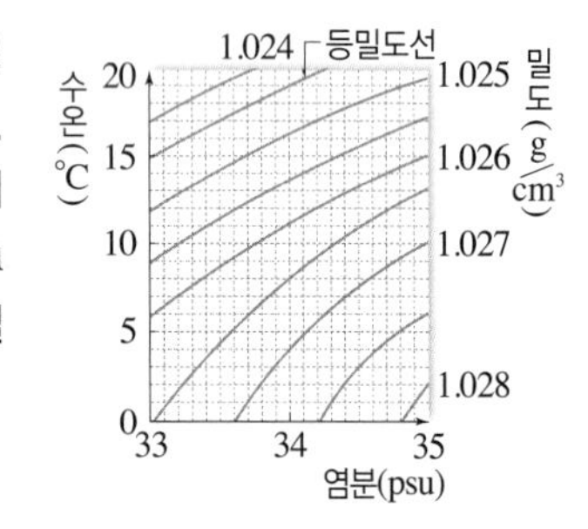

6 해수의 밀도에 대한 설명으로 옳은 것은 ○, 옳지 않은 것은 ×로 표시하시오.

(1) 심해층에서는 깊이에 따른 해수의 밀도 변화가 거의 없다. ( )
(2) 수온 약층에서는 깊이에 따라 해수의 밀도가 급격히 감소한다. ( )
(3) 표층 해수의 밀도는 적도 해역에서 최솟값을 나타내고, 북반구에서는 위도 50°~60° 해역에서 최댓값을 나타낸다. ( )

대표 자료 분석

정답친해 69쪽

자료 ❶ 해수의 표층 염분 분포

기출 Point
- 위도별 염분 분포의 특징 해석하기
- 염분비 일정 법칙 이해하기

[1~3] 그림 (가)는 위도별 표층 염분 분포를, (나)는 위도별 강수량 및 증발량의 분포를 나타낸 것이다.

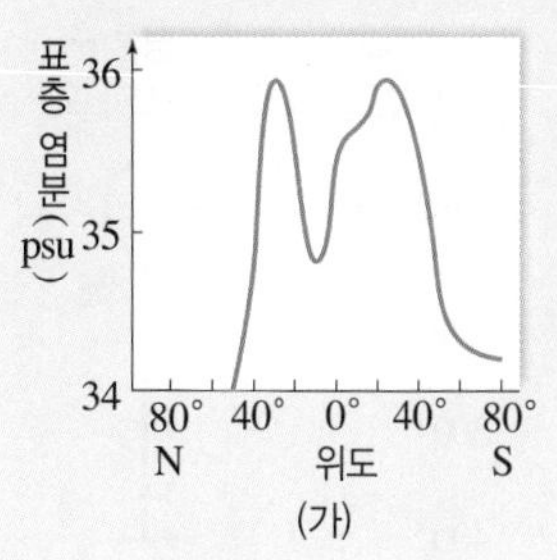

(가)

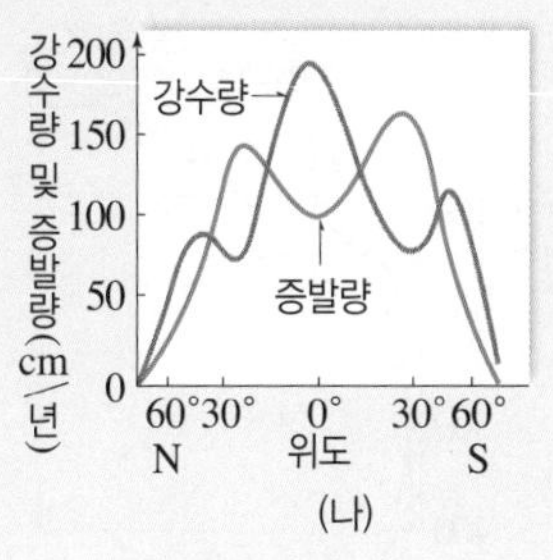

(나)

1 염분이 가장 높은 위도는?

① 0° 부근 ② 20° 부근 ③ 30° 부근
④ 50° 부근 ⑤ 60° 부근

2 (증발량 − 강수량)의 값이 가장 큰 위도는?

① 0° 부근 ② 20° 부근 ③ 30° 부근
④ 50° 부근 ⑤ 60° 부근

3 빈출 선택지로 완벽 정리!

(1) 적도 해역은 증발량보다 강수량이 더 많다. (○ / ×)
(2) 적도 해역보다 위도 30° 해역에서 증발량이 더 많다. (○ / ×)
(3) 적도 부근은 고압대가 분포하여 강수량이 많다. (○ / ×)
(4) 적도 해역은 중위도 해역보다 염분이 더 높다. (○ / ×)
(5) 중위도 해역과 적도 해역에서 염류 상호 간의 비율은 서로 같다. (○ / ×)

자료 ❷ 해수의 연직 층상 구조

기출 Point
- 혼합층의 생성 원인 이해하기
- 위도별 해수의 층상 구조 구분하기

[1~4] 그림 (가)는 위도별 해수의 층상 구조를, (나)는 저위도(위도 0°), 중위도(위도 30°), 고위도(위도 70°) 해역에서 깊이에 따른 수온 분포를 나타낸 것이다.

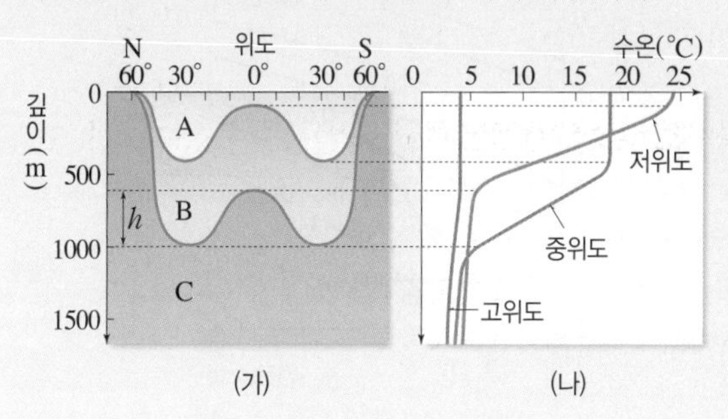

(가) (나)

1 A～C층의 이름을 각각 쓰시오.

2 저위도와 중위도 해역 중 어느 해역에서 바람이 더 강하게 부는지 쓰시오.

3 위도 60° 이상의 고위도 해역에서는 해수의 층상 구조가 생기지 않는데, 이는 태양 복사 에너지의 입사량이 (많기, 적기) 때문이다.

4 빈출 선택지로 완벽 정리!

(1) A층은 태양 복사 에너지를 직접 흡수한다. (○ / ×)
(2) 적도 해역은 위도 30°N 해역보다 바람이 강하게 분다. (○ / ×)
(3) 중위도 해역은 저위도 해역보다 B층이 시작되는 깊이가 더 깊다. (○ / ×)
(4) 수심이 깊어질수록 수온이 급격히 낮아지는 층은 B층이다. (○ / ×)
(5) 우리나라에서 A층의 두께는 겨울이 여름보다 얇다. (○ / ×)
(6) B층은 A층과 C층 사이의 물질 교환을 억제하는 역할을 한다. (○ / ×)
(7) C층은 위도별로 수온 차이가 거의 없다. (○ / ×)
(8) 구간 h에서 깊이에 따른 수온 변화는 30°N 해역이 적도 해역보다 크다. (○ / ×)

자료 ❸ 해수의 밀도

기출 Point
- 해수의 밀도와 수온, 염분의 관계 이해하기
- 수온 염분도를 통해 해양의 층상 구조 파악하기

[1~4] 그림은 어느 해역에서 깊이에 따른 수온과 염분의 변화를 측정하여 수온 염분도에 나타낸 것이다.

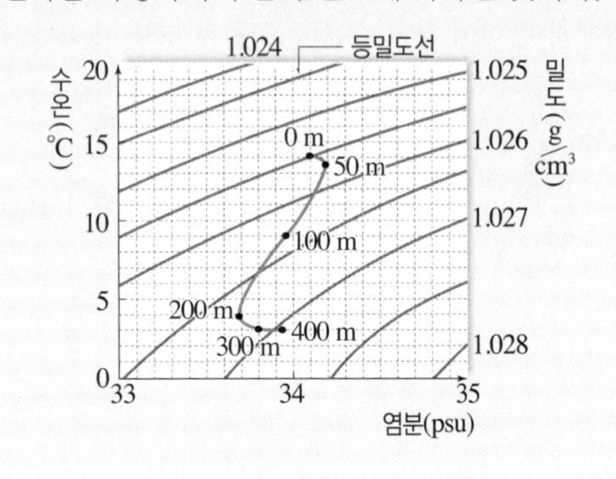

1 이 해역 해수의 혼합층 두께는 약 몇 m인지 쓰시오.

2 수온 약층에서 깊이가 깊어짐에 따라 해수의 밀도가 어떻게 변하는지 쓰시오.

3 수심 300 m 해수의 수온과 염분은 얼마인지 쓰시오.

4 빈출 선택지로 완벽 정리!

(1) 수온이 낮아지면 해수의 밀도가 증가한다. (○ / ×)
(2) 염분이 낮아지면 해수의 밀도가 증가한다. (○ / ×)
(3) 0 m 해수는 50 m 해수보다 밀도가 크다. (○ / ×)
(4) 수온 약층은 200 m ~ 400 m 구간에서 뚜렷하게 나타난다. (○ / ×)
(5) 혼합층이 수온 약층보다 평균 염분이 높다. (○ / ×)
(6) 심해층의 밀도 변화는 염분보다 수온의 영향을 더 크게 받는다. (○ / ×)
(7) 해수의 밀도 변화는 50 m ~ 200 m 구간이 200 m ~ 400 m 구간보다 크다. (○ / ×)

자료 ❹ 우리나라 주변 해수의 성질

기출 Point
- 혼합층의 생성 요인 파악하기
- 위도별 해수의 층상 구조 구분하기

[1~3] 그림 (가)와 (나)는 2월과 8월에 우리나라 동해에서 측정한 수온과 염분의 연직 분포를 나타낸 것이다.

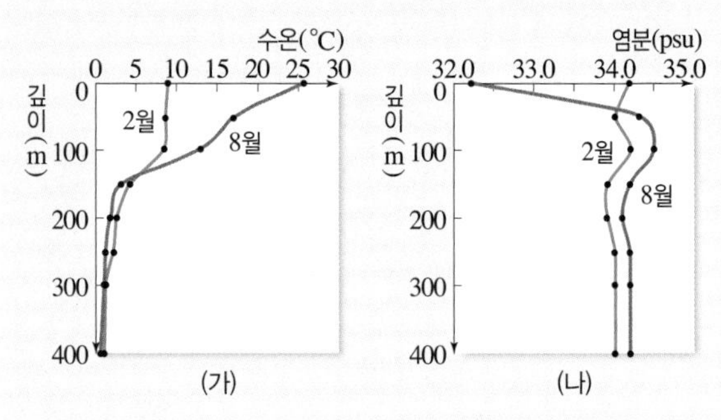

1 2월과 8월 중 수온 약층이 더 뚜렷하게 발달하는 시기를 쓰시오.

2 2월과 8월 중 표층 수온과 표층 염분이 더 높은 시기를 각각 쓰시오.

3 빈출 선택지로 완벽 정리!

(1) 해수면에서 수온이 높으면 염분도 높다. (○ / ×)
(2) 혼합층의 두께는 여름보다 겨울에 더 두껍다. (○ / ×)
(3) 수심 200 m보다 깊은 곳은 심해층에 해당한다. (○ / ×)
(4) 우리나라는 여름보다 겨울에 강수량이 더 많다. (○ / ×)
(5) 심해층 해수의 밀도는 일 년 내내 거의 비슷하다. (○ / ×)
(6) 표층 해수의 밀도는 겨울보다 여름에 크다. (○ / ×)
(7) 해수면에 부는 바람은 여름보다 겨울에 강하다. (○ / ×)

내신 만점 문제

정답친해 70쪽

A 해수의 화학적 성질

[01~02] 그림은 해수에 녹아 있는 염류들의 평균 함량을 나타낸 것이다.

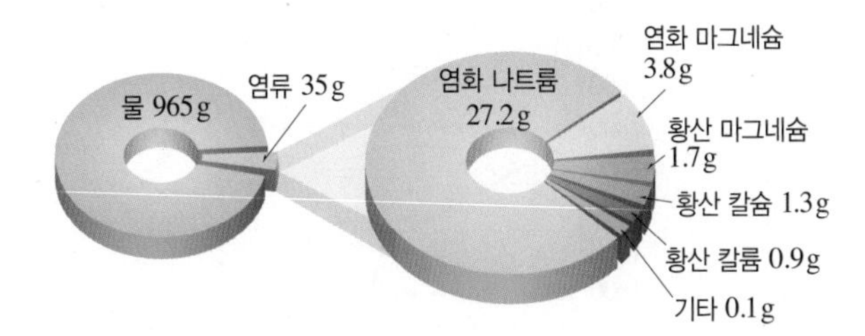

중요 **01** 이에 대한 설명으로 옳은 것만을 [보기]에서 있는 대로 고른 것은?

보기
ㄱ. 해수의 평균 염분은 약 35 psu이다.
ㄴ. 해수에는 Cl^-이 가장 많이 녹아 있다.
ㄷ. 염분이 달라져도 염류 사이의 상대적 비율은 거의 일정하다.

① ㄱ ② ㄷ ③ ㄱ, ㄴ
④ ㄴ, ㄷ ⑤ ㄱ, ㄴ, ㄷ

서술형 **02** 우리나라 황해에서 채취한 해수에 포함된 염화 나트륨의 함량이 24.88 g일 때, 염분은 얼마인지 비례식과 함께 값을 구하시오. (단, 염분은 소수 첫째 자리에서 반올림한다.)

03 해수의 염분을 증가시키는 요인만을 옳게 짝 지은 것은?

① 강물의 유입, 빙하의 융해
② 강물의 유입, 강수량의 증가
③ 강수량의 증가, 빙하의 융해
④ 해수의 결빙, 증발량의 증가
⑤ 강수량의 증가, 증발량의 감소

중요 **04** 그림은 서로 다른 해역에서의 연평균 증발량과 강수량을 나타낸 것이다.

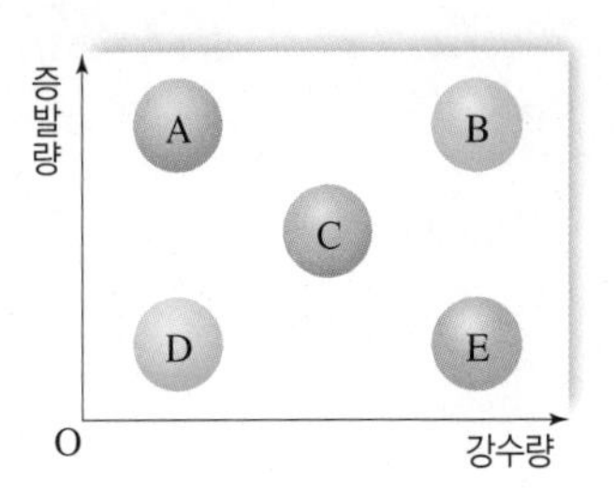

증발량과 강수량 이외의 다른 염분 변화 요인은 없다고 가정할 때, A~E 중 표층 염분이 가장 높을 것으로 예상되는 해역은?

① A ② B ③ C
④ D ⑤ E

05 그림은 북태평양 해역에서 (증발량−강수량) 값의 분포를 나타낸 것이다.

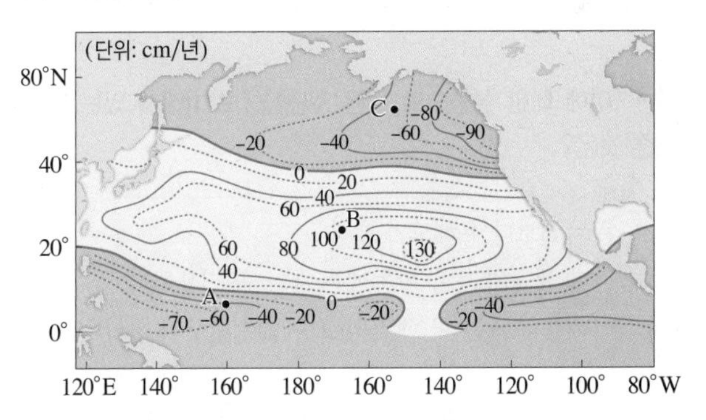

A~C 세 지점의 표층 염분에 대한 설명으로 옳은 것은?

① 증발량이 강수량보다 많은 A 지점의 염분이 가장 높다.
② 강수량이 증발량보다 많은 A 지점의 염분이 가장 높다.
③ 증발량이 강수량보다 많은 B 지점의 염분이 가장 높다.
④ 강수량이 증발량보다 많은 B 지점의 염분이 가장 높다.
⑤ 증발량이 강수량보다 많은 C 지점의 염분이 가장 높다.

06 그림은 전 세계 해양의 표층 염분 분포를 나타낸 것이다.

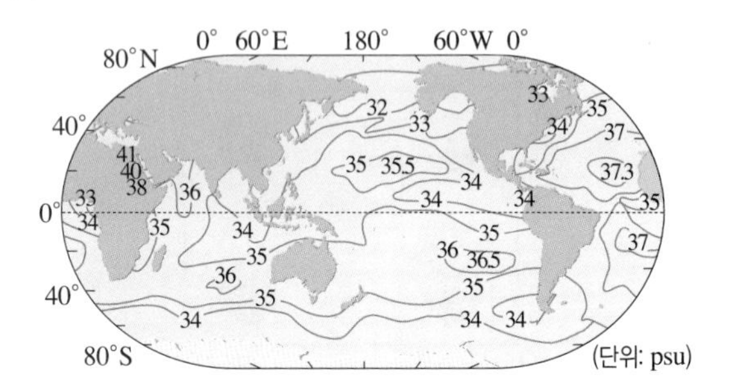

이에 대한 설명으로 옳은 것만을 [보기]에서 있는 대로 고른 것은?

보기
ㄱ. 태평양 해역은 대서양 해역보다 표층 염분이 높다.
ㄴ. 대양의 중앙부는 대륙 연안부보다 표층 염분이 높다.
ㄷ. 중위도 지역의 대륙에는 사막이 많이 발달할 것이다.

① ㄱ ② ㄴ ③ ㄱ, ㄷ
④ ㄴ, ㄷ ⑤ ㄱ, ㄴ, ㄷ

[07~08] 그림은 해수에 녹아 있는 두 기체 A와 B의 수심에 따른 농도를 나타낸 것이다. A와 B는 생물의 생명 활동에서 가장 중요한 두 가지 기체이다.

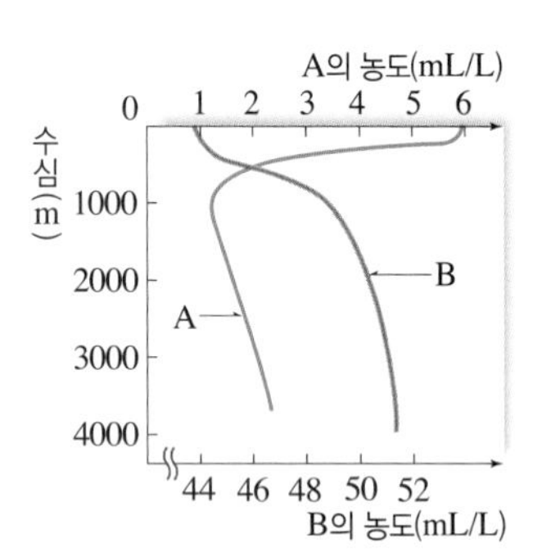

중요 **07** 이에 대한 설명으로 옳은 것만을 [보기]에서 있는 대로 고른 것은?

보기
ㄱ. A는 B보다 용해도가 크다.
ㄴ. 바다 생물의 호흡 활동에는 A가 꼭 필요하다.
ㄷ. 심해층의 A는 극 해역의 표층 해수로부터 공급된다.

① ㄱ ② ㄴ ③ ㄱ, ㄷ
④ ㄴ, ㄷ ⑤ ㄱ, ㄴ, ㄷ

서술형 **08** A의 농도는 표층 해수에서 가장 높게 나타나는데, 그 까닭을 두 가지 서술하시오.

중요 **09** 그림은 해양에서 수심에 따른 용존 산소량의 변화를 나타낸 것이다.

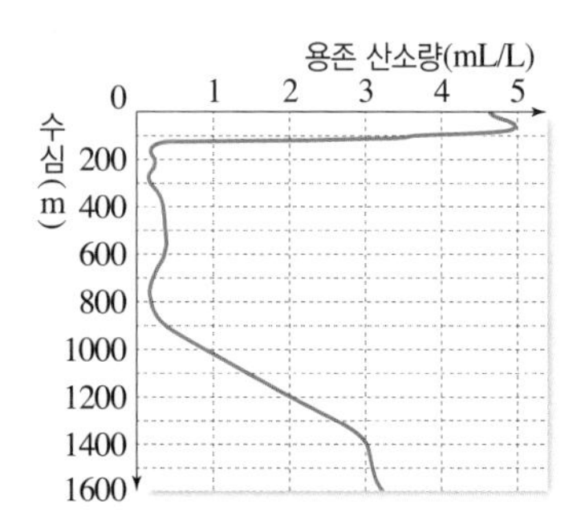

이에 대한 설명으로 옳은 것만을 [보기]에서 있는 대로 고른 것은?

보기
ㄱ. 식물성 플랑크톤은 대부분 수심 200 m 이내의 깊이에 존재한다.
ㄴ. 수심 200 m~800 m 사이에서는 식물보다 동물의 활동이 더 활발할 것이다.
ㄷ. 수심 800 m 이상의 깊이에서는 고위도에서 침강한 해수가 유입되어 용존 산소량이 많아진다.

① ㄱ ② ㄴ ③ ㄱ, ㄷ
④ ㄴ, ㄷ ⑤ ㄱ, ㄴ, ㄷ

10 표는 2월에 동일한 위도상에 위치한 동해와 황해의 각각 한 지점 (가)와 (나)에서의 표층 염분(psu)을 조사하여 나타낸 것이다.

염류	(가)	(나)
염화 나트륨	A	24.88
염화 마그네슘	3.70	3.48
기타	B	3.64
합계	34.00	C

이에 대한 설명으로 옳은 것만을 [보기]에서 있는 대로 고른 것은?

보기
ㄱ. (가)는 황해에서 측정한 값이다.
ㄴ. (가)의 A는 24.88보다 크다.
ㄷ. (나)의 8월 염분은 C보다 크다.

① ㄱ ② ㄴ ③ ㄱ, ㄷ
④ ㄴ, ㄷ ⑤ ㄱ, ㄴ, ㄷ

B 해수의 물리적 성질

11 위도별 해수 표층의 수온에 가장 큰 영향을 미치는 요인이 무엇인지 쓰시오.

12 혼합층에 대한 설명으로 옳은 것만을 [보기]에서 있는 대로 고른 것은?

보기
ㄱ. 수심이 깊어져도 수온이 거의 일정하다.
ㄴ. 저위도 해역보다 고위도 해역의 수온이 높게 나타난다.
ㄷ. 바람이 강하게 부는 해역일수록 두께가 두껍다.

① ㄱ ② ㄴ ③ ㄱ, ㄷ
④ ㄴ, ㄷ ⑤ ㄱ, ㄴ, ㄷ

13 그림은 위도가 다른 A, B 두 해역에서 깊이에 따른 수온 분포를 나타낸 것이다.

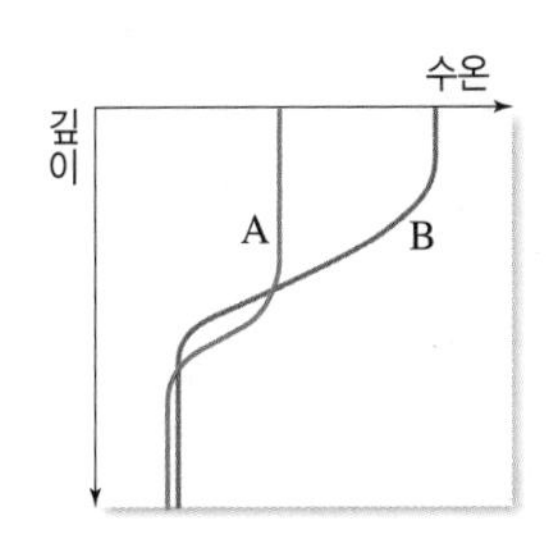

두 해역의 위도와 해수면 위를 부는 바람의 세기를 각각 옳게 비교하여 짝 지은 것은?

	위도	바람
①	A>B	A>B
②	A>B	A<B
③	A>B	A=B
④	A<B	A>B
⑤	A<B	A<B

중요 **14** 그림은 위도와 깊이에 따른 해양의 층상 구조를 나타낸 것이다.

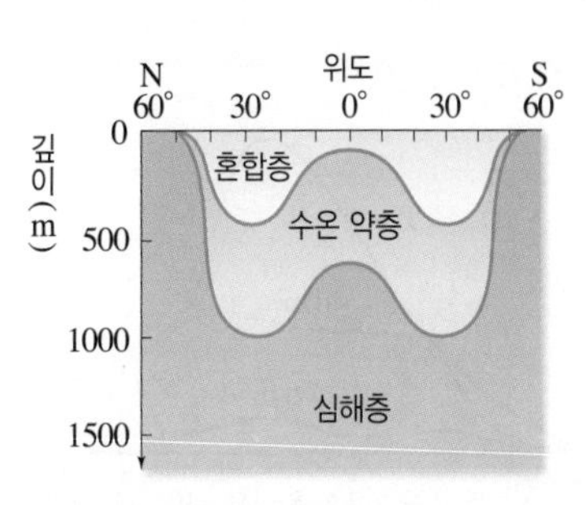

이에 대한 설명으로 옳은 것만을 [보기]에서 있는 대로 고른 것은?

보기
ㄱ. 바람은 적도 해역에서 가장 강하게 분다.
ㄴ. 혼합층은 태양열에 의해 가열된 따뜻한 해수층이다.
ㄷ. 해양의 층상 구조는 고위도 해역일수록 잘 발달한다.

① ㄱ ② ㄴ ③ ㄱ, ㄷ
④ ㄴ, ㄷ ⑤ ㄱ, ㄴ, ㄷ

15 그림은 겨울철 동해의 혼합층 두께를 나타낸 것이다. 이 자료에서 해역 A, B, C에서 불고 있는 바람의 세기를 부등호로 비교하시오.

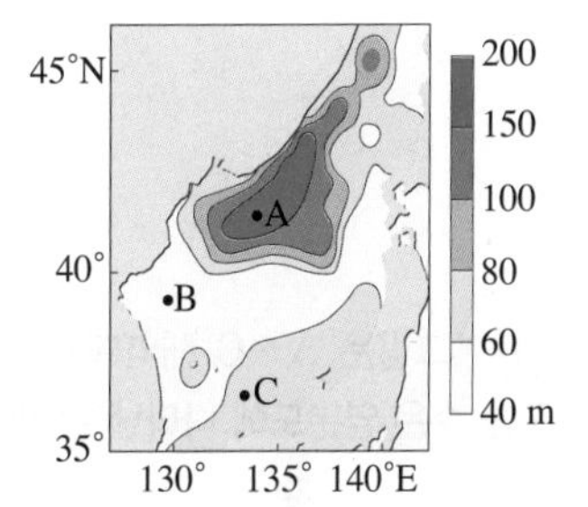

16 그림은 서로 다른 해역에서 해수의 수온과 염분을 나타낸 것이다.

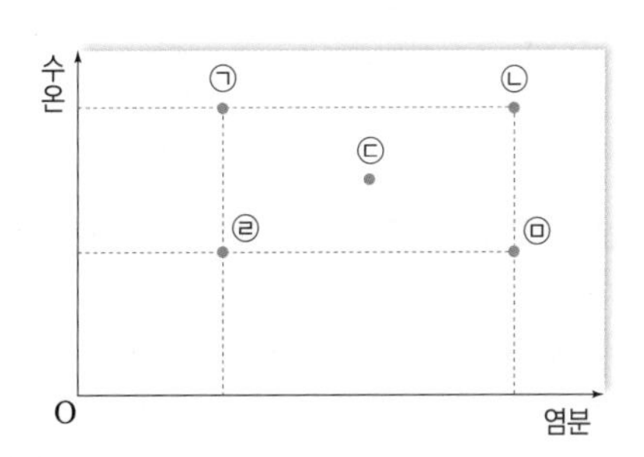

㉠~㉤ 해역 중 밀도가 가장 큰 곳은?

① ㉠ ② ㉡ ③ ㉢
④ ㉣ ⑤ ㉤

중요 **17** 그림은 어느 해역에서 1년 동안 수심 0 m, 40 m, 60 m, 100 m의 수온을 조사한 자료이다.

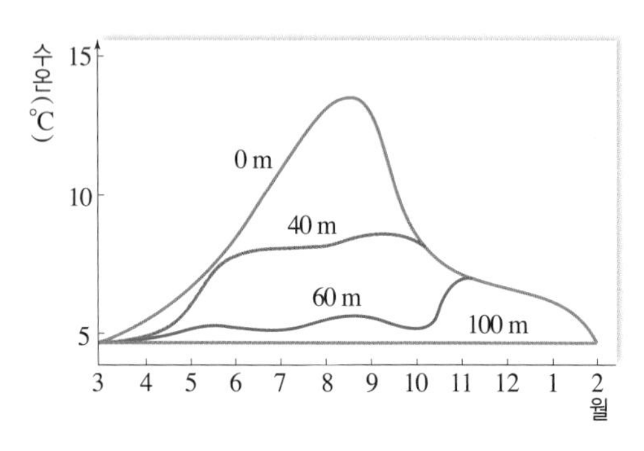

이에 대한 설명으로 옳은 것만을 [보기]에서 있는 대로 고른 것은?

보기
ㄱ. 이 해역은 북반구 지역에 속한다.
ㄴ. 혼합층의 두께는 8월보다 2월에 두껍다.
ㄷ. 수심 100 m에서는 수온의 연교차가 거의 없다.

① ㄱ ② ㄴ ③ ㄱ, ㄷ
④ ㄴ, ㄷ ⑤ ㄱ, ㄴ, ㄷ

중요 **18** 그림은 A~C 해역에서 측정한 해수의 수온, 염분, 밀도를 수온 염분도에 나타낸 것이다.

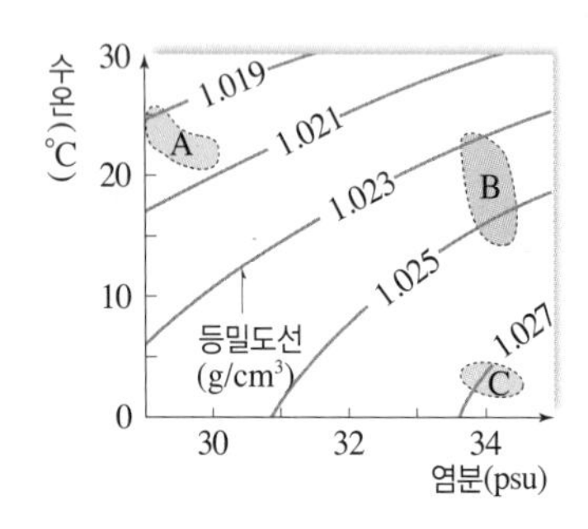

이에 대한 설명으로 옳은 것만을 [보기]에서 있는 대로 고른 것은?

보기
ㄱ. A~C 중 A의 수온과 염분이 가장 높다.
ㄴ. 수온이 일정하고 염분이 높아지면 밀도는 커진다.
ㄷ. C가 B보다 밀도가 큰 까닭은 수온이 낮기 때문이다.

① ㄱ ② ㄴ ③ ㄱ, ㄷ
④ ㄴ, ㄷ ⑤ ㄱ, ㄴ, ㄷ

19 그림은 대서양의 어느 해역에서 수심에 따른 해수의 수온과 염분을 측정하여 수온 염분도에 나타낸 것이다.

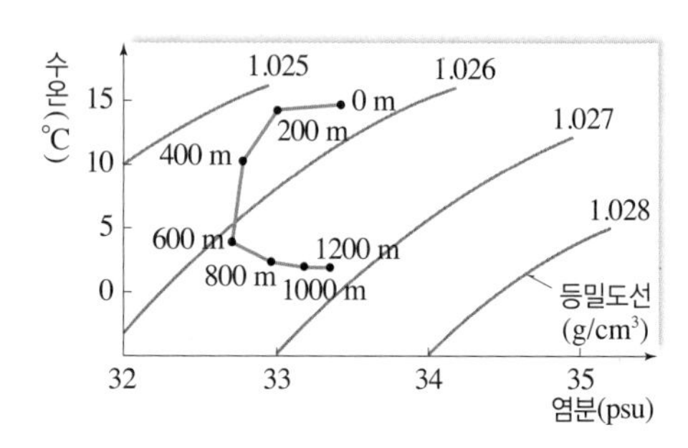

이에 대한 설명으로 옳은 것만을 [보기]에서 있는 대로 고른 것은?

보기
ㄱ. 혼합층에서는 깊이에 따라 염분과 밀도가 작아진다.
ㄴ. 400 m 깊이에서는 해수의 상하 혼합이 잘 일어난다.
ㄷ. 수심 1000 m~1200 m에서 밀도 변화는 수온보다 염분의 영향이 더 크다.

① ㄱ ② ㄴ ③ ㄷ
④ ㄱ, ㄷ ⑤ ㄴ, ㄷ

20 그림 (가)는 우리나라 주변 해역 A, B, C를, (나)는 세 해역 표층 해수의 성질을 수온 염분도에 나타낸 것이다. B와 C의 수온과 염분 분포는 각각 ㉠과 ㉡ 중 하나이다.

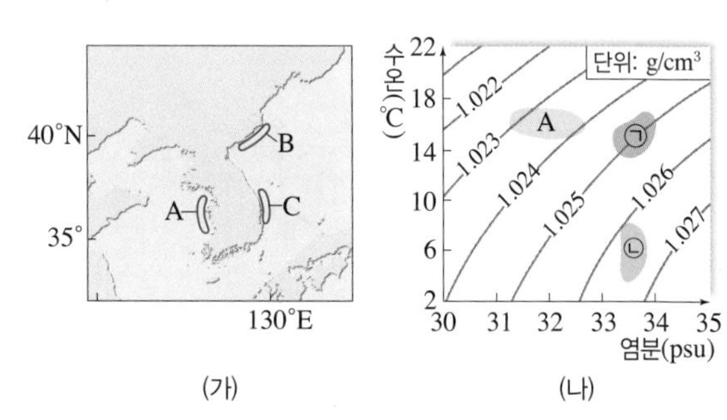

(가) (나)

이에 대한 설명으로 옳은 것만을 [보기]에서 있는 대로 고른 것은?

보기
ㄱ. A는 C보다 염분이 낮다.
ㄴ. ㉡은 B에 해당한다.
ㄷ. A와 C의 해수 밀도 차이는 수온보다 염분의 영향이 더 크다.

① ㄱ ② ㄴ ③ ㄱ, ㄷ
④ ㄴ, ㄷ ⑤ ㄱ, ㄴ, ㄷ

실력 UP 문제

정답친해 73쪽

01 그림은 북대서양의 연평균 (증발량－강수량) 값 분포를 나타낸 것이다.

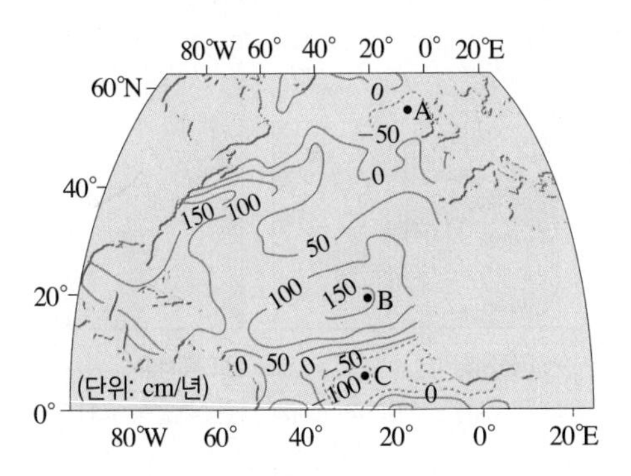

이에 대한 설명으로 옳은 것만을 [보기]에서 있는 대로 고른 것은?

보기

ㄱ. A 지점은 고압대에 위치한다.
ㄴ. 표층 염분은 B 지점이 C 지점보다 높다.
ㄷ. C 지점은 증발량보다 강수량이 많다.

① ㄱ ② ㄴ ③ ㄱ, ㄷ
④ ㄴ, ㄷ ⑤ ㄱ, ㄴ, ㄷ

02 표는 서로 다른 해역 A, B, C에서 표층 해수의 물리량을 나타낸 것이다.

해역	수온(°C)	염분(psu)	밀도(g/cm³)
A	㉠	36.5	1.027
B	10	35.0	1.027
C	10	33.0	㉡

이에 대한 설명으로 옳은 것만을 [보기]에서 있는 대로 고른 것은? (단, 증발과 강수 이외의 염분 변화 요인은 고려하지 않는다.)

보기

ㄱ. ㉠은 10보다 크다.
ㄴ. ㉡은 1보다 크고 1.027보다 작다.
ㄷ. A는 C보다 (증발량－강수량) 값이 크다.

① ㄱ ② ㄴ ③ ㄱ, ㄷ
④ ㄴ, ㄷ ⑤ ㄱ, ㄴ, ㄷ

03 표는 우리나라 동해의 한 지점에서 수심 0 m와 수심 300 m의 수온과 염분을 2월과 8월에 측정하여 나타낸 것이다.

구분	0 m		300 m	
	2월	8월	2월	8월
수온(°C)	12.0	26.0	3.0	2.7
염분(psu)	33.9	32.8	34.0	34.1

이에 대한 설명으로 옳은 것만을 [보기]에서 있는 대로 고른 것은?

보기

ㄱ. 겨울보다 여름에 강수량이 많다.
ㄴ. 수온 약층은 겨울보다 여름에 더 뚜렷하게 발달한다.
ㄷ. 계절에 따른 해수의 밀도 차이는 수심 300 m가 수심 0 m보다 크다.

① ㄱ ② ㄷ ③ ㄱ, ㄴ
④ ㄴ, ㄷ ⑤ ㄱ, ㄴ, ㄷ

04 그림은 어느 해역에서 서로 다른 시기에 수심에 따라 측정한 수온과 염분을 수온 염분도에 나타낸 것이다.

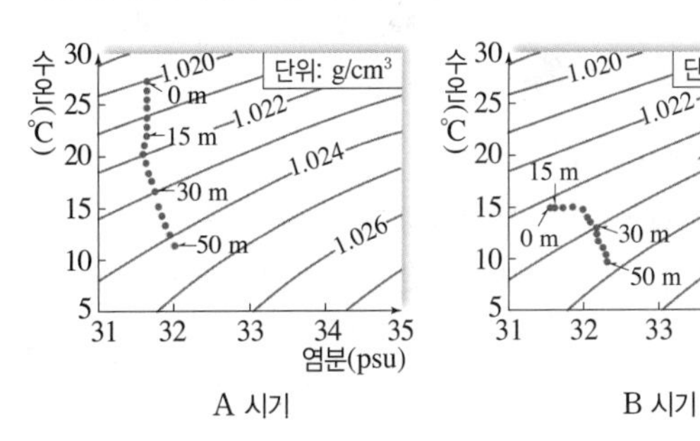

이에 대한 설명으로 옳은 것만을 [보기]에서 있는 대로 고른 것은?

보기

ㄱ. 이 해역의 해수면에 입사하는 태양 복사 에너지양은 A 시기가 B 시기보다 많다.
ㄴ. 바람은 A 시기보다 B 시기에 더 강하게 불었다.
ㄷ. A와 B 시기 사이의 수온 변화는 수심 15 m보다 수심 50 m에서 더 크다.

① ㄱ ② ㄷ ③ ㄱ, ㄴ
④ ㄴ, ㄷ ⑤ ㄱ, ㄴ, ㄷ

01 기압과 날씨 변화

1. 기압과 날씨

(1) 기단

◎ 우리나라 주변의 기단

구분	계절	날씨 특징
양쯔강 기단	봄, 가을	날씨 변화가 심함
(❶)	초여름, 초가을	높새 바람, 장마 전선
북태평양 기단	여름	폭염, 열대야
시베리아 기단	겨울	한파, 폭설, 심한 사온

(2) **기단의 이동과 성질 변화:** 한랭 기단 남하 → 하층 가열 → 불안정 → 상승 기류 발달 → 적란운

예 겨울철 (❷) 기단의 남하

(3) 고기압과 저기압(북반구)

구분	고기압	저기압
정의	주변보다 기압이 상대적으로 (❸) 곳	주변보다 기압이 상대적으로 (❹) 곳
바람	시계 방향으로 불어 나감	(❺)으로 불어 들어옴
날씨	구름 소멸, 맑은 날씨	구름 생성, 흐리거나 비

(4) 위성 영상과 날씨

구분	가시 영상	적외 영상
정의	지표면이나 구름에서 반사되는 가시광선을 관측하는 영상	물체가 방출하는 적외선을 관측하는 영상
특징	• (❻)에만 관측 가능하고, 밤에는 관측할 수 없다. • 구름의 두께가 두꺼울수록 (❼) 보인다.	• 낮과 밤에 관계없이 관측 가능하다. • 구름의 높이가 높을수록 (❽) 보인다.

2. 고기압과 날씨

(1) 고기압의 종류

정체성 고기압	• 한 지역에 오래 시간 머무르는 규모가 큰 고기압 예 시베리아 고기압, 북태평양 고기압 등
이동성 고기압	• 한 장소에 머무르지 않고 이동하는 고기압 예 봄철과 가을철에 영향을 주는 양쯔강 고기압

(2) 우리나라의 계절별 일기도

구분	겨울철	여름철
일기도		
기압 배치	서고동저형	남고북저형
특징	북서 계절풍, 시베리아 고기압	남동 계절풍, 북태평양 고기압

3. 저기압과 날씨

(1) 한랭 전선, 온난 전선, 폐색 전선, 정체 전선

구분	한랭 전선	온난 전선
모식도		
전선면 경사	급하다	완만하다
이동 속도	빠르다	느리다
구름	(❾) 구름	(❿) 구름
강수	좁은 지역, 소나기성 비	넓은 지역, 지속적인 비

폐색 전선	이동 속도가 빠른 한랭 전선이 이동 속도가 느린 온난 전선을 따라가 겹쳐져 생기는 전선
정체 전선	세력이 비슷한 찬 기단과 따뜻한 기단이 만나 생기는 전선

(2) **온대 저기압 주변의 날씨:** 온대 저기압은 (⓫)의 영향을 받으며 (⓬)으로 이동하면서 우리나라 날씨 변화에 영향을 준다.

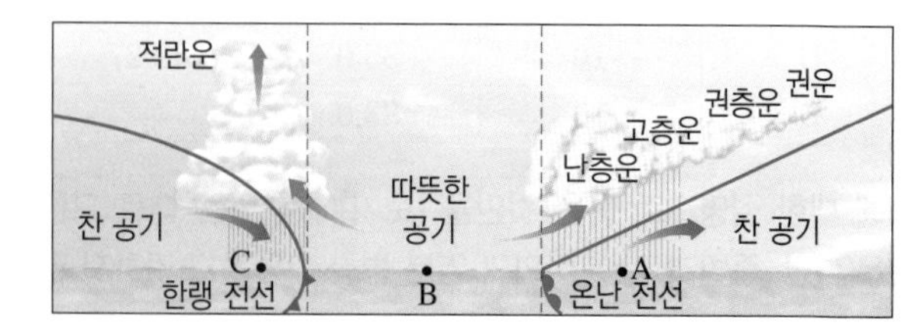

지역	위치	풍향	구름과 날씨 특징
A	온난 전선 앞쪽	(⓭)	• 난층운 • 지속적인 비
B	온난 전선과 한랭 전선 사이	남서풍	• 날씨 맑음 • 기온이 가장 높음
C	한랭 전선 뒤쪽	북서풍	• 적운, 적란운 • 소나기성 비

02 태풍과 우리나라의 주요 악기상

1. 태풍 중심 부근 최대 풍속이 17 m/s 이상으로 발달한 열대 저기압

(1) **태풍의 에너지원:** (⑭)

(2) **태풍의 구조**

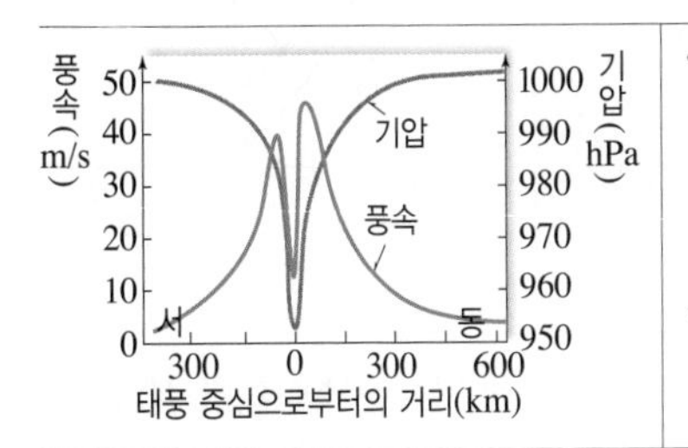

- (⑮): 태풍의 중심으로 약한 하강 기류가 나타나 날씨가 맑고 바람이 거의 불지 않는다.
- 태풍의 눈을 막 벗어난 곳의 풍속이 가장 강하다.

(3) **위험 반원과 안전 반원**

위험 반원 (A, C)	진행 방향의 (⑯) 반원 ➡ 태풍 내 풍향이 태풍의 이동 방향 및 대기 대순환의 바람 방향과 같아 풍속이 강하다.	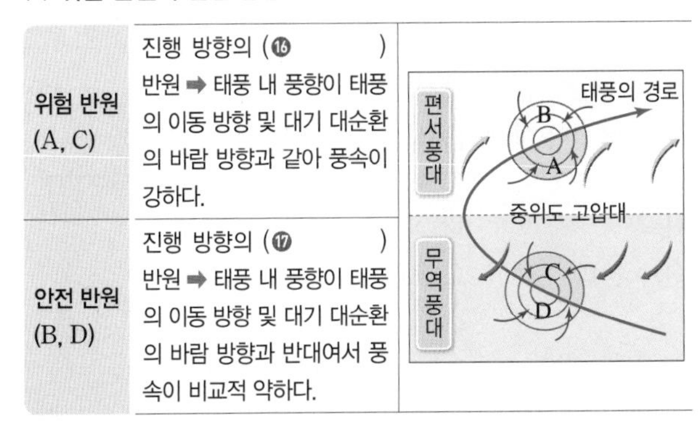
안전 반원 (B, D)	진행 방향의 (⑰) 반원 ➡ 태풍 내 풍향이 태풍의 이동 방향 및 대기 대순환의 바람 방향과 반대여서 풍속이 비교적 약하다.	

2. 우리나라의 주요 악기상 강한 상승 기류가 나타나는 불안정한 대기에서 주로 발생한다.

뇌우	번개와 천둥이 치며 소나기가 강하게 내리는 현상
국지성 호우	시간당 30 mm 이상, 하루에 80 mm 이상, 하루에 연강수량의 10 % 이상의 비가 좁은 지역에 집중되는 현상
우박	구름 내에서 빙정이 상하 운동을 반복하면서 성장한 얼음덩어리가 내리는 현상
황사	중국의 황토 고원 지대, 몽골의 고비 사막 등에서 상승 기류를 타고 올라간 모래 먼지가 우리나라 쪽으로 이동해 오는 현상

3. 일기 예보

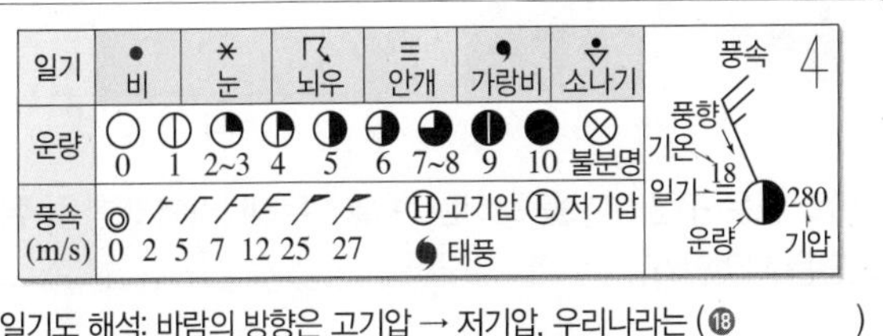

일기도 해석: 바람의 방향은 고기압 → 저기압, 우리나라는 (⑱) 대에 위치하므로 일기 현상이 서 → 동으로 변해감

03 해수의 성질

1. 해수의 염분

(1) **염분:** 해수 1 kg 속에 녹아 있는 염류의 양을 g 수로 나타낸 것

(2) (⑲): 시간과 장소에 따라 염분은 달라지더라도 염류 사이의 비율은 거의 일정하게 유지된다.

(3) **표층 염분의 변화 요인:** 증발량, 강수량, 강물의 유입, 해빙과 결빙

2. 용존 기체 해수에 녹아 있는 산소, 이산화 탄소 등의 기체 ➡ 표층에서는 식물성 플랑크톤의 광합성이 활발하여 용존 산소량이 (⑳), 용존 이산화 탄소량은 적다.

3. 해수의 층상 구조

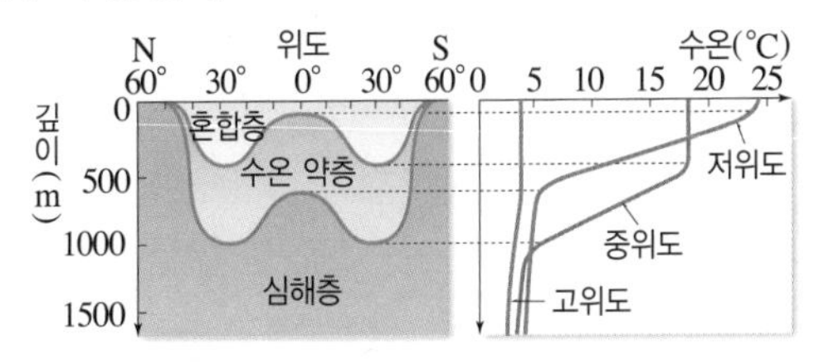

혼합층	• 깊이에 따라 수온이 거의 일정한 표층 해수 • 바람이 강할수록 두껍게 발달
수온 약층	• 깊이에 따라 수온이 급격히 낮아지는 층 • 표층 수온이 높은 해역에서 더 뚜렷하게 발달
심해층	• 계절이나 깊이에 따른 수온 변화가 거의 없는 층

4. 해수의 밀도 수온이 낮을수록, 염분이 높을수록 커진다.

위도별 수온과 밀도	수심별 수온과 밀도
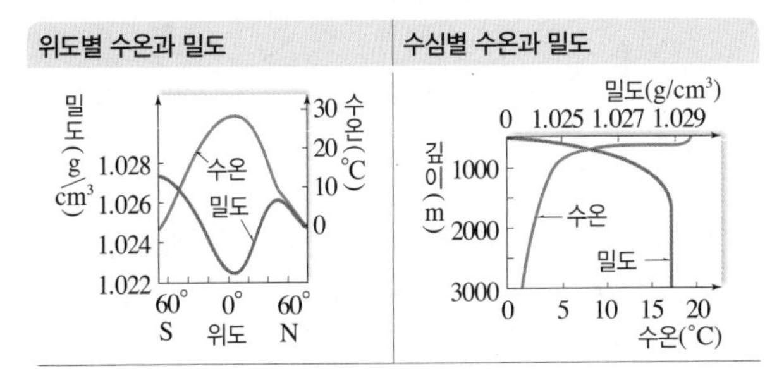	

5. 우리나라 부근 해수의 성질

(1) **표층 수온:** 겨울철 < 여름철

(2) **혼합층의 두께:** 겨울철 > 여름철 ➡ 겨울철에 바람이 강함

(3) **표층 염분:** 겨울철 > 여름철 ➡ 여름철에 강수량이 많음

중단원 마무리 문제

하 중 상

01 그림은 북반구 어느 지역에서 기류와 바람의 이동을 간략히 나타낸 것이다.

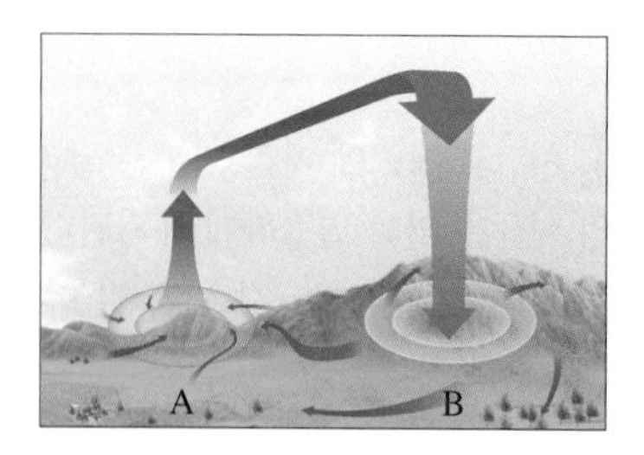

이에 대한 설명으로 옳지 않은 것은?

① A는 저기압, B는 고기압이다.
② 바람은 B에서 A 방향으로 불어간다.
③ A 지역에서 상승하는 공기 덩어리의 부피는 증가한다.
④ A 지역은 구름이 발달하므로 흐린 날씨가 나타난다.
⑤ B 지역 공기는 단열 압축되면서 상대 습도가 증가한다.

하 중 상

02 그림은 북반구 어느 지역의 등압선 분포와 풍향을 간단히 나타낸 일기도이다.

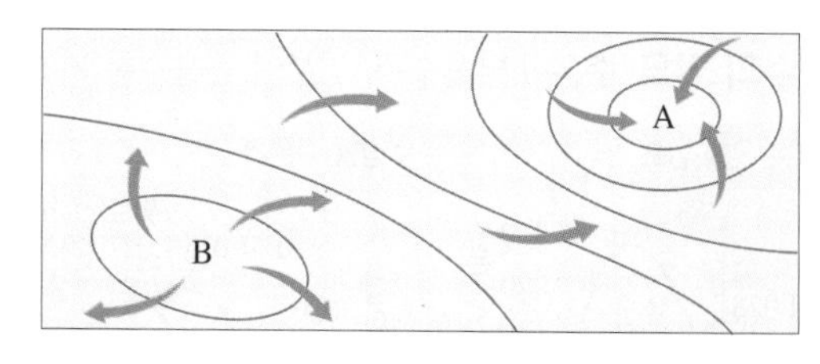

A, B 지역에 대한 설명으로 옳은 것만을 [보기]에서 있는 대로 고른 것은?

보기
ㄱ. A 지역은 주변보다 기압이 높다.
ㄴ. B 지역은 상승 기류가 발달하고 구름이 형성된다.
ㄷ. A 지역에서 B 지역으로 가면서 기압은 높아진다.

① ㄱ ② ㄴ ③ ㄷ
④ ㄱ, ㄴ ⑤ ㄴ, ㄷ

하 중 상

03 그림 (가)는 겨울철 어느 날의 일기도를, (나)는 이날 A와 B 지점에서 측정한 높이에 따른 기온 분포를 P와 Q로 순서 없이 나타낸 것이다.

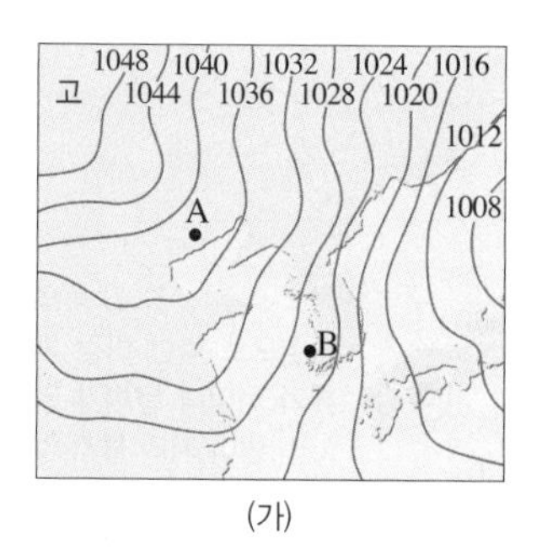

(가)

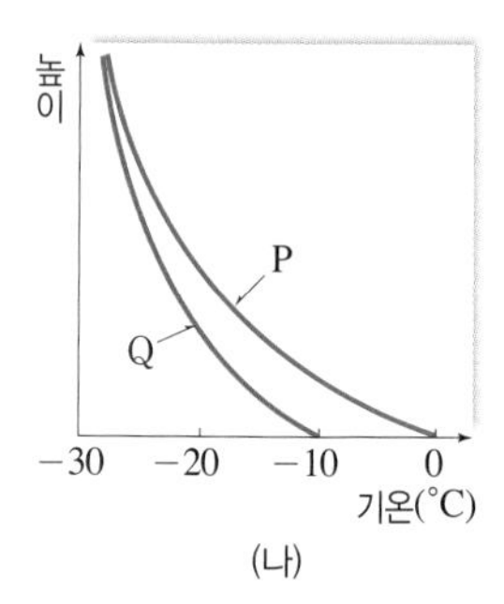

(나)

기단이 A에서 B로 이동할 때 생기는 현상에 대한 설명으로 옳은 것만을 [보기]에서 있는 대로 고른 것은?

보기
ㄱ. A에서 측정한 기온 분포는 P이다.
ㄴ. 기단이 불안정해진다.
ㄷ. 폭설이 내릴 가능성은 A보다 B에서 크다.

① ㄱ ② ㄷ ③ ㄱ, ㄴ
④ ㄴ, ㄷ ⑤ ㄱ, ㄴ, ㄷ

하 중 상

04 그림 (가)는 천리안 기상 위성으로 관측한 가시 영상을, (나)는 우리나라에 영향을 주는 기단을 나타낸 것이다.

(가)

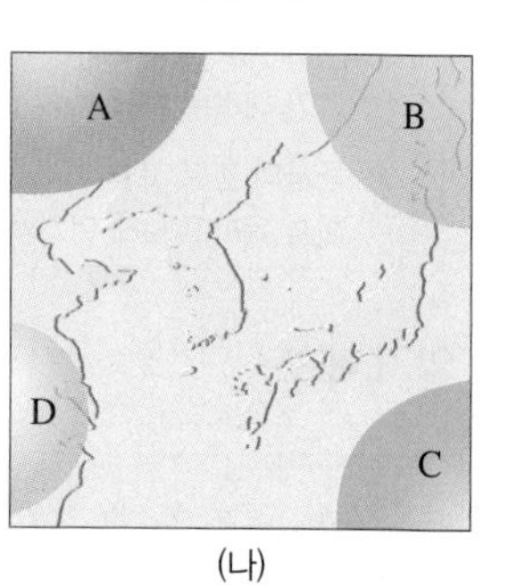

(나)

(가)와 같은 구름 분포를 보이는 계절에 우리나라에 영향을 주는 기단은 무엇인가?

① A ② B ③ C
④ D ⑤ B, C

하 중 상

05 그림 (가)와 (나)는 2018년 7월 1주일 간격으로 작성한 우리나라 주변의 일기도를 나타낸 것이다.

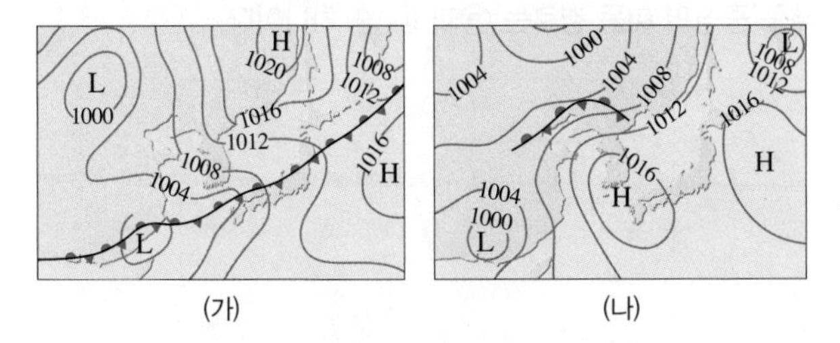

우리나라의 날씨에 대한 설명으로 옳은 것만을 [보기]에서 있는 대로 고른 것은?

보기
ㄱ. (가)일 때 오호츠크해 기단의 영향을 받는다.
ㄴ. (나)일 때 우리나라 남부 지방에서는 하강 기류가 발달한다.
ㄷ. 서울의 하루 중 최고 기온은 (나)보다 (가)일 때 더 높다.

① ㄱ ② ㄴ ③ ㄷ
④ ㄱ, ㄴ ⑤ ㄴ, ㄷ

하 중 상

06 그림 (가)와 (나)는 찬 공기와 따뜻한 공기가 만나서 형성되는 두 전선의 모습을 나타낸 것이다.

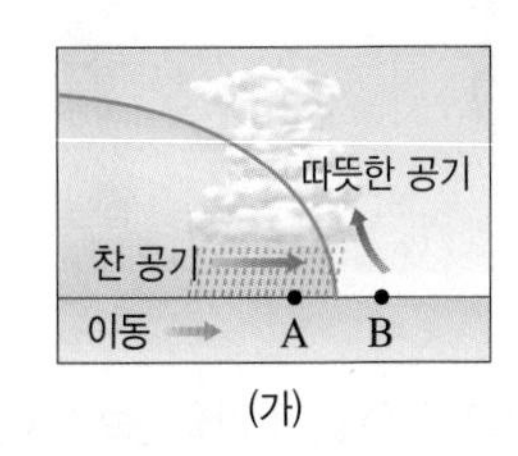

(가)

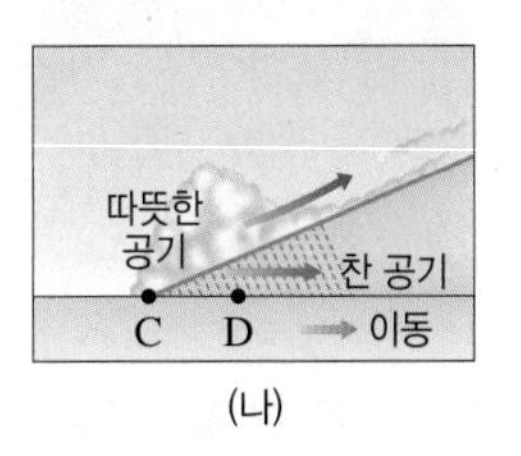

(나)

이에 대한 설명으로 옳은 것은?

① (가)에서 A 지점의 날씨는 맑다.
② (가)에서 A 지점에는 층운형 구름이 형성된다.
③ (나)에서 C 지점에는 한랭 전선이 나타난다.
④ (나)에서 D 지점에는 적운형 구름이 형성된다.
⑤ A~D 중 기온이 가장 높은 지점은 B이다.

[07~09] 그림은 온대 저기압 주변의 등압선과 전선의 분포를 나타낸 것이다.

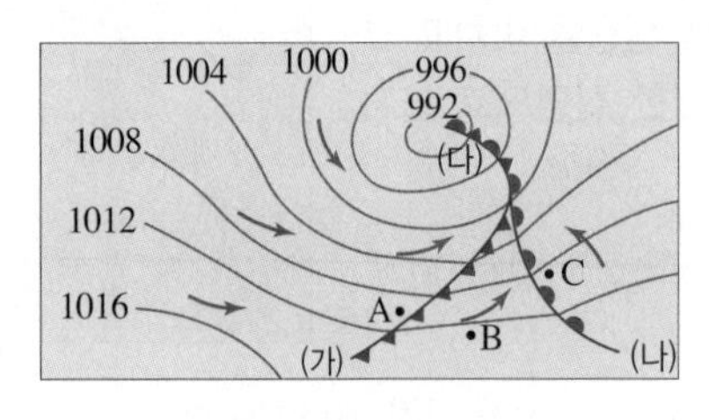

하 중 상

07 (가)~(다) 전선에 대한 설명으로 옳지 않은 것은?

① (가)에는 적운형 구름이 생긴다.
② (나)는 따뜻한 공기가 찬 공기를 타고 올라갈 때 생긴다.
③ (가)는 (나)보다 이동하는 속도가 빠르다.
④ (가)는 (나)보다 전선면의 경사가 완만하다.
⑤ (가)와 (나)가 만나서 생긴 전선이 (다)이다.

하 중 상

08 A~C 지역의 날씨에 대한 설명으로 옳은 것만을 [보기]에서 있는 대로 고른 것은?

보기
ㄱ. A 지역에는 소나기성 비가 내리고 있다.
ㄴ. B 지역은 C 지역보다 기온이 높다.
ㄷ. C 지역에는 남동풍이 불고 있다.

① ㄱ ② ㄴ ③ ㄱ, ㄷ
④ ㄴ, ㄷ ⑤ ㄱ, ㄴ, ㄷ

하 중 상

09 B와 C 지점의 날씨를 나타내는 일기 기호를 [보기]에서 골라 옳게 짝 지은 것은?

보기
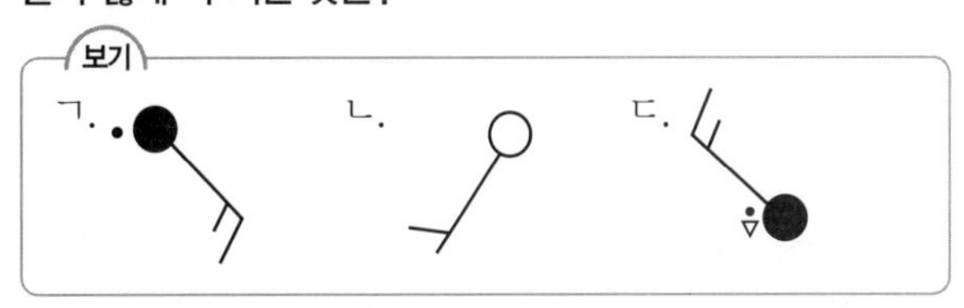

	B	C		B	C
①	ㄱ	ㄴ	②	ㄱ	ㄷ
③	ㄴ	ㄱ	④	ㄴ	ㄷ
⑤	ㄷ	ㄱ			

하 중 상

10 그림은 어느 날 우리나라 주변의 일기도를 나타낸 것이다. 우리나라에 영향을 미치고 있는 A에 대한 설명으로 옳지 않은 것은?

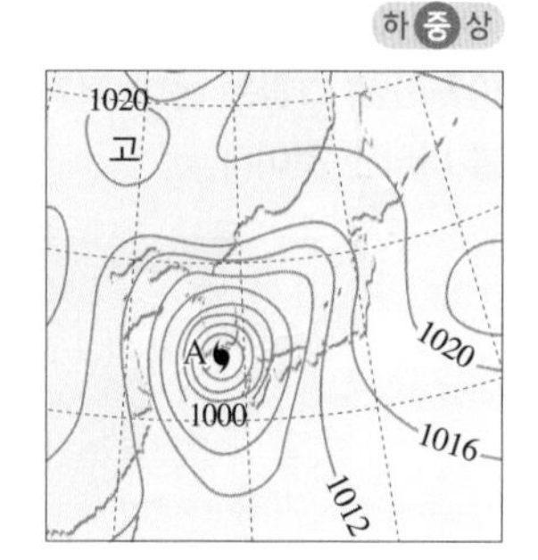

① 위도 5°~25°에서 발생한다.
② 에너지원은 기층의 위치 에너지이다.
③ 한랭 전선이나 온난 전선을 동반하지 않는다.
④ 강한 상승 기류가 발달하고 많은 비와 강풍을 동반하다.
⑤ 무역풍과 편서풍의 영향을 받아 포물선 궤도를 따라 이동한다.

하 중 상

11 태풍이 육지에 상륙하면 세력이 급격히 약화되는 원인은 무엇인가?

① 비를 많이 내리기 때문이다.
② 육지의 기온이 높기 때문이다.
③ 하강 기류가 발달하기 때문이다.
④ 수증기의 공급이 줄어들기 때문이다.
⑤ 지표면의 마찰력이 작아지기 때문이다.

하 중 상

12 그림은 어느 태풍의 이동 경로를 나타낸 것이다. 이에 대한 설명으로 옳은 것만을 [보기]에서 있는 대로 고른 것은? (단, 이 태풍 주변에서 부는 바람의 풍속은 B를 지날 때 최댓값을 나타내었다.)

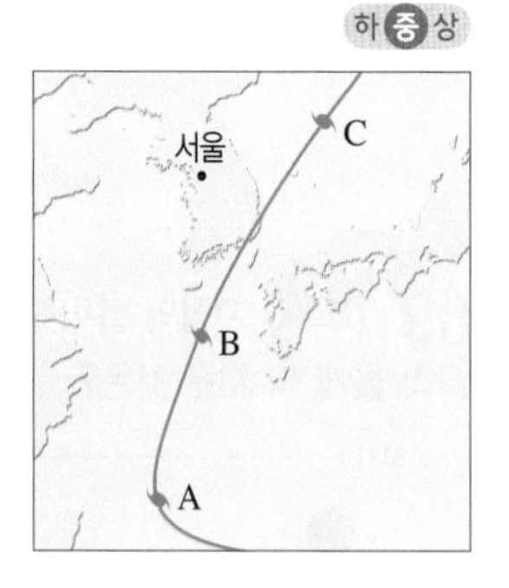

보기
ㄱ. 태풍은 A보다 B에서 더 빠른 속도로 이동한다.
ㄴ. 태풍의 중심 기압은 B보다 C에서 더 높을 것이다.
ㄷ. 서울은 태풍의 영향을 받는 동안 위험 반원에 속했다.

① ㄱ ② ㄷ ③ ㄱ, ㄴ
④ ㄴ, ㄷ ⑤ ㄱ, ㄴ, ㄷ

하 중 상

13 그림은 어느 해 우리나라에 영향을 준 태풍이 이동하는 동안 평상시에 비해 해수면이 상승한 높이를 나타낸 것이다. 태풍 중심의 이동 경로는 ㉠과 ㉡ 중 하나이다.

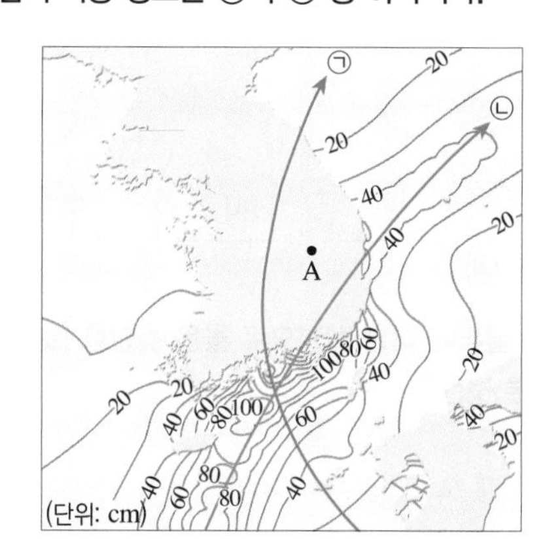

이에 대한 설명으로 옳은 것만을 [보기]에서 있는 대로 고른 것은?

보기
ㄱ. 태풍 중심의 이동 경로는 ㉡이다.
ㄴ. 폭풍 해일에 의한 피해는 동해안이 남해안보다 컸을 것이다.
ㄷ. 태풍이 지나가는 동안 A 지역의 풍향은 시계 방향으로 바뀌었을 것이다.

① ㄱ ② ㄷ ③ ㄱ, ㄴ
④ ㄴ, ㄷ ⑤ ㄱ, ㄴ, ㄷ

하 중 상

14 그림은 서로 다른 기상 현상을 나타낸 것이다.

(가)

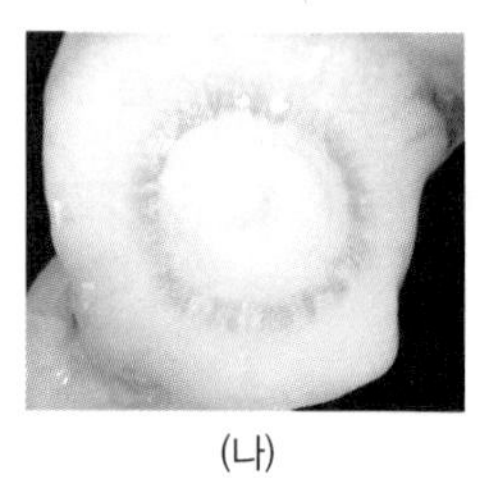
(나)

(가)와 (나) 두 현상과 공통적으로 관련된 것만을 [보기]에서 있는 대로 고른 것은?

보기
ㄱ. 대기의 안정 ㄴ. 강한 상승 기류
ㄷ. 적운형 구름 형성

① ㄱ ② ㄴ ③ ㄷ
④ ㄱ, ㄴ ⑤ ㄴ, ㄷ

하 중 상

15 염분이 34 psu인 해수 3 kg을 가열하여 질량이 2 kg이 되었다면, 이 해수의 염분은 얼마인가?

① 30 psu ② 40 psu ③ 45 psu
④ 51 psu ⑤ 64 psu

하 중 상

16 그림은 육지에서 멀리 떨어진 서로 다른 세 해역 A~C에서 측정한 수온과 염분을 나타낸 것이다.

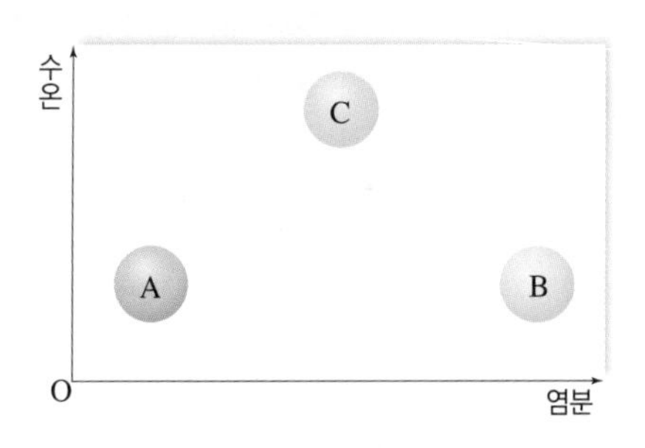

(가) 밀도가 가장 큰 해역과 (나) 용존 산소량이 가장 적은 해역을 골라 옳게 짝 지은 것은?

	(가)	(나)		(가)	(나)
①	A	A	②	A	B
③	B	A	④	B	C
⑤	C	B			

하 중 상

17 그림 (가)와 (나)는 북반구의 어느 해역에서 2월과 8월에 깊이에 따른 수온과 염분을 측정하여 나타낸 것이다.

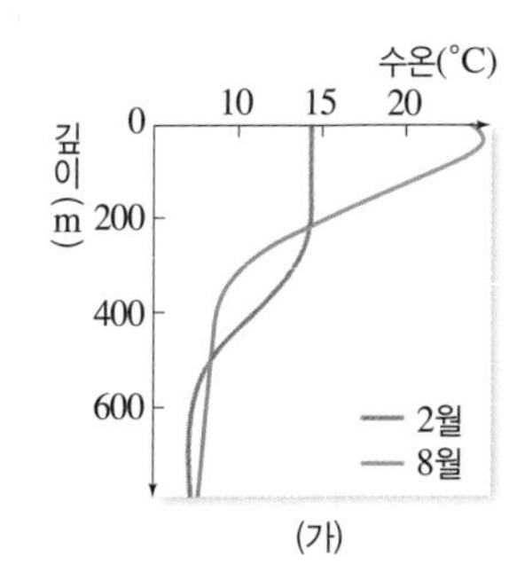

(가)

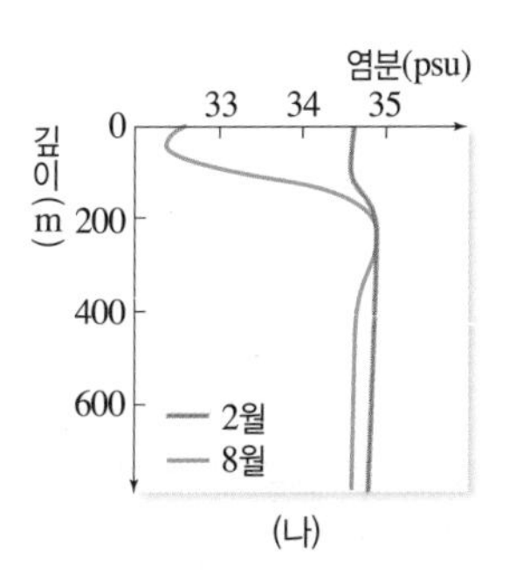

(나)

여름철보다 겨울철에 더 큰 값을 갖는 물리량만을 [보기]에서 있는 대로 고른 것은?

보기
ㄱ. 바람의 세기 ㄴ. 계절별 강수량
ㄷ. 표층 해수의 밀도

① ㄱ ② ㄴ ③ ㄱ, ㄷ
④ ㄴ, ㄷ ⑤ ㄱ, ㄴ, ㄷ

하 중 상

18 온난 전선이 통과하고 나면 기온이 상승하고, 한랭 전선이 통과하고 나면 기온이 낮아지는 까닭을 서술하시오.

하 중 상

19 태풍이 상륙하는 경우에 해안 지역에서는 폭풍 해일에 의한 피해를 크게 입는 경우가 많다. 그 까닭을 서술하시오.

하 중 상

20 그림은 어느 해역에서 여름철과 겨울철에 수심에 따른 수온과 염분을 조사한 자료를 수온 염분도에 표시한 것이다.

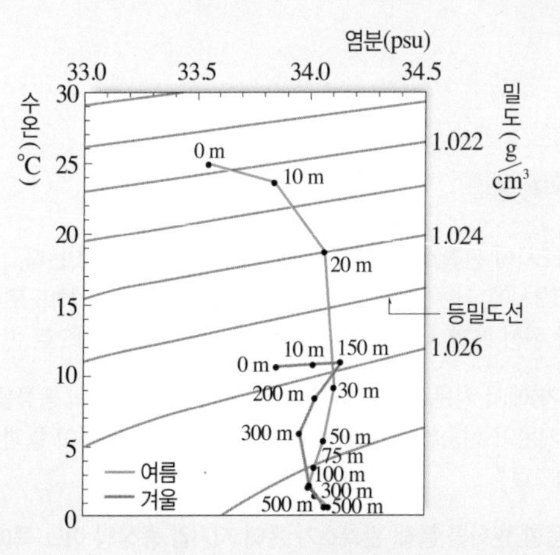

이 해역에서 여름철과 겨울철의 혼합층 두께를 비교하여 서술하시오.

• 수능 출제 경향

이 단원에서는 온대 저기압 주변의 날씨, 태풍의 이동과 위험 반원, 악기상의 종류와 특징, 해수 표면의 염분 변화, 수온과 염분에 의한 밀도 변화, 우리나라 동해의 해수 특징 등의 개념과 관련지은 문제가 자주 출제되고 있다.

수능 이렇게 나온다!

그림 (가)는 어느 날 온대 저기압이 우리나라 어느 관측소를 통과하는 동안 관측한 기온과 기압을, (나)는 이날 6시, 12시, 18시에 관측한 풍향과 풍속을 ㉠, ㉡, ㉢으로 순서없이 나타낸 것이다.

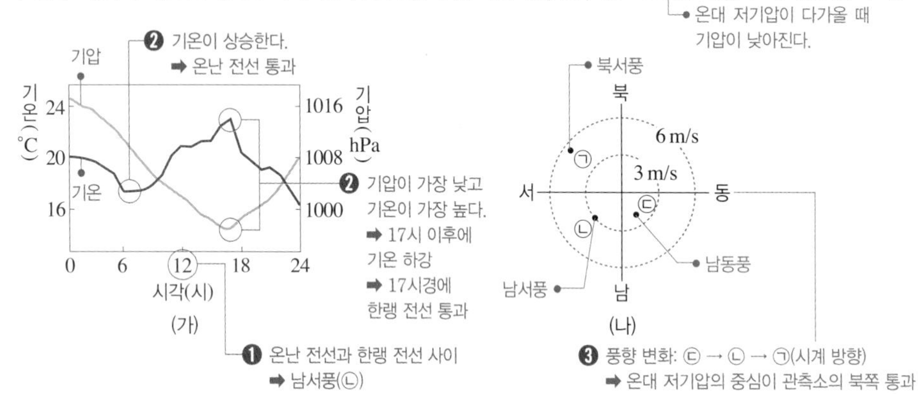

이에 대한 설명으로 옳은 것만을 [보기]에서 있는 대로 고른 것은?

보기

ㄱ. 12시에 관측한 바람은 ㉠이다.

ㄴ. 온난 전선은 17시경에 통과하였다.

ㄷ. 이 온대 저기압의 중심은 관측소의 북쪽을 통과하였다.

① ㄱ　② ㄷ　③ ㄱ, ㄴ　④ ㄴ, ㄷ　⑤ ㄱ, ㄴ, ㄷ

출제개념

온대 저기압 주변에서의 날씨 변화 및 저기압 이동 시 주변의 풍향 변화

▶ 본문 128쪽~130쪽

출제의도

온대 저기압 주변에서의 기온, 기압, 풍향 변화가 한랭 전선 및 온난 전선의 이동과 어떤 관련이 있는지를 확인하기 위한 문제이다.

전략적 풀이

❶ 12시에 관측소가 위치한 곳을 바탕으로 풍향을 찾는다.

ㄱ. 12시에 기온은 (　　　)하고 기압은 (　　　)하므로 (　　　) 전선이 통과한 상태임을 알 수 있다. 온난 전선 통과 시 풍향은 남동풍(㉢) → 남서풍(㉡)으로 변하므로 12시에는 남서풍(㉡)이 관측된다.

❷ (가)에서 기온과 기압의 변화로부터 통과한 전선의 종류를 파악한다.

ㄴ. 기온이 상승하는 6시~7시경에 (　　　) 전선이 통과하였다. 17시경에는 기온이 하강하고 기압이 상승하므로 (　　　) 전선이 통과하였다.

❸ 풍향 변화를 통해 관측소가 온대 저기압 중심의 어느 쪽에 위치해 있는지 파악한다.

ㄷ. 관측소에서 측정한 (가)에서 기압이 가장 낮을 때 기온이 가장 (　　　) 나타나고, (나)에서 풍향이 남동풍, 남서풍, 북서풍(시계 방향)으로 바뀐 것으로 보아 온대 저기압의 중심은 관측소의 (　　　)을 통과하였다. 온대 저기압 중심이 관측소의 남쪽을 통과하는 경우에는 항상 찬 공기의 영향을 받기 때문에 기온 상승이 나타나지 않으며, 풍향은 시계 반대 방향(북동풍 → 북풍 → 북서풍)으로 변한다.

답 ②

❶ 상승, 하강, 온난 ❷ 온난, 한랭 ❸ 높게, 북쪽

01 그림 (가)는 우리나라에 영향을 주는 기단 A~D를, (나)는 이 중 어느 기단이 우리나라로 이동하는 동안 기단 하부의 기온과 수증기압의 변화를 나타낸 것이다.

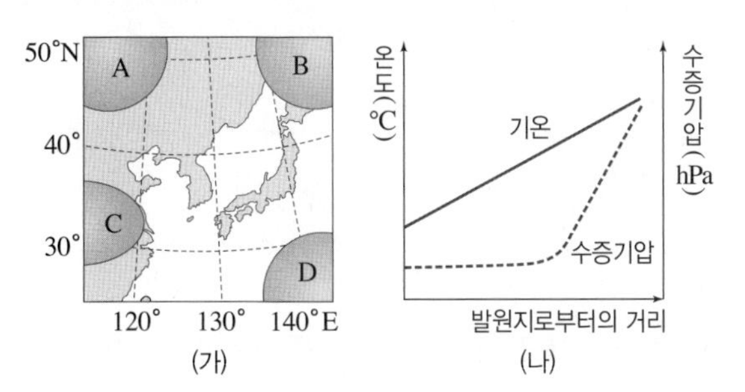

(가) (나)

이에 대한 설명으로 옳은 것만을 [보기]에서 있는 대로 고른 것은?

보기
ㄱ. (나)와 같은 변화가 잘 나타나는 기단은 A이다.
ㄴ. (나)에서 기단은 이동하는 동안 점점 안정해진다.
ㄷ. B 기단은 초여름에 우리나라 영서 지방에 고온 건조한 바람을 불게 한다.

① ㄱ ② ㄴ ③ ㄱ, ㄷ
④ ㄴ, ㄷ ⑤ ㄱ, ㄴ, ㄷ

02 그림 (가)는 우리나라에 집중 호우가 발생했을 때의 기상 레이더 영상을, (나)와 (다)는 (가)와 같은 시각의 위성 영상을 나타낸 것이다.

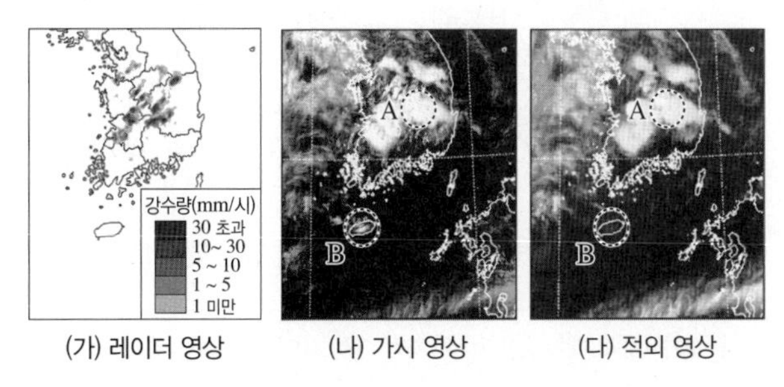

(가) 레이더 영상 (나) 가시 영상 (다) 적외 영상

이에 대한 설명으로 옳은 것만을 [보기]에서 있는 대로 고른 것은?

보기
ㄱ. A 지역의 대기는 안정하다.
ㄴ. 구름의 두께는 A 지역이 B 지역보다 두껍다.
ㄷ. 구름 정상부의 고도는 A 지역이 B 지역보다 높다.

① ㄱ ② ㄴ ③ ㄱ, ㄷ
④ ㄴ, ㄷ ⑤ ㄱ, ㄴ, ㄷ

03 그림 (가)는 어느 날 우리나라 주변의 지상 일기도를, (나)는 이때 A~C 지점의 풍향과 풍속을 점(•)으로 나타낸 것이다.

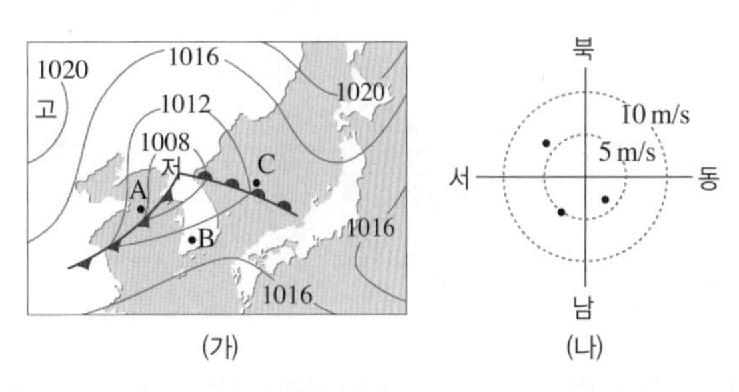

(가) (나)

이에 대한 설명으로 옳은 것만을 [보기]에서 있는 대로 고른 것은?

보기
ㄱ. 기압은 B가 A보다 높다.
ㄴ. C의 풍속은 5 m/s보다 빠르다.
ㄷ. 온난 전선이 C를 통과하는 동안 이 지점의 풍향은 시계 반대 방향으로 바뀐다.

① ㄱ ② ㄷ ③ ㄱ, ㄴ
④ ㄴ, ㄷ ⑤ ㄱ, ㄴ, ㄷ

04 그림 (가)와 (나)는 우리나라를 지나는 온대 저기압의 위치를 12시간 간격으로 나타낸 것이다.

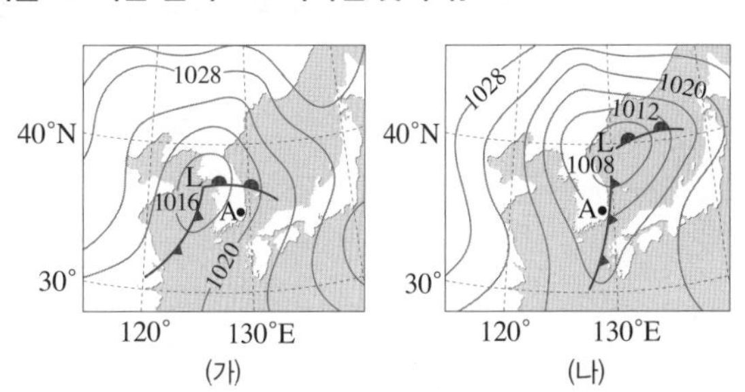

(가) (나)

이에 대한 설명으로 옳은 것만을 [보기]에서 있는 대로 고른 것은?

보기
ㄱ. 저기압의 세력은 (가)가 (나)보다 약하다.
ㄴ. (가)에서 (나)로 변하는 동안 A에서는 비가 지속적으로 내렸다.
ㄷ. 우리나라를 지나는 온대 저기압은 여름철보다 봄철에 형성되기 쉽다.

① ㄱ ② ㄴ ③ ㄱ, ㄷ
④ ㄴ, ㄷ ⑤ ㄱ, ㄴ, ㄷ

05 그림 (가)는 어느 날 우리나라 주변의 지상 일기도를, (나)는 B, C 중 한 곳의 날씨를 일기 기호로 나타낸 것이다.

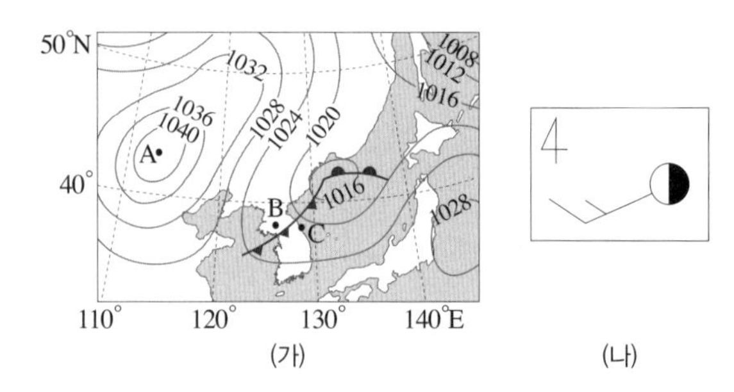

(가) (나)

이에 대한 설명으로 옳은 것만을 [보기]에서 있는 대로 고른 것은?

보기
ㄱ. A에는 상승 기류가 나타난다.
ㄴ. 기온은 B가 C보다 낮다.
ㄷ. (나)는 B의 일기 기호이다.

① ㄱ ② ㄴ ③ ㄱ, ㄷ
④ ㄴ, ㄷ ⑤ ㄱ, ㄴ, ㄷ

06 그림 (가)는 어느 태풍이 대한 해협을 통과하는 동안 시각 T_1, T_2, T_3일 때 태풍 중심의 위치를, (나)는 이 태풍의 영향을 받은 어느 관측소에서 관측한 풍향과 풍속을 나타낸 것이다.

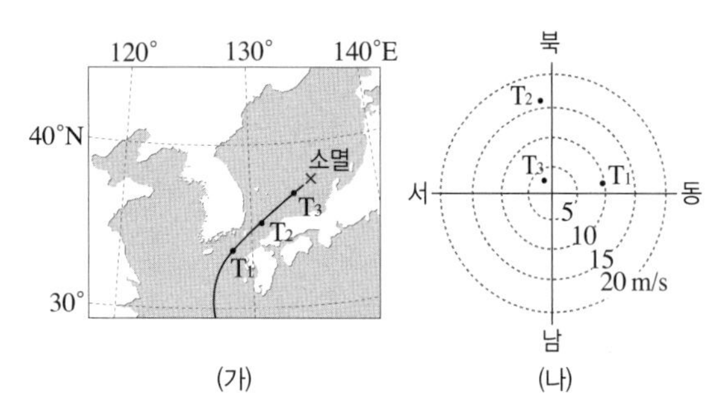

(가) (나)

이에 대한 설명으로 옳은 것만을 [보기]에서 있는 대로 고른 것은?

보기
ㄱ. T_1과 T_3일 때 두 풍향이 이루는 각은 180°이다.
ㄴ. 관측 지점은 태풍 진행 경로의 왼쪽에 위치한다.
ㄷ. T_3 이후의 태풍 중심 기압은 높아졌다.

① ㄱ ② ㄴ ③ ㄱ, ㄷ
④ ㄴ, ㄷ ⑤ ㄱ, ㄴ, ㄷ

07 그림 (가)와 (나)는 우리나라를 통과한 온대 저기압과 태풍의 이동 경로를 순서 없이 나타낸 것이다.

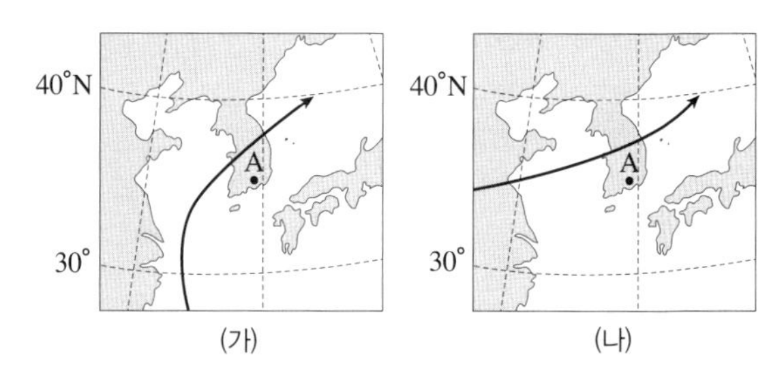

(가) (나)

두 저기압의 공통점에 대한 설명으로 옳은 것만을 [보기]에서 있는 대로 고른 것은?

보기
ㄱ. 전선을 동반한다.
ㄴ. 우리나라를 지나는 동안 편서풍의 영향을 받는다.
ㄷ. 우리나라를 지나는 동안 A 지점의 풍향은 시계 방향으로 변한다.

① ㄱ ② ㄴ ③ ㄱ, ㄷ
④ ㄴ, ㄷ ⑤ ㄱ, ㄴ, ㄷ

08 그림 (가)는 어느 해 우리나라에 영향을 미친 황사가 발원한 3월 4일의 일기도를, (나)는 3월 4일~8일 사이에 백령도에서 관측된 황사 농도를 나타낸 것이다.

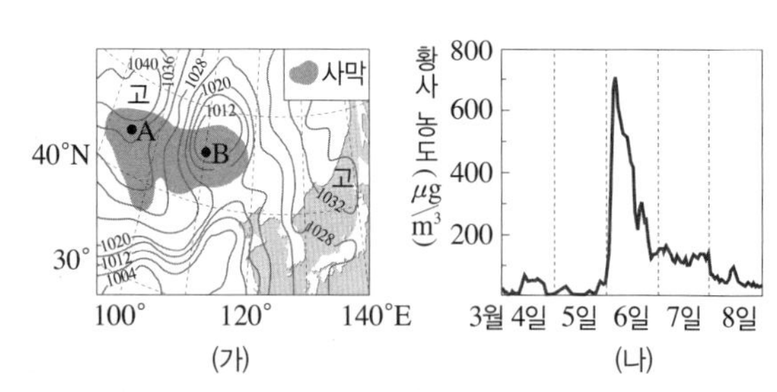

(가) (나)

이에 대한 설명으로 옳은 것만을 [보기]에서 있는 대로 고른 것은?

보기
ㄱ. (가)에서 황사의 발원지는 B 지역보다 A 지역일 가능성이 크다.
ㄴ. 3월 6일에 백령도에는 상승 기류보다 하강 기류가 강했을 것이다.
ㄷ. 사막의 면적이 줄어들면 황사의 발생 횟수가 감소할 것이다.

① ㄱ ② ㄴ ③ ㄱ, ㄷ
④ ㄴ, ㄷ ⑤ ㄱ, ㄴ, ㄷ

09 그림 (가)와 (나)는 우리나라 동해의 어느 해역에서 서로 다른 계절에 측정한 수온과 염분을 나타낸 것이다.

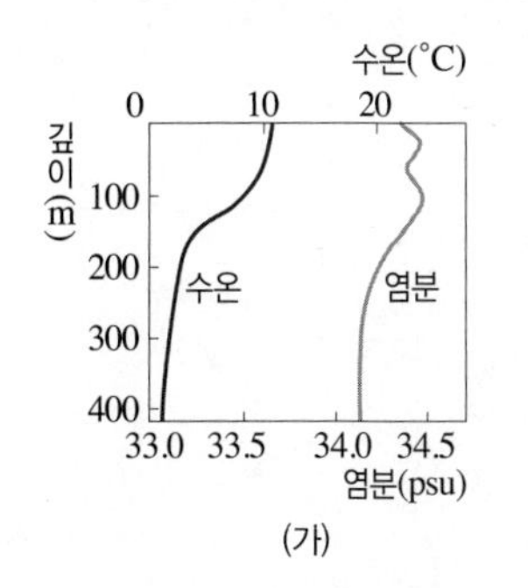

(가)

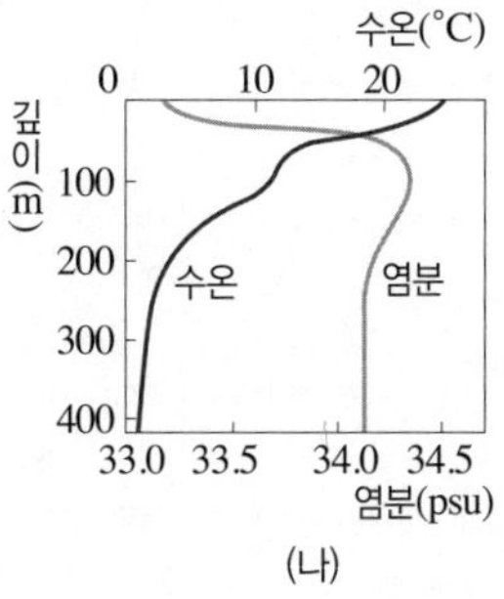

(나)

이에 대한 설명으로 옳은 것만을 [보기]에서 있는 대로 고른 것은?

보기
ㄱ. 혼합층은 (가)가 (나)보다 두껍다.
ㄴ. (증발량−강수량) 값은 (가)가 (나)보다 크다.
ㄷ. 표층 해수의 밀도는 (가)가 (나)보다 크다.

① ㄱ ② ㄴ ③ ㄱ, ㄷ
④ ㄴ, ㄷ ⑤ ㄱ, ㄴ, ㄷ

10 그림은 표층 염분의 변화가 거의 없는 해역에서 수온 변화를 두 달 간격으로 측정하여 깊이에 따라 나타낸 것이다.

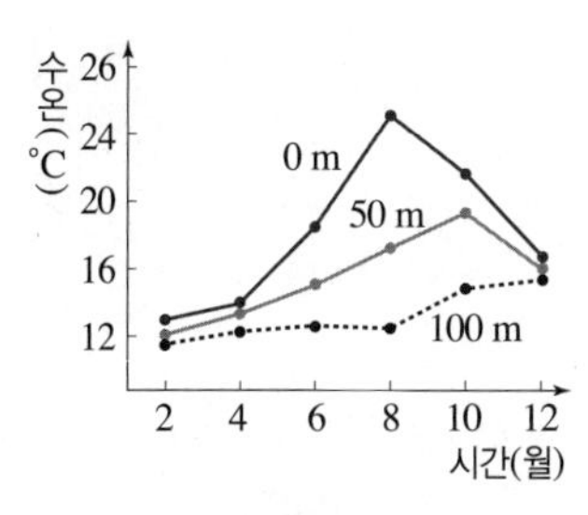

이에 대한 설명으로 옳은 것만을 [보기]에서 있는 대로 고른 것은?

보기
ㄱ. 표층 해수의 밀도는 2월이 가장 작다.
ㄴ. 수심이 깊어질수록 수온의 연교차는 작아진다.
ㄷ. 해수면과 수심 100 m 사이의 해수 연직 혼합은 8월에 가장 활발하다.

① ㄱ ② ㄴ ③ ㄱ, ㄷ
④ ㄴ, ㄷ ⑤ ㄱ, ㄴ, ㄷ

11 그림은 어느 해역에서 1년 동안 관측한 연직 수온 변화를 등수온선으로 나타낸 것이다.

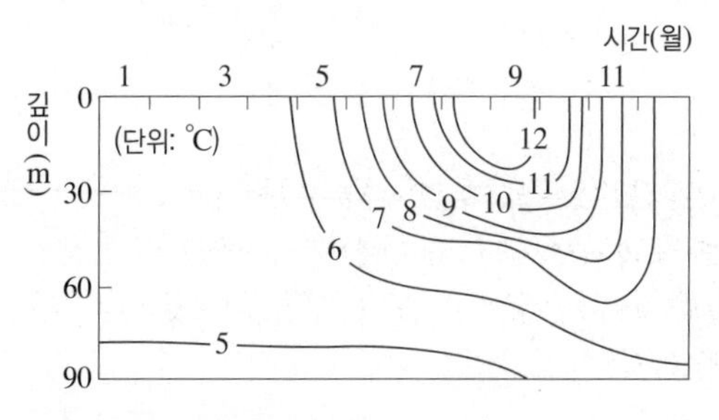

이 해역에 대한 설명으로 옳은 것만을 [보기]에서 있는 대로 고른 것은?

보기
ㄱ. 북반구에 위치한다.
ㄴ. 표층에서 수온의 연교차는 10 °C보다 크다.
ㄷ. 수온 약층은 5월보다 9월에 뚜렷하게 나타난다.

① ㄱ ② ㄷ ③ ㄱ, ㄴ
④ ㄱ, ㄷ ⑤ ㄴ, ㄷ

12 그림 (가)와 (나)는 전 세계 해수면의 평균 수온과 평균 표층 염분 분포를 순서 없이 나타낸 것이다. 등치선은 각각 등수온선과 등염분선 중 하나이다.

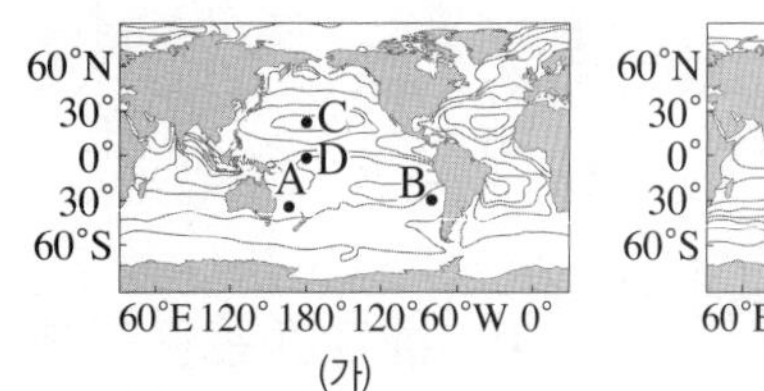

(가)

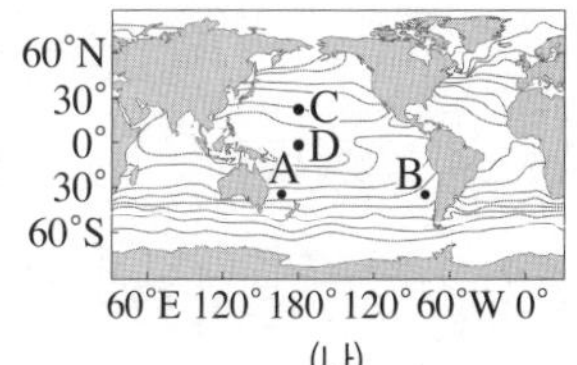

(나)

이에 대한 설명으로 옳은 것만을 [보기]에서 있는 대로 고른 것은?

보기
ㄱ. 해수면의 평균 수온 분포를 나타낸 것은 (가)이다.
ㄴ. 해수면의 평균 수온은 A 해역이 B 해역보다 높다.
ㄷ. 해수면의 표층 염분은 C 해역이 D 해역보다 높다.

① ㄱ ② ㄷ ③ ㄱ, ㄴ
④ ㄴ, ㄷ ⑤ ㄱ, ㄴ, ㄷ

Ⅱ 대기와 해양

2 대기와 해양의 상호 작용

Review

이전에 학습한 내용 중 이 단원과 연계된 내용을 다시 한 번 떠올려 봅시다.

다음 단어가 들어갈 곳을 찾아 빈칸을 완성해 보자.

난류	한류	무역풍	엘니뇨	편서풍	온실 효과	지구 온난화

통합과학
지구 환경 변화와 인간 생활

- **대기 대순환**

① **발생 원인**: 위도에 따른 에너지 불균형 ➡ 저위도는 에너지 과잉, 고위도는 에너지 부족

② **순환 모형**: 지구 자전의 영향으로 3개의 순환이 형성된다.
➡ 북반구와 남반구에 각각 대칭적으로 나타난다.

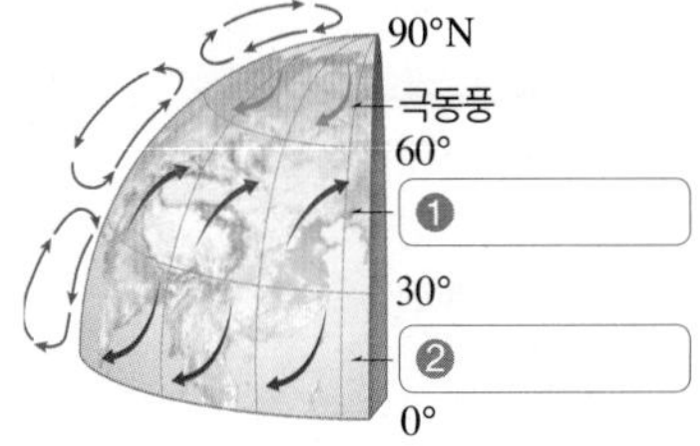

대기 대순환

- **표층 해류**

① **해류**: 일정한 방향으로 지속적으로 흐르는 해수의 흐름

② **표층 해류**: 해수면에 지속적으로 부는 바람의 영향으로 해수의 표층에 형성되어 흐르는 해류

③ **난류와 한류**

구분	이동 방향	수온	염분	용존 산소량	영양 염류
❸	저위도 → 고위도	높다	높다	적다	적다
❹	고위도 → 저위도	낮다	낮다	많다	많다

- ❺ ____: 적도 부근 동태평양 해역의 표층 수온이 평년보다 0.5 ℃ 이상 높은 상태로 5개월 이상 지속되는 현상 ➡ 발생 원인: 무역풍의 약화

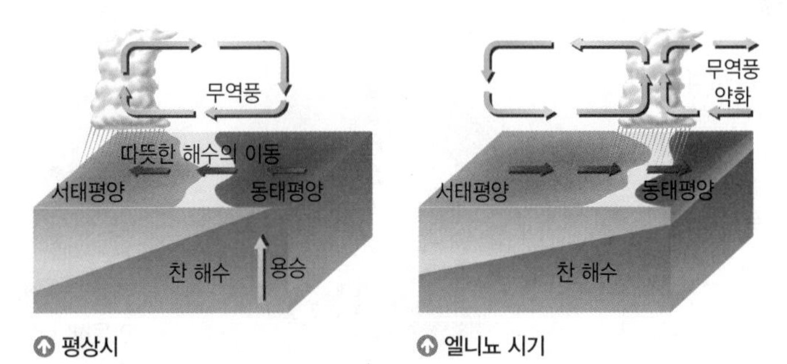

평상시 엘니뇨 시기

- **지구 온난화**

① **지구의 복사 평형**: 지구는 흡수한 태양 복사 에너지양과 방출한 지구 복사 에너지양이 같아 복사 평형을 이룬다. ➡ 지구의 연평균 기온이 거의 일정하게 유지된다.

② ❻ ____: 지구 대기가 지표면이 방출한 지구 복사 에너지의 일부를 흡수하였다가 다시 지표면으로 재방출하여 지구의 평균 기온이 대기가 없을 때보다 높게 유지되는 현상

③ ❼ ____: 대기 중 온실 기체의 농도 증가로 온실 효과가 강화되면서 지구의 평균 기온이 상승하는 현상

답 ❶ 편서풍 ❷ 무역풍 ❸ 난류 ❹ 한류 ❺ 엘니뇨 ❻ 온실 효과 ❼ 지구 온난화

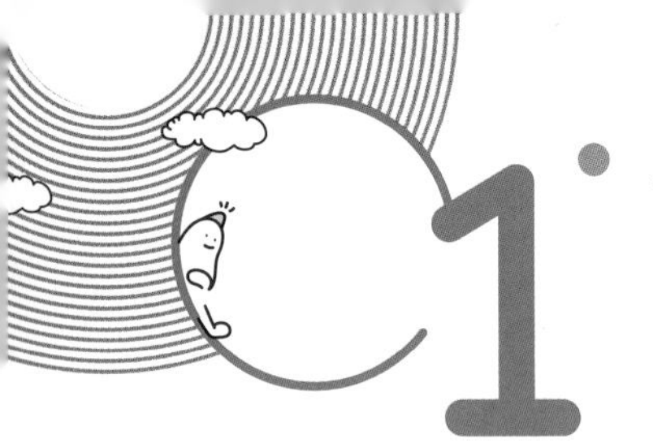

해수의 표층 순환

핵심 포인트
- ❶ 대기 대순환 ★★★
- ❷ 해수의 표층 순환 ★★★
- ❸ 우리나라 주변의 해류 ★★★

A 대기 대순환

1. 위도에 따른 에너지 불균형 지구는 구형이므로 위도에 따라 태양 복사 에너지의 흡수량이 다르다.

(1) 위도별 복사 에너지

적도~위도 38°	태양 복사 에너지의 흡수량 > 지구 복사 에너지의 방출량 ➡ 에너지 과잉
위도 38°~극	태양 복사 에너지의 흡수량 < 지구 복사 에너지의 방출량 ➡ 에너지 부족

(2) 에너지 이동: 저위도의 남는 에너지가 대기와 해수에 의해 에너지가 부족한 고위도로 이동한다. ➡ 연평균 기온이 거의 일정하게 유지된다. → 위도 38°에서는 흡수량과 방출량이 같고 에너지 이동량은 가장 많다.

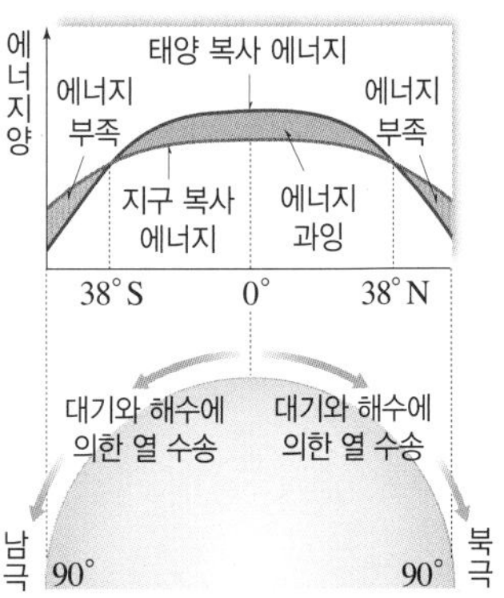

▲ 위도별 복사 에너지양 분포와 에너지 이동

천재, YBM 교과서에만 나와요.

◆ **지구가 자전하지 않을 때의 대기 대순환 모형**

- 적도에서 가열된 공기가 상승하여 북극과 남극으로 각각 이동한다.
- 북극과 남극에서 각각 냉각된 공기가 하강하여 지표를 따라 적도로 이동한다.
- 북반구 지상에는 북풍이 불고, 남반구 지상에는 남풍이 분다.

2. 대기 대순환 전 지구적인 규모로 일어나는 대기의 순환

(1) 발생 원인: 위도에 따른 에너지의 불균형으로 발생하고, 지구 자전의 영향을 받는다.

(2) 대기 대순환 모형

① ◆지구가 자전하지 않을 때: 열대류에 의해 적도와 극 사이에 1개의 순환 세포가 형성된다.

② 지구가 자전할 때: 열대류와 전향력에 의해 적도와 극 사이에 3개의 순환 세포가 형성된다.
➡ ◆해들리 순환(적도~위도 30°), 페렐 순환(위도 30°~60°), 극순환(위도 60°~극)

◆ **직접 순환과 간접 순환**

- 직접 순환: 고온에서 상승하여 저온에서 하강하는 열대류의 원리로 발생하는 순환 ➡ 해들리 순환, 극순환
- 간접 순환: 두 직접 순환 사이에서 만들어지는 순환 ➡ 페렐 순환

지구가 자전할 때의 대기 대순환 모형

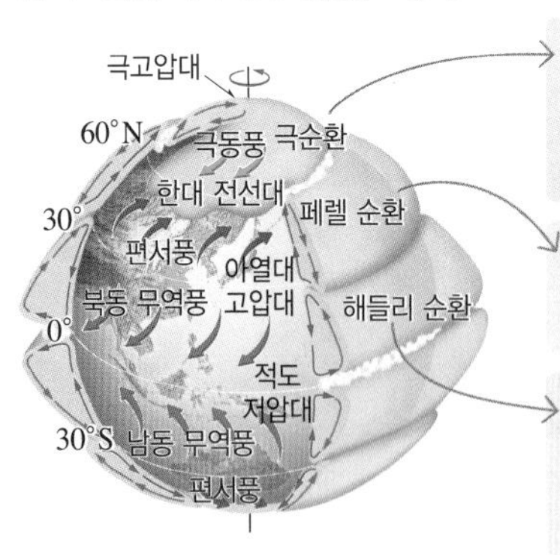

- 극순환: 극 지역의 상공에서 냉각된 공기가 하강하여 저위도 쪽으로 이동하다가 위도 60°에서 상승하여 극으로 이동하는 순환 ➡ 지상에서 **극동풍** 형성
- 페렐 순환: 위도 30°에서 하강한 공기의 일부가 고위도 쪽으로 이동하고 위도 60°에서 상승하는 순환 ➡ 지상에서 **편서풍** 형성
- 해들리 순환: 적도에서 가열된 공기가 상승하여 고위도 쪽으로 이동하다가 위도 30°에서 냉각되어 하강하여 적도로 이동하는 순환 ➡ 지상에서 **무역풍** 형성 → 북반구에서는 북동 무역풍, 남반구에서는 남동 무역풍이 형성된다.

암기해!

대기 대순환과 지상의 바람
- 해들리 순환(적도~위도 30°): 무역풍
- 페렐 순환(위도 30°~60°): 편서풍
- 극순환(위도 60°~극): 극동풍

(3) 대기 대순환과 기압대

① 극고압대(극 부근): 차가운 지표면에 의해 냉각된 공기가 하강 기류를 이루는 극 지역에 형성된다.

② 한대 전선대(위도 60° 부근): 극동풍과 편서풍이 만나 한대 전선대가 형성된다. → 상승 기류 형성 (저압대)

③ 아열대 고압대(위도 30° 부근): 중위도 상공으로 밀려와 쌓인 공기가 하강 기류를 이루어 형성된다.

④ 적도 저압대(적도 부근): 가열된 지표면 때문에 항상 상승 기류가 생기는 적도 부근에 형성된다.

B 해수의 표층 순환

표층 해류는 바람에 의해 형성되므로, 표층 해류의 방향은 대기 대순환으로 지상에 부는 바람의 영향을 받아요.

1. 해수의 표층 순환(풍성 순환) 수온 약층 위에서 일어나는 해수의 순환

(1) 발생 원인: 대기 대순환으로 지표면에 부는 바람 때문에 발생하고, 대륙의 분포와 ◆지구 자전의 영향을 받는다.

(2) 표층 해류: 해양의 표층에서 일어나는 해수의 지속적인 흐름

① 동서 방향의 해류: 대기 대순환의 바람에 의해 형성된다.

무역풍 지대	무역풍의 영향으로 해류가 동에서 서로 흐른다. 예 북적도 해류, 남적도 해류
편서풍 지대	편서풍의 영향으로 해류가 서에서 동으로 흐른다. 예 북태평양 해류, 북대서양 해류, 남극 순환 해류

② 남북 방향의 해류: 무역풍이나 편서풍에 의해 동서 방향으로 흐르던 해류가 대륙에 막히면 남북 방향으로 해류의 흐름이 변하여 형성된다.

◆대양의 서안	저위도에서 고위도로 난류가 흐른다. ➡ 북반구에서는 북쪽으로, 남반구에서는 남쪽으로 흐른다. 예 쿠로시오 해류, 멕시코만류, 동오스트레일리아 해류, 브라질 해류
대양의 동안	고위도에서 저위도로 한류가 흐른다. ➡ 북반구에서는 남쪽으로, 남반구에서는 북쪽으로 흐른다. 예 캘리포니아 해류, 카나리아 해류, 페루 해류, 벵겔라 해류

전 세계 주요 표층 해류와 대기 대순환

184쪽 대표 자료 ❶

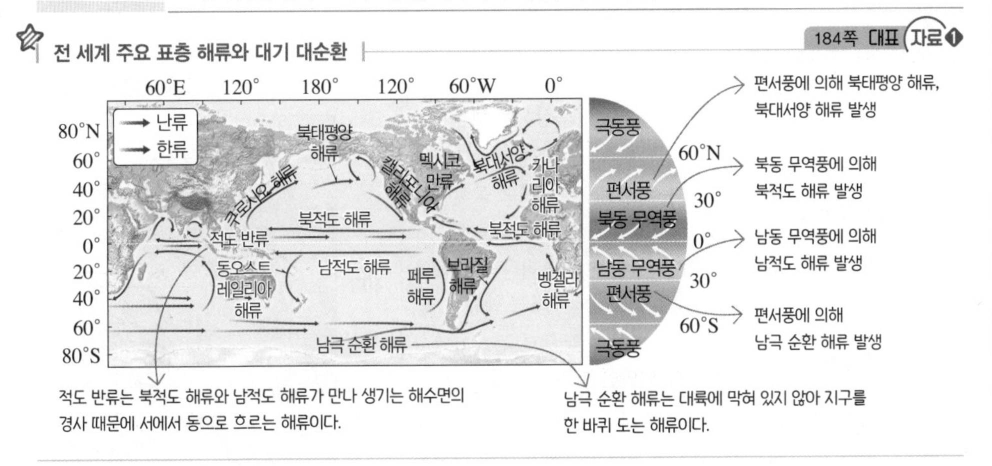

적도 반류는 북적도 해류와 남적도 해류가 만나 생기는 해수면의 경사 때문에 서에서 동으로 흐르는 해류이다.

남극 순환 해류는 대륙에 막혀 있지 않아 지구를 한 바퀴 도는 해류이다.

(3) 위도별 순환 구조: 바람의 영향으로 동서 방향으로 흐르는 해류와 대륙의 영향으로 남북 방향으로 흐르는 해류가 순환을 이룬다. ➡ 적도를 경계로 남반구와 북반구가 대칭적인 분포를 보인다. — 표층 해류는 대기 대순환의 바람에 의해 형성되는데, 대기 대순환의 바람은 적도를 기준으로 북반구와 남반구가 대칭을 이루기 때문

열대 순환	무역풍에 의한 적도 해류와 적도 반류로 이루어진 순환 ➡ 북반구에서는 시계 반대 방향, 남반구에서는 시계 방향
아열대 순환	무역풍대의 해류와 편서풍대의 해류로 이루어진 순환 ➡ ◆북반구에서는 시계 방향, 남반구에서는 시계 반대 방향 (가장 넓고 뚜렷하게 나타난다.)
아한대 순환	편서풍에 의한 해류와 극동풍에 의한 해류가 이루는 순환 ➡ 북반구에서만 나타난다.

◆ **지구 자전의 영향**
지구 자전의 영향으로 북반구에서는 표층 해류가 풍향의 오른쪽 방향으로, 남반구에서는 풍향의 왼쪽 방향으로 흐른다.

◆ **대양의 서안을 흐르는 해류와 동안을 흐르는 해류**
- 대양의 서안을 흐르는 해류는 폭이 좁고 유속이 빠르다.
- 대양의 동안을 흐르는 해류는 폭이 넓고 유속이 느리다.

◆ **아열대 순환의 방향**

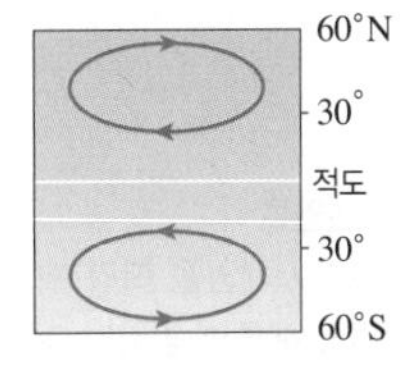

- 북반구: 시계 방향
  예 북태평양: 북적도 해류 → 쿠로시오 해류 → 북태평양 해류 → 캘리포니아 해류
  예 북대서양: 북적도 해류 → 멕시코만류 → 북대서양 해류 → 카나리아 해류
- 남반구: 시계 반대 방향
  예 남태평양: 남적도 해류 → 동오스트레일리아 해류 → 남극 순환 해류 → 페루 해류

2. 표층 순환의 역할

(1) **위도별 에너지 불균형 해소**: 난류는 저위도에서 고위도로 흐르면서 열을 전달하고, 한류는 고위도에서 저위도로 흐르면서 열을 흡수한다.

① 난류: 수온과 염분이 높고, 용존 산소량과 ❶영양 염류가 적다.

② 한류: 수온과 염분이 낮고, 용존 산소량과 영양 염류가 많다.

(2) **연안 지역의 기후에 미치는 영향**: 난류는 열에너지를 방출하여 주변 지역의 기후를 따뜻하게 하고, 한류는 열에너지를 흡수하여 주변 지역의 기후를 서늘하게 한다.

난류가 기후에 미치는 영향

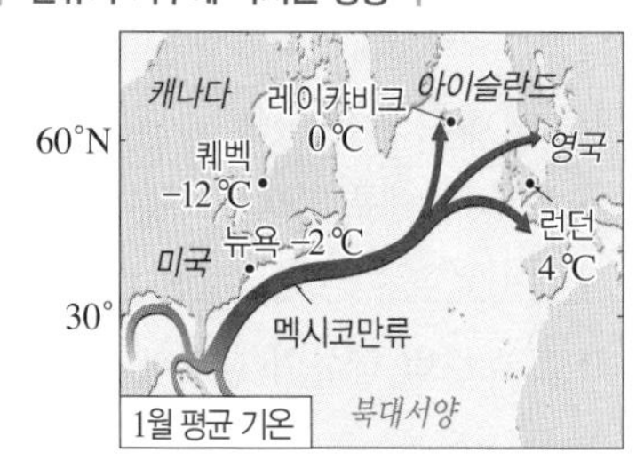

- 위도 약 65°N에 있는 레이캬비크의 1월 평균 기온은 위도 약 40°N에 있는 뉴욕보다 높다. ➡ 레이캬비크가 난류인 ◆멕시코 만류의 영향을 뉴욕보다 더 크게 받기 때문 ─● 멕시코만류는 뉴욕에서 비교적 멀리 떨어져서 이동한다.
- 런던의 1월 평균 기온은 같은 위도에 있는 퀘벡의 1월 평균 기온보다 높다. ➡ 멕시코만류가 북상한 후 북대서양 해류로 이어져 런던에 열을 공급하기 때문

◆ **멕시코만류**
세계에서 큰 표층 해류 중 하나이고, 난류에 해당한다. 수온이 매우 높고, 비교적 고위도까지 이동한다.

C 우리나라 주변의 해류

1. 우리나라 주변의 해류

184쪽 대표 자료❷

구분	해류	설명
난류	쿠로시오 해류	북태평양의 서쪽을 따라 북상하는 해류 ➡ 우리나라 주변을 흐르는 난류의 근원
	황해 난류	쿠로시오 해류의 일부가 황해로 북상하는 해류
	쓰시마 난류	쿠로시오 해류의 일부가 우리나라 남해와 대한 해협을 거쳐 동해로 흐르는 해류
	동한 난류	쓰시마 난류의 일부가 동해로 흘러가면서 우리나라 남동 연안을 따라 북상하는 해류
한류	연해주한류	러시아 연안을 따라 남하하는 한류
	북한 한류	연해주한류의 일부가 동해안을 따라 남하하는 해류
◆서한연안류		우리나라 서해안을 따라 흐르는 해류
조경 수역		• 난류와 한류가 만나는 해역 ➡ 동한 난류와 북한 한류가 만나 조경 수역을 형성한다. • 조경 수역의 위치는 여름철에는 북상하고, 겨울철에는 남하한다. • 조경 수역에는 플랑크톤이 많아 좋은 어장이 형성되고, 한류성 어종과 난류성 어종이 공존하여 수산 자원이 풍부하다.

◆ **서한연안류**
우리나라 서해안을 따라 흐르는 해류이다. 해류의 방향이 여름에는 난류, 겨울에는 한류로 계절에 따라 바뀌기 때문에 해류도에서는 두 개의 선으로 표시한다.

2. 우리나라 주변 해류의 성질

(1) **동한 난류, 황해 난류**: 쿠로시오 해류의 지류로, 수온과 염분이 높고 용존 산소량과 영양 염류가 적다. 동한 난류의 유속은 여름철에 빠르고, 겨울철에 느리다. 황해에서는 겨울철에 중국 연안류가 남쪽으로 흐르므로 황해 난류의 영향이 약해진다.

(2) **북한 한류**: 연해주한류의 지류로, 수온과 염분이 낮고 용존 산소량과 영양 염류가 많다.

용어

❶ **영양 염류(營 활력, 養 기르다, 鹽 소금, 類 무리)** 식물성 플랑크톤이 번식하는 데 영향을 주며, 해수에 녹아 있는 규소, 인, 질소 등의 염류를 총칭하는 말

정답친해 81쪽

개념 확인 문제

핵심 체크

- 대기 대순환: 위도에 따른 에너지 (❶) ➡ 지구 자전의 영향으로 3개의 순환 세포가 형성된다.
  - 지상에서 부는 바람: 해들리 순환-(❷), 페렐 순환-(❸), 극순환-극동풍
  - 기압대: 적도 부근-적도 저압대, 위도 30° 부근-(❹), 위도 60° 부근-한대 전선대, 극 부근-극고압대
- 해수의 표층 순환: 수온 약층 위의 표층 해수에서 일어나는 해수의 순환
  - 발생 원인: 대기 대순환으로 지표면 부근에 부는 바람, 대륙의 분포, 지구 자전의 영향
  - 표층 해류: 북적도 해류와 남적도 해류는 (❺)에 의해, 북태평양 해류는 (❻)에 의해 형성된다.
  - 위도별 순환 구조: 열대 순환, (❼), 아한대 순환이 있다.
- 우리나라 주변의 해류
  - (❽): 북태평양의 서쪽을 따라 북상하는 해류로, 우리나라 주변을 흐르는 난류의 근원
  - (❾): 쓰시마 난류의 일부가 동해로 흘러가면서 우리나라 남동 연안을 따라 북상하는 해류
  - (❿): 연해주한류의 일부가 동해안을 따라 남하하는 해류

1 적도~위도 38°인 지역에서는 태양 복사 에너지의 흡수량이 지구 복사 에너지의 방출량보다 ㉠(많으므로, 적으므로) 에너지가 ㉡(남고, 부족하고), 위도 38°~극인 지역에서는 태양 복사 에너지의 흡수량이 지구 복사 에너지의 방출량보다 ㉢(많으므로, 적으므로) 에너지가 ㉣(남는다, 부족하다).

2 대기 대순환에 대한 설명 중 (   ) 안에 알맞은 말을 쓰시오.

> 대기 대순환은 위도에 따른 ㉠(   )의 불균형으로 발생한다. 지구가 자전하지 않을 때에는 적도와 극 사이에 ㉡(   )개의 순환 세포가 형성되고, 지구가 자전할 때에는 적도와 극 사이에 ㉢(   )개의 순환 세포가 형성된다.

3 그림은 북반구의 대기 대순환 모형을 나타낸 것이다.

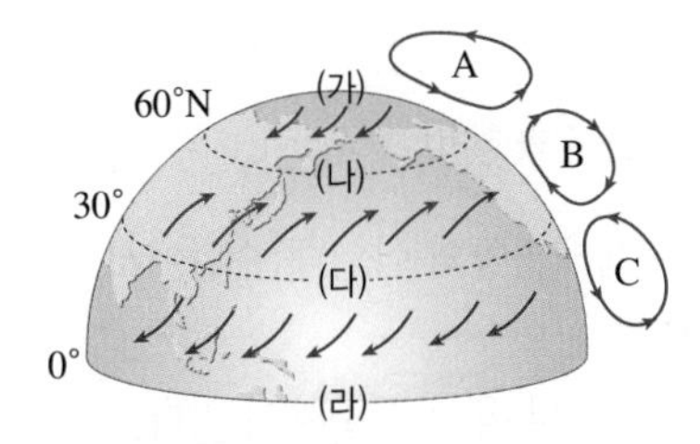

(1) A~C의 순환의 이름과 A~C의 순환에 의해 지상에서 부는 바람의 이름을 각각 쓰시오.

(2) (가)~(라)에서 발달하는 기압대 이름을 각각 쓰시오.

4 그림은 북태평양의 표층 순환을 나타낸 것이다.

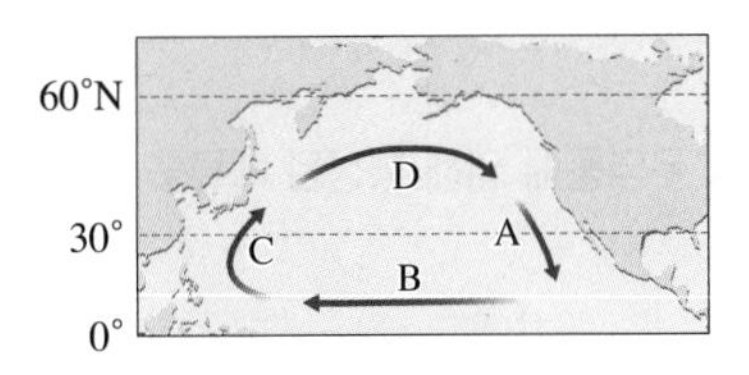

A~D에 해당하는 표층 해류의 이름을 각각 쓰시오.

5 해수의 표층 순환에 대한 설명으로 옳은 것은 ○, 옳지 않은 것은 ×로 표시하시오.

(1) 대기 대순환으로 지상에 부는 바람에 의해 발생하고, 대륙의 영향을 받는다. ( )

(2) 북적도 해류는 편서풍에 의해 형성된다. ( )

(3) 북반구의 아열대 해양에서 해류는 시계 반대 방향으로 순환한다. ( )

(4) 적도를 경계로 북반구와 남반구의 표층 순환 방향은 대칭적인 분포를 보인다. ( )

6 난류는 한류보다 수온과 염분이 ㉠(높, 낮)고, 용존 산소량과 영양 염류가 ㉡(많, 적)다.

7 우리나라 주변 난류의 근원이 되는 해류는 (   ) 해류이다.

대표 자료 분석

정답친해 81쪽

자료 ❶ 해수의 표층 순환

기출 Point
- 대기 대순환과 표층 해류의 관계 파악하기
- 표층 순환의 특징 이해하기

[1~4] 그림은 전 세계 주요 표층 해류의 분포를 나타낸 것이다.

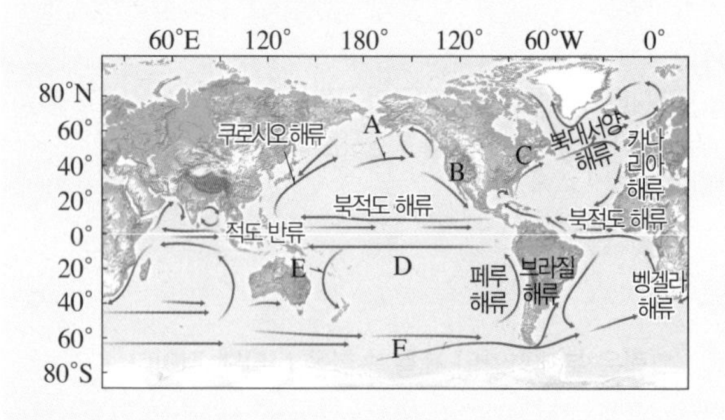

1 A~F 중 무역풍에 의해 형성된 해류를 찾아 기호와 이름을 쓰시오.

2 A~F 중 저위도에서 고위도로 열에너지를 수송하는 해류를 찾아 기호와 이름을 쓰시오.

3 적도를 경계로 할 때 북반구와 남반구의 아열대 순환 방향은 (대칭적, 비대칭적)으로 분포한다.

4 빈출 선택지로 완벽 정리!

(1) 해류 A는 편서풍에 의해 형성된다. .... (○ / ×)

(2) 해류 C는 B보다 고위도로 수송하는 열에너지가 많다. .... (○ / ×)

(3) 해류 D는 동에서 서로 흐른다. .... (○ / ×)

(4) 해류 E가 흐르는 주변 지역은 동일 위도의 다른 지역보다 기후가 한랭하다. .... (○ / ×)

(5) 해류 F는 극동풍에 의해 형성된다. .... (○ / ×)

(6) 동일 위도에서 쿠로시오 해류가 흐르는 해역은 해류 B가 흐르는 해역보다 수온과 염분이 높다. ...... (○ / ×)

(7) 아열대 순환은 북반구에서 시계 반대 방향, 남반구에서 시계 방향으로 나타난다. .... (○ / ×)

자료 ❷ 우리나라 주변의 해류

기출 Point
- 우리나라 주변의 해류 파악하기
- 우리나라 주변의 해류를 한류와 난류로 구분하기

[1~4] 그림은 우리나라 주변 바다의 해류를 나타낸 것이다.

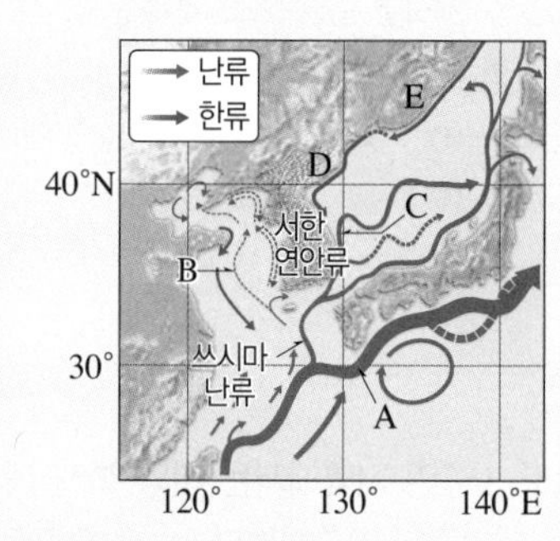

1 A~E에 해당하는 해류의 이름을 쓰시오.

2 A~E 중 조경 수역을 이루는 두 해류를 고르시오.

3 표는 해류 A와 E의 특징을 비교한 것이다. (   ) 안에 알맞은 말을 쓰시오.

구분	수온	염분	용존 산소량	영양 염류
해류 A	㉠( )	높다	적다	㉡( )
해류 E	㉢( )	낮다	많다	㉣( )

4 빈출 선택지로 완벽 정리!

(1) 해류 A는 북태평양의 아열대 순환에서 고위도로 흐르는 해류이다. .... (○ / ×)

(2) 해류 B는 D보다 용존 산소량이 많다. .... (○ / ×)

(3) 해류 C와 D가 만나면 D가 C 아래로 흐른다. (○ / ×)

(4) 해류 D는 E의 일부가 남하하여 형성된 해류이다. .... (○ / ×)

내신 만점 문제

정답친해 82쪽

A 대기 대순환

중요 **01** 그림은 위도에 따른 태양 복사 에너지양과 지구 복사 에너지양을 나타낸 것이다.

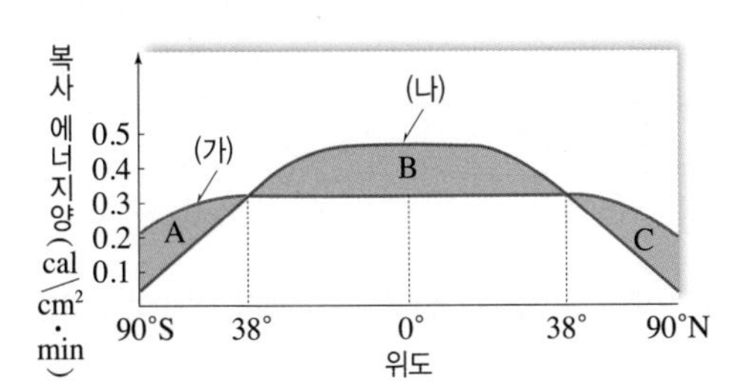

이에 대한 설명으로 옳지 않은 것은? (단, A~C는 에너지양의 차이에 해당하는 면적이다.)

① 지구 복사 에너지는 (가)에 해당한다.
② A, C는 에너지 부족, B는 에너지 과잉이다.
③ 위도 약 38°에서 에너지 흡수량과 방출량이 같다.
④ 지구는 복사 평형을 이루므로 (A+C)=B이다.
⑤ 에너지 이동량이 가장 많은 위도는 적도 부근이다.

02 지구가 자전할 때의 대기 대순환 모형에 대한 설명으로 옳은 것만을 [보기]에서 있는 대로 고른 것은?

보기
ㄱ. 위도에 따른 에너지 불균형으로 발생한다.
ㄴ. 적도에서는 하강 기류, 위도 30°에서는 상승 기류가 발달한다.
ㄷ. 북반구와 남반구의 지상에서의 바람의 방향은 적도를 기준으로 대칭적으로 나타난다.

① ㄱ　② ㄴ　③ ㄱ, ㄷ　④ ㄴ, ㄷ　⑤ ㄱ, ㄴ, ㄷ

03 그림은 북반구에서 나타날 수 있는 대기 대순환의 모형이다. 이에 대한 설명으로 옳은 것은?

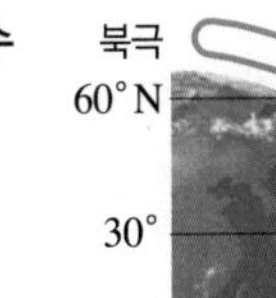

① 지구가 자전할 때이다.
② 3개의 순환 세포가 형성된다.
③ 열대류와 전향력에 의해 나타난다.
④ 적도에서 냉각된 공기가 상승하여 이동한다.
⑤ 북반구 지상에서의 풍향은 모든 지역에서 북풍이다.

[04~05] 그림은 대기 대순환의 모형을 나타낸 것이다.

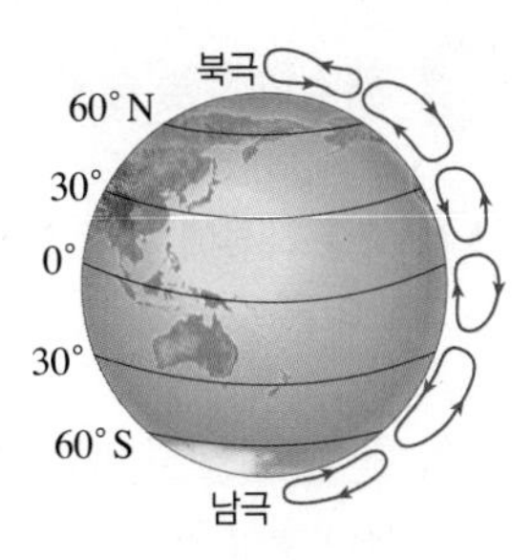

중요 **04** 이에 대한 설명으로 옳은 것만을 [보기]에서 있는 대로 고른 것은?

보기
ㄱ. 전향력이 작용할 때 나타나는 대기 순환 모형이다.
ㄴ. 위도 30°~60°에는 페렐 순환이 나타난다.
ㄷ. 적도 지역에는 고압대, 극 지역에는 저압대가 형성된다.

① ㄱ　② ㄷ　③ ㄱ, ㄴ　④ ㄴ, ㄷ　⑤ ㄱ, ㄴ, ㄷ

서술형 **05** 이 모형에서 대기 대순환이 발생하는 원인과 적도와 극 사이에 3개의 순환 세포가 형성되는 까닭을 서술하시오.

06 그림은 60°S~60°N 사이에서 나타나는 대기 대순환의 순환 세포 A~D를 모식적으로 나타낸 것이다.

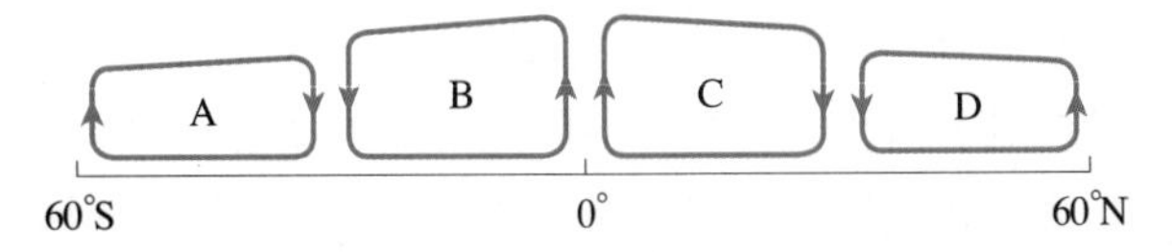

이에 대한 설명으로 옳은 것만을 [보기]에서 있는 대로 고른 것은?

보기
ㄱ. A는 직접 순환이다.
ㄴ. B와 C의 지상에서는 주로 동풍 계열의 바람이 분다.
ㄷ. C와 D의 경계 부근에서는 한대 전선대가 형성된다.

① ㄱ　② ㄴ　③ ㄱ, ㄷ　④ ㄴ, ㄷ　⑤ ㄱ, ㄴ, ㄷ

B 해수의 표층 순환

07 표층 해류에 대한 설명으로 옳은 것만을 [보기]에서 있는 대로 고른 것은?

보기
ㄱ. 대기 대순환의 바람에 의해 남북 방향으로 흐르는 해류가 형성된다.
ㄴ. 대륙의 영향으로 해류의 흐름이 변한다.
ㄷ. 저위도에서 고위도로 흐르는 해류는 난류이다.

① ㄱ ② ㄷ ③ ㄱ, ㄴ
④ ㄴ, ㄷ ⑤ ㄱ, ㄴ, ㄷ

[08~09] 그림은 전 세계 표층 해류의 분포를 나타낸 것이다.

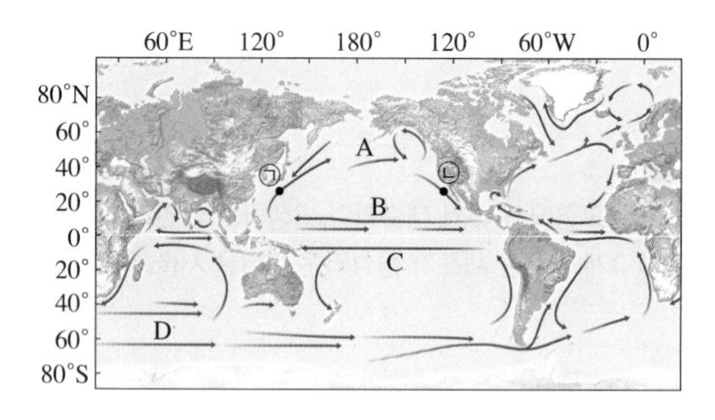

중요 **08** 해류 A～D와 표층 순환에 대한 설명으로 옳지 않은 것은?

① A는 북태평양 해류이다.
② B와 C는 무역풍에 의해 형성된다.
③ D는 남극 대륙 주위를 순환한다.
④ 아열대 해양의 서쪽 연안에서는 한류가 흐른다.
⑤ 북태평양과 남대서양에서 아열대 순환의 방향은 서로 반대이다.

서술형 **09** ㉠과 ㉡ 해역에 흐르는 표층 해류의 이름을 각각 쓰고, 용존 산소량은 어느 해역에서 더 많은지 비교하시오.

중요 **10** 그림은 북태평양에서 해수를 조사한 A～C 해역을 나타낸 것이다.

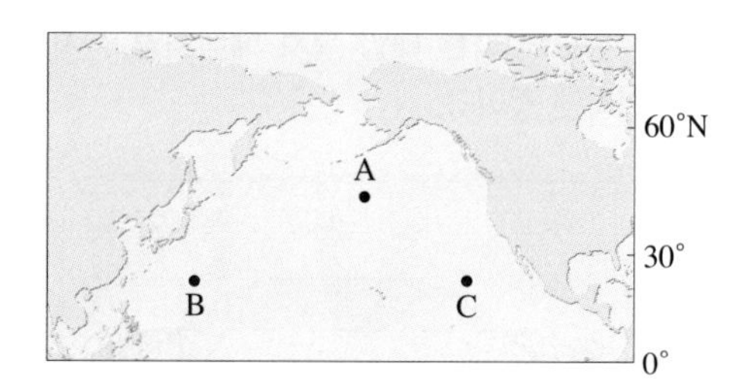

이에 대한 설명으로 옳은 것만을 [보기]에서 있는 대로 고른 것은?

보기
ㄱ. A 해역의 해류는 무역풍에 의해 형성된다.
ㄴ. B 해역은 C 해역보다 해수의 영양 염류가 많다.
ㄷ. C 해역에는 캘리포니아 해류가 흐른다.

① ㄱ ② ㄷ ③ ㄱ, ㄴ
④ ㄴ, ㄷ ⑤ ㄱ, ㄴ, ㄷ

11 그림은 위도별 해수의 표층 순환 구조를 나타낸 것이다. 표층 순환 A, B와 해류 C에 대한 설명으로 옳은 것만을 [보기]에서 있는 대로 고른 것은?

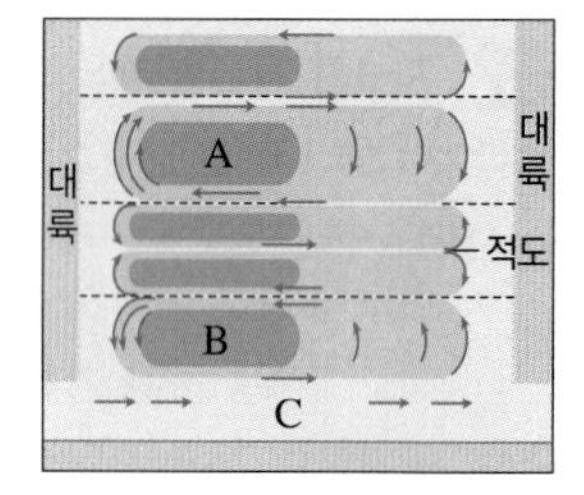

보기
ㄱ. A와 B는 아열대 순환이다.
ㄴ. C는 남극 대륙 주위를 순환하는 해류이다.
ㄷ. 표층 순환의 방향은 적도를 기준으로 북반구와 남반구가 대칭적으로 나타난다.

① ㄱ ② ㄷ ③ ㄱ, ㄴ
④ ㄴ, ㄷ ⑤ ㄱ, ㄴ, ㄷ

서술형 **12** 북반구의 태평양에서 아열대 순환을 구성하는 해류의 이름을 순서대로 쓰고, 이러한 순환이 나타나는 원인을 서술하시오.

실력 UP 문제

정답친해 84쪽

13 그림은 북대서양과 주변의 대륙을 모식적으로 나타낸 것이다.

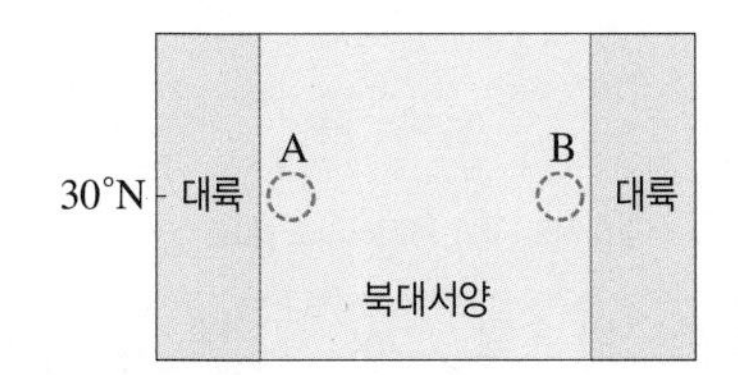

A, B 해역에서 표층 해수의 물리량을 비교한 것 중 옳은 것만을 [보기]에서 있는 대로 고른 것은?

보기

ㄱ. 수온: A>B　　ㄴ. 염분: A<B
ㄷ. 영양 염류: A>B　　ㄹ. 용존 산소량: A<B

① ㄱ, ㄴ　② ㄱ, ㄹ　③ ㄴ, ㄷ
④ ㄱ, ㄷ, ㄹ　⑤ ㄴ, ㄷ, ㄹ

C 우리나라 주변의 해류

14 우리나라 주변의 해류에 대한 설명으로 옳은 것만을 [보기]에서 있는 대로 고른 것은?

보기

ㄱ. 우리나라 주변 난류의 근원은 쓰시마 난류이다.
ㄴ. 북한 한류는 동한 난류보다 용존 산소량이 풍부하다.
ㄷ. 동해에는 조경 수역이 형성된다.

① ㄱ　② ㄴ　③ ㄱ, ㄷ
④ ㄴ, ㄷ　⑤ ㄱ, ㄴ, ㄷ

중요 **15** 그림은 우리나라 주변의 해류를 나타낸 것이다.
이에 대한 설명으로 옳은 것만을 [보기]에서 있는 대로 고른 것은?

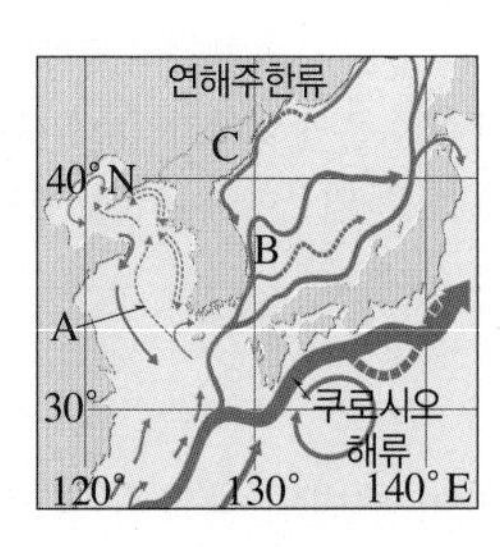

보기

ㄱ. A의 근원은 쿠로시오 해류이다.
ㄴ. B의 유속은 여름철보다 겨울철에 빠르다.
ㄷ. A는 C보다 수온이 높고, 염분이 낮다.
ㄹ. B와 C가 만나는 해역의 위도는 겨울보다 여름에 높다.

① ㄱ, ㄴ　② ㄱ, ㄹ　③ ㄴ, ㄷ
④ ㄴ, ㄹ　⑤ ㄷ, ㄹ

01 그림은 우리나라 주변의 해류와 서태평양 해류 분포의 일부를 나타낸 것이다.

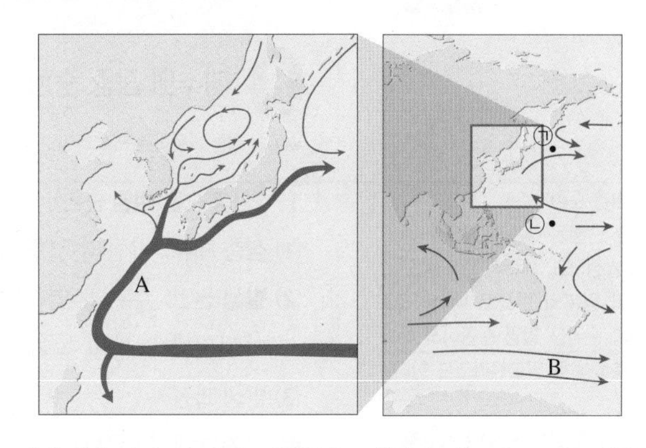

이에 대한 설명으로 옳은 것만을 [보기]에서 있는 대로 고른 것은?

보기

ㄱ. A는 북태평양 아열대 순환의 일부이다.
ㄴ. B의 일부는 남아메리카 대륙에 부딪쳐 난류로 변한다.
ㄷ. 위도에 따른 용존 산소량의 변화는 ㉠ 해역이 ㉡ 해역보다 크다.

① ㄱ　② ㄴ　③ ㄱ, ㄷ
④ ㄴ, ㄷ　⑤ ㄱ, ㄴ, ㄷ

02 그림은 북대서양 표층 해류의 일부와 위도가 다른 두 지역의 1월 평균 기온을 나타낸 것이다. A, B는 해류이다.

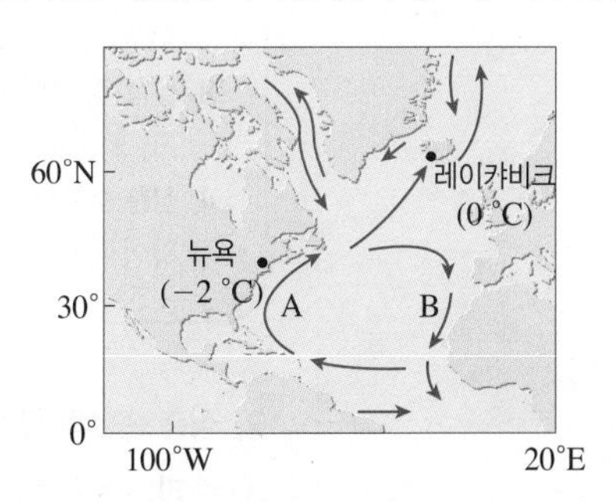

이에 대한 설명으로 옳은 것만을 [보기]에서 있는 대로 고른 것은?

보기

ㄱ. A는 편서풍대에 진입하면 북대서양 해류가 된다.
ㄴ. 30°N에서 A는 B보다 염분이 높다.
ㄷ. 레이캬비크는 뉴욕보다 난류의 영향을 크게 받는다.

① ㄱ　② ㄴ　③ ㄱ, ㄷ
④ ㄴ, ㄷ　⑤ ㄱ, ㄴ, ㄷ

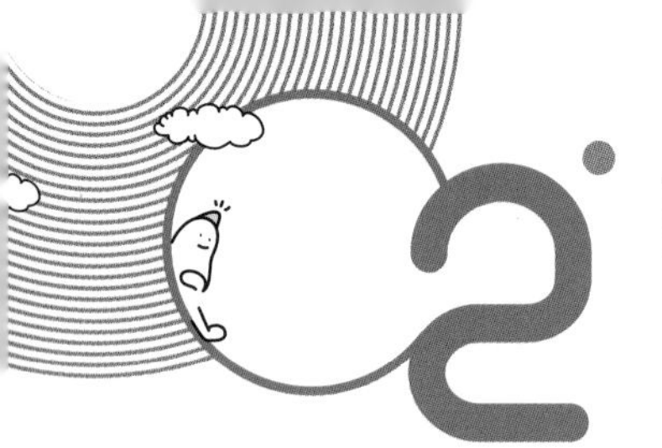

2 해수의 심층 순환

핵심 포인트

1. 심층 순환의 발생 원인 ★★★
2. 수온 염분도를 이용한 해수의 성질 ★★
3. 대서양의 심층 순환 ★★★
4. 전 세계 해수의 순환 ★★★

A 해수의 심층 순환

수온과 염분의 변화로 해수의 밀도 차이가 생기는데, 이로 인해 해수가 침강하기도 하고 용기하기도 해요.

1. ◆심층 순환(열염 순환) 심층 해류로 나타나는 해수의 순환

(1) **심층 해류**: 바람의 영향이 거의 없는 심층에서 흐르는 해류

(2) **발생 원인**: 수온과 염분 변화에 따른 밀도 차 ➡ 수온이 낮아지거나 염분이 높아지면 해수의 밀도가 커진다.

(3) **발생 과정**

❶ 극지방에서 냉각된 표층의 ◆해수는 밀도가 커져 가라앉는다.

❷ 저위도로 이동하여 온대나 열대 해역에서 천천히 [1]용승한다.

❸ 표층을 따라 극 쪽으로 이동한다.

⊙ 심층 순환 모형

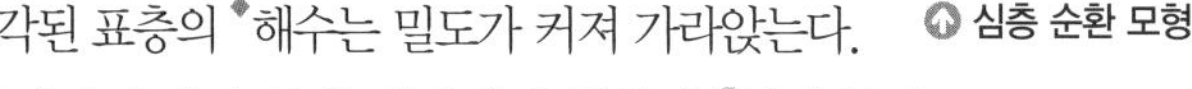

◆ **심층 순환**
심층 순환은 해수의 밀도 차에 의해 발생하고, 해수의 밀도 차는 수온과 염분의 변화로 나타나므로 심층 순환을 열염 순환이라 하고, 심층 해류를 밀도류라고도 한다.

◆ **해수의 밀도가 커지는 경우**
- 저위도에서 고위도로 이동하는 표층 해류가 주위로 열을 빼앗겨 수온이 낮아질 때
- 극지방의 표층 해수가 얼면서 염분이 높아질 때

용승은 Ⅱ-2-03. 대기와 해양의 상호 작용에서 더 자세히 배워요.

탐구 자료창 심층 순환의 발생 원리

192쪽 대표 자료❶

종이컵의 바닥 중앙에 작은 구멍을 뚫은 후, 물을 담은 수조의 한쪽에 종이컵의 바닥이 잠길 정도로 고정시킨 상태로 파란 색소를 탄 얼음물과 빨간 색소를 탄 소금물을 각각 천천히 붓는다.

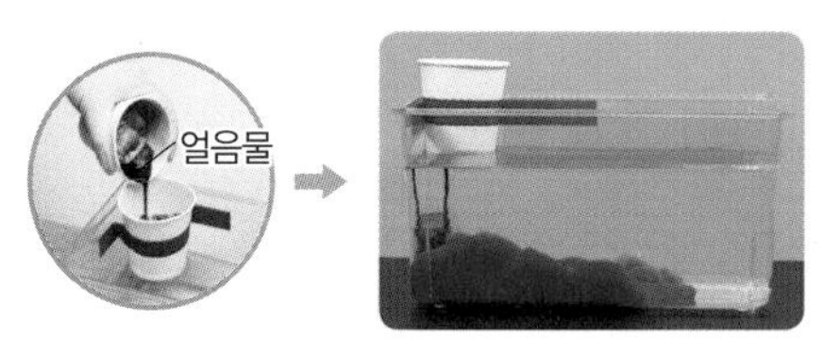

1. **얼음물과 소금물의 이동**: 수조 바닥으로 가라앉은 후 바닥을 따라 천천히 퍼져나간다.
   └ 표면의 물은 종이컵 쪽으로 모여든다.
2. **얼음물과 소금물이 가라앉는 까닭**: 얼음물은 수조 속의 물보다 온도가 낮아 밀도가 크고, 소금물은 수조 속의 물보다 염분이 높아 밀도가 크기 때문이다.
3. **실험 결과와 심층 순환의 관계**: 얼음물이나 소금물이 가라앉는 곳은 고위도의 침강 해역에 해당하고, 얼음물이나 소금물이 퍼져나가는 것은 심층 해류에 해당한다.
4. **심층 순환의 발생 원리**: 침강 해역에서 수온이 낮아지거나 염분이 높아지면 밀도가 커져 해수의 침강이 일어나고, 해저를 따라 심층 해류가 이동하여 심층 순환이 발생한다.

2. 심층 순환의 관측

(1) **수괴**: 수온과 염분이 거의 일정하여 주변의 물과 구별되는 해수 덩어리로, 성질이 다른 수괴는 서로 잘 섞이지 않는다. → 수괴의 수온과 염분은 잘 변하지 않는다.

(2) 해수의 심층 순환은 수온 약층 아래에서 표층 순환에 비해 매우 느리게 일어나기 때문에 그 흐름을 직접 관측하기 어려우므로 수괴의 성질을 측정하여 알 수 있다.

(3) 측정한 수괴의 수온과 염분을 수온 염분도(T-S도)에 나타내면 수괴의 밀도를 알 수 있고, 수괴의 기원과 이동 경로를 파악할 수 있다.

(4) **수온 염분도(T-S도)의 이용**: 수심에 따른 해수의 성질을 알 수 있고, 서로 다른 해역에 있는 해수의 성질을 비교하여 해수의 이동을 알 수 있다.

용어

[1] **용승(湧 물 솟을, 昇 오를)** 해양에서 심층의 비교적 찬 해수가 표층으로 올라오는 현상

수온 염분도를 이용한 해수의 성질과 이동 해석하기

금성, 미래엔 교과서에만 나와요.

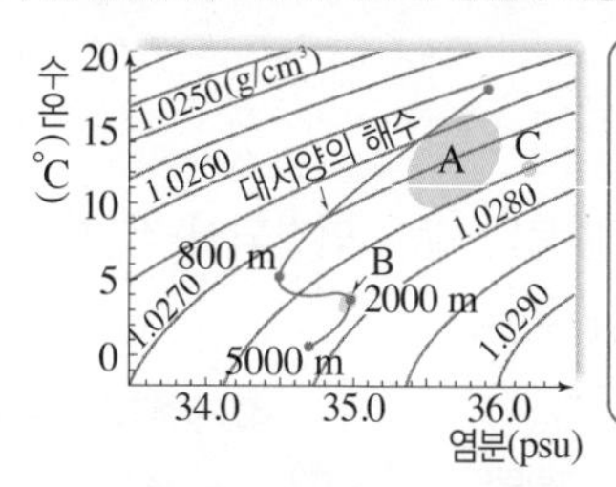

A: 대서양의 해수와 지중해의 해수가 만나는 곳(수심 200 m ~ 600 m)의 해수
B: 대서양의 해수와 지중해의 해수가 만나는 곳(수심 2000 m)의 해수
C: 지중해의 해수

대서양(9°S)의 수심에 따른 해수의 성질과 해수 A~C의 성질

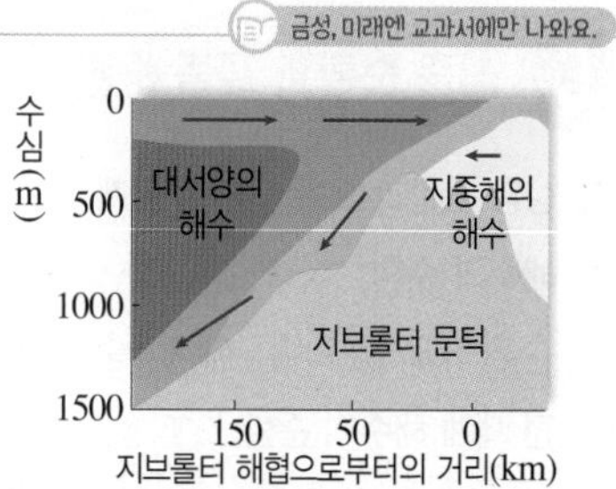

대서양으로 들어가는 지중해의 해수

- 대서양의 수심에 따른 해수의 성질: 수심 150 m~800 m에서는 수온 감소로 밀도가 증가하고, 수심 800 m ~2000 m에서는 수온이 거의 일정하지만 염분이 증가하면서 해수의 밀도가 증가한다. 수심 2000 m~5000 m에서는 수온과 염분이 낮아져 밀도가 거의 변하지 않는다.
- 해수 A~C의 성질: C의 평균 밀도는 A보다 크고, B보다 작다. ➡ 지중해의 해수(C)가 대서양으로 들어가면 대서양과 지중해가 만나는 곳에서 수심 600 m~2000 m 사이(A와 B 사이)를 흐른다.

주의해!

밀도가 같은 해수의 혼합
밀도가 같지만 수온과 염분이 서로 다른 해수가 혼합되면 혼합된 해수의 밀도는 혼합되기 이전 해수의 밀도에 비해 커진다.

B 대서양의 심층 순환

1. 침강 해역 남극 대륙 주변에서는 웨델해에서, 북대서양에서는 그린란드 남쪽의 래브라도해, 그린란드 동쪽의 노르웨이해에서 침강이 일어난다.

2. 대서양의 심층 순환 밀도가 다른 해수가 만나면 잘 섞이지 않고 위나 아래로 흐른다. ➡ 대서양의 연직 단면을 보면 남극 저층수, 북대서양 심층수, 남극 중층수로 구분된다.

192~193쪽 대표 자료❷, ❸

심층 순환	특징
◆남극 저층수	• 웨델해에서 겨울철 결빙으로 염분이 높아지면서 해수가 심층으로 가라앉아 형성된다. • 해저를 따라 북쪽으로 확장하여 위도 30°N까지 흐르고, 전 세계 해양으로 퍼져나간다. • 밀도가 가장 큰 해수로, 대서양에서 수심이 가장 깊은 곳을 흐른다.
북대서양 심층수	• 그린란드 부근의 래브라도해와 노르웨이해에서 수 km 깊이까지 해수가 가라앉아 형성된다. • 남쪽으로 확장하여 위도 60°S까지 흐른다. • 남극 저층수보다 밀도가 작아 남극 저층수 위쪽으로 흐른다.
남극 중층수	• 위도 50°S~60°S 근처에서 형성되어 수심 약 1000 m의 중층을 따라 북쪽으로 흐른다. • 북대서양 심층수보다 밀도가 작아 북대서양 심층수 위쪽으로 흐른다.

◆ 남극 저층수와 북대서양 심층수의 수온과 염분 비교

수괴	평균 수온	평균 염분
남극 저층수	−0.5 °C	34.7 psu
북대서양 심층수	3 °C	34.9 psu

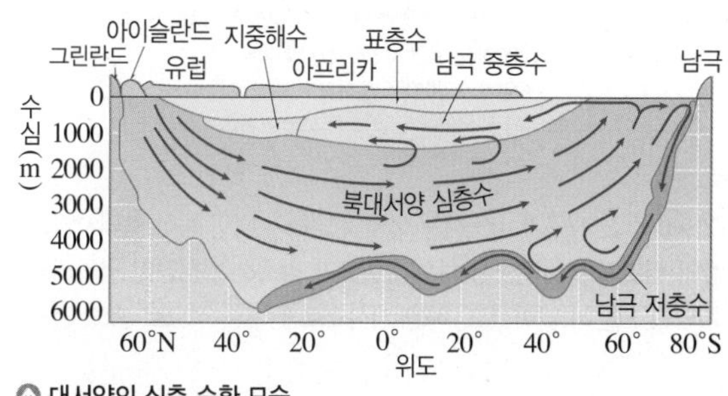

대서양의 심층 순환 모습

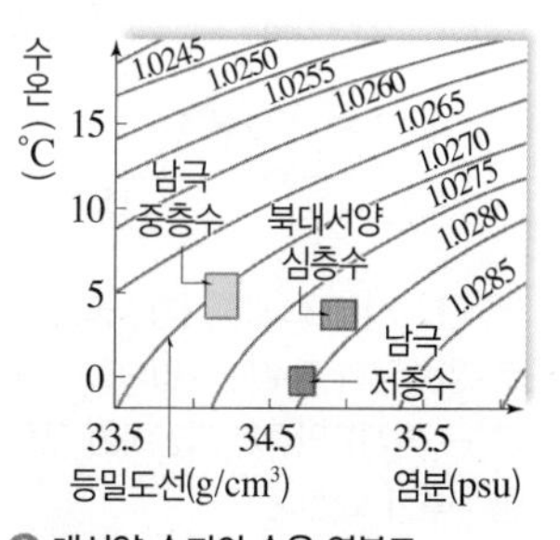

대서양 수괴의 수온 염분도

C 심층 순환과 표층 순환

1. 심층 순환과 표층 순환의 관계

(1) 해수의 순환: 심층 순환과 표층 순환은 거대한 컨베이어 벨트와 같이 연결되어 전 지구를 순환하고 있으며, 한 번 순환하는 데 약 1000년이 걸린다.

(2) 전 세계 해수의 순환 193쪽 대표 자료 ❹

① 북대서양 그린란드 주변 해역에서 형성된 북대서양 심층수는 대서양 서쪽을 따라 이동하여 남극 대륙 주변에서 남극 저층수와 만나 남극 대륙 주위를 흐르면서 인도양과 태평양으로 퍼져나간다.

② 인도양과 태평양으로 이동한 해수는 북상하면서 점차 수온이 상승하여 매우 느린 속도로 용승한다.

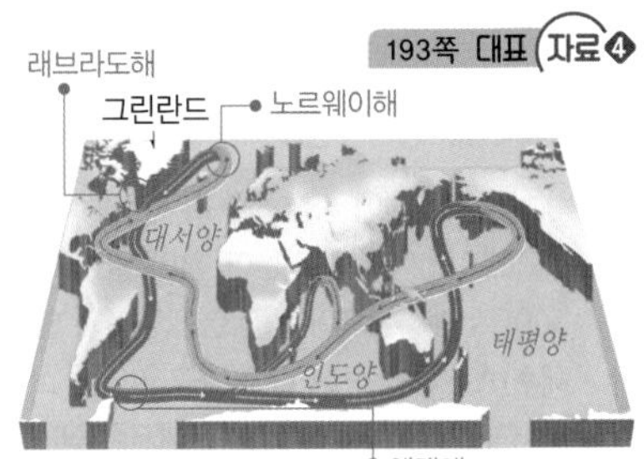

⬆ 전 세계 해수의 순환

③ 용승한 해수는 표층 순환과 연결되어 순환하다가 다시 인도양을 거쳐 북대서양으로 흘러 들어가 큰 순환을 이룬다.

> **궁금해?**
> 태평양에는 왜 심층 해류를 형성하는 침강 해역이 없을까?
> 북태평양의 베링해는 기온이 매우 낮아 매년 겨울철마다 얼음이 형성되지만, 표층 염분이 너무 낮아 결빙되어도 밀도가 충분히 커지지 않기 때문에 해수가 침강하지 않는다.

2. 심층 순환의 역할

(1) 전 범위에서 일어나는 순환: ◆심층 순환은 거의 전 수심과 전 위도에 걸쳐 일어나며 해수의 물질과 에너지를 순환시킨다. → 표층 순환은 수심 수백 m 이내에서 일어나며 전체 해수의 약 10 %를 순환시킨다.

(2) 열에너지 수송: 심층 순환은 표층 순환과 연결되어 저위도의 남는 열에너지를 고위도로 수송하여 위도별 열수지 불균형을 해소시킨다.

(3) 물질 공급: 심층 순환은 용존 산소가 풍부한 표층 해수를 심해로 운반하여 심해에 산소를 공급하고, 심해의 영양 염류를 표층으로 운반하여 해양 생물이 살 수 있도록 해 준다.

(4) 기후 변화: 심층 순환이 약해지면 표층 순환도 약해져 지구의 전체적인 기후에 변화가 생길 수 있다.

기온이 상승하면 극지방의 빙하가 녹고 강수량이 증가한다. ➡ 고위도의 해양으로 많은 양의 담수가 유입된다. ➡ 해수의 염분이 감소하여 밀도가 감소한다. ➡ 해수의 침강이 약해져 고위도로 이동하는 표층 해류의 흐름이 약해진다. ➡ 저위도의 열이 고위도로 제대로 전달되지 못하여 기온이 낮아진다.

> ◆ **표층 순환과 심층 순환의 비교**
> 표층 순환은 유속이 빠르지만, 심층 순환은 유속이 느리다.

해수와 순환과 지구 기후 변화 (비상, 금성 교과서에만 나와요.)

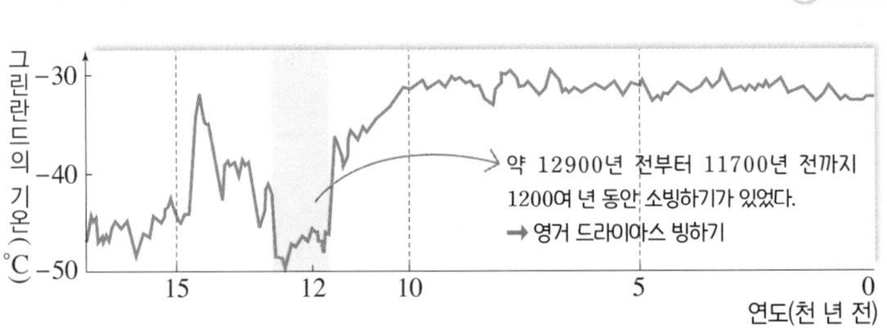

영거 드라이아스 빙하기가 나타난 원인: 약 12900년 전 지구가 따뜻해져 북극의 빙하가 많이 녹아 북대서양으로 많은 양의 담수가 유입되었다. → 북대서양의 염분이 낮아지면서 해수의 밀도가 감소하여 침강이 약화되었다. → 멕시코만류가 북상하지 못하여 유럽 지역의 기온이 낮아졌고, 이를 시작으로 전 지구적으로 춥고 건조한 기후가 되었다.

정답친해 85쪽

개념 확인 문제

핵심 체크

- (❶): 심층 해류로 나타나는 해수의 순환
  - 발생 원인: 수온과 염분 변화에 따른 (❷) 차 ➡ 수온이 낮아지거나 염분이 높아지면 밀도가 커져 해수의 침강이 일어나 심층 순환이 발생한다.
  - 심층 순환의 관측: 심층 순환은 직접 관측하기 어려우므로 (❸)를 파악하여 알아낸다.
- 대서양의 심층 순환
  - (❹): 남극 대륙 주변의 웨델해에서 염분이 높아지면서 심층으로 가라앉아 형성되는 해수
  - (❺): 북대서양 그린란드 부근에서 가라앉아 남극 중층수와 남극 저층수 사이를 흐르는 해수
  - 남극 중층수: 수심 약 1000 m의 중층을 따라 북쪽으로 흐르는 해수
- 심층 순환과 표층 순환의 관계: 심층 순환과 표층 순환은 컨베이어 벨트와 같이 연결되어 전 지구를 순환한다.
- 심층 순환의 역할: 거의 전 수심과 전 위도에서 일어나는 순환, (❻) 수송, 물질 공급, 기후 변화

1 심층 순환에 대한 설명으로 옳은 것은 ○, 옳지 않은 것은 ×로 표시하시오.

(1) 심층 순환은 주로 해수의 밀도 변화 때문에 일어난다. ( )
(2) 수온이 높아지면 해수의 밀도가 커진다. ( )
(3) 극 해역에서는 해수가 매우 느리게 용승하여 표층을 따라 저위도로 이동한다. ( )
(4) 심층 순환은 직접 관측하기 어려우므로 수온 염분도를 이용하면 수괴의 기원과 이동을 알 수 있다. ( )
(5) 심층 순환은 표층 순환보다 빠르게 일어난다. ( )

2 그림은 심층 순환의 모형을 나타낸 것이다.

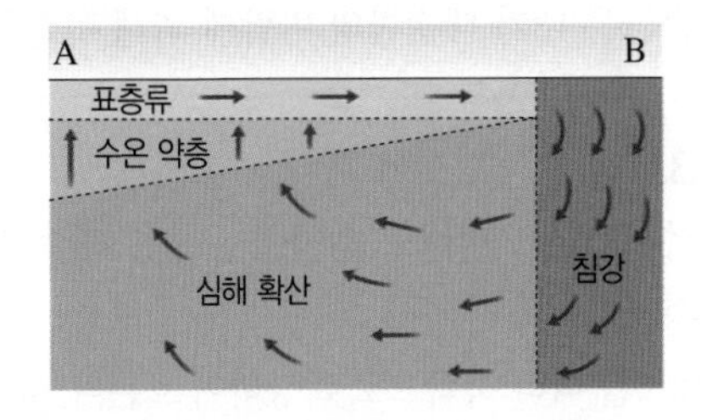

(1) A와 B 중 더 고위도인 해역을 쓰시오.
(2) B 해역의 해수가 침강하기 위해서는 밀도가 ㉠(커, 작아)져야 하므로, 수온이 ㉡(낮, 높)아지거나 염분이 ㉢(낮, 높)아져야 한다.

3 그림은 수온과 염분이 서로 다른 두 수괴 A, B를 수온 염분도에 나타낸 것이다.

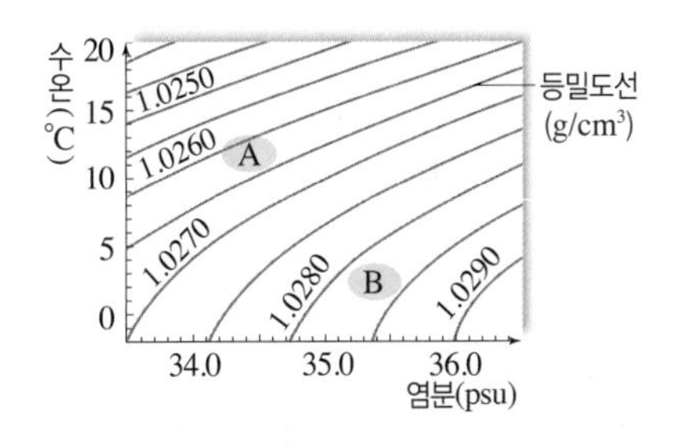

(1) 수괴 A, B의 평균 수온과 평균 염분을 비교하여 빈칸에 부등호로 나타내시오.

- ㉠ 평균 수온: A □ B • ㉡ 평균 염분: A □ B

(2) 수괴 A와 B가 만날 때 아래쪽으로 흐르는 것을 쓰시오.

4 그림은 대서양의 심층 순환을 나타낸 것이다.

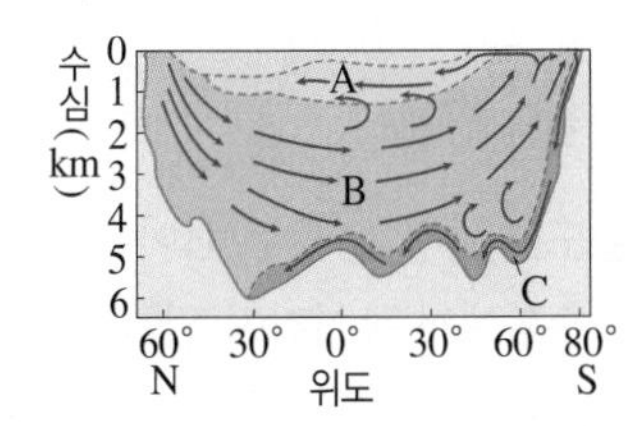

A~C 중 ( ) 안에 들어갈 해수의 기호와 이름을 쓰시오.

겨울철 남극 대륙 주변 해수의 결빙으로 염분이 높아진 해수가 침강하여 ( )가 형성된다. 이 해수는 밀도가 가장 큰 해수로 위도 30°N까지 흐른다.

대표 자료 분석

자료 ❶ 심층 순환의 발생 원리

기출 Point
- 수온과 염분이 심층 순환에 미치는 영향 이해하기
- 해수의 결빙에 의한 염분 변화 이해하기

[1~4] 그림은 심층 순환의 발생 원리를 알아보는 실험 장치이고, 표는 수온과 염분을 달리하여 착색한 물 A, B, C를 나타낸 것이다. 수조 속의 물은 온도가 20 ℃, 염분이 35 psu인 소금물이다.

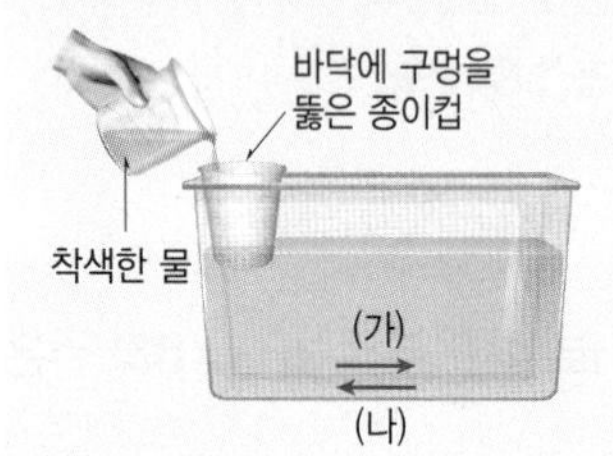

착색한 물	수온 (℃)	염분 (psu)
A	25	30
B	20	40
C	7	40

1 종이컵에 부은 물 A~C 중 바닥으로 가라앉는 물은 어느 것인지 있는 대로 고르시오.

2 바닥으로 가라앉은 물은 (가)와 (나) 중 어느 방향으로 이동하는지 쓰시오.

3 바닥으로 가라앉은 물의 이동 속도는 수온이 ㉠(높, 낮)을수록, 염분이 ㉡(높, 낮)을수록 빠르다.

4 빈출 선택지로 완벽 정리!

(1) A~C 중 밀도가 가장 큰 물은 B이다. .... (○ / ×)

(2) 해수의 심층 순환에서 종이컵이 위치한 곳은 적도 부근 해역에 해당한다. .... (○ / ×)

(3) 착색한 물이 바닥으로 가라앉으면 수조 표면의 물은 종이컵 쪽으로 이동한다. .... (○ / ×)

(4) 결빙이 일어나는 해역에서는 해수의 침강이 일어난다. .... (○ / ×)

(5) 심층 순환이 약해지면 표층 순환은 강해진다. (○ / ×)

자료 ❷ 대서양의 심층 순환

기출 Point
- 대서양 심층 순환의 특성 파악하기
- 심층 순환의 발생 원인 이해하기

[1~3] 그림은 대서양의 심층 순환을 나타낸 것이다.

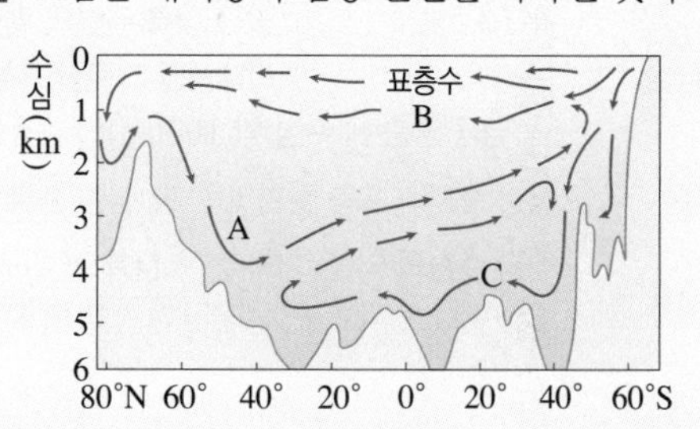

1 A~C에 해당하는 해수의 이름을 각각 쓰시오.

2 해수 A~C에 대한 설명 중 (   ) 안에 알맞은 말을 고르시오.

(1) 해수 A~C는 표층 해수보다 이동 속도가 (느리다, 빠르다).

(2) 해수 A~C 중 밀도가 가장 큰 해수는 (A, B, C)이다.

3 빈출 선택지로 완벽 정리!

(1) 심층 순환은 대기 대순환의 바람에 의해 발생한다. .... (○ / ×)

(2) A는 B보다 평균 밀도가 작다. .... (○ / ×)

(3) A는 북대서양 그린란드 해역에서 표층 해수가 가라앉아 형성된다. .... (○ / ×)

(4) C는 해저를 따라 북쪽으로 확장하여 흐른다. (○ / ×)

(5) 심층 순환은 심해에 산소를 공급하는 역할을 한다. .... (○ / ×)

(6) 지구 온난화가 진행되면 심층 순환은 강해진다. .... (○ / ×)

정답친해 85쪽

자료 ③ 북대서양 심층수와 남극 저층수의 발생

기출 Point
- 북대서양 심층수와 남극 저층수의 밀도 비교하기
- 북대서양 심층수와 남극 저층수의 발생 해역 이해하기

[1~4] 그림은 북대서양 심층수와 남극 저층수의 발생 원리를 이해하기 위한 실험 장치이고, 표는 온도와 농도를 달리한 소금물 ㉠, ㉡을 나타낸 것이다. 그림에서 화살표(→)는 소금물 ㉠, ㉡을 용기에 각각 부은 후 콕을 동시에 열었을 때 소금물의 이동 모습이다.

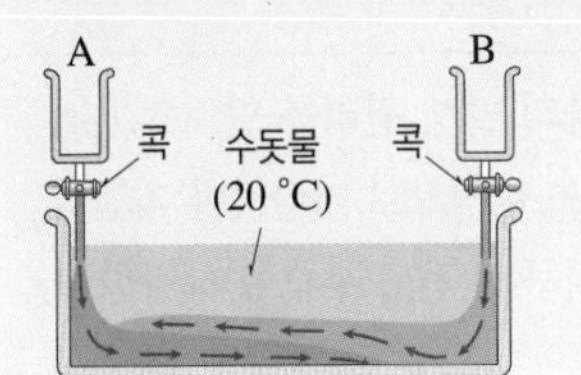

소금물	온도 (°C)	농도 (%)
㉠	4	15
㉡	15	15

1 소금물 ㉠과 ㉡, 수돗물의 밀도를 부등호를 이용하여 비교하시오.

2 용기 A, B에 넣은 소금물은 ㉠과 ㉡ 중 각각 어느 것에 해당하는지 쓰시오.

3 용기 A, B가 놓인 위치는 실제 지구에서 각각 어느 해역에 해당하는지 쓰시오.

4 빈출 선택지로 완벽 정리!

(1) 소금물 ㉠, ㉡이 가라앉는 까닭은 수돗물보다 밀도가 크기 때문이다. (○ / ×)

(2) 용기 A에 부은 소금물은 용기 B에 부은 소금물보다 밀도가 크다. (○ / ×)

(3) 소금물 ㉠은 북대서양 심층수, 소금물 ㉡은 남극 저층수에 해당한다. (○ / ×)

(4) 용기 A는 북반구 고위도 해역, 용기 B는 남반구 고위도 해역에 해당한다. (○ / ×)

(5) 실제 해양에서의 방위 기준으로 볼 때 소금물 ㉠은 북쪽으로, 소금물 ㉡은 남쪽으로 흐른다. (○ / ×)

자료 ④ 전 세계 해수의 순환

기출 Point
- 북반구와 남반구에서의 침강 해역 파악하기
- 전 세계 해수의 순환 과정 이해하기

[1~4] 그림은 전 세계의 해수의 순환을 나타낸 것이다.

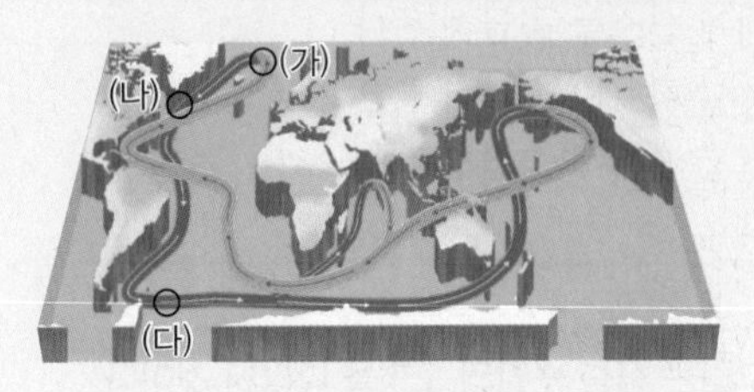

1 (가)~(다)에 해당하는 침강 해역을 각각 쓰시오.

2 북대서양 심층수는 대서양 서쪽을 따라 남하하여 남극 대륙 주변에서 (　　　　)와 만난 후 인도양과 태평양으로 퍼져나가 매우 느린 속도로 점차 용승한다.

3 북대서양의 침강 해역에 많은 양의 담수가 유입되면 고위도로 이동하는 표층 해류의 흐름은 (강해진다, 약해진다).

4 빈출 선택지로 완벽 정리!

(1) 심층 순환과 표층 순환은 전체 해양에서 큰 순환을 이룬다. (○ / ×)

(2) (가), (나) 해역에서 북대서양 심층수가 형성되어 남쪽으로 흐른다. (○ / ×)

(3) (다) 해역에서는 남극 중층수가 형성되어 북쪽으로 흐른다. (○ / ×)

(4) 인도양에서 표층수가 침강하여 심층수가 형성된다. (○ / ×)

(5) 심층 순환과 표층 순환은 연결되어 저위도의 남는 열에너지를 고위도로 수송한다. (○ / ×)

(6) 심층 순환이 약해지면 표층 순환은 강해진다. (○ / ×)

내신 만점 문제

A 해수의 심층 순환

01 해수의 심층 순환에 대한 설명으로 옳지 않은 것은?

① 열염 순환이라고도 한다.
② 해수의 밀도 차로 형성된다.
③ 심해에 산소를 공급해 준다.
④ 표층 순환보다 유속이 빠르다.
⑤ 표층 순환과 연결되어 열에너지를 수송한다.

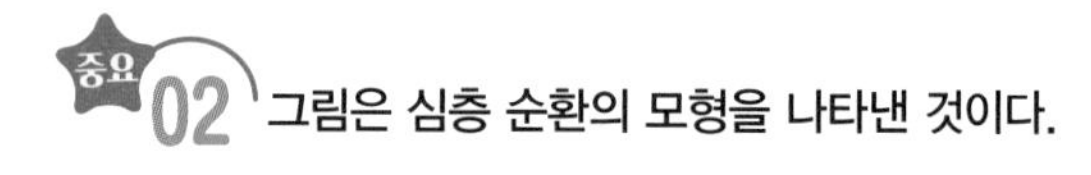

02 그림은 심층 순환의 모형을 나타낸 것이다.

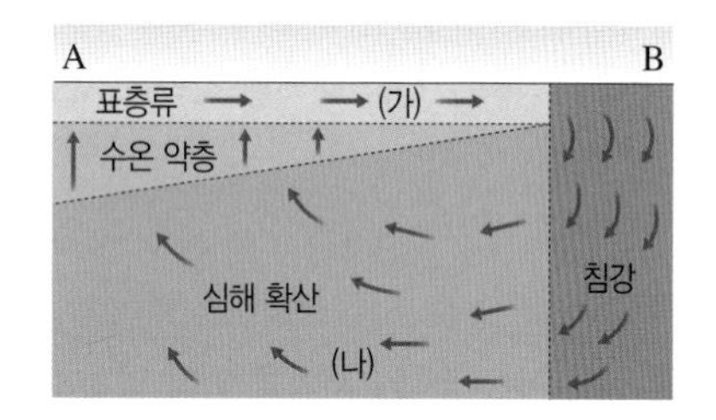

이에 대한 설명으로 옳은 것만을 [보기]에서 있는 대로 고른 것은?

보기
ㄱ. 표층 해수는 A에서 가열되고 B에서 냉각된다.
ㄴ. B에서는 해수의 염분이 낮아져 침강이 일어난다.
ㄷ. 해류의 유속은 (나)가 (가)보다 느리다.

① ㄱ ② ㄴ ③ ㄱ, ㄷ
④ ㄴ, ㄷ ⑤ ㄱ, ㄴ, ㄷ

서술형

03 그림은 수온과 염분이 다른 해수 A~C와 해수 P를 나타낸 것이다.

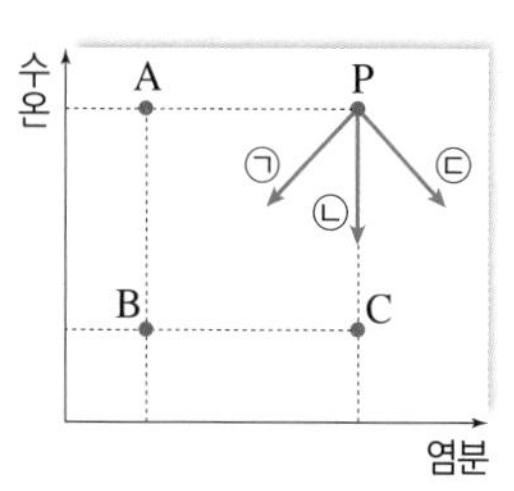

(1) A, B, C의 밀도를 부등호를 이용하여 비교하시오.

(2) ㉠~㉢ 중 P의 표층 해역에서 결빙이 일어날 때 해수의 성질이 변하는 방향을 골라 쓰고, 그에 따른 해수의 운동에 대해 서술하시오.

중요

04 다음은 해수의 순환을 이해하기 위한 실험 모습과 비커에 담는 물 A, B를 나타낸 것이다.

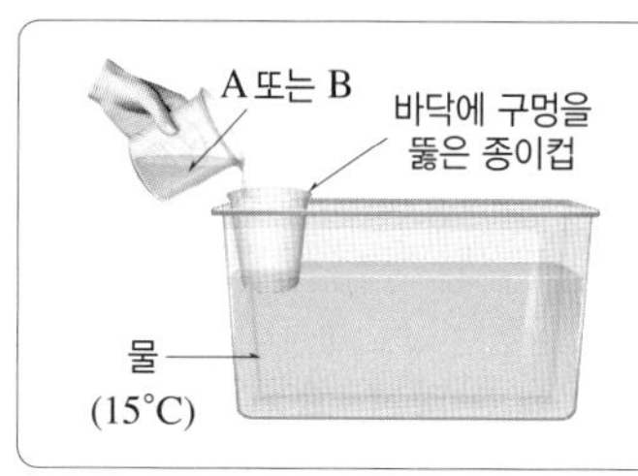

○ A: 파란 색소를 탄 얼음물(5 °C)
○ B: 빨간 색소를 탄 소금물(15 °C)

이에 대한 설명으로 옳은 것만을 [보기]에서 있는 대로 고른 것은?

보기
ㄱ. A로 실험하면 표층 순환의 발생 원리를 알 수 있다.
ㄴ. B를 종이컵에 부으면 수조 바닥으로 가라앉아 퍼진다.
ㄷ. 종이컵의 위치는 실제 지구의 적도 부근에 해당한다.

① ㄱ ② ㄴ ③ ㄱ, ㄷ
④ ㄴ, ㄷ ⑤ ㄱ, ㄴ, ㄷ

[05~06] 그림은 수온 염분도를, 표는 해수 A와 B의 수온, 염분, 밀도를 나타낸 것이다.

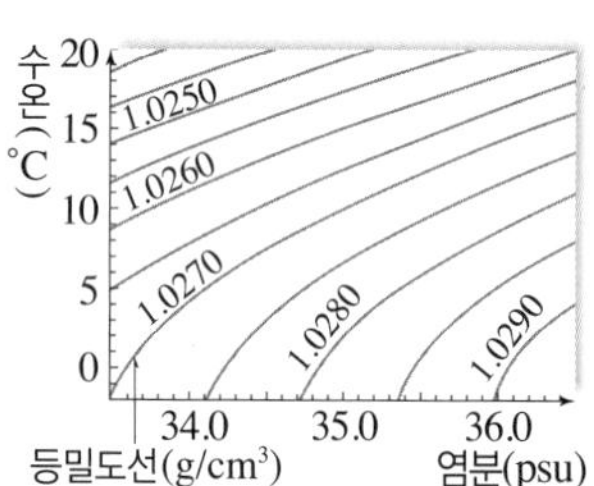

해수	A	B
수온 (°C)	15	5
염분 (psu)	(㉠)	36.0
밀도 (g/cm^3)	1.0260	(㉡)

05 표의 ㉠, ㉡에 알맞은 값을 쓰시오.

06 해수 A, B에 대한 설명으로 옳은 것만을 [보기]에서 있는 대로 고른 것은?

보기
ㄱ. A와 B가 만나면 B가 아래쪽에서 흐를 것이다.
ㄴ. A 주변 해수의 수온이 10 °C이고 염분이 같으면 A는 침강한다.
ㄷ. B의 염분이 34.0 psu로 낮아지면 밀도는 A보다 작아진다.

① ㄱ ② ㄴ ③ ㄱ, ㄷ
④ ㄴ, ㄷ ⑤ ㄱ, ㄴ, ㄷ

07 그림은 심층 순환의 일부를 나타낸 것이다.

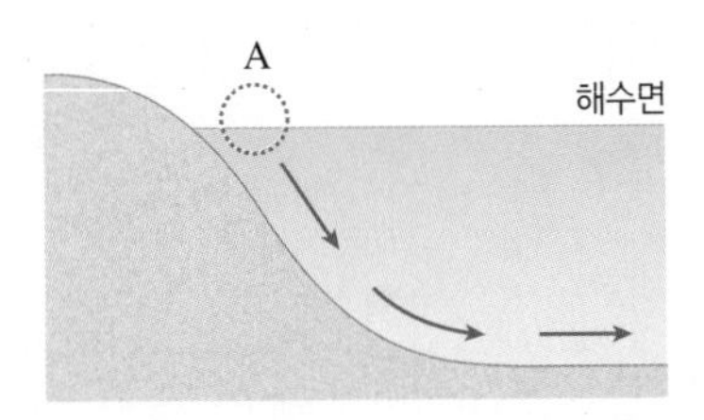

이에 대한 설명으로 옳은 것만을 [보기]에서 있는 대로 고른 것은?

보기
ㄱ. A는 고위도의 해역이다.
ㄴ. 표층의 해수는 A 해역으로부터 멀어지는 방향으로 이동한다.
ㄷ. A 해역에서 표층 염분이 증가하면 심층 순환이 약화된다.

① ㄱ ② ㄴ ③ ㄱ, ㄷ
④ ㄴ, ㄷ ⑤ ㄱ, ㄴ, ㄷ

08 그림은 남대서양의 어느 해역에서 측정한 수심 150 m ~5000 m 해수의 수온과 염분 분포를, 표는 이 해역으로 유입되는 표층 해수 P의 수온과 염분을 나타낸 것이다.

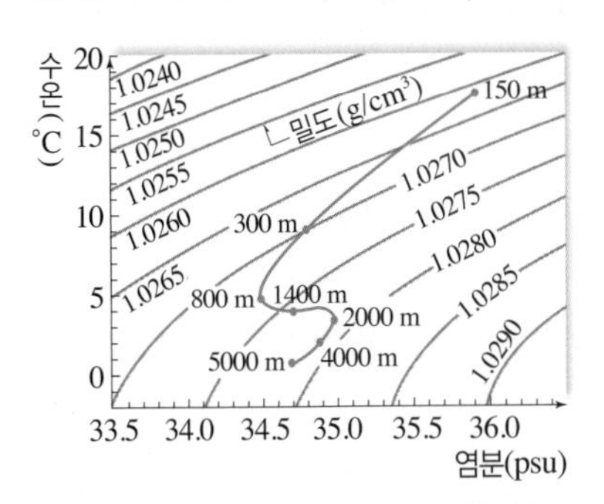

수온	10 °C
염분	35.0 psu

이에 대한 설명으로 옳은 것만을 [보기]에서 있는 대로 고른 것은?

보기
ㄱ. 해수의 밀도 변화는 수심 300 m~800 m 구간이 수심 4000 m~5000 m 구간보다 크다.
ㄴ. P는 수심 150 m 해수보다 밀도가 크다.
ㄷ. P의 염분이 35.5 psu로 높아지면 수심 약 4000 m까지 침강한다.

① ㄱ ② ㄷ ③ ㄱ, ㄴ
④ ㄴ, ㄷ ⑤ ㄱ, ㄴ, ㄷ

B 대서양의 심층 순환

09 그림은 칸막이가 있는 수조에 수온이 다른 물을 각각 넣고 칸막이를 들어 올린 모습을 나타낸 것이다.

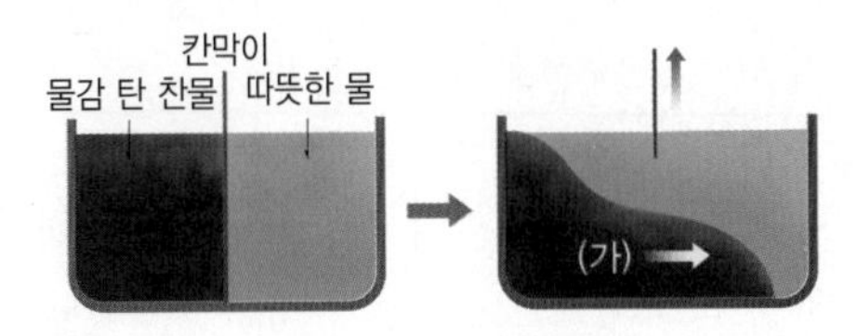

(가)의 흐름과 같은 원리로 발생하는 해류는?

① 멕시코만류 ② 남극 저층류
③ 북대서양 해류 ④ 북태평양 해류
⑤ 남극 순환 해류

10 대서양의 심층 순환에 대한 설명으로 옳은 것만을 [보기]에서 있는 대로 고른 것은?

보기
ㄱ. 남극 중층수는 남극 저층수 아래로 흐른다.
ㄴ. 북대서양 심층수는 그린란드 부근 바다에서 침강한 해수이다.
ㄷ. 남극 저층수는 주로 여름철에 형성된다.

① ㄱ ② ㄴ ③ ㄱ, ㄷ
④ ㄴ, ㄷ ⑤ ㄱ, ㄴ, ㄷ

중요 **11** 그림은 대서양에서의 심층 순환을 나타낸 것이다.

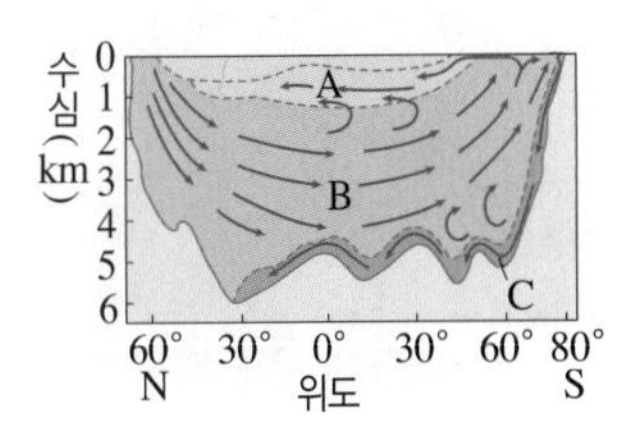

해수 A~C에 대한 설명으로 옳은 것만을 [보기]에서 있는 대로 고른 것은?

보기
ㄱ. A는 북대서양 심층수이다.
ㄴ. C는 웨델해에서 침강한 해수이다.
ㄷ. 해수의 밀도를 비교하면 C>B>A이다.

① ㄱ ② ㄷ ③ ㄱ, ㄴ
④ ㄴ, ㄷ ⑤ ㄱ, ㄴ, ㄷ

중요 **12** 그림 (가)는 대서양의 염분 분포와 수괴를, (나)는 대서양에서 관측되는 수괴의 수온과 염분 분포를 ㉠, ㉡, ㉢으로 순서 없이 나타낸 것이다.

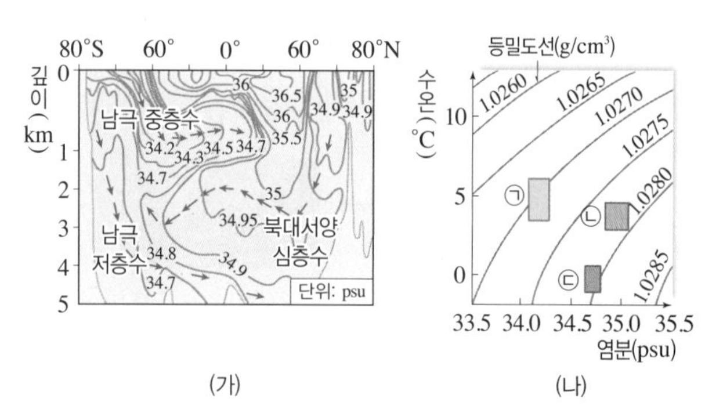

(가) (나)

이에 대한 설명으로 옳은 것만을 [보기]에서 있는 대로 고른 것은?

보기
ㄱ. ㉠은 남극 중층수이다.
ㄴ. ㉠~㉢ 중 평균 밀도는 ㉢이 가장 크다.
ㄷ. 남극 저층수의 밀도가 북대서양 심층수보다 큰 까닭은 남극 저층수의 수온이 더 낮기 때문이다.

① ㄱ ② ㄷ ③ ㄱ, ㄴ
④ ㄴ, ㄷ ⑤ ㄱ, ㄴ, ㄷ

C 심층 순환과 표층 순환

중요 **13** 그림은 전 지구적인 해수의 순환을 나타낸 것이다.

이에 대한 설명으로 옳은 것만을 [보기]에서 있는 대로 고른 것은?

보기
ㄱ. 해수는 A와 B에서 용승하고, C에서 침강한다.
ㄴ. 북대서양 심층수는 남극 대륙 부근에서 남극 저층수와 만난다.
ㄷ. 북태평양의 동쪽 연안에도 침강 해역이 형성된다.

① ㄱ ② ㄴ ③ ㄱ, ㄷ
④ ㄴ, ㄷ ⑤ ㄱ, ㄴ, ㄷ

14 그림은 수심 4000 m 해수의 연령 분포를 나타낸 것이다.

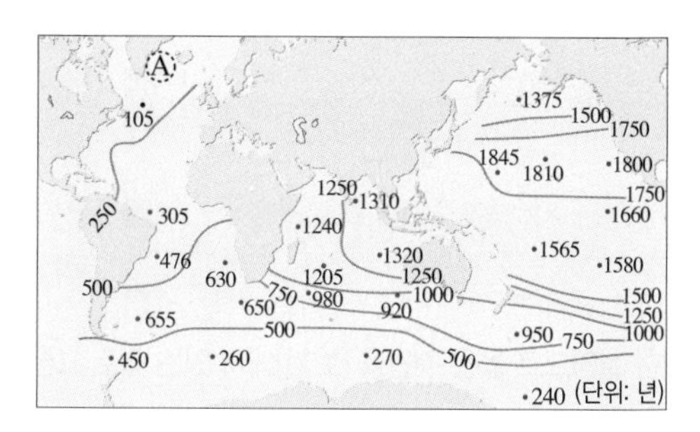

수심 4000 m에 대한 설명으로 옳은 것만을 [보기]에서 있는 대로 고른 것은? (단, 해수의 연령은 해수가 표층에서 침강한 이후부터 현재까지 경과한 시간을 뜻한다.)

보기
ㄱ. 북대서양이 북태평양보다 연령이 낮은 까닭은 A 해역에서 해수가 침강하기 때문이다.
ㄴ. 남극 대륙 주변 해역에서의 용존 산소량은 북태평양 해역에 비해 적을 것이다.
ㄷ. 대서양에서는 북반구에서 남반구로 해수가 흐른다.

① ㄱ ② ㄴ ③ ㄱ, ㄷ
④ ㄴ, ㄷ ⑤ ㄱ, ㄴ, ㄷ

15 심층 순환의 역할에 대한 설명으로 옳지 않은 것은?

① 기후 변화를 일으킨다.
② 거의 전 위도에 걸쳐 일어난다.
③ 위도별 에너지 불균형을 해소시킨다.
④ 심층의 용존 산소를 표층에 공급한다.
⑤ 심층수에 포함된 영양 염류를 표층으로 운반한다.

서술형 **16** 그림은 약 17000년 전부터 현재까지 그린란드의 기온 분포를 나타낸 것이다.

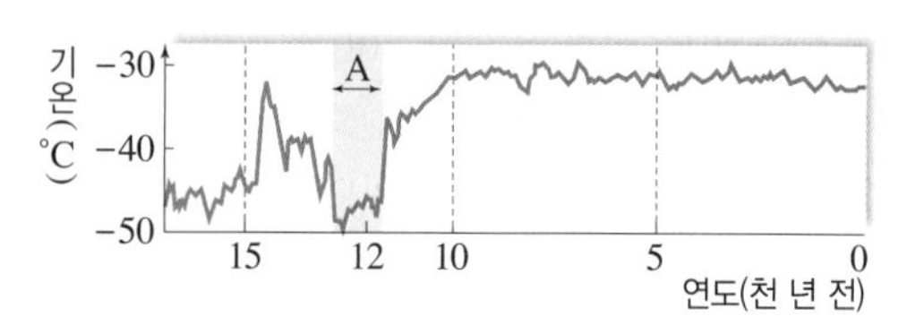

A 기간에 기온이 낮아진 까닭을 해수의 밀도 변화와 침강을 포함하여 서술하시오.

실력 UP 문제

정답친해 89쪽

01 그림은 대서양에서 심층 순환을 이루는 해수 A, B, C를 나타낸 것이다.

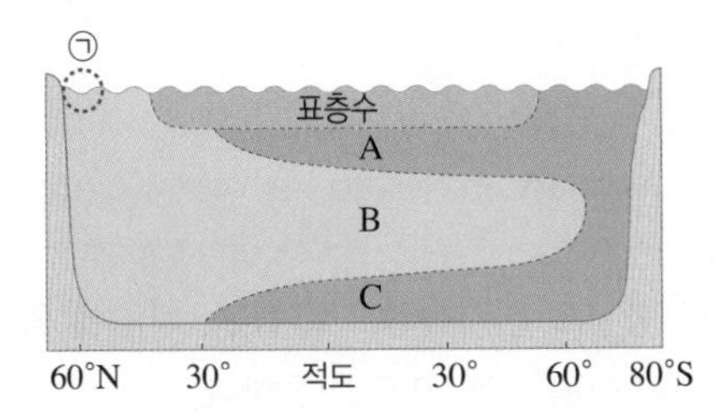

이에 대한 설명으로 옳은 것만을 [보기]에서 있는 대로 고른 것은?

보기
ㄱ. A는 적도 부근의 표층수가 침강하여 형성된다.
ㄴ. B와 C는 심층 해수에 산소를 공급한다.
ㄷ. ㉠ 해역에서 (증발량−강수량) 값이 감소하면 침강이 강해질 것이다.

① ㄱ ② ㄴ ③ ㄱ, ㄷ
④ ㄴ, ㄷ ⑤ ㄱ, ㄴ, ㄷ

02 그림 (가)는 대서양의 해수 순환의 모식도를, (나)는 북대서양의 여러 수괴를 수온 염분도에 나타낸 것이다. ㉠, ㉡에서 형성된 수괴는 A, B, C 중 하나이다.

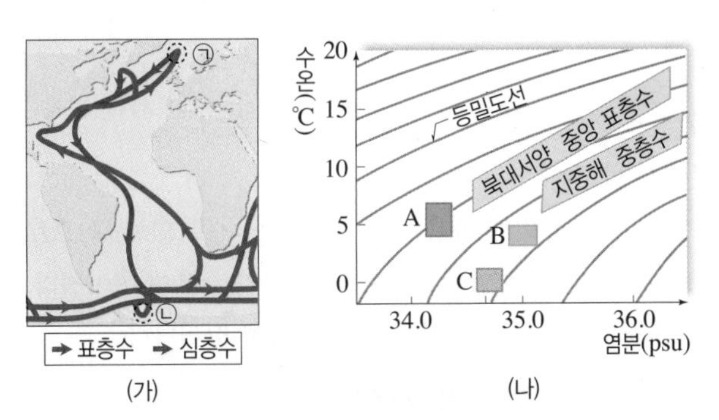

(가) (나)

이에 대한 설명으로 옳은 것만을 [보기]에서 있는 대로 고른 것은?

보기
ㄱ. 그린란드에서 ㉠ 해역으로 하천수가 녹은 물이 유입되면 표층수의 침강은 약해진다.
ㄴ. ㉡에서 형성되는 수괴는 A에 해당한다.
ㄷ. B는 침강한 후 대체로 북쪽으로 흐른다.
ㄹ. 표층수부터 아래로 내려갈수록 A→B→C 순으로 해수를 만나게 된다.

① ㄱ, ㄴ ② ㄱ, ㄹ ③ ㄴ, ㄷ
④ ㄱ, ㄴ, ㄹ ⑤ ㄴ, ㄷ, ㄹ

03 그림은 북대서양 심층 순환의 세기 변화를 시간에 따라 나타낸 것이다.

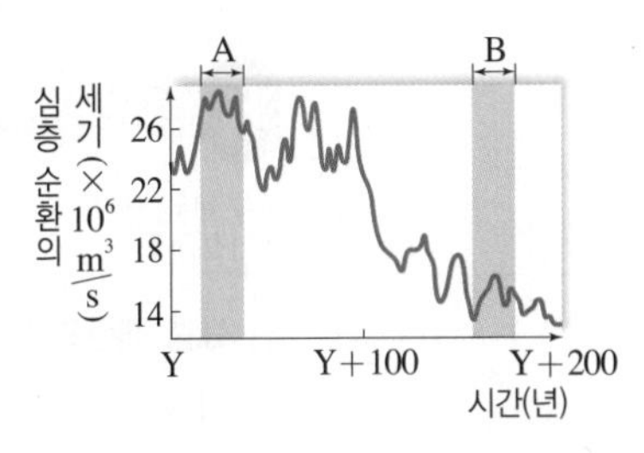

A 시기와 **B** 시기에 북대서양의 해수 순환과 관련된 특징을 옳게 비교한 것만을 [보기]에서 있는 대로 고른 것은?

보기
ㄱ. 고위도로 이동하는 표층 해류의 흐름의 세기: A>B
ㄴ. 심층수가 형성되는 해역에서 표층수의 침강 세기: A<B
ㄷ. 저위도와 고위도의 표층 수온 차: A>B

① ㄱ ② ㄴ ③ ㄱ, ㄷ
④ ㄴ, ㄷ ⑤ ㄱ, ㄴ, ㄷ

04 그림은 수심 1500 m보다 깊은 해양에서 방사성 탄소(^{14}C)를 이용하여 조사한 해수의 연령 분포를 나타낸 것이다.

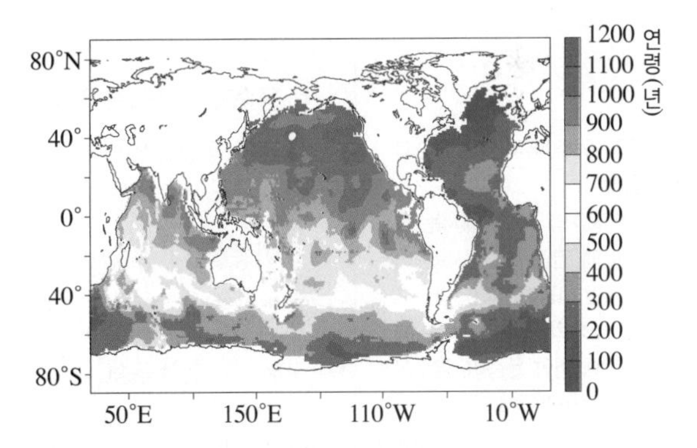

이에 대한 설명으로 옳은 것만을 [보기]에서 있는 대로 고른 것은?

보기
ㄱ. 북태평양에는 심층 순환의 침강 해역이 없다.
ㄴ. 북대서양 심층수는 대부분 대서양의 동쪽 연안을 따라 이동한다.
ㄷ. 인도양으로 유입된 심층수의 일부는 용승하여 표층수로 된다.

① ㄱ ② ㄴ ③ ㄱ, ㄷ
④ ㄴ, ㄷ ⑤ ㄱ, ㄴ, ㄷ

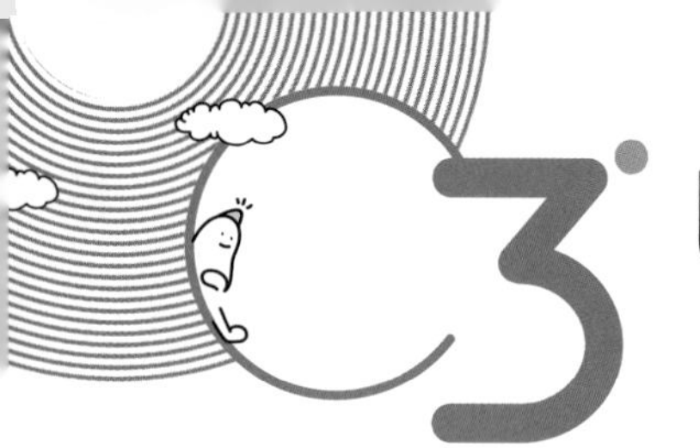

3 대기와 해양의 상호 작용

핵심 포인트
- ❶ 연안 용승과 연안 침강 ★★★
- ❷ 엘니뇨와 라니냐 시기의 수온 분포 ★★★
- ❸ 엘니뇨 남방 진동 ★★★

A 용승과 침강

표층 해수가 다른 곳으로 이동할 때 이를 보충하기 위해 심층의 찬 해수가 표층으로 올라오기도 해요. 이로 인해 이 해역의 표층 수온 등이 변하죠.

1. 표층 해수의 이동 해수면 위에서 바람이 한 방향으로 지속적으로 불면, 바람에 의해 해수가 이동한다. ➡ 평균 표층 해수는 바람 방향의 90° 방향으로 이동한다.

깊이에 따른 표층 해수의 이동 방향(북반구) YBM 교과서에만 나와요.

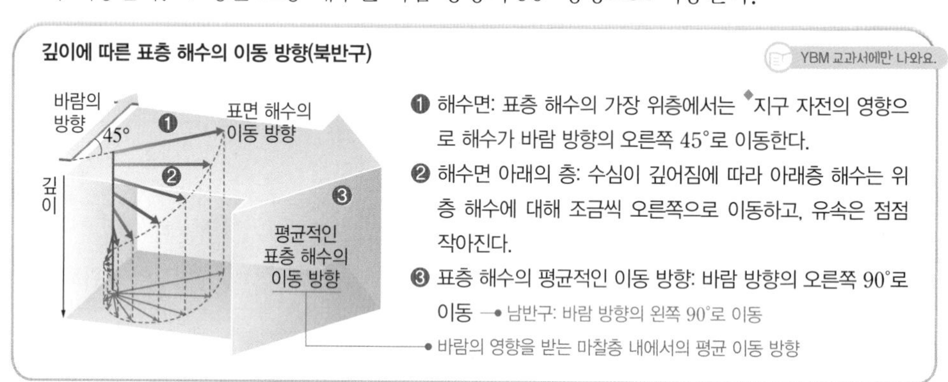

❶ 해수면: 표층 해수의 가장 위층에서는 ◆지구 자전의 영향으로 해수가 바람 방향의 오른쪽 45°로 이동한다.
❷ 해수면 아래의 층: 수심이 깊어짐에 따라 아래층 해수는 위층 해수에 대해 조금씩 오른쪽으로 이동하고, 유속은 점점 작아진다.
❸ 표층 해수의 평균적인 이동 방향: 바람 방향의 오른쪽 90°로 이동 → 남반구: 바람 방향의 왼쪽 90°로 이동
• 바람의 영향을 받는 마찰층 내에서의 평균 이동 방향

◆ **전향력의 작용 방향**
지구 자전의 영향으로 작용하는 전향력은 북반구에서는 물체의 운동 방향의 오른쪽 90° 방향으로, 남반구에서는 물체의 운동 방향의 왼쪽 90° 방향으로 작용한다.

2. 용승과 침강

(1) **용승**: 다른 곳으로 이동한 표층 해수를 보충하기 위해 심층의 찬 해수가 올라오는 현상
(2) **침강**: 모여든 표층의 해수가 아래로 내려가는 현상

3. 용승과 침강의 종류 205쪽 대표 자료❶

(1) **연안 용승과 연안 침강**: 대륙의 연안에서 발생하는 용승과 침강
① 연안 용승: 대륙의 연안에서 지속적인 바람에 의해 표층 해수가 먼 바다 쪽(외해 쪽)으로 이동할 때 용승이 일어난다. ➡ 표층 수온 분포: 해안에서 멀어짐에 따라 수온이 높아진다.
② 연안 침강: 먼 바다의 표층 해수가 대륙의 연안 쪽으로 이동할 때 침강이 일어난다.

구분	연안 용승(◆대륙의 서해안)	연안 침강(대륙의 서해안)
북반구	북반구 대륙의 서해안에서는 북풍이 불 때 연안 용승이 일어난다. 해수의 이동 / 바람 / 용승 북풍의 오른쪽 90° 방향(먼 바다 쪽)으로 표층 해수가 이동하여 이를 채우기 위해 용승이 일어난다.	북반구 대륙의 서해안에서는 남풍이 불 때 연안 침강이 일어난다. 해수의 이동 / 바람 / 침강 남풍의 오른쪽 90° 방향(대륙의 연안 쪽)으로 이동하여 모인 표층 해수가 아래로 내려가 침강이 일어난다.
남반구	남반구 대륙의 서해안에서는 남풍이 불 때 연안 용승이 일어난다.	남반구 대륙의 서해안에서는 북풍이 불 때 연안 침강이 일어난다.

◆ **대륙의 동해안에서 연안 용승과 연안 침강**
- 북반구 대륙의 동해안에서는 남풍이 불 때 연안 용승이, 북풍이 불 때 연안 침강이 일어난다.
- 남반구 대륙의 동해안에서는 북풍이 불 때 연안 용승이, 남풍이 불 때 연안 침강이 일어난다.

암기해!

• 대륙의 동해안

구분	연안 용승	연안 침강
북반구	남풍	북풍
남반구	북풍	남풍

• 대륙의 서해안

구분	연안 용승	연안 침강
북반구	북풍	남풍
남반구	남풍	북풍

(2) 적도 용승: 적도 부근에서 무역풍에 의해 일어나는 용승

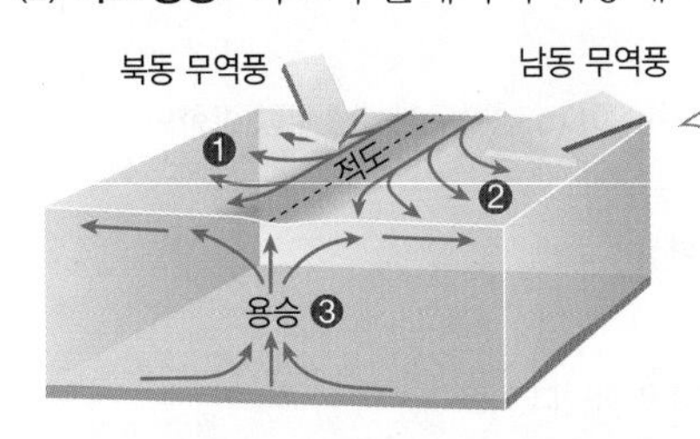

❶ 북반구: 북동 무역풍에 의해 적도에서 북쪽으로 표층 해수가 이동한다. (→ 바람 방향의 오른쪽)
❷ 남반구: 남동 무역풍에 의해 적도에서 남쪽으로 표층 해수가 이동한다. (→ 바람 방향의 왼쪽)
❸ 적도 부근에서 부족해진 해수를 채우기 위해 용승이 일어난다.

(3) 저기압(태풍)과 고기압에서 용승과 침강

저기압(태풍)		고기압	
북반구 저기압에서는 바람이 시계 반대 방향으로 불고, 표층 해수는 저기압 중심에서 바깥쪽으로 발산한다. ➡ ◆저기압 중심에서 용승이 일어난다.	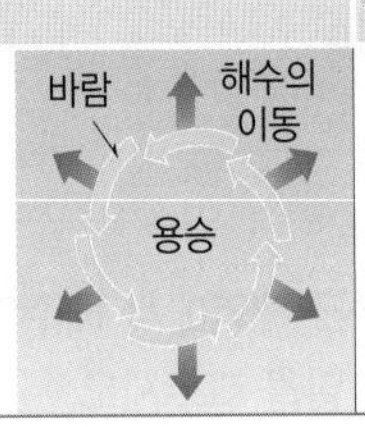	북반구 고기압에서는 바람이 시계 방향으로 불고, 표층 해수는 고기압 중심으로 수렴한다. ➡ 고기압 중심에서 침강이 일어난다.	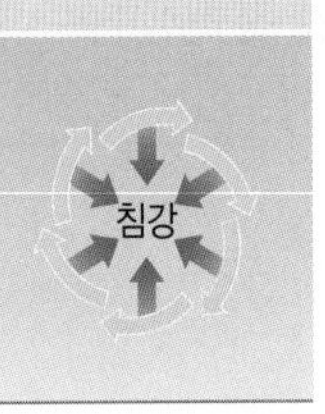

◆ **저기압과 고기압에서 용승과 침강의 단면**

▲ 저기압

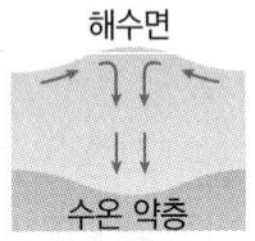

▲ 고기압

(4) 전 세계 주요 용승 지역: 대륙의 서해안이나 적도 부근에서 주로 용승이 일어난다.

| 전 세계 주요 용승 지역 |

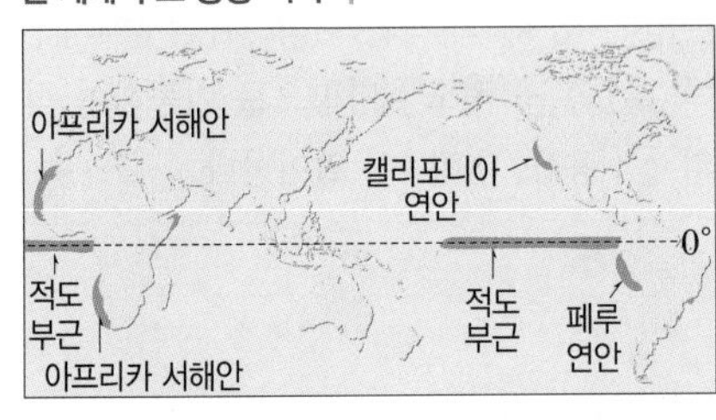

- 연안 용승 지역
  - 북반구: 아프리카 서해안, 캘리포니아 연안 (→ 북풍 계열의 바람이 불 때 용승)
  - 남반구: 아프리카 서해안, 페루 연안 (→ 남풍 계열의 바람이 불 때 용승)
- 적도 용승 지역: 적도 부근 (→ 북동 무역풍과 남동 무역풍에 의해 용승)

4. 용승과 침강의 영향

(1) 용승의 영향

① 영양 염류가 풍부한 심층의 해수가 표층에 공급되어 ◆좋은 어장이 형성된다.

② ◆대기가 냉각되어 서늘하고 안개가 자주 발생하며, 강수량이 적어 건조 지대가 형성된다.

(2) 침강의 영향

① 표층의 용존 산소가 심층으로 이동하여 해양 생물에게 필요한 산소가 공급된다.

② 따뜻한 해수가 모이므로 표층 수온이 상승하고, 수온 약층이 시작되는 깊이가 깊어진다.

◆ **용승 해역과 어장**
심층의 해수에는 심층으로 가라앉은 유기물이 분해되어 생긴 질산염이나 인산염 등의 영양 염류가 풍부하므로 용승 해역에는 물고기의 먹이가 되는 식물성 플랑크톤이 번성하여 좋은 어장이 형성된다.

◆ **우리나라 동해안의 용승**

수온 (°C) 5 10 15 20 25 / 냉수대 / 38°N 36° 34° 32° 30° / 124° 128° 132°E

여름철에 남풍 계열의 계절풍이 불면 동해 연안에서 용승이 일어나 연안 난류성 어류 양식업이 피해를 입거나 안개가 발생하기도 한다.

탐구 자료창 연안 용승의 영향

그림은 북아메리카 대륙 서해안의 표층 수온 분포와 식물성 플랑크톤 농도 분포를 나타낸 것이다.

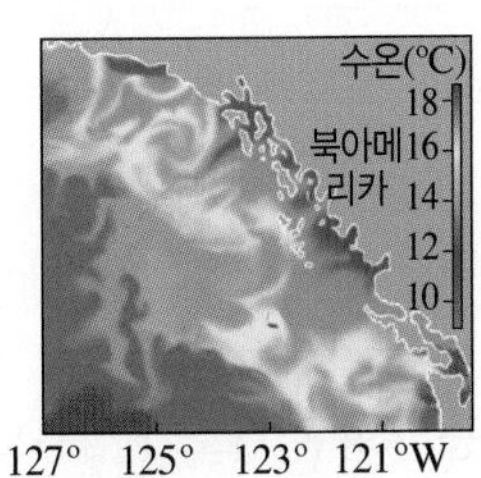

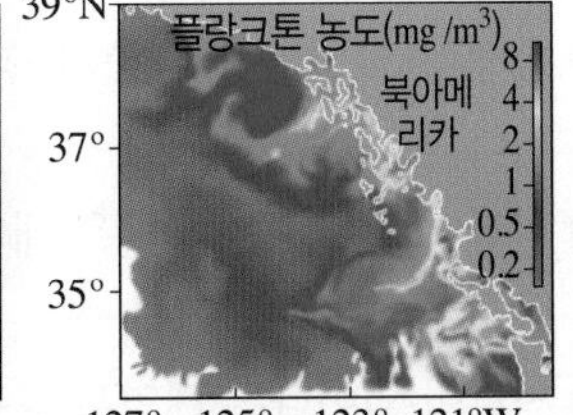

1. **표층 수온**: 해안 쪽은 낮고, 해안에서 먼 바다로 갈수록 높아진다.
2. **식물성 플랑크톤 농도**: 해안 쪽은 높고, 먼 바다로 갈수록 낮아진다.
3. **결론**: 연안 용승이 일어나 표층에 영양 염류가 공급되어 해양 생물의 개체 수가 증가하였다.

개념 확인 문제

핵심 체크

- 표층 해수의 이동: 평균적인 이동 방향은 북반구에서는 바람 방향의 (❶) 90°이고, 남반구에서는 바람 방향의 (❷) 90°이다.
- (❸): 표층 해수가 다른 곳으로 이동하면서 심층의 찬 해수가 올라오는 현상
- (❹): 표층 해수가 아래로 내려가는 현상
- 용승과 침강
  - (❺) 용승과 침강: 대륙의 연안에서 표층 해수가 이동하여 일어난다.
  - 적도 용승: 적도 부근에서 (❻)에 의해 일어난다.
  - 저기압 중심 부근에서는 (❼)이, 고기압 중심 부근에서는 (❽)이 일어난다.
- 용승의 영향: 심층의 찬 해수가 올라오면 해수면 부근의 대기가 냉각되어 (❾)가 자주 발생한다.

1 그림은 해수면 위에 부는 바람을 나타낸 것이다. ㉠~㉣ 중 다음 설명에 해당하는 방향을 고르시오.

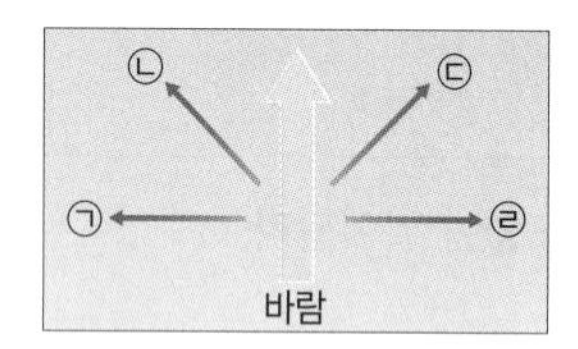

구분	북반구	남반구
해수면에서 해수의 이동 방향	(1) ( )	(2) ( )
표층 해수의 평균적인 이동 방향	(3) ( )	(4) ( )

2 그림은 북반구 대륙의 동해안 또는 서해안에서 바람이 한 방향으로 지속적으로 불 때 대륙의 연안에서 발생하는 해수의 '용승' 또는 '침강'을 ( ) 안에 각각 쓰시오.

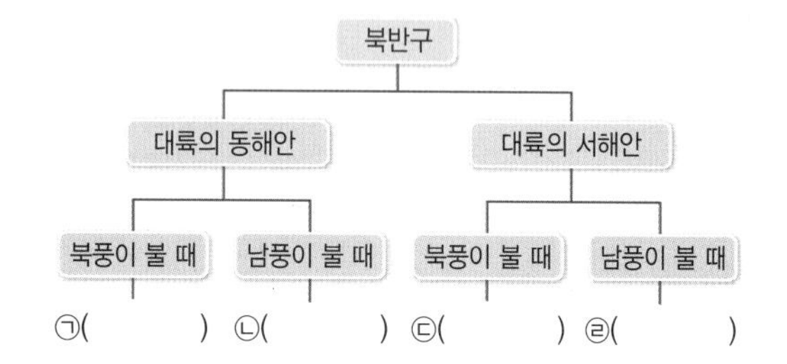

3 그림 (가), (나)와 같이 대륙의 연안에서 용승과 침강이 일어날 때 부는 바람을 각각 쓰시오.

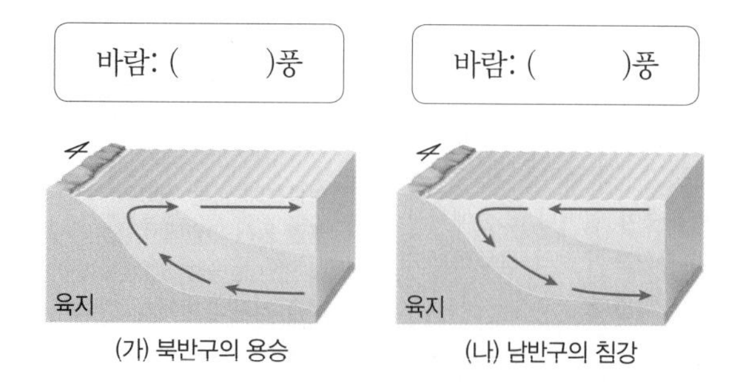

(가) 북반구의 용승　(나) 남반구의 침강

4 적도 부근 해역에서 해수의 이동에 대한 설명 중 ( ) 안에 알맞은 말을 고르시오.

> 무역풍에 의해 표층 해수가 북반구에서는 ㉠(적도 → 북쪽, 북쪽 → 적도) 방향으로 이동하고, 남반구에서는 ㉡(적도 → 남쪽, 남쪽 → 적도) 방향으로 이동하여 적도에서는 해수의 ㉢(용승, 침강)이 일어난다.

5 그림 (가)와 (나)는 북반구의 해수면에 형성된 고기압과 저기압에서 바람의 방향을 순서 없이 나타낸 것이다.

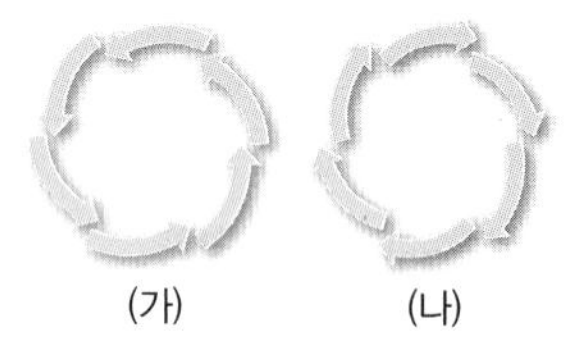

(1) (가)와 (나) 중 고기압을 고르시오.

(2) (가)와 (나) 중 해수의 용승이 일어나는 것을 고르시오.

(3) (가)와 (나) 중 태풍에 해당하는 것을 고르시오.

6 용승과 침강의 영향에 대한 설명으로 옳은 것은 ○, 옳지 않은 것은 ×로 표시하시오.

(1) 용승이 일어나는 해역은 표층 수온이 낮아진다. ( )

(2) 용승이 일어나면 심층의 영양 염류가 표층으로 공급된다. ( )

(3) 침강이 일어나는 해역은 대기가 냉각되어 안개가 자주 발생한다. ( )

(4) 침강이 일어나는 해역은 표층의 용존 산소가 심층으로 이동한다. ( )

B 엘니뇨와 라니냐

1. 엘니뇨와 라니냐 → 무역풍의 세기 변화로 나타나는 해수면의 온도 변화

(1) ❶**엘니뇨**: 적도 부근의 동태평양에서 중앙 태평양까지의 표층 수온이 평년보다 0.5 ℃ 이상 높은 상태로 5개월 이상 지속되는 현상 ➡ 발생 원인: 무역풍 약화

(2) ❷**라니냐**: 적도 부근의 동태평양에서 중앙 태평양까지의 표층 수온이 평년보다 0.5 ℃ 이상 낮은 상태로 5개월 이상 지속되는 현상 ➡ 발생 원인: 무역풍 강화

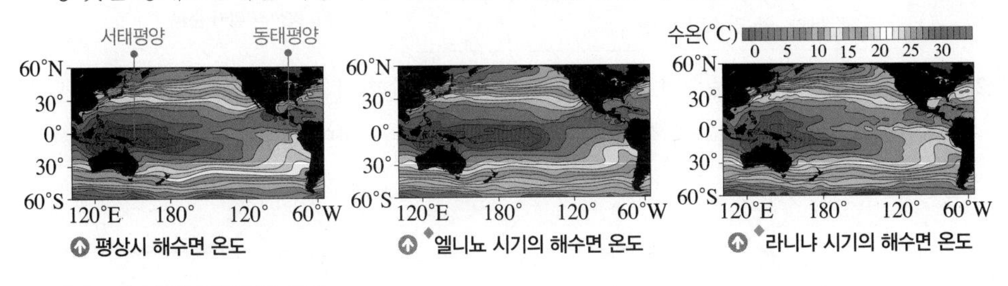

평상시 해수면 온도 / ◆엘니뇨 시기의 해수면 온도 / ◆라니냐 시기의 해수면 온도

◆ **엘니뇨와 라니냐 시기의 수온 분포 특징**
- 엘니뇨 시기: 남아메리카 연안에 수온이 낮은 해역이 좁게 나타난다.
- 라니냐 시기: 남아메리카 연안에서 수온이 낮은 해역이 서태평양으로 길게 뻗어 있다.

(3) **엘니뇨와 라니냐의 발생 과정**

구분	평상시	엘니뇨 시기	라니냐 시기
모형	적도, 무역풍, 한랭 수역, 온난 수역, 수온 약층, 용승	적도, 무역풍 약화, 한랭 수역, 온난 수역, 수온 약층, 용승	적도, 무역풍 강화, 한랭 수역, 온난 수역, 수온 약층, 용승
발생 과정	무역풍에 의해 동태평양의 따뜻한 표층 해수가 서태평양 쪽으로 이동한다. → 적도 해류	무역풍이 평상시보다 약해져 서태평양의 따뜻한 표층 해수가 동태평양 쪽으로 이동한다.	무역풍이 평상시보다 강해져 서태평양 쪽으로 이동하는 따뜻한 해수가 많아진다.
해양 변화	• ◆동태평양: 이동한 표층 해수를 채우기 위해 용승이 일어나 표층 수온이 낮고, 온난 수역의 두께가 얇다. • 서태평양: 표층 수온이 높고, 온난 수역의 두께가 두껍다.	• 동태평양: 용승이 약화되어 표층 수온이 높아지고, 온난 수역의 두께가 두꺼워진다. • 서태평양: 표층 수온이 낮아지고, 온난 수역의 두께가 얇아진다.	• 동태평양: 용승이 강화되어 표층 수온이 낮아지고, 온난 수역의 두께가 얇아진다. • 서태평양: 표층 수온이 높아지고, 온난 수역의 두께가 두꺼워진다.

◆ **평상시 동태평양 해역**

영양 염류가 풍부한 찬 해수가 용승하여 어획량이 많다.

탐구 자료창 엘니뇨와 라니냐 시기의 수온 연직 분포

205쪽 대표 자료❷

그림 (가)는 엘니뇨, (나)는 라니냐 시기에 열대 태평양 동-서 단면의 연직 수온 분포를 나타낸 것이다.

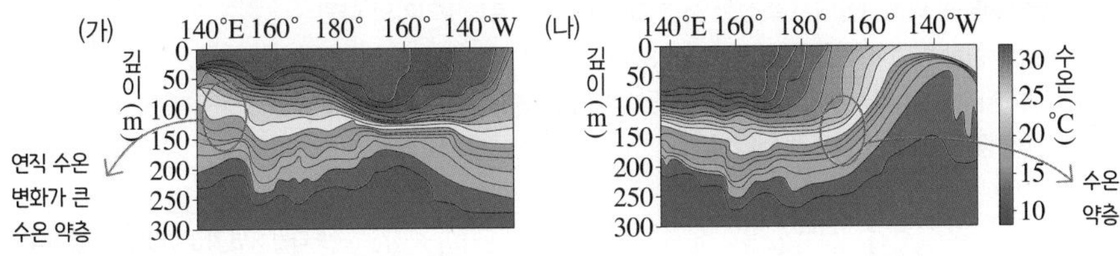

1. **동태평양 연안의 용승**: 평상시보다 (가)에서는 약해지고, (나)에서는 강해진다.
2. **동-서 방향의 등온선의 기울기**: 평상시보다 (가)에서는 완만해지고, (나)에서는 급해진다.
3. **수온 약층이 시작되는 깊이**
   - (가): 서태평양에서 얕아지고, 동태평양에서 깊어진다.
   - (나): 서태평양에서 깊어지고, 동태평양에서 얕아진다.
4. **동-서 태평양에서 수온 약층이 시작되는 깊이 차이**: (가)에서는 작아지고, (나)에서는 커진다.

용어

❶ **엘니뇨(El Niño)** 스페인어로 '남자 아이' 또는 '아기 예수'라는 뜻으로, 크리스마스를 전후로 용승이 약해지면서 어획량이 감소하여 붙여진 이름이다.

❷ **라니냐(La Niña)** 스페인어로 '여자 아이'라는 뜻으로, 엘니뇨와 반대의 현상이 나타나기 때문에 붙여진 이름이다.

◆ 남방 진동

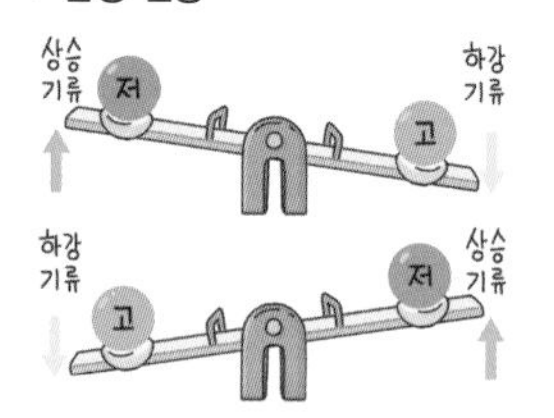

서태평양과 동태평양의 기압이 한 쪽이 올라가면 다른 한쪽은 내려간다.

- 서태평양 지역: 필리핀, 인도네시아, 오스트레일리아 등
- 동태평양 지역: 페루, 남아메리카, 북아메리카 등

2. ◆남방 진동 수년에 걸쳐 열대 태평양의 동·서 기압 분포가 서로 반대로 나타나는 주기적인 현상 ➡ 엘니뇨와 라니냐 시기에 기압 분포가 반대로 나타난다. → 대기의 기압 분포 변화

(1) 워커 순환: 열대 태평양에서 형성되는 동서 방향의 거대한 대기 순환

서태평양	따뜻한 해수에 의해 저기압이 형성되어 따뜻한 공기가 상승한다. ➡ 강수량이 많다.
동태평양	찬 해수의 용승에 의해 고기압이 형성되어 찬 공기가 하강한다. ➡ 강수량이 적다.

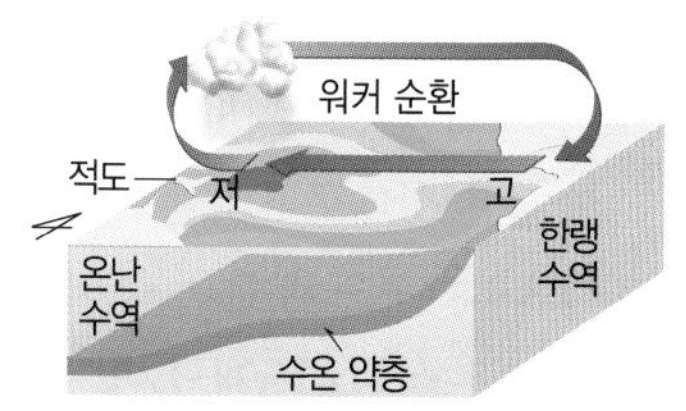

▲ 평상시 워커 순환

(2) 남방 진동과 기후 변화: 해수면 기압이 변하면서 워커 순환의 상승 기류, 하강 기류가 달라져 열대 해역에 기후 변화가 생기고, 전 지구적인 기후 변화에 영향을 준다.

구분	엘니뇨 시기	라니냐 시기
모형	적도, 고, 저, 온난 수역, 한랭 수역, 수온 약층	적도, 저, 고, 온난 수역, 한랭 수역, 수온 약층
기압 분포	서태평양에 고기압이 형성되고, 동태평양에 저기압이 형성된다. → 워커 순환의 상승 영역이 동쪽으로 치우친다.	서태평양에서 저기압이 더 강해지고, 동태평양에서 고기압이 더 강해진다.
기후 변화	• 서태평양에서는 하강 기류가 발달하여 건조한 날씨가 되어 가뭄이 든다. • 동태평양에서는 상승 기류가 발달하여 강수량이 증가하여 홍수가 난다. 또한 허리케인 발생 해역의 수온이 상승하여 허리케인이 자주 발생한다.	• 서태평양에서는 상승 기류가 발달하여 평소보다 강수량이 증가하므로 홍수가 난다. 또한 태풍 발생 해역의 수온이 상승하여 태풍이 자주 발생한다. • 동태평양에서는 하강 기류가 발달하여 평소보다 건조한 날씨가 되므로 가뭄이 든다.

암기해!

- **엘니뇨 시기의 기후 변화**
  - 서태평양: 강수량 감소, 가뭄
  - 동태평양: 강수량 증가, 홍수
- **라니냐 시기의 기후 변화**
  - 서태평양: 강수량 증가, 홍수
  - 동태평양: 강수량 감소, 가뭄

3. 엘니뇨 남방 진동 엘니뇨와 라니냐는 해수면의 온도 변화이고, 남방 진동은 대기의 기압 분포 변화인데, 이들은 대기와 해양의 상호 작용으로 함께 일어나므로 엘니뇨 남방 진동 또는 ❶엔소(ENSO)라고 한다. → 2년~7년 사이의 주기로 발생한다. 완자쌤 비법 특강 203쪽

◆ 엘니뇨와 남방 진동

남방 진동 지수의 변동 주기는 엘니뇨 발생 주기와 일치하는 것으로 관측되어 엘니뇨와 남방 진동이 관련성이 있음을 알 수 있다.

◆남방 진동 지수

금성, YBM 교과서에만 나와요.

- 남방 진동 지수: 적도 태평양 동쪽과 서쪽의 월 평균 기압 차이를 나타내는 지수로, 남태평양의 타히티섬에서 측정한 해면 기압에서 오스트레일리아의 다윈 지방에서 측정한 해면 기압을 뺀 값으로 정의된다.
- 남방 진동 지수는 엘니뇨 시기에는 (−) 값, 평상시에는 (+) 값으로 나타나며, 라니냐 시기에는 큰 (+) 값으로 나타난다.

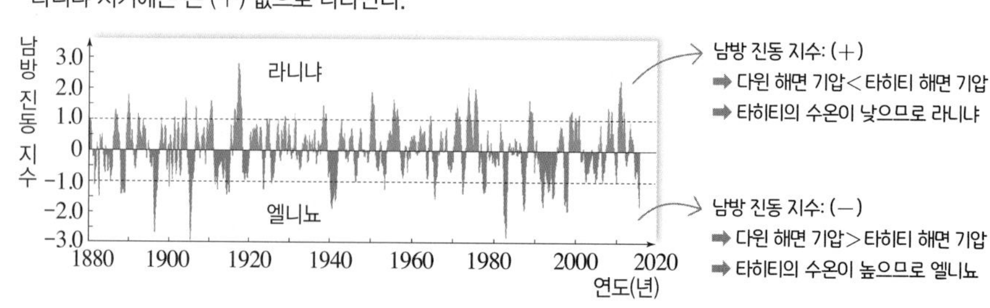

(용어)

❶ **엔소(ENSO)** 엘니뇨 남방 진동의 영문 'El Niño and Southern Oscillation'의 첫글자를 따서 붙인 것

엘니뇨 남방 진동

대기와 해양의 상호 작용에 의해 일어나는 엘니뇨나 라니냐는 해수뿐만 아니라 대기에도 영향을 주고, 그로 인해 기후 변화가 일어납니다. 엘니뇨와 라니냐가 어떤 영향을 주는지 한눈에 정리해 볼까요?

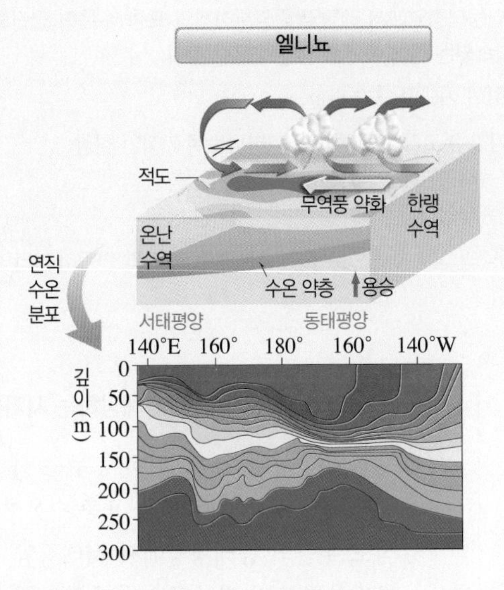

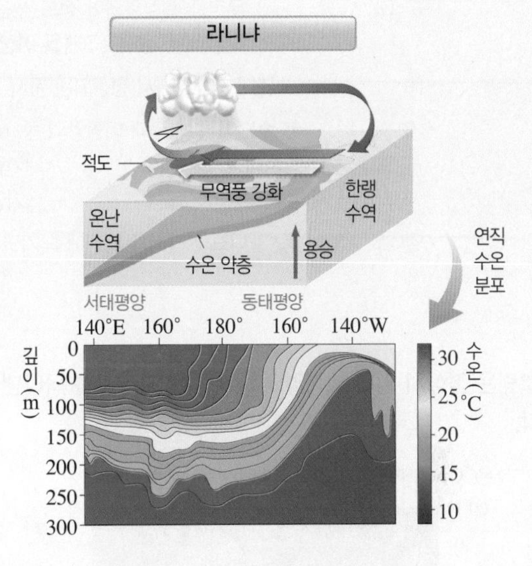

구분		평상시	엘니뇨 시기	라니냐 시기
엘니뇨와 라니냐	발생 과정	무역풍에 의해 따뜻한 표층 해수가 서쪽으로 이동	무역풍 약화로 따뜻한 표층 해수가 동쪽으로 이동	무역풍 강화로 따뜻한 표층 해수가 서쪽으로 더 강하게 이동
	해수면 온도	• 서태평양: 높다 • 동태평양: 낮다	• 서태평양: 낮아진다 • 동태평양: 높아진다	• 서태평양: 더 높아진다 • 동태평양: 더 낮아진다
	동태평양 용승	일어난다 ➡ 연안 수산업 활발	약해진다 ➡ 연안 수산업 저조	강해진다 ➡ 연안 지역 냉해
	온난 수역의 두께	• 서태평양: 두껍다 • 동태평양: 얇다	• 서태평양: 얇아진다 • 동태평양: 두꺼워진다	• 서태평양: 더 두꺼워진다 • 동태평양: 더 얇아진다
	수온 약층이 시작되는 깊이	• 서태평양: 깊다 • 동태평양: 얕다	• 서태평양: 얕아진다 • 동태평양: 깊어진다	• 서태평양: 더 깊어진다 • 동태평양: 더 얕아진다
남방 진동	대기 순환 (기압 분포)	• 서태평양: 상승 기류(저기압) • 동태평양: 하강 기류(고기압)	• 서태평양: 하강 기류(고기압) • 중앙 태평양~동태평양: 상승 기류(저기압)	• 서태평양: 상승 기류(저기압)가 더 강해진다. • 동태평양: 하강 기류(고기압)가 더 강해진다.
기후 변화	강수량	• 서태평양: 많다 • 동태평양: 적다	• 서태평양: 적어진다(가뭄) • 동태평양: 많아진다(홍수)	• 서태평양: 더 많아진다(홍수) • 동태평양: 더 적어진다(가뭄)

Q1 그림은 엘니뇨와 라니냐 시기의 표층 수온 편차(관측값－평년값)를 나타낸 것이다. (　　　) 안에 기압 분포를 쓰시오.

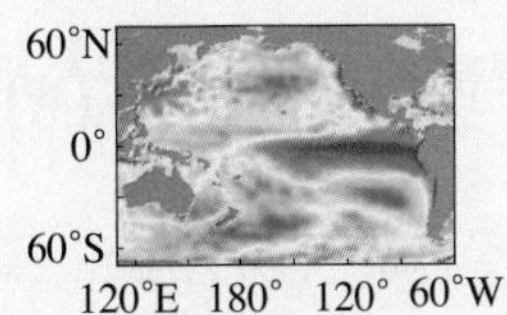

(가) 엘니뇨 시기

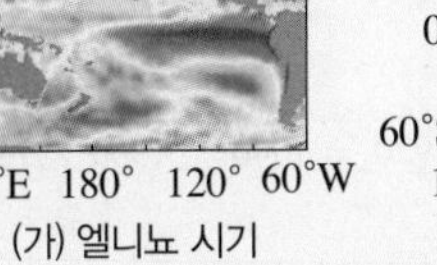

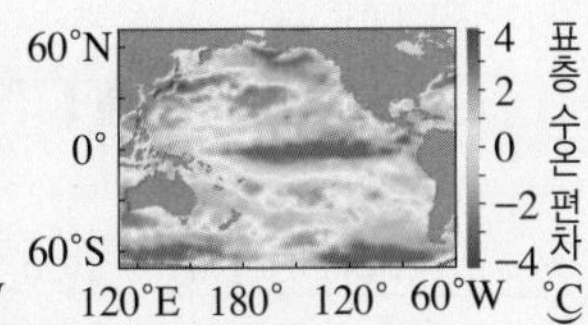

(나) 라니냐 시기

구분	(가) 엘니뇨 시기		(나) 라니냐 시기	
	서태평양	동태평양	서태평양	동태평양
수온 편차	(－) 값	(＋) 값	(＋) 값	(－) 값
기압	㉠(　　　)	㉡(　　　)	㉢(　　　)	㉣(　　　)

개념 확인 문제

핵심 체크

- 엘니뇨와 라니냐
  - (❶): 무역풍이 약화되어 적도 부근의 동태평양에서 태평양 중앙부까지의 표층 수온이 평년보다 0.5 °C 이상 높은 상태로 5개월 이상 지속되는 현상 ➡ 동태평양의 용승 약화
  - (❷): 무역풍이 강화되어 적도 부근의 동태평양에서 태평양 중앙부까지의 표층 수온이 평년보다 0.5 °C 이상 낮은 상태로 5개월 이상 지속되는 현상 ➡ 동태평양의 용승 강화
- (❸): 열대 태평양에서 형성되는 동서 방향의 거대한 대기 순환
- (❹): 수년에 걸쳐 열대 태평양의 동·서 기압 분포가 서로 반대로 나타나는 주기적인 현상
  - 엘니뇨 시기: 서태평양에는 (❺)기압, 동태평양에는 (❻)기압 형성
  - 라니냐 시기: 서태평양에는 (❼)기압, 동태평양에는 (❽)기압 형성
- 엘니뇨 남방 진동: 엘니뇨와 라니냐 시기에 대기와 해양의 상호 작용으로 표층 수온 변동과 기압 변동이 나타나는 현상

1 그림은 평상시 열대 태평양의 해수면 온도 분포를 나타낸 것이다.

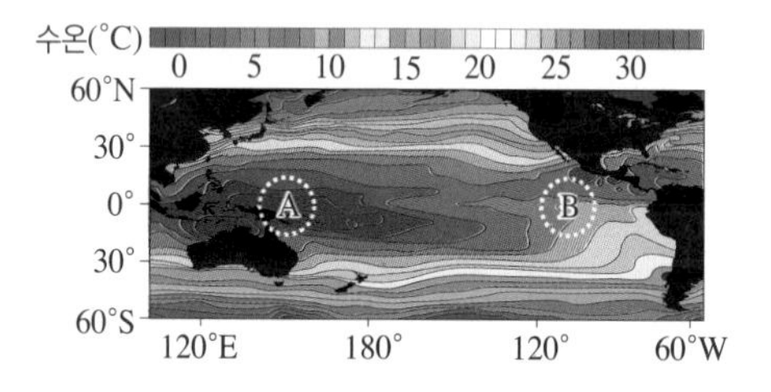

A와 B 중 각 설명에 해당하는 해역을 고르시오.

(1) 수온 약층이 시작되는 깊이가 더 깊은 해역

(2) 표층 해수에 포함된 영양 염류가 더 많은 해역

(3) 기압이 더 높은 해역

[2~3] 그림 (가)와 (나)는 엘니뇨 시기와 라니냐 시기의 태평양 해수면 온도 분포를 순서 없이 나타낸 것이다.

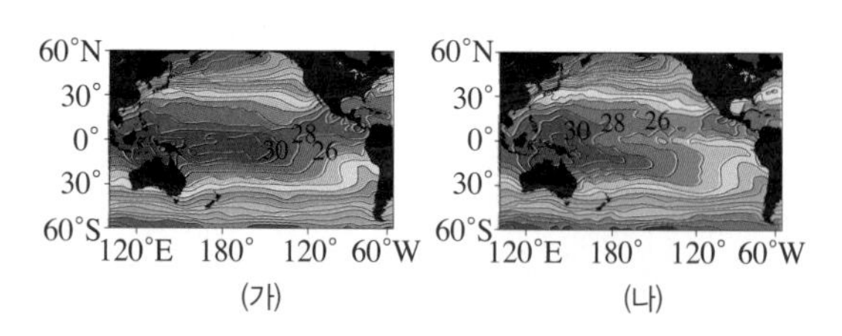

2 (가)와 (나) 중 엘니뇨 시기와 라니냐 시기를 각각 쓰시오.

3 (가)와 (나) 중 각 설명에 해당하는 시기를 고르시오.

(1) 무역풍이 상대적으로 약하게 부는 시기

(2) 적도 부근 동·서태평양의 표층 수온 차이가 더 큰 시기

(3) 적도 부근의 동태평양에서 서태평양 쪽으로 이동하는 따뜻한 해수가 평상시보다 많은 시기

(4) 서태평양에서 강수량이 더 많은 시기

(5) 동태평양의 해수면 기압이 더 높은 시기

4 남방 진동과 기후 변화에 대한 설명 중 ( ) 안에 알맞은 말을 쓰시오.

> 무역풍이 약화되어 ㉠( ) 발생 → 서태평양의 해수가 동태평양으로 많이 이동하여, 워커 순환의 상승 영역이 평상시보다 ㉡( )쪽으로 이동한다. → 동태평양에는 저기압이 형성되어 강수량이 ㉢( )한다.

5 그림은 적도 부근의 태평양 동쪽과 서쪽의 기압 차(동쪽 해면 기압－서쪽 해면 기압)를 나타낸 것이다.

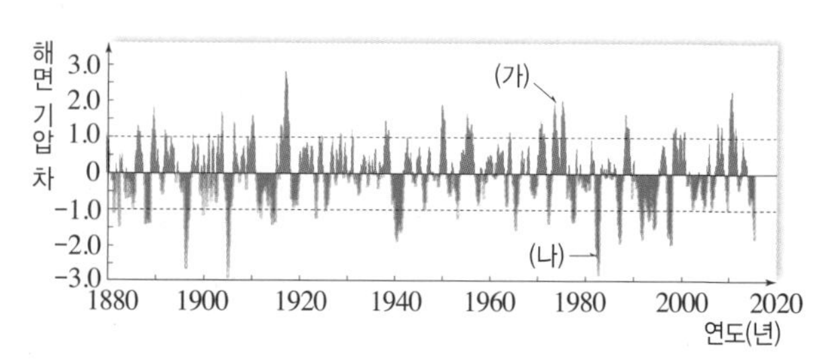

(가)와 (나)는 엘니뇨와 라니냐 중 어떤 시기인지 각각 쓰시오.

정답친해 91쪽

대표 자료 분석

자료 ❶ 용승과 침강

기출 Point
- 북반구와 남반구의 연안 용승 판단하기
- 대기 대순환의 바람과 적도 용승의 관계 이해하기

[1~4] 그림 (가)와 (나)는 각각 북반구와 남반구 대륙의 동해안을, (다)는 적도 부근 해역을 나타낸 것이다.

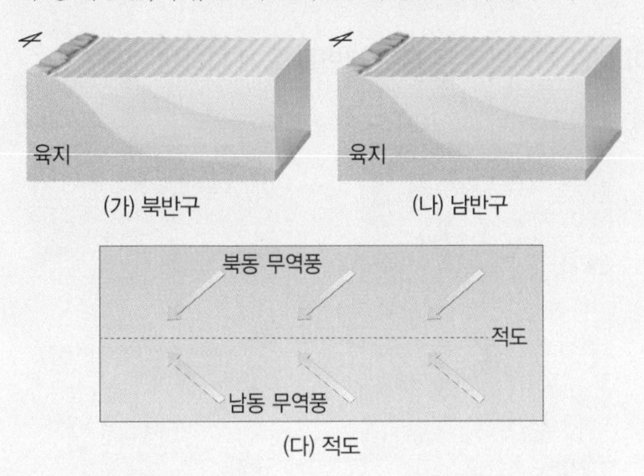

1 (가)와 (나) 중 해안을 따라 북풍이 지속적으로 불 때 용승이 일어나는 해역을 고르시오.

2 (가)와 (나) 중 북풍이 지속적으로 불 때 해안에서 먼 바다 쪽으로 갈수록 해수면 온도가 높아지는 해역을 고르시오.

3 용승과 침강 중 (다)에서 적도를 따라 해수의 어떤 연직 운동이 일어나는지 쓰시오.

4 빈출 선택지로 완벽 정리!

(1) (가)에서 남풍이 지속적으로 불면 표층 해수는 해안에서 먼 바다 쪽으로 흐른다. (○ / ×)

(2) (나)에서 북풍이 지속적으로 불면 연안에 안개의 발생 빈도가 높아진다. (○ / ×)

(3) (나)에서 연안 해수의 영양 염류는 북풍보다 남풍이 불 때 더 많다. (○ / ×)

(4) (다)에서 적도 해역은 주변 해역보다 해수면 온도가 낮다. (○ / ×)

자료 ❷ 엘니뇨와 라니냐

기출 Point
- 엘니뇨와 라니냐 시기의 해수면 온도 분포 파악하기
- 엘니뇨와 라니냐 시기의 해수 특징과 기후 변화 해석하기

[1~3] 그림 (가)와 (나)는 엘니뇨와 라니냐 시기에 관측한 태평양 적도 부근 해역의 연직 수온 분포를 순서 없이 나타낸 것이다.

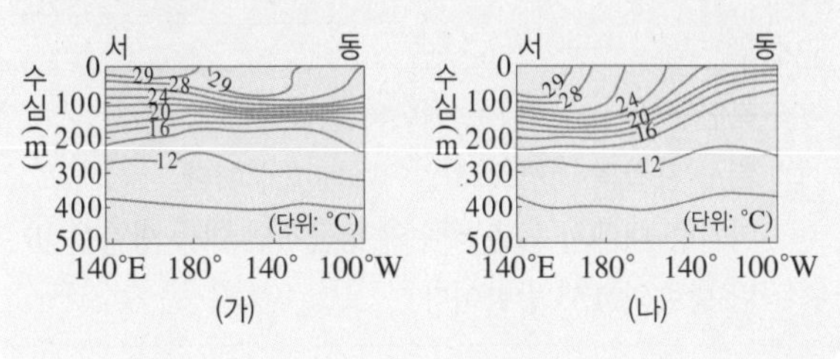

1 (가)와 (나) 중 엘니뇨 시기와 라니냐 시기를 각각 쓰시오.

2 다음 설명 중 (   ) 안에 알맞은 말을 쓰시오.

(가)와 (나) 시기에 동·서 태평양의 해수면 기압이 반대로 나타나는 현상을 ㉠(   )(이)라 하고, (가)와 (나) 시기의 해수면 온도 변화와 기압 분포 변화를 합쳐 ㉡(   )(이)라고 한다.

3 빈출 선택지로 완벽 정리!

(1) 무역풍의 세기는 (가) 시기보다 (나) 시기에 강하다. (○ / ×)

(2) 동태평양 적도 부근 해역에서 온난 수역의 두께는 (가) 시기보다 (나) 시기에 두껍다. (○ / ×)

(3) 동태평양 적도 부근 해역의 연안 용승은 (가) 시기보다 (나) 시기에 약하다. (○ / ×)

(4) 동태평양 적도 부근 해역에서 강수량은 (가) 시기보다 (나) 시기에 적다. (○ / ×)

(5) 동태평양 적도 부근 해역에서 수심 100 m～200 m 구간의 깊이에 따른 수온 감소율은 (가) 시기보다 (나) 시기에 작다. (○ / ×)

(6) 서태평양 적도 부근 해역에서 수온 약층이 시작되는 깊이는 (가) 시기보다 (나) 시기에 얕다. (○ / ×)

(7) 동태평양 적도 부근에서는 (가) 시기에 가뭄 피해가 생기고, (나) 시기에 홍수 피해가 생긴다. (○ / ×)

내신 만점 문제

A 용승과 침강

01 그림은 해수면 위에 지속적으로 부는 바람과 표층 해수의 이동을 나타낸 것이다. 이에 대한 설명으로 옳은 것만을 [보기]에서 있는 대로 고른 것은?

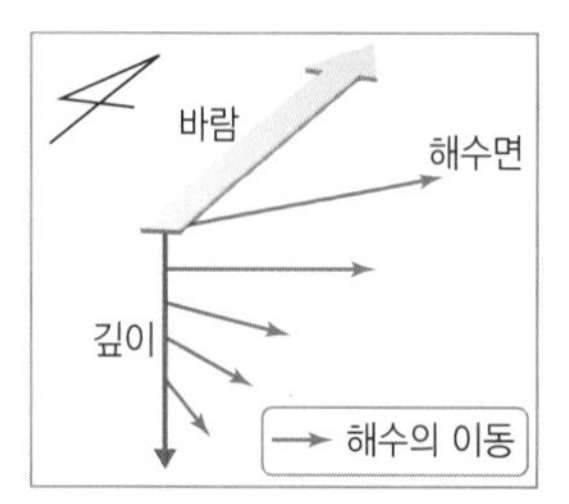

보기
ㄱ. 북반구에서 나타나는 해수의 이동이다.
ㄴ. 지구 자전의 영향으로 일어나는 현상이다.
ㄷ. 마찰층 내에서 표층 해수의 평균적인 이동 방향은 바람 방향의 45° 방향이다.

① ㄱ ② ㄷ ③ ㄱ, ㄴ
④ ㄴ, ㄷ ⑤ ㄱ, ㄴ, ㄷ

중요 **02** 그림은 북반구의 어느 해안에서 지속적으로 부는 바람을 나타낸 것이다. 이에 대한 설명으로 옳은 것은?

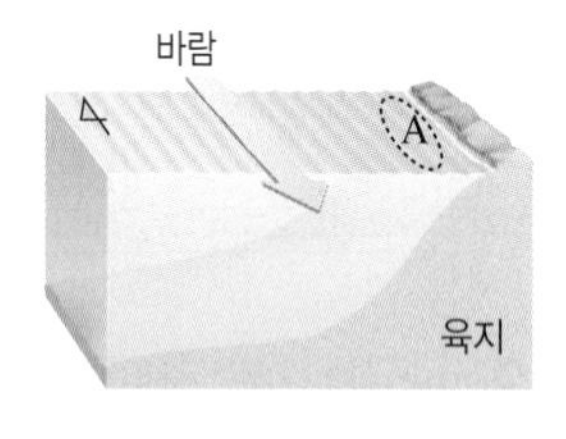

① 남풍이 불고 있다.
② 표층 해수는 해안 쪽으로 이동한다.
③ 연안 침강이 일어난다.
④ A 해역의 기온이 상승한다.
⑤ A 해역의 표층 해수에 영양 염류가 증가한다.

서술형 **03** 그림은 북반구의 어느 해안에서 지속적으로 부는 바람과 해수면의 등수온선 분포를 나타낸 것이다. 수온 T_1, T_2, T_3을 높은 것부터 순서대로 나열하고, 해안가의 해수면 부근에서 나타날 가능성이 큰 대기 현상을 서술하시오.

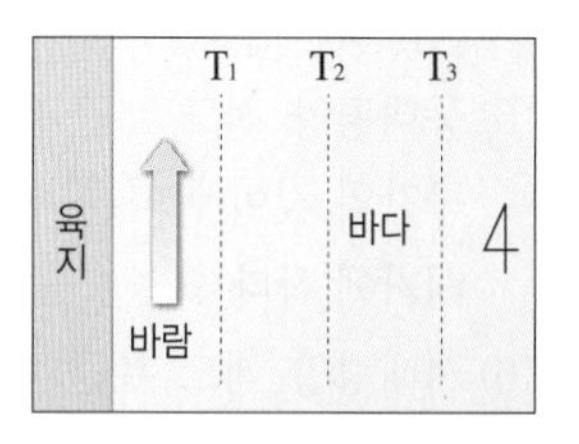

04 그림은 남반구의 어느 해안 지역에서 지속적으로 부는 바람을 나타낸 것이다.

이 해안 지역의 수온 분포 단면을 옳게 나타낸 것은?

①
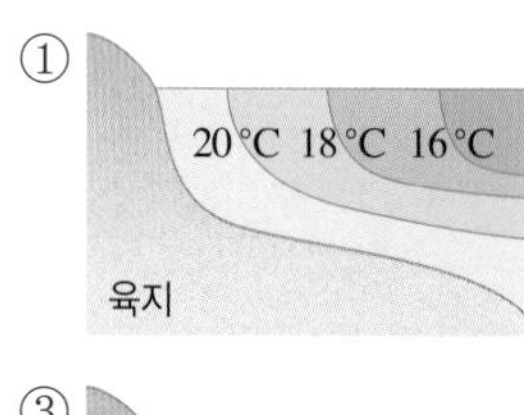

②
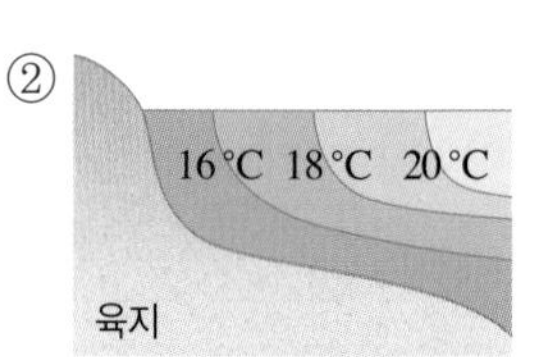

③
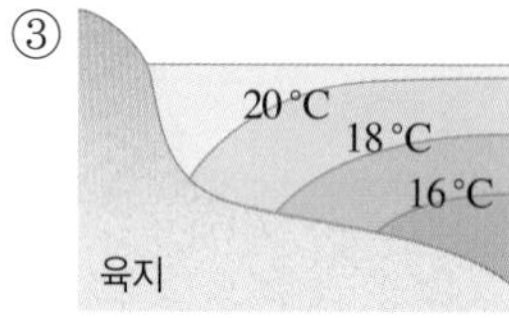

④
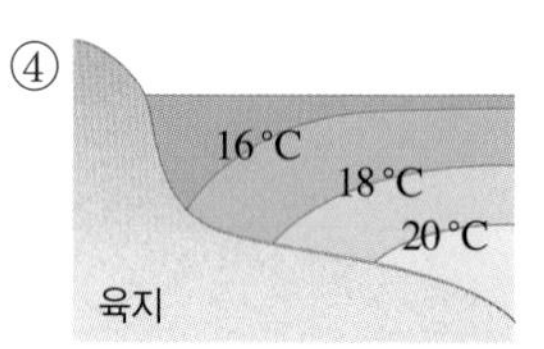

⑤
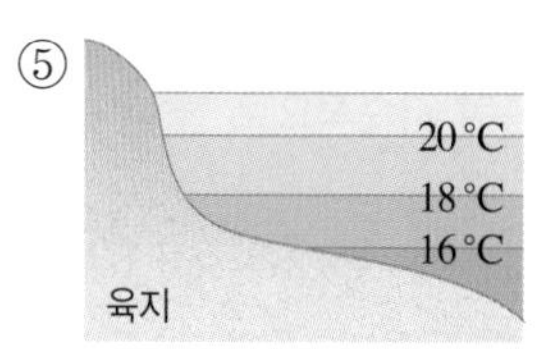

05 그림은 북반구 서로 다른 해역 A, B에 정체된 고기압과 저기압에 의한 풍향을 순서 없이 나타낸 것이다.

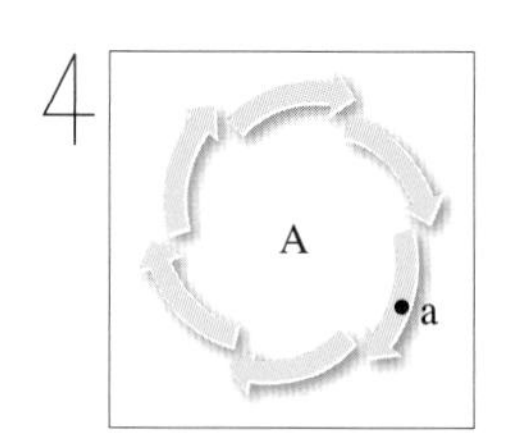

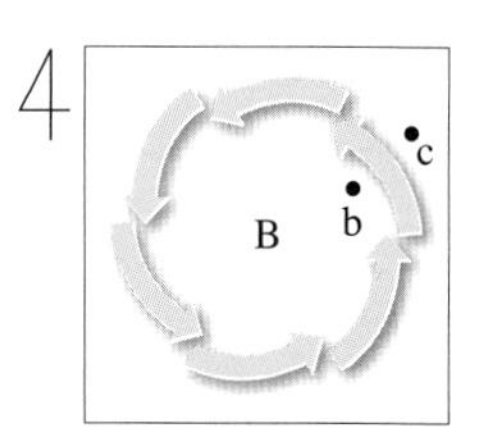

이에 대한 설명으로 옳은 것만을 [보기]에서 있는 대로 고른 것은?

보기
ㄱ. a에서 표층 해수는 북서쪽으로 이동한다.
ㄴ. A에서는 수렴, B에서는 발산이 일어난다.
ㄷ. b에서 c로 갈수록 수온 약층이 시작되는 깊이가 깊어진다.

① ㄱ ② ㄴ ③ ㄱ, ㄷ
④ ㄴ, ㄷ ⑤ ㄱ, ㄴ, ㄷ

중요 **06** 그림은 적도 부근 해역에서 지속적으로 부는 바람을 나타낸 것이다. 적도 부근 해역에 대한 설명으로 옳은 것만을 [보기]에서 있는 대로 고른 것은?

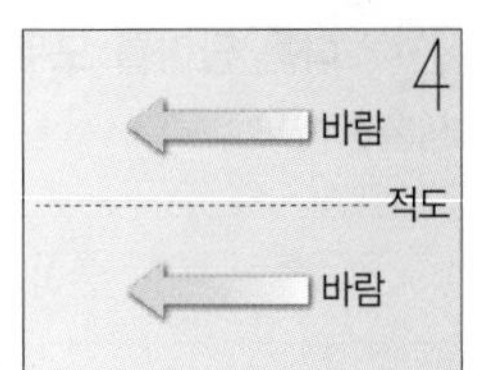

보기
ㄱ. 남반구에서 표층 해수가 북쪽으로 이동하여 모인다.
ㄴ. 심층의 해수가 올라온다.
ㄷ. 주변 해역보다 영양 염류가 풍부해진다.

① ㄱ ② ㄴ ③ ㄱ, ㄷ
④ ㄴ, ㄷ ⑤ ㄱ, ㄴ, ㄷ

07 그림은 우리나라 동해에서 어느 연안 해역의 표층 수온 변화를 나타낸 것이다. 이 해역에 대한 설명으로 옳은 것만을 [보기]에서 있는 대로 고른 것은?

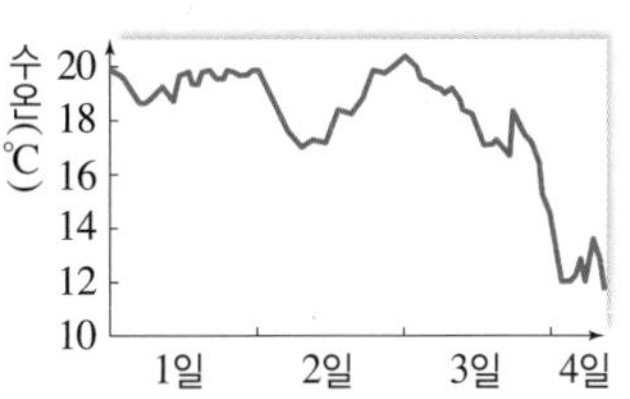

보기
ㄱ. 연안 용승은 1일보다 3일에 활발하였다.
ㄴ. 이 기간 동안 남풍 계열의 바람이 우세하였다.
ㄷ. 표층 해수의 영양 염류 농도는 1일보다 4일에 높았다.

① ㄱ ② ㄷ ③ ㄱ, ㄴ
④ ㄴ, ㄷ ⑤ ㄱ, ㄴ, ㄷ

08 그림은 태평양의 주요 용승 해역을 나타낸 것이다. A~C 해역에 대한 설명으로 옳은 것만을 [보기]에서 있는 대로 고른 것은?

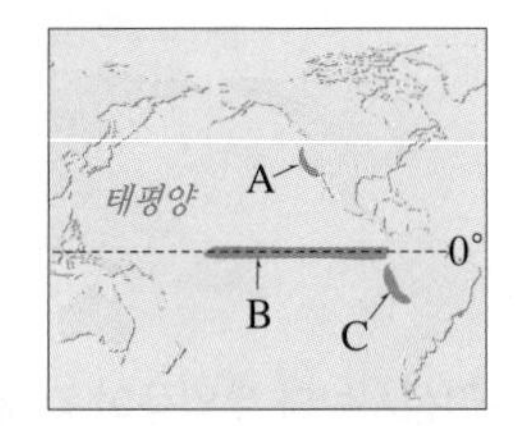

보기
ㄱ. A와 C 해역 모두 북풍이 불 때 용승이 잘 일어난다.
ㄴ. 무역풍이 강해지면 B 해역의 용승이 강해진다.
ㄷ. A, B, C 해역에는 좋은 어장이 형성된다.

① ㄱ ② ㄴ ③ ㄱ, ㄷ
④ ㄴ, ㄷ ⑤ ㄱ, ㄴ, ㄷ

09 그림은 어느 시기에 남반구 연안 해역에서 해수의 연직 밀도 분포를 나타낸 것이다.

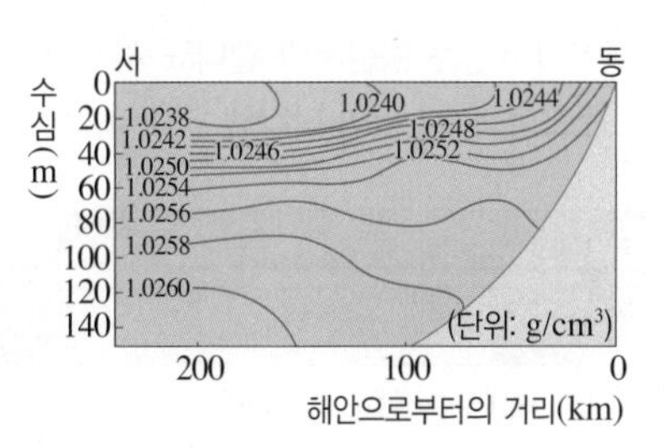

연안 해역에 대한 설명으로 옳은 것만을 [보기]에서 있는 대로 고른 것은?

보기
ㄱ. 북풍이 지속적으로 부는 시기이다.
ㄴ. 해수면 온도는 동에서 서로 갈수록 높아진다.
ㄷ. 해안 부근의 식물성 플랑크톤 농도가 평상시보다 높다.

① ㄱ ② ㄴ ③ ㄱ, ㄷ
④ ㄴ, ㄷ ⑤ ㄱ, ㄴ, ㄷ

10 그림 (가)와 (나)는 북아메리카 대륙 서해안의 표층 수온 분포와 식물성 플랑크톤의 농도 분포를 나타낸 것이다.

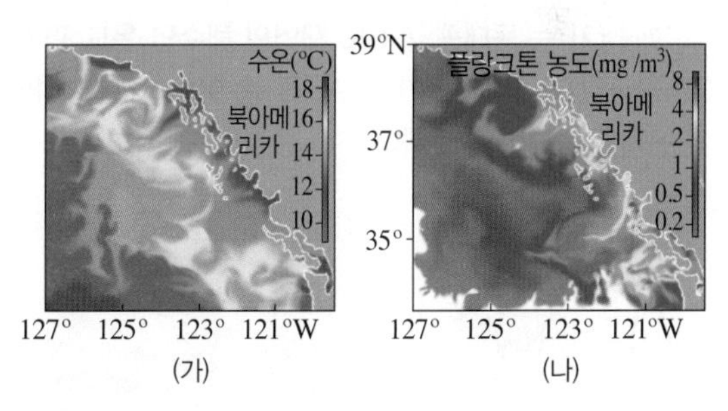

(가) (나)

이 해역에 대한 설명으로 옳은 것만을 [보기]에서 있는 대로 고른 것은?

보기
ㄱ. 남풍 계열의 바람이 지속적으로 불었다.
ㄴ. 표층 수온이 낮은 해역에서 해수 중의 영양 염류의 농도가 높았다.
ㄷ. 연안 침강이 일어나 해양 생물에게 다량의 산소가 공급되었을 것이다.

① ㄴ ② ㄷ ③ ㄱ, ㄴ
④ ㄱ, ㄷ ⑤ ㄱ, ㄴ, ㄷ

B 엘니뇨와 라니냐

중요 **11** 그림 (가)와 (나)는 평상시와 엘니뇨 시기의 열대 태평양 해수면 온도 분포를 순서 없이 나타낸 것이다.

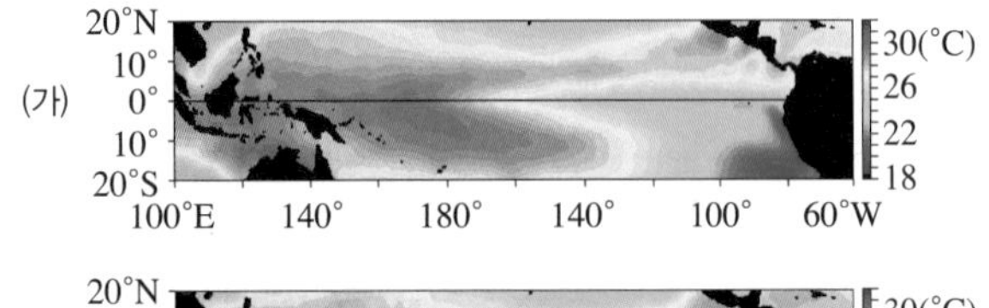

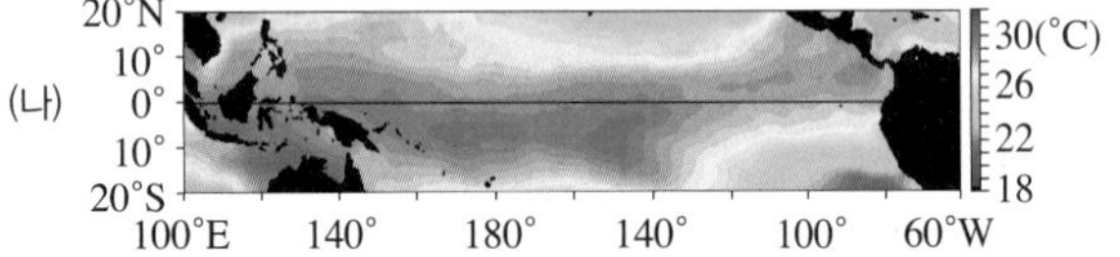

이에 대한 설명으로 옳은 것만을 [보기]에서 있는 대로 고른 것은?

보기
ㄱ. (가)는 평상시, (나)는 엘니뇨 시기이다.
ㄴ. 무역풍의 세기는 (가)보다 (나) 시기에 강하다.
ㄷ. 동태평양의 연안 용승은 (가)보다 (나) 시기에 활발하다.

① ㄱ ② ㄷ ③ ㄱ, ㄴ
④ ㄴ, ㄷ ⑤ ㄱ, ㄴ, ㄷ

12 그림 (가)는 동태평양 적도 해역의 해수면 온도 편차(관측값−평균값)를, (나)는 (가)의 A, B 중 어느 시기에 나타날 수 있는 기후를 나타낸 것이다.

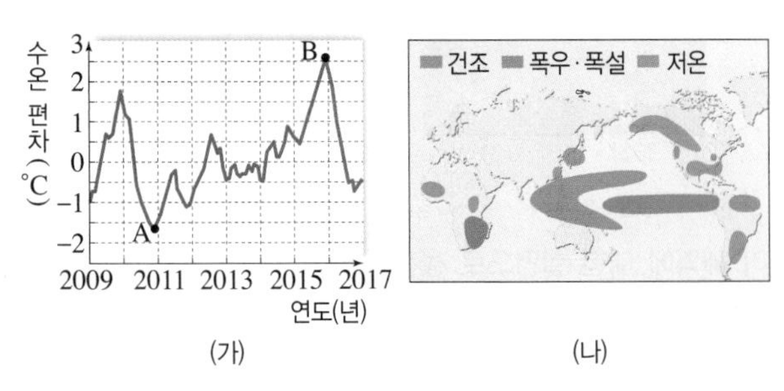

(가) (나)

이에 대한 설명으로 옳은 것만을 [보기]에서 있는 대로 고른 것은?

보기
ㄱ. A 시기에 라니냐가 나타났다.
ㄴ. 무역풍의 세기는 A 시기보다 B 시기에 강하다.
ㄷ. (나)는 B 시기에 나타날 수 있다.

① ㄱ ② ㄴ ③ ㄱ, ㄷ
④ ㄴ, ㄷ ⑤ ㄱ, ㄴ, ㄷ

서술형 **13** 다음 단어를 모두 포함하여 엘니뇨가 발생하는 과정을 서술하시오.

무역풍, 용승, 표층 수온

14 그림은 어느 시기에 열대 태평양에서 동서 방향의 해수 온도 편차(관측값−평년값)를 연직 단면으로 나타낸 것이다.

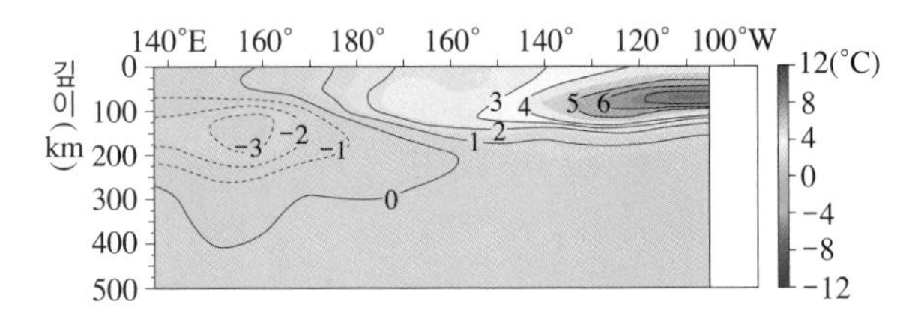

이에 대한 설명으로 옳은 것만을 [보기]에서 있는 대로 고른 것은?

보기
ㄱ. 엘니뇨 시기의 해수 온도에 해당한다.
ㄴ. 서태평양에서는 평상시보다 온난 수역의 두께가 두껍다.
ㄷ. 동태평양에서는 평상시보다 식물성 플랑크톤의 농도가 높다.

① ㄱ ② ㄷ ③ ㄱ, ㄴ
④ ㄴ, ㄷ ⑤ ㄱ, ㄴ, ㄷ

중요 **15** 그림은 적도 부근에서 평상시에 볼 수 있는 워커 순환과 해양의 모습을 나타낸 모식도이다.

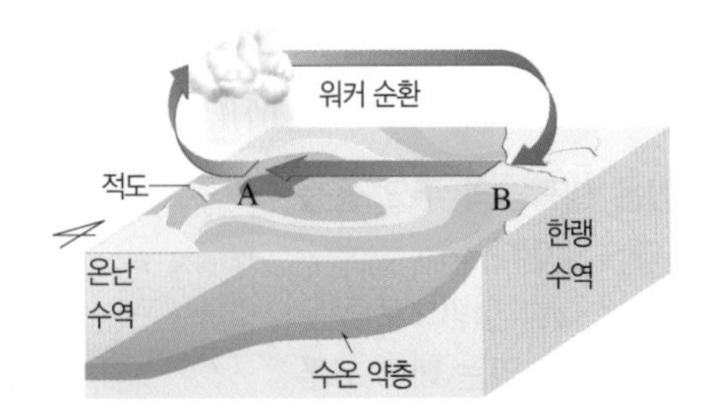

평상시보다 무역풍이 강해지는 시기에 A와 B 해역에 대한 설명으로 옳지 않은 것은?

① B → A의 표층 해수 흐름이 강해진다.
② B 해역의 용승이 강해진다.
③ 동서 방향의 수온 약층 경사가 급해진다.
④ A 해역의 해수면 기압은 낮아진다.
⑤ A 해역의 강수량이 적어진다.

실력 UP 문제

정답친해 95쪽

01 그림 (가)와 (나)는 적도 부근의 어느 해역에서 서로 다른 시기에 부는 무역풍의 풍향을 나타낸 것이다. 이 해역에서는 무역풍에 의해 해수의 용승 또는 침강이 일어난다.

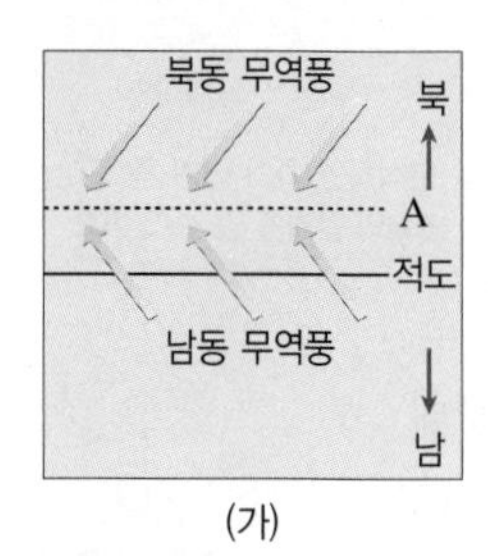

(가)

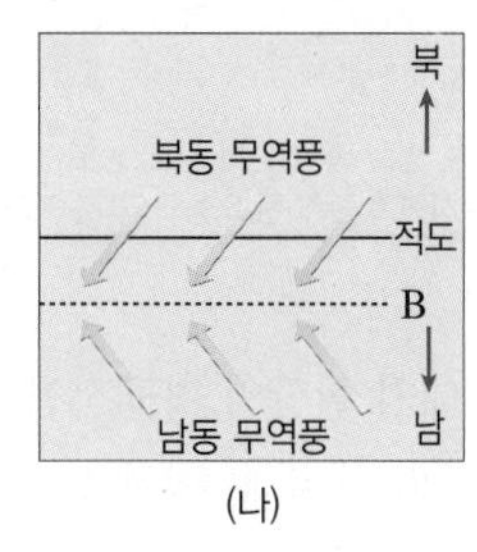

(나)

이에 대한 설명으로 옳은 것만을 [보기]에서 있는 대로 고른 것은?

보기
ㄱ. (가) 시기에 위도 A에서는 표층 해수의 수렴이 일어난다.
ㄴ. (나) 시기에 적도에서 위도 B 사이의 표층 해수는 남동쪽으로 이동한다.
ㄷ. (가)와 (나) 시기 모두 적도에서 용승이 일어난다.

① ㄱ ② ㄷ ③ ㄱ, ㄴ
④ ㄴ, ㄷ ⑤ ㄱ, ㄴ, ㄷ

02 그림은 연도별로 열대 태평양(2°S～2°N)에서 관측한 해수면의 온도 편차(관측값－평년값)를 나타낸 것이다.

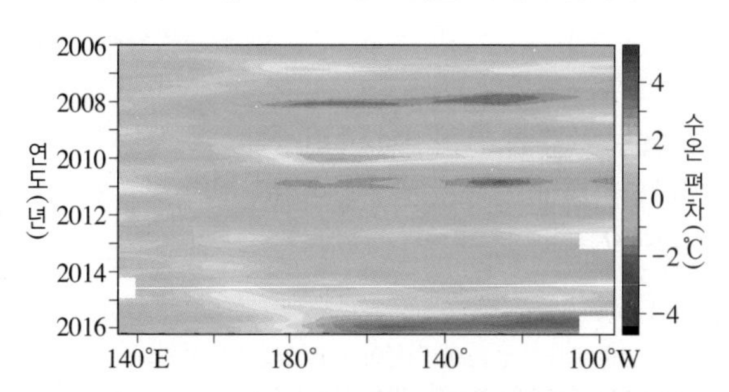

이에 대한 설명으로 옳은 것만을 [보기]에서 있는 대로 고른 것은?

보기
ㄱ. 2008년에는 엘니뇨가 발생하였다.
ㄴ. 2008년 동태평양에서는 강수량이 감소하였다.
ㄷ. 2016년 서태평양에서는 홍수 피해가 발생하였다.

① ㄱ ② ㄴ ③ ㄱ, ㄷ
④ ㄴ, ㄷ ⑤ ㄱ, ㄴ, ㄷ

03 그림은 열대 태평양의 A(다윈)와 B(타히티섬) 해역에서 관측한 해면 기압 차(B 기압－A 기압)를 나타낸 것이다.

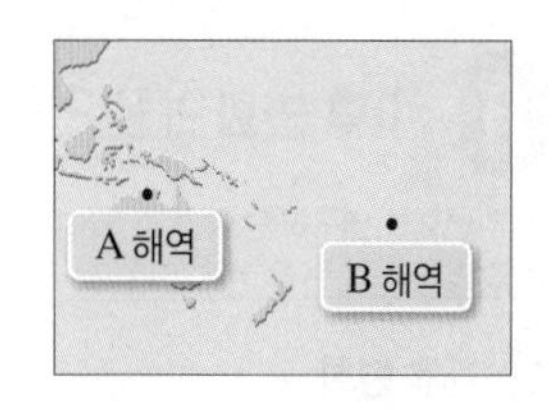

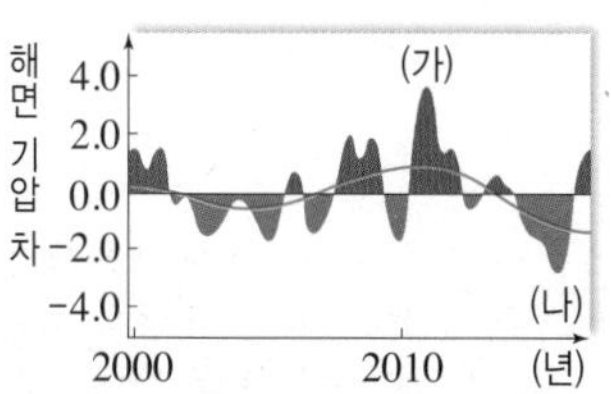

이에 대한 설명으로 옳은 것만을 [보기]에서 있는 대로 고른 것은?

보기
ㄱ. (가) 시기에 측정한 해면 기압은 A 해역이 B 해역보다 낮았다.
ㄴ. (나) 시기에는 라니냐가 발생하였다.
ㄷ. 열대 태평양의 해면 기압은 동서 방향의 주기적인 변화를 보인다.

① ㄱ ② ㄴ ③ ㄱ, ㄷ
④ ㄴ, ㄷ ⑤ ㄱ, ㄴ, ㄷ

04 그림은 태평양 적도 부근 해역의 깊이에 따른 수온 편차(관측값－평년값)를 나타낸 것이다. (가)와 (나)는 각각 엘니뇨 시기와 라니냐 시기 중 하나이다.

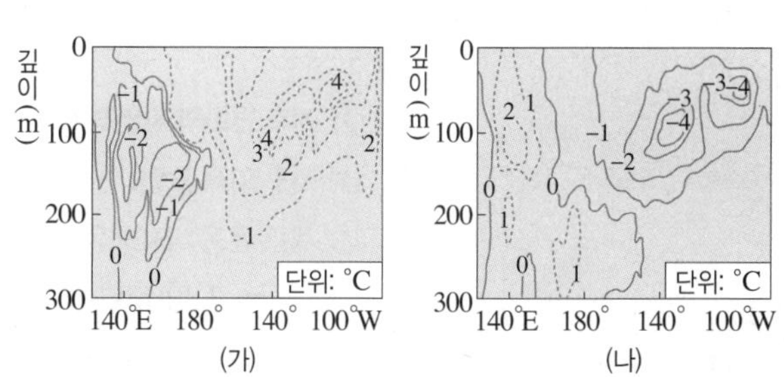

(가) 시기와 비교할 때, (나) 시기에 대한 설명으로 옳은 것만을 [보기]에서 있는 대로 고른 것은?

보기
ㄱ. 동태평양 적도 부근 해역에서의 용승이 강하다.
ㄴ. 서태평양에서의 해면 기압이 높다.
ㄷ. 동태평양과 서태평양의 수온 약층이 나타나기 시작하는 깊이 차이가 크다.

① ㄱ ② ㄴ ③ ㄱ, ㄷ
④ ㄴ, ㄷ ⑤ ㄱ, ㄴ, ㄷ

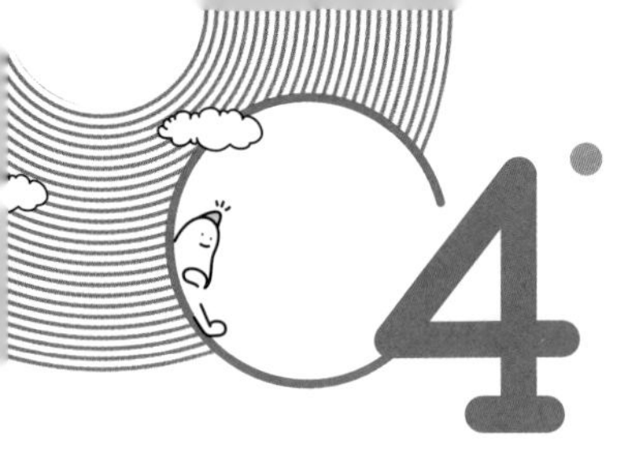

4 지구 기후 변화

핵심 포인트
- ❶ 기후 변화의 지구 외적 요인 ★★★
- ❷ 지구의 열수지 ★★
- ❸ 지구 온난화 ★★★

A 기후 변화의 원인

기후 변화를 연구하는 방법 중 빙하를 이용한 방법이 있는데, 빙하 속 이산화 탄소 농도 변화를 분석하면 과거 대기 중의 이산화 탄소 농도 변화를 알 수 있어요. 이를 지구 기온 변화 자료와 비교하면 이산화 탄소 농도와 지구 기온 변화의 관계를 알 수 있어요.

1. 기후 변화

(1) **기후**: 어떤 지역에서 장기간 나타나는 대기 현상의 평균적인 상태

(2) **고기후**: 지질 시대의 퇴적물, 화석, 나무의 나이테, 빙하 등을 연구하여 알아낸다.

고기후 자료 분석 219쪽 대표 자료❶

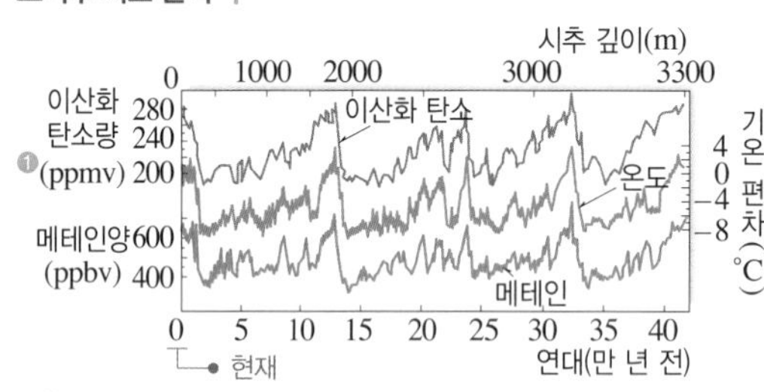

⬆ 남극 대륙 빙하 표본 연구로 알아낸 대기 중 이산화 탄소량, 메테인양, 기온 편차(당시 기온−현재 기온)

- 이산화 탄소량, 메테인양, 기온은 감소와 증가를 반복해 왔다.
- 대기 중 이산화 탄소와 메테인의 양이 많았던 시기에 기온이 높았다. ➡ 이산화 탄소와 메테인은 기온 변화의 원인이 된다.
- 연구 방법: 빙하를 이루는 산소 동위 원소비 $\left(\frac{^{18}O}{^{16}O}\right)$가 높을수록 기온이 높다.

(3) **기후 변화**: 태양 복사 에너지와 지구 복사 에너지의 흡수량과 방출량에 따라 기온이 변한다. ➡ 에너지양에 영향을 미치는 요인들을 통해 기후 변화를 파악할 수 있다.

(4) **◆기후 변화의 원인**: 크게 자연적인 요인과 인위적인 요인으로 구분하며, 자연적인 요인은 지구 외적 요인과 지구 내적 요인으로 구분한다.

2. 기후 변화의 자연적 요인

(1) **지구 외적 요인**: 천문학적 원인에 의해 기후가 변한다. 완자쌤 비법 특강 213쪽

① 세차 운동: 지구의 자전축이 약 26000년을 주기로 회전하는 현상이다. ➡ 13000년마다 경사 방향이 반대가 되면 ❷근일점과 ❸원일점에서 계절이 반대가 된다. (└ 북반구와 남반구가 받는 태양 복사 에너지양이 변한다.)

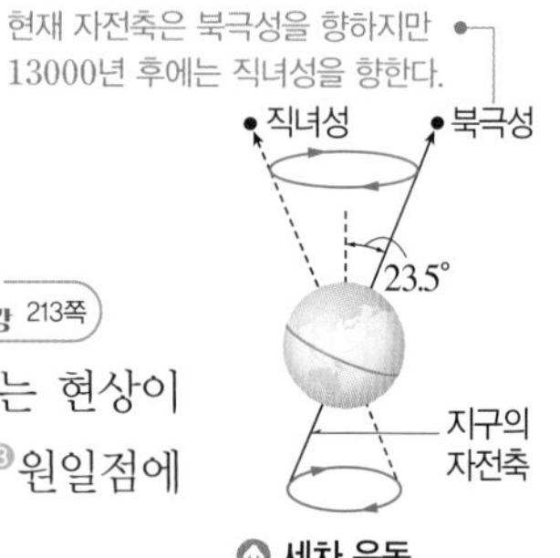

⬆ 세차 운동

세차 운동과 계절 변화

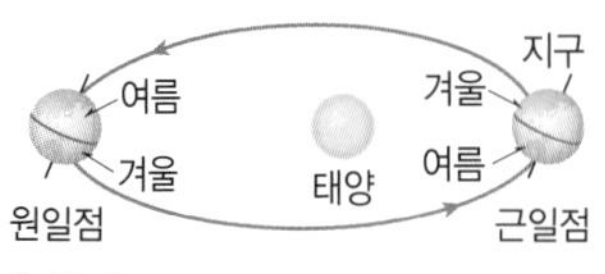

⬆ 현재

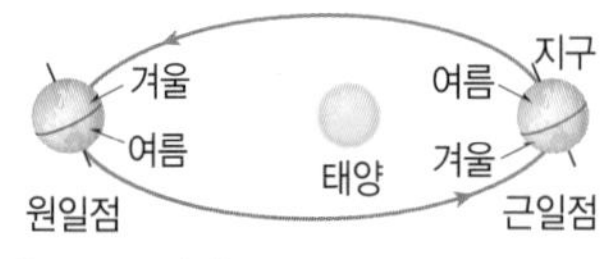

⬆ 13000년 후

- 태양의 남중 고도가 높을 때 여름이 되고, 낮을 때 겨울이 된다.
  ➡ 북반구와 남반구의 계절은 반대로 나타난다.
- **현재 북반구 계절**: 원일점에서 여름이고, 근일점에서 겨울이다.
  ➡ 지구와 태양 사이의 거리는 여름에 멀고, 겨울에 가깝다.
- **13000년 후 북반구 계절**: 원일점에서 겨울이 되고, 근일점에서 여름이 된다.
  ➡ 지구와 태양 사이의 거리는 현재보다 여름에는 더 가까워지고, 겨울에는 더 멀어진다.
  ➡ 여름의 기온은 높아지고, 겨울의 기온은 낮아져 기온의 연교차가 커진다.

◆ 기후 변화의 원인

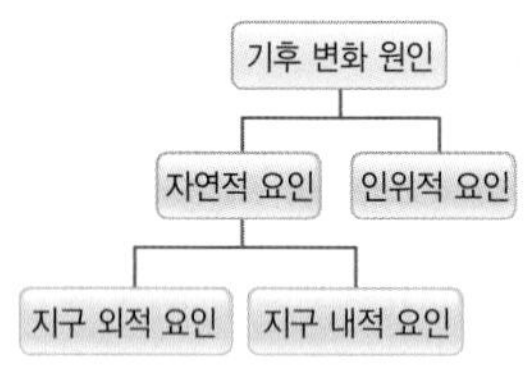

(용어)

❶ **ppmv(part per million volume), ppbv(part per billion volume)** 부피로 나타낸 물질의 비율로, ppmv는 공기 부피의 $\frac{1}{10^6}$, ppbv는 공기 부피의 $\frac{1}{10^9}$이다.

❷ **근일점(近 가깝다, 日 날, 點 점)** 지구의 공전 궤도상에서 태양과 지구 사이의 거리가 가장 가까운 지점

❸ **원일점(遠 멀다, 日 날, 點 점)** 지구의 공전 궤도상에서 태양과 지구 사이의 거리가 가장 먼 지점

② 지구 자전축의 기울기(경사) 변화: 지구의 자전축은 현재 약 23.5° 기울어져 있고, 약 41000년을 주기로 약 21.5°~24.5° 사이에서 기울기가 변한다. ➡ 기울기가 커질수록 태양의 남중 고도 차이가 증가하여 기온의 연교차가 커진다.
(기울기가 커질수록 → 각 위도의 지표에 입사하는 태양 복사 에너지양이 변한다.)

지구 자전축의 기울기 변화

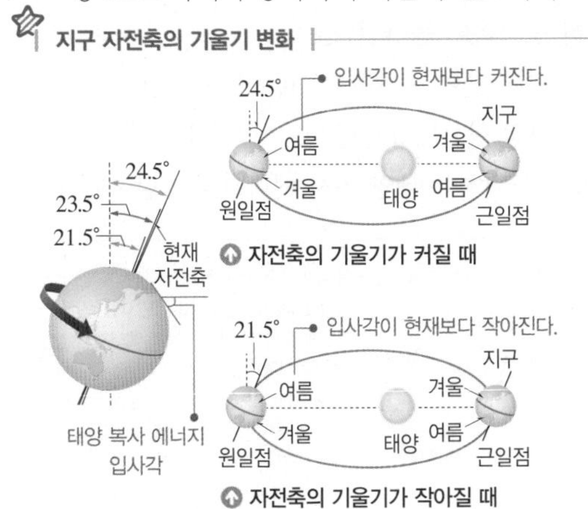

⊙ 자전축의 기울기가 커질 때

⊙ 자전축의 기울기가 작아질 때

- **자전축의 기울기가 커질 때:** 북반구와 남반구 모두 중위도와 고위도의 태양의 남중 고도가 여름에는 높아지고, 겨울에는 낮아진다.
  ➡ 여름의 기온은 높아지고, 겨울의 기온은 낮아져 기온의 연교차가 커진다.
- **자전축의 기울기가 작아질 때:** 북반구와 남반구 모두 중위도와 고위도의 태양의 남중 고도가 여름에는 낮아지고, 겨울에는 높아진다.
  ➡ 여름의 기온은 낮아지고, 겨울의 기온은 높아져 기온의 연교차가 작아진다.

주의해!

지구의 연평균 기온
자전축의 기울기나 방향이 변하여 계절에 따른 태양 복사 에너지양은 변하지만, 지구와 태양 사이의 평균 거리가 변하는 것은 아니므로 1년 동안 받는 총 태양 복사 에너지양은 일정하여 연평균 기온은 일정하다.

③ 지구 공전 궤도 ❶이심률의 변화: 지구의 공전 궤도는 약 10만 년을 주기로 원에 가까워졌다가 긴 타원 모양으로 변한다. ➡ 공전 궤도 모양에 따라 지구와 태양 사이의 거리가 변하여 기후가 변한다.
(지구와 태양 사이의 거리가 변하여 → 지구가 받는 태양 복사 에너지양이 변한다.)

지구 공전 궤도 이심률의 변화

219쪽 대표 자료❷

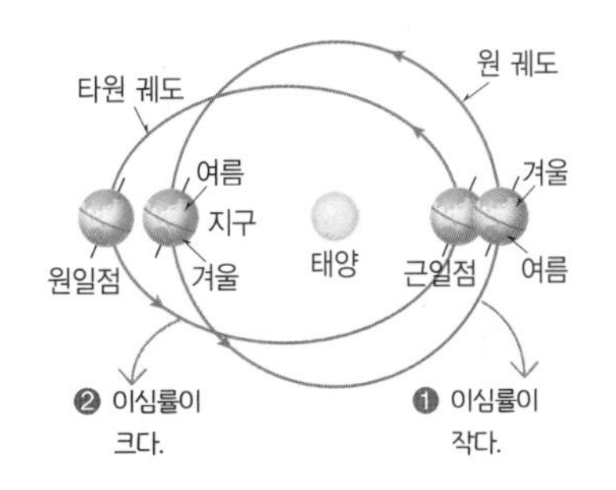

- 이심률이 커질 때(❶ → ❷)
  - 북반구가 여름일 때(원일점) 지구는 태양에서 멀어진다.
  - 북반구가 겨울일 때(근일점) 지구는 태양에 가까워진다.
  ➡ 여름의 기온은 낮아지고, 겨울의 기온은 높아져 기온의 연교차가 작아진다.
- 이심률이 작아질 때(❷ → ❶)
  - 북반구가 여름일 때(원일점) 지구는 태양에 가까워진다.
  - 북반구가 겨울일 때(근일점) 지구는 태양에서 멀어진다.
  ➡ 여름의 기온은 높아지고, 겨울의 기온은 낮아져 기온의 연교차가 커진다.

④ 밀란코비치 주기: 밀란코비치는 세차 운동, 지구 자전축의 기울기 변화, 지구 공전 궤도 이심률의 변화 등이 복합적으로 작용하여 빙하기와 간빙기 등의 기후 변화가 주기적으로 일어난다고 설명하였다.

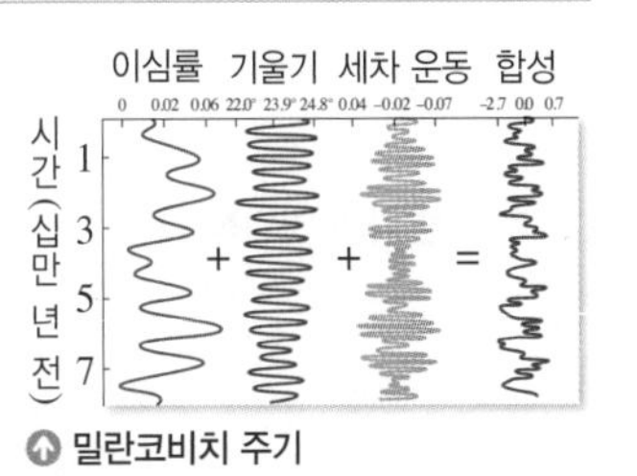

⊙ 밀란코비치 주기

⑤ 태양 활동의 변화: 태양의 흑점 수가 많을 때 태양 활동이 활발하며, 지구에 도달하는 태양 복사 에너지양이 증가하여 기온이 상승한다.

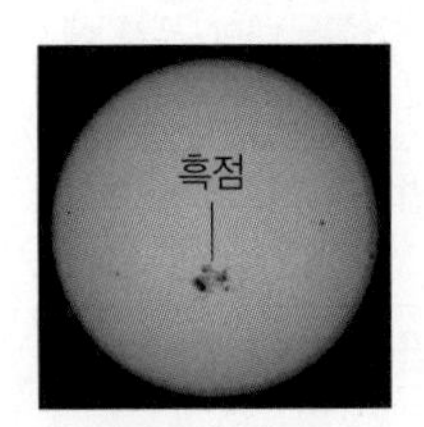

⊙ 태양의 흑점

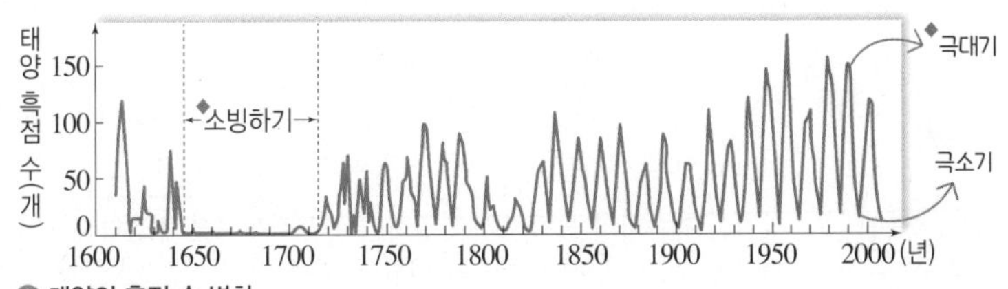

⊙ 태양의 흑점 수 변화

◆ **소빙하기**
1645년~1715년은 유럽과 북아메리카 일부 지역의 기온이 매우 낮았던 시기로, 흑점이 거의 관측되지 않았다.

◆ **극대기와 극소기**
태양의 흑점 수는 약 11년을 주기로 증감하며 주기 중 흑점 수가 가장 많은 시기를 극대기, 가장 적은 시기를 극소기라고 한다.

용어

❶ **이심률(離 떠나다, 心 중심, 率 비율)** 공전 궤도 모양이 납작한 정도로, 이심률(e)이 클수록 납작한 타원($0<e<1$)이고, 이심률이 작을수록 원($e=0$)에 가깝다.

◆ 반사율과 투과율

• $\text{반사율} = \frac{\text{반사량}}{\text{입사량}} \times 100(\%)$

• $\text{투과율} = \frac{\text{투과량}}{\text{입사량}} \times 100(\%)$

(2) 지구 내적 요인

① 지표면의 상태 변화: 빙하의 분포, 식생의 변화 등에 의해 지표면의 ◆반사율이 변하면 지표가 흡수하는 태양 복사 에너지양이 변하여 기후 변화가 일어난다.

• 빙하가 녹으면 ➡ 지표면의 반사율이 감소하여 기온이 높아진다.

• 숲의 나무를 베어 농경지를 만들면 ➡ 지표면 반사율이 증가하여 기온이 낮아진다.

② 대기의 ◆투과율 변화: 큰 화산이 폭발하여 많은 양의 화산재가 분출되면, 화산재가 태양 빛을 반사시켜 대기의 투과율이 감소하므로 지표에 도달하는 태양 복사 에너지양이 감소한다.

화산 분출과 대기의 투과율 및 기온 변화

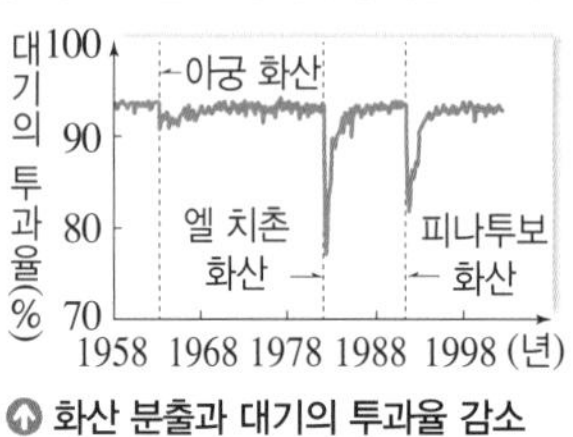

화산 분출과 대기의 투과율 감소

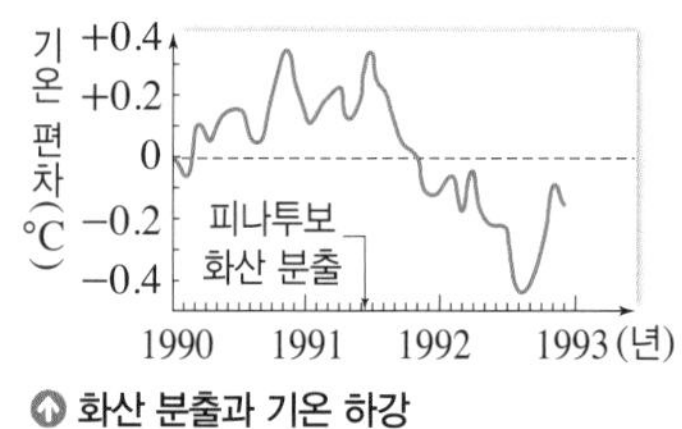

화산 분출과 기온 하강

• 화산재 분출 → 화산재가 태양 빛 반사 → 대기의 투과율 감소, 지구 반사율 증가 → 지표에 도달하는 태양 복사 에너지양 감소 → 기온 하강

└● 1815년 인도네시아 탐보라 화산 폭발로 다음 해 유럽에 여름이 사라졌고, 1991년 필리핀의 피나투보 화산 폭발 후 지구의 평균 기온이 약 0.4 °C 낮아졌다.

◆ 해류 변화로 인한 기후 변화

북아메리카 대륙과 남아메리카 대륙이 연결된 후에는 북극해로 유입되는 대서양의 따뜻한 표층 해류가 감소하여 북극 부근에 빙하가 형성되었다.

③ 수륙 분포의 변화: 판의 운동으로 대륙이 이동하여 수륙 분포가 변하면 에너지 출입의 변화, ◆해류의 변화 등이 일어나 기후가 변한다.

대륙과 해양 분포의 변화

• 대륙과 해양은 ❶열용량, 비열, 반사율이 다르므로 위도별 수륙 분포에 따라 에너지 출입량이 달라지기 때문에 기후가 변한다.

판게아 형성: 대륙 내에 건조한 대륙성 기후 지역이 발달하였다.

고생대 말

현재

판게아 분리: 해양성 기후 지역이 늘었고, 겨울에는 온난하고 여름에는 시원한 지역이 증가하였다.

• 해령에서 판이 멀어지며 화산 활동이 일어날 때, 열과 이산화 탄소가 대기로 방출되어 기온이 상승한다.

◆ 지표면의 반사율

구분	반사율(%)
빙하	50~70
침엽수림	8~15
토양	5~40
아스팔트	4~12
콘크리트	17~20

④ 생물의 변화: 호흡과 광합성량 변화로 대기 중의 온실 기체의 양이 변하여 기후가 변한다.

⑤ 기권과 수권의 상호 작용: 엘니뇨나 라니냐가 발생하면 열대 태평양의 수온이 변하면서 대기 순환의 변동이 일어나 전 지구적인 기후 변동이 일어난다.

3. 기후 변화의 인위적 요인

온실 기체 배출	화석 연료의 연소 등으로 배출된 온실 기체는 지구의 기온을 높인다. →● 지구 온난화 ➡ 온실 기체: 수증기, 이산화 탄소, 메테인, 산화 이질소 등이 있으며, 지표가 방출하는 적외선을 잘 흡수한다.
에어로졸 배출	화석 연료의 연소와 산업화로 대기 중으로 배출된 ❷에어로졸은 지구의 기온을 낮춘다. ➡ 대기에 떠 있는 에어로졸은 태양 복사 에너지를 산란시키고, 구름 생성의 응결핵으로 작용하여 구름의 양을 늘린다. → 지구의 반사율 증가 → 지표에 도달하는 태양 복사 에너지양 감소 → 지구의 기온 하강 (에어로졸에 수증기가 달라붙으면 응결이 일어난다.)
사막화	과도한 경작 등으로 사막 환경이 확대되는 현상 ➡ 사막화는 기후 변화를 일으키는 요인이기도 하고 기후 변화에 의해 사막화가 일어나기도 한다.
산림 훼손과 도시화	산림을 훼손하여 농경지를 확장하거나 포장도로를 건설하고 고층 건물을 지으면, ◆지표면의 반사율이 변하여 기후가 변한다.

(용어)

❶ **열용량** 어떤 물질의 온도를 1 °C 높이는 데 필요한 열량으로, 열용량이 클수록 온도의 변화가 작다.

❷ **에어로졸** 대기 중에 떠 있는 1 nm~100 μm의 작은 액체나 고체 입자

기후 변화의 지구 외적 요인

기후를 변화시키는 지구 외적 요인 중 세차 운동, 지구 자전축의 기울기 변화, 지구 공전 궤도 이심률의 변화에 따른 계절 변화와 기온의 연교차 변화는 북반구와 남반구에서 동일하게 나타나기도 하고 반대로 나타나기도 해요. 각각의 경우를 모두 정리해 보아요.

태양의 남중 고도 하루 중 태양이 가장 높이 떠 있을 때의 고도로, 남중 고도가 높아지면 지표가 받는 태양 복사 에너지양이 증가하고, 남중 고도가 낮아지면 지표가 받는 태양 복사 에너지양이 감소해요. 남중 고도를 판단하여 계절을 알 수 있어요.

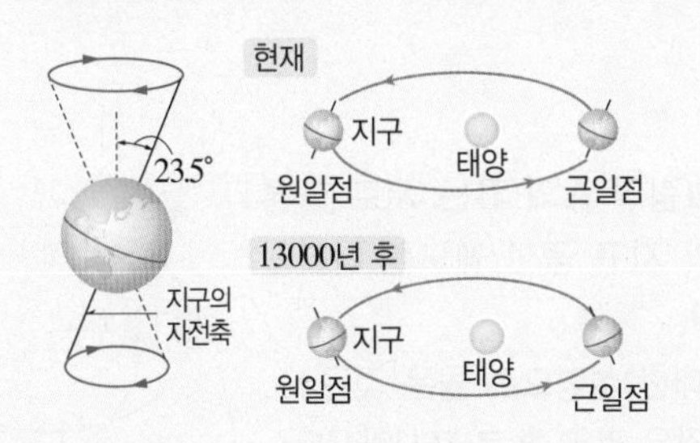

1 세차 운동 자전축의 경사 방향이 반대가 되면, 여름과 겨울이 나타나는 지구의 위치가 반대가 된다.

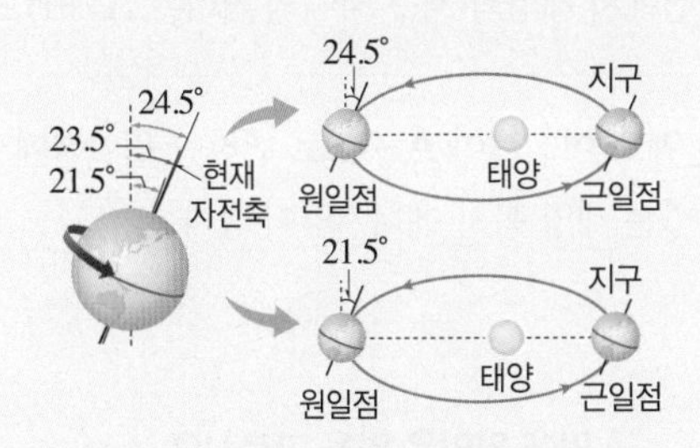

구분		지구의 위치		현재 → 13000년 후	
		현재	13000년 후	기온	기온의 연교차
북반구	여름	원일점	근일점	상승	커진다
	겨울	근일점	원일점	하강	
남반구	여름	근일점	원일점	하강	작아진다
	겨울	원일점	근일점	상승	

2 지구 자전축의 기울기 변화 자전축의 기울기가 변하면, 기온의 연교차는 북반구와 남반구에서 동일한 변화 경향이 나타난다.

구분	기울기가 커지는 경우			기울기가 작아지는 경우		
	태양의 남중 고도	기온	기온의 연교차	태양의 남중 고도	기온	기온의 연교차
여름	높아진다	상승	커진다	낮아진다	하강	작아진다
겨울	낮아진다	하강		높아진다	상승	

3 지구 공전 궤도 이심률의 변화 공전 궤도 이심률이 변하면, 태양과 지구 사이의 거리가 변한다.

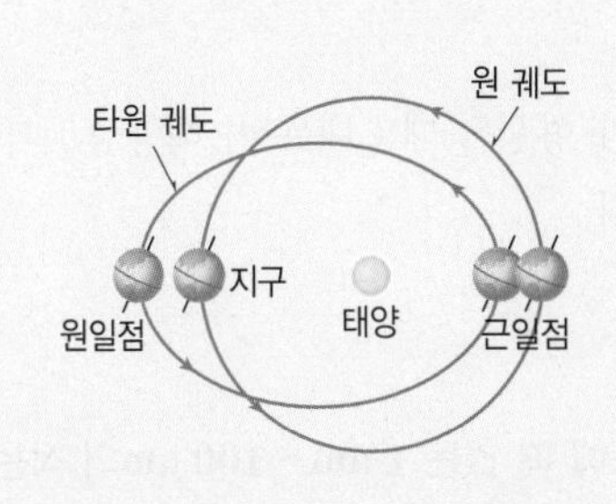

구분		원 궤도 → 타원 궤도 (이심률↑)			타원 궤도 → 원 궤도 (이심률↓)		
		태양과 지구 사이의 거리	기온	기온의 연교차	태양과 지구 사이의 거리	기온	기온의 연교차
북반구	여름	멀어진다	하강	작아진다	가까워진다	상승	커진다
	겨울	가까워진다	상승		멀어진다	하강	
남반구	여름	가까워진다	상승	커진다	멀어진다	하강	작아진다
	겨울	멀어진다	하강		가까워진다	상승	

Q1 지구 자전축의 기울기가 현재 23.5°보다 커지면 우리나라에서 기온의 연교차는 어떻게 변할까?

개념 확인 문제

핵심 체크

• 기후 변화의 자연적 요인－지구 외적 요인

(❶)	약 26000년을 주기로 지구 자전축이 회전하여 방향이 변한다.
지구 자전축의 (❷) 변화	약 41000년을 주기로 약 21.5°～24.5° 사이에서 변한다.
지구 공전 궤도 (❸)의 변화	약 10만 년을 주기로 원에 가까워졌다가 긴 타원 모양으로 변한다.
밀란코비치 주기	지구 외적 요인이 복합적으로 작용하여 기후 변화가 주기적으로 일어난다.
태양 활동의 변화	흑점 수가 (❹)수록 태양 활동이 활발하여 지구의 기온이 상승한다.

• 기후 변화의 자연적 요인－지구 내적 요인

지표면의 상태 변화	빙하 면적이 증가하면 지표면의 반사율이 (❺)한다.
대기의 투과율 변화	화산재가 분출하면 태양 빛이 반사되어 대기의 투과율이 (❻)한다.
수륙 분포의 변화	에너지 출입의 변화, 해류의 변화가 일어나 기후가 변한다.
생물의 변화	호흡과 광합성량 변화로 대기 중 온실 기체의 양이 변하여 기후가 변한다.
기권과 (❼)의 상호 작용	엘니뇨와 라니냐가 발생하면 전 지구적인 기후 변동이 일어난다.

• 기후 변화의 (❽) 요인: 온실 기체 배출, 에어로졸 배출, 사막화, 산림 훼손과 도시화 등

1 [보기]의 기후 변화의 자연적 요인을 (가) 지구 외적 요인과 (나) 지구 내적 요인으로 구분하시오.

ㄱ. 세차 운동　　ㄴ. 대륙의 이동
ㄷ. 엘니뇨와 라니냐　　ㄹ. 대기의 투과율 변화
ㅁ. 빙하 면적의 감소　　ㅂ. 지구 자전축의 기울기 변화

2 그림은 지구 자전축의 경사 방향을 나타낸 것이다.

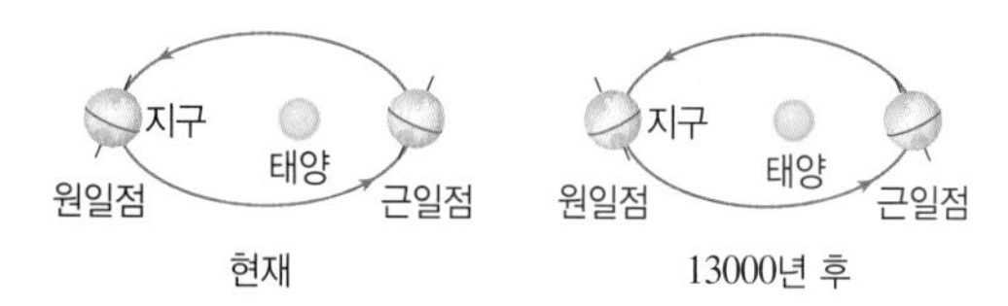

(1) 현재 북반구는 지구가 원일점보다 근일점에 있을 때 태양의 남중 고도가 더 높다. ( )

(2) 지구가 근일점에 있을 때, 현재와 13000년 후의 계절은 반대로 나타난다. ( )

3 지구 자전축의 기울기가 작아지면, 북반구에서 기온의 연교차는 ㉠(커지고, 작아지고) 남반구에서 기온의 연교차는 ㉡(커진다, 작아진다).

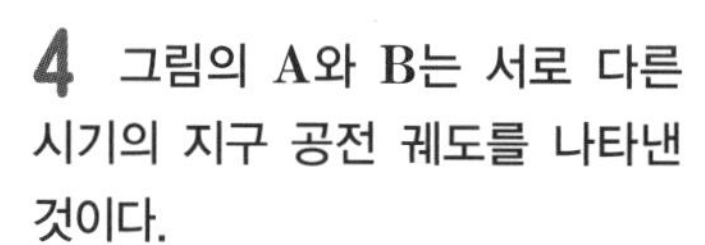

4 그림의 A와 B는 서로 다른 시기의 지구 공전 궤도를 나타낸 것이다.
이에 대한 설명으로 옳은 것은 ○, 옳지 않은 것은 ×로 표시하시오.

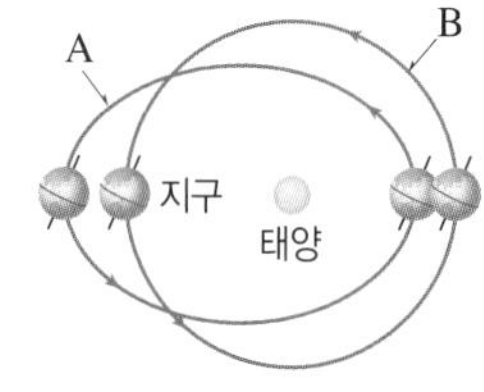

(1) 공전 궤도 이심률은 A가 B보다 크다. ( )

(2) 근일점에서 태양과 지구 사이의 거리는 A가 B보다 멀다. ( )

(3) 공전 궤도 이심률이 A→B로 변하면 원일점에서 지구에 도달하는 태양 복사 에너지양이 증가한다. ( )

5 ( ) 안에 알맞은 말을 고르시오.

(1) 빙하가 녹으면 지구의 반사율이 (감소, 증가)한다.

(2) 대기 중의 화산재는 지구의 반사율을 (감소, 증가)시킨다.

(3) 판게아가 형성될 때 (대륙성, 해양성) 기후 지역이 증가하였다.

6 대기 중에 떠 있는 1 nm～100 μm의 작은 액체나 고체 입자를 ㉠ ( )(이)라고 한다. 이러한 입자는 ㉡ ( )(으)로 작용하여 구름의 양을 늘려 지구의 기온을 낮춘다.

B 인간 활동과 기후 변화

지구 온난화와 같이 최근에 더 크게 일어나고 있는 기후 변화의 중요한 원인으로 온실 기체의 농도 증가가 다뤄지고 있어요.

1. 지구의 열수지와 온실 효과

(1) 지구의 ❶열수지: 지구는 태양으로부터 복사 에너지를 흡수하고, 흡수한 양만큼 우주 공간으로 지구 복사 에너지를 방출하여 복사 평형을 이룬다. → 복사 에너지 흡수량=방출량

① **태양 복사 에너지:** 주로 파장이 짧은 가시광선으로, 지구 대기를 거의 투과한다.

② **지구 복사 에너지:** 대부분 파장이 긴 적외선으로, 대기 중의 온실 기체에 잘 흡수된다.

③ **지구의 복사 평형:** 지표와 대기가 흡수하는 태양 복사 에너지양과 우주로 방출하는 지구 복사 에너지양이 같은 상태를 유지하여 지구의 연평균 기온은 일정하게 유지된다.

(2) 온실 효과: 온실 기체가 태양 복사 에너지는 거의 투과시키고, 지표에서 방출되는 지구 복사 에너지는 흡수했다가 재복사하여 지표의 온도가 높아지는 현상 → 높은 온도에서 복사 평형을 이룬다.

① ◆온실 기체: 온실 효과를 일으키는 기체로, 적외선을 잘 흡수하는 성질이 있다.

예 수증기(H_2O), 이산화 탄소(CO_2), 메테인(CH_4), 산화 이질소(N_2O), 오존(O_3) 등

② 자연적인 온실 효과는 지구의 평균 기온을 약 15 ℃로 유지시켜 지구에 생명체가 살 수 있는 환경을 만들어 준다.

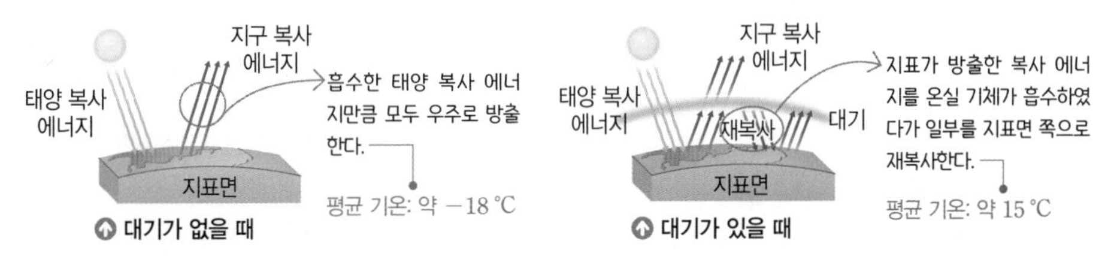

⊙ 대기가 없을 때 ⊙ 대기가 있을 때

지구의 열수지와 온실 효과 220쪽 대표 자료❸

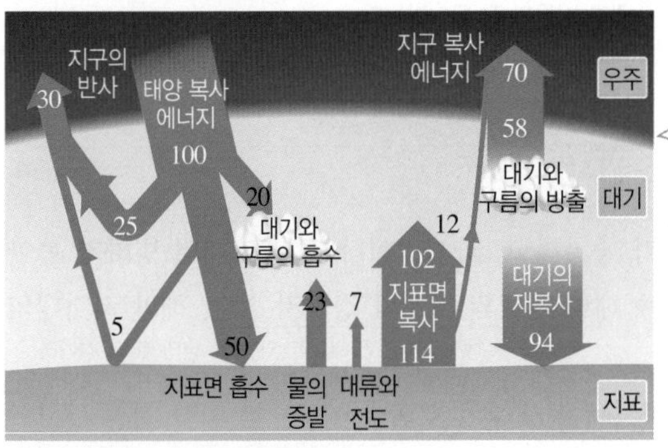

⊙ 복사 평형 상태의 지구의 열수지

지구에 도달하는 태양 복사 에너지를 100이라고 할 때,
- 지구의 반사율: 30 %
- 지구의 복사 평형: 태양 복사 에너지 흡수(70)=지구 복사 에너지 방출(70)
- 온실 효과를 일으키는 에너지: 대기의 재복사(94)

- **복사 에너지의 흡수와 방출:** 각 영역에서 흡수량과 방출량은 같다.

구분		
지표	흡수(144)	태양 복사 흡수(50)+대기의 재복사 흡수(94)=144
	방출(144)	◆물의 증발(23)+대류와 전도(7)+지표면 복사(114)=144
대기	흡수(152)	태양 복사 흡수(20)+물의 증발(23)+대류와 전도(7)+지표면 복사(102)=152
	방출(152)	대기와 구름의 방출(58)+대기의 재복사(94)=152
지구 전체	흡수(70)	태양 복사(100)−지구의 반사(25+5)=70
	방출(70)	지표면 복사(12)+대기와 구름의 방출(58)=70

◆ 주요 온실 기체의 온실 효과 기여도

온실 기체	기여도(%)
수증기	36~70
이산화 탄소	9~26
메테인	4~9
오존	3~7

대기 중의 수증기량은 변화가 크지 않으므로 인위적인 요인에 의한 온실 효과 기여도는 이산화 탄소가 가장 크다. 이산화 탄소는 메테인보다 온실 효과율은 낮지만, 대기 중 농도가 높아 온실 효과 기여도가 더 크다.

◆ 물의 증발

물(액체)이 수증기(기체)로 상태가 변하기 위해서는 외부에서 열을 흡수해야 하므로 물이 증발하는 과정에서 지표의 에너지가 대기로 이동한다.

용어

❶ **열수지(熱 열, 收 거두다, 支 지출하다)** 어떤 장소에서 열이 들어오고 나가는 것

2. 지구 온난화 온실 효과가 강화되어 지구의 평균 기온이 점점 상승하는 현상

(1) 지구 온난화의 원인: 대기 중의 온실 기체 농도 증가

① 산업 혁명 이후 화석 연료(예 석탄, 석유 등)의 사용량이 증가함에 따라 이산화 탄소, 메테인 등 대기 중의 온실 기체 농도가 증가하였다. ➡ 최근 지구 온난화의 주요 원인

② 숲의 파괴로 식생 감소, 가축 사육 증가 등으로 대기 중 온실 기체의 농도가 증가하였다.
- 숲의 파괴로 식생 감소 → 광합성량 감소로 이산화 탄소 흡수 감소
- 가축 사육 증가 → 호흡으로 이산화 탄소 배출, 소화 활동으로 메테인 배출

지구 평균 기온 변화와 온실 기체 농도 변화

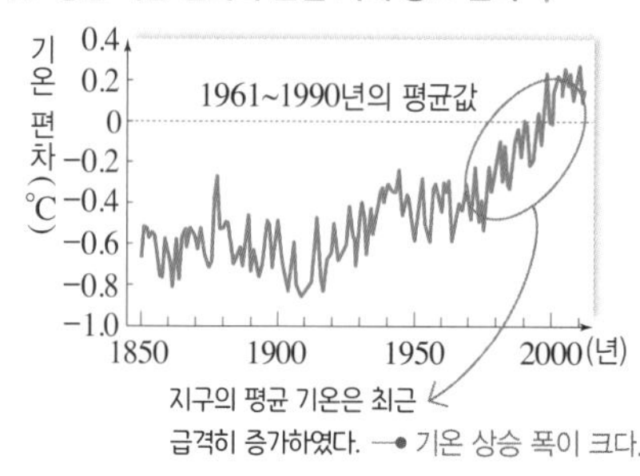

지구의 평균 기온은 최근 급격히 증가하였다. → 기온 상승 폭이 크다.

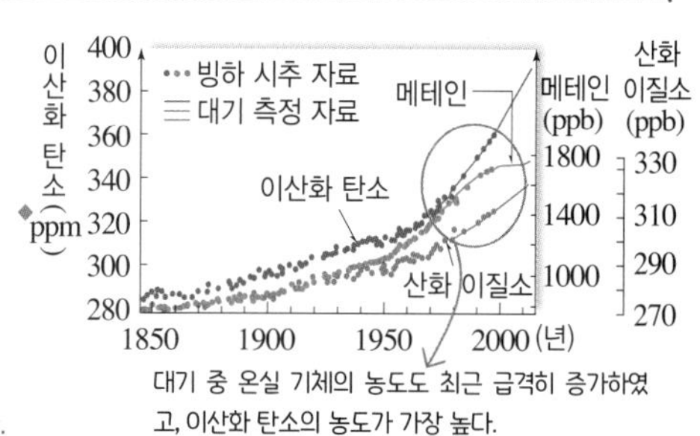

대기 중 온실 기체의 농도도 최근 급격히 증가하였고, 이산화 탄소의 농도가 가장 높다.

➡ 지구 평균 기온 상승의 주요 원인이 온실 기체(이산화 탄소) 농도 증가임을 알 수 있다.
- 이산화 탄소의 단위는 ppm, 메테인과 산화 이질소의 단위는 ppb이므로 이산화 탄소의 농도가 매우 높다.

> ◆ **ppm과 ppb**
> - ppm(part per million): 100만 분의 1로, 농도의 단위
> - ppb(part per billion): 10억 분의 1로, 농도의 단위

(2) 지구 온난화의 경향성: 지구의 평균 기온이 상승하는 추세이며, 1960년 이전보다 이후의 기온 상승이 더 뚜렷하다.

기후 모형으로 모의실험한 지구의 기온 변화와 실제 관측 기온

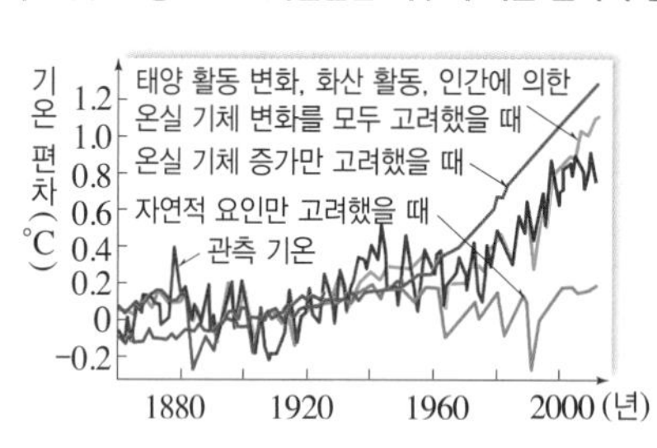

- 자연적 요인만 고려했을 때: 기온은 장기간 큰 변화가 없으며, 1960년 이후 약간 낮아지는 경향이 있다.
- 인위적 요인만 고려했을 때: 기온이 급격히 상승한다.
  - 인위적 요인 → 온실 기체 증가
- 자연적 요인과 인위적 요인을 함께 고려했을 때: 기후 모형은 관측 기온과 잘 들어맞는다.
- 현재의 지구 온난화: ◆자연적 요인보다는 인위적 요인에 의해 나타난다.

> ◆ **화산 활동과 기후 변화**
> 화산 활동으로 방출된 이산화 탄소나 수증기 등은 지구 기온을 높이지만, 화산재나 이산화 황 등은 태양 빛을 차단하여 기온을 낮춘다. 기후 변화의 자연적인 요인에는 지구 온난화를 일으키는 것도 있지만, 억제하는 요인도 있다.

(3) 지구 온난화의 영향

① ◆**해수면 상승**: 열팽창으로 해수의 부피가 증가하고, 극지방이나 고산 지대의 빙하가 녹아 바다로 유입되어 해수면이 상승한다. ➡ 해안 지역의 도시와 경작지 침수, 해안 저지대의 생태계 혼란 등의 피해가 생긴다.
- 해안 지역의 도시와 경작지 침수 → 최근 100년 간 해수면 상승으로 남태평양의 섬나라(예 몰디브, 투발루 등)가 일부 물에 잠기고 있다.

② **기후대 변화**: 전 세계적으로 기후대가 변하여 식생대의 고위도 이동으로 인한 식량 생산의 변화가 생기고, 해양 생태계의 변화에 의한 수산업 피해가 생긴다.

③ **강수량과 증발량 변화**: 강수량과 증발량이 증가한다. ➡ 지역적 편중이 심해져 집중 호우와 홍수 피해, 물 부족과 가뭄 피해가 생긴다.

④ **열대성 질병의 확산**: 말라리아와 같은 열대성 질병이 고위도로 확산된다.

⑤ **엘니뇨와 라니냐의 변화**: 엘니뇨 남방 진동(ENSO)의 강도가 증가한다.

⑥ **해수 순환의 변화**: 고위도 해역의 수온이 높아져 대서양 심층 순환(열염 순환)이 약해진다.
➡ 열에너지 순환에 변화가 생겨 지역에 따라 기상 이변이 발생한다.

⑦ **용존 기체 감소**: 해수 온도가 상승하면 기체의 용해율이 감소한다. → 해수의 온실 기체 저장 능력이 감소하여 지구 온난화가 심해질 수 있다.

⑧ **사회 경제적인 영향**: 수자원 변화, 제품 생산량 변화, 곡물 수확량 감소 등

> ◆ **최근 약 100년 간 해수면 높이 변화**

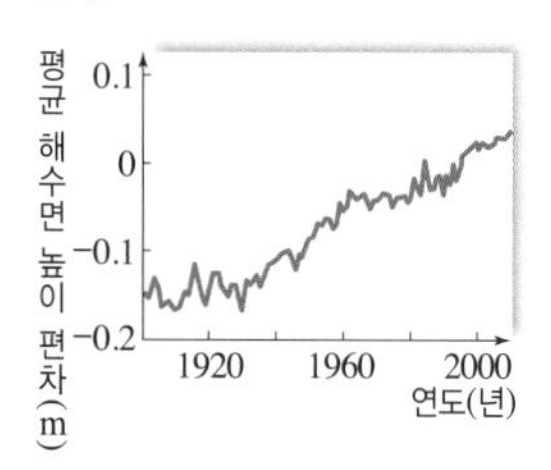

(4) **한반도의 기후 변화 경향성**: 최근 100년 간 기온이 상승하였고, 강수량도 대체로 증가하였다.

→ 한반도의 기온은 전 지구의 기온 상승률보다 빠르게 상승하고 있다.

구분	내용
겨울 일수와 열대야 일수 변화	겨울 일수가 감소하였고, 열대야 일수가 증가하였다.
수온 상승	주변 해역 수온이 상승하여 한류성 어종이 줄고, 난류성 어종이 늘어났다.
봄꽃의 개화 시기 변화	벚꽃과 개나리 등 봄꽃의 개화 시기가 빨라졌다.
기상 이변	◆집중 호우, 태풍 피해, 폭설과 한파 등이 빈번하게 발생한다.
아열대 기후 지역 확대	대체로 온대 기후인 한반도에 아열대 기후 지역이 확대될 것으로 예측된다.
해양 산성화	온실 기체 증가로 해수에 녹은 이산화 탄소 농도가 증가하면서 해수의 ◆pH가 감소하여 해양 산성화가 일어난다. 동해에서 해양 산성화가 일어나고 있다. → 탄산칼슘의 골격을 이루는 해양 생물의 성장 둔화 및 생태계 교란이 일어난다.

◆ **우리나라의 집중 호우**
연 강수량은 대체로 증가하였으나 강수일수는 감소하여 집중 호우의 발생 빈도가 증가하였다.

◆ **수소 이온 농도(pH)**
용액 속에 있는 수소 이온(H^+) 농도를 말하는 것으로, 산성과 염기성(알칼리성)의 정도를 나타내는 수치이다. pH=7이면 중성이고, pH가 7보다 작을수록 산성이 강하고, pH가 7보다 클수록 염기성이 강하다.

C 기후 변화의 대응 방안

1. 지구 온난화에 대응하는 과학적 해결 방안

(1) 온실 기체의 배출량을 줄이는 방법

① ◆신재생 에너지: 화석 연료 대신 온실 기체를 배출하지 않는 신재생 에너지 사용을 확대한다.

② 에너지 효율성 개선: 빛에너지 전환 효율이 높은 발광 다이오드(LED) 기술, 열에너지 손실을 줄이는 초전도 기술, 전기나 수소 에너지의 효율적인 저장 기술 등을 개발한다.

◆ **신재생 에너지**
신에너지와 재생 에너지를 합친 에너지 분류이다.
- 신에너지: 석탄 액화·가스화, 수소 에너지, 연료 전지 등
- 재생 에너지: 태양열, 태양광, 풍력, 폐기물, 소수력, 바이오매스, 지열, 해양 에너지

(2) 대기 중 온실 기체를 제거하는 방법

① 산업 시설에서 발생하는 이산화 탄소를 포집하여 지층 속에 저장한다.

② 해양 비옥화: 해양에 영양분을 공급하여 식물성 플랑크톤의 양을 늘린다.

→ 광합성이 활발해져 대기 중 이산화 탄소를 흡수한다.

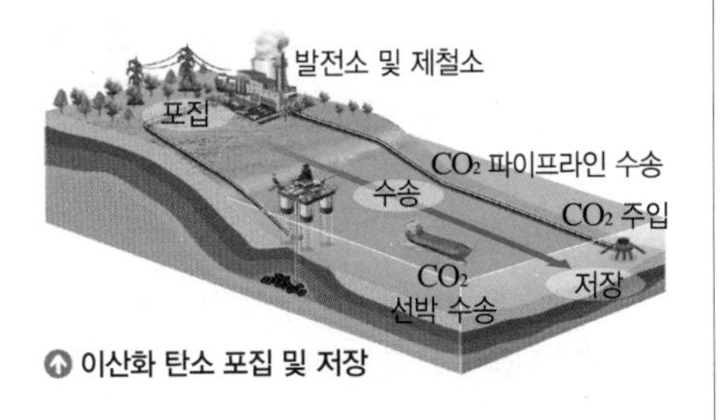

▲ 이산화 탄소 포집 및 저장

(3) 지구의 태양 복사 에너지 흡수량을 감소시키는 방법

① 성층권에 에어로졸을 뿌려 지구의 태양 복사 에너지 반사도를 높인다.

② ◆우주에 반사막을 설치하여 태양 복사 에너지를 반사시킨다.

→ 미래의 기술

◆ **우주 반사막**

2. 기후 변화 협약

유엔 기후 변화 협약(UNFCCC) 등 기후 변화에 관한 협약을 준수한다.

구분	내용
기후 변화에 대한 정부 간 협의체 IPCC 설립(1988년)	지구 온난화로 인한 기후 변화에 대처하기 위해 기후 변화에 관한 정부 간 협의체를 설치하였다.
유엔 기후 변화 협약(1992년) (=브라질 리우 환경 회의)	법적 구속력이 없는 국제적 합의로, 2000년까지 1990년 수준으로 온실 기체를 감축하기로 하였다.
교토 의정서 채택(1997년)	유엔 기후 변화 협약 수정안으로, 온실 기체 감축을 위한 구체적인 방안을 제시하였으며, 선진국의 온실 기체 감축을 의무화하였다.
파리 기후 변화 협약(2015년)	전 세계 온실 기체 감축을 위한 국제 협약으로, 지구 평균 기온 상승 폭을 산업화 이전과 대비하여 2 °C보다 낮은 수준을 유지하기로 하였다.

개념 확인 문제

핵심 체크

- 지구의 복사 평형: 지구는 흡수하는 태양 복사 에너지양과 방출하는 지구 복사 에너지양이 (❶).
- (❷): 대기에 흡수된 지구 복사 에너지의 일부가 지표로 재복사되어 지표의 온도가 높아지는 현상
- (❸): 온실 효과가 강화되어 지구의 평균 기온이 점점 상승하는 현상
  - 지구 온난화의 주요 원인: 화석 연료 사용으로 인한 대기 중 (❹) 농도 증가
  - 지구 온난화의 영향: 해수의 열팽창과 빙하의 융해에 의한 (❺), 강수량과 증발량 변화, 기후대 변화 등
  - 한반도의 기후 변화: 기온이 (❻)하고 있으며, 강수량이 증가하고 있다.
- 기후 변화의 대응 방안: 화석 연료를 대체하는 (❼) 에너지 사용 확대, 에너지 효율성을 높이는 기술 개발, 이산화 탄소 포집 및 저장 기술 개발, 해양 비옥화, 기후 변화 협약 준수 등

1 지구의 열수지에 대한 설명으로 옳은 것은 ○, 옳지 않은 것은 ×로 표시하시오.

(1) 지구에 도달하는 태양 복사 에너지는 주로 가시광선이다. ( )
(2) 지표와 대기가 우주로 방출하는 지구 복사 에너지는 대부분 적외선이다. ( )
(3) 온실 기체는 지구 복사 에너지보다 태양 복사 에너지를 잘 흡수한다. ( )
(4) 지구는 태양으로부터 흡수한 에너지양만큼 지구 복사 에너지를 우주로 방출한다. ( )
(5) 지구에서 온실 효과가 일어나지 않으면 복사 평형이 이루어지지 않는다. ( )

2 그림은 복사 평형을 이루는 지구의 열수지를 나타낸 것이다.

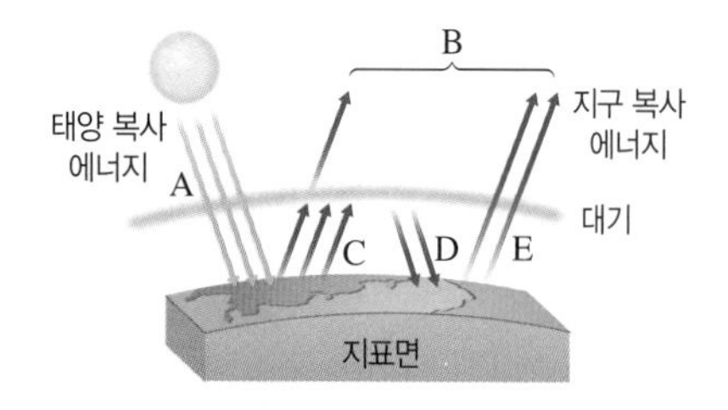

에너지양을 옳게 비교한 것만을 [보기]에서 있는 대로 고르시오. (단, A~E는 에너지양이고, 태양 복사 에너지는 모두 지표에서 흡수되는 것으로 가정한다.)

보기
ㄱ. A=B
ㄴ. A=C+E
ㄷ. B=C+D+E

3 지구 온난화에 대한 설명으로 옳은 것은 ○, 옳지 않은 것은 ×로 표시하시오.

(1) 대기 중의 온실 기체가 증가하여 일어난다. ( )
(2) 최근에는 기온 상승이 둔화되는 추세이다. ( )
(3) 지구 온난화가 일어나면 지구 전체의 증발량과 강수량이 감소한다. ( )
(4) 한반도는 지구 온난화의 영향으로 아열대 기후로 변하고 있다. ( )
(5) 신재생 에너지의 사용량을 늘리면 지구 온난화가 심화된다. ( )

4 지구 온난화의 영향으로 대서양 심층 순환이 약해지는 과정에 대한 설명 중 ( ) 안에 알맞은 말을 고르시오.

최근 약 100년 간 평균 해수면이 상승한 것은 빙하의 ㉠(융해, 결빙)와/과 해수 온도의 ㉡(상승, 하강)에 따른 부피 증가 때문이다. 빙하가 녹아 해양으로 유입되어 해수의 염분이 ㉢(낮, 높)아지고, 수온이 ㉣(낮, 높)아지면 해수의 밀도가 ㉤(감소, 증가)한다.

5 그림은 지구 온난화로 일어나는 연쇄적인 변화의 일부를 나타낸 것이다.

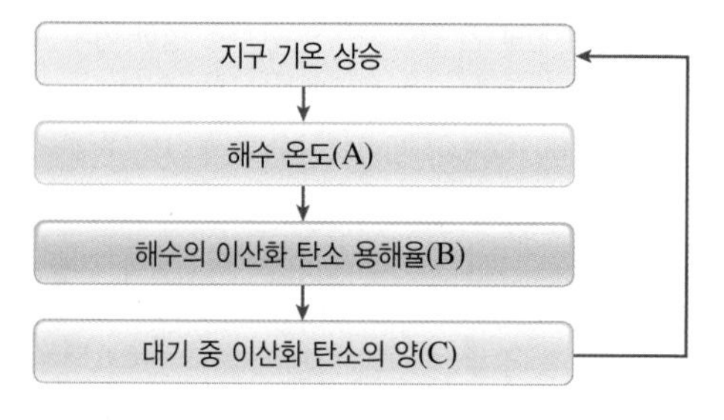

A, B, C 중 증가 또는 상승하는 것을 있는 대로 고르시오.

대표 자료 분석

정답친해 97쪽

자료 ❶ 고기후

기출 Point
- 온실 기체와 기온의 상관 관계 이해하기
- 빙하 면적과 지표면의 상태 변화 파악하기

[1~3] 그림은 약 40만 년 동안 기온 편차와 대기 중 이산화 탄소 농도 및 지구 전체 빙하의 부피 변화를 나타낸 것이다.

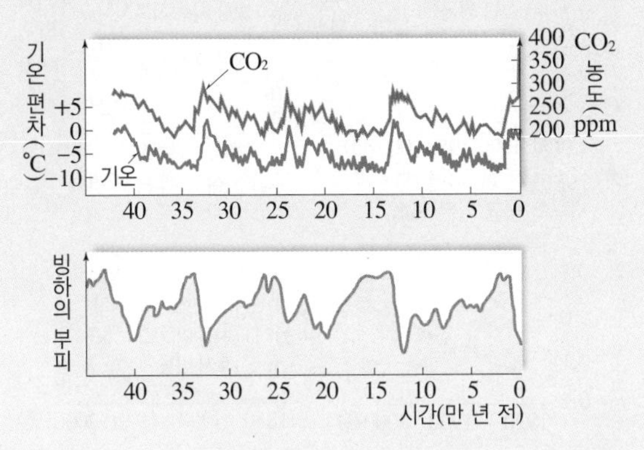

1 대기 중 이산화 탄소 농도가 높았던 시기에 기온은 대체로 (　　　　　　).

2 (　　　) 안에 알맞은 변화를 쓰시오.

(1) 35만 년 전 기온은 현재보다 ㉠(　　　)았고, 35만 년 전 빙하의 부피는 현재보다 ㉡(　　　)다.
(2) 기온이 높았던 시기에 빙하의 부피가 (　　　).

3 빈출 선택지로 완벽 정리!

(1) 대기 중의 이산화 탄소는 태양 빛을 차단시켜 기후 변화를 일으킨다. ············ (○ / ×)
(2) 약 13만 년 전에는 약 5만 년 전보다 빙하 얼음의 산소 동위 원소비$\left(\frac{^{18}O}{^{16}O}\right)$가 높았다. ············ (○ / ×)
(3) 약 20만 년 전에는 약 15만 년 전보다 극지방의 지표면 반사율이 높았을 것이다. ············ (○ / ×)
(4) 약 2만 년 전에는 현재보다 해수면 높이가 낮았을 것이다. ············ (○ / ×)
(5) 대기 중 이산화 탄소 농도 변화에 의한 기후 변화는 지구 내적 요인에 해당한다. ············ (○ / ×)

자료 ❷ 기후 변화의 지구 외적 요인

기출 Point
- 기후 변화의 지구 외적 요인에 따른 계절 변화 이해하기
- 기후 변화의 지구 외적 요인에 따른 기온 변화 이해하기

[1~3] 그림 (가)는 지구 공전 궤도의 모양 변화를, (나)는 지구 자전축의 방향과 기울기 변화를 나타낸 것이다.

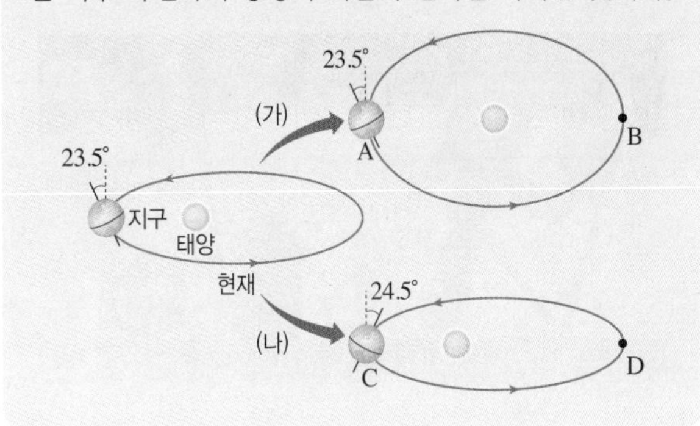

1 A~D 지점 중 북반구의 계절이 여름과 겨울에 해당하는 위치를 각각 고르시오.

2 (　　　) 안에 (가)와 (나)에서 기온 변화를 쓰시오.

(1) (가)에서 북반구 여름의 기온은 ㉠(　　　)하고, 겨울의 기온은 ㉡(　　　)하여 기온의 연교차가 ㉢(　　　).
(2) (나)에서 북반구 여름의 기온은 ㉠(　　　)하고, 겨울의 기온은 ㉡(　　　)하여 기온의 연교차가 ㉢(　　　).

3 빈출 선택지로 완벽 정리!

(1) (가)는 근일점에서 태양과 지구 사이의 거리가 감소하였다. ············ (○ / ×)
(2) (가)는 지구 공전 궤도 이심률이 감소하는 변화이다. ············ (○ / ×)
(3) (가)에 의해 근일점에서 계절이 현재와 반대로 바뀐다. ············ (○ / ×)
(4) (나)에서 세차 운동 때문에 원일점일 때 계절이 현재와 반대로 바뀐다. ············ (○ / ×)
(5) (나)에 의해 북반구 여름에는 태양의 남중 고도가 감소한다. ············ (○ / ×)

자료 ③ 지구의 열수지

기출 Point
- 지구의 복사 평형과 열수지 해석하기
- 지구의 온실 효과를 일으키는 복사 에너지 파악하기

[1~4] 그림은 지구에 도달하는 태양 복사 에너지양을 100이라고 할 때, 지구의 열수지를 나타낸 것이다.

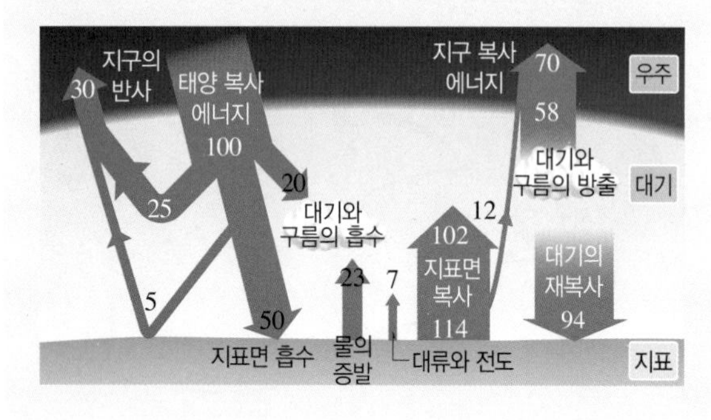

1 대기와 지표에 의한 태양 복사 에너지의 반사율(%)을 쓰시오.

2 지표가 태양과 대기로부터 받는 복사 에너지의 양을 쓰시오.

3 지구는 복사 에너지의 흡수량과 방출량이 같아 연평균 기온이 (상승한다, 하강한다, 일정하게 유지된다).

4 빈출 선택지로 완벽 정리!

(1) 지표는 태양보다 대기로부터 더 많은 복사 에너지를 받는다. (○ / ×)

(2) 지구에 도달한 태양 복사 에너지의 흡수율은 20 %이다. (○ / ×)

(3) 지표가 태양과 대기로부터 흡수한 에너지는 모두 지표에서 적외선으로 방출된다. (○ / ×)

(4) 대기와 지표는 각각 에너지 흡수량과 방출량이 같아 평형을 이룬다. (○ / ×)

(5) 대기는 태양 복사 에너지보다 지표가 방출하는 복사 에너지를 잘 흡수한다. (○ / ×)

자료 ④ 지구 온난화

기출 Point
- 지구 온난화의 경향성 해석하기
- 지구 온난화의 원인과 영향 파악하기

[1~2] 그림 (가)~(라)는 최근의 지구 온난화와 관련된 자료를 나타낸 것이다.

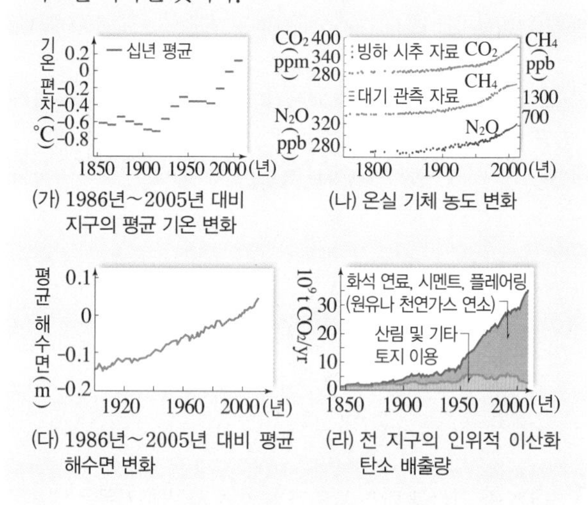

(가) 1986년~2005년 대비 지구의 평균 기온 변화

(나) 온실 기체 농도 변화

(다) 1986년~2005년 대비 평균 해수면 변화

(라) 전 지구의 인위적 이산화 탄소 배출량

1 (   ) 안에 알맞은 변화를 쓰시오.

(1) 지구의 평균 기온 상승 폭은 1960년대 이전보다 이후에 (   ).

(2) 대기 중의 온실 기체 농도는 1750년대 이후 대체로 (   )하였다.

(3) 평균 해수면은 1900년 이후 (   )하였다.

(4) 대기 중 이산화 탄소 농도가 1960년대 이후 증가한 주원인은 (   ), 시멘트, 플레어링 등이다.

2 빈출 선택지로 완벽 정리!

(1) 1960년대 이후 지구의 평균 기온이 크게 상승한 것은 화석 연료의 사용량 증가 때문이다. (○ / ×)

(2) 대기 중의 메테인과 산화 이질소의 농도가 증가하면 지구의 평균 기온이 상승한다. (○ / ×)

(3) 1900년 이후 평균 해수면이 상승한 것은 빙하 면적이 증가하였기 때문이다. (○ / ×)

(4) 지구 온난화가 심화되면 빙하 면적 변화로 극지방의 지표면 반사율이 증가할 것이다. (○ / ×)

정답친해 98쪽

내신 만점 문제

A 기후 변화의 원인

01 그림은 과거 약 42만 년 동안의 대기 중 이산화 탄소 농도와 기온 편차를 나타낸 것이다.

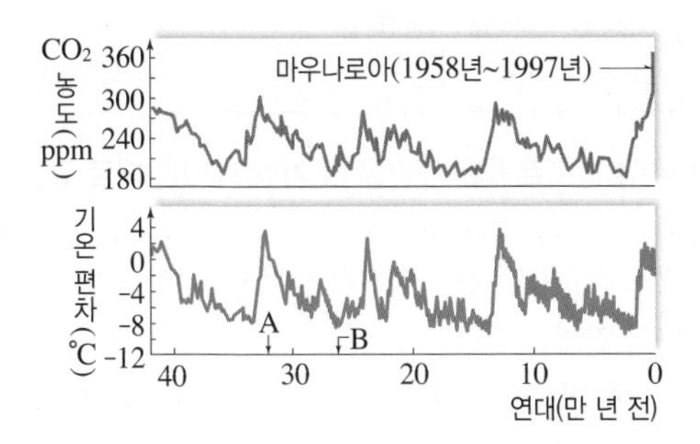

이에 대한 설명으로 옳은 것만을 [보기]에서 있는 대로 고른 것은?

보기
ㄱ. 나무의 나이테를 분석하여 알아낸 자료이다.
ㄴ. 이산화 탄소 농도가 높았던 시기에 기온이 높았다.
ㄷ. 빙하를 이루는 얼음의 산소 동위 원소비$\left(\frac{^{18}O}{^{16}O}\right)$는 A 시기가 B 시기보다 높았을 것이다.

① ㄱ ② ㄷ ③ ㄱ, ㄴ
④ ㄴ, ㄷ ⑤ ㄱ, ㄴ, ㄷ

02 표는 기후 변화를 일으키는 요인에 따라 구분한 것이다.

(가)	세차 운동, ㉠ 지구 자전축의 기울기 변화, 지구 공전 궤도 이심률의 변화 등
(나)	지표면의 상태 변화, 대기의 투과율 변화, ㉡ 수륙 분포의 변화 등
(다)	온실 기체 배출, 에어로졸 배출 등

이에 대한 설명으로 옳은 것만을 [보기]에서 있는 대로 고른 것은?

보기
ㄱ. 20500년 후 ㉠이 증가하면 계절이 현재와 정반대로 된다.
ㄴ. ㉡은 대기와 해수의 순환에 영향을 주어 기후를 변화시킨다.
ㄷ. 화산 폭발은 (다)에 해당한다.

① ㄱ ② ㄴ ③ ㄱ, ㄷ
④ ㄴ, ㄷ ⑤ ㄱ, ㄴ, ㄷ

중요 **03** 그림 (가)와 (나)는 서로 다른 시기의 지구 자전축 방향을 나타낸 것이다.

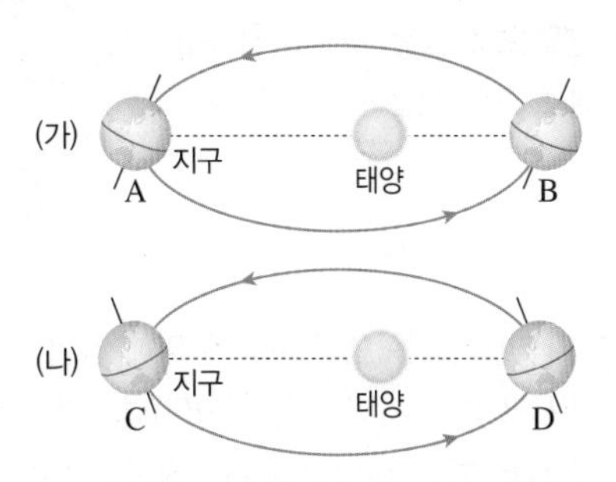

우리나라의 기후에 대한 설명으로 옳은 것만을 [보기]에서 있는 대로 고른 것은? (단, 지구 자전축 방향 외의 요인은 고려하지 않는다.)

보기
ㄱ. 여름이 되는 위치는 A와 D이다.
ㄴ. 겨울의 기온은 (가) 시기가 (나) 시기보다 높다.
ㄷ. (가)에서 (나)로 변하면 기온의 연교차가 작아진다.

① ㄱ ② ㄷ ③ ㄱ, ㄴ
④ ㄴ, ㄷ ⑤ ㄱ, ㄴ, ㄷ

서술형 **04** 그림은 지구 자전축의 기울기(θ)를 나타낸 것이다.

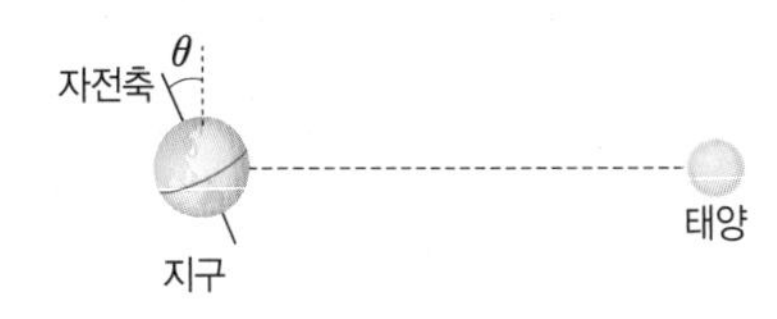

(1) θ가 증가할 때 우리나라에서 여름철 태양의 남중 고도는 어떻게 변하는지 쓰시오.

(2) θ가 감소할 때 남반구 중위도 지역에서 기온의 연교차는 어떻게 변하는지 판단의 근거와 함께 서술하시오. (단, 기후 변화는 θ의 영향만 받는다고 가정한다.)

중요 **05** 그림은 지구 자전축의 방향이 A에서 B로 변하는 모습을 나타낸 것이다. 이에 대한 설명으로 옳은 것만을 [보기]에서 있는 대로 고른 것은?

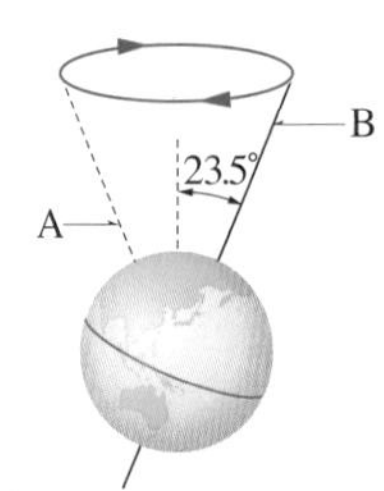

보기
ㄱ. A에서 B의 변화는 세차 운동에 의해 일어난다.
ㄴ. A에서 B로 되는 기간은 약 13000년이다.
ㄷ. A에서 B로 되면 원일점과 근일점에서 북반구의 계절은 반대로 변한다.

① ㄱ ② ㄷ ③ ㄱ, ㄴ
④ ㄴ, ㄷ ⑤ ㄱ, ㄴ, ㄷ

[06~07] 그림은 지구 공전 궤도의 모양 변화를 나타낸 것이다.

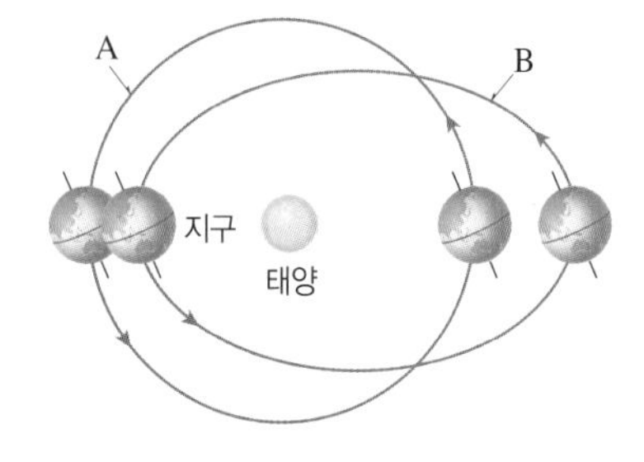

중요 **06** 공전 궤도 모양이 A에서 B로 변하는 경우에 대한 설명으로 옳은 것만을 [보기]에서 있는 대로 고른 것은?

보기
ㄱ. 공전 궤도 이심률이 작아진다.
ㄴ. 근일점에서의 계절이 반대로 바뀐다.
ㄷ. 북반구 기온의 연교차가 작아진다.

① ㄱ ② ㄷ ③ ㄱ, ㄴ
④ ㄴ, ㄷ ⑤ ㄱ, ㄴ, ㄷ

07 공전 궤도 모양이 B에서 A로 변할 때 우리나라에서 증가하는 물리량만을 [보기]에서 있는 대로 고르시오.

보기
ㄱ. 겨울철 태양의 남중 고도
ㄴ. 겨울철 태양 복사 에너지의 입사량
ㄷ. 여름의 평균 기온
ㄹ. 기온의 연교차

08 표는 기후 변화의 지구 외적 요인에 대한 설명이다.

(가)	약 26000년을 주기로 지구 자전축이 회전하여 경사 방향이 변한다.
(나)	약 41000년을 주기로 지구 자전축의 경사각이 약 21.5°~24.5° 사이에서 변한다.
(다)	약 10만 년을 주기로 ㉠ 지구 공전 궤도 이심률이 변한다.

이에 대한 설명으로 옳은 것만을 [보기]에서 있는 대로 고른 것은?

보기
ㄱ. (가)에서 자전축이 회전하는 방향은 지구의 자전 방향과 같다.
ㄴ. (나)에 의해 지구 공전 궤도상에서 여름과 겨울이 나타나는 위치가 점차 변한다.
ㄷ. ㉠이 증가하면 원일점에서 태양 복사 에너지의 입사량이 감소한다.

① ㄱ ② ㄷ ③ ㄱ, ㄴ
④ ㄴ, ㄷ ⑤ ㄱ, ㄴ, ㄷ

09 그림은 1600년부터 1850년까지 태양 흑점 수와 북반구의 기온 편차를 나타낸 것이다.

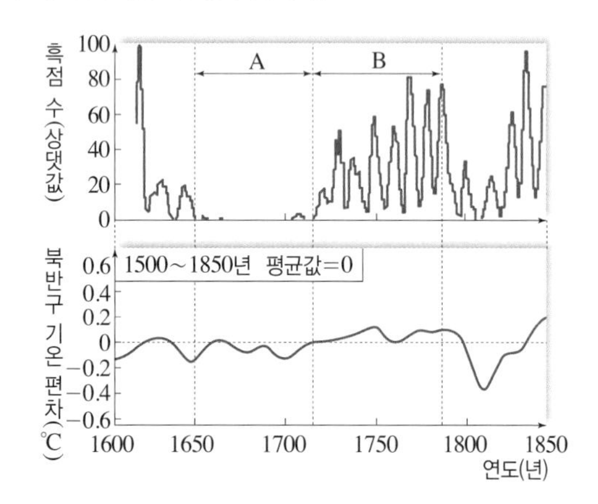

이에 대한 설명으로 옳은 것만을 [보기]에서 있는 대로 고른 것은?

보기
ㄱ. A 시기는 B 시기보다 태양 활동이 활발하였다.
ㄴ. A 시기는 B 시기보다 태양 복사 에너지 입사량이 적었다.
ㄷ. 태양 활동이 활발한 시기에는 지구의 기온이 낮아진다.

① ㄱ ② ㄴ ③ ㄱ, ㄷ
④ ㄴ, ㄷ ⑤ ㄱ, ㄴ, ㄷ

10 기후 변화의 지구 내적 요인이 아닌 것은?

① 화산 폭발
② 빙하 면적의 감소
③ 수륙 분포의 변화
④ 온실 기체의 농도 변화
⑤ 지구 자전축의 기울기 변화

11 그림은 세 화산이 폭발하기 전후로 관측된 태양 복사 에너지의 대기 투과율을 나타낸 것이다.

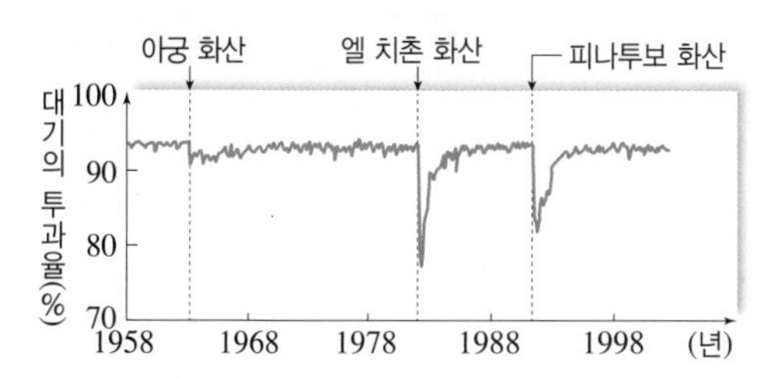

화산 폭발의 영향으로 옳은 것만을 [보기]에서 있는 대로 고른 것은?

보기
ㄱ. 대기의 투과율은 감소하였다.
ㄴ. 지표면 기온은 낮아졌을 것이다.
ㄷ. 대기의 투과율에 가장 큰 영향을 준 화산 분출물은 이산화 탄소였을 것이다.

① ㄱ ② ㄷ ③ ㄱ, ㄴ
④ ㄴ, ㄷ ⑤ ㄱ, ㄴ, ㄷ

서술형
12 그림은 지표면의 상태에 따른 반사율을 나타낸 것이다.

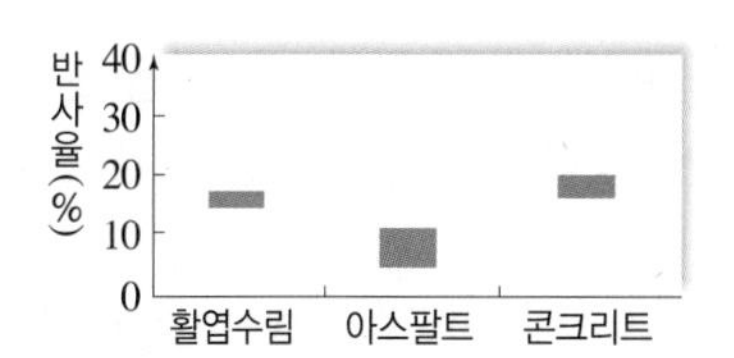

활엽수림으로 덮인 넓은 지역에서 도시화가 진행되어 지표면에 아스팔트와 콘크리트 면적이 증가할 때 이 지역의 기후에는 각각 어떤 영향을 주는지 서술하시오.

중요
13 그림은 판게아가 분리되는 과정을 나타낸 것이다.

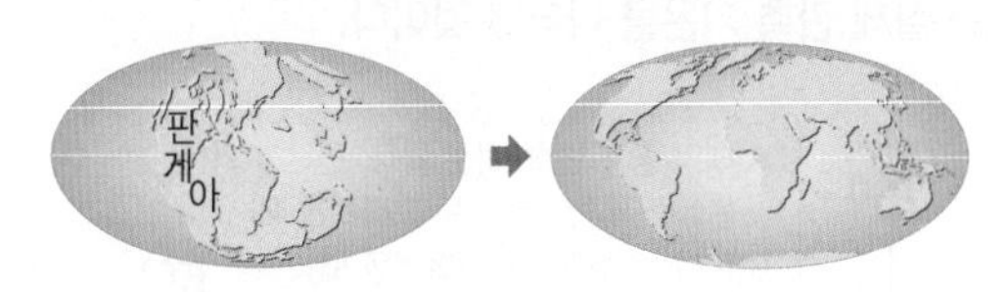

이 과정에서 나타나는 변화로 옳지 않은 것은?

① 해양성 기후 지역이 증가한다.
② 대륙 내의 건조한 기후 지역이 증가한다.
③ 겨울에 온난하고 여름에 시원한 지역이 증가한다.
④ 해류의 방향이 다양해지며 에너지가 고루 분배된다.
⑤ 대륙과 해양의 비열과 반사율이 달라 기후가 변한다.

B 인간 활동과 기후 변화

[14~15] 그림은 지구의 열수지를 나타낸 것이다.

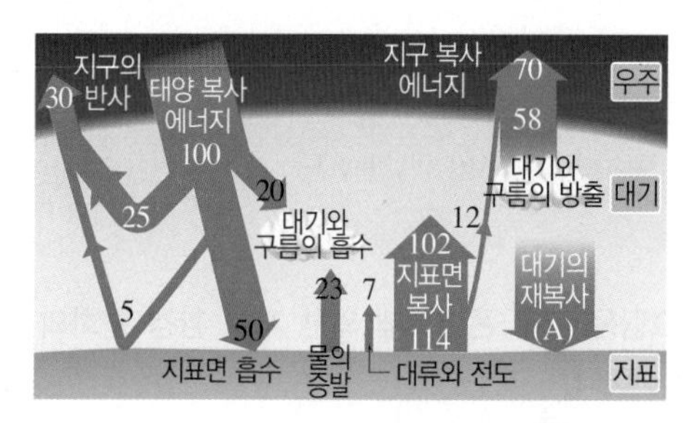

중요
14 이에 대한 설명으로 옳은 것만을 [보기]에서 있는 대로 고른 것은?

보기
ㄱ. 대기가 흡수하는 총 에너지양은 152이다.
ㄴ. 대기의 재복사 에너지양 A는 114이다.
ㄷ. 지구는 연평균 기온이 일정하게 유지된다.

① ㄱ ② ㄴ ③ ㄷ
④ ㄱ, ㄷ ⑤ ㄴ, ㄷ

15 (가)~(다)의 크기를 비교하여 부등호로 나타내시오.

(가) 지구의 반사율
(나) 태양 복사 에너지의 대기 투과율
(다) 지표면 복사 에너지의 대기 흡수율

16 그림은 기후 모형으로 모의실험한 지구의 기온 변화 A ~C와 실제 관측 기온을 나타낸 것이다.

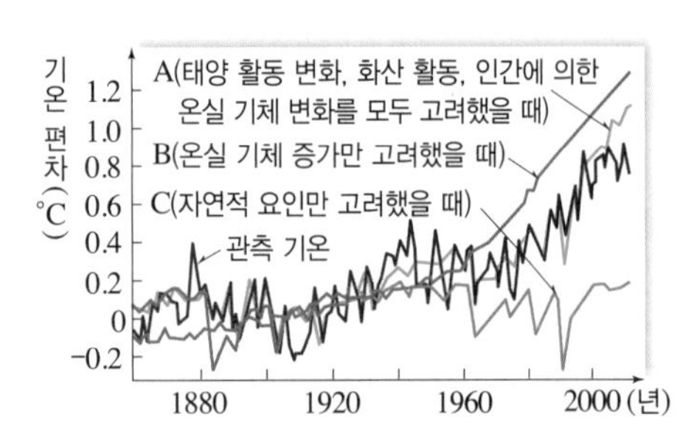

지구의 기온 변화 A~C에 대한 설명으로 옳은 것만을 [보기]에서 있는 대로 고른 것은?

보기
ㄱ. 자연적 요인만 고려했을 때 기온 변화가 가장 작다.
ㄴ. 기후 변화의 자연적 요인 중에는 기온을 낮추는 요인도 있다.
ㄷ. 현재의 지구 온난화는 자연적 요인보다 인위적 요인의 영향이 크다.

① ㄱ ② ㄴ ③ ㄱ, ㄷ
④ ㄴ, ㄷ ⑤ ㄱ, ㄴ, ㄷ

중요 **17** 그림은 지구 온난화에 의한 지구 환경 변화의 일부를 나타낸 것이다.

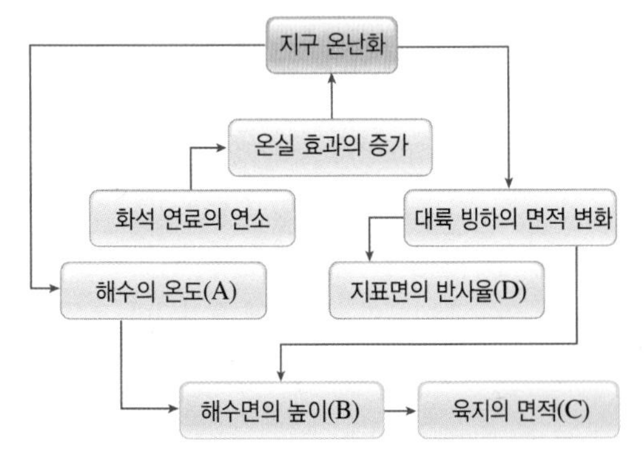

이에 대한 설명으로 옳은 것만을 [보기]에서 있는 대로 고른 것은?

보기
ㄱ. A의 변화는 해수의 연직 순환을 강화시킨다.
ㄴ. B는 상승하고, C는 감소한다.
ㄷ. D의 변화로 극지방의 지표면 온도는 상승한다.

① ㄱ ② ㄷ ③ ㄱ, ㄴ
④ ㄴ, ㄷ ⑤ ㄱ, ㄴ, ㄷ

중요 **18** 우리나라에서 지구 온난화로 일어나는 현상으로 옳지 않은 것은?

① 난류성 어종이 증가한다.
② 겨울의 길이가 짧아진다.
③ 열대야 일수가 증가한다.
④ 해양 산성화가 나타난다.
⑤ 봄꽃의 개화 시기가 늦어진다.

서술형 **19** 그림은 우리나라의 과거 계절의 길이 변화와 미래의 예측을 나타낸 것이다.

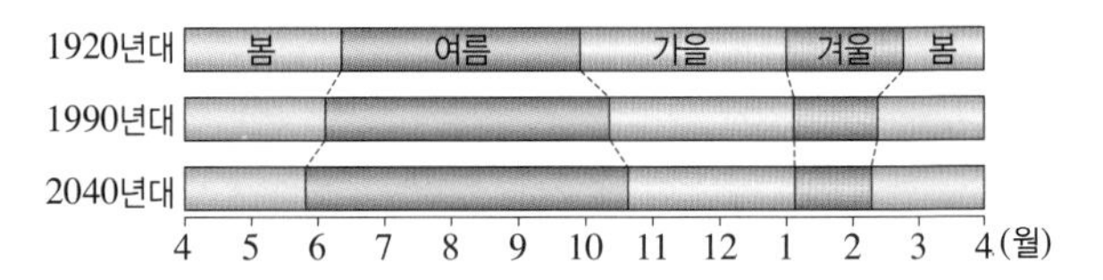

현재와 비교하여 2040년대에 우리나라에 미치는 시베리아 고기압의 영향과 아열대 기후대의 변화에 대해 서술하시오.

C 기후 변화의 대응 방안

20 지구 온난화에 대응하는 과학적 해결 방법이 아닌 것은?

① 해양을 비옥화한다.
② 천연가스의 사용량을 늘린다.
③ 신재생 에너지의 사용을 확대한다.
④ 이산화 탄소를 지층에 저장하는 기술을 개발한다.
⑤ 빛에너지 전환 효율이 높은 발광 다이오드(LED) 기술을 개발한다.

21 지구 온난화에 대처하는 미래의 기술 중 그 원리가 과학적으로 타당한 것만을 [보기]에서 있는 대로 고르시오.

보기
ㄱ. 해양 생물의 광합성이 활발해지도록 유도한다.
ㄴ. 성층권에 에어로졸을 뿌려 지구의 반사도를 변화시킨다.
ㄷ. 우주에 반사막을 설치하여 지구에 흡수되는 태양 복사 에너지양을 변화시킨다.

실력 UP 문제

정답친해 101쪽

01 다음은 지구 기후를 변화시키는 요인 (가), (나)를 나타낸 것이다.

(가) ㉠ 빙하 면적이 변하면 지표면의 상태가 변하여 기후 변화가 일어난다.
(나) 지구 자전축은 약 13000년마다 경사 방향이 반대로 되어 기후 변화가 일어난다.

이에 대한 설명으로 옳은 것만을 [보기]에서 있는 대로 고른 것은?

보기
ㄱ. (가)는 지구 외적 요인, (나)는 지구 내적 요인이다.
ㄴ. ㉠의 감소는 지구의 기온을 높인다.
ㄷ. 현재로부터 약 13000년 후 지구가 근일점에 있을 때 북반구는 여름이다.

① ㄱ ② ㄴ ③ ㄱ, ㄷ
④ ㄴ, ㄷ ⑤ ㄱ, ㄴ, ㄷ

02 그림 (가)는 현재를 기준으로 5만 년 전~5만 년 후의 지구 자전축의 기울기 변화를, (나)는 북반구 여름철 태양과 지구 사이의 거리 변화를 나타낸 것이다.

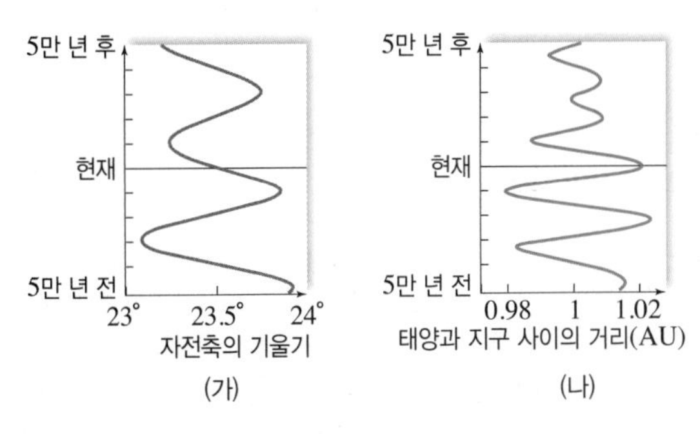

(가)와 (나)에 의한 우리나라의 기후 변화에 대한 설명으로 옳은 것만을 [보기]에서 있는 대로 고른 것은?

보기
ㄱ. (가)만을 고려할 때, 3만 년 전의 기온의 연교차는 현재보다 작았다.
ㄴ. (나)만을 고려할 때, 1만 년 전의 여름의 기온은 현재보다 낮았다.
ㄷ. (가)와 (나)를 모두 고려할 때, 3만 년 후에는 현재보다 기온의 연교차가 작아질 것이다.

① ㄱ ② ㄷ ③ ㄱ, ㄴ
④ ㄴ, ㄷ ⑤ ㄱ, ㄴ, ㄷ

03 그림은 지구에 흡수된 태양 복사 에너지 중 지표, 대기, 우주 사이의 에너지 흐름을 나타낸 것이다. 지구에 도달한 태양 복사 에너지는 100이고, 지구는 복사 평형을 이룬다.

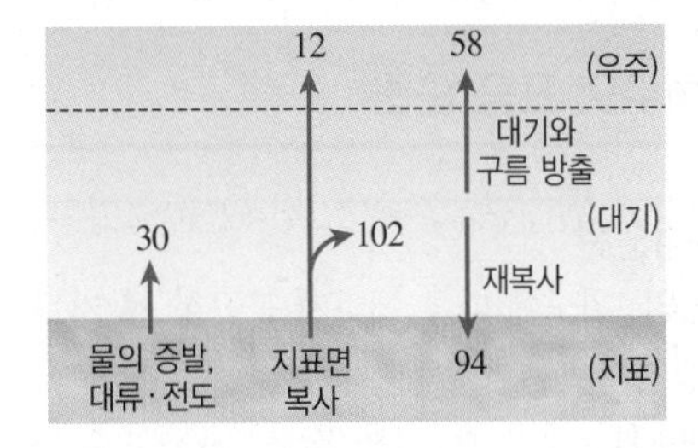

이에 대한 설명으로 옳은 것만을 [보기]에서 있는 대로 고른 것은?

보기
ㄱ. 지표가 흡수한 태양 복사 에너지는 50이다.
ㄴ. 지표 복사 에너지의 대기 투과율은 10 %보다 크다.
ㄷ. 대기가 지표로부터 흡수한 복사 에너지는 태양으로부터 흡수한 복사 에너지의 약 5배이다.

① ㄱ ② ㄴ ③ ㄱ, ㄷ
④ ㄴ, ㄷ ⑤ ㄱ, ㄴ, ㄷ

04 그림 (가)와 (나)는 서로 다른 기후 변화 모형에 따른 2081년~2100년의 기온 편차를 나타낸 것이다.

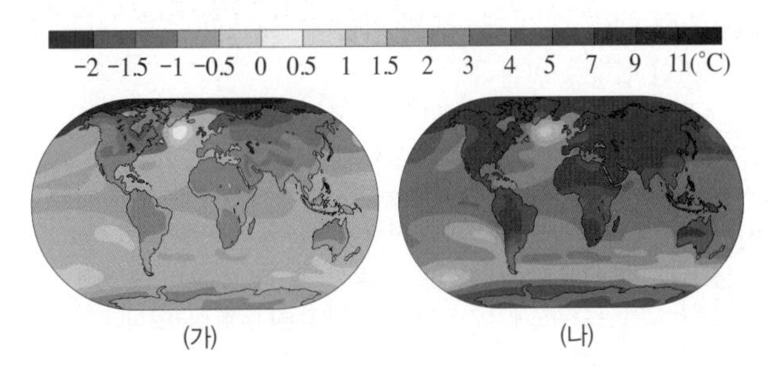

이에 대한 설명으로 옳은 것만을 [보기]에서 있는 대로 고른 것은?

보기
ㄱ. (가)는 (나)보다 온실 기체 농도가 낮은 경우를 가정한 것이다.
ㄴ. (가)와 (나) 모두 적도가 북극보다 기온 상승 폭이 더 클 것으로 예측된다.
ㄷ. (나)는 북반구가 남반구보다 지구 온난화의 영향이 클 것으로 예측된다.

① ㄱ ② ㄴ ③ ㄱ, ㄷ
④ ㄴ, ㄷ ⑤ ㄱ, ㄴ, ㄷ

해수의 표층 순환

1. 대기 대순환

(1) **발생 원인**: 위도에 따른 에너지 불균형 ➡ 지구 자전의 영향을 받는다.

(2) **대기 대순환**

구분	내용
지상에서 부는 바람	• 해들리 순환: (❶) • 페렐 순환: 편서풍 • 극순환: 극동풍
기압대	• 적도 부근: 상승 기류 발달 ➡ 적도 저압대 형성 • 위도 30° 부근: 하강 기류 발달 ➡ 아열대 고압대 형성 • 위도 60° 부근: 극동풍과 편서풍이 만나 (❷) 형성 • 극 부근: 하강 기류 발달 ➡ 극고압대 형성

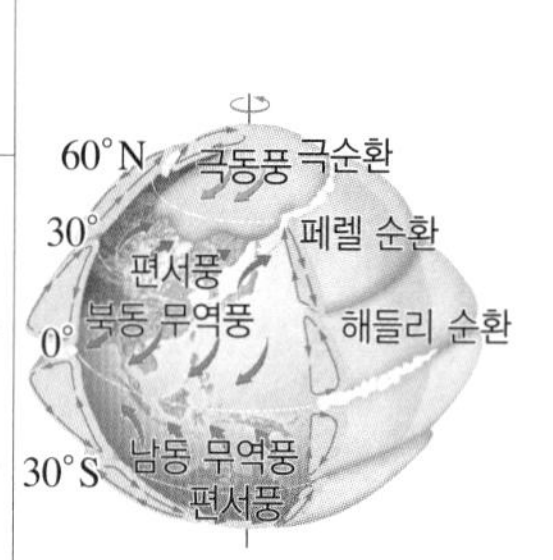

▲ 대기 대순환 모형

2. 해수의 표층 순환

(1) **발생 원인**: 대기 대순환의 바람 ➡ 대륙의 분포, 지구 자전의 영향을 받는다.

(2) **표층 순환**

구분	내용
동서 방향 해류	• 무역풍에 의해 동에서 서로 흐른다. 예 북적도 해류 • 편서풍에 의해 서에서 동으로 흐른다. 예 북태평양 해류
남북 방향 해류	• 저위도에서 고위도로 난류가 흐른다. 예 쿠로시오 해류 • 고위도에서 저위도로 한류가 흐른다. 예 캘리포니아 해류

구분	내용
북태평양의 아열대 순환	(❸) 해류 → 쿠로시오 해류 → (❹) 해류 → 캘리포니아 해류 ➡ 시계 방향으로 순환
남태평양의 아열대 순환	남적도 해류 → 동오스트레일리아 해류 → 남극 순환 해류 → 페루 해류 ➡ 시계 반대 방향으로 순환

➡ 표층 순환 방향은 적도를 경계로 대칭적인 분포를 보인다.

60°E 120° 180° 120° 60°W 0°
80°N 60° 40° 20° 0° 20° 40° 60° 80°S
→ 난류 → 한류
북태평양 해류, 쿠로시오 해류, 캘리포니아 해류, 멕시코 만류, 북대서양 해류, 카나리아 해류, 북적도 해류, 적도 반류, 남적도 해류, 동오스트레일리아 해류, 페루 해류, 브라질 해류, 벵겔라 해류, 남극 순환 해류
극동풍, 편서풍, 북동 무역풍, 남동 무역풍, 편서풍, 극동풍
60°N 30° 0° 30° 60°S

3. 우리나라 주변의 해류

구분	내용
난류	• (❺): 우리나라 주변을 흐르는 난류의 근원 • 황해 난류: 쿠로시오 해류의 지류로, 황해로 북상하는 해류 • 동한 난류: 쿠로시오 해류의 지류인 쓰시마 난류에서 갈라져 동해로 흘러가면서 우리나라 남동 연안을 따라 북상하는 해류
한류	• 연해주한류: 러시아 연안을 따라 남하하는 해류 • 북한 한류: 연해주한류의 지류로, 동해안을 따라 남하하는 해류
조경 수역	• 동해에서 동한 난류와 북한 한류가 만나 형성한다. • 플랑크톤이 많아 좋은 어장이 형성된다.

2 해수의 심층 순환

1. 심층 순환

구분	내용
발생 원인	수온과 염분 변화에 따른 밀도 차: 표층에서 수온이 낮아지거나 염분이 높아지면 해수의 (❻)가 커진다.
발생 과정	극지방에서 냉각되고 결빙으로 염분이 높아진 해수는 밀도가 커져 침강 → 저위도로 이동하여 온대나 열대 해역에서 천천히 용승 → 표층을 따라 극 쪽으로 이동
관측	수온 약층 아래에서 일어나고 흐름이 매우 느리므로 직접 관측하기 어렵다. ➡ 수온과 염분을 측정하여 (❼)에 나타내면 수괴를 파악할 수 있다.

2. 대서양의 심층 순환

구분	내용
(❽)	• 남극 대륙 주변의 웨델해에서 겨울철에 결빙으로 염분이 높아지면서 해수가 심층으로 가라앉아 형성된다. • 밀도가 가장 크고, 대서양에서 수심이 가장 깊은 곳을 흐른다.
(❾)	• 그린란드 부근의 래브라도해와 노르웨이해에서 해수가 수 km 깊이까지 가라앉아 형성된다. • 남극 저층수보다 밀도가 작고, 남극 중층수보다 밀도가 커서 남극 저층수와 남극 중층수 사이를 흐른다.
남극 중층수	• 위도 50°S~60°S 근처에서 형성되어 수심 약 1000 m의 대서양 중층을 따라 북쪽으로 흐른다. • 북대서양 심층수보다 밀도가 작아 북대서양 심층수 위쪽으로 흐른다.

3. 심층 순환과 표층 순환 심층 순환은 표층 순환과 연결되어 전 지구를 순환한다. ➡ 심층 순환이 약해지면 표층 순환도 (❿   ).

 대기와 해양의 상호 작용

1. 용승과 침강

(1) **표층 해수의 이동 방향**: 해수면 위에 바람이 지속적으로 불면, 북반구에서는 표층 해수가 평균적으로 바람 방향의 (⑪) 90° 방향으로 이동한다.

(2) **용승과 침강**

연안 해역	• (⑫): 대륙의 연안에서 바람에 의해 표층 해수가 먼 바다 쪽으로 이동할 때 발생한다. ➡ 영향: 표층에 영양 염류 공급(좋은 어장 형성), 안개 발생 • (⑬): 먼 바다의 표층 해수가 대륙의 연안 쪽으로 이동할 때 발생한다. ➡ 영향: 심층에 산소 공급
적도 해역	• 적도 용승: 표층 해수가 북동 무역풍에 의해 적도에서 북쪽으로, 남동 무역풍에 의해 적도에서 남쪽으로 이동하여 발생한다.
기압	• 저기압 중심(태풍): 용승 • 고기압 중심: 침강

2. 엘니뇨 남방 진동

(1) **엘니뇨와 라니냐**: 무역풍의 변화로 나타나는 열대 태평양 해수면의 온도 변화

(2) (⑭): 열대 태평양의 동·서 기압 분포 변화

(3) **엘니뇨 남방 진동**: 대기와 해양의 상호 작용으로 엘니뇨, 라니냐와 남방 진동은 함께 일어난다.

구분	평상시	엘니뇨 시기	라니냐 시기
그림	워커 순환, 적도, 온난 수역, 한랭 수역, 수온 약층	적도, 온난 수역, 한랭 수역, 수온 약층	적도, 온난 수역, 한랭 수역, 수온 약층
발생 과정	무역풍에 의해 따뜻한 표층 해수가 서쪽으로 이동한다.	무역풍 약화로 따뜻한 표층 해수가 동쪽으로 이동한다.	무역풍 강화로 서쪽으로 이동하는 따뜻한 표층 해수의 흐름이 강화된다.
해수면 온도	• 서태평양: 높다 • 동태평양: 낮다	• 서태평양: 하강 • 동태평양: 상승	• 서태평양: 상승 • 동태평양: 하강
수온 약층	• 서태평양: 깊다 • 동태평양: 얕다	• 서태평양: 얕아진다 • 동태평양: 깊어진다	• 서태평양: 깊어진다 • 동태평양: 얕아진다
용승	동태평양에서 용승이 일어난다.	동태평양 용승이 (⑮).	동태평양 용승이 (⑯).
기압	• 서태평양: 낮다 • 동태평양: 높다	• 서태평양: 높다 • 동태평양: 낮다	• 서태평양: 낮다 • 동태평양: 높다
강수량	• 서태평양: 많다 • 동태평양: 적다	• 서태평양: 적다 • 동태평양: 많다	• 서태평양: 많다 • 동태평양: 적다

 지구 기후 변화

1. 기후 변화의 원인

(1) **지구 외적 요인(천문학적인 원인)**

① 지구 자전축의 기울기 방향 변화 – 세차 운동(북반구)

구분	지구의 위치		현재 → 13000년 후	
	현재	13000년 후	기온	기온의 연교차
여름	원일점	근일점	상승	커진다
겨울	근일점	원일점	하강	

② 지구 자전축의 기울기 변화

구분	기울기가 커질 때			기울기가 작아질 때		
	태양의 남중 고도	기온	기온의 연교차	태양의 남중 고도	기온	기온의 연교차
여름	높아진다	상승	(⑰)	낮아진다	하강	작아진다
겨울	낮아진다	하강		높아진다	상승	

③ 지구 공전 궤도 이심률의 변화(북반구)

구분	이심률 증가(원 → 타원)			이심률 감소(타원 → 원)		
	태양과의 거리	기온	기온의 연교차	태양과의 거리	기온	기온의 연교차
여름	증가	하강	(⑱)	감소	상승	커진다
겨울	감소	상승		증가	하강	

(2) **지구 내적 요인**: 지표면의 상태 변화, 대기의 투과율 변화(화산 폭발 등), 수륙 분포 변화, 생물의 변화, 기권과 수권의 상호 작용 등

(3) **인위적 요인**: 온실 기체 배출, 에어로졸 배출, 산림 훼손과 도시화 등

2. 인간 활동과 기후 변화

지구 온난화 원인	화석 연료의 사용 등으로 인한 대기 중 온실 기체 농도 증가 ➡ 주요 온실 기체: 이산화 탄소
지구 온난화 영향	• 빙하의 융해와 해수의 열팽창 ➡ 해수면 (⑲) ➡ 육지 면적 감소 • 강수량과 증발량의 증가 및 지역적 편중 심화 • 고위도 해역의 수온 상승으로 대서양의 심층 순환 약화
한반도의 기후 변화	• 경향성: 최근 100년 간 기온이 (⑳)하였으며, 최근에 급격히 상승하고 있다. • 영향: 열대야 일수 증가, 한류성 어종 감소, 봄꽃의 개화 시기 빨라짐, 아열대 기후 지역 확대, 해양 산성화 등
기후 변화 대응	신재생 에너지의 사용, 에너지 효율성 개선, 이산화 탄소 포집 및 저장 기술 개발, 기후 변화 협약 준수 등

중단원 마무리 문제

하 중 상

01 그림은 대기와 해양의 위도별 에너지 수송량을 나타낸 것이다.

이에 대한 설명으로 옳은 것만을 [보기]에서 있는 대로 고른 것은?

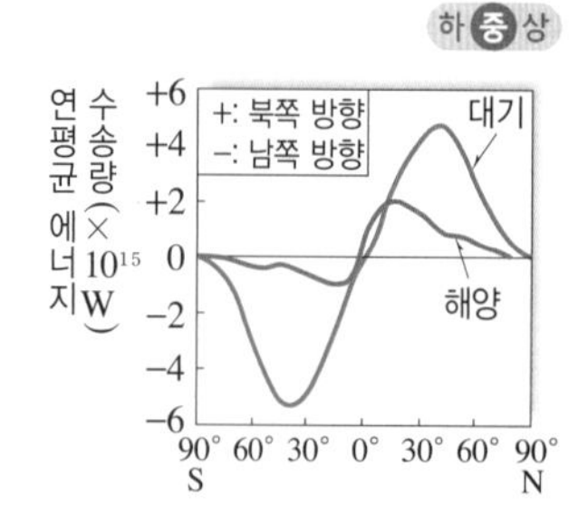

보기
ㄱ. 에너지의 총 수송량은 대기가 해양보다 많다.
ㄴ. 에너지 수송은 적도에서 극 방향으로 일어난다.
ㄷ. 대기의 에너지 수송량이 최대인 위도는 약 40°이다.

① ㄱ ② ㄷ ③ ㄱ, ㄴ
④ ㄴ, ㄷ ⑤ ㄱ, ㄴ, ㄷ

[02~03] 그림 (가), (나)는 서로 다른 대기 대순환 모형의 적도와 극 사이에서 일어나는 대기의 연직 운동만을 나타낸 것이다.

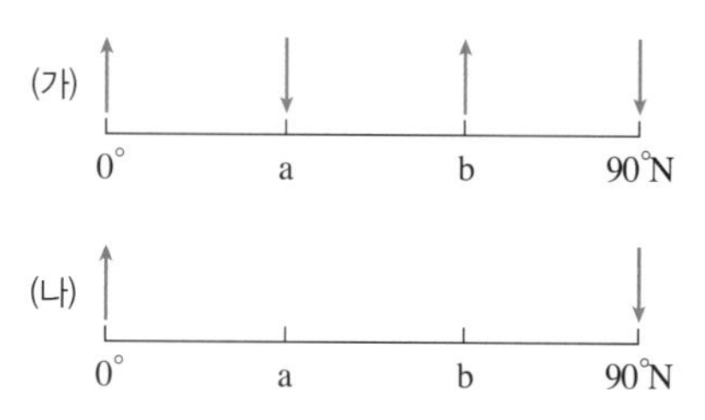

하 중 상

02 이에 대한 설명으로 옳은 것만을 [보기]에서 있는 대로 고른 것은?

보기
ㄱ. (가)와 (나)의 차이는 지구 자전에 의해 생긴다.
ㄴ. (가)에서 지표면의 평균 기압은 a가 b보다 높다.
ㄷ. 직접 순환의 공간적 규모는 (가)가 (나)보다 크다.

① ㄱ ② ㄷ ③ ㄱ, ㄴ
④ ㄴ, ㄷ ⑤ ㄱ, ㄴ, ㄷ

하 중 상

03 (가)에서 a와 b 사이의 지상에서 부는 ㉠ 바람과 이 바람에 의해 ㉡ 표층 해수가 이동하는 방향을 옳게 짝 지은 것은?

	㉠	㉡		㉠	㉡
①	무역풍	서 → 동	②	무역풍	동 → 서
③	편서풍	서 → 동	④	편서풍	동 → 서
⑤	극동풍	동 → 서			

하 중 상

04 그림은 북태평양의 표층 순환을 나타낸 것이다.

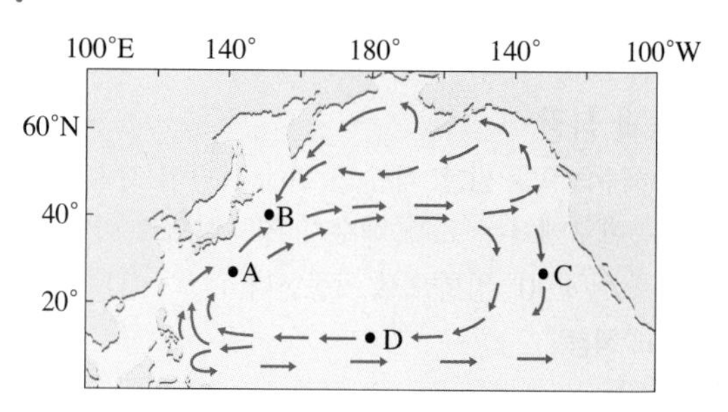

A~D 해역에 대한 설명으로 옳은 것만을 [보기]에서 있는 대로 고른 것은?

보기
ㄱ. 위도에 따른 수온 변화는 A가 B보다 크다.
ㄴ. 표층 해수의 용존 산소량은 A가 C보다 적다.
ㄷ. D의 표층 해류는 해들리 순환에 의해 형성된 바람의 영향을 받는다.

① ㄱ ② ㄴ ③ ㄱ, ㄷ
④ ㄴ, ㄷ ⑤ ㄱ, ㄴ, ㄷ

하 중 상

05 그림은 우리나라 남해, 동해와 그 주변의 표층 해류 분포를 나타낸 것이다.

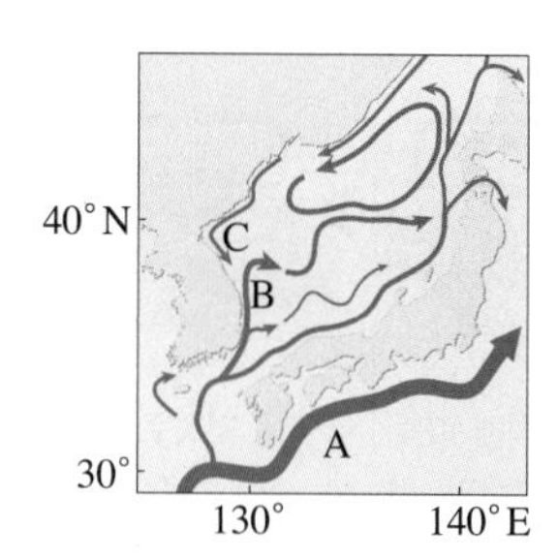

해류 A~C에 대한 설명으로 옳은 것만을 [보기]에서 있는 대로 고른 것은?

보기
ㄱ. A는 C보다 용존 산소량이 많다.
ㄴ. B의 근원이 되는 해류는 A이다.
ㄷ. 조경 수역은 여름철보다 겨울철에 더 저위도에서 형성된다.

① ㄱ ② ㄴ ③ ㄱ, ㄷ
④ ㄴ, ㄷ ⑤ ㄱ, ㄴ, ㄷ

하 중 상

06 그림은 대서양의 심층 순환을 나타낸 것이다.

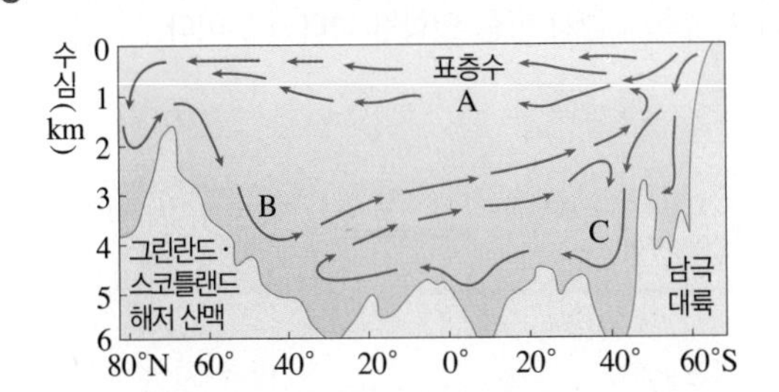

해수 A~C에 대한 설명으로 옳은 것만을 [보기]에서 있는 대로 고른 것은?

보기
ㄱ. B는 남극 중층수이다.
ㄴ. 해수의 밀도를 비교하면 A보다 B가 더 크다.
ㄷ. 북반구와 남반구에 각각 침강 해역이 있다.

① ㄱ ② ㄷ ③ ㄱ, ㄴ
④ ㄴ, ㄷ ⑤ ㄱ, ㄴ, ㄷ

하 중 상

07 그림은 전 세계 해수의 순환을 나타낸 것이다.

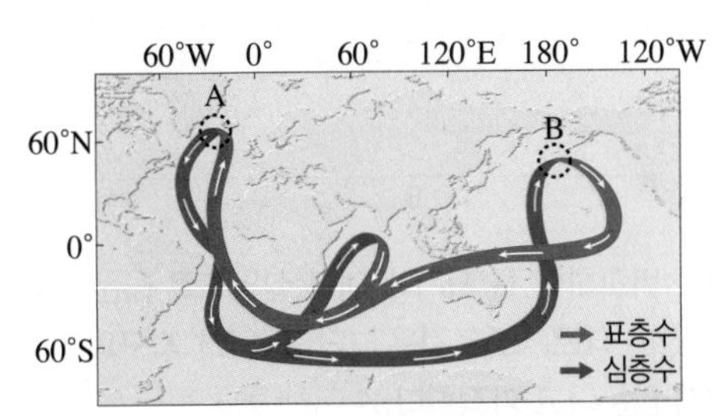

이에 대한 설명으로 옳은 것만을 [보기]에서 있는 대로 고른 것은?

보기
ㄱ. 1년을 주기로 일어나는 순환이다.
ㄴ. A에서 수온이 상승하면 침강이 약화된다.
ㄷ. 북태평양에서는 B에서 해수 침강이 일어난다.

① ㄱ ② ㄴ ③ ㄱ, ㄷ
④ ㄴ, ㄷ ⑤ ㄱ, ㄴ, ㄷ

하 중 상

08 그림은 북반구 어느 연안 해역에서의 수온 분포를 단면으로 나타낸 것이다.
이 해역에 대한 설명으로 옳은 것만을 [보기]에서 있는 대로 고른 것은?

보기
ㄱ. 표층 해수가 해안 쪽으로 이동하였다.
ㄴ. 남풍이 지속적으로 불었다.
ㄷ. 서늘한 날씨가 계속되었다.

① ㄱ ② ㄷ ③ ㄱ, ㄴ
④ ㄴ, ㄷ ⑤ ㄱ, ㄴ, ㄷ

하 중 상

09 그림은 대륙의 서해안에 위치한 A 해역이고, 표는 A 해역의 위치 조건과 지속적으로 부는 바람 조건을 나타낸 것이다.

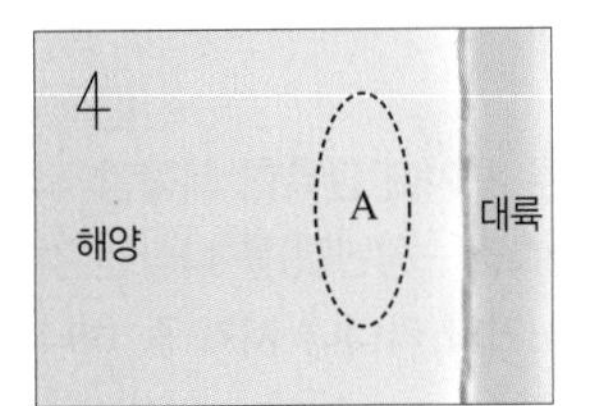

구분	위치	바람
(가)	북반구	북풍
(나)		남풍
(다)	남반구	북풍
(라)		남풍

(가)~(라) 중 용승이 일어나는 경우를 있는 대로 고르시오.

하 중 상

10 그림은 북아메리카 대륙의 서쪽 연안에서 어느 계절의 표층 수온 분포를 나타낸 것이다.
A 해역에 대한 설명으로 옳은 것만을 [보기]에서 있는 대로 고른 것은?

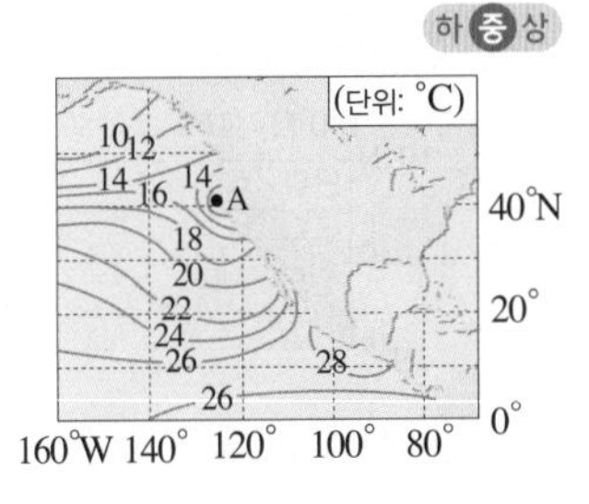

보기
ㄱ. 북풍 계열의 바람이 지속적으로 불고 있다.
ㄴ. 동일 위도의 주변 해역에 비해 영양 염류가 많을 것이다.
ㄷ. 평상시보다 안개의 발생 빈도가 높아진다.

① ㄱ ② ㄴ ③ ㄱ, ㄷ
④ ㄴ, ㄷ ⑤ ㄱ, ㄴ, ㄷ

하 중 상

11 그림 (가)와 (나)는 엘니뇨와 라니냐 시기에 태평양 적도 부근 해수의 연직 단면을 순서 없이 나타낸 것이다.

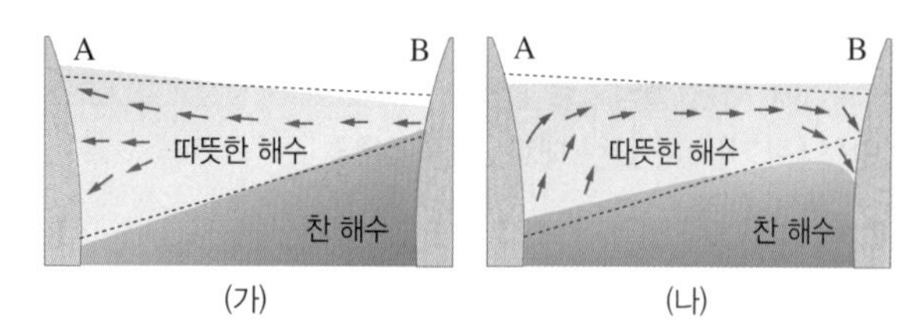

이에 대한 설명으로 옳은 것만을 [보기]에서 있는 대로 고른 것은? (단, 점선은 평상시 해수면과 해수의 경계를 나타낸다.)

보기
ㄱ. (가)는 엘니뇨, (나)는 라니냐 시기이다.
ㄴ. A와 B의 기압 차이는 (가)가 (나)보다 크다.
ㄷ. (나)의 B 해역에서 수온 약층이 시작되는 깊이는 평상시보다 깊어진다.

① ㄱ ② ㄷ ③ ㄱ, ㄴ
④ ㄴ, ㄷ ⑤ ㄱ, ㄴ, ㄷ

하 중 상

12 그림 (가)와 (나)는 서로 다른 시기에 관측한 태평양 적도 부근 해역의 표층 수온 편차(관측값－평년값)를 나타낸 것이다. (가)와 (나)는 각각 엘니뇨 시기와 라니냐 시기 중 하나이다.

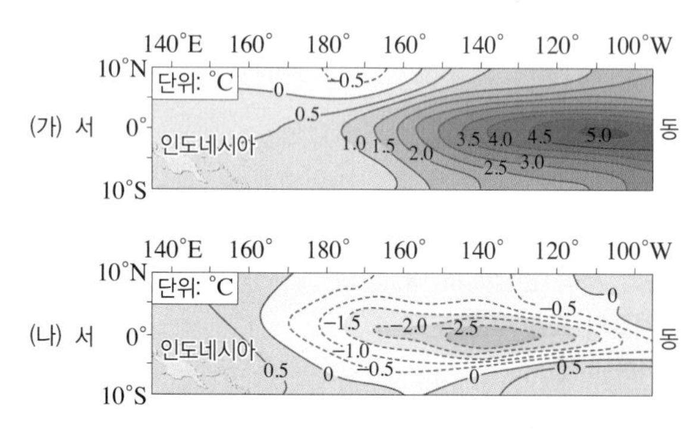

이에 대한 설명으로 옳은 것만을 [보기]에서 있는 대로 고른 것은?

보기
ㄱ. 무역풍의 세기는 (가) 시기보다 (나) 시기에 강하다.
ㄴ. 동태평양 적도 부근 해역의 용승은 (나) 시기가 (가) 시기보다 강하다.
ㄷ. (나) 시기에 서태평양 적도 부근 해역의 평균 해면 기압은 평상시보다 높았다.

① ㄱ ② ㄷ ③ ㄱ, ㄴ
④ ㄴ, ㄷ ⑤ ㄱ, ㄴ, ㄷ

하 중 상

13 그림은 현재와 비교하여 A 시기에 지구 자전축의 경사각과 자전축의 경사 방향 변화를 나타낸 것이다.

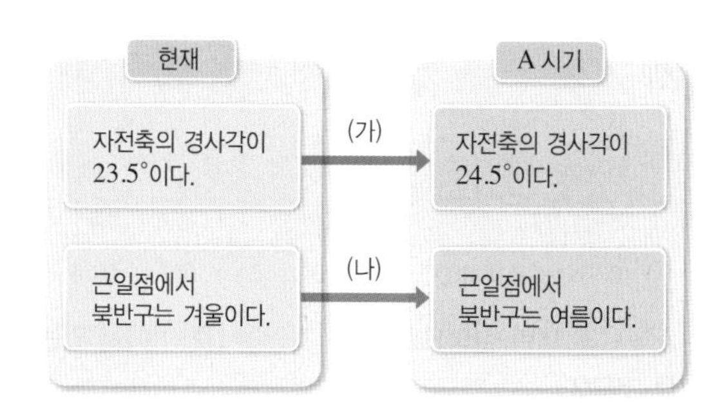

이에 대한 설명으로 옳은 것만을 [보기]에서 있는 대로 고른 것은? (단, 현재와 A 시기는 (가)와 (나) 이외의 지구 기후 변화 요인은 일정하다고 가정한다.)

보기
ㄱ. (가)에 의해 북반구 기온의 연교차는 커진다.
ㄴ. (나)에 의해 남반구 여름 기온은 상승한다.
ㄷ. A 시기에는 현재보다 북반구 여름 기온이 높다.

① ㄱ ② ㄴ ③ ㄱ, ㄷ
④ ㄴ, ㄷ ⑤ ㄱ, ㄴ, ㄷ

하 중 상

14 그림은 지구 공전 궤도 이심률의 변화를 나타낸 것이다.

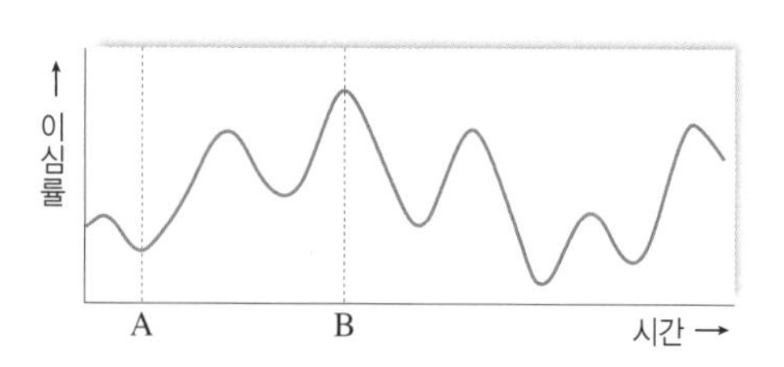

A 시기와 비교하여 B 시기에 대한 설명으로 옳은 것만을 [보기]에서 있는 대로 고른 것은? (단, 태양과 지구의 평균 거리는 변하지 않는다고 가정한다.)

보기
ㄱ. A 시기보다 공전 궤도의 모양이 원에 가깝다.
ㄴ. 지구가 1년 동안 받는 태양 복사 에너지양이 많다.
ㄷ. 근일점과 원일점에서 지구가 받는 태양 복사 에너지양의 차이가 크다.

① ㄱ ② ㄷ ③ ㄱ, ㄴ
④ ㄴ, ㄷ ⑤ ㄱ, ㄴ, ㄷ

하 중 상

15 그림은 피나투보 화산 분출 전후의 기온을 기준값에 대한 편차로 나타낸 것이다.

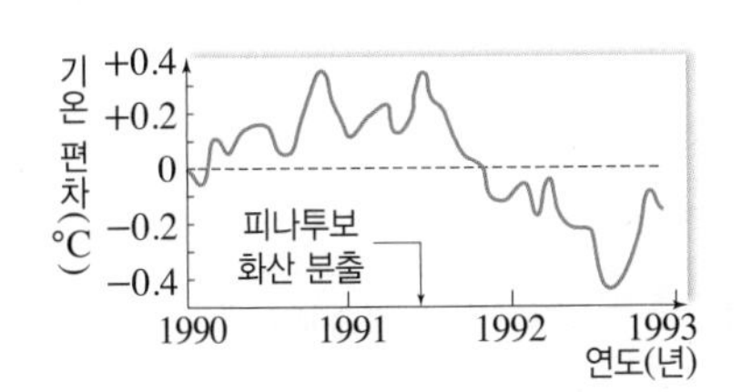

이에 대한 설명으로 옳은 것만을 [보기]에서 있는 대로 고른 것은?

보기

ㄱ. 화산 분출 후 지구의 기온이 낮아졌다.
ㄴ. 기온 변화에 가장 큰 영향을 준 분출물은 용암이다.
ㄷ. 1992년에는 1991년보다 태양 복사 에너지의 대기 투과율이 작았다.

① ㄱ ② ㄴ ③ ㄱ, ㄷ
④ ㄴ, ㄷ ⑤ ㄱ, ㄴ, ㄷ

16 지구의 열수지에 대한 설명으로 옳지 않은 것은?

① 태양 복사 에너지의 파장 영역은 주로 가시광선이다.
② 지구 복사 에너지의 파장 영역은 대부분 적외선이다.
③ 지구는 복사 에너지의 흡수량과 방출량이 같다.
④ 대기 중의 온실 기체 농도가 증가하면 기온이 상승한다.
⑤ 온실 기체는 지구 복사보다 태양 복사의 흡수율이 높다.

하 중 상

17 그림은 지구 기후 변화의 두 가지 미래 시나리오 A, B를 나타낸 것이다. 이에 대한 설명으로 옳은 것만을 [보기]에서 있는 대로 고른 것은?

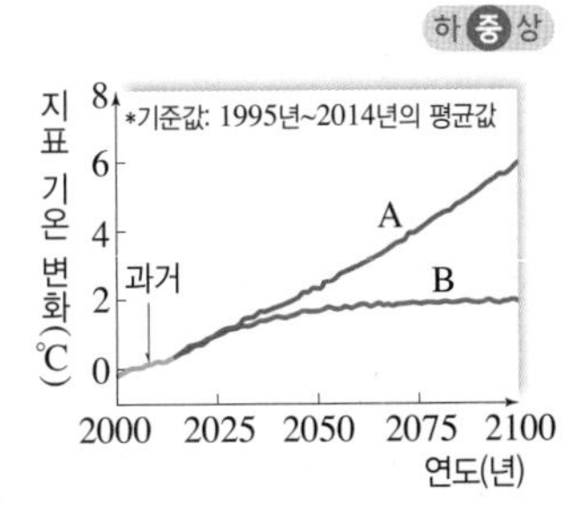

보기

ㄱ. 대기 중의 온실 기체 농도는 A가 B보다 낮다.
ㄴ. 해수면의 상승은 A가 B보다 크다.
ㄷ. 강수량은 A가 B보다 더 크게 증가한다.

① ㄱ ② ㄷ ③ ㄱ, ㄴ
④ ㄴ, ㄷ ⑤ ㄱ, ㄴ, ㄷ

서술형 문제

하 중 상

18 그림은 대서양의 심층 해수 A～C를 수온 염분도(T−S도)에 나타낸 것이다.

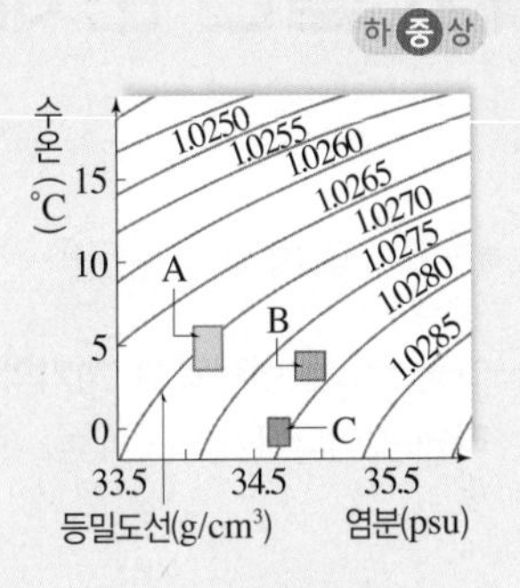

(1) A～C 중 평균 밀도가 가장 큰 해수를 고르시오.

(2) 해수의 심층 순환이 발생하는 원리를 수온과 염분을 포함하여 서술하시오.

하 중 상

19 그림은 동태평양 해역에서 관측한 해수면 온도 편차(관측값−평년값)를 나타낸 것이다.

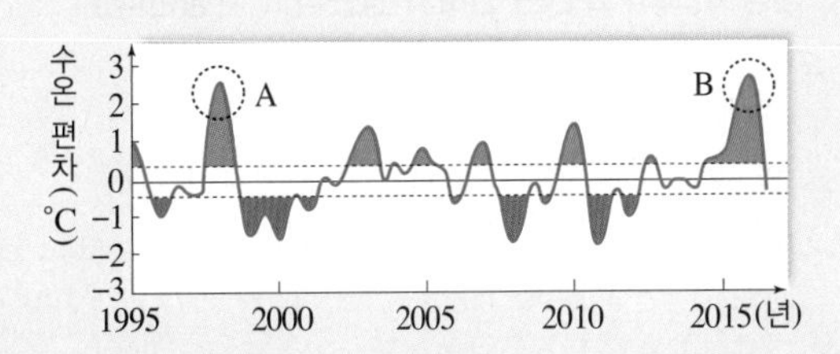

A와 B 시기에 공통적으로 동태평양 연안에서 나타나는 용승과 강수량의 변화를 서술하시오.

하 중 상

20 그림은 과거 약 125년 동안의 이산화 탄소 농도와 지구 기온 변화를 나타낸 것이다.

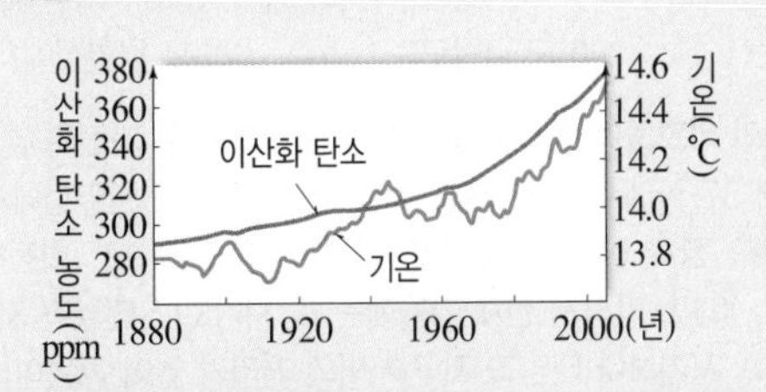

최근의 기온 변화 추세를 억제할 수 있는 과학적 방안을 두 가지만 서술하시오.

• 수능 출제 경향

이 단원에서는 대기 대순환의 순환 세포와 지상 바람, 대기 대순환과 표층 해류의 관계, 우리나라 주변 해류, 수온 염분도의 해석, 심층 순환의 발생과 기후 변화, 용승과 침강의 발생 과정, 엘니뇨와 라니냐, 기후 변화의 원인, 지구 온난화 등을 묻는 문제가 자주 출제되고 있다.

그림 (가)는 현재와 A 시기의 지구 공전 궤도를, (나)는 현재와 A 시기의 지구 자전축 방향을 나타낸 것이다. (가)의 ㉠, ㉡, ㉢은 공전 궤도상에서 지구의 위치이다.

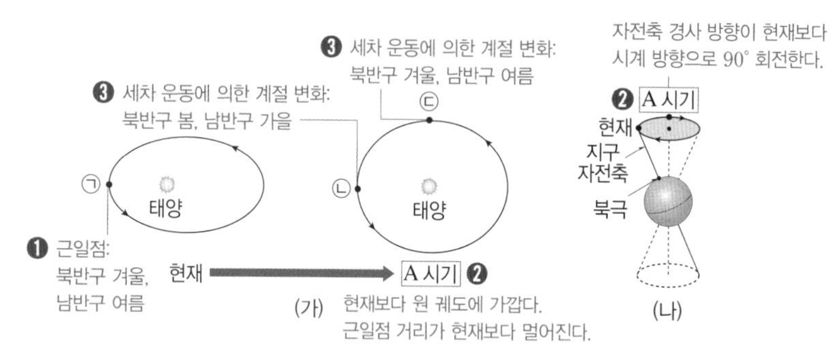

(가) (나)

이에 대한 설명으로 옳은 것만을 [보기]에서 있는 대로 고른 것은? (단, 지구의 공전 궤도 이심률, 세차 운동 이외의 요인은 변하지 않는다고 가정한다.)

보기

ㄱ. ㉠에서 북반구는 여름이다.

ㄴ. 37°N에서 연교차는 현재가 A 시기보다 작다.

ㄷ. 37°S에서 태양이 남중했을 때, 지표에 도달하는 태양 복사 에너지양은 ㉢이 ㉡보다 적다.

① ㄱ　　② ㄴ　　③ ㄷ　　④ ㄱ, ㄴ　　⑤ ㄴ, ㄷ

출제개념

기후 변화의 지구 외적 요인

▶ 본문 210~211쪽

출제의도

기후 변화의 지구 외적 요인 중 세차 운동과 지구 공전 궤도 이심률의 변화가 기후 변화에 미치는 영향을 판단하고, 두 현상이 종합적으로 나타나는 경우에 기후는 어떻게 변하는지를 알아보는 문제이다.

전략적 풀이

❶ 현재 지구 자전축 경사 방향과 근일점 위치를 파악한다.

ㄱ. 계절 변화가 나타나는 원인은 지구가 타원 궤도를 공전하면서 생기는 태양과의 거리 변화 때문이 아니라 지구 자전축의 (　　　) 때문이다. (나)에서 제시한 지구 자전축의 경사 방향을 고려하면 현재 근일점에서 북반구는 (　　　)이고 남반구는 (　　　)이며, 원일점에서 북반구는 여름이고 남반구는 겨울이다.

❷ 현재와 비교하여 A 시기의 근일점 거리와 지구 자전축 경사 방향을 파악한다.

ㄴ. 현재 37°N에서는 근일점인 ㉠에서 겨울이고, 원일점에서 여름이다. 그러나 A 시기에 37°N에서는 지구 자전축 경사 방향이 현재보다 시계 방향으로 90° 회전하여 ㉢에서 (　　　)이고, ㉢의 반대쪽에서 (　　　)이다. 따라서 현재 겨울에는 A 시기보다 태양과 지구 사이의 거리가 가까워 기온이 높고, 현재 여름에는 A 시기보다 태양과 지구 사이의 거리가 멀어 기온이 낮다. 따라서 37°N에서 연교차는 현재가 A 시기보다 작다.

❸ 지구 자전 경사 방향 변화에 의해 A 시기의 계절 변화를 추론한다.

ㄷ. A 시기에 ㉢에서 남반구는 (　　　)이고, ㉡에서 남반구는 (　　　)이므로 태양의 남중 고도는 ㉢에서 더 높다. 따라서 37°S에서 태양이 남중했을 때, 지표에 도달하는 태양 복사 에너지양은 ㉢이 ㉡보다 많다.

❶ 경사, 겨울, 여름 ❷ 겨울, 여름 ❸ 여름, 겨울

답 ②

01 그림은 위도에 따른 평균 해면 기압을 나타낸 것이다.

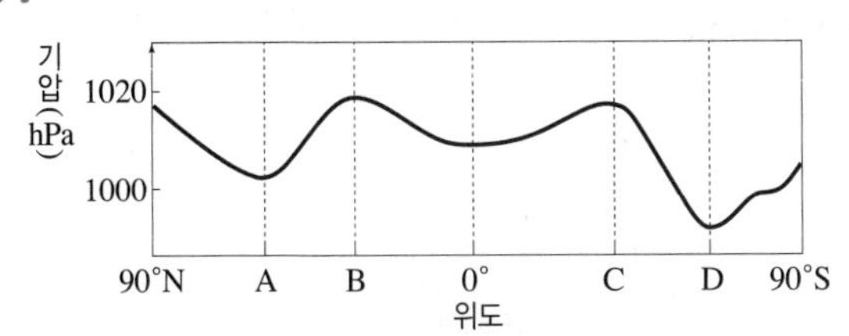

이에 대한 설명으로 옳은 것만을 [보기]에서 있는 대로 고른 것은?

보기
ㄱ. 온대 저기압은 A보다 B에서 발생 빈도가 높다.
ㄴ. 적도와 C 사이의 지표에서는 주로 서풍 계열의 바람이 분다.
ㄷ. C와 D 사이의 표층 해류는 서에서 동으로 흐른다.

① ㄱ ② ㄷ ③ ㄱ, ㄴ
④ ㄴ, ㄷ ⑤ ㄱ, ㄴ, ㄷ

02 그림은 북태평양에서의 표층 순환을 나타낸 것이다.

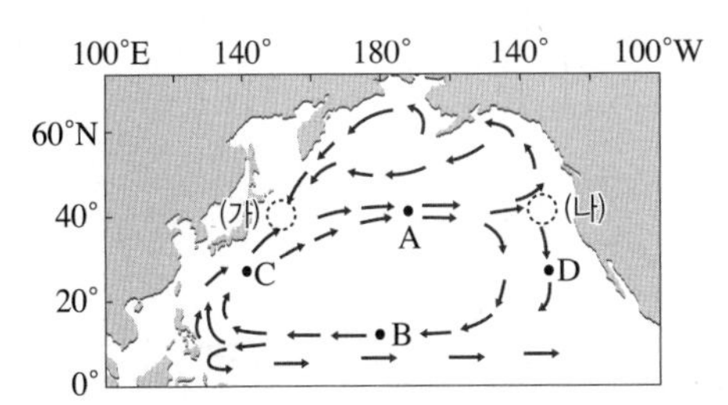

이에 대한 설명으로 옳은 것만을 [보기]에서 있는 대로 고른 것은?

보기
ㄱ. 해류 A는 무역풍, 해류 B는 편서풍의 영향으로 형성된다.
ㄴ. 해류 C는 해류 D보다 고위도로의 열에너지 수송량이 많다.
ㄷ. 표층 해수의 등온선 간격은 (가) 해역보다 (나) 해역에서 좁게 나타날 것이다.

① ㄱ ② ㄴ ③ ㄱ, ㄷ
④ ㄴ, ㄷ ⑤ ㄱ, ㄴ, ㄷ

03 그림은 북서 태평양과 우리나라 동해의 평균 수온 분포와 해류의 속도를 나타낸 것이다.

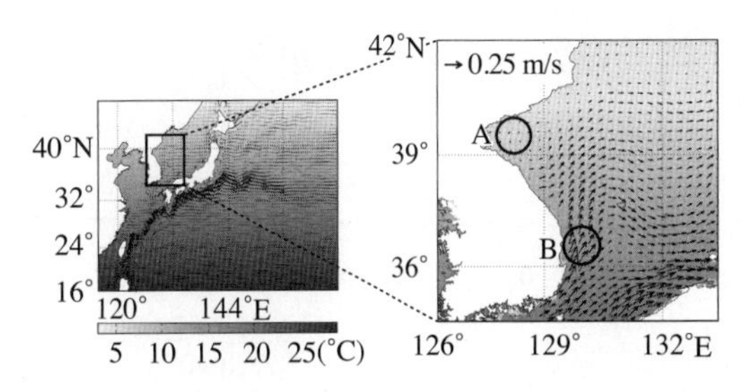

이에 대한 설명으로 옳은 것만을 [보기]에서 있는 대로 고른 것은?

보기
ㄱ. 동한 난류는 북한 한류보다 유속이 빠르다.
ㄴ. 동한 난류는 39°N 해역에서 북한 한류가 되어 남하한다.
ㄷ. 동해안에서 표층 해수의 용존 산소량은 A 해역보다 B 해역에서 많다.

① ㄱ ② ㄷ ③ ㄱ, ㄴ
④ ㄴ, ㄷ ⑤ ㄱ, ㄴ, ㄷ

04 다음은 해수의 운동을 알아보기 위한 실험 과정이다.

[실험 과정]
(가) 수조에 상온의 물을 채우고, 바닥에 작은 구멍이 뚫린 종이컵을 수조의 한쪽 모서리에 고정시킨다.

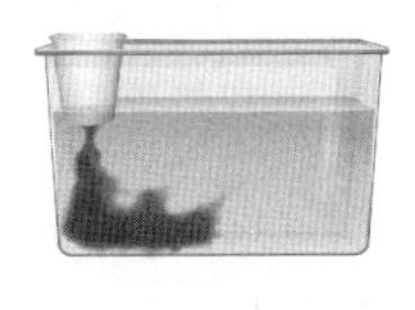

(나) 잉크로 착색시킨 상온의 소금물을 종이컵에 천천히 부으면서 ㉠ 종이컵 바닥의 구멍을 통해 흘러나오는 소금물의 흐름을 관찰한다.

이에 대한 설명으로 옳은 것만을 [보기]에서 있는 대로 고른 것은?

보기
ㄱ. (나)에서 소금물은 수조 바닥으로 가라앉는다.
ㄴ. 소금물의 온도를 낮추면 ㉠이 더 뚜렷해진다.
ㄷ. 남반구 해역에서는 ㉠에 해당하는 흐름이 나타나지 않는다.

① ㄱ ② ㄴ ③ ㄷ
④ ㄱ, ㄴ ⑤ ㄴ, ㄷ

05 그림은 어느 해양에서 측정한 해수 A~C의 수온과 염분을 수온 염분도(T-S도)에 나타낸 것이다.

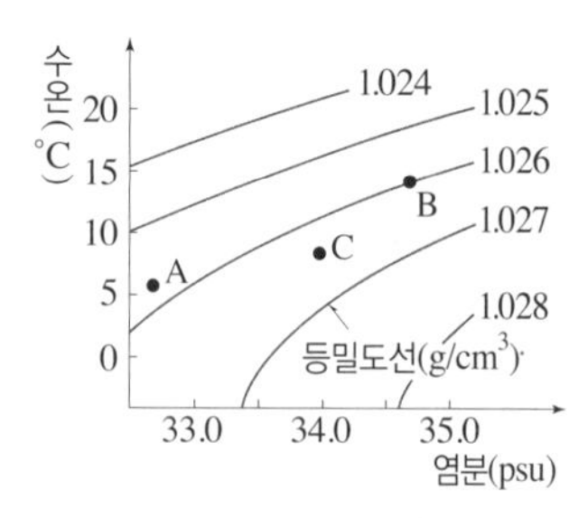

이에 대한 설명으로 옳은 것만을 [보기]에서 있는 대로 고른 것은?

보기
ㄱ. A~C 중 밀도가 가장 작은 해수는 A이다.
ㄴ. B는 C보다 염분이 높기 때문에 밀도가 작다.
ㄷ. C에서 결빙이 일어나면 밀도는 작아진다.

① ㄱ ② ㄷ ③ ㄱ, ㄴ
④ ㄴ, ㄷ ⑤ ㄱ, ㄴ, ㄷ

06 그림은 심층 해수의 연령 분포를 나타낸 것이다. 심층 해수의 연령은 해수가 표층에서 침강한 이후부터 현재까지 경과한 시간을 의미한다.

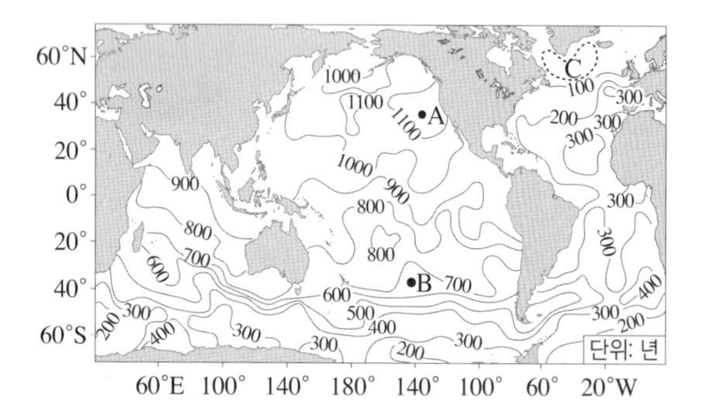

이에 대한 설명으로 옳은 것만을 [보기]에서 있는 대로 고른 것은?

보기
ㄱ. A는 북태평양의 침강 해역이다.
ㄴ. B에서 심층 해수는 북쪽으로 흐른다.
ㄷ. C 해역에서는 북대서양 심층수가 형성된다.

① ㄱ ② ㄷ ③ ㄱ, ㄴ
④ ㄴ, ㄷ ⑤ ㄱ, ㄴ, ㄷ

07 그림은 어느 날 울산 앞바다에서의 표층 수온 분포를 나타낸 것이다.

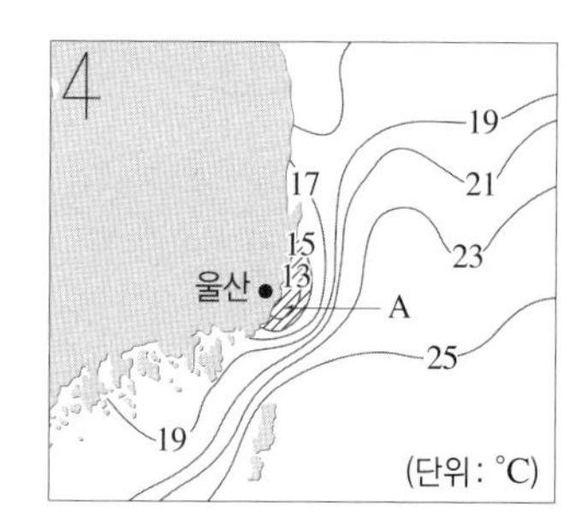

빗금친 A 해역에 대한 설명으로 옳은 것만을 [보기]에서 있는 대로 고른 것은?

보기
ㄱ. 심층의 찬 해수가 용승하였다.
ㄴ. 이 시기에 북풍 계열의 바람이 불었다.
ㄷ. 해수면 부근에서 안개가 발생할 가능성이 컸다.

① ㄱ ② ㄴ ③ ㄱ, ㄷ
④ ㄴ, ㄷ ⑤ ㄱ, ㄴ, ㄷ

08 그림은 동태평양 적도 부근 해역에서 A 시기와 B 시기에 관측한 구름의 양을 높이에 따라 나타낸 것이다. A와 B는 각각 엘니뇨 시기와 평상시 중 하나이다.

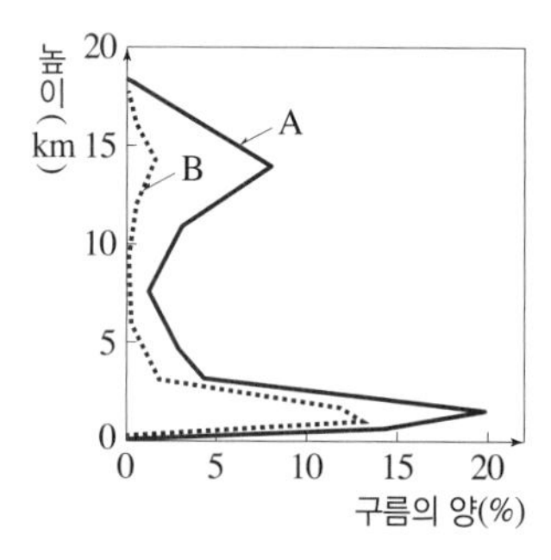

이에 대한 설명으로 옳은 것만을 [보기]에서 있는 대로 고른 것은?

보기
ㄱ. 동태평양 적도 부근 해역에서 연안 용승은 A가 B보다 활발하다.
ㄴ. 동태평양 적도 부근 해역에서 수온 약층이 나타나기 시작하는 깊이는 A가 B보다 깊다.
ㄷ. 서태평양 적도 부근 해역의 강수량은 A가 B보다 적다.

① ㄱ ② ㄷ ③ ㄱ, ㄴ
④ ㄴ, ㄷ ⑤ ㄱ, ㄴ, ㄷ

09 그림은 다윈 지방과 타히티섬에서 관측한 기압의 편차(관측값－평년값)를 나타낸 것이다.

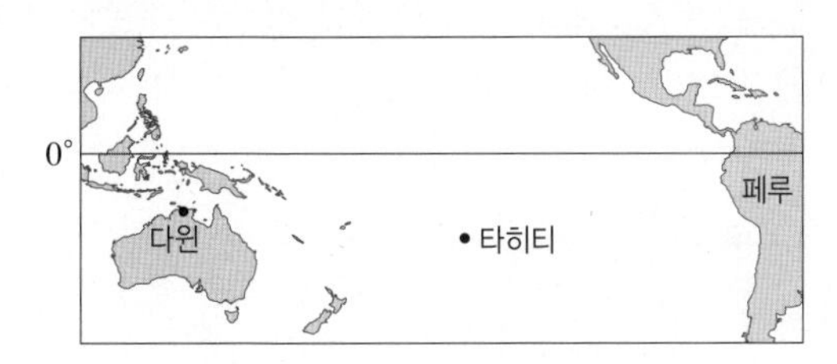

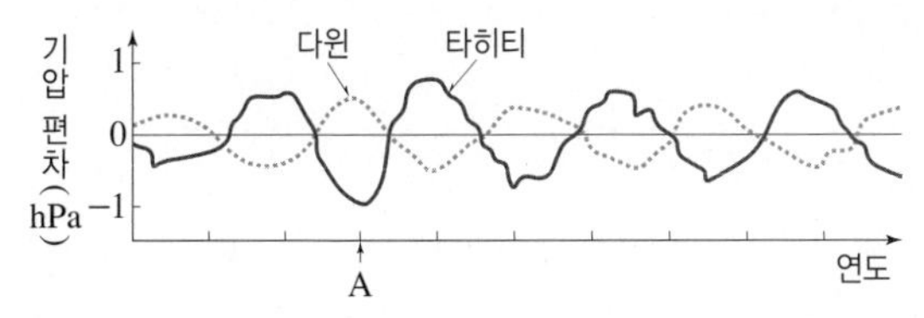

평년과 비교하여 A 시기에 대한 설명으로 옳은 것만을 [보기]에서 있는 대로 고른 것은?

보기
ㄱ. 다윈 지방에서는 상승 기류가 강했다.
ㄴ. 동태평양의 강수량이 감소하였다.
ㄷ. 페루 연안에서 용승이 약화되었다.

① ㄱ　② ㄷ　③ ㄱ, ㄴ　④ ㄴ, ㄷ　⑤ ㄱ, ㄴ, ㄷ

10 그림 (가)와 (나)는 서로 다른 시기에 지구 자전축과 공전 궤도 모양을 나타낸 것이다.

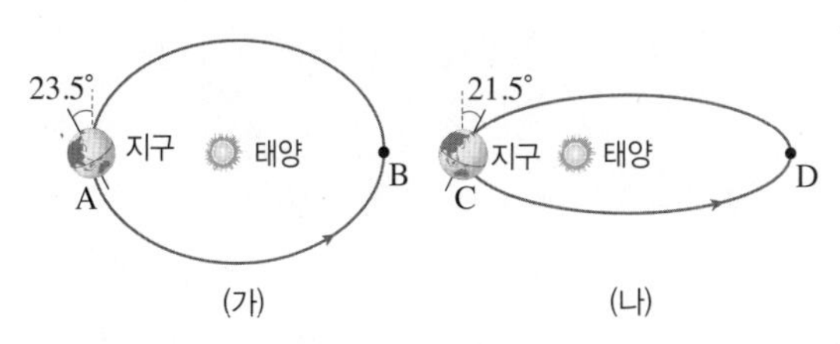

이에 대한 설명으로 옳은 것만을 [보기]에서 있는 대로 고른 것은? (단, 지구와 태양 사이의 평균 거리는 같다.)

보기
ㄱ. A와 C에서 계절은 반대로 나타난다.
ㄴ. 지구의 연평균 기온은 (가)가 (나)보다 높다.
ㄷ. 북반구가 받는 태양 복사 에너지의 양은 B보다 D에서 적다.

① ㄱ　② ㄴ　③ ㄱ, ㄷ　④ ㄴ, ㄷ　⑤ ㄱ, ㄴ, ㄷ

11 그림은 복사 평형을 이루는 지구의 열수지를 나타낸 것이다.

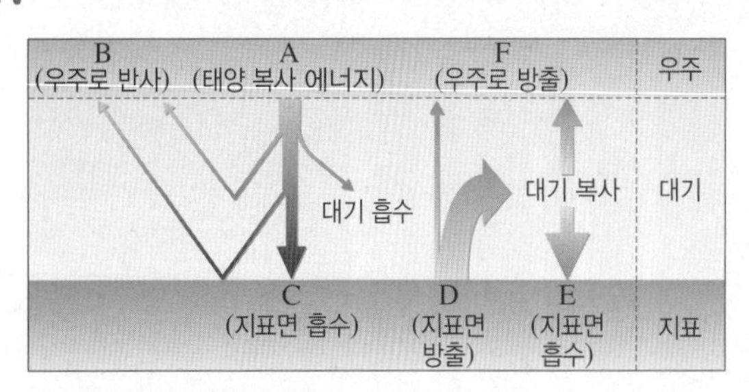

이에 대한 설명으로 옳은 것만을 [보기]에서 있는 대로 고른 것은?

보기
ㄱ. A=B+F이다.
ㄴ. D의 복사 에너지는 대부분 적외선이다.
ㄷ. 대기 중에 온실 기체가 증가하면 C+E가 감소한다.

① ㄱ　② ㄷ　③ ㄱ, ㄴ　④ ㄴ, ㄷ　⑤ ㄱ, ㄴ, ㄷ

12 그림 (가)는 2004년부터 2015년까지 그린란드 빙하의 누적 융해량을, (나)는 같은 기간 동안 빙하 융해와 해수 열팽창에 의한 평균 해수면 높이 편차(관측값－2004년 값)를 나타낸 것이다.

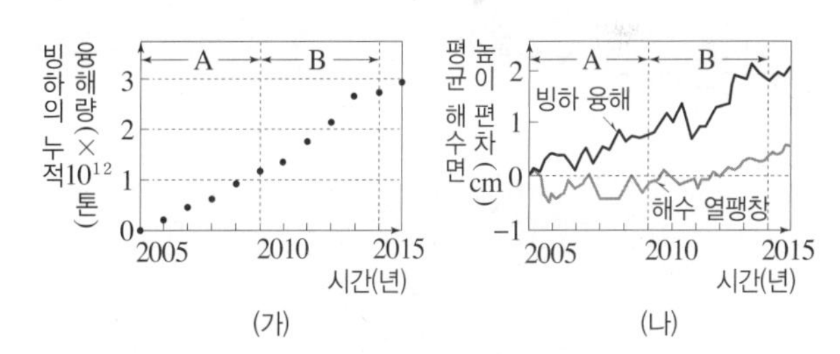

이에 대한 설명으로 옳은 것만을 [보기]에서 있는 대로 고른 것은?

보기
ㄱ. 빙하의 융해 속도(톤/년)는 A 기간이 B 기간보다 크다.
ㄴ. (나)에서 해수 열팽창이 해수면 상승에 끼친 영향은 A 기간이 B 기간보다 크다.
ㄷ. (나)의 전 기간 동안 평균 해수면 높이의 상승은 해수 열팽창에 의한 것보다 빙하 융해에 의한 영향이 더 크다.

① ㄱ　② ㄷ　③ ㄱ, ㄴ　④ ㄴ, ㄷ　⑤ ㄱ, ㄴ, ㄷ

우주

1 별과 외계 행성계

Review

이전에 학습한 내용 중 이 단원과 연계된 내용을 다시 한 번 떠올려 봅시다.

다음 단어가 들어갈 곳을 찾아 빈칸을 완성해 보자.

절대	질량	수소	겉보기	절대 등급	표면 온도	별까지의 거리

중3 별과 우주

• **별의 색과 표면 온도** 별은 ❶ (　　　　)에 따라 색이 다르게 나타난다.

색	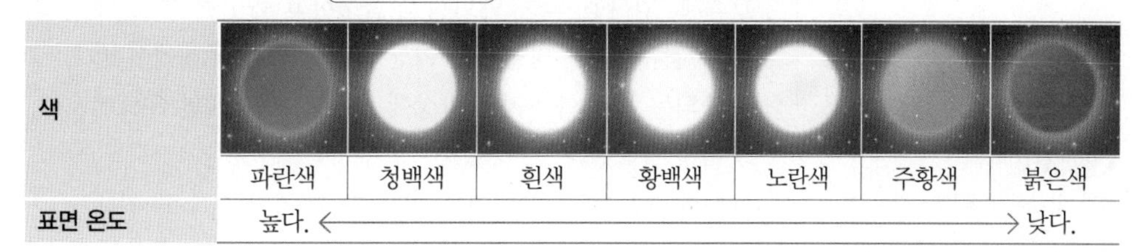						
	파란색	청백색	흰색	황백색	노란색	주황색	붉은색
표면 온도	높다. ⟵						⟶ 낮다.

• **별의 밝기와 등급**

① **별의 거리와 밝기**: 별까지의 거리가 멀수록 별의 겉보기 밝기가 어두워진다.

➡ 별의 밝기$\propto \dfrac{1}{❷(\quad\quad)^2}$

② **별의 등급**: 별의 밝기는 등급으로 나타내며, 등급이 작을수록 밝은 별이다.

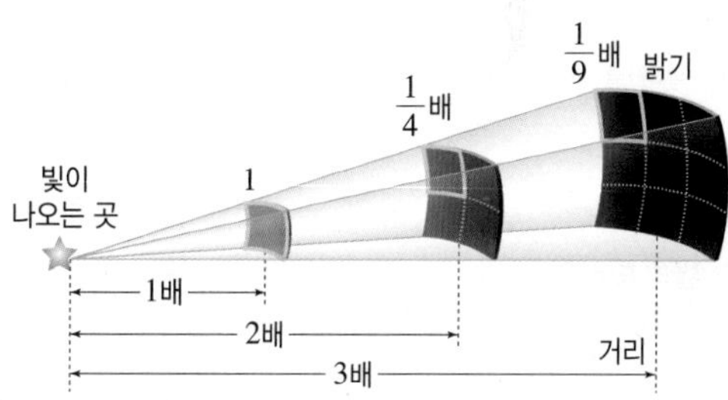

별의 거리와 밝기 별까지의 거리가 멀어지면 단위 면적당 도달하는 별빛의 양이 감소한다.

겉보기 등급	❸ (　　　　)
맨눈으로 보이는 별의 밝기를 등급으로 나타낸 것	10 pc의 거리에 있다고 가정했을 때 별의 밝기를 등급으로 나타낸 것

③ **별까지의 거리와 등급**: (❹ (　　　　) 등급−❺ (　　　　) 등급)이 작을수록 별까지의 거리가 가깝다.

• **별의 진화와 원소의 생성**

① **별의 탄생**: 성운이 수축하여 원시별이 되고, 수소 핵융합 반응을 시작하면 별이 된다.

② **주계열성**: 중심부에서 ❻ (　　　　) 핵융합 반응이 일어나 에너지를 방출하는 천체

③ **별의 진화와 원소의 생성**: ❼ (　　　　)이 큰 별일수록 중심 온도가 높아져 무거운 원소를 생성한다.

생성 원소	생성 과정
철보다 가벼운 원소와 철	• 질량이 태양 정도인 별: 별 중심부에서 수소 핵융합 반응으로 헬륨을 생성하고, 헬륨 핵융합 반응이 일어나 탄소, 산소까지 생성된다. • 질량이 태양의 10배 이상인 별: 별 중심부에서 핵융합 반응으로 헬륨에서 철까지 생성된다.
철보다 무거운 원소	질량이 태양보다 매우 큰 별이 초신성으로 폭발하는 과정에서 철보다 무거운 금, 납, 우라늄 등의 원소가 만들어진다.

답 ❶ 표면 온도 ❷ 별까지의 거리 ❸ 절대 등급 ❹ 겉보기 ❺ 절대 ❻ 수소 ❼ 질량

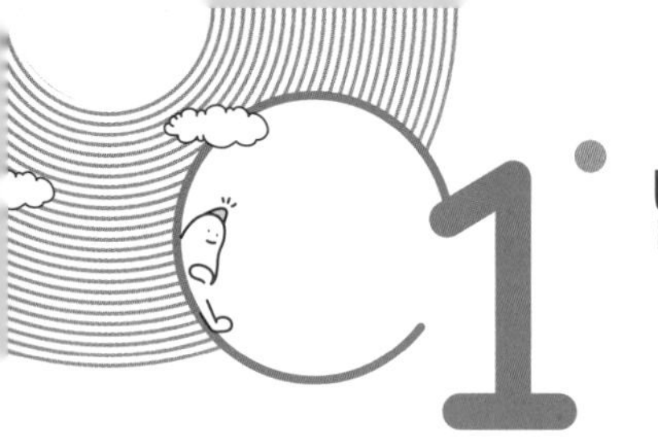

01 별의 물리량

핵심 포인트
1. 별의 색과 표면 온도 ★★★
2. 별의 분광형과 표면 온도 ★★★
3. 별의 광도 측정 ★★
4. 별의 크기 측정 ★★★

A 별의 표면 온도

밤하늘의 별들은 표면 온도, 광도, 크기 등의 물리량이 서로 달라요. 직접 측정할 수 없을 만큼 멀리 떨어져 있는 별의 물리량을 어떻게 알 수 있을까요? 먼저, 별의 표면 온도를 알 수 있는 여러 가지 방법(색, 색지수, 분광형)을 알아보아요.

1. 별의 색과 표면 온도

245쪽 대표 자료 1

(1) 흑체 복사

① 흑체: 입사된 모든 에너지를 흡수하고 흡수된 모든 에너지를 완전히 방출하는 이상적인 물체로, 흑체에서 방출되는 복사 에너지의 파장에 따른 분포는 표면 온도에 따라 달라진다.

② 빈의 변위 법칙: 흑체의 표면 온도(T)가 높을수록 최대 에너지를 방출하는 파장(λ_{max})이 짧아진다.

$$\lambda_{max}=\frac{a}{T}\ (a=2.898\times10^3\ \mu m\cdot K)$$

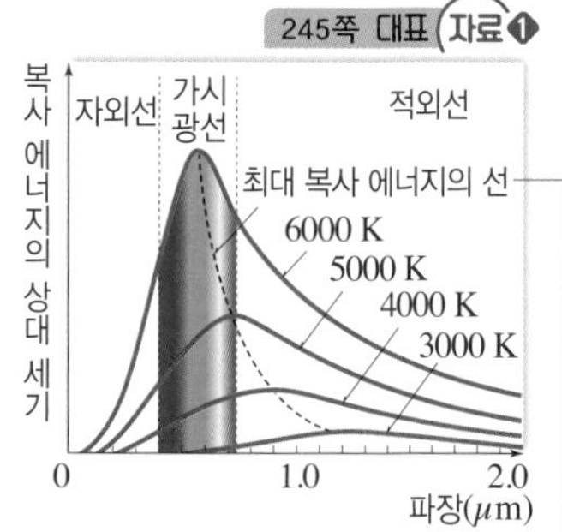

플랑크 곡선 흑체가 방출하는 복사 에너지를 파장에 따라 나타낸 곡선
표면 온도가 높을수록 최대 에너지를 방출하는 파장이 짧다.

(2) ◆별의 복사: 별은 거의 흑체와 유사하게 복사하여 별의 표면 온도에 따라 색이 달라진다.

(3) ◆별의 표면 온도와 색: 별은 표면 온도가 높을수록 최대 에너지를 방출하는 파장이 짧아 파란색으로 보이고, 표면 온도가 낮을수록 최대 에너지를 방출하는 파장이 길어 붉은색으로 보인다.

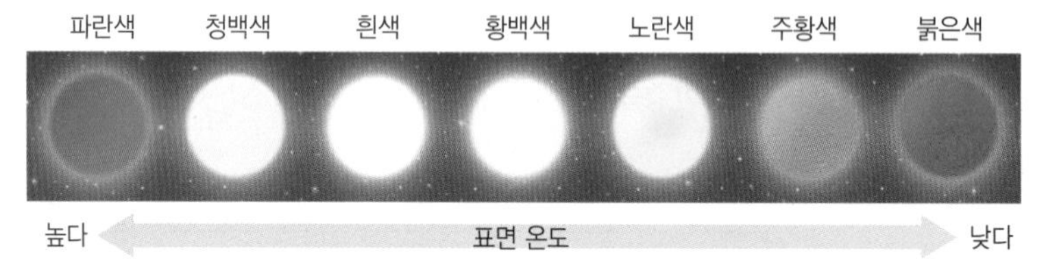

◆ **별의 복사**
별은 이상적인 흑체는 아니지만 파장에 따른 복사 에너지의 분포를 조사해 보면 거의 흑체에 가깝다. 따라서 별의 표면 온도나 광도는 별이 흑체라고 가정하여 추정한다.

◆ **별의 표면 온도 비교**
베텔게우스는 붉은색, 리겔은 청백색을 띤다. ➡ 베텔게우스는 리겔보다 표면 온도가 낮다.

오리온자리

2. 별의 색지수와 표면 온도

천재, YBM 교과서에만 나와요.

(1) ◆색지수: 서로 다른 파장 영역에서 측정한 별의 등급의 차이로, 짧은 파장 영역의 등급에서 긴 파장 영역의 등급을 뺀 값이다.

(2) 사진 등급과 안시 등급을 이용한 색지수: 사진 등급(m_P)−안시 등급(m_V)

① 사진 등급(m_P): 별을 사진으로 찍었을 때의 밝기 등급 ➡ 사진 건판은 파란색에 민감하므로 표면 온도가 높아 파란색을 띠는 별은 사진 등급이 작게 나타난다. (등급의 숫자가 작을수록 밝은 별이다.)

② 안시 등급(m_V): 별을 맨눈으로 관측했을 때의 밝기 등급 ➡ 사람의 눈은 노란색에 민감하므로 표면 온도가 낮아 노란색을 띠는 별은 안시 등급이 작게 나타난다.

③ 별의 표면 온도와 색지수: 표면 온도가 높은 별일수록 색지수(사진 등급−안시 등급)가 작다.
└ 표면 온도가 높은 별일수록 파란색 쪽의 에너지를 많이 방출하여 사진 등급이 작기 때문

고온의 별(파란색)	사진 등급(m_P)<안시 등급(m_V) ➡ ◆색지수가 (−) 값으로 나타난다.
저온의 별(붉은색)	사진 등급(m_P)>안시 등급(m_V) ➡ 색지수가 (+) 값으로 나타난다.

◆ **색지수로 사용되는 것**
과거에는 사진 등급과 안시 등급의 차이를 색지수로 사용했으나, 현재는 U, B, V 필터로 정해지는 겉보기 등급의 차이를 주로 사용한다.

◆ **별의 색지수 기준**
표면 온도가 약 10000 K인 흰색의 별은 색지수가 0이다. 표면 온도가 10000 K보다 높은 별은 색지수가 (−) 값으로, 10000 K보다 낮은 별은 색지수가 (+) 값으로 나타난다.

(3) **U, B, V 등급을 이용한 색지수:** B−V(B 등급−V 등급)

① ◆U, B, V 필터를 통과한 빛으로 정한 겉보기 등급을 각각 U, B, V 등급이라고 한다.
└● 특정 파장의 빛만 통과시키는 필터를 이용하면 별의 색을 더 정확히 나타낼 수 있다.

② B 등급은 사진 등급, V 등급은 안시 등급과 비슷하여 보통 B−V를 색지수로 사용한다.

③ 별의 표면 온도와 색지수: 표면 온도가 높은 별일수록 색지수(B−V)가 작다.

U, B, V 등급과 색지수 245쪽 대표 자료❷

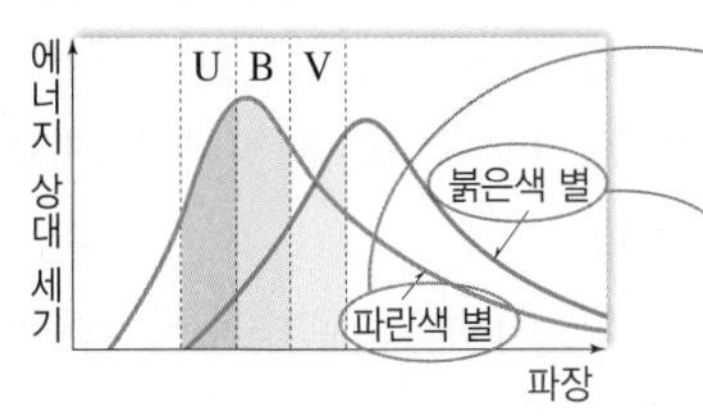

- 고온의 별: V 필터보다 B 필터를 통과한 별빛이 더 밝다.
  ➡ B 등급보다 V 등급이 크다.
  ➡ 색지수(B−V)가 (−) 값이다.
- 저온의 별: B 필터보다 V 필터를 통과한 별빛이 더 밝다.
  ➡ B 등급보다 V 등급이 작다.
  ➡ 색지수(B−V)가 (+) 값이다.
  └● 색지수: 파란색 별 < 붉은색 별
  표면 온도: 파란색 별 > 붉은색 별

◆ **U, B, V 필터**
- U 필터: 보라색 빛(0.36 μm 부근)을 통과시키는 필터
- B 필터: 파란색 빛(0.42 μm 부근)을 통과시키는 필터
- V 필터: 노란색 빛(0.54 μm 부근)을 통과시키는 필터

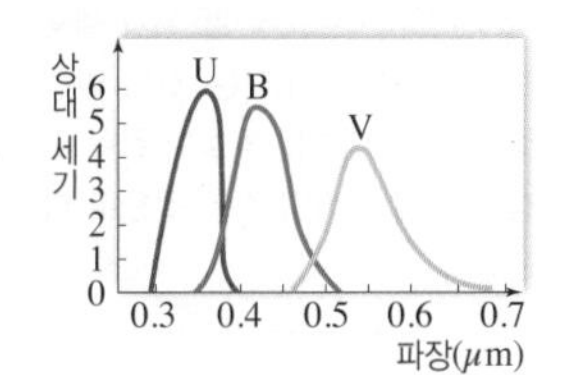

⬆ 파장에 따른 빛의 투과 영역

3. 별의 분광형과 표면 온도

(1) ❶**분광 관측:** 별의 ❷스펙트럼을 관측하는 것

탐구 자료창 분광 관측의 과학사

다음은 분광 관측의 발달에 기여한 과학자와 과학적 업적을 나타낸 것이다.

과학자	업적
뉴턴	프리즘을 통과한 태양 빛이 무지개처럼 여러 색으로 나누어지는 것을 발견하고 이를 스펙트럼이라고 불렀으며, 여러 색으로 나누어진 빛을 합치면 흰색 빛이 되는 것을 알아내었다.(17세기 중반)
프라운호퍼	분광기를 사용하여 태양의 스펙트럼을 관찰한 결과, 연속 스펙트럼 위에 나타난 수백 개의 검은 선(흡수선)들을 확인하였다.(19세기 초)
키르히호프와 분젠	금속염을 넣은 불꽃에 빛을 통과시킨 후 분산시킨 결과, 금속 원소가 빛을 흡수하여 흡수선이 나타나는 것을 관찰하였고, 금속 원소의 ◆흡수선의 위치가 방출선의 위치와 같음을 발견하였다.(19세기)
허긴스	여러 성운의 스펙트럼을 관찰하여 방출선을 발견하였다.(19세기)
피커링과 캐넌	수소의 흡수 스펙트럼선 세기에 따라 별의 스펙트럼을 A형~P형의 16가지로 구분하였고, 캐넌은 이를 7가지로 재분류하였다.(20세기 초)

1. **분광 관측으로 알 수 있는 천체에 대한 정보:** 천체의 화학 조성, 표면 온도, 광도 등 별의 물리량
2. **분광학의 발전이 천문학에 대한 인류의 인식에 미친 영향:** 분광 관측은 우주에 대한 인류의 인식을 넓히는 데 기여하였다.

◆ **흡수선과 방출선**
기체를 이루는 원소들은 종류에 따라 각기 고유한 파장의 빛을 흡수하거나 방출하기 때문에 동일한 기체로 인한 흡수선과 방출선의 위치는 서로 일치한다.

(2) **스펙트럼의 종류**

종류	설명
연속 스펙트럼	고온의 광원에서 방출되는 빛의 스펙트럼으로, 무지개 색깔의 연속적인 띠로 나타난다. 예 백열등
방출 스펙트럼	고온·저밀도의 기체가 방출하는 빛의 스펙트럼으로, 특정한 파장에서만 밝은색의 방출선이 나타난다. 예 가열된 성운
흡수 스펙트럼	고온의 광원 앞에 저온·저밀도의 기체가 있을 때 나타나는 스펙트럼으로, 연속 스펙트럼 중간 중간 검은색 흡수선이 나타난다.

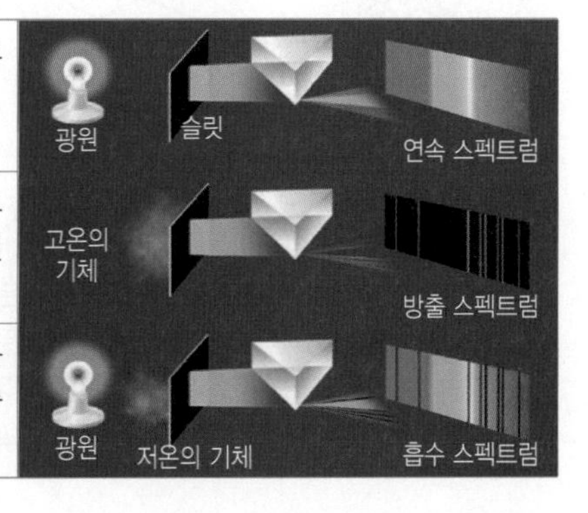

용어
❶ **분광(分 나누다, 光 빛)** 자연광이나 방사선이 프리즘을 투과하면 파장에 따라 굴절률이 다르므로 서로 다른 색으로 분산하는 현상
❷ **스펙트럼(spectrum)** 파장에 따라 빛이 여러 가지 색으로 나누어져 나타나는 색의 띠

(3) **별빛의 스펙트럼**: 흡수 스펙트럼이 나타나며, 별마다 흡수 스펙트럼이 다르다.

① **흡수 스펙트럼이 나타나는 까닭**: 별빛이 대기를 통과할 때 대기에 존재하는 원소들이 특정한 파장의 에너지를 흡수하기 때문이다.

- 별의 대기는 내부에 비해 온도가 낮고 밀도가 작다.(저온·저밀도)

② **◆별의 화학 조성은 비슷한데 별마다 스펙트럼이 다른 까닭**: 별의 표면 온도가 다르기 때문이다.
➡ 별의 표면 온도에 따라 원소들이 ❶이온화되는 정도가 다르고, 각각 가능한 이온화 단계에서 특정한 흡수선을 형성하기 때문에 흡수선의 종류와 세기가 달라진다.

◆ **별의 화학 조성**
별빛의 스펙트럼을 분석하면 별의 화학 조성을 알 수 있다. 태양의 스펙트럼을 분석한 결과, 태양은 약 73 %가 수소, 약 25 %가 헬륨으로 이루어져 있다는 것이 밝혀졌다. 또한 대부분 별들의 화학 조성도 태양과 거의 같은 것으로 밝혀졌다.

(4) **별의 분광형(스펙트럼형)**: 별을 표면 온도에 따라 스펙트럼에 나타나는 흡수선의 종류와 세기를 기준으로 하여 고온에서 저온 순으로 O, B, A, F, G, K, M형의 7가지로 분류하는데, 이를 별의 분광형 또는 스펙트럼형이라고 한다.

① **별의 분광형과 표면 온도**: O형의 표면 온도가 가장 높고, M형으로 갈수록 낮아진다.
➡ 분광형으로 표면 온도를 추정할 수 있다.

암기해!
분광형 순서 쉽게 외우기
O－B－A－F－G－K－M
Oh~ Be A Fine Girl. Kiss Me!

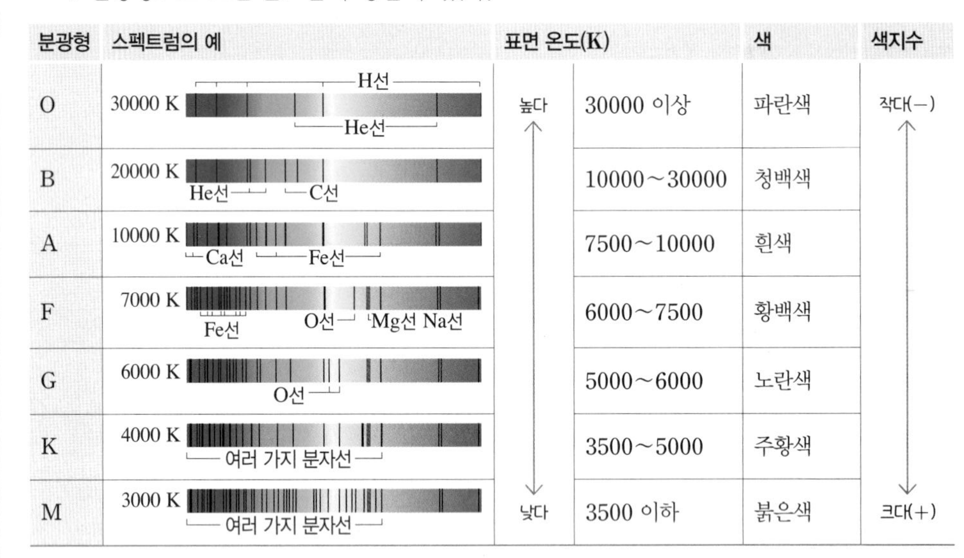

분광형	스펙트럼의 예	표면 온도(K)		색	색지수
O	30000 K (H선, He선)	높다 ↑	30000 이상	파란색	작다(－) ↑
B	20000 K (He선, C선)		10000～30000	청백색	
A	10000 K (Ca선, Fe선)		7500～10000	흰색	
F	7000 K (Fe선, O선, Mg선, Na선)		6000～7500	황백색	
G	6000 K (O선)		5000～6000	노란색	
K	4000 K (여러 가지 분자선)		3500～5000	주황색	
M	3000 K (여러 가지 분자선)	↓ 낮다	3500 이하	붉은색	↓ 크다(＋)

② O형과 M형을 제외한 각 분광형은 다시 고온의 0에서 저온의 9까지, 10단계로 세분된다. 예 표면 온도가 약 5800 K인 태양의 분광형은 G2형이다.

분광형에 따른 흡수선의 종류와 세기
246쪽 대표 자료❸

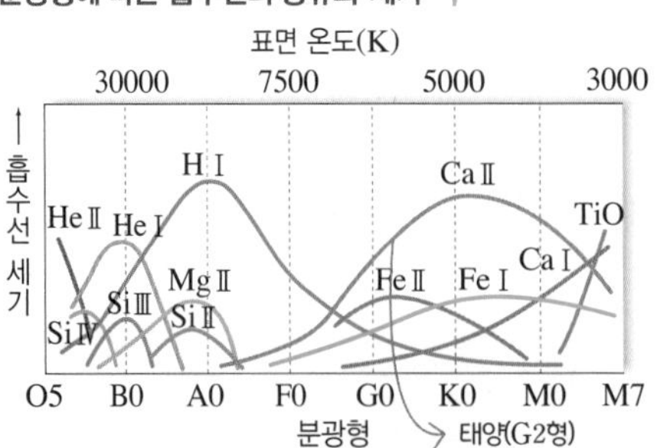

- O형: 이온화된 헬륨(◆He Ⅱ) 흡수선이 강하게 나타난다.
- A형: 수소(H Ⅰ) 흡수선이 가장 강하게 나타난다.
- 표면 온도가 낮은 G, K, M형: 금속 원소들과 분자들에 의한 흡수선이 강하게 나타난다.
- 태양(G형): 이온화된 칼슘(Ca Ⅱ) 흡수선이 강하게 나타난다.

◆ **중성 원자와 이온의 표현**
- 중성 원자: 이온화되지 않은 원자로, 원소 기호 뒤에 로마자 Ⅰ을 붙여 표현한다.
  예 H Ⅰ(중성 수소), He Ⅰ(중성 헬륨)
- 이온: 원소 기호 뒤에 로마자 Ⅱ, Ⅲ … 등을 붙여 이온화 단계에 따라 다르게 표현한다.
  예 Ca Ⅱ(Ca^{+}), Si Ⅲ(Si^{2+})

별의 표면 온도를 알 수 있는 방법을 정리해보아요.

- 색: 표면 온도가 높은 별은 짧은 파장에서 많은 에너지를 방출하여 파란색(●)으로 보이고, 표면 온도가 낮은 별은 긴 파장에서 많은 에너지를 방출하여 붉은색(●)으로 보인다.
- 색지수: 표면 온도가 높을수록 색지수 값이 작다.
- 분광형: 표면 온도가 높은 것부터 낮은 것 순으로 분광형을 나열하면 O, B, A, F, G, K, M형이다.

(용어)
❶ **이온화(ionization)** 원자나 분자가 전자를 얻거나 잃어서 양이온이나 음이온이 되는 과정

개념 확인 문제

핵심 체크

- 흑체 복사: 표면 온도가 높을수록 최대 에너지를 방출하는 파장이 (❶)진다.
- 별의 색과 표면 온도: 표면 온도가 (❷) 별일수록 파란색으로 보이고, 표면 온도가 (❸) 별일수록 붉은색으로 보인다.
- 별의 표면 온도를 알 수 있는 방법

별의 (❹)	별의 분광형
• 사진 등급－안시 등급 • B－V(B 필터를 통과한 별빛의 밝기 등급－V 필터를 통과한 별빛의 밝기 등급) • 색지수가 (❺) 별일수록 표면 온도가 높다.	• 스펙트럼의 종류: 연속, 방출, 흡수 스펙트럼 • 별빛의 스펙트럼: (❻) 스펙트럼이 나타난다. • (❼): 표면 온도에 따라 7가지로 분류한다. ➡ O, B, A, (❽), G, K, M형 • O형인 별은 M형인 별보다 표면 온도가 (❾).

1 그림은 표면 온도가 다른 흑체의 파장에 따른 복사 에너지의 세기를 나타낸 것이다. ( ) 안에 알맞은 말을 고르시오.

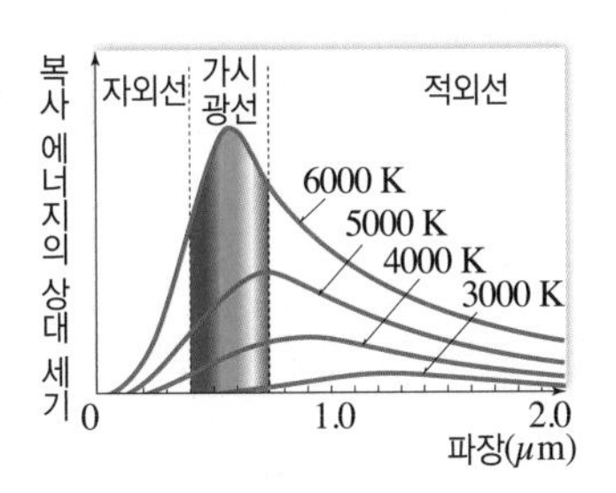

(1) 별은 표면 온도가 높을수록 최대 에너지를 방출하는 파장이 (짧아진다, 길어진다).

(2) 붉은색으로 보이는 별은 파란색으로 보이는 별보다 표면 온도가 (낮다, 높다).

2 별의 표면 온도를 추정할 수 있는 물리량만을 [보기]에서 있는 대로 고르시오.

> 보기
> ㄱ. 색　　ㄴ. 밀도　　ㄷ. 분광형　　ㄹ. 색지수

3 그림은 별 (가)와 (나)에서 U, B, V 필터를 투과하는 빛의 파장에 따른 에너지 세기를 나타낸 것이다.

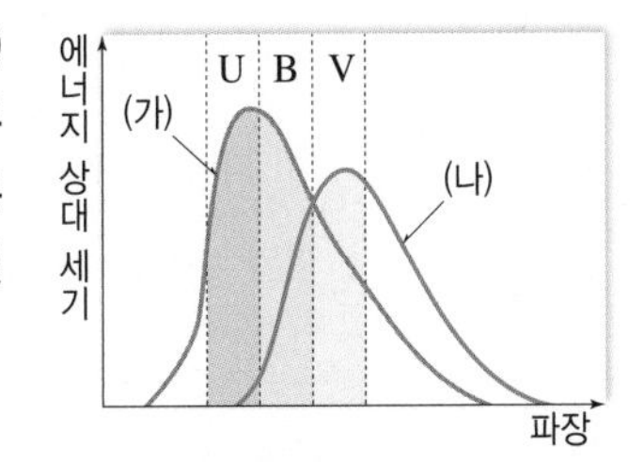

(1) B 등급이 V 등급보다 큰 별을 쓰시오.

(2) 색지수(B－V)가 (－) 값인 별을 쓰시오.

(3) 표면 온도가 더 높은 별을 쓰시오.

4 다음에서 설명하는 스펙트럼의 종류를 쓰시오.

(1) 밀도가 희박한 고온의 기체가 방출하는 빛의 스펙트럼에서는 밝은색 선이 나타난다. ( )

(2) 고온의 광원에서 방출되는 빛의 스펙트럼은 모든 파장에서 빛이 연속적인 띠로 나타난다. ( )

(3) 고온의 광원에서 방출된 빛이 저온의 기체를 통과하면, 연속 스펙트럼에 검은 선이 나타난다. ( )

5 별빛의 스펙트럼 분석으로 직접 알아낼 수 있는 것만을 [보기]에서 있는 대로 고르시오.

> 보기
> ㄱ. 광도　　ㄴ. 대기 성분　　ㄷ. 표면 온도

6 별의 분광형에 대한 설명 중 ( ) 안에 알맞은 말을 쓰시오.

(1) 분광형은 별의 ( )에 따라 나타나는 흡수선의 종류와 세기를 기준으로 하여 분류한 것이다.

(2) 각 분광형은 다시 ㉠( )의 0에서 ㉡( )의 9까지 10단계로 세분한다.

7 분광형을 별의 표면 온도가 높은 것부터 낮은 것 순으로 나열하시오.

> A형, B형, F형, G형, K형, M형, O형

B 별의 광도와 크기

1. 광도

(1) **광도:** 별이 단위 시간 동안 표면에서 방출하는 에너지의 총량 ➡ 광도는 별의 실제 밝기를 나타내며, 별까지의 거리와 관계없이 일정한 값을 갖는다.

(2) **등급:** ◆별의 밝기를 나타낸다.

겉보기 등급	맨눈으로 관측한 별의 밝기를 등급으로 나타낸 것 ➡ 겉보기 밝기 비교
절대 등급	별이 10 pc의 거리에 있다고 가정했을 때의 밝기를 등급으로 나타낸 것 ➡ 실제 밝기 비교

▲ 별의 광도와 겉보기 밝기

(3) **광도와 등급의 관계**

① 광도는 별의 절대 등급으로 구한다. ─•겉보기 등급은 광도뿐만 아니라 별까지의 거리에도 영향을 받기 때문이다.

② 별의 광도가 클수록 절대 등급이 작다.

③ ◆별까지의 거리가 같은 경우 광도가 큰 별의 겉보기 등급이 작고, 광도가 같은 경우 가까운 별의 겉보기 등급이 작다.

2. 별의 광도 측정 별의 절대 등급을 알아낸 후, 태양의 절대 등급과 비교하여 구한다.

별의 절대 등급 구하기: 절대 등급은 별까지의 거리와 겉보기 등급으로 알아낸다.

❶ 별까지의 거리: 별의 ❶연주 시차 등을 관측하여 구한다.

❷ 겉보기 등급: 별의 겉보기 밝기를 관측하여 구한다.

❸ 절대 등급: 별까지의 거리와 ◆(겉보기 등급−절대 등급)의 관계를 이용하여 구한다.

별과 태양의 절대 등급으로 별의 광도 구하기: 별의 절대 등급과 태양의 절대 등급의 차이로부터 별의 광도가 태양 광도의 몇 배인지 알 수 있다.

예 절대 등급이 태양보다 5등급 작은 별은 광도가 태양보다 100배 크고, 절대 등급이 태양보다 1등급 작은 별은 광도가 태양보다 약 2.5배 크다.

포그슨 공식과 별의 광도 (천재 교과서에만 나와요.)

1. 1등급 사이의 밝기 차는 $100^{\frac{1}{5}} \fallingdotseq 2.5$배이므로 겉보기 등급이 m_1, m_2인 두 별의 겉보기 밝기를 각각 l_1, l_2라고 하면, $100^{\frac{1}{5}(m_2-m_1)} = 10^{\frac{2}{5}(m_2-m_1)} = \frac{l_1}{l_2}$의 관계가 성립한다. ─• $m_2-m_1=2.5\log\left(\frac{l_2}{l_1}\right)^{-1}$

2. 양변에 ❷상용 로그를 취하면 $m_2-m_1=-2.5\log\frac{l_2}{l_1}$가 되며, 이 관계식을 포그슨 공식이라 한다.

3. 별의 실제 밝기를 비교하려면 절대 등급을 이용한다. 별의 절대 등급과 광도를 각각 M, L이라 하고, 태양의 절대 등급과 광도를 각각 $M_\odot$, $L_\odot$이라고 하면, 포그슨 공식은 다음과 같이 나타낸다.

$$M-M_\odot=-2.5\log\frac{L}{L_\odot}$$

4. 태양의 절대 등급($M_\odot$)과 광도($L_\odot$)는 알려져 있으므로 별의 절대 등급(M)만 알면 별의 광도(L)를 구할 수 있다. ※ 태양의 절대 등급($M_\odot$): 4.8등급, 태양의 광도($L_\odot$): 4×10^{26}❸W

◆ **별의 밝기와 등급**
- 등급이 작을수록 밝은 별이다.
- 1등급인 별은 6등급인 별보다 100배 밝다.
- 1등급 사이의 밝기 차는 $100^{\frac{1}{5}} \fallingdotseq 2.5$배이다.

◆ **별의 밝기와 거리**
별의 겉보기 밝기(l)는 거리(r)의 제곱에 반비례한다. ➡ $l \propto \frac{1}{r^2}$

◆ **겉보기 등급−절대 등급**
별의 거리가 r, 겉보기 등급이 m, 절대 등급이 M이라고 할 때, 다음과 같은 관계식이 성립한다.

$$m-M=5\log r-5$$

$m-M<0$	10 pc보다 가까운 별
$m-M=0$	10 pc에 있는 별
$m-M>0$	10 pc보다 먼 별

➡ 겉보기 등급(m)과 거리(r)를 알면, 별의 절대 등급(M)을 구할 수 있다.

용어

❶ **연주 시차** 어떤 천체를 바라보았을 때 지구의 공전에 따라 생기는 시차의 절반으로, 천체의 거리가 멀수록 연주 시차가 작다.

❷ **상용 로그** 밑을 10으로 하는 로그

❸ **1 W(watt)** 1초 동안 1 J의 일을 하는 데 필요한 에너지, 1 W=1 J/s

3. 별의 크기 측정

(1) **슈테판·볼츠만 법칙**: 흑체가 단위 시간 동안 단위 면적에서 방출하는 에너지양(E)은 표면 온도(T)의 4제곱에 비례한다.

$$E=\sigma T^4 \ (\sigma=5.670\times10^{-8}\,\mathrm{W\cdot m^{-2}\cdot K^{-4}})$$

└● 슈테판·볼츠만 상수

(2) **슈테판·볼츠만 법칙으로 유도되는 광도 식**: 별은 구형이므로 별의 광도(L)는 별이 단위 시간 동안 단위 면적에서 방출하는 에너지양에 별의 표면적을 곱하여 구한다.

별의 광도

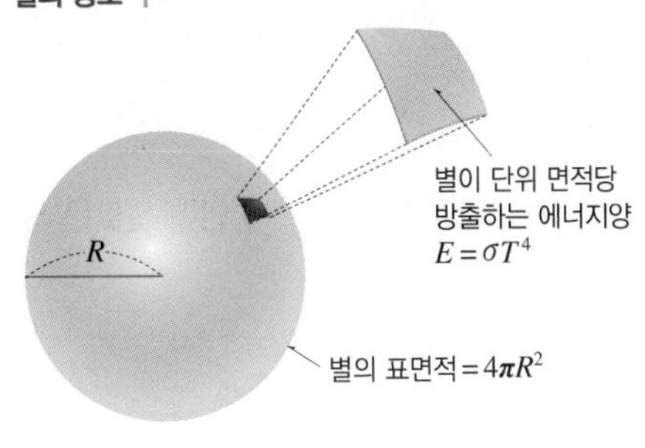

- 별이 단위 시간 동안 단위 면적(넓이)에서 방출하는 에너지양: σT^4
- 별의 표면적(겉넓이): $4\pi R^2$(R: 반지름)
- 별이 단위 시간 동안 방출하는 에너지의 총량(광도) =별이 단위 시간 동안 단위 면적에서 방출하는 에너지양×별의 표면적

$$L=4\pi R^2\cdot\sigma T^4$$

(3) **별의 크기 측정**

① **별의 표면 온도**: 별의 색지수나 분광형을 측정하여 구할 수 있다.

② **별의 광도**: 별의 절대 등급을 태양의 절대 등급과 비교하여 구할 수 있다.

③ **별의 반지름**: 별의 표면 온도(T)와 광도(L)를 알아낸 후 슈테판·볼츠만 법칙으로 유도되는 광도 식으로부터 별의 반지름(R)을 구할 수 있다.

$$L=4\pi R^2\cdot\sigma T^4 \Rightarrow R=\sqrt{\frac{L}{4\pi\sigma T^4}} \rightarrow R\propto\frac{\sqrt{L}}{T^2}$$

별은 크기에 비해 너무 멀리 있어서 점처럼 보여요. 따라서 별의 크기는 직접 측정할 수 없고 표면 온도와 광도를 이용하여 구해요.

4. 별의 광도, 반지름, 표면 온도 관계

별의 광도는 반지름의 제곱에 비례하고, 표면 온도의 4제곱에 비례한다. ➡ 별의 광도를 결정하는 물리량: 표면 온도, 반지름 246쪽 대표 자료❹

(1) **반지름이 같은 두 별의 광도 비교**: 표면 온도가 높은 별의 광도가 더 크다.

(2) **표면 온도(◆분광형)가 같은 두 별의 광도 비교**: 반지름이 큰 별의 광도가 더 크다.

◆ **분광형이 같은 별들의 밝기가 다른 까닭**
별의 크기가 다르기 때문이다. 분광형이 같은 별은 표면 온도가 같다. 표면 온도가 같은 별은 단위 시간당 단위 면적당 방출하는 에너지양이 같지만, 크기가 큰 별일수록 표면적이 넓기 때문에 에너지를 방출하는 총량이 많아진다.

예제 반지름과 표면 온도가 각각 태양의 2배인 별의 광도를 구해 보자.

해설 별의 광도는 반지름의 제곱에 비례하고 표면 온도의 4제곱에 비례하므로 태양 광도의 $2^2\times2^4=64$배이다.
$L=4\pi R^2\cdot\sigma T^4 \Rightarrow 4\pi(2R_☉)^2\times\sigma(2T_☉)^4=64L_☉$

답 태양 광도의 64배

예제 절대 등급이 −0.2등급이고, 표면 온도가 12000 K인 별의 광도와 반지름을 계산해 보자.(단, 태양의 절대 등급은 4.8등급이고, 표면 온도는 약 6000 K이다.)

해설
- 별의 광도: 태양의 광도를 $L_☉$, 별의 광도를 L이라고 할 때, 별과 태양의 절대 등급을 포그슨 공식에 대입하면, $(-0.2)-(+4.8)=-2.5\log\frac{L}{L_☉}$, $\frac{L}{L_☉}=100$, $L=100L_☉$이므로 별의 광도는 태양의 100배이다.
- 별의 반지름: 별의 표면 온도는 태양의 2배, 광도는 태양의 100배이므로 $R\propto\frac{\sqrt{L}}{T^2}$에서 별의 반지름은 태양의 $\frac{\sqrt{100}}{2^2}$ $=2.5$배이다.

답 광도는 태양의 100배, 반지름은 태양의 2.5배이다.

암기해!
광도 식과 물리량의 관계
$L=4\pi R^2\cdot\sigma T^4$
- 별의 광도를 결정하는 물리량: 표면 온도, 반지름
- 별의 크기를 구하기 위해 알아야 할 물리량: 표면 온도, 광도

정답친해 109쪽

개념 확인 문제

핵심 체크

- (❶   ): 별이 단위 시간 동안 표면에서 방출하는 에너지의 총량
  - 광도는 별의 (❷   )를 나타내며, 별까지의 거리에 관계없이 일정한 값을 갖는다.
  - 광도는 별의 절대 등급으로 구하며, 절대 등급이 작을수록 광도가 (❸   ).
- 별의 광도 측정: 별의 (❹   )을 태양의 절대 등급과 비교하여 광도를 구할 수 있다.
- 슈테판·볼츠만 법칙: 흑체가 단위 시간 동안 단위 면적에서 방출하는 에너지양∝(❺   )의 4제곱
- 슈테판·볼츠만 법칙에 의해 유도되는 광도 식: $L=4\pi R^2\cdot$(❻   )
- 별의 크기 측정: 슈테판·볼츠만 법칙에 의해 유도되는 광도 식을 이용하여 구할 수 있다.
  ➡ 별의 크기 측정에 필요한 물리량: 별의 (❼   )와 (❽   )

1 별의 광도에 대한 설명으로 옳은 것은 ○, 옳지 않은 것은 ×로 표시하시오.

(1) 광도는 별의 표면에서 단위 시간 동안 방출되는 에너지의 총량이다. .... (　　)
(2) 광도가 같은 별의 겉보기 등급은 모두 같다. (　　)
(3) 별의 광도는 절대 등급으로 비교할 수 있다. (　　)
(4) 절대 등급이 큰 별일수록 광도가 큰 별이다. (　　)

2 표는 별의 겉보기 등급과 절대 등급을 나타낸 것이다.

별	A	B	C	D	E
겉보기 등급	0.0	0.1	1.2	3.0	5.0
절대 등급	3.0	1.5	1.0	3.0	0.0

별 A~E 중 (가) 우리 눈에 가장 밝게 보이는 별과 (나) 광도가 가장 큰 별을 쓰시오.

3 절대 등급이 태양보다 1등급 작은 별의 광도는 태양 광도의 약 ㉠(　　　)배이고, 5등급 작은 별의 광도는 태양 광도의 ㉡(　　　)배이다.

4 그림은 반지름이 R, 표면 온도가 T인 별을 나타낸 것이다. L은 별의 광도이다.

(1) 별이 단위 시간 동안 단위 면적에서 방출하는 에너지양(E)을 나타내시오. (단, σ는 슈테판·볼츠만 상수이다.)

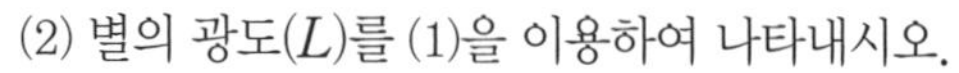

(2) 별의 광도(L)를 (1)을 이용하여 나타내시오.

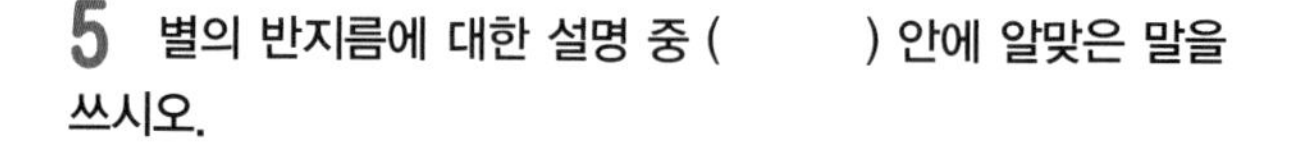

5 별의 반지름에 대한 설명 중 (　　　) 안에 알맞은 말을 쓰시오.

> 별의 반지름(R)은 ㉠(　　　)(L)와 ㉡(　　　)(T)를 알면 $L=4\pi R^2\cdot\sigma T^4$ ➡ $R\propto\frac{\sqrt{L}}{T^2}$의 관계를 이용하여 구할 수 있다.

6 별의 광도, 반지름, 표면 온도에 대한 설명으로 옳은 것은 ○, 옳지 않은 것은 ×로 표시하시오.

(1) 별의 반지름이 같을 경우, 표면 온도가 높을수록 광도가 크다. .... (　　)
(2) 별의 표면 온도가 같을 경우, 반지름이 클수록 광도가 작다. .... (　　)
(3) 두 별의 반지름이 같을 경우, 표면 온도가 2배이면 광도는 4배이다. .... (　　)
(4) 두 별의 표면 온도가 같을 경우, 반지름이 $\frac{1}{2}$배이면 광도는 $\frac{1}{4}$배이다. .... (　　)

7 표는 별의 절대 등급과 표면 온도를 나타낸 것이다.

별	절대 등급	표면 온도(K)
A	−3.5	3000
B	1.5	12000

(1) 별의 광도는 A가 B의 (　　　)배이다.
(2) 별의 표면 온도는 A가 B의 (　　　)배이다.
(3) 별의 반지름은 A가 B의 (　　　)배이다.

대표 자료 분석

정답친해 110쪽

자료 ❶ 플랑크 곡선

기출 Point
- 두 별의 플랑크 곡선을 이용하여 표면 온도 비교하기
- 반지름이 같은 두 별의 플랑크 곡선을 이용하여 광도 비교하기

[1~4] 그림은 반지름이 같은 두 별 A와 B가 단위 시간 동안 단위 면적에서 복사하는 에너지 세기를 파장에 따라 나타낸 것이다.

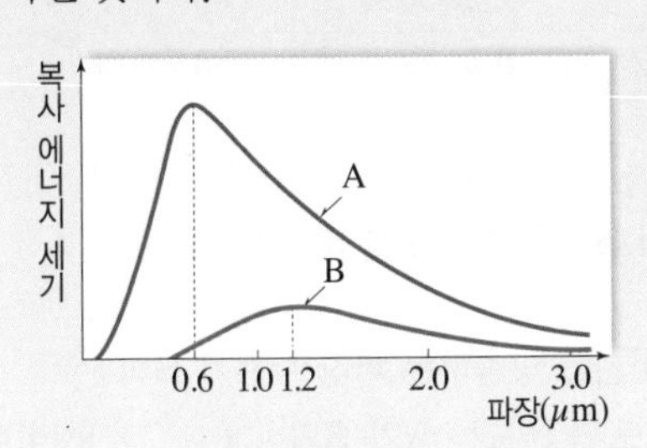

1 별은 흑체에 가까운 물체이다. 흑체에 대한 설명 중 (　　) 안에 알맞은 말을 쓰시오.

> 입사하는 모든 에너지를 흡수하고, 흡수한 모든 에너지를 방출하는 이상적인 물체를 흑체라고 한다. 흑체는 표면 온도가 높을수록 최대 에너지를 방출하는 파장이 (　　).

2 별 A와 B의 표면 온도를 비교하시오.

> 표면 온도는 A가 B의 (　　)배이다.

3 별 A와 B의 광도를 비교하시오.

> 광도는 A가 B의 (　　)배이다.

4 빈출 선택지로 완벽 정리!

(1) A가 B보다 붉게 보인다. ········ (○ / ×)
(2) 색지수는 A가 B보다 크다. ········ (○ / ×)
(3) 절대 등급은 A가 B보다 작다. ········ (○ / ×)

자료 ❷ 색지수와 별의 표면 온도

기출 Point
- B 등급과 V 등급을 이용한 색지수 이해하기
- 색지수와 별의 표면 온도의 관계 이해하기

[1~4] 그림은 별 a와 b를 관측하여 파장에 따른 빛의 세기와 B 필터와 V 필터의 투과 영역을 나타낸 것이다.

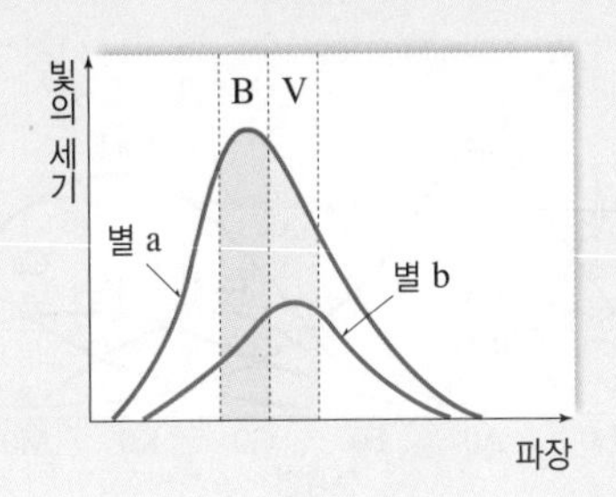

1 별의 색에 대한 설명 중 (　　) 안에 알맞은 말을 쓰시오.

> 별들은 대부분 맨눈으로 색을 구별하기 어렵다. 따라서 서로 다른 파장 영역에서 관측한 별의 등급을 비교하여 별의 색을 양적으로 나타내는데, 이를 ㉠(　　)라고 한다. ㉠(　　)는 별의 물리량 중 ㉡(　　)와 관련이 있으며, 값이 클수록 ㉡(　　)가 ㉢(　　)다.

2 별 a와 별 b 중 B 필터보다 V 필터로 볼 때 더 밝게 보이는 별을 쓰시오.

3 별 a와 별 b 중 색지수(B−V)가 더 큰 별을 쓰시오.

4 빈출 선택지로 완벽 정리!

(1) 별 a는 B 등급이 V 등급보다 작다. ········ (○ / ×)
(2) 별 b의 색지수(B−V)는 (−) 값을 가진다. (○ / ×)
(3) 별 a가 별 b보다 최대 에너지를 방출하는 파장이 길다. ········ (○ / ×)
(4) 별 a가 별 b보다 표면 온도가 높다. ········ (○ / ×)
(5) 별 a가 별 b보다 더 붉게 관측된다. ········ (○ / ×)

자료 ③ 별의 분광형

기출 Point
- 별의 분광형과 표면 온도의 관계 이해하기
- 별의 분광형에 따른 스펙트럼의 특징 파악하기

[1~4] 그림은 별의 분광형에 따른 흡수선의 세기를 나타낸 것이다.

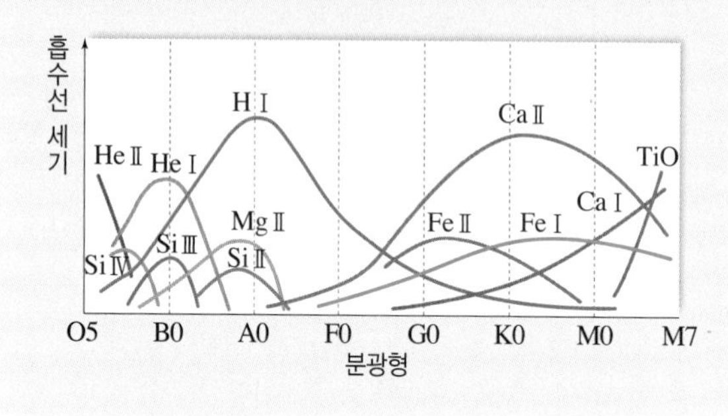

1 별의 분광형에서 나타나는 흡수선의 차이는 별의 어떤 물리량 때문인지 쓰시오.

2 분광형이 O형인 별에서 M형인 별로 갈수록 표면 온도가 (높아진다, 낮아진다).

3 그림에서 다음 설명에 해당하는 것을 찾아 쓰시오.

(1) 수소의 흡수선이 가장 강하게 나타나는 분광형

(2) 태양의 스펙트럼에서 가장 강하게 나타나는 흡수선

4 빈출 선택지로 완벽 정리!

(1) 분광형이 G0형인 별은 B0형인 별보다 표면 온도가 높다. ………… (○ / ×)

(2) 분광형이 G0형인 별은 M0형인 별보다 색지수가 작다. ………… (○ / ×)

(3) 표면 온도가 높은 별일수록 수소 흡수선이 강하게 나타난다. ………… (○ / ×)

(4) 별의 표면 온도가 높을수록 스펙트럼에 금속 원소의 흡수선이 강하게 나타난다. ………… (○ / ×)

자료 ④ 별의 광도와 크기 비교

기출 Point
- 절대 등급으로부터 별의 광도 비교하기
- 광도와 표면 온도로부터 별의 크기 비교하기

[1~4] 표는 별 A와 B의 물리량을 나타낸 것이다.

별	최대 에너지를 방출하는 파장(μm)	겉보기 등급	절대 등급
A	0.25	6	1
B	0.5	6	6

1 별 A와 B의 표면 온도를 비교하시오.

> 최대 에너지를 방출하는 파장은 A가 B의 ㉠(　　　)배이다. ➡ 표면 온도는 A가 B의 ㉡(　　　)배이다.

2 별 A와 B의 광도를 비교하시오.

> 광도는 A가 B의 (　　　)배이다.

3 별 A와 B의 크기를 비교하시오.

> 반지름은 A가 B의 (　　　)배이다.

4 빈출 선택지로 완벽 정리!

(1) 별이 최대 에너지를 방출하는 파장은 표면 온도에 비례한다. ………… (○ / ×)

(2) 별 A와 B의 겉보기 밝기는 같다. ………… (○ / ×)

(3) 별 A와 B의 광도는 같다. ………… (○ / ×)

(4) 별 A와 B는 같은 거리에 있다. ………… (○ / ×)

(5) 단위 시간 동안 단위 면적당 별이 방출하는 에너지양은 별 A가 B보다 많다. ………… (○ / ×)

내신 만점 문제

정답친해 111쪽

A 별의 표면 온도

01 별의 표면 온도를 추정할 수 있는 것만으로 옳게 짝 지은 것은?

① 질량, 분광형 ② 질량, 색지수
③ 색지수, 분광형 ④ 연주 시차, 겉보기 등급
⑤ 절대 등급, 겉보기 등급

중요 **02** 별의 표면 온도에 대한 설명으로 옳지 않은 것은?

① 별은 흑체와 가깝게 복사 에너지를 방출한다.
② 흑체가 최대 에너지를 방출하는 파장은 표면 온도에 비례한다.
③ 표면 온도가 낮은 별일수록 붉은색을 띤다.
④ 색지수가 (+) 값인 별은 (−) 값인 별보다 표면 온도가 낮다.
⑤ 분광형이 O형인 별은 태양보다 표면 온도가 높다.

03 그림은 세 별 (가)~(다)의 플랑크 곡선을 나타낸 것이다.

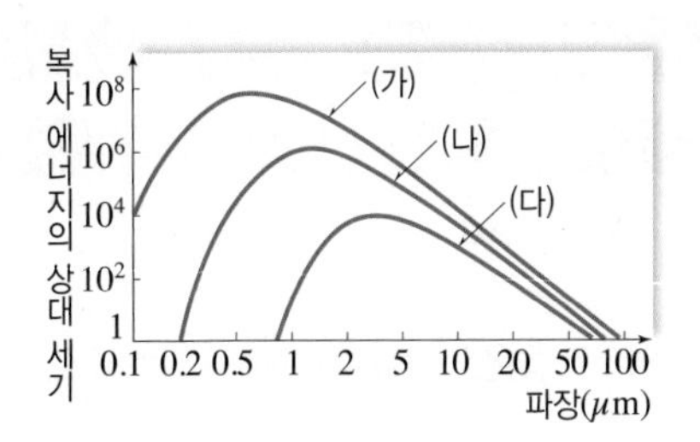

이에 대한 설명으로 옳은 것만을 [보기]에서 있는 대로 고른 것은?

보기
ㄱ. 최대 에너지를 방출하는 파장은 (가)가 가장 짧다.
ㄴ. 별의 표면 온도는 (다)가 가장 높다.
ㄷ. 색지수(B−V)는 (다)가 가장 크다.

① ㄱ ② ㄴ ③ ㄱ, ㄷ
④ ㄴ, ㄷ ⑤ ㄱ, ㄴ, ㄷ

04 그림은 별 (가)와 (나)의 플랑크 곡선과 B 필터와 V 필터의 투과 영역을 나타낸 것이다.

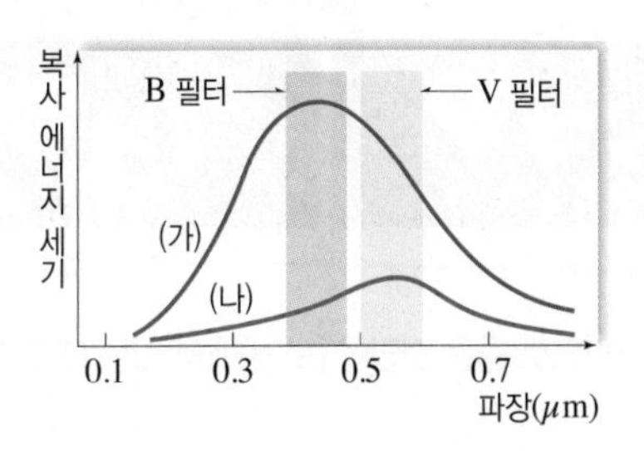

이에 대한 설명으로 옳은 것만을 [보기]에서 있는 대로 고른 것은?

보기
ㄱ. 표면 온도는 (가)가 (나)보다 낮다.
ㄴ. (가)는 B 등급이 V 등급보다 작다.
ㄷ. 색지수(B−V)는 (가)가 (나)보다 크다.

① ㄱ ② ㄴ ③ ㄱ, ㄷ
④ ㄴ, ㄷ ⑤ ㄱ, ㄴ, ㄷ

05 분광 관측 분야의 과학자 (가)~(라)와 관련된 업적을 [보기]에서 골라 옳게 짝 지은 것은?

(가) 뉴턴 (나) 허긴스
(다) 프라운호퍼 (라) 피커링, 캐넌

보기
ㄱ. 프리즘을 통과한 태양 빛이 여러 색으로 나누어지는 것을 발견하고, 이를 스펙트럼이라고 불렀다.
ㄴ. 태양과 별의 스펙트럼에서 흡수선을 발견하였다.
ㄷ. 성운의 스펙트럼에서 방출선을 발견하였다.
ㄹ. 스펙트럼의 흡수선 세기에 따라 별들을 분류하였다.

① (가)−ㄴ ② (가)−ㄷ ③ (나)−ㄹ
④ (다)−ㄴ ⑤ (라)−ㄱ

06 그림 (가)와 (나)는 서로 다른 스펙트럼이 관측되는 원리를 나타낸 것이다.

(가)

(나)

이에 대한 설명으로 옳은 것만을 [보기]에서 있는 대로 고른 것은?

보기
ㄱ. (가)에서는 연속 스펙트럼에 흡수선이 나타난다.
ㄴ. (나)의 스펙트럼으로 별의 분광형을 분류하였다.
ㄷ. (가)와 (나)에 있는 기체의 원소가 같다면, 선 스펙트럼이 같은 파장에서 나타난다.

① ㄱ ② ㄴ ③ ㄱ, ㄷ
④ ㄴ, ㄷ ⑤ ㄱ, ㄴ, ㄷ

서술형
07 별의 구성 물질은 대부분 비슷하지만 스펙트럼이 다양하게 나타나는 까닭을 서술하시오.

중요
08 그림은 별의 분광형과 스펙트럼에 나타나는 일부 원소의 흡수선 세기를 나타낸 것이다.

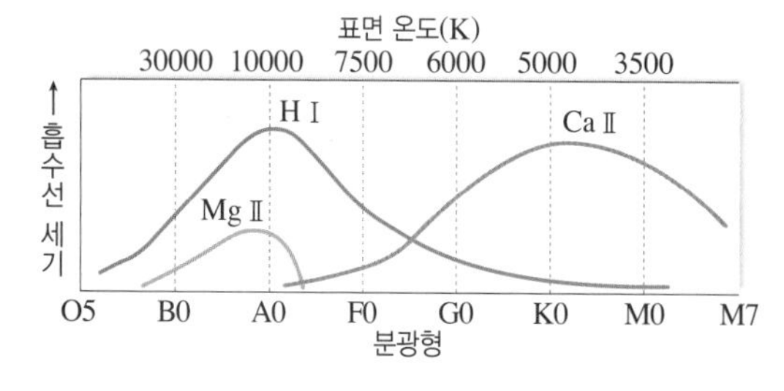

이에 대한 설명으로 옳은 것만을 [보기]에서 있는 대로 고른 것은?

보기
ㄱ. A0형 별에서 H I 흡수선은 Mg II 흡수선보다 강하게 나타난다.
ㄴ. B0형 별은 G0형 별보다 표면 온도가 높다.
ㄷ. 태양의 스펙트럼에서는 Ca II 흡수선이 H I 흡수선보다 강하게 나타난다.

① ㄱ ② ㄷ ③ ㄱ, ㄴ
④ ㄴ, ㄷ ⑤ ㄱ, ㄴ, ㄷ

09 표는 별 (가)~(다)의 분광형과 스펙트럼을 나타낸 것이다.

별	분광형	스펙트럼
(가)	M0	
(나)	G0	
(다)	B0	

이에 대한 설명으로 옳은 것만을 [보기]에서 있는 대로 고른 것은?

보기
ㄱ. 별의 분광형이 다른 주된 까닭은 별의 화학 조성이 다르기 때문이다.
ㄴ. 표면 온도는 (가)가 가장 높다.
ㄷ. (나)는 (다)보다 최대 에너지를 방출하는 파장이 길다.

① ㄱ ② ㄷ ③ ㄱ, ㄴ
④ ㄴ, ㄷ ⑤ ㄱ, ㄴ, ㄷ

10 그림은 별의 분광형에 따른 스펙트럼을 나타낸 것이다.

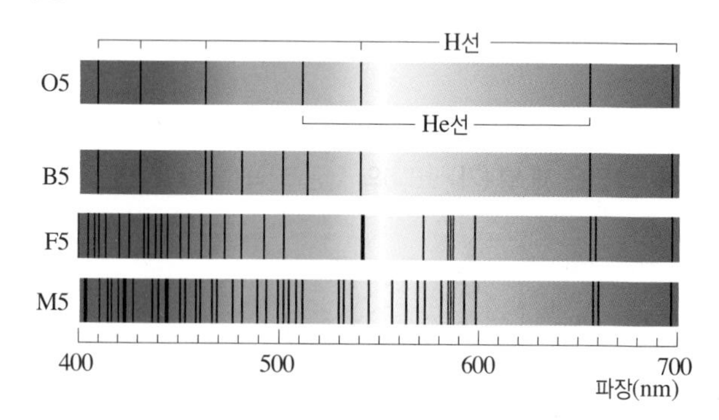

이에 대한 설명으로 옳은 것만을 [보기]에서 있는 대로 고른 것은?

보기
ㄱ. 수소 흡수선은 M형 별보다 B형 별에서 강하게 나타난다.
ㄴ. 흡수선의 개수는 저온의 별보다 고온의 별에서 많다.
ㄷ. 별의 표면 온도가 높아질수록 동일한 원소가 만드는 흡수선의 파장이 짧아진다.

① ㄱ ② ㄷ ③ ㄱ, ㄴ
④ ㄴ, ㄷ ⑤ ㄱ, ㄴ, ㄷ

B 별의 광도와 크기

11 별의 광도에 대한 설명으로 옳은 것은?

① 광도는 별이 단위 시간 동안 단위 면적에서 방출하는 에너지양이다.
② 별의 광도가 클수록 절대 등급은 작다.
③ 광도가 같으면 별의 겉보기 밝기도 같다.
④ 광도는 별의 표면 온도의 제곱에 비례한다.
⑤ 광도는 별의 반지름의 4제곱에 비례한다.

중요 **12** 표는 별 (가)~(다)의 물리량을 나타낸 것이다.

별	절대 등급	겉보기 등급	분광형
(가)	−1.0	−1.5	B
(나)	−6.0	−1.0	K
(다)	−4.0	2.5	F

이에 대한 설명으로 옳은 것만을 [보기]에서 있는 대로 고른 것은?

보기
ㄱ. 우리 눈에 가장 밝게 보이는 별은 (가)이다.
ㄴ. 광도가 가장 큰 별은 (나)이다.
ㄷ. 표면 온도가 가장 높은 별은 (다)이다.

① ㄱ ② ㄷ ③ ㄱ, ㄴ
④ ㄴ, ㄷ ⑤ ㄱ, ㄴ, ㄷ

서술형 **13** 다음은 두 별 A와 B의 절대 등급 M_A, M_B와 광도 L_A, L_B를 이용하여 포그슨 공식을 나타낸 것이다.

$$M_B - M_A = (\quad\quad)$$

(1) (　　) 안에 들어갈 알맞은 식을 쓰시오.

(2) 별 A의 절대 등급이 3등급이고, 별 B의 절대 등급이 −2등급일 때 B의 광도는 A의 광도의 몇 배인지 포그슨 공식을 이용하여 서술하시오.

14 다음은 반지름이 R, 표면 온도가 T인 흑체에서 방출되는 에너지에 대한 설명이다.

표면 온도가 T인 흑체의 단위 시간당 단위 면적당 방출되는 복사 에너지양(E)은 σT^4이다.

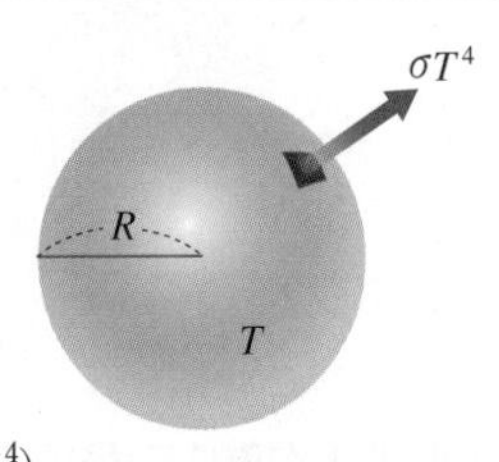

($\sigma = 5.67 \times 10^{-8}\ \mathrm{W \cdot m^{-2} \cdot K^{-4}}$)

이에 대한 설명으로 옳은 것만을 [보기]에서 있는 대로 고른 것은?

보기
ㄱ. 흑체의 표면에서 방출되는 총에너지양은 $4\pi R^2 \cdot \sigma T^4$이다.
ㄴ. 별의 광도와 표면 온도를 알면 별의 반지름을 구할 수 있다.
ㄷ. 어느 별이 진화하여 반지름이 10배, 표면 온도가 $\frac{1}{2}$배가 되면 광도는 커진다.

① ㄱ ② ㄴ ③ ㄱ, ㄷ
④ ㄴ, ㄷ ⑤ ㄱ, ㄴ, ㄷ

중요 **15** 표는 같은 밝기로 관측되는 두 별 (가)와 (나)의 물리량을 나타낸 것이다.

별 \ 물리량	분광형	절대 등급
(가)	B0	−1
(나)	B0	9

이에 대한 해석으로 옳은 것만을 [보기]에서 있는 대로 고른 것은?

보기
ㄱ. 별의 표면 온도는 (가)가 (나)보다 높다.
ㄴ. 별의 광도는 (가)가 (나)의 10000배이다.
ㄷ. 별의 반지름은 (가)가 (나)의 100배이다.

① ㄱ ② ㄴ ③ ㄷ
④ ㄱ, ㄷ ⑤ ㄴ, ㄷ

16 그림은 반지름이 서로 같은 별 (가)와 (나)를 관측하여 알아낸 결과이다.

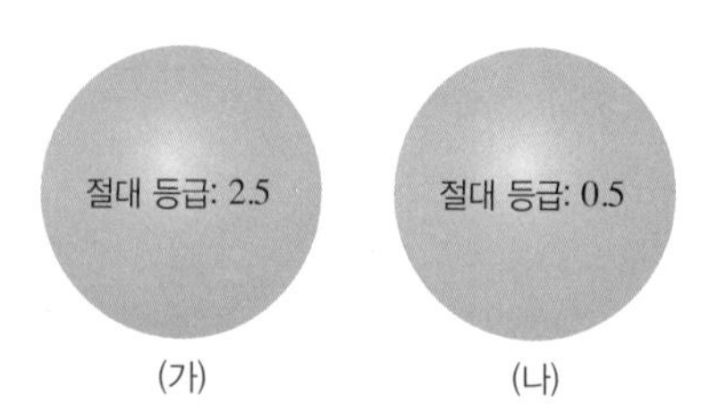

이에 대한 설명으로 옳은 것만을 [보기]에서 있는 대로 고른 것은? (단, 그림에서 별의 색은 무시한다.)

> 보기
> ㄱ. (가)는 (나)보다 광도가 크다.
> ㄴ. (가)는 (나)보다 표면 온도가 낮다.
> ㄷ. (가)는 (나)와 분광형이 같다.

① ㄴ ② ㄷ ③ ㄱ, ㄴ
④ ㄱ, ㄷ ⑤ ㄱ, ㄴ, ㄷ

서술형
17 분광형이 G형이고, 절대 등급이 −0.2등급인 별의 표면 온도, 광도, 반지름을 태양과 비교하여 서술하시오. (단, 태양의 분광형은 G형, 절대 등급은 4.8등급이다.)

18 다음은 두 별 A와 B의 표면 온도와 광도로부터 추론한 결론을 나타낸 것이다.

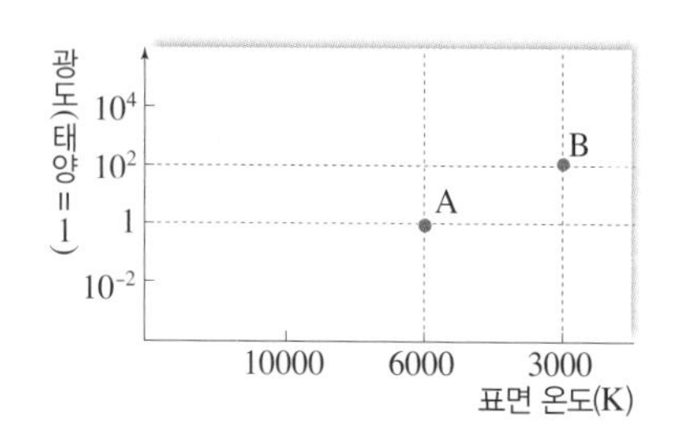

> • 최대 에너지를 방출하는 파장은 B가 A의 (㉠)배이다.
> • B는 A보다 절대 등급이 (㉡)등급 작다.
> • B의 반지름은 A의 (㉢)배이다.

㉠, ㉡, ㉢의 크기를 옳게 비교한 것은?

① ㉠>㉡>㉢ ② ㉡>㉠>㉢
③ ㉡>㉢>㉠ ④ ㉢>㉠>㉡
⑤ ㉢>㉡>㉠

중요
19 표는 별 A～D의 물리량을 나타낸 것이다.

별	절대 등급	분광형	표면 온도
A	5	O	30000 K
B	5	B	15000 K
C	−6	G	6000 K
D	−5	M	3000 K

이에 대한 설명으로 옳은 것은?

① 실제로 가장 밝은 별은 A이다.
② 최대 에너지를 방출하는 파장이 가장 긴 별은 A이다.
③ 표면에서 단위 시간 동안 단위 면적당 방출하는 에너지가 가장 많은 별은 C이다.
④ 별의 반지름은 A가 B의 4배이다.
⑤ 별의 반지름은 D가 A의 10000배이다.

중요
20 표는 별 A～C의 절대 등급, 반지름, 표면 온도를 나타낸 것이다.

별	절대 등급	반지름(태양=1)	표면 온도(K)
A	−0.1	4	9000
B	㉠	12	6000
C	−0.1	36	㉡

이에 대한 설명으로 옳은 것만을 [보기]에서 있는 대로 고른 것은?

> 보기
> ㄱ. 최대 에너지를 방출하는 파장은 A가 B보다 길다.
> ㄴ. ㉠은 −0.1보다 작다.
> ㄷ. ㉡은 2500보다 크다.

① ㄱ ② ㄷ ③ ㄱ, ㄴ
④ ㄴ, ㄷ ⑤ ㄱ, ㄴ, ㄷ

서술형
21 다음 물리량 중 별의 크기를 구하기 위해 필요한 두 가지를 골라 쓰고, 각 물리량을 알 수 있는 방법을 서술하시오.

> 밀도, 광도, 표면 온도, 별까지의 거리

실력 UP 문제

정답친해 114쪽

01 그림은 반지름이 같은 두 별 S_1과 S_2의 파장에 따른 복사 에너지의 상대 세기와 V 필터와 B 필터의 투과 영역을 나타낸 것이다. S_1이 최대 에너지를 방출하는 파장은 1000 nm 이고, ㉠은 S_2가 최대 에너지를 방출하는 파장이다.

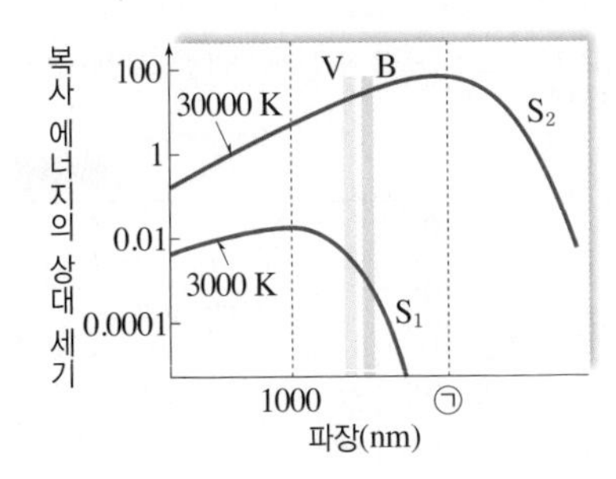

이에 대한 설명으로 옳은 것만을 [보기]에서 있는 대로 고른 것은?

보기
ㄱ. ㉠은 10 nm이다.
ㄴ. 광도는 S_2가 S_1보다 10^4배 크다.
ㄷ. 색지수(B−V)는 S_1이 S_2보다 작다.

① ㄱ ② ㄴ ③ ㄷ
④ ㄱ, ㄴ ⑤ ㄴ, ㄷ

02 표는 별 (가)~(다)의 분광형과 스펙트럼을 나타낸 것이다.

별	분광형	스펙트럼
(가)	A	
(나)	M	
(다)	G	

이에 대한 설명으로 옳은 것만을 [보기]에서 있는 대로 고른 것은?

보기
ㄱ. 표면 온도가 가장 높은 별은 (가)이다.
ㄴ. (가)는 (나)보다 $\frac{\text{자외선 영역의 복사 에너지 세기}}{\text{가시광선 영역의 복사 에너지 세기}}$가 크다.
ㄷ. 수소(H I) 흡수선은 (가)보다 (다)에서 강하게 나타난다.

① ㄱ ② ㄷ ③ ㄱ, ㄴ
④ ㄴ, ㄷ ⑤ ㄱ, ㄴ, ㄷ

03 표는 별 (가)~(다)의 몇 가지 물리량을 나타낸 것이다.

별	표면 온도(K)	반지름(태양=1)	광도(태양=1)
(가)	(　　)	10	10
(나)	10000	5	(㉠)
(다)	10000	(　　)	10

이에 대한 설명으로 옳은 것만을 [보기]에서 있는 대로 고른 것은? (단, 태양의 표면 온도는 6000 K이다.)

보기
ㄱ. 표면 온도는 (가)가 (나)보다 높다.
ㄴ. ㉠은 25이다.
ㄷ. 반지름은 (가)가 (다)보다 크다.

① ㄱ ② ㄴ ③ ㄷ
④ ㄱ, ㄴ ⑤ ㄱ, ㄷ

04 그림은 별 ㉠~㉣의 물리량을 나타낸 것이다.

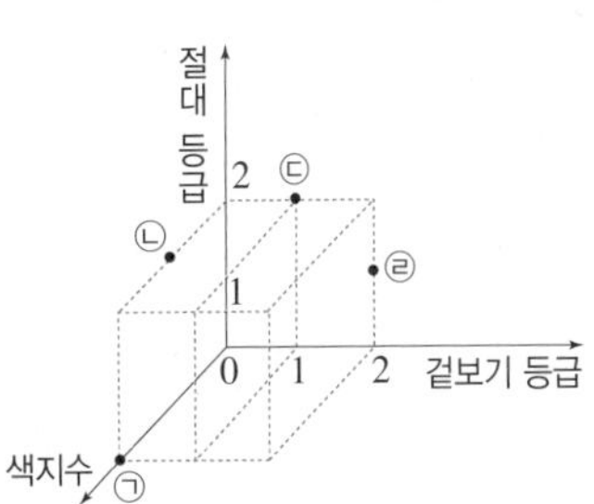

이에 대한 설명으로 옳은 것만을 [보기]에서 있는 대로 고른 것은?

보기
ㄱ. 최대 에너지를 방출하는 파장은 ㉠이 ㉡보다 짧다.
ㄴ. 단위 시간 동안 방출하는 총에너지양은 ㉡과 ㉢이 같다.
ㄷ. 별까지의 거리는 ㉢이 ㉣보다 가깝다.

① ㄱ ② ㄷ ③ ㄱ, ㄴ
④ ㄴ, ㄷ ⑤ ㄱ, ㄴ, ㄷ

H-R도와 별의 분류

핵심 포인트
❶ H-R도와 별의 물리량 ★★★
❷ H-R도와 별의 종류 ★★★
❸ 광도 계급 ★★

A H-R도와 별의 분류

별의 물리적 특성을 쉽게 파악할 수 있는 그래프로 H-R도가 있어요. H-R도에 별들을 물리량에 따라 점으로 찍으면 몇 개의 무리로 나눠져요. 이렇게 분류된 각 무리의 특징을 알아보도록 해요.

1. H-R도 별의 표면 온도와 광도를 이용하여 별의 분포를 나타낸 그래프

256쪽 대표 자료❶

(1) **가로축 물리량:** 별의 표면 온도나 표면 온도를 나타내는 분광형(스펙트럼형), 색지수 ➡ 가로축에서 왼쪽으로 갈수록 표면 온도가 높고, 색지수가 작으며, 파란색을 띤다.

(2) **세로축 물리량:** 별의 광도나 광도를 나타내는 절대 등급 ➡ 세로축에서 위로 갈수록 광도가 크고, 절대 등급이 작다.

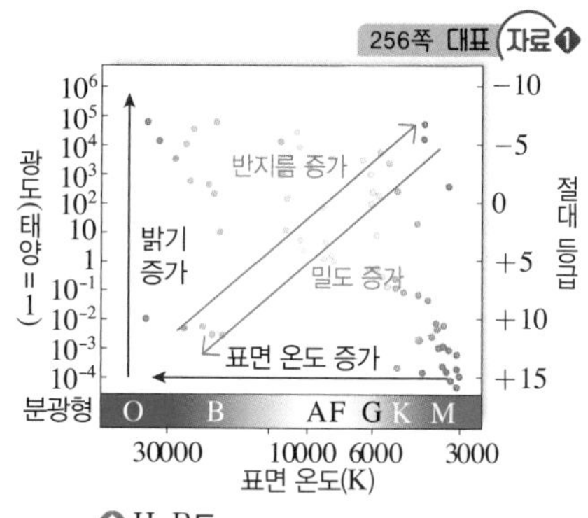

H-R도

(3) 대각선 방향에서 오른쪽 위로 갈수록 별의 반지름이 크고, 밀도가 작다.

2. H-R도와 별의 종류 주계열성, 거성, 초거성, 백색 왜성

완자쌤 비법 특강 254쪽 256쪽 대표 자료❷

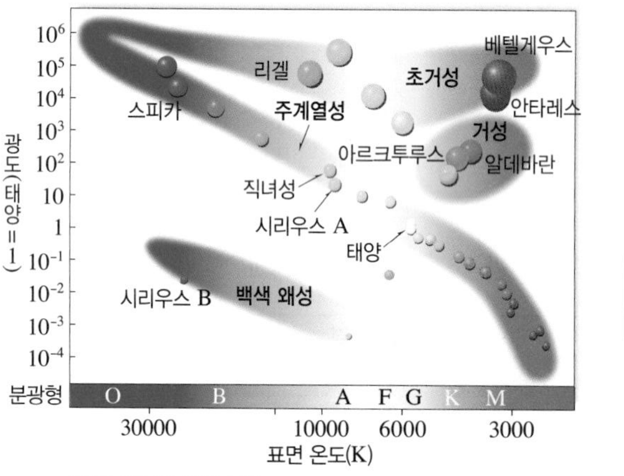

H-R도와 별의 분류

(1) **주계열성:** H-R도에서 왼쪽 위에서 오른쪽 아래로 이어지는 좁은 띠 영역에 분포하는 별들 예 처녀자리의 스피카, 거문고자리의 직녀성, 큰개자리의 시리우스 A, 태양 등

① 별의 약 90 %가 주계열성에 속한다.

② 주계열성은 왼쪽 위에 분포할수록 표면 온도가 높고, 광도가 크며, 질량과 반지름이 크다.

심화 + 주계열성의 질량-광도 관계

주계열성의 질량이 클수록 중심핵의 온도가 높고, 에너지를 생성하는 핵이 크므로 단위 시간 동안 많은 양의 에너지를 방출한다. 따라서 질량(M)이 큰 별일수록 광도(L)가 크다.($L \propto M^{2.3\sim4}$)
이를 주계열성의 질량-광도 관계라고 하며, 주계열성의 광도를 알면 질량-광도 관계로부터 별의 질량을 추정할 수 있다.

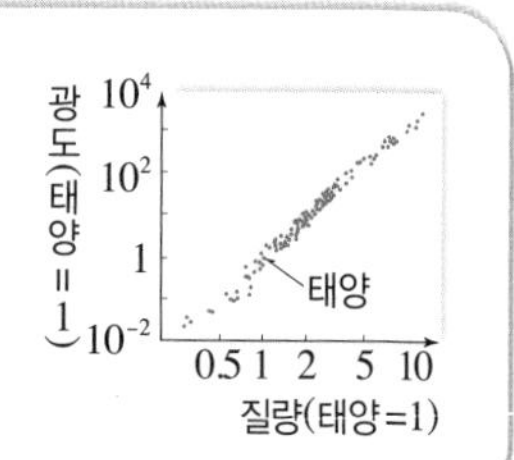

◆ **H-R도**
1910년대 초반 헤르츠스프룽(Hertzsprung, E.)과 러셀(Russell, H. N.)은 각각 당시까지 알려진 태양 근처에 있는 별들의 표면 온도와 광도 사이의 관계를 그래프로 그려 분석하였다. 이 그래프를 두 사람 이름의 첫 글자를 따서 H-R도라고 한다.

◆ **별의 광도**
별의 광도는 태양의 광도와 비교한 단위로 나타낸다. 슈테판·볼츠만 법칙($L=4\pi R^2 \cdot \sigma T^4$)에 따르면 광도($L$)는 별의 표면 온도($T$)와 반지름($R$)에 따라 달라지므로 별의 크기와 관련한 정보도 제공한다.

암기해!
H-R도의 물리량
- 가로축: 표면 온도, 분광형(스펙트럼형), 색지수
- 세로축: 광도, 절대 등급

용어
❶ 주계열성(主 주인, 系 묶다, 列 줄짓다, 星 별) H-R도에서 왼쪽 위에서 오른쪽 아래로 이어지는 대각선 방향의 띠 영역(주계열)에 분포하는 별로, 별의 일생에서 가장 긴 시간을 차지하는 단계

(2) [1]**거성**: H-R도에서 주계열성의 오른쪽 위에 분포하는 별들은 적색 거성이라고도 한다.

예 황소자리의 알데바란, 목동자리의 아르크투루스 등

① 표면 온도는 낮으나 반지름이 매우 크기 때문에 광도가 크다.
→ 반지름이 태양의 약 10배~100배, 광도가 태양의 약 10배~1000배

② 평균 밀도가 주계열성보다 작다.

(3) [2]**초거성**: H-R도에서 거성보다 위쪽에 분포하는 별들

예 오리온자리의 베텔게우스와 리겔, 전갈자리의 안타레스 등

① 거성보다 반지름이 더 크고, ◆광도가 매우 크다.
→ 반지름이 태양의 약 300배~1000배, 광도가 태양의 약 3만 배~수만 배

② 평균 밀도가 거성보다 작다.

(4) [3]**백색 왜성**: H-R도에서 주계열성의 왼쪽 아래에 분포하는 별들

예 시리우스 A의 동반성인 시리우스 B 등

① 표면 온도가 높아 백색을 띠지만, ◆반지름이 매우 작기 때문에 광도가 작다.

② 크기는 지구와 비슷하지만, 질량은 태양과 비슷하여 평균 밀도가 매우 크다.
→ 평균 밀도가 태양의 약 10만 배~100만 배

3. H-R도에 나타나지 않는 별 중성자별이나 블랙홀과 같이 광도가 너무 작거나 가시광선을 거의 방출하지 않는 별은 H-R도에 나타나지 않는다.

B 광도 계급

분광형이 같은 별이라도 광도가 다르므로 별을 더 명확하게 분류하기 위해 광도에 따라 분광형 뒤에 로마 숫자를 덧붙여 나타내기도 해요.

1. ◆광도 계급 별들을 광도에 따라 계급으로 구분한 것

(1) M-K **분류법**: 모건과 키넌은 별들을 분광형과 광도 계급을 기준으로 분류하였는데, 이를 M-K 분류법이라고 한다. 예 태양의 분광형과 광도 계급은 G2V로, G2는 노란색 별이라는 의미이고, V는 주계열성이라는 의미이다. (G2: 분광형, V: 광도 계급)

(2) **광도 계급의 구분**: 별을 광도가 큰 Ⅰ에서부터 광도가 작은 Ⅶ까지 7개의 광도 계급으로 구분한다. 초거성은 밝기에 따라 다시 Ⅰa와 Ⅰb로 나눈다.

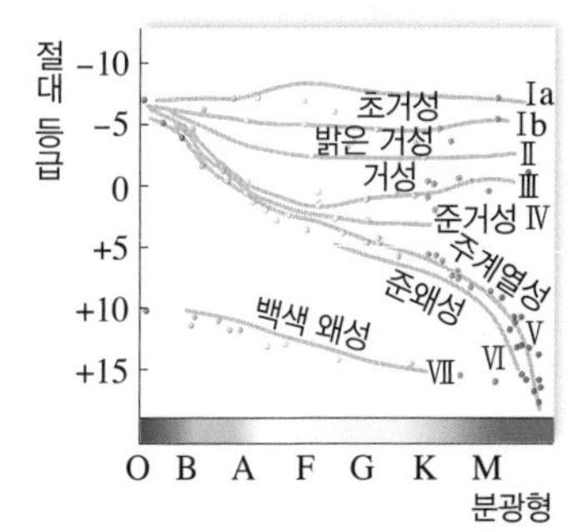

▲ **광도 계급과 H-R도** 분광형과 광도 계급을 알면 H-R도에서 별의 크기 등에 대한 정보를 알 수 있다.

광도 계급	별의 종류	광도	반지름
Ⅰa	밝은 초거성	크다 ↑	크다 ↑
Ⅰb	덜 밝은 초거성		
Ⅱ	밝은 거성		
Ⅲ	거성		
Ⅳ	준거성		
Ⅴ	주계열성(왜성)		
Ⅵ	준왜성		
Ⅶ	백색 왜성	↓ 작다	↓ 작다

→ 백색 왜성은 D라고 표기하기도 한다.

2. 별의 분광형과 광도 분광형이 같을 때 광도 계급의 숫자가 클수록 별의 광도와 반지름이 작다. 예 분광형이 G형으로 같다면 광도 계급이 Ⅲ인 별은 Ⅴ인 별보다 반지름이 커서 광도가 크고, Ⅱ인 별보다 반지름이 작아서 광도가 작다.

◆ **거성과 초거성의 광도**
거성이나 초거성은 표면 온도가 낮아 단위 면적당 방출하는 복사 에너지양은 적지만, 별의 크기가 매우 크기 때문에 방출하는 총에너지양이 많아 매우 밝게 보인다.

◆ **별의 크기 비교**
• 태양, 거성, 초거성의 크기 비교

• 주계열성과 백색 왜성의 크기 비교

◆ **광도 계급**
천문학자들은 별의 표면 온도가 같더라도 광도에 따라 별의 흡수선의 폭이 조금씩 다르다는 것을 발견하였다. 이후 흡수선의 폭을 기준으로 별을 7개의 계급으로 구분하였는데, 이를 광도 계급이라고 한다.

용어

[1] **거성(巨 크다, 星 별)** 표면 온도가 낮지만, 반지름이 크고 광도가 큰 별

[2] **초거성(超 뛰어넘다, 巨星 거성)** 거성보다 훨씬 큰 별

[3] **백색 왜성(白 희다, 色 색, 矮 작다, 星 별)** 표면 온도가 높지만, 반지름이 작고 광도가 작은 별

정답친해 115쪽

H-R도에서 별의 물리량 해석

H-R도에서 별들의 물리량을 어떻게 해석할 수 있을까요? 별의 종류별로 물리량이 어떻게 다른지 H-R도에서의 위치와 관련지어 자세히 알아봅시다.

1 H-R도에서 별의 물리량 변화

1. **별의 표면 온도, 색지수:** H-R도의 가로축에서 왼쪽으로 갈수록 별의 표면 온도가 높고(분광형이 O형에 가깝고), 색지수가 작다(파란색을 띤다).
2. **별의 광도, 절대 등급:** H-R도의 세로축에서 위로 갈수록 별의 광도가 크고, 절대 등급이 작다.
3. **별의 반지름, 평균 밀도:** H-R도에서 오른쪽 위로 갈수록 별의 반지름이 크고, 평균 밀도가 작다.

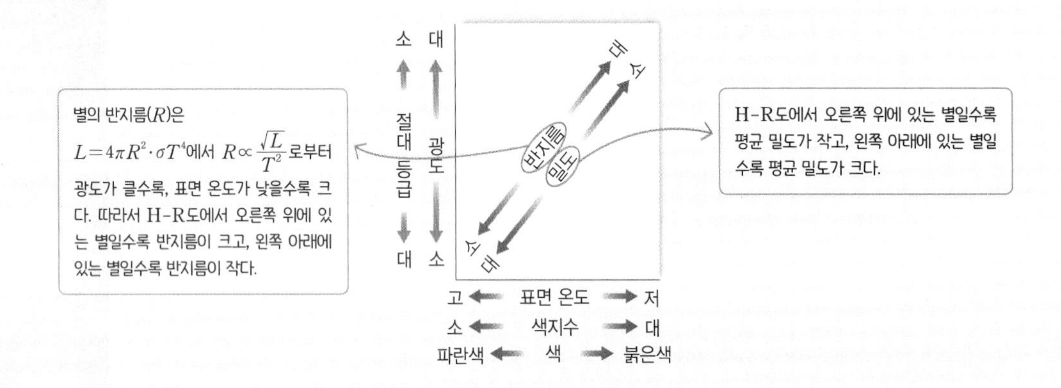

2 H-R도에서 별의 종류에 따른 물리량 비교

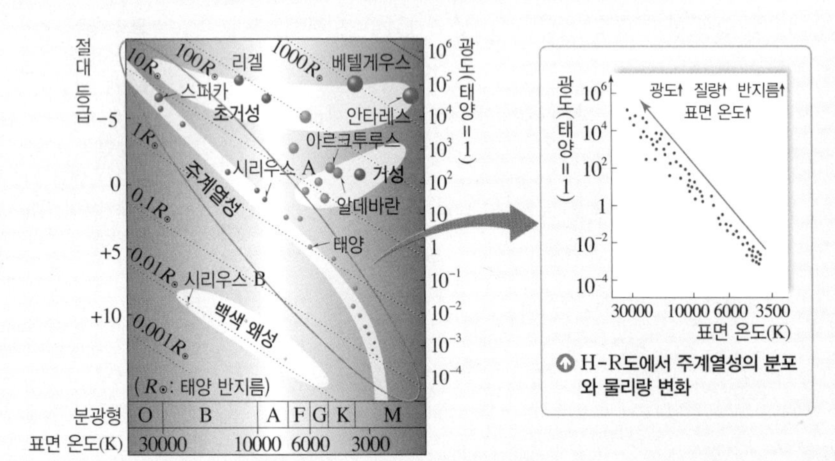

▲ H-R도에서 주계열성의 분포와 물리량 변화

1. **주계열성의 특징:** H-R도에서 왼쪽 위에 분포할수록 표면 온도가 높고, 광도, 질량, 반지름이 크다.
   - 주계열성의 질량-광도 관계: 주계열성은 질량이 클수록 광도가 크다.
   - 주계열성의 질량-반지름 관계: 주계열성은 질량이 클수록 반지름이 크다.

   예 스피카는 H-R도에서 태양의 왼쪽 위에 분포한다. ➡ 스피카는 태양보다 표면 온도가 높고, 광도, 질량, 반지름이 크다.

2. **별의 반지름 비교:** H-R도에서 오른쪽 위에 있는 별일수록 반지름이 크다. ➡ 백색 왜성 < 주계열성 < 거성 < 초거성

   예 백색 왜성인 시리우스 B는 주계열성인 태양보다 반지름이 작다.

3. **별의 평균 밀도 비교:** H-R도에서 오른쪽 위에 있는 별일수록 평균 밀도가 작다. ➡ 초거성 < 거성 < 주계열성 < 백색 왜성

   예 초거성인 베텔게우스는 주계열성인 시리우스 A보다 평균 밀도가 작다.

Q1 시리우스 A와 태양 중 광도가 더 큰 별은 무엇인가?

Q2 거성, 초거성, 주계열성, 백색 왜성을 반지름의 크기가 큰 별부터 나열하시오.

개념 확인 문제

핵심 체크

- (❶): 별의 표면 온도와 광도를 이용하여 별의 분포를 나타낸 그래프
  - 가로축에서 왼쪽으로 갈수록 표면 온도가 (❷), 색지수가 작다.
  - 세로축에서 위로 갈수록 광도가 크고, 절대 등급이 (❸).
  - 오른쪽 위로 갈수록 반지름이 크고, 밀도가 작다.
- H-R도와 별의 종류
  - (❹): H-R도에서 왼쪽 위에서 오른쪽 아래로 좁고 길게 분포하는 별들
  - (❺): H-R도에서 주계열성의 오른쪽 위에 분포하는 별들로, 광도가 크다.
  - (❻): H-R도에서 거성보다 위에 분포하는 별들로, 광도가 매우 크다.
  - (❼): H-R도에서 주계열성의 왼쪽 아래에 분포하는 별들로, 광도가 작고 평균 밀도가 크다.
- (❽): 별들을 광도에 따라 계급으로 구분한 것

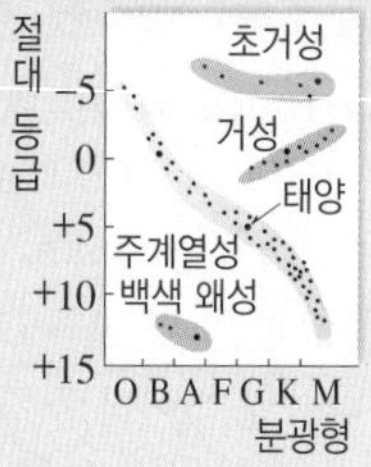

절대 등급 −5 0 +5 +10 +15
초거성 거성 태양 주계열성 백색 왜성
O B A F G K M 분광형

▲ H-R도

1 H-R도에서 가로축과 세로축에 나타낼 수 있는 물리량을 [보기]에서 있는 대로 고르시오.

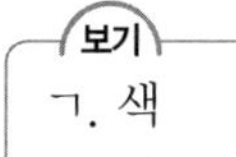

ㄱ. 색	ㄴ. 광도	ㄷ. 밀도
ㄹ. 분광형	ㅁ. 색지수	ㅂ. 절대 등급

(1) 가로축 물리량: ( )

(2) 세로축 물리량: ( )

2 그림은 H-R도에서 별의 물리량을 나타낸 것이다. 광도, 반지름, 표면 온도의 값이 상대적으로 큰 방향의 기호를 각각 쓰시오.

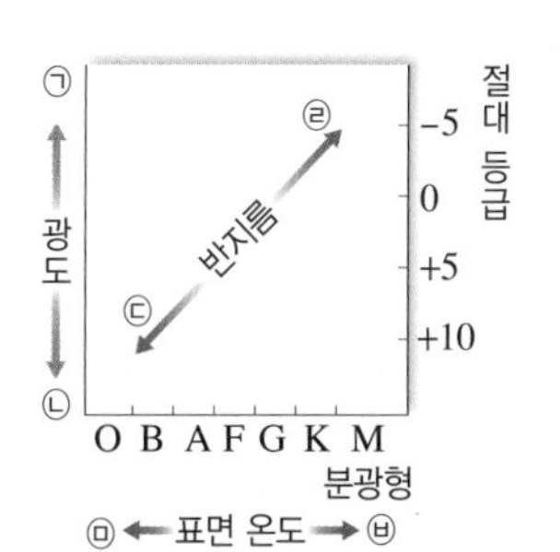

(1) 광도: ( )

(2) 표면 온도: ( )

(3) 반지름: ( )

3 그림은 H-R도에 나타낸 별들을 4개의 집단으로 구분한 것이다. ㉠~㉣에 해당하는 별의 종류를 각각 쓰시오.

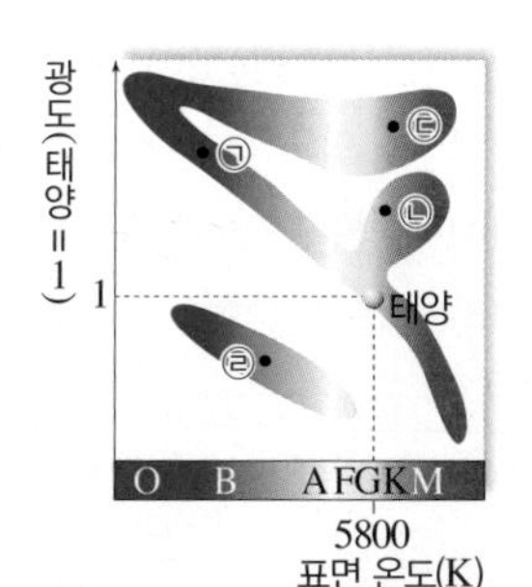

4 다음에서 설명하는 별의 종류를 쓰시오.

- 별의 약 90 %가 이에 속한다.
- 질량과 크기가 매우 다양하다.
- H-R도에서 왼쪽 위에 분포할수록 표면 온도가 높고, 광도가 크다.

5 H-R도와 별의 종류에 대한 설명으로 옳은 것은 ○, 옳지 않은 것은 ×로 표시하시오.

(1) H-R도에서 주계열성의 왼쪽 아래에 분포하는 별은 초거성이다. ( )

(2) 주계열성은 질량이 클수록 광도가 크다. ( )

(3) 거성은 표면 온도가 낮고, 반지름이 크다. ( )

(4) 초거성은 거성보다 평균 밀도가 크다. ( )

(5) 백색 왜성은 표면 온도가 높고, 광도가 크다. ( )

6 광도 계급에 대한 설명으로 옳은 것은 ○, 옳지 않은 것은 ×로 표시하시오.

(1) 광도 계급이 Ⅰ인 별은 초거성이다. ( )

(2) 두 별의 표면 온도가 같을 때, 광도 계급이 Ⅱ인 별이 광도 계급이 Ⅲ인 별보다 광도가 작다. ( )

(3) 두 별의 표면 온도가 같을 때, 광도 계급이 Ⅰ인 별이 Ⅲ인 별보다 반지름이 크다. ( )

대표 자료 분석

정답친해 116쪽

자료 ❶ H-R도와 별의 물리량

기출 Point
- H-R도에서 가로축과 세로축 물리량 파악하기
- H-R도에서 별의 물리량 비교하기

[1~3] 그림은 별 A~D의 표면 온도와 광도를 H-R도에 나타낸 것이다.

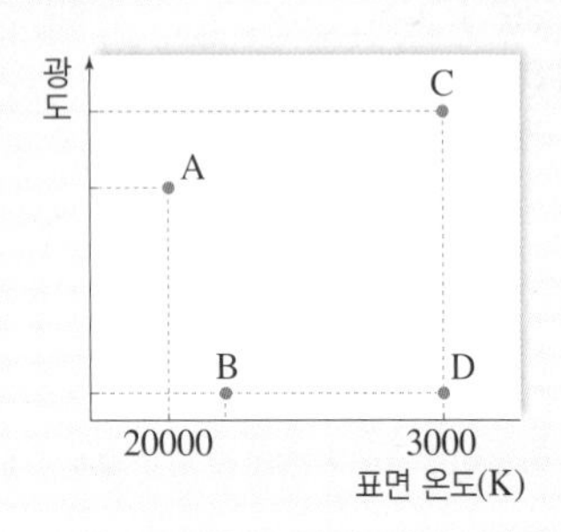

1 A~D 중 다음 설명에 해당하는 별을 쓰시오.

(1) 표면 온도가 가장 높은 별
(2) 광도가 가장 큰 별
(3) 반지름이 가장 큰 별

2 각 별의 물리량을 등호나 부등호로 비교하시오.

(1) 색지수: A ☐ C
(2) 절대 등급: A ☐ D
(3) 평균 밀도: B ☐ C

3 빈출 선택지로 완벽 정리!

(1) 별 B와 D 중 절대 등급은 D가 더 작다. (○ / ×)
(2) 별 C와 D 중 반지름은 C가 더 크다. (○ / ×)
(3) 별 D는 B보다 파란색을 띤다. (○ / ×)
(4) 별 A~D 중 평균 밀도는 B가 가장 크다. (○ / ×)
(5) 별 A~D 중 최대 에너지를 방출하는 파장은 A가 가장 길다. (○ / ×)

자료 ❷ H-R도와 별의 종류

기출 Point
- H-R도에 분포하는 별의 종류 알기
- 별의 종류에 따른 물리량 비교하기

[1~4] 그림은 별의 H-R도를 나타낸 것이다.

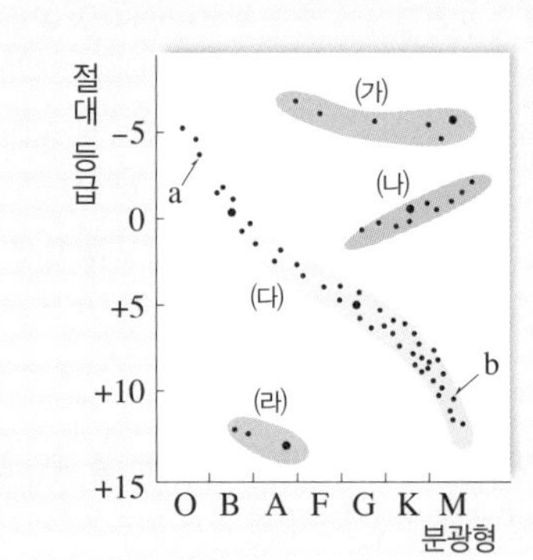

1 (가)~(라)에 해당하는 별의 종류를 각각 쓰시오.

2 (가)~(라) 중 반지름이 가장 큰 별의 종류와 가장 작은 별의 종류를 각각 쓰시오.

3 (가)~(라) 중 다음 설명에 해당하는 별의 종류를 쓰시오.

(1) 분광형이 G형이고 절대 등급이 5등급인 별
(2) 절대 등급이 0등급이고 붉은색을 띠는 별
(3) 표면 온도가 높지만, 광도가 작은 별

4 빈출 선택지로 완벽 정리!

(1) 별의 약 90 %가 (다)에 속한다. (○ / ×)
(2) (가)는 (라)보다 평균 밀도가 크다. (○ / ×)
(3) (다)의 별 a는 b보다 질량이 작다. (○ / ×)
(4) 태양은 (라)에 속한다. (○ / ×)
(5) 같은 분광형의 (나)와 (다) 중 (나)의 광도가 더 크다. (○ / ×)
(6) 같은 광도의 (다)와 (라) 중 (다)의 표면 온도가 더 높다. (○ / ×)

내신 만점 문제

정답친해 117쪽

A H-R도와 별의 분류

01 H-R도에서 세로축에 들어갈 수 있는 물리량으로 옳은 것은?

① 광도, 절대 등급 ② 광도, 분광형
③ 밀도, 절대 등급 ④ 분광형, 표면 온도
⑤ 색지수, 절대 등급

중요 **02** H-R도에 대한 설명으로 옳지 않은 것은?

① 가로축에 해당하는 물리량에는 별의 반지름이 있다.
② 세로축에 해당하는 물리량에는 별의 광도가 있다.
③ 가장 많은 수의 별이 분포하는 집단은 주계열성이다.
④ 거성과 주계열성의 분광형이 동일할 때 거성은 주계열성보다 광도가 크다.
⑤ H-R도에 나타나는 별들 중에서 평균적으로 반지름이 가장 작은 별의 집단은 백색 왜성이다.

서술형 **03** 그림은 별의 H-R도를 나타낸 것이다. (단, 별 A, B, C는 주계열성으로, A가 C보다 질량이 크다.)

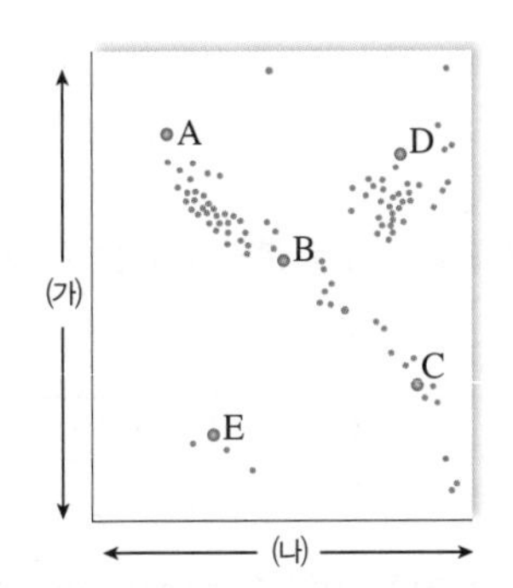

(1) (가)와 (나)에 들어갈 수 있는 물리량을 각각 두 가지씩 쓰시오.

(2) A~E 중 반지름이 가장 큰 별을 고르고, 그 까닭을 서술하시오.

중요 **04** 그림은 여러 별들을 H-R도에 나타낸 것이다. 별 ㉠~㉣에 대한 설명으로 옳은 것만을 [보기]에서 있는 대로 고른 것은?

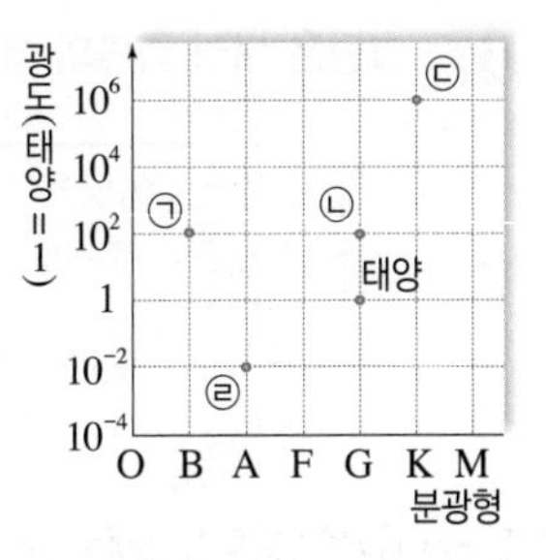

보기
ㄱ. 절대 등급이 가장 작은 별은 ㉣이다.
ㄴ. 별 ㉠은 태양보다 표면 온도가 높다.
ㄷ. 별 ㉡은 ㉢보다 반지름이 작다.

① ㄱ ② ㄴ ③ ㄷ
④ ㄱ, ㄴ ⑤ ㄴ, ㄷ

05 표는 별 ㉠, ㉡, ㉢의 절대 등급과 분광형을, 그림은 H-R도에 별의 집단을 나타낸 것이다.

별	절대 등급	분광형
㉠	-3.5	B0
㉡	-5.3	M1
㉢	$+0.8$	K2

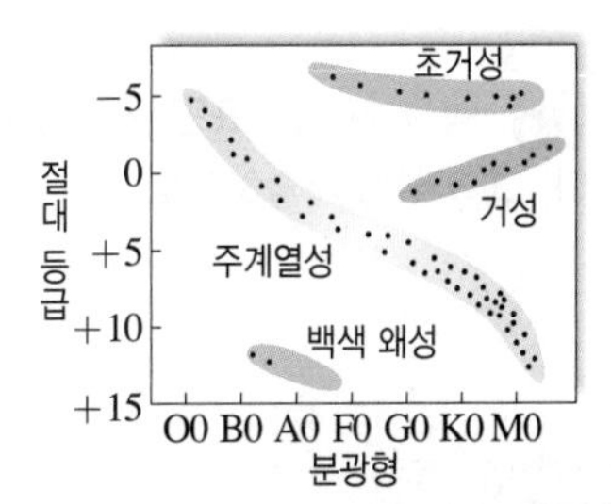

별 ㉠, ㉡, ㉢에 대한 설명으로 옳은 것만을 [보기]에서 있는 대로 고른 것은?

보기
ㄱ. ㉠은 주계열성이다.
ㄴ. ㉡은 파란색으로 관측된다.
ㄷ. 반지름이 가장 큰 별은 ㉢이다.

① ㄱ ② ㄴ ③ ㄱ, ㄷ
④ ㄴ, ㄷ ⑤ ㄱ, ㄴ, ㄷ

중요 **06** 주계열성의 특징이 아닌 것은?

① 질량이 클수록 광도가 크다.
② 광도가 클수록 표면 온도가 높다.
③ 표면 온도가 높을수록 질량이 크다.
④ 대부분의 별들은 주계열성에 속한다.
⑤ 대표적인 별로 알데바란, 아르크투루스가 있다.

07 그림은 여러 종류의 별들을 H-R도에 나타낸 것이다.

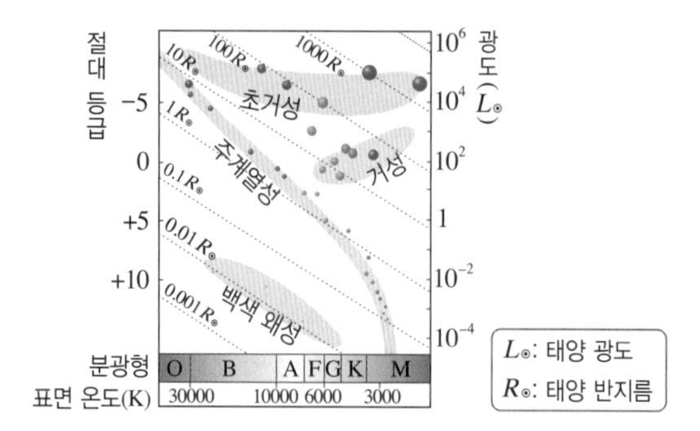

이에 대한 설명으로 옳지 않은 것은?

① 백색 왜성은 거성보다 평균 밀도가 크다.
② 백색 왜성은 거성보다 광도가 크다.
③ 초거성은 거성보다 절대 등급이 작다.
④ 초거성은 주계열성보다 반지름이 크다.
⑤ 중성자별이나 블랙홀은 H-R도에 나타나지 않는다.

서술형 **08** 백색 왜성은 표면 온도가 매우 높지만 광도가 매우 작다. 그 까닭을 서술하시오.

중요 **09** 그림은 태양과 태양 근처의 별들의 H-R도를 나타낸 것이다.

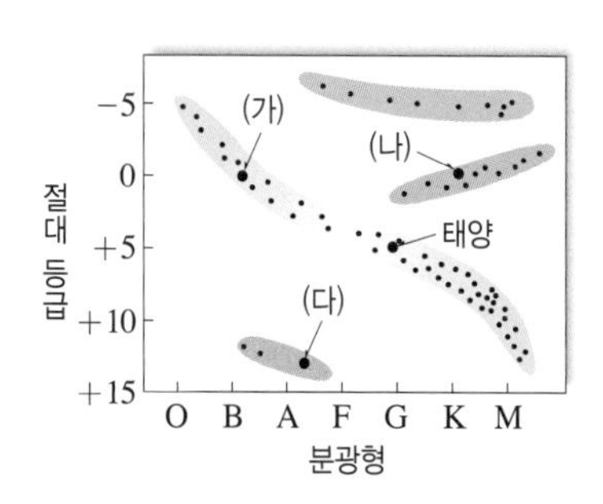

이에 대한 설명으로 옳은 것만을 [보기]에서 있는 대로 고른 것은?

보기
ㄱ. (가)는 태양보다 질량과 반지름이 크다.
ㄴ. (나)는 (가)보다 표면 온도가 낮다.
ㄷ. (다)는 (나)보다 평균 밀도가 크다.

① ㄱ ② ㄷ ③ ㄱ, ㄴ
④ ㄴ, ㄷ ⑤ ㄱ, ㄴ, ㄷ

B 광도 계급

중요 **10** 그림은 별의 광도 계급을 H-R도에 나타낸 것이다.

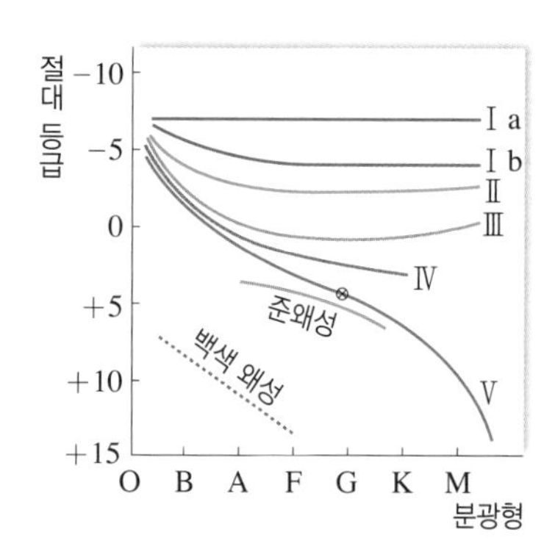

이에 대한 설명으로 옳은 것만을 [보기]에서 있는 대로 고른 것은?

보기
ㄱ. 광도 계급이 Ⅴ인 별은 표면 온도가 높을수록 광도가 크다.
ㄴ. 두 별의 광도 계급이 같다면 두 별의 표면 온도도 동일하다.
ㄷ. 두 별의 분광형이 같다면, 광도 계급이 Ⅳ인 별은 Ⅰ인 별보다 반지름이 크다.

① ㄱ ② ㄷ ③ ㄱ, ㄴ
④ ㄴ, ㄷ ⑤ ㄱ, ㄴ, ㄷ

11 표는 별 (가)와 (나)를 분광형과 광도 계급을 기준으로 분류한 것이다.

별	(가)	(나)
분류	A3Ⅴ	G0Ⅱ

이에 대한 설명으로 옳은 것만을 [보기]에서 있는 대로 고른 것은?

보기
ㄱ. 별 (가)는 (나)보다 표면 온도가 높다.
ㄴ. (가)는 A형 별 중에서 주계열성에 해당한다.
ㄷ. (나)는 G형 별 중에서 표면 온도가 가장 낮다.

① ㄱ ② ㄷ ③ ㄱ, ㄴ
④ ㄴ, ㄷ ⑤ ㄱ, ㄴ, ㄷ

실력 UP 문제

정답친해 118쪽

01 다음은 H-R도를 작성하여 별을 분류하는 탐구 과정을 나타낸 것이다.

(가) 별들의 물리량 자료를 조사한다.
(나) 가로축을 표면 온도, 세로축을 ㉠(　　　)(으)로 한 그래프에 별들의 위치를 표시한다.
(다) 그래프에 표시된 별들을 집단 A～D로 분류한다.

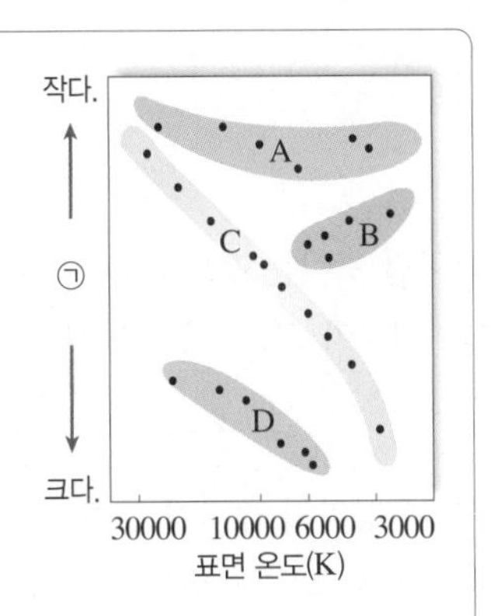

이에 대한 설명으로 옳은 것만을 [보기]에서 있는 대로 고른 것은?

보기
ㄱ. 광도는 ㉠에 해당한다.
ㄴ. A～D 중 광도 계급의 숫자가 가장 큰 집단은 A이다.
ㄷ. 집단 C에 해당하는 별은 표면 온도가 높을수록 질량이 크다.

① ㄱ ② ㄷ ③ ㄱ, ㄴ
④ ㄴ, ㄷ ⑤ ㄱ, ㄴ, ㄷ

02 표는 별 (가)～(다)의 절대 등급과 분광형을, 그림은 이 별들을 H-R도에 순서 없이 나타낸 것이다.

별	절대 등급	분광형
(가)	−4	B
(나)	5	K
(다)	0	G

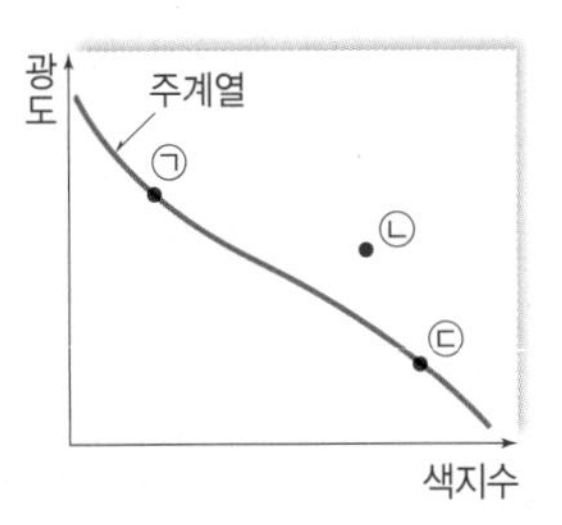

이에 대한 설명으로 옳은 것만을 [보기]에서 있는 대로 고른 것은?

보기
ㄱ. (가)는 ㉠에 해당한다.
ㄴ. 질량은 (가)가 (나)보다 크다.
ㄷ. 평균 밀도는 (다)가 가장 크다.

① ㄱ ② ㄷ ③ ㄱ, ㄴ
④ ㄴ, ㄷ ⑤ ㄱ, ㄴ, ㄷ

03 그림은 주계열성의 질량-광도 관계를, 표는 주계열성 A의 물리량을 나타낸 것이다.

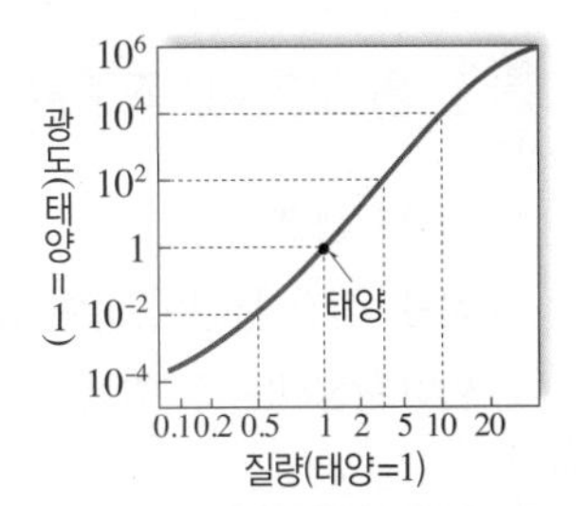

지구로부터의 거리	10 pc
겉보기 등급	−5.0
표면 온도	30000 K

주계열성 A에 대한 설명으로 옳은 것만을 [보기]에서 있는 대로 고른 것은? (단, 태양의 절대 등급은 +5.0이고, 표면 온도는 6000 K이다.)

보기
ㄱ. 절대 등급은 −5이다.
ㄴ. 질량은 태양의 약 10배이다.
ㄷ. 반지름은 태양의 4배이다.

① ㄱ ② ㄷ ③ ㄱ, ㄴ
④ ㄴ, ㄷ ⑤ ㄱ, ㄴ, ㄷ

04 그림은 태양과 별 ㉠～㉣을 광도 계급과 함께 H-R도에 나타낸 것이다.

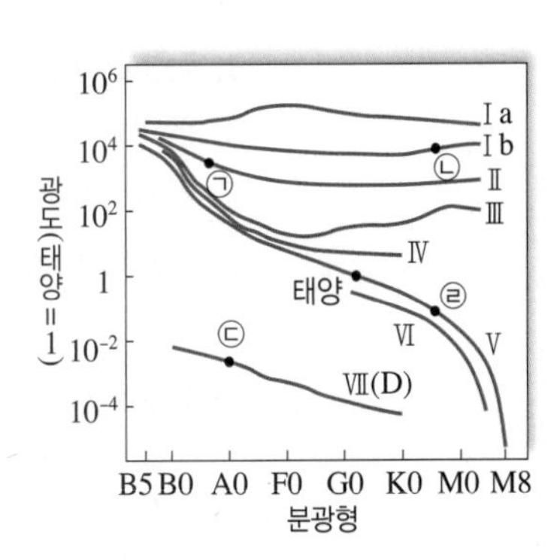

이에 대한 설명으로 옳은 것만을 [보기]에서 있는 대로 고른 것은?

보기
ㄱ. ㉠은 초거성이다.
ㄴ. 별이 단위 시간 동안 단위 면적에서 방출하는 에너지양은 ㉡이 ㉢보다 많다.
ㄷ. 질량은 태양이 ㉣보다 크다.

① ㄱ ② ㄷ ③ ㄱ, ㄴ
④ ㄴ, ㄷ ⑤ ㄱ, ㄴ, ㄷ

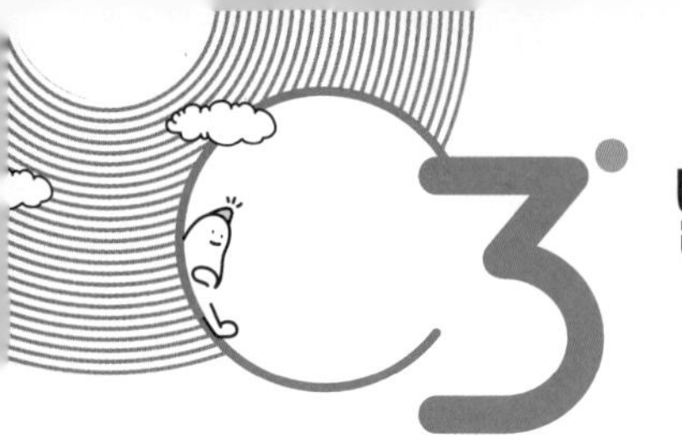

3 별의 진화

핵심 포인트
1. 원시별의 질량과 진화 ★★
2. 태양과 질량이 비슷한 별의 진화 ★★★
3. 태양보다 질량이 매우 큰 별의 진화 ★★★

A 원시별에서 주계열 단계까지

궁금해?
왜 암흑 성운에서 별이 탄생할까?
암흑 성운에서는 팽창하려는 내부 압력보다 중력이 크게 작용하기 때문에 성운의 수축이 일어나 물질이 모인다. 이로 인해 성운의 중력이 커져 더 많은 물질을 끌어당기고, 밀도가 커져 원시별이 탄생할 수 있다.

1. 별의 탄생 조건

(1) 성운: 성간 물질이 모여 있어 구름처럼 보이는 것으로, 주로 분자 상태의 수소로 구성된다.

(2) 별이 탄생하는 곳: 암흑 성운 내부의 밀도가 크고, 온도가 낮은 영역

└ 성간 기체의 밀도가 크면 중력이 크게 작용하여 뭉쳐지고, 온도가 낮으면 기체가 서로 밀어내는 압력이 낮아지기 때문

2. 별의 탄생 과정

(1) 성운의 중력 수축: 성운에서 밀도가 큰 영역의 중력이 강해지면 성간 물질들이 중심부를 향해 ◆중력 수축한다. ➡ 성운의 크기가 감소하고, 밀도가 증가하며, 온도가 상승한다.

(2) 원시별 형성: 성운이 중력 수축하여 온도와 밀도가 점차 증가하면 원시별이 형성된다.

(3) 전주계열 단계의 별: 원시별은 주위 물질들을 끌어당겨 밀도가 점차 커지고 내부 온도가 높아져 열이 바깥쪽으로 전달되어 표면 온도가 1000 K 정도에 이르면 가시광선의 복사 에너지가 방출되는데, 이를 [1]전주계열 단계의 별이라고 한다.

(4) 별(주계열성)의 탄생: 전주계열 단계에서 중력 수축이 일어나 중심부 온도가 약 1000만 K에 이르면 중심핵에서 수소 핵융합 반응이 시작되어 별(주계열성)이 탄생한다.

◆ **중력 수축 에너지**
성간 물질이 중력의 영향으로 성운이나 별의 중심으로 수축될 때 위치 에너지가 감소하여 에너지가 발생한다.

빛을 내는 에너지원이 중력 수축 에너지이기 때문에 별이라 하지 않고 원시별이라고 해요.

성운 ➡ 원시별 ➡ 주계열성

3. 질량에 따른 원시별의 진화

(1) 원시별의 질량과 진화

① 원시별의 질량이 클수록 중력 수축이 빠르게 일어나 주계열 단계에 빨리 도달한다.

② 원시별의 질량이 클수록 광도가 크고, 표면 온도가 높은 주계열성이 된다. ➡ H-R도에서 주계열의 왼쪽 위에 분포한다.

| 질량에 따른 원시별의 진화 경로와 주계열에 도달하는 데 걸리는 시간 |

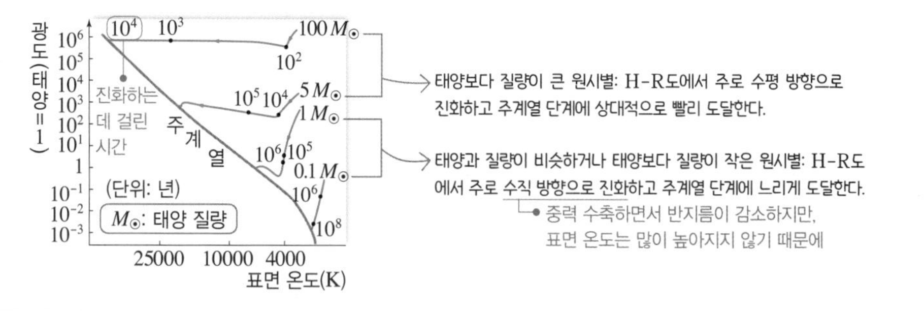

(2) 질량이 태양의 약 0.08배 이하인 원시별의 진화: 질량이 태양 질량의 약 0.08배 이하인 원시별은 중심부 온도가 1000만 K에 이르지 못해 수소 핵융합 반응이 일어나지 않으므로 별(주계열성)이 되지 못하고 [2]갈색 왜성이 된다.

용어
1. **전(前 앞)주계열 단계** 주계열의 전 단계
2. **갈색 왜성(褐 갈색, 色 색, 矮 작다, 星 별)** 중력 수축에 의하여 증가하는 내부의 열에너지를 적외선으로 방출하여 붉은색을 띠는 천체

4. 주계열성 중심핵에서 수소 핵융합 반응으로 에너지를 생성하고 크기가 일정한 별로, 별은 일생의 대부분을 주계열성으로 보낸다.

(1) 별의 에너지원: 수소가 반응하여 헬륨을 생성하는 수소 핵융합 반응으로 빛을 낸다.

(2) 별의 크기: 크기가 변하지 않고 일정하다. ➡ 수소 핵융합 반응이 일어나면 내부의 온도가 상승하여 압력이 커져 내부 기체 압력 차이로 발생한 힘과 중력이 평형을 이루기 때문

(3) 별의 질량과 수명: ◆주계열성은 질량이 클수록 주계열에 머무는 기간이 짧아진다. ➡ 질량이 클수록 방출하는 에너지양이 많아 연료를 빨리 소모하기 때문

B 주계열 이후의 단계

1. 주계열 이후 별의 진화 별의 질량에 따라 진화 과정이 달라진다.

(1) 태양과 질량이 비슷한 별의 진화 264쪽 대표 자료❷

① 주계열성 → 적색 거성

- 주계열성 중심부의 수소가 모두 소모되어 헬륨만으로 이루어진 중심핵이 되면 더 이상 수소 핵융합 반응이 일어나지 않으므로 내부 기체의 압력보다 중력이 커져 중심핵에서 중력 수축이 일어난다. (중심핵의 온도가 낮아져 내부 압력이 감소한다.)
- 이때 발생한 중력 수축 에너지에 의해 헬륨 핵을 둘러싼 수소층이 가열되어 수소 핵융합 반응이 일어나고, 이로 인해 별이 팽창하면서 광도가 커지고 표면 온도가 낮아져 붉게 보이는 ❶적색 거성이 된다.
- 중심핵은 계속 수축하여 온도가 높아지면 헬륨 핵융합 반응이 일어나 탄소가 만들어진다.

외층 팽창 / 수소 핵융합 반응 / 헬륨 수축 / 수소층

▲ 주계열성 → 적색 거성 단계의 내부 구조

② 적색 거성 → 행성상 성운, 백색 왜성

- 적색 거성 중심부의 헬륨이 소모되어 탄소 핵이 되면 중심핵에서 중력 수축이 일어난다.
- 중력 수축 에너지에 의해 탄소 핵 바깥쪽의 헬륨층과 수소층이 가열된다.
- 별은 주기적으로 ◆팽창과 수축을 반복하는 불안정한 상태가 되다가 별의 바깥층이 우주 공간으로 방출되어 ❷행성상 성운이 만들어지고, 중심핵은 더욱 수축하여 밀도가 매우 큰 백색 왜성이 된다. (중심핵은: 수축하지만 탄소를 연소시키기에 온도가 높아지지 않는다.) (백색 왜성: 주로 탄소와 산소로 이루어져 있다.)
- 백색 왜성은 이후 식어가며 우리 눈에 보이지 않는 ❸흑색 왜성이 된다.

H-R도에서 태양의 진화 과정 264쪽 대표 자료❶

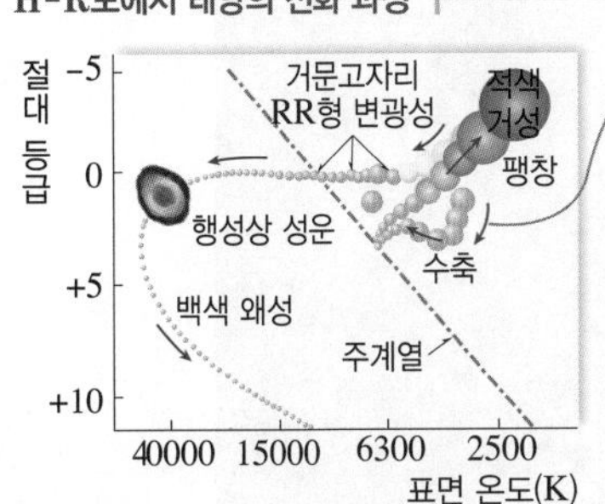

원시별 → 주계열성(현재) → 적색 거성 → 행성상 성운, 백색 왜성

- ◆태양의 진화 과정: 현재 주계열성인 태양은 약 50억 년 후에 적색 거성으로 진화하였다가 행성상 성운이 만들어지고 백색 왜성으로 남은 후 서서히 어두워져 간다.
- 각 과정에서 물리량 변화
  - 주계열성 → 적색 거성: 크기와 광도가 증가한다. 표면 온도와 밀도가 감소한다.
  - 적색 거성 → 백색 왜성: 표면 온도와 밀도가 증가한다. 크기와 광도가 감소한다.

◆ **주계열성의 질량과 수명**

주계열성의 질량(M)이 클수록 수소 핵융합 반응이 빠르게 일어나 광도(L)가 크지만, 수소를 급격히 소모해 수명(t)은 짧고, 주계열 단계를 빨리 벗어난다.

$$t \propto \frac{M}{L} \propto \frac{M}{M^{2.3\sim4}} \propto \frac{1}{M^{1.3\sim3}}$$

질량 ($M_{\odot}=1$)	광도 ($L_{\odot}=1$)	주계열성 수명(년)
40	500000	100만
18	20000	1000만
3.2	80	5억
1.7	6	27억
1.1	1.2	90억
0.8	0.4	140억
0.5	0.06	2000억

($M_{\odot}$: 태양 질량, $L_{\odot}$: 태양 광도)

교학사, YBM 교과서에만 나와요.

◆ **팽창과 수축을 반복하는 별**

태양 질량의 0.4배~3배인 별은 적색 거성 이후 팽창과 수축을 거듭하면서 반지름과 광도가 주기적으로 변하는 맥동 변광성으로 진화한다.

◆ **태양이 적색 거성으로 진화할 때**

태양이 주계열 단계에서 벗어나 적색 거성이 되면 태양의 반지름이 지구 공전 궤도보다 더 커지고 광도가 증가할 것이다.

용어

❶ **적색 거성(赤 붉다, 色 색, 巨 크다, 星 거성)** 거성 단계 중 별의 크기가 커지면서 표면 온도가 낮아져 붉은색으로 보이는 별

❷ **행성상(行星 행성, 狀 모양) 성운** 적색 거성이 팽창하여 형성된 행성 모양의 성운

❸ **흑색 왜성(黑 검다, 色 색, 矮 작다, 星 별)** 백색 왜성이 주변 온도와 동일한 정도로 식어 더 이상 빛이나 열을 내보낼 수 없는 상태의 별

(2) 태양보다 질량이 매우 큰 별의 진화 264쪽 대표 자료❷

① 주계열성 → 초거성

- 태양보다 질량이 매우 큰 별은 적색 거성보다 훨씬 크고 광도가 큰 초거성이 된다.
- 별의 중심부는 온도가 충분히 높기 때문에 계속적인 ◆핵융합 반응이 일어나 헬륨, 탄소, 산소, 네온, 마그네슘, 규소 등의 원소가 차례로 생성되고, 최종적으로는 철까지 생성된다.

② 초거성 → 초신성

- 별의 중심부에서 핵융합 반응이 멈추면 급격한 중력 수축이 일어나는데, 중심부에서 강한 충격이 발생하여 별의 바깥 부분을 빠르게 밀어내며 거대한 폭발을 일으켜 초신성이 된다. (초신성: 은하 전체의 밝기와 비슷한 밝기로 관측된다.)
- 초신성 폭발 과정에서 많은 양의 에너지가 한꺼번에 발생하므로 양성자와 중성자들이 원자핵과 융합하여 금, 납, 우라늄 등 철보다 무거운 원소들이 생성된다.
- 초신성 폭발의 결과, 주변으로 잔해가 퍼져나가고(초신성 잔해라고 한다.), 중심핵은 중성자별이나 블랙홀이 된다.

③ 초신성 → 중성자별 또는 블랙홀

- 초신성 폭발 후 중심핵은 더욱 수축하여 중성자로 이루어지고 밀도가 매우 큰 중성자별이 된다.
- 초신성 폭발 후 ◆중심핵의 질량이 매우 큰 경우에는 별의 중심핵이 계속 수축하여 중력이 매우 큰 ◆블랙홀이 된다.

2. 별의 순환 성운에서 태어난 별이 진화하면서 핵융합 반응으로 다양한 원소가 만들어지고, 행성상 성운과 초신성 폭발을 통해 물질 대부분이 우주 공간으로 방출된다. 이 물질은 다시 성운을 이루어 새로운 별이나 행성, 생명체를 만드는 재료가 된다.

별의 진화 과정을 정리해 보아요.

별은 성운에서 만들어져 질량에 따라 다른 진화 과정을 거쳐 소멸하여 성운으로 되돌아간다.

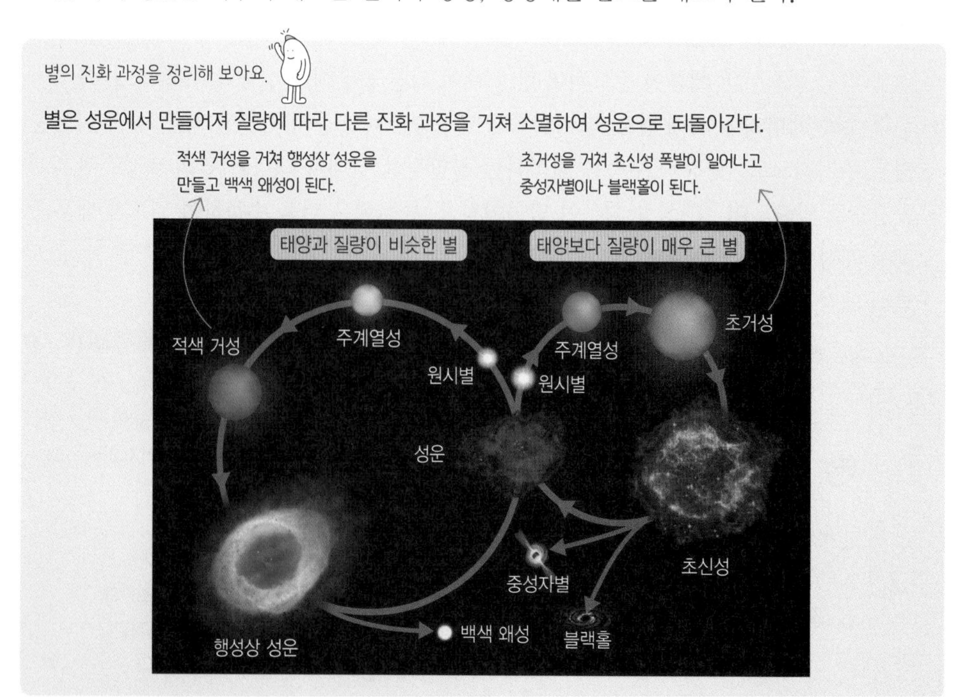

◆ **별의 질량에 따른 핵융합 반응**
태양과 질량이 비슷한 별은 헬륨 핵융합 반응까지만 일어나고, 태양보다 질량이 매우 큰 별은 헬륨보다 무거운 원소들의 핵융합 반응이 일어나 철까지 생성된다.

미래엔, 천재 교과서에만 나와요.

◆ **중심핵 질량에 따른 별의 최후**
중심핵의 질량(M)이 태양 질량($M_{\odot}$)의 약 1.4배보다 크고 약 3배보다 작은 별은 중성자별이 되고, 태양 질량의 약 3배 이상인 별은 블랙홀이 된다.

별의 중심핵 질량	별의 최후
$M<1.4\,M_{\odot}$	백색 왜성
$1.4\,M_{\odot}<M<3\,M_{\odot}$	중성자별
$M>3\,M_{\odot}$	블랙홀

◆ **블랙홀**
블랙홀은 밀도와 중력이 매우 커서 빛조차도 빠져나갈 수 없다. 블랙홀 주변의 기체가 블랙홀로 빨려들 때 높은 온도로 가열되어 X선을 방출하는데, 이 X선을 관측하여 블랙홀의 존재를 알 수 있다.

미래엔 교과서에만 나와요. 궁금해?

지구에 금이 철보다 적은 까닭은?
철은 자연계에서 가장 안정한 원자핵이기 때문에 별의 중심부에서 핵융합 반응으로 만들어질 수 있는 가장 무거운 원소이다. 금은 철보다 무거워 초신성 폭발이 일어날 때만 만들어질 수 있다. 따라서 지구에서는 금이 철보다 적다.

개념 확인 문제

핵심 체크

- 별이 탄생하는 곳: 암흑 성운 내부의 밀도가 (❶)고, 온도가 (❷)은 영역
- 별의 탄생 과정: 성운의 중력 수축 → (❸) 형성 → 전주계열 단계의 별 → 별(주계열성) 탄생
- 원시별에서 주계열성으로의 진화: 원시별의 (❹)이 클수록 주계열 단계에 빨리 도달한다.
- 주계열성: 중심핵에서 (❺) 반응으로 에너지를 방출하고, 크기가 일정한 별
  - 별의 크기: 내부 기체의 압력 차이로 발생한 힘과 (❻)이 평형을 이루어 별의 크기가 일정하게 유지된다.
  - 별의 질량과 수명: 질량이 클수록 주계열에 머무는 기간이 (❼)진다.
- 주계열 이후 별의 진화 단계
  - 태양과 질량이 비슷한 별: 주계열성 → (❽) → 행성상 성운, 백색 왜성
  - 태양보다 질량이 매우 큰 별: 주계열성 → 초거성 → (❾) → 중성자별 또는 블랙홀
- 별의 순환: 성운에서 태어난 별이 진화하면서 핵융합 반응으로 다양한 원소가 만들어지고, 행성상 성운과 초신성 폭발을 통해 물질 대부분이 우주 공간으로 방출되었다가 새로운 별이나 행성, 생명체를 만드는 재료가 된다.

1 별의 탄생 과정에 대한 설명으로 옳은 것은 ○, 옳지 않은 것은 ×로 표시하시오.

(1) 별은 성운 내부의 밀도가 크고, 온도가 높은 영역에서 탄생한다. ······ ( )
(2) 원시별이 중력 수축하면 온도가 상승한다. ······ ( )
(3) 원시별의 중심부 온도가 1000만 K에 이르면 전주계열 단계의 별이 된다. ······ ( )
(4) 성운에서 주계열성이 탄생하기까지 밀도는 점차 증가한다. ······ ( )
(5) 질량이 큰 원시별일수록 주계열 단계에 느리게 도달한다. ······ ( )

2 다음에서 설명하는 별의 진화 단계를 쓰시오.

- 별의 일생 중 가장 오랫동안 머무른다.
- 수소 핵융합 반응으로 에너지를 생성한다.
- 별의 질량이 클수록 수명이 짧다.

3 태양과 질량이 비슷한 별의 진화 과정을 [보기]에서 골라 순서대로 옳게 나열하시오.

보기
ㄱ. 성운　ㄴ. 원시별　ㄷ. 적색 거성
ㄹ. 주계열성　ㅁ. 행성상 성운, 백색 왜성

4 태양보다 질량이 매우 큰 별의 진화 과정에 대한 설명 중 ( ) 안에 알맞은 말을 쓰시오.

별의 중심부에서 핵융합 반응으로 ㉠( )까지 만들어지면 핵융합 반응이 멈춘다. 이후 중력 수축이 급격히 일어나다가 거대한 폭발이 일어나 ㉡( )이 되고, 이때 ㉢( )보다 무거운 원소가 생성된다.

5 별의 질량에 따라 중심부에서 핵융합 반응으로 생성되는 가장 무거운 원소를 골라 쓰시오.

납, 철, 네온, 수소, 탄소, 우라늄

(1) 태양과 질량이 비슷한 별: ( )
(2) 태양보다 질량이 매우 큰 별: ( )

6 별의 진화에 대한 설명으로 옳은 것은 ○, 옳지 않은 것은 ×로 표시하시오.

(1) 주계열성은 적색 거성이나 초거성으로 진화한다. ······ ( )
(2) 적색 거성의 내부에서는 헬륨 핵융합 반응만 일어나며 수소 핵융합 반응이 일어나지 않는다. ······ ( )
(3) 태양보다 질량이 매우 큰 별은 초거성 단계 이후 초신성 폭발을 일으킨다. ······ ( )

대표 자료 분석

정답친해 120쪽

자료 1 H-R도와 별의 진화

기출 Point
- H-R도에서 별의 진화 경로 이해하기
- H-R도에서 주계열성의 위치 파악하기

[1~4] 그림은 H-R도에 태양과 질량이 비슷한 별의 진화 경로를 나타낸 것이다.

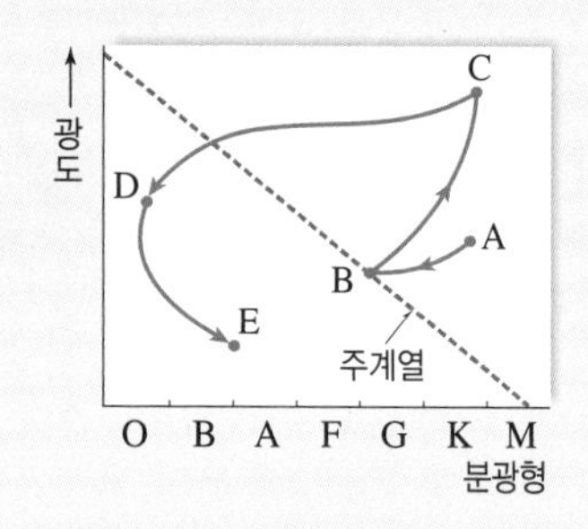

1 A~E에 해당하는 별의 종류를 다음에서 골라 쓰시오.

원시별, 백색 왜성, 적색 거성, 주계열성, 행성상 성운

2 B 단계에서의 주요 에너지원은 무엇인지 쓰시오.

3 오른쪽 그림은 위 H-R도에서 어느 진화 단계에서의 별의 내부 구조를 나타낸 것인가?

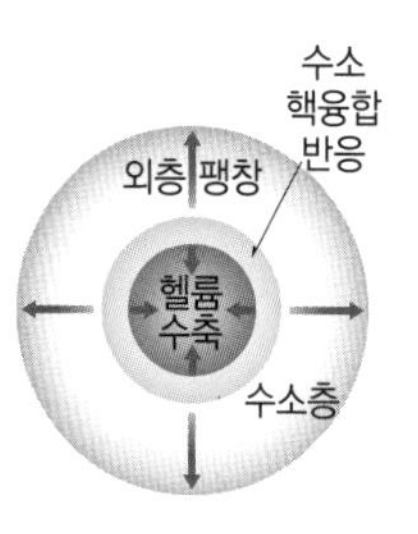

① A → B ② B → C

③ C → D ④ D → E

⑤ E 이후

4 빈출 선택지로 완벽 정리!

(1) A → B 단계에서 별의 질량이 클수록 H-R도에서 오른쪽 아래에 분포한다. ········ (○ / ×)

(2) B 단계의 별은 크기가 일정하게 유지된다. (○ / ×)

(3) B → C 단계에서 별의 크기가 커진다. ········ (○ / ×)

(4) E 단계에서 별은 붉은색으로 관측된다. ········ (○ / ×)

자료 2 질량에 따른 별의 진화 과정

기출 Point
- 질량에 따른 별의 진화 과정 이해하기
- 별의 내부에서 생성되는 원소 알기

[1~3] 그림은 질량에 따른 별의 진화 과정을 나타낸 것이다.

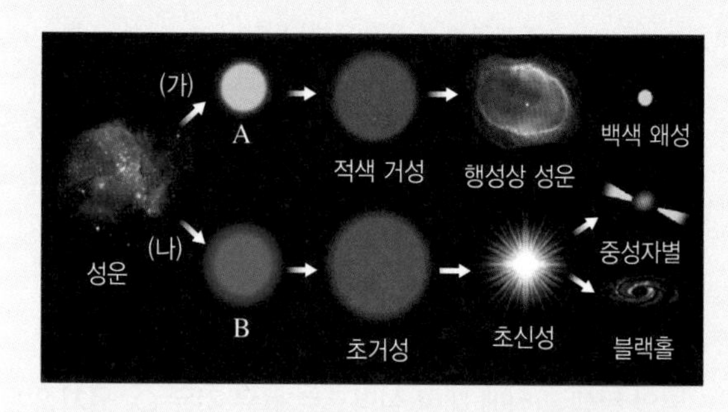

1 A와 B에 공통으로 해당하는 별의 종류를 쓰시오.

2 (가)와 (나) 중 상대적으로 질량이 큰 별의 진화 과정을 고르시오.

3 빈출 선택지로 완벽 정리!

(1) 별은 질량에 따라 진화 과정이 달라진다. ········ (○ / ×)

(2) 행성상 성운은 태양과 질량이 비슷한 별의 진화 과정에서 만들어진다. ········ (○ / ×)

(3) 질량이 매우 큰 별의 중심핵이 모두 철로 변하면 핵융합 반응이 멈춘다. ········ (○ / ×)

(4) 별의 질량이 클수록 중심부에서 가벼운 원소가 만들어진다. ········ (○ / ×)

(5) A에서는 수소 핵융합 반응이, B에서는 헬륨 핵융합 반응이 일어난다. ········ (○ / ×)

(6) 지구에서 발견되는 금이나 우라늄은 초신성 폭발 과정에서 만들어진 것이다. ········ (○ / ×)

(7) 블랙홀은 초신성 폭발 후 중심핵의 밀도가 매우 작을 때 형성된다. ········ (○ / ×)

내신 만점 문제

정답친해 120쪽

A 원시별에서 주계열 단계까지

01 별이 탄생할 가능성이 큰 성운의 온도와 밀도 조건을 옳게 짝 지은 것은?

	온도	밀도		온도	밀도
①	높음	큼	②	낮음	큼
③	높음	작음	④	낮음	작음
⑤	매우 높음	큼			

02 그림은 별이 탄생하는 과정의 일부를 나타낸 것이다.

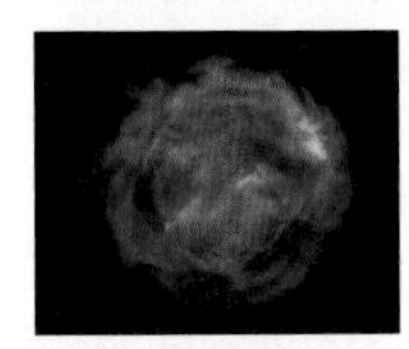
(가) 성운

(나) 원시별

이에 대한 설명으로 옳지 <u>않은</u> 것은?

① (가)는 주로 분자 상태의 수소로 구성된다.
② (가)는 중력 수축하여 밀도가 증가한다.
③ (나)에서 빛을 내는 에너지원은 중력 수축 에너지이다.
④ (가) → (나) 과정에서 중심부 온도가 높아진다.
⑤ (나)에서 중심부 온도는 1000만 K 이상으로 수소 핵융합 반응이 일어난다.

03 원시별이 중력 수축하여 별(주계열성)이 되는 과정에 대한 설명으로 옳은 것만을 [보기]에서 있는 대로 고른 것은? (단, $M_{\odot}$은 태양 질량이다.)

[보기]
ㄱ. 질량이 $0.08\,M_{\odot}$ 이하인 원시별은 중력 수축하여 중심부 온도가 1000만 K에 도달한다.
ㄴ. 원시별의 질량이 클수록 주계열성이 되는 데 걸리는 시간이 길다.
ㄷ. 이 과정에서 별의 반지름은 감소하고 밀도는 증가한다.

① ㄱ ② ㄷ ③ ㄱ, ㄴ
④ ㄴ, ㄷ ⑤ ㄱ, ㄴ, ㄷ

중요 **04** 그림은 질량이 다른 원시별의 진화 경로와 원시별이 탄생한 이후의 시간을 H-R도에 나타낸 것이다.

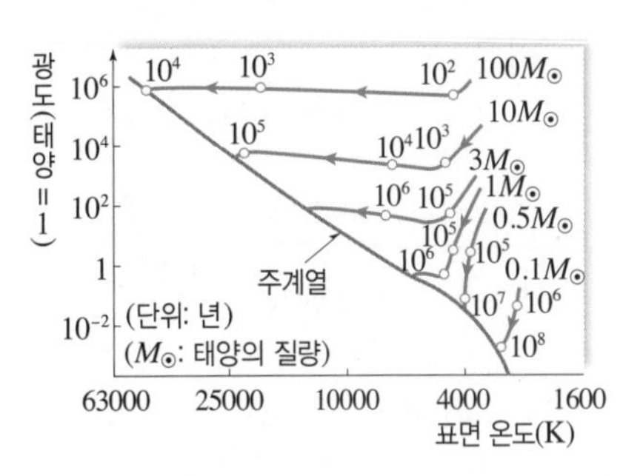

이에 대한 설명으로 옳은 것만을 [보기]에서 있는 대로 고른 것은?

[보기]
ㄱ. 질량이 큰 원시별일수록 진화 속도가 빠르다.
ㄴ. 질량이 큰 원시별일수록 절대 등급이 큰 주계열성으로 진화한다.
ㄷ. 주계열에 도달하는 동안 $\frac{\text{광도 변화량}}{\text{표면 온도 변화량}}$은 $10\,M_{\odot}$인 원시별이 $1\,M_{\odot}$인 원시별보다 크다.

① ㄱ ② ㄷ ③ ㄱ, ㄴ
④ ㄴ, ㄷ ⑤ ㄱ, ㄴ, ㄷ

중요 **05** 주계열성에 대한 설명으로 옳지 <u>않은</u> 것은?

① 별의 질량이 클수록 수명이 짧아진다.
② 중심핵에서는 수소 핵융합 반응이 일어난다.
③ 별의 크기가 변하지 않고 일정하게 유지된다.
④ 중심부 온도가 약 1000만 K 이상일 때 탄생한다.
⑤ 별의 일생 중 가장 짧은 기간을 이 단계로 보낸다.

B 주계열 이후의 단계

06 별의 진화 속도를 결정하는 데 가장 중요한 물리량은?

① 별의 밀도 ② 별의 질량
③ 별의 반지름 ④ 별의 구성 원소
⑤ 별의 표면 온도

중요 **07** 그림은 주계열성 A와 B가 각각 거성 A′와 B′로 진화하는 경로를 H-R도에 나타낸 것이다.

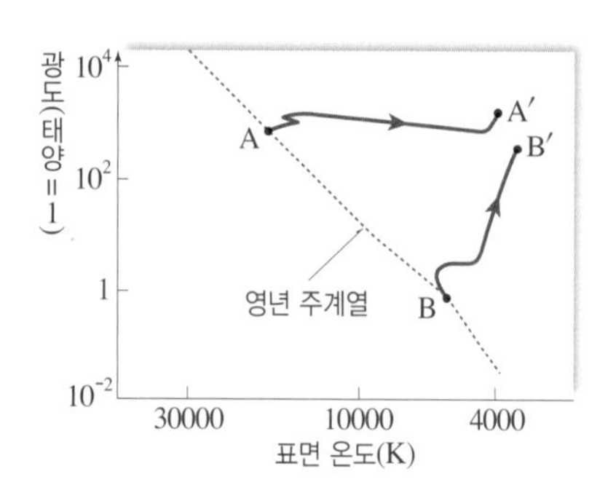

이에 대한 설명으로 옳은 것만을 [보기]에서 있는 대로 고른 것은?

보기
ㄱ. 질량은 A가 B보다 크다.
ㄴ. 절대 등급은 A′가 B′보다 크다.
ㄷ. 주계열에 머무는 기간은 A가 B보다 길다.

① ㄱ ② ㄷ ③ ㄱ, ㄴ
④ ㄴ, ㄷ ⑤ ㄱ, ㄴ, ㄷ

중요 **08** 그림은 질량이 태양과 비슷한 별이 진화하는 어느 단계에서 별의 내부 구조를 나타낸 것이다.

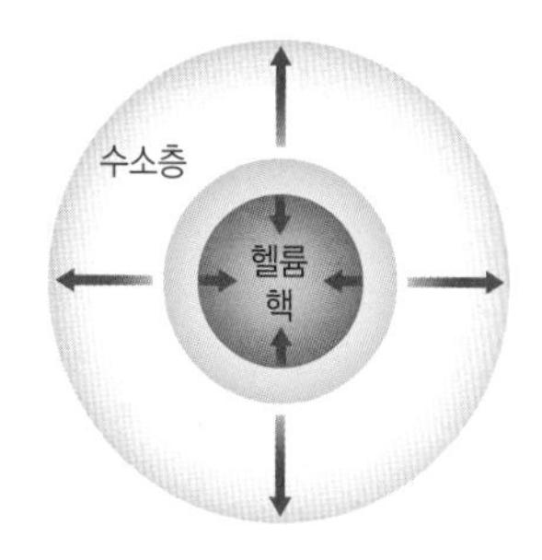

이와 같은 별의 진화 단계에 대한 설명으로 옳지 않은 것은?

① 광도가 감소한다.
② 표면 온도가 낮아진다.
③ 중심핵이 중력 수축한다.
④ 별이 팽창하면서 붉게 보인다.
⑤ 헬륨 핵 바깥층에서는 수소 핵융합 반응이 일어난다.

중요 **09** 그림은 태양의 진화 경로를 H-R도에 나타낸 것이다. 이에 대한 설명으로 옳지 않은 것은?

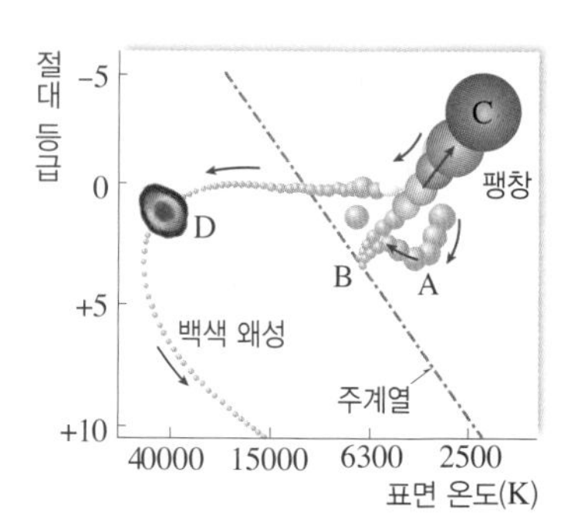

① A → B 과정에서는 중력 수축에 의해 중심부 온도가 높아진다.
② B 단계의 에너지원은 수소 핵융합 반응이다.
③ B → C 과정에서 중심핵은 수축하고 바깥쪽은 팽창한다.
④ 태양의 일생 중 가장 오랫동안 머무는 단계는 C이다.
⑤ D 단계에서는 행성상 성운이 된다.

서술형 **10** 태양과 질량이 비슷한 주계열성의 진화 과정을 서술하고, 이 별이 진화하는 과정에서 초거성 단계를 거치지 못하는 까닭을 서술하시오.

중요 **11** 그림은 질량이 다른 별 A와 B의 진화 과정을 단계별로 나타낸 것이다.

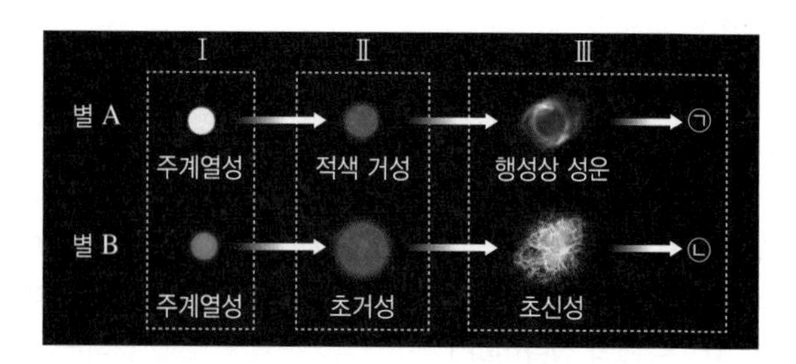

이에 대한 설명으로 옳은 것만을 [보기]에서 있는 대로 고른 것은?

보기
ㄱ. Ⅰ단계에서 별의 질량은 A가 B보다 크다.
ㄴ. Ⅱ단계의 별은 Ⅰ단계의 별보다 반지름이 크고 표면 온도가 낮다.
ㄷ. Ⅲ단계의 ㉠은 ㉡보다 밀도가 크다.

① ㄱ ② ㄴ ③ ㄱ, ㄷ
④ ㄴ, ㄷ ⑤ ㄱ, ㄴ, ㄷ

실력 UP 문제

정답친해 123쪽

12 그림 (가)와 (나)는 질량이 다른 두 별의 진화 과정 중 일부를 나타낸 것이다.

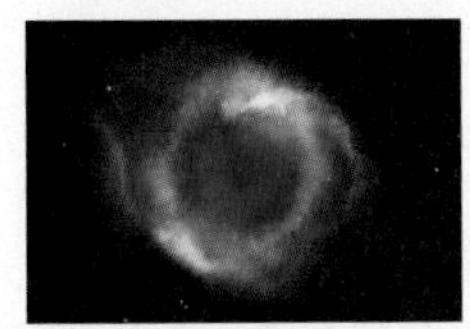
(가) 행성상 성운

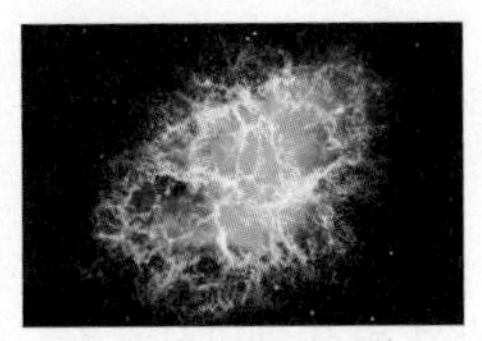
(나) 초신성

이에 대한 설명으로 옳은 것만을 [보기]에서 있는 대로 고른 것은?

보기
ㄱ. (가)의 중심핵은 중성자별이 된다.
ㄴ. (나)에서 철보다 무거운 원소가 만들어진다.
ㄷ. (나)는 (가)보다 질량이 더 큰 별이 진화한 것이다.
ㄹ. (가)와 (나)에 의해 우주 공간으로 방출된 원소들은 새로운 별을 만드는 재료가 된다.

① ㄱ, ㄴ ② ㄱ, ㄷ ③ ㄷ, ㄹ
④ ㄱ, ㄴ, ㄹ ⑤ ㄴ, ㄷ, ㄹ

13 그림은 질량이 서로 다른 세 별의 최종 진화 단계를 나타낸 것이다.

(가)	(나)	(다)
중성자별	블랙홀	백색 왜성

이에 대한 설명으로 옳은 것만을 [보기]에서 있는 대로 고른 것은?

보기
ㄱ. 태양이 진화하면 (가)와 같은 단계에 이른다.
ㄴ. 최종 진화 단계의 밀도가 가장 큰 천체는 (나)이다.
ㄷ. 주계열에 머무는 기간은 (다)가 가장 길다.

① ㄱ ② ㄴ ③ ㄱ, ㄷ
④ ㄴ, ㄷ ⑤ ㄱ, ㄴ, ㄷ

01 표는 중심핵의 질량(M)에 따른 주계열성 (가), (나), (다)의 최종 진화 단계를 나타낸 것이다.

주계열성	중심핵 질량	최종 진화 단계
(가)	$M < 1.4\,M_{\odot}$	A
(나)	$1.4\,M_{\odot} < M < 3\,M_{\odot}$	중성자별
(다)	$M > 3\,M_{\odot}$	B

이에 대한 설명으로 옳은 것만을 [보기]에서 있는 대로 고른 것은? (단, $M_{\odot}$은 태양 질량이다.)

보기
ㄱ. A는 백색 왜성이고, B는 블랙홀이다.
ㄴ. 별의 수명은 (가)가 (나)보다 길다.
ㄷ. (다)의 진화 과정에서는 별 내부에서 핵융합 반응으로 철, 금, 납, 우라늄 등 무거운 원소가 생성된다.

① ㄱ ② ㄷ ③ ㄱ, ㄴ
④ ㄴ, ㄷ ⑤ ㄱ, ㄴ, ㄷ

02 그림 (가)는 주계열성의 질량과 광도의 관계를, (나)는 별 A와 B가 주계열 단계가 끝난 직후부터 진화하는 동안의 반지름과 표면 온도의 변화를 순서 없이 나타낸 것이다.

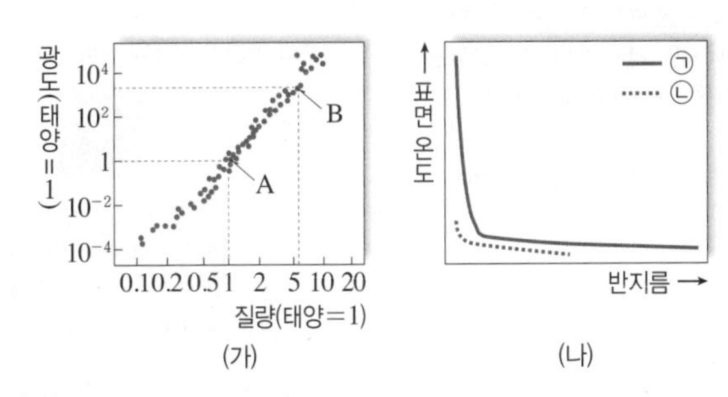

(가) (나)

이에 대한 설명으로 옳은 것만을 [보기]에서 있는 대로 고른 것은?

보기
ㄱ. 절대 등급은 A가 B보다 5등급 작다.
ㄴ. 주계열 단계에 머무는 시간은 A가 B보다 길다.
ㄷ. (나)의 ㉠은 A에 해당한다.

① ㄱ ② ㄴ ③ ㄱ, ㄷ
④ ㄴ, ㄷ ⑤ ㄱ, ㄴ, ㄷ

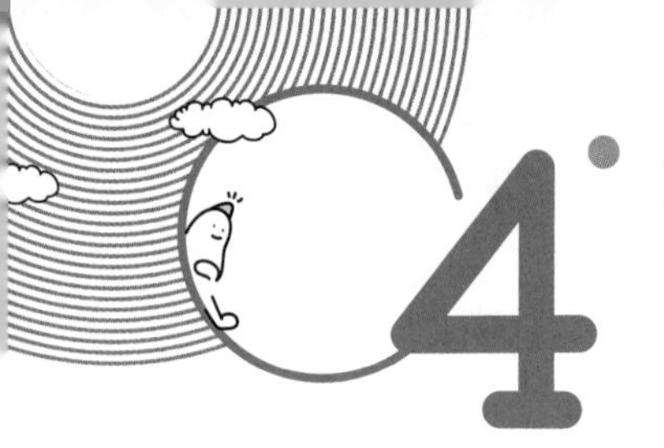

4. 별의 에너지원과 내부 구조

핵심 포인트

① 중력 수축 에너지 ★★
② 수소 핵융합 반응 ★★★
③ 정역학 평형 ★★★
④ 질량에 따른 주계열성의 내부 구조 ★★★

A 별의 에너지원

1. 원시별의 에너지원

(1) **중력 수축 에너지**: 중력에 의해 수축하면서 위치 에너지의 감소로 생기는 에너지로, 별의 탄생이나 진화 과정에서 중심부의 온도를 높인다.

(2) 원시별은 기체압보다 중력이 더 크게 작용하여 수축한다. 이때 위치 에너지가 열에너지와 운동 에너지로 바뀌어 일부는 내부 에너지를 증가시키고 일부는 복사 에너지로 방출되어 빛을 낸다.

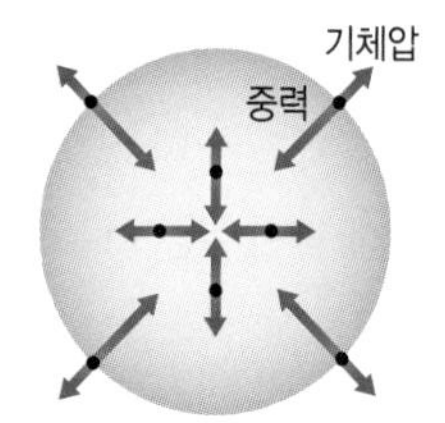

▲ 원시별에 작용하는 힘

심화 ✚ 중력 수축 에너지의 크기

반지름이 R_0인 원시 성운이 중력 수축하여 반지름이 R인 별이 될 때, 중력 수축에 의해 감소한 위치 에너지 중 복사 에너지로 전환되는 에너지양(ΔE)은 R_0이 R보다 훨씬 큰 경우($R_0 \gg R$) 다음과 같다.

$$\Delta E = \frac{1}{2}\frac{GM^2}{R} \text{ (}G\text{: 만유인력 상수, }M\text{: 별의 질량)}$$

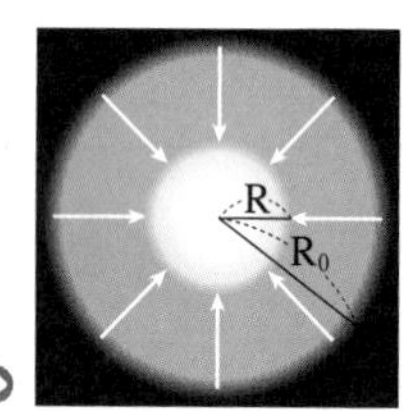

중력 수축 에너지 ▶

2. 주계열성의 주요 에너지원

원시별의 중력 수축으로 중심부 온도가 상승하여 약 1000만 K 이상이 되면 수소 핵융합 반응이 일어나기 시작하며, 주계열성은 수소 핵융합 반응으로 에너지를 생성하여 빛을 낸다.

(1) **수소 핵융합 반응**: 4개의 수소 원자핵이 융합하여 1개의 헬륨 원자핵을 만드는 반응 ➡ 헬륨 원자핵 1개의 질량은 수소 원자핵 4개의 질량을 합한 것보다 약 0.7 % 정도 작은데, 이때 줄어든 질량(약 0.7 %)이 ◆질량·에너지 등가 원리에 따라 에너지로 전환된다.

◆ **질량·에너지 등가 원리**
물질은 질량의 크기에 해당하는 에너지를 가지고 있으며, 줄어든 질량은 에너지(E)로 전환된다.
$E = \Delta mc^2$
(Δm: 줄어든 질량, c: 광속)

수소 핵융합 반응의 원리

274쪽 대표 자료❶

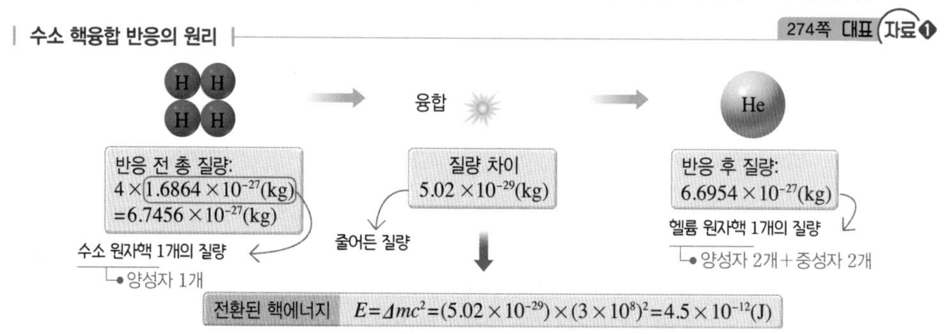

(2) **수소 핵융합 반응이 일어나기 위한 온도**: 양전하를 띠는 수소 원자핵 사이의 강한 전기적 반발력을 이길 수 있을 만큼 충분한 운동 에너지가 필요하므로 별의 내부 온도가 약 1000만 K 이상이 되어야 한다.

(3) **수소 핵융합 반응의 종류**: 주계열성에서 일어나는 수소 핵융합 반응에는 양성자·양성자 반응(p-p 반응)과 탄소·질소·산소 순환 반응(CNO 순환 반응)이 있다. ➡ 주계열성의 중심부 온도에 따라 우세하게 일어나는 반응이 다르다.

암기해!

- 별의 에너지원
  - 원시별의 에너지원: 중력 수축 에너지
  - 주계열성의 에너지원: 수소 핵융합 반응에 의한 에너지

구분	양성자·양성자 반응(p-p 반응)	탄소·질소·산소 순환 반응(CNO 순환 반응)
반응 과정	●양성자 ●중성자 •전자 ν 중성미자 〰 감마선 수소 원자핵 6개가 융합하여 1개의 헬륨 원자핵이 생성되고 2개의 수소 원자핵이 방출된다.	최종 결과는 양성자·양성자 반응과 같다. ●양성자 ●중성자 •전자 ν 중성미자 〰 감마선 수소 원자핵 4개가 반응에 참여하여 헬륨 원자핵이 생성된다. 탄소, 질소, 산소는 ❶촉매 역할만 한다.
별의 질량	질량이 태양과 비슷하여 중심부 온도가 약 1800만 K 이하인 별에서 우세하다.	질량이 태양의 약 2배 이상이고 중심부 온도가 약 1800만 K 이상인 별에서 우세하다.

중심부 온도에 따른 수소 핵융합 반응의 효율

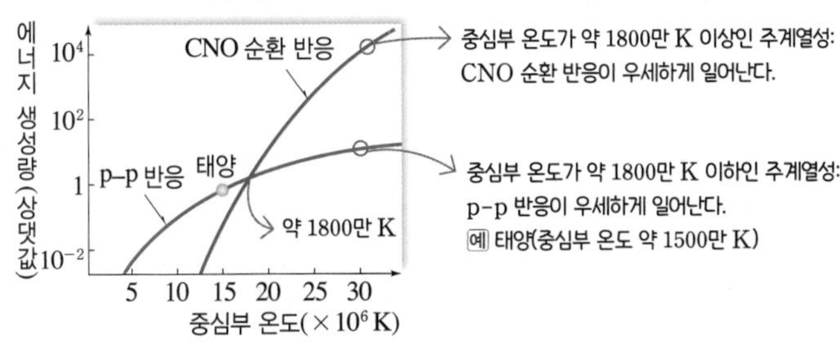

(4) 태양의 에너지원: 태양은 주계열성이므로 주로 수소 핵융합 반응으로 에너지를 생성한다.

태양의 수명 계산하기 (비상, 교학사, YBM 교과서에만 나와요.)

태양이 수소 핵융합 반응으로 방출하는 총 에너지양을 태양의 광도로 나누어 구한다.

[1단계] 핵융합 반응에 참여한 수소 질량($4\times1.6864\times10^{-27}$ kg)에 대한 질량 결손 비율을 구한다.

$$\Rightarrow \frac{(4\times1.6864\times10^{-27}\text{ kg})-(6.6954\times10^{-27}\text{ kg})}{4\times1.6864\times10^{-27}\text{ kg}}\times100=\frac{5.02\times10^{-29}\text{ kg}}{6.7456\times10^{-27}\text{ kg}}\times100\fallingdotseq0.7\ \%$$

[2단계] 태양의 질량(2×10^{30} kg) 중 수소 핵융합 반응에 참여하는 중심핵의 질량을 전체의 10 %라 하고, 광속을 3×10^8 m/s라고 할 때, 태양이 수소 핵융합 반응으로 방출할 수 있는 총 에너지양을 구한다.

$\Rightarrow E=\Delta mc^2=(2\times10^{30}\text{ kg})\times0.1\times0.007\times(3\times10^8\text{ m/s})^2=1.26\times10^{44}$ ◆J

[3단계] 태양의 수명을 구한다. ➡ **[2단계]**에서 구한 에너지양을 현재 태양의 광도인 4×10^{26} J/초로 나누면 3.15×10^{17}초가 되는데, 1년=31536000초이므로 이를 나누면 약 100억 년이 된다.

➡ 현재 태양의 나이가 약 50억 년이므로 앞으로 약 50억 년 동안은 태양이 현재의 광도로 빛날 것이다.

3. 주계열 단계 이후의 에너지원 수소 핵융합 반응이 끝난 주계열성은 적색 거성이나 초거성으로 진화하고, 수소보다 무거운 원소의 핵융합 반응이 일어나 에너지를 생성한다.

(1) 적색 거성: 헬륨만 남은 중심핵의 중력 수축에 의해 중심부의 온도가 약 1억 K에 도달하면 헬륨 핵융합 반응이 일어나 에너지를 생성한다.
└ 3개의 헬륨 원자핵이 융합하여 1개의 탄소 원자핵을 만든다.

(2) 초거성: 중심부의 온도가 적색 거성보다 높아서 ◆점점 더 무거운 원소의 핵융합 반응이 일어나 에너지를 생성한다.

◆ **J(줄)**
에너지와 일의 단위로, $1\text{ J}=1\text{ kg}\cdot\text{m}^2/\text{s}^2$이다.

◆ **핵융합 반응이 일어나는 순서**
원자핵이 무거울수록 핵융합 반응에 필요한 온도가 높아진다. ➡ 원자핵 사이에 작용하는 전기적 반발력이 더 커지기 때문

반응 원소	생성 원소	온도
수소(H)	헬륨(He)	↓
헬륨(He)	탄소(C), 산소(O)	
탄소(C)	산소(O), 네온(Ne), 마그네슘(Mg)	
네온(Ne)	마그네슘(Mg)	
산소(O)	규소(Si), 황(S)	
규소(Si)	철(Fe)	고온

용어
❶ **촉매(觸 닿다, 媒 중매)** 자신은 변하지 않으면서 다른 물질의 반응 속도를 빠르게 하거나 늦추는 물질

B 별의 내부 구조

1. 주계열성의 내부 구조 에너지를 생성하는 중심부 영역과 중심에서 생성된 에너지를 표면으로 전달하는 부분으로 나눌 수 있다.

(1) **정역학 평형**: 별의 내부 온도가 상승하면 별 내부의 기체 압력 차이로 바깥쪽으로 팽창하려는 힘이 작용한다. 이 힘이 중심 쪽으로 수축하려는 중력과 평형을 이루고 있는 상태를 정역학 평형이라고 한다. ➡ 주계열성은 정역학 평형 상태를 유지하기 때문에 크기가 일정하다.

⬆ 주계열성의 정역학 평형

(2) 주계열성의 질량에 따른 ◆에너지의 전달 방식

● 질량이 클수록 중심부에서 단위 시간 동안 많은 에너지가 생성된다.

274쪽 대표 자료❷

질량이 태양과 비슷한 별	◆질량이 태양의 약 2배 이상인 별
별의 중심부에서 생성된 에너지가 반지름의 약 70 %에 이르는 거리까지 복사로 전달되고, 바깥층에서는 대류로 표면까지 전달된다.	별의 중심부와 표면의 온도 차이가 매우 크기 때문에 중심부에서 대류로 에너지가 전달되고, 바깥층에서는 복사로 에너지가 전달된다.
 구조: 중심부터 핵 – 복사층 – 대류층으로 이루어져 있다.	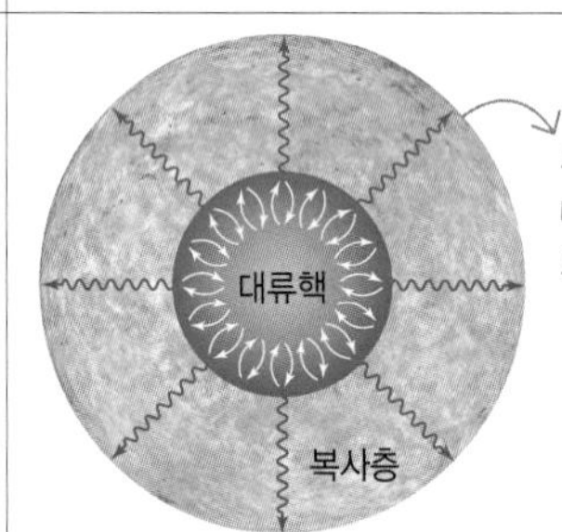 구조: 중심부터 대류핵 – 복사층으로 이루어져 있다.

2. 주계열성에서 거성(초거성)으로 진화할 때의 내부 구조

(1) 수소를 모두 소모하고 헬륨으로 이루어진 중심핵에서는 중력 수축이 일어나고, 헬륨 핵을 둘러싼 수소층에서는 핵융합 반응이 일어나(◆수소각 연소) 내부의 온도가 높아져 압력이 증가한다.

(2) 별의 내부 압력이 증가하면 바깥층이 팽창하여 반지름이 커지고 표면 온도는 낮아져 주계열성은 거성 또는 초거성으로 진화한다.

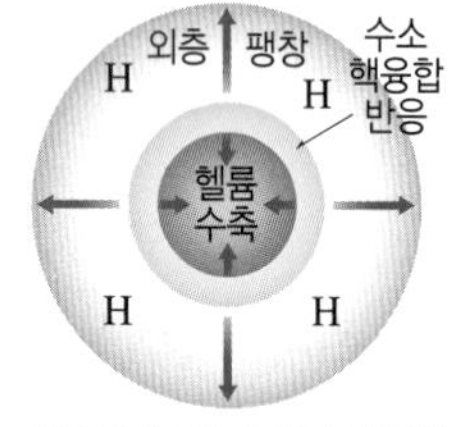

⬆ 거성(초거성)으로 진화할 때의 내부 구조

3. 중심부에서 핵융합 반응이 끝난 별의 내부 구조 완자쌤 비법 특강 272~273쪽

질량이 태양과 비슷한 별	질량이 태양보다 매우 큰 별
별의 중심부에서 헬륨 핵융합 반응까지 일어나서 탄소와 산소로 구성된 중심핵이 만들어진다.	별의 중심부 온도가 높으므로 더 많은 핵융합 반응을 거치며, 최종적으로 철로 구성된 중심핵이 만들어진다.
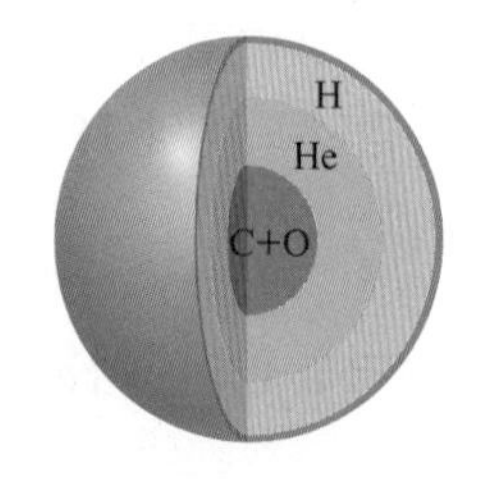	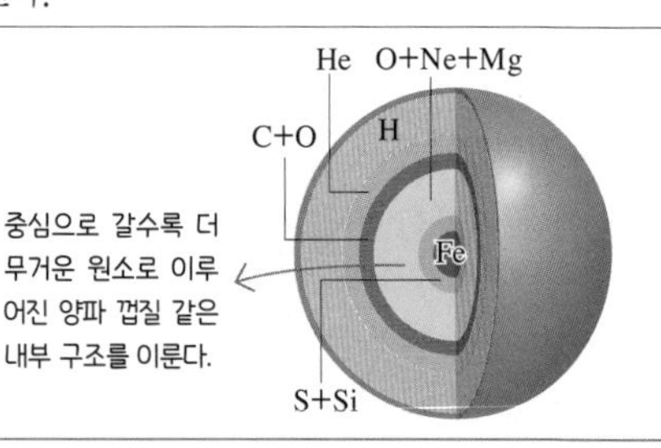 중심으로 갈수록 더 무거운 원소로 이루어진 양파 껍질 같은 내부 구조를 이룬다.

◆ **에너지 전달 방식**
에너지가 전달되는 방식에는 전도, 대류, 복사가 있다. 별은 주로 복사와 대류로 에너지를 전달한다.
- 복사: 물질의 이동 없이 에너지가 빛과 같은 전자기파의 형태로 전달된다.
- 대류: 물질이 직접 이동하거나 순환에 의해 에너지가 전달된다. 대류는 별 내부의 온도 차이가 클 때 에너지를 효과적으로 전달한다.

비상, 금성 교과서에만 나와요.

◆ **질량이 태양의 약 2배 이상인 별의 내부 구조**
별의 중심핵 근처에 대류층이 있고, 그 주위로 복사층이 있다고 하기도 한다.(핵 – 대류층 – 복사층)
교과서에 따라 질량이 태양의 1.5배 또는 3배~4배 이상인 별이라고도 한다.

◆ **수소각 연소**
수소각은 주계열성 중심에서 수소 핵융합 반응이 멈춘 후, 헬륨 핵을 둘러싼 수소층을 껍질에 비유한 말이다. 수소각에서 일어나는 수소 핵융합 반응을 수소각 연소라고 한다.

암기해!
별의 내부에서 생성되는 원소
- 질량이 태양과 비슷한 별
  - 주계열성: 헬륨
  - 적색 거성: 헬륨~탄소와 산소
- 질량이 태양보다 매우 큰 별
  - 주계열성: 헬륨
  - 초거성: 헬륨~철

정답친해 123쪽

개념 확인 문제

핵심 체크

- 원시별의 에너지원: (❶) ➡ 중력에 의해 수축하면서 위치 에너지의 감소로 생기는 에너지
- 주계열성의 에너지원: (❷) 반응 ➡ 4개의 수소 원자핵이 융합하여 1개의 헬륨 원자핵을 만드는 반응
  - (❸): 질량이 태양과 비슷하여 중심부 온도가 약 1800만 K 이하인 별에서 우세하다.
  - (❹): 질량이 태양의 약 2배 이상이고 중심부 온도가 약 1800만 K 이상인 별에서 우세하다.
- 별의 내부 구조
  - (❺): 별의 기체 압력 차이로 발생한 힘이 중력과 평형을 이루고 있는 상태
  - 주계열성의 내부 구조: 질량이 태양과 비슷한 별은 '핵-(❻)-대류층'으로 이루어져 있고, 질량이 태양의 약 2배 이상인 별은 '(❼)-복사층'으로 이루어져 있다.
  - 별의 마지막 단계에서의 내부 구조: 질량이 태양과 비슷한 별의 마지막 단계에서는 탄소와 산소로 구성된 중심핵이, 질량이 태양보다 매우 큰 별의 마지막 단계에서는 (❽)로 구성된 중심핵이 만들어진다.

1 ( ) 안에 알맞은 말을 고르시오.

(1) 원시별의 에너지원은 (수소 핵융합 반응, 중력 수축 에너지)이다.

(2) 주계열성의 중심부에서는 (수소 핵융합 반응, 중력 수축 에너지)에 의해 에너지가 생성된다.

(3) 별의 중심부 온도가 약 (1000만, 1억) K 이상이 되어야 수소 핵융합 반응이 일어나기 시작한다.

2 수소 핵융합 반응이 일어나면 4개의 ㉠( ) 원자핵이 1개의 ㉡( ) 원자핵을 만들면서 줄어든 질량이 질량·에너지 등가 원리에 따라 ㉢( )로 전환된다.

3 그림 (가)와 (나)는 수소 핵융합 반응을 나타낸 것이다.

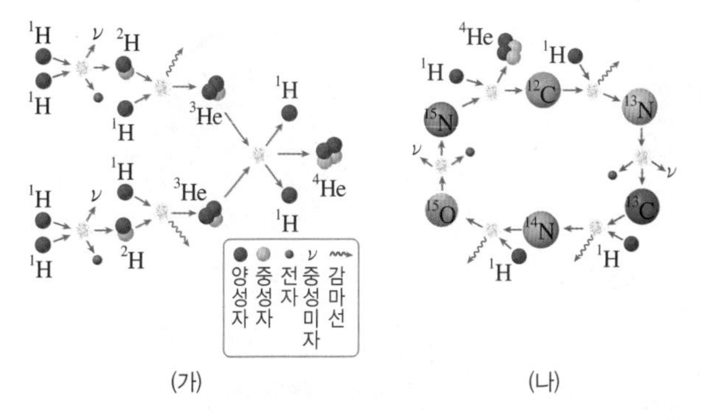

(가) (나)

(1) (가)와 (나) 중 중심부 온도가 약 1800만 K 이하인 주계열성에서 우세하게 일어나는 반응을 쓰시오.

(2) (가)와 (나) 중 탄소, 질소, 산소가 촉매 역할을 하면서 에너지를 생성하는 반응을 쓰시오.

4 그림은 주계열성의 내부에서 일어나는 힘의 평형 상태를 나타낸 것이다.

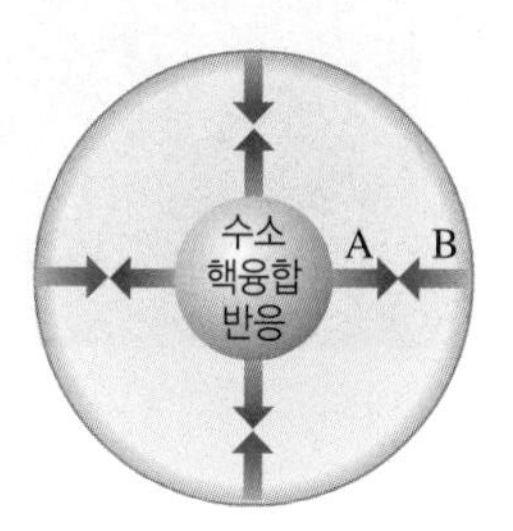

힘 A와 B를 각각 쓰시오.

- A: ( )
- B: ( )

5 그림 (가)와 (나)는 서로 질량이 다른 두 주계열성의 내부 구조를 나타낸 것이다.

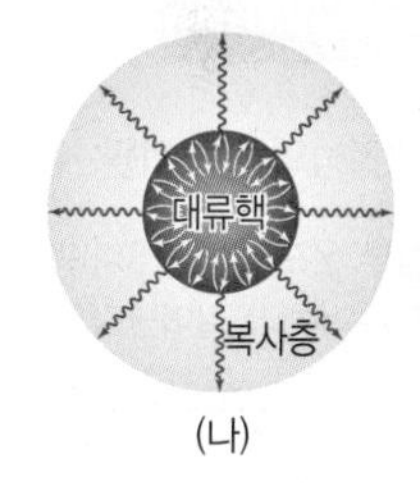

(가) (나)

(가)와 (나) 중 질량이 태양과 비슷한 별의 내부 구조를 쓰시오.

6 그림은 어떤 별의 마지막 단계에서의 내부 구조를 나타낸 것이다. 이에 대한 설명으로 옳은 것은 ○, 옳지 않은 것은 ×로 표시하시오.

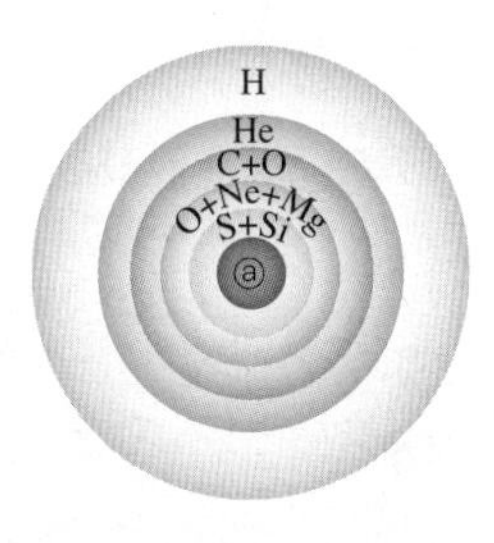

(1) ⓐ에 들어갈 원소는 Fe이다. ( )

(2) 질량이 태양과 비슷한 별의 내부 구조이다. ( )

(3) 중심으로 갈수록 무거운 원소가 만들어진다. ( )

정답친해 124쪽

질량에 따른 별의 진화 과정과 내부 구조

별은 질량에 따라 진화 과정이 달라지고, 핵융합 반응으로 별의 중심부에서 최종적으로 생성되는 원소의 종류가 달라져요. 질량에 따른 별의 진화 과정과 별의 내부가 어떻게 달라지는지 한눈에 정리해보고, 별의 진화 단계 중 주계열성의 특징을 알아볼까요?

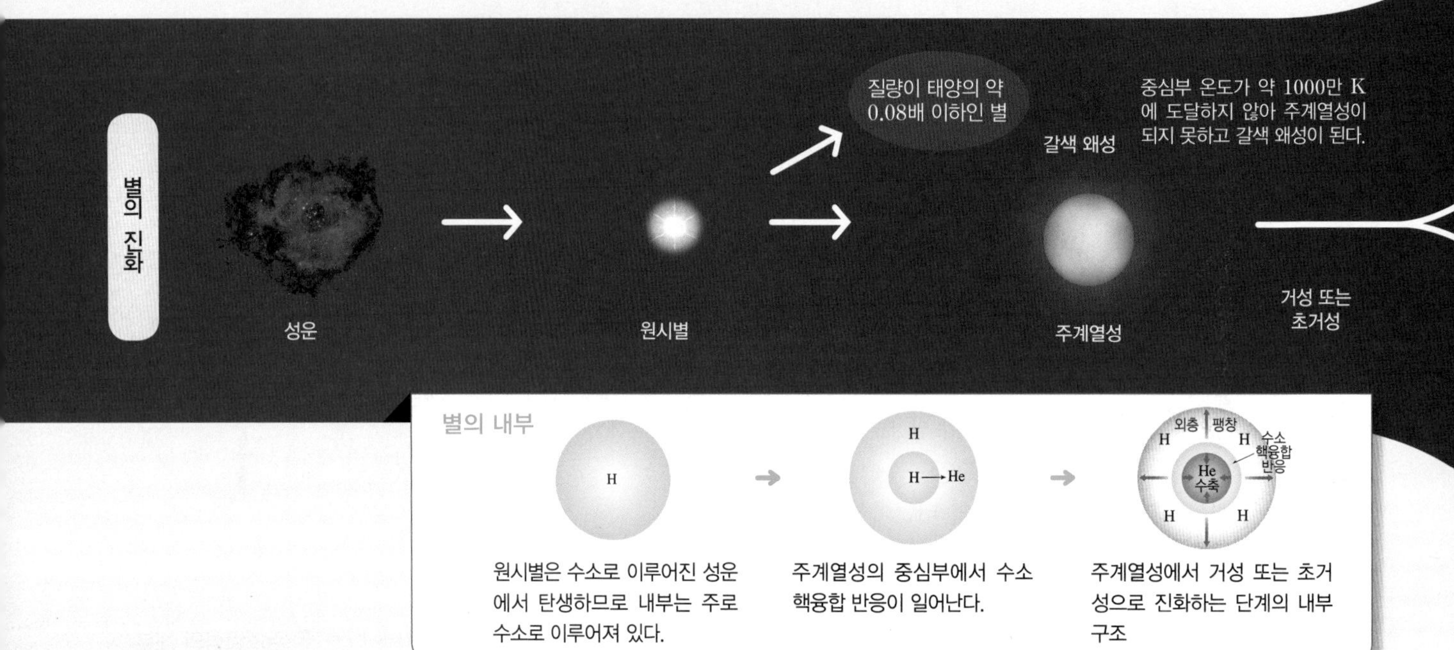

주계열성의 특징

- **주계열성의 에너지원:** 수소 핵융합 반응

중심부 온도가 약 1800만 K 이하인 별에서 우세하게 일어난다.

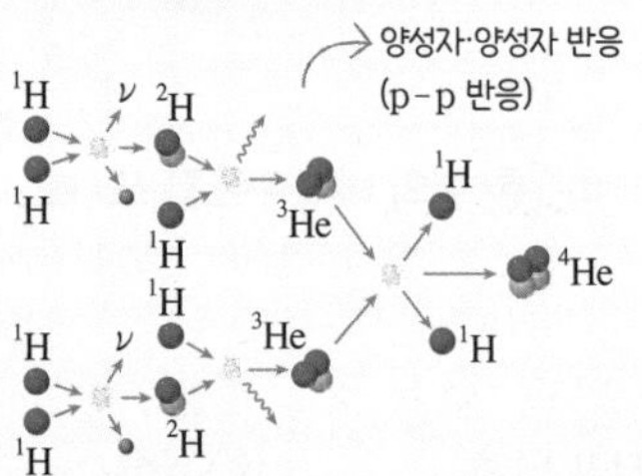

중심부 온도가 약 1800만 K 이상인 별에서 우세하게 일어난다.

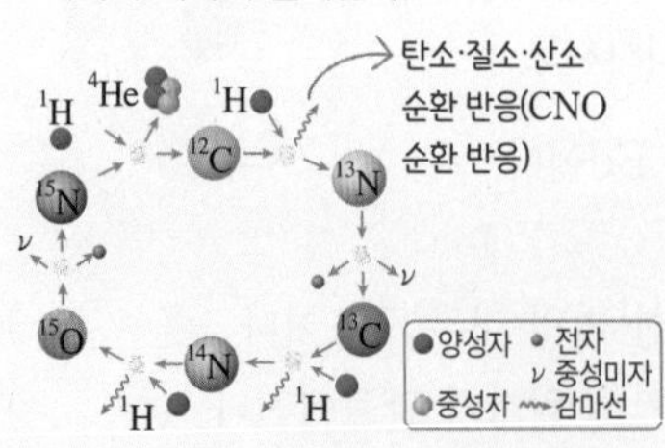

- **주계열성의 내부 구조**

질량이 태양과 비슷한 별은 '핵–복사층–대류층'의 구조를 보인다.

질량이 태양의 약 2배 이상인 별은 '대류핵–복사층'의 구조를 보인다.

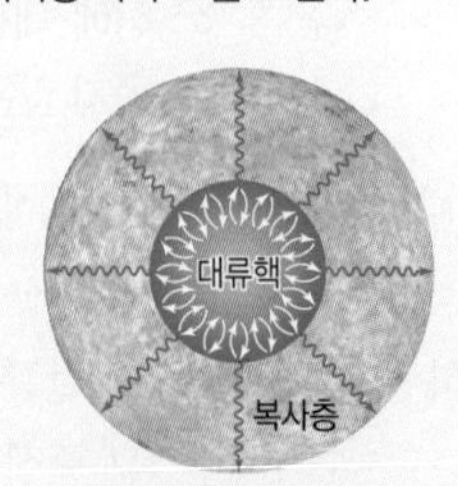

- **주계열성의 정역학 평형**

내부의 기체 압력 차이로 발생한 힘과 중력이 평형을 이루어 별의 크기가 일정하게 유지된다.

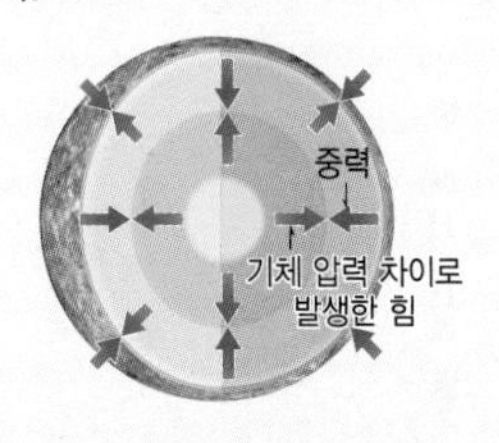

- **주계열성의 질량과 광도 관계**

별의 질량이 클수록 광도가 크다.

- **주계열성의 질량과 수명 관계**

별의 질량이 클수록 주계열에 머무는 기간이 짧아진다.

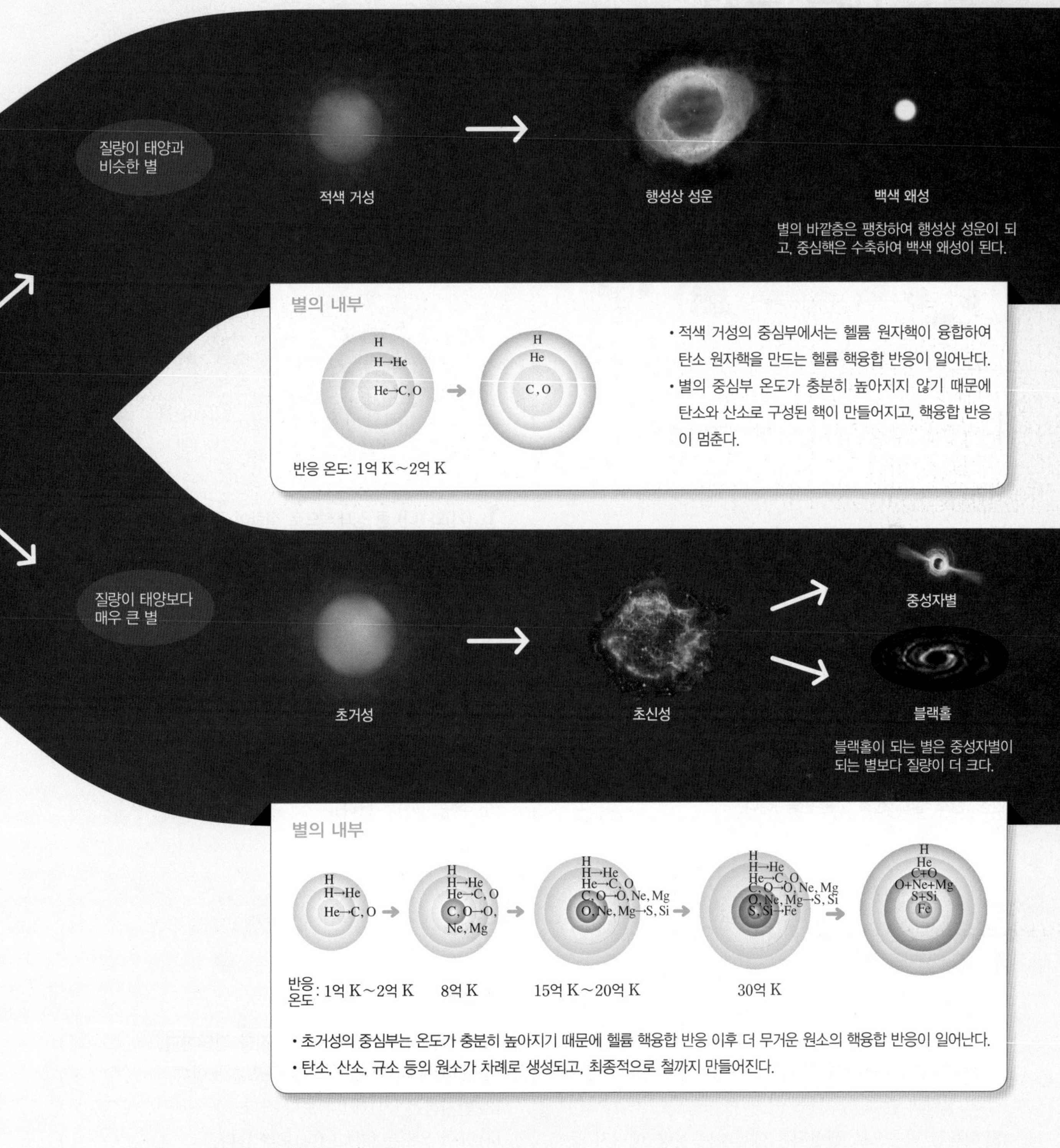

Q1 주계열성의 에너지원은 무엇인가?

Q2 다음은 태양보다 질량이 매우 큰 별의 중심부에서 핵융합 반응으로 생성되는 원소를 순서 없이 나타낸 것이다.

철, 규소, 탄소, 헬륨

먼저 생성되는 것부터 순서대로 나열하시오.

대표 자료 분석

정답친해 124쪽

자료 ❶ 수소 핵융합 반응

기출 Point
- 수소 핵융합 반응이 일어나는 과정 이해하기
- 수소 핵융합 반응을 에너지원으로 하는 별 알기

[1~4] 그림은 수소 핵융합 반응을 나타낸 것이다.

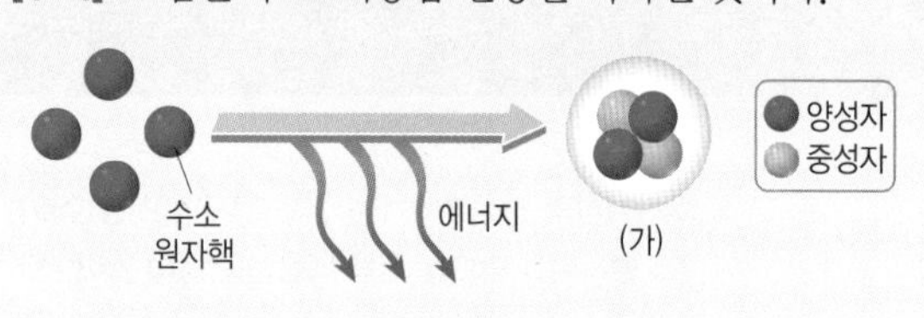

1 이 반응의 결과로 생성되는 (가)는 무엇인지 쓰시오.

2 중심핵에서 이 반응이 일어나는 별의 진화 단계를 쓰시오.

3 수소 핵융합 반응 중 중심부의 온도가 약 1800만 K 이상인 주계열성에서 우세하게 일어나는 반응은 (양성자·양성자 반응, 탄소·질소·산소 순환 반응)이다.

4 빈출 선택지로 완벽 정리!

(1) 이 반응은 원시별의 중심부 온도가 약 1000만 K 이상이 되었을 때 일어나기 시작한다. ············ (○ / ×)

(2) 4개의 수소 원자핵의 질량을 합한 것은 (가) 원자핵 1개의 질량과 같다. ············ (○ / ×)

(3) 핵융합 반응으로 생성되는 에너지는 질량·에너지 등가 원리에 따른다. ············ (○ / ×)

(4) 반응에 참여한 수소 원자핵 전체의 질량과 광속의 제곱을 곱한 양만큼 에너지가 발생한다. ············ (○ / ×)

(5) 태양과 질량이 비슷한 별의 중심핵에서는 수소 핵융합 반응이 끝난 후 헬륨 핵융합 반응이 일어난다. ············ (○ / ×)

자료 ❷ 주계열성의 내부 구조

기출 Point
- 질량에 따른 주계열성의 내부 구조 이해하기
- 주계열성의 물리량 비교하기

[1~3] 그림 (가)와 (나)는 질량이 다른 주계열성의 내부 구조를 나타낸 것이다.

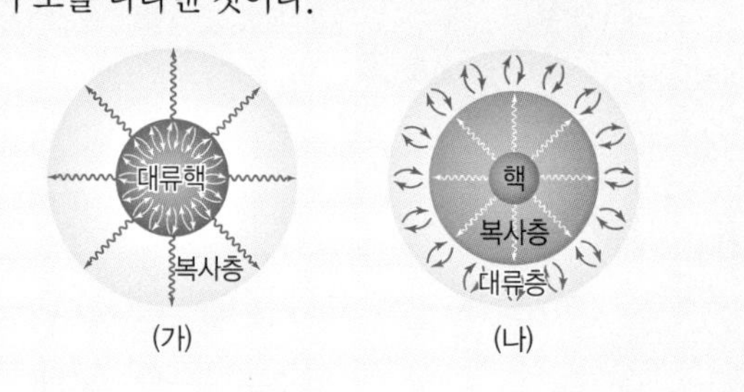

1 (가)와 (나) 중 상대적으로 질량이 큰 별의 내부 구조를 쓰시오.

2 별 (가)와 (나)의 물리량을 등호나 부등호로 비교하시오.

(1) 크기: (가) ☐ (나)

(2) 광도: (가) ☐ (나)

(3) 수명: (가) ☐ (나)

(4) 중심부 온도: (가) ☐ (나)

3 빈출 선택지로 완벽 정리!

(1) 복사층에서는 대류로 에너지를 전달한다. ············ (○ / ×)

(2) 태양은 (나)와 같은 내부 구조를 보인다. ············ (○ / ×)

(3) 반지름은 (가)가 (나)보다 작다. ············ (○ / ×)

(4) 표면 온도는 (가)가 (나)보다 높다. ············ (○ / ×)

(5) 최대 에너지를 방출하는 파장은 (가)가 (나)보다 길다. ············ (○ / ×)

(6) 주계열에 머무는 기간은 (가)가 (나)보다 짧다. ············ (○ / ×)

(7) (가)의 중심핵에서는 수소 핵융합 반응이, (나)의 중심핵에서는 헬륨 핵융합 반응이 일어난다. ············ (○ / ×)

내신 만점 문제

정답친해 125쪽

A 별의 에너지원

01 그림은 별의 에너지원을 분류하는 과정을 나타낸 것이다.

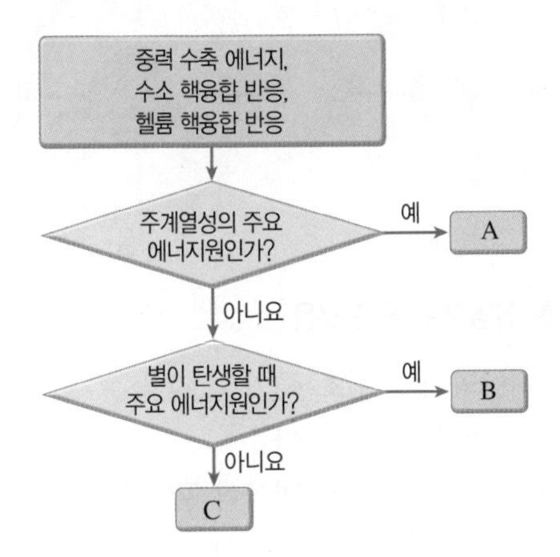

이에 대한 설명으로 옳은 것만을 [보기]에서 있는 대로 고른 것은?

보기
ㄱ. A는 수소 핵융합 반응이다.
ㄴ. B는 원시별의 주요 에너지원이다.
ㄷ. A는 C보다 더 높은 온도에서 일어난다.

① ㄱ ② ㄷ ③ ㄱ, ㄴ
④ ㄴ, ㄷ ⑤ ㄱ, ㄴ, ㄷ

중요 **02** 그림은 별의 중심부에서 일어나는 핵융합 반응을 나타낸 것이다.

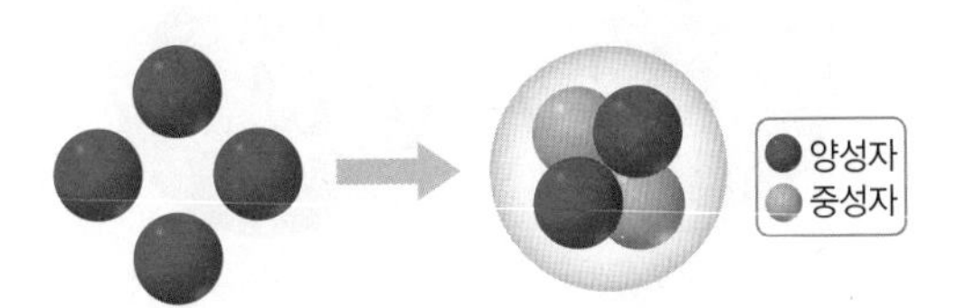

이에 대한 설명으로 옳지 않은 것은?

① 탄소 원자핵이 생성되는 반응이다.
② 반응 전보다 반응 후 질량이 더 작다.
③ 태양의 중심부에서 일어나는 반응이다.
④ 질량·에너지 등가 원리에 따라 에너지가 발생한다.
⑤ 중심부 온도가 약 1800만 K 이상인 별에서는 탄소·질소·산소 순환 반응이 양성자·양성자 반응보다 우세하게 일어난다.

중요 **03** 그림 (가)와 (나)는 주계열성 내부에서 일어나는 핵융합 반응을 나타낸 것이다.

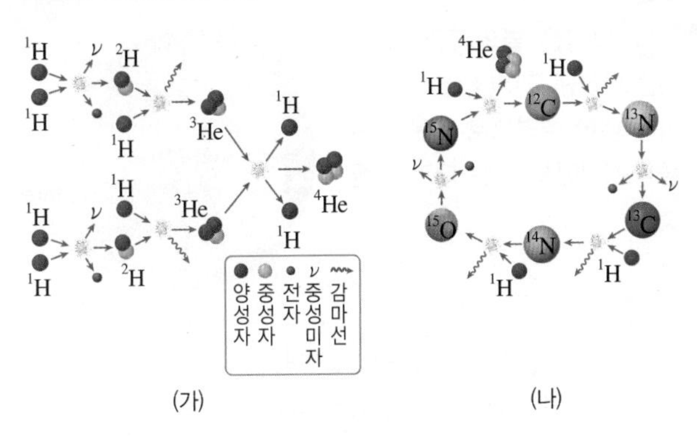

이에 대한 설명으로 옳은 것만을 [보기]에서 있는 대로 고른 것은?

보기
ㄱ. (가)는 양성자·양성자 반응이다.
ㄴ. (나)에서는 헬륨 원자핵이 융합하여 탄소 원자핵이 만들어진다.
ㄷ. 중심부에서 (나)가 우세하게 일어나는 별은 (가)가 우세하게 일어나는 별보다 중심부 온도가 높다.

① ㄱ ② ㄴ ③ ㄱ, ㄷ
④ ㄴ, ㄷ ⑤ ㄱ, ㄴ, ㄷ

04 그림은 주계열성의 중심부 온도에 따른 양성자·양성자 반응과 탄소·질소·산소 순환 반응의 상대적인 에너지 생성량을 A, B로 순서 없이 나타낸 것이다.

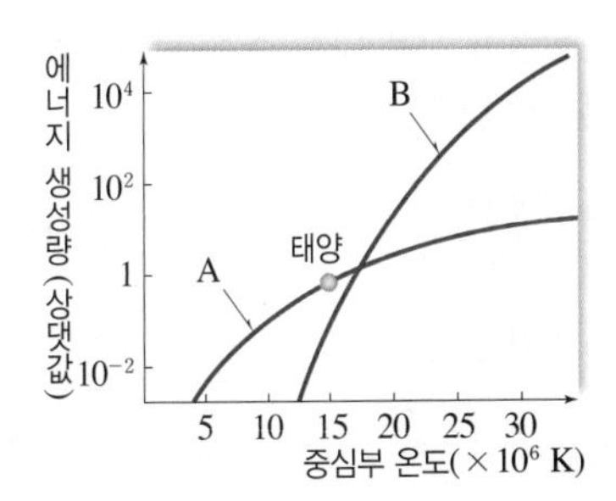

이에 대한 설명으로 옳은 것만을 [보기]에서 있는 대로 고른 것은?

보기
ㄱ. A는 양성자·양성자 반응이다.
ㄴ. 중심부 온도가 2000만 K인 주계열성에서는 B 반응만 일어난다.
ㄷ. 태양의 중심부에서는 A 반응이 우세하게 일어난다.

① ㄱ ② ㄴ ③ ㄱ, ㄷ
④ ㄴ, ㄷ ⑤ ㄱ, ㄴ, ㄷ

B 별의 내부 구조

중요
05 그림은 별의 정역학 평형을 나타낸 것이다.
이에 대한 설명으로 옳은 것만을 [보기]에서 있는 대로 고른 것은?

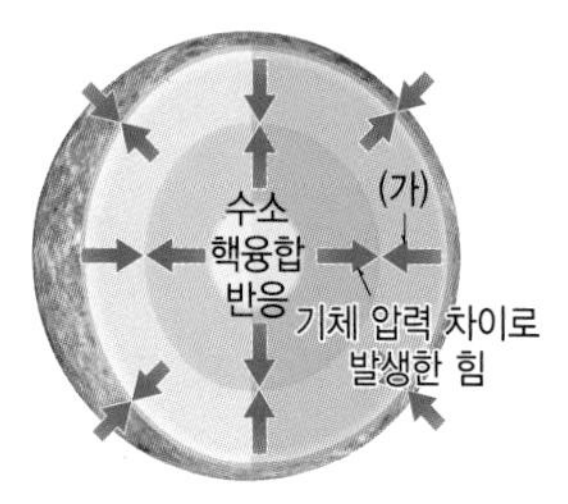

보기
ㄱ. (가)에 해당되는 힘은 중력이다.
ㄴ. 수소 핵융합 반응의 결과로 헬륨 원자핵이 생성된다.
ㄷ. 주계열성에서는 (가)가 기체 압력 차이로 발생한 힘보다 작다.

① ㄱ ② ㄷ ③ ㄱ, ㄴ
④ ㄴ, ㄷ ⑤ ㄱ, ㄴ, ㄷ

서술형
06 주계열성의 크기가 변하지 않고 거의 일정하게 유지되는 까닭을 서술하시오.

중요
07 그림은 질량이 서로 다른 주계열성 (가)와 (나)의 내부 구조를 나타낸 것이다.

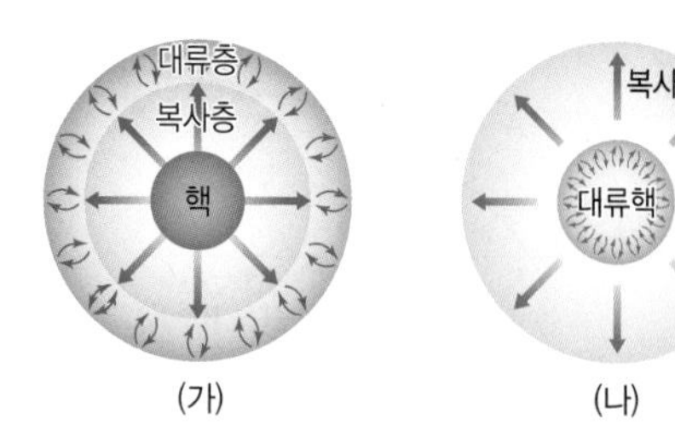

(가) (나)

이에 대한 설명으로 옳지 않은 것은?

① 질량은 (가)가 (나)보다 작다.
② 중심부 온도는 (나)가 (가)보다 높다.
③ 수명은 (가)가 (나)보다 길다.
④ (가)와 (나) 모두 수소 핵융합 반응으로 에너지를 생성한다.
⑤ 태양의 내부 구조는 (나)에 해당한다.

08 그림 (가)와 (나)는 질량이 태양과 비슷한 주계열성과 적색 거성의 내부 구조를 순서 없이 나타낸 것이다.

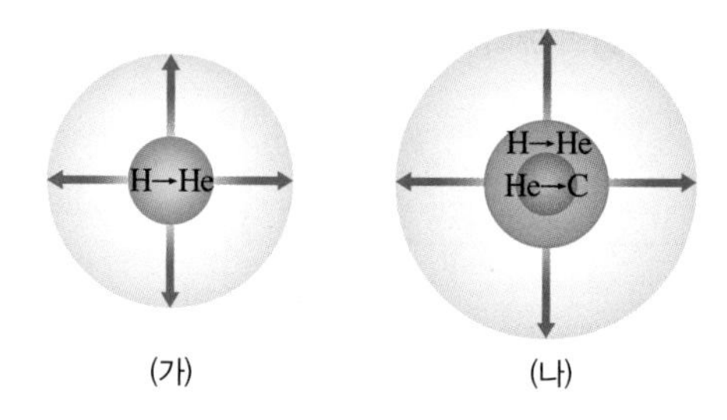

(가) (나)

이에 대한 설명으로 옳은 것은?

① 현재 태양의 내부 구조는 (가)와 같다.
② (가)는 크기가 계속 변한다.
③ (나)에서는 수소 핵융합 반응이 일어나지 않는다.
④ 별의 중심핵 온도는 (가)가 (나)보다 높다.
⑤ (나)가 진화하여 (가)와 같은 별이 된다.

중요
09 그림은 중심부에서 핵융합 반응이 종료된 별 (가)와 (나)의 내부 구조를 나타낸 것이다.

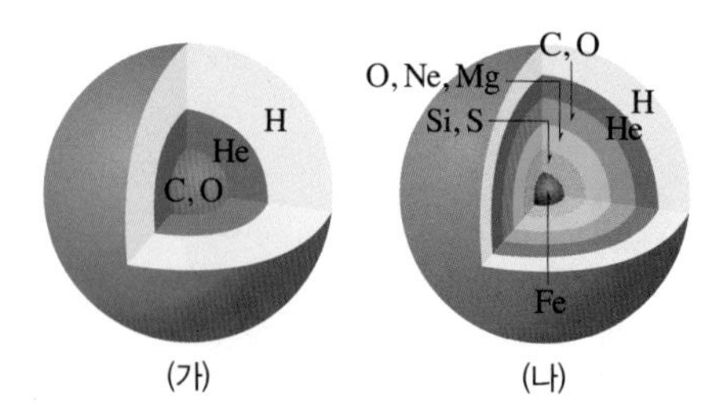

(가) (나)

이에 대한 설명으로 옳은 것만을 [보기]에서 있는 대로 고른 것은?

보기
ㄱ. (가)는 (나)보다 질량이 작다.
ㄴ. (가)는 최종 단계에서 블랙홀이 될 것이다.
ㄷ. (나)에서 중심 쪽에 있는 원소일수록 높은 온도에서 생성된 것이다.

① ㄱ ② ㄴ ③ ㄱ, ㄷ
④ ㄴ, ㄷ ⑤ ㄱ, ㄴ, ㄷ

실력 UP 문제

정답친해 126쪽

01 표는 별의 내부에서 일어나는 핵융합 반응에 대한 자료이다.

핵융합 반응	반응 원소	생성 원소	반응 온도(K)
수소	수소	헬륨	$(1\sim3)\times10^7$
헬륨	헬륨	탄소, 산소	2×10^8
탄소	탄소	산소, 네온, 마그네슘	8×10^8
산소	산소	규소, 황	2×10^9
규소	규소, 황	철	3×10^9

이에 대한 설명으로 옳은 것만을 [보기]에서 있는 대로 고른 것은?

보기
ㄱ. 핵융합 반응의 결과로 더 무거운 원소가 만들어진다.
ㄴ. 더 무거운 원소의 핵융합 반응이 일어나기 위해서는 더 높은 온도가 필요하다.
ㄷ. 현재 태양의 중심핵 온도는 2×10^8 K보다 높다.

① ㄱ ② ㄷ ③ ㄱ, ㄴ
④ ㄴ, ㄷ ⑤ ㄱ, ㄴ, ㄷ

02 다음은 태양의 진화 과정 중 서로 다른 시기에 태양 중심으로부터의 거리에 따른 구성 원소의 비율에 대하여 학생들이 나눈 대화를 나타낸 것이다.

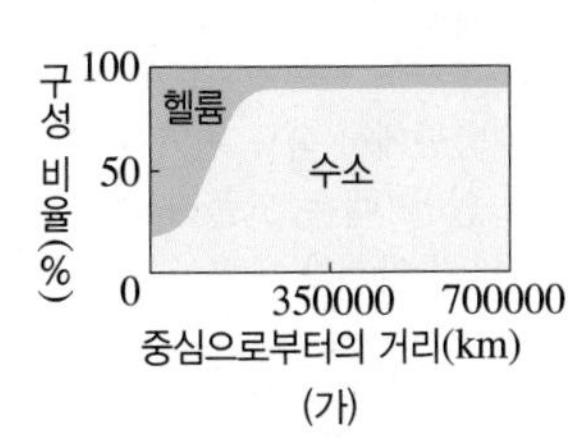

(가)

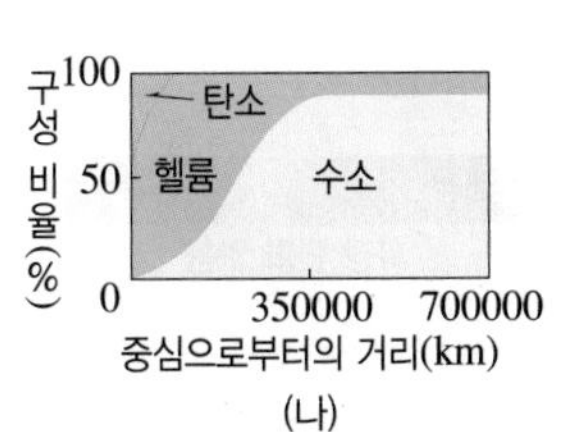

(나)

제시한 내용이 옳은 학생만을 있는 대로 고른 것은?

① A ② B ③ C ④ A, B ⑤ A, C

03 그림 (가)는 어느 주계열성의 내부 구조를, (나)는 별의 중심부 온도에 따른 p-p 반응과 CNO 순환 반응의 상대적 에너지 생성량을 A, B로 순서 없이 나타낸 것이다.

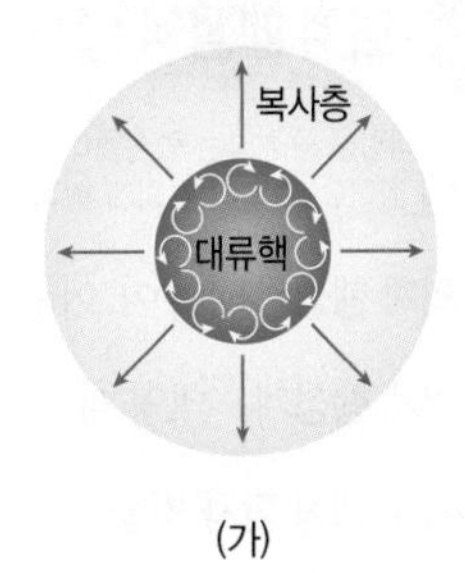

(가)

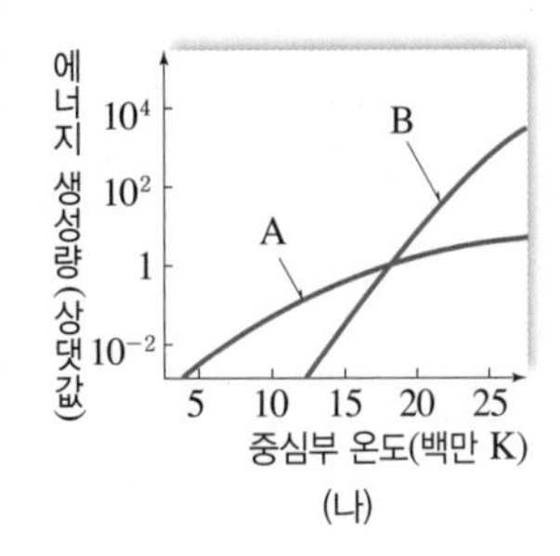

(나)

이에 대한 설명으로 옳은 것만을 [보기]에서 있는 대로 고른 것은?

보기
ㄱ. (가)는 태양보다 절대 등급이 크다.
ㄴ. (가)의 중심핵에서 에너지 생성량은 A가 B보다 많다.
ㄷ. B가 우세하게 일어나는 별은 A가 우세하게 일어나는 별보다 주계열 단계에 머무는 시간이 짧다.

① ㄱ ② ㄷ ③ ㄱ, ㄴ
④ ㄴ, ㄷ ⑤ ㄱ, ㄴ, ㄷ

04 그림 (가)는 질량이 태양 정도인 별의 진화 경로이고, (나)는 이 별의 진화 과정에서 나타나는 내부 구조이다.

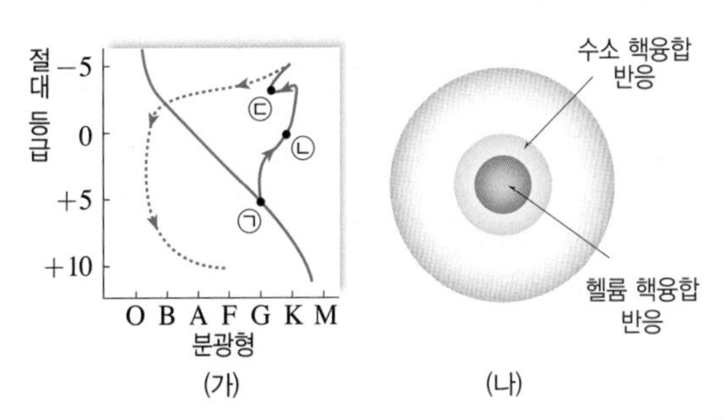

이에 대한 설명으로 옳은 것만을 [보기]에서 있는 대로 고른 것은?

보기
ㄱ. ㉠에서는 p-p 반응이 CNO 순환 반응보다 우세하다.
ㄴ. ㉡에서 중심부의 온도는 낮아지고, 표면 온도는 높아진다.
ㄷ. (나)와 같은 내부 구조는 ㉢에서 나타난다.

① ㄱ ② ㄴ ③ ㄱ, ㄷ
④ ㄴ, ㄷ ⑤ ㄱ, ㄴ, ㄷ

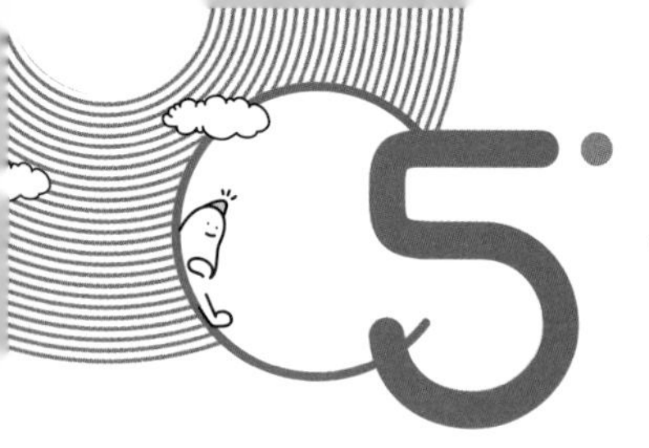

5 외계 행성계와 외계 생명체 탐사

핵심 포인트
- ❶ 외계 행성 탐사 방법 ★★★
- ❷ 외계 행성계의 특징 ★★
- ❸ 생명 가능 지대 ★★★
- ❹ 외계 생명체가 존재하기 위한 행성의 조건 ★★★

A 외계 행성계 탐사

태양과 태양을 공전하는 행성들이 태양계를 이루는 것처럼 우주에는 태양이 아닌 별과 그 별을 공전하는 행성들이 이루는 외계 행성계가 많이 있어요. 그렇다면 외계 행성은 어떤 방법으로 탐사할 수 있을까요?

1. 외계 행성 태양이 아닌 다른 별(항성) 주위를 공전하고 있는 행성

2. 외계 행성계 태양계 밖에 존재하며 별 주위를 공전하는 행성들이 이루는 계

3. 외계 행성 탐사 방법 행성은 별에 비해 크기가 작고 스스로 빛을 내지 않아 매우 어둡기 때문에 외계 행성을 직접적으로 관측하는 것은 거의 불가능하다. 따라서 외계 행성은 주로 별을 이용하여 간접적인 방법으로 탐사한다.

(1) 중심별의 ❶시선 속도 변화를 이용하는 방법

① 원리: 중심별과 행성은 공통 질량 중심 주위를 공전하면서 시선 속도가 변하므로 ◆별빛의 도플러 효과가 나타난다. ➡ 중심별의 스펙트럼에서 흡수선의 파장 변화를 관측하면 외계 행성의 존재를 확인할 수 있다. 완자쌤 비법 특강 281쪽 287쪽 대표 자료❶

- 중심별과 행성은 공통 질량 중심 주위를 같은 방향과 같은 주기로 공전한다.

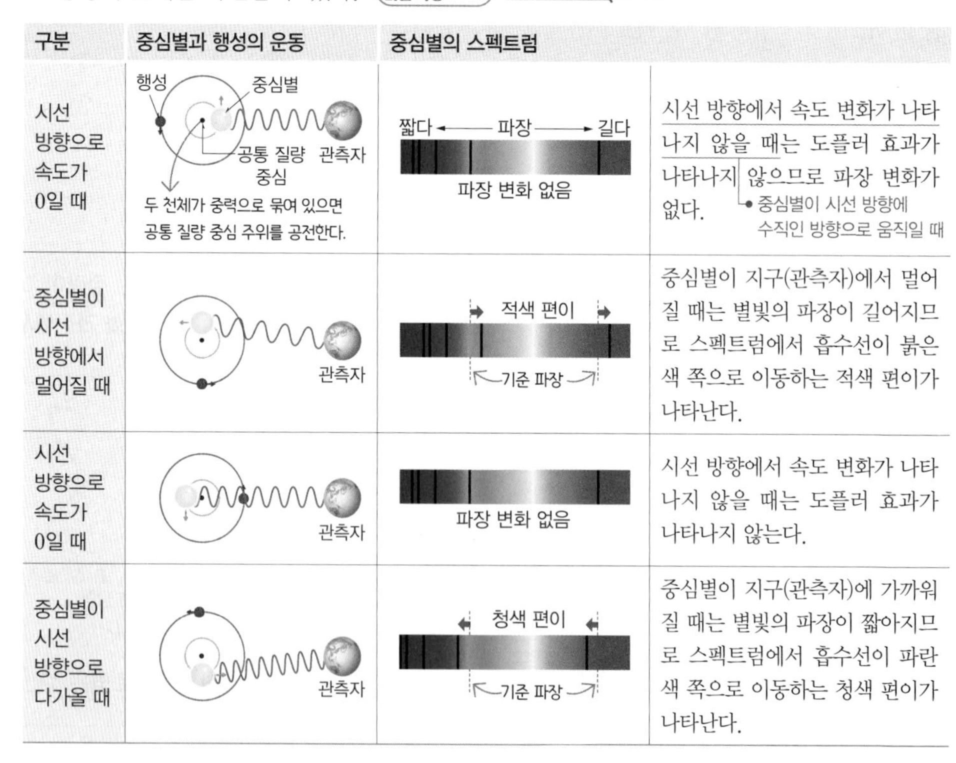

구분	중심별과 행성의 운동	중심별의 스펙트럼	
시선 방향으로 속도가 0일 때	행성, 중심별, 공통 질량 중심, 관측자 두 천체가 중력으로 묶여 있으면 공통 질량 중심 주위를 공전한다.	짧다 ← 파장 → 길다 파장 변화 없음	시선 방향에서 속도 변화가 나타나지 않을 때는 도플러 효과가 나타나지 않으므로 파장 변화가 없다. (중심별이 시선 방향에 수직인 방향으로 움직일 때)
중심별이 시선 방향에서 멀어질 때	관측자	적색 편이 기준 파장	중심별이 지구(관측자)에서 멀어질 때는 별빛의 파장이 길어지므로 스펙트럼에서 흡수선이 붉은색 쪽으로 이동하는 적색 편이가 나타난다.
시선 방향으로 속도가 0일 때	관측자	파장 변화 없음	시선 방향에서 속도 변화가 나타나지 않을 때는 도플러 효과가 나타나지 않는다.
중심별이 시선 방향으로 다가올 때	관측자	청색 편이 기준 파장	중심별이 지구(관측자)에 가까워질 때는 별빛의 파장이 짧아지므로 스펙트럼에서 흡수선이 파란색 쪽으로 이동하는 청색 편이가 나타난다.

② 특징: 행성의 질량이 클수록 별의 움직임이 커서 도플러 효과가 크게 나타나 탐사에 효과적이다. ➡ 중심별의 파장 변화를 관측하면 행성의 질량을 추정할 수 있다.

③ 한계점

- 행성의 공전 궤도면이 관측자의 시선 방향과 수직일 때에는 관측이 불가능하다. (도플러 효과가 나타나지 않기 때문)
- 행성의 질량이 작거나 행성이 중심별에서 멀리 떨어져 있으면 중심별의 이동 속도가 작아서 관측이 어려워진다. ➡ 지구처럼 작은 행성을 발견하기 어렵다.

◆ **별빛의 도플러 효과**

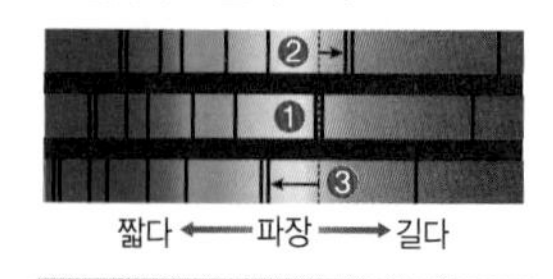

❶	시선 방향에서 속도 변화가 나타나지 않을 때
❷	파장이 길어져 흡수선이 붉은색 쪽으로 이동한다(적색 편이). ➡ 별이 관측자에게서 멀어진다.
❸	파장이 짧아져 흡수선이 파란색 쪽으로 이동한다(청색 편이). ➡ 별이 관측자에게 가까워진다.

별은 행성에 비해 질량이 매우 크기 때문에 움직임이 크지 않지만, 별의 스펙트럼을 분석하면 도플러 효과에 의한 이동 정도를 알아낼 수 있어요. 별의 움직임 정도는 행성의 질량에 의해 결정된답니다.

용어

❶ **시선 속도(視 보다, 線 줄, 速 빠르다, 度 정도)** 물체가 관측자의 시선 방향으로 가까워지거나 멀어지는 속도이다. 시선 방향으로 가까워지면 (−) 값으로, 멀어지면 (+) 값으로 나타난다.

(2) [1]식 현상을 이용하는 방법(횡단법)

① 원리: 중심별 주위를 공전하는 행성이 중심별 앞쪽을 통과할 때 식 현상이 일어나 별의 밝기가 감소한다. ➡ 중심별의 밝기 변화를 관측하여 외계 행성의 존재를 확인할 수 있다.

행성의 공전에 의한 별의 밝기 변화 287쪽 대표 자료❶

중심별
행성 1 2 3
밝기
❶ ❷❸
시간

❶ **행성이 중심별을 가리지 않을 때:** 별의 밝기가 최대이다.
❷ **행성의 일부가 중심별의 일부를 가릴 때:** 가리는 행성이 별보다 어두우므로 별의 밝기가 감소한다.
❸ **행성 전체가 중심별의 일부를 가릴 때:** 별의 밝기가 최소이다.

② 특징
- ◆행성의 반지름이 클수록 별의 밝기가 크게 감소하므로 탐사에 효과적이다. ➡ 중심별의 밝기가 감소하는 시간 또는 밝기 변화량을 측정하여 행성의 반지름을 추정할 수 있다.
- 행성이 공전하므로 주기적으로 중심별의 밝기 변화가 나타난다. 완자쌤 비법 특강 281쪽
- 행성 대기를 통과한 별빛을 분석하면 행성의 대기 성분을 알 수 있다.

③ 한계점: 행성의 공전 궤도면이 관측자의 시선 방향과 식 현상이 일어날 정도로 나란한 경우에만 이용할 수 있고, 별끼리 식 현상을 일으키는 것과 구분하기 힘들다.
- 공전 궤도면이 크게 기울어지면 식 현상이 일어나지 않기 때문

(3) 미세 ◆중력 렌즈 현상을 이용하는 방법

① 원리: 두 천체가 같은 시선 방향에 있을 때 뒤쪽에 있는 천체에서 오는 빛이 앞쪽에 있는 별의 중력에 의해 미세하게 굴절되어 뒤쪽 천체의 밝기가 변한다. 이때 앞쪽 별이 행성을 가지고 있다면 행성의 중력에 의해 추가적인 밝기 증가가 나타나 먼 천체의 밝기 변화가 불규칙해진다. ➡ 먼 천체의 밝기 변화를 관측하여 외계 행성의 존재를 확인할 수 있다.

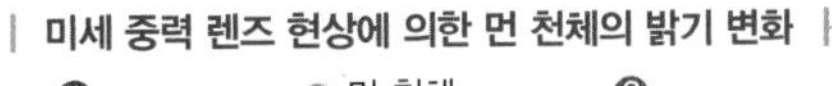
미세 중력 렌즈 현상에 의한 먼 천체의 밝기 변화 287쪽 대표 자료❶

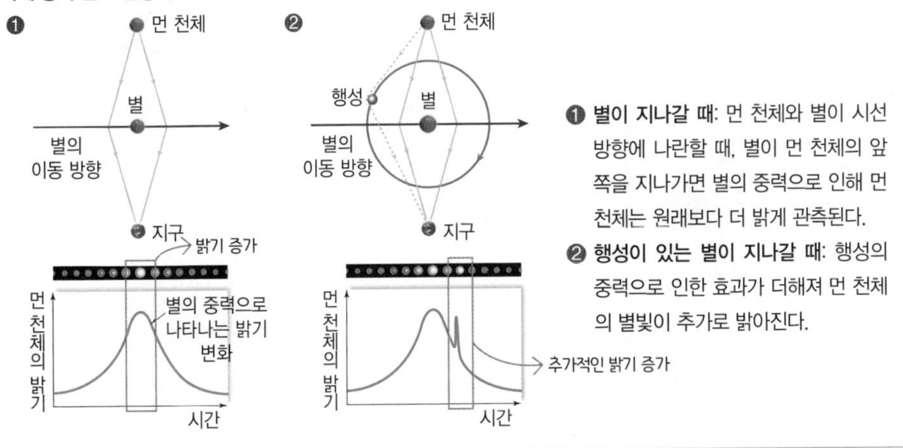

❶ **별이 지나갈 때:** 먼 천체와 별이 시선 방향에 나란할 때, 별이 먼 천체의 앞쪽을 지나가면 별의 중력으로 인해 먼 천체는 원래보다 더 밝게 관측된다.
❷ **행성이 있는 별이 지나갈 때:** 행성의 중력으로 인한 효과가 더해져 먼 천체의 별빛이 추가로 밝아진다.

② 특징
- 행성의 공전 궤도면과 관측자의 시선 방향이 나란하지 않아도 행성을 발견할 수 있다.
- 지구와 같이 질량이 작은 행성과 공전 궤도 긴반지름이 큰 행성을 탐사할 때 유리하다.

③ 한계점: 외계 행성계가 먼 천체 앞을 여러 번 지나가지 않으므로 주기적인 관측이 불가능하고, 항상 하늘을 관측해야 한다. ➡ 다른 두 방법보다 발견된 외계 행성의 수가 적다.

◆ **행성의 반지름과 중심별의 밝기 감소량의 관계**
행성의 공전 궤도면과 관측자의 시선 방향이 나란할 때, 행성의 반지름(R)이 2배, 3배, …가 되면 중심별을 가리는 행성의 단면적은 4배, 9배, …(πR^2)가 된다. 따라서 중심별을 가리는 면적이 4배, 9배, … (πR^2)가 됨에 따라 중심별의 밝기 감소량도 4배, 9배, …가 된다.

◆ **중력 렌즈 현상**
관측자(지구)의 시선 방향에 별 또는 은하 등이 나란히 있을 때, 가까운 천체의 중력으로 인해 먼 천체에서 오는 빛이 굴절된 것처럼 휘어져 보이는 현상을 중력 렌즈 현상이라 하고, 특히 별 또는 행성에 의해 휘어지는 것을 미세 중력 렌즈 현상이라고 한다.

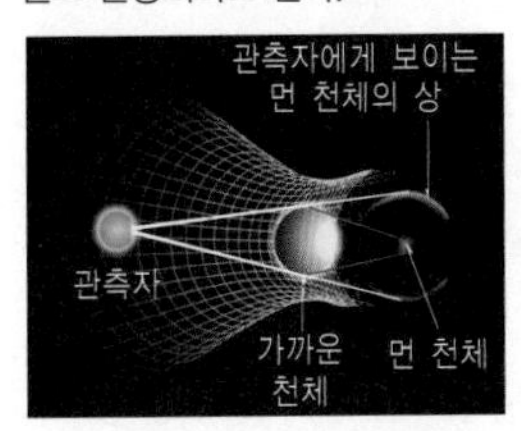

까닭: 공전 궤도 긴반지름이 크면 언제 식 현상이 일어날지 모르기 때문에 식 현상을 이용하기 어렵고, 행성과 별의 공전 속도가 너무 느려 별빛의 스펙트럼 편이량이 매우 작게 나타나 도플러 효과를 이용하기 어렵다.

용어
❶ **식 현상(蝕 좀먹다, 現 나타나다, 象 모양)** 한 천체가 다른 천체를 가려서 보이지 않게 하거나 어두워 보이게 하는 현상

(4) **직접 촬영하는 방법** 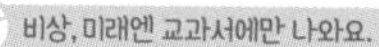

① 원리: 중심별의 밝기가 행성에 비해 매우 밝기 때문에 중심별을 가리고 행성을 찾는다.

② 특징: 사진으로 행성의 존재를 확인할 수 있고, 분광 관측으로 대기 성분을 알 수 있다.

③ 한계점: 지구에서 중심별까지의 거리가 멀면 직접 촬영하여 행성을 관측하기 어렵다.

4. 외계 행성계의 특징

(1) **외계 행성계의 탐사 목적**: 태양계의 형성 과정에 대한 단서를 제공받을 수 있고, 지적인 생명체를 발견하며, 우주로 활동 영역을 넓히기 위해 ◆탐사한다.

(2) **외계 행성계 탐사 경향**: 지구와 같이 크기가 작고 암석으로 된 행성을 찾기 위해 노력하고 있다.

(3) ◆**케플러 우주 망원경**: 외계 행성을 탐사할 목적으로 2009년에 발사된 우주 망원경으로, 지구와 크기가 비슷하고, 중심별과의 거리가 적당하며, 중심별 주위를 약 1년에 한 바퀴씩 공전하는 외계 행성을 찾고 있다.

(4) **외계 행성계의 특징**: 탐사 초기에는 질량이 크고 중심별과 가까운 행성이 주로 발견되었지다. 이후 우주 망원경 발사로 정밀한 관측이 가능해지면서 지구와 크기나 질량이 비슷한 행성과 중심별에서 먼 행성의 발견도 많아졌다.

• 행성의 질량이 클수록 중심별에 미치는 행성의 영향이 커져 행성을 발견하기 쉽기 때문

◆ **외계 행성계 탐사 범위**

외계 행성계 탐사는 우리은하 안에 있는 별들이 대상이 된다. 외부 은하는 너무 멀리 있으므로 별을 하나하나 구분하여 관측하기 어렵기 때문에 외계 행성계 탐사가 거의 불가능하다.

◆ **우주 망원경**

- 케플러 우주 망원경: 식 현상에 의한 중심별의 밝기 변화를 관찰하여 외계 행성을 탐사한다.
- 제임스 웹 우주 망원경: 주로 적외선 영역으로 관측한다. 관측 가능한 초기의 우주 상태와 외계 행성계를 연구하는 데 이용된다.

2009년 케플러 우주 망원경을 발사하기 전까지는 대부분의 외계 행성이 중심별의 시선 속도 변화를 이용한 방법으로 발견되었어요.

탐구 자료창 지금까지 발견된 외계 행성계의 특징 287쪽 대표 자료❷

그림 (가)~(라)는 최근까지 발견된 외계 행성계에 대한 통계 자료를 나타낸 것이다.

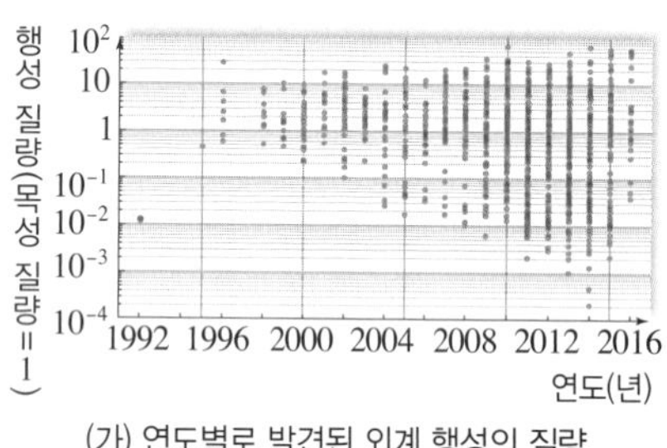

(가) 연도별로 발견된 외계 행성의 질량

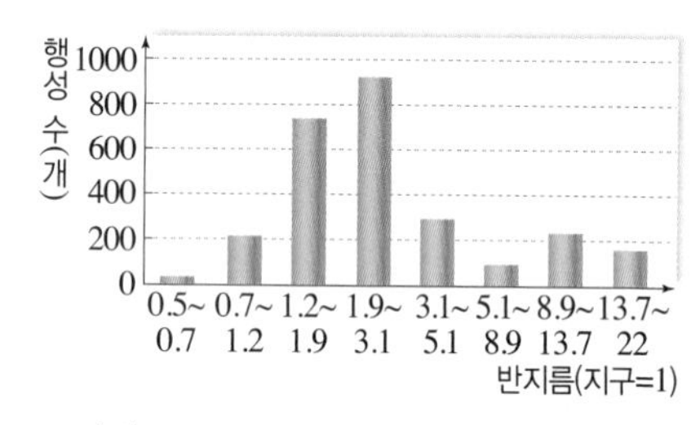

(나) 외계 행성의 크기에 따라 발견된 개수

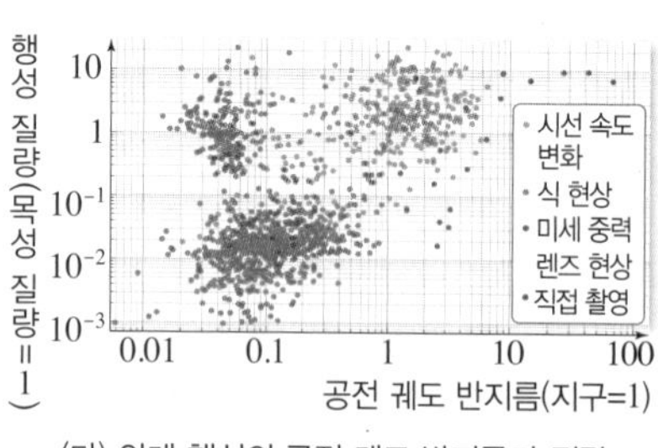

(다) 외계 행성의 공전 궤도 반지름과 질량

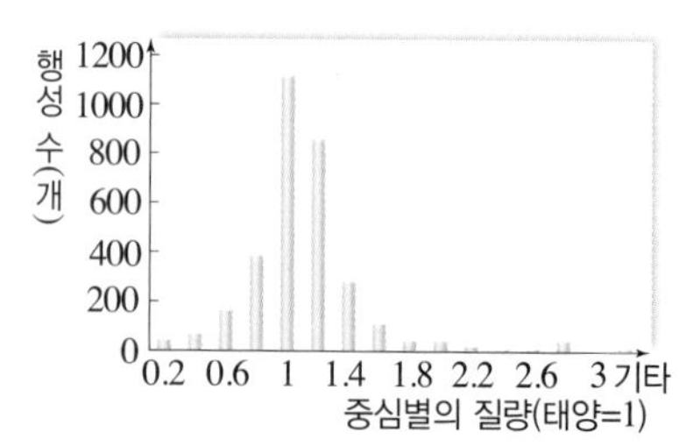

(라) 중심별의 질량에 따른 외계 행성의 개수

1. (가): 탐사 초기에는 기술이 정밀하지 않아 대부분 질량이 큰 행성이 발견되었지만, 시간이 지나면서 정밀한 관측이 가능해져 질량이 작은 행성들도 많이 발견되고 있다.
2. (나): 가장 많이 발견된 외계 행성의 반지름은 지구 반지름의 1.2배~3.1배 정도이다.
3. (다): 시선 속도 변화를 이용하여 발견한 외계 행성은 공전 궤도 반지름이 크고 질량이 크다. 식 현상을 이용하여 발견한 외계 행성은 공전 궤도 반지름과 질량 분포의 뚜렷한 관계를 알 수 없다. 미세 중력 렌즈 현상을 이용하여 발견한 행성은 공전 궤도 반지름이 커도 질량이 작다. 직접 촬영하여 발견한 행성은 중심별로부터 약 10 AU 이상 떨어져 있다.
   • 공전 궤도 반지름이 크지만 질량이 작은 행성들은 중심별에 미치는 영향이 작아 발견되기 어렵다.
4. (라): 외계 행성이 많이 발견되는 중심별의 질량은 대부분 태양의 0.8배~1.4배 정도이다.

YBM 교과서에만 나와요. **궁금해?**

지구 규모의 외계 행성을 찾는 까닭은?

행성의 질량이 매우 크면 중력도 커지기 때문에 생명체가 살아가기에 부적당한 환경이 된다. 만약 지구의 중력이 현재보다 훨씬 컸다면, 대기가 지금보다 두꺼워져 온실 효과가 크게 나타났을 것이고, 대기 중으로 물이 증발되기 어려웠을 것이다. 또, 식물이 잎까지 물을 끌어올리기 힘들어 광합성하기 어려웠을 것이다. 따라서 생명체가 살기에 가장 적당한 행성은 지구 크기의 행성으로 판단할 수 있다.

도플러 효과와 식 현상과 관련된 관측 자료 해석

행성이 공전하고 있는 중심별이 공통 질량 중심 주위를 공전하면서 생기는 미세한 떨림에 의해 시선 속도가 변하면 도플러 효과에 의해 별빛의 파장이 달라집니다. 또한, 행성의 식 현상에 의해 중심별의 밝기가 주기적으로 감소하기도 해요. 외계 행성을 찾기 위해서 이런 현상의 관측 자료를 어떻게 해석해야 하는지 알아보아요.

1 도플러 효과에 의한 중심별 스펙트럼의 파장 변화와 시선 속도 변화 자료 해석

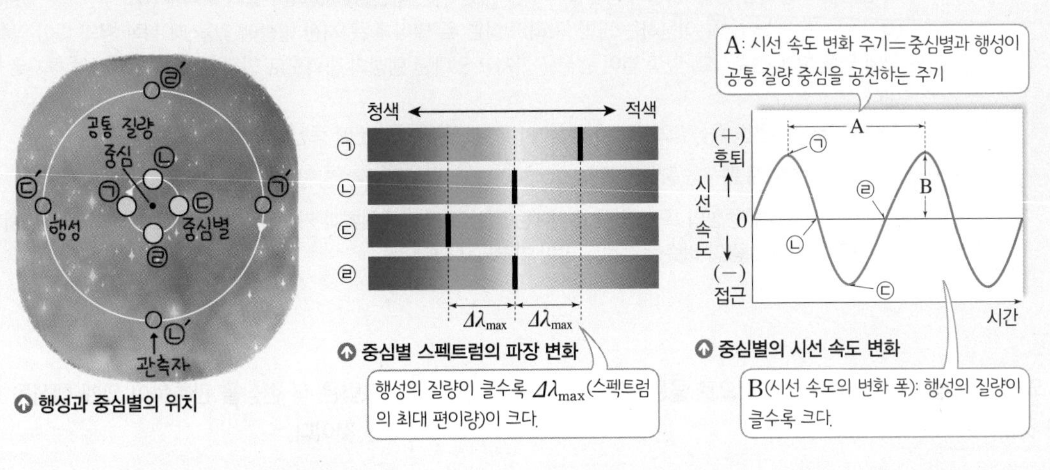

⊙ 행성과 중심별의 위치

⊙ 중심별 스펙트럼의 파장 변화

⊙ 중심별의 시선 속도 변화

중심별의 위치	행성의 위치	중심별의 움직임	중심별의 스펙트럼 변화	중심별의 시선 속도
㉠	㉠′	관측자로부터 멀어진다.	흡수선이 파장이 긴 쪽으로 이동하는 적색 편이가 나타난다.	(+) 값으로 최대이다.
㉡	㉡′	시선 방향과 수직인 방향으로 움직인다.	편이가 나타나지 않는다.	0
㉢	㉢′	관측자에게 가까워진다.	흡수선이 파장이 짧은 쪽으로 이동하는 청색 편이가 나타난다.	(−) 값으로 최소이다.
㉣	㉣′	시선 방향과 수직인 방향으로 움직인다.	편이가 나타나지 않는다.	0

2 식 현상에 따른 중심별의 겉보기 밝기 변화 자료 해석

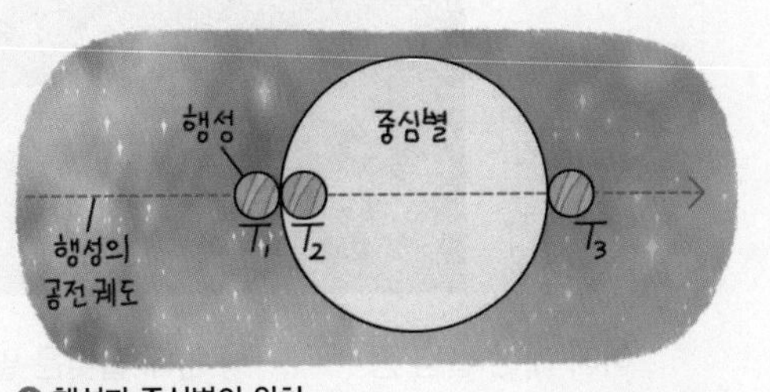

⊙ 행성과 중심별의 위치

겉보기 밝기 / 시간 / A / B / C / D / T_1 T_2 T_3

⊙ 중심별의 겉보기 밝기 변화

- A: 겉보기 밝기가 감소한 구간이므로 행성에 의해 식 현상이 지속된 시간 ➡ $T_1 \sim T_3$까지 걸린 시간
- B: 행성이 중심별을 가리기 시작하여 행성 전체가 중심별 앞을 가릴 때까지의 시간 ➡ $T_1 \sim T_2$까지 걸린 시간
- C: 행성에 의한 식 현상이 최대로 발생했을 때의 중심별의 겉보기 밝기 변화량 ➡ 행성의 반지름(R)이 클수록 단면적(πR^2)이 커서 중심별을 많이 가리므로 중심별의 겉보기 밝기 변화량이 크다.
- D: 행성에 의한 식 현상이 반복되는 주기=행성의 공전 주기

개념 확인 문제

핵심 체크

- (❶): 태양이 아닌 다른 별(항성) 주위를 공전하고 있는 행성
- 외계 행성계: 태양계 밖에 존재하며 별 주위를 공전하는 행성들이 이루는 계
- 외계 행성 탐사 방법
  - 중심별의 시선 속도 변화를 이용하는 방법: 중심별이 지구에 가까워지면 별빛의 파장이 (❷)진다.
  - 식 현상을 이용하는 방법: 행성이 중심별 주위를 공전하면 식 현상이 일어나 별의 밝기가 (❸)한다.
  - (❹) 현상을 이용하는 방법: 거리가 다른 두 별이 같은 시선 방향에 있을 때 뒤쪽 별의 빛이 앞쪽 별의 중력에 의해 밝게 관측되고, 앞쪽 별이 행성을 가지고 있다면 행성의 중력으로 인해 뒤쪽 별의 밝기가 추가로 밝게 관측된다.
  - 직접 촬영하는 방법: 중심별의 밝기가 행성에 비해 매우 밝기 때문에 중심별을 가리고 행성을 찾는다.
- (❺): 외계 행성을 탐사할 목적으로 2009년에 발사된 우주 망원경
- 지금까지 발견된 외계 행성의 특징: 탐사 초기에는 질량이 크고 중심별과 가까운 행성이 주로 발견되었지만, 시간이 지나면서 지구와 크기나 질량이 비슷한 행성도 많이 발견되고 있다.

1 외계 행성 탐사 방법에 대한 설명으로 옳은 것은 ○, 옳지 않은 것은 ×로 표시하시오.

(1) 외계 행성은 어두워서 별보다 찾기 어렵다. ( )

(2) 별이 관측자에게서 멀어지면 별빛의 파장이 길어진다. ( )

(3) 외계 행성이 식 현상을 일으키면 중심별의 밝기가 밝아진다. ( )

(4) 행성의 반지름이 클수록 중심별의 밝기 변화량이 작아진다. ( )

(5) 공전 궤도면과 관측자의 시선 방향이 나란하지 않아도 미세 중력 렌즈 현상을 이용할 수 있다. ( )

2 그림은 시선 속도 변화를 이용하여 외계 행성을 탐사하는 방법을 나타낸 것이다.

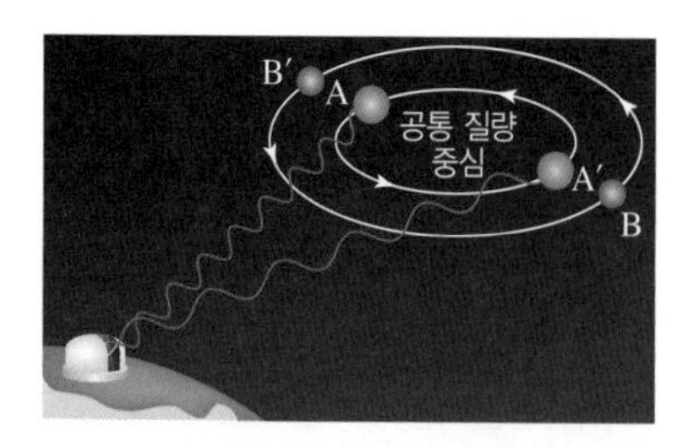

(1) 행성과 중심별 중 A와 B에 해당하는 것을 각각 쓰시오.

(2) A와 A′ 중 중심별의 스펙트럼에서 청색 편이가 나타나는 경우를 쓰시오.

3 그림은 식 현상을 관측하여 외계 행성을 탐사하는 방법을 나타낸 것이다.

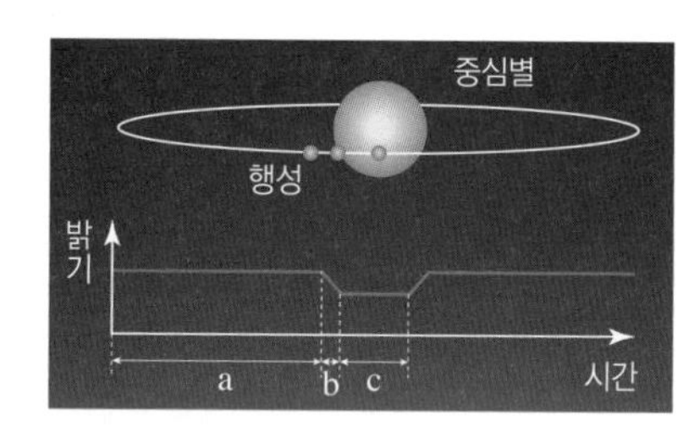

a～c 구간 중 행성 전체가 중심별을 가렸을 때 중심별의 밝기 변화에 해당하는 구간을 쓰시오.

4 그림은 외계 행성 탐사 방법 중 한 원리를 나타낸 것이다.

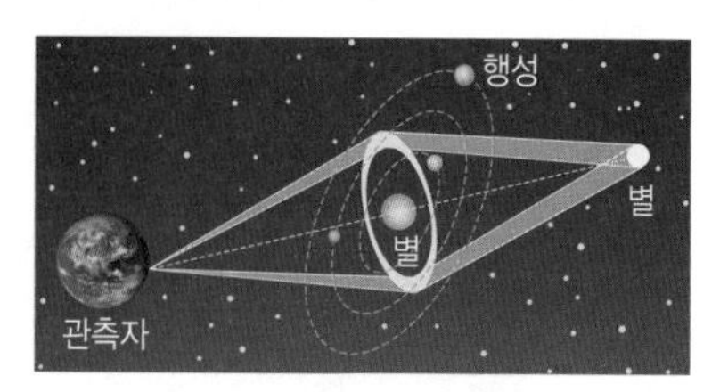

이에 대한 설명 중 ( ) 안에 알맞은 말을 쓰시오.

> 뒤쪽에 있는 별의 빛이 앞쪽에 있는 별의 중력에 의해 미세하게 굴절되는 현상을 ㉠( )이라고 한다. 이때 앞쪽 별이 행성을 가지고 있다면 ㉡( )의 중력으로 인한 효과가 더해져 뒤쪽 별의 밝기 변화가 불규칙해진다.

B 외계 생명체 탐사

1. ◆외계 생명체 지구가 아닌 다른 천체에 존재하는 생명체

2. 외계 생명체가 존재하기 위한 조건

(1) 외계 생명체 존재의 필수 요소: 액체 상태의 물 ➡ ◆물은 비열이 커서 많은 양의 열을 오래 보존할 수 있고, 좋은 ❶용매이므로 생명체의 탄생과 진화에 필요한 환경을 제공한다.

(2) 생명 가능 지대: 중심별 주위에서 물이 액체 상태로 존재할 수 있는 거리의 영역

① 중심별의 광도와 생명 가능 지대: 중심별의 광도가 클수록 생명 가능 지대는 중심별에서 멀어지고, 생명 가능 지대의 폭은 넓어진다.

중심별이 주계열성일 때	주계열성은 질량이 클수록 광도가 크므로 생명 가능 지대는 중심별에서 멀어지고, 생명 가능 지대의 폭은 넓어진다.
주계열성이 적색 거성으로 진화할 경우	중심별의 크기가 커지면서 광도가 커지므로 생명 가능 지대는 주계열성일 때보다 중심별에서 멀어지고, 생명 가능 지대의 폭도 넓어질 것이다.

② 별과 행성 사이의 거리: 별과 행성 사이의 거리가 너무 가까우면 행성의 표면 온도가 높아 물이 모두 증발하고, 거리가 너무 멀면 행성의 표면 온도가 낮아 고체 상태의 얼음이 된다.

주계열성의 질량에 따른 생명 가능 지대 288쪽 대표 자료❸

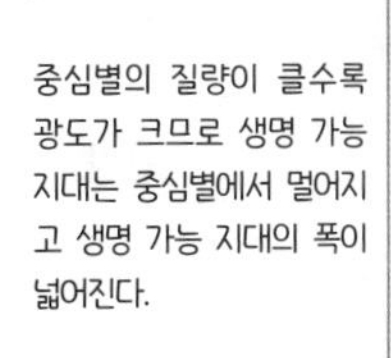

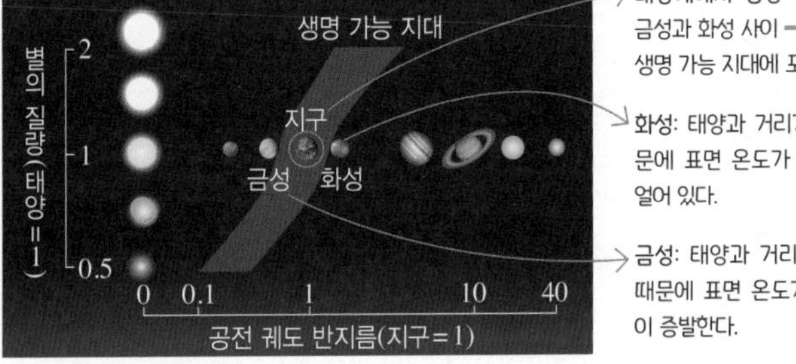

태양계에서 생명 가능 지대: 금성과 화성 사이 ➡ 지구만이 생명 가능 지대에 포함된다.

화성: 태양과 거리가 멀기 때문에 표면 온도가 낮아 물이 얼어 있다.

금성: 태양과 거리가 가깝기 때문에 표면 온도가 높아 물이 증발한다.

(3) 외계 생명체가 존재하기 위한 행성의 조건

생명 가능 지대에 위치	액체 상태의 물이 존재할 수 있도록 행성의 표면 온도가 적절하게 유지될 수 있는 생명 가능 지대에 위치해야 한다.
적당한 중심별의 질량	행성이 생명 가능 지대에 있더라도 중심별의 질량이 적당해야 별의 수명이 충분히 길어서 생명 가능 지대에 오래 머물러 있을 수 있다. → 생명체가 탄생하고 진화하기까지 상당히 긴 시간이 필요하기 때문 - 중심별의 질량이 매우 큰 경우: 중심부에서 많은 에너지를 만들면서 별의 수명이 짧아지므로 행성에서 생명체가 탄생하고 진화할 시간이 부족하다. - 중심별의 질량이 매우 작은 경우: 별의 수명은 길어지지만, 생명 가능 지대가 중심별에 가까워져 별의 중력을 크게 받기 때문에 행성은 자전 주기가 길어져 공전 주기와 같아지므로 낮과 밤의 변화가 없어져 생명체가 존재하기 어려워진다. → 행성은 항상 같은 면만 중심별을 향하게 되어 한쪽 면만 가열된다.
적절한 두께의 대기 존재	• 대기는 우주에서 오는 생명체에 해로운 자외선을 차단한다. • 적절한 두께의 대기는 온실 효과를 일으켜 행성의 온도를 알맞게 유지하고 낮과 밤의 온도 차를 줄여 생명체가 살 수 있는 환경을 만든다.
자기장의 존재	자기장은 우주에서 날아오는 유해한 우주선이나 고에너지 입자를 차단한다.
위성의 존재	위성은 행성의 자전축이 안정적으로 유지될 수 있도록 한다.
적당한 자전축의 경사	자전축이 적당히 기울어져 있어야 계절 변화가 극심하게 나타나지 않는다.

YBM 교과서에만 나와요.

◆ 외계 생명체의 기본 구성 물질 탄소로 추정된다. ➡ 탄소 원자는 다른 원자와 잘 결합하여 다양한 화합물을 만들 수 있고, 탄소 화합물의 하나인 아미노산(단백질의 기본 물질)은 운석이나 성간 기체에서도 흔히 발견되기 때문이다.

◆ 물이 생명체에게 중요한 까닭
- 비열이 크다. ➡ 생명체가 온도를 유지하는 데 도움을 준다.
- 얼음이 될 때 밀도가 작아진다. ➡ 물이 표면부터 얼기 때문에 수중 생태계가 보전될 수 있다.
- 좋은 용매이다. ➡ 생명체의 탄생과 진화에 필요한 다양한 물질을 녹여서 포함한다.

용어

❶ 용매(溶 흐르다, 媒 중매) 물질을 녹여 용액을 만드는 물질로, 일반적으로 액체가 많다.

탐구 자료창 별의 표면 온도와 광도에 따른 생명 가능 지대

288쪽 대표 자료❹

과정 > 그림 (가)는 별의 질량, 반지름, 수명을 나타낸 H-R도이고, (나)는 지구의 형성과 지구에서 생명 진화의 역사를 간단히 나타낸 것이다. (가)를 이용하여 주계열성의 물리량을, (나)를 이용하여 지적 생명체가 존재할 수 있는 중심별의 수명 조건을 확인한다.

(가)

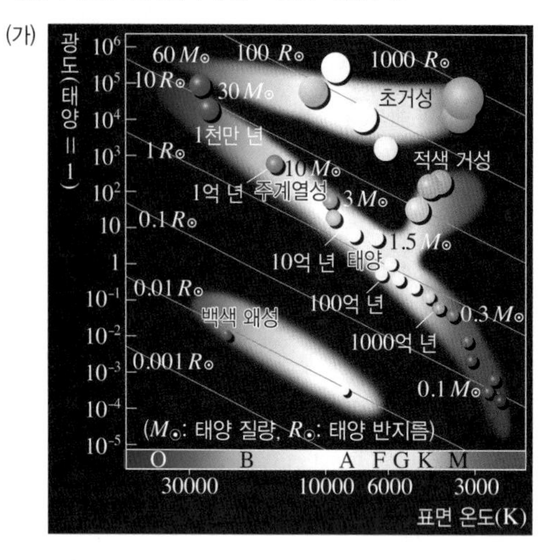

(나)

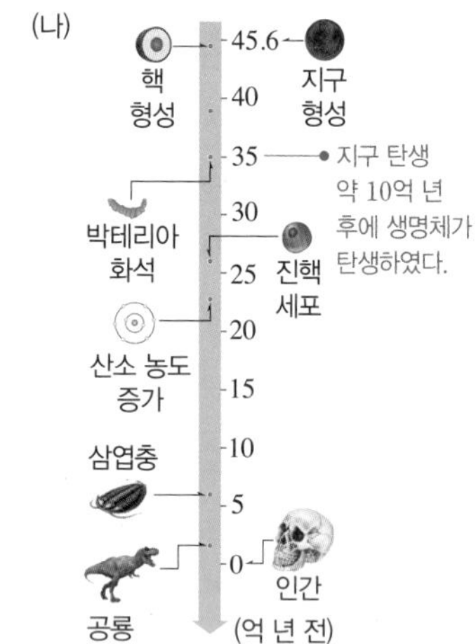

지구에 처음 생명체가 탄생한 것은 지구 탄생 약 10억 년 후이며, 지적 생명체가 탄생한 것은 지구 탄생 약 40억 년 후랍니다.

결과 > 그림 (가)에서 주계열성에 속하는 별의 분광형에 따른 물리량

분광형	O	B	A	F	G	K	M
질량	크다 ←						→ 작다
표면 온도	높다 ←						→ 낮다
광도	크다 ←						→ 작다
반지름	크다 ←						→ 작다
별의 수명	짧다 ←						→ 길다

해석 >
① 주계열성의 질량 변화에 따른 물리량 변화: 주계열성은 질량이 클수록 표면 온도가 높고, 반지름, 광도가 크지만, 수명은 짧다.
② 중심별의 표면 온도와 광도에 따른 생명 가능 지대: 중심별(주계열성)의 표면 온도가 높고 광도가 클수록 생명 가능 지대의 거리가 별로부터 멀어지고 폭이 넓어진다.
③ 생명체가 존재하기 가장 적합한 중심별의 분광형: O형 별은 광도가 커서 생명 가능 지대가 별에서 멀고 폭이 넓지만, 수명이 짧아 행성에 생명체가 탄생하고 진화할 시간이 부족하다. M형 별은 수명은 길지만 광도가 작아 생명 가능 지대가 별에 가까이 위치하므로 행성은 별의 중력을 크게 받아 환경이 불안정해져 생명체가 안정적으로 진화하기 어렵다. 태양과 유사한 G형 별은 표면 온도(광도)가 적당하여 행성에 생명체가 존재할 가능성이 크다.
④ 지적 생명체가 존재할 수 있는 중심별의 수명: 수명이 10억 년 이하인 별은 지적 생명체가 탄생할 수 있는 시간이 충분하지 않다. 수명이 최소 30억 년 이상인 별에서 지적 생명체가 존재할 수 있다.
(수명이 10억 년 이하인 별 → A형 별보다 질량이 큰 별; 수명이 최소 30억 년 이상인 별 → F형 별보다 질량이 작은 별)

확인 문제
1 주계열성은 질량이 클수록 표면 온도가 ㉠(　　　)고, 광도가 ㉡(　　　)다.
2 별의 광도가 클수록 생명 가능 지대는 별에서 (　　　).
3 O형, G형, M형 별 중 별의 수명이 적당히 길어 생명체가 존재할 가능성이 가장 큰 별은?

확인 문제 답
1 ㉠ 높, ㉡ 크
2 멀어진다
3 G형 별

3. 외계 생명체 탐사 활동과 의의

(1) 외계 생명체 탐사 활동

① 태양계 내의 생명체 탐사

가장 직접적인 방법이다.

- 행성이나 ◆위성에 직접 탐사정을 보내 탐사한다. ➡ 태양계 행성 중 지구와 가장 비슷한 환경인 화성에 소저너, 큐리오시티 등을 보내 물과 생명체의 존재 여부를 조사한다.
- 지구의 극한 환경에 사는 생명체를 연구하고, 생명체가 생존할 수 있는 조건을 연구한다.
- 지구에 떨어진 운석을 분석하여 간접적으로 외계 생명체의 존재 유무를 확인한다.

② 태양계 밖의 생명체 탐사

처음에는 미국 정부의 지원을 받는 국가 프로젝트로 시작하였으나 현재는 민간 중심으로 진행되고 있다.

- ❶전파 망원경을 이용한다. 예 세티(SETI) 프로젝트: 외계 지적 생명체가 전파로 신호를 보낸다는 가정 하에 전파 망원경에서 수신한 전파를 분석하여 인공적인 전파를 찾는 활동
- 우주 망원경을 이용하여 생명 가능 지대에 속한 외계 행성을 찾고, 행성의 대기 성분을 분석하여 생명체가 존재할 수 있는 환경인지 파악하는 연구가 진행되고 있다.

세티 프로젝트에 사용되는 앨런 망원경 어레이(ATA)

(2) 외계 생명체 탐사의 의의

① 지구의 생명체가 어떻게 탄생하여 진화했는지 연구하는 데 도움이 된다.

② 우주에 대한 호기심을 해결할 수 있다.

③ 기후 변화, 환경 오염 등의 문제를 해결할 수 있는 실마리를 얻을 수 있다.

④ 인류의 과학 문명을 더욱 발전시켜 더 편리한 생활을 가능하게 할 수 있다.

심화+ 태양계 행성 중 지구에만 생명체가 존재하는 까닭

표는 금성, 지구, 화성의 물리적 특성을 나타낸 것이고, 태양계 행성 중 지구에만 생명체가 존재한다.

구분	금성	지구	화성
태양과의 거리	1억 800만 km	1억 5000만 km	2억 2800만 km
반지름(지구=1)	0.95	1	0.53
자전 주기	243.6일	23시간 56분	24시간 37분
자전축의 경사(기울기)	177°	23.5°	25.2°
평균 표면 온도	480 °C	15 °C	−63 °C
대기압	95기압	1기압	0.01기압
주요 대기 성분	이산화 탄소, 질소	질소, 산소	이산화 탄소, 질소

1. 지구에 생명체가 존재하는 까닭
- 태양으로부터 적당한 거리에 있어 액체 상태의 물이 존재한다.
- 자전 주기에 따른 낮과 밤의 길이가 적당하고, 자전축이 적당히 기울어져 계절 변화가 나타난다.
- 적당한 대기압과 대기 성분에 의한 온실 효과에 의해 적절한 온도가 유지된다.

2. 금성에 생명체가 존재하지 않는 까닭
- 태양으로부터 가까이 있어 물이 증발하여 액체 상태의 물이 존재하지 않는다.
- 자전 주기가 길어 낮과 밤의 길이가 매우 길다.
- 대기압이 높고, 대기 중 이산화 탄소 농도가 높아 온실 효과가 크다. ➡ 평균 표면 온도가 매우 높다.

3. 화성에 생명체가 존재하지 않는 까닭
- 태양으로부터 멀리 있어 액체 상태의 물이 존재하지 않는다. ➡ 물이 얼어 있다.
- 대기압이 낮고, 대기 중 이산화 탄소 농도가 낮아 온실 효과가 거의 없다. ➡ 낮과 밤의 기온 차가 크다.

YBM 교과서에만 나와요.

◆ 생명체가 존재할 가능성이 있는 행성의 위성
- 타이탄(토성의 위성)은 표면 기압이 지구와 비슷하다. 지구와 마찬가지로 대기 주성분이 질소이고, 메테인으로 이루어진 호수의 존재가 확인되었다.
- 유로파(목성의 위성)의 표면은 얼음으로 뒤덮여 있다. 얼음 표면 아래에는 목성과의 조석력에 의해 열에너지가 발생하기 때문에 물로 이루어진 바다가 있을 것으로 추정하고 있다.

궁금해?

외계 지적 생명체를 찾을 때 왜 전파를 분석할까?

우리와 유사한 문명을 가진 존재가 있다면 그들도 통신 수단으로 전파를 이용할 것이라고 생각하기 때문이다. 또, 전파는 우주 공간의 다른 물체에 잘 흡수되지 않아 멀리까지 전달되기 때문이다.

용어

❶ **전파(電 번개, 波 물결) 망원경** 우주 공간에 있는 천체가 내보내는 전파를 관측하기 위한 장치

정답친해 128쪽

핵심 체크

- (❶): 지구가 아닌 다른 천체에 존재하는 생명체
- 생명 가능 지대: 중심별 주위에서 물이 (❷) 상태로 존재할 수 있는 거리의 영역 ➡ 중심별의 광도가 클수록 생명 가능 지대가 멀어지고, 생명 가능 지대의 폭은 넓어진다.
- 외계 생명체가 존재하기 위한 행성의 조건
  - 생명 가능 지대에 속해야 한다.
  - 중심별의 질량이 적당하여 별의 수명이 충분히 길어야 한다.
  - 적절한 두께의 (❸)가 존재해야 한다.
  - 자기장과 위성이 존재해야 한다.
  - (❹)이 적당히 기울어져야 한다.
- 외계 생명체 탐사 활동
  - 태양계 내의 생명체 탐사: 탐사정을 이용한 행성 탐사, 극한 환경에 사는 생명체 연구, 지구에 떨어진 운석 분석 등
  - 태양계 밖의 생명체 탐사: (❺) 망원경(예 세티 프로젝트), 우주 망원경을 이용한 연구 등

1 중심별 주위에서 물이 액체 상태로 존재할 수 있는 거리의 영역을 무엇이라고 하는지 쓰시오.

2 생명 가능 지대에 대한 설명 중 ( ) 안에 알맞은 말을 고르시오.

(1) 생명 가능 지대는 중심별의 (밀도, 광도)의 영향을 받는다.

(2) 중심별의 광도가 (클수록, 작을수록) 생명 가능 지대는 별에서 멀어지고, 생명 가능 지대의 폭은 넓어진다.

(3) 중심별과 행성 사이의 거리가 너무 가까우면 행성의 물은 (고체, 액체, 기체) 상태가 된다.

(4) 태양계 행성 중 (금성, 지구, 화성)이(가) 생명 가능 지대에 속한다.

3 외계 생명체가 존재하기 위한 행성의 조건에 대한 설명으로 옳은 것은 ○, 옳지 않은 것은 ×로 표시하시오.

(1) 행성이 중심별에서 멀수록 생명체가 존재할 가능성이 크다. ( )

(2) 고체 상태의 물이 존재해야 한다. ( )

(3) 중심별의 진화 속도가 빨라야 한다. ( )

(4) 중심별의 수명이 충분히 길어야 한다. ( )

(5) 적절한 두께의 대기가 있어야 한다. ( )

(6) 자기장이 있어야 한다. ( )

4 그림은 H-R도에 주계열성의 질량과 수명을 나타낸 것이다. (단, $M_{\odot}$은 태양 질량이다.)

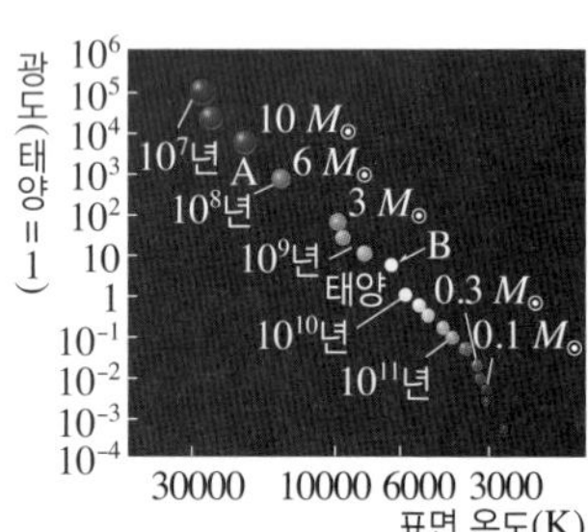

(1) 주계열성은 질량이 클수록 광도가 ㉠(크고, 작고), 수명이 ㉡(길다, 짧다).

(2) 주계열성인 중심별의 질량이 클수록 생명 가능 지대는 중심별에서 ㉠(멀어, 가까워)지고, 생명 가능 지대의 폭은 ㉡(넓어, 좁아)진다.

(3) 행성이 탄생하여 최초의 생명체가 출현하는 데 약 10억 년이 걸린다고 할 때, 외계 생명체 탐사를 위해서는 A, B 중 어느 별의 행성을 조사하는 것이 적합한지 고르시오.

5 세티(SETI) 프로젝트는 ㉠( )를 탐사하는 연구 계획을 통틀어 부르는 말이다. ㉠( )가 전파로 신호를 보낸다는 가정 하에 ㉡( )에서 수신한 전파를 분석하여 인공적인 전파를 찾는 것을 목적으로 한다.

대표 자료 분석

정답친해 128쪽

자료 1 외계 행성의 탐사 방법

기출 Point
- 외계 행성의 탐사 원리 이해하기
- 각 탐사 방법의 특징 알기

[1~2] 그림은 외계 행성을 탐사하는 방법을 나타낸 것이다.

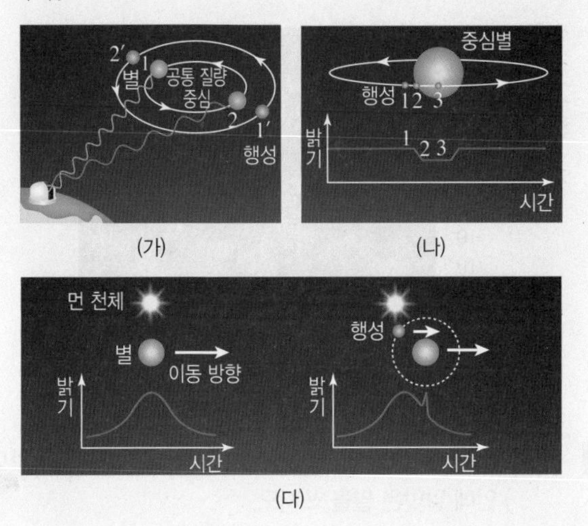

(다)

1 (가)~(다)에 해당하는 탐사 방법을 [보기]에서 각각 고르시오.

보기
ㄱ. 식 현상 이용
ㄴ. 시선 속도 변화 이용
ㄷ. 미세 중력 렌즈 현상 이용

2 빈출 선택지로 완벽 정리!

(1) (가)는 도플러 효과를 이용하여 행성을 찾아낸다. (○ / ×)

(2) (나)는 별빛이 휘어지는 현상을 이용하여 외계 행성을 탐사한다. (○ / ×)

(3) (다)는 먼 천체의 밝기 변화를 관측하여 외계 행성을 탐사한다. (○ / ×)

(4) (가)와 (나)는 행성의 밀도가 클수록 탐사에 유리하다. (○ / ×)

(5) (다)는 행성의 공전 궤도면과 관측자의 시선 방향이 나란할 때에만 관측이 가능하다. (○ / ×)

자료 2 발견된 외계 행성계의 특징

기출 Point
- 외계 행성 발견에 이용된 탐사 방법 파악하기
- 지금까지 발견된 외계 행성의 물리량 분석하기

[1~3] 그림 (가)와 (나)는 최근까지 발견된 외계 행성의 물리량을 분석하여 그래프로 나타낸 것이다.

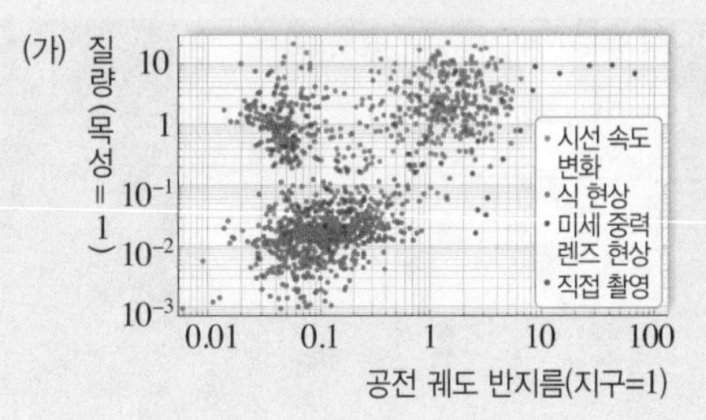

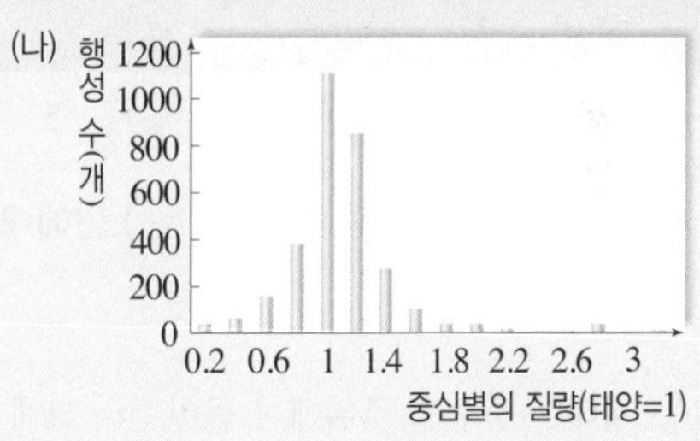

1 (가)에서 외계 행성 발견에 가장 많이 이용된 탐사 방법 두 가지를 쓰시오.

2 (나)에서 외계 행성이 많이 발견되는 중심별의 질량은 태양 질량의 몇 배인가?

① 0.2배~0.8배
② 0.4배~1.0배
③ 0.8배~1.4배
④ 1.2배~1.8배
⑤ 1.4배~2.0배

3 빈출 선택지로 완벽 정리!

(1) 지구보다 큰 공전 궤도 반지름을 가진 외계 행성들은 대체로 질량이 큰 것들이 발견된다. (○ / ×)

(2) 외계 행성의 공전 궤도 반지름은 시선 속도 변화보다 식 현상을 이용하여 알아낸 것이 대체로 크다. (○ / ×)

(3) 지금까지 태양과 질량이 비슷한 별에서 외계 행성이 가장 많이 발견되었다. (○ / ×)

자료 ③ 생명 가능 지대

기출 Point
- 별의 질량과 광도에 따른 생명 가능 지대 이해하기
- 생명 가능 지대로 생명체 존재 가능성 분석하기

[1~3] 그림은 별(주계열성)의 질량에 따른 생명 가능 지대의 범위를 나타낸 것이다.

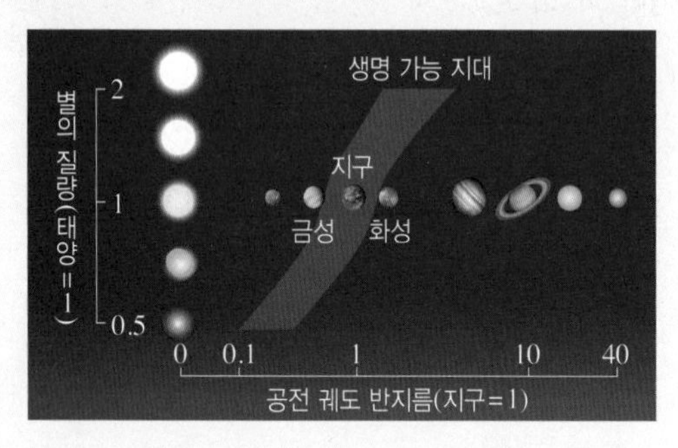

1 생명 가능 지대에 대한 설명 중 ( ) 안에 알맞은 말을 고르시오.

> 생명 가능 지대는 중심별 주위에서 물이 ㉠(고체, 액체, 기체) 상태로 존재하는 거리의 영역이다. 주계열성인 중심별의 질량이 클수록 광도가 ㉡(크, 작)다. 중심별의 광도가 클수록 생명 가능 지대는 별에서 ㉢(멀어진다, 가까워진다).

2 태양계 행성 중 생명 가능 지대에 포함된 행성을 쓰시오.

3 빈출 선택지로 완벽 정리!

(1) 중심별의 광도가 클수록 생명 가능 지대의 폭이 넓어진다. (○ / ×)

(2) 중심별의 질량이 클수록 생명체가 존재할 수 있는 행성의 공전 궤도 반지름은 작아진다. (○ / ×)

(3) 행성에 생명체가 존재하려면 중심별의 수명이 충분히 길어야 한다. (○ / ×)

(4) 태양계의 생명 가능 지대는 시간이 지나도 변하지 않는다. (○ / ×)

자료 ④ 외계 생명체가 존재할 가능성

기출 Point
- 별(주계열성)의 물리량 사이의 관계 이해하기
- 별의 물리량에 따른 외계 생명체 존재 가능성 파악하기

[1~4] 그림은 H-R도에 별(주계열성)의 질량과 수명을 나타낸 것이다.

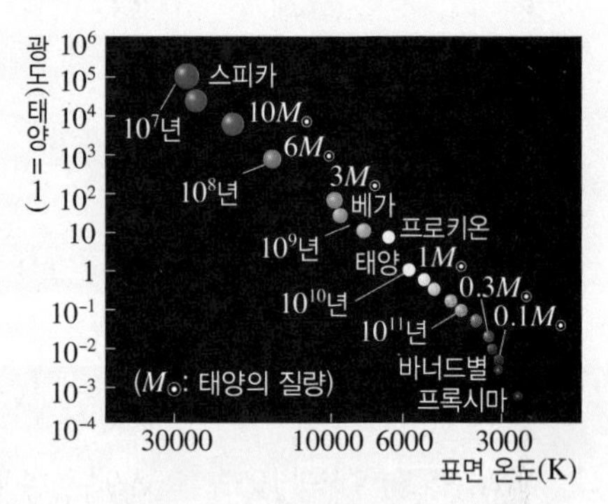

1 그림에 나타난 별의 물리량 사이의 관계를 이용하여 ( ) 안에 알맞은 말을 쓰시오.

분광형	O B A F G K M		
질량	크다	←→	작다
표면 온도	㉠( )	←→	㉡( )
광도	㉢( )	←→	㉣( )
별의 수명	㉤( )	←→	㉥( )

2 프록시마는 광도가 매우 ㉠(작기, 크기) 때문에 행성이 생명 가능 지대에 속하기 위해서는 프록시마로부터 거리가 ㉡(멀어야, 가까워야) 한다.

3 스피카는 ( )이 짧아 스피카를 중심별로 하는 외계 행성은 생명체가 탄생하고 진화할 시간이 부족하다.

4 빈출 선택지로 완벽 정리!

(1) 별의 질량이 클수록 수명이 길다. (○ / ×)

(2) 스피카보다 프로키온을 중심별로 하는 행성에 지적 생명체가 존재할 가능성이 크다. (○ / ×)

(3) 바너드별을 중심별로 하는 행성이 적당한 온도를 가지려면 별에서 멀리 있어야 한다. (○ / ×)

내신 만점 문제

정답친해 130쪽

A 외계 행성계 탐사

01 외계 행성 탐사 방법에 대한 설명으로 옳지 않은 것은?

① 외계 행성은 주로 간접적인 방법으로 탐사한다.
② 별빛의 도플러 효과로 중심별의 시선 속도 변화를 알아내어 행성을 찾는다.
③ 식 현상은 별빛의 파장 변화로 행성의 존재를 탐사한다.
④ 미세 중력 렌즈 현상은 중력에 의해 빛이 굴절되는 현상을 이용하여 행성을 찾는 방법이다.
⑤ 직접 촬영하여 행성을 찾을 때에는 중심별을 가린다.

중요 **02** 그림 (가)는 외계 행성 탐사 방법을, (나)는 중심별이 A 위치부터 1회 공전하는 동안 관측한 중심별의 스펙트럼을 나타낸 것이다.

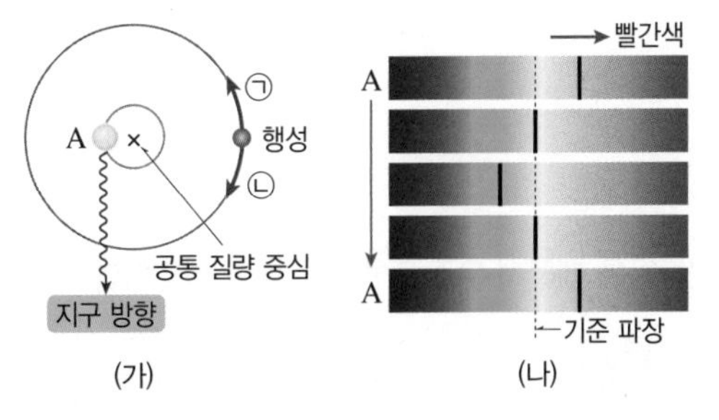

(가) (나)

이에 대한 설명으로 옳은 것만을 [보기]에서 있는 대로 고른 것은?

보기
ㄱ. 중심별이 A 위치일 때 별빛 스펙트럼의 적색 편이가 나타난다.
ㄴ. 행성의 공전 방향은 ㉠이다.
ㄷ. 행성의 질량이 클수록 스펙트럼의 흡수선 파장 변화가 커진다.

① ㄱ ② ㄴ ③ ㄱ, ㄷ
④ ㄴ, ㄷ ⑤ ㄱ, ㄴ, ㄷ

서술형 **03** 중심별의 시선 속도 변화를 이용하여 외계 행성을 탐사할 때 행성의 질량이 클수록 탐사에 유리한 까닭을 서술하시오.

중요 **04** 그림은 어느 외계 행성과 중심별이 공통 질량 중심을 중심으로 공전할 때 측정한 중심별의 시선 속도 변화를 나타낸 것이다. 외계 행성의 공전 궤도면은 시선 방향에 나란하다.

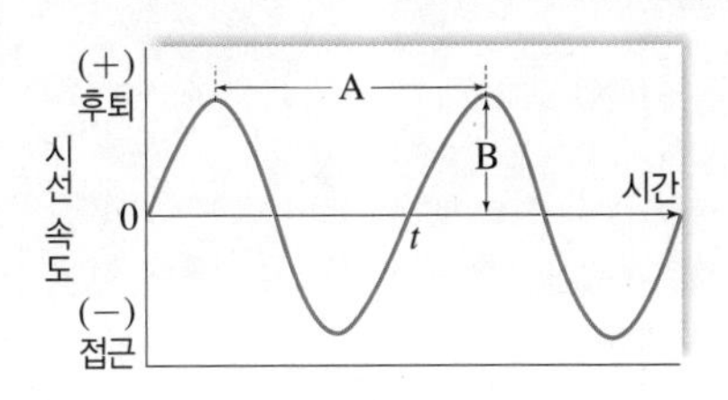

이에 대한 설명으로 옳은 것만을 [보기]에서 있는 대로 고른 것은?

보기
ㄱ. 외계 행성의 공전 주기는 A이다.
ㄴ. 외계 행성의 공전 궤도면이 시선 방향에 수직일 경우에 B는 현재보다 커진다.
ㄷ. t일 때 외계 행성이 중심별을 가리는 식 현상이 일어난다.

① ㄱ ② ㄴ ③ ㄱ, ㄷ
④ ㄴ, ㄷ ⑤ ㄱ, ㄴ, ㄷ

05 그림 (가)는 어느 외계 행성이 별 주위를 공전하는 모습을, (나)는 이 별의 겉보기 밝기를 시간에 따라 나타낸 것이다.

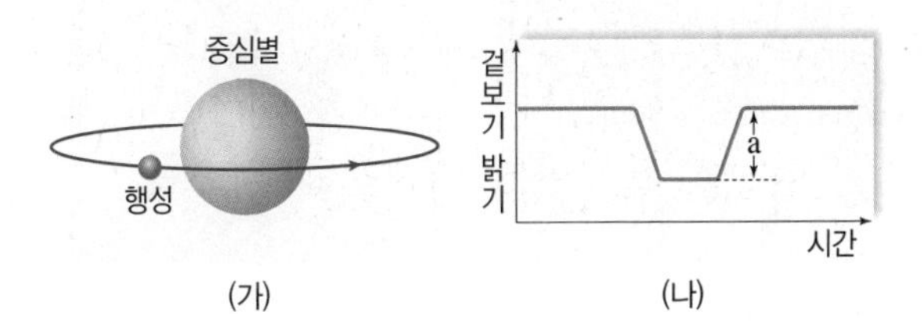

(가) (나)

이에 대한 설명으로 옳은 것만을 [보기]에서 있는 대로 고른 것은?

보기
ㄱ. 행성의 반지름이 클수록 a 값은 크게 나타난다.
ㄴ. (나)에서 밝기가 감소한 시간은 행성이 중심별의 뒷면을 지나는 시간이다.
ㄷ. 관측자의 시선 방향이 행성의 공전 궤도면과 나란할 경우 (나)를 관측할 수 있다.

① ㄱ ② ㄴ ③ ㄷ
④ ㄱ, ㄷ ⑤ ㄴ, ㄷ

06 그림 (가)와 (나)는 외계 행성을 탐사하는 방법을 나타낸 것이다.

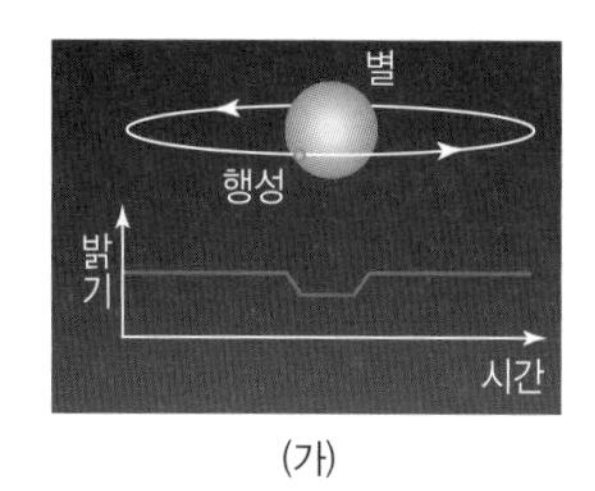

(가)

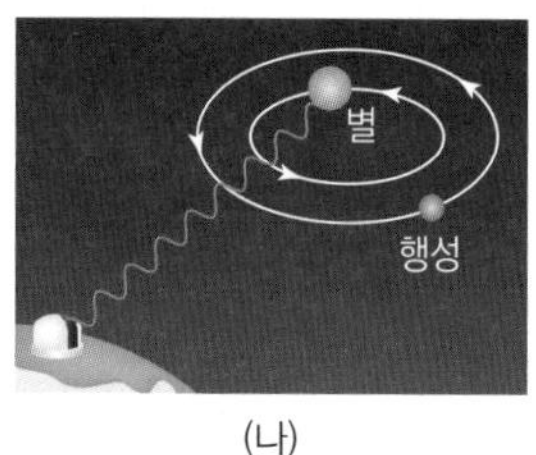

(나)

이에 대한 설명으로 옳은 것만을 [보기]에서 있는 대로 고른 것은?

보기
ㄱ. (가)는 별의 밝기 변화를 측정하여 탐사한다.
ㄴ. (나)와 같이 별과 행성이 위치하면 청색 편이가 나타난다.
ㄷ. (가)와 (나) 모두 관측자의 시선 방향과 행성의 공전 궤도면이 수직일 때 이용할 수 있다.

① ㄱ ② ㄴ ③ ㄷ
④ ㄱ, ㄴ ⑤ ㄴ, ㄷ

중요

07 그림 (가)는 별 A 앞에서 별 B가 이동하고 있는 모습을, (나)는 이때 A의 밝기 변화를 나타낸 것이다.

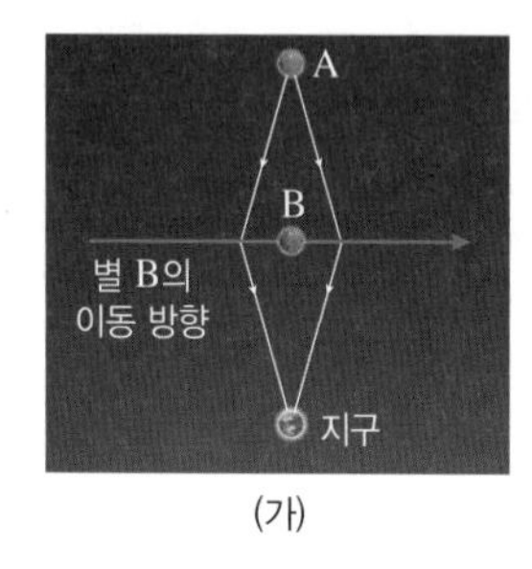

(가)

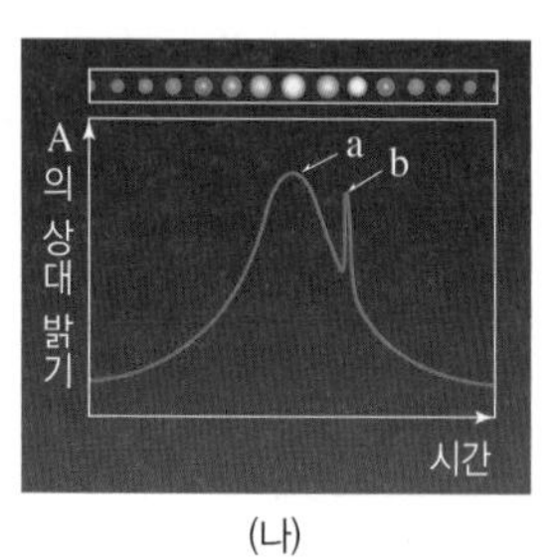

(나)

이에 대한 설명으로 옳은 것만을 [보기]에서 있는 대로 고른 것은?

보기
ㄱ. A의 밝기 변화는 B에 의한 미세 중력 렌즈 현상 때문에 나타난다.
ㄴ. (나)에서 a는 A와 B가 관측자의 시선 방향으로 일직선상에 놓일 때의 밝기이다.
ㄷ. (나)에서 b는 A에 행성이 있기 때문에 나타난다.

① ㄱ ② ㄷ ③ ㄱ, ㄴ
④ ㄴ, ㄷ ⑤ ㄱ, ㄴ, ㄷ

서술형

08 그림은 먼 천체의 밝기 변화를 관측하여 별 주변의 외계 행성을 탐사하는 원리를 나타낸 것이다.

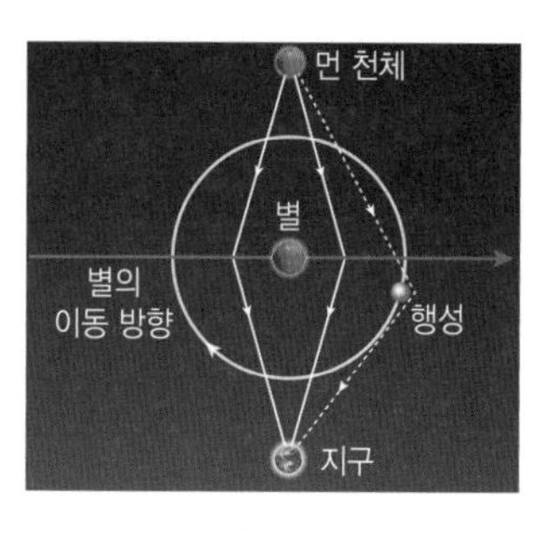

(1) 이 탐사 방법에서 이용하는 현상을 쓰시오.

(2) 이 탐사 방법의 특징과 한계점을 한 가지씩 서술하시오.

09 다음은 케플러 우주 망원경에 대한 설명이다.

> 우주 망원경을 이용하여 태양이 아닌 다른 항성 주위를 공전하는 ㉠지구형 행성을 찾기 위해 케플러 우주 망원경을 개발하였다. 이 망원경은 외계 행성에 의해 중심별의 밝기가 감소하는 것을 감지하는 광도계를 갖추고 있다. 2009년에 발사되어 현재까지 수천 개의 외계 행성을 발견하였다.

이에 대한 설명으로 옳은 것만을 [보기]에서 있는 대로 고른 것은?

보기
ㄱ. ㉠은 지구형 행성이 목성형 행성에 비해 생명체가 존재할 가능성이 더 크기 때문이다.
ㄴ. 케플러 우주 망원경은 별의 시선 속도 변화를 이용하여 외계 행성을 찾는다.
ㄷ. 케플러 우주 망원경으로 발견된 외계 행성의 공전 궤도면은 대부분 관측자의 시선 방향과 거의 나란하다.

① ㄱ ② ㄴ ③ ㄱ, ㄷ
④ ㄴ, ㄷ ⑤ ㄱ, ㄴ, ㄷ

10 그림 (가)와 (나)는 지금까지 발견된 외계 행성들의 물리량을 분석하여 나타낸 것이다.

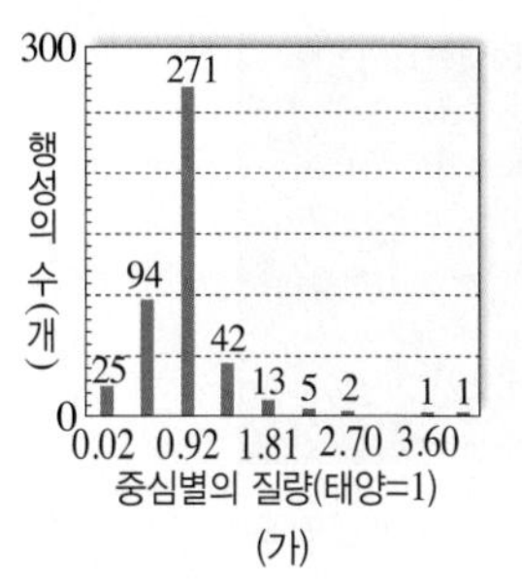

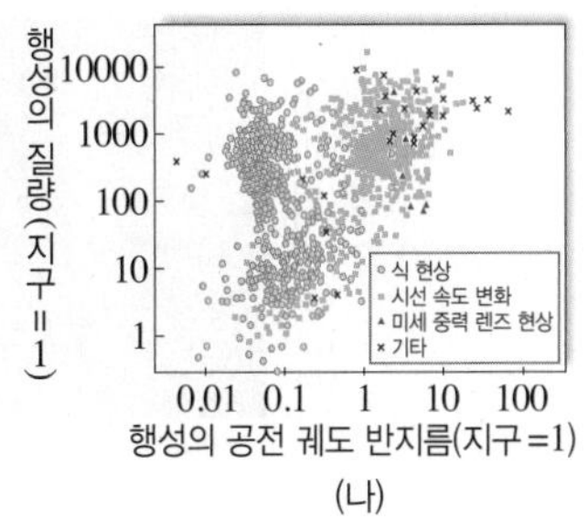

이에 대한 설명으로 옳은 것만을 [보기]에서 있는 대로 고른 것은?

보기
ㄱ. 질량이 태양보다 큰 중심별에서 외계 행성이 많이 발견되었다.
ㄴ. 식 현상을 이용하여 발견된 행성의 수가 가장 적다.
ㄷ. 공전 궤도 반지름이 지구보다 큰 행성들은 대체로 지구보다 질량이 크다.

① ㄱ ② ㄷ ③ ㄱ, ㄴ
④ ㄴ, ㄷ ⑤ ㄱ, ㄴ, ㄷ

B 외계 생명체 탐사

11 그림은 주계열성의 표면 온도에 따른 생명 가능 지대를 나타낸 것이다. 이에 대한 설명으로 옳은 것만을 [보기]에서 있는 대로 고른 것은?

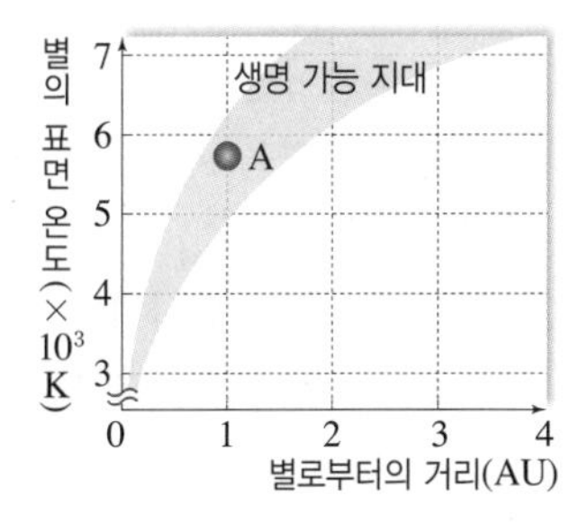

보기
ㄱ. 별의 표면 온도가 낮을수록 생명 가능 지대의 폭은 좁아진다.
ㄴ. 행성 A에는 액체 상태의 물이 존재할 수 있다.
ㄷ. 별의 표면 온도가 5000 K이고, 별로부터의 거리가 2 AU인 행성에는 생명체 존재 가능성이 크다.

① ㄱ ② ㄷ ③ ㄱ, ㄴ
④ ㄴ, ㄷ ⑤ ㄱ, ㄴ, ㄷ

12 그림은 주계열성인 중심별의 질량에 따른 생명 가능 지대와 서로 다른 별 주위를 돌고 있는 행성 A~C를 나타낸 것이다.

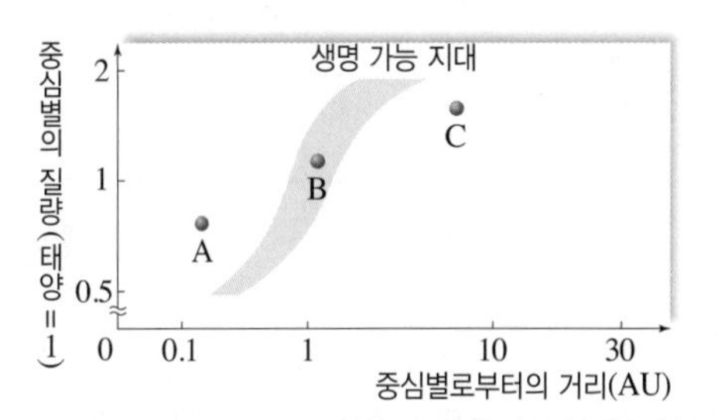

이에 대한 설명으로 옳은 것만을 [보기]에서 있는 대로 고른 것은?

보기
ㄱ. 절대 등급은 A의 중심별이 C의 중심별보다 작다.
ㄴ. 행성의 표면 온도는 B가 A보다 낮다.
ㄷ. 중심별의 질량이 클수록 행성이 생명 가능 지대에 머무를 수 있는 시간이 길다.

① ㄱ ② ㄴ ③ ㄱ, ㄷ
④ ㄴ, ㄷ ⑤ ㄱ, ㄴ, ㄷ

13 표는 주계열성 A~C의 질량, 생명 가능 지대의 범위, 생명 가능 지대에 위치한 행성의 공전 궤도 반지름을 나타낸 것이다.

주계열성	질량 (태양=1)	생명 가능 지대 (AU)	공전 궤도 반지름(AU)
A	(　　)	0.3~0.5	0.4
B	1.2	1.2~2.0	1.5
C	2.0	(　　)	3.0

이에 대한 설명으로 옳은 것만을 [보기]에서 있는 대로 고른 것은?

보기
ㄱ. A의 질량은 1.2보다 크다.
ㄴ. 별의 표면 온도는 A가 B보다 높다.
ㄷ. 생명 가능 지대의 폭은 C가 B보다 넓다.

① ㄱ ② ㄷ ③ ㄱ, ㄴ
④ ㄴ, ㄷ ⑤ ㄱ, ㄴ, ㄷ

14 그림 (가)와 (나)는 태양과 별 S의 생명 가능 지대를 나타낸 것이다.

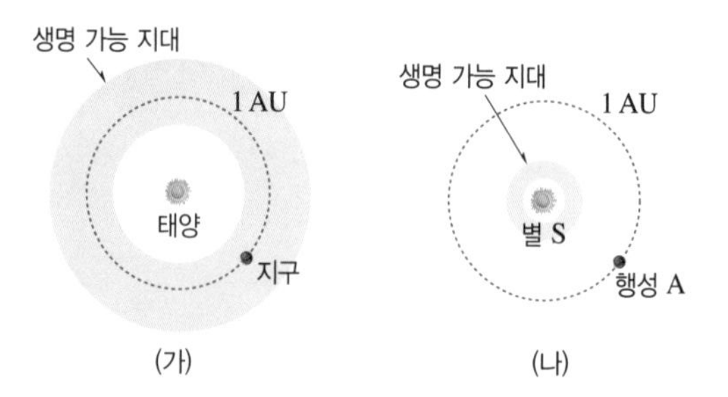

이에 대한 설명으로 옳은 것만을 [보기]에서 있는 대로 고른 것은? (단, 별 S는 주계열성이다.)

보기
ㄱ. 별 S는 태양보다 질량이 작다.
ㄴ. 행성 A에 물이 있다면 기체 상태로 존재할 것이다.
ㄷ. (가)는 (나)보다 액체 상태의 물이 존재할 수 있는 영역의 폭이 좁다.

① ㄱ ② ㄷ ③ ㄱ, ㄴ
④ ㄴ, ㄷ ⑤ ㄱ, ㄴ, ㄷ

중요
15 행성에 생명체가 존재하기 위한 조건으로 옳은 것은?

① 행성의 표면 온도가 높아야 한다.
② 중심별의 진화 속도가 빨라야 한다.
③ 자전축의 경사가 자주 변해야 한다.
④ 표면에 고체 상태의 물이 존재해야 한다.
⑤ 적절한 두께와 조성의 대기가 있어야 한다.

서술형
16 태양계에서 지구에만 유일하게 생명체가 존재하는 까닭을 세 가지만 서술하시오.

중요
17 그림은 H-R도에 주계열성의 질량과 수명을 나타낸 것이다.

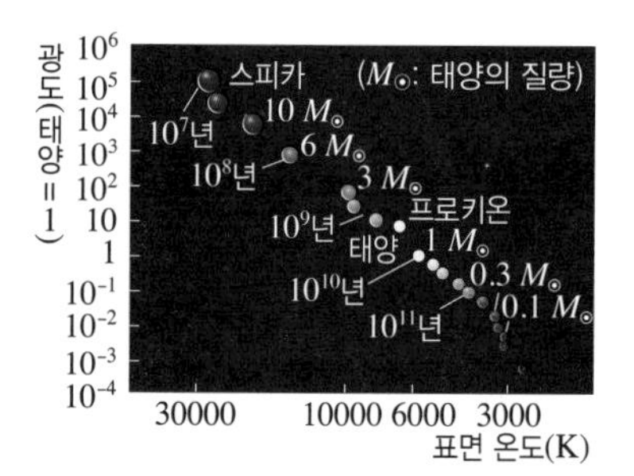

이에 대한 설명으로 옳은 것만을 [보기]에서 있는 대로 고른 것은?

보기
ㄱ. 별의 광도가 클수록 수명이 짧다.
ㄴ. 중심별로부터 생명 가능 지대까지의 거리는 프로키온이 스피카보다 가깝다.
ㄷ. 별의 질량이 매우 크면 행성이 생명 가능 지대에 있더라도 행성에 낮과 밤의 변화가 없어져 생명체가 존재하기 어렵다.

① ㄱ ② ㄷ ③ ㄱ, ㄴ
④ ㄴ, ㄷ ⑤ ㄱ, ㄴ, ㄷ

18 외계 생명체 탐사 활동과 의의에 대한 설명으로 옳지 않은 것은?

① 별(항성)에 탐사정을 보내 탐사한다.
② 지구의 극한 환경에 사는 생명체를 연구한다.
③ 지구에 떨어진 운석을 분석하여 간접적으로 연구한다.
④ 우주 망원경을 이용하여 생명 가능 지대에 속한 외계 행성을 찾는다.
⑤ 외계 생명체를 탐사하면 지구 생명체의 탄생과 진화를 연구하는 데 도움이 된다.

19 세티(SETI) 프로젝트에 대한 설명으로 옳은 것만을 [보기]에서 있는 대로 고른 것은?

보기
ㄱ. 외계 지적 생명체를 찾는 활동이다.
ㄴ. 우주 망원경이 주로 이용된다.
ㄷ. 외계에서 오는 신호 중 인공적인 전파를 찾는다.

① ㄱ ② ㄴ ③ ㄷ
④ ㄱ, ㄴ ⑤ ㄱ, ㄷ

실력 UP 문제

정답친해 132쪽

01 그림 (가)는 시선 속도 변화를 이용한 외계 행성 탐사 방법을, (나)는 행성이 A, B, C를 지날 때 관측된 중심별의 스펙트럼에서 어느 흡수선의 파장 변화를 나타낸 것이다. 행성은 원 궤도를 따라 공전하며, 공전 궤도면은 관측자의 시선 방향과 나란하다.

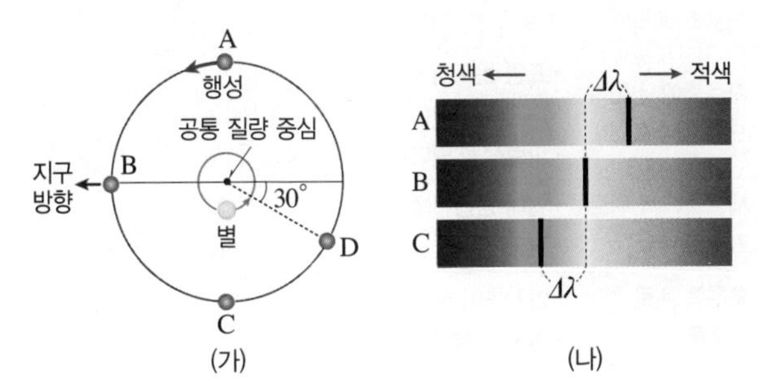

이에 대한 설명으로 옳은 것만을 [보기]에서 있는 대로 고른 것은? (단, $\Delta\lambda$는 스펙트럼의 최대 편이량이다.)

보기

ㄱ. 행성의 질량이 클수록 (나)에서 $\Delta\lambda$가 커진다.
ㄴ. 행성이 D를 지날 때 흡수선의 파장 변화량은 $\frac{1}{\sqrt{2}}\Delta\lambda$이다.
ㄷ. 식 현상을 이용하여 행성의 존재를 확인할 수 있다.

① ㄱ ② ㄴ ③ ㄱ, ㄷ ④ ㄴ, ㄷ ⑤ ㄱ, ㄴ, ㄷ

02 그림은 행성 A와 B가 공전하고 있는 중심별의 밝기 변화를 나타낸 것이다.

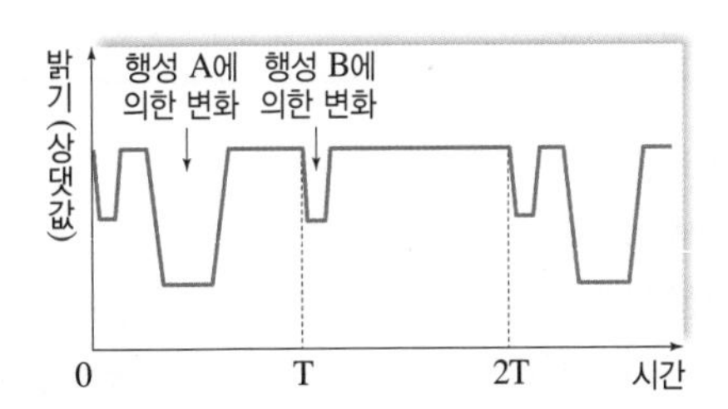

이에 대한 설명으로 옳은 것만을 [보기]에서 있는 대로 고른 것은? (단, A와 B는 원 궤도를 따라 같은 방향으로 공전한다.)

보기

ㄱ. A와 B의 공전 주기의 비는 2 : 1이다.
ㄴ. 행성의 반지름은 A가 B보다 크다.
ㄷ. 식 현상이 지속되는 시간은 B가 A보다 길다.

① ㄱ ② ㄷ ③ ㄱ, ㄴ ④ ㄴ, ㄷ ⑤ ㄱ, ㄴ, ㄷ

03 표는 주계열성 A, B, C를 각각 원 궤도로 공전하는 외계 행성 a, b, c의 질량, 반지름, 공전 궤도 반지름을 나타낸 것이다. 세 별의 질량과 반지름, 표면 온도는 각각 같으며, 행성의 공전 궤도면은 관측자의 시선 방향과 나란하다.

외계 행성	질량 (지구=1)	반지름 (지구=1)	공전 궤도 반지름(AU)
a	0.15	0.8	2.5
b	10.2	2.5	1.0
c	5.1	0.9	1.0

이에 대한 설명으로 옳은 것만을 [보기]에서 있는 대로 고른 것은? (단, 행성의 표면 온도는 중심별로부터의 거리에 의해서만 변한다.)

보기

ㄱ. 행성의 식 현상에 의한 중심별의 겉보기 밝기 변화는 A가 B보다 크다.
ㄴ. 중심별의 시선 속도 변화량은 B가 C보다 크다.
ㄷ. 행성의 표면 온도는 c가 a보다 높다.

① ㄱ ② ㄷ ③ ㄱ, ㄴ ④ ㄴ, ㄷ ⑤ ㄱ, ㄴ, ㄷ

04 그림은 외계 행성이 주계열성인 중심별로부터 받는 복사 에너지양과 중심별의 표면 온도를 나타낸 것이다. 행성 A, B, C 중 B와 C만 생명 가능 지대에 위치한다.

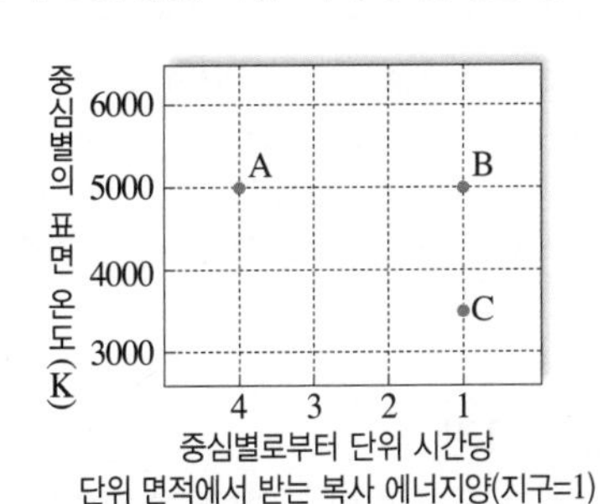

이에 대한 설명으로 옳은 것만을 [보기]에서 있는 대로 고른 것은? (단, 행성은 흑체이고, 행성의 대기 효과는 무시한다.)

보기

ㄱ. 행성이 복사 평형을 이룰 때, 표면 온도는 A가 B의 4배이다.
ㄴ. 공전 궤도 반지름은 B가 C보다 크다.
ㄷ. A의 중심별의 광도가 커지면 A는 생명 가능 지대에 속할 수 있다.

① ㄱ ② ㄴ ③ ㄱ, ㄷ ④ ㄴ, ㄷ ⑤ ㄱ, ㄴ, ㄷ

1 별의 물리량

1. 별의 표면 온도 색, 색지수, 분광형으로 알 수 있다.

(1) **별의 색**: 별은 표면 온도가 높을수록 최대 에너지를 방출하는 파장이 짧다. ➡ 표면 온도가 (❶) 파란색을 띠고, 표면 온도가 (❷) 붉은색을 띤다.

(2) **별의 색지수**: 표면 온도가 높을수록 색지수가 작다.

구분	표면 온도가 높은 별	표면 온도가 낮은 별
등급	• 사진 등급<안시 등급 • B 등급<V 등급	• 사진 등급>안시 등급 • B 등급>V 등급
색지수	(❸)	(❹)

(3) **별의 분광형**: 표면 온도에 따라 다르게 나타나는 흡수선의 종류와 세기를 기준으로 스펙트럼을 분류한 것

분광형	O	B	A	F	G	K	M
표면 온도(K)	30000 이상	10000 ~ 30000	7500 ~ 10000	6000 ~ 7500	5000 ~ 6000	3500 ~ 5000	3500 이하
색	파란색	청백색	흰색	황백색	노란색	주황색	붉은색
색지수	작다 ⟵						⟶ 크다
흡수선	• O형: 이온화된 헬륨(He Ⅱ) 흡수선이 강하다. • A형: (❺)(H Ⅰ) 흡수선이 가장 강하다. • 태양(G형): 이온화된 칼슘(Ca Ⅱ) 흡수선이 강하다. • 표면 온도가 낮은 별의 분광형: 금속 원소의 흡수선이 강하다.						

2. 별의 광도와 크기

(1) **광도**: 단위 시간 동안 별의 표면에서 방출되는 에너지의 총량 ➡ (❻) 등급을 비교하여 알 수 있다.

(2) **별의 크기**: 별의 광도와 표면 온도로 알 수 있다.

슈테판·볼츠만 법칙	$E=\sigma T^4$ (σ: 슈테판·볼츠만 상수, T: 표면 온도)
별의 광도	$L=4\pi R^2 \cdot \sigma T^4$ (L: 광도, R: 반지름)
별의 크기	$R \propto \frac{\sqrt{L}}{T^2}$ • 별의 반지름이 같을 때, 표면 온도가 높을수록 광도가 크다. • 별의 표면 온도가 같을 때, 반지름이 클수록 광도가 (❼).

2 H-R도와 별의 분류

1. H-R도

가로축 물리량	별의 표면 온도, 분광형(스펙트럼형), 색지수	
세로축 물리량	별의 광도, 절대 등급	
가로축에서 왼쪽으로 갈수록	• 표면 온도가 높다. • 색지수가 작다. • 파란색을 띤다.	절대 등급 −5, 0, +5, +10, +15 / 초거성, 거성, 태양, 주계열성, 백색 왜성 / O B A F G K M 분광형
세로축에서 위로 갈수록	• 절대 등급이 작다. • 광도가 (❽).	
오른쪽 위로 갈수록	• 반지름이 크다. • 밀도가 작다.	

2. H-R도에서의 별의 종류

별의 분류	특징
주계열성	• H-R도에서 왼쪽 위에서 오른쪽 아래로 이어지는 좁은 띠 영역에 분포하는 별들 • 별의 약 90 %가 주계열성에 속한다. • 왼쪽 위에 분포할수록 질량이 크고, 표면 온도가 높다.
거성	• H-R도에서 주계열성의 오른쪽 위에 분포하는 별들 • 표면 온도가 낮지만, 반지름이 커서 광도가 크다.
(❾)	• H-R도에서 거성보다 위쪽에 분포하는 별들 • 반지름이 매우 커서 광도가 매우 크다.
(❿)	• H-R도에서 주계열성의 왼쪽 아래에 분포하는 별들 • 표면 온도는 높지만 반지름이 매우 작아 광도가 작고, 평균 밀도가 매우 크다.

3 별의 진화

1. 별의 탄생

(1) **별이 탄생하는 곳**: 성운 중 밀도가 크고 온도가 낮은 영역

(2) **별의 탄생 과정**: 성운의 중력 수축 → 원시별 형성 → 중심부의 온도가 1000만 K에 이르면 수소 핵융합 반응 시작 → 별(주계열성) 탄생

➡ 원시별의 질량에 따른 진화 경로: 원시별의 질량이 클수록 광도가 크고 표면 온도가 높은 주계열성이 된다.

2. 주계열성 중심핵에서 수소 핵융합 반응으로 에너지를 생성하고 크기가 일정한 별

(1) **크기**: 별의 크기가 변하지 않고 일정하다.

(2) **질량과 수명**: 별의 질량이 클수록 수명이 (⓫).

3. 주계열 이후의 별의 진화

(1) 태양과 질량이 비슷한 별의 진화

단계	진화
적색 거성	• 주계열성의 중심핵에서 수소 핵융합 반응이 멈추면 별이 팽창하여 적색 거성이 되고, 중심부의 온도가 상승하여 헬륨 핵융합 반응이 시작된다. • 중심핵에서는 탄소와 산소가 생성되고, 중심핵을 둘러싼 수소층에서는 헬륨이 생성된다.
행성상 성운, (⑫)	적색 거성 중심부의 헬륨이 모두 소모되면 별 바깥층의 물질이 우주 공간으로 방출되어 행성상 성운이 만들어지고, 중심핵은 수축하여 백색 왜성이 된다.

(2) 태양보다 질량이 매우 큰 별의 진화

단계	진화
초거성	• 거성보다 훨씬 크고 광도가 큰 초거성이 된다. • 중심부의 온도가 높아 헬륨, 탄소, 산소, 규소 등이 차례로 생성되고, 최종적으로 철이 생성된다.
(⑬)	• 초거성에서 마지막 핵융합 반응이 끝나면 중력 수축이 일어나 강한 충격이 별의 바깥 부분을 빠르게 밀어내며 폭발하여 초신성이 된다. • 철보다 무거운 원소가 생성된다.
중성자별 또는 블랙홀	초신성 폭발 후 중심핵은 수축하여 밀도가 매우 큰 중성자별이나 블랙홀이 된다.

4 별의 에너지원과 내부 구조

1. 별의 에너지원

(1) 원시별의 에너지원: (⑭   ) 에너지 ➡ 중력에 의해 수축하면서 위치 에너지의 감소로 발생한다.

(2) 주계열성의 에너지원: (⑮   ) 반응 ➡ 4개의 수소 원자핵이 융합하여 1개의 헬륨 원자핵을 만든다.

질량이 태양과 비슷하여 중심부 온도가 약 1800만 K 이하인 주계열성	질량이 태양의 약 2배 이상이고 중심부 온도가 약 1800만 K 이상인 주계열성
양성자·양성자 반응(p-p 반응)이 우세하게 일어난다.	탄소·질소·산소 순환 반응(CNO 순환 반응)이 우세하게 일어난다.

2. 별의 내부 구조

(1) 정역학 평형: 별 내부의 기체 압력 차이로 발생하는 힘과 (⑯   )이 평형을 이루고 있는 상태로, 주계열성은 정역학 평형을 이룬다.

(2) 주계열성의 내부 구조

질량이 태양과 비슷한 별	질량이 태양의 약 2배 이상인 별
 내부 구조는 중심부터 핵-복사층-대류층으로 이루어져 있다.	 내부 구조는 중심부터 대류핵-복사층으로 이루어져 있다.

(3) 중심부에서 핵융합 반응이 끝난 별의 내부 구조

질량이 태양과 비슷한 별	질량이 태양보다 매우 큰 별
탄소와 산소로 구성된 중심핵이 만들어진다.	최종적으로 (⑰)로 구성된 중심핵이 만들어진다.

5 외계 행성계와 외계 생명체 탐사

1. 외계 행성 탐사 방법

방법	내용	그림
중심별의 시선 속도 변화 이용	행성과 중심별은 공통 질량 중심 주위를 공전하며, 별이 지구에 다가오면 별빛의 파장이 짧아진다.	행성, 공통 질량 중심, 중심별
(⑱) 이용	행성이 중심별 주위를 공전하면서 별의 앞쪽을 통과하면 별의 일부가 가려져 밝기가 감소한다.	중심별, 행성, 밝기, 시간
(⑲) 이용	앞쪽 별을 공전하는 행성의 중력으로 인해 먼 천체의 밝기 변화가 불규칙해진다.	먼 천체, 행성, 밝기, 시간

2. 외계 생명체가 존재하기 위한 행성의 조건

조건	내용
(⑳)에 위치	행성의 표면에 물이 액체 상태로 존재해야 한다.
적당한 중심별의 질량	중심별의 질량이 적당해야 별의 수명이 충분히 길어서 생명 가능 지대에 오래 머무를 수 있다.
적절한 두께의 대기	• 우주에서 오는 자외선을 차단한다. • 행성의 온도를 알맞게 유지하고 낮과 밤의 온도 차를 줄여준다.
자기장의 존재	우주에서 날아오는 유해한 우주선이나 고에너지 입자를 차단한다.
위성의 존재	행성의 자전축이 안정적으로 유지되도록 한다.
적당한 자전축의 경사	계절 변화가 극심하게 나타나지 않는다.

중단원 마무리 문제

하 중 상

01 그림은 별 A와 B의 파장에 따른 상대적 에너지 세기를 나타낸 것이다.

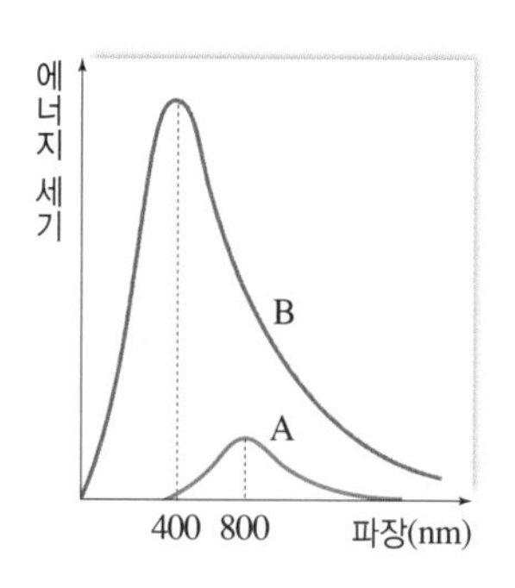

이에 대한 설명으로 옳은 것만을 [보기]에서 있는 대로 고른 것은?

보기
ㄱ. 최대 에너지를 방출하는 파장은 A가 B보다 길다.
ㄴ. 표면 온도는 B가 A의 2배이다.
ㄷ. B는 A보다 붉게 보인다.

① ㄱ ② ㄷ ③ ㄱ, ㄴ
④ ㄴ, ㄷ ⑤ ㄱ, ㄴ, ㄷ

하 중 상

02 그림 (가)~(다)는 서로 다른 스펙트럼을 나타낸 것이다.

이에 대한 설명으로 옳지 않은 것은?

① (가)는 연속 스펙트럼이다.
② 고온의 고체에서는 (가)와 같은 스펙트럼이 나타난다.
③ 고온의 별 주변에 저온의 성운이 있을 때는 (나)와 같은 스펙트럼이 나타난다.
④ (나)는 별의 표면 온도를 판별하는 데 이용하는 스펙트럼이다.
⑤ 고온·고밀도의 기체에서는 (다)와 같은 스펙트럼이 나타난다.

하 중 상

03 그림은 표면 온도에 따른 별의 분광형과 주요 물질에 의한 흡수선 세기를 나타낸 것이다.

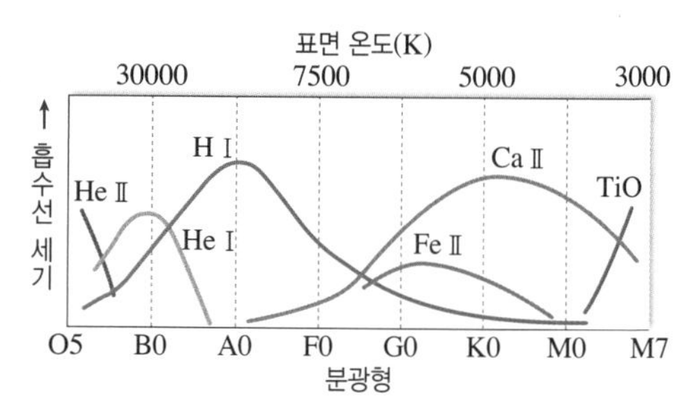

이에 대한 설명으로 옳은 것만을 [보기]에서 있는 대로 고른 것은?

보기
ㄱ. 수소 흡수선은 별의 표면 온도가 높을수록 강하게 나타난다.
ㄴ. 헬륨 이온은 중성 헬륨보다 더 높은 온도에서 흡수선을 잘 만든다.
ㄷ. 금속 원소의 흡수선은 표면 온도가 높은 별에서 강하게 나타난다.
ㄹ. K0형인 별의 Ca Ⅱ 흡수선이 원래 파장보다 길게 관측되면 이 별은 지구에서 멀어지고 있다.

① ㄱ, ㄴ ② ㄴ, ㄹ ③ ㄷ, ㄹ
④ ㄱ, ㄴ, ㄷ ⑤ ㄱ, ㄷ, ㄹ

하 중 상

04 그림은 별 A~C의 표면 온도와 절대 등급을 나타낸 것이다.
이에 대한 설명으로 옳은 것만을 [보기]에서 있는 대로 고른 것은? (단, 별 A와 C는 주계열성이다.)

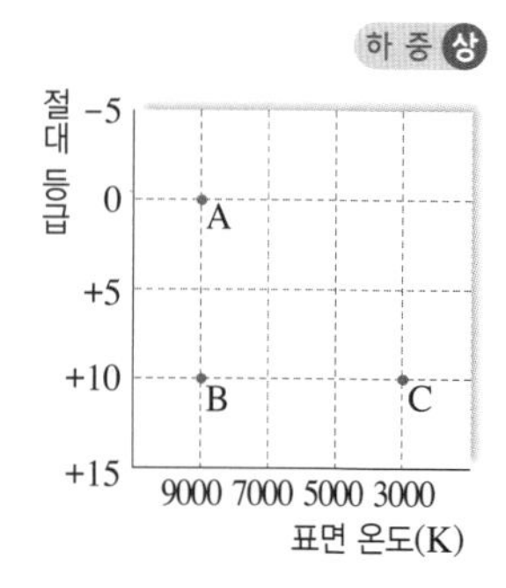

보기
ㄱ. 질량은 A가 C보다 크다.
ㄴ. 색지수는 B가 C보다 크다.
ㄷ. 반지름은 A가 B의 10배이다.

① ㄱ ② ㄴ ③ ㄱ, ㄷ
④ ㄴ, ㄷ ⑤ ㄱ, ㄴ, ㄷ

정답친해 134쪽

하 중 상

05 표는 별 ㉠~㉣의 절대 등급과 분광형을 나타낸 것이다. ㉠~㉣ 중 주계열성은 2개, 백색 왜성과 초거성은 각각 1개이다.

별	절대 등급	분광형
㉠	+12.2	B1
㉡	+1.5	A1
㉢	−1.5	B4
㉣	−7.8	B8

이에 대한 설명으로 옳은 것만을 [보기]에서 있는 대로 고른 것은?

보기
ㄱ. ㉠은 주계열성이다.
ㄴ. 질량은 ㉡이 ㉢보다 크다.
ㄷ. 평균 밀도는 ㉠이 ㉣보다 크다.

① ㄱ ② ㄷ ③ ㄱ, ㄴ
④ ㄴ, ㄷ ⑤ ㄱ, ㄴ, ㄷ

하 중 상

06 표는 별 ㉠~㉢의 광도 계급과 분광형을 나타낸 것이다.

별	㉠	㉡	㉢
광도 계급	I	Ⅲ	V
분광형	M	G	G

이에 대한 설명으로 옳은 것만을 [보기]에서 있는 대로 고른 것은?

보기
ㄱ. 광도는 ㉡이 ㉢보다 크다.
ㄴ. 표면 온도는 ㉡이 ㉠보다 높다.
ㄷ. 반지름이 가장 큰 별은 ㉠이다.

① ㄱ ② ㄷ ③ ㄱ, ㄴ
④ ㄴ, ㄷ ⑤ ㄱ, ㄴ, ㄷ

하 중 상

07 그림 (가)는 질량이 다른 두 원시별이 수축하여 주계열성이 되는 동안의 진화 경로를, (나)는 주계열 단계 이후의 시간에 따른 진화 경로를 H-R도에 나타낸 것이다.

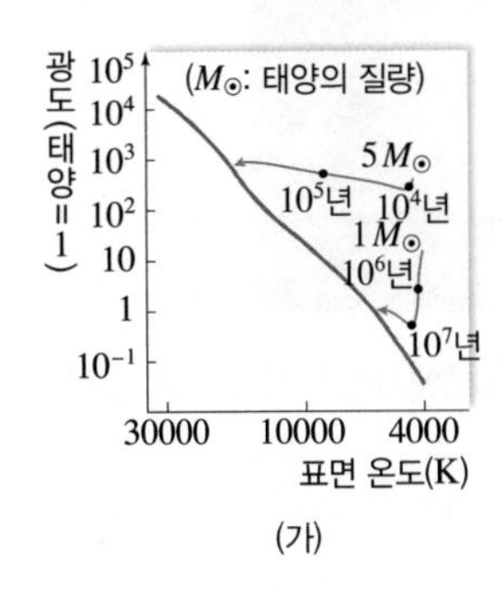

(가)

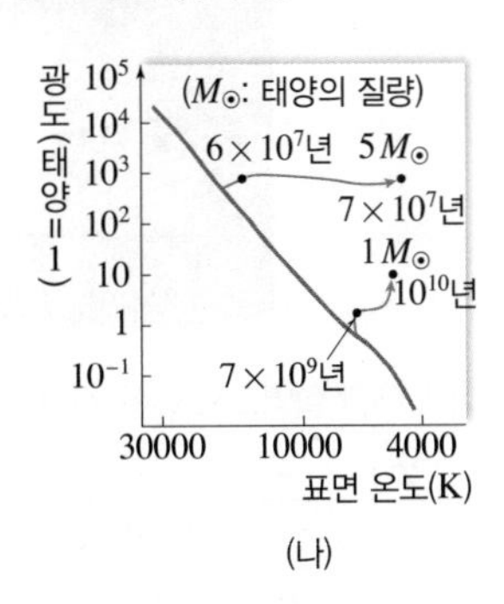

(나)

이에 대한 설명으로 옳은 것만을 [보기]에서 있는 대로 고른 것은?

보기
ㄱ. (가)에서 원시별의 질량이 클수록 표면 온도가 높은 주계열성이 된다.
ㄴ. (나)에서 $1\,M_{\odot}$과 $5\,M_{\odot}$인 별은 모두 반지름이 증가한다.
ㄷ. 원시별의 질량이 클수록 주계열성이 되거나 주계열성 이후의 단계로 진화하는 데 걸리는 시간이 짧다.

① ㄱ ② ㄷ ③ ㄱ, ㄴ
④ ㄴ, ㄷ ⑤ ㄱ, ㄴ, ㄷ

하 중 상

08 그림은 태양과 질량이 같은 별의 진화 경로를 H-R도에 개략적으로 나타낸 것이다.
이에 대한 설명으로 옳은 것만을 [보기]에서 있는 대로 고른 것은?

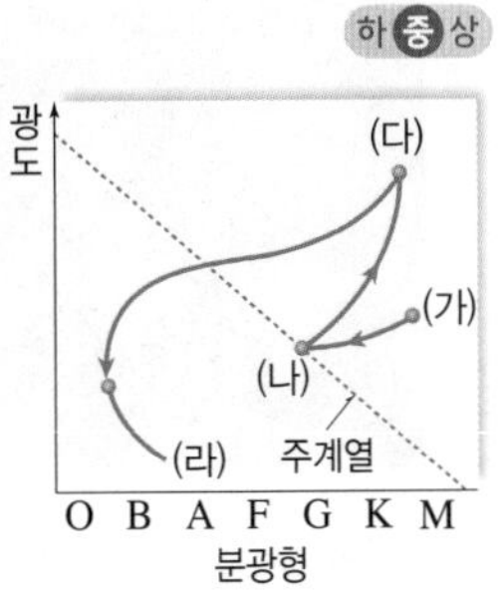

보기
ㄱ. (가) → (나) 과정에서 밀도가 커진다.
ㄴ. 핵융합 반응이 끝난 (다)의 중심부는 대부분 탄소와 산소로 이루어져 있다.
ㄷ. 질량은 (다)가 (라)보다 크다.

① ㄱ ② ㄷ ③ ㄱ, ㄴ
④ ㄴ, ㄷ ⑤ ㄱ, ㄴ, ㄷ

하 중 상

09 그림은 초신성 잔해를 나타낸 것이다.

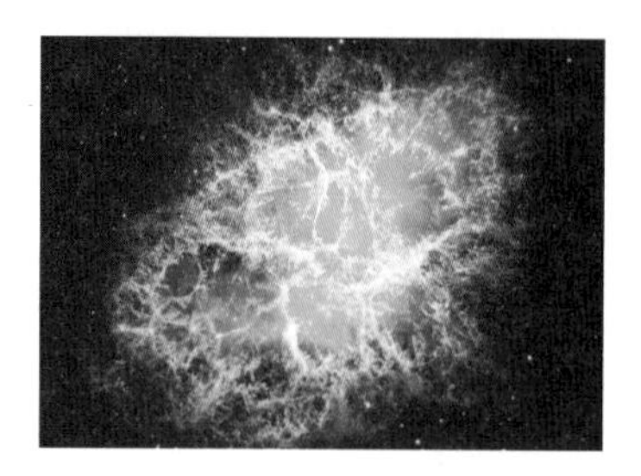

이에 대한 설명으로 옳은 것만을 [보기]에서 있는 대로 고른 것은?

보기
ㄱ. 태양과 질량이 비슷한 별의 진화 단계이다.
ㄴ. 이 단계가 지난 후 중성자별이나 블랙홀로 진화할 것이다.
ㄷ. 별의 일생 중 가장 오랫동안 머무는 단계이다.

① ㄱ ② ㄴ ③ ㄱ, ㄷ
④ ㄴ, ㄷ ⑤ ㄱ, ㄴ, ㄷ

하 중 상

10 그림은 질량이 다른 주계열성 A와 B의 진화 과정을 나타낸 것이다.

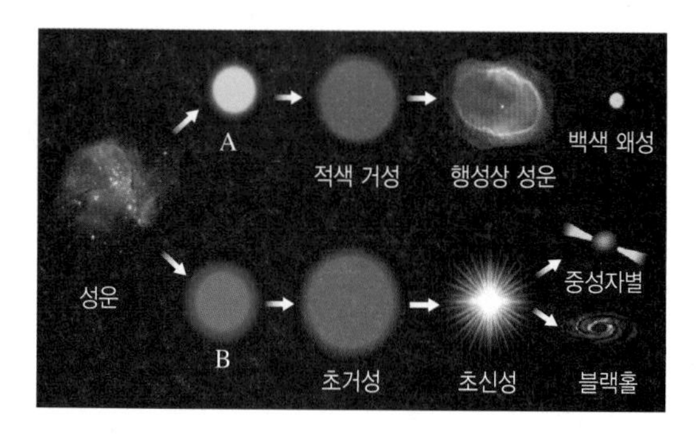

이에 대한 설명으로 옳은 것만을 [보기]에서 있는 대로 고른 것은?

보기
ㄱ. 질량은 A가 B보다 작다.
ㄴ. 태양은 A의 진화 과정을 따른다.
ㄷ. B의 진화 과정에서 철보다 무거운 원소가 생성될 수 있다.

① ㄱ ② ㄷ ③ ㄱ, ㄴ
④ ㄴ, ㄷ ⑤ ㄱ, ㄴ, ㄷ

하 중 상

11 그림 (가)와 (나)는 주계열성에 속하는 두 별의 내부 구조를 나타낸 것이다.

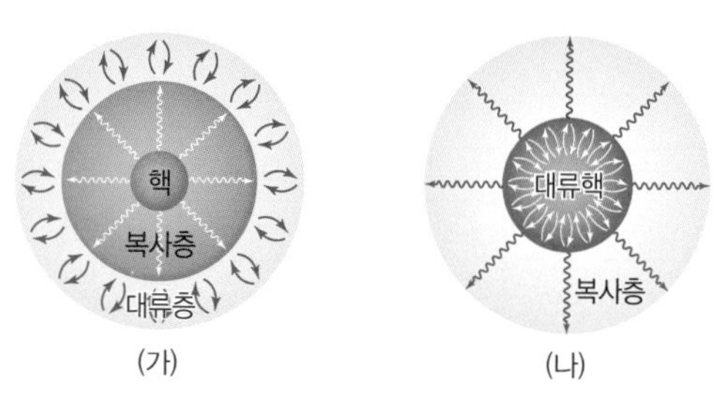

이에 대한 설명으로 옳은 것만을 [보기]에서 있는 대로 고른 것은?

보기
ㄱ. (가)의 별은 최종 단계에서 중성자별이 된다.
ㄴ. (가)는 (나)보다 진화 속도가 느리다.
ㄷ. 수소 핵융합 반응 중 탄소·질소·산소 순환 반응은 (가)보다 (나)에서 우세하게 일어날 것이다.

① ㄱ ② ㄴ ③ ㄱ, ㄷ
④ ㄴ, ㄷ ⑤ ㄱ, ㄴ, ㄷ

하 중 상

12 그림 (가)와 (나)는 서로 다른 두 시기에 태양 중심으로부터의 거리에 따른 수소와 헬륨의 질량비를 나타낸 것이다. A와 B는 각각 수소와 헬륨 중 하나이다.

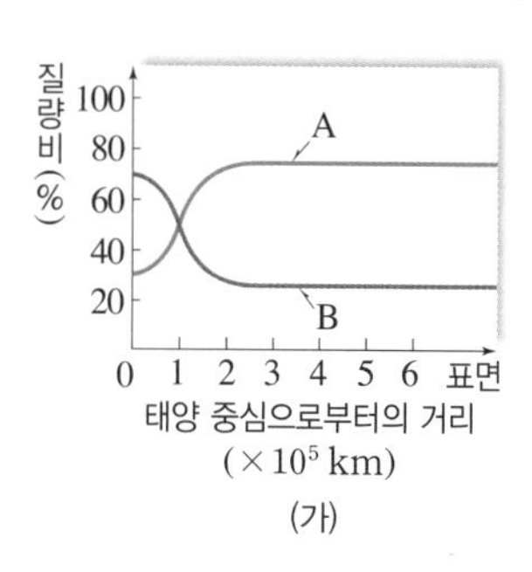

(가)

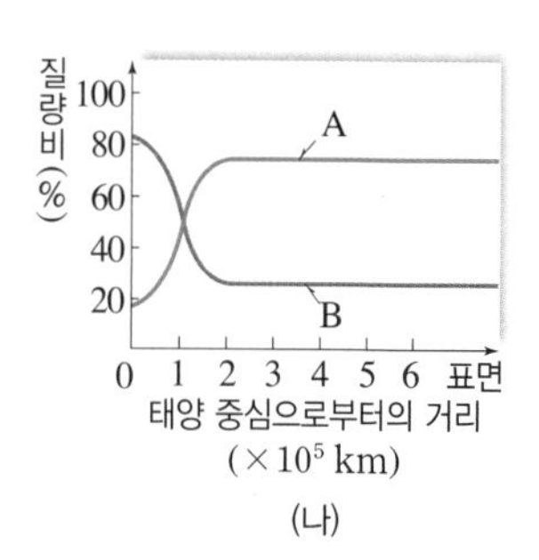

(나)

이에 대한 설명으로 옳은 것만을 [보기]에서 있는 대로 고른 것은?

보기
ㄱ. A는 헬륨이다.
ㄴ. 태양의 나이는 (가)보다 (나)일 때 많다.
ㄷ. 원시별 단계일 때, 태양의 중심부에는 B가 존재하지 않았다.

① ㄱ ② ㄴ ③ ㄷ
④ ㄱ, ㄴ ⑤ ㄴ, ㄷ

하 중 상

13 그림 (가)는 행성이 중심별을 공전하는 모습을, (나)는 이 중심별의 겉보기 밝기를 시간에 따라 나타낸 것이다.

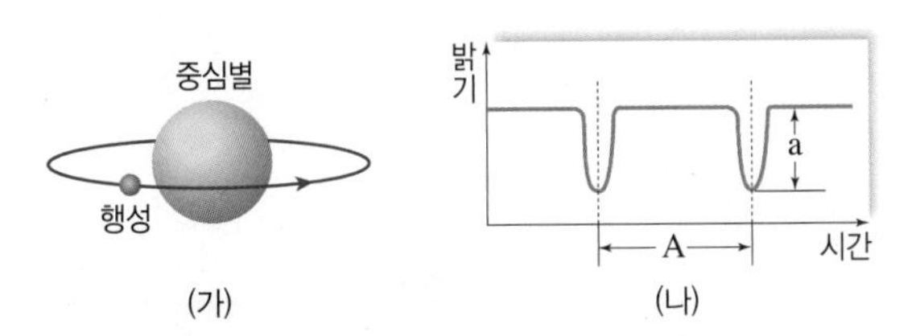

이에 대한 설명으로 옳은 것만을 [보기]에서 있는 대로 고른 것은?

보기
ㄱ. A는 행성의 공전 주기에 해당한다.
ㄴ. 행성의 반지름이 2배가 되면 a는 4배로 커진다.
ㄷ. 중심별의 겉보기 밝기가 최소일 때 스펙트럼 편이량이 가장 크다.

① ㄱ ② ㄷ ③ ㄱ, ㄴ
④ ㄴ, ㄷ ⑤ ㄱ, ㄴ, ㄷ

하 중 상

14 그림은 주계열성 S의 생명 가능 지대와 외계 행성 A와 B의 공전 궤도를 나타낸 것이다.

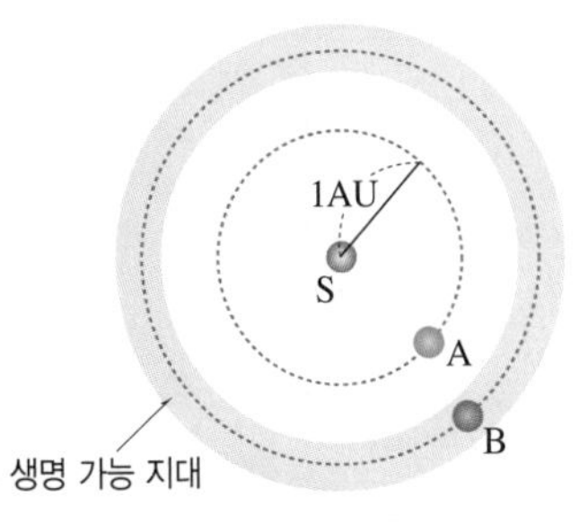

이에 대한 설명으로 옳은 것만을 [보기]에서 있는 대로 고른 것은?

보기
ㄱ. 질량은 S가 태양보다 크다.
ㄴ. 중심별로부터 단위 시간당 단위 면적에서 받는 복사 에너지양은 A보다 B가 지구와 비슷하다.
ㄷ. 중심별로부터 복사 에너지를 공급받을 수 있는 시간은 B가 지구보다 길다.

① ㄱ ② ㄷ ③ ㄱ, ㄴ
④ ㄴ, ㄷ ⑤ ㄱ, ㄴ, ㄷ

서술형 문제

하 중 상

15 그림은 별 (가)와 (나)를 관측하여 파란색, 흰색, 노란색, 붉은색 영역에 분포하는 에너지의 상대 세기를 나타낸 것이다.

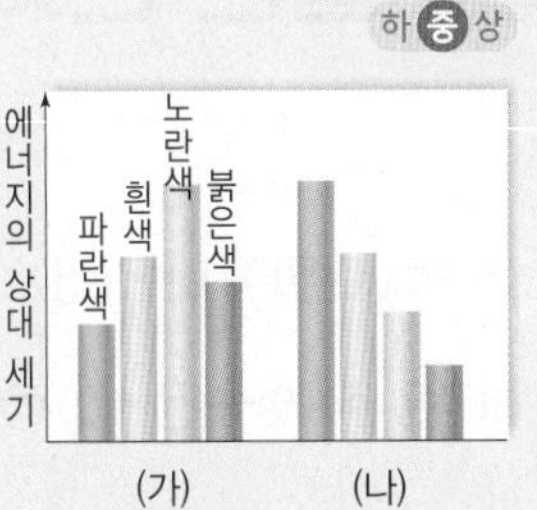

(가)와 (나) 중 표면 온도가 더 높은 별을 고르고, 그 까닭을 서술하시오.

하 중 상

16 그림은 별 A~E의 표면 온도와 절대 등급을 H-R도에 나타낸 것이다.

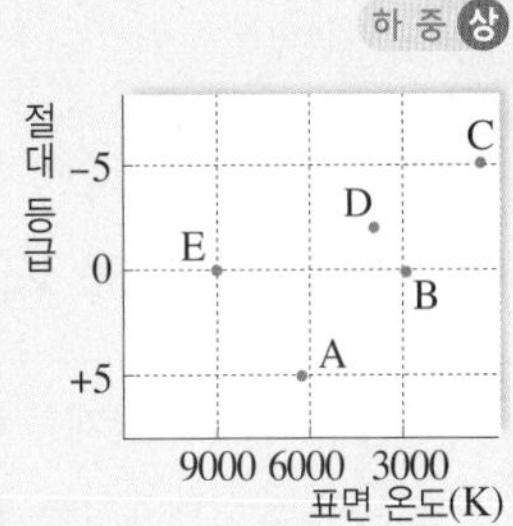

A~E 중 반지름이 가장 큰 별을 고르고, 광도와 표면 온도를 포함하여 그 까닭을 서술하시오.

하 중 상

17 태양의 질량이 현재보다 매우 커진다고 가정할 때, 태양의 진화 과정은 어떻게 변화할 것인지 서술하시오.

하 중 상

18 그림 (가)와 (나)는 외계 행성을 탐사하는 방법을 나타낸 것이다.

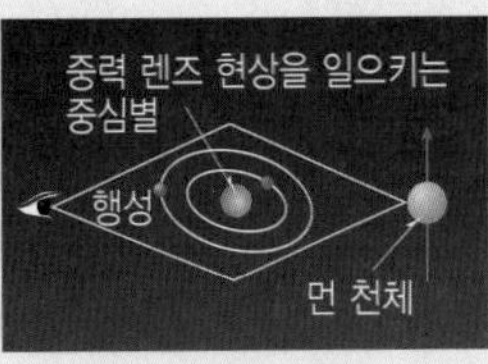

(가) 미세 중력 렌즈 현상 이용

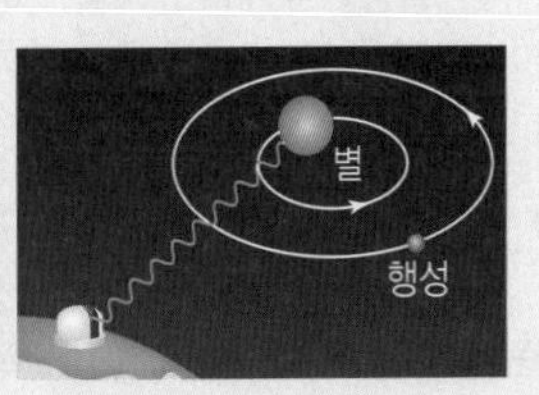

(나) 시선 속도 변화 이용

(가)와 (나)의 경우 외계 행성의 존재를 탐사하기 위해 관측해야 하는 것을 각각 서술하시오.

• 수능 출제 경향

이 단원에서는 매년 문제가 출제되었다. 특히 주계열성은 단골로 출제되는 주제로, 앞으로도 주계열성의 질량이나 광도, 반지름, 표면 온도의 관계를 통해 내부 구조나 에너지원, 진화 과정을 묻는 문제가 출제될 가능성이 높다.

수능 이렇게 나온다!

그림은 주계열성 ㉠, ㉡, ㉢의 반지름과 표면 온도를 나타낸 것이다.

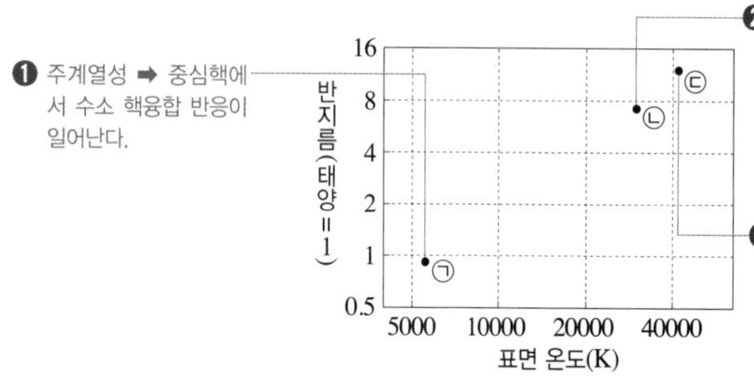

❷ 표면 온도가 약 30000 K(분광형 O형)인 주계열성
➡ 질량이 태양 질량의 약 2배 이상이다.
➡ 중심부터 대류핵－복사층

❸ 표면 온도가 약 40000 K(분광형 O형)인 주계열성
➡ 질량이 태양보다 매우 크다.
➡ 최종적으로 중성자별 또는 블랙홀로 진화한다.

이에 대한 설명으로 옳은 것만을 [보기]에서 있는 대로 고른 것은?

보기

ㄱ. ㉠이 주계열 단계를 벗어나면 중심핵에서 p-p 반응이 일어난다.
ㄴ. ㉡의 중심핵에서는 주로 대류에 의해 에너지가 전달된다.
ㄷ. ㉢은 백색 왜성으로 진화한다.

① ㄱ　② ㄴ　③ ㄱ, ㄷ　④ ㄴ, ㄷ　⑤ ㄱ, ㄴ, ㄷ

출제개념

별의 진화
▶ 본문 260~262쪽
주계열성의 에너지원과 내부 구조
▶ 본문 268~270쪽

출제의도

주계열성의 물리량에 따른 에너지원과 내부 구조, 진화 과정을 옳게 이해하고 있는지를 알아보는 문제이다.

전략적 풀이

❶ 주계열성의 중심핵에서 일어나는 핵융합 반응의 종류를 파악한다.

ㄱ. 주계열성이 주계열 단계를 벗어나면 중심핵에서는 (　　　)가 소진된 상태이므로 더 이상 (　　　)이 일어나지 않는다. 따라서 ㉠이 주계열 단계를 벗어나면 중심핵에서 수소 핵융합 반응인 p-p 반응은 일어나지 않는다.

❷ 주계열성의 질량에 따른 내부 구조를 파악한다.

ㄴ. 질량이 태양 질량의 약 2배 이상인 주계열성은 중심부의 온도가 매우 높기 때문에 중심부에 대류가 일어나는 (　　　)이 나타나고, 바깥쪽에 (　　　)이 나타난다. ㉡은 표면 온도가 약 30000 K이므로 분광형이 O형인 주계열성이다. 분광형이 O형인 주계열성의 질량은 태양 질량의 2배보다 훨씬 크다. 따라서 ㉡의 중심핵에서는 주로 (　　　)에 의해 에너지가 전달된다.

❸ 주계열성의 질량에 따라 진화 과정이 어떻게 달라지는지 이해한다.

ㄷ. ㉢은 표면 온도가 약 40000 K의 분광형이 O형인 주계열성으로, 태양보다 질량이 매우 (　　　) 주계열성이다. 따라서 ㉢은 초거성과 초신성 단계를 거쳐 최종적으로 (　　　) 또는 (　　　)로 진화한다.

답 ②

❶ 수소, 수소 핵융합 반응
❷ 대류핵, 복사층, 대류
❸ 큰, 중성자별(블랙홀), 블랙홀(중성자별)

01 그림 (가)는 두 별 ㉠과 ㉡의 모습과 색을, (나)는 두 별이 방출하는 상대적 에너지 세기를 파장에 따라 순서 없이 나타낸 것이다.

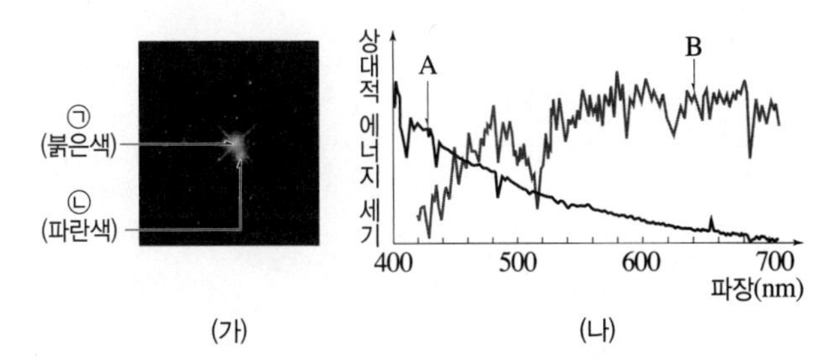

(가) (나)

이에 대한 설명으로 옳은 것만을 [보기]에서 있는 대로 고른 것은?

보기
ㄱ. 별의 표면 온도는 ㉠이 ㉡보다 높다.
ㄴ. (나)에서 최대 에너지를 방출하는 파장은 A가 B보다 길다.
ㄷ. (가)의 ㉠에 해당하는 것은 B이다.

① ㄱ ② ㄷ ③ ㄱ, ㄴ
④ ㄴ, ㄷ ⑤ ㄱ, ㄴ, ㄷ

02 표는 별 (가)~(다)의 물리량을 나타낸 것이다.

별	반지름(태양=1)	거리(pc)	겉보기 등급
(가)	1180	200	0.4
(나)	80	240	0.2
(다)	6	75	1.6

이에 대한 설명으로 옳은 것만을 [보기]에서 있는 대로 고른 것은?

보기
ㄱ. 표면 온도는 (가)가 (나)보다 높다.
ㄴ. 단위 시간 동안 표면에서 방출하는 에너지의 총량은 (다)가 (가)보다 적다.
ㄷ. (가), (나), (다)는 모두 주계열성이다.

① ㄱ ② ㄴ ③ ㄱ, ㄷ
④ ㄴ, ㄷ ⑤ ㄱ, ㄴ, ㄷ

03 그림은 별 A~D의 표면 온도와 절대 등급을 나타낸 것이다.

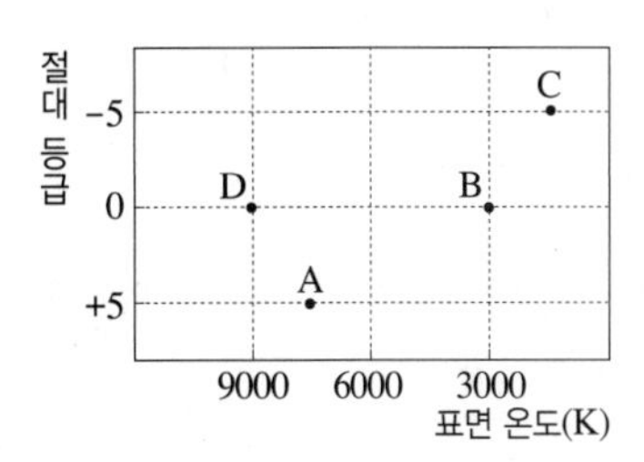

이에 대한 설명으로 옳은 것만을 [보기]에서 있는 대로 고른 것은?

보기
ㄱ. 광도가 가장 큰 별은 A이다.
ㄴ. 별의 크기는 C가 A보다 크다.
ㄷ. B의 반지름은 D의 9배이다.

① ㄱ ② ㄴ ③ ㄱ, ㄷ
④ ㄴ, ㄷ ⑤ ㄱ, ㄴ, ㄷ

04 그림 (가)는 H-R도에 주요 별들을 표시한 것이고, (나)는 분광형에 따른 흡수선의 상대적 세기를 나타낸 것이다.

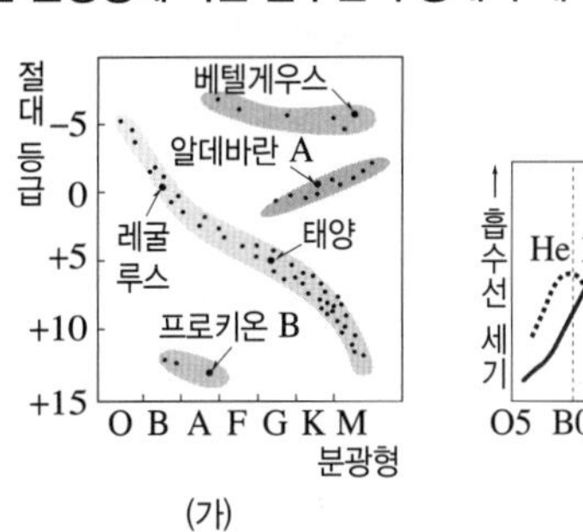

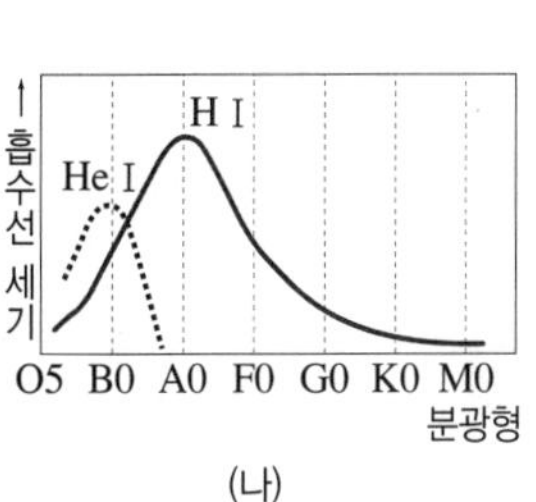

(가) (나)

이에 대한 설명으로 옳은 것만을 [보기]에서 있는 대로 고른 것은?

보기
ㄱ. 레굴루스에서는 중성 헬륨(He I)과 수소(H I)의 흡수선이 나타난다.
ㄴ. 프로키온 B에서는 수소(H I)의 흡수선이 강하게 나타난다.
ㄷ. 태양, 알데바란 A, 베텔게우스에서는 중성 헬륨(He I)의 흡수선이 나타난다.

① ㄱ ② ㄷ ③ ㄱ, ㄴ
④ ㄴ, ㄷ ⑤ ㄱ, ㄴ, ㄷ

05 표는 어느 주계열성 A의 물리량을, 그림은 주계열성의 질량-광도 관계를 나타낸 것이다.

별까지의 거리	10 pc
겉보기 등급	−5.0
표면 온도	24000 K

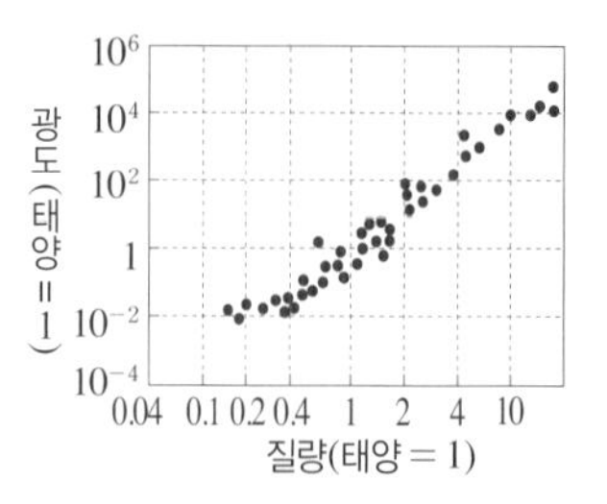

이에 대한 설명으로 옳은 것만을 [보기]에서 있는 대로 고른 것은? (단, 태양의 절대 등급은 $+5.0$이고, 표면 온도는 **6000 K**이다.)

보기

ㄱ. 단위 시간 동안 단위 면적에서 방출하는 에너지양은 A가 태양의 16배이다.

ㄴ. $\frac{\text{A의 반지름}}{\text{태양의 반지름}}$은 $\frac{\text{A의 질량}}{\text{태양의 질량}}$보다 크다.

ㄷ. 주계열 단계 이후 A는 초거성으로 진화할 것이다.

① ㄱ ② ㄷ ③ ㄱ, ㄴ ④ ㄴ, ㄷ ⑤ ㄱ, ㄴ, ㄷ

06 그림 (가)와 (나)는 주계열성의 중심핵에서 일어나는 **p-p** 반응과 **CNO** 순환 반응을 순서 없이 나타낸 것이다.

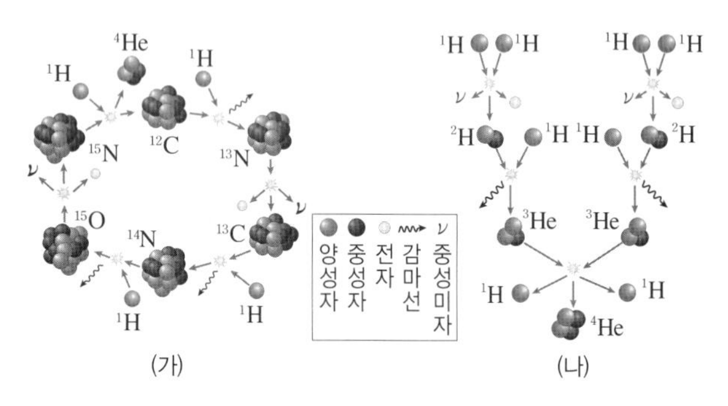

(가) (나)

이에 대한 설명으로 옳은 것만을 [보기]에서 있는 대로 고른 것은?

보기

ㄱ. (가)에 의해 별의 중심부에서는 새로운 탄소, 질소, 산소가 생성된다.

ㄴ. 반응을 통해 최종적으로 생성되는 원자핵은 (가)보다 (나)에서 무겁다.

ㄷ. (가)와 (나)가 계속 진행됨에 따라 별의 질량은 점점 감소한다.

① ㄱ ② ㄷ ③ ㄱ, ㄴ ④ ㄴ, ㄷ ⑤ ㄱ, ㄴ, ㄷ

07 그림 (가)는 태양과 질량이 비슷한 주계열성의 진화 과정을, (나)는 (가)의 진화 과정에 있는 어떤 별의 내부 구조를 나타낸 것이다.

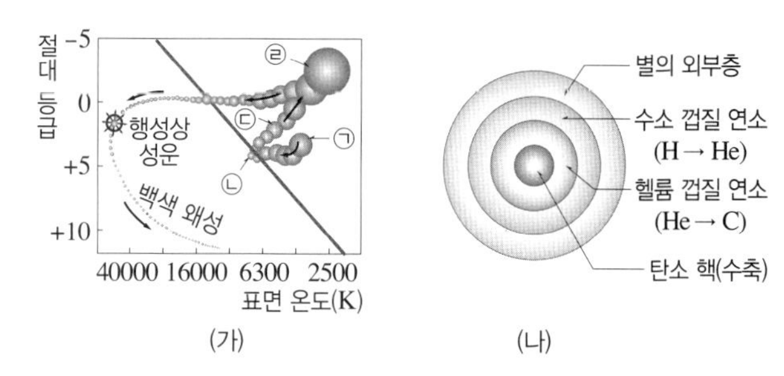

(가) (나)

이에 대한 설명으로 옳은 것만을 [보기]에서 있는 대로 고른 것은?

보기

ㄱ. (가)의 ㉠에서 ㉡으로 진화하는 동안 수소 핵융합 반응이 일어난다.

ㄴ. (가)의 ㉢ 단계에서는 중심핵에서 탄소 핵융합 반응이 일어난다.

ㄷ. (나)는 (가)에서 ㉣ 단계의 내부 구조이다.

① ㄱ ② ㄷ ③ ㄱ, ㄴ ④ ㄴ, ㄷ ⑤ ㄱ, ㄴ, ㄷ

08 그림 (가)는 별 **a**~**d**를 **H-R**도에 나타낸 것이고, (나)는 어느 두 별의 내부 구조를 나타낸 것이다.

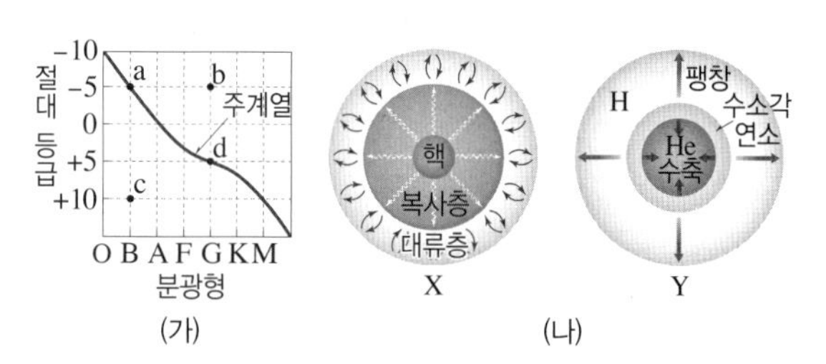

(가) (나)

이에 대한 설명으로 옳은 것만을 [보기]에서 있는 대로 고른 것은?

보기

ㄱ. a는 d보다 질량이 크다.

ㄴ. X는 b의 내부 구조이다.

ㄷ. c가 진화하면 Y와 같은 구조로 변한다.

① ㄱ ② ㄷ ③ ㄱ, ㄴ ④ ㄴ, ㄷ ⑤ ㄱ, ㄴ, ㄷ

09 그림 (가)는 원 궤도로 공전하는 어느 외계 행성에 의한 중심별의 밝기 변화를, (나)는 $t_1 \sim t_6$ 중 어느 한 시점부터 일정한 시간 간격으로 관측한 중심별의 스펙트럼을 순서대로 나타낸 것이다. $\Delta\lambda_{max}$은 스펙트럼의 최대 편이량이다.

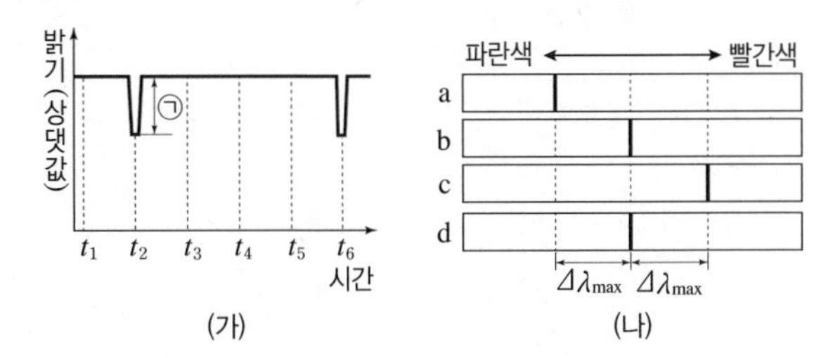

이에 대한 설명으로 옳은 것만을 [보기]에서 있는 대로 고른 것은?

보기

ㄱ. (가)의 t_3에 관측한 스펙트럼은 (나)에서 c에 해당한다.
ㄴ. 행성의 반지름이 클수록 (가)에서 ㉠은 커진다.
ㄷ. 같은 조건에서 행성의 질량이 2배가 되면 $\Delta\lambda_{max}$는 $\frac{1}{2}$배가 된다.

① ㄱ ② ㄴ ③ ㄱ, ㄷ
④ ㄴ, ㄷ ⑤ ㄱ, ㄴ, ㄷ

10 다음은 어떤 외계 행성의 탐사 방법을 나타낸 것이다.

거리가 다른 2개의 별이 같은 시선 방향에 있을 경우 뒤쪽 별의 별빛이 앞쪽 별의 중력에 의해 굴절된다. 이때 앞쪽 별이 행성을 가지고 있으면 뒤쪽 별의 밝기가 불규칙하게 나타난다.

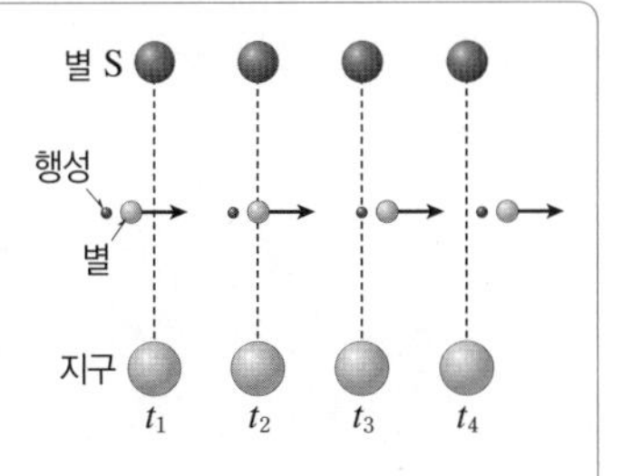

이에 대한 설명으로 옳은 것만을 [보기]에서 있는 대로 고른 것은?

보기

ㄱ. 관측자의 시선 방향과 행성의 공전 궤도면이 나란할 때만 이용할 수 있다.
ㄴ. 지구에서 관측되는 별 S의 밝기는 t_2에서 가장 밝다.
ㄷ. 다른 탐사 방법에 비해 공전 궤도 반지름이 작은 행성의 탐사에 유리하다.

① ㄱ ② ㄴ ③ ㄱ, ㄷ
④ ㄴ, ㄷ ⑤ ㄱ, ㄴ, ㄷ

11 그림 (가)와 (나)는 주계열성 A, B의 생명 가능 지대와 중심별을 원 궤도로 공전하고 있는 행성 a, b의 공전 궤도 일부를 나타낸 것이다.

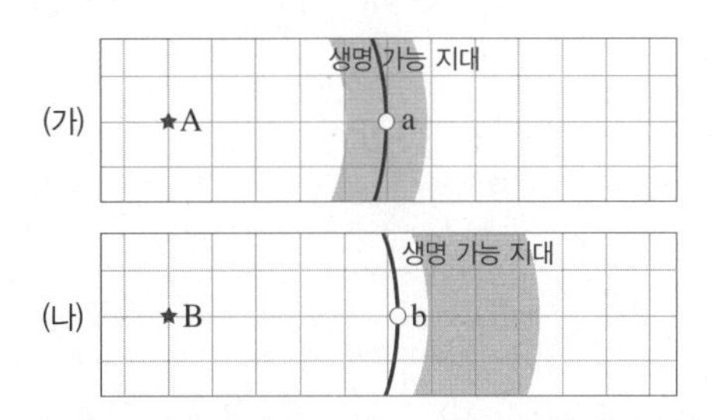

이에 대한 설명으로 옳은 것만을 [보기]에서 있는 대로 고른 것은? (단, (가)와 (나)에서 눈금 간격은 동일한 거리를 의미한다.)

보기

ㄱ. 질량은 A가 B보다 크다.
ㄴ. B의 광도가 증가하면 b는 생명 가능 지대에 위치할 수 있다.
ㄷ. 행성이 단위 시간 동안 단위 면적에서 중심별로부터 공급받는 에너지양은 a가 b보다 적다.

① ㄱ ② ㄷ ③ ㄱ, ㄴ
④ ㄴ, ㄷ ⑤ ㄱ, ㄴ, ㄷ

12 그림은 지구에 생명체가 출현하여 번성할 수 있었던 환경의 일부를 개념도로 나타낸 것이다.

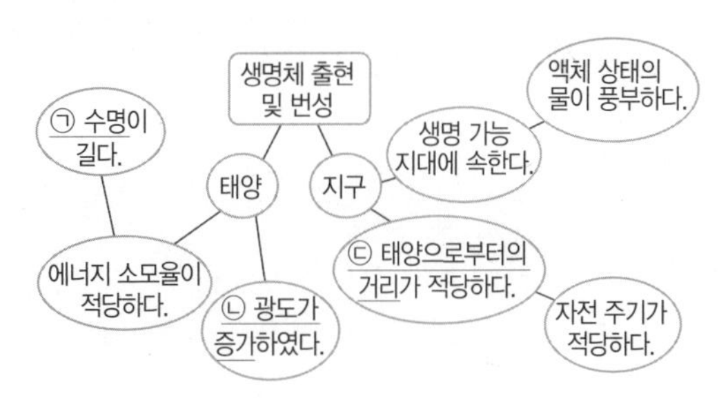

이에 대한 설명으로 옳은 것만을 [보기]에서 있는 대로 고른 것은?

보기

ㄱ. ㉠은 생명체가 진화할 수 있는 시간적 환경에 해당한다.
ㄴ. ㉡에 의해 태양계에서 생명 가능 지대의 폭은 감소하였다.
ㄷ. ㉢이 매우 짧았다면 지구의 자전 주기는 현재보다 매우 길었을 것이다.

① ㄱ ② ㄴ ③ ㄱ, ㄷ
④ ㄴ, ㄷ ⑤ ㄱ, ㄴ, ㄷ

2 외부 은하와 우주 팽창

Review

이전에 학습한 내용 중 이 단원과 연계된 내용을 다시 한 번 떠올려 봅시다.

다음 단어가 들어갈 곳을 찾아 빈칸을 완성해 보자.

헬륨	우리은하	나선 은하	타원 은하	우주 배경 복사	빅뱅 우주론(대폭발 우주론)

중3 별과 우주

- **은하** 별과 함께 성단, 성운, 성간 물질로 이루어진 거대한 천체 집단

① ❶ ______: 태양계가 속해 있는 은하

위에서 본 모습		옆에서 본 모습	
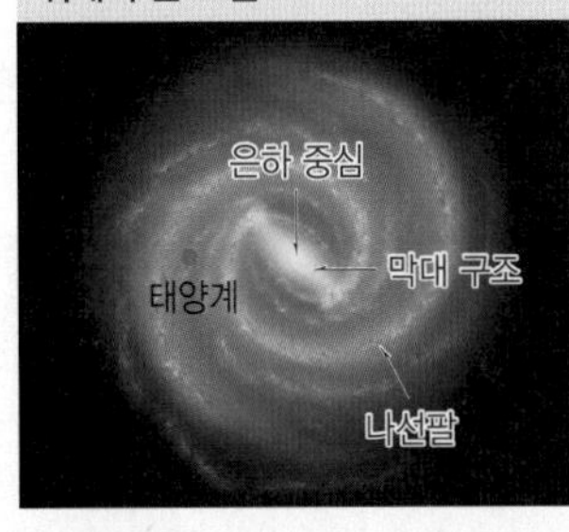	은하 중심부에 막대 모양 구조가 있고 나선팔이 휘감고 있는 나선 모양	헤일로 약 8500 pc 팽대부 태양계 은하 원반 약 30000 pc	중심부가 약간 볼록한 납작한 원반 모양

- **지름**: 약 30000 pc(10만 광년)
- **태양계 위치**: 은하 중심에서 약 8500 pc(3만 광년) 떨어진 나선팔

② **외부 은하**: 우리은하 밖에 분포하는 은하로, 모양을 기준으로 분류할 수 있다.

구분	❷ ______	❸ ______		불규칙 은하
		정상 나선 은하	막대 나선 은하	
모양	공이나 타원 모양	은하 중심에서 나선팔이 휘어져 나온 모양	은하 중심에 막대 모양의 구조가 있고, 그 끝에서 나선팔이 휘어져 나온 모양	규칙적인 모양이 없음

통합과학 물질의 규칙성과 결합

- **빅뱅 우주론**

① ❹ ______: 약 138억 년 전, 고온·고밀도의 한 점에서 빅뱅(대폭발)이 일어나 우주가 시작된 후 계속 팽창하고 있다는 우주론

② **빅뱅 우주에서 입자의 생성**: 기본 입자(쿼크, 전자 등) 생성 → 양성자(수소 원자핵), 중성자 생성 → ❺ ______ 원자핵 생성 → 수소 원자, 헬륨 원자 생성

③ **빅뱅 우주론의 증거**: 빅뱅 우주론에서 예측한 대로 관측된 사실들

❻ ______	빅뱅 후 약 38만 년, 우주의 온도가 약 3000 K일 때 우주 공간으로 퍼져나가 우주 전체를 채우고 있는 빛
우주에 분포하는 수소와 헬륨의 질량비	우주를 구성하고 있는 원소의 대부분은 수소와 헬륨이고, 수소와 헬륨의 질량비는 약 3 : 1이다.

답 ❶ 우리은하 ❷ 타원 은하 ❸ 나선 은하 ❹ 빅뱅 우주론(대폭발 우주론) ❺ 헬륨 ❻ 우주 배경 복사

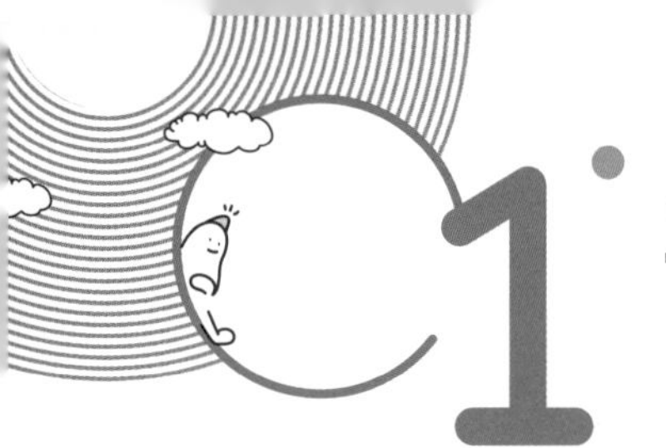

1 외부 은하

핵심 포인트
- ❶ 허블의 외부 은하 분류 ★★★
- ❷ 외부 은하의 종류와 특징 ★★★
- ❸ 특이 은하의 종류와 특징 ★★★

A 은하의 분류

기호 E, S, SB, Irr은 각각 타원을 뜻하는 'elliptical', 나선을 뜻하는 'spiral', 막대 나선을 뜻하는 'barred spiral', 불규칙을 뜻하는 'irregular'에서 글자를 따서 사용하는 것이에요.

1. 외부 은하

(1) **외부 은하**: 우리은하 바깥에 존재하는 은하

(2) **허블의 외부 은하의 발견**: 허블은 세페이드 변광성을 이용하여 당시 안드로메다성운으로 알려진 천체의 거리를 측정하였다. ➡ 안드로메다성운이 우리은하의 지름보다 멀리 떨어져 있는 외부 은하라는 사실을 밝혀냈다.

2. 허블의 은하 분류

허블은 외부 은하를 형태(모양)에 따라 타원 은하, 나선 은하, 불규칙 은하로 분류하였다.

310쪽 대표 자료❶

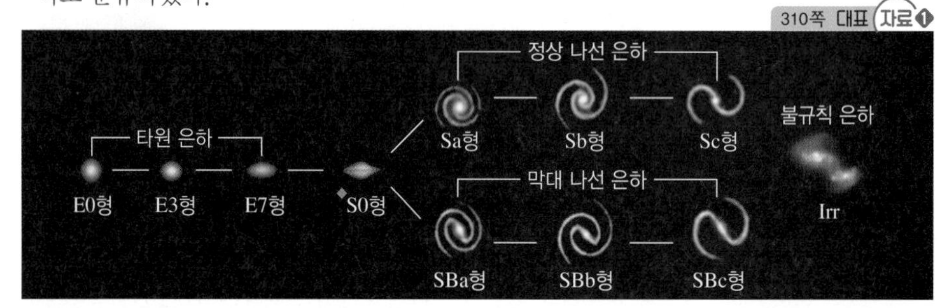

허블의 은하 분류 체계 —• 은하의 진화 순서와는 상관이 없는 형태학적 분류 체계이다.

◆ **S0 은하**
타원 은하와 나선 은하의 중간 형태로 렌즈 모양을 띠므로 렌즈형 은하라고도 한다. 나선팔은 보이지 않지만 나선 은하에서와 같은 원반 형태가 보이며, 타원 은하와 같이 나이가 많은 별들로 이루어져 있다. 성간 물질의 양은 나선 은하보다 적고 타원 은하보다 많다.

◆ **편평도(e)**
타원체의 납작한 정도를 나타내는 값이다. 타원체의 긴반지름을 a, 짧은 반지름을 b라고 할 때 편평도(e)는 다음과 같다.

$$e=\frac{a-b}{a}$$

◆ **우리은하**
- 허블의 은하 분류상 막대 나선 은하로 분류된다.
- 은하핵에는 늙은 별들이 많고, 나선팔에는 젊은 별들이 많다.
- 은하핵과 헤일로에는 구상 성단이, 나선팔에는 산개 성단이 주로 분포한다.

(1) **타원 은하**: 타원 모양이고 ❶나선팔이 없는 은하

① 타원체의 납작한 정도(◆편평도)에 따라 E0~E7로 나타내며, 모양이 구에 가까운 것은 E0, 가장 납작한 것은 E7에 해당한다.

② 은하를 이루는 대부분의 별들이 질량이 작고 나이가 많아 대체로 붉은색을 띤다.

③ 성간 물질이 매우 적어 새로운 별이 활발하게 탄생하지 않는다.

④ 예 처녀자리의 M87, 안드로메다자리의 M110

타원 은하(M110)

(2) **나선 은하**: 은하 중심부를 나선팔이 감싸고 있는 은하

① 구분: 은하핵을 가로지르는 막대 모양 구조의 유무에 따라 정상 나선 은하(S)와 막대 나선 은하(SB)로 구분한다.

정상 나선 은하	은하핵에서 나선팔이 직접 뻗어 나온다. 예 안드로메다은하
막대 나선 은하	은하핵을 가로지르는 막대 구조의 양 끝에서 나선팔이 뻗어 나온다. 예 ◆우리은하

나선 은하(우리은하)

② 나선팔이 감긴 정도와 은하핵의 상대적인 크기에 따라 a, b, c로 세분한다. ➡ a에서 c로 가면서 은하 전체에 대한 은하 중심부의 비율이 작아지고 나선팔이 느슨하게 감겨 있다.
└• 우리은하는 SBb형 또는 SBc형으로 분류한다.

③ 나선팔에는 성간 물질이 많아 젊고 파란색의 별들이 주로 분포하고, 은하핵에는 늙고 붉은색의 별들이 주로 분포한다.

용어
❶ **나선(螺 소라, 旋 돌다)팔** 나선 은하의 중심부에서 소용돌이 모양으로 뻗어나오는 두 갈래 혹은 그 이상의 팔과 같은 구조

(3) 불규칙 은하: 모양이 일정하지 않고 규칙적인 구조가 없는 은하

① 보통 규모가 작고, 관측되는 은하 중 차지하는 비율이 매우 낮다.

② 성간 물질이 많으며, 젊은 별을 많이 포함하고 있다.

③ 예 대마젤란은하, 소마젤란은하

불규칙 은하(소마젤란은하)

탐구 자료창 은하의 분류

다음은 우주 망원경으로 촬영한 여러 종류의 외부 은하를 나타낸 것이다.

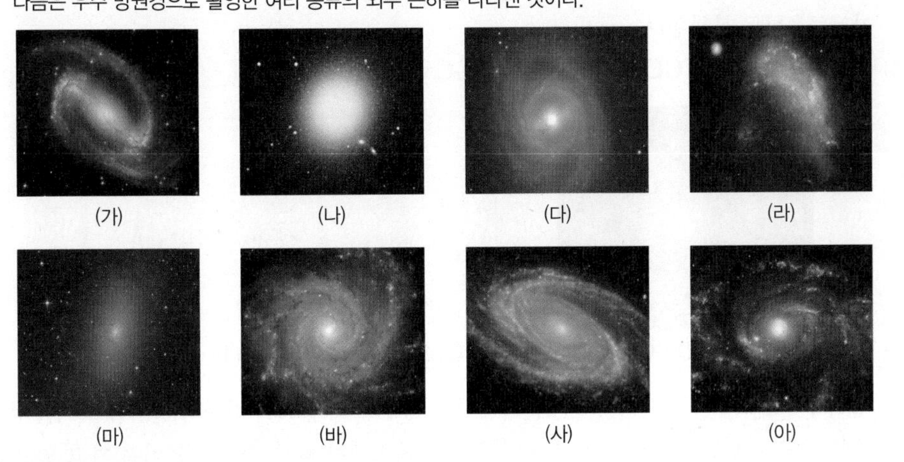

1. **허블의 외부 은하 분류 기준**: 은하의 형태(모양)
2. **분류 결과**: 외부 은하는 ◆형태에 따라 크게 타원 은하, 나선 은하, 불규칙 은하로 분류한다.

은하의 형태	타원 은하	나선 은하		불규칙 은하
		정상 나선 은하	막대 나선 은하	
예	(나), (마)	(바), (사), (아)	(가), (다)	(라)

B ◆특이 은하 310쪽 대표 자료❷

1. 전파 은하 일반 은하보다 수백~수백만 배 이상의 강한 전파를 방출하는 은하

(1) 전파 영역에서 보면, 중심핵 양쪽에 강력한 전파를 방출하는 로브(lobe)라고 하는 둥근 돌출부가 있고 중심핵에서 로브로 이어지는 ❶제트가 대칭적으로 관측된다. ➡ 은하 중심부에서 일어나는 폭발적인 에너지 생성과 관련이 있다.

- 전파 은하 중심부에 거대 블랙홀이 있을 것으로 추정된다.
- 제트는 전파 영역뿐만 아니라 가시광선이나 X선 영역에서 관측되기도 하며, 로브와 제트는 강한 X선을 방출한다.

(2) **모양**: 가시광선 영역에서 대부분 타원 은하로 관측된다.

(3) 예 타원 은하인 M87, 센타우루스 A라고 불리는 NGC 5128, 헤라클레스 A라고 불리는 3C 348

전파 은하의 기본 구조

M87과 제트

NGC 5128의 다양한 영상

◆ 허블의 외부 은하 분류 기준

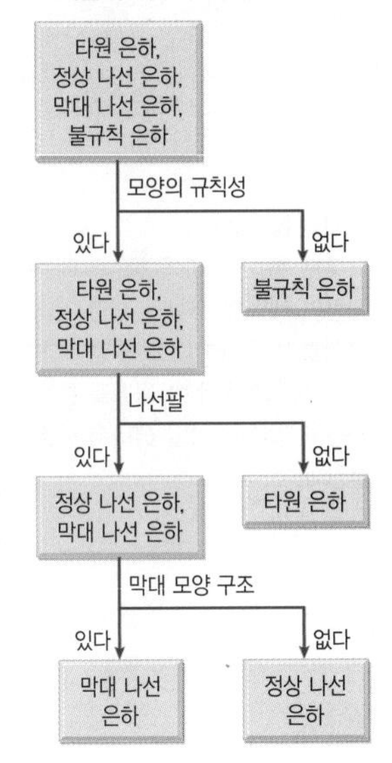

암기해!

은하를 구성하는 물질

구분		별	성간 물질
타원 은하		주로 늙은 별	적다
나선 은하	나선팔	주로 젊은 별	많다
	은하핵	주로 늙은 별	적다
불규칙 은하		주로 젊은 별	많다

◆ **특이 은하**

모양은 허블의 은하 분류에 따라 나뉘지만 일반적인 은하에 비해 스펙트럼, 에너지의 세기, 적색 편이 정도 등이 크게 특징적인 은하들을 말한다.

용어

❶ **제트(jet)** 액체나 기체 등이 매우 빠른 속도로 분출되는 상태

2. 세이퍼트은하 일반 은하에 비해 아주 밝은 핵과 넓은 방출선을 보이는 은하

(1) 은하 중심부가 예외적으로 밝고 푸른색을 띠고 있다.

(2) 은하 전체의 광도에 대한 중심부의 광도가 매우 크고, 스펙트럼에서 넓은 방출선이 보인다.

(3) 방출선은 은하 중심 부근에 뜨거운 성운이 있음을 의미하며, 방출선의 폭이 넓은 것은 성운이 빠른 속도로 움직이고 있다는 것을 의미한다. ➡ 은하 중심부에 질량이 매우 큰 *거대 블랙홀이 있을 것으로 추정된다.

◆ 거대 블랙홀
대부분 특이 은하의 중심부에는 질량이 태양의 수십억 배인 거대 블랙홀이 존재한다고 추정된다. 거대 블랙홀은 주변 물질을 흡수하면서 막대한 양의 에너지를 방출한다.

(4) **모양**: 가시광선 영역에서 대부분 나선 은하로 관측되고, 전체 나선 은하들 중 약 2 %가 세이퍼트은하로 분류된다.

(5) 예 NGC 3081, NGC 1068(M77), NGC 4151

세이퍼트은하(NGC 3081)

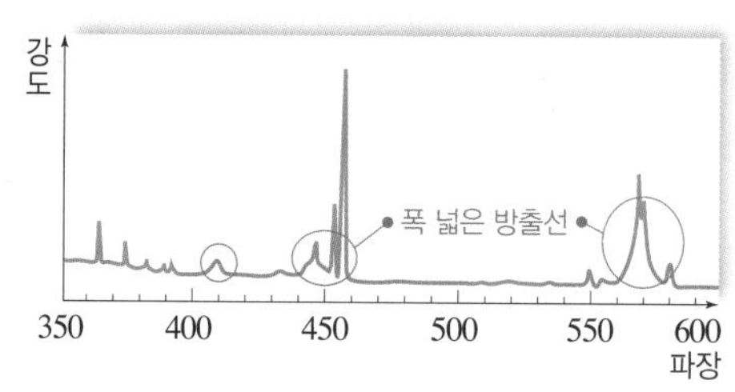

세이퍼트은하의 스펙트럼(NGC 4151)

3. *퀘이사 수많은 별들로 이루어진 은하이지만 매우 멀리 있어서 하나의 별처럼 보이는 은하

◆ 퀘이사(Quasar)
처음 발견 당시 별처럼 관측되었기 때문에 항성과 비슷하다는 의미의 준항성(Quasi-stellar Object)이라는 이름을 붙였다.

(1) 적색 편이가 매우 크게 나타난다. ➡ 매우 먼 거리에서 빠른 속도로 멀어져 가고 있으며, 초기 우주에서 형성된 천체이다.
　└ 퀘이사까지의 거리를 계산해 보면, 100억 광년 이상인 것도 관측된다.

(2) 은하 전체의 광도에 대한 중심부의 광도가 세이퍼트은하보다 크다.

(3) 가시광선뿐만 아니라 모든 파장 영역에서 매우 강한 에너지가 방출되지만 크기는 태양계 정도이다. ➡ 퀘이사의 중심에 질량이 매우 큰 거대 블랙홀이 있을 것으로 추정된다.

(4) 예 3C 273

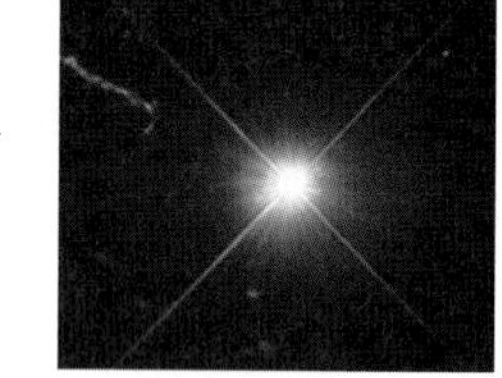

퀘이사(3C 273)

암기해!

특이 은하의 특징
- 전파 은하: 중심부에서 제트가 관측되고, 가시광선 영역에서 대부분 타원 은하로 관측된다.
- 세이퍼트은하: 스펙트럼에서 넓은 방출선이 나타나고, 가시광선 영역에서 대부분 나선 은하로 관측된다.
- 퀘이사: 별처럼 보이고, 매우 멀리 있어서 스펙트럼에서 적색 편이가 매우 크게 나타난다.

C 충돌 은하

1. 충돌 은하 은하들이 충돌하는 과정에서 형성되는 은하

(1) **은하의 충돌**: 은하들은 우주에 골고루 퍼져 있는 것이 아니라 무리지어 분포하기 때문에 서로 잡아당기는 중력의 영향으로 가까워지거나 충돌하기도 한다.

(2) 은하가 충돌하더라도 내부에 있는 별들이 서로 충돌하는 일은 거의 없다. ➡ 별의 크기보다 별 사이의 공간이 훨씬 크기 때문

(3) *은하들이 충돌할 때에는 거대한 분자 구름들이 충돌하면서 많은 별들이 한꺼번에 탄생하기도 하고, 은하의 형태가 변하기도 한다.
　└ 길게 휘어진 모양과 같은 특이한 형태가 나타나기도 한다.

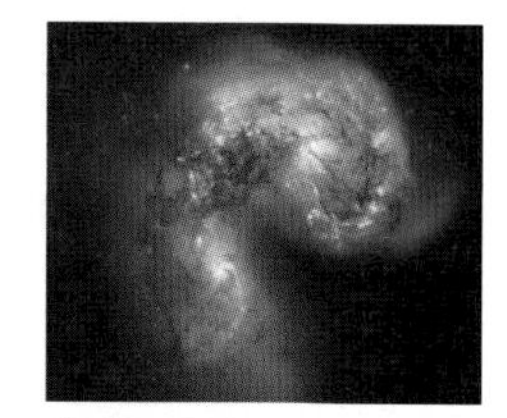

충돌 은하

◆ 은하의 충돌과 병합
아주 거대한 은하가 작은 은하 옆을 지나가면 작은 은하로부터 가스, 티끌, 별 등을 포획하고, 더 작아진 작은 은하의 핵은 큰 은하의 중심부로 빨려 들어가 수백만 년 동안 큰 은하의 에너지원이 되기도 한다.

2. 우리은하와 안드로메다은하의 충돌 현재 약 250만 광년 떨어져 있는 안드로메다은하는 우리은하를 향해 110 km/s의 속력으로 접근하고 있으며, 약 40억 년이 지나면 충돌할 것으로 예상된다. ➡ 약 60억 년 후에는 두 나선 은하가 합쳐져 거대 타원 은하가 될 것으로 예측된다.

개념 확인 문제

핵심 체크

- 허블의 은하 분류: 허블은 외부 은하를 (❶)에 따라 분류하였다.
  - (❷) 은하: 타원 모양이고 나선팔이 없는 은하
  - 나선 은하: 은하 중심부를 나선팔이 감싸고 있는 은하

(❸) 은하	은하핵에서 나선팔이 직접 뻗어 나온 은하
(❹) 은하	은하핵을 가로지르는 막대 모양의 구조가 있고, 막대 구조의 양 끝에서 나선팔이 뻗어 나온 은하

  - (❺) 은하: 모양이 일정하지 않고 규칙적인 구조가 없는 은하
- 특이 은하
  - (❻) 은하: 일반 은하보다 수백~수백만 배 이상의 강한 전파를 방출하는 은하
  - (❼)은하: 일반 은하에 비해 아주 밝은 핵과 넓은 방출선을 보이는 은하
  - (❽): 수많은 별들로 이루어진 은하이지만 매우 멀리 있어서 하나의 별처럼 보이는 은하
- 충돌 은하: 은하와 은하가 충돌하는 과정에서 형성되는 은하

1 그림 (가)~(다)는 여러 외부 은하의 사진이다.

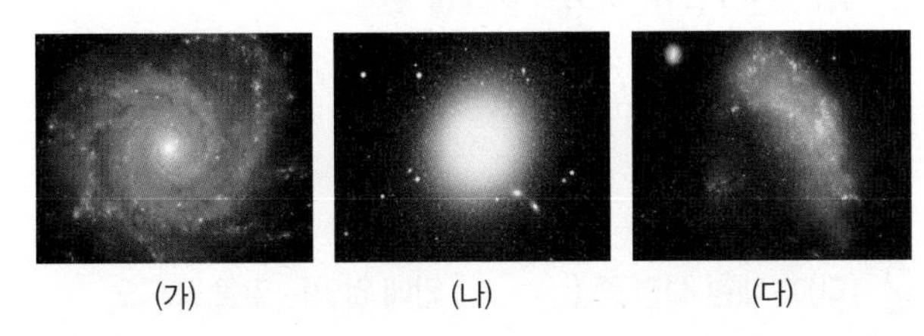

(가) (나) (다)

허블의 은하 분류 기준에 따라 (가)~(다)의 종류를 각각 쓰시오.

2 허블의 은하 분류에 대한 설명 중 ( ) 안에 알맞은 말을 쓰시오.

> 나선 은하는 은하핵을 가로지르는 ㉠( ) 모양 구조의 유무에 따라 ㉡( ) 은하와 ㉢( ) 은하로 구분하며, 우리은하는 ㉢( ) 은하에 속한다.

3 외부 은하에 대한 설명으로 옳은 것은 ○, 옳지 않은 것은 ×로 표시하시오.

(1) 타원 은하에서 E0은 E7보다 구형에 가깝다. ( )

(2) 늙고 붉은색인 별의 비율은 타원 은하보다 나선 은하에서 높다. ( )

(3) 성간 물질이 많은 은하일수록 늙은 별을 많이 포함한다. ( )

(4) 타원 은하는 시간이 지나면 나선 은하로 진화한다. ( )

4 그림 (가)~(다)는 여러 가지 특이 은하를 나타낸 것이다.

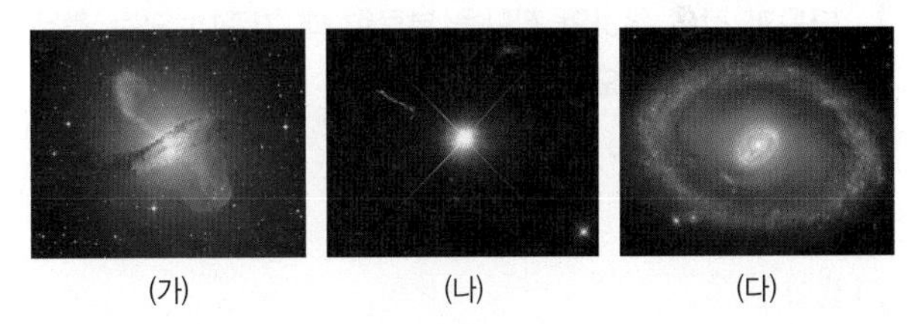

(가) (나) (다)

(가)~(다) 중 전파 은하, 세이퍼트은하, 퀘이사에 해당하는 것을 각각 쓰시오.

5 다음과 같은 특징이 있는 특이 은하를 쓰시오.

> - 매우 멀리 있어 별처럼 보인다.
> - 적색 편이가 매우 크게 나타난다.
> - 일반 은하의 수백 배 정도의 에너지를 방출한다.

6 특이 은하 및 충돌 은하에 대한 설명으로 옳은 것은 ○, 옳지 않은 것은 ×로 표시하시오.

(1) 전파 은하는 전파 영역에서 보통 은하보다 훨씬 강한 에너지를 방출한다. ( )

(2) 하나의 별처럼 보이며, 매우 큰 적색 편이가 나타나는 은하를 퀘이사라고 한다. ( )

(3) 세이퍼트은하는 초기 우주에서 형성되었다. ( )

(4) 세이퍼트은하는 은하 전체의 광도에 대한 중심부의 광도가 매우 크다. ( )

(5) 은하와 은하가 충돌하더라도 내부의 별은 충돌하는 일이 거의 없다. ( )

대표 자료 분석

정답친해 142쪽

자료 ❶ 허블의 은하 분류

기출 Point
- 허블의 은하 분류 기준 이해하기
- 각 은하의 종류별 특징 파악하기

[1~3] 그림은 외부 은하를 일정한 기준에 따라 분류한 것이다.

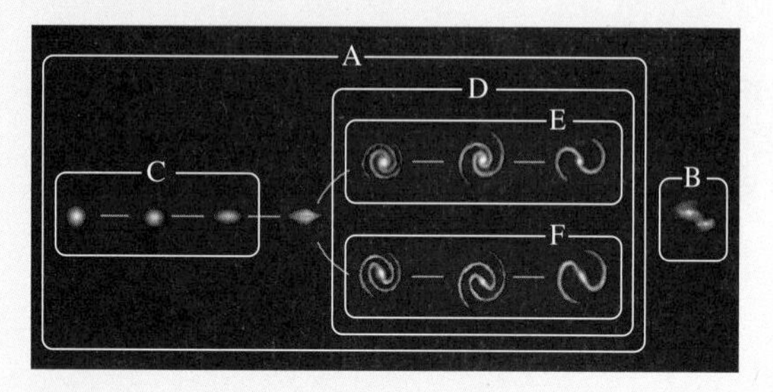

1 다음과 같이 은하의 집단을 분류할 때 기준이 되는 것은 각각 무엇인지 쓰시오.

(1) A와 B
(2) C와 D
(3) E와 F

2 A～F 중 다음 설명에 해당하는 은하의 종류를 골라 기호를 쓰시오.

- 나선팔이 있다.
- 중심부에 막대 모양의 구조가 있다.
- 나선팔이 감긴 정도와 은하핵의 상대적인 크기에 따라 a, b, c로 세분한다.

3 빈출 선택지로 완벽 정리!

(1) 허블의 은하 분류는 은하의 진화와 밀접한 관련이 있다. ············ (○ / ×)
(2) C는 대부분 젊고 파란색의 별들로 이루어져 있다. ············ (○ / ×)
(3) D의 나선팔에는 성간 물질이 많이 있다. ············ (○ / ×)
(4) 나선 은하 중에서 중심부에 나선팔이 직접 연결되어 있는 은하는 E이다. ············ (○ / ×)
(5) 우리은하는 B에 속한다. ············ (○ / ×)

자료 ❷ 특이 은하

기출 Point
- 특이 은하의 종류 이해하기
- 특이 은하의 종류별 특징 파악하기

[1~3] (가)～(다)는 우주에 존재하는 여러 가지 특이 은하에 대한 설명이다.

(가) 보통의 은하에 비해 강한 전파를 방출한다.
(나) 보통의 은하에 비해 아주 밝은 핵과 넓은 방출선이 나타난다.
(다) 수많은 별들이 모여 있는 은하이지만 너무 멀리 떨어져 있어서 별처럼 보인다.

1 특이 은하 (가)～(다)의 종류를 쓰시오.

2 (다)에 대한 설명 중 (　　　) 안에 알맞은 말을 쓰시오.

스펙트럼을 관측하면 ㉠(　　　)가 매우 크게 나타나는 특징이 있다. 이를 이용해 거리를 계산해 보면 거리가 100억 광년 이상인 것도 관측된다. 이 사실로 ㉡(　　　)에서 형성된 천체라는 것을 알 수 있다.

3 빈출 선택지로 완벽 정리!

(1) (가) 은하는 가시광선 영역에서 대부분 타원 은하로 관측된다. ············ (○ / ×)
(2) (가) 은하를 각각 가시광선과 전파 영역에서 관측하면 같은 모습으로 보인다. ············ (○ / ×)
(3) (나) 은하는 보통 은하에 비해 은하 전체 광도에 대한 중심부의 광도가 매우 크다. ············ (○ / ×)
(4) 은하 전체의 광도에 대한 중심부의 광도는 (나) 은하가 (다) 은하보다 더 크다. ············ (○ / ×)
(5) (가)～(다) 은하는 일반 은하에 비해 중심부에서 막대한 양의 에너지를 방출하고 있다. ············ (○ / ×)

내신 만점 문제

정답친해 142쪽

A 은하의 분류

중요 **01** 그림은 허블이 외부 은하를 일정한 기준에 따라 분류한 것이다.

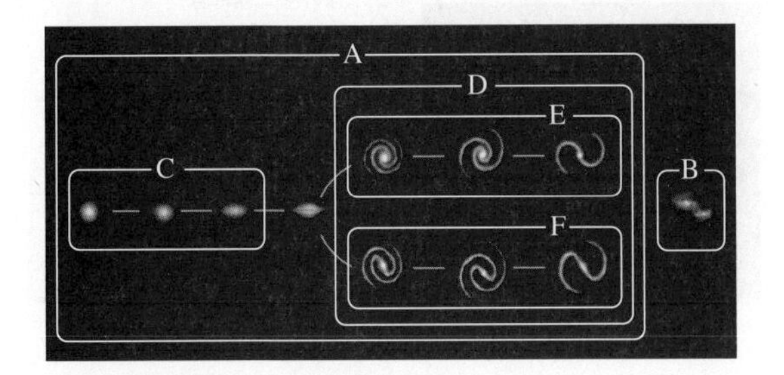

이에 대한 설명으로 옳은 것은?

① A와 B는 은하핵의 크기로 분류한다.
② C는 전파 은하이다.
③ D는 불규칙 은하이다.
④ E와 F는 막대 모양 구조의 유무로 분류한다.
⑤ 허블은 외부 은하를 크기에 따라 분류하였다.

중요 **02** 그림 (가)~(다)는 여러 종류의 외부 은하의 모습이다.

(가) (나) (다)

은하 (가)~(다)에 대한 설명으로 옳은 것만을 [보기]에서 있는 대로 고른 것은?

보기
ㄱ. (가)는 (나)보다 성간 물질의 비율이 높다.
ㄴ. (나)는 주로 젊은 별들로 구성되어 있다.
ㄷ. 우리은하는 (다)와 같은 유형으로 분류된다.

① ㄱ ② ㄴ ③ ㄱ, ㄷ
④ ㄴ, ㄷ ⑤ ㄱ, ㄴ, ㄷ

03 그림 (가)는 은하를 형태에 따라 분류한 것이고, (나)는 각 은하에 속한 별들의 분광형 분포를 나타낸 것이다.

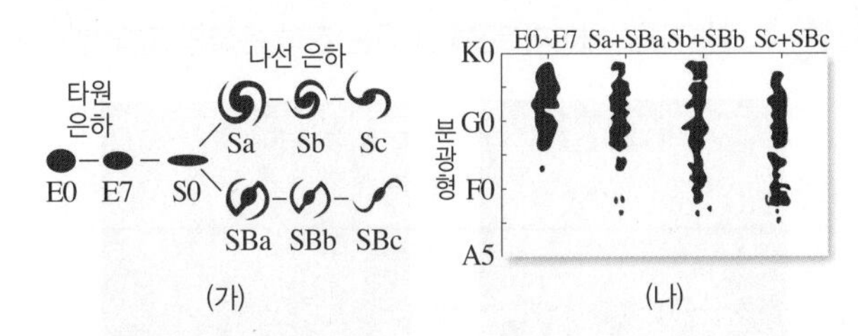

(가) (나)

이에 대한 설명으로 옳은 것만을 [보기]에서 있는 대로 고른 것은?

보기
ㄱ. 타원 은하에서 별의 탄생은 현재보다 은하 형성 초기에 활발하였을 것이다.
ㄴ. 나선 은하는 a → b → c로 갈수록 크기가 커진다.
ㄷ. 젊은 별의 비율은 타원 은하보다 나선 은하에서 높다.

① ㄱ ② ㄴ ③ ㄱ, ㄷ
④ ㄴ, ㄷ ⑤ ㄱ, ㄴ, ㄷ

서술형 **04** 그림은 허블이 은하를 분류한 것이다.

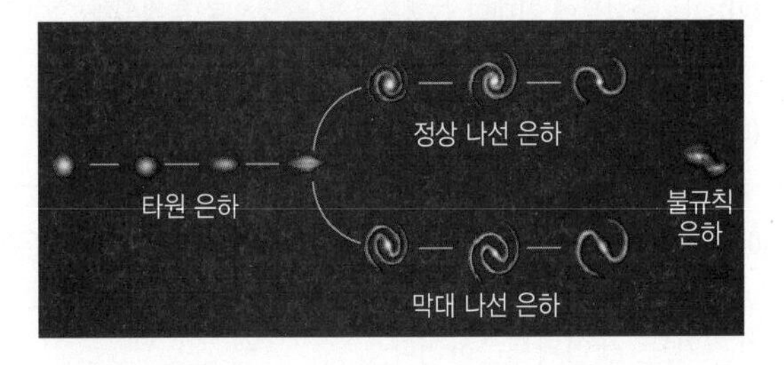

(1) 은하를 분류한 기준과 우리은하가 속해 있는 은하의 종류를 쓰시오.

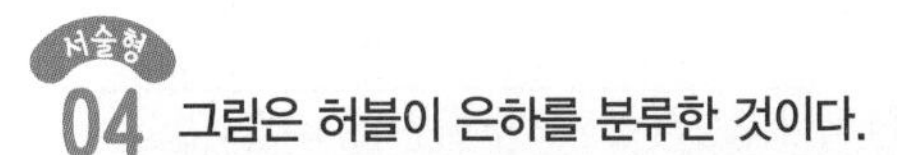

(2) 타원 은하와 불규칙 은하의 차이점을 두 가지 이상 서술하시오.

B 특이 은하

중요 **05** 그림 (가)는 세이퍼트은하, (나)는 전파 은하의 모습이다.

(가)

(나)

이에 대한 설명으로 옳은 것만을 [보기]에서 있는 대로 고른 것은?

보기
ㄱ. (가)에서는 나선팔이 관측된다.
ㄴ. (나)의 은하핵에서는 강한 전파가 방출되고 있다.
ㄷ. (가)와 (나)는 모두 특이 은하에 해당한다.

① ㄱ ② ㄴ ③ ㄱ, ㄷ
④ ㄴ, ㄷ ⑤ ㄱ, ㄴ, ㄷ

06 다음 (가)와 (나)는 전파 은하와 세이퍼트은하의 특징을 순서 없이 나타낸 것이다.

(가)	• 방출선의 폭이 보통의 은하보다 매우 넓다. • 중심부에 거대한 블랙홀이 있을 것으로 추정된다. • 가시광선 영역에서 대부분 나선 은하로 관측된다.
(나)	• 일반 은하보다 수백 배 이상 강한 전파를 방출한다. • 은하 중심부로부터 강한 제트가 대칭으로 나타난다.

이에 대한 설명으로 옳은 것만을 [보기]에서 있는 대로 고른 것은?

보기
ㄱ. (가)는 세이퍼트은하이다.
ㄴ. (나)는 가시광선 영역에서 대부분 나선 은하로 관측된다.
ㄷ. (가)와 (나) 모두 우주 탄생 초기에 만들어져 적색 편이가 매우 크게 나타난다.

① ㄱ ② ㄷ ③ ㄱ, ㄴ
④ ㄴ, ㄷ ⑤ ㄱ, ㄴ, ㄷ

07 그림 (가)는 퀘이사 3C 273을 가시광선으로 촬영한 사진이고, (나)는 이 퀘이사의 스펙트럼과 비교 수소 선 스펙트럼을 나타낸 것이다.

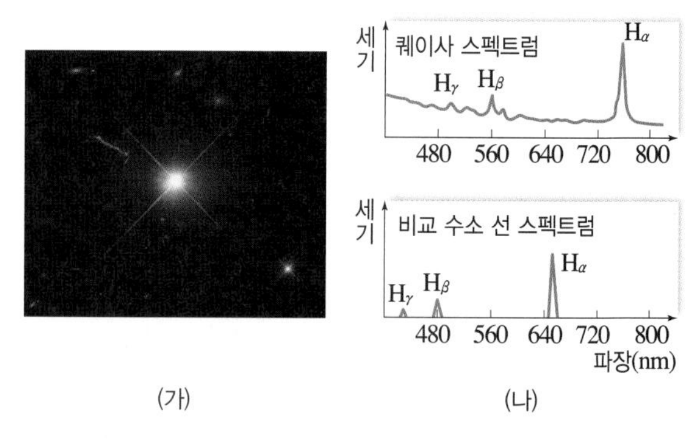

(가) (나)

이에 대한 설명으로 옳은 것만을 [보기]에서 있는 대로 고른 것은?

보기
ㄱ. (가)에서 퀘이사는 별처럼 보인다.
ㄴ. (나)에서 퀘이사의 스펙트럼은 적색 편이가 나타난다.
ㄷ. 퀘이사는 우리은하에 매우 빨리 가까워지고 있다.

① ㄱ ② ㄷ ③ ㄱ, ㄴ
④ ㄴ, ㄷ ⑤ ㄱ, ㄴ, ㄷ

중요 **08** 그림은 특이 은하를 분류하는 과정을 나타낸 것이다.

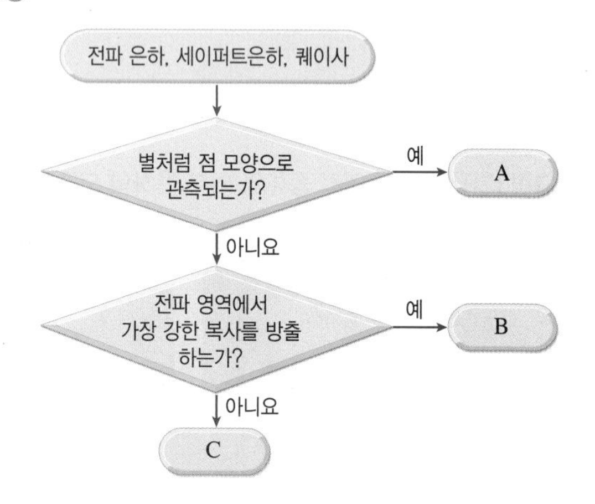

이에 대한 설명으로 옳은 것만을 [보기]에서 있는 대로 고른 것은?

보기
ㄱ. A는 거리가 가깝기 때문에 밝게 관측된다.
ㄴ. B는 A보다 평균 후퇴 속도가 크다.
ㄷ. C는 중심부에 블랙홀이 있을 가능성이 크다.

① ㄱ ② ㄷ ③ ㄱ, ㄴ
④ ㄴ, ㄷ ⑤ ㄱ, ㄴ, ㄷ

실력 UP 문제

정답친해 144쪽

C 충돌 은하

09 그림은 서로 충돌하고 있는 두 은하의 모습을 나타낸 것이다.

이에 대한 설명으로 옳은 것만을 [보기]에서 있는 대로 고른 것은?

ㄱ. 두 은하 사이에는 척력보다 인력이 더 크게 작용한다.
ㄴ. 충돌 과정에서 새로운 별들의 탄생은 일어나지 않는다.
ㄷ. 충돌하기 전 한 은하에서 다른 은하를 관측하면 적색편이가 나타난다.

① ㄱ ② ㄷ ③ ㄱ, ㄴ
④ ㄴ, ㄷ ⑤ ㄱ, ㄴ, ㄷ

10 그림은 두 나선 은하가 충돌하는 모습을 나타낸 것이다.

두 은하가 충돌하더라도 은하 내의 별들이 직접 충돌하는 일은 거의 없다고 하는데, 그 까닭을 서술하시오.

01 그림 (가)는 은하 A와 B에 속한 별들의 색지수 분포를, (나)는 A와 B가 탄생한 후 시간에 따른 연간 생성된 별의 총 질량을 ㉠과 ㉡으로 순서 없이 나타낸 것이다. A와 B는 허블 은하 분류 체계에 따른 서로 다른 종류이며, 각각 E0과 Sb 중 하나이다.

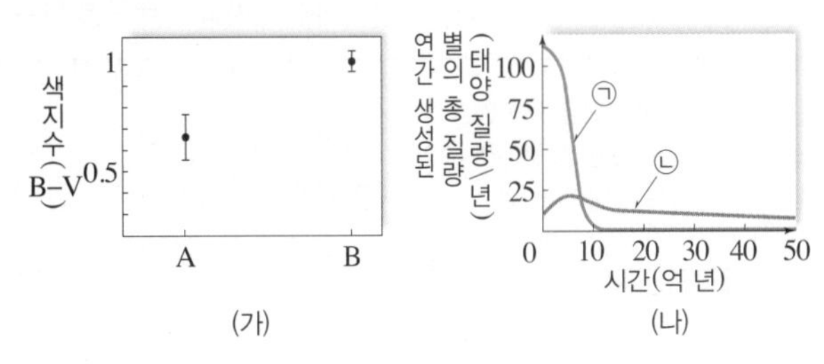

(가) (나)

이에 대한 설명으로 옳은 것만을 [보기]에서 있는 대로 고른 것은?

보기

ㄱ. 새로운 별의 탄생은 A보다 B에서 활발하다.
ㄴ. 은하는 A의 형태에서 B의 형태로 진화한다.
ㄷ. (나)에서 ㉠은 B에 해당한다.

① ㄱ ② ㄷ ③ ㄱ, ㄴ
④ ㄴ, ㄷ ⑤ ㄱ, ㄴ, ㄷ

02 그림 (가)와 (나)는 세이퍼트은하와 퀘이사를 가시광선 영역으로 촬영한 모습을 순서 없이 나타낸 것이다.

(가) (나)

이에 대한 설명으로 옳은 것만을 [보기]에서 있는 대로 고른 것은?

보기

ㄱ. (가)가 별처럼 보이는 까닭은 방출하는 에너지가 매우 적기 때문이다.
ㄴ. 허블의 은하 분류 체계에 의하면 (가)는 주로 타원 은하로, (나)는 주로 나선 은하로 분류된다.
ㄷ. $\frac{\text{은하 중심부의 밝기}}{\text{은하 전체의 밝기}}$는 (가)가 (나)보다 크다.

① ㄱ ② ㄷ ③ ㄱ, ㄴ
④ ㄴ, ㄷ ⑤ ㄱ, ㄴ, ㄷ

빅뱅 우주론

핵심 포인트
1. 허블 법칙과 우주 팽창 ★★★
2. 정상 우주론과 빅뱅 우주론 ★★★
3. 빅뱅 우주론의 증거 ★★★
4. 급팽창 이론 ★★★

A 허블 법칙과 우주 팽창

1. 외부 은하의 관측과 후퇴 속도

(1) 허블이 외부 은하의 스펙트럼을 관측한 결과 대부분의 은하에서 ◆적색 편이가 나타났다.
➡ 대부분의 외부 은하가 우리은하로부터 멀어지고 있기 때문이다.

(2) 외부 은하의 스펙트럼에 나타난 흡수선의 파장 변화량을 $\varDelta\lambda(=\lambda-\lambda_0)$라고 하면 외부 은하의 ❶후퇴 속도($v$)는 다음과 같다. (λ: 관측된 파장, λ_0: 원래의 흡수선 파장(기준 파장))

$$v=c\times\frac{\varDelta\lambda}{\lambda_0}$$ (c: 빛의 속도, λ_0: 원래의 흡수선 파장, $\varDelta\lambda$: 흡수선의 파장 변화량)

➡ 적색 편이량이 큰 은하일수록 후퇴 속도가 빠르다.

◆ **적색 편이**
스펙트럼에서 흡수선의 위치가 원래의 위치보다 파장이 긴 붉은색 쪽으로 이동하는 현상이다. 외부 은하가 지구로부터 시선 방향으로 멀어질 때 나타난다.

주의해!
- 외부 은하의 청색 편이
대부분의 은하들은 우리은하로부터 멀어지고 있지만 어떤 은하들은 우리은하에 가까워지고 있어 스펙트럼에서 청색 편이가 나타난다. ➡ 우리은하와 거리가 가까워 공간이 팽창하는 정도에 비해 우리은하와의 중력이 더 크기 때문이다.

| 외부 은하의 스펙트럼 관측 | 323쪽 대표 자료❶

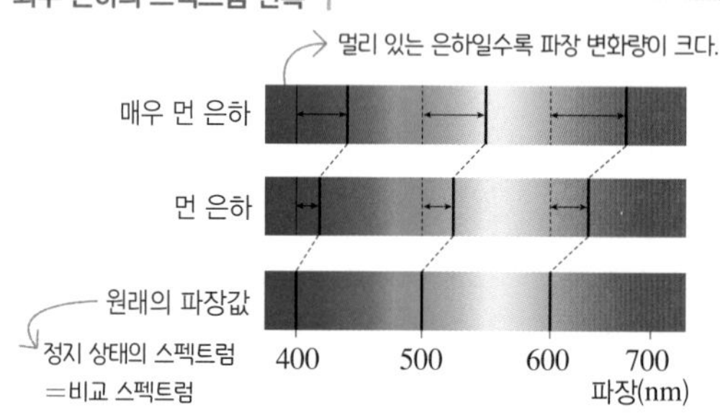

- 멀리 있는 은하에서 흡수선의 파장이 원래의 파장보다 길게 나타난다. ➡ 적색 편이
- 멀리 있는 은하일수록 적색 편이가 크게 나타난다.
➡ 적색 편이량이 클수록 외부 은하의 후퇴 속도가 빠르다.
➡ 멀리 있는 은하일수록 후퇴 속도가 빠르다.

2. 허블 법칙

허블은 거리가 알려진 외부 은하들의 후퇴 속도를 계산하여 은하의 후퇴 속도(v)는 그 은하까지의 거리(r)에 비례하여 커진다는 사실을 밝혀냈으며, 이를 허블 법칙이라고 한다. 323쪽 대표 자료❷

$$v=H\cdot r$$ (H: 허블 상수)

(1) **허블 상수**: 외부 은하의 후퇴 속도와 거리 사이의 관계를 나타내는 비례 상수

① 1 ❷Mpc당 우주의 팽창 속도(km/s)를 나타내는 값이다. ➡ 우주가 얼마나 빠르게 팽창하는지를 나타낸다.

② 그래프에서 기울기$\left(\frac{\text{후퇴 속도}}{\text{거리}}\right)$는 허블 상수($H$)를 의미한다. ➡ 기울기가 클수록 허블 상수가 크다.

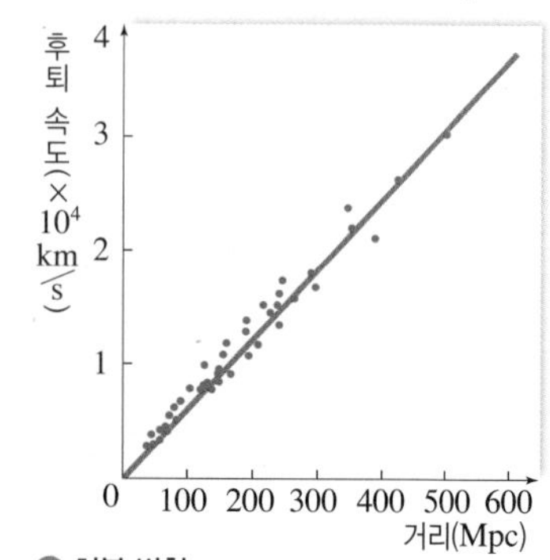

⬆ 허블 법칙

③ 허블 상수는 ◆관측값의 정확도에 따라 달라지는데, 최근의 연구에 의하면 허블 상수는 약 68 km/s/Mpc이다. → 은하의 거리가 1 Mpc 늘어날 때마다 은하의 후퇴 속도가 약 68 km/s 증가한다는 의미이다.

(2) **허블 법칙의 의미**: 멀리 있는 은하일수록 더 빠른 속도로 멀어진다. ➡ 우주가 팽창하고 있다는 확실한 증거이다. → 허블 법칙은 빅뱅 우주론이 나올 수 있는 바탕이 되었다.

◆ **허블 상수의 관측값**
1929년 허블이 구한 허블 상수의 값은 약 556 km/s/Mpc이었으며, 1970년대 이후 2000년까지 천문학자들이 구한 허블 상수 값은 50 km/s/Mpc ~ 100 km/s/Mpc 사이로 편차가 매우 컸다. 허블 우주 망원경을 띄운 대표적인 까닭 중 하나는 허블 상수를 정밀하게 측정하기 위해서였고, 그 결과 62 km/s/Mpc ~ 72 km/s/Mpc 사이로 좁혀졌다.

용어
❶ **후퇴 속도(後 뒤, 退 물러나다, 速 빠르다, 度 정도)** 우리은하에 대해 외부 은하들이 멀어져 가는 속도
❷ **Mpc(Megaparsec)** 거리를 나타내는 단위로, 1 Mpc은 100만 pc(약 326만 광년, 1 pc≒3.26 광년)이다.

탐구 자료창 외부 은하의 적색 편이를 이용한 후퇴 속도 계산

과정 > 그림은 여러 외부 은하들의 모습과 스펙트럼을 나타낸 것이다. 은하의 스펙트럼에서 세로로 나타난 선들은 비교 스펙트럼이고, 가로로 표시한 노란색 화살표의 길이는 흡수선(칼슘 H와 K의 흡수선 파장의 평균값)의 적색 편이량을 나타낸 것이다. (단, 정지 상태에서 칼슘 H와 K의 흡수선 파장의 평균값은 395.1 nm이다.)

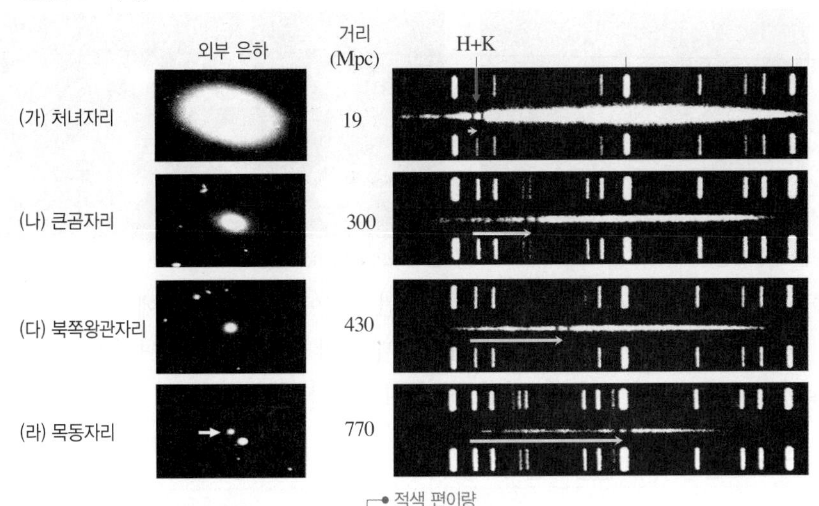

결과 >

외부 은하	거리 (Mpc)	칼슘 H+K 관측 파장 (nm)	$\Delta\lambda$ (nm)	$\frac{\lambda-\lambda_0}{\lambda_0}$ (적색 편이량)	◆후퇴 속도 (km/s)
(가)	19	398.9	3.8	0.0096	2885
(나)	300	415.7	20.6	0.0521	15642
(다)	430	427	31.9	0.0807	24222
(라)	770	445.8	50.7	0.1283	38497

➡ 후퇴 속도($\times 10^4$ km/s) – 거리(Mpc) 그래프

해석 > ① 은하의 거리와 적색 편이량의 관계: 은하까지의 거리가 멀수록 적색 편이량이 크다.

② 은하의 적색 편이량과 후퇴 속도의 관계: 적색 편이량이 클수록 외부 은하의 후퇴 속도가 빠르다. ➡ 은하까지의 거리가 멀수록 후퇴 속도가 빠르다.

③ 그래프에서 직선의 기울기의 의미: $\frac{\text{후퇴 속도}}{\text{거리}}$의 값이므로 허블 상수를 의미한다.

◆ **후퇴 속도**
원래의 흡수선 파장을 λ_0, 흡수선의 파장 변화량을 $\Delta\lambda$라고 하면 외부 은하의 후퇴 속도(v)는 다음과 같이 구한다.

$$v = c \times \frac{\Delta\lambda}{\lambda_0}$$

예 (가) 은하의 후퇴 속도
$v = (3\times10^5 \text{ km/s}) \times \frac{3.8 \text{ nm}}{395.1 \text{ nm}}$
$\fallingdotseq 2885$ km/s

같은 탐구 다른 실험

천재 교과서에만 나와요.

과정 > 그림은 슬론 거대 우주 탐사 관측으로 얻은 외부 은하 (가)~(다)의 수소 방출 스펙트럼을 나타낸 것이다. (단, 점선은 정지 상태에서 수소가 방출하는 파장으로, 656.3 nm이다.)

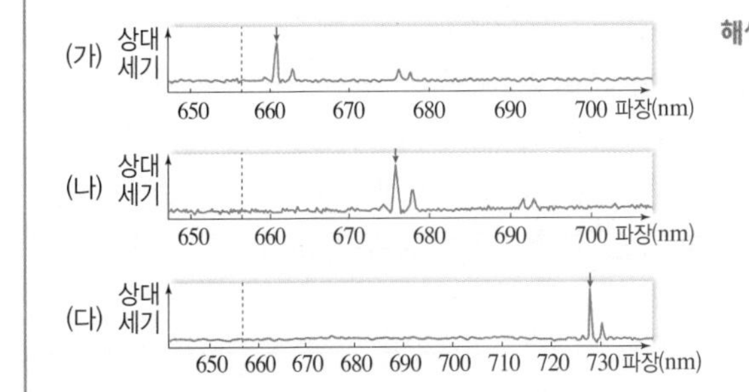

해석 > ① 스펙트럼선의 위치가 원래의 위치보다 파장이 긴 붉은색 쪽으로 이동하는 적색 편이가 나타난다.

② 적색 편이량: (가)<(나)<(다)
➡ 후퇴 속도: (가)<(나)<(다)

③ 은하의 거리((가)<(나)<(다))에 따른 후퇴 속도의 의미: 거리가 멀수록 후퇴 속도가 빠르다는 것은 우주가 팽창하고 있음을 의미한다.

확인 문제

1 그래프에서 얻은 직선의 기울기는 (　　)를 의미한다.

2 은하까지의 거리가 멀수록 적색 편이량이 (크, 작)(으)며, 후퇴 속도가 (빠르, 느리)다.

확인 문제 답

1 허블 상수

2 크, 빠르

3. 우주의 팽창

(1) **우주의 팽창:** 우주 공간이 팽창하여 은하들 사이의 거리가 멀어지고 있으며, 멀리 있는 은하일수록 더 빠르게 멀어진다.

① **우주 팽창의 중심:** 우리은하가 우주의 중심이 아니며 팽창하는 우주의 중심을 정할 수 없다. ➡ 우주 어느 곳에서 관측하더라도 은하는 서로 멀어지고 있기 때문

⬆ 우주의 팽창

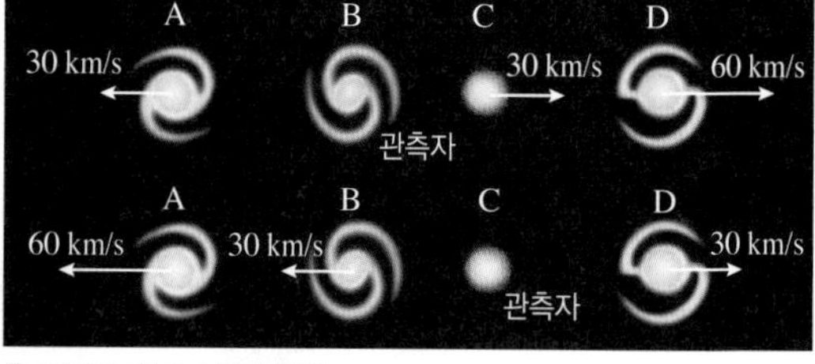

⬆ 은하의 후퇴 속도와 방향

주의해!

- **우주의 팽창**
  우주가 팽창하기 때문에 은하 내의 별과 별 사이의 거리가 점점 멀어진다고 생각하기 쉽다. 은하 내의 별들은 서로 간의 인력에 의해 큰 영향을 받고 있으므로, 우주 팽창으로 별들 사이의 간격이 넓어져 은하가 커지는 것은 아니다. 즉, 우주 팽창의 단위는 별이 아니라 은하이다.

② 팽창하는 우주의 시간을 거슬러 간다면 먼 과거에 우주는 한 점에 모여 있었다고 추측할 수 있다. ➡ 우주가 초고온, 초고밀도 상태의 한 점에서 팽창하여 온도와 밀도가 감소하여 현재의 상태가 되었다는 빅뱅 우주론의 근거가 되었다.

탐구 자료창 **우주 팽창의 원리**

그림은 풍선을 불어 스티커 사이의 거리 변화를 비교하여 우주 팽창의 원리를 알아보는 실험이다.

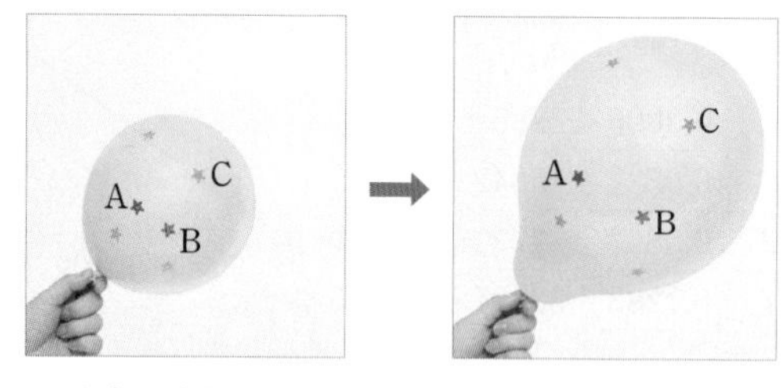

거리	A~B	B~C	C~A
풍선을 조금 불었을 때	3 cm	4 cm	5 cm
풍선을 크게 불었을 때	6 cm	8 cm	10 cm
늘어난 거리	3 cm	4 cm	5 cm

1. 풍선 표면은 우주, 스티커는 은하를 의미한다.
2. **스티커 사이의 거리:** 풍선이 팽창하여(우주가 팽창하여) 스티커(은하) 사이의 거리가 멀어진다.
3. **늘어난 거리:** A~B<B~C<C~A ➡ 스티커(은하) 사이의 거리가 멀수록 빨리 멀어진다.
4. **팽창의 중심:** 스티커(은하)가 서로 멀어지므로 팽창의 중심을 정할 수 없다.
5. **스티커의 크기:** 풍선이 팽창할 때(우주가 팽창할 때) 스티커(은하)의 크기가 커지는 것은 아니다.

◆ **관측 가능한 우주(우주의 지평선)**
우리가 관측할 수 있는 가장 빠른 속도는 빛의 속도이므로, 관측할 수 있는 우주의 범위는 빛이 현재까지 이동해 온 약 138억 광년까지이다. 따라서 이 경계까지를 우주의 지평선이라고 하며, 그 이상은 관측할 수 없고, 존재 여부도 알 수 없다.

(2) **우주의 나이와 크기:** 허블 상수(H)를 이용하면 우주의 나이와 크기를 알아낼 수 있다.

① **우주의 나이(t):** 우주의 팽창 속도가 일정하다고 가정할 때, 과거 어느 시점에 한 점에 모여 있던 은하가 현재의 속력(v)으로 현재의 거리(r)만큼 멀어지는 데 걸린 시간(t)이다.

$$t=\frac{r}{v}=\frac{r}{H\cdot r}=\frac{1}{H}$$ (허블 상수의 역수) → 허블 상수가 클수록 우주의 나이가 적다.

② **우주의 크기(r):** 우주가 탄생 이후 광속으로 팽창하였다고 가정하면, 우주의 끝에서 후퇴 속도는 광속이므로 $c=H\cdot r$이 성립한다. 즉, ◆관측 가능한 우주의 크기(r)는 광속(c)으로 멀어지는 은하까지의 거리(r)이다.

$$c=H\cdot r \Rightarrow r=\frac{c}{H}$$ → 허블 상수가 클수록 우주의 크기가 작다.

암기해!

- 허블 법칙 그래프에서 기울기가 클수록
  - 허블 상수가 크다.
  - 우주의 나이가 적다.
  - 우주의 크기가 작다.

정답친해 144쪽

핵심 체크

- 외부 은하의 스펙트럼에서 적색 편이량이 클수록 외부 은하의 후퇴 속도가 (❶).
- (❷) 법칙: 외부 은하의 후퇴 속도는 은하까지의 거리에 비례한다.
- (❸): 외부 은하의 후퇴 속도-거리 그래프에서 기울기에 해당한다.
- 허블 법칙의 의미: 멀리 있는 은하일수록 더 빠른 속도로 멀어진다는 것은 우주가 (❹)하고 있다는 증거이다.
- 우주의 팽창: 우주 공간이 팽창하여 은하들 사이의 거리가 (❺)지며, 멀리 있는 은하일수록 더 빠르게 멀어진다.
  - 우주 어느 곳에서 관측하더라도 은하는 서로 멀어지고 있다. ➡ 우주 팽창의 중심은 (❻).
  - 팽창하는 우주의 시간을 거꾸로 돌리면 먼 과거에 우주는 한 점에 모여 있었다고 추측할 수 있다.
- 우주의 나이: 우주의 팽창 속도가 일정하다고 가정했을 때 (❼)의 역수에 해당한다.
- 우주의 크기: 관측 가능한 우주의 크기는 (❽)으로 멀어지는 은하까지의 거리에 해당한다.

1 외부 은하의 스펙트럼에서 흡수선이 파장이 긴 붉은색 쪽으로 이동하는 현상을 ( )라고 한다.

2 그림은 외부 은하 A와 B의 스펙트럼을 원래의 파장값과 비교한 것이다.

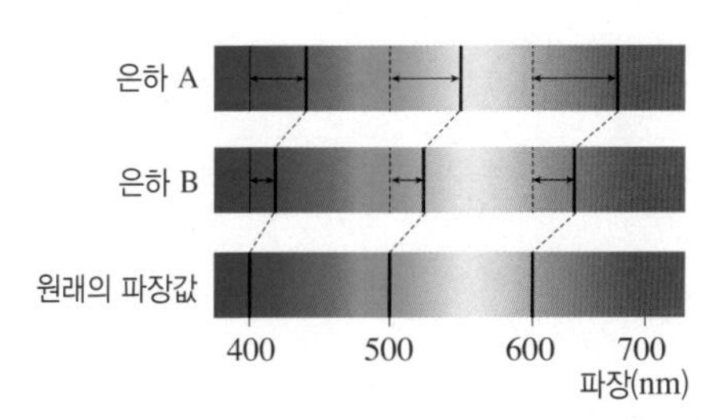

(1) A와 B 중 적색 편이량이 더 큰 은하를 쓰시오.
(2) A와 B 중 후퇴 속도가 더 빠른 은하를 쓰시오.
(3) A와 B 중 우리은하로부터 더 멀리 있는 은하를 쓰시오.

3 허블 법칙에 대한 설명으로 옳은 것은 ○, 옳지 <u>않은</u> 것은 ×로 표시하시오.

(1) 외부 은하의 후퇴 속도는 그 은하까지의 거리에 비례한다. ( )
(2) 허블 법칙은 우주가 축소하고 있음을 의미한다. ( )
(3) 허블 상수가 클수록 우주의 팽창 속도가 빠르다는 것을 의미한다. ( )

4 그림은 외부 은하의 거리와 후퇴 속도를 나타낸 것이다.

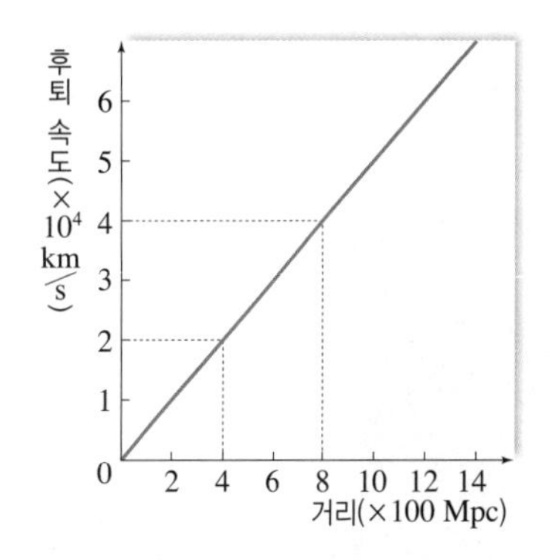

( ) 안에 알맞은 말을 쓰시오.

(1) 그래프의 기울기는 ( )를 의미한다.
(2) 주어진 자료로 구한 허블 상수(H)는 ( ) km/s/Mpc이다.
(3) 거리가 400 Mpc인 은하보다 800 Mpc인 은하의 스펙트럼에서 적색 편이가 ( ) 나타난다.

5 우주의 팽창에 대한 설명으로 옳은 것은 ○, 옳지 <u>않은</u> 것은 ×로 표시하시오.

(1) 멀리 있는 은하들은 서로 멀어진다. ( )
(2) 우주 공간이 팽창하여 은하의 크기가 변하였다. ( )
(3) 어느 방향의 은하를 보아도 멀리 있는 은하의 적색 편이가 관측된다. ( )
(4) 팽창하는 우주의 중심은 우리은하이다. ( )
(5) 우주의 크기에 해당하는 것은 허블 상수의 역수이다. ( )

B 빅뱅 우주론(대폭발 우주론)

빅뱅(Big Bang)이란 용어는 20세기 중반 빅뱅 우주론에 반대하는 과학자들이 이 이론을 조롱하는 의미로 처음 사용했어요.

1. 빅뱅 우주론과 정상 우주론 허블 법칙으로 우주가 팽창하고 있다는 것이 밝혀졌으므로, 이후의 우주론은 우주 팽창의 개념을 포함한 빅뱅 우주론과 정상 우주론으로 발전하였다.

(1) **빅뱅 우주론:** 우주의 모든 물질과 에너지가 온도와 밀도가 매우 높은 한 점에 모여 있다가 빅뱅(대폭발)을 일으켜 팽창하면서 냉각되어 현재와 같은 우주가 되었다는 이론

└● 우주 초기에 생성된 전자, 양성자와 같은 기본 입자들이 서로 결합하여 수소, 헬륨 등의 원자가 생성되고, 이로부터 현재 우주를 이루는 모든 물질이 만들어졌다고 설명한다.

(2) **정상 우주론:** 우주가 팽창하여도 우주의 온도와 밀도는 변하지 않고 항상 일정한 상태를 유지한다는 이론 ➡ 우주가 팽창하여 은하들이 멀어지면서 생겨난 공간에 새로운 물질이 꾸준히 만들어져 우주의 밀도가 일정하게 유지된다. →● 연속 창조설이라고도 한다.

구분		빅뱅 우주론	정상 우주론
모형		은하 시간이 지남에 따라 우주의 크기가 커진다.	은하 시간이 지남에 따라 우주의 크기가 커진다.
주창자		가모 등	호일 등
특징	질량	빅뱅 이후 우주가 팽창하는 과정에서 우주의 총 질량에는 변화가 없다.	우주가 팽창하면서 새로 생긴 공간에 물질이 계속 생성되어 우주의 총 질량이 증가한다.
	밀도	팽창을 통해 부피는 커지고 질량은 변화가 없으므로 우주의 평균 밀도는 감소한다.	우주의 평균 밀도는 일정하게 유지된다.
	온도	우주의 온도는 감소한다.	우주의 온도는 일정하다.

◆ **우주 배경 복사**
우주가 투명해졌을 때 우주에는 약 3000 K의 빛이 가득 차 있었다. 이 빛은 우주 팽창에 의해 파장이 길어져 현재 약 2.7 K 우주 배경 복사로 관측된다.

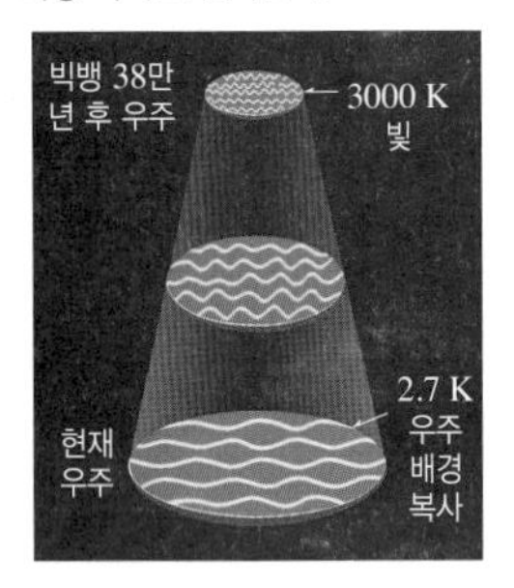

◆ **원자 형성에 따른 우주의 변화**
• 원자 형성 전 빛은 전하를 띠는 전자와 원자핵에 방해를 받아 직진하지 못하였다. ➡ 불투명한 우주
• 원자 형성 후 중성인 원자는 빛의 진로를 방해하지 않아 빛은 우주 공간으로 퍼져 나갔다. ➡ 투명한 우주 └● 우주 배경 복사

2. 빅뱅 우주론의 증거 빅뱅 우주론에서 예측했던 이론을 뒷받침하는 증거들이 관측되면서 우주의 기원을 설명하는 가장 설득력 있는 우주론으로 인정받게 되었다.

(1) ◆**우주 배경 복사:** 빅뱅 약 38만 년 후 우주의 온도가 약 3000 K일 때 ◆원자가 형성되면서 물질로부터 빠져나와 우주 전체에 균일하게 퍼져 있는 빛 ➡ 현재는 우주가 팽창하여 온도가 낮아지고 파장이 길어졌다.

① 빅뱅 우주론에서의 예측(가모 등): 빅뱅 약 38만 년 후 우주의 온도가 약 3000 K일 때 원자가 형성되면서 물질로부터 빠져나온 빛이 우주 팽창으로 점점 식어 현재는 수 K인 온도가 되었으며, 모든 방향에서 올 것이다.

② 펜지어스와 윌슨의 관측: 미국의 펜지어스와 윌슨은 안테나로 전파를 연구하던 중, 하늘의 모든 방향에서 거의 같은 세기로 검출되는 약 7.3 cm 파장의 ❶마이크로파를 발견하였는데, 이는 약 2.7 K 물체에서 방출하는 복사파와 파장이 일치하였다.

③ 결론: 빅뱅 우주론에서 예측했던 우주 배경 복사가 실제로 관측되어 빅뱅 우주론의 결정적인 증거가 되었다.

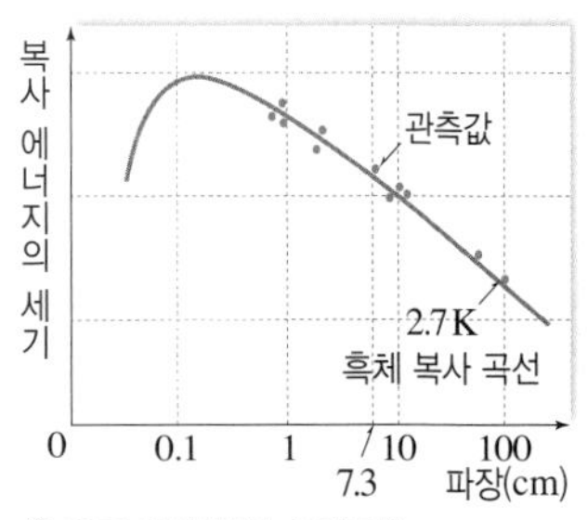

⬆ 우주 배경 복사 스펙트럼

(**용어**)
❶ **마이크로파(microwave)**
약 1 mm에서 1 m 사이의 파장 영역에 해당하는 전자기파로, 극초단파라고도 한다. 레이더, 텔레비전, 전자레인지 등에 이용되며 원자나 분자의 구조 연구에 중요한 역할을 한다.

④ 우주 배경 복사의 분포: 위성으로 우주 배경 복사를 관측한 결과 우주의 온도 분포가 대체로 균일하지만, 미세하게 불균일함을 알 수 있다. ➡ 초기 우주에 미세한 밀도 차이가 있었으며, 이로 인해 중력 차이가 생겨 물질이 모일 수 있었고, 밀도가 큰 곳에서 별과 은하가 탄생하였다.

| 우주 배경 복사의 분포 | 324쪽 대표 자료❸

⇧ 펜지어스, 윌슨 관측(1965년) ⇧ 코비(COBE) 위성 관측(1992년) ⇧ 더블유맵(WMAP) 위성 관측(2003년) ⇧ 플랑크(PLANK) 위성 관측(2013년)

붉은색 영역은 상대적으로 고온이고, 파란색 영역은 상대적으로 저온이다.

- 우주 배경 복사의 온도 분포는 전체적으로 균일하지만, 미세한 온도 차이가 관측된다.
- 펜지어스와 윌슨이 최초로 관측한 이후 우주 망원경을 통해 우주 배경 복사에 존재하는 온도 차이를 더욱 정밀하게 관측하였다. ➡ 관측의 정밀도: 코비 위성 < 더블유맵 위성 < 플랑크 위성

암기해!

우주 배경 복사의 특징
- 우주의 온도가 약 3000 K일 때 방출됨
- 현재 약 2.7 K의 복사로 관측됨
- 우주의 모든 방향에서 거의 같은 세기로 관측됨
- 대체로 균일하지만, 미세하게 불균일하게 분포함

(2) 우주에 존재하는 수소와 헬륨의 질량비

① 빅뱅 우주론에서의 예측: 빅뱅으로부터 약 3분 후, 양성자와 중성자의 개수비는 약 7 : 1이었다. ➡ 2개의 양성자와 2개의 중성자가 결합하여 1개의 헬륨 원자핵이 생성되어 수소 원자핵과 헬륨 원자핵의 질량비는 약 3 : 1이 된다.

| 수소와 헬륨 ◆원자핵의 질량비 계산 |

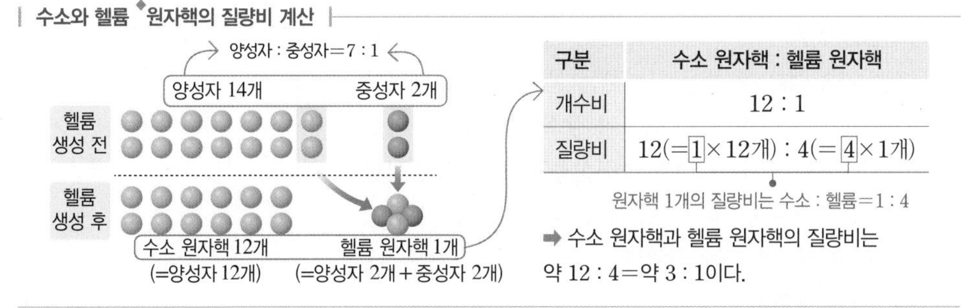

구분	수소 원자핵 : 헬륨 원자핵
개수비	12 : 1
질량비	12(=1×12개) : 4(=4×1개)

원자핵 1개의 질량비는 수소 : 헬륨=1 : 4

➡ 수소 원자핵과 헬륨 원자핵의 질량비는 약 12 : 4=약 3 : 1이다.

② ◆별빛의 스펙트럼으로 확인한 수소와 헬륨의 질량비: 스펙트럼 분석 결과, 우주는 대부분 수소와 헬륨으로 이루어져 있고 수소와 헬륨의 질량비는 약 3 : 1임을 알아내었다.

③ 결론: 빅뱅 우주론에서 계산한 값과 일치하므로 빅뱅 우주론의 증거가 된다.

◆ **원자핵과 원자의 질량**
전자의 질량은 원자핵에 비해 매우 작다. 원자는 원자핵과 전자로 이루어져 있으므로 원자의 질량은 원자핵의 질량과 거의 같다.

◆ **스펙트럼과 원소의 종류**
원소마다 나타나는 방출선 및 흡수선이 다르므로 별빛의 스펙트럼을 분석하면 우주에 분포하는 원소의 종류를 알 수 있다.

암기해!

빅뱅 우주론의 증거
- 우주 배경 복사
- 수소와 헬륨의 질량비(약 3 : 1)

3. 빅뱅 우주론의 한계 우주의 지평선 문제, 우주의 편평성 문제(우주의 평탄성 문제라고도 한다.), 자기 홀극 문제 등 빅뱅 우주론으로 설명할 수 없는 몇 가지 문제점이 있다.

우주의 지평선 문제	우주 배경 복사는 모든 방향에서 매우 균일하게 관측된다. 빅뱅 우주론에 따르면 ◆우주 지평선의 반대쪽 양 끝 지역은 서로 정보를 교환할 수 없는 위치에 있는데 우주 배경 복사가 균일하게 관측되는 까닭을 설명하기 어렵다.
우주의 편평성 문제	현재 우주는 거의 편평하게 관측된다. 편평한 우주가 되기 위해서는 초기 우주에서 우주 밀도가 어떤 특정값을 가져야 하는데, 빅뱅 우주론에서는 그 까닭을 제대로 설명하지 못한다.
자기 홀극 문제	자석은 항상 N극과 S극이 동시에 존재하는데, 하나의 극만 존재하는 이론적인 입자를 자기 홀극이라고 한다. 빅뱅 우주론에 따르면 빅뱅 초기에 많은 양의 자기 홀극이 생성되었다고 하는데 아직까지 자기 홀극이 발견되지 않았고, 빅뱅 우주론에서는 그 까닭을 설명하지 못한다.

◆ **우주의 지평선**
우주가 광속으로 팽창한다고 가정할 때 우주의 크기이며, 우주의 지평선의 반지름은 광속과 우주 나이를 곱한 값이다. 우주의 지평선 밖에서 방출된 빛은 지구에서 관측할 수 없다.

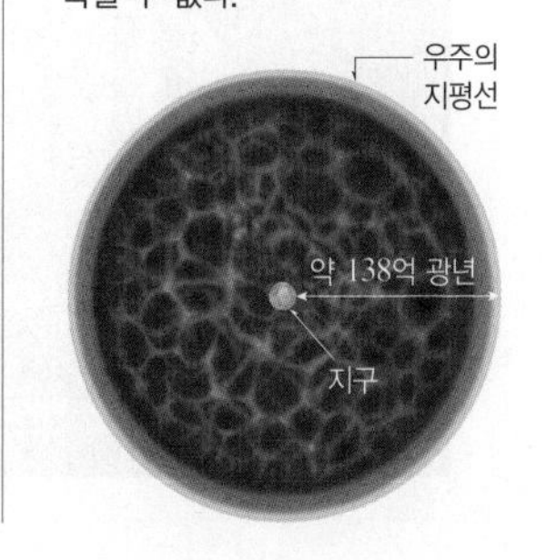

C 급팽창 이론과 가속 팽창 우주

◆ **우주의 팽창 속도**
우주 공간 내에서 어떤 물체가 광속보다 빠르게 운동하는 것은 불가능하지만, 공간 자체의 팽창 속도는 광속을 넘을 수 있다.

1. 급팽창 이론(인플레이션 이론) 빅뱅 이후 약 10^{-36}초~10^{-34}초 사이에 ◆우주가 빛보다 빠른 속도로 급격하게 팽창하였다는 이론으로, 1979년 구스가 제안하였다.

(1) 우주의 크기가 급팽창 이전에는 우주의 지평선보다 작았고, 급팽창 이후에는 우주의 지평선보다 커졌다고 설명한다.

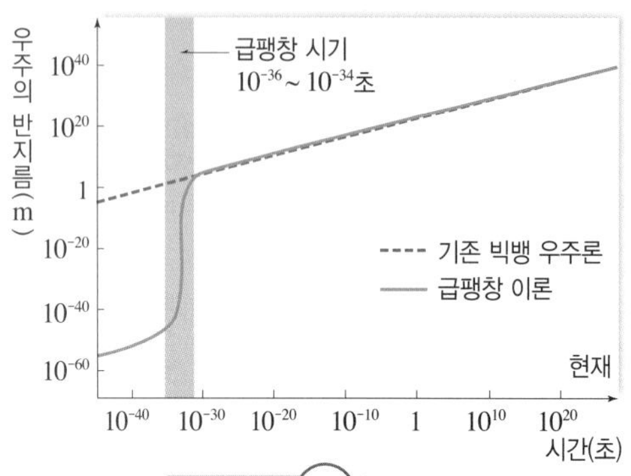

급팽창 이론 324쪽 대표 자료❹

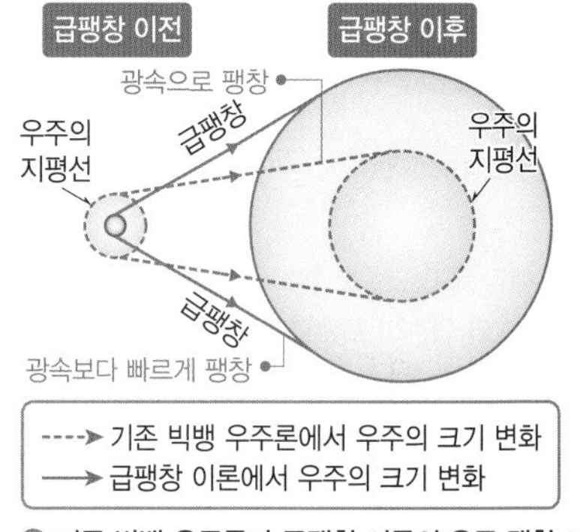

기존 빅뱅 우주론과 급팽창 이론의 우주 팽창 모형

(2) 기존 빅뱅 우주론의 세 가지 문제점(우주의 지평선 문제, 우주의 편평성 문제, 자기 홀극 문제)을 해결하였다. 완자쌤 비법 특강 321쪽

◆ **Ia형 초신성의 밝기와 우주 팽창**
- Ia형 초신성들의 겉보기 밝기는 적색 편이량을 이용하여 이론적으로 계산된 밝기(우주가 일정한 비율로 팽창해 왔다고 가정한 밝기)보다 더 어둡게 관측되었다.
  ➡ 초신성들이 예상보다 더 멀리 있으며, 우주의 팽창 속도가 예상보다 빠르다는 것을 의미한다.
- Ia형 초신성의 관측 결과는 가속 팽창하는 우주를 나타내는 그래프와 잘 일치한다.

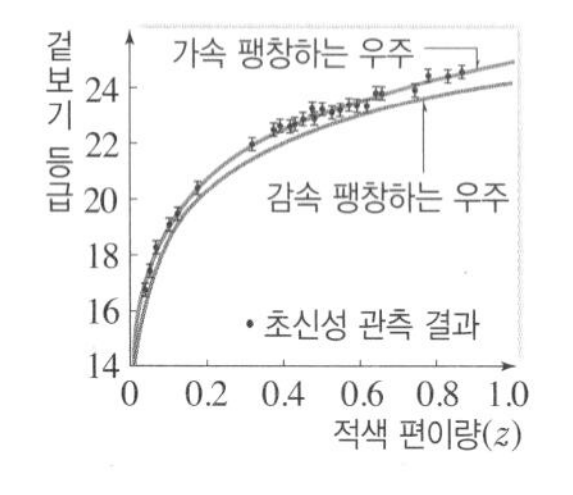

2. 가속 팽창 우주

(1) **우주의 가속 팽창**: 우주를 구성하는 물질의 중력 때문에 시간에 따라 우주의 팽창 속도가 감소할 것이라고 예상되었다. 그러나 수십 개의 초신성을 관측하여 분석한 결과, 현재 우주는 팽창 속도가 점점 빨라지는 가속 팽창을 하고 있음을 알게 되었다.

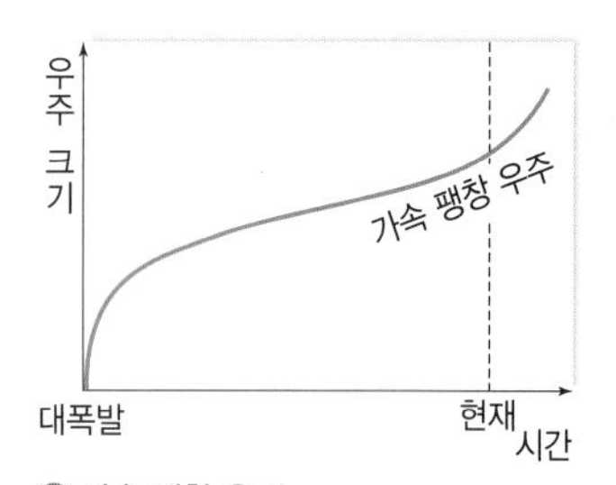

가속 팽창 우주

(2) **Ia형 초신성의 관측**

① Ia형 초신성: 거의 일정한 질량에서 폭발하므로 절대 등급이 거의 일정하여 겉보기 등급을 측정하면 초신성까지의 거리를 구할 수 있다.

② ◆관측 결과: 우주가 감속 팽창한다면 멀리 있는 Ia형 초신성은 일정한 속도로 팽창하는 우주보다 더 가까이 있을 것이므로 더 밝게 보여야 하지만 실제 관측한 결과는 더 어둡게 보였다. 즉, 일정한 속도로 팽창하는 우주보다 더 멀리 있다. ➡ 가속 팽창 우주

우주의 역사

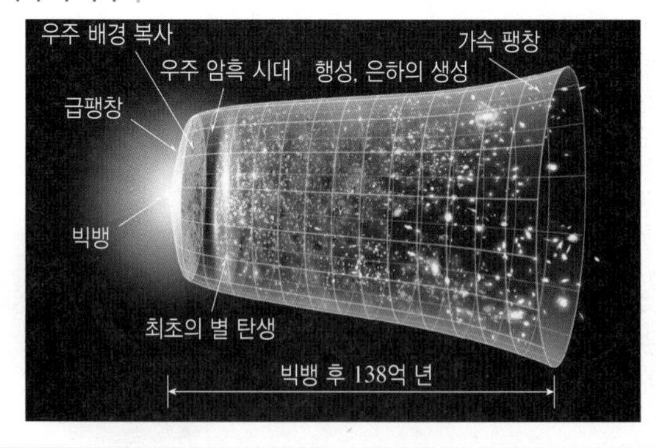

그림은 빅뱅 이후 급팽창 우주와 가속 팽창 우주를 적용하여 나타낸 것이다.

❶ 약 138억 년 전에 빅뱅으로 탄생한 우주는 인플레이션이라 불리는 급격한 팽창을 일으켰다.
❷ 우주가 탄생하고 약 38만 년 후에 우주가 투명해지면서 우주 배경 복사가 방출되었고, 우주가 팽창하면서 온도가 낮아져서 현재 약 2.7 K 우주 배경 복사로 관측된다.
❸ 급팽창 과정에서 발생한 밀도의 미세한 차이가 커져 은하와 별들이 탄생하였다.
❹ 현재 우주는 팽창 속도가 점점 빨라지는 가속 팽창을 한다.

정답친해 145쪽

급팽창 이론에 의한 빅뱅 우주론의 문제점 해결

빅뱅 우주론은 우주 배경 복사가 발견된 이후 많은 과학자들에게 지지를 받았습니다. 그러나 우주의 지평선 문제, 우주의 편평성 문제, 자기 홀극 문제 등 몇 가지 해결하지 못한 점이 있었습니다. 급팽창 이론은 빅뱅 우주론의 문제점을 어떻게 해결하였는지 알아볼까요?

1 우주의 지평선 문제 | 우주 배경 복사가 균일한 까닭은?

우주 배경 복사는 모든 방향에서 균일하게 관측됩니다. 즉, 빅뱅 직후 초기 우주의 에너지 밀도는 균일하였다는 것을 의미합니다. 우주가 광속으로 팽창하면 우주의 지평선에 있는 두 지점(A, B)은 서로 만날 수 없는데, 우주 배경 복사는 어떻게 균일해진 것일까요?

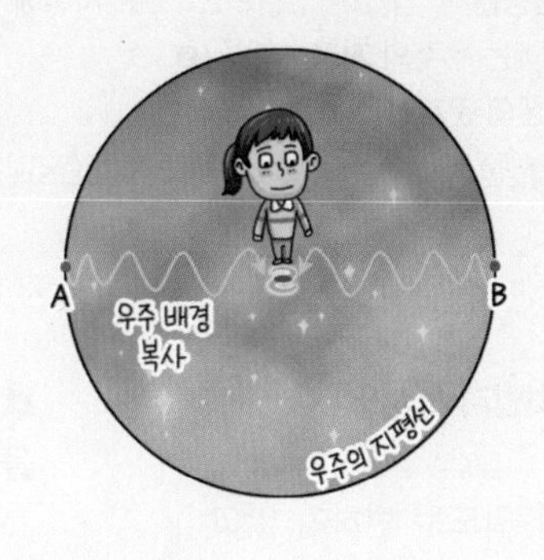

빅뱅 후 10^{-36}초까지 우주의 크기는 우주의 지평선보다 훨씬 작았기 때문에 우주 내부의 빛이 충분히 뒤섞여 에너지 밀도가 균일해질 수 있었습니다.

2 우주의 편평성 문제 | 우주 공간이 편평한 까닭은?

관측 결과 현재 우리의 우주는 거의 편평합니다. 빅뱅 우주론에서는 곡률이 0인 편평한 공간이 될 수 없는데, 우주 공간이 거의 완벽하게 편평한 까닭은 무엇일까요?

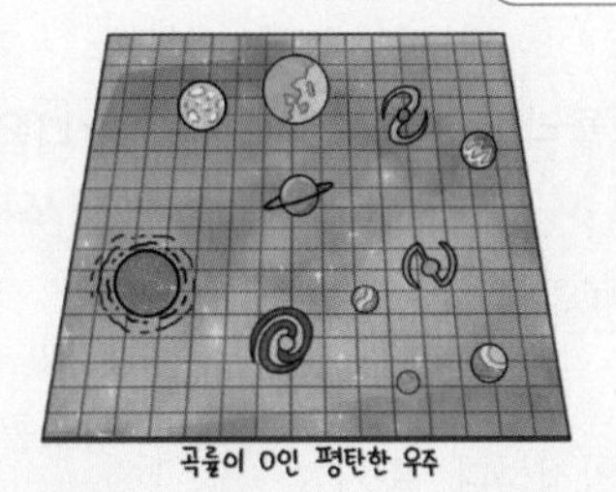
곡률이 0인 평탄한 우주

우주가 급격히 팽창하여 공간의 크기가 매우 커지면 우주 전체가 휘어져 있더라도 관측되는 우주의 영역은 편평하게 보이므로 편평성 문제의 모순점을 해결할 수 있습니다. 이것은 마치 풍선을 매우 크게 불면 그 표면은 평면에 가까워지는 것과 같은 원리이죠.

3 자기 홀극 문제 | 자기 홀극이 발견되지 않는 까닭은?

빅뱅 초기에 많은 양의 자기 홀극이 생성되었지요. 그런데 아직까지 자기 홀극이 발견되지 않는 까닭은 무엇일까요?

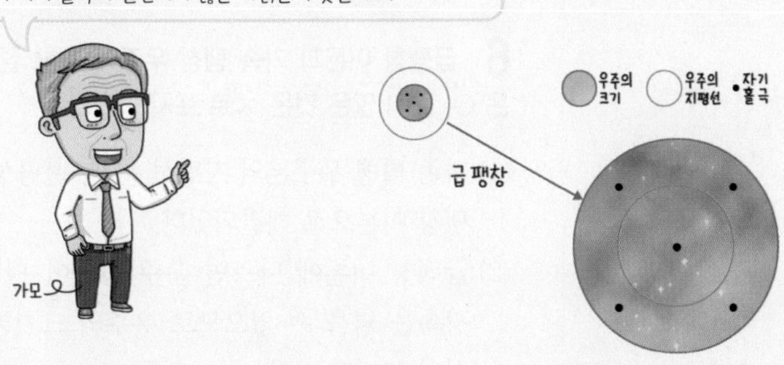

우주가 급팽창하여 우주의 지평선보다 훨씬 커졌기 때문에 대부분의 자기 홀극은 우주의 지평선 너머로 흩어졌습니다. 그 결과 우주 공간의 자기 홀극 밀도가 너무 작아져서 자기 홀극을 발견하기 어렵게 된 것입니다.

Q1 빅뱅 우주론에서는 우주 공간의 곡률이 거의 0으로 편평한 까닭을 제대로 설명하지 못하였다. 이와 같은 문제점을 무엇이라고 하는가?

정답친해 145쪽

개념 확인 문제

핵심 체크

- (❶) 우주론: 우주의 모든 물질과 에너지가 한 점에 모여 있다가 대폭발을 일으켜 현재의 우주가 되었다는 이론
- 빅뱅 우주론의 증거
  - (❷): 우주의 온도가 약 3000 K일 때 방출되었던 빛이 우주가 팽창하는 동안 파장이 길어져 현재는 약 2.7 K 복사로 관측된다.
  - 수소와 헬륨의 질량비: 별빛의 스펙트럼 분석 결과, 우주에 존재하는 수소와 헬륨의 질량비는 약 (❸)이다.
- 빅뱅 우주론의 한계: 우주의 지평선 문제, 우주의 (❹) 문제, 자기 홀극 문제
- 급팽창 이론: 우주가 탄생한 후 약 10^{-36}초~ 10^{-34}초 사이에 빛보다 빠른 속도로 급격하게 팽창하였다는 이론 ➡ 우주의 크기가 급팽창 이전에는 우주의 지평선보다 (❺)고, 급팽창 이후에는 우주의 지평선보다 (❻) 고 가정하여 빅뱅 우주론의 문제점을 해결하였다.
- (❼) 우주: Ia형 초신성 관측을 통해 알아낸 우주는 팽창 속도가 점점 빨라지고 있다.

1 다음에서 설명하는 우주론은 무엇인지 쓰시오.

> 우주가 팽창하여도 우주의 온도와 밀도는 변하지 않고 항상 일정한 상태를 유지한다. 우주가 팽창하면서 새로 생긴 공간에 물질이 생성되므로 총 질량은 증가한다.

2 빅뱅 우주론에서 시간에 따른 우주의 물리량 변화로 ( ) 안에 알맞은 말을 고르시오.

(1) 시간이 지나면서 우주의 질량이 (일정하다, 증가한다, 감소한다).

(2) 시간이 지나면서 우주의 평균 밀도가 (일정하다, 증가한다, 감소한다).

(3) 시간이 지나면서 우주의 온도가 (일정하다, 증가한다, 감소한다).

3 빅뱅 우주론에 대한 설명으로 옳은 것은 ○, 옳지 않은 것은 ×로 표시하시오.

(1) 우주는 대폭발로 시작되었다. ( )

(2) 허블의 관측을 바탕으로 한 우주론이다. ( )

(3) 초기 우주에서 생성된 수소와 헬륨의 질량비는 약 12 : 1이다. ( )

4 우주 배경 복사에 대한 설명 중 ( ) 안에 알맞은 말을 쓰시오.

> 우주 배경 복사는 우주의 온도가 약 ㉠( )K일 때 물질에서 빠져나와 생성되었으며, 우주가 팽창하면서 파장이 점차 ㉡( )져 현재 약 ㉢( )K의 온도를 나타내는 파장으로 관측된다.

5 다음에서 설명하는 빅뱅 우주론의 한계를 무엇이라고 하는지 쓰시오.

> 빅뱅 우주론에서 우주의 지평선 양 끝에 있는 두 지점은 정보를 교환할 수 없어 초기 우주의 에너지 밀도가 균일할 수 없는데 우주 배경 복사가 모든 방향에서 균일하게 관측된다.

6 급팽창 이론과 가속 팽창 우주에 대한 설명으로 옳은 것은 ○, 옳지 않은 것은 ×로 표시하시오.

(1) 기존 빅뱅 우주론의 지평선 문제, 편평성 문제 등은 급팽창 이론으로 해결되었다. ( )

(2) 급팽창 이론에 따르면 우주 공간이 팽창하는 속도는 광속을 넘을 수 없으므로 우주의 크기는 우주의 지평선의 크기와 같다. ( )

(3) Ia형 초신성의 관측으로 우주가 가속 팽창하고 있다는 것을 알게 되었다. ( )

대표 자료 분석

정답친해 146쪽

자료 1 외부 은하의 스펙트럼

기출 Point
- 외부 은하의 스펙트럼 관측 자료로 후퇴 속도 비교하기
- 허블 법칙을 적용하여 외부 은하까지의 거리 비교하기

[1~3] 그림은 외부 은하 A와 B의 스펙트럼을 정지 상태의 스펙트럼과 비교한 것이다.

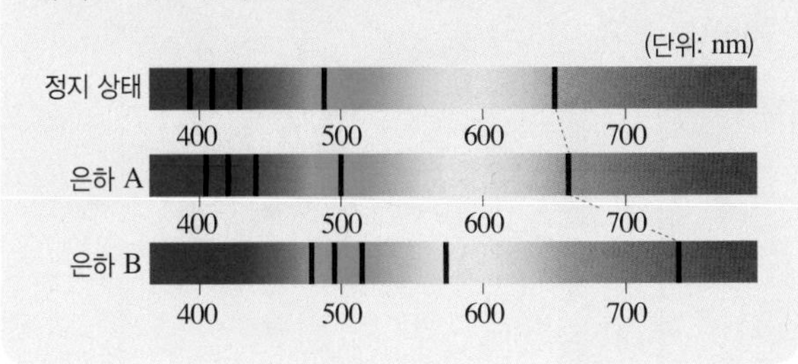

1 은하 A는 스펙트럼에서 ㉠(적색, 청색) 편이가 나타나므로 ㉡(우리은하에서 멀어진다, 우리은하로 다가온다).

2 은하 B는 은하 A보다 적색 편이량이 ㉠(크므로, 작으므로) 후퇴 속도가 더 ㉡(빠르다, 느리다).

3 빈출 선택지로 완벽 정리!

(1) A의 스펙트럼에는 청색 편이가 나타난다. (○ / ×)
(2) B는 우리은하로부터 멀어지고 있다. (○ / ×)
(3) 흡수선의 파장 변화량은 A가 B보다 작다. (○ / ×)
(4) 우리은하로부터의 거리는 A가 B보다 멀다. (○ / ×)
(5) 은하의 시선 방향 속도는 A가 B보다 크다. (○ / ×)

자료 2 허블 법칙

기출 Point
- 허블 상수 구하기
- 외부 은하의 거리와 후퇴 속도 그래프 해석하기

[1~3] 그림은 외부 은하의 거리와 후퇴 속도의 관계를 나타낸 것이다.

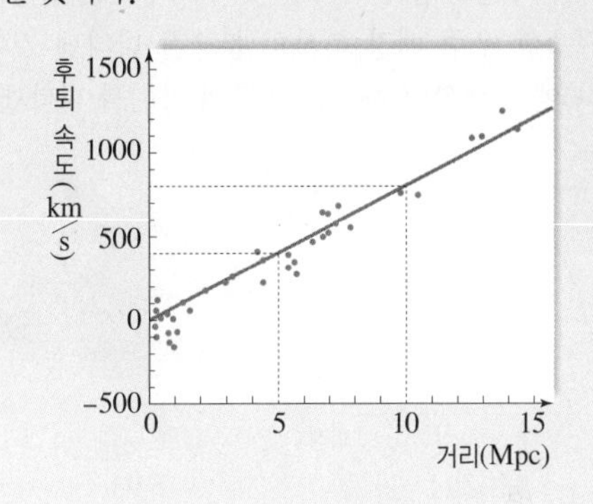

1 그림에서 허블 상수는 몇 km/s/Mpc인지 구하시오.

2 그림에서 직선의 기울기가 작아지는 경우에 기울기로 계산되는 값이 더 커지는 물리량만을 [보기]에서 있는 대로 고르시오. (단, 우주의 질량은 변함이 없다고 가정한다.)

보기
ㄱ. 우주의 나이
ㄴ. 우주의 크기
ㄷ. 은하의 적색 편이량

3 빈출 선택지로 완벽 정리!

(1) 은하의 후퇴 속도는 거리에 비례한다. (○ / ×)
(2) 멀리 있는 은하일수록 스펙트럼의 적색 편이량이 클 것이다. (○ / ×)
(3) 그래프에서 기울기의 역수는 허블 상수(H)를 의미한다. (○ / ×)
(4) 은하들 사이의 간격은 시간이 지날수록 점점 넓어질 것이다. (○ / ×)
(5) 대부분의 외부 은하가 후퇴하는 현상은 우리은하가 우주의 중심에 있기 때문이다. (○ / ×)

자료 ③ 우주 배경 복사

기출 Point
- 우주 배경 복사의 의미 이해하기
- 2.7 K 흑체 복사 곡선 이해하기

[1~2] 그림 (가)는 우주 배경 복사의 관측값과 2.7 K의 흑체 복사 곡선을 함께 나타낸 것이고, (나)는 플랑크 위성이 관측한 우주 배경 복사의 분포를 나타낸 것이다. (단, (나)에서 색깔의 차이는 온도의 차이를 나타낸다.)

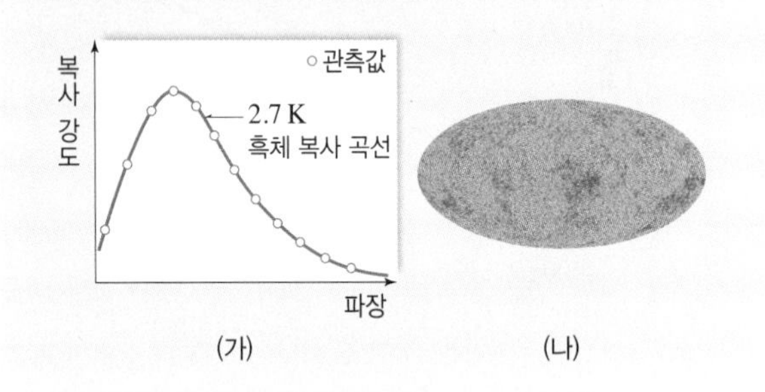

1 다음 (   ) 안에 알맞은 말을 쓰시오.

> 우주 생성 초기에 물질과 분리되어 빠져나온 빛이 우주의 팽창과 함께 냉각되어 전 우주에 균일하게 분포하고 있는 것을 ㉠(   )라 하며, 이는 ㉡(   ) 우주론의 강력한 증거에 해당한다.

2 빈출 선택지로 완벽 정리!

(1) 우주 배경 복사는 우주 탄생과 동시에 만들어진 것이다. (○ / ×)

(2) 빅뱅 이후 우주 배경 복사의 온도는 감소하였다. (○ / ×)

(3) 우주 배경 복사는 처음 방출될 때보다 파장이 짧아져서 관측된다. (○ / ×)

(4) (가)에서 우주 배경 복사의 관측값은 2.7 K인 흑체에서 방출되는 복사와 거의 일치한다. (○ / ×)

(5) (나)에서 우주 배경 복사는 공간 분포에 미세한 차이가 있다. (○ / ×)

자료 ④ 급팽창 이론

기출 Point
- 빅뱅 우주론과 급팽창 이론 비교하기
- 급팽창 이론으로 해결한 빅뱅 우주론의 문제점 이해하기

[1~4] 그림은 시간에 따른 우주의 크기를 빅뱅 우주론과 급팽창 이론에 따라 (가)와 (나)로 순서 없이 나타낸 것이다.

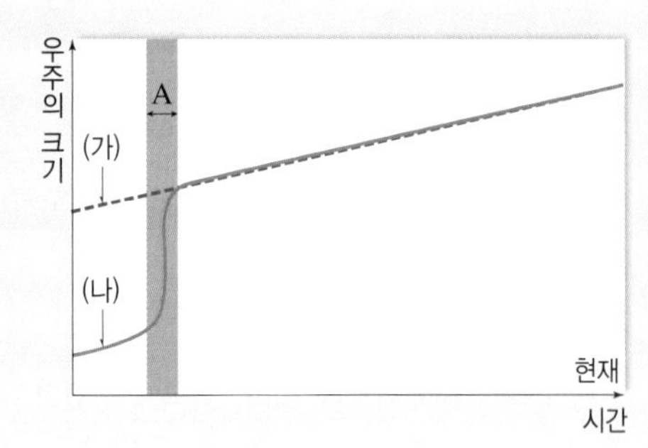

1 (가)와 (나)에 해당하는 우주론을 각각 쓰시오.

2 A 시기 이후 우주의 크기는 (가)에서는 우주의 지평선보다(과) ㉠(작고, 같고, 크고), (나)에서는 우주의 지평선보다(과) ㉡(작다, 같다, 크다).

3 급팽창 이론으로 해결한 빅뱅 우주론의 문제점을 세 가지 쓰시오.

4 빈출 선택지로 완벽 정리!

(1) A 시기 이전의 초기 우주의 크기는 (가)가 (나)보다 크다. (○ / ×)

(2) A 시기에 우주의 팽창 속도는 (가)가 (나)보다 작다. (○ / ×)

(3) A 시기에 우주 배경 복사가 방출되었다. (○ / ×)

(4) 현재 우주가 거의 완벽하게 평탄하게 관측되는 현상은 (가)로 설명할 수 있다. (○ / ×)

(5) 우주 배경 복사가 우주의 양쪽 반대편 지평선에서 거의 같게 관측되는 것은 (나)로 설명할 수 있다. (○ / ×)

내신 만점 문제

정답친해 147쪽

A 허블 법칙과 우주 팽창

01 다음은 어느 외부 은하의 후퇴 속도 v를 구하는 식을 나타낸 것이다.

$$v = c \times \frac{(가)}{(나)} \ (c: 광속)$$

원래의 흡수선 파장이 λ_0이고, 외부 은하의 스펙트럼에서 관측된 파장이 λ일 때, (가)와 (나)에 들어갈 말을 옳게 짝 지은 것은?

	(가)	(나)		(가)	(나)
①	$\lambda - \lambda_0$	λ_0	②	λ_0	$\lambda - \lambda_0$
③	$\lambda_0 - \lambda$	λ	④	λ	$\lambda_0 - \lambda$
⑤	λ	λ_0			

서술형

02 그림은 외부 은하 A～C의 흡수 스펙트럼을 정지 상태의 흡수선 파장과 비교하여 나타낸 것이다.

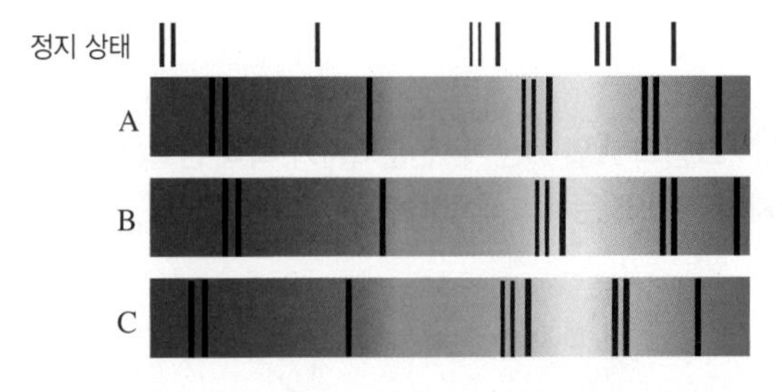

(가) 후퇴 속도가 가장 빠른 은하와 (나) 우리은하로부터 가장 멀리 있는 은하를 고르고, 그 까닭을 서술하시오.

03 허블 법칙으로 알 수 있는 사실에 대한 설명으로 옳지 않은 것은?

① 허블 상수를 이용하여 우주의 나이를 알 수 있다.
② 허블 상수를 이용하여 우주의 크기를 알 수 있다.
③ 대부분의 외부 은하에서 적색 편이가 관측된다.
④ 멀리 떨어진 외부 은하일수록 후퇴 속도가 빠르다.
⑤ 팽창하는 우주에서 은하의 크기가 커지고 있다.

중요

04 그림은 외부 은하 A의 스펙트럼을 비교 선 스펙트럼과 함께 나타낸 것이고, 표는 고유 파장이 400 nm인 흡수선의 적색 편이가 일어난 양($\Delta\lambda$)과 A까지의 거리를 나타낸 것이다.

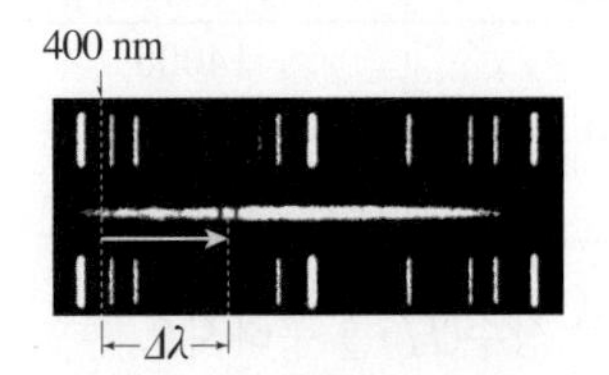

$\Delta\lambda$ (nm)	A까지의 거리 (Mpc)
40	400

이에 대한 설명으로 옳은 것만을 [보기]에서 있는 대로 고른 것은? (단, 세로선은 비교 스펙트럼선을 나타낸 것이고, 빛의 속도는 3×10^5 km/s이다.)

보기
ㄱ. 멀리 있는 외부 은하일수록 $\Delta\lambda$가 크게 나타난다.
ㄴ. A의 후퇴 속도는 30000 km/s이다.
ㄷ. A를 이용하여 구한 허블 상수는 70 km/s/Mpc보다 크다.

① ㄱ ② ㄷ ③ ㄱ, ㄴ
④ ㄴ, ㄷ ⑤ ㄱ, ㄴ, ㄷ

중요

05 그림은 우리은하에서 관측한 외부 은하 A～C의 거리와 후퇴 속도를 나타낸 것이다.

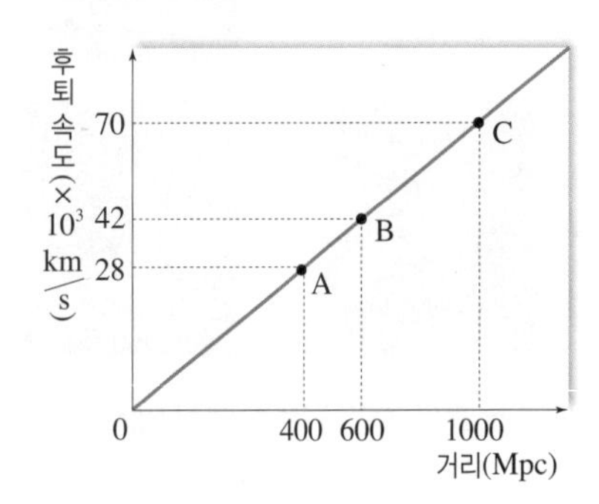

이에 대한 설명으로 옳은 것만을 [보기]에서 있는 대로 고른 것은?

보기
ㄱ. 은하 A와 C의 후퇴 속도는 같다.
ㄴ. 기울기의 역수는 허블 상수(H)를 의미한다.
ㄷ. 은하 A와 B 사이의 우주 공간은 확장되고 있다.

① ㄱ ② ㄷ ③ ㄱ, ㄴ
④ ㄴ, ㄷ ⑤ ㄱ, ㄴ, ㄷ

서술형

06 표는 외부 은하 A~C의 거리와 후퇴 속도를 나타낸 것이다.

외부 은하	거리(Mpc)	후퇴 속도(km/s)
A	200	14000
B	450	31500
C	㉠	63000

(1) 주어진 자료를 통해 허블 상수(H)를 구하시오.

(2) (1)을 이용하여 ㉠을 구하는 식과 그 값을 구하시오.

07 그림은 은하 간의 거리가 변하는 가상의 두 상황을 나타낸 것이다. a, b는 공간상의 두 점을 의미한다.

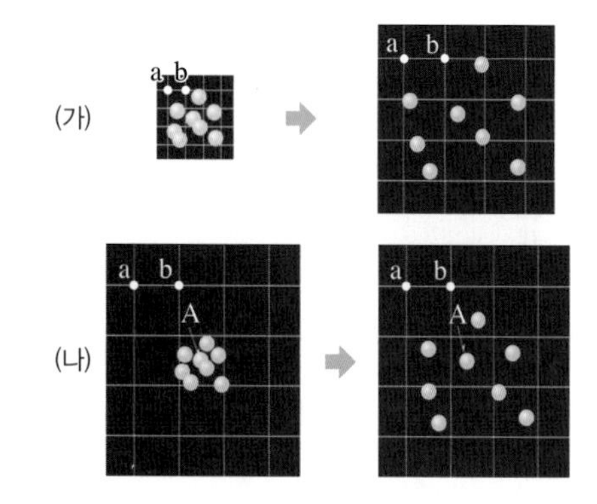

이에 대한 설명으로 옳은 것만을 [보기]에서 있는 대로 고른 것은?

보기
ㄱ. (가)는 은하와 은하 사이의 공간 자체가 확장하는 것이다.
ㄴ. (나)의 은하 A에서 다른 은하를 관측하면 적색 편이가 나타나지 않는다.
ㄷ. 실제 우주의 팽창은 (가)보다 (나)에 해당한다.

① ㄱ ② ㄷ ③ ㄱ, ㄴ
④ ㄴ, ㄷ ⑤ ㄱ, ㄴ, ㄷ

중요

08 그림은 우리은하에서 관측한 외부 은하 A~C의 거리와 후퇴 속도를 나타낸 것이다.

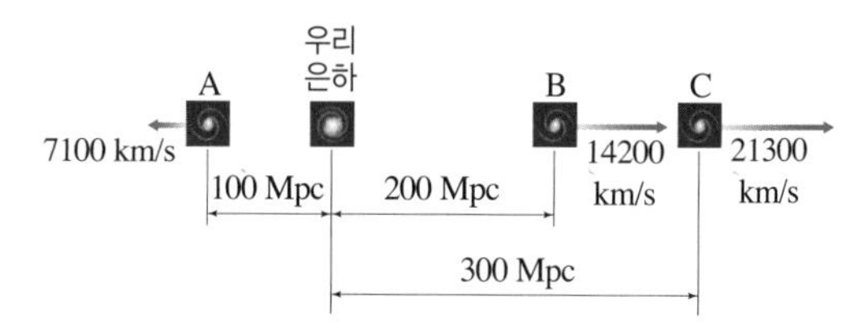

이에 대한 설명으로 옳지 않은 것은?

① 은하 A는 적색 편이가 나타난다.
② 거리가 먼 은하일수록 후퇴 속도가 빠르다.
③ 은하 A~C가 멀어지는 중심은 우리은하이다.
④ 은하 C에서 은하 B를 관측하면 적색 편이가 나타난다.
⑤ 은하 A~C에서 구한 허블 상수는 71 km/s/Mpc이다.

중요

09 그림의 A와 B는 두 천문학자가 각각 관측한 외부 은하까지의 거리와 은하의 후퇴 속도를 나타낸 것이다.

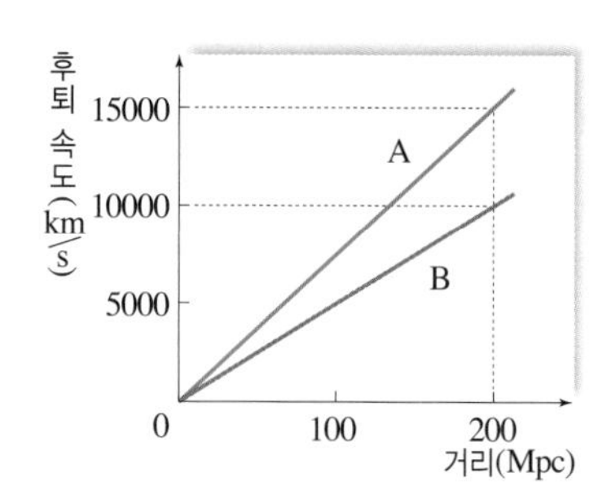

이에 대한 설명으로 옳은 것만을 [보기]에서 있는 대로 고른 것은?

보기
ㄱ. 같은 거리에 있는 은하의 적색 편이는 A가 B보다 크게 나타난다.
ㄴ. 허블 상수는 A가 B보다 크다.
ㄷ. 우주의 나이는 A가 B의 1.5배이다.

① ㄱ ② ㄷ ③ ㄱ, ㄴ
④ ㄴ, ㄷ ⑤ ㄱ, ㄴ, ㄷ

B 빅뱅 우주론(대폭발 우주론)

중요 **10** 그림 (가)는 빅뱅 우주론에서, (나)는 정상 우주론에서 팽창하는 우주를 설명하기 위한 모식도이다. 그림에서 흰색 점은 은하를 나타낸다.

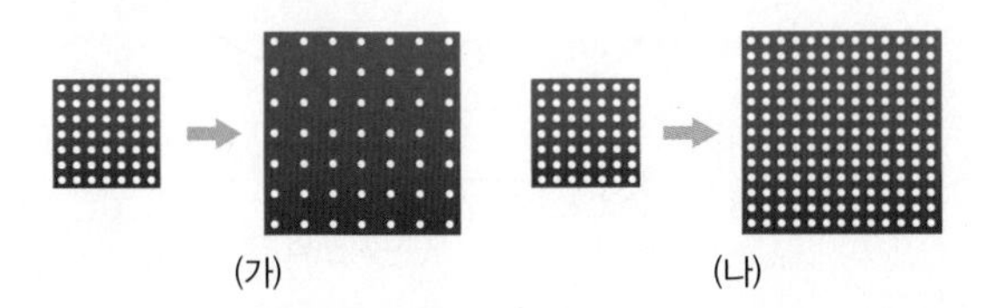

이에 대한 해석으로 옳은 것만을 [보기]에서 있는 대로 고른 것은?

보기
ㄱ. 우주의 질량이 (가)에서는 일정하고, (나)에서는 일정하지 않다.
ㄴ. 우주의 평균 밀도가 (가)에서는 계속 감소하지만, (나)에서는 일정하게 유지된다.
ㄷ. (나)에서는 은하들의 간격이 일정하므로 은하들의 적색 편이가 나타나지 않는다.

① ㄱ ② ㄷ ③ ㄱ, ㄴ
④ ㄴ, ㄷ ⑤ ㄱ, ㄴ, ㄷ

11 그림은 대폭발 이후 우주의 진화 과정을 나타낸 것이다.

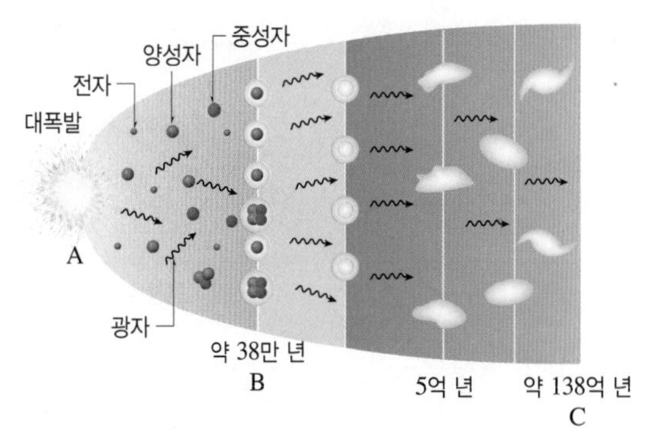

이에 대한 해석으로 옳은 것만을 [보기]에서 있는 대로 고른 것은?

보기
ㄱ. 우주를 구성하는 물질의 평균 밀도는 B 시기가 A 시기보다 크다.
ㄴ. 우주의 온도는 C 시기가 A 시기보다 낮다.
ㄷ. 우주 배경 복사는 A 시기에 형성된 빛이다.

① ㄱ ② ㄴ ③ ㄷ
④ ㄱ, ㄴ ⑤ ㄴ, ㄷ

중요 **12** 그림 (가)는 우주 배경 복사의 파장에 따른 복사 에너지 세기를, (나)는 WMAP 위성이 관측한 우주 배경 복사의 분포를 나타낸 것이다.

이에 대한 설명으로 옳은 것은?

① 현재 약 3000 K인 물체가 방출하는 복사파와 같다.
② (가)에서 A에 해당하는 값은 현재보다 우주 초기에 길었다.
③ (나)의 미세한 온도 편차는 지구 대기의 영향 때문이다.
④ 미세한 온도 차이로 인해 별과 은하가 생성되었다.
⑤ 정상 우주론을 지지하는 증거이다.

13 그림은 초기 우주에서 양성자와 중성자로부터 헬륨 원자핵이 생성되는 과정을 나타낸 것이다.

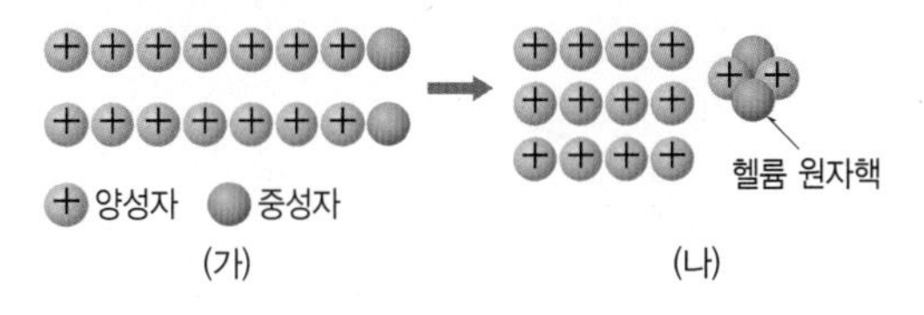

이에 대한 설명으로 옳은 것만을 [보기]에서 있는 대로 고른 것은?

보기
ㄱ. (가)에서 양성자와 중성자의 개수비는 7 : 1이다.
ㄴ. (나)에서 수소 원자핵과 헬륨 원자핵의 질량비는 약 12 : 1이다.
ㄷ. 우주에 분포하는 수소와 헬륨의 질량비는 빅뱅 우주론의 증거가 된다.

① ㄱ ② ㄴ ③ ㄱ, ㄷ
④ ㄴ, ㄷ ⑤ ㄱ, ㄴ, ㄷ

C 급팽창 이론과 가속 팽창 우주

중요 **14** 그림은 빅뱅 우주론과 급팽창 이론에서의 빅뱅 이후 시간에 따른 우주의 크기를 순서 없이 나타낸 것이다.

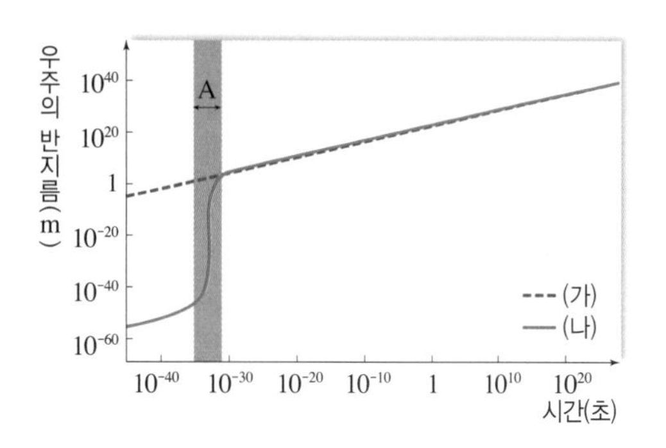

이에 대한 설명으로 옳은 것만을 [보기]에서 있는 대로 고른 것은?

보기
ㄱ. 초기 우주의 크기는 (가)가 (나)보다 크다.
ㄴ. (나)에서 A 시기에 우주의 크기는 급격하게 커졌다.
ㄷ. (가)의 우주론은 (나)의 우주론의 문제점인 우주의 지평선 문제를 설명할 수 있다.

① ㄱ ② ㄷ ③ ㄱ, ㄴ
④ ㄴ, ㄷ ⑤ ㄱ, ㄴ, ㄷ

중요 **15** 그림은 시간에 따른 우주의 크기 변화를 나타낸 것이다.

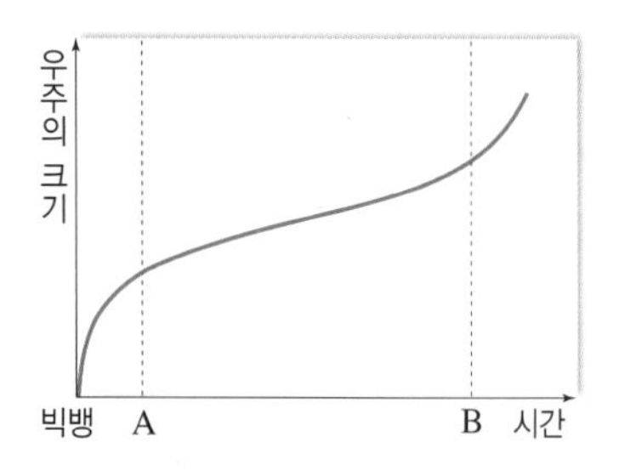

이에 대한 설명으로 옳은 것만을 [보기]에서 있는 대로 고른 것은?

보기
ㄱ. A 시기에 우주는 가속 팽창하고 있다.
ㄴ. 빅뱅 이후 허블 상수는 시간에 따라 일정하다.
ㄷ. B 시기에는 일정한 속도로 팽창하는 우주보다 Ia형 초신성의 겉보기 등급이 클 것이다.

① ㄱ ② ㄷ ③ ㄱ, ㄴ
④ ㄴ, ㄷ ⑤ ㄱ, ㄴ, ㄷ

16 그림은 빅뱅 이후 현재까지 우주의 팽창 속도 변화를 나타낸 것이다.

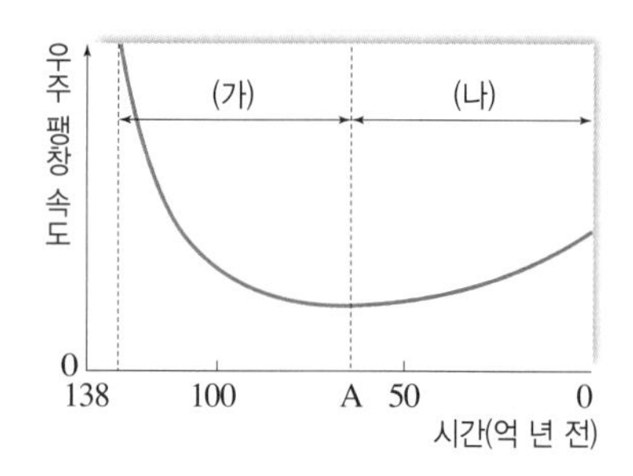

이에 대한 설명으로 옳은 것만을 [보기]에서 있는 대로 고른 것은?

보기
ㄱ. 우주는 (가)에서 감속 팽창, (나)에서 가속 팽창하였다.
ㄴ. 우주의 크기는 A 시기에 가장 작았다.
ㄷ. 우주의 급팽창은 (나)에서 일어났다.

① ㄱ ② ㄷ ③ ㄱ, ㄴ
④ ㄴ, ㄷ ⑤ ㄱ, ㄴ, ㄷ

17 그림은 일정한 절대 등급을 나타내는 Ia형 초신성을 관측하여 얻은 겉보기 등급을 서로 다른 우주 모형에서 이론적으로 계산된 겉보기 등급과 비교하여 나타낸 것이다.

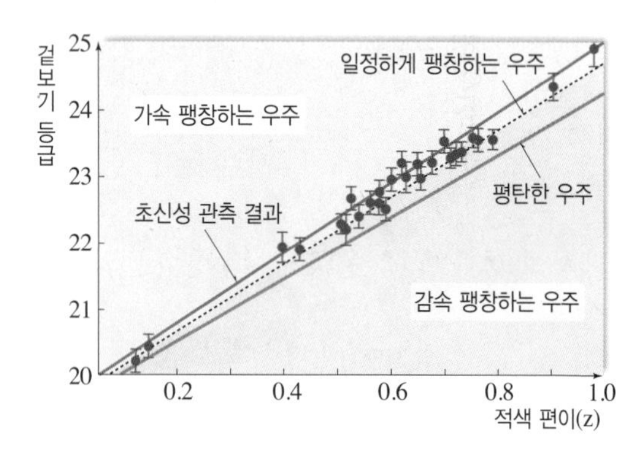

이에 대한 설명으로 옳은 것만을 [보기]에서 있는 대로 고른 것은?

보기
ㄱ. Ia형 초신성은 겉보기 등급이 클수록 후퇴 속도가 크다.
ㄴ. 일정하게 팽창하는 우주에서의 초신성 밝기보다 실제 관측한 초신성이 더 어둡게 보인다.
ㄷ. 초신성 관측 결과 우주는 감속 팽창하고 있다.

① ㄱ ② ㄷ ③ ㄱ, ㄴ
④ ㄴ, ㄷ ⑤ ㄱ, ㄴ, ㄷ

실력 UP 문제

정답친해 150쪽

01 그림은 외부 은하 A, B의 위치 및 거리를 우리은하에서 관측한 A의 스펙트럼과 함께 나타낸 것으로, 스펙트럼에서 400 nm의 기준 파장을 갖는 흡수선의 파장 변화량은 20 nm이다. 은하 A와 B는 허블 법칙을 만족하며, 빛의 속도는 3×10^5 km/s이다.

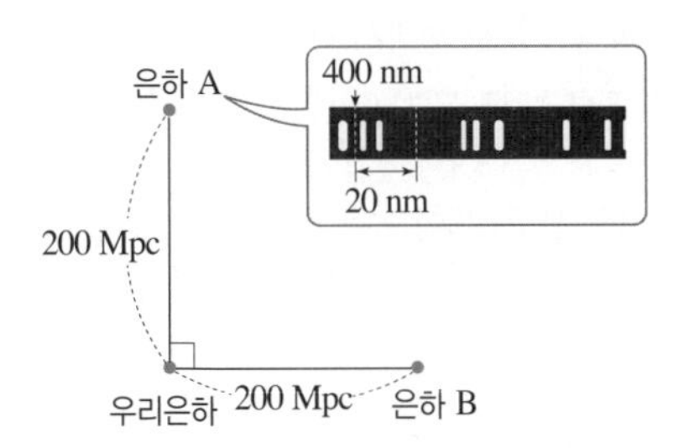

이에 대한 설명으로 옳은 것만을 [보기]에서 있는 대로 고른 것은?

보기
ㄱ. A를 이용하여 구한 허블 상수는 75 km/s/Mpc이다.
ㄴ. B에서 관측한 우리은하와 A의 후퇴 속도 비는 1 : 2 이다.
ㄷ. 우리은하에서 B를 관측하면, B의 스펙트럼에서 600 nm의 기준 파장을 갖는 흡수선은 620 nm로 관측된다.

① ㄱ ② ㄷ ③ ㄱ, ㄴ ④ ㄴ, ㄷ ⑤ ㄱ, ㄴ, ㄷ

02 그림은 우리은하와 은하 A～C의 상대적인 위치를, 표는 우리은하에서 관측한 B와 C의 스펙트럼에서 두 방출선 (가)와 (나)의 기준 파장과 관측 파장을 나타낸 것이다. 우리은하와 은하 A～C는 동일 평면상에 있고, 허블 법칙을 만족한다.

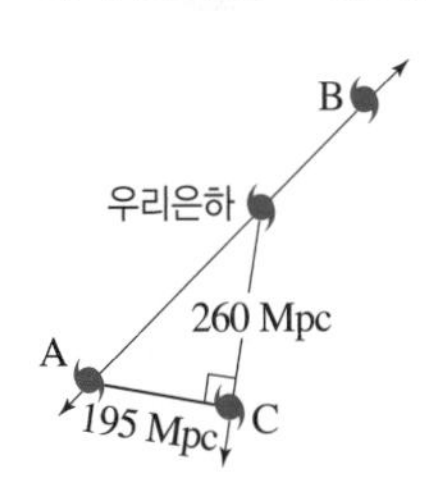

방출선	기준 파장 (nm)	관측 파장(nm)	
		B	C
(가)	460.0	㉠	(　　)
(나)	500.0	523.4	531.2

이에 대한 설명으로 옳은 것만을 [보기]에서 있는 대로 고른 것은? (단, 빛의 속도는 3×10^5 km/s이다.)

보기
ㄱ. 허블 상수는 70 km/s/Mpc보다 크다.
ㄴ. ㉠은 483.4이다.
ㄷ. A에서 B까지의 거리는 520 Mpc이다.

① ㄱ ② ㄴ ③ ㄱ, ㄷ ④ ㄴ, ㄷ ⑤ ㄱ, ㄴ, ㄷ

03 그림은 서로 다른 두 우주론 A와 B에서 설명하는 미래 우주의 물리량을 현재 우주와 비교하여 나타낸 것이다. A와 B는 각각 빅뱅 우주론과 정상 우주론 중 하나이다.

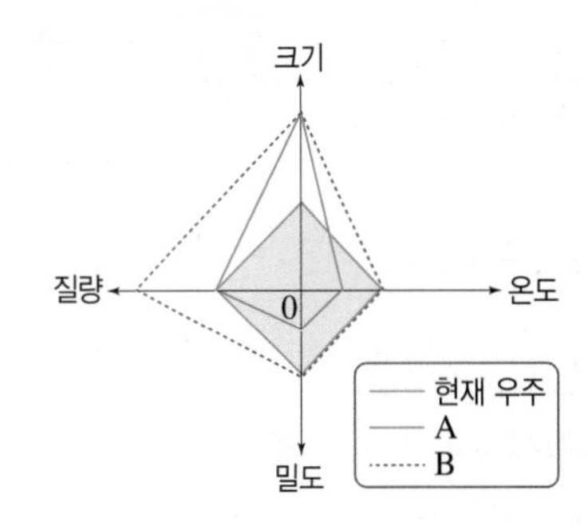

이에 대한 설명으로 옳은 것만을 [보기]에서 있는 대로 고른 것은?

보기
ㄱ. A에서는 우주의 밀도가 점점 감소한다.
ㄴ. B는 퀘이사가 지구에서 아주 먼 곳에만 존재하는 것을 설명할 수 있다.
ㄷ. 허블 법칙은 A와 B 모두에서 적용된다.

① ㄱ ② ㄴ ③ ㄱ, ㄷ
④ ㄴ, ㄷ ⑤ ㄱ, ㄴ, ㄷ

04 그림은 초기 우주에서 급팽창이 일어나기 전과 후의 우주의 크기와 우주의 지평선 크기 변화를 나타낸 것이다.

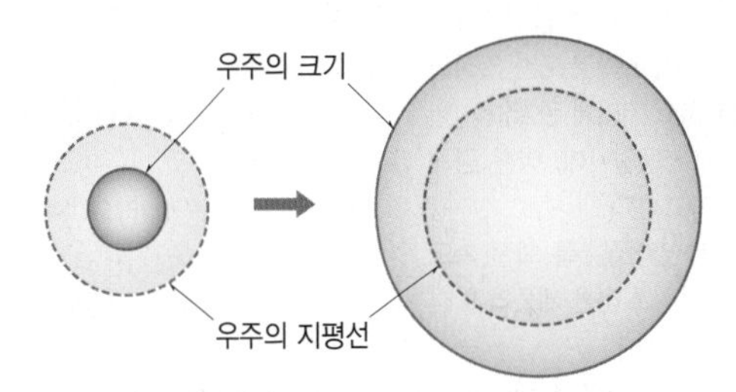

이에 대한 설명으로 옳은 것만을 [보기]에서 있는 대로 고른 것은?

보기
ㄱ. 급팽창 이론으로 자기 홀극 문제를 설명할 수 있다.
ㄴ. 우주의 지평선의 지름은 광속에 우주 나이를 곱한 값이다.
ㄷ. 우주가 앞으로도 급팽창할 경우, 관측 가능한 천체의 수는 줄어들 것이다.

① ㄱ ② ㄴ ③ ㄱ, ㄷ
④ ㄴ, ㄷ ⑤ ㄱ, ㄴ, ㄷ

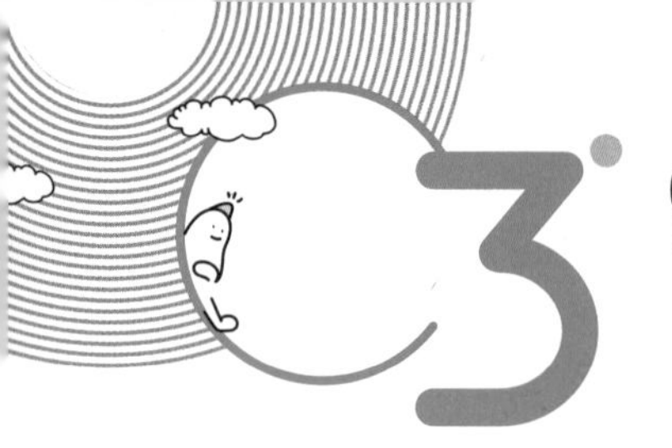

3 암흑 물질과 암흑 에너지

핵심 포인트
1. 암흑 물질의 존재 추정 ★★★
2. 암흑 에너지와 우주의 가속 팽창 ★★★
3. 우주의 미래 ★★

A 암흑 물질과 암흑 에너지

1. 보통 물질 사람의 몸과 지구, 별, 은하 등과 같이 주변에서 비교적 쉽게 관찰할 수 있는 대상을 구성하는 물질 ➡ 관측 가능한 우주에서 보통 물질은 매우 낮은 밀도로 존재한다.
└• $4\ m^3$에 단 1개의 양성자가 있는 정도이다.

2. 암흑 물질 빛을 방출하지 않아 보이지 않지만 질량이 있으므로 중력적인 방법으로 그 존재를 추정할 수 있는 물질 →• 우주를 구성하는 암흑 물질은 표준 모형으로는 잘 설명되지 않는다.

(1) 암흑 물질의 존재를 추정할 수 있는 현상들

나선 은하의 회전 속도 곡선	나선 은하는 중심부에 질량의 대부분이 모여 있기 때문에 별들의 회전 속도는 은하의 중심에서 멀수록 느릴 것으로 예상되었으나 실제로 관측한 결과는 은하 중심에서 멀어져도 회전 속도가 거의 일정하였다. ➡ 은하의 외곽에도 보이지 않는 질량이 존재하며, 이는 은하의 외곽부에 암흑 물질이 존재함을 의미한다.
중력 렌즈 현상	암흑 물질이 분포하는 곳에서는 그 중력의 효과로 빛의 경로가 휘어지기도 하고, 주변의 별이나 은하의 운동이 교란되기도 한다.
은하단에 속한 은하들의 이동 속도	은하들의 이동 속도는 매우 빠르기 때문에 은하단에서 탈출해야 할 것으로 생각되는데 실제로는 은하들이 은하단에 묶여 있다. ➡ 암흑 물질이 은하단을 유지시키는 데 중요한 역할을 하고 있음을 의미한다.
기타	광학적 관측으로 추정한 은하의 질량이 역학적인 방법으로 계산한 은하의 질량보다 작다는 사실에서도 암흑 물질의 존재를 추정할 수 있다.

나선 은하의 회전 속도 곡선 333쪽 대표 자료 ❶

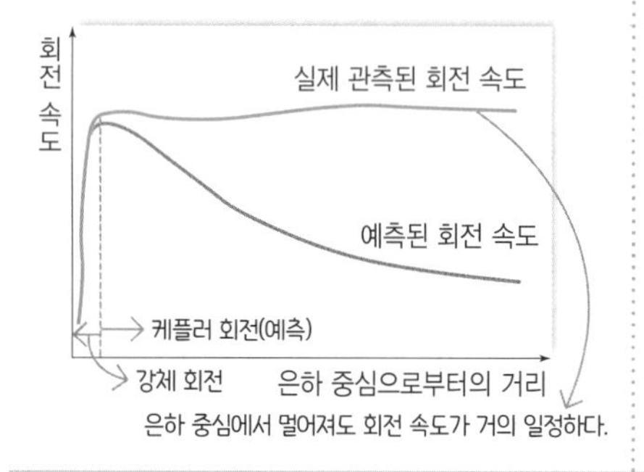

은하 중심에서 멀어져도 회전 속도가 거의 일정하다.

중력 렌즈 현상

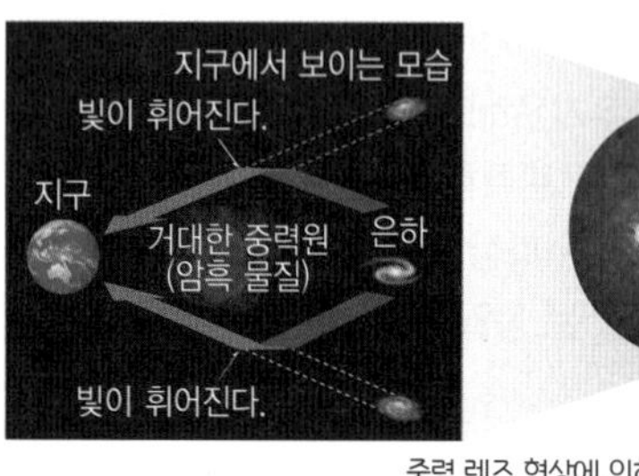

중력 렌즈 현상에 의하여 하나의 퀘이사가 여러 개의 상으로 나타난다.

(2) 암흑 물질의 역할: 눈에는 보이지 않지만 중력의 작용으로 물질을 끌어당기기 때문에 우주 초기에 별과 은하가 생기는 데 중요한 역할을 하였다.

3. 암흑 에너지 중력과 반대인 척력으로 작용하면서 우주를 가속 팽창시키는 우주의 성분

(1) 암흑 에너지의 존재 추정: 우주 안에 있는 모든 물질들은 중력이 있기 때문에 우주는 물질의 중력에 의해 수축해야 하는데, 관측 결과 현재 우주는 팽창 속도가 더 빨라지고 있다. ➡ 물질들의 중력을 합한 것보다 더 큰 어떤 힘이 우주를 팽창시키고 있음을 의미한다.

(2) 암흑 에너지의 역할: 암흑 에너지는 빈 공간에서 나오는 에너지이기 때문에 우주의 크기가 작았던 초기에는 거의 존재하지 않았지만 우주가 팽창하여 공간이 커지면서 차츰 암흑 물질을 이기고 우주를 가속 팽창시키고 있다.

천재, YBM 교과서에만 나와요.

◆ **표준 모형**
보통 물질의 가장 작은 단위인 기본 입자들을 분류한 과학 이론
• 기본 입자의 예: 쿼크나 전자와 같이 물질을 구성하는 입자, 광자나 글루온과 같이 힘을 전달하는 입자, 다른 기본 입자들이 질량을 갖게 하는 힉스 입자 등
• 기본 입자들은 우주의 탄생 초기에 다양한 방식으로 상호 작용하여 우주의 기본 물질들을 만들어 냈다.

암흑 물질과 암흑 에너지에 포함된 암흑의 의미는 검다는 의미가 아니라 아직까지 정체가 알려지지 않았다는 의미에요.

천재 교과서에만 나와요.

◆ **나선 은하의 회전 속도 곡선**
• 은하 중심부에서는 중심으로부터의 거리에 따라 속도가 일정하게 증가하고 거리에 관계없이 회전 주기가 동일한데, 이를 강체 회전이라고 한다.
• 중심에서 멀어질수록 회전 속도가 감소하는 회전을 케플러 회전이라고 한다.

◆ **중력 렌즈 현상**
매우 멀리 떨어진 천체에서 나온 빛이 지구까지 도달하기 전, 강력한 중력을 가진 천체 부근을 통과하면 굴절된다. 이때 굴절된 빛은 한 곳에 모이지 않고 여러 개의 상을 만들게 되는데, 이러한 현상을 중력 렌즈 현상이라 한다.

B 우주의 구성과 미래

1. 우주의 구성 요소

(1) **표준 우주 모형**: 급팽창 이론을 포함한 빅뱅 우주론에 암흑 물질과 암흑 에너지의 개념까지 포함된 최신 우주 모형

(2) **우주 구성 요소의 분포비**: 최신 우주 망원경 관측 결과를 표준 우주 모형으로 계산해 보면, 우주를 구성하는 요소들은 암흑 에너지가 68.3 %, 암흑 물질이 26.8 %, 보통 물질이 4.9 %를 차지한다. → 암흑 에너지 > 암흑 물질 > 보통 물질

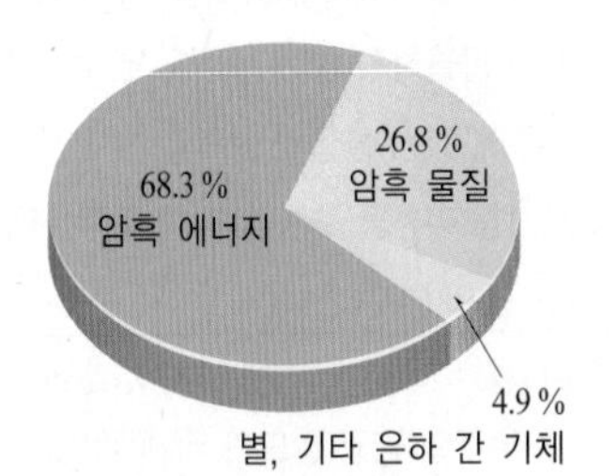

우주 구성 요소의 분포비

> 표준 우주 모형은 지금까지 이루어진 우주 관측 사실들을 잘 설명하며, 표준 우주 모형으로 우주 구성 요소의 분포비, 허블 상수, 우주의 나이 등을 알아낼 수 있어요.

2. 우주의 미래
우주의 수축과 팽창 여부는 우주의 밀도에 따라 결정된다.

(1) **임계 밀도**: 우주의 밀도에 의한 중력과 우주가 팽창하는 힘이 평형을 이룰 때의 밀도

(2) **우주의 미래 모형(암흑 에너지를 고려하지 않을 때)**

구분	우주의 미래	우주의 곡률	시간에 따른 우주의 팽창
열린 우주	• 우주의 평균 밀도 < 임계 밀도 • 밀도 변수(Ω) < 1 ➡ 우주는 영원히 팽창한다.	말 안장 모양의 음(−)의 곡률을 가진다.	우주의 크기 / 열린 우주 / 평탄 우주 / 닫힌 우주 / 빅뱅 / 현재 / 시간
평탄 우주	• 우주의 평균 밀도 = 임계 밀도 • 밀도 변수(Ω) = 1 ➡ 우주는 팽창 속도가 점점 감소하여 0으로 수렴한다.	시공간이 편평하고, 곡률이 0이다.	
닫힌 우주	• 우주의 평균 밀도 > 임계 밀도 • 밀도 변수(Ω) > 1 ➡ 우주는 팽창 속도가 점점 감소하다가 결국에는 수축한다.	공 모양의 양(+)의 곡률을 가진다.	

→ 중력의 작용이 우세하다.

3. 우주 팽창의 실제 모습
최근 관측 결과 현재의 우주는 평탄하지만 가속 팽창하고 있다.

→ $\Omega = \frac{\text{물질 밀도} + \text{암흑 에너지 밀도}}{\text{임계 밀도}} = 1$이면 평탄 우주이다.

➡ 가속 팽창의 에너지원은 암흑 에너지이다.

(1) **우주 팽창 초기**: 암흑 에너지보다 중력의 영향이 크다. ➡ 우주는 감속 팽창한다.

(2) 우주가 팽창함에 따라 보통 물질과 암흑 물질은 밀도가 점점 작아지므로 중력이 우주 팽창에 미치는 영향은 상대적으로 작아진다. 반면 암흑 에너지는 우주가 팽창하여도 밀도가 일정하므로 영향력이 상대적으로 더 커진다. ➡ 우주는 가속 팽창한다.

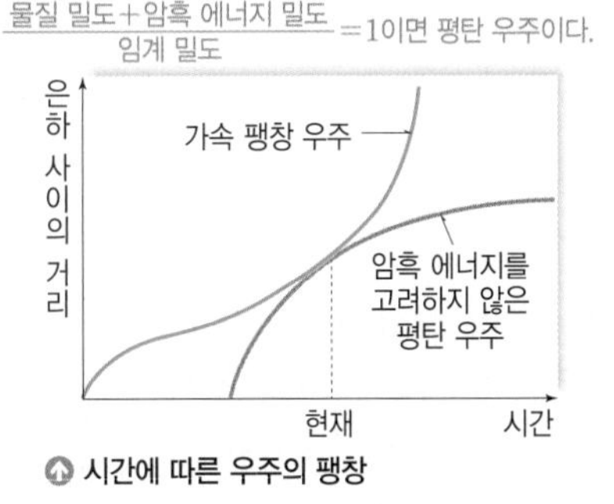

시간에 따른 우주의 팽창

◆ **밀도 변수(Ω)**
$\frac{\text{우주의 밀도}}{\text{임계 밀도}}$, Ω(오메가)로 나타낸다.

◆ **우주의 가속 팽창과 Ia형 초신성**
Ia형 초신성을 이용한 연구를 통해 우주가 가속 팽창하는 것을 알아내었는데, 이는 암흑 에너지가 우주의 팽창을 가속하는 것을 의미한다.

| 시간에 따른 우주의 크기와 우주 구성 요소의 비율 |

333쪽 대표 자료 ❷

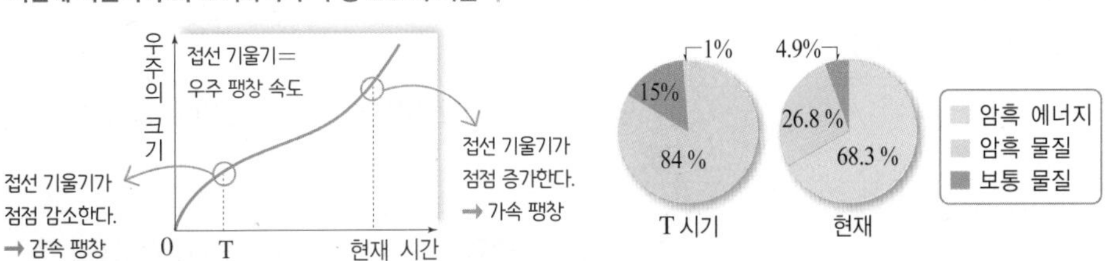

• T 시기: 물질(보통 물질 + 암흑 물질) > 암흑 에너지 ➡ 우주는 감속 팽창한다.
• 현재: 암흑 에너지 > 물질(보통 물질 + 암흑 물질) ➡ 우주는 가속 팽창한다.

개념 확인 문제

핵심 체크

- (❶): 사람의 몸과 지구, 별, 은하 등과 같이 주변에서 비교적 쉽게 관찰할 수 있는 대상을 구성하는 물질
- (❷): 빛을 방출하지 않아 보이지 않지만 질량이 있으므로 중력적인 방법으로 그 존재를 추정할 수 있는 물질
- (❸): 우주에 있는 물질의 중력과 반대인 척력으로 작용하여 우주를 가속 팽창시키는 우주의 성분
- (❹): 급팽창 이론을 포함한 빅뱅 우주론에 암흑 물질과 암흑 에너지의 개념까지 포함된 최신의 우주 모형
- 우주를 구성하는 요소들의 분포비: (❺)>암흑 물질>(❻)
- 우주의 미래: 우주의 (❼)에 따라 수축과 팽창 여부가 결정된다.
  - (❽): 우주의 평균 밀도가 임계 밀도보다 작고, 곡률이 음(−)인 우주
  - (❾): 우주의 평균 밀도가 임계 밀도와 같고, 곡률이 0인 우주
  - (❿): 우주의 평균 밀도가 임계 밀도보다 크고, 곡률이 양(+)인 우주
- 우주 팽창의 실제 모습: 현재 우주는 가속 팽창하고 있으며, 가속 팽창의 에너지원은 (⓫)이다.

1 보통 물질, 암흑 물질, 암흑 에너지에 대한 설명으로 옳은 것은 ○, 옳지 않은 것은 ×로 표시하시오.

(1) 보통 물질은 광학적으로 관측 가능하다. ⋯⋯ ( )

(2) 암흑 물질은 중력의 작용으로 물질을 끌어당기기 때문에 우주 초기에 별과 은하가 생기는 데 중요한 역할을 하였다. ⋯⋯ ( )

(3) 물질의 중력 효과로 빛의 경로가 휘는 중력 렌즈 현상을 이용하여 암흑 에너지의 존재를 확인할 수 있다. ⋯⋯ ( )

(4) 암흑 에너지는 우주에 있는 물질의 중력과 반대 방향으로 작용하여 우주를 가속 팽창시킨다. ⋯⋯ ( )

2 그림에서 (가)와 (나)는 눈에 보이는 물질들만 고려하여 이론적으로 계산한 우리은하의 회전 속도 곡선과 실제로 관측된 우리은하의 회전 속도 곡선을 순서 없이 나타낸 것이다.

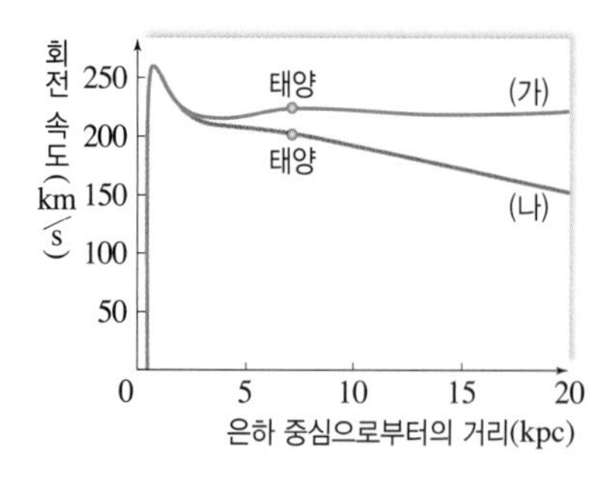

(가)와 (나) 중 실제로 관측된 우리은하의 회전 속도 곡선은 무엇인지 쓰시오.

3 그림은 최신 관측으로 얻어진 우주 구성 요소들의 분포비를 나타낸 것이다. A～C에 해당하는 우주 구성 요소를 각각 쓰시오.

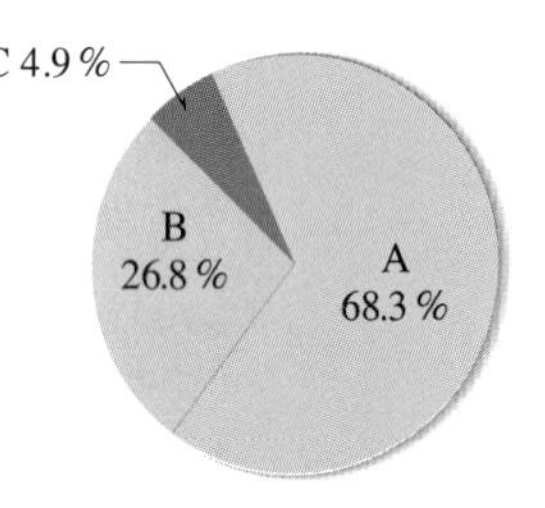

4 그림은 세 가지 우주 모형 A, B, C를 나타낸 것이다.

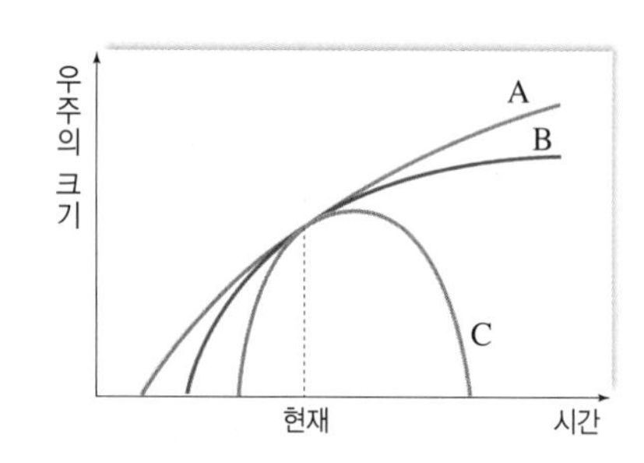

( ) 안에 알맞은 말을 고르시오.

(1) A는 (열린, 닫힌, 평탄) 우주이다.

(2) 현재 우주의 평균 밀도는 B가 C보다 (크다, 작다).

(3) 세 모형 모두 현재 우주는 (팽창, 수축)하고 있다.

5 현재 우주에 대한 설명 중 ( ) 안에 알맞은 말을 쓰시오.

> 현재 우주는 중력으로 작용하는 물질보다 척력으로 작용하는 ㉠( )의 비율이 높아 팽창 속도가 점점 빨라지는 ㉡( ) 우주이다.

대표 자료 분석

정답친해 151쪽

자료 ❶ 암흑 물질과 나선 은하의 회전 속도 곡선

기출 Point
- 암흑 물질의 존재 추정 근거 파악하기
- 암흑 물질의 성질 이해하기

[1~3] 그림은 나선 은하의 회전 속도 곡선을 나타낸 것이다. A와 B는 각각 실제 관측한 회전 속도와 예측된 회전 속도 중 하나이다.

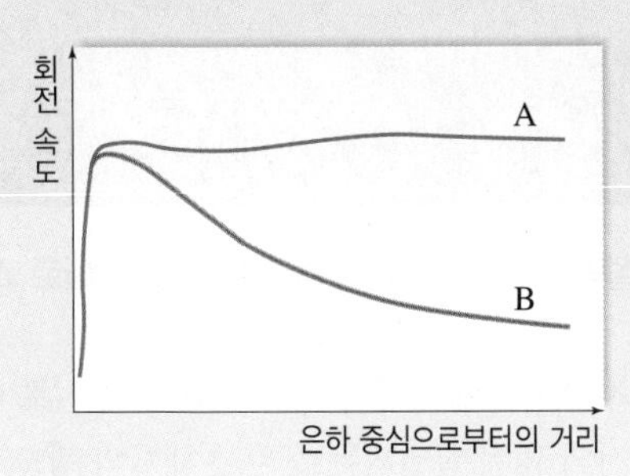

1 A와 B는 각각 무엇을 나타내는지 쓰시오.

2 다음 ( ) 안에 알맞은 말을 쓰시오.

> 은하 중심에 대한 별들의 회전 속도는 실제 관측값이 계산 값보다 ㉠( ). A와 B의 차이는 ㉡( ) 때문으로 추정된다.

3 빈출 선택지로 완벽 정리!

(1) 은하 질량의 대부분은 보통 물질이 차지한다. (○ / ×)

(2) 은하의 회전 속도에 영향을 미치는 물질의 질량은 별과 성간 물질을 관측하여 계산한 질량보다 훨씬 크다. (○ / ×)

(3) 암흑 물질의 존재를 추정할 수 있는 또 다른 예로 중력 렌즈 현상이 있다. (○ / ×)

(4) 은하단에 속하는 은하들이 흩어지지 않고 집단을 유지하는 것은 암흑 물질 때문으로 추정된다. (○ / ×)

자료 ❷ 우주의 구성 요소의 분포비

기출 Point
- 우주 구성 요소의 성질 파악하기
- 우주 구성 요소의 분포비 변화 의미 이해하기

[1~3] 그림은 우주 초기의 어느 시기와 현재의 우주를 구성하는 요소의 비율을 각각 나타낸 것이다.

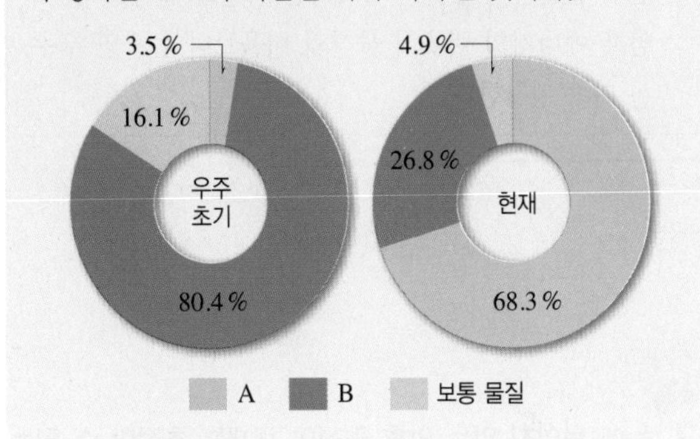

1 A와 B의 명칭을 각각 쓰시오.

2 A와 B 중 우주의 가속 팽창을 일으키는 원인으로 추정된 것은 무엇인지 쓰시오.

3 빈출 선택지로 완벽 정리!

(1) A는 중력과 같은 방향으로 작용한다. (○ / ×)

(2) 우주를 팽창시키는 요소의 비율은 현재보다 우주 초기에 크다. (○ / ×)

(3) 현재 우주를 구성하는 지배적인 요소는 A이다. (○ / ×)

(4) B의 존재는 나선 은하의 회전 속도 곡선을 통해 추정할 수 있다. (○ / ×)

(5) B는 질량이 없는 물질이다. (○ / ×)

(6) B는 전자기파를 방출하거나 흡수하는 물질이다. (○ / ×)

내신 만점 문제

A 암흑 물질과 암흑 에너지

01 암흑 물질과 암흑 에너지에 대한 설명으로 옳은 것만을 [보기]에서 있는 대로 고른 것은?

보기
ㄱ. 암흑 물질은 질량이 있고, 빛을 방출한다.
ㄴ. 암흑 물질은 우주를 수축시키는 역할을 한다.
ㄷ. 암흑 에너지의 비율이 물질의 비율보다 높으면 우주는 가속 팽창한다.

① ㄱ ② ㄷ ③ ㄱ, ㄴ
④ ㄴ, ㄷ ⑤ ㄱ, ㄴ, ㄷ

서술형
02 눈에 보이지 않는 암흑 물질의 존재를 추정할 수 있는 근거를 두 가지만 서술하시오.

중요
03 그림은 눈에 보이는 물질만을 고려하여 이론적으로 계산한 우리은하의 회전 속도 곡선과 실제로 관측된 우리은하의 회전 속도 곡선을 순서 없이 나타낸 것이다.

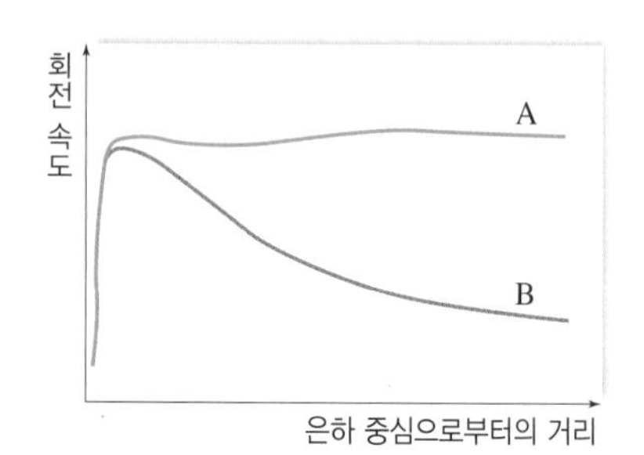

이에 대한 설명으로 옳은 것만을 [보기]에서 있는 대로 고른 것은?

보기
ㄱ. 실제 우리은하의 회전 속도 곡선은 A이다.
ㄴ. 우리은하 질량의 대부분은 은하 중심부에 집중되어 있다.
ㄷ. A와 B의 차이는 암흑 물질 때문인 것으로 추정할 수 있다.

① ㄱ ② ㄴ ③ ㄱ, ㄷ
④ ㄴ, ㄷ ⑤ ㄱ, ㄴ, ㄷ

04 그림은 중력 렌즈 현상의 원리와 우주 망원경이 관측한 퀘이사의 이미지를 각각 나타낸 것이다. A와 B는 동일한 퀘이사의 이미지이다.

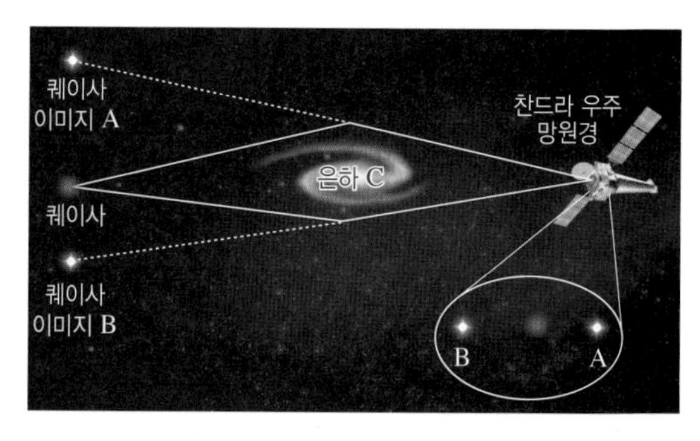

이에 대한 설명으로 옳은 것만을 [보기]에서 있는 대로 고른 것은?

보기
ㄱ. 이미지 A와 B에서 관측되는 스펙트럼은 서로 다르다.
ㄴ. 퀘이사의 빛이 굴절되는 것은 은하 C의 광도가 크기 때문이다.
ㄷ. 퀘이사의 빛이 굴절되는 정도를 통해 은하 C와 그 주변 암흑 물질의 양을 계산할 수 있다.

① ㄱ ② ㄷ ③ ㄱ, ㄴ
④ ㄴ, ㄷ ⑤ ㄱ, ㄴ, ㄷ

B 우주의 구성과 미래

중요
05 그림은 현재 우주를 구성하는 물질과 에너지의 비율을 나타낸 것이다.

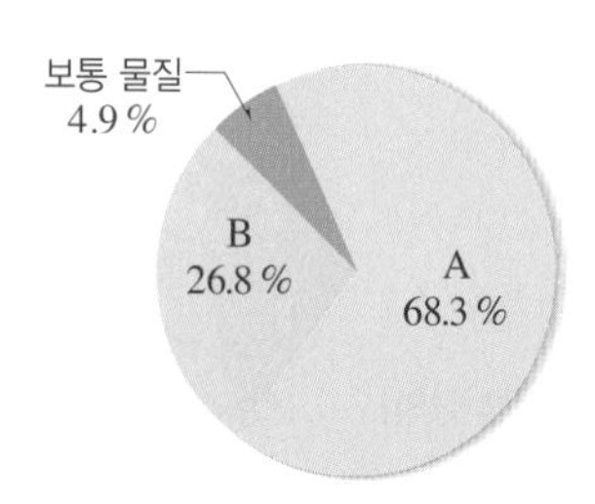

이에 대한 설명으로 옳은 것만을 [보기]에서 있는 대로 고른 것은?

보기
ㄱ. A는 암흑 에너지이다.
ㄴ. B는 우주를 가속 팽창시키는 역할을 한다.
ㄷ. 성간 물질은 B에 해당한다.

① ㄱ ② ㄷ ③ ㄱ, ㄴ
④ ㄴ, ㄷ ⑤ ㄱ, ㄴ, ㄷ

정답친해 152쪽

06 그림은 어느 가속 팽창 우주 모형에서 시간에 따른 우주 구성 요소 A, B, C의 밀도 변화를 나타낸 것이다. A, B, C는 각각 보통 물질, 암흑 물질, 암흑 에너지 중 하나이다.

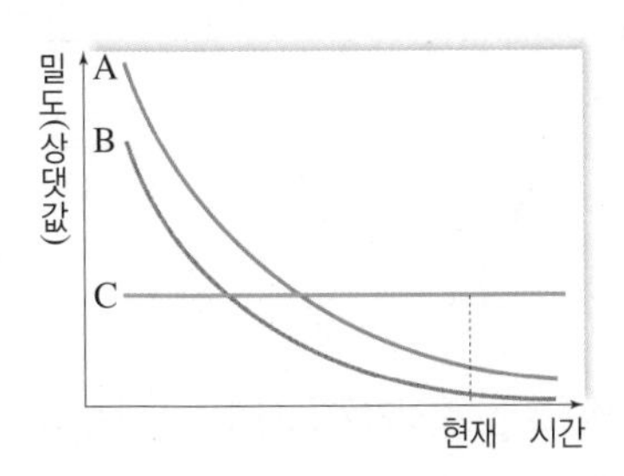

이에 대한 설명으로 옳은 것만을 [보기]에서 있는 대로 고른 것은?

보기
ㄱ. A는 암흑 물질이다.
ㄴ. B는 중력적인 방법에 의해서만 존재를 확인할 수 있다.
ㄷ. C의 총량은 시간이 지나도 일정하게 유지된다.

① ㄱ ② ㄴ ③ ㄱ, ㄷ
④ ㄴ, ㄷ ⑤ ㄱ, ㄴ, ㄷ

07 그림은 세 가지 우주 모형을 구분하는 과정을 나타낸 것이다.

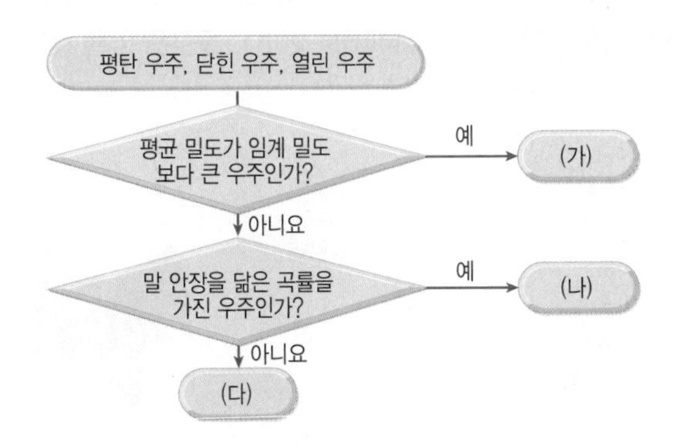

세 우주 모형에 대한 설명으로 옳은 것만을 [보기]에서 있는 대로 고른 것은?

보기
ㄱ. (가)는 곡률이 양(+)인 우주이다.
ㄴ. (나)는 영원히 팽창하는 우주이다.
ㄷ. 우주의 평균 밀도는 (다)가 가장 작다.

① ㄱ ② ㄷ ③ ㄱ, ㄴ
④ ㄴ, ㄷ ⑤ ㄱ, ㄴ, ㄷ

중요 **08** 그림은 빅뱅 이후부터 미래의 시간까지 우주의 크기 변화에 관한 세 가지 우주 모형을 나타낸 것이다.

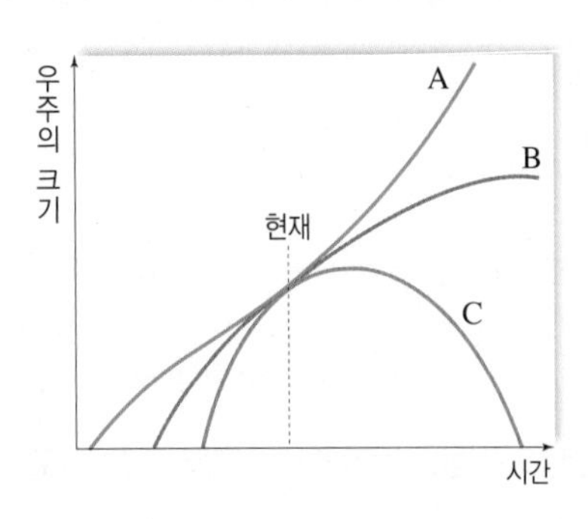

이에 대한 설명으로 옳은 것만을 [보기]에서 있는 대로 고른 것은?

보기
ㄱ. 암흑 에너지가 가장 우세하게 작용하는 모형은 A이다.
ㄴ. 우주에 분포하는 암흑 물질의 양이 가장 많은 모형은 C이다.
ㄷ. 앞으로 우주는 B 모형을 따라 팽창해 갈 것으로 예측된다.

① ㄱ ② ㄷ ③ ㄱ, ㄴ
④ ㄴ, ㄷ ⑤ ㄱ, ㄴ, ㄷ

중요 **09** 그림 (가)는 어느 팽창 우주 모형에서 시간에 따른 우주의 크기를, (나)는 우주를 구성하는 요소의 비율을 나타낸 것이다.

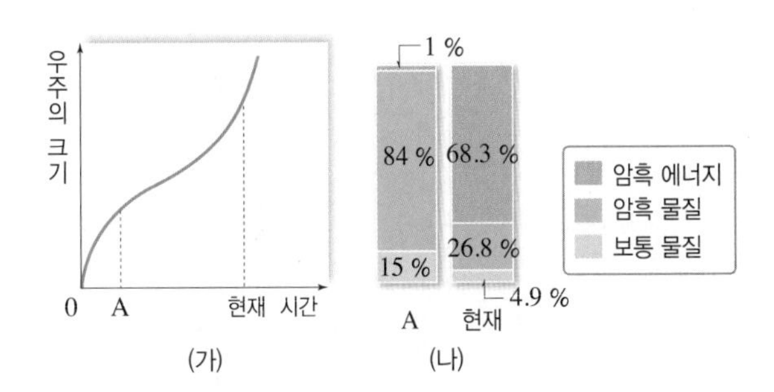

이에 대한 설명으로 옳은 것만을 [보기]에서 있는 대로 고른 것은?

보기
ㄱ. 현재 시점에서 우주는 가속 팽창하고 있다.
ㄴ. 암흑 에너지의 비율은 A 시점보다 현재가 높다.
ㄷ. 우주의 온도는 A 시점보다 현재가 높다.

① ㄱ ② ㄷ ③ ㄱ, ㄴ
④ ㄴ, ㄷ ⑤ ㄱ, ㄴ, ㄷ

실력 UP 문제

정답친해 153쪽

01 그림은 우리은하에서 은하 중심으로부터의 거리에 따른 별들의 회전 속도 분포를 모식적으로 나타낸 것이다.

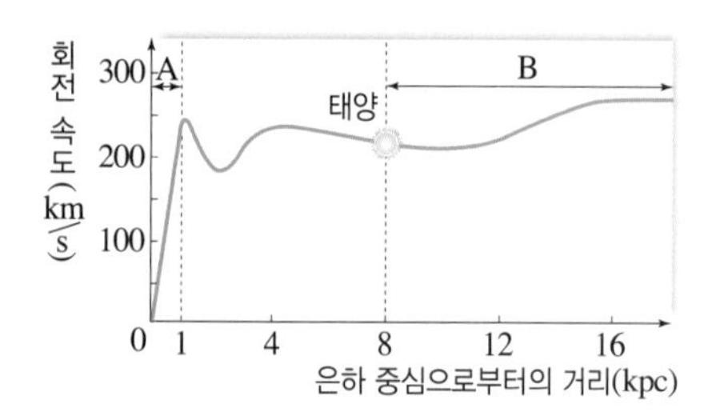

이에 대한 설명으로 옳은 것만을 [보기]에서 있는 대로 고른 것은?

보기

ㄱ. A 구간에서는 은하 중심에서 멀어질수록 회전 주기가 짧아진다.

ㄴ. 태양 부근에 있는 별들은 은하 중심에서 멀어질수록 회전 속도가 빨라진다.

ㄷ. 우리은하에 암흑 물질이 없다면 B 구간의 평균 회전 속도는 감소할 것이다.

① ㄱ ② ㄷ ③ ㄱ, ㄴ ④ ㄴ, ㄷ ⑤ ㄱ, ㄴ, ㄷ

02 그림 (가)는 시간에 따른 물질과 암흑 에너지의 밀도 변화를, (나)는 현재 우주 구성 요소의 상대적 비율을 나타낸 것이다. (가)에서 A와 B는 각각 물질과 암흑 에너지 중 하나이고, (나)에서 ㉠, ㉡, ㉢은 각각 보통 물질, 암흑 물질, 암흑 에너지 중 하나이다.

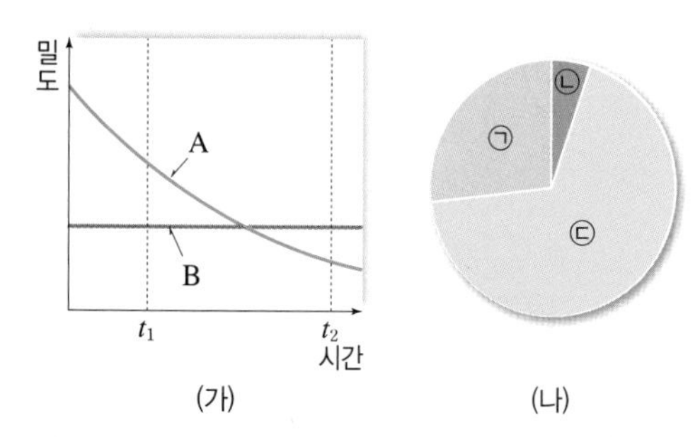

(가) (나)

이에 대한 설명으로 옳은 것만을 [보기]에서 있는 대로 고른 것은?

보기

ㄱ. (가)에서 암흑 에너지는 A이다.

ㄴ. 우주는 t_1 시기에 감속 팽창을 한다.

ㄷ. t_2 시기에는 t_1 시기보다 $\frac{(㉠+㉡)\text{의 밀도}}{㉢\text{의 밀도}}$가 크다.

① ㄱ ② ㄴ ③ ㄱ, ㄷ ④ ㄴ, ㄷ ⑤ ㄱ, ㄴ, ㄷ

03 표는 세 우주 모형 A, B, C의 임계 밀도(ρ_c)에 대한 물질 밀도(ρ_m)와 암흑 에너지 밀도(ρ_Λ)의 비를 나타낸 것이다. 물질은 보통 물질과 암흑 물질을 모두 포함한다.

우주 모형	$\frac{\rho_m}{\rho_c}$	$\frac{\rho_\Lambda}{\rho_c}$
A	0.3	0
B	0.3	0.7
C	1.0	0

이에 대한 해석으로 옳은 것만을 [보기]에서 있는 대로 고른 것은?

보기

ㄱ. A는 열린 우주이다.

ㄴ. B는 양(+)의 곡률을 갖는다.

ㄷ. A~C 중 현재 우주의 특성에 가장 부합하는 모형은 C이다.

① ㄱ ② ㄴ ③ ㄱ, ㄷ ④ ㄴ, ㄷ ⑤ ㄱ, ㄴ, ㄷ

04 그림 (가)는 물질과 암흑 에너지의 함량이 서로 다른 가상의 우주 모형 A, B, C의 Ω_m과 Ω_Λ를, (나)는 어느 우주 모형의 기하학적인 구조를 나타낸 것이다. 물질은 암흑 물질과 보통 물질을 모두 포함한다.

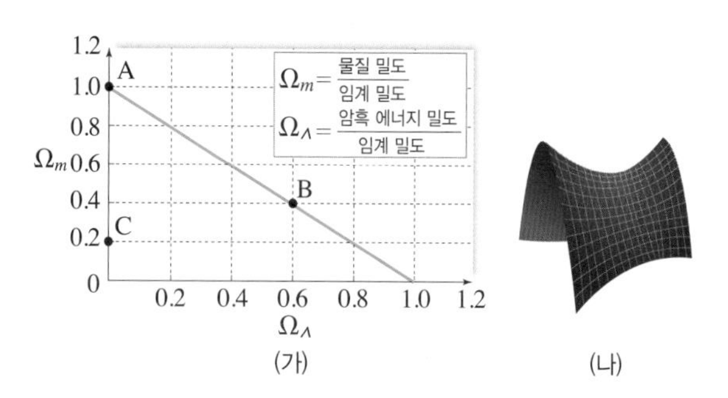

(가) (나)

이에 대한 설명으로 옳은 것만을 [보기]에서 있는 대로 고른 것은?

보기

ㄱ. C는 양(+)의 곡률을 갖는다.

ㄴ. 우주의 온도는 B가 A보다 빠르게 감소한다.

ㄷ. C는 (나)의 기하학적 구조를 가지고 있다.

① ㄱ ② ㄷ ③ ㄱ, ㄴ ④ ㄴ, ㄷ ⑤ ㄱ, ㄴ, ㄷ

정답친해 155쪽

1 외부 은하

1. 허블의 은하 분류
외부 은하의 형태(모양)에 따라 타원 은하, (❶) 은하, 불규칙 은하로 분류하였다.

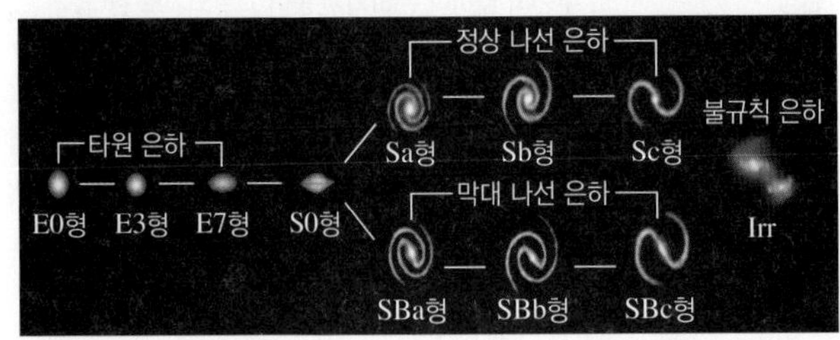

허블의 은하 분류 체계

구분	특징
타원 은하	• 타원 모양이고, 나선팔이 없는 은하이다. • 구에 가까운 E0부터 가장 납작한 E7까지 세분한다. • 성간 물질이 적고, 늙고 붉은색 별들이 많다.
나선 은하	• 은하 중심부를 나선팔이 감싸고 있는 은하이다. • (❷)의 유무에 따라 정상 나선 은하와 막대 나선 은하로 구분한다. • 나선팔에는 성간 물질이 많아 젊고 파란색 별들이 많다.
(❸) 은하	• 규칙적인 형태나 구조가 없다. • 성간 물질이 많고, 젊은 별들이 많다.

2. 특이 은하와 충돌 은하
(1) 특이 은하

구분	특징
(❹) 은하	• 보통 은하보다 수백 배 이상의 전파를 방출한다. • 은하 중심부에서 강한 물질의 흐름인 제트가 대칭적으로 나타난다. • 광학적으로는 대부분 타원 은하로 분류된다.
세이퍼트은하	• 방출선의 폭이 보통 은하보다 매우 넓다. • 중심부의 광도가 매우 크다. • 중심부에 거대한 블랙홀이 있을 것으로 추정된다. • 광학적으로는 대부분 나선 은하로 분류된다.
퀘이사	• 매우 멀리 있어 별처럼 관측된다. • 은하 전체의 광도에 대한 중심부의 광도가 매우 크다. • 중심부에 거대한 블랙홀이 있을 것으로 추정된다. • 매우 큰 (❺)가 나타난다. ➡ 초기 우주에서 형성된 천체

(2) **충돌 은하**: 은하와 은하의 충돌에 의해 형성되는 은하

2 빅뱅 우주론

1. 허블 법칙
(1) **외부 은하의 후퇴 속도**: 외부 은하의 스펙트럼에 나타난 흡수선의 파장 변화량이 클수록 후퇴 속도가 빠르다.

$$v=c\times\frac{\Delta\lambda}{\lambda_0}$$
• v: 외부 은하의 후퇴 속도
• c: 빛의 속도
• λ_0: 원래의 흡수선 파장
• $\Delta\lambda$: 흡수선의 파장 변화량

(2) (❻) **법칙**: 은하의 후퇴 속도(v)는 거리(r)에 비례한다. ➡ 우주는 팽창하고 있다.

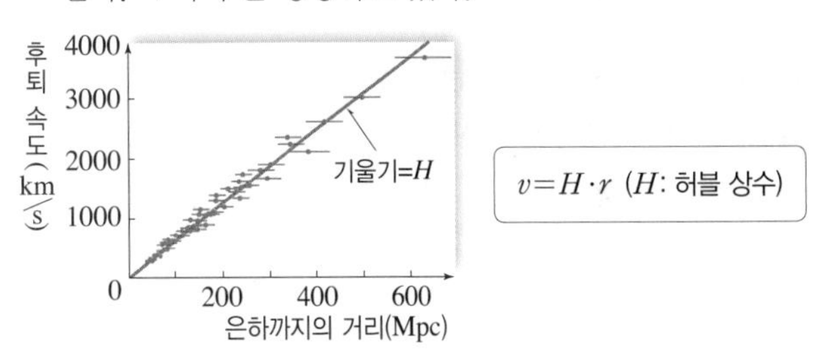

$v=H\cdot r$ (H: 허블 상수)

(3) **우주의 팽창**: 팽창하는 우주의 중심은 없다.

(4) **우주의 나이와 크기**: 우주의 팽창 속도가 일정하다고 가정하면, 허블 상수를 이용하여 우주의 나이와 관측 가능한 우주의 크기를 구할 수 있다.

• 우주의 나이$=\frac{1}{H}$
• 우주의 크기$=\frac{c}{H}$
(H: 허블 상수, c: 광속)

2. 빅뱅(대폭발) 우주론과 정상 우주론
(1) (❼) **우주론**: 온도와 밀도가 매우 높은 한 점에서 대폭발이 일어나 현재와 같은 우주가 형성되었다는 이론

(2) **정상 우주론**: 우주가 팽창하여도 우주의 온도와 밀도는 변하지 않고 항상 일정한 상태를 유지한다는 이론

구분	빅뱅 우주론	정상 우주론
우주의 팽창 여부	팽창한다.	팽창한다.
우주의 질량	일정	(❽)
우주의 밀도	(❾)	일정
우주의 온도	(❿)	일정

(3) 빅뱅 우주론의 증거

① (⑪   ): 우주 온도가 약 3000 K일 때 방출된 복사로, 우주가 팽창하면서 온도가 낮아져 현재는 약 2.7 K에 해당하는 전파로 우주 전역에서 균일하게 관측된다.

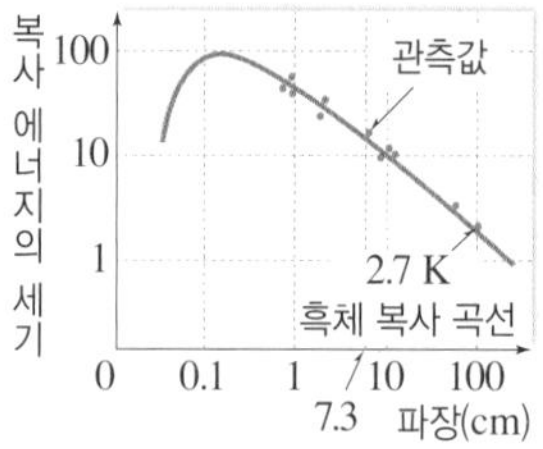

⊙ 우주 배경 복사 스펙트럼

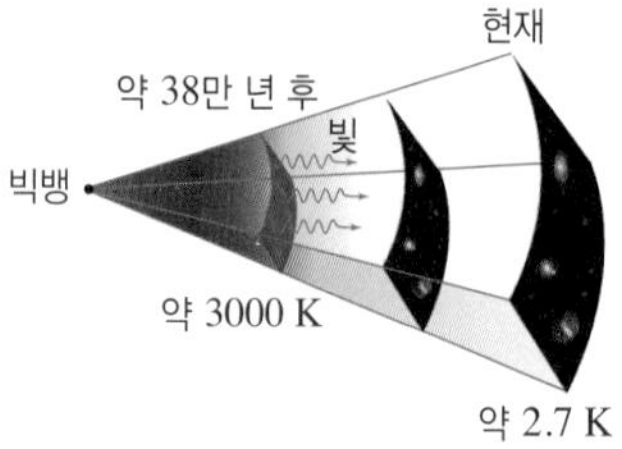

⊙ 우주 배경 복사

② 우주에 존재하는 수소와 헬륨의 질량비: 약 3 : 1

3. 급팽창 이론과 가속 팽창 우주

(1) 급팽창 이론(인플레이션 이론)

① 빅뱅 이후 약 10^{-36}초~10^{-34}초 사이에 우주가 빛보다 빠른 속도로 팽창(급팽창)하였다는 이론

② 빅뱅 우주론의 문제점인 (⑫   ) 문제, 편평성 문제, 자기 홀극 문제를 해결하였다.

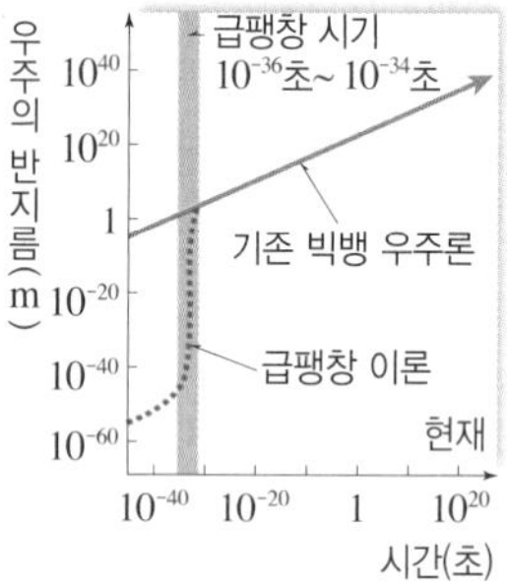

⊙ 급팽창 이론

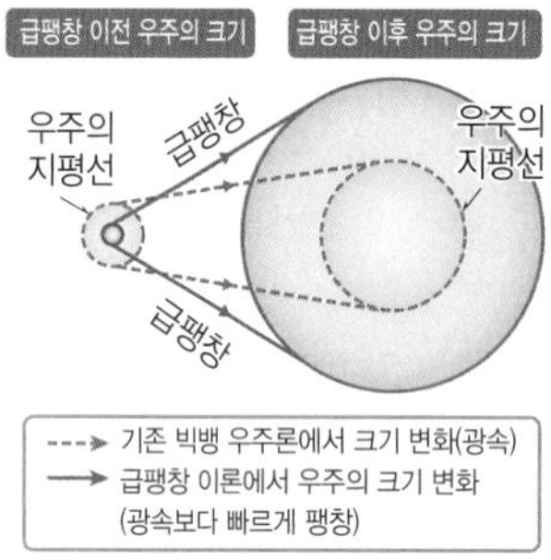

⊙ 우주 팽창 모형

(2) (⑬   ) 우주

① 현재 우주의 팽창 속도는 점점 빨라지고 있다는 이론

② Ia형 초신성 관측: 우주가 일정한 속도로 팽창하는 경우보다 더 어둡게 보인다. ➡ 예상보다 더 멀리 있다. ➡ 우주는 가속 팽창한다.

3 암흑 물질과 암흑 에너지

1. 보통 물질 사람, 별, 은하와 같은 대상을 구성하는 물질

2. 암흑 물질

(1) (⑭   ): 빛을 방출하지 않아 보이지 않지만 질량이 있어 중력적인 방법으로 존재를 추정할 수 있는 물질

(2) 암흑 물질의 존재를 추정할 수 있는 현상들

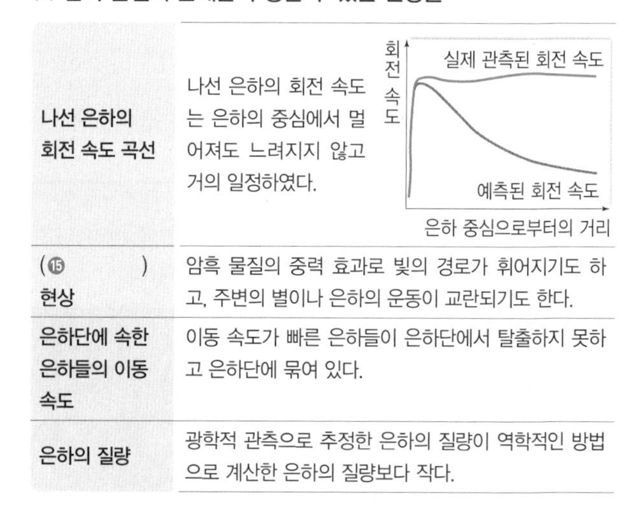

나선 은하의 회전 속도 곡선	나선 은하의 회전 속도는 은하의 중심에서 멀어져도 느려지지 않고 거의 일정하였다.	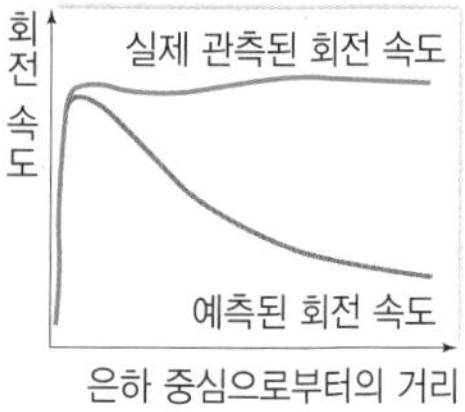
(⑮) 현상	암흑 물질의 중력 효과로 빛의 경로가 휘어지기도 하고, 주변의 별이나 은하의 운동이 교란되기도 한다.	
은하단에 속한 은하들의 이동 속도	이동 속도가 빠른 은하들이 은하단에서 탈출하지 못하고 은하단에 묶여 있다.	
은하의 질량	광학적 관측으로 추정한 은하의 질량이 역학적인 방법으로 계산한 은하의 질량보다 작다.	

3. 암흑 에너지 우주에 있는 물질의 중력과 반대 방향(척력)으로 작용하여 우주를 가속 팽창시키는 우주의 성분

4. 우주의 구성 요소

(1) **표준 우주 모형**: 급팽창 이론을 포함한 빅뱅 우주론에 암흑 물질과 암흑 에너지의 개념까지 모두 포함한 최신의 우주 모형

(2) **우주를 구성하는 요소들의 비율**: 별, 행성, 은하들과 같은 보통 물질이 4.9 %, 암흑 물질이 26.8 %, (⑯   )가 68.3 %를 차지한다.

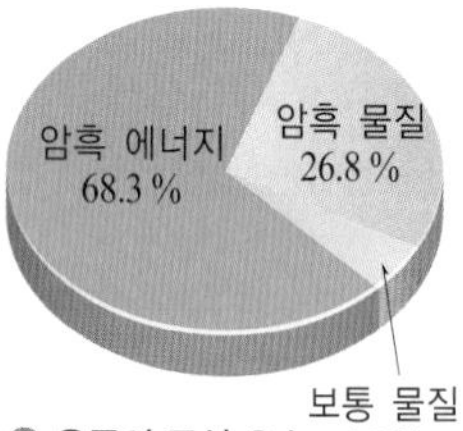

⊙ 우주의 구성 요소

5. 우주의 미래

(1) **우주 미래 모형**: 우주의 평균 밀도에 따라 열린 우주, 평탄 우주, 닫힌 우주로 구분한다.

열린 우주	우주의 밀도 < 임계 밀도, 우주는 영원히 팽창한다.
(⑰)	우주의 밀도 = 임계 밀도, 우주는 팽창 속도가 점점 0으로 수렴한다.
닫힌 우주	우주의 밀도 > 임계 밀도, 우주는 팽창 속도가 감소하다가 결국 수축한다.

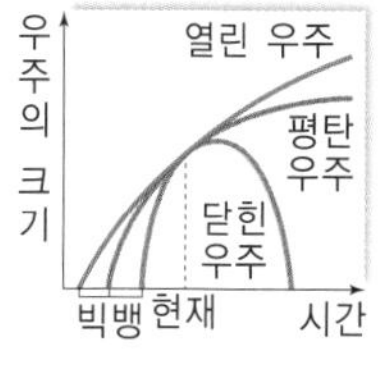

(2) **우주의 가속 팽창**: 최근 관측 결과 우주는 가속 팽창하고 있으며, 가속 팽창의 에너지원은 (⑱   )이다.

마무리 문제

정답친해 155쪽

하 중 상

01 그림은 은하 (가)와 (나)의 가시광선 영상을 나타낸 것이다.

(가)

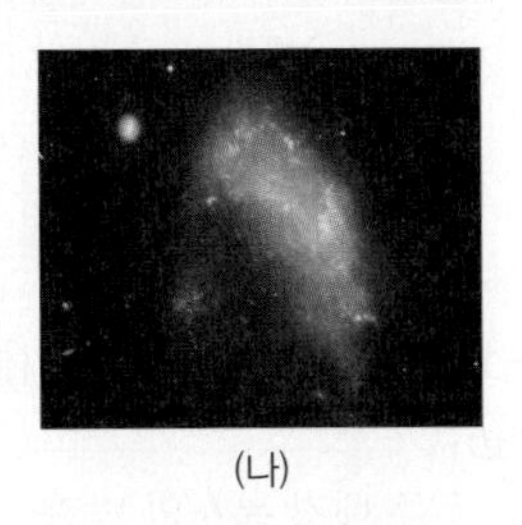
(나)

이에 대한 설명으로 옳은 것만을 [보기]에서 있는 대로 고른 것은?

보기
ㄱ. 허블의 은하 분류에 의하면 (가)는 E0에 해당한다.
ㄴ. 은하는 (나)의 형태에서 (가)의 형태로 진화한다.
ㄷ. $\frac{\text{성간 물질의 질량}}{\text{은하의 질량}}$은 (가)가 (나)보다 작다.

① ㄱ ② ㄷ ③ ㄱ, ㄴ
④ ㄴ, ㄷ ⑤ ㄱ, ㄴ, ㄷ

하 중 상

02 그림 (가)~(다)는 각각 세이퍼트은하, 전파 은하, 퀘이사를 가시광선 영역으로 촬영한 모습이다.

(가)

(나)

(다)

이에 대한 설명으로 옳은 것만을 [보기]에서 있는 대로 고른 것은?

보기
ㄱ. (가)를 모양에 따라 분류하면 나선 은하에 해당한다.
ㄴ. (나)는 일반적인 타원 은하에 비해 강한 전파를 방출한다.
ㄷ. (다)는 매우 멀리 있어 별처럼 보이는 은하이다.

① ㄱ ② ㄴ ③ ㄱ, ㄷ
④ ㄴ, ㄷ ⑤ ㄱ, ㄴ, ㄷ

하 중 상

03 그림은 외부 은하 (가)와 (나)의 스펙트럼에서 방출선이 적색 편이된 것을 비교 스펙트럼과 함께 나타낸 것이다. (가)와 (나)는 동일한 시선 방향에 위치하고, 허블 법칙을 만족한다.

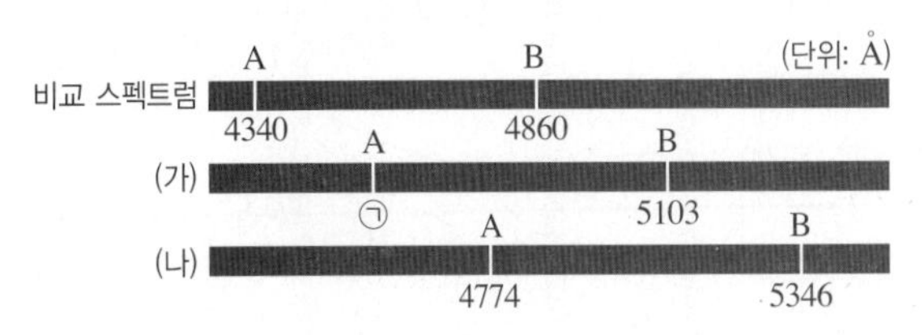

이에 대한 설명으로 옳은 것만을 [보기]에서 있는 대로 고른 것은? (단, 빛의 속도는 3×10^5 km/s이다.)

보기
ㄱ. ㉠은 4583이다.
ㄴ. (나)의 후퇴 속도는 30000 km/s이다.
ㄷ. 우리은하로부터의 거리는 (가)가 (나)보다 가깝다.

① ㄱ ② ㄷ ③ ㄱ, ㄴ
④ ㄴ, ㄷ ⑤ ㄱ, ㄴ, ㄷ

하 중 상

04 그림 (가)와 (나)는 각각 WMAP 위성과 펜지어스와 윌슨이 관측한 우주 배경 복사의 온도 편차를 나타낸 것이다. (가)에서 지점 A와 B는 지구에서 관측한 시선 방향이 서로 반대이다.

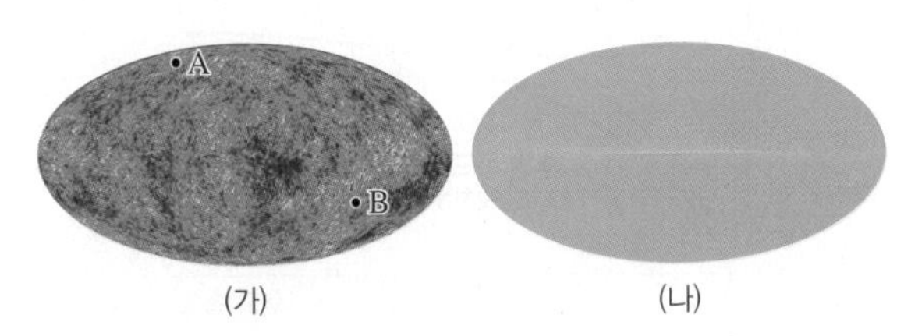

(가) (나)

이에 대한 설명으로 옳은 것만을 [보기]에서 있는 대로 고른 것은?

보기
ㄱ. 우주 배경 복사는 현재 우주의 물질 분포를 나타낸다.
ㄴ. (가)와 (나)가 서로 다르게 관측되는 이유는 우주가 팽창하기 때문이다.
ㄷ. (가)에서 A와 B의 온도가 거의 같다는 사실은 급팽창 이론으로 설명할 수 있다.

① ㄱ ② ㄷ ③ ㄱ, ㄴ
④ ㄴ, ㄷ ⑤ ㄱ, ㄴ, ㄷ

하 중 상

05 그림은 어떤 우주 모형에서 시간에 따른 우주의 크기 변화를 나타낸 것이다.

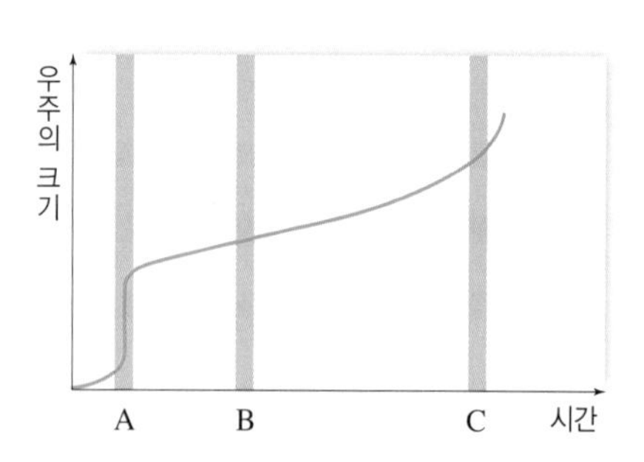

이에 대한 설명으로 옳은 것만을 [보기]에서 있는 대로 고른 것은?

보기
ㄱ. A 시기에 급팽창이 일어났다.
ㄴ. 우주의 팽창 속도는 B 시기가 C 시기보다 크다.
ㄷ. 우주의 팽창에 미치는 암흑 에너지의 영향은 B 시기가 C 시기보다 크다.

① ㄱ ② ㄷ ③ ㄱ, ㄴ
④ ㄴ, ㄷ ⑤ ㄱ, ㄴ, ㄷ

하 중 상

06 그림은 Ia형 초신성을 관측하여 얻은 겉보기 등급과 후퇴 속도로 예상한 겉보기 등급을 비교하여 나타낸 것이다.

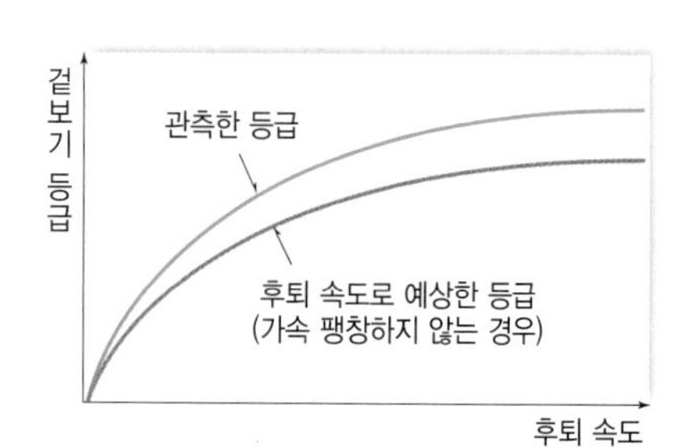

이에 대한 설명으로 옳은 것만을 [보기]에서 있는 대로 고른 것은?

보기
ㄱ. Ia형 초신성은 겉보기 등급이 클수록 적색 편이가 크다.
ㄴ. Ia형 초신성은 후퇴 속도로 예상한 겉보기 등급보다 어둡게 관측된다.
ㄷ. 관측 등급과 예상 등급의 차이로 보아 우주는 가속 팽창하고 있다.

① ㄱ ② ㄷ ③ ㄱ, ㄴ
④ ㄴ, ㄷ ⑤ ㄱ, ㄴ, ㄷ

하 중 상

07 다음은 우주론이 수정되면서 발전한 과정을 나타낸 것이다.

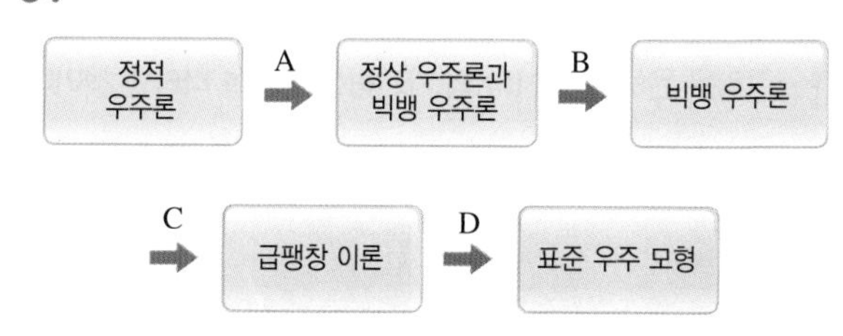

A ~ D에 알맞은 사건을 [보기]에서 찾아 옳게 짝 지은 것은?

보기
ㄱ. 우주 배경 복사의 발견 ㄴ. 우주의 가속 팽창 발견
ㄷ. 우주의 편평성 문제 ㄹ. 허블 법칙 발견

	A	B	C	D
①	ㄱ	ㄴ	ㄷ	ㄹ
②	ㄱ	ㄷ	ㄴ	ㄹ
③	ㄴ	ㄷ	ㄹ	ㄱ
④	ㄷ	ㄹ	ㄱ	ㄴ
⑤	ㄹ	ㄱ	ㄷ	ㄴ

하 중 상

08 표는 현재의 우주 구성 요소를 상대적인 비율로 나타낸 것이다.

구성 요소	상대량(%)
A	68.3
B	㉠
보통 물질	㉡

이에 대한 설명으로 옳은 것만을 [보기]에서 있는 대로 고른 것은?

보기
ㄱ. A는 우주의 물질에 대해 척력으로 작용한다.
ㄴ. A에 비해 상대적으로 B의 양이 많을 때 우주는 가속 팽창한다.
ㄷ. ㉠은 ㉡보다 크다.

① ㄱ ② ㄴ ③ ㄱ, ㄷ
④ ㄴ, ㄷ ⑤ ㄱ, ㄴ, ㄷ

하 중 상

09 그림은 팽창하는 우주에서 시간에 따른 우주 구성 성분의 변화를 나타낸 것이다.

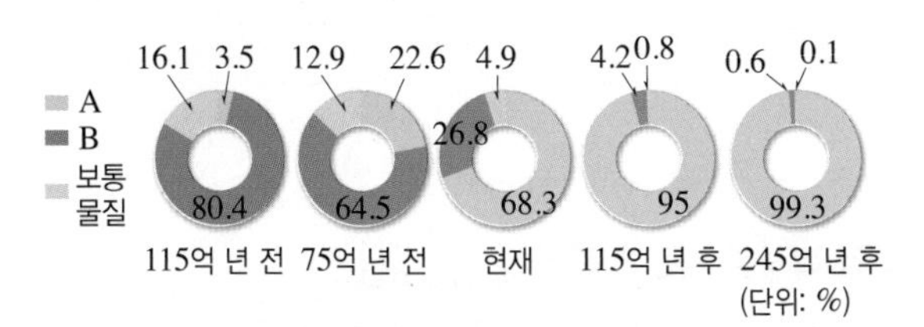

이에 대한 설명으로 옳은 것만을 [보기]에서 있는 대로 고른 것은?

보기
ㄱ. 우주가 팽창할수록 보통 물질의 비율이 감소한다.
ㄴ. 현재 우주의 팽창 속도는 A의 영향을 많이 받는다.
ㄷ. B는 광학적으로 존재를 확인할 수 있다.

① ㄱ ② ㄷ ③ ㄱ, ㄴ
④ ㄴ, ㄷ ⑤ ㄱ, ㄴ, ㄷ

하 중 상

10 표는 우주를 구성하는 물질 및 에너지의 비율을, 그림은 시간에 따른 우주 팽창의 모식도를 나타낸 것이다.

우주의 구성	구성비(%)
암흑 에너지	68.3
암흑 물질	26.8
보통 물질	4.9

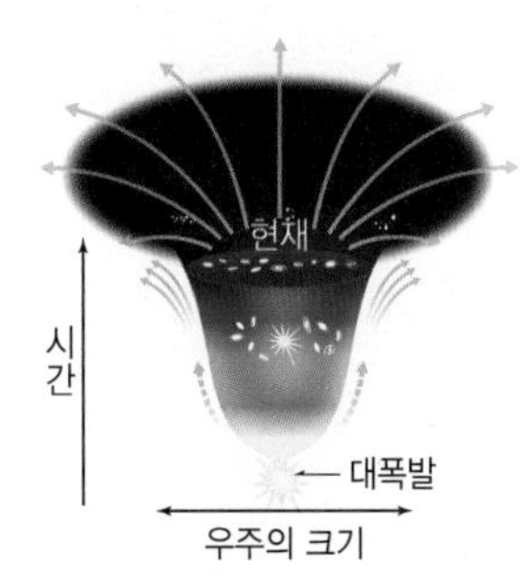

이에 대한 설명으로 옳은 것만을 [보기]에서 있는 대로 고른 것은?

보기
ㄱ. 현재 우주의 팽창 속도는 점점 빨라지고 있다.
ㄴ. 암흑 물질과 암흑 에너지 모두 은하 간의 인력을 유발한다.
ㄷ. 우주에는 가시광선으로 관측 가능한 물질의 양이 관측 불가능한 물질의 양보다 많다.

① ㄱ ② ㄷ ③ ㄱ, ㄴ
④ ㄴ, ㄷ ⑤ ㄱ, ㄴ, ㄷ

하 중 상

11 정상 나선 은하와 막대 나선 은하의 (가) 공통점과 (나) 차이점을 각각 서술하시오.

하 중 상

12 그림 (가)와 (나)는 동일한 흡수선의 파장이 차이나는, 거리가 가까운 은하와 먼 은하의 스펙트럼을 순서 없이 나타낸 것이다.

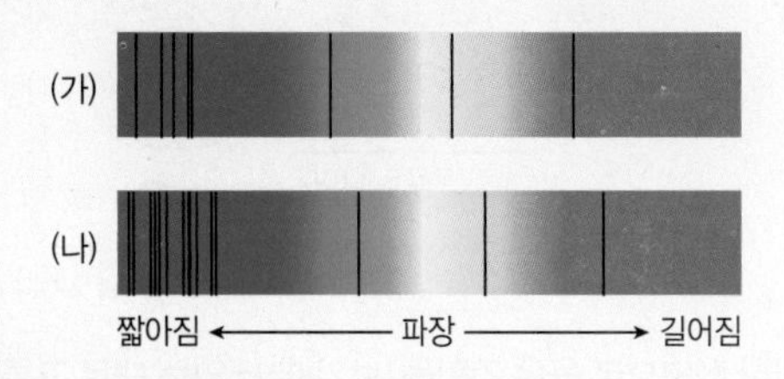

더 멀리 떨어져 있는 은하의 스펙트럼을 고르고, 그렇게 생각한 까닭을 서술하시오.

하 중 상

13 우주의 나이는 허블 상수로 계산할 수 있고, 현재 허블 상수로 계산하면 약 138억 년이 된다. 만약, 허블 상수 값이 현재의 $\frac{1}{2}$배로 수정된다면 우주의 나이는 얼마가 되겠는지 서술하시오. (단, 우주의 팽창 속도는 일정하다고 가정한다.)

하 중 상

14 그림은 팽창하는 우주에서 시간에 따른 어느 물리량 A의 변화를 나타낸 것이다.
빅뱅 우주론과 정상 우주론에서 A에 들어갈 수 있는 물리량을 각각 한 가지씩 서술하시오.

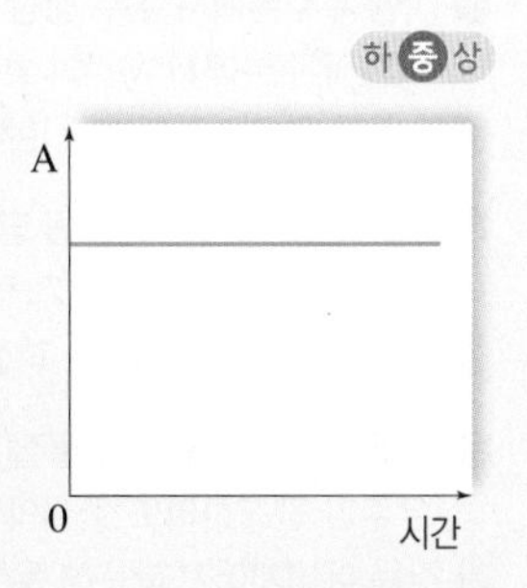

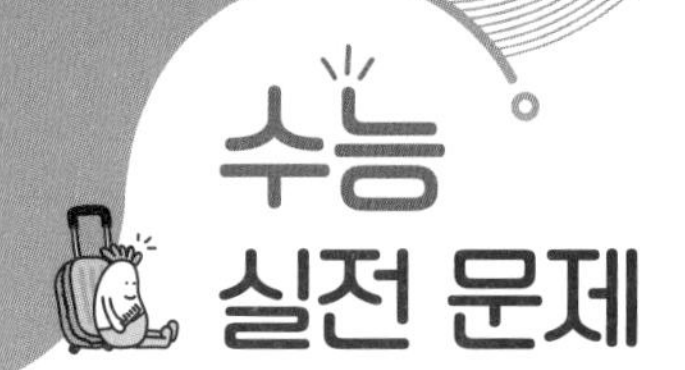

수능 실전 문제

• **수능 출제 경향**

이 단원에서는 매년 3문제 정도 출제되고 있다. 앞으로도 이러한 경향은 계속될 것이며, 특히 빅뱅 우주론에서 물질과 암흑 에너지의 밀도 변화와 우주 배경 복사의 생성에 관련된 내용들이 출제될 가능성이 높다.

수능 이렇게 나온다!

그림은 빅뱅 우주론에 따라 팽창하는 우주에서 물질, 암흑 에너지, 우주 배경 복사를 시간에 따라 나타낸 것이다.

❶ 물질의 질량은 일정하고, 우주의 부피는 커진다. ➡ 물질 밀도는 감소한다.

❷ 우주 배경 복사는 우주의 온도가 약 3000 K일 때 방출되었다. ➡ 우주의 팽창으로 온도는 낮아지고, 파장은 길어진다. ➡ 현재 약 2.7 K의 복사로 관측된다.

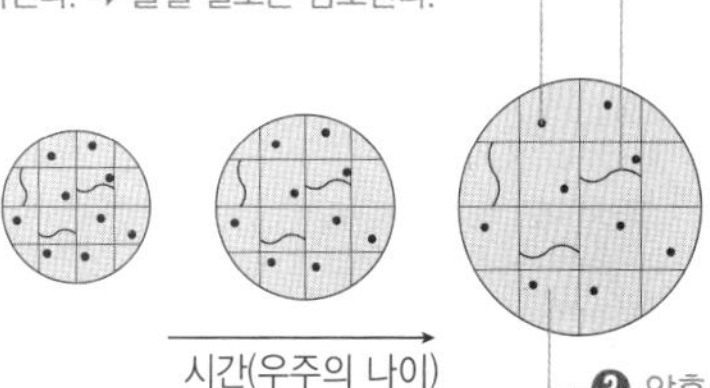

• 물질(보통 물질+암흑 물질)
▒ 암흑 에너지
∽ 우주 배경 복사

시간(우주의 나이)

❸ 암흑 에너지는 빈 공간 자체가 갖는 에너지이다. ➡ 우주가 팽창하여도 암흑 에너지 밀도는 일정하다.

이에 대한 설명으로 옳은 것만을 [보기]에서 있는 대로 고른 것은?

보기

ㄱ. 물질 밀도는 증가한다.
ㄴ. 우주 배경 복사의 온도는 일정하다.
ㄷ. 물질 밀도에 대한 암흑 에너지 밀도의 비는 증가한다.

① ㄱ ② ㄷ ③ ㄱ, ㄴ ④ ㄴ, ㄷ ⑤ ㄱ, ㄴ, ㄷ

출제개념

암흑 물질과 암흑 에너지

▶ 본문 330~331쪽

출제의도

빅뱅 우주론에 따라 팽창하는 우주에서 물질과 암흑 에너지의 밀도 변화를 확인하고, 우주 배경 복사에 대해 이해하고 있는지 알아보는 문제이다.

전략적 풀이

❶ 빅뱅 우주론에서 우주 팽창에 따른 물질의 질량 변화를 파악하고, 이로부터 우주의 밀도 변화를 판단한다.
ㄱ. 빅뱅 우주론에서 시간이 흐름에 따라 물질의 질량은 (　　　)하지만 우주가 팽창하여 부피가 커지기 때문에 물질 밀도는 (　　　)한다.

❷ 우주 배경 복사가 방출될 당시부터 현재까지의 우주 배경 복사의 온도 변화를 파악한다.
ㄴ. 빅뱅 이후 우주의 온도가 약 (　　　) K일 때 방출된 우주 배경 복사는 시간이 흐름에 따라 우주가 팽창하면서 온도가 낮아지고, 파장이 길어져 현재는 약 (　　　) K의 복사로 관측된다.

❸ 우주가 팽창함에 따라 물질(보통 물질과 암흑 물질) 밀도와 암흑 에너지 밀도가 어떻게 변하는지 파악한다.
ㄷ. 우주가 팽창하여도 물질의 양은 일정하므로 물질 밀도는 (　　　)하지만, 암흑 에너지는 빈 공간 자체가 갖는 에너지이기 때문에 우주가 팽창하더라도 밀도가 (　　　)하다. 따라서 시간이 흐름에 따라 물질 밀도에 대한 암흑 에너지 밀도의 비는 증가한다.

답 ②

❶ 일정, 감소
❷ 3000, 2.7
❸ 감소, 일정

정답친해 157쪽

01 그림 (가)는 은하를 형태에 따라 분류한 것이고, (나)는 각 은하에 속한 별들의 분광형 분포를 나타낸 것이다.

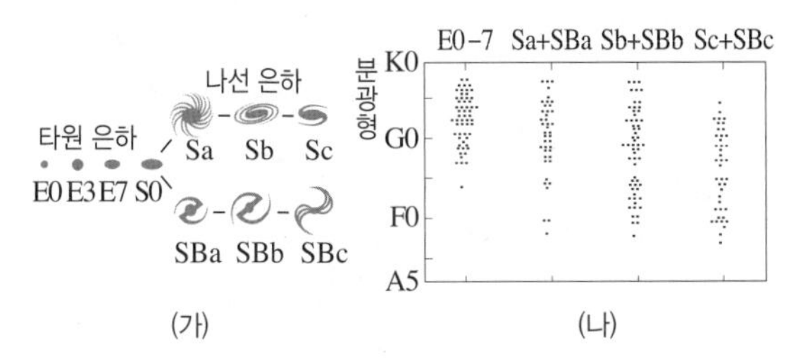

(가) (나)

이에 대한 설명으로 옳은 것만을 [보기]에서 있는 대로 고른 것은?

보기
ㄱ. 타원 은하는 E0에서 E7로 갈수록 구에 가깝다.
ㄴ. 타원 은하보다 나선 은하에서 붉은색 별의 비율이 더 높다.
ㄷ. 나선 은하는 막대 모양 구조의 유무와 나선팔이 감긴 정도에 따라 세분한다.

① ㄱ ② ㄷ ③ ㄱ, ㄴ
④ ㄴ, ㄷ ⑤ ㄱ, ㄴ, ㄷ

02 다음은 퀘이사 3C 279를 촬영한 모습과 주요 물리량을 나타낸 것이다.

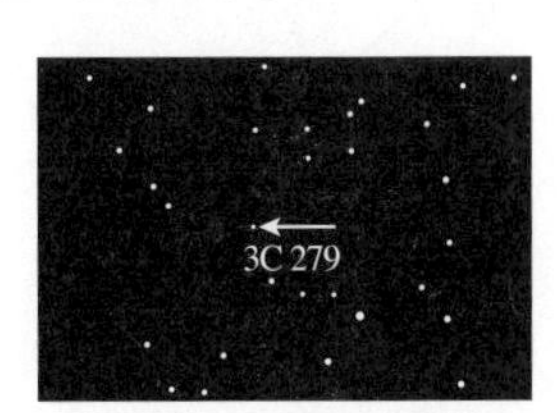

거리(억 광년)	53
적색 편이량 $\left(z=\frac{\Delta\lambda}{\lambda_0}\right)$	0.53
겉보기 등급	17.8

3C 279에 대한 설명으로 옳은 것만을 [보기]에서 있는 대로 고른 것은?

보기
ㄱ. 태양과 같은 하나의 별(항성)이다.
ㄴ. 도플러 효과가 없을 때 400 nm에서 나타나던 흡수선이 3C 279에서는 612 nm에서 나타날 것이다.
ㄷ. 현재로부터 53억 년 전 이전에 생성되었다.

① ㄱ ② ㄷ ③ ㄱ, ㄴ
④ ㄴ, ㄷ ⑤ ㄱ, ㄴ, ㄷ

03 그림 (가)와 (나)는 퀘이사와 세이퍼트은하의 스펙트럼과 특징을 순서 없이 나타낸 것이다.

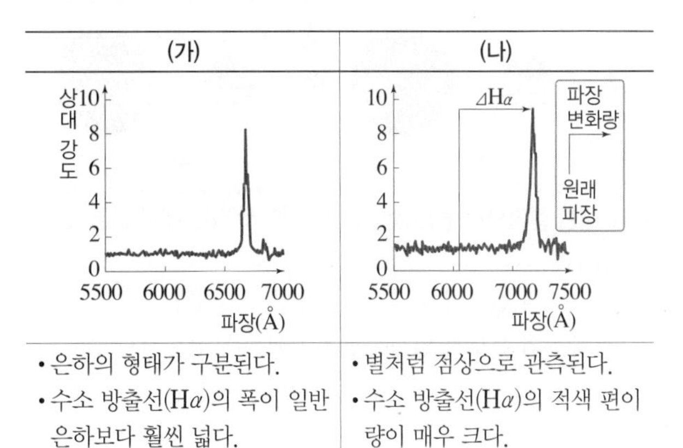

(가)	(나)
• 은하의 형태가 구분된다. • 수소 방출선(Hα)의 폭이 일반 은하보다 훨씬 넓다.	• 별처럼 점상으로 관측된다. • 수소 방출선(Hα)의 적색 편이량이 매우 크다.

이에 대한 설명으로 옳은 것만을 [보기]에서 있는 대로 고른 것은?

보기
ㄱ. (가)는 퀘이사이다.
ㄴ. 허블의 은하 분류 체계에 의하면 (가)는 대부분 나선 은하, (나)는 타원 은하로 분류된다.
ㄷ. 우리은하로부터 거리는 (가)보다 (나)가 더 멀다.

① ㄱ ② ㄷ ③ ㄱ, ㄴ
④ ㄴ, ㄷ ⑤ ㄱ, ㄴ, ㄷ

04 그림 (가)는 외부 은하 A, B가 관측되는 방향을, (나)는 A와 B의 스펙트럼에 나타난 방출선이 각각 적색 편이된 것을 비교 스펙트럼과 함께 나타낸 것이다. A까지의 거리는 120 Mpc이고, A와 B는 모두 허블 법칙을 만족한다.

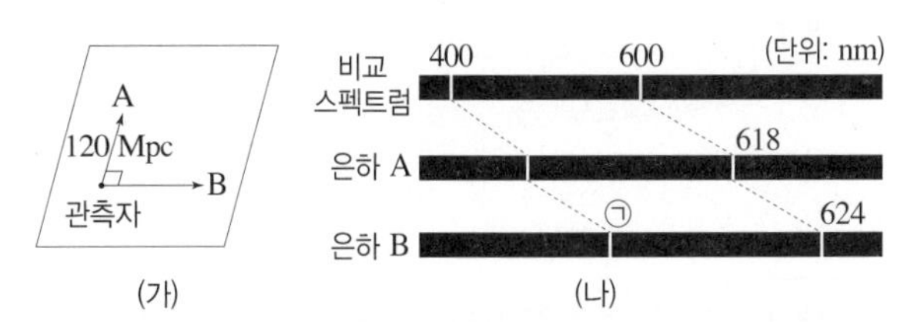

(가) (나)

이에 대한 설명으로 옳은 것만을 [보기]에서 있는 대로 고른 것은? (단, 빛의 속도는 3×10^5 km/s이다.)

보기
ㄱ. ㉠은 424이다.
ㄴ. A와 B의 스펙트럼 관측 자료로부터 구한 허블 상수는 70 km/s/Mpc보다 크다.
ㄷ. A에서 B까지의 거리는 200 Mpc이다.

① ㄱ ② ㄷ ③ ㄱ, ㄴ
④ ㄴ, ㄷ ⑤ ㄱ, ㄴ, ㄷ

05 그림 (가)와 (나)는 서로 다른 우주 모형에서 시간에 따른 우주의 변화를 나타낸 것이다.

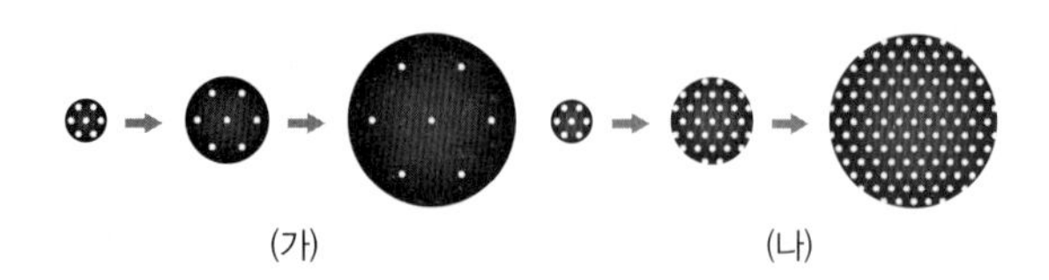

이에 대한 설명으로 옳은 것만을 [보기]에서 있는 대로 고른 것은?

보기
ㄱ. 우주의 질량이 증가하는 모형은 (가)이다.
ㄴ. 우주의 온도가 일정하게 유지되는 모형은 (나)이다.
ㄷ. 허블 법칙은 (가)의 우주 모형에만 적용된다.

① ㄱ ② ㄴ ③ ㄱ, ㄷ
④ ㄴ, ㄷ ⑤ ㄱ, ㄴ, ㄷ

06 그림 (가)는 표준 우주 모형에서 시간에 따른 우주의 크기 변화를, (나)는 현재 우주를 구성하는 요소의 비율을 나타낸 것이다. **A**, **B**, **C**는 각각 암흑 물질, 암흑 에너지, 보통 물질 중 하나이다.

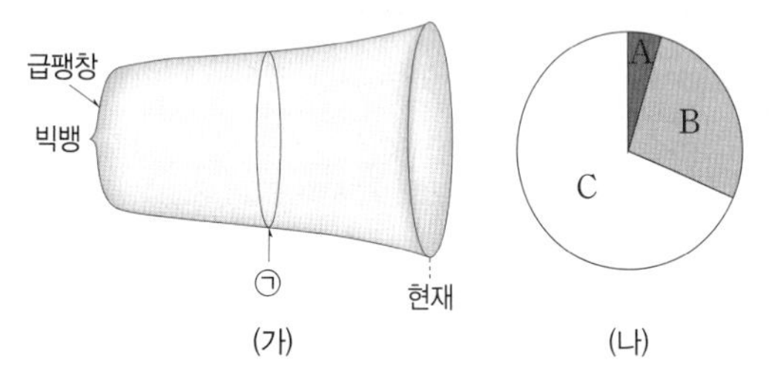

이에 대한 설명으로 옳은 것만을 [보기]에서 있는 대로 고른 것은?

보기
ㄱ. 현재 우주가 거의 완벽할 정도로 편평하게 관측되는 것은 빅뱅 직후 일어난 급팽창으로 설명된다.
ㄴ. $\frac{\text{C의 비율}}{\text{A의 비율}+\text{B의 비율}}$은 현재가 ㉠ 시기보다 크다.
ㄷ. 현재 우주의 팽창 속도가 증가하는 것은 B의 영향 때문이다.

① ㄱ ② ㄷ ③ ㄱ, ㄴ
④ ㄴ, ㄷ ⑤ ㄱ, ㄴ, ㄷ

07 그림 (가)는 현재 우주를 구성하는 요소의 비율을, (나)는 시간에 따른 우주의 크기 변화를 나타낸 것이다.

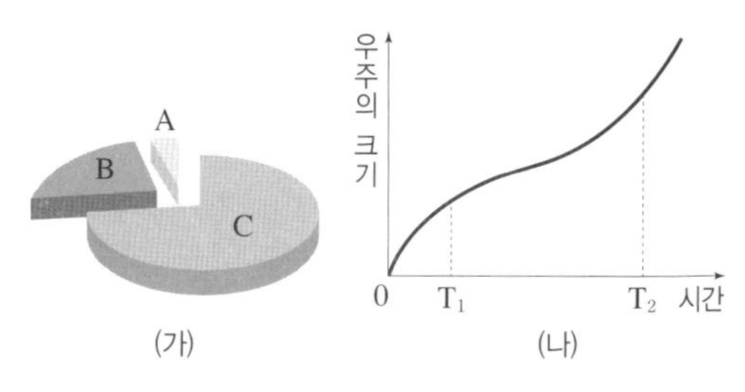

이에 대한 설명으로 옳은 것만을 [보기]에서 있는 대로 고른 것은?

보기
ㄱ. 우리은하를 구성하는 물질은 대부분 A이다.
ㄴ. T_1 시기에 우주의 크기 변화에 가장 큰 영향을 미치는 것은 B이다.
ㄷ. 우주에 존재하는 C의 총량은 T_2 시기가 T_1 시기보다 많다.

① ㄱ ② ㄷ ③ ㄱ, ㄴ
④ ㄴ, ㄷ ⑤ ㄱ, ㄴ, ㄷ

08 그림 (가)는 가속 팽창하는 우주와 감속 팽창하는 우주에서 **Ia**형 초신성의 적색 편이량과 겉보기 등급 변화를, (나)는 빅뱅 우주론에서 시간에 따른 물질과 암흑 에너지의 밀도 변화를 나타낸 것이다.

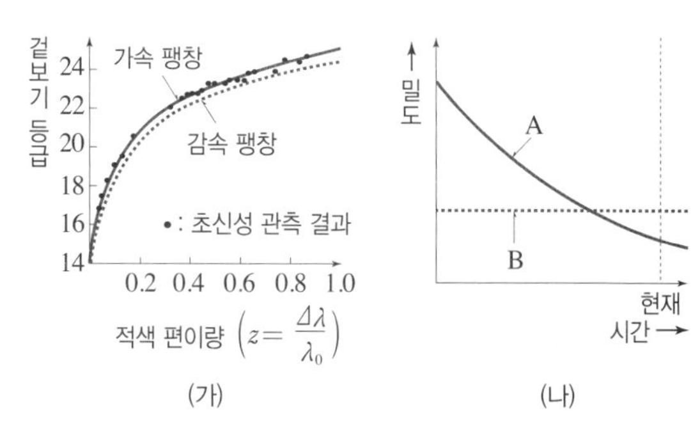

이에 대한 설명으로 옳은 것만을 [보기]에서 있는 대로 고른 것은?

보기
ㄱ. 현재 우주는 가속 팽창하고 있다.
ㄴ. 현재 우주의 팽창 속도는 A보다 B의 영향을 많이 받는다.
ㄷ. 앞으로 우주 전체에서 B의 양은 일정하게 유지된다.

① ㄱ ② ㄷ ③ ㄱ, ㄴ
④ ㄴ, ㄷ ⑤ ㄱ, ㄴ, ㄷ

2 대기와 해양의 상호 작용

01 해수의 표층 순환

개념 확인 문제 183쪽

❶ 불균형 ❷ 무역풍 ❸ 편서풍 ❹ 아열대 고압대 ❺ 무역풍 ❻ 편서풍 ❼ 아열대 순환 ❽ 쿠로시오 해류 ❾ 동한 난류 ❿ 북한 한류

1 ㉠ 많으므로, ㉡ 남고, ㉢ 적으므로, ㉣ 부족하다 2 ㉠ 에너지, ㉡ 1, ㉢ 3 3 (1) A: 극순환 - 극동풍, B: 페렐 순환 - 편서풍, C: 해들리 순환 - 무역풍 (2) (가) 극고압대 (나) 한대 전선대 (다) 아열대 고압대 (라) 적도 저압대 4 A: 캘리포니아 해류, B: 북적도 해류, C: 쿠로시오 해류, D: 북태평양 해류 5 (1) ○ (2) × (3) × (4) ○ 6 ㉠ 높, ㉡ 적 7 쿠로시오

대표 자료 분석 184쪽

자료❶ 1 D: 남적도 해류 2 C: 멕시코만류, E: 동오스트레일리아 해류 3 대칭적 4 (1) ○ (2) ○ (3) ○ (4) × (5) × (6) ○ (7) ×

자료❷ 1 A: 쿠로시오 해류, B: 황해 난류, C: 동한 난류, D: 북한 한류, E: 연해주한류 2 C, D 3 ㉠ 높다, ㉡ 적다, ㉢ 낮다, ㉣ 많다 4 (1) ○ (2) × (3) ○ (4) ○

내신 만점 문제 185~187쪽

01 ⑤ 02 ③ 03 ⑤ 04 ③ 05 위도에 따른 에너지의 불균형에 의해 대기 대순환이 발생하고, 지구의 자전에 의해 3개의 순환 세포가 형성된다. 06 ② 07 ④ 08 ④ 09 ㉠: 쿠로시오 해류, ㉡: 캘리포니아 해류, 용존 산소량은 ㉡ 해역이 ㉠ 해역보다 많다. 10 ② 11 ⑤ 12 쿠로시오 해류 → 북태평양 해류 → 캘리포니아 해류 → 북적도 해류, 대기 대순환의 바람에 의해 동서 방향으로 흐르는 해류가 대륙의 영향으로 남북 방향으로 흐르면서 아열대 순환을 이룬다. 13 ② 14 ④ 15 ②

실력 UP 문제 187쪽

01 ③ 02 ⑤

02 해수의 심층 순환

개념 확인 문제 191쪽

❶ 심층 순환 ❷ 밀도 ❸ 수괴 ❹ 남극 저층수 ❺ 북대서양 심층수 ❻ 열에너지

1 (1) ○ (2) × (3) × (4) ○ (5) × 2 (1) B (2) ㉠ 커, ㉡ 낮, ㉢ 높 3 (1) ㉠ >, ㉡ < (2) B 4 C, 남극 저층수

대표 자료 분석 192~193쪽

자료❶ 1 B, C 2 (가) 3 ㉠ 낮, ㉡ 높 4 (1) × (2) × (3) ○ (4) ○ (5) ×

자료❷ 1 A: 북대서양 심층수, B: 남극 중층수, C: 남극 저층수 2 (1) 느리다 (2) C 3 (1) × (2) × (3) ○ (4) ○ (5) ○ (6) ×

자료❸ 1 ㉠>㉡>수돗물 2 A: ㉠, B: ㉡ 3 A: 남극 대륙 주변 해역, B: 그린란드 주변 해역 4 (1) ○ (2) ○ (3) × (4) × (5) ○

자료❹ 1 (가) 노르웨이해 (나) 래브라도해 (다) 웨델해 2 남극 저층수 3 약해진다 4 (1) ○ (2) ○ (3) × (4) × (5) ○ (6) ×

내신 만점 문제 194~196쪽

01 ④ 02 ③ 03 (1) C>B>A (2) ㉢, 해수의 침강이 일어난다. 04 ② 05 ㉠ 35.0, ㉡ 1.0285 06 ① 07 ① 08 ③ 09 ② 10 ② 11 ④ 12 ⑤ 13 ② 14 ③ 15 ④ 16 북극 주변의 빙하가 녹아 북대서양으로 많은 양의 담수가 유입되었고, 해수의 염분이 낮아지면서 밀도가 작아져 침강이 약화되었다. 이로 인해 표층 순환도 약해지면서 고위도로 열을 전달하지 못하여 춥고 건조한 기후가 되었다.

실력 UP 문제 197쪽

01 ② 02 ② 03 ① 04 ③

03 대기와 해양의 상호 작용

개념 확인 문제 200쪽

❶ 오른쪽 ❷ 왼쪽 ❸ 용승 ❹ 침강 ❺ 연안 ❻ 무역풍 ❼ 용승 ❽ 침강 ❾ 안개

1 (1) ㉢ (2) ㉡ (3) ㉣ (4) ㉠ 2 ㉠ 침강, ㉡ 용승, ㉢ 용승, ㉣ 침강 3 (가) 남 (나) 남 4 ㉠ 적도 → 북쪽, ㉡ 적도 → 남쪽, ㉢ 용승 5 (1) (나) (2) (가) (3) (가) 6 (1) ○ (2) ○ (3) × (4) ○

완자쌤 비법 특강 203쪽

Q1 ㉠ 고기압, ㉡ 저기압, ㉢ 저기압, ㉣ 고기압

개념 확인 문제 204쪽

❶ 엘니뇨 ❷ 라니냐 ❸ 워커 순환 ❹ 남방 진동 ❺ 고 ❻ 저 ❼ 저 ❽ 고

1 (1) A (2) B (3) B 2 (가) 엘니뇨 시기 (나) 라니냐 시기 3 (1) (가) (2) (나) (3) (나) (4) (나) (5) (나) 4 ㉠ 엘니뇨, ㉡ 동, ㉢ 증가 5 (가) 라니냐 시기 (나) 엘니뇨 시기

대표 자료 분석 205쪽

자료❶ 1 (나) 2 (나) 3 용승 4 (1) ○ (2) ○ (3) × (4) ○

자료❷ 1 (가) 엘니뇨 시기 (나) 라니냐 시기 2 ㉠ 남방 진동, ㉡ 엘니뇨 남방 진동 또는 엔소(ENSO) 3 (1) ○ (2) × (3) × (4) ○ (5) ○ (6) × (7) ×

내신 만점 문제 206~208쪽

01 ③ 02 ⑤ 03 $T_3>T_2>T_1$, 찬 해수의 용승에 의해 안개가 발생한다. 04 ② 05 ⑤ 06 ④ 07 ⑤ 08 ④ 09 ④ 10 ① 11 ① 12 ① 13 무역풍이 약해지면서 열대 태평양의 따뜻한 표층 해수가 서태평양에서 동태평양 쪽으로 이동하여 동태평양의 용승이 약화되고 표층 수온이 높아진다. 14 ① 15 ⑤

실력 UP 문제 209쪽

01 ④ 02 ② 03 ③ 04 ③

04 지구 기후 변화

완자쌤 비법 특강 213쪽

Q1 커진다.

개념 확인 문제 214쪽

❶ 세차 운동 ❷ 기울기(경사) ❸ 이심률 ❹ 많을 ❺ 증가 ❻ 감소 ❼ 수권 ❽ 인위적

1 (가) ㄱ, ㅂ (나) ㄴ, ㄷ, ㄹ, ㅁ 2 (1) × (2) ○ 3 ㉠ 작아지고, ㉡ 작아진다 4 (1) ○ (2) × (3) ○ 5 (1) 감소 (2) 증가 (3) 대륙성 6 ㉠ 에어로졸, ㉡ 응결핵

개념 확인 문제 218쪽

❶ 같다 ❷ 온실 효과 ❸ 지구 온난화 ❹ 온실 기체 ❺ 해수면 상승 ❻ 상승 ❼ 신재생

1 (1) ○ (2) ○ (3) × (4) ○ (5) × 2 ㄱ 3 (1) ○ (2) × (3) × (4) ○ (5) × 4 ㉠ 융해, ㉡ 상승, ㉢ 낮, ㉣ 높, ㉤ 감소 5 A, C

대표 자료 분석 219~220쪽

자료❶ 1 높았다 2 (1) ㉠ 낮, ㉡ 컸 (2) 작았다 3 (1) × (2) ○ (3) × (4) ○ (5) ○

자료❷ 1 여름: B와 C, 겨울: A와 D 2 (1) ㉠ 상승, ㉡ 하강, ㉢ 커진다 (2) ㉠ 상승, ㉡ 하강, ㉢ 커진다 3 (1) × (2) ○ (3) × (4) ○ (5) ×

자료❸ 1 30 % 2 144 3 일정하게 유지된다 4 (1) ○ (2) × (3) × (4) ○ (5) ○

자료❹ 1 (1) 컸다 (2) 증가 (3) 상승 (4) 화석 연료 2 (1) ○ (2) ○ (3) × (4) ×

내신 만점 문제 221~224쪽

01 ④ 02 ② 03 ③ 04 (1) 높아진다. (2) 여름철에는 태양의 남중 고도가 낮아지고, 겨울철에는 태양의 남중 고도가 높아지므로 중위도 지역에서 기온의 연교차가 작아진다. 05 ⑤ 06 ② 07 ㄷ, ㄹ 08 ② 09 ② 10 ⑤ 11 ③ 12 아스팔트 면적이 증가하면 평균 기온이 상승하고, 콘크리트 면적이 증가하면 평균 기온이 하강한다. 13 ② 14 ④ 15 (다)>(나)>(가) 16 ⑤ 17 ④ 18 ⑤ 19 시베리아 고기압의 영향은 약해지고, 아열대 기후대의 영향을 받는 지역이 넓어진다. 20 ② 21 ㄱ, ㄴ, ㄷ

실력 UP 문제 225쪽

01 ④ 02 ① 03 ⑤ 04 ③

중단원 핵심 정리 226~227쪽

❶ 무역풍 ❷ 한대 전선대 ❸ 북적도 ❹ 북태평양 ❺ 쿠로시오 해류 ❻ 밀도 ❼ 수온 염분도(T-S도) ❽ 남극 저층수 ❾ 북대서양 심층수 ❿ 약해진다 ⓫ 오른쪽 ⓬ 연안 용승 ⓭ 연안 침강 ⓮ 남방 진동 ⓯ 약해진다 ⓰ 강해진다 ⓱ 커진다 ⓲ 작아진다 ⓳ 상승 ⓴ 상승

중단원 마무리 문제 228~231쪽

01 ⑤ 02 ③ 03 ③ 04 ④ 05 ④ 06 ④ 07 ② 08 ① 09 (가), (라) 10 ⑤ 11 ④ 12 ③ 13 ③ 14 ② 15 ③ 16 ⑤ 17 ④

서술형 문제 18 (1) C (2) 수온이 낮아지거나 염분이 높아지면 해수의 밀도가 커지면서 해수가 가라앉아 해저를 따라 이동하여 심층 순환이 발생한다. 19 용승이 약해지고, 강수량이 증가한다. 20 신재생 에너지 사용량을 늘린다, 에너지 효율성을 개선한다, 이산화 탄소의 포집 및 저장 기술을 개발한다, 해양 비옥화를 시행한다, 우주 반사막을 설치한다, 성층권에 에어로졸을 분사한다.

수능 실전 문제 233~235쪽

01 ② 02 ② 03 ① 04 ④ 05 ① 06 ④ 07 ③ 08 ④ 09 ② 10 ③ 11 ③ 12 ②

중단원 마무리 문제 114~117쪽

01 ⑤ 02 ① 03 ① 04 ③ 05 ② 06 ③ 07 ⑤ 08 ⑤ 09 ④ 10 ⑤ 11 ① 12 ③ 13 ④ 14 ③

서술형 문제 15 사층리, 사층리의 경사가 완만한 부분이 아래쪽이고, 지층이 역전되지 않았으므로 지층 누중의 법칙이 적용되어 생성 순서는 C → B → A이다. 16 부정합, 습곡, 단층, 관입, 관입의 법칙으로 습곡이 관입보다 먼저 일어났고, 이후 단층이 나타났으며, 그 다음 부정합이 형성되었다. 따라서 습곡 → 관입 → 역단층 → 부정합 순이다. 17 (1) A: 선캄브리아 시대, B: 고생대, C: 중생대, D: 신생대 (2) 시조새, C

수능 실전 문제 119~121쪽

01 ④ 02 ③ 03 ② 04 ④ 05 ② 06 ⑤ 07 ② 08 ④ 09 ④ 10 ② 11 ③ 12 ②

Ⅱ. 대기와 해양

1 대기와 해양의 변화

01 기압과 날씨 변화

개념 확인 문제 127쪽

❶ 기단 ❷ 증가 ❸ 상승 ❹ 고기압 ❺ 하강 ❻ 저기압 ❼ 상승 ❽ 적외 영상 ❾ 정체성 고기압 ❿ 이동성 고기압 ⓫ 시베리아 ⓬ 북태평양 ⓭ 봄, 가을

1 (1) ○ (2) × (3) × (4) ○ 2 ㉠ 저, ㉡ 육지, ㉢ 고, ㉣ 바다 3 (1) 저 (2) 고 (3) 고 (4) 저 4 ㉠ 가시, ㉡ 적외 5 ㉠ 편서풍, ㉡ 봄과 가을 6 ㄴ, ㄹ

완자쌤 비법 특강 132쪽

Q1 C

Q2 편서풍을 따라 이동하기 때문이다.

Q3 남동풍 → 남서풍 → 북서풍

개념 확인 문제 133쪽

❶ 한랭 전선 ❷ 온난 전선 ❸ 한랭 전선 ❹ 온난 전선 ❺ 정체 전선 ❻ 폐색 전선 ❼ A ❽ C ❾ E ❿ G, H ⓫ 편서풍 ⓬ 남서 ⓭ 남동

1 (가) 한랭 전선 (나) 온난 전선 2 ㉠ B, ㉡ A, ㉢ 빠르다 3 (1) ○ (2) × (3) ○ (4) ○ 4 (1) (라) → (나) → (가) → (다) (2) (다) 5 (1) × (2) × (3) ○ (4) ○ (5) ×

대표 자료 분석 134~135쪽

자료❶ 1 A: 시베리아 기단, B: 오호츠크해 기단, C: 북태평양 기단, D: 양쯔강 기단 2 (1) C (2) A, B, C (3) D (4) A 3 기단 하층의 기온은 높아지고 습도도 높아진다. 4 (1) × (2) ○ (3) ○ (4) ○ (5) ○ (6) ×

자료❷ 1 A: 한랭 전선, B: 온난 전선, C: 정체 전선(장마 전선) 2 (가) ㉠ (나) ㉠ 3 (1) ○ (2) × (3) ○ (4) × (5) × (6) ○ (7) ○ (8) ×

자료❸ 1 B 2 A 3 층운형 구름, 넓은 지역에 지속적인 비 4 (나) 5 (1) ○ (2) × (3) ○ (4) × (5) ×

자료❹ 1 거제 2 C → B → A 3 C와 B가 관측된 시각 사이 4 (1) × (2) × (3) ○ (4) ×

내신 만점 문제 136~138쪽

01 ④ 02 ③ 03 ③ 04 ③ 05 ① 06 ② 07 ④ 08 ④ 09 ③ 10 ② 11 ⑤ 12 A 지역에는 적운형 구름이 발달하고 강우 범위가 좁다. B 지역에는 층운형 구름이 발달하고 강우 범위가 넓다. 13 ② 14 (나)의 시기에는 풍향이 남동풍에서 남서풍으로 변하였으므로 온난 전선이 통과하였고, (다)의 시기에는 풍향이 남서풍에서 북서풍으로 변하였으므로 한랭 전선이 통과하였다. 15 ④ 16 ⑤

실력 UP 문제 139쪽

01 ③ 02 ④ 03 ③ 04 ② 05 ②

02 태풍과 우리나라의 주요 악기상

완자쌤 비법 특강 142쪽

Q1 위험 반원

Q2 B

개념 확인 문제 143쪽

❶ 17 ❷ 응결열 ❸ 동심원 ❹ 전선 ❺ 태풍의 눈 ❻ 오른쪽 ❼ 시계 ❽ 왼쪽 ❾ 시계 반대

1 (1) ○ (2) × (3) ○ (4) × (5) ○ 2 (1) X: 기압, Y: 풍속 (2) 낮은 3 ㉠ 5°~25°, ㉡ 기권, ㉢ 수증기 4 B, C 5 안전 반원 6 (1) × (2) ○ (3) × (4) ○

개념 확인 문제 146쪽

❶ 뇌우 ❷ 우박 ❸ 국지성 호우(집중 호우) ❹ 폭설 ❺ 황사 ❻ 강풍 ❼ 한파

1 ㉠ 적운, ㉡ 성숙 2 (1) ○ (2) ○ (3) × (4) × 3 여름 4 ㉠ 적란운, ㉡ 상승 5 ⑤ 6 ㉠ 편서풍, ㉡ 봄철 7 (1) × (2) × (3) ○

대표 자료 분석 147~148쪽

자료❶ 1 A: 풍속, B: 기압, C: 강수량 2 지역 ⓑ에서가 지역 ⓒ에서보다 등압선 간격이 좁다(조밀하다). 3 ㉠ 눈, ㉡ 하강, ㉢ 맑은 4 (1) × (2) ○ (3) × (4) ○ (5) ○

자료❷ 1 (나) 2 태풍의 세력은 12일 21시가 더 강하다. 3 ㉠ 안전, ㉡ 위험, ㉢ 약, ㉣ 작은 4 (1) ○ (2) ○ (3) × (4) ×

자료❸ 1 (가) 적운 단계 (나) 성숙 단계 (다) 소멸 단계 2 ㄱ, ㄴ, ㄷ 3 (1) × (2) ○ (3) ○ (4) ○ (5) ×

자료❹ 1 봄, 가을 2 (다) 3 (1) ○ (2) ○ (3) ○ (4) × (5) × (6) ○

내신 만점 문제 149~152쪽

01 ③ 02 A는 온대 저기압으로 에너지원은 기층의 위치 에너지이고, B는 열대 저기압(태풍)으로 에너지원은 수증기의 응결열이다. 03 ② 04 ② 05 ④ 06 ③ 07 ⑤ 08 ③ 09 ⑤ 10 ④ 11 ② 12 ② 13 ① 14 ⑤ 15 ④ 16 ④ 17 ④

실력 UP 문제 153쪽

01 ③ 02 ① 03 ③ 04 ③

03 해수의 성질

개념 확인 문제 156쪽

❶ 염분 ❷ 염분비 일정 법칙 ❸ 증발량 ❹ 강물 ❺ 용존 기체 ❻ 많은 ❼ 낮을 ❽ 용존 산소

1 (1) ○ (2) ○ (3) × (4) ○ 2 A: 31.10 g, B: 40.00 g 3 (1) ㄴ, ㄹ (2) ㄷ (3) ㄹ, ㅁ 4 ㉠ 적, ㉡ 많 5 ①, ⑤ 6 (1) × (2) × (3) ○ (4) ○ (5) ×

개념 확인 문제 160쪽

❶ 태양 복사 에너지 ❷ 혼합층 ❸ 수온 약층 ❹ 위도 ❺ 계절 ❻ 낮을수록 ❼ 높을수록 ❽ 낮게

1 A: 혼합층, B: 수온 약층, C: 심해층 2 ㄱ, ㄷ 3 (1) × (2) ○ (3) ○ (4) × 4 낮기 5 1.0255 g/cm^3 6 (1) ○ (2) × (3) ○

대표 자료 분석 161~162쪽

자료❶ 1 ③ 2 ③ 3 (1) ○ (2) ○ (3) × (4) × (5) ○

자료❷ 1 A: 혼합층, B: 수온 약층, C: 심해층 2 중위도 해역 3 적기 4 (1) ○ (2) × (3) ○ (4) ○ (5) × (6) ○ (7) ○ (8) ○

자료❸ 1 50 m 2 증가한다. 3 수온: 3 °C, 염분: 33.8 psu 4 (1) ○ (2) × (3) × (4) × (5) ○ (6) × (7) ○

자료❹ 1 8월 2 표층 수온: 8월, 표층 염분: 2월 3 (1) × (2) ○ (3) ○ (4) × (5) ○ (6) × (7) ○

내신 만점 문제 163~166쪽

01 ⑤ 02 35 psu : 27.2 g=X : 24.88 g, 32 psu 03 ④ 04 ① 05 ③ 06 ④ 07 ④ 08 대기 중의 산소가 해수 표면으로 녹아 들어온다, 해양 식물의 광합성 작용으로 생성되어 공급된다. 09 ⑤ 10 ② 11 태양 복사 에너지의 입사량 12 ③ 13 ① 14 ② 15 A>C>B 16 ⑤ 17 ⑤ 18 ④ 19 ④ 20 ⑤

실력 UP 문제 167쪽

01 ④ 02 ⑤ 03 ③ 04 ③

중단원 핵심 정리 168~169쪽

❶ 오호츠크해 기단 ❷ 시베리아 ❸ 높은 ❹ 낮은 ❺ 시계 반대 방향 ❻ 낮 ❼ 밝게 ❽ 밝게 ❾ 적운형 ❿ 층운형 ⓫ 편서풍 ⓬ 서쪽 → 동쪽 ⓭ 남동풍 ⓮ 수증기의 응결열 ⓯ 태풍의 눈 ⓰ 오른쪽 ⓱ 왼쪽 ⓲ 편서풍 ⓳ 염분비 일정 법칙 ⓴ 많고

중단원 마무리 문제 170~173쪽

01 ⑤ 02 ③ 03 ④ 04 ① 05 ④ 06 ⑤ 07 ④ 08 ⑤ 09 ③ 10 ② 11 ④ 12 ③ 13 ① 14 ⑤ 15 ④ 16 ④ 17 ③

서술형 문제 18 온난 전선이 지날 때에는 차가운 공기의 영향을 받다가 따뜻한 공기의 영향을 받게 되므로 기온이 상승하고, 한랭 전선이 지날 때에는 따뜻한 공기의 영향을 받다가 차가운 공기의 영향을 받게 되므로 기온이 낮아진다. 19 태풍의 중심은 주변보다 기압이 낮아 해수면의 높이가 상대적으로 더 높게 나타나기 때문이다. 20 깊이에 따른 수온 차가 거의 없으면서 밀도가 거의 일정한 혼합층은 여름철에는 거의 생기지 않고, 겨울철에는 수심 약 150 m까지 생긴다.

수능 실전 문제 175~177쪽

01 ③ 02 ④ 03 ① 04 ③ 05 ② 06 ④ 07 ④ 08 ④ 09 ⑤ 10 ② 11 ④ 12 ④

수능 실전 문제 64~65쪽
01 ② 02 ⑤ 03 ① 04 ① 05 ⑤ 06 ① 07 ③ 08 ⑤

2 지구의 역사

01 퇴적 구조와 퇴적 환경

개념 확인 문제 71쪽
❶ 속성 작용 ❷ 교결 작용 ❸ 쇄설성 ❹ 유기적 ❺ 연안 환경 ❻ 사층리 ❼ 점이 층리 ❽ 연흔 ❾ 건열

1 (1) × (2) ○ (3) ○ (4) × 2 ㉠ 다짐, ㉡ 교결, ㉢ 밀도 3 (1) ㉠ (2) ㉢ (3) ㉡ 4 (1) 연안 (2) 육상 (3) 해양 5 (1) (가) 사층리 (나) 점이 층리 (다) 연흔 (라) 건열 (2) (가) (3) (라) (4) (나), (라) 6 ㉠ 셰일, 석회암, ㉡ 역암, ㉢ 해양 환경, ㉣ 육상 환경

대표 자료 분석 72쪽
자료❶ 1 A: 다짐 작용, B: 교결 작용 2 퇴적물의 밀도는 커지고, 공극은 줄어든다. 3 (가) 쇄설성 퇴적암 (나) 화학적 퇴적암 (다) 유기적 퇴적암 4 (1) ○ (2) ○ (3) ○ (4) ×

자료❷ 1 (1) (가) (2) (나) (3) (가) 2 a → b 3 (1) ○ (2) × (3) ○ (4) ×

내신 만점 문제 73~75쪽
01 ⑤ 02 A가 쌓여 쇄설성 퇴적암, B가 쌓여 화학적 퇴적암, C가 쌓여 유기적 퇴적암이 생성되고, D 과정에서 퇴적물의 밀도가 커진다. 03 (가) 암염 (나) 응회암 (다) 역암 04 ① 05 ④ 06 (가) 건열, 건조한 환경에서 형성되었다. (나) 연흔, 수심이 얕은 환경에서 형성되었다. 07 ④ 08 ② 09 ① 10 ④ 11 ② 12 ①

실력 UP 문제 75쪽
01 ② 02 ⑤

02 지질 구조

개념 확인 문제 79쪽
❶ 지질 구조 ❷ 습곡 ❸ 횡압력 ❹ 단층 ❺ 절리 ❻ 부정합 ❼ 습곡 ❽ 주향 이동 단층 ❾ 관입 ❿ 포획 ⓫ 생성 순서

1 (1) ○ (2) × (3) × (4) × (5) ○ 2 A: 배사, B: 향사, C: 하반, D: 상반, E: 단층면 3 (1) ㉠ 정단층, ㉡ 역단층 (2) 장력 4 (1) 판상 절리 (2) 평행 부정합 5 ㉠ 침식, ㉡ 침강 6 (1) (나) (2) (다) (3) (가) 7 A

대표 자료 분석 80쪽
자료❶ 1 (가), (나), (다) 2 (나) 3 ㉡, ㉣ 4 (1) ○ (2) ○ (3) × (4) × (5) ○ (6) ○

자료❷ 1 (다) 2 B층과 D층 3 경사 부정합 4 (1) ○ (2) ○ (3) × (4) × (5) ○

내신 만점 문제 81~83쪽
01 ③ 02 ⑤ 03 ④ 04 ⑤ 05 ① 06 ⑤ 07 ⑤ 08 평행 부정합과 정단층, 단층면이 부정합면을 자르고 있으므로 부정합이 먼저 형성되고 단층이 형성되었다. 09 ③ 10 ③

실력 UP 문제 83쪽
01 ② 02 ①

03 지층의 나이

개념 확인 문제 86쪽
❶ 지층 누중의 법칙 ❷ 관입의 법칙 ❸ 동물군 천이의 법칙 ❹ 상대 연령 ❺ 지사학 법칙 ❻ 열쇠층 ❼ 표준 화석

1 (1) ○ (2) ○ (3) ○ 2 (1) ㉠ 아래, ㉡ 위 (2) 나중에 3 (1) 응회암층 (2) 같은 시기가 아니다. (3) B 지역 4 (1) ㉠ 부정합, ㉡ 지층 누중 (2) 암상 (3) 표준 화석 5 (1) 동물군 천이의 법칙 (2) 관입의 법칙 (3) D → C → B → E → A 6 A → C → B

완자쌤 비법 특강 89쪽
Q1 $2T$
Q2 13.5억 년

개념 확인 문제 90쪽
❶ 절대 연령 ❷ 방사성 동위 원소 ❸ 모원소 ❹ 자원소 ❺ 반감기

1 (1) 반감기 (2) ㉠ 모, ㉡ 자 (3) 일정 2 (1) × (2) ○ (3) × (4) ○ 3 (1) ㉡ (2) ㉠ (3) ㉢ 4 $2T$ 5 (1) 2억 년 (2) $0.25(\frac{1}{4})$ (3) 6억 년 6 (1) 21억 년 (2) 1 : 7

대표 자료 분석 91~92쪽
자료❶ 1 (1) 수평 퇴적의 법칙 (2) 지층 누중의 법칙 (3) 관입의 법칙 (4) 부정합의 법칙 (5) 동물군 천이의 법칙 2 (1) 지층 누중의 법칙, B → A (2) 부정합의 법칙, F → B (3) 관입의 법칙, C → F (4) 동물군 천이의 법칙, E → D 3 (1) × (2) ○

자료❷ 1 (1) A → B → C (2) B → A → C (3) A → C → B (4) A → C → B 2 ㄱ, ㄴ, ㄷ 3 (1) ○ (2) ○ (3) ○ (4) ×

자료❸ 1 석탄층 2

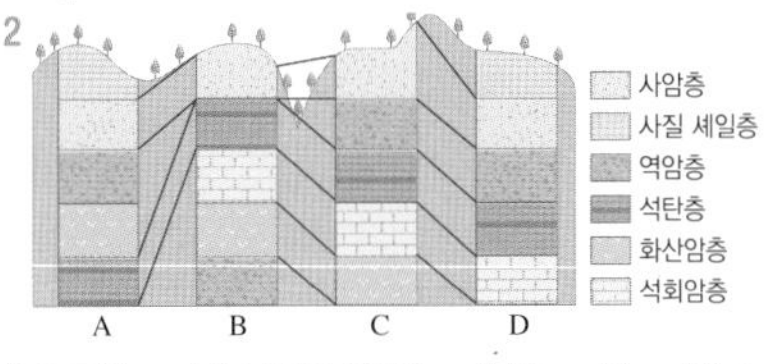

3 A 지역 4 B 지역의 역암층 5 (1) × (2) × (3) ○

자료❹ 1 A → B → P → C → D → Q → E 2 (1) 받았다 (2) 길다 (3) 1억 년 3 ④ 4 (1) ○ (2) × (3) ○ (4) ×

내신 만점 문제 93~96쪽
01 ④ 02 ① 03 ① 04 (1) (가) 지역 (2) ㉠층이 ㉡층보다 먼저 생성되었다. 05 ② 06 ③ 07 (나)는 (가)의 B층 또는 C층에, (다)는 (가)의 D층 또는 E층에 대비되기 때문에 생성 순서는 (다) → (나)이다. 08 ㄴ 09 ③ 10 ① 11 (1) (가) 관입 (나) 분출 (2) (나)의 사암의 연령이 (가)보다 상대적으로 적다. 12 관입 → 부정합 → 단층 → 부정합 13 ② 14 ③ 15 ⑤ 16 ④ 17 ⑤ 18 ① 19 (1) T (2) 반감기가 3번 지났으므로 $3T$이다.

실력 UP 문제 97쪽
01 ⑤ 02 ③ 03 ① 04 ③

04 지질 시대의 환경과 생물

완자쌤 비법 특강 100쪽
Q1 (나)
Q2 지구의 기온이 높아지고 있다.

개념 확인 문제 101쪽
❶ 지질 시대 ❷ 표준 화석 ❸ 짧고 ❹ 시상 화석 ❺ 길고 ❻ 나이테 ❼ 빙하

1 (1) × (2) × (3) ○ (4) × 2 (1) 단단한 (2) 화석화 (3) 변성 작용 3 (가) c (나) b 4 표준 화석: B, 시상 화석: A 5 (1) ○ (2) × (3) ○ 6 B, C

개념 확인 문제 105쪽
❶ 지각 변동 ❷ 누대 ❸ 선캄브리아 시대 ❹ 고생대 ❺ 실루리아기 ❻ 중생대 ❼ 신생대 ❽ 제4기

1 (1) ○ (2) ○ (3) ○ (4) × 2 (1) 고생대 (2) 고생대 (3) 겉씨 3 A → B → C → D 4 양치식물(고생대) → 겉씨식물(중생대) → 속씨식물(신생대) 5 (1) ㉣ (2) ㉠ (3) ㉢ (4) ㉡ 6 (1) ㄱ (2) ㄹ (3) ㄷ (4) ㄴ 7 ④

대표 자료 분석 106~107쪽
자료❶ 1 e 2 a 3 (1) ○ (2) ○ (3) ○ (4) × (5) ○ (6) ○ (7) ×

자료❷ 1 강수량이 많고, 기온이 높다. 2 ㉠ 3 (1) ○ (2) × (3) ○ (4) × (5) ×

자료❸ 1 (다), (바) 2 (가), (나), (다), (라), (마) 3 (1) ○ (2) × (3) ○ (4) ○ (5) × (6) × (7) ○

자료❹ 1 ㉠ 시생 누대, ㉡ 원생 누대, ㉢ 고생대, ㉣ 중생대, ㉤ 신생대 2 ㉣ 3 ㉣ 4 ㉢과 ㉣의 경계 5 (1) ○ (2) × (3) × (4) ○

내신 만점 문제 108~110쪽
01 ③ 02 ⑤ 03 (1) 시상 화석이고, (나)와 (다)이다. (2) 표준 화석이고, (가)이다. 04 ⑤ 05 ⑤ 06 ④ 07 ③ 08 B와 C의 경계 09 ④ 10 ② 11 ③ 12 (가) 신생대, 매머드와 화폐석 (나) 고생대, 삼엽충과 갑주어(또는 필석, 방추충) 13 ② 14 (가)는 신생대의 육지, (나)는 중생대의 육지, (다)는 중생대의 바다, (라)는 고생대의 바다에서 퇴적되었다. 15 ② 16 ④

실력 UP 문제 111쪽
01 ③ 02 ④ 03 ② 04 ⑤

중단원 핵심 정리 112~114쪽
❶ 교결 작용 ❷ 화학적 ❸ 해양 환경 ❹ 연흔 ❺ 건열 ❻ 바다 ❼ 연흔 ❽ 횡압력 ❾ 정단층 ❿ 역단층 ⓫ 부정합 ⓬ 관입 ⓭ 포획암 ⓮ 동물군 천이 ⓯ 반감기 ⓰ 표준 화석 ⓱ 시상 화석 ⓲ 빙하 코어 ⓳ 생물계 ⓴ 누대 ㉑ 화폐석 ㉒ 공룡 ㉓ 육상 생물 ㉔ 단세포

Ⅲ. 우주

1 별과 외계 행성계

01 별의 물리량

개념 확인 문제 241쪽

❶ 짧아 ❷ 높은 ❸ 낮은 ❹ 색지수 ❺ 작은 ❻ 흡수 ❼ 분광형 ❽ F ❾ 높다

1 (1) 짧아진다 (2) 낮다 2 ㄱ, ㄷ, ㄹ 3 (1) (나) (2) (가) (3) (가) 4 (1) 방출 스펙트럼 (2) 연속 스펙트럼 (3) 흡수 스펙트럼 5 ㄴ, ㄷ 6 (1) 표면 온도 (2) ㉠ 고온, ㉡ 저온 7 O형−B형−A형−F형−G형−K형−M형

개념 확인 문제 244쪽

❶ 광도 ❷ 실제 밝기 ❸ 크다 ❹ 절대 등급 ❺ 표면 온도 ❻ σT^4 ❼ 표면 온도 ❽ 광도

1 (1) ○ (2) × (3) ○ (4) × 2 (가) A (나) E 3 ㉠ 2.5, ㉡ 100 4 (1) $E=\sigma T^4$ (2) $L=4\pi R^2\cdot\sigma T^4$ 5 ㉠ 광도, ㉡ 표면 온도 6 (1) ○ (2) × (3) × (4) ○ 7 (1) 100 (2) $\frac{1}{4}$ (3) 160

대표 자료 분석 245~246쪽

자료❶ 1 짧다 2 2 3 16 4 (1) × (2) × (3) ○

자료❷ 1 ㉠ 색지수, ㉡ 표면 온도, ㉢ 낮 2 별 b 3 별 b 4 (1) ○ (2) × (3) × (4) ○ (5) ×

자료❸ 1 표면 온도 2 낮아진다 3 (1) A0 (2) CaⅡ의 흡수선 4 (1) × (2) ○ (3) × (4) ×

자료❹ 1 ㉠ $\frac{1}{2}$, ㉡ 2 2 100 3 2.5 4 (1) × (2) ○ (3) × (4) × (5) ○

내신 만점 문제 247~250쪽

01 ③ 02 ② 03 ③ 04 ② 05 ④ 06 ③ 07 별의 표면 온도에 따라 원소들이 이온화되는 정도가 다르고, 각각 가능한 이온화 단계에서 특정한 흡수선이 형성되기 때문이다. 08 ⑤ 09 ② 10 ① 11 ② 12 ③ 13 (1) $-2.5\log\frac{L_B}{L_A}$ (2) $M_B-M_A=-2.5\log\frac{L_B}{L_A}$에 $M_A=3$, $M_B=-2$를 대입하면 $-5=-2.5\log\frac{L_B}{L_A}$에서 $100L_A=L_B$이다. 즉, B의 광도는 A의 광도의 100배이다. 14 ⑤ 15 ⑤ 16 ① 17 표면 온도는 태양과 같고, 광도는 태양의 100배이며, 반지름은 태양의 10배이다. 18 ⑤ 19 ⑤ 20 ④ 21 별의 크기를 구하기 위해서 알아야 하는 물리량은 표면 온도와 광도이다. 표면 온도는 색지수나 분광형을 측정하여 알 수 있고, 광도는 별의 절대 등급을 태양의 절대 등급과 비교하여 알 수 있다.

실력 UP 문제 251쪽

01 ② 02 ③ 03 ③ 04 ④

02 H-R도와 별의 분류

완자쌤 비법 특강 254쪽

Q1 시리우스 A

Q2 초거성, 거성, 주계열성, 백색 왜성

개념 확인 문제 255쪽

❶ H-R도 ❷ 높고 ❸ 작다 ❹ 주계열성 ❺ 거성 ❻ 초거성 ❼ 백색 왜성 ❽ 광도 계급

1 (1) ㄱ, ㄹ, ㅁ (2) ㄴ, ㅂ 2 (1) ㉠ (2) ㉤ (3) ㉣ 3 ㉠ 주계열성, ㉡ 거성, ㉢ 초거성, ㉣ 백색 왜성 4 주계열성 5 (1) × (2) ○ (3) ○ (4) × (5) × 6 (1) ○ (2) × (3) ○

대표 자료 분석 256쪽

자료❶ 1 (1) A (2) C (3) C 2 (1) < (2) < (3) > 3 (1) × (2) ○ (3) × (4) ○ (5) ×

자료❷ 1 (가) 초거성 (나) 거성 (다) 주계열성 (라) 백색 왜성 2 (가), (라) 3 (1) (다) (2) (나) (3) (라) 4 (1) ○ (2) × (3) × (4) × (5) ○ (6) ×

내신 만점 문제 257~258쪽

01 ① 02 ① 03 (1) (가) 광도, 절대 등급 (나) 표면 온도, 분광형(스펙트럼형), 색지수 (2) D, D는 표면 온도가 낮은데도 광도가 크므로 반지름이 가장 크다. 04 ⑤ 05 ① 06 ⑤ 07 ② 08 백색 왜성은 표면 온도가 높지만 반지름이 매우 작기 때문에 광도가 매우 작다. 09 ⑤ 10 ① 11 ③

실력 UP 문제 259쪽

01 ② 02 ③ 03 ⑤ 04 ②

03 별의 진화

개념 확인 문제 263쪽

❶ 크 ❷ 낮 ❸ 원시별 ❹ 질량 ❺ 수소 핵융합 ❻ 중력 ❼ 짧아 ❽ 적색 거성 ❾ 초신성

1 (1) × (2) ○ (3) × (4) ○ (5) × 2 주계열성 3 ㄱ → ㄴ → ㄹ → ㄷ → ㅁ 4 ㉠ 철, ㉡ 초신성, ㉢ 철 5 (1) 탄소 (2) 철 6 (1) ○ (2) × (3) ○

대표 자료 분석 264쪽

자료❶ 1 A: 원시별, B: 주계열성, C: 적색 거성, D: 행성상 성운, E: 백색 왜성 2 수소 핵융합 반응 3 ② 4 (1) × (2) ○ (3) ○ (4) ×

자료❷ 1 주계열성 2 (나) 3 (1) ○ (2) ○ (3) ○ (4) × (5) × (6) ○ (7) ×

내신 만점 문제 265~267쪽

01 ② 02 ⑤ 03 ② 04 ① 05 ⑤ 06 ② 07 ① 08 ① 09 ④ 10 태양과 질량이 비슷한 주계열성은 적색 거성을 거쳐 행성상 성운, 백색 왜성이 된다. 태양과 질량이 비슷한 별은 중심부에서 헬륨 핵융합 반응 이후 더 무거운 원소를 만드는 핵융합 반응이 일어날 만큼 온도가 높아지지 못하기 때문에 초거성 단계를 거치지 못한다. 11 ② 12 ⑤ 13 ④

실력 UP 문제 267쪽

01 ③ 02 ②

04 별의 에너지원과 내부 구조

개념 확인 문제 271쪽

❶ 중력 수축 에너지 ❷ 수소 핵융합 ❸ 양성자·양성자 반응(p-p 반응) ❹ 탄소·질소·산소 순환 반응(CNO 순환 반응) ❺ 정역학 평형 ❻ 복사층 ❼ 대류핵 ❽ 철

1 (1) 중력 수축 에너지 (2) 수소 핵융합 반응 (3) 1000만 2 ㉠ 수소, ㉡ 헬륨, ㉢ 에너지 3 (1) (가) (2) (나) 4 A: 기체 압력 차이로 발생한 힘, B: 중력 5 (가) 6 (1) ○ (2) × (3) ○

완자쌤 비법 특강 272~273쪽

Q1 수소 핵융합 반응

Q2 헬륨 → 탄소 → 규소 → 철

대표 자료 분석 274쪽

자료❶ 1 헬륨 2 주계열성 3 탄소·질소·산소 순환 반응 4 (1) ○ (2) × (3) ○ (4) × (5) ○

자료❷ 1 (가) 2 (1) > (2) > (3) < (4) > 3 (1) × (2) ○ (3) × (4) ○ (5) × (6) ○ (7) ×

내신 만점 문제 275~276쪽

01 ③ 02 ① 03 ③ 04 ③ 05 ③ 06 별 내부에서 기체 압력 차이로 발생하는 힘과 중력이 평형을 이루고 있는 상태인 정역학 평형을 유지하고 있기 때문이다. 07 ⑤ 08 ① 09 ③

실력 UP 문제 277쪽

01 ③ 02 ② 03 ② 04 ③

05 외계 행성계와 외계 생명체 탐사

개념 확인 문제 282쪽

❶ 외계 행성 ❷ 짧아 ❸ 감소 ❹ 미세 중력 렌즈 ❺ 케플러 우주 망원경

1 (1) ○ (2) ○ (3) × (4) × (5) ○ 2 (1) A: 중심별, B: 행성 (2) A 3 c 구간 4 ㉠ 미세 중력 렌즈 현상, ㉡ 행성

개념 확인 문제 286쪽

❶ 외계 생명체 ❷ 액체 ❸ 대기 ❹ 자전축 ❺ 전파

1 생명 가능 지대 2 (1) 광도 (2) 클수록 (3) 기체 (4) 지구 3 (1) × (2) × (3) × (4) ○ (5) ○ (6) ○ 4 (1) ㉠ 크고, ㉡ 짧다 (2) ㉠ 멀어, ㉡ 넓어 (3) B 5 ㉠ 외계 지적 생명체, ㉡ 전파 망원경

대표 자료 분석 287~288쪽

자료❶ 1 (가) ㄴ (나) ㄱ (다) ㄷ 2 (1) ○ (2) × (3) ○ (4) × (5) ×

자료❷ 1 시선 속도 변화, 식 현상 2 ③ 3 (1) ○ (2) × (3) ○

자료❸ 1 ㉠ 액체, ㉡ 크, ㉢ 멀어진다 2 지구 3 (1) ○ (2) × (3) ○ (4) ×

자료❹ 1 ㉠ 높다, ㉡ 낮다, ㉢ 크다, ㉣ 작다, ㉤ 짧다, ㉥ 길다 2 ㉠ 작기, ㉡ 가까워야 3 수명 4 (1) × (2) ○ (3) ×

스피드 정답체크

I. 고체 지구

1 지권의 변동

01 판 구조론의 정립 과정

개념 확인 문제 13쪽

❶ 대륙 이동설 ❷ 지질 구조 ❸ 맨틀 대류설 ❹ 수심 ❺ 길수록 ❻ 해구 ❼ 해령

1 (1) ○ (2) ○ (3) × 2 ㄴ, ㄷ, ㅁ, ㅂ 3 아틀라스 산맥 4 ㉠ 맨틀 대류, ㉡ 온도 5 (가) B (나) A 6 (1) A (2) 6000 m (3) 4초 7 ①

개념 확인 문제 16쪽

❶ 해양저 확장설(해저 확장설) ❷ 해구 ❸ 고지자기 ❹ 많아 ❺ 두꺼워 ❻ 변환 단층 ❼ 섭입대 ❽ 판 구조론 ❾ 판 ❿ 연약권

1 (1) ○ (2) ○ (3) × (4) × (5) ○ 2 (1) ㉡ (2) ㉠ (3) ㉢ (4) ㉣ 3 (1) C (2) A (3) A 4 (1) 대륙 (2) 작다 (3) 소멸 (4) 해양저 확장설 5 A: 판(암석권), B: 연약권 6 (나) → (다) → (라) → (가)

대표 자료 분석 17~18쪽

자료❶ 1 판게아 2 해안선 모양의 유사성, 화석 분포의 연속성, 지질 구조의 연속성, 빙하의 흔적 3 대륙 이동의 원동력 4 (1) × (2) ○ (3) ○ (4) ○

자료❷ 1 깊어진다. 2 ㉠ 깊어, ㉡ 얕아 3 B_2, 7050 m 4 ㉠ A_4, ㉡ B_2 5 (1) ○ (2) × (3) ○ (4) × (5) ×

자료❸ 1 B 2 대칭을 이룬다. 3 (1) < (2) < (3) < 4 (1) ○ (2) ○ (3) × (4) × (5) ○ (6) ○

자료❹ 1 (1) (나) (2) (가) (3) (다) 2 ① 3 (1) ○ (2) × (3) ○ (4) ○ (5) ×

내신 만점 문제 19~22쪽

01 ④ 02 ② 03 대륙 이동의 원동력을 설명하지 못하였기 때문이다. 04 ③ 05 ④ 06 ⑤ 07 ① 08 ② 09 ① 10 ① 11 ② 12 ② 13 해령에서 해구로 갈수록 (가) 해양 지각의 나이는 많아지고, (나) 해저 퇴적물의 두께는 두꺼워지며, (다) 해저 퇴적물 최하층의 나이는 많아진다. 14 ③ 15 ② 16 ② 17 ③ 18 ⑤ 19 ③ 20 ③ 21 ⑤

실력 UP 문제 23쪽

01 ③ 02 ⑤ 03 ① 04 ④

02 대륙 분포의 변화

완자쌤 비법 특강 26쪽

Q1 감소하였다.
Q2 일치한다.

개념 확인 문제 28쪽

❶ 복각 ❷ 편각 ❸ 고지자기 ❹ 복각 ❺ 히말라야 ❻ 발산형 ❼ 수렴형 ❽ 보존형

1 (1) × (2) ○ (3) × 2 (가) B 지점 (나) A 지점 3 커진다 4 ㉠ 위도, ㉡ 남반구 5 두 대륙이 이동하였기 때문 6 남반구에서 북반구로 7 (1) (나) (2) (다) (3) (나) (4) (가)

개념 확인 문제 30쪽

❶ 로디니아 ❷ 판게아 ❸ 수렴형 ❹ 이동 속도

1 (1) × (2) ○ (3) ○ (4) × 2 (1) (다) (2) (다) → (가) → (나) (3) 확장되었다.

대표 자료 분석 31쪽

자료❶ 1 커진다 2 ㉠ 남반구, ㉡ 북반구 3 북쪽 4 (1) ○ (2) ○ (3) × (4) ○ (5) ○ (6) ○

자료❷ 1 (가) E (나) A, B, D (다) C 2 (가) E (나) A, B, D 3 ④ 4 (1) × (2) ○ (3) × (4) ○ (5) ○

내신 만점 문제 32~34쪽

01 ⑤ 02 C, A 03 ④ 04 ③ 05 ① 06 ② 07 ① 08 (가) 1° : 110 km = 50° : 이동한 거리 ∴ 이동한 거리 = 5500 km (나) 평균 이동 속도 = (5500 × 100000 cm) ÷ 71000000년 ≒ 7.7 cm/년 09 수렴형 경계, B 10 ④ 11 ① 12 ② 13 ⑤ 14 수렴형 경계, 대서양의 면적이 좁아지고 있기 때문이다.

실력 UP 문제 35쪽

01 ③ 02 ④ 03 ④ 04 ⑤

03 맨틀 대류와 플룸 구조론

완자쌤 비법 특강 39쪽

Q1 북서쪽
Q2 서북서 → 북북서

개념 확인 문제 40쪽

❶ 맨틀 대류(상부 맨틀의 운동) ❷ 해령 ❸ 섭입 ❹ 플룸 구조론 ❺ 차가운 ❻ 크고 ❼ 뜨거운 ❽ 작고 ❾ 열점 ❿ 많다

1 (1) × (2) ○ (3) × (4) × (5) ○ 2 A: 해령에서 판을 밀어내는 힘, B: 섭입하는 판이 잡아당기는 힘 3 A: 뜨거운 플룸, B: 차가운 플룸 4 (1) 차가운 플룸 (2) 플룸 하강류 (3) 플룸 상승류 (4) 수직 운동 (5) 플룸 구조론 5 뜨거운 플룸 6 (1) A (2) D (3) B

대표 자료 분석 41쪽

자료❶ 1 뜨거운 플룸 2 ㉠ 큰, ㉡ 외핵 3 맨틀과 외핵의 경계부 4 (1) × (2) × (3) ○ (4) ○ (5) ×

자료❷ 1 증가 2 C 3 판의 이동 방향이 바뀌었기 때문이다. 4 (1) × (2) ○ (3) × (4) × (5) × (6) ○

내신 만점 문제 42~44쪽

01 ④ 02 ⑤ 03 (가)에는 판을 밀어내는 힘, (나)에는 판을 잡아당기는 힘, (다)에는 판이 미끄러지는 힘, (라)에는 맨틀이 대류하면서 판을 싣고 가는 힘(맨틀 끌림 힘)이 작용한다. 04 ⑤ 05 ③ 06 ⑤ 07 ① 08 뜨거운 플룸, 잉크에 착색된 물이 가열되어 찬물보다 밀도가 작아져 상승한다. 09 ③ 10 ③ 11 ① 12 ② 13 ① 14 동화 15 ④

실력 UP 문제 45쪽

01 ⑤ 02 ② 03 ③ 04 ①

04 변동대의 마그마 활동과 화성암

개념 확인 문제 49쪽

❶ 현무암질 ❷ 온도 ❸ 압력 ❹ 물 ❺ 현무암질 ❻ 섭입대 ❼ 염기성암 ❽ 심성암 ❾ 현무암 ❿ 화강암

1 (1) 유문암질 (2) ㉠ 높고, ㉡ 작다 (3) 급한 2 (1) ㉠ 물이 포함된 화강암의 용융 곡선, ㉡ 물이 포함되지 않은 맨틀의 용융 곡선 (2) 온도 (3) 압력 3 (1) 현무암질 마그마 (2) 현무암질 마그마 (3) 유문암질 마그마 (4) 안산암질 마그마 4 (1) 화학 조성 (2) 산성암 (3) 밝다 (4) 조립질 5 A: 현무암, B: 안산암, C: 화강암 6 화강암 7 ③

대표 자료 분석 50~51쪽

자료❶ 1 (가) 현무암질 마그마 (나) 유문암질 마그마 2 작아진다. 3 ㉠ 완만하다, ㉡ 급하다 4 (1) × (2) × (3) ○ (4) ○ (5) ×

자료❷ 1 ❶ 온도 상승, ❷ 압력 감소, ❸ 물의 공급에 의한 용융점 하강 2 A: 현무암질 마그마, B: 현무암질 마그마, C: 현무암질 마그마, D: 유문암질 마그마, 안산암질 마그마 3 ❶ D ❷ A, B ❸ C 4 (1) ○ (2) ○ (3) × (4) ○

자료❸ 1 화학 조성(SiO_2 함량) 2 마그마의 냉각 속도가 빠르기 때문이다. 3 공통점: ㄴ, ㄹ, 차이점: ㄱ, ㄷ 4 (1) × (2) ○ (3) × (4) × (5) ○

자료❹ 1 (가) 화강암 (나) 현무암 (다) 현무암 (라) 화강암 2 (나), (다) 3 (가), (라) 4 (가) 판상 절리 (나) 주상 절리 5 (1) ○ (2) ○ (3) × (4) × (5) ○

내신 만점 문제 52~54쪽

01 ① 02 (나), 현무암질 마그마는 온도가 높고 점성이 작아 경사가 완만한 화산체를 이루기 때문이다. 03 ② 04 A와 B에서는 모두 압력의 감소로 맨틀 물질의 온도보다 맨틀의 용융점이 낮아져 현무암질 마그마가 생성된다. 05 ③ 06 ② 07 ④ 08 ③ 09 ③ 10 ② 11 ② 12 ⑤ 13 ⑤ 14 A: 독도, B: 백두산, C: 북한산

실력 UP 문제 55쪽

01 ② 02 ③ 03 ① 04 ②

중단원 핵심 정리 56~57쪽

❶ 대륙 이동설 ❷ 맨틀 대류 ❸ 음향 측심법 ❹ 깊다 ❺ 해령 ❻ 변환 단층 ❼ 연약권 ❽ 복각 ❾ 위도 ❿ 수렴형 경계 ⓫ 잡아당기는 ⓬ 차가운 플룸 ⓭ 뜨거운 플룸 ⓮ 증가 ⓯ 압력 감소 ⓰ 물의 공급에 의한 용융점 하강 ⓱ 현무암질 ⓲ 물 ⓳ 유문암질 ⓴ 중생대

중단원 마무리 문제 58~62쪽

01 ④ 02 ② 03 ② 04 ③ 05 ① 06 ③ 07 B, C 08 ⑤ 09 ④ 10 ⑤ 11 ③ 12 ⑤ 13 ③ 14 ④ 15 ③ 16 ① 17 ②

서술형 문제 18 • 해령: C, 수심이 상대적으로 얕고, 폭이 수백 km로 심해 평원에서 솟아 있기 때문이다. • 해구: A, 수심이 급격히 깊어지고, 수심이 약 6000 m 이상인 골짜기이기 때문이다. 19 고지자기 줄무늬는 해령을 축으로 대칭을 이루고 있다. 해령에서 멀어질수록 해양 지각의 나이가 많아지고, 해저 퇴적물의 두께가 두꺼워진다. 20 대륙이 이동하였기 때문이다. 21 (1) A, A는 주변보다 온도가 높은 영역이 기둥 모양으로 나타나기 때문이다. (2) 수렴형 경계 22 판의 섭입대 부근에서 안산암질 마그마가 생성되어 분출하기 때문이다. 23 지하 깊은 곳에서 형성된 심성암이 상부 지층이 풍화·침식 작용을 받아 깎여 나간 후, 융기하여 지표로 드러난다.

내신 만점 문제 289~292쪽

01 ③ 02 ③ 03 행성의 질량이 클수록 중심별의 움직임이 커서(시선 속도 변화가 커서) 도플러 효과가 크게 나타나기 때문에 탐사에 유리하다. 04 ① 05 ④ 06 ④ 07 ③ 08 (1) 미세 중력 렌즈 현상 (2) • 특징: 행성의 공전 궤도면과 관측자의 시선 방향이 나란하지 않아도 행성을 발견할 수 있다. 질량이 작은 행성을 탐사할 때 유리하다. 공전 궤도 긴반지름이 큰 행성을 탐사할 때 유리하다. • 한계점: 외계 행성계가 먼 천체 앞을 여러 번 지나가지 않으므로 주기적인 관측이 불가능하다. 항상 하늘을 관측해야 한다. 09 ③ 10 ② 11 ③ 12 ② 13 ② 14 ① 15 ⑤ 16 태양에서 적당한 거리에 위치하여 액체 상태의 물이 존재한다. 자전 주기에 따른 낮과 밤의 길이가 적당하다. 자전축이 적당히 기울어져 있어 계절 변화가 나타난다. 적당한 대기압과 대기 성분에 의한 온실 효과에 의해 적절한 온도가 유지된다. 자기장이 존재한다. 위성인 달이 존재한다. 중심별인 태양의 질량이 적당하다 등 17 ③ 18 ① 19 ⑤

실력 UP 문제 293쪽

01 ③ 02 ③ 03 ④ 04 ②

중단원 핵심 정리 294~295쪽

❶ 높을수록 ❷ 낮을수록 ❸ 작다 ❹ 크다 ❺ 수소 ❻ 절대 ❼ 크다 ❽ 크다 ❾ 초거성 ❿ 백색 왜성 ⓫ 짧다 ⓬ 백색 왜성 ⓭ 초신성 ⓮ 중력 수축 ⓯ 수소 핵융합 ⓰ 중력 ⓱ 철 ⓲ 식 현상 ⓳ 미세 중력 렌즈 현상 ⓴ 생명 가능 지대

중단원 마무리 문제 296~299쪽

01 ③ 02 ⑤ 03 ② 04 ① 05 ② 06 ⑤ 07 ⑤ 08 ⑤ 09 ② 10 ⑤ 11 ④ 12 ② 13 ③ 14 ③

서술형 문제 15 (나), 상대적으로 파장이 짧은 파란색 영역에 분포하는 에너지 세기가 가장 강하기 때문이다. 16 C, 별 C는 표면 온도가 가장 낮은데도 광도가 가장 크기 때문에 반지름이 가장 크다. 17 초거성으로 진화하여 초신성 폭발이 일어난 후 중성자별이나 블랙홀이 된다. 18 외계 행성의 존재를 탐사하기 위해 (가)는 먼 천체의 밝기 변화를, (나)는 별빛의 스펙트럼 변화를 관측해야 한다.

수능 실전 문제 301~303쪽

01 ② 02 ② 03 ④ 04 ③ 05 ② 06 ② 07 ② 08 ① 09 ② 10 ② 11 ② 12 ③

2 외부 은하와 우주 팽창

01 외부 은하

개념 확인 문제 309쪽

❶ 형태(모양) ❷ 타원 ❸ 정상 나선 ❹ 막대 나선 ❺ 불규칙 ❻ 전파 ❼ 세이퍼트 ❽ 퀘이사

1 (가) 정상 나선 은하 (나) 타원 은하 (다) 불규칙 은하 2 ㉠ 막대, ㉡ 정상 나선, ㉢ 막대 나선 3 (1) ○ (2) × (3) × (4) × 4 전파 은하: (가), 세이퍼트은하: (다), 퀘이사: (나) 5 퀘이사 6 (1) ○ (2) ○ (3) × (4) ○ (5) ○

대표 자료 분석 310쪽

자료 ❶ 1 (1) 모양의 규칙성 여부 (2) 나선팔의 유무 (3) 막대 모양 구조의 유무 2 F 3 (1) × (2) × (3) ○ (4) ○ (5) ×
자료 ❷ 1 (가) 전파 은하 (나) 세이퍼트은하 (다) 퀘이사 2 ㉠ 적색 편이, ㉡ 초기 우주 3 (1) ○ (2) × (3) ○ (4) × (5) ○

내신 만점 문제 311~313쪽

01 ④ 02 ③ 03 ③ 04 (1) 은하의 형태(모양), 막대 나선 은하 (2) 타원 은하는 모양이 규칙적이고, 성간 물질이 거의 없어 별의 탄생이 활발하지 않으며, 주로 늙고 붉은색 별로 구성되어 있다. 불규칙 은하는 모양이 규칙적이지 않으며, 성간 물질이 풍부하여 별의 탄생이 활발하고, 주로 젊고 파란색 별로 구성되어 있다. 05 ⑤ 06 ① 07 ③ 08 ② 09 ① 10 별의 크기보다 별 사이의 공간이 훨씬 크기 때문에 두 은하가 충돌하더라도 은하 내의 별들이 직접 충돌하는 일은 거의 없다.

실력 UP 문제 313쪽

01 ② 02 ②

02 빅뱅 우주론

개념 확인 문제 317쪽

❶ 빠르다 ❷ 허블 ❸ 허블 상수 ❹ 팽창 ❺ 멀어 ❻ 없다 ❼ 허블 상수 ❽ 광속

1 적색 편이 2 (1) A (2) A (3) A 3 (1) ○ (2) × (3) ○ 4 (1) 허블 상수 (2) 50 (3) 크게 5 (1) ○ (2) × (3) ○ (4) × (5) ×

완자쌤 비법 특강 321쪽

Q1 우주의 편평성 문제

개념 확인 문제 322쪽

❶ 빅뱅(대폭발) ❷ 우주 배경 복사 ❸ 3 : 1 ❹ 편평성 ❺ 작았 ❻ 크다 ❼ 가속 팽창

1 정상 우주론 2 (1) 일정하다 (2) 감소한다 (3) 감소한다 3 (1) ○ (2) ○ (3) × 4 ㉠ 3000, ㉡ 길어, ㉢ 2.7 5 우주의 지평선 문제 6 (1) ○ (2) × (3) ○

대표 자료 분석 323~324쪽

자료 ❶ 1 ㉠ 적색, ㉡ 우리은하에서 멀어진다 2 ㉠ 크므로, ㉡ 빠르다 3 (1) × (2) ○ (3) ○ (4) × (5) ×
자료 ❷ 1 80 km/s/Mpc 2 ㄱ, ㄴ 3 (1) ○ (2) ○ (3) × (4) ○ (5) ×
자료 ❸ 1 ㉠ 우주 배경 복사, ㉡ 빅뱅(대폭발) 2 (1) × (2) ○ (3) × (4) ○ (5) ○
자료 ❹ 1 (가) 빅뱅 우주론 (나) 급팽창 이론 2 ㉠ 같고, ㉡ 크다 3 우주의 지평선 문제, 우주의 편평성 문제, 자기 홀극 문제 4 (1) ○ (2) ○ (3) × (4) × (5) ○

내신 만점 문제 325~328쪽

01 ① 02 (가) B, 후퇴 속도가 빠른 은하일수록 흡수선의 적색 편이량이 크게 나타나므로 적색 편이가 가장 큰 B의 후퇴 속도가 가장 빠르다. (나) B, 거리가 먼 은하일수록 후퇴 속도가 빠르므로 후퇴 속도가 가장 빠른 B가 우리은하로부터 가장 멀리 있는 은하이다. 03 ⑤ 04 ⑤ 05 ② 06 (1) 70 km/s/Mpc (2) 63000 km/s = 70 km/s/Mpc × ㉠, ㉠ = 900 Mpc 07 ① 08 ③ 09 ③ 10 ③ 11 ② 12 ④ 13 ③ 14 ③ 15 ② 16 ① 17 ③

실력 UP 문제 329쪽

01 ① 02 ③ 03 ③ 04 ③

03 암흑 물질과 암흑 에너지

개념 확인 문제 332쪽

❶ 보통 물질 ❷ 암흑 물질 ❸ 암흑 에너지 ❹ 표준 우주 모형 ❺ 암흑 에너지 ❻ 보통 물질 ❼ 밀도 ❽ 열린 우주 ❾ 평탄 우주 ❿ 닫힌 우주 ⓫ 암흑 에너지

1 (1) ○ (2) ○ (3) × (4) ○ 2 (가) 3 A: 암흑 에너지, B: 암흑 물질, C: 보통 물질 4 (1) 열린 (2) 작다 (3) 팽창 5 ㉠ 암흑 에너지, ㉡ 가속 팽창

대표 자료 분석 333쪽

자료 ❶ 1 A: 실제 관측한 회전 속도, B: 예측된 회전 속도 2 ㉠ 크다, ㉡ 암흑 물질 3 (1) × (2) ○ (3) ○ (4) ○
자료 ❷ 1 A: 암흑 에너지, B: 암흑 물질 2 A 3 (1) × (2) × (3) ○ (4) ○ (5) × (6) ×

내신 만점 문제 334~335쪽

01 ④ 02 나선 은하의 중심에서 멀어져도 회전 속도가 거의 일정하다. 암흑 물질의 중력의 효과로 빛의 경로가 휘어진다. 은하들이 은하단에 묶여 있다. 등 03 ③ 04 ② 05 ① 06 ① 07 ③ 08 ③ 09 ③

실력 UP 문제 336쪽

01 ② 02 ② 03 ① 04 ④

중단원 핵심 정리 337~338쪽

❶ 나선 ❷ 막대 모양 구조 ❸ 불규칙 ❹ 전파 ❺ 적색 편이 ❻ 허블 ❼ 빅뱅 ❽ 증가 ❾ 감소 ❿ 감소 ⓫ 우주 배경 복사 ⓬ 지평선 ⓭ 가속 팽창 ⓮ 암흑 물질 ⓯ 중력 렌즈 ⓰ 암흑 에너지 ⓱ 평탄 우주 ⓲ 암흑 에너지

중단원 마무리 문제 339~341쪽

01 ② 02 ⑤ 03 ④ 04 ② 05 ① 06 ⑤ 07 ⑤ 08 ③ 09 ③ 10 ①

서술형 문제 11 (가) 은하핵과 나선팔이 있다. (나) 막대 나선 은하는 은하핵을 가로지르는 막대 모양의 구조가 있고, 정상 나선 은하는 막대 모양의 구조가 없다. 12 (나), (나)는 (가)보다 스펙트럼 흡수선의 적색 편이가 더 크게 나타나기 때문이다. 13 우주의 나이는 허블 상수의 역수로 계산할 수 있다. 따라서 허블 상수 값이 현재의 $\frac{1}{2}$ 배로 줄어든다면 우주의 나이는 2배로 늘어나 약 276억 년 (=138억 년×2)이 될 것이다. 14 빅뱅 우주론에서는 질량이, 정상 우주론에서는 밀도 또는 온도가 일정하다.

수능 실전 문제 343~344쪽

01 ② 02 ④ 03 ② 04 ④ 05 ② 06 ③ 07 ④ 08 ③

15개정 교육과정

완벽한 자율학습서

완자

지구과학 I

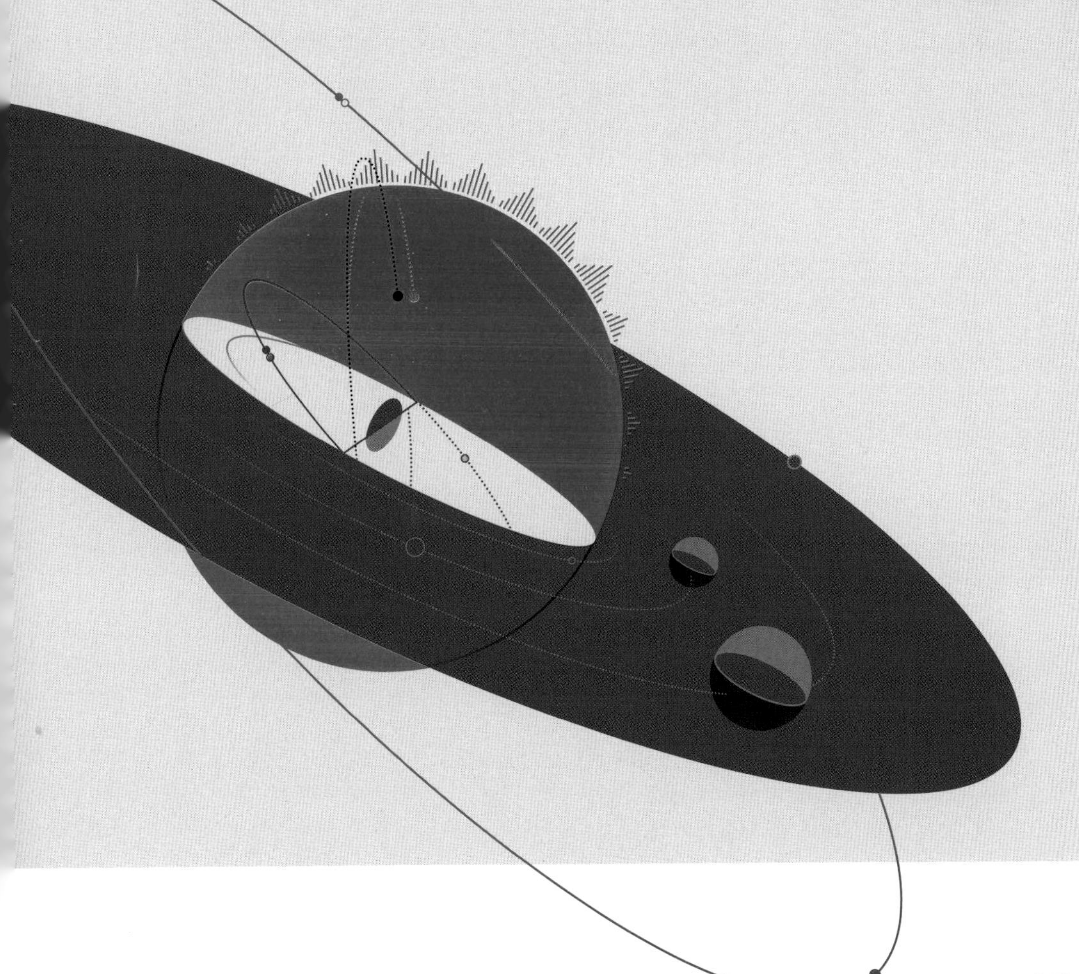

정확한 답과 친절한 해설

정답친해

책 속의 가접 별책 (특허 제 0557442호)
'정답친해'는 본책에서 쉽게 분리할 수 있도록 제작되었으므로
유통 과정에서 분리될 수 있으나 파본이 아닌 정상제품입니다.

ABOVE IMAGINATION

우리는 남다른 상상과 혁신으로
교육 문화의 새로운 전형을 만들어
모든 이의 행복한 경험과 성장에 기여한다

정답친해

정확한 **답**과 **친**절한 **해**설

지구과학 I

I 고체 지구

1 지권의 변동

1 판 구조론의 정립 과정

개념 확인 문제 13쪽

❶ 대륙 이동설 ❷ 지질 구조 ❸ 맨틀 대류설 ❹ 수심 ❺ 길수록 ❻ 해구 ❼ 해령

1 (1) ○ (2) ○ (3) × 2 ㄴ, ㄷ, ㅁ, ㅂ 3 아틀라스산맥 4 ㉠ 맨틀 대류, ㉡ 온도 5 (가) B (나) A 6 (1) A (2) 6000 m (3) 4초 7 ①

1 (1) 대륙 이동설은 과거에 모든 대륙들이 하나로 모여 있던 초대륙인 판게아가 분리되고 이동하여 현재와 같은 대륙 분포를 이루었다는 학설이다.
(2) 멀리 있는 대륙의 해안선 모양이 유사한 것은 과거에 대륙이 붙어 있었음을 설명하므로 대륙 이동의 증거가 될 수 있다.
(3) 베게너가 대륙 이동의 원동력을 명확하게 설명하지 못하여 대륙 이동설은 발표 당시에 인정받지 못하였다.

2 서로 떨어져 있는 대륙에서 발견된 고생대 말 빙하의 흔적이 한 곳(남극 대륙)에서 흩어져 나간 모양이다.(ㄴ), 서로 떨어져 있는 대륙에서 해안선의 모양이 유사하며(ㄷ), 지질 구조가 연속적으로 이어지고(ㅁ), 같은 종의 화석 분포가 이어지는 것(ㅂ)은 하나였던 대륙이 분리되어 이동하였다는 대륙 이동설의 증거이다.
맨틀 대류(ㄱ)는 대륙이 이동하는 원동력으로, 홈스가 주장하였다. 해양 지각의 나이(ㄹ)는 베게너 이후에 밝혀진 것으로, 해양저 확장설의 증거이다.

3 애팔래치아산맥과 서로 마주 보고 있는 아틀라스산맥이 과거에 붙어 있었으므로 가장 유사한 지질 구조를 나타낼 것이다.

4 1920년대 후반에 홈스는 맨틀에서 방사성 원소의 붕괴열과 지구 중심부에서 올라오는 열로 맨틀 상부와 하부의 온도 차이가 발생하여 열대류가 일어난다고 하였으며, 열대류를 따라 대륙이 이동한다고 주장하였다.

5 A는 맨틀 대류의 하강부이고, B는 맨틀 대류의 상승부이다. 앞으로 맨틀 대류가 상승하는 B에서는 대륙 지각이 분리되어 양쪽으로 이동하면서 해양이 생성되고, 맨틀 대류가 하강하는 A에서는 횡압력이 작용하여 두꺼운 산맥이 형성될 가능성이 있다.

6 꼼꼼 문제 분석

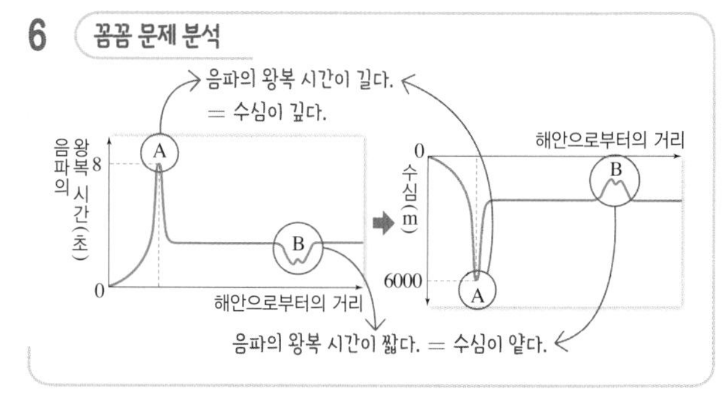

(1) 수심이 깊을수록 음파의 왕복 시간이 길어지므로 A와 B 중 수심이 상대적으로 깊은 곳은 음파의 왕복 시간이 더 긴 A이다.
(2) 음파의 왕복 시간이 t, 물속에서 음파의 속도가 v일 때 수심(d)은 다음과 같이 구한다. $d=\frac{1}{2}\times t\times v$
해양 관측선에서 발사된 음파의 왕복 시간이 A 지점에서 8초이고, 물속에서 음파의 속도는 1500 m/s이므로 수심은
$\frac{1}{2}\times 8\text{ s}\times 1500\text{ m/s}=6000\text{ m}$이다.
(3) 수심이 3000 m이고, 물속에서 음파의 속도는 1500 m/s이므로 다음과 같은 식을 세울 수 있다.
$3000\text{ m}=\frac{1}{2}\times t\times 1500\text{ m/s}$
$\therefore t$(음파의 왕복 시간)$=4$ s(초)

7 수심이 깊을수록 음파가 해저면에 반사되어 되돌아오는 데 걸리는 시간이 길다. 해구, 해령, 대륙대, 대륙붕, 대륙 사면 중 해구의 수심이 가장 깊고, 대륙붕의 수심이 가장 얕다.

개념 확인 문제 16쪽

❶ 해양저 확장설(해저 확장설) ❷ 해구 ❸ 고지자기 ❹ 많아 ❺ 두꺼워 ❻ 변환 단층 ❼ 섭입대 ❽ 판 구조론 ❾ 판 ❿ 연약권

1 (1) ○ (2) ○ (3) × (4) × (5) ○ 2 (1) ㉡ (2) ㉠ (3) ㉢ (4) ㉣ 3 (1) C (2) A (3) A 4 (1) 대륙 (2) 작다 (3) 소멸 (4) 해양저 확장설 5 A: 판(암석권), B: 연약권 6 (나) → (다) → (라) → (가)

1 (1) 해양저 확장설은 해령 아래에서 맨틀 물질이 상승하여 새로운 해양 지각이 생성되고, 해양 지각이 맨틀 대류를 따라 이동하여 해구에서 소멸된다는 내용이다.

(2) 해령에서 해양 지각이 생성될 때 자성을 띤 광물이 지구 자기장의 방향을 따라 배열되므로 고지자기는 해령에 평행하게 줄무늬로 나타난다. 지구 자기장은 정자극기와 역자극기가 반복되어 왔고, 생성된 해양 지각은 해령을 중심으로 양쪽으로 이동하므로 고지자기 줄무늬는 해령을 축으로 대칭을 이룬다.

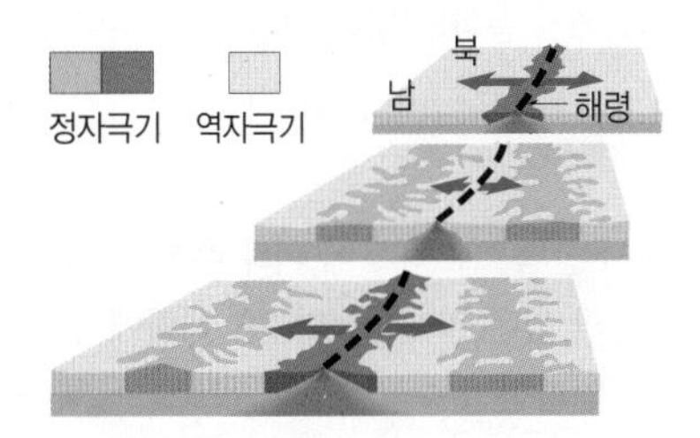

(3) 해양 지각은 해령에서 생성되어 이동한 후 해구에서 소멸되므로 암석의 나이는 해령보다 해구에서 많다.
(4) 해령에서 생성된 해양 지각이 해령을 중심으로 양쪽으로 확장될 때 해양 지각의 확장 속도가 차이가 나기 때문에 해령이 끊어지면서 변환 단층이 형성된다.
(5) 섭입대에서 지진의 진원 깊이는 해구에서 대륙 쪽으로 갈수록 깊어진다. 이것은 밀도가 큰 판이 밀도가 작은 판 아래로 들어가는(섭입하는) 것을 의미하므로 해구에서 해양 지각이 소멸한다는 해양저 확장설의 증거가 된다.

2 (1) 음향 측심법으로 수심을 측정하여 다양한 해저 지형이 밝혀졌고, 해저 지형도가 만들어졌다.
(2) 세계 대전 중 비행기에서 잠수함을 찾기 위해 개발된 자기 수신 장비를 개조하여 자력계가 만들어졌고, 자력계를 이용하여 고지자기를 측정하였다.
(3) 해양 시추선이 항해하면서 해양 지각의 시료를 채취하였고, 방사성 동위 원소를 이용하여 암석의 나이를 측정하였다.
(4) 1960년대에 표준화된 지진 관측망이 구축되면서 섭입대 부근에서 발생하는 지진의 진원 깊이 분포를 알 수 있었다.

3 꼼꼼 문제 분석

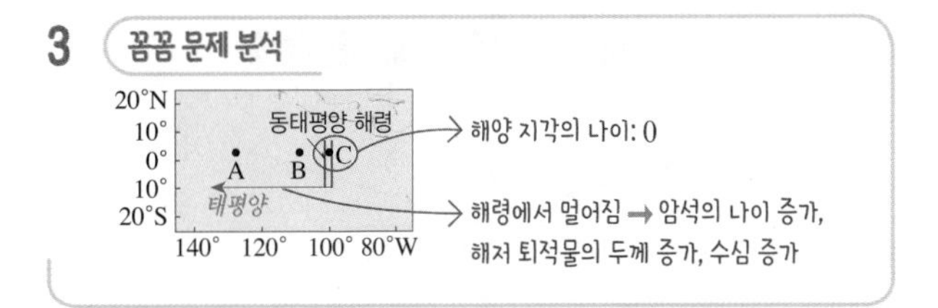

(1) 열곡은 해령에서 해양 지각이 양쪽으로 갈라지면서 발달하는 V자 모양의 골짜기이므로 C 지점에 분포할 가능성이 가장 크다.
(2) 해령에서 해양 지각이 생성되어 해령을 중심으로 양쪽으로 이동하므로 해양 지각의 나이가 가장 많은 지점은 해령에서 가장 멀리 떨어진 A 지점이다. ➡ 해양 지각의 나이: A>B>C
(3) 해양 지각의 나이가 많을수록 오랜 시간 퇴적물이 쌓이므로 해저 퇴적물의 두께가 가장 두꺼운 지점은 해령에서 가장 멀리 떨어진 A 지점이다. ➡ 해저 퇴적물의 두께: A>B>C

4 (1), (2) 판의 수렴형 경계에서 밀도가 큰 태평양판이 밀도가 작은 유라시아판 아래로 들어가면서(섭입하면서) 해구에서 대륙 쪽으로 갈수록 지진이 발생하는 깊이가 깊어지고 있다.
(3), (4) 섭입대에서 진원 깊이 분포는 태평양판이 소멸하고 있는 것을 의미하므로, 해구에서 판이 소멸한다는 해양저 확장설의 증거가 된다.

5 A는 지각과 맨틀 최상부로 이루어진 판(암석권)이고, B는 판 아래에서 고체 상태이지만 유동성이 있어 맨틀 대류가 일어나는 연약권이다.

6 (나) → (다) → (라) → (가) 순서대로 등장하여 판 구조론이 정립되었다.
(나) 대륙 이동설: 과거에 모든 대륙들이 하나로 모여 초대륙을 이루고 있다가 대륙이 분리되고 이동하여 현재와 같은 대륙 분포가 되었다는 학설로, 1912년에 베게너가 주장하였다.
(다) 맨틀 대류설: 맨틀 위에 있는 대륙은 맨틀 대류를 따라 이동한다는 학설로, 1920년대 후반에 홈스가 주장하였다.
(라) 해양저 확장설: 맨틀 대류의 상승부에서 해양 지각이 생성되고 해양 지각이 양쪽으로 이동하면서 해양저가 확장된다는 학설로, 1962년에 헤스와 디츠가 주장하였다.
(가) 판 구조론: 지구 표면은 여러 개의 크고 작은 판으로 이루어져 있고, 판이 서로 다른 방향과 속도로 이동하여 판 경계에서 지진, 화산 활동 등의 지각 변동이 일어난다는 이론으로, 윌슨, 아이작스, 모건, 매켄지 등 여러 과학자들에 의해 1970년대 초에 정립되었다.

대표 자료 분석 17~18쪽

자료 ❶ 1 판게아 2 해안선 모양의 유사성, 화석 분포의 연속성, 지질 구조의 연속성, 빙하의 흔적 3 대륙 이동의 원동력 4 (1) × (2) ○ (3) ○ (4) ○

자료 ❷ 1 깊어진다. 2 ㉠ 깊어, ㉡ 얕아 3 B_2, 7050 m 4 ㉠ A_4, ㉡ B_2 5 (1) ○ (2) × (3) ○ (4) × (5) ×

자료 ❸ 1 B 2 대칭을 이룬다. 3 (1) < (2) < (3) < 4 (1) ○ (2) ○ (3) × (4) × (5) ○ (6) ○

자료 ❹ 1 (1) (나) (2) (가) (3) (다) 2 ① 3 (1) ○ (2) × (3) ○ (4) ○ (5) ×

1-1 베게너의 대륙 이동설은 고생대 말에 모든 대륙이 하나로 모여 판게아라는 초대륙을 이루었고, 약 2억 년 전인 중생대 초부터 분리되어 이동하면서 현재와 같은 대륙 분포를 이루었다는 학설이다.

1-2 (나)에서 남아메리카 대륙 동해안과 아프리카 대륙 서해안의 해안선 모양이 유사하여 잘 맞춰진다. 고생대 화석인 메소사우루스의 화석 산출지가 남아메리카 대륙과 아프리카 대륙에서 연속적으로 분포한다. 고생대 말 습곡 산맥이 북아메리카 대륙과 유럽 대륙 및 아프리카 대륙에서 연속적으로 이어진다. 고생대 말 빙하 퇴적층이 저위도에 위치한 인도 대륙에서도 발견되며, 고생대 말 빙하의 이동 흔적이 남극 대륙에서 흩어져 나간 모양으로 분포한다.

1-3 베게너가 주장한 대륙 이동설은 대륙을 이동시키는 원동력을 명확하게 설명하지 못하여 발표 당시 대다수의 학자들에게 인정받지 못하였다.

1-4 (1) (나)의 고생대 말 습곡 산맥은 고생대 말에 서로 붙어 있는 대륙에서 형성되었다가 대륙이 갈라져 이동함에 따라 현재는 서로 멀리 떨어진 대륙에 분포하는 것이다.
(2) 메소사우루스는 남아메리카 대륙과 아프리카 대륙이 붙어 있던 시기에 번성하여 일정한 지역에 서식하였고, 두 대륙이 분리되면서 현재는 서로 떨어져 있는 대륙에서 화석으로 발견된다.
(3) (나)의 여러 대륙에 분포하는 고생대 말 빙하 퇴적층은 대륙 분포를 (가)와 같은 판게아 시기로 복원하면, 남극 대륙을 중심으로 서로 모여 붙어 있는 모습이 된다.
(4) (나)에서 현재 북반구에 위치한 인도 대륙은 (가)와 같은 판게아 시기에 남반구의 남극 대륙에 붙어 있었다. 따라서 대륙이 갈라져 이동하는 동안 인도 대륙은 남반구에서 북반구로 이동하였다.

2-1 꼼꼼 문제 분석

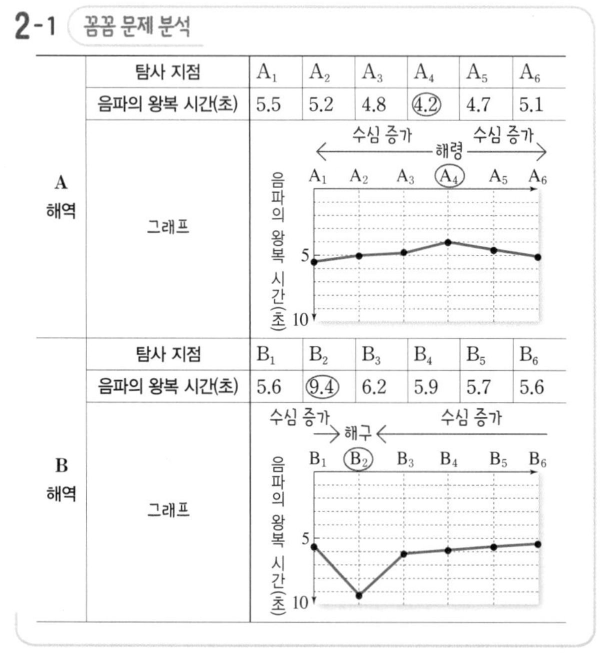

	탐사 지점	A_1	A_2	A_3	A_4	A_5	A_6
A 해역	음파의 왕복 시간(초)	5.5	5.2	4.8	4.2	4.7	5.1
	그래프						
	탐사 지점	B_1	B_2	B_3	B_4	B_5	B_6
B 해역	음파의 왕복 시간(초)	5.6	9.4	6.2	5.9	5.7	5.6
	그래프						

수심이 깊을수록 음파의 왕복 시간이 길어진다. A 해역에서 A_4를 기준으로 양쪽으로 멀어지면서 음파의 왕복 시간이 길어지므로 수심이 깊어진다.

2-2 B_1에서 B_2로 가면서 음파의 왕복 시간이 급격히 길어지므로 수심이 급격히 깊어지고, B_2에서 B_6으로 가면서 음파의 왕복 시간이 점점 짧아지므로 수심이 점점 얕아진다.

2-3 B 해역에서 수심이 가장 깊은 곳은 음파의 왕복 시간이 가장 긴 B_2이다. B_2에서 음파의 왕복 시간이 9.4초이므로 수심은 $\frac{1}{2} \times 9.4\ \text{s} \times 1500\ \text{m/s} = 7050\ \text{m}$이다.

2-4 해령은 해저 산맥으로 해구에 비해 수심이 얕고, 해구는 수심 6000 m 이상의 깊은 골짜기이다. A 해역에서는 A_4를 기준으로 양쪽으로 멀어지면서 수심이 깊어지므로 A_4 부근에 해령이 존재한다. B 해역에서는 B_2에서 수심이 급격히 깊어지고, B_2에서 수심이 6000 m 이상이며, B_2 이후로 수심이 얕아지므로 B_2 부근에 해구가 존재한다.

2-5 (1) 음파가 이동하는 거리는 시간에 비례하므로 음파의 왕복 시간이 길수록 수심이 깊다.
(2) B 해역은 A 해역보다 음파의 왕복 시간이 평균적으로 더 길기 때문에 평균 수심이 더 깊다.
(3) 일정한 간격으로 음향 측심을 하였으므로 해저면의 기울기는 음파의 왕복 시간 차이가 커서 수심 차이가 큰 구간에서 급하다. 따라서 해저면의 기울기는 음파의 왕복 시간 차이가 가장 큰 $B_1 \sim B_2$ 구간에서 가장 급하다.
(4) B 해역에서 음파의 왕복 시간이 가장 긴 지점인 B_2에는 해구가 존재하므로 해양 지각이 소멸되는 판의 경계에 해당한다.
(5) 해양 지각은 해령에서 생성되고, 해구에서 소멸한다. A 해역에는 해령이, B 해역에는 해구가 존재하므로 판의 경계에서 해양 지각의 평균 연령은 A 해역이 B 해역보다 적다.

3-1 꼼꼼 문제 분석

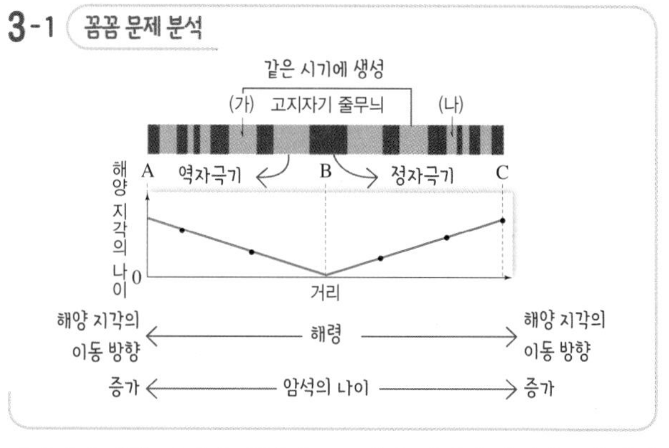

해령에서 해양 지각이 생성되므로 해양 지각의 나이가 0인 B가 해령이 있는 지점이다.

3-2 해령에서 해양 지각이 생성되면서 고지자기 줄무늬가 만들어지고, 해양 지각이 해령을 축으로 양쪽으로 이동하여 고지자기 줄무늬가 대칭을 이룬다.

3-3 (1) B와 (가) 지점 사이보다 B와 (나) 지점 사이에 고지자기 줄무늬가 더 많으므로 (가)보다 (나) 지점의 해양 지각의 나이가 더 많다.
(2) (가)보다 (나) 지점이 해양 지각의 나이가 많으므로 해저 퇴적물의 두께가 더 두껍다.
(3) 해령에서 멀어질수록 수심이 깊어지므로 (가)보다 (나) 지점의 수심이 더 깊다.

3-4 (1) 해양 지각의 나이가 0인 곳이 현재 지구 자기장의 방향과 같으므로 정자극기이다. 따라서 (가) 지점은 고지자기가 역전된 상태이므로 해양 지각을 이루는 암석이 생성될 당시 지구 자기장의 방향은 현재와 반대이다.
(2) B를 중심으로 해양저가 확장되므로 시간이 지남에 따라 (가)와 (나) 사이의 거리는 점점 멀어진다.
(3) 해양 지각은 해령인 B에서 생성된다.
(4) A에서 B로 갈수록 해양 지각의 나이가 적어지므로 해저 퇴적물의 두께는 얇아진다.
(5) C의 해양 지각은 해령인 B에서 생성된 후 이동한 것이다.
(6) 해령에서 마그마가 분출하여 해양 지각이 생성되고, 해령을 중심으로 양쪽으로 이동하면서 식어가므로 해양 지각의 지열은 A보다 B에서 더 높다.

4-1 (1) (나) 맨틀 대류설에서는 맨틀 내에서 상부와 하부의 온도 차이로 열대류가 일어나 대륙이 대류를 따라 이동한다고 설명한다.
(2) (가) 대륙 이동설에서는 고생대 말~중생대 초의 판게아라는 초대륙이 분리되고 이동하여 현재와 같은 대륙 분포를 이루었다고 설명한다.
(3) (다) 해양저 확장설에서는 해령에서 맨틀 물질이 상승하여 새로운 해양 지각이 생성되고, 생성된 해양 지각은 해령을 중심으로 양쪽으로 멀어지면서 해양저가 확장된다고 설명한다.

4-2 ① 빙하 흔적은 대륙 이동설의 증거이다.
②, ③, ④, ⑤ 열곡과 변환 단층의 존재, 해양 지각의 나이 분포, 고지자기 줄무늬의 대칭적인 분포, 섭입대 주변 지진의 진원 깊이 분포는 해양저 확장설의 증거이다.

4-3 (1) (가) 대륙 이동설은 대륙 이동의 원동력을 설명하지 못하여 발표 당시에 인정받지 못하였다.
(2) (나) 맨틀 대류설은 대륙 이동의 원동력을 설명하기 위해 등장하였다.
(3) 음향 측심법으로 해령, 해구 등의 해저 지형이 밝혀졌고, 이를 바탕으로 (다) 해양저 확장설이 등장하였다.
(4) (다) 해양저 확장설에 따르면, 해령에서 멀어질수록 해양 지각의 나이가 많아지므로 해저 퇴적물 최하층의 나이는 많아진다.
(5) (라) 판 구조론에서 판은 지각과 상부 맨틀의 일부로 구성되며, 지구 표면은 여러 개의 판으로 이루어져 있다고 설명한다.

내신 만점 문제

19~22쪽

01 ④ 02 ② 03 해설 참조 04 ③ 05 ④ 06 ⑤
07 ① 08 ② 09 ① 10 ① 11 ② 12 ②
13 해설 참조 14 ③ 15 ② 16 ② 17 ③ 18 ⑤
19 ③ 20 ③ 21 ⑤

01 ①, ②, ⑤ 멀리 떨어져 있는 대륙 사이에 지질 구조의 연속성이 나타나고, 같은 종의 고생물 화석이 기후가 다른 여러 대륙에서 발견되며, 인접한 대륙의 해안선이 서로 잘 맞추어지는 것은 대륙 이동설의 증거이다.
③ 고생대 말 남반구의 고위도에 있던 인도 대륙에서 형성된 빙하 퇴적층이 인도 대륙이 이동하였기 때문에 현재 적도 부근에서 고생대 말 빙하의 흔적이 나타난다.
바로알기 ④ 대륙 이동설은 대륙 이동의 원동력을 설명하지 못하였고, 후에 대륙 이동의 원동력에 대한 가설로 맨틀 대류설이 등장하였다.

02 ㄴ. 남아메리카 대륙과 아프리카 대륙을 해안선을 따라 맞추어 한 덩어리로 모으면, 이 생물 화석의 분포 지역이 연결된다. 이 생물은 두 대륙이 붙어 있을 때 출현하여 번성하였으나, 붙어 있다가 대륙이 분리되고 이동하여 화석이 현재와 같은 분포를 보인다.
바로알기 ㄱ, ㄷ. 메소사우루스는 대서양이 생성되기 전, 남아메리카 대륙과 아프리카 대륙이 붙어 있을 때 번성했던 생물이다. 따라서 대서양을 건너 이동하여 두 대륙에서 발견되는 것이 아니므로 대서양의 심해 퇴적물에서 이 생물의 화석이 산출될 수 없다.

03 대륙 이동설은 등장하였을 당시에 대륙을 이동시키는 원동력을 설명하지 못하여 인정받지 못하고 한동안 사장되었다.
모범 답안 대륙 이동의 원동력을 설명하지 못하였기 때문이다.

채점 기준	배점
대륙 이동의 원동력을 언급하여 서술한 경우	100 %
대륙을 이동시키는 근본적인 힘으로 서술한 경우	

04 ㄱ. (나)에서 고생대 말에 여러 대륙들이 하나로 모여 형성된 초대륙을 판게아라고 한다.
ㄴ. (나) 고생대 말에 인도 대륙은 남극 대륙 부근에 있었으나, (가) 현재는 북반구에 있다. 따라서 (나)에서 (가)로 인도 대륙이 이동하는 동안 적도에 위치한 적이 있었다.
바로알기 ㄷ. (나) 고생대 말에 빙하는 남극 대륙 부근에 분포하였다. 현재 적도 부근에서 빙하 흔적이 발견되는 것은 고생대 말에 남극 대륙 부근에 있었던 대륙이 적도 부근으로 이동하였기 때문이다.

05 꼼꼼 문제 분석

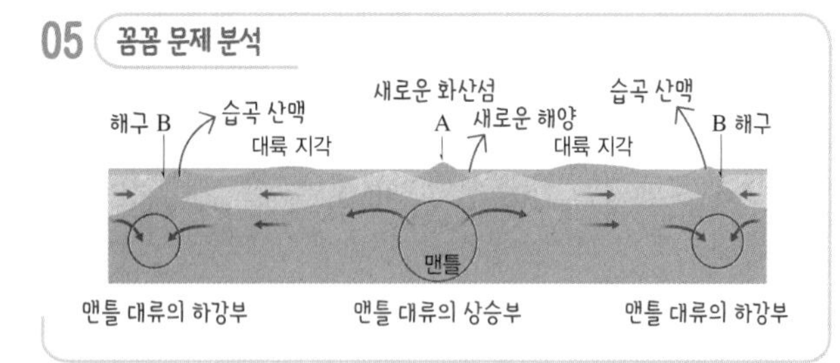

④ 홈스는 맨틀 내에서 방사성 원소의 붕괴열과 지구 중심부에서 올라오는 열 에너지에 의해 맨틀 상부와 하부의 온도 차이가 발생하여 열대류가 일어난다고 설명하였다.

바로알기 ① A는 맨틀 대류가 상승하는 곳이고, B는 맨틀 대류가 하강하는 곳이다.

② A에서는 맨틀 대류가 상승하면서 마그마가 분출하여 새로운 해양 지각이 생성되고, B에서는 맨틀 대류가 하강하여 해양 지각이 대륙 지각 아래로 들어가면서 소멸한다.

③ A에서는 지각이 양쪽으로 멀어지면서 장력이 작용한다. 횡압력이 작용하여 습곡 산맥이 발달하기도 하는 곳은 지각이 모이는 B 부근이다.

⑤ 홈스는 맨틀 대류로 대륙 이동의 원동력을 설명하였지만, 관측적 증거를 제시하지 못하여 발표 당시에는 인정받지 못하였다.

06

A, B, C의 수심을 비교하면 B>C>A이다.

ㄱ. 음파의 왕복 시간은 수심이 깊을수록 길어지므로 수심이 가장 얕은 A에서 가장 짧다. ➡ 음파의 왕복 시간: B>C>A

ㄴ. B는 깊은 해저 골짜기에 해당하므로 해구이다. 해구는 해양 지각이 소멸되는 곳이다.

ㄷ. C는 심해저에서 솟아 있는 산맥이므로 해령에 해당한다.

[07~08] 꼼꼼 문제 분석

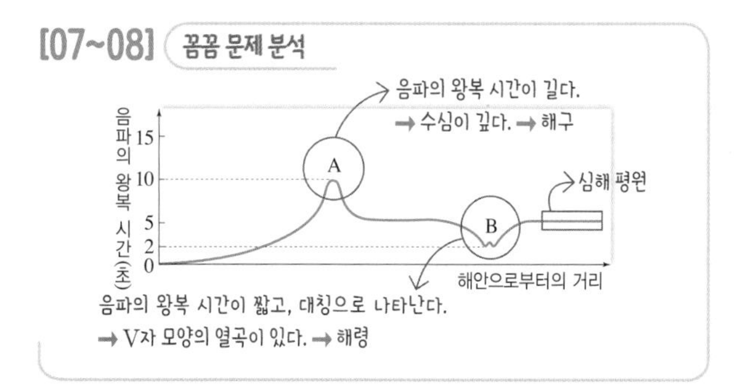

07

① A 지점은 수심이 매우 깊고, 주변의 모양으로 볼 때 좁고 긴 골짜기인 해구에 해당한다.

바로알기 ②, ③ 해령은 주변 심해저 지형에 비해 수심이 얕아 음파의 왕복 시간이 짧은 곳이다.

④ 대륙 사면은 대륙붕에서 이어지는 지형으로, 심해 평원에 비해 수심이 얕고 음파의 왕복 시간이 짧다.

⑤ 심해 평원은 수심 3 km~6 km인 평탄한 지형으로 음파의 왕복 시간이 일정한 구간이 길게 나타난다.

08

ㄴ. A 지점의 수심: $\frac{1}{2} \times 10\ \text{s} \times 1500\ \text{m/s} = 7500\ \text{m}$

바로알기 ㄱ. A에서 B로 갈수록 음파의 왕복 시간이 대체로 짧아지므로 수심은 대체로 얕아진다.

ㄷ. B 지점은 주변에 비해 수심이 얕으므로 해저면에서 높이 솟아 있다. 중심부에는 수심이 다소 깊은 V자 모양의 골짜기가 존재하므로 B 지점은 열곡이 발달한 해저 산맥인 해령이다. 해령인 B에서는 새로운 해양 지각이 생성된다.

09

ㄱ. A_1~A_6 중 A_4에서 음파의 왕복 시간이 가장 짧으므로 수심이 가장 얕다.

바로알기 ㄴ. 대륙붕은 수심 200 m 이내의 거의 경사가 없는 평평한 지형이다. A_1~A_3 구간은 수심 변화가 크지는 않지만 수심이 5000 m 정도이므로 대륙붕이 될 수 없고, 심해 평원에 해당한다.

• A_1의 수심: $\frac{1}{2} \times 7.3\ \text{s} \times 1500\ \text{m/s} = 5475\ \text{m}$

• A_3의 수심: $\frac{1}{2} \times 6.6\ \text{s} \times 1500\ \text{m/s} = 4950\ \text{m}$

ㄷ. 이 해역에는 해령과 해구 중 하나가 존재한다고 하였고, A_4를 기준으로 양쪽으로 멀어질수록 점차 수심이 깊어지고 양쪽의 수심 분포가 거의 대칭이므로 해령이 분포한다.

10

②, ③, ④, ⑤ 변환 단층의 존재, 해령 부근의 고지자기 줄무늬 분포의 대칭성, 해령으로부터의 거리에 따른 해저 암석(해양 지각)의 나이 분포, 섭입대 부근에서 지진의 진원 깊이 분포는 해양저가 확장되면서 나타나는 현상이므로 해양저 확장의 증거가 된다.

바로알기 ① 지구 자기의 역전은 지구의 자기장 방향이 현재와 반대가 되는 현상으로, 외핵의 운동 변화와 관련이 있다. 지구 자기 역전이 반복적으로 나타나 생긴 고지자기 줄무늬가 해령 부근에서 대칭적으로 나타나는 것이 해양저 확장의 증거이다.

11

고지자기 줄무늬는 해양저의 확장 때문에 해령을 축으로 대칭을 이룬다. 따라서 A 지역에서 고지자기 줄무늬는 (나)의 줄무늬와 대칭으로 나타나는 ②이다.

12 꼼꼼 문제 분석

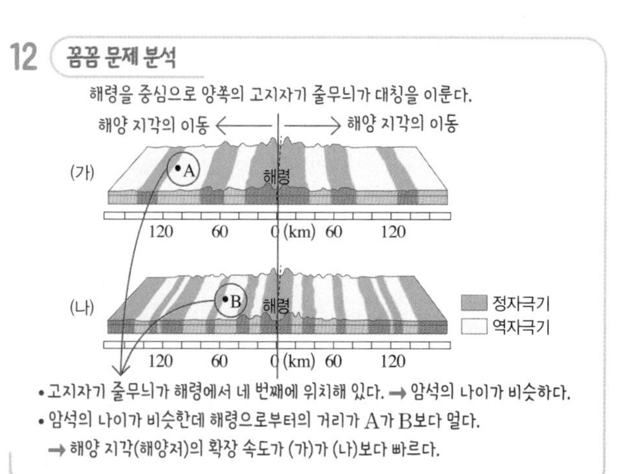

① (가)와 (나)의 고지자기 줄무늬는 모두 해령을 중심으로 대칭을 이룬다.
③ 해양 지각은 해령을 중심으로 양쪽 방향으로 이동하므로 (가)에서 A 지점이 속한 해양 지각은 해령 쪽의 반대 방향으로 이동한다.
④ A 지점과 해령, B 지점과 해령 사이의 고지자기 줄무늬 수가 같으므로 A와 B 지점에서의 암석 나이는 비슷하다.
⑤ (나)보다 (가) 해령에서 같은 시간 동안 해양 지각이 더 멀리 이동하였으므로 (나)보다 (가)에서 해양저의 확장 속도가 빠르다.
바로알기 ② A 지점은 역자극기이므로 A가 생성될 때 지구 자기장의 방향은 현재와 반대였다.

13 해양저 확장설에 따라 해령에서 생성된 해양 지각이 해령을 축으로 양쪽으로 이동하여 해구로 가면서 점차 퇴적물이 쌓인다. 따라서 해령에서 해구로 갈수록 해양 지각의 나이, 해저 퇴적물의 두께, 해저 퇴적물 최하층의 나이는 모두 증가한다.

모범 답안 해령에서 해구로 갈수록 (가) 해양 지각의 나이는 많아지고, (나) 해저 퇴적물의 두께는 두꺼워지며, (다) 해저 퇴적물 최하층의 나이는 많아진다.

채점 기준	배점
(가)~(다)를 모두 옳게 서술한 경우	100 %
(가)~(다) 중 두 가지만 옳게 서술한 경우	60 %
(가)~(다) 중 한 가지만 옳게 서술한 경우	30 %

14 A 해양 지각의 연령은 66백만 년~208백만 년, B 해양 지각의 연령은 0~5백만 년, C 해양 지각의 연령은 5백만 년~38백만 년이므로 연령이 가장 적은 B가 해령에 해당한다. 따라서 A~C 중 해양 지각이 생성되는 지역은 B이다.
A~C 중 가장 오래된 생물의 화석이 산출될 수 있는 곳은 해령에서 가장 멀리 떨어져 있어 가장 오래된 퇴적물이 퇴적되어 있는 A이다.

15 꼼꼼 문제 분석

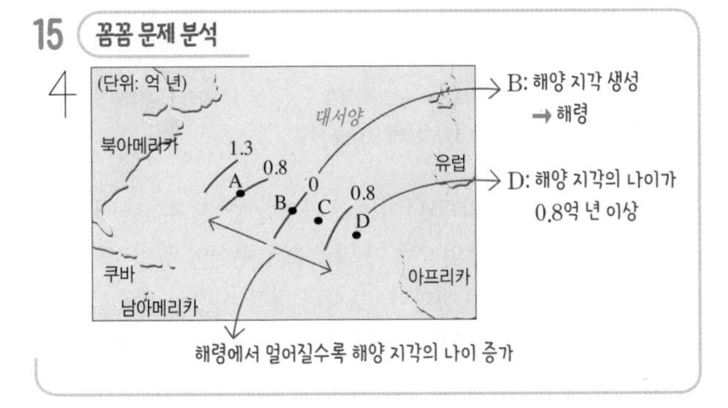

ㄴ. B는 해양 지각의 나이가 0이므로 해령에 해당하고, 해령의 하부에는 맨틀 대류의 상승류가 있다.
바로알기 ㄱ. A에서 B로 갈수록 해양 지각의 나이가 적어지므로 퇴적물이 쌓이는 시간이 짧아 해저 퇴적물의 두께가 얇아진다.
ㄷ. C와 D는 같은 판 위에 있는 지점이므로 두 지점 사이의 거리는 변하지 않는다.

16 꼼꼼 문제 분석

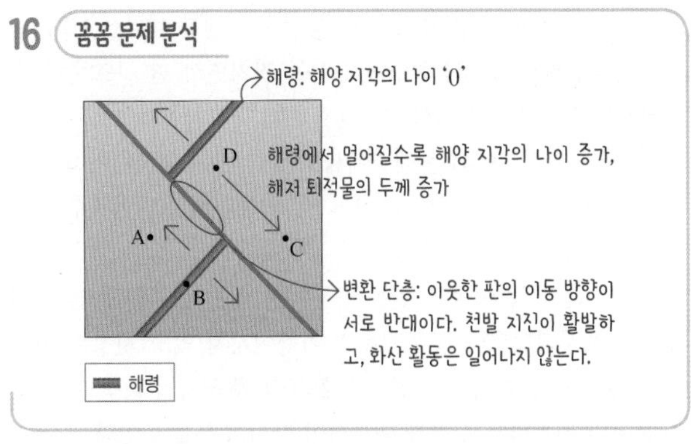

ㄴ. 해령에서 해양 지각이 생성되므로 해양 지각의 나이는 해령인 B에서 가장 적다.
바로알기 ㄱ. A와 D 사이의 판의 경계는 해령과 해령 사이에 발달한 변환 단층으로, 화산 활동이 일어나지 않는다.
ㄷ. 변환 단층은 해양 지각의 확장 속도 차이로 형성되며, 해령에 수직으로 발달한다.

17 꼼꼼 문제 분석

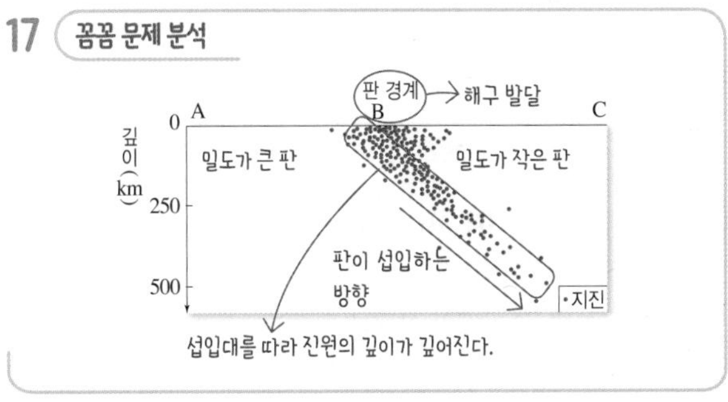

ㄱ. 지진의 진원 깊이 분포로 볼 때 기울어진 섭입대가 발달하므로 판이 다른 판 아래로 들어가 소멸되는 경계이다.
ㄷ. 섭입대가 C 쪽으로 기울어져 있으므로 A−B 판이 B−C 판보다 밀도가 크고, B−C 판 밑으로 섭입하고 있다.
바로알기 ㄴ. 밀도가 큰 판이 밀도가 작은 판 밑으로 섭입하면서 판 경계에 깊은 골짜기인 해구가 발달한다.

18 ⑤ 판의 두께는 포함하는 지각의 두께가 상대적으로 두꺼운 대륙판이 해양판보다 두껍다.
바로알기 ①, ② 판은 지각과 맨틀의 최상부로 이루어진 암석권이고, 연약권 위에 위치한다.
③ 판은 암석권으로, 연약권을 포함하지 않는다.
④ 판의 이동 방향과 이동 속도는 각기 다르다.

19 ㄱ. ㉠은 지각과 맨틀의 최상부로 이루어진 암석권으로, 판에 해당한다.
ㄷ. 연약권은 물질이 부분 용융되어 있어 고체 상태이지만 유동성이 있다. 따라서 연약권에서는 물질의 대류가 일어난다.
바로알기 ㄴ. 암석권인 ㉠이 연약권 위에 떠 있으므로 밀도는 ㉠이 연약권보다 작다.

20 ㄱ. 대륙 이동설(1912년)이 등장하고 맨틀 대류설(1920년대 후반)과 해양저 확장설(1962년)을 거치면서 판 구조론이 정립되었으므로 제시된 순서는 (다) → (가) → (나)이다.
ㄴ. 해양저 확장설에서는 해령에서 해양 지각이 생성되어 해양저가 확장되어 가므로 해양 지각의 나이가 해령에서 멀어질수록 많아지는 것을 설명할 수 있다.
바로알기 ㄷ. 대륙 이동의 원동력 문제를 해결하기 위해 맨틀 대류설이 제시되었으나 당시에는 받아들여지지 않고 사장되었다. 이후 1950년대 대륙 이동설의 부활과 함께 해양저 확장과 판 구조 운동의 원동력으로 맨틀 대류설이 다시 주목을 받았다.

21 ㄱ. (가)는 대륙 이동설로, 떨어져 있는 대륙 해안선 모양의 유사성은 (가)의 증거가 된다.
ㄴ. (나)는 해양저 확장설로, 음향 측심법이 발달하여 해저 지형에 대한 탐사가 자세히 이루어지면서 등장하였다.
ㄷ. (가) 대륙 이동설이 (나) 해양저 확장설보다 먼저 등장하였고, 1970년대 초반 통합 이론으로 판 구조론이 정립되었다.

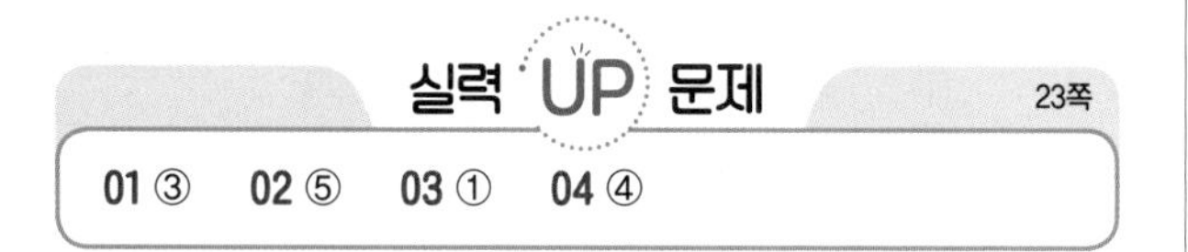

01 ③ 고생대 말 판게아 상태로 대륙을 복원하면 고생대 말 빙하 퇴적층은 서로 연결되고, 남극 대륙 주변으로 모인다.
바로알기 ① 고생대 말 습곡 산맥은 고생대 말에 판게아가 형성되면서 판이 충돌하여 만들어졌기 때문에 현재 멀리 떨어져 있는 북아메리카 대륙의 애팔래치아산맥과 유럽 대륙의 칼레도니아산맥은 암석, 지질 구조 등이 연속성을 갖는다.
② 메소사우루스 화석이 남아메리카 대륙과 아프리카 대륙에서 모두 산출되고, 분포 지역이 연속성을 보이는 것은 두 대륙이 분리되기 전에 메소사우루스가 번성하였기 때문이다.
④ 해령 주변의 고지자기 줄무늬 분포는 해양저 확장설이 발표된 이후 관측된 것으로, 베게너가 제시한 것이 아니다.
⑤ 고생대 말에도 빙하는 고위도에 분포하였다. 현재 고생대 말 빙하 퇴적층이 분포하는 대륙은 고생대 말에 남극 대륙 주변 고위도에 위치하였다가 대륙이 갈라지면서 저위도로 이동한 것이다.

02 꼼꼼 문제 분석

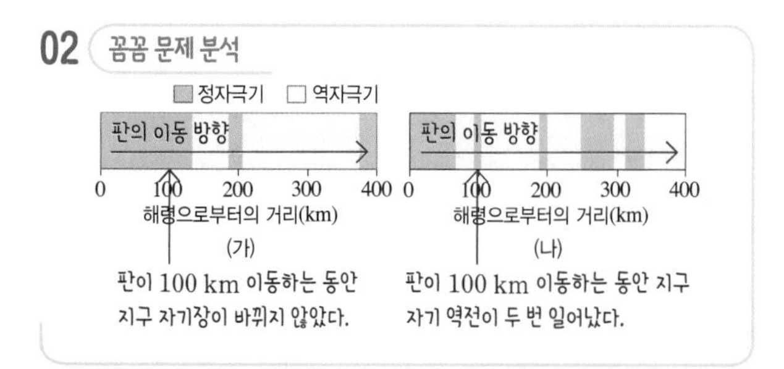

ㄱ. 해령에서 100 km 떨어진 지점의 고지자기 역전 분포를 보면 (가)는 현재와 같은 정자극기이고, (나)는 현재보다 이전의 정자극기이므로 암석의 나이는 (나)가 (가)보다 많다.
ㄴ. 고지자기 줄무늬 분포를 보면 (가) 지역의 해령으로부터 400 km까지와 (나) 지역의 해령으로부터 200 km까지의 고지자기 분포가 일치하므로 이 지점까지의 해양 지각은 같은 기간 동안 생성된 것이다. 이 기간 동안 해령으로부터의 거리는 (가)가 (나)보다 멀기 때문에 해양 지각의 확장 속도는 (가)가 (나)보다 빠르다.
ㄷ. (가)와 (나) 지역의 정자극기와 역자극기의 분포 순서는 같으므로 고지자기 역전 양상은 같다.

03 양쪽에서 수심 6080 m 부근으로 갈수록 수심이 깊어지고 있으며, A와 C 부근은 B 부근보다 등수심선 사이의 간격이 좁다.
ㄱ. A와 B 사이에는 수심이 6000 m보다 깊은 해저 골짜기가 존재하므로 해구가 분포한다.
바로알기 ㄴ. 해저면의 기울기는 등수심선의 간격이 좁을수록 급하다. B는 C보다 등수심선의 간격이 넓으므로 해저면의 평균 기울기는 B가 C보다 완만하다.
ㄷ. 음향 측심법에서 수심(d)$=\frac{1}{2}\times t\times v$($t$: 음파의 왕복 시간, v: 음파의 속도)이다. 음파의 왕복 시간(t)이 8초인 곳의 수심은 $\frac{1}{2}\times 8\text{ s}\times 1500\text{ m/s}=6000\text{ m}$이고, 이 해역에서 수심이 가장 깊은 곳은 6000 m보다 깊기 때문에 음파의 왕복 시간이 8초보다 길다.

04 꼼꼼 문제 분석

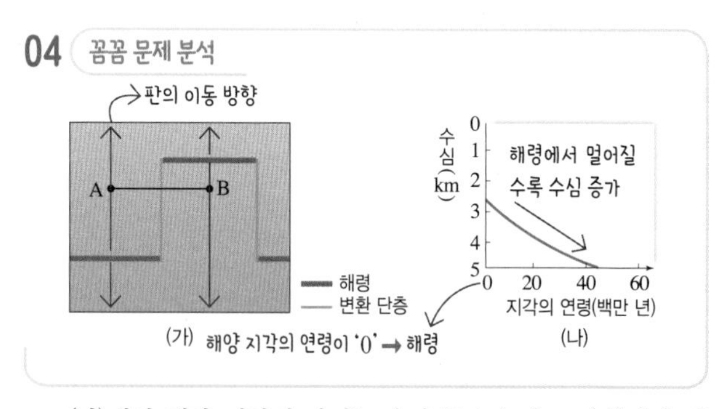

ㄴ. (가)에서 해양 지각의 나이는 A가 B보다 많고, (나)에서 해령 부근에서 해양 지각의 연령이 많을수록 수심이 깊어지므로 A가 B보다 수심이 깊을 것이다. 음파의 왕복 시간이 길수록 수심이 깊어지므로 음파의 왕복 시간은 B보다 수심이 깊은 A에서 길 것이다.
ㄷ. A와 B 지점은 서로 다른 판에 위치하여 해양저가 확장됨에 따라 서로 반대 방향으로 이동하므로 앞으로 A와 B 사이의 거리는 멀어질 것이다.
바로알기 ㄱ. 해령에서 거리가 멀어질수록 해양 지각의 나이는 많아진다. 따라서 같은 속력으로 확장하는 두 해양판에서 해양 지각의 나이는 해령에서 상대적으로 멀리 떨어진 A가 B보다 많다.

대륙 분포의 변화

26쪽

완자쌤 비법 특강 Q1 감소하였다. Q2 일치한다.

Q1 200 Ma에 기록된 고지자기 복각의 크기는 변하지 않았고, 200 Ma부터 현재까지 대륙이 고위도에서 저위도로 이동하는 동안 대륙에서 측정되는 복각의 크기는 감소하였다.

Q2 지자기 북극은 하나이므로 대륙이 이동하지 않았다면 두 대륙에서 측정한 지자기 북극의 이동 경로는 같을 것이다.

개념 확인 문제

28쪽

❶ 복각 ❷ 편각 ❸ 고지자기 ❹ 복각 ❺ 히말라야 ❻ 발산형 ❼ 수렴형 ❽ 보존형

1 (1) × (2) ○ (3) × **2** (가) B 지점 (나) A 지점 **3** 커진다 **4** ㉠ 위도, ㉡ 남반구 **5** 두 대륙이 이동하였기 때문 **6** 남반구에서 북반구로 **7** (1) (나) (2) (다) (3) (나) (4) (가)

1 (1) 관측 지점에서 자북과 진북이 이루는 각은 편각이다. 복각은 나침반의 자침이 수평면과 이루는 각이다.
(2) 자기 적도에서 복각은 0°이고, 자북극에서 복각은 +90°이므로 자기 적도에서 멀어질수록 복각의 크기는 커진다.
(3) 지구 자기장의 방향이 변해도 암석에 기록된 고지자기의 방향은 변하지 않는다.

2 꼼꼼 문제 분석

나침반의 자침이 수평면과 이루는 각이 복각이다.

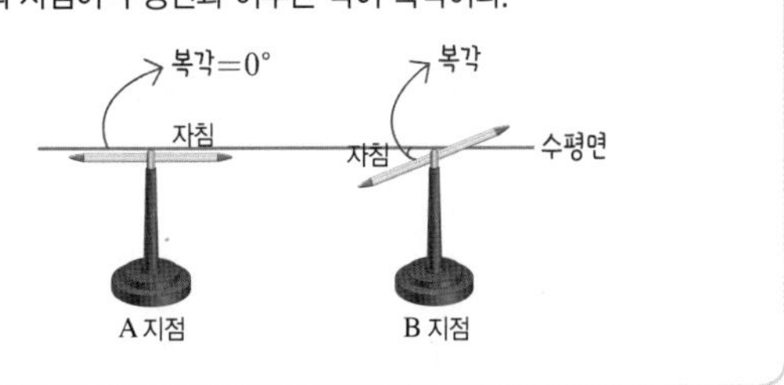

복각의 크기는 B 지점이 A 지점보다 크고, 자극에서 90°, 자기 적도에서 0°이므로 자기 적도에 더 가까운 지점은 A 지점이다.

3 나침반의 자침이 수평면과 이루는 각은 복각이고, 그림에서 복각은 제주도에서 서울로 갈수록 커진다.

4 복각은 자기 적도에서 고위도로 갈수록 커지며, 자기 적도를 기준으로 북쪽에서 (+) 값, 남쪽에서 (−) 값이다.

5 지자기 북극은 하나이므로 지질 시대 동안 지자기 북극의 이동 경로는 지구상의 어느 곳에서든 같아야 하지만, 대륙이 각각 이동하였기 때문에 각 대륙에서 고지자기를 측정하여 알아낸 지자기 북극의 이동 경로가 다르게 나타난다.

6 인도 대륙의 고지자기 복각을 시기별로 측정하여 대륙 분포를 복원하였더니 판게아가 분리되면서 남반구에 있었던 인도 대륙이 적도를 거쳐 북반구로 이동하였다.

7 꼼꼼 문제 분석

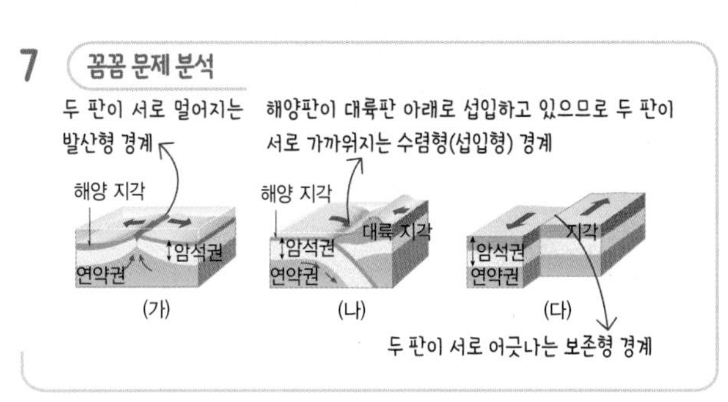

(1) 맨틀 대류가 하강하는 곳에서는 두 판이 서로 가까워지는 수렴형 경계가 발달한다. ➡ (나)
(2) 보존형 경계에서는 맨틀 대류가 상승하거나 하강하지 않아 판의 생성이나 소멸이 없다. ➡ (다)
(3) 호상 열도나 습곡 산맥은 밀도가 큰 판이 밀도가 작은 판 아래로 섭입하면서 마그마가 생성되거나 해저 퇴적물이 솟아올라 형성된다. 따라서 수렴형 경계에서 형성된다. ➡ (나)
(4) 새로운 해양판은 맨틀 대류가 상승하는 곳에서 마그마가 식어 생성되고, 판이 갈라지면서 천발 지진이 발생한다. ➡ (가)

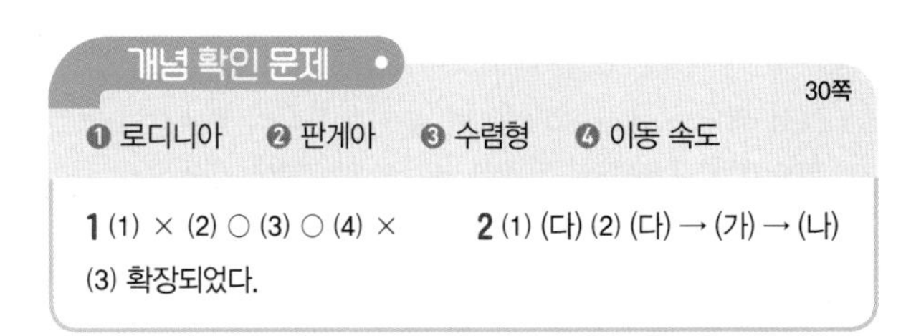

개념 확인 문제

30쪽

❶ 로디니아 ❷ 판게아 ❸ 수렴형 ❹ 이동 속도

1 (1) × (2) ○ (3) ○ (4) × **2** (1) (다) (2) (다) → (가) → (나) (3) 확장되었다.

1 (1) 지질 시대에는 로디니아, 판게아 등의 초대륙이 있었다.
(2) 현재의 대륙 분포는 판게아가 분리되어 형성된 것이다.
(3) 대륙에 열곡이 발달하면서 대륙이 분리되기 시작한다.
(4) 해령에서 생성된 해양 지각은 해구에서 소멸되며, 판이 생성되거나 소멸하는 비율은 거의 일정하기 때문에 지구 전체의 표면적은 일정하게 유지된다.

2 꼼꼼 문제 분석

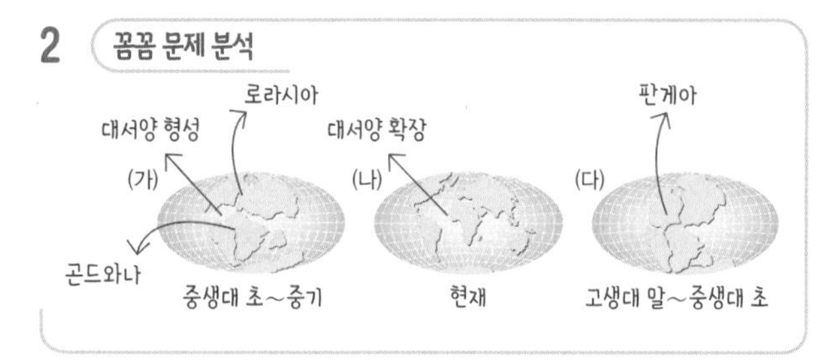

(1) 판게아가 형성된 시기는 대륙들이 모두 모여 있는 (다)이다.

(2) 판게아가 분리되면서 로라시아와 곤드와나 사이에 대서양이 먼저 형성되고, 남아메리카와 아프리카 대륙 사이의 남대서양이 확장되어 현재와 같은 대륙 분포를 이루므로 시대 순으로 나열하면 (다) → (가) → (나)이다.

(3) 판게아가 갈라진 이후 대서양이 형성되기 시작하였고, 대서양 중앙에 발산형 경계가 형성되어 대서양의 크기가 확장되었다.

대표 자료 분석 31쪽

자료 ❶ 1 커진다 2 ㉠ 남반구, ㉡ 북반구 3 북쪽
4 (1) ○ (2) ○ (3) × (4) ○ (5) ○ (6) ○

자료 ❷ 1 (가) E (나) A, B, D (다) C 2 (가) E (나) A, B, D
3 ④ 4 (1) × (2) ○ (3) × (4) ○ (5) ○

1-1 꼼꼼 문제 분석

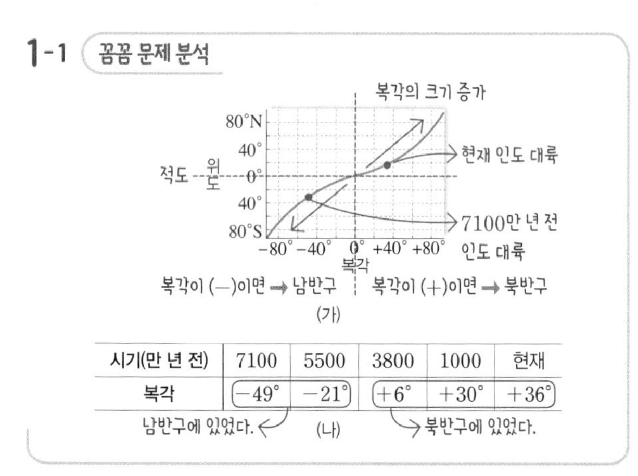

시기(만 년 전)	7100	5500	3800	1000	현재
복각	−49°	−21°	+6°	+30°	+36°

남반구에 있었다. (나) 북반구에 있었다.

(가)에서 위도 0°에서 80°N으로 갈수록 복각의 절댓값이 커졌고, 위도 0°에서 80°S로 갈수록 복각의 절댓값이 커졌다.

1-2 (나)에서 인도 대륙의 7100만 년 전 복각은 −49°이고, (가)에서 이에 해당하는 위도는 약 30°S이므로 인도 대륙은 남반구에 있었다. (나)에서 인도 대륙의 현재 복각은 +36°이고, (가)에서 이에 해당하는 위도는 약 20°N이므로 인도 대륙은 북반구에 있다.

1-3 인도 대륙은 7100만 년 전에는 남반구에 있었으며, 이후로 점차 북쪽으로 이동하여 현재 북반구에 있다.

1-4 (1) 자기 적도에서는 자기력선이 수평면에 나란하므로 복각이 0°이다.

(2) 자기 적도에서 고위도로 갈수록 복각의 크기(절댓값)는 커진다.

(3) 남반구에서 복각은 대체로 (−)이므로, 나침반의 자침은 N극이 하늘 쪽을 향하고 S극이 지표 쪽을 향하면서 기울어진다.

(4) 5500만 년 전 인도 대륙의 복각이 (−)이므로 인도 대륙은 남반구에 있었다.

(5) 인도 대륙은 7100만 년 전 복각이 −49°였고, 1000만 년 전에는 복각이 30°였다. 따라서 이 기간 사이에 복각이 0°인 지점을 지났으므로 인도 대륙은 자기 적도를 통과하였다.

(6) 인도 대륙의 복각 변화로부터 위도 변화를 추정하여 인도 대륙의 이동 방향을 알 수 있다.

2-1 꼼꼼 문제 분석

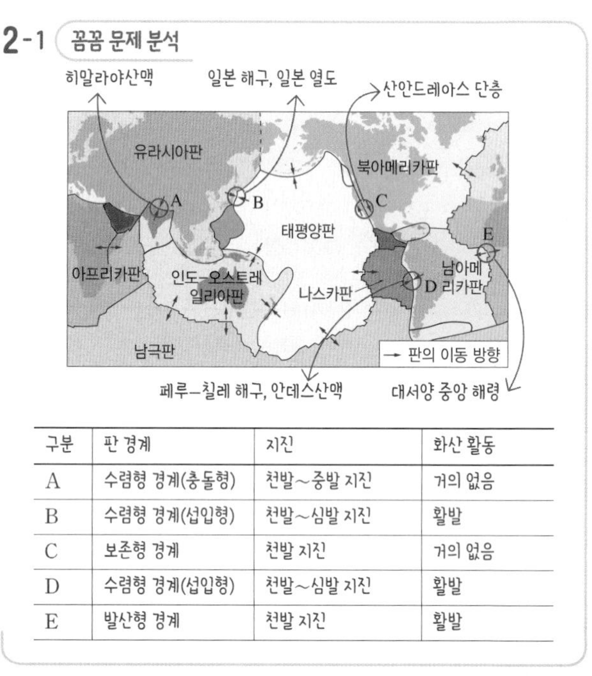

구분	판 경계	지진	화산 활동
A	수렴형 경계(충돌형)	천발~중발 지진	거의 없음
B	수렴형 경계(섭입형)	천발~심발 지진	활발
C	보존형 경계	천발 지진	거의 없음
D	수렴형 경계(섭입형)	천발~심발 지진	활발
E	발산형 경계	천발 지진	활발

(가) 발산형 경계: 판 경계를 중심으로 두 판의 이동 방향이 서로 멀어지는 곳(←|→) ➡ E

(나) 수렴형 경계: 판 경계를 중심으로 두 판의 이동 방향이 서로 모이는 곳(→|←) ➡ A, B, D

(다) 보존형 경계: 판 경계를 중심으로 두 판의 이동 방향이 서로 어긋나는 곳(↑|↓) ➡ C

2-2 발산형 경계(E)에서는 맨틀 대류가 상승하여 판이 생성되고, 수렴형 경계(A, B, D)에서는 맨틀 대류가 하강하여 판이 소멸한다.

2-3 ④ D는 해양판인 나스카판이 대륙판인 남아메리카판 아래로 섭입하면서 판 경계 부근에 해구(페루-칠레 해구)와 습곡 산맥(안데스산맥)이 형성된 곳이다.

바로알기 A에는 습곡 산맥(히말라야산맥), B에는 해구(일본 해구)와 호상 열도(일본 열도), C에는 변환 단층(산안드레아스 단층), E에는 해령(대서양 중앙 해령)이 발달한다.

2-4 (1) A(대륙판과 대륙판의 수렴형 경계)에서는 화산 활동이 거의 일어나지 않는다.
(2) B(대륙판과 해양판의 수렴형 경계)에서는 섭입대를 따라 천발 지진에서 심발 지진까지 발생한다.
(3) C(보존형 경계)에서는 천발 지진이 자주 발생하고, 화산 활동은 거의 일어나지 않는다.
(4) D(대륙판과 해양판의 수렴형 경계)에서는 밀도가 큰 해양판이 밀도가 작은 대륙판 아래로 섭입한다.
(5) E(해양판과 해양판의 발산형 경계)에서는 새로운 해양 지각이 생성되고, 해저에서 화산 활동이 일어난다.

내신 만점 문제 32~34쪽

01 ⑤	02 C, A	03 ④	04 ③	05 ①	06 ②
07 ①	08 해설 참조	09 수렴형 경계, B	10 ④	11 ①	
12 ②	13 ⑤	14 해설 참조			

01 ⑤ 복각은 자북극에서 90°, 자기 적도에서 0°, 자남극에서 −90°이다.
바로알기 ① 나침반 자침의 N극은 북쪽을 향하고, S극은 남쪽을 향한다. 따라서 지구 자기장은 마치 북쪽에 S극, 남쪽에 N극인 커다란 막대자석이 있는 것처럼 나타난다.
② 나침반의 자침이 수평면과 이루는 각은 복각이다.
③ 고지자기의 복각을 측정하면 암석이 생성될 당시의 위도를 추정할 수 있기 때문에 대륙 분포를 알 수 있다.
④ 남반구나 북반구 모두 저위도로 갈수록 복각의 크기가 대체로 작다.

02 수평면으로부터 나침반의 자침이 기울어진 각도는 복각이므로 나침반의 자침이 가장 많이 기울어진 곳은 복각이 가장 큰 C 지점이다. 복각은 자북극에서 +90°이고, 자기 적도에서 0°이므로 자북극에서 가장 멀리 떨어진 곳은 복각이 가장 작은 A 지점이다.

03 ㄱ. 복각의 크기는 고위도로 갈수록 크다. ➡ A>B>C
ㄷ. C 지점은 자기 적도로, 나침반 자침이 자기력선을 따라 수평면에 나란하게 나타나므로 복각이 0°이다.
바로알기 ㄴ. B 지점은 북반구이므로 나침반 자침의 N극이 지표를 향한다.

04 꼼꼼 문제 분석

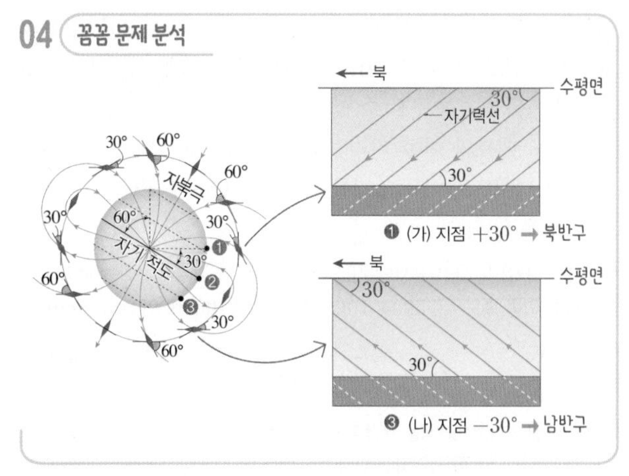

ㄱ. (가) 지점은 자기력선이 지표 쪽을 향하고 있고, 수평면과 이루는 각이 30°이므로 복각은 +30°이다.
ㄷ. (가)와 (나) 지점은 복각의 크기가 30°로 같으므로 나침반의 자침이 수평면에 기울어진 각의 크기는 같다.
바로알기 ㄴ. (나) 지점은 자기력선이 지표에서 하늘을 향하고 있고, 수평면과 이루는 각이 30°이므로 복각은 −30°이다. 따라서 남반구에 위치한다.

05 ㄱ. A 지점은 2005년에 자북극에 가장 가까웠으므로 복각이 가장 컸다. 자북극에서 복각이 +90°이고, 자북극에서 멀어질수록 복각이 작아진다.
바로알기 ㄴ. A 지점은 2005년~2015년 동안 자북극에서 점점 멀어졌으므로 복각의 크기가 감소하였다.
ㄷ. 1920년~2015년 동안 A 지점이 자기 적도에 위치한 적은 없으므로 복각이 0°인 때가 없었다.

06 ㄷ. 지질 시대 동안 지자기 북극은 하나였으므로 두 대륙의 지자기 북극의 이동 경로가 일치하지 않고 2개로 나타나는 것은 대륙이 이동하였기 때문이다.
바로알기 ㄱ. 현재와 마찬가지로 5억 년 전에도 지자기 북극은 하나였다.
ㄴ. 5억 년 전 이후로 북아메리카 대륙은 남북 방향으로 이동하였으므로 북아메리카 대륙에서 측정한 고지자기 복각은 일정하지 않았다.

07 ㄱ. 인도 대륙은 남반구에 있다가 적도를 지나 북반구로 북상하였으므로 복각의 크기는 감소하다가 증가하였다.
바로알기 ㄴ. 히말라야산맥은 인도 대륙(인도판)이 유라시아 대륙(유라시아판)과 충돌하면서 판의 경계를 따라 현재의 위치에 형성된 것으로 과거에 적도 부근에 위치한 적이 없다.
ㄷ. 고지자기는 한 번 생성되면 변하지 않으므로 이후로 인도 대륙이 북상하여도 3800만 년 전에 생성된 암석의 고지자기 복각의 크기는 변하지 않는다.

08 (가) 이 기간 동안 인도 대륙이 이동한 위도는 30°+20°=50°이다. 위도 1°는 110 km에 해당하므로 비례식을 세워 인도 대륙의 이동 거리를 구할 수 있다.

(나) 인도 대륙의 이동 거리가 5500 km이고, 이동한 시간은 7100만 년이므로 이동 거리를 시간으로 나누어 평균 이동 속도를 구할 수 있다.

모범 답안 (가) 1° : 110 km=50° : 이동한 거리 ∴이동한 거리=5500 km
(나) 평균 이동 속도=(5500×100000 cm)÷71000000년≒7.7 cm/년

채점 기준	배점
(가)와 (나)를 모두 식을 세워 옳게 구한 경우	100 %
(가) 이동한 거리만 비례식을 세워 옳게 구한 경우	50 %
(나) 평균 이동 속도만 식을 세워 옳게 구한 경우	50 %

09 꼼꼼 문제 분석

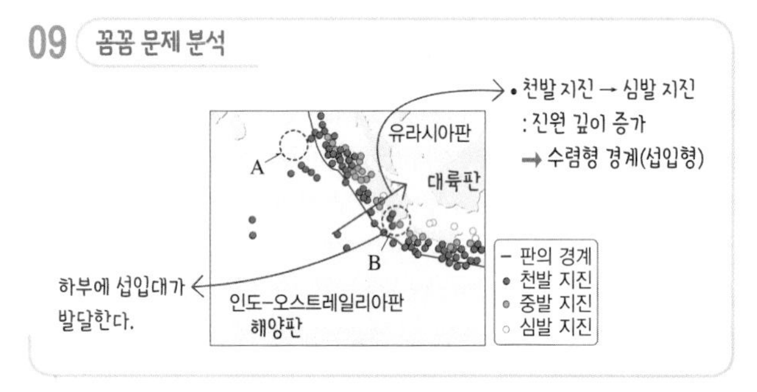

판 경계에서 대륙판 쪽으로 갈수록 진원 깊이가 증가하므로 이 지역에는 수렴형 경계가 발달한다. 화산 활동은 하부에 섭입대가 발달한 대륙판 쪽인 B 지역에서 활발하게 일어난다.

10 꼼꼼 문제 분석

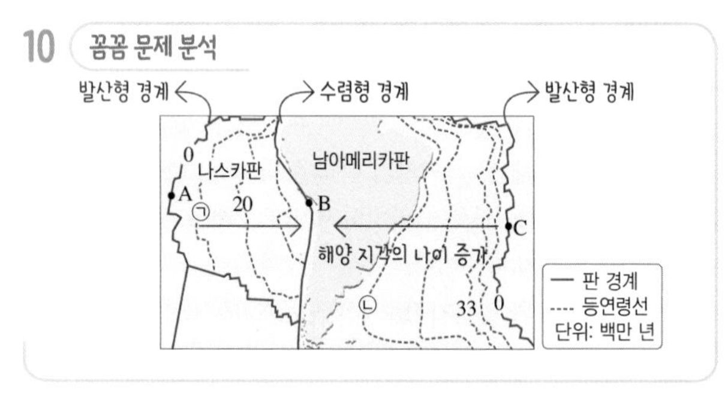

ㄴ. A와 C는 발산형 경계로, 판 경계에서 멀어질수록 해양 지각의 나이가 증가한다. 따라서 해양 지각의 연령이 ㉠은 2000만 년보다 적고, ㉡은 3300만 년보다 많다. 따라서 ㉠에서보다 ㉡에서 해양 지각의 연령이 많다.

ㄷ. 습곡 산맥은 수렴형 경계인 B 부근에서 형성될 수 있다.

바로알기 ㄱ. A, C는 해양 지각의 연령이 '0'이므로 판이 생성되는 해령이다. 해령 하부에는 맨틀 대류의 상승류가 있다.

11 (가)는 판게아가 형성되기 전(약 5억4천만 년 전), (나)는 판게아 형성 시기(약 2억7천만 년 전), (다)는 판게아가 갈라져 대륙이 이동한 시기(약 5천만 년 전)이므로 대륙 분포는 (가) → (나) → (다) 순으로 변하였다.

12 (가)는 대서양이 확장되고 인도 대륙이 북상하는 모습으로 중생대 말이고, (나)는 판게아가 형성된 모습으로 중생대 초이다.

ㄴ. (나)와 같이 초대륙이 형성될 때는 대륙과 대륙이 충돌하면서 융기하여 습곡 산맥이 발달하기도 한다. 판게아가 형성되면서 형성된 산맥에는 애팔래치아산맥이 있다.

바로알기 ㄱ. 고생대 말에 판게아가 형성되었고, 중생대 초 이후로 판게아가 분리되어 대륙이 이동하였으므로 (나)가 (가)보다 이전의 대륙 분포이다.

ㄷ. (나) 이후에 대륙이 분리되는 것은 대륙 내부에 발산형 경계가 발달하면서 대륙이 갈라져 이동하였기 때문이다. 수렴형 경계가 많이 발달하면 초대륙이 형성될 수 있다.

13 꼼꼼 문제 분석

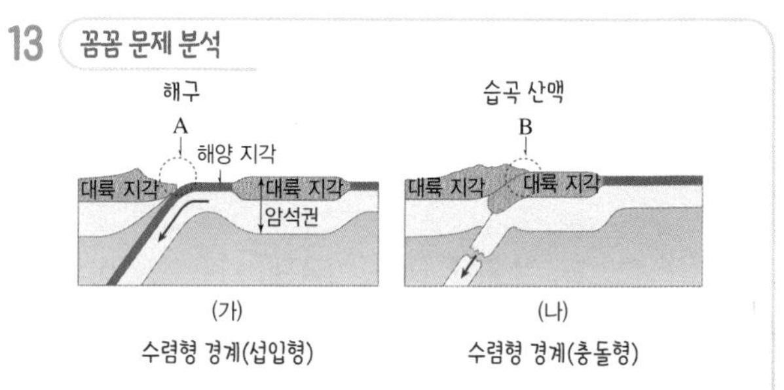

(가) 대륙판 아래로 해양판이 섭입하면서 판이 소멸되고, 대륙 지각과 대륙 지각 사이의 해양이 좁아진다. → (나) 해양이 없어지면 대륙과 대륙이 만나 대륙들이 충돌하면서 습곡 산맥이 형성된다.

ㄱ. A에는 해양 지각이 대륙 지각 아래로 섭입하면서 해구가 발달한다.

ㄴ. B에는 두 대륙이 충돌하면서 해저 퇴적물이 융기하여 습곡 산맥이 형성될 수 있다.

ㄷ. 여러 곳의 판 경계에서 (나) 과정이 일어나면 대륙들이 점차 합쳐져서 초대륙이 형성될 수 있다.

14 꼼꼼 문제 분석

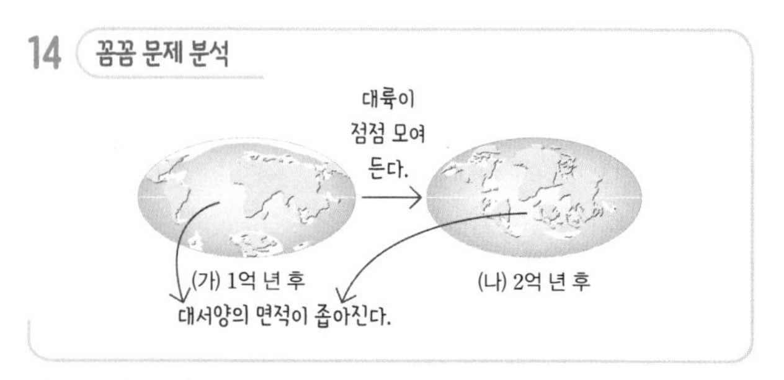

대륙들이 분리되는 초기에는 발산형 경계가 많이 발달하고, 대륙들이 모일 때는 수렴형 경계가 많이 발달한다.

모범 답안 수렴형 경계, 대서양의 면적이 좁아지고 있기 때문이다.

채점 기준	배점
수렴형 경계를 쓰고, 그 까닭을 대서양의 면적 변화로 옳게 서술한 경우	100 %
수렴형 경계만 쓴 경우	50 %

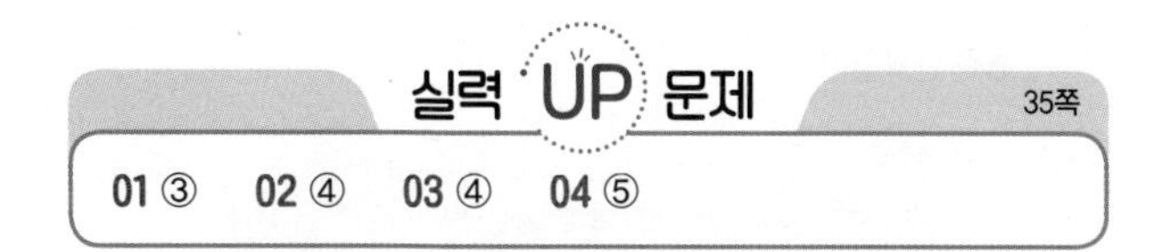

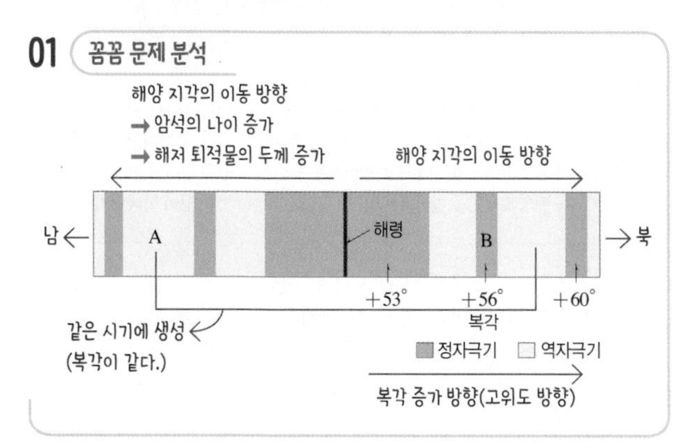

북반구에서 남북 방향으로 해령의 위치가 변하고, 오른쪽으로 갈수록 복각이 증가하므로 오른쪽이 고위도이다. 따라서 오른쪽이 북쪽이고, 왼쪽이 남쪽이다.

ㄱ. 해양 지각과 해령 사이에 고지자기 줄무늬가 많을수록 해양 지각을 이루는 암석의 나이가 많다. 따라서 A의 해양 지각이 B의 해양 지각보다 나이가 많으므로 먼저 생성되었다.

ㄷ. 고지자기 복각이 클수록 지자기 북극에 가까이 있다는 의미이다. 해령에 가까워질수록(최근으로 올수록) 고지자기 복각이 작아지고 있으므로 최근에 생성된 암석일수록 저위도에서 생성되었다. 이는 해령은 저위도로 이동하고 있다는 것을 의미한다.

바로알기 ㄴ. 이 해령은 북반구에 위치하여 정자극기에 생성된 암석들의 복각이 (+) 값이다. 역자극기에는 정자극기와 지구 자기장의 방향이 반대가 되므로 역자극기에 생성된 암석들의 복각은 (−) 값이다. A는 역자극기이므로 복각은 (−) 값이다.

02 • A: 자기력선이 지표에서 위를 향하므로 자기 적도를 기준으로 남반구에 있으며, 복각이 (−) 값이다. ➡ −48°

• B: 자기력선이 지표에서 위를 향하므로 자기 적도를 기준으로 남쪽에 있으며, 복각이 (−) 값이다. ➡ −36°

• C: 자기력선이 지표를 향하므로 자기 적도를 기준으로 북쪽에 있으며, 복각이 (+) 값이다. ➡ +18°

ㄴ. 자기 적도에서 고위도로 갈수록 복각의 크기가 커진다. A는 B보다 복각의 절댓값이 크므로 고위도에서 생성되었다.

ㄷ. 6천만 년 전과 2천만 년 전 사이에 복각이 0°인 때가 있었으므로 B~C 기간 동안 이 대륙은 남반구에 있다가 적도를 지나 북반구로 이동하였다.

바로알기 ㄱ. 복각의 크기는 위도에 대체로 비례한다. 고지자기 방향과 수평면이 이루는 각인 복각을 비교하면, A와 B는 복각이 (−) 값이고, A에서 B 시기 사이에 복각의 크기는 감소하였으며, C는 복각이 (+) 값이다. 따라서 B와 C 사이에 복각이 0°인 시기가 있었고, 이 기간 동안 복각의 크기는 감소하다가 증가하였다.

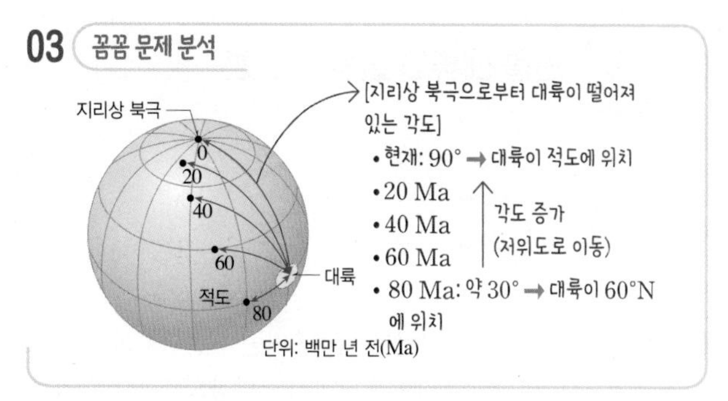

ㄴ. 80 Ma 이후로 고지자기극과 대륙 사이의 거리가 멀어지고 있으므로 대륙이 지리상 북극에서 점점 멀어졌다. 따라서 대륙은 저위도로 이동하였다.

ㄷ. 고지자기 복각은 대륙이 지리상 북극으로부터 멀리 떨어져 있을수록 작으므로 이 기간 동안 고지자기 복각은 감소하였다.

바로알기 ㄱ. 80 Ma에 대륙과 고지자기극의 위치가 이루는 각은 약 30°이다. 따라서 이 시기에 대륙은 지리상의 북극으로부터 약 30° 남쪽에 위치하였으므로 약 60°N에 위치하였다.

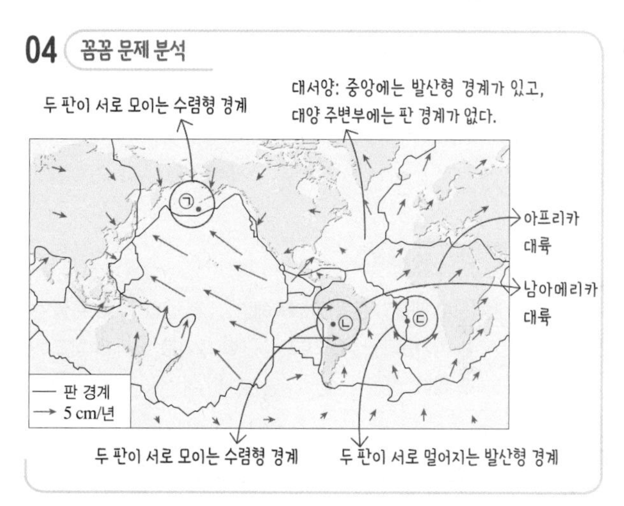

① ㉠ 부근 판 경계는 이웃한 두 판이 서로 가까워지고 있으므로 수렴형 경계이다. ㉠은 대륙판 쪽에 위치하므로 ㉠의 아래로 해양판이 섭입하여 섭입대가 형성된다.

② ㉡ 부근 판 경계는 해양판이 대륙판 아래로 섭입하는 수렴형 경계이므로 ㉡의 하부에서는 해양 지각이 소멸한다.

③ ㉢은 양쪽의 판이 서로 멀어지는 발산형 경계에 위치한다. 발산형 경계에서는 천발 지진이 발생하므로 수렴형 경계인 ㉡보다 지진이 발생하는 평균 깊이가 얕다.

④ 대서양 한가운데에 ㉢을 지나는 발산형 경계가 위치하고, 대서양의 주변부에는 판 경계가 위치하지 않는다. 따라서 대서양의 면적은 점점 넓어질 것이다.

바로알기 ⑤ 남아메리카 대륙과 아프리카 대륙 사이에서는 판 경계를 기준으로 인접한 두 판이 서로 멀어지고 있으므로 발산형 경계가 발달해 있다. 대륙은 판을 따라 이동하므로 남아메리카 대륙과 아프리카 대륙은 점점 멀어질 것이다.

맨틀 대류와 플룸 구조론

39쪽

완자쌤 비법 특강 **Q1** 북서쪽 **Q2** 서북서 → 북북서

Q1 열점에서 생성된 화산섬은 판이 이동하는 방향으로 함께 이동해 가므로, 화산섬의 나이가 많아지는 방향으로 판이 이동했음을 알 수 있다. 따라서 북서－남동 방향으로 배열되어 있는 화산섬에서 북서쪽으로 갈수록 화산섬의 나이가 많아지므로 판은 북서쪽으로 이동하였다.

Q2 열점에서 멀리 떨어진 화산섬이 먼저 생성된 것이다. 따라서 열점에서 멀리 떨어진 화산섬이 생성되어 배열될 때 판은 서북서쪽으로 이동하였고, 이동 방향이 바뀌어 열점에서 가까운 화산섬이 생성되어 배열될 때 판은 북북서쪽으로 이동하였다.

개념 확인 문제

40쪽

❶ 맨틀 대류(상부 맨틀의 운동) ❷ 해령 ❸ 섭입 ❹ 플룸 구조론 ❺ 차가운 ❻ 크고 ❼ 뜨거운 ❽ 작고 ❾ 열점 ❿ 많다

1 (1) × (2) ○ (3) × (4) × (5) ○ **2** A: 해령에서 판을 밀어내는 힘, B: 섭입하는 판이 잡아당기는 힘 **3** A: 뜨거운 플룸, B: 차가운 플룸 **4** (1) 차가운 플룸 (2) 플룸 하강류 (3) 플룸 상승류 (4) 수직 운동 (5) 플룸 구조론 **5** 뜨거운 플룸 **6** (1) A (2) D (3) B

1 (1) 연약권은 맨틀 물질이 부분 용융되어 있어 유동성이 있으므로 고체 상태이지만 대류가 느리게 일어날 수 있다.
(2) 맨틀 대류의 상승부에서는 해령이 생성되며, 맨틀 대류의 하강부에서는 해구가 생성되고 섭입대가 발달한다.
(3) 판 이동의 원동력에는 맨틀 대류 외에도 섭입하는 판이 잡아당기는 힘, 해령에서 판을 밀어내는 힘 등이 있다.
(4) 섭입대에서는 해양판이 중력을 받아 침강하면서 기존의 판을 잡아당기는 힘이 작용한다.
(5) 섭입대가 없는 판은 맨틀 대류, 해령에서 판을 밀어내는 힘이 작용하여 판이 이동하지만, 섭입대가 있는 판은 여기에 섭입하는 판이 잡아당기는 힘까지 작용하여 판의 이동 속력이 더 빠르다.

2 꼼꼼 문제 분석

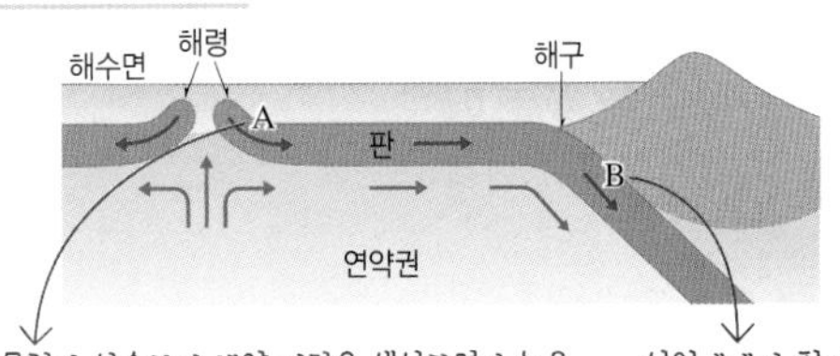

3 A는 맨틀과 외핵의 경계 부근에서 뜨거운 물질이 상승하면서 형성되는 뜨거운 플룸이고, B는 해양판이 섭입되어 만들어진 차갑고 밀도가 큰 물질이 외핵 쪽으로 가라앉으면서 형성되는 차가운 플룸이다.

4 (1) 판이 섭입하는 경계 아래에서 판이 쌓여 냉각·압축되어 침강하므로 차가운 플룸이 형성된다. 뜨거운 플룸은 판 경계와 상관없이 맨틀과 외핵의 경계에서 형성된다.
(2) 아시아 지역 지하에는 판이 섭입하면서 거대한 플룸 하강류(차가운 플룸)가 발달해 있다.
(3) 아프리카, 남태평양 지역 지하에는 거대한 플룸 상승류(뜨거운 플룸)가 발달해 있다.
(4) 플룸은 지각과 맨틀 최하부 사이에서 상승하거나 하강하는 물질과 에너지의 흐름으로, 지구 내부에서 일어나는 대규모 수직 운동이다.
(5) 맨틀 대류는 판 경계에서 일어나는 화산 활동을 설명할 수 있고, 판 내부에서 일어나는 화산 활동은 설명할 수 없다. 판 내부의 대규모 화산 활동은 플룸 구조론에서 뜨거운 플룸의 운동으로 설명할 수 있다.

5 지진파의 전달 속도는 주변보다 온도가 높은 지역에서 주변보다 밀도가 작아 더 느리게 나타난다. 따라서 뜨거운 플룸이 형성되는 지역에서는 주변보다 지진파의 전달 속도가 느리다.

6 꼼꼼 문제 분석

판이 이동하면서 화산섬도 이동하여 나이가 많아진다.

태평양판 D 하와이 열도 C B(하와이섬) 맨틀 A

열점 위에서 화산 활동이 일어나고 있다. → 가장 최근에 생성된 화산섬이다.

열점: 맨틀 하부에서 솟아오르는 뜨거운 플룸 때문에 마그마가 생성되는 곳이므로, 맨틀 대류를 따라 이동하지 않는다.

(1) 열점은 맨틀과 외핵의 경계 부근에서 솟아오르는 뜨거운 플룸 때문에 마그마가 생성된 곳이므로 A~D 중 열점이 위치하는 곳은 B 화산섬 아래의 A이다.
(2) 열점에서 마그마가 분출하여 새로운 화산섬이 생성된다. 열점의 위치는 거의 고정되어 있는데, 생성된 화산섬은 판의 이동에 따라 열점에서 멀어지므로 열점에서 멀어질수록 화산섬의 나이는 많아진다. 따라서 B~D 중 가장 나이가 많은 화산섬은 열점에서 가장 멀리 떨어진 D이다.
(3) B~D 중 현재 화산 활동이 가장 활발히 일어나고 있는 화산섬은 열점 바로 위에 있는 B이다.
(4) 열점은 플룸 상승류가 있는 곳에서 암석권인 판 아래에서 생성된다.
(5) 일본은 섭입대 부근에 위치하므로 일본 아래에는 플룸 하강류가 존재하여 열점이 존재할 확률이 낮다.

2-1 하와이 열도는 태평양판 아래에 있는 열점에서 마그마가 분출되어 형성된 화산섬이 이동하여 일렬로 배열된 것이다. 따라서 하와이섬에서 멀어질수록 섬의 나이가 증가한다.

2-2 하와이섬은 열점 위에서 가장 최근에 만들어졌으므로 A~C 중 하와이섬의 위치는 나이가 가장 적은 C 지점이다.

2-3 엠퍼러 해산열도와 하와이 열도의 배열 방향이 다른 까닭은 엠퍼러 해산열도가 생성된 후 하와이 열도가 생성될 때 태평양판의 이동 방향이 달라졌기 때문이다.

2-4 (1) 하와이섬은 판 내부에 있으며, 열점 위에 있어서 화산 활동이 활발하게 일어난다.
(2) 열점 위에 있는 하와이섬은 플룸 상승류(뜨거운 플룸)가 있는 지역에 위치한다.
(3) 엠퍼러 해산열도가 생성될 당시 태평양판의 이동 방향은 ⓑ, 하와이 열도가 생성될 당시 태평양판의 이동 방향은 ⓓ이다. 따라서 태평양판의 이동 방향은 ⓑ→ⓓ로 변하였다.
(4) 현재 하와이섬은 열점 위에 위치하고, 태평양판은 북서쪽으로 이동하므로 앞으로 열점에서 새롭게 생성된 화산섬은 하와이섬의 남동쪽에 위치할 것이다.
(5) 열점은 판의 이동 방향과 관계없이 위치가 변하지 않는다.
(6) 하와이 열도의 암석 나이와 하와이섬으로부터 거리를 알면 판의 평균 이동 속도를 구할 수 있다.

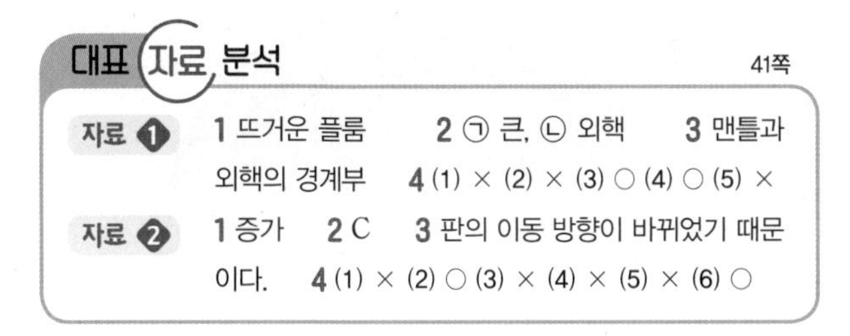

대표 자료 분석 41쪽

자료 ❶ 1 뜨거운 플룸 2 ㉠ 큰, ㉡ 외핵 3 맨틀과 외핵의 경계부 4 (1) × (2) × (3) ○ (4) ○ (5) ×

자료 ❷ 1 증가 2 C 3 판의 이동 방향이 바뀌었기 때문이다. 4 (1) × (2) ○ (3) × (4) × (5) × (6) ○

1-1 꼼꼼 문제 분석

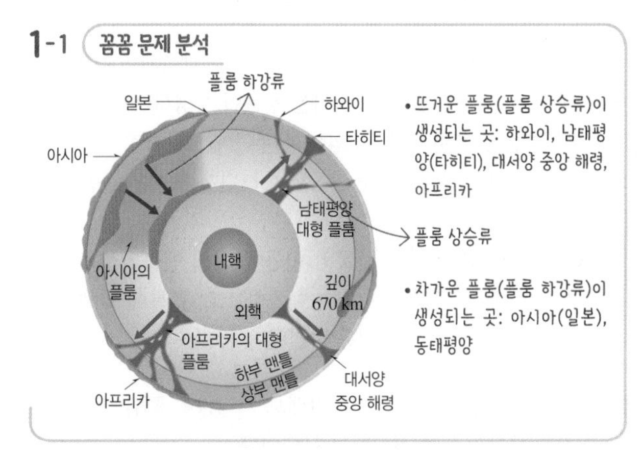

남태평양에 플룸 상승류가 보이므로 뜨거운 플룸이 형성된다.

1-2 차가운 플룸은 해양판이 섭입되어 만들어진 차갑고 밀도가 큰 물질이 외핵 쪽으로 가라앉으면서 형성된다.

1-3 플룸 상승류는 일반적으로 맨틀과 외핵의 경계면 부근에서 형성되어 상승한다.

1-4 (1) 플룸 상승류와 플룸 하강류는 일반적으로 맨틀 전체에서 일어난다.
(2) 섭입대를 따라 침강한 해양판 물질은 상부 맨틀과 하부 맨틀의 경계인 약 670 km 깊이에 축적되었다가 침강하여 맨틀과 외핵의 경계까지 도달한다.
(3) 지진파의 속도는 온도가 높은 플룸 상승류가 있는 지역보다 온도가 낮은 플룸 하강류가 있는 지역에서 빠르다.

내신 만점 문제 42~44쪽

01 ④ 02 ⑤ 03 해설 참조 04 ⑤ 05 ③ 06 ⑤ 07 ① 08 해설 참조 09 ③ 10 ③ 11 ① 12 ② 13 ① 14 동화 15 ④

01 ㄴ. 지구 내부로 갈수록 온도가 높아진다. 맨틀 내부의 방사성 원소의 붕괴열과 지구 내부 에너지에 따른 맨틀 상하부의 온도 차이로 열대류가 일어난다.
ㄷ. 맨틀 대류의 상승부에서는 발산형 경계가 발달하고, 맨틀 대류의 하강부에서는 수렴형 경계가 발달한다.

바로알기 ㄱ. 암석권은 단단한 고체 상태이다. 연약권은 고체 상태이지만 부분 용융되어 유동성이 있으므로 연약권에서 맨틀 대류가 일어난다.

02 ㄱ. 맨틀 대류의 상승류가 있는 A에서는 해령이 형성된다.
ㄴ. B는 해구이고, 해구에서는 대륙판에 비해 상대적으로 밀도가 큰 해양판이 대륙판 밑으로 섭입되어 소멸된다.
ㄷ. B와 같은 섭입형 경계에서는 맨틀 대류의 하강류가 있다.

03 (가) 고온·저밀도의 물질이 상승하는 해령에서는 판을 밀어내는 힘이 작용한다.
(나) 차갑고 무거운 해양판이 섭입하는 해구에서는 중력에 의해 침강하는 판이 연결된 판을 잡아당기는 힘이 작용한다.
(다) 해저 지형은 해령 쪽이 높고, 해구 쪽이 낮다. 해령과 해구 사이의 판에서는 해저면 경사에 의해 판이 미끄러지는 힘이 작용한다.
(라) 연약권에서 일어나는 맨틀 대류에 의해 암석권(판)이 끌려가는 힘이 작용한다.

모범 답안 (가)에는 판을 밀어내는 힘, (나)에는 판을 잡아당기는 힘, (다)에는 판이 미끄러지는 힘, (라)에는 맨틀이 대류하면서 판을 싣고 가는 힘(맨틀 끌림 힘)이 작용한다.

채점 기준	배점
네 가지 힘을 모두 옳게 서술한 경우	100 %
한 가지 힘 당 배점	25 %

04 꼼꼼 문제 분석

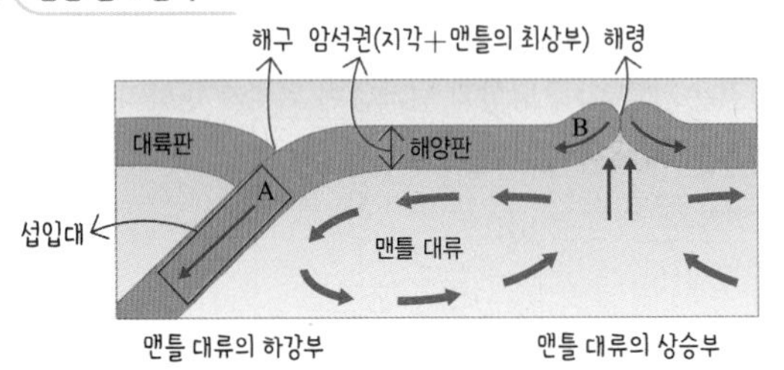

ㄱ. A는 냉각되어 밀도가 커져 무거워진 해양판이 중력에 의해 섭입되면서 연결된 판을 잡아당기는 힘이다.
ㄴ. B는 발산형 경계인 해령에서 판을 양쪽으로 밀어내는 힘이다.
ㄷ. 맨틀 대류는 판에 해당하는 암석권 아래에서 일어난다.

05 꼼꼼 문제 분석

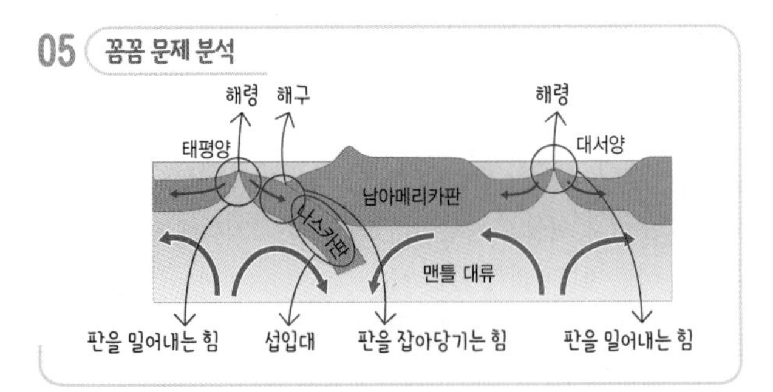

ㄱ. 남아메리카판은 섭입되는 곳이 없으므로 해구에서 잡아당기는 힘이 작용하지 않는다. 따라서 남아메리카판은 맨틀 대류와 해령에서 판을 밀어내는 힘에 의해 이동한다.
ㄴ. 나스카판은 해령에서 생성되어 해구에서 섭입하므로 해령에서 밀어내는 힘, 섭입하는 판이 잡아당기는 힘이 모두 작용하며, 판의 이동에는 해령에서 판을 밀어내는 힘보다 섭입하는 판이 잡아당기는 힘의 역할이 크다.

바로알기 ㄷ. 판의 이동 속도는 남아메리카판보다 섭입하는 판이 잡아당기는 힘까지 작용하는 나스카판이 크다.

06 꼼꼼 문제 분석

열점 해령 섭입하는 해양판 상부 맨틀 A 670 km 핵

플룸 하강류 → 차가운 플룸 / 외핵과 맨틀의 경계 / 플룸 상승류 → 뜨거운 플룸

ㄱ. 섭입대에서 해양판이 A에 쌓이다가 냉각·압축되어 무거워지면 외핵 쪽으로 가라앉으면서 차가운 플룸이 형성된다.
ㄴ. 차가운 플룸이 맨틀과 외핵의 경계 부근에 도달하면 그 반동으로 맨틀과 외핵의 경계에서 물질이 상승하면서 뜨거운 플룸이 형성된다.
ㄷ. 차가운 플룸과 뜨거운 플룸의 이동에 의해 맨틀의 최상부와 최하부 사이에서 물질과 에너지가 이동하므로, 플룸에 의해 맨틀 전체에서 물질과 에너지의 이동이 일어난다.

07 ㄱ. (가)는 차가운 플룸이 아래로 가라앉는 모습이고, (나)는 뜨거운 플룸이 위로 상승하는 모습이다.

바로알기 ㄴ. 뜨거운 플룸은 맨틀과 외핵의 경계 부근에서 밀도가 작은 맨틀 물질이 상승하여 형성된다. 따라서 A는 맨틀과 외핵의 경계부이다.
ㄷ. (가), (나)와 같은 플룸에 의한 물질의 흐름은 기둥 모양을 이루면서 수평 방향보다 연직 방향으로 강하게 일어난다.

08 비커 아래쪽에 잉크가 가라앉은 부분을 가열하면 잉크에 착색된 물의 온도가 높아지면서 밀도가 작아져 상승하며, 이는 뜨거운 플룸이 생성되는 원리에 해당한다.

모범 답안 뜨거운 플룸, 잉크에 착색된 물이 가열되어 찬물보다 밀도가 작아져 상승한다.

채점 기준	배점
해당하는 플룸을 옳게 쓰고, 잉크에 착색된 물이 상승한 원리를 밀도를 이용하여 옳게 서술한 경우	100 %
해당하는 플룸만 옳게 쓴 경우	50 %

09 ㄱ. 지하 670 km 깊이에 섭입한 차가운 해양판의 물질이 모여 있는 A는 주변(B)보다 온도가 낮고, 뜨거운 플룸이 있는 C는 주변(B)보다 온도가 높다. ➡ 온도: C>B>A

ㄷ. 뜨거운 플룸은 맨틀과 외핵의 경계에서 뜨거운 물질이 상승하여 생성된다. 이 과정에서 지구 내부의 에너지를 지구 표면으로 전달하는 역할을 한다.

바로알기 ㄴ. 온도가 높은 물질이 분포하는 곳은 밀도가 상대적으로 작으므로 지진파의 전달 속도가 느리다. A, B, C의 온도를 비교하면 C>B>A이므로 지진파의 속도를 비교하면 A>B>C이다. 따라서 지진파의 속도는 C에서 가장 느리다.

10 꼼꼼 문제 분석

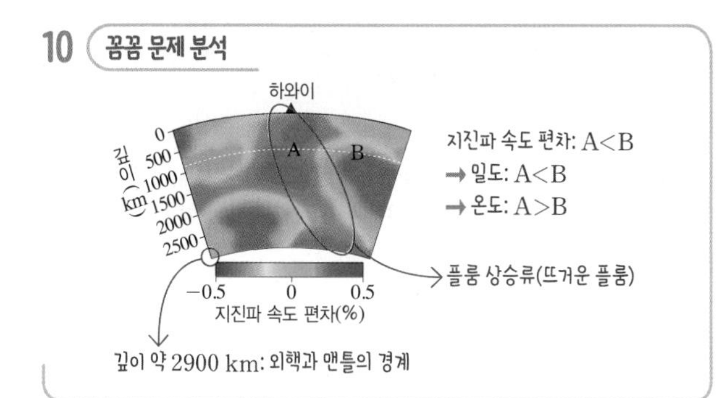

ㄱ. 하와이의 지하에는 지진파 속도 편차가 −0.5(%) 정도로 주변보다 지진파의 속도가 느린 부분이 기둥 모양으로 나타난다. 물질의 온도가 높은 곳에서 지진파의 속도가 느리므로 이 지역에 뜨거운 플룸이 존재한다. 따라서 하와이는 플룸 상승류의 위쪽에 위치한다.

ㄴ. A는 B보다 지진파의 속도가 느리다. 이것은 주변보다 온도가 높아서 물질의 밀도가 작기 때문이다.

바로알기 ㄷ. 열점은 위치가 고정되어 있지만, 판 위에 생성된 하와이섬은 판을 따라 이동하면서 위치가 변한다.

11 ㄱ. 열점인 A에서 형성되는 마그마는 뜨거운 플룸이 상승하면서 맨틀 물질이 부분 용융되어 생성된다.

바로알기 ㄴ. 열점에서 거리가 먼 화산섬일수록 먼저 형성되어 나이가 많으므로 화산섬의 나이는 ㉠이 ㉡보다 많다.

ㄷ. 화산 활동이 일어나지 않는 ㉠이 화산 활동이 일어나고 있는 ㉡보다 먼저 형성되었고 ㉡의 서쪽에 위치해 있으므로, 해양판은 동쪽에서 서쪽으로 이동한다.

12 ㄷ. 뜨거운 플룸이 상승하면서 맨틀 물질이 부분 용융되면 마그마가 모여 있는 열점이 생성된다.

바로알기 ㄱ. 그림에서 열점은 판 내부에 분포하는 것도 있고, 판 경계에 분포하는 것도 있다. 열점은 플룸 상승류가 있는 곳에서 형성되므로 판 경계와 상관없이 분포한다.

ㄴ. 열점은 맨틀과 외핵의 경계부에서 올라오는 뜨거운 플룸으로 형성되고, 판은 상부 맨틀에 놓여 이동하므로 열점의 위치는 판의 이동을 따라 변하지 않는다.

13 꼼꼼 문제 분석

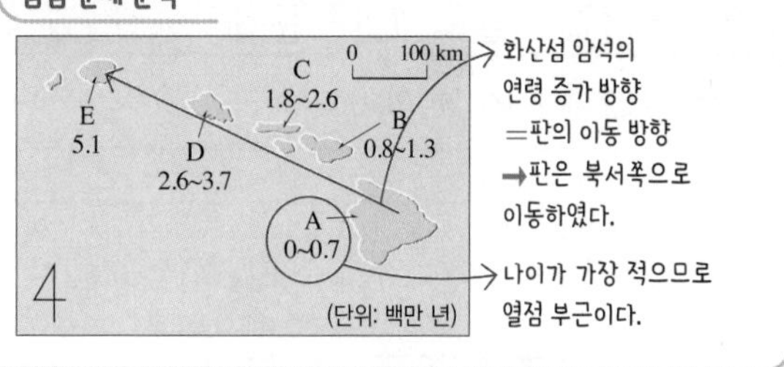

ㄱ. 화산섬은 열점 위에서 생성된 후 판을 따라 이동하여 열점에서 점점 멀어지므로 열점에서 가장 가까운 섬은 암석의 연령이 가장 적은 A이다.

ㄷ. 남동쪽(↘)으로 오면서 화산섬의 암석 연령이 적어지므로 화산섬이 형성되는 동안 판은 북서 방향(↖)으로 이동하였다.

바로알기 ㄴ. 열점에서 생성된 마그마가 분출하여 화산섬이 형성되므로 화산 활동이 가장 활발한 화산섬은 암석의 연령이 가장 적고 열점 위에 위치한 A이다.

ㄹ. 화산섬들은 판 위에서 생성되어 판의 움직임에 따라 이동하므로 화산섬 사이의 거리는 변하지 않을 것이다.

14 • 동화: 판 구조론은 상부 맨틀(연약권)의 운동으로 판의 이동을 설명하고, 플룸 구조론은 판이 침강한 후 하부 맨틀까지의 변화를 설명하므로 플룸 구조론이 판 구조론보다 상대적으로 더 깊은 곳에서 일어나는 변화를 설명한다.

바로알기 • 우진: 화산 활동과 지진은 주로 판 경계에서 일어나므로 지진대와 화산대의 분포는 판 경계와 대체로 일치하며, 판 구조론에서 더 잘 설명된다.

• 세영: 플룸은 밀도 차이로 발생하는 기둥 모양의 상승류와 하강류이므로 물질의 수평적 흐름보다 주로 수직적 흐름과 관련이 있다.

15 지각에서 A로 플룸 하강류(차가운 플룸)가 나타나고, B에서 지각 쪽으로 플룸 상승류(뜨거운 플룸)가 나타난다.

① A는 해양판이 냉각되어 무거워진 물질이 외핵 쪽으로 가라앉은 것이고, B는 외핵과 맨틀의 경계부에서 가열되어 상승한 것이므로 온도는 B가 A보다 높다.

② 열점은 뜨거운 플룸이 상승하여 지표면과 만나는 지점 아래에 마그마가 생성되는 곳이다.

③ 열점은 맨틀과 외핵의 경계부에서부터 상승하는 플룸에 의해 마그마가 생성되는 곳이고, 판은 연약권 위에서 이동하므로 판이 이동해도 열점의 위치는 변하지 않는다.

⑤ 해구에서 섭입된 해양판이 냉각되어 무거워지면서 물질이 외핵 쪽으로 가라앉아 형성된 흐름이 차가운 플룸이다.

바로알기 ④ 하와이섬은 판 내부에서 생성된 화산섬으로, 판 구조론으로 설명할 수 없고 플룸 구조론으로 설명할 수 있다. 하와이섬은 뜨거운 플룸에 의해 생성된 열점에서 마그마가 지각을 뚫고 분출하여 생성된 화산섬이다.

01 꼼꼼 문제 분석

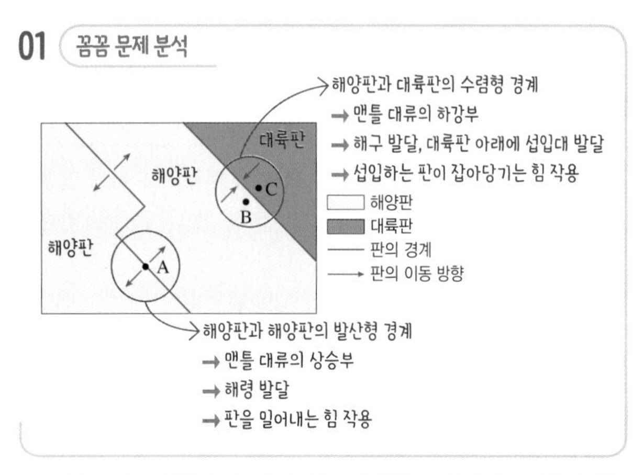

ㄱ. A는 판이 양쪽으로 확장되는 발산형 경계이다. 이곳에서는 해령에서 솟아오른 해양판이 중력에 의해 해령의 사면을 따라 미끄러지면서 판을 밀어내는 힘이 작용한다.

ㄴ. B와 C는 두 판이 서로 가까워지는 수렴형 경계에 존재하므로 B와 C 하부에서는 맨틀 대류의 하강이 일어난다.

ㄷ. 해양판과 대륙판이 만나는 수렴형 경계에서는 밀도가 큰 해양판의 일부가 대륙판 아래로 섭입한다. 이때 섭입하는 해양판 자체의 무게에 의해 연결된 해양판을 잡아당기는 힘이 작용한다. 따라서 B가 속한 해양판의 일부가 섭입하는 C의 하부에서는 B가 속한 판을 잡아당기는 힘이 작용한다.

02 꼼꼼 문제 분석

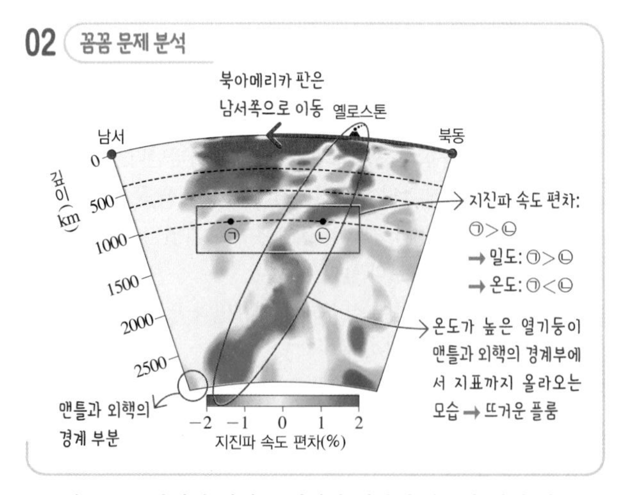

ㄷ. 옐로스톤 아래의 열점은 위치가 변하지 않지만 열점 위에 위치한 북아메리카 판이 남서쪽으로 이동하므로 앞으로 화산 활동은 옐로스톤의 북동쪽에서 활발하게 일어날 것이다.

바로알기 ㄱ. 지진파 속도는 물질의 온도가 낮고 밀도가 크면 빠르고, 온도가 높고 밀도가 낮으면 느리다. 지진파 속도 편차가 (+)인 ㉠이 (−)인 ㉡보다 지진파 속도가 빠르므로 밀도가 더 크다.

ㄴ. 옐로스톤은 깊이 약 2900 km에 있는 맨틀과 외핵의 경계 부분에서부터 기둥 모양으로 연결되어 있는 플룸 위에 위치하고 있다. 기둥 모양으로 상승하는 부분은 지진파의 속도가 느린 것으로 보아 뜨거운 플룸에 해당한다.

03 꼼꼼 문제 분석

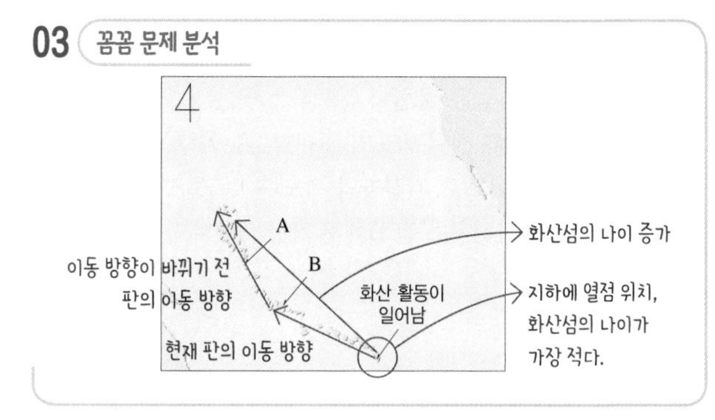

ㄱ. 현재 화산 활동이 일어나는 지점 아래에 열점이 존재하며, 열점에서 멀리 떨어진 화산섬이나 해산일수록 먼저 생성된 것이다. 따라서 A는 B보다 먼저 생성되었다.

ㄴ. A와 B는 같은 열점에서 분출한 마그마에 의해 생성되어 판의 이동을 따라 현재 위치에 있다.

바로알기 ㄷ. 열점에 의해 형성된 화산섬과 해산이 북서−남동 방향으로 배열되어 있고, 열점에서 멀어질수록 먼저 생성되었으므로 현재 태평양판은 북서쪽으로 이동하고 있다.

04 꼼꼼 문제 분석

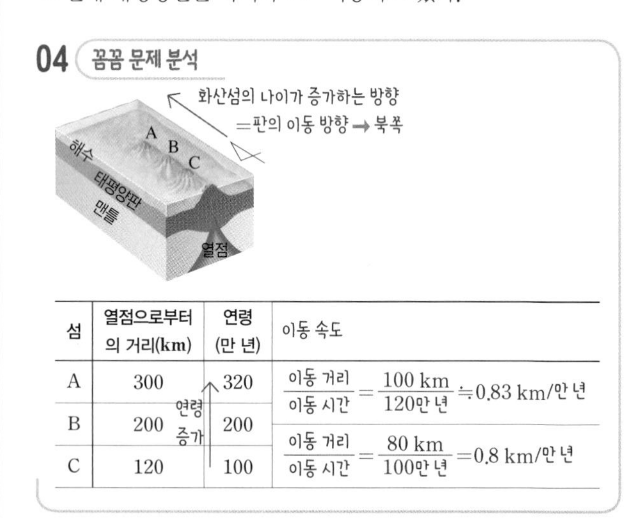

섬	열점으로부터의 거리(km)	연령 (만 년)	이동 속도
A	300	320	$\frac{\text{이동 거리}}{\text{이동 시간}} = \frac{100\text{ km}}{120\text{만 년}} \fallingdotseq 0.83\text{ km/만 년}$
B	200	200	
C	120	100	$\frac{\text{이동 거리}}{\text{이동 시간}} = \frac{80\text{ km}}{100\text{만 년}} = 0.8\text{ km/만 년}$

(연령 증가: C → A)

ㄱ. A~C는 모두 열점에서 마그마가 분출하면서 형성되어 판의 운동을 따라 이동한 결과, 화산 열도를 이루었다.

바로알기 ㄴ. 화산 열도가 형성되는 동안 판의 이동은 나이가 젊은 섬에서 나이가 많은 섬 쪽으로 일어난다. C에서 A로 갈수록 화산섬의 나이가 많아지므로 태평양판은 북쪽으로 이동하였다.

ㄷ. 화산섬의 나이와 열점으로부터 거리로부터 판의 이동 속도를 계산하면, 320만 년 전부터 200만 년 전까지 판의 이동 속도는 약 0.83 km/만 년이고, 200만 년 전부터 100만 년 전까지 판의 이동 속도는 0.8 km/만 년이다. 따라서 이 기간 동안 태평양판의 이동 속도는 일정하지 않았다.

변동대의 마그마 활동과 화성암

개념 확인 문제

49쪽

❶ 현무암질 ❷ 온도 ❸ 압력 ❹ 물 ❺ 현무암질 ❻ 섭입대 ❼ 염기성암 ❽ 심성암 ❾ 현무암 ❿ 화강암

1 (1) 유문암질 (2) ㉠ 높고, ㉡ 작다 (3) 급한 **2** (1) ㉠ 물이 포함된 화강암의 용융 곡선, ㉡ 물이 포함되지 않은 맨틀의 용융 곡선 (2) 온도 (3) 압력 **3** (1) 현무암질 마그마 (2) 현무암질 마그마 (3) 유문암질 마그마 (4) 안산암질 마그마 **4** (1) 화학 조성 (2) 산성암 (3) 밝다 (4) 조립질 **5** A: 현무암, B: 안산암, C: 화강암 **6** 화강암 **7** ③

1 (1) 현무암질 마그마는 SiO_2 함량이 52 % 이하이고, 유문암질 마그마는 SiO_2 함량이 63 % 이상이다.
(2) 현무암질 마그마는 유문암질 마그마보다 온도가 높고 점성이 작아서 유동성이 크다.
(3) 유문암질 마그마는 현무암질 마그마보다 점성이 크고 유동성이 작으므로 경사가 급한 화산체를 형성한다.

2 꼼꼼 문제 분석

물이 포함된 화강암의 용융 곡선
온도 상승
온도(℃)
500 1000 1500
물이 포함되지 않은 맨틀의 용융 곡선
깊이(km) 0 50 100
압력(×10⁴ 기압) 10 20 30
지하의 온도 분포
압력 감소

(1) ㉠은 물이 포함된 화강암의 용융 곡선으로, 깊은 곳으로 갈수록 용융점이 낮아진다. ㉡은 물이 포함되지 않은 맨틀의 용융 곡선으로, 깊은 곳으로 갈수록 용융점이 높아진다.
(2) a 과정으로 마그마가 생성되는 경우는 섭입대에서 상승하는 현무암질 마그마에 의해 대륙 지각 하부에 열이 공급되어 부분 용융이 일어날 때이다.
(3) b 과정으로 마그마가 생성되는 경우는 해령에서 맨틀 물질이 상승하면서 압력이 감소할 때와 열점에서 플룸 상승류를 따라 맨틀 물질이 상승하면서 압력이 감소할 때이다.

3 (1) 상승하는 플룸이 지표 가까이 올라오면 압력이 낮아지면서 용융점에 도달하여 부분 용융이 일어나 현무암질 마그마가 생성된다.
(2) 해령에서 맨틀 물질이 상승하면 압력이 낮아지면서 부분 용융이 일어나 현무암질 마그마가 생성된다.
(3) 섭입대에서 생성되어 상승한 마그마가 열을 공급하여 대륙 지각 하부가 부분 용융되면 유문암질 마그마가 생성된다.
(4) 현무암질 마그마와 유문암질 마그마가 혼합되거나 현무암질 마그마의 성분이 변하여 안산암질 마그마가 생성된다.

4 (1) 화성암은 화학 조성(SiO_2 함량)에 따라 염기성암, 중성암, 산성암으로 구분한다.
(2) 유문암질 마그마는 SiO_2 함량이 63 % 이상이므로 식어 굳어지면 산성암이 된다.
(3) 화성암은 SiO_2 함량이 많을수록 무색 광물을 많이 포함하여 암석의 색이 밝다.
(4) 마그마가 빨리 냉각될수록 광물 결정이 성장할 시간이 부족하여 광물 결정이 작다. 심성암은 지하 깊은 곳에서 마그마가 천천히 식어 굳어진 암석으로, 광물 결정이 큰 조립질 조직을 띤다.

5 A는 염기성암이면서 화산암이므로 현무암이고, B는 중성암이면서 화산암이므로 안산암이며, C는 산성암이면서 심성암이므로 화강암이다.

6 유문암질 마그마는 산성암이 되며, 천천히 식어서 굳으면 심성암이 된다. 산성암 중 심성암인 암석의 예로는 화강암이 있다.

7 우리나라에 분포하는 화성암에는 중생대에 생성된 화강암과 신생대에 생성된 현무암 등이 있는데, 이 중 대부분을 차지하는 암석은 중생대에 생성된 화강암이다.

대표 자료 분석

50~51쪽

자료 ❶ 1 (가) 현무암질 마그마 (나) 유문암질 마그마 **2** 작아진다. **3** ㉠ 완만하다, ㉡ 급하다 **4** (1) × (2) × (3) ○ (4) ○ (5) ×

자료 ❷ 1 ❶ 온도 상승, ❷ 압력 감소, ❸ 물의 공급에 의한 용융점 하강 **2** A: 현무암질 마그마, B: 현무암질 마그마, C: 현무암질 마그마, D: 유문암질 마그마, 안산암질 마그마 **3** ❶ D ❷ A, B ❸ C **4** (1) ○ (2) ○ (3) × (4) ○

자료 ❸ 1 화학 조성(SiO_2 함량) **2** 마그마의 냉각 속도가 빠르기 때문이다. **3** 공통점: ㄴ, ㄹ, 차이점: ㄱ, ㄷ **4** (1) × (2) ○ (3) × (4) × (5) ○

자료 ❹ 1 (가) 화강암 (나) 현무암 (다) 현무암 (라) 화강암 **2** (나), (다) **3** (가), (라) **4** (가) 판상 절리 (나) 주상 절리 **5** (1) ○ (2) ○ (3) × (4) × (5) ○

1-1 (가)는 SiO_2 함량이 52 % 이하이므로 현무암질 마그마이고, (나)는 SiO_2 함량이 63 % 이상이므로 유문암질 마그마이다.

1-2 SiO_2 함량이 많을수록 마그마의 온도가 낮고 점성이 커지므로 유동성은 작아진다.

1-3 마그마의 점성이 작아서 조용히 분출하여 생성된 화산체의 경사는 상대적으로 완만하고, 마그마의 점성이 커서 폭발적으로 분출하여 생성된 화산체의 경사는 상대적으로 급하다.

1-4 (1) SiO_2 함량이 60 %인 마그마는 52 %~63 % 사이이므로 안산암질 마그마에 해당한다.
(2) 마그마의 온도가 높을수록 마그마의 점성이 작아지므로 유동성이 커진다.
(3) 점성이 큰 유문암질 마그마가 분출하면 휘발 성분이 많으므로 화산 활동이 폭발적으로 일어날 수 있다.
(4) 유문암질 마그마는 현무암질 마그마보다 점성이 크므로 유문암질 마그마가 분출하면 현무암질 마그마가 분출할 때보다 만들어진 화산체의 경사가 급하다.
(5) 경사가 완만한 용암 대지가 만들어질 가능성은 유문암질 마그마보다 유동성이 큰 현무암질 마그마가 분출할 때 크다.

2-1 꼼꼼 문제 분석

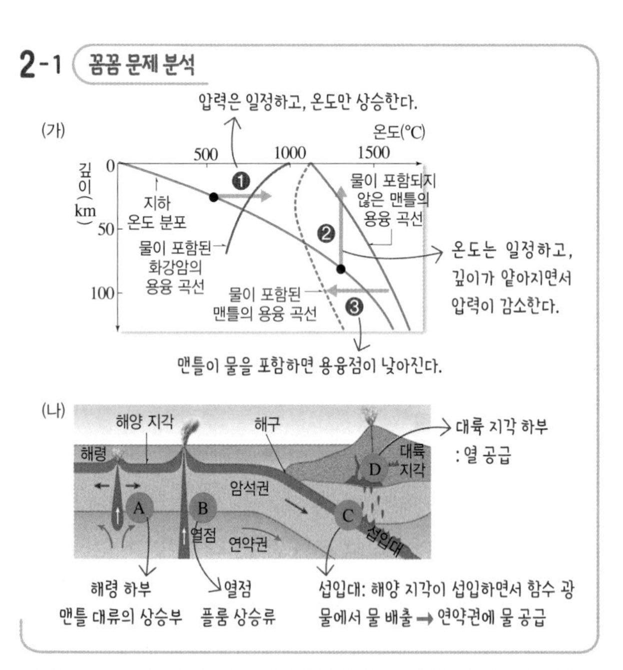

❶은 온도 상승, ❷는 맨틀 물질의 상승에 따른 압력 감소, ❸은 물의 공급에 따른 용융점 하강으로 마그마가 생성된다.

2-2 (나)의 A, B에서는 맨틀 물질이 상승하여 압력 감소로 부분 용융되어 현무암질 마그마가 생성된다. C에서는 섭입대 바로 위 연약권의 맨틀 물질이 부분 용융되어 현무암질 마그마가 생성된다. 현무암질 마그마가 상승하다 대륙 지각 하부에 열을 공급하여 D에서는 유문암질 마그마가 생성되고, 유문암질 마그마가 현무암질 마그마와 섞이면 안산암질 마그마가 생성된다.

2-3 ❶은 온도가 높아져 대륙 지각이 부분 용융되어 마그마가 생성되는 것으로, 섭입대 바로 위 연약권에서 생성된 현무암질 마그마가 상승하여 대륙 지각 하부가 가열되는 D에서 마그마가 생성되는 조건이다.
❷는 압력이 감소하여 용융점이 낮아지면서 마그마가 생성되는 것으로, 맨틀 물질이 상승하는 A와 B에서 마그마가 생성되는 조건이다.
❸은 물이 맨틀(연약권)에 공급되면서 맨틀의 용융점이 낮아져 마그마가 생성되는 것으로, 해양 퇴적물이나 해양 지각의 함수 광물에서 물이 배출되는 C에서 마그마가 생성되는 조건이다.

2-4 (1) (가)에서 지하의 온도 분포 곡선을 보면 지하로 깊이 들어갈수록 온도가 상승한다. 물이 포함되지 않은 맨틀의 용융 곡선을 보면 지하로 깊이 들어갈수록 용융점이 높아진다.
(2) A, B, C에서는 모두 맨틀 물질이 부분 용융되어 현무암질 마그마가 생성된다.
(3) A와 B에서 마그마가 생성되는 원리는 맨틀 물질의 상승에 따른 압력 감소로 맨틀 물질의 용융점이 낮아지는 것이다.
(4) 안산암질 마그마는 C에서 생성되는 현무암질 마그마와 D에서 생성된 유문암질 마그마가 혼합되어 생성될 수 있다.

3-1 화성암은 화학 조성(SiO_2 함량)을 기준으로 염기성암, 중성암, 산성암으로 분류한다.

3-2 화산암은 마그마가 지표로 분출하거나 지표 부근에서 빠르게 식어 만들어지므로 마그마의 냉각 속도가 빨라 상대적으로 마그마의 냉각 속도가 느린 심성암보다 광물 결정의 크기가 작다.

3-3 • 공통점: 반려암과 화강암은 모두 지하 깊은 곳에서 생성된 심성암으로, 마그마의 냉각 속도가 느려 광물 결정의 크기가 큰 조립질 조직이 나타난다.
• 차이점: 반려암은 어두운색을 띠고, 화강암은 밝은색을 띤다. 어두운색을 띠는 암석은 밝은색을 띠는 암석보다 상대적으로 Ca, Fe 등의 원소가 많으며, 암석의 조직 밀도가 크다.

3-4 (1) 현무암은 SiO_2 함량이 적은 염기성암이고, 유문암은 SiO_2 함량이 많은 산성암이다.
(2) 현무암은 세립질 조직이고, 반려암은 조립질 조직이다. 마그마의 냉각 속도가 빠를수록 광물 결정의 크기가 작으므로 현무암이 반려암보다 마그마가 빠르게 냉각되어 생성된 암석이다.
(3) 화강암은 SiO_2 함량이 많아 밝은색을 띠고, 마그마가 지하 깊은 곳에서 천천히 식어 생성되므로 광물 결정의 크기가 크다.
(4) 유문암질 마그마가 지하 깊은 곳에서 식어 굳어진 암석은 산성암 중 심성암에 해당하므로 화강암이다.
(5) 현무암질 마그마는 유문암질 마그마보다 온도가 높아 점성이 작으므로 경사가 완만한 화산체를 이룬다.

4-1 (가)는 화강암 지형, (나)는 현무암 지형, (다)는 현무암 지형, (라)는 화강암 지형이다.

4-2 (가)와 (라)는 심성암인 화강암으로 이루어져 있고, (나)와 (다)는 화산암인 현무암으로 이루어져 있다.

4-3 (가)와 (라)는 중생대에 생성된 화강암 지형이고, (나)와 (다)는 신생대에 생성된 현무암 지형이다.

4-4 (가)는 심성암이 지표로 노출되면서 얇은 판 모양으로 쪼개진 판상 절리가 발달하였다. (나)는 지표로 분출한 용암이 급격히 냉각·수축하면서 기둥 모양으로 쪼개진 주상 절리가 발달하였다.

4-5 (1) (가)와 (라)는 화강암 지형으로, 색이 밝다. 화강암은 산성암에 해당한다.
(2) 심성암으로 이루어진 (가)는 화산암으로 이루어진 (다)보다 지하 깊은 곳에서 생성되었다.
(3) (나)는 마그마가 지표로 분출하여 빠르게 식어 형성되었으므로 광물 결정의 크기가 작고, (라)는 마그마가 지하 깊은 곳에서 천천히 식어 형성되었으므로 광물 결정의 크기가 크다.
(4) (다)는 염기성암인 현무암이므로 SiO_2 함량이 52 % 이하이고, (가)는 산성암인 화강암이므로 SiO_2 함량이 63 % 이상이다.
(5) 현무암질 마그마가 분출하여 형성된 지형은 어두운색을 띠면서 광물 결정의 크기가 작은 암석으로 이루어져 있는 (나)와 (다)이다.

내신 만점 문제

52~54쪽

01 ①　02 해설 참조　03 ②　04 해설 참조　05 ③
06 ②　07 ④　08 ③　09 ③　10 ②　11 ②　12 ⑤
13 ⑤　14 A: 독도, B: 백두산, C: 북한산

01 (가)는 유동성이 크고 SiO_2 함량이 상대적으로 적으므로 현무암질 마그마이고, (나)는 유동성이 작고 SiO_2 함량이 상대적으로 많으므로 유문암질 마그마이다.
ㄱ. 마그마의 온도가 높을수록 SiO_2 함량이 적고 유동성이 크므로, 온도는 (가)가 (나)보다 높다.
바로알기 ㄴ. SiO_2 함량이 많을수록 마그마의 점성이 크고 유동성이 작으므로, 점성은 (나)가 (가)보다 크다.
ㄷ. 점성이 크고 유동성이 작을수록 경사가 급한 화산체를 형성하므로, 화산체의 경사는 (나)가 (가)보다 급하다.

02 (가)는 종상 화산이고, (나)는 순상 화산이다. 따라서 (가) 화산체를 형성한 마그마는 (나) 화산체를 형성한 마그마보다 온도가 낮고 점성이 커서 경사가 급한 화산체를 이루었다.

모범 답안 (나), 현무암질 마그마는 온도가 높고 점성이 작아 경사가 완만한 화산체를 이루기 때문이다.

채점 기준	배점
(나)를 고르고, 그 까닭을 마그마의 온도, 점성, 화산체의 경사를 포함하여 옳게 서술한 경우	100 %
(나)를 고르고, 그 까닭을 마그마의 점성, 화산체의 경사만 포함하여 옳게 서술한 경우	70 %
(나)만 고른 경우	40 %

03 꼼꼼 문제 분석

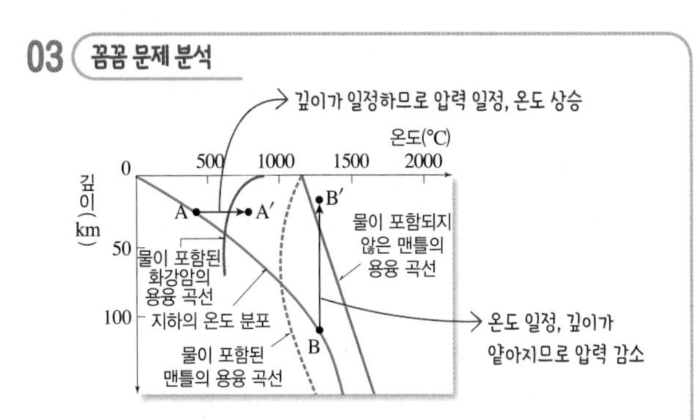

- A, B: 암석의 온도 < 해당 깊이에서 암석의 용융점 ➡ 마그마가 생성되지 않는다.
- A′: 암석의 온도 > 화강암의 용융점 ➡ 유문암질 마그마 생성
- B′: 암석의 온도 > 맨틀의 용융점 ➡ 현무암질 마그마 생성

① A 조건일 때는 암석의 온도가 용융점보다 낮으므로 마그마가 생성되지 않는다.
③ 지하의 온도 분포에서 지하 깊은 곳으로 갈수록 온도가 높아지고 있다.
④ B → B′ 과정은 지하 깊은 곳의 맨틀 물질이 얕은 곳으로 상승하면서, 압력 감소로 맨틀의 용융점이 낮아져 부분 용융되어 마그마가 생성되는 과정이므로 현무암질 마그마가 생성된다.
⑤ 같은 깊이에서 물이 포함되지 않은 맨틀의 용융점은 물이 포함된 맨틀의 용융점보다 높다. 따라서 맨틀에 물이 공급되면 용융점이 낮아진다.
바로알기 ② A → A′는 지각이 열을 공급받아 온도가 상승하여 화강암의 용융점에 도달하여 마그마가 생성되는 과정이다.

04 A는 플룸 상승류에서 만들어지는 열점이고, B는 맨틀 대류의 상승부이다. A와 B에서는 모두 맨틀 물질이 상승하면서 압력이 감소하여 마그마가 생성된다.

모범 답안 A와 B에서는 모두 압력의 감소로 맨틀 물질의 온도보다 맨틀의 용융점이 낮아져 현무암질 마그마가 생성된다.

채점 기준	배점
마그마의 종류와 생성 과정을 모두 옳게 서술한 경우	100 %
마그마의 종류와 생성 과정 중 한 가지만 옳게 서술한 경우	50 %

05 꼼꼼 문제 분석

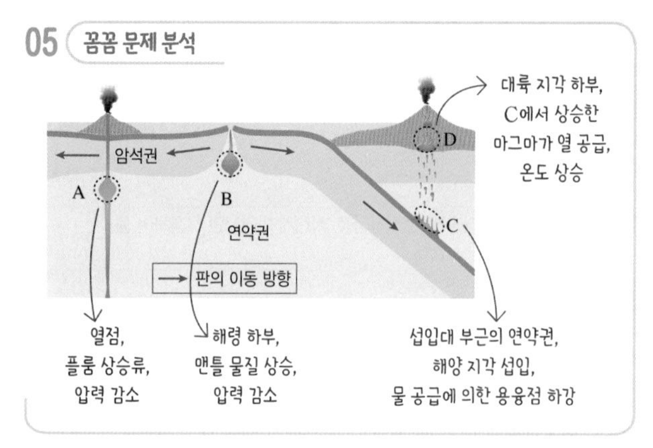

ㄱ. A는 열점, B는 해령 하부로, 이곳은 맨틀 물질의 상승에 따른 압력 감소로 마그마가 생성되는 곳이다.

ㄴ. A, B, C에서는 맨틀 물질이 부분 용융되어 현무암질 마그마가 생성된다. D에서는 대륙 지각 하부가 부분 용융되어 유문암질 마그마가 생성되고, 유문암질 마그마가 현무암질 마그마와 혼합되면 안산암질 마그마가 생성될 수 있다.

바로알기 ㄷ. 마그마의 SiO_2 함량은 현무암질 마그마가 유문암질 마그마나 안산암질 마그마보다 적다. A, B, C에서는 현무암질 마그마가 생성되고, D에서는 유문암질 마그마나 안산암질 마그마가 생성되므로 생성되는 마그마의 SiO_2 함량은 D가 가장 많다.

06 꼼꼼 문제 분석

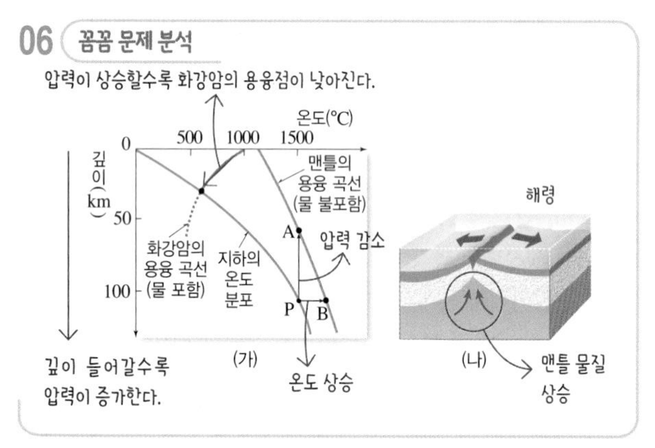

ㄴ. 열점에서는 플룸 상승류를 따라 맨틀 물질이 상승하면서 압력이 낮아지는 P → A 과정으로 마그마가 생성된다.

바로알기 ㄱ. (가)에서 물을 포함한 화강암은 깊이가 깊어져 압력이 커질수록 용융점이 낮아진다.

ㄷ. (나)는 발산형 경계에서 형성되는 해령으로, 맨틀 물질이 상승하면서 압력이 낮아지는 P → A 과정으로 마그마가 생성된다.

07

ㄴ. 유문암질 마그마는 SiO_2 함량이 63 % 이상으로, 지표로 분출하거나 지표 부근에서 식으면 산성암이 되므로 B에 가깝다.

ㄷ. 철(Fe)과 마그네슘(Mg)을 포함하는 광물은 어두운색을 띠므로 유색 광물의 함량비는 A가 B보다 높다.

바로알기 ㄱ. A는 SiO_2 함량이 52 % 이하이므로 염기성암에 속하고, B는 SiO_2 함량이 63 % 이상이므로 산성암에 속한다.

08

화성암 A는 지표나 지표 부근에서 생성되는 화산암이고, 화성암 B는 지하 깊은 곳에서 생성되는 심성암이다.

ㄱ. A는 마그마가 지표로 분출하거나 지표 부근에서 빠르게 냉각되므로 광물 결정이 자랄 시간이 부족하여 광물 결정의 크기가 작은 세립질 조직이 관찰된다. B는 마그마가 지하 깊은 곳에서 천천히 냉각되므로 광물 결정이 충분히 성장하여 광물 결정의 크기가 큰 조립질 조직이 관찰된다.

ㄴ. A는 마그마가 지표로 분출하거나 지표 부근에서 빠르게 냉각되어 생성된 것이고, B는 마그마가 지하 깊은 곳에서 천천히 냉각되어 생성된 것이다.

바로알기 ㄷ. 현무암은 화산암에 속하므로 지표나 지표 부근에서 생성되는 A로 산출될 수 있다.

09

화강암은 암석의 색이 밝은 산성암이고, 조립질인 심성암이다. 현무암은 암석의 색이 어두운 염기성암이고, 세립질인 화산암이다. (가)는 암석의 색이 밝고 조립질이므로 화강암이고, (나)는 암석의 색이 어둡고 세립질이므로 현무암이다.

ㄱ. (나)는 (가)보다 세립질이므로 마그마의 냉각 속도가 빠르다.

ㄴ. (나)는 (가)보다 어두운색을 띠므로 유색 광물의 함량이 더 많다.

바로알기 ㄷ. (나)는 (가)보다 유색 광물의 함량이 많은 염기성암이므로 SiO_2 함량이 적다.

10 꼼꼼 문제 분석

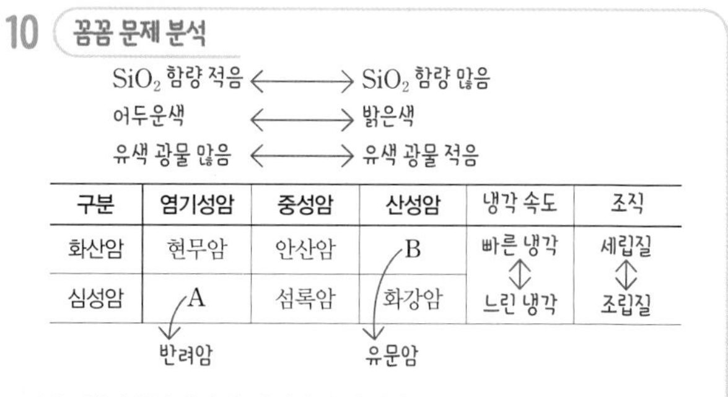

SiO_2 함량 적음 ⟷ SiO_2 함량 많음
어두운색 ⟷ 밝은색
유색 광물 많음 ⟷ 유색 광물 적음

구분	염기성암	중성암	산성암	냉각 속도	조직
화산암	현무암	안산암	B	빠른 냉각	세립질
심성암	A	섬록암	화강암	느린 냉각	조립질

A는 염기성암이면서 심성암인 암석이고, B는 산성암이면서 화산암인 암석이다.

ㄴ. 마그마의 냉각 속도는 마그마가 지표 부근에서 식어 굳어진 화산암(B)이 마그마가 지하 깊은 곳에서 식어 굳어진 심성암(A)보다 빠르다.

바로알기 ㄱ. 암석의 색은 SiO_2 함량이 적은 염기성암이 유색 광물이 많아 어둡고, SiO_2 함량이 많은 산성암이 무색 광물이 많아 밝다. 따라서 암석의 색은 A가 B보다 어둡다.

ㄷ. 반려암은 색이 어둡고 광물 결정의 크기가 큰 암석이므로 염기성암이면서 심성암인 A에 해당한다.

11 ㄴ. 규산염 광물 중 유색 광물에는 철(Fe)과 마그네슘(Mg)의 함량이 많다. 따라서 (Fe+Mg)의 함량은 유색 광물의 함량이 많은 현무암이 화강암보다 많다.

바로알기 ㄱ. 휘록암은 염기성암이고, 석영 반암은 산성암이므로 휘록암이 석영 반암보다 SiO_2 함량이 적다.

ㄷ. 반려암과 화강암은 심성암이고, 암맥으로 주로 산출되는 것은 반심성암이다.

12 ① 우리나라의 화성암 중에서는 중생대의 화강암이 가장 많이 분포한다.

② 지하 깊은 곳에서 생성된 화강암은 위쪽의 지층이 깎여 나가면서 융기하여 지표로 노출되었다.

③ 제주도, 울릉도는 화산 활동으로 형성된 화산섬이므로, 화산암이 분포한다.

④ 우리나라의 화산 활동은 대부분 신생대에 일어났으므로 화산암은 대부분 신생대의 현무암이다.

바로알기 ⑤ 우리나라에는 화산암보다 심성암인 화강암이 더 넓게 분포한다.

13 (가) 북한산의 암봉은 화강암 지형이고, (나) 한탄강의 암석은 현무암 지형이다.

ㄱ. 북한산의 화강암은 중생대에, 한탄강의 현무암은 신생대에 생성되었다. 따라서 (가)의 암석이 (나)의 암석보다 먼저 생성되었다.

ㄴ. (가)는 심성암으로, (나)는 화산암으로 이루어져 있다.

ㄷ. (가)는 심성암이므로 지하 깊은 곳에서 생성된 암석이 지표로 드러나면서 압력이 감소하여 암석 표면에 판상 절리가 발달한다. (나)는 화산암이므로 지표로 분출한 마그마가 빠르게 냉각되면서 주상 절리가 발달한다.

14 A 독도는 해저 화산 활동으로 형성된 화산섬이고, B 백두산은 육지에서 화산 활동으로 형성된 화산이다. A와 B는 주로 화산암으로 이루어져 있다. C 북한산은 주로 마그마가 지하 깊은 곳에서 냉각되어 굳은 심성암이 융기하여 지표로 드러난 암석으로 이루어져 있다.

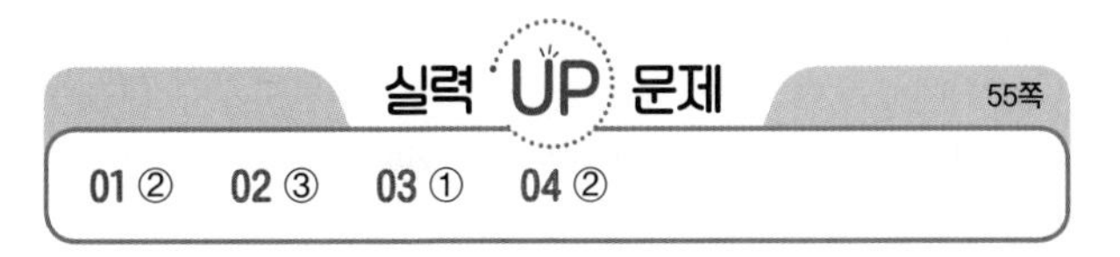

실력 UP 문제 55쪽

01 ② 02 ③ 03 ① 04 ②

01 ㄷ. 용암의 SiO_2 함량이 적을수록 점성이 작고 유동성이 커서 경사가 완만한 화산체를 형성한다. A는 B보다 SiO_2 함량이 적으므로 경사가 완만한 화산체를 형성한다. $\frac{\text{화산체 높이}}{\text{화산체 밑면적}}$가 클수록 경사가 급하므로 A는 B보다 $\frac{\text{화산체 높이}}{\text{화산체 밑면적}}$ 값이 작다.

바로알기 ㄱ. 용암의 점성은 SiO_2 함량이 많을수록 크므로, A는 B보다 점성이 작다.

ㄴ. 용암의 SiO_2 함량이 많을수록 수증기와 휘발성 기체를 많이 포함하고 있어서 폭발적으로 분출한다. 따라서 용암이 분출할 때는 B가 A보다 폭발적이다.

02 ㄱ. 같은 깊이에서 물이 포함된 맨틀의 용융점은 물이 포함되지 않은 맨틀의 용융점보다 낮다. 따라서 A는 물이 포함된 맨틀의 용융 곡선이고, B는 물이 포함되지 않은 맨틀의 용융 곡선이다.

ㄷ. 섭입대에서는 섭입하는 해양 지각에 포함된 함수 광물에서 물이 빠져나와 연약권에 물이 공급되면서 맨틀의 용융점이 낮아진다. 이에 따라 맨틀 물질이 부분 용융되어 현무암질 마그마가 생성된다. 따라서 섭입대에서 마그마가 생성되는 경우의 맨틀 용융 곡선은 A이다.

바로알기 ㄴ. ㉠은 온도 상승으로 마그마가 생성되는 과정이고, ㉡은 압력 감소로 마그마가 생성되는 과정이다. 해령에서는 맨틀 물질이 상승함에 따라 압력 감소로 마그마가 생성된다.

03 꼼꼼 문제 분석

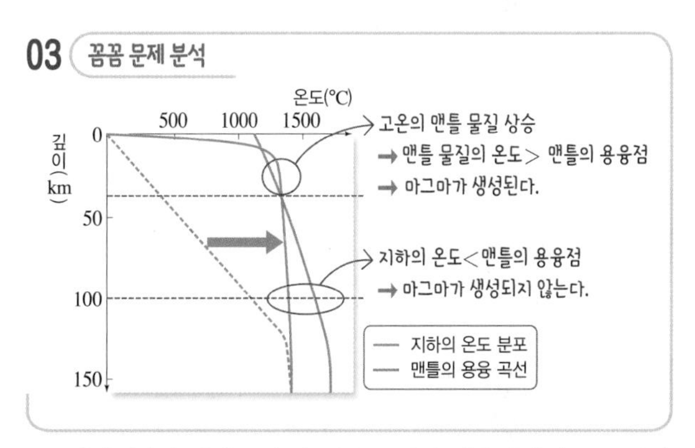

ㄱ. 해령에서와 같이 고온의 맨틀 물질이 상승하면 온도는 약간 낮아지지만 거의 변하지 않으므로 지하의 온도 분포 곡선은 실선과 같은 분포를 보인다. 그리고 깊이가 얕아지면서 맨틀의 용융점이 낮아진다. 그 결과 지하의 온도가 맨틀의 용융점보다 높은 구간에서 마그마가 생성된다.

바로알기 ㄴ. 맨틀 물질이 부분 용융되면 현무암질 마그마가 생성된다.

ㄷ. 깊이 100 km 지점에서는 지하의 온도보다 맨틀의 용융점이 높으므로 마그마가 생성되지 않는다.

04 ㄷ. (가)는 현무암이고, (나)는 화강암이므로 구성 암석의 SiO_2 함량은 (나)가 (가)보다 많다.

바로알기 ㄱ. 설악산의 화강암은 중생대, 제주도의 현무암은 신생대에 생성되었으므로 암석의 나이는 (가)가 (나)보다 적다.

ㄴ. (가)는 용암이 지표에 분출되어 급하게 냉각되는 과정에서 주상 절리가 발달하였다. (나)는 지하 깊은 곳에서 마그마가 천천히 식어서 생성된 화강암으로 이루어져 있다. 따라서 암석의 생성 깊이는 (가)가 (나)보다 얕다.

중단원 핵심 정리 56~57쪽

❶ 대륙 이동설 ❷ 맨틀 대류 ❸ 음향 측심법 ❹ 깊다 ❺ 해령 ❻ 변환 단층 ❼ 연약권 ❽ 복각 ❾ 위도 ❿ 수렴형 경계 ⓫ 잡아당기는 ⓬ 차가운 플룸 ⓭ 뜨거운 플룸 ⓮ 증가 ⓯ 압력 감소 ⓰ 물의 공급에 의한 용융점 하강 ⓱ 현무암질 ⓲ 물 ⓳ 유문암질 ⓴ 중생대

중단원 마무리 문제 58~62쪽

01 ④ 02 ② 03 ② 04 ③ 05 ① 06 ③
07 B, C 08 ⑤ 09 ④ 10 ⑤ 11 ③ 12 ⑤
13 ③ 14 ④ 15 ③ 16 ① 17 ② 18 해설 참조
19 해설 참조 20 해설 참조 21 해설 참조 22 해설 참조
23 해설 참조

01 ㄴ. 사이노그나투스 화석이 대서양을 사이에 두고 멀리 떨어져 있는 남아메리카 대륙과 아프리카 대륙에서 발견되고, 두 대륙의 해안선 모양이 잘 들어맞으므로 사이노그나투스가 번성하였던 시기에 두 대륙이 서로 붙어 있었을 것이다.

ㄷ. 화석의 분포로 추정한 결과, 과거에 두 대륙이 붙어 있었다면 두 대륙에서는 서로 연결되는 지질 구조가 발견될 수 있다.

바로알기 ㄱ. 사이노그나투스는 남아메리카 대륙과 아프리카 대륙의 일부 지역에 분포하였다.

02 ① 해령에서 멀어질수록 해양 지각이 냉각되고 침강하여 대체로 수심이 깊어진다.

③ 해령에서 해구로 갈수록 해양 지각의 나이가 많아지고, 해저 퇴적물의 두께가 두꺼워진다.

④ 해령에서 생성된 해양 지각은 해구에서 섭입되면서 소멸된다.

⑤ 해령에서 해양 지각이 생성되어 해령을 중심으로 양쪽으로 확장되므로 고지자기 줄무늬는 해령을 중심으로 대칭적으로 분포한다.

바로알기 ② 맨틀 대류가 하강하는 곳에서는 수심이 약 6000 m 이상의 깊은 골짜기인 해구가 형성된다.

03 A는 변환 단층, B는 단열대, C는 해령이다.

① A는 인접한 두 판이 서로 어긋나 이동하므로 변환 단층이다.

③ C에서는 해양 지각이 양쪽으로 이동하면서 열곡이 형성된다.

④ 화산 활동은 해령인 C에서만 일어난다.

⑤ 변환 단층(A)과 열곡의 존재는 해양저가 확장한다는 증거이다. 변환 단층은 해양 지각의 확장 속도 차이로 해령과 해령이 끊어지면서 형성된 것이고, 열곡은 해양저가 확장되면서 형성된 것이다.

바로알기 ② 지진은 이웃한 판의 이동 방향이 같은 B보다 이웃한 판의 이동 방향이 반대인 A에서 자주 발생한다.

04 꼼꼼 문제 분석

> (가) 약 2억 년 전에 초대륙인 판게아가 분리되고 이동하여 현재의 대륙 분포를 이루었다. → 대륙 이동설(1912년)
> (나) 해령에서 새로운 해양 지각이 만들어지고 양쪽으로 멀어지면서 해양저가 확장된다. → 해양저 확장설(1962년)
> (다) 맨틀 내에서 대류가 일어나면서 맨틀 대류가 상승하는 곳에서는 새로운 지각이 형성되고, 맨틀 대류가 하강하는 곳에서는 지각이 맨틀 속으로 들어간다. → 맨틀 대류설(1920년대 후반)

ㄱ. (가)는 대륙 이동설, (나)는 해양저 확장설, (다)는 맨틀 대류설이므로 등장한 시간 순서는 (가) → (다) → (나)이다.

ㄷ. 맨틀 대류설은 대륙 이동의 원동력 문제를 해결하기 위해 등장하였으나 당시에는 증거가 없어서 받아들여지지 않았다.

바로알기 ㄴ. 해령을 중심으로 고지자기 줄무늬가 대칭적으로 분포하는 것은 해양저 확장설인 (나)의 증거가 된다.

05 꼼꼼 문제 분석

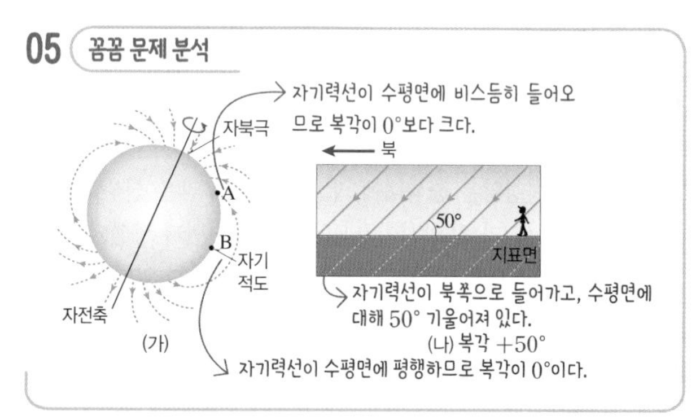

ㄴ. (나)는 자기력선이 지표를 향해 들어가므로 북반구이고, 복각은 (+) 값이다. 또한, 자기력선이 수평면에 대해 50° 기울어져 있으므로 복각은 +50°이다.

바로알기 ㄱ. 자기 적도인 B에서 복각은 0°이고, 고위도인 A로 가면서 복각은 증가한다.

ㄷ. (나)는 복각이 +50°이므로 복각이 0°인 자기 적도(B)에서 관측한 것이 아니고, 북반구(A)에서 관측한 것이다.

06 (가)는 발산형 경계, (나)는 수렴형(섭입형) 경계, (다)는 보존형 경계이다.

ㄴ. (나)에서는 해양판이 대륙판 밑으로 섭입되면서 상부 맨틀과 하부 맨틀 사이에 쌓이다가 무거워지면 외핵 쪽으로 하강하여 차가운 플룸을 형성하기도 한다.

ㄷ. 수렴형 경계인 (나)가 많아지면 대륙들이 점차 모여 초대륙이 형성될 가능성이 커진다.

바로알기 ㄱ. (가)는 맨틀 대류가 상승하면서 압력의 감소로 맨틀 물질이 부분 용융되어 현무암질 마그마가 생성된다.

ㄹ. (다) 보존형 경계에서는 지진이 활발하지만, 화산 활동은 일어나지 않는다.

07 꼼꼼 문제 분석

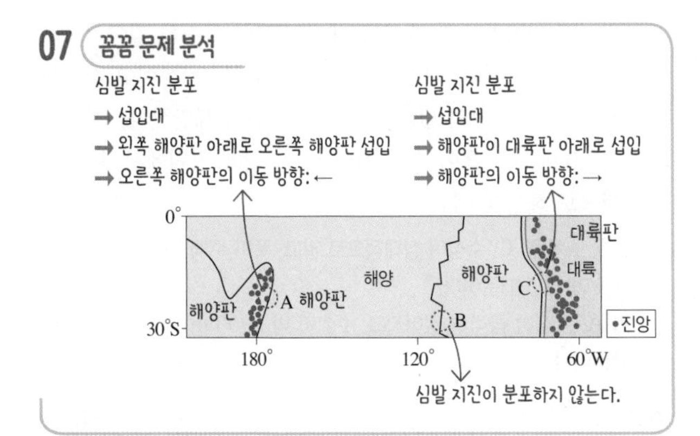

A 지역과 C 지역 부근에 진원 깊이가 300 km 이상인 지진의 진앙이 분포하는 것으로 보아 A 지역과 C 지역은 판의 수렴형(섭입형) 경계에 위치하므로 맨틀 대류의 하강부에 위치한다. B 지역은 판의 발산형 경계로, 맨틀 대류의 상승부에 위치한다.
A와 C 지역 중에서 해양판이 대륙판 밑으로 섭입되는 C 지역에서는 습곡 산맥이 형성될 수 있다. A는 해양판끼리 서로 충돌하는 수렴형 경계이므로 해구와 호상 열도가 형성된다.

[08~09] 꼼꼼 문제 분석

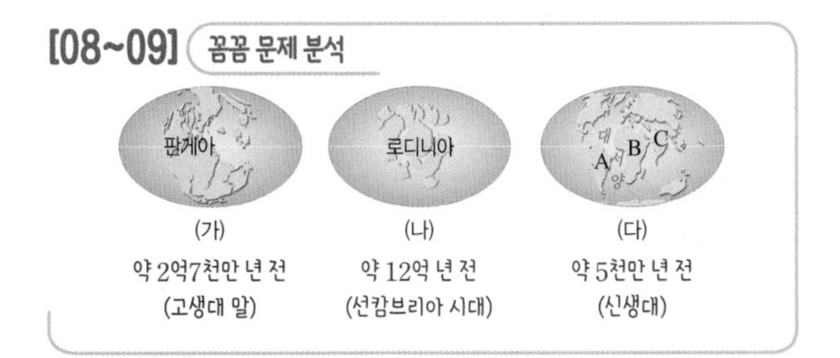

08 ㄱ. (가)의 판게아는 고생대 말에 형성되었고, (나)의 로디니아는 약 12억 년 전에 형성되었으며, (다)는 판게아가 분리된 중생대 이후이므로 대륙의 분포 순서는 (나) → (가) → (다)이다.
ㄴ. 초대륙이 형성되는 과정에서 대륙의 충돌이 일어나므로 판의 수렴형 경계가 만들어졌다.
ㄷ. (다)는 남대서양이 열려 있고 인도 대륙이 유라시아 대륙과 충돌하기 전이므로 중생대 말~신생대 초의 대륙 분포에 해당한다. (다) 시기 이후에도 대륙은 계속 이동하여 현재와 같은 분포를 이루었으므로 대서양의 면적은 넓어졌다.

09 ㄴ. 고생대 말에 B와 C 대륙은 붙어 있었으므로 두 대륙에서 고생대 말의 빙하 퇴적물 분포를 찾아 서로 연결되는지 조사하면 과거 대륙들이 모여 하나였던 것을 증명할 수 있다.
ㄷ. A~C 대륙에 분포하는 암석의 지질 시대별 고지자기를 측정한 후 대륙의 이동 경로를 복원하면 과거의 대륙 분포를 알 수 있다.
바로알기 ㄱ. A와 B 대륙은 중생대 말에 이미 서로 떨어져 있었다. 두 대륙에서 중생대 말에 번성한 화석의 분포를 찾아 연속성을 조사하여도 고생대 말에 대륙이 하나였음을 증명할 수 없다.

10 ㄱ. (가)는 맨틀 대류가 상승하여 형성된 마그마가 해양 지각을 생성하면서 만들어진 해령에서 양쪽의 판을 밀어내는 힘이다.
ㄴ. (나)는 해구와 해령 사이에서 판이 미끄러지는 힘이다.
ㄷ. (다)는 섭입되는 판이 중력에 의해 침강하면서 연결된 판을 잡아당기는 힘이다. 따라서 섭입대가 포함된 판의 이동 속력은 섭입대가 포함되지 않은 판의 이동 속력보다 빠르다.

11 ① 열점은 뜨거운 플룸이 상승하면서 마그마가 생성되는 곳이다.
② 아시아 대륙 밑에서는 판이 섭입되어 차가운 플룸이 형성된다.
④ 판 구조론에서는 판 경계가 아닌 판의 내부에서 일어나는 화산 활동을 설명할 수 없지만, 플룸 구조론에서는 판의 내부에서 일어나는 화산 활동을 열점으로 설명할 수 있다.
⑤ 지진파의 속도는 온도가 높은 곳에서 느려진다. 따라서 뜨거운 플룸이 나타나는 플룸 상승류 지역을 통과할 때 지진파의 속도는 느려진다.
바로알기 ③ 판 구조론은 주로 상부 맨틀에서 일어나는 맨틀 대류와 관련이 있지만, 플룸 구조론은 맨틀 전체에서 일어나는 지구 내부의 변화를 설명한다.

12 ㄱ. 섭입대인 A에서 냉각된 해양판의 물질이 쌓이다가 냉각·압축되어 무거워지면 외핵 쪽으로 가라앉으면서 차가운 플룸이 형성되고, 그 영향으로 외핵과 맨틀의 경계에 있던 뜨거운 물질이 상승하면서 뜨거운 플룸이 형성된다.
ㄴ. B는 열점을 형성하는 뜨거운 플룸에 해당한다.
ㄷ. 해령의 하부인 C에서는 맨틀 물질이 상승하면서 압력이 감소하고, 용융점이 낮아져 맨틀 물질의 부분 용융이 일어나 현무암질 마그마가 생성되어 분출한다.

13 마그마의 생성 조건 중 A는 온도 상승, B는 압력 감소, C는 물의 공급에 의한 용융점 하강이다.
ㄱ. 발산형 경계에서는 맨틀 물질이 상승하면서 압력이 감소하여 부분 용융되어 마그마가 생성된다. ➡ B
ㄴ. 섭입대 부근의 연약권에서 생성된 마그마가 대륙 지각 하부를 가열시켜 대륙 지각이 부분 용융되어 마그마가 생성된다. ➡ A
ㄷ. 섭입대에서 해양 지각으로부터 배출되는 물이 섭입대 부근의 연약권에 공급되어 맨틀의 용융점이 낮아지면서 마그마가 생성된다. ➡ C

14 (가)는 섭입대 부근의 연약권, (나)는 열점, (다)는 발산형 경계의 해령 하부이다. 압력 감소로 맨틀 물질이 부분 용융되어 현무암질 마그마가 생성되는 장소는 맨틀 물질이 상승하는 곳에서 형성되는 (나)와 (다)이다.
바로알기 (가)에서는 판이 섭입되면서 해양 지각의 함수 광물에서 배출된 물이 맨틀의 용융점을 낮추어 마그마가 생성된다.

15 꼼꼼 문제 분석

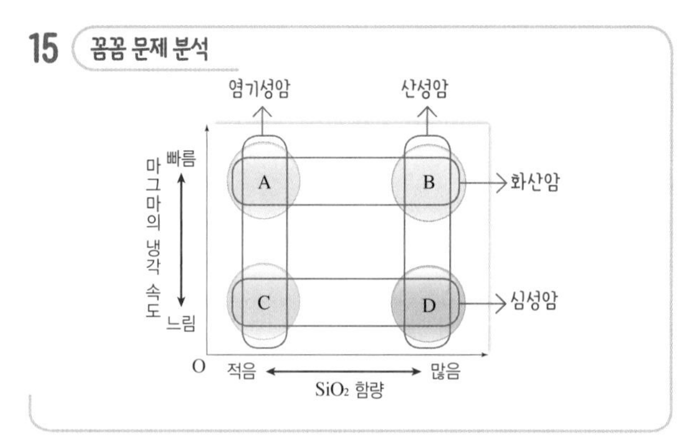

ㄱ. A는 B보다 SiO_2 함량이 적으므로 유색 광물의 함량이 많아서 어두운색을 띤다.

ㄷ. 반려암은 염기성암이고 심성암이므로, SiO_2 함량이 적고 마그마의 냉각 속도가 느린 조건에서 생성된 암석이다. 따라서 반려암의 특성은 B보다 C에 가깝다.

바로알기 ㄴ. 마그마의 냉각 속도가 빠른 B는 마그마의 냉각 속도가 상대적으로 느린 D보다 더 지하 얕은 곳에서 생성되었다.

16 ㄱ. A는 SiO_2 함량이 52 % 이하인 염기성암이고, B는 SiO_2 함량이 63 % 이상인 산성암이므로 유색 광물의 함량은 A가 B보다 많다.

바로알기 ㄴ. A는 B보다 광물 결정의 크기가 크므로 마그마의 냉각 속도가 더 느리다.

ㄷ. B는 산성암이므로 유문암질 마그마가 굳어서 생성된 암석이다.

17 ㄱ, ㄹ. 마그마가 지하 깊은 곳에서 식어서 굳어진 암석은 심성암이다. 설악산 울산바위와 북한산 인수봉은 심성암으로 이루어져 있다.

바로알기 ㄴ, ㄷ. 독도와 한탄강 주변 암석은 마그마가 지표로 분출하거나 지표 부근에서 식어서 굳어진 화산암으로 이루어져 있다.

18 꼼꼼 문제 분석

A의 수심: $\frac{1}{2}\times12\ \text{s}\times1500\ \text{m/s}=9000\ \text{m}$

→ 수심이 약 6000 m 이상인 골짜기이므로 해구이다.

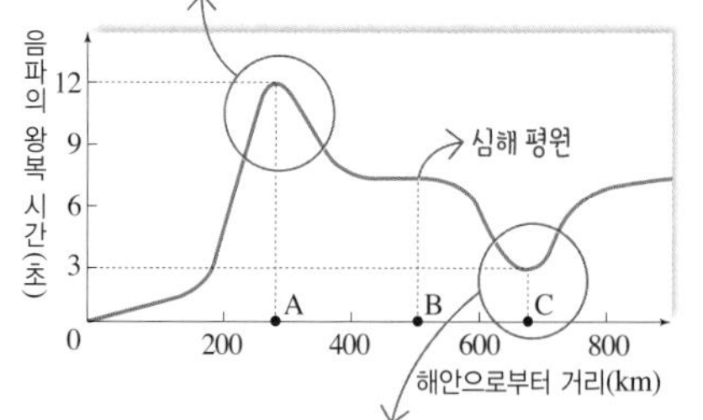

C의 수심: $\frac{1}{2}\times3\ \text{s}\times1500\ \text{m/s}=2250\ \text{m}$

→ 폭이 수백 km로 심해 평원에서 솟아 있으므로 해령이다.

A는 수심이 9000 m로, A 부근에서 수심이 급격히 깊어지므로 해구에 해당한다. B는 해구 다음으로 이어지는 지형이고 수심이 깊고 수심 변화가 거의 없으므로 심해 평원에 해당한다. C는 수심이 2250 m이고 폭이 수백 km이면서 심해 평원에서 솟아 있는 지형으로 해령에 해당한다.

모범 답안 • 해령: C, 수심이 상대적으로 얕고, 폭이 수백 km로 심해 평원에서 솟아 있기 때문이다.

• 해구: A, 수심이 급격히 깊어지고, 수심이 약 6000 m 이상인 골짜기이기 때문이다.

채점 기준	배점
해령, 해구를 모두 옳게 쓰고, 판단한 까닭을 옳게 서술한 경우	100 %
해령, 해구 중 한 가지만 옳게 쓰고, 판단한 까닭을 옳게 서술한 경우	50 %
해령, 해구만 옳게 쓰고, 까닭을 옳게 서술하지 못한 경우	50 %

19 해령에서 해양 지각이 생성되어 해령을 축으로 양쪽으로 멀어지므로 해령에서 멀어질수록 오래된 해양 지각이다.

모범 답안 고지자기 줄무늬는 해령을 축으로 대칭을 이루고 있다. 해령에서 멀어질수록 해양 지각의 나이가 많아지고, 해저 퇴적물의 두께가 두꺼워진다.

채점 기준	배점
고지자기 줄무늬, 해양 지각의 나이, 해저 퇴적물의 두께 특징을 모두 옳게 서술한 경우	100 %
두 가지 특징만 옳게 서술한 경우	60 %
한 가지 특징만 옳게 서술한 경우	30 %

20 지질 시대 동안 지자기 북극은 하나였는데도 불구하고 지자기 북극의 이동 경로가 두 개로 나타난 것은 대륙이 갈라져 이동하였기 때문이다. 이동 경로를 하나로 겹쳐보면, 과거 대륙들이 붙어 있었다고 추정할 수 있다.

모범 답안 대륙이 이동하였기 때문이다.

채점 기준	배점
지자기 북극의 이동 경로가 일치하지 않는 까닭을 옳게 서술한 경우	100 %
그 외의 경우나 지자기 북극이 두 개였기 때문이라는 서술이 포함된 경우	0 %

21 A는 주변보다 온도가 높은 영역으로, 뜨거운 플룸이 있는 곳이다. B는 주변보다 온도가 낮은 영역으로, 섭입형 경계의 하부에서 해양판이 냉각·압축되어 형성된 판 덩어리가 쌓여 있다가 침강하여 차가운 플룸이 형성되는 곳이다.

모범 답안 (1) A, A는 주변보다 온도가 높은 영역이 기둥 모양으로 나타나기 때문이다.

(2) 수렴형 경계

채점 기준		배점
(1)	플룸 상승류가 발달하는 곳을 쓰고, 그 까닭을 옳게 서술한 경우	60 %
	플룸 상승류가 발달하는 곳을 쓰고, 그 까닭을 서술하지 못한 경우	30 %
(2)	B의 생성과 관련이 있는 판의 경계를 옳게 쓴 경우	40 %

22 꼼꼼 문제 분석

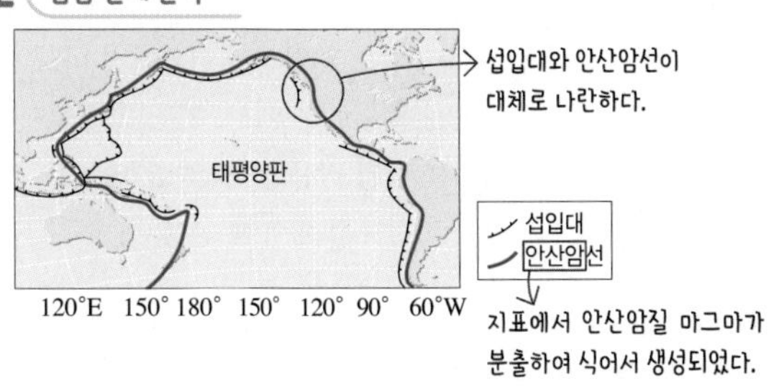

안산암선은 해구와 나란하게 분포하고 있다. 이것은 섭입대 부근에서 발생한 현무암질 마그마와 유문암질 마그마가 혼합되어 생성된 안산암질 마그마가 분출하는 지역이기 때문이다.

모범 답안 판의 섭입대 부근에서 안산암질 마그마가 생성되어 분출하기 때문이다.

채점 기준	배점
판의 섭입대와 안산암질 마그마의 분출을 모두 옳게 서술한 경우	100 %
판의 섭입대만 옳게 서술한 경우	50 %

23 모범 답안 지하 깊은 곳에서 형성된 심성암이 상부 지층이 풍화·침식 작용을 받아 깎여 나간 후, 융기하여 지표로 드러난다.

채점 기준	배점
지하 깊은 곳에서 생성된 점, 상부 지층이 풍화·침식 작용을 받아 융기한 점을 모두 옳게 서술한 경우	100 %
지하 깊은 곳에서 생성된 점, 상부 지층이 풍화·침식 작용을 받은 점만으로 서술한 경우	50 %

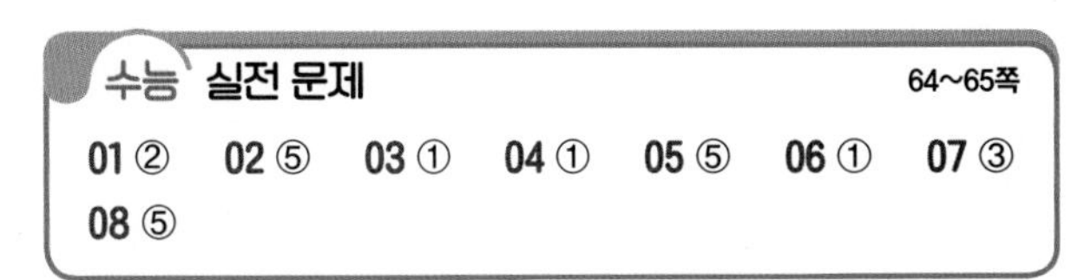

수능 실전 문제 64~65쪽

01 ② 02 ⑤ 03 ① 04 ① 05 ⑤ 06 ① 07 ③ 08 ⑤

01 꼼꼼 문제 분석

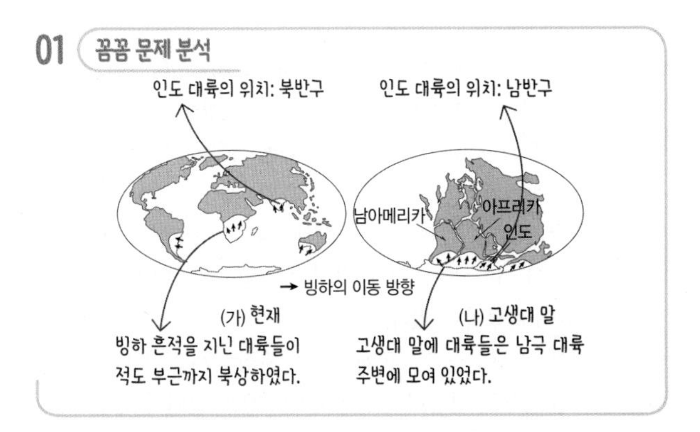

선택지 분석

ㄱ. 고생대 말에는 빙하가 적도까지 분포하였다. 남극 대륙 주변에

ㄴ. 현재 남아메리카와 아프리카 대륙에서 같은 종류의 고생대 생물 화석이 발견될 수 있다.

ㄷ. 고생대 말 이후 인도 대륙의 고지자기 복각의 크기는 계속 증가하였다. 감소하다가 증가하였다

전략적 풀이 ❶ 빙하 분포의 원인을 파악한다.

ㄱ. 고생대 말에는 빙하가 적도까지 분포한 것이 아니라 남극 대륙 주변에 대륙들이 모여 있을 때 빙하가 형성된 후 대륙들이 이동한 것이다.

❷ 대륙 분포로 지질 시대 생물의 분포를 추정한다.

ㄴ. 남아메리카와 아프리카 대륙은 고생대 말에 하나로 붙어 있었으므로 같은 종류의 고생대 생물 화석이 발견될 수 있다.

❸ 인도 대륙의 위치 변화로 고지자기 복각 변화를 추정한다.

ㄷ. 남반구에 있던 인도 대륙은 고생대 말 이후 계속 북상하여 현재 북반구에 위치하고, 이동하는 동안 자기 적도를 통과하였으므로 인도 대륙의 고지자기 복각의 크기는 감소하다가 증가하였다.

02 꼼꼼 문제 분석

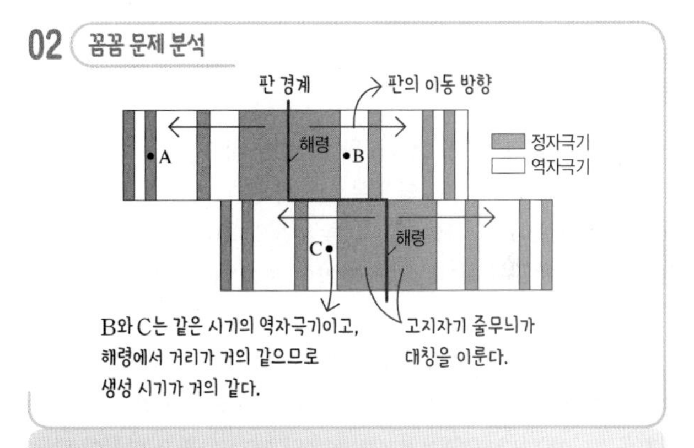

선택지 분석

ㄱ. B와 C의 해양 지각의 생성 시기는 거의 같다.

ㄴ. 해저 퇴적물의 두께는 A에서 가장 두껍다.

ㄷ. A와 C는 동일한 판에 위치한다.

전략적 풀이 ❶ 고지자기 줄무늬와 해령으로부터 거리를 비교하여 해양 지각의 연령을 추정한다.

ㄱ. 고지자기 줄무늬는 해령을 축으로 양쪽으로 대칭적으로 나타난다. 이 지역은 대칭되는 고지자기 줄무늬 폭이 같으므로 해저 확장 속도는 같으며, B와 C 지점은 해령과의 사이에 고지자기 줄무늬 수가 같고 해령으로부터 거리가 거의 같으므로 해양 지각의 생성 시기가 거의 같다.

❷ 해령으로부터의 거리를 이용하여 해저 퇴적물의 두께를 비교한다.

ㄴ. 해령에서 멀어질수록 해저 퇴적물의 두께는 두꺼워지므로 A~C 중 해령으로부터 거리가 가장 먼 A에서 가장 두껍다.

❸ 이 지역의 판의 경계와 A, C의 위치를 생각해 본다.

ㄷ. 이 지역은 해령을 중심으로 양쪽으로 판이 확장되어 가고 있고, 해령과 해령 사이에 수직으로 변환 단층이 발달하였으므로 해령을 중심으로 양쪽에 서로 다른 판이 있다. A와 C 지점은 해령을 중심으로 왼쪽에 위치하여 같은 방향으로 이동하므로 동일한 판 위에 위치한다.

03 꼼꼼 문제 분석

같은 수평 거리에서 해양 지각의 최고 연령: (가)가 (나)의 3배

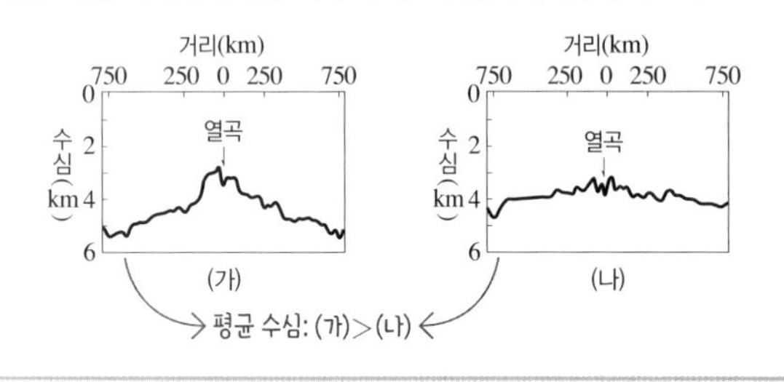

선택지 분석

ㄱ. 음파의 평균 왕복 시간은 (가)가 (나)보다 길다.

~~ㄴ.~~ 해양 지각의 평균 확장 속력은 (가)가 (나)보다 빠르다. 느리다

~~ㄷ.~~ 수평 거리 250 km에 위치한 해양 지각의 나이는 (나)가 (가)보다 많다. 적다

전략적 풀이 ❶ 수심으로 음파의 왕복 시간을 비교한다.

ㄱ. 수심이 깊을수록 음파의 왕복 시간이 길다. 평균 수심은 (가)가 (나)보다 깊으므로 음파의 평균 왕복 시간은 (가)가 (나)보다 길다.

❷ 해령으로부터의 거리와 해양 지각의 최고 연령으로 해양저 확장 속도를 추정한다.

ㄴ. 해양 지각의 확장 속도가 같다면, 해령으로부터 같은 거리를 이동하면서 해양 지각의 연령을 측정했을 때 해양 지각의 최고 연령이 같아야 한다. (가)가 (나)보다 해양 지각의 최고 연령이 많은 것은 해양 지각의 평균 확장 속도가 (나)보다 느리기 때문이다.

ㄷ. (나)는 (가)보다 해양 지각의 확장 속도가 빠르므로 수평 거리 250 km에 위치한 해양 지각의 나이는 (나)가 (가)보다 적다.

04 꼼꼼 문제 분석

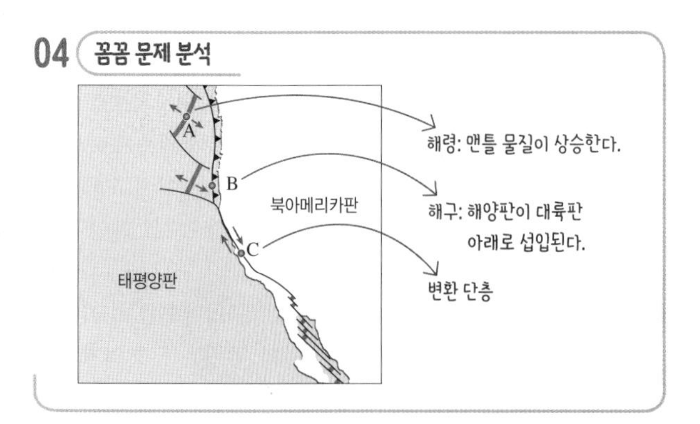

선택지 분석

ㄱ. A에서는 압력 감소의 영향으로 형성된 현무암질 마그마가 분출한다.

~~ㄴ.~~ B에서는 판을 밀어내는 힘이 작용한다. 잡아당기는

~~ㄷ.~~ C의 하부에서는 플룸 하강류가 형성될 수 있다. 없다

전략적 풀이 ❶ 판 경계의 종류와 발달하는 지형을 먼저 파악한다.

A는 발산형 경계인 해령, B는 수렴형 경계인 해구, C는 보존형 경계인 변환 단층이다.

❷ 각 경계에서 맨틀 대류와 플룸 구조 운동을 바탕으로 마그마의 생성 조건과 성질을 판단하고, 판을 움직이는 힘을 찾는다.

ㄱ. 해령인 A에서는 맨틀 대류의 상승으로 압력이 낮아지면서 맨틀의 용융점이 낮아져 현무암질 마그마가 생성된다.

ㄴ. B는 해양판이 대륙판 아래로 섭입하면서 연결된 판을 잡아당기는 힘이 작용한다. 판을 밀어내는 힘이 작용하는 곳은 해령인 A이다.

ㄷ. 플룸 하강류는 B 해구의 하부에서 차가운 해양판이 축적되어 밀도가 커지면 외핵 쪽으로 침강하면서 형성될 수 있다.

05 꼼꼼 문제 분석

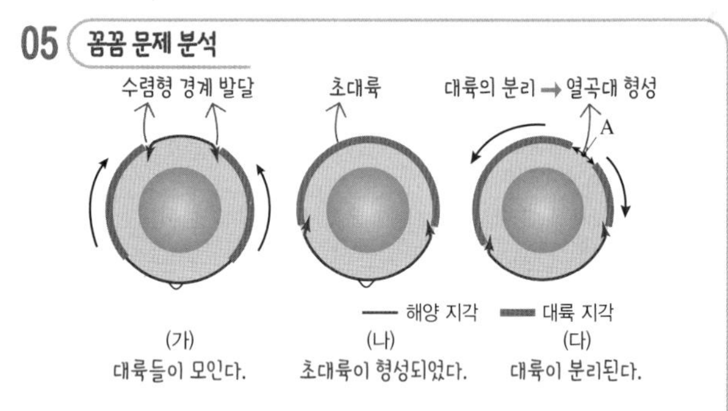

(가) 대륙들이 모여 (나) 초대륙이 형성되었다가 상승하는 플룸의 영향으로 (다) 대륙이 분리되기 시작하고, 이후 (가) 해구가 형성되면서 대륙들이 다시 모여 (나) 초대륙이 만들어진다.

선택지 분석

ㄱ. 초대륙이 형성된 단계는 (나)이다.

ㄴ. (가) 단계 이후에 초대륙이 형성될 수 있다.

ㄷ. (나) → (다) 과정은 A 아래에서 상승하는 플룸의 영향으로 일어난다.

전략적 풀이 ❶ 초대륙이 형성되어 있는 시점을 파악한다.

ㄱ. (나)는 대륙 지각이 하나로 붙어 초대륙이 형성된 단계이다.

❷ 지각의 이동 방향으로 대륙의 분리와 이동 과정을 파악한다.

ㄴ. (가)는 판이 섭입되면서 해구가 형성되어 해양 지각이 소멸되고 있는 단계이다. 해양 지각이 소멸되면서 대륙 지각이 점점 가까워진다. (가) 과정이 여러 곳에서 나타나면 대륙들이 충돌하면서 하나가 되어 초대륙이 형성될 수 있다.

ㄷ. (다)에서 대륙이 갈라지고 해양저가 확장되는 것은 대륙 내의 깊은 곳에서 발생한 상승하는 플룸의 영향으로 일어난다.

06 꼼꼼 문제 분석

22°N 태평양판 A B 20° 18° 160° 156°W (가)

태평양판 B C 160° 156°W (나)

B C 판의 이동 방향 태평양판 하와이섬 160° 156°W (다) 현재

화산 활동이 활발하여 새로운 섬이 생성된다. ➡ 하부에 열점이 있다.

선택지 분석

㉠ 태평양판은 북서쪽으로 이동하였다.

✕ 화산 활동이 일어나는 위치는 북서쪽으로 이동하였다. (이동하지 않았다)

✕ 현재 이후에 화산섬은 C와 하와이섬 사이에 생성될 것이다. (하와이섬의 남동쪽에)

전략적 풀이 ❶ 섬의 위치가 이동한 방향으로 태평양판의 이동 방향을 파악한다.

ㄱ. B, C 섬은 북서쪽으로 이동하고, 하와이섬이 (다)에서 생성되었으므로 태평양판은 북서쪽으로 이동하였다.

❷ 열점의 특징과 판의 이동 방향의 관계를 찾아낸다.

ㄴ. 화산 활동이 일어나는 위치는 열점 위이다. 판이 이동해도 열점의 위치는 변하지 않으므로 화산 활동이 일어나는 위치도 변하지 않는다.

ㄷ. 현재는 열점 위에 하와이섬이 있지만 태평양판이 북서쪽으로 이동하면 열점의 마그마 분출로 만들어지는 새로운 화산섬은 이동해 간 하와이섬의 남동쪽에 생성될 것이다.

07 꼼꼼 문제 분석

A(해령 하부), B(열점): 맨틀 물질의 상승으로 압력 감소 ➡ 현무암질 마그마 생성

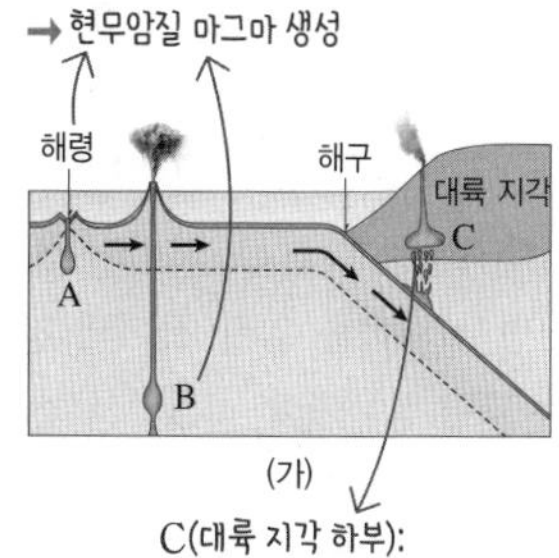

(가)

C(대륙 지각 하부): 열 공급 ➡ 유문암질 마그마, 유문암질 마그마와 현무암질 마그마의 혼합 ➡ 안산암질 마그마 생성

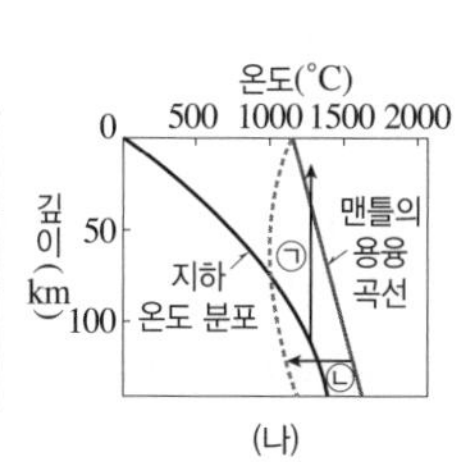

(나)

㉠: 깊이 감소 ➡ 압력 감소

㉡: 물 공급에 의한 용융점 하강

선택지 분석

㉠ A와 B에서 마그마는 ㉠ 과정에 의해 생성된다.

✕ B의 위치는 판의 이동을 따라 변한다. (변하지 않는다)

㉢ A~C에서 생성되는 마그마 중 SiO_2 함량은 C에서 가장 높다.

전략적 풀이 ❶ 각 장소에서 마그마가 생성되는 조건을 찾는다.

ㄱ. ㉠ 과정과 같이 맨틀 물질이 상승하여 압력이 낮아지면서 부분 용융되어 현무암질 마그마가 생성되는 곳은 해령 하부인 A와 열점인 B이다. ㉡은 맨틀에 물이 공급되어 맨틀의 용융점이 낮아져 마그마가 생성되는 과정이다. 이 과정으로 마그마가 생성되는 곳은 섭입대 부근에서 물이 공급되는 맨틀(연약권)이다.

❷ 열점의 위치와 판 이동의 관계를 판단한다.

ㄴ. B는 뜨거운 플룸의 상승으로 마그마가 생성되는 열점으로, 판이 이동하여도 위치가 변하지 않는다.

❸ 각 장소에서 생성된 마그마의 성질을 비교한다.

ㄷ. A와 B에서는 맨틀 물질이 부분 용융되어 현무암질 마그마가 생성된다. C에서는 섭입대 부근에서 생성된 현무암질 마그마에 의해 대륙 지각 하부가 가열되어 유문암질 마그마가 생성되고, 이 유문암질 마그마와 현무암질 마그마가 혼합되어 안산암질 마그마가 생성되기도 한다. 마그마의 SiO_2 함량은 현무암질 마그마가 약 52 % 이하, 안산암질 마그마가 52 %~63 %, 유문암질 마그마가 63 % 이상이므로 A~C 중 C에서 가장 높다.

08 꼼꼼 문제 분석

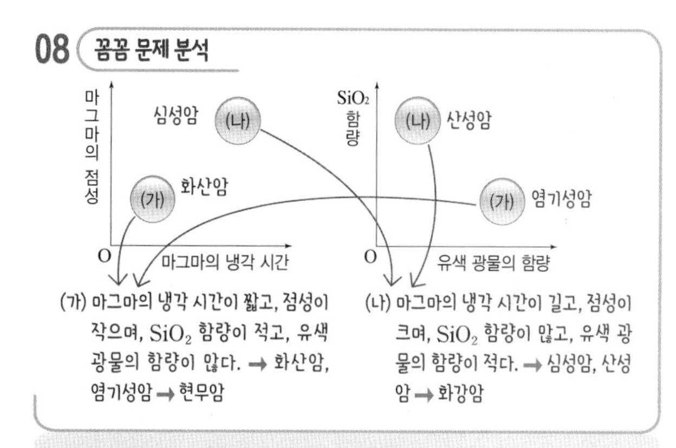

선택지 분석

㉠ 광물 결정의 크기는 (가)가 (나)보다 작다.

㉡ (가)는 (나)보다 조직 밀도가 크다.

㉢ 우리나라에는 (가)보다 (나)가 더 넓게 분포한다.

전략적 풀이 ❶ (가)와 (나) 암석이 산성암인지 염기성암인지, 화산암인지 심성암인지 분류한다.

ㄱ. 광물 결정의 크기는 마그마의 냉각 시간이 상대적으로 짧은 화산암인 (가)가 심성암인 (나)보다 작다.

ㄴ. (가)는 (나)보다 유색 광물의 함량이 많아서 금속 원소가 많이 포함되어 있으므로 조직 밀도가 크다.

❷ 그림에서 화강암과 현무암의 조건을 찾고, 우리나라에서 두 암석의 분포를 비교한다.

ㄷ. 화강암은 심성암이면서 산성암이므로 (나)이다. 현무암은 화산암이면서 염기성암이므로 (가)이다. 우리나라에는 화강암이 현무암보다 넓은 지역에 분포한다.

2 지구의 역사

1 퇴적 구조와 퇴적 환경

개념 확인 문제

71쪽

❶ 속성 작용 ❷ 교결 작용 ❸ 쇄설성 ❹ 유기적 ❺ 연안 환경 ❻ 사층리 ❼ 점이 층리 ❽ 연흔 ❾ 건열

1 (1) × (2) ○ (3) ○ (4) × **2** ㉠ 다짐, ㉡ 교결, ㉢ 밀도 **3** (1) ㉠ (2) ㉢ (3) ㉡ **4** (1) 연안 (2) 육상 (3) 해양 **5** (1) (가) 사층리 (나) 점이 층리 (다) 연흔 (라) 건열 (2) (가) (3) (라) (4) (나), (라) **6** ㉠ 셰일, 석회암, ㉡ 역암, ㉢ 해양 환경, ㉣ 육상 환경

1 (1) 속성 작용 중 다짐 작용을 받으면 퇴적물 입자 사이의 간격인 공극이 줄어든다.
(2) 증발로 물에 녹아 있었던 성분이 잔류하여 형성된 암염은 화학적 퇴적암이다.
(3) 퇴적암 중 생물체의 유해가 쌓여 만들어진 퇴적암은 유기적 퇴적암이다.
(4) 점이 층리는 해양 환경인 심해저에서 잘 형성된다.

2 퇴적물이 오랫동안 쌓이면 윗부분의 퇴적물 압력 때문에 아래 부분은 퇴적물 입자 사이의 간격이 줄어들고, 물이 빠져나가면서 치밀하게 다져지는데, 이를 다짐 작용이라고 한다. 이후 물속에 녹아 있던 석회 물질, 규질, 철질 물질 등이 침전되면 퇴적물 입자 사이의 간격이 메워지고, 입자들을 단단히 연결시켜 주는데, 이를 교결 작용이라고 한다. 이러한 속성 작용을 받아 공극이 감소하고, 밀도가 증가한다.

3 (1) 셰일은 풍화·침식 작용으로 만들어진 암석 조각 중 점토가 쌓여 생성된 쇄설성 퇴적암이다.
(2) 석탄은 식물체가 쌓여 생성되므로 유기적 퇴적암이다.
(3) 암염은 해수의 증발로 남은 물질이 쌓여 생성되므로 화학적 퇴적암이다.

4 (1) 삼각주, 해빈 등은 연안 환경에 해당한다.
(2) 하천, 호수, 선상지 등은 육지 환경에 해당한다.
(3) 육지에서 이동해 온 퇴적물과 해수에 녹아 있는 물질이 가라앉아 쌓이는 환경은 해양 환경에 해당한다.

5 꼼꼼 문제 분석

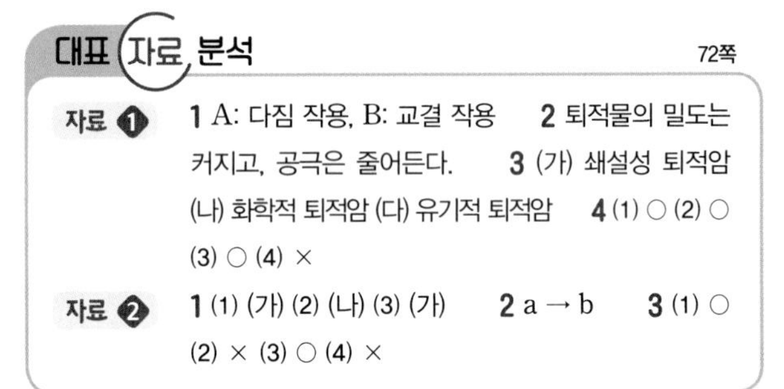

(2) (가) 사층리에서는 바람이 분 방향이나 물이 흐른 방향을 알 수 있다.
(3) 건조한 환경에서는 퇴적물 표면이 V자 모양으로 갈라진 (라) 건열이 형성될 수 있다.
(4) (나)는 지층 내에서 위로 갈수록 입자의 크기가 커지고, (라)는 뾰족한 쪽이 위를 향하고 있으므로 지층이 역전된 것이다.

6 (가) 태백시 구문소는 주로 해양 환경에서 생성된 셰일이나 석회암으로 이루어져 있다. (나) 전라북도 진안군 마이산은 호수 환경에서 퇴적된 역암으로 이루어져 있으므로 육상 환경에서 생성되었다.

대표 자료 분석

72쪽

자료 ❶ **1** A: 다짐 작용, B: 교결 작용 **2** 퇴적물의 밀도는 커지고, 공극은 줄어든다. **3** (가) 쇄설성 퇴적암 (나) 화학적 퇴적암 (다) 유기적 퇴적암 **4** (1) ○ (2) ○ (3) ○ (4) ×

자료 ❷ **1** (1) (가) (2) (나) (3) (가) **2** a → b **3** (1) ○ (2) × (3) ○ (4) ×

1-1 그림에서 A는 퇴적물이 다져지는 다짐 작용이고, B는 물속에 녹아 있는 물질이 침전되면서 퇴적물 입자 사이의 간격을 메우고 단단하게 연결시켜 주는 교결 작용이다.

1-2 다짐 작용(A)과 교결 작용(B)을 거치면 퇴적물 입자 사이의 간격이 줄어들기 때문에 퇴적물의 밀도는 커지고, 공극은 줄어든다.

1-3 (가)는 암석의 풍화, 침식 작용으로 생긴 퇴적물이나 화산 분출물이 쌓여 만들어진 쇄설성 퇴적암이다.
(나)는 물속에 녹아 있던 규질, 석회 물질 등이 침전되거나 물이 증발함에 따라 잔류하여 만들어진 화학적 퇴적암이다.
(다)는 생물체의 유해나 골격의 일부가 쌓여 만들어진 유기적 퇴적암이다.

1-4 (1) A(다짐 작용)와 B(교결 작용)를 포함하여 퇴적암이 만들어지는 전체 과정을 속성 작용이라고 한다.
(2) 교결 작용(B)에 관여하는 물질은 주로 규질, 석회 물질이다.
(3) 쇄설성 퇴적암은 퇴적물 입자의 크기에 따라 셰일, 사암, 역암으로 구분하고, 퇴적물의 종류가 화산재이면 응회암이 생성된다.
(4) 생물체의 유해가 쌓여 만들어진 유기적 퇴적암에서는 화석이 많이 산출된다.

2-1 꼼꼼 문제 분석

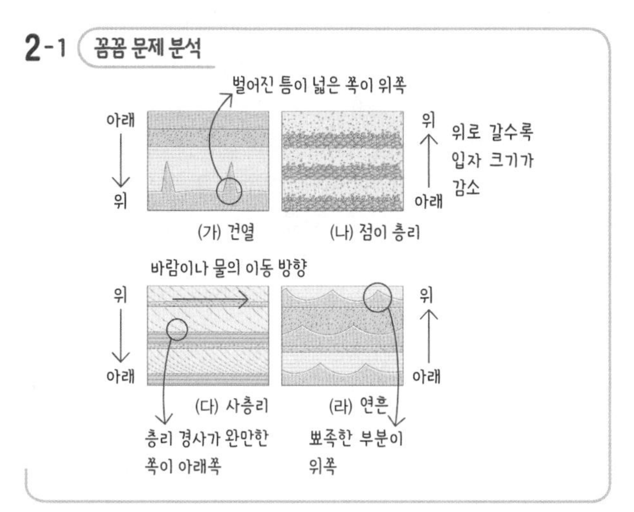

(1) (가)는 건열로, 수면 아래에서 퇴적물이 쌓인 다음 퇴적물이 건조한 공기 중에 노출되어 수분이 증발하면서 퇴적물 표면이 갈라진 퇴적 구조이므로 건조한 환경에서 형성된 것이다.
(2) (나)는 대륙 주변부의 해양에 쌓였던 퇴적물이 한꺼번에 쓸려 내려가 수심이 깊은 곳에 쌓일 때 퇴적물 입자의 크기가 큰 것부터 아래쪽에 쌓여 형성된 점이 층리이다. (라)는 수심이 얕은 곳에서 물결의 흔적이 퇴적물에 남아 있는 연흔이다. 따라서 퇴적 환경의 수심은 (나)가 (라)보다 더 깊다.
(3) (가)는 갈라진 틈인 V자 모양이 뒤집혀 있으므로 지층이 역전되었음을 알 수 있다.

2-2 그림에서 층리가 경사진 방향으로 바람이 불거나 물이 흘렀으므로 바람이나 물의 이동 방향은 a → b이다.

2-3 (1) (가)는 건열로, 퇴적 구조가 생성될 당시 퇴적면이 공기 중에 노출된 적이 있다.
(2) (나) 점이 층리는 일반적으로 수심이 깊은 환경에서 잘 형성된다. 수심이 얕은 곳에서는 건열이나 연흔이 형성될 수 있다.
(3) (다)는 사층리로, 기울어진 경사를 통해 퇴적물이 운반되어 온 방향을 추정할 수 있다.
(4) (라)는 연흔으로, 역암보다는 퇴적 입자가 해파에 따라 잘 움직일 수 있는 점토로 이루어져 있는 셰일에 잘 나타난다.

내신 만점 문제

73~75쪽

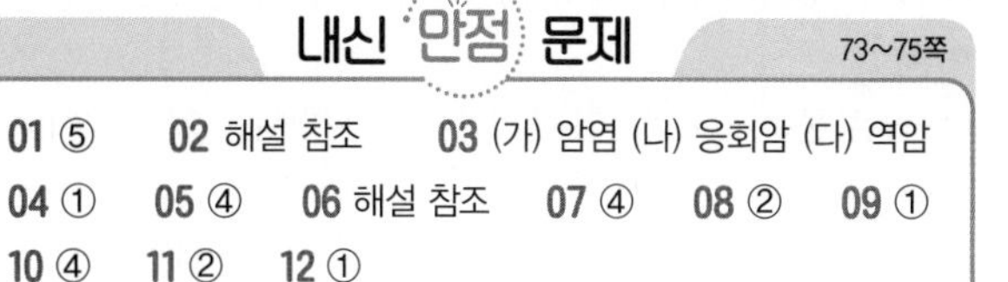

01 ⑤ 02 해설 참조 03 (가) 암염 (나) 응회암 (다) 역암
04 ① 05 ④ 06 해설 참조 07 ④ 08 ② 09 ①
10 ④ 11 ② 12 ①

01 꼼꼼 문제 분석

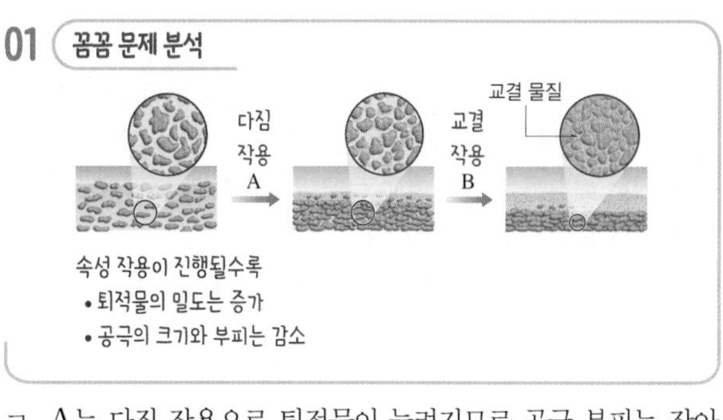

ㄱ. A는 다짐 작용으로 퇴적물이 눌려지므로 공극 부피는 작아지고 퇴적물의 밀도는 증가한다.
ㄴ. B는 교결 작용으로 주로 물속에서 규질이나 석회 물질이 공극에 침전되면서 일어난다.
ㄷ. A와 B 과정에서 공극의 크기가 작아지거나 물질로 채워지면서 공극의 부피는 감소한다.

02 모범 답안 A가 쌓여 쇄설성 퇴적암, B가 쌓여 화학적 퇴적암, C가 쌓여 유기적 퇴적암이 생성되고, D 과정에서 퇴적물의 밀도가 커진다.

채점 기준	배점
A~C에 해당하는 퇴적암의 종류와 D 과정에서 퇴적물의 밀도 변화를 모두 옳게 서술한 경우	100 %
A~C에 해당하는 퇴적암의 종류와 D 과정에서 퇴적물의 밀도 변화 중 한 가지만을 옳게 서술한 경우	50 %

03 (가)는 해수가 증발하고 잔류한 염류가 퇴적되어 굳은 화학적 퇴적암인 암염이다. (나)는 화산 분출물인 화산 쇄설물이 퇴적되어 굳은 쇄설성 퇴적암인 응회암이다. (다)는 자갈이 포함되어 생성된 역암이다.

04 ㄱ. (가)는 주로 모래가 쌓여 생성된 사암으로, 쇄설성 퇴적암에 속하고, (다) 암염은 화학적 퇴적암에 속한다.
바로알기 ㄴ. 화강암의 풍화로 생성된 물질이 퇴적되어 굳으면 쇄설성 퇴적암이 생성된다. (나) 석회암은 석회질 생물체의 유해가 쌓여 굳거나 증발하고 남은 탄산 칼슘이 굳은 퇴적암이다.
ㄷ. (다) 암염은 해수에 녹아 있던 물질이 해수가 증발하면서 가라앉아 굳은 화학적 퇴적암으로, 증발암이라고도 한다.

05 ④ 제시된 퇴적 구조는 건열이다. 건열은 퇴적 당시 퇴적물이 건조한 기후 환경에 노출되어 형성된다.

바로알기 ① 얕은 바다에서 해파에 의해 잘 형성되는 것은 연흔이다.
② 깊은 물속에서 형성된 퇴적암에 잘 나타나는 것은 점이 층리이다.
③ 퇴적 구조로는 퇴적암의 생성 시기를 알 수 없다.
⑤ 층리가 기울어진 상태로 형성된 퇴적 구조는 사층리이다.

06 (가)는 사막과 같은 건조한 환경에서 퇴적물 표면이 대기에 노출되어 지층에 갈라진 틈이 생긴 건열이고, (나)는 수심이 얕은 물 밑에서 퇴적물 표면에 흐르는 물이나 파도의 흔적인 물결 자국이 지층에 남아 있는 연흔이다.

모범 답안 (가) 건열, 건조한 환경에서 형성되었다. (나) 연흔, 수심이 얕은 환경에서 형성되었다.

채점 기준	배점
(가)와 (나) 퇴적 구조의 이름과 환경을 모두 옳게 서술한 경우	100 %
(가)와 (나) 퇴적 구조의 이름과 환경 중 한 가지만 옳게 서술한 경우	50 %

07 꼼꼼 문제 분석

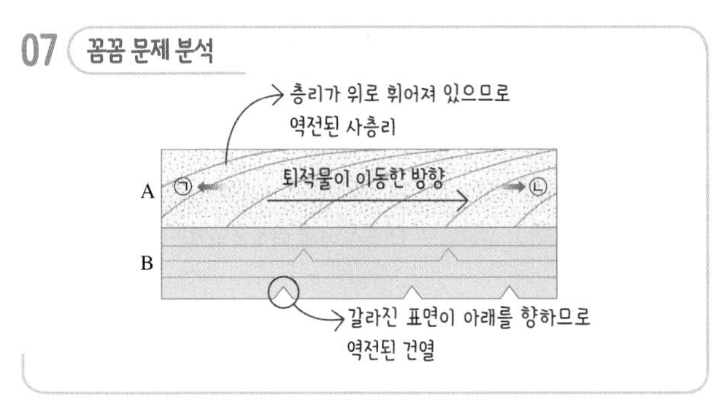

ㄴ. B는 층리면이 갈라진 건열이므로 퇴적된 후 건조한 환경에 노출된 적이 있다.
ㄷ. A와 B 지층은 사층리와 건열의 분포 모양으로 미루어 역전되었다. 따라서 A가 B보다 먼저 형성되었다.
바로알기 ㄱ. 사층리에서 퇴적물이 운반된 방향은 층리의 경사도가 높은 쪽에서 낮아지면서 층리의 폭이 좁아지는 쪽이다. 따라서 A에서 퇴적물이 운반된 방향은 ㉡이다.

08 꼼꼼 문제 분석

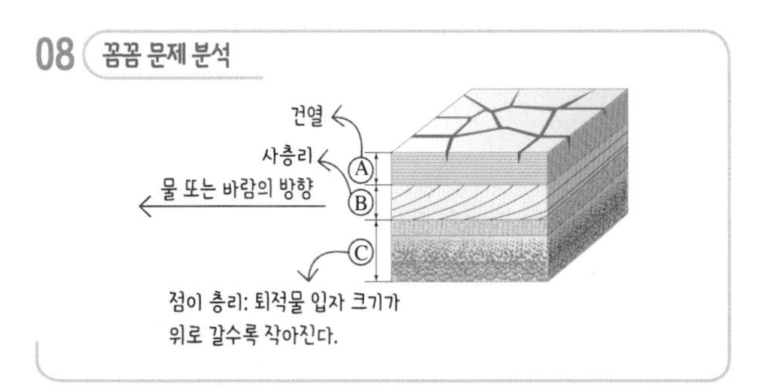

ㄴ. 사층리(B)는 얕은 물속에서 형성되기도 하지만 사막 환경에서도 모래가 바람의 영향으로 쌓이면서 형성될 수 있다.

바로알기 ㄱ. 건열(A)은 퇴적층이 건조한 환경에서 대기 중에 노출되었을 때 퇴적층 표면이 갈라져서 형성되고, 점이 층리(C)는 수심이 깊은 환경에서 형성되었다. 따라서 형성된 수심은 C가 더 깊었다.
ㄷ. A~C는 모두 상하가 바뀌지 않았으므로 지각 변동으로 생긴 지층의 역전은 없었다.

09 ㄱ. 그림은 위로 갈수록 퇴적물 입자의 크기가 점점 작아지는 것이 특징인 퇴적 구조이므로 점이 층리이다.
바로알기 ㄴ. 점이 층리가 형성될 때 퇴적물 입자의 크기가 큰 것이 먼저 쌓이고, 퇴적물 입자의 크기가 작은 것이 더 나중에 쌓인다. 그림의 점이 층리에서 퇴적물 입자 크기는 아래에서 위로 갈수록 작아지므로 지층이 역전되지 않았음을 알 수 있다.
ㄷ. 점이 층리는 심해저에서 저탁류 등으로 운반된 퇴적물이 퇴적되어 만들어지므로 퇴적 구조가 형성되는 동안 지표로 드러나지 않았다.

10 ㄴ. (나)와 같은 사층리는 지층의 상하를 판단하는 데 이용된다.
ㄷ. 사층리는 심해 환경인 B에서 형성되기 어려우나 연안 환경인 A에서 형성될 수 있다. 따라서 B보다 A에서 발견되기 쉽다.
바로알기 ㄱ. A는 삼각주로 육상 환경과 해양 환경이 만나는 연안 환경이고, B는 대륙대로 해양 환경에 해당한다.

11 꼼꼼 문제 분석

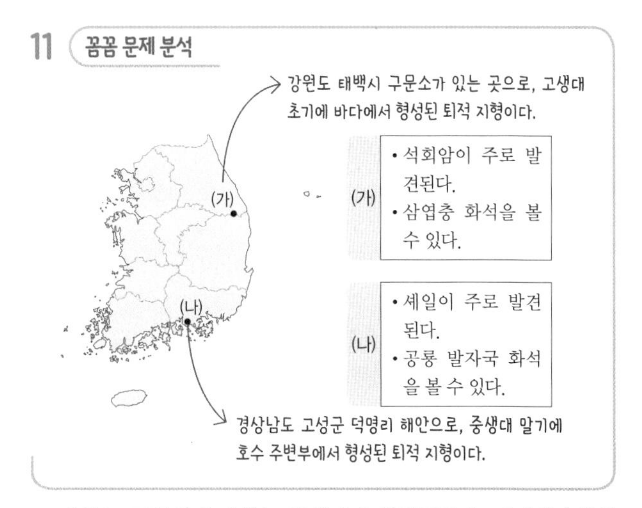

ㄷ. (가)는 고생대에, (나)는 중생대에 형성되었다. 따라서 (가)의 암석이 (나)의 암석보다 오래되었다.
바로알기 ㄱ. 셰일은 점토가 퇴적되어 생성된 쇄설성 퇴적암이지만 석회암은 탄산 칼슘 성분이 퇴적되어 생성된 것으로 화학적 퇴적암이거나 유기적 퇴적암이다.
ㄴ. (나)에서 공룡 발자국 화석이 발견되는 것으로 보아 육상 환경에서 퇴적된 것이다.

12 ㄱ. (가) 제주도 수월봉은 응회암이 있는 퇴적 지형이고, 응회암은 화산 활동으로 분출한 화산 쇄설물이 쌓여 형성되었으므로 퇴적암에서 잘 나타나는 층리가 발달한다.

바로알기 ㄴ. (나)의 뚫린 구멍은 역암이 형성되었다가 풍화 작용을 받아 자갈이 빠져 나가고 남은 타포니이다.

ㄷ. (가)는 화산 쇄설물이 퇴적된 것이고, (나)는 퇴적물 입자가 큰 자갈 등이 퇴적되어 형성된 것이므로 연흔은 잘 형성되지 않는다.

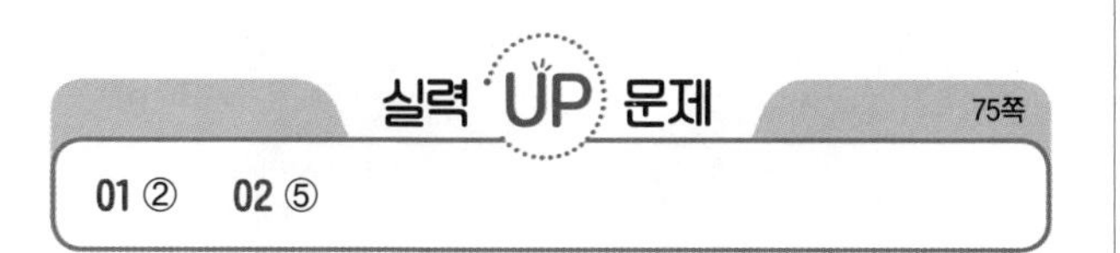

01 ② 02 ⑤

01 꼼꼼 문제 분석

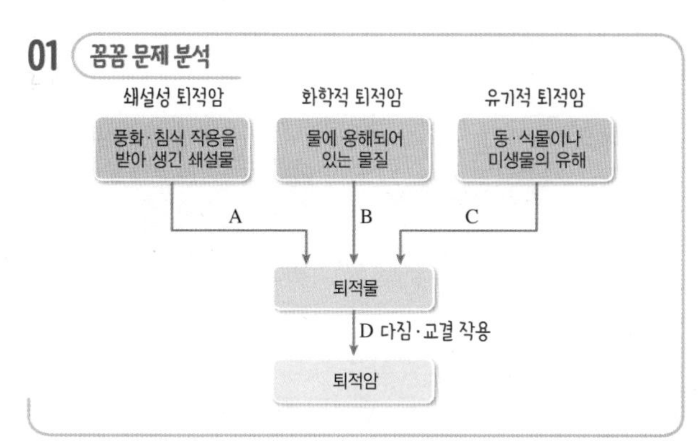

ㄷ. D는 퇴적물이 퇴적암으로 변하는 과정에서 일어나는 속성 작용으로 이 과정에서는 다지는 작용과 함께 규질이나 석회 물질 등이 퇴적물 사이에 침전되어 입자를 서로 붙게 하는 교결 작용이 일어난다.

바로알기 ㄱ. A와 D 과정을 통해 형성된 암석은 쇄설성 퇴적암으로 입자의 크기에 따라 역암, 사암, 셰일 등으로 분류한다.

ㄴ. B와 D 과정은 물속에 녹아 있는 물질이 침전되고 퇴적되어 속성 작용을 받아 퇴적암이 되는 과정으로 이렇게 형성된 퇴적암은 화학적 퇴적암이다.

02 ㄱ. (가)는 사층리로 층리가 기울어진 방향을 이용하여 퇴적물이 공급된 방향을 추정할 수 있다.

ㄴ. (나)는 아래에서 위로 갈수록 퇴적물의 입자가 작아지는 점이층리로 퇴적물의 크기에 따른 퇴적 속도 차이 때문에 생긴다.

ㄷ. (가)의 사층리는 층리가 기울어진 것을 관찰해야 하므로 층리면에서는 관찰하기 어렵고 지층의 단면에서 관찰된다. (나)의 점이 층리는 지층의 상하 방향으로 퇴적물 입자의 크기 변화를 관찰해야 하므로 지층의 단면에서 관찰된다.

02 지질 구조

개념 확인 문제

79쪽

❶ 지질 구조 ❷ 습곡 ❸ 횡압력 ❹ 단층 ❺ 절리 ❻ 부정합 ❼ 습곡 ❽ 주향 이동 단층 ❾ 관입 ❿ 포획 ⓫ 생성 순서

1 (1) ○ (2) × (3) × (4) × (5) ○ **2** A: 배사, B: 향사, C: 하반, D: 상반, E: 단층면 **3** (1) ㉠ 정단층, ㉡ 역단층 (2) 장력 **4** (1) 판상 절리 (2) 평행 부정합 **5** ㉠ 침식, ㉡ 침강 **6** (1) (나) (2) (다) (3) (가) **7** A

1 (1) 지층이 퇴적된 후 양쪽에서 미는 힘인 횡압력을 받아 휘어지면 습곡이 형성되고, 끊어지면 역단층이 형성된다.

(2) 부정합면은 오랜 시간 간격이 있음을 뜻하므로, 부정합면을 경계로 상하 지층의 연령 차이는 매우 크게 난다.

(3) 경사 부정합은 부정합면을 경계로 상하 지층이 나란하지 않고 경사져 있다.

(4) 히말라야산맥과 같은 습곡 산맥은 주로 횡압력이 작용하여 형성되었으므로 만들어지는 단층은 역단층이다.

(5) 마그마가 관입하여 굳은 암석을 관입암이라 하고, 마그마가 관입할 때 주위의 암석이나 지층의 일부가 마그마 속에 포함되어 함께 굳은 것을 포획암이라고 한다.

2 (가) 습곡에서 A는 위로 볼록한 배사, B는 아래로 볼록한 향사이다. (나) 단층에서 E는 단층면이고, C는 단층면의 아래쪽 부분이므로 하반, D는 단층면의 위쪽 부분이므로 상반이다.

3 (1) 상반이 하반에 대해 상대적으로 아래로 이동한 단층을 정단층이라 하고, 상반이 하반에 대해 상대적으로 위로 이동한 단층을 역단층이라고 한다.

(2) 정단층은 지층이 양쪽에서 잡아당기는 힘인 장력을 받아 만들어진다.

4 (1) 지하 깊은 곳의 암석이 융기할 때 암석을 누르는 압력이 감소하면 판상 절리가 잘 발달한다.

(2) 부정합면을 경계로 상하 지층이 나란한 것은 평행 부정합이다.

5 부정합은 인접한 두 지층 사이에 긴 시간 간격이 있는 관계를 나타낸 것으로, 퇴적 → 융기 → 침식 → 침강 → 퇴적 과정을 거쳐 만들어진다.

6 (1) 지층에 작용하는 힘으로 지층이 끊어지면서 서로 어긋난 지질 구조는 (나) 단층이다.

(2) 인접한 두 지층이 시간적으로 불연속적인 관계를 나타내는 지질 구조는 (다) 부정합이다.
(3) 지층이 퇴적된 후 횡압력을 받아 지층이 휘어진 지질 구조는 (가) 습곡이다.

7 B에 A가 포획되어 있으므로 A가 포획암이다. A는 먼저 생성된 암석의 조각이고, 나중에 B가 A를 포획하였다.

대표 자료 분석 80쪽

1-1 꼼꼼 문제 분석

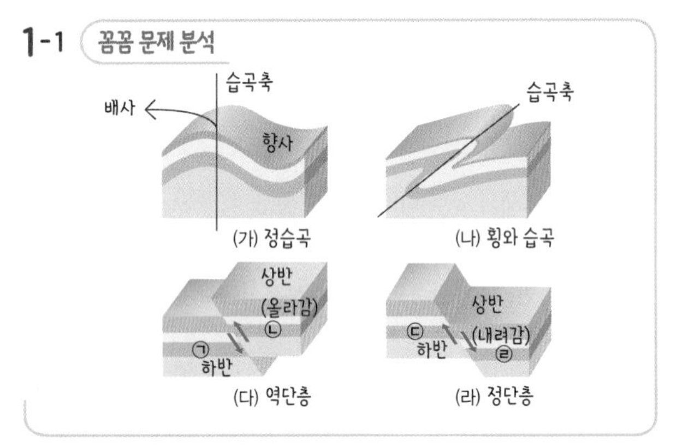

횡압력이 작용하여 만들어지는 지질 구조는 습곡과 역단층이다. 따라서 (가) 정습곡, (나) 횡와 습곡, (다) 역단층이 횡압력에 의해 만들어진 것에 해당한다.

1-2 (나) 횡와 습곡에서는 습곡축면이 수평면에 가깝게 기울어져 있어 먼저 쌓인 지층이 위로 올라오는 부분이 생길 수 있다. 따라서 지층의 퇴적 순서가 역전된 곳이 나타난다.

1-3 상반은 단층면을 기준으로 위쪽 부분을 나타내는 것으로 역단층에서는 하반에 대해 상반은 위로 올라가고 정단층에서는 상반이 아래로 내려간다.

1-4 (1) (가)에서 위로 볼록한 부분은 배사이고, 아래로 오목한 부분은 향사이다.
(2) (가) 정습곡과 (나) 횡와 습곡은 습곡축면의 기울기로 구분한다.
(3) (가) 정습곡은 지하 깊은 곳의 고온, 고압의 환경에서 만들어지고, (다) 역단층은 습곡이 만들어지는 깊이보다 얕은 곳에서 만들어진다.
(4) (나)에 작용하는 힘은 횡압력이고, 횡압력으로는 (다) 역단층이 만들어진다.
(5) (라) 정단층은 양쪽에서 잡아당기는 힘인 장력이 작용하여 만들어진 것이다.
(6) 습곡 산맥은 횡압력이 작용하여 만들어진 것이므로 (라) 정단층보다 (다) 역단층이 잘 만들어진다.

2-1 꼼꼼 문제 분석

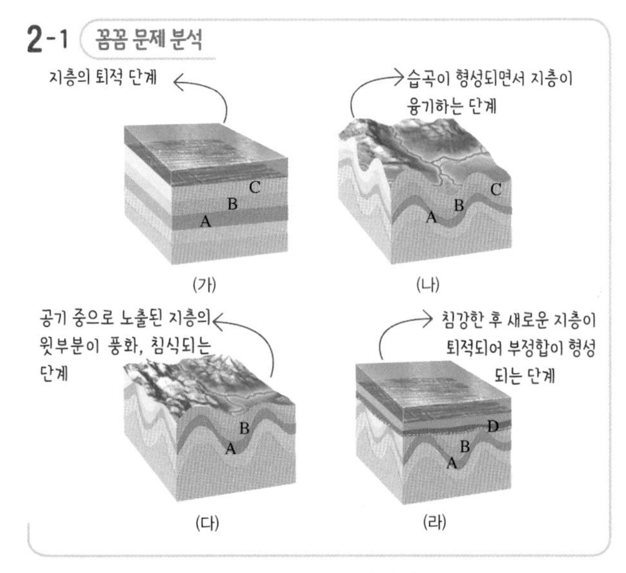

풍화나 침식 과정이 일어나는 단계는 (다)이다.

2-2 (라)에서 상하 인접한 (A층과 B층)과 (B층과 D층) 중 생성 시간 차이가 크게 나는 지층은 부정합 관계에 있는 (B층과 D층)이다.

2-3 (가)~(라) 과정 중 (나)에서 지각 변동을 받아 지층이 휘어졌으므로 부정합면을 경계로 지층이 평행하지 않다. 따라서 지층이 경사져 있는 경사 부정합에 해당한다.

2-4 (1) (나)에서 습곡이 형성되면서 지층의 융기가 일어났다.
(2) (다)에서 공기 중으로 노출되어 풍화, 침식이 일어난 지표면이 (라)에서 부정합면이 된다.
(3) A층과 B층은 연속적으로 퇴적된 지층이므로 정합 관계이다.
(4) B층과 D층은 부정합 관계이므로 생성 시기에 시간적 간격이 크다. 따라서 B층과 D층에서 산출되는 화석은 진화 정도에 차이가 크게 날 수 있다.
(5) B층과 D층의 경계면은 부정합면이므로 위쪽에 기저 역암이 분포하기도 한다.

내신 만점 문제 81~83쪽

01 ③ 02 ⑤ 03 ④ 04 ⑤ 05 ① 06 ⑤ 07 ⑤
08 해설 참조 09 ③ 10 ③

01 ㄱ. 배사와 향사가 발달한 습곡 구조이므로 지층이 퇴적된 후 횡압력을 받아 형성되었다.
ㄷ. 판의 수렴형 경계에서 횡압력을 받아 형성된 습곡 산맥에는 습곡 구조가 발달한다.
바로알기 ㄴ. 지층이 아래쪽으로 오목하게 휘어진 A는 향사이다.

02 ㄱ. (가)에서 A는 지층이 위로 볼록하게 휘어진 배사, B는 아래로 오목하게 휘어진 향사이다.
ㄴ. (가)는 습곡축면이 수평면과 수직인 정습곡, (나)는 습곡축면이 수평에 가깝게 기울어져 있는 횡와 습곡이다.
ㄷ. (나)는 횡와 습곡이고, 습곡축면이 수평에 가깝게 기울어져 있으므로 지층이 역전된 부분이 배사축과 향사축 사이에서 나타난다.

03 꼼꼼 문제 분석

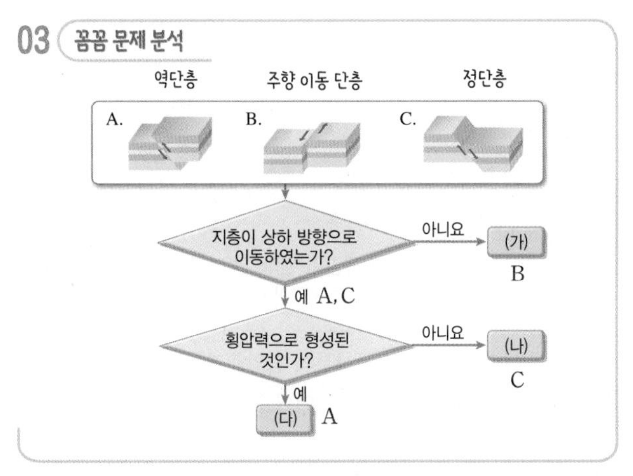

단층 A는 횡압력으로 상반이 하반에 대해 위로 이동한 역단층이고, 단층 B는 단층면 양쪽의 지층이 수평으로만 이동한 주향 이동 단층이며, 단층 C는 장력으로 상반이 하반에 대해 아래로 이동한 정단층이다. 따라서 지층이 상하 방향으로 이동하지 않은 (가) 단층은 B. 주향 이동 단층이고, 횡압력으로 형성된 (다) 단층은 A. 역단층이며, 장력으로 형성된 (나) 단층은 C. 정단층이다.

04 ㄱ, ㄴ. (가)는 지층이 퇴적된 후 횡압력을 받아 휘어진 습곡 구조이고, (나)는 양쪽 지층이 단층면이 뻗어 있는 방향과 나란하게 수평으로만 이동한 주향 이동 단층이다.
ㄷ. 보존형 경계에는 (나) 주향 이동 단층에 속하는 변환 단층이 발달되어 있다.

05 꼼꼼 문제 분석

(가) 기둥 모양 → 주상 절리 (나) 얇은 판 모양 → 판상 절리

ㄱ. (가)는 절리가 육각형의 기둥 모양으로 나타나므로 주상 절리이고, (나)는 절리가 지표와 나란하게 판 모양으로 나타나므로 판상 절리이다.
바로알기 ㄴ. (가)는 지표 부근의 용암이 급격히 식는 과정에서 부피가 감소하면서 기둥 모양으로 굳은 것이고, (나)는 지하 깊은 곳의 화강암을 덮고 있던 지층이 풍화와 침식으로 깎여 나가면서 융기한 화강암체에 작용한 압력이 감소하여 형성된다.
ㄷ. (가) 주상 절리는 지표 부근에서 화산암이 생성되는 과정에서 마그마가 빠르게 냉각되어 만들어지고, (나) 판상 절리는 지하 깊은 곳에서 생성된 심성암이 융기하여 만들어진다. 따라서 암석이 생성된 깊이는 (가)보다 (나)가 깊다.

06 꼼꼼 문제 분석

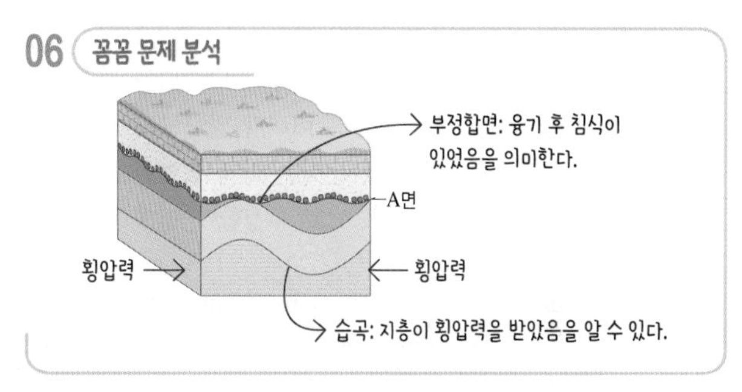

ㄱ. A면의 하부 지층은 휘어져 있으므로 지층이 수평으로 퇴적된 후 횡압력을 받아 습곡이 형성되었다.
ㄴ, ㄷ. A면의 하부 지층은 경사져 있고 상부 지층은 수평으로 퇴적되었으므로 A면은 부정합면이다. 하부 지층이 퇴적된 후 지층이 융기하여 침식 작용을 받았고, 침강하여 새로운 지층이 퇴적되면서 형성되었으므로 A면의 상부 지층과 하부 지층은 퇴적 시간의 간격이 크다.

07 꼼꼼 문제 분석

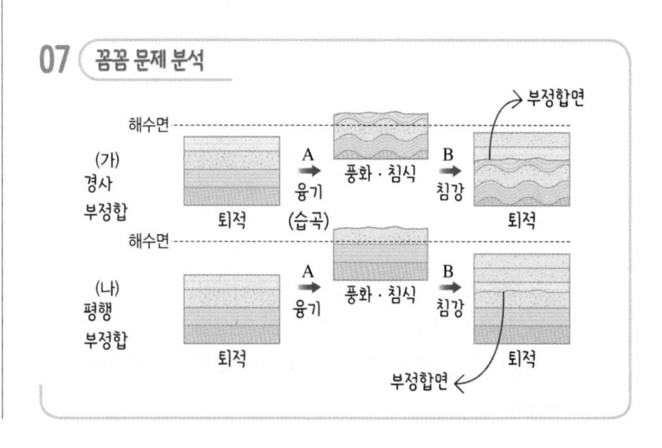

ㄱ. A는 지층이 수면 위로 드러나는 융기의 과정이고, B는 지층이 수면 아래로 가라앉는 침강의 과정이다.
ㄴ. 지층이 융기하여 지표에 노출되면 풍화나 침식 작용이 일어나면서 퇴적 작용은 중단된다. 따라서 A와 B 사이에 퇴적이 중단되는 현상이 일어났다.
ㄷ. (가)에서는 부정합면을 경계로 상부 지층과 하부 지층의 층리면이 경사져 있으므로 경사 부정합이고, (나)에서는 부정합면을 경계로 상부 지층과 하부 지층의 층리면이 나란하므로 평행 부정합이다.

08 꼼꼼 문제 분석

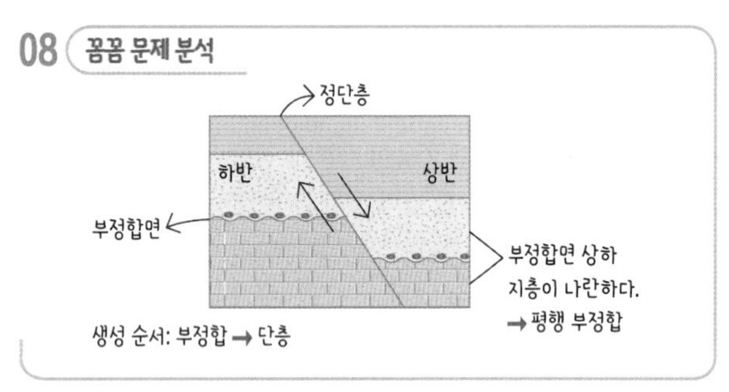

이 지역의 지층은 모두 수평층으로 습곡은 발달되어 있지 않다. 기저 역암이 있는 부정합면 위층과 아래층 모두 수평층이므로 부정합 중 평행 부정합이 발달되어 있다. 또한 단층면을 기준으로 오른쪽의 상반이 상대적으로 아래로 내려가 있으므로 정단층이 발달되어 있다. 지질 구조의 형성 순서는 기저 역암이 분포하는 부정합면이 단층면으로 잘려 있으므로 부정합이 먼저 형성되고 단층이 형성되었다.

모범 답안 평행 부정합과 정단층, 단층면이 부정합면을 자르고 있으므로 부정합이 먼저 형성되고 단층이 형성되었다.

채점 기준	배점
지질 구조 두 개와 생성 순서를 근거와 함께 모두 옳게 서술한 경우	100 %
지질 구조 두 개만 옳게 서술한 경우	50 %

09 꼼꼼 문제 분석

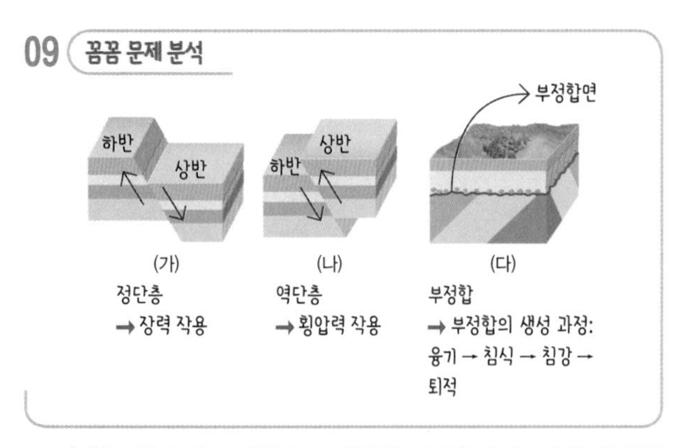

ㄱ. (가)는 상반이 아래쪽으로 이동한 정단층이다. 판의 발산형 경계에서는 장력이 작용하므로 정단층이 형성될 수 있다.
ㄷ. (다)는 경사 부정합이 발달되어 있으므로 부정합면에서 침식 흔적이 관찰된다.

바로알기 ㄴ. 변환 단층은 지반의 상하 이동이 없는 주향 이동 단층의 한 종류이므로 역단층인 (나)의 예에 해당하지 않는다.

10 ㄱ. A는 마그마가 주변의 암석을 관입한 후 굳어져서 생성된 암석으로 화성암이다.
ㄴ. B는 마그마가 관입할 때 주변의 암석에서 떨어져 나온 암석 조각이 마그마 속으로 유입된 것으로 포획암이다.
바로알기 ㄷ. 마그마가 굳어서 생성된 화성암 A 속에 B가 포획암으로 들어있으므로, A는 B보다 나중에 생성되었다.

실력 UP 문제 83쪽

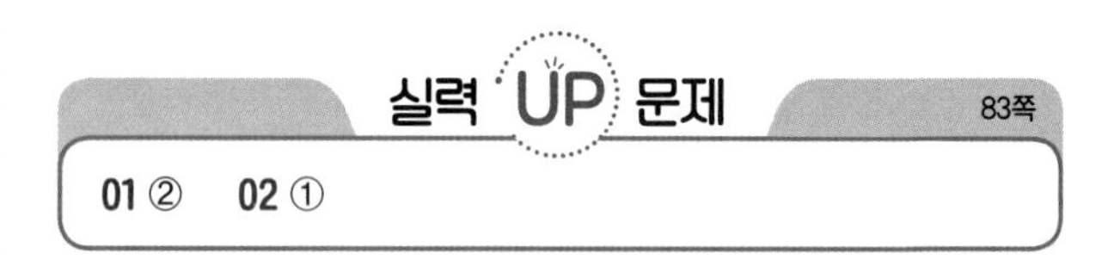

01 ② **02** ①

01 꼼꼼 문제 분석

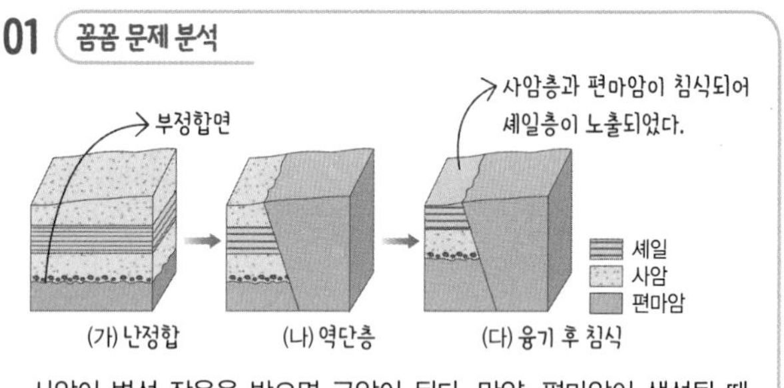

사암이 변성 작용을 받으면 규암이 된다. 만약, 편마암이 생성될 때 사암이 존재했다면, 편마암 위에 규암이 나타날 것이다.

ㄷ. (나) → (다) 과정에서 최상부의 사암층과 편마암이 침식 작용을 받았으므로 지반의 융기가 일어나 퇴적 작용이 중단되고 침식 작용이 일어났다.
바로알기 ㄱ. 편마암은 변성암이고, 사암은 퇴적암이므로 편마암이 변성 작용을 받는 과정에서 사암은 퇴적되지 않았다. 따라서 편마암과 사암은 부정합 관계이고 난정합이 발달한다.
ㄴ. (나)의 단층은 횡압력이 작용하여 상반이 하반에 대해 위로 이동한 역단층이다. 열곡대에는 장력이 작용하여 형성된 정단층이 발달한다.

02 ㄱ. (가)는 용암이 급격히 냉각되면서 수축하여 주로 육각기둥 모양으로 형성되는 주상 절리이다.
바로알기 ㄴ. (나)는 주향 이동 단층으로 지반이 상하 이동하지 않고 수평 방향으로만 이동한 것이다.
ㄷ. (다)는 경사 습곡으로 지층의 상하 역전이 관찰되지 않는다. 습곡 중 지층의 상하 역전은 횡와 습곡에서 관찰된다.

03 지층의 나이

개념 확인 문제

86쪽

❶ 지층 누중의 법칙 ❷ 관입의 법칙 ❸ 동물군 천이의 법칙
❹ 상대 연령 ❺ 지사학 법칙 ❻ 열쇠층 ❼ 표준 화석

1 (1) ○ (2) ○ (3) ○ **2** (1) ㉠ 아래, ㉡ 위 (2) 나중에 **3** (1) 응회암층 (2) 같은 시기가 아니다. (3) B 지역 **4** (1) ㉠ 부정합, ㉡ 지층 누중 (2) 암상 (3) 표준 화석 **5** (1) 동물군 천이의 법칙 (2) 관입의 법칙 (3) D → C → B → E → A **6** A → C → B

1 (1) 수평 퇴적의 법칙에 따르면 일반적으로 퇴적물은 수평으로 쌓인다. 따라서 지층이 기울어져 있거나 휘어져 있다면 지각 변동이 있었을 것으로 판단할 수 있다.
(2) 동물의 진화 과정에서 최근에 가까울수록 더 복잡하고 진화된 동물이 나타난다. 따라서 동물군 천이의 법칙에 따르면 나중에 형성된 지층일수록 더 진화된 생물 화석이 나타난다.
(3) 부정합의 법칙에 따르면 부정합면을 경계로 상하 지층은 생성 시기의 차이가 크게 난다.

2 (1) 지층이 역전되지 않았다면 지층 누중의 법칙에 따라 아래 지층이 위 지층보다 먼저 형성되었다.
(2) 관입의 법칙에 따르면 관입한 암석이 관입당한 지층보다 나중에 형성되었다.

3 꼼꼼 문제 분석

A~C 지역의 지층을 대비해 보면 다음과 같다.

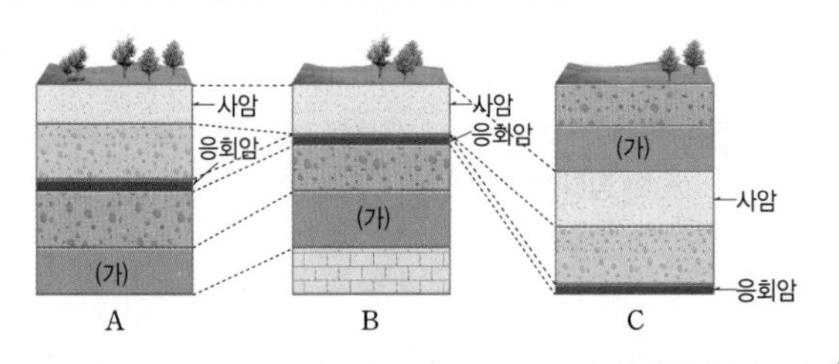

(1) 열쇠층은 지층 대비에 기준이 되는 층으로, 비교적 짧은 시기 동안 넓은 지역에 분포하는 지층이 이용된다. A~C 세 지역에서 모두 나타나며 화산 활동으로 생성된 지층인 응회암층이 열쇠층이고, 이를 이용하여 지층을 대비할 수 있다.
(2) A, B 지역의 (가) 지층은 같은 시기에 생성되었지만 C 지역의 (가) 지층은 나중에 생성되었다.
(3) 가장 오래된 지층은 B 지역의 최하위에 있는 층이다.

4 (1) 상하 두 지층 사이에 시간적 공백이 있는 두 지층의 관계를 부정합이라 하고, 지층 누중의 법칙을 적용하면 위 지층보다 아래 지층이 더 오래된 것이다.
(2) 가까운 거리에 있는 지층은 암상에 의한 대비를 이용하여 지층의 선후 관계를 밝힌다.
(3) 멀리 떨어져 있는 지층에서의 선후 관계는 화석에 의한 대비를 적용하며, 이때 표준 화석을 이용한다.

5 (1) B층과 C층의 생성 순서는 발견되는 화석을 이용한 동물군 천이의 법칙을 적용하여 판단할 수 있다. C층에서는 고생대 생물인 삼엽충 화석, B층에서는 중생대 생물인 암모나이트 화석이 발견된다.
(2) C층과 E층의 생성 순서는 관입당한 지층이 관입한 암석보다 먼저 생성되었다는 관입의 법칙을 적용하여 판단할 수 있다.
(3) 지층의 생성 순서는 D → C → B → E → A이다.

6 꼼꼼 문제 분석

지층 A, C가 순서대로 생성되고 B가 관입하였으므로 A → C → B 순으로 생성되었다.

89쪽

완자쌤 비법 특강

Q1 $2T$
Q2 13.5억 년

Q1 모원소의 처음 양은 4 mg이고, 붕괴하여 새로운 원소 3 mg이 만들어졌으므로 남은 양은 1 mg이다. 따라서 모원소의 처음 양에 대한 남은 양의 비율은 $\frac{1}{4}$(25 %)이고, 이때 가로축을 읽으면 절대 연령은 $2T$이다.

Q2 모원소는 칼륨이고, 자원소는 아르곤이다. 칼륨의 처음 양은 8 mg이고 아르곤 4 mg이 생성되었으므로 남은 양은 4 mg이다. 따라서 처음 양에 대한 남은 양의 비율은 $\frac{1}{2}$(50 %)이므로 반감기가 1번 지났다. 따라서 절대 연령은 13.5억 년×1번=13.5억 년이다.

개념 확인 문제

90쪽

❶ 절대 연령 ❷ 방사성 동위 원소 ❸ 모원소 ❹ 자원소 ❺ 반감기

1 (1) 반감기 (2) ㉠ 모, ㉡ 자 (3) 일정 **2** (1) × (2) ○ (3) × (4) ○ **3** (1) ㉡ (2) ㉠ (3) ㉢ **4** $2T$ **5** (1) 2억 년 (2) $0.25(\frac{1}{4})$ (3) 6억 년 **6** (1) 21억 년 (2) 1 : 7

1 (1) 절대 연령은 암석이나 광물이 생성된 시기를 구체적인 수치로 나타내는 것이고, 방사성 동위 원소의 반감기를 이용하여 측정한다.
(2) 붕괴하는 방사성 동위 원소를 모원소, 붕괴로 생성되는 원소를 자원소라고 한다.
(3) 방사성 동위 원소의 붕괴 속도가 온도와 압력 변화에 관계없이 일정하므로 방사성 동위 원소의 반감기도 일정하다.

2 (1) 방사성 동위 원소의 반감기가 1번 지나면 모원소 : 자원소=1 : 1이다.
(2) 반감기가 짧은 방사성 동위 원소는 가까운 시기의 연령 측정에, 반감기가 긴 것은 오래된 시기의 연령 측정에 유리하다.
(3) 쇄설성 퇴적암에서 방사성 동위 원소의 반감기를 이용하여 측정한 연령은 퇴적암의 생성 시기가 아니라 퇴적암을 이루고 있는 퇴적물 근원암의 연령이다.
(4) 화성암에서 방사성 동위 원소의 반감기를 이용하면 화성암을 이루는 광물의 정출 시기를 알 수 있다. 변성암에서는 방사성 동위 원소의 반감기로 변성 작용이 일어난 시기를 알 수 있다.

3 암석의 절대 연령을 측정하면 화성암에서는 마그마에서 광물이 정출된 시기를, 변성암에서는 변성 작용이 일어난 시기를 알 수 있다. 그러나 퇴적암에서는 퇴적물의 공급원인 근원암의 생성 시기가 측정되므로 절대 연령을 측정하지 않는다.

4 어떤 암석에 들어 있는 방사성 동위 원소의 반감기가 2번 지났다면 암석의 나이는 (반감기×2)로 구할 수 있다. 이 암석 속 방사성 동위 원소의 반감기가 T이므로 암석의 나이는 $2T$이다.

5 꼼꼼 문제 분석

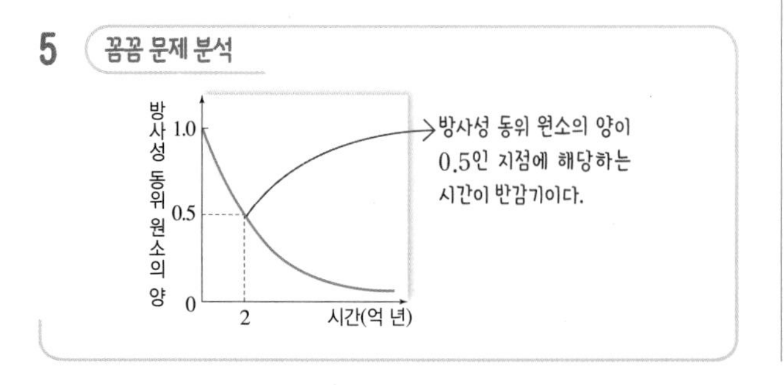

(1) 주어진 방사성 동위 원소의 양이 처음 양의 절반(0.5)이 되는 데 걸리는 시간을 그래프에서 구하면 2억 년이다. 따라서 반감기는 2억 년이다.
(2), (3) 반감기가 두 번 지나면 방사성 동위 원소의 양은 처음 양의 $0.25(\frac{1}{4})$이 되고, 0.125가 남으면 반감기가 3번 지난 것이다.

6 (1) (가) 방사성 동위 원소의 반감기는 21억 년이고, 이 암석에 들어 있는 (가) 방사성 동위 원소의 반감기가 1번 지났으므로 이 암석의 나이는 21억 년×1번=21억 년이다.
(2) 이 암석의 나이가 21억 년이므로 반감기가 7억 년인 (나) 방사성 동위 원소는 반감기가 3번 지났다. 따라서 (나) 방사성 동위 원소의 모원소 : 자원소=1 : 7이다.

대표 자료 분석

91~92쪽

자료 ❶ **1** (1) 수평 퇴적의 법칙 (2) 지층 누중의 법칙 (3) 관입의 법칙 (4) 부정합의 법칙 (5) 동물군 천이의 법칙 **2** (1) 지층 누중의 법칙, B → A (2) 부정합의 법칙, F → B (3) 관입의 법칙, C → F (4) 동물군 천이의 법칙, E → D **3** (1) × (2) ○

자료 ❷ **1** (1) A → B → C (2) B → A → C (3) A → C → B (4) A → C → B **2** ㄱ, ㄴ, ㄷ **3** (1) ○ (2) ○ (3) ○ (4) ×

자료 ❸ **1** 석탄층 **2** 해설 참조 **3** A 지역 **4** B 지역의 역암층 **5** (1) × (2) × (3) ○

자료 ❹ **1** A → B → P → C → D → Q → E **2** (1) 받았다 (2) 길다 (3) 1억 년 **3** ④ **4** (1) ○ (2) × (3) ○ (4) ×

1-2 꼼꼼 문제 분석

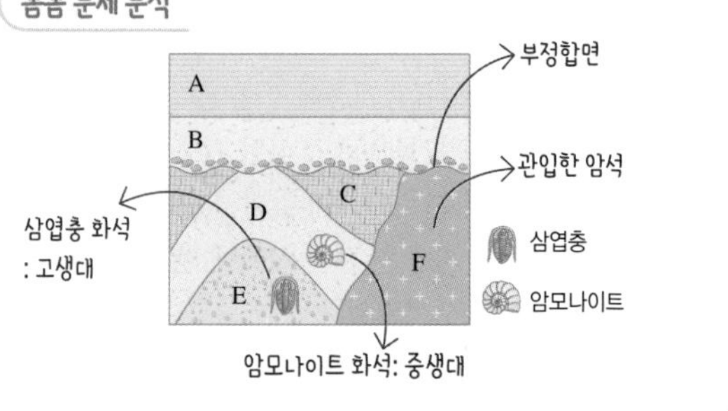

(1) A와 B 지층은 지층의 역전이 없었으므로 지층 누중의 법칙에 따라 아래에 있는 B 지층이 먼저 생성된 것이다. 따라서 생성 순서는 B → A이다.

(2) B 지층과 F 사이에는 부정합면이 있으므로 부정합의 법칙에 따라 부정합면 아래에 있는 F가 먼저 생성된 것이다. 따라서 생성 순서는 F → B이다.
(3) C 지층과 F는 관입의 법칙에 따라 관입한 F가 나중에 생성된 것이다. 따라서 생성 순서는 C → F이다.
(4) D와 E 지층에서는 화석이 발견되므로 동물군 천이의 법칙을 적용할 수 있다. 삼엽충은 고생대에, 암모나이트는 중생대에 살았던 생물이므로 E 지층이 먼저 생성되었다. 따라서 생성 순서는 E → D이다.

1-3 (1) C~E 지층에는 습곡이 나타나므로 수평 퇴적의 법칙에 따라 퇴적되었다가 지각 변동을 받아 휘어진 것이다.
(2) 지사학 법칙을 적용하여 이 지역에서 지층의 생성 순서를 정리해 보면 E → D → C → F → B → A이다.

2-1 (1) (가) 지역은 A가 퇴적된 후 B가 관입하고, C가 퇴적되었다(A → B → C).
(2) (나) 지역은 B가 퇴적된 후 A가 관입하고, C가 퇴적되었다(B → A → C).
(3), (4) (다)와 (라) 지역은 A와 C가 차례대로 퇴적된 후 B가 관입하였다(A → C → B).

2-2 (가)~(라) 모든 지역에서 지층이 역전되지 않았으므로 퇴적층의 순서를 정하는 데 지층 누중의 법칙이 적용되었다. 또, 부정합이 형성되어 있으므로 부정합의 법칙이 적용되었고, 마그마의 관입 작용이 있었으므로 관입의 법칙이 적용되었다.

2-3 (2) (가)와 (나) 지역에서는 지층 누중의 법칙과 부정합의 법칙에 따라 C 지층이 가장 나중에 생성되었다.
(3) (다)와 (라) 지역에서는 관입한 B 지층이 가장 나중에 생성되었다.
(4) 지층은 수평 퇴적의 법칙에 따라 수평으로 나란하게 쌓여야 한다. 그런데 (라) 지역에서 A를 이루는 지층들이 경사져 있으므로 지각 변동을 받은 것이다.

3-1 네 지역에서 모두 나타나고 특징적인 지층인 석탄층을 열쇠층으로 하여 지층의 대비를 할 수 있다.

3-2 모범 답안

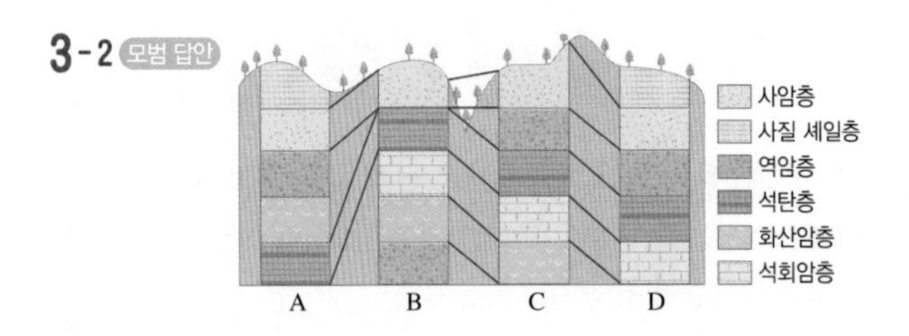

3-3 A 지역은 석탄층 위에 ⑤번에서 ⑧번 지층까지 순서대로 모두 퇴적되었으므로 중단없이 연속적으로 퇴적되었다.

3-4 꼼꼼 문제 분석

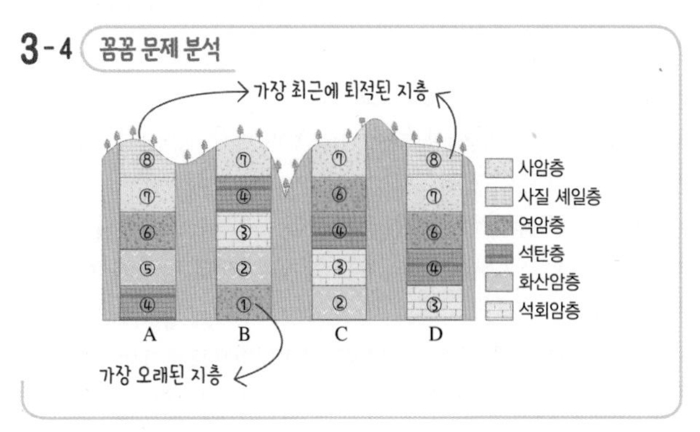

암석에 의한 대비를 통해 판단해 보면 A~D 지역 중 가장 오래된 지층은 B 지역의 역암층이다.

3-5 (1) A 지역의 화산암층(⑤)이 C 지역의 화산암층(②)보다 나중에 생성되었다.
(2) D 지역의 역암층(⑥)보다 B 지역의 역암층(①)이 먼저 생성되었다.
(3) C 지역에서 석탄층(④)과 역암층(⑥) 사이에 있어야 할 또 다른 화산암층(⑤)이 결층되어 있으므로 부정합 관계이다.

4-1 꼼꼼 문제 분석

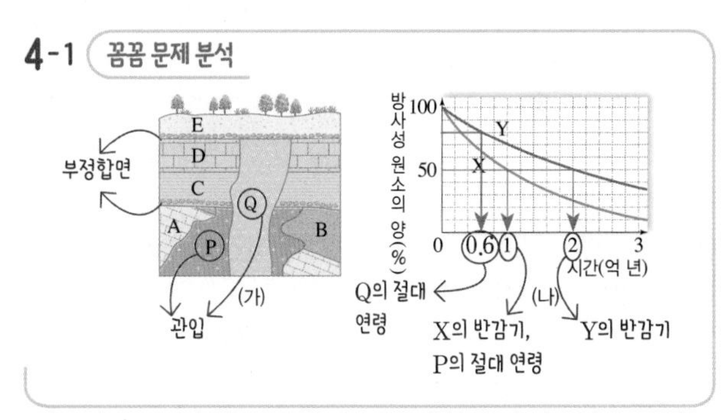

이 지역의 지층은 A 퇴적 → B 퇴적 → P 관입 → 부정합 → C 퇴적 → D 퇴적 → Q 관입 → 부정합 → E 퇴적 순으로 생성되었다.

4-2 (1) (가)에서 화성암 P와 Q가 관입한 후 각각 부정합이 형성되어 있으므로 각각 침식 작용을 받았다.
(2) (나)에서 방사성 동위 원소 X의 반감기는 1억 년, 방사성 동위 원소 Y의 반감기는 2억 년이다.
(3) 화성암 P에 포함된 방사성 동위 원소 X의 함량은 처음 양의 50 %이므로 반감기가 1번 지났다. 따라서 화성암 P의 절대 연령은 1억 년이다.

4-3 지층 C와 D는 화성암 P보다는 나중에 생성되었고, 화성암 Q보다는 먼저 생성되었다. 화성암 Q에 포함된 방사성 동위 원소 Y의 함량은 처음 양의 80 %이므로 (나)에서 절대 연령을 구하면 0.6억 년이다. 따라서 지층 C와 D의 절대 연령은 0.6억 년~1억 년이다.

4-4 (1) (나)에서 방사성 동위 원소 Y의 반감기는 2억 년, X의 반감기는 1억 년이다.

(2) 2억 년 된 암석 속에 포함된 방사성 동위 원소 X는 반감기가 2번 지났으므로 방사성 동위 원소의 양은 생성 당시의 25 %가 남아 있다.

(3) 화성암 P 생성 이후 부정합이 형성되었으므로 1억 년 전~0.6억 년 전 동안 이 지역은 융기, 침강 작용을 받았다.

(4) 화성암 P의 절대 연령은 1억 년이므로 포함되어 있는 방사성 동위 원소 X의 모원소와 자원소의 비율은 1 : 1이다.

내신 만점 문제

93~96쪽

01 ④ **02** ① **03** ① **04** 해설 참조 **05** ② **06** ③
07 해설 참조 **08** ㄴ **09** ③ **10** ① **11** 해설 참조
12 관입 → 부정합 → 단층 → 부정합 **13** ② **14** ③ **15** ⑤
16 ④ **17** ⑤ **18** ① **19** 해설 참조

01 ① A와 B는 수평으로 퇴적되어 있으므로 수평 퇴적의 법칙이 적용된다.

② 지층 누중의 법칙이 적용되어 아래에 있는 B가 A보다 먼저 퇴적되었다고 해석할 수 있다.

③ B에 기저 역암이 있으므로 B와 C는 부정합의 법칙이 적용되어 두 지층 사이의 생성 시기에 큰 차이가 있다.

⑤ D가 C를 관입하였으므로 관입의 법칙이 적용되어 C는 D보다 먼저 생성되었다.

바로알기 ④ B를 E가 관입하였으므로 관입의 법칙이 적용된다. 이 지역에서는 화석이 발견되지 않았으므로 동물군 천이의 법칙은 적용되지 않는다.

02 A: 관입의 법칙에 따르면 관입당한 암석이 관입암보다 먼저 생성되었다.

B: 부정합의 법칙은 지층 사이에 오랜 시간 간격이 있음을 설명한다.

C: 신생대 화석인 화폐석이 고생대 화석인 삼엽충보다 아래쪽에 분포하므로 동물군 천이의 법칙을 적용하면 지층이 역전되었다.

03 ㄱ. (가)에서는 사암에 포함되어 있는 암석 조각이 기저 역암으로 판단되므로 화강암이 먼저 형성되고 사암이 퇴적되었다.

바로알기 ㄴ. (나)에서 사암이 변성되었으므로 화강암이 사암을 관입하였고, 사암 조각은 화강암에 포획되어 있는 포획암이다.

ㄷ. (가)에서 지층의 생성 순서는 부정합의 법칙을 적용하여 정할 수 있다(화강암 → 사암).

04 화석을 이용하여 지층을 대비하면 (가)에서 삼엽충 화석이 산출되는 지층의 아래 지층이 가장 오래된 지층이다. 또한 ㉠층은 암모나이트 화석이 산출되는 지층보다 먼저 형성되었고 ㉡층은 암모나이트 화석이 산출되는 지층보다 나중에 형성되었으므로 ㉠층이 ㉡층보다 먼저 생성되었다.

모범 답안 (1) (가) 지역

(2) ㉠층이 ㉡층보다 먼저 생성되었다.

채점 기준		배점
(1)	가장 오래된 지층을 옳게 쓴 경우	50 %
(2)	㉠과 ㉡ 지층의 선후 관계를 옳게 서술한 경우	50 %

05 꼼꼼 문제 분석

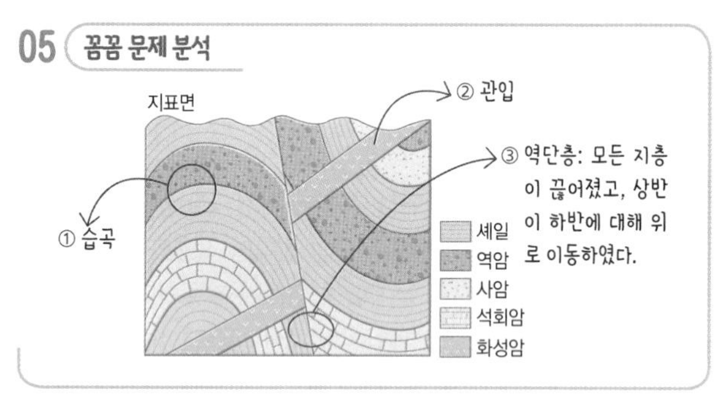

이 지역에서는 지층이 퇴적된 후 습곡이 일어났고, 이후 화성암의 관입이 일어난 다음 역단층이 형성되었다.

06 ㄱ. 암상에 의한 대비를 할 때는 동시대성을 갖는 대비의 기준층, 즉 열쇠층이 필요하다. 화산 활동으로 분출된 화산재는 비교적 짧은 시간 동안 넓은 지역에 퇴적되어 응회암층을 형성하므로 열쇠층으로 적합하다.

ㄷ. 지층을 대비하면 다음과 같다.

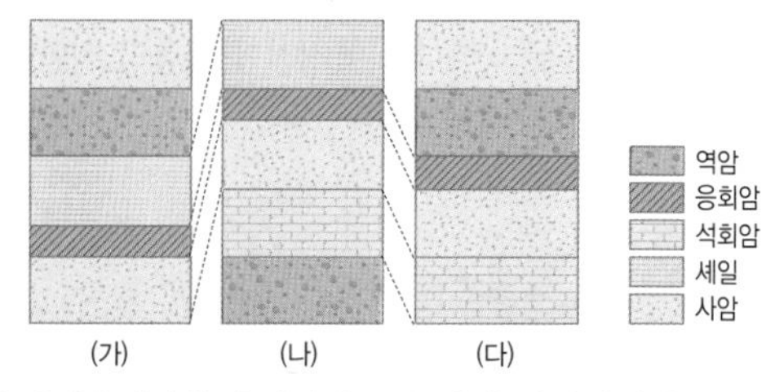

(나)의 역암층이 (다)의 역암층보다 먼저 퇴적되었다.

바로알기 ㄴ. 가장 나중에 퇴적된 지층은 (가)와 (다)의 가장 위쪽에 있는 사암층이다.

07 꼼꼼 문제 분석

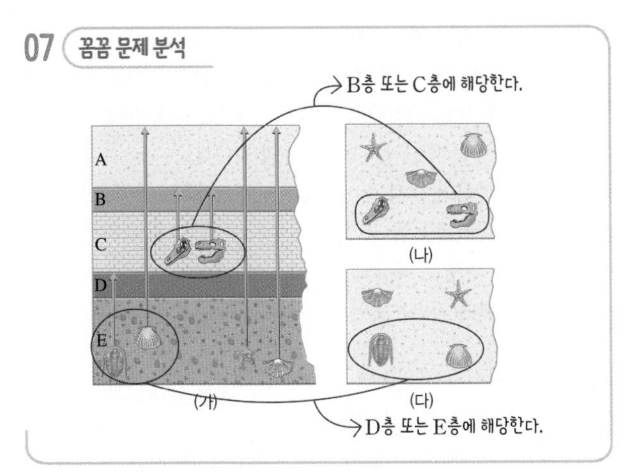

(나), (다)에서 산출되는 화석으로 미루어 (나)는 (가)의 B층 또는 C층에, (다)는 (가)의 D층 또는 E층에 대비된다. 따라서 (다)가 (나)보다 먼저 생성된 층이다.

모범 답안 (나)는 (가)의 B층 또는 C층에, (다)는 (가)의 D층 또는 E층에 대비되기 때문에 생성 순서는 (다) → (나)이다.

채점 기준	배점
생성 순서와 판단의 근거를 모두 옳게 서술한 경우	100 %
생성 순서만 옳게 서술한 경우	50 %

08
ㄴ. (다) 지층은 D층 또는 E층에 대비되므로 (가)의 C층보다 먼저 형성되었다.

바로알기 ㄱ. (다)보다 최근에 형성된 (나)에서 더 진화된 동물 화석이 산출될 가능성이 높다.

ㄷ. D층과 E층을 경계로 생물계의 급변이 일어나지 않으므로 부정합 관계일 가능성이 거의 없다.

09 꼼꼼 문제 분석

	(가)	(나)	(다)	(라)
	방사성 동위 원소 A 20 g	방사성 동위 원소 A 10 g	방사성 동위 원소 B 20 g	방사성 동위 원소 B 10 g
2년 후 →	남은 양: 5 g	남은 양: 2.5 g	남은 양: 10 g	남은 양: 5 g

암석이 생성되고 2년이 지났을 때 방사성 동위 원소 A는 반감기가 2번 지났으므로 (가), (나) 암석 속에 남아 있는 방사성 동위 원소의 양은 처음 양의 $\frac{1}{4}$이 된다. 이에 따라 방사성 동위 원소 A가 (가) 암석에는 5 g, (나) 암석에는 2.5 g이 남는다. 암석이 생성되고 2년이 지났을 때 방사성 동위 원소 B는 반감기가 1번 지났으므로 (다), (라) 암석 속에 남아 있는 방사성 동위 원소의 양은 처음 양의 $\frac{1}{2}$이 된다. 이에 따라 방사성 동위 원소 B가 (다) 암석에는 10 g, (라) 암석에는 5 g이 남는다. 따라서 화성암 (가)~(라) 중 방사성 동위 원소가 가장 많이 남아 있는 암석은 (다)이고, 가장 적게 남아 있는 암석은 (나)이다.

10
ㄱ. 방사성 동위 원소 X의 반감기는 7억 년, 방사성 동위 원소 Y의 반감기는 14억 년이다. 따라서 방사성 동위 원소 Y의 반감기는 X의 2배이다.

바로알기 ㄴ. 14억 년 후 방사성 동위 원소 X는 반감기가 2번 지났으므로 75 %가 감소하였고, 방사성 동위 원소 Y는 반감기가 1번 지났으므로 50 %가 감소하였다.

ㄷ. 이 암석의 나이가 10억 년이라면 X의 반감기는 1번 이상 지났으므로 모원소 함량이 자원소 함량보다 적다. 따라서 $\left(\frac{\text{자원소 함량}}{\text{모원소 함량}}\right)$ 값은 1보다 크다.

11
(1) (가)는 화성암 내부에 사암이 포획암으로 존재하고 사암이 변성된 부분이 있는 것으로 보아 화성암이 사암을 관입하였다. (나)는 사암 내부에서 화성암의 조각이 기저 역암으로 나타나는 것으로 보아 화성암이 분출된 이후에 사암이 퇴적되었다.

(2) (가)와 (나)에서 화성암의 연령이 같으므로 사암의 연령은 화성암보다 나중에 형성된 (나)의 사암이 상대적으로 (가)보다 적다.

모범 답안 (1) (가) 관입 (나) 분출

(2) (나)의 사암의 연령이 (가)보다 상대적으로 적다.

채점 기준		배점
(1)	관입한 경우와 분출한 경우를 옳게 구분한 경우	50 %
(2)	사암의 연령을 옳게 비교하여 서술한 경우	50 %

[12~13] 꼼꼼 문제 분석

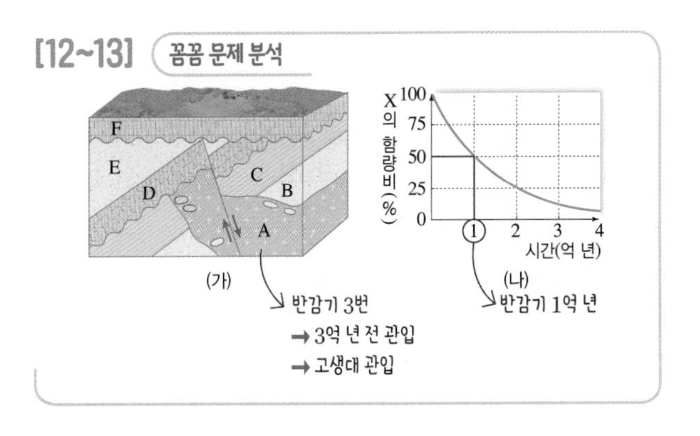

12
이 지역에는 A 관입 → 부정합 형성 → 단층 형성 → 부정합 형성 순서로 지각 변동이 일어났다.

13
ㄴ. 단층면이 부정합으로 단절되어 있으므로 단층이 형성되고 지반이 융기하여 지표에 드러났고, 이후 F가 퇴적되고 다시 지반이 융기하여 지표에 드러나 있으므로 단층이 형성된 후 적어도 2번의 융기가 있었다.

바로알기 ㄱ. 암석 A의 방사성 동위 원소 X의 모원소와 자원소의 비율은 1 : 7로 반감기가 3번 지났으므로 절대 연령은 3억 년이고 고생대에 관입하였다. 따라서 A보다 이전에 퇴적된 C에서는 중생대 공룡 화석이 산출될 수 없다.

ㄷ. 이 지역의 지층에는 화석이 나타나 있지 않으므로 동물군 천이의 법칙이 적용되지 못한다.

14 꼼꼼 문제 분석

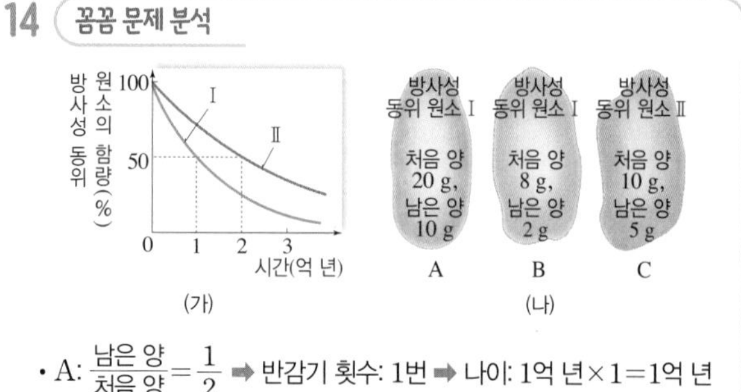

- A: $\frac{\text{남은 양}}{\text{처음 양}}=\frac{1}{2}$ ➡ 반감기 횟수: 1번 ➡ 나이: 1억 년×1=1억 년
- B: $\frac{\text{남은 양}}{\text{처음 양}}=\frac{1}{4}$ ➡ 반감기 횟수: 2번 ➡ 나이: 1억 년×2=2억 년
- C: $\frac{\text{남은 양}}{\text{처음 양}}=\frac{1}{2}$ ➡ 반감기 횟수: 1번 ➡ 나이: 2억 년×1=2억 년

암석의 절대 연령을 비교하면 B=C>A이다.

[15~16] 꼼꼼 문제 분석

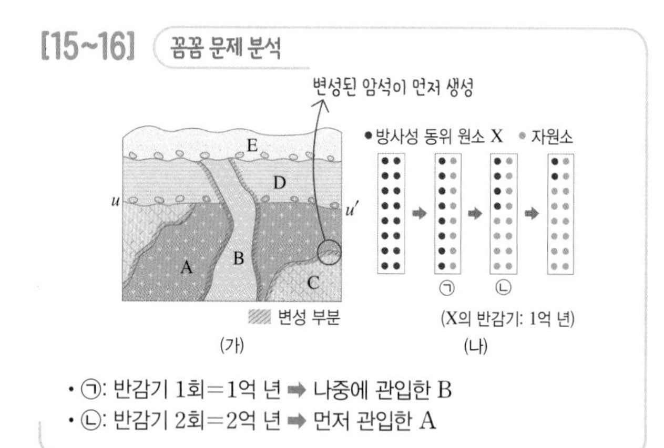

15 이 지역의 지층 생성 순서는 C 퇴적 → A 관입 → 부정합 $u-u'$ → D 퇴적 → B 관입 → 부정합 → E 퇴적이다.

16 ㄴ. 화성암 A는 절대 연령이 2억 년이고, 화성암 B는 절대 연령이 1억 년이다. 부정합면 $u-u'$는 화성암 A와 B 사이에 형성되었으므로 현재로부터 1억 년 전~2억 년 전 사이에 형성된 것이다.

ㄷ. 화성암 A와 지층 D가 관입암 B보다 먼저 생성되었으므로 B에는 A와 D의 암석 조각이 포획암으로 나타날 수 있다.

바로알기 ㄱ. 화성암 A에 화성암 B가 관입했으므로 화성암 A의 연령이 화성암 B의 연령보다 많다. ㉠은 반감기가 1회, ㉡은 반감기가 2회 지났으므로 화성암 A에 포함된 방사성 동위 원소 X와 자원소의 양은 ㉡이다.

17 B는 A를 관입하였으므로 A가 먼저 생성되었고, 생성 순서를 정하는 데 적용된 지사학 법칙은 관입의 법칙이다.

18 ㄱ. 암석 A는 반감기가 2억 년인 방사성 동위 원소 P의 양이 25 %가 남아 있으므로 반감기가 2번 지났고, 절대 연령은 4억 년이다. 방사성 동위 원소 Q의 양은 6.25 %로 반감기가 4번 지났다. 따라서 Q의 반감기 (가)는 1억 년이다.

바로알기 ㄴ. 암석의 생성 순서는 C → A → D → B이므로 가장 나중에 생긴 암석은 B이다.

ㄷ. A의 절대 연령은 약 4억 년이고, B의 절대 연령은 약 2억 년이므로 D의 절대 연령은 2억 년~4억 년이다.

19 (1) 모원소와 자원소의 비율이 같아지는 데 걸리는 시간이 반감기이므로 반감기는 T이다.

(2) 모원소와 자원소의 비율이 1 : 7이라면 반감기가 3번 지난 것이므로 절대 연령은 $3T$(T×3번)이다.

모범 답안 (1) T (2) 반감기가 3번 지났으므로 $3T$이다.

채점 기준		배점
(1)	반감기를 옳게 쓴 경우	40 %
(2)	암석의 절대 연령을 계산 과정과 함께 옳게 서술한 경우	60 %

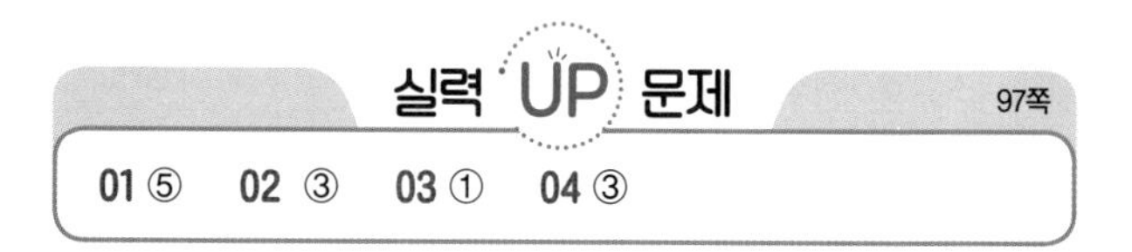

01 꼼꼼 문제 분석

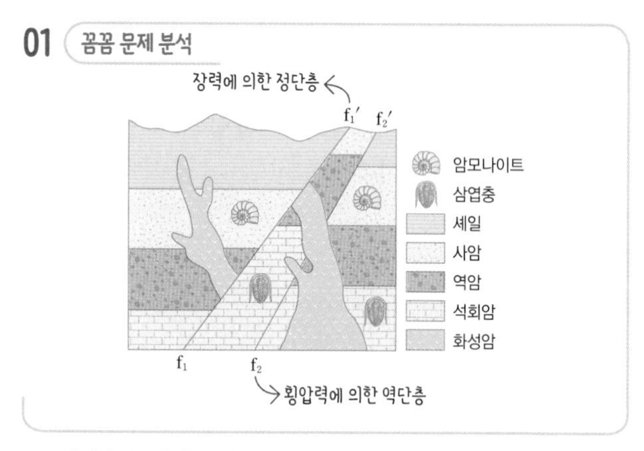

ㄱ. 사암층은 바다에서 살던 암모나이트 화석이 산출되므로 바다에서 퇴적된 해성층이다.

ㄴ. 이 지역의 지질 구조 형성 순서는 단층 f_2-f_2' 형성 → 화성암 관입 → 단층 f_1-f_1' 형성이다.

ㄷ. 화성암이 관입하기 전에 형성된 단층 f_2-f_2'는 상반이 하반에 대해 올라간 역단층이다. 따라서 단층을 형성한 횡압력이 작용한 시기는 화성암이 관입하기 전 단층 f_2-f_2'가 형성될 때이다.

02 ㄱ. (가)에서 (방사성 동위 원소 X의 함량 : 자원소의 함량)은 1 : 3이고, (나)에서 (방사성 동위 원소 X의 함량 : 자원소의 함량)은 1 : 1이다. 따라서 (가)는 화성암이 생성되고 2억 년 후이고, (나)는 1억 년 후이다.

ㄴ. (가)에서는 방사성 동위 원소 X의 반감기가 2회 경과된 상태에서 화성암의 나이가 2억 년이므로 방사성 동위 원소 X의 반감기는 1억 년이다.

바로알기 ㄷ. 방사성 동위 원소 X의 반감기가 1억 년이므로, 화성암이 생성되고 3.5억 년 후에는 이미 반감기가 3회 경과되고 시간이 더 지났으므로 화성암에 포함된 $\frac{\text{X의 양}}{\text{X의 자원소 양}}$ 값은 $\frac{1}{7}$ 보다 작다.

03 꼼꼼 문제 분석

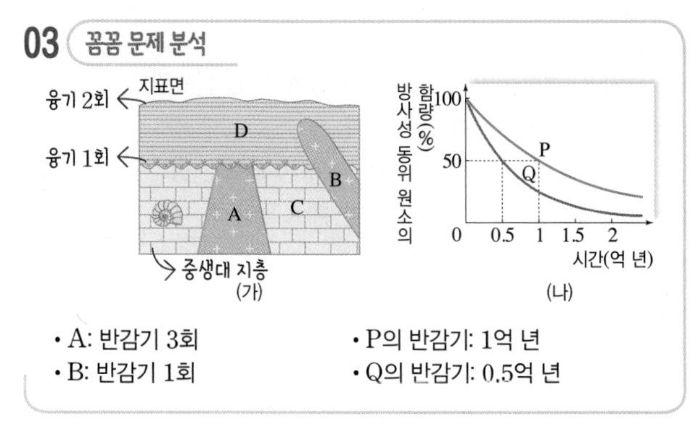

- A: 반감기 3회
- B: 반감기 1회
- P의 반감기: 1억 년
- Q의 반감기: 0.5억 년

ㄱ. (가)에서 지층의 생성 순서는 C 퇴적 → A 관입 → 부정합 형성(융기, 침식, 침강) → D 퇴적 → B 관입 → 융기이다. 따라서 이 지역은 최소한 2회 융기하였다.

바로알기 ㄴ. (나)에서 P와 Q의 반감기는 각각 1억 년, 0.5억 년이다. 반감기가 3번 경과한 방사성 동위 원소를 포함하고 있는 A에 방사성 동위 원소 P가 포함되어 있다면 A의 연령이 3억 년이 되고, C는 고생대에 퇴적된 지층이 되어 중생대 화석인 암모나이트 화석이 산출될 수 없다. 따라서 A에는 방사성 동위 원소 Q가, B에는 방사성 동위 원소 P가 포함되어 있다.

ㄷ. 경과된 반감기를 이용하여 A와 B의 절대 연령을 구하면 각각 1.5억 년, 1억 년이다. 따라서 D는 1.5억 년~1억 년에 퇴적된 중생대 지층이므로 신생대의 표준 화석인 화폐석 화석이 산출될 수 없다.

04 표준 화석을 이용하여 지층을 대비하면 다음과 같다.

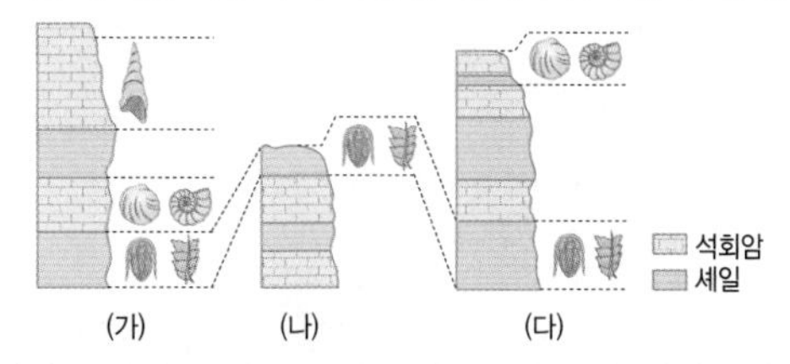

ㄱ. (나)에는 삼엽충 화석이 산출되는 지층보다 아래쪽에 지층이 더 분포하므로 가장 오래된 지층은 (나) 지역에 분포한다.

ㄷ. (나)에는 고생대와 고생대 이전 지층이 분포하고 (다)에는 고생대와 중생대 지층이 분포한다. (가)에는 (다)에서 가장 젊은 지층보다 더 젊은 지층이 분포하므로 퇴적층의 평균 연령은 (가)가 가장 적다.

바로알기 ㄴ. (나)에서 가장 최근에 생성된 최상층이 고생대 지층이므로 중생대의 공룡 화석이 산출될 수 없다.

4 지질 시대의 환경과 생물

100쪽

완자쌤 비법 특강
Q1 (나)
Q2 지구의 기온이 높아지고 있다.

Q1 기온이 높을 때 빙하 코어 속 $\frac{^{18}O}{^{16}O}$의 비율이 높게 나타나므로 (가) 시기보다 (나) 시기가 따뜻한 기후였을 것이다.

Q2 지구의 기온은 대기 중 이산화 탄소 농도와 비례한다. 최근에 대기 중 이산화 탄소의 농도가 증가하고 있으므로 지구의 기온도 높아지고 있다.

개념 확인 문제

101쪽

❶ 지질 시대 ❷ 표준 화석 ❸ 짧고 ❹ 시상 화석 ❺ 길고 ❻ 나이테 ❼ 빙하

1 (1) × (2) × (3) ○ (4) × **2** (1) 단단한 (2) 화석화 (3) 변성 작용 **3** (가) c (나) b **4** 표준 화석: B, 시상 화석: A **5** (1) ○ (2) × (3) ○ **6** B, C

1 (1) 표준 화석에 적합한 조건으로는 생존 기간이 짧고, 분포 면적이 넓어야 한다.
(2) 표준 화석을 이용하면 지질 시대를 판단할 수 있고, 화성암의 절대 연령은 방사성 동위 원소의 반감기를 이용하여 알 수 있다.
(4) 시상 화석은 생물이 살았던 당시의 환경을 알려 주는 화석이고, 지질 시대를 구분하는 데 유용한 것은 표준 화석이다.

2 생물의 몸체에 단단한 부분이 있고, 퇴적물에 빨리 묻히고, 화석화 작용을 받고, 퇴적암이 형성된 후 심한 지각 변동이나 변성 작용을 받지 않아야 화석으로 남기 쉽다.

3 시상 화석은 생존 기간이 길어야 하므로 c가 적합하다. 표준 화석은 생존 기간이 짧아야 하므로 b가 적합하다.

4 표준 화석은 생존 기간이 짧고, 분포 면적이 넓어야 하므로 B가 적합하다. 시상 화석은 생존 기간이 길고, 분포 면적이 좁아야 하므로 A가 적합하다.

5 (1) 나무의 나이테를 조사하여 비교적 가까운 과거의 기후를 알아낼 수 있다.
(2) 방사성 탄소의 반감기를 조사하면 석순의 생성 시기는 추정할 수 있지만 고기후를 추정하기는 어렵다.
(3) 빙하에는 눈이 쌓일 당시의 꽃가루가 포함될 수 있으므로 당시 환경에 관한 여러가지 자료를 얻을 수 있다.

6 A는 고생대, B는 중생대, C는 신생대이다. 지질 시대 중 온난한 기후가 지속된 지질 시대는 중생대(B)이다. 가장 최근에 빙하기가 있었던 지질 시대는 신생대(C)이다.

개념 확인 문제

105쪽

❶ 지각 변동 ❷ 누대 ❸ 선캄브리아 시대 ❹ 고생대
❺ 실루리아기 ❻ 중생대 ❼ 신생대 ❽ 제4기

1 (1) ○ (2) ○ (3) ○ (4) × **2** (1) 고생대 (2) 고생대 (3) 겉씨
3 A → B → C → D **4** 양치식물(고생대) → 겉씨식물(중생대) → 속씨식물(신생대) **5** (1) ㉣ (2) ㉠ (3) ㉢ (4) ㉡ **6** (1) ㄱ (2) ㄹ (3) ㄷ (4) ㄴ **7** ④

1 (1) 생물계의 급격한 변화가 일어난 시기와 대규모 지각 변동을 기준으로 지질 시대를 구분할 수 있다.
(2) 현생 누대는 크게 고생대, 중생대, 신생대로 구분된다.
(3) 시생 누대에 광합성을 하는 사이아노박테리아(남세균)가 출현하여 산소를 공급하였다.
(4) 고생대에는 약 2번의 빙하기가 있었고, 빙하기 없는 온난한 기후가 지속되었던 시대는 중생대이다.

2 (1) 어류가 출현하여 번성한 시대는 고생대이다.
(2) 삼엽충은 고생대 전 기간에 걸쳐 생존하였던 대표적인 생물종이다.
(3) 암모나이트가 번성한 지질 시대는 중생대이고, 이때 겉씨식물이 번성하였다.

3 지질 시대를 오래된 것부터 나열하면 선캄브리아 시대 → 고생대 → 중생대 → 신생대이고, 오래된 지질 시대일수록 지속 기간이 길다. 따라서 A는 선캄브리아 시대, B는 고생대, C는 중생대, D는 신생대이다.

4 양치식물은 고생대, 속씨식물은 신생대, 겉씨식물은 중생대에 번성하였다.

5 (1) 속씨식물은 신생대에 번성하였다.
(2) 광합성 생물이 처음 출현한 것은 선캄브리아 시대이다.
(3) 파충류가 번성한 것은 중생대이다.
(4) 가장 큰 규모로 생물의 대멸종이 일어난 것은 고생대 말이다.

6 꼼꼼 문제 분석

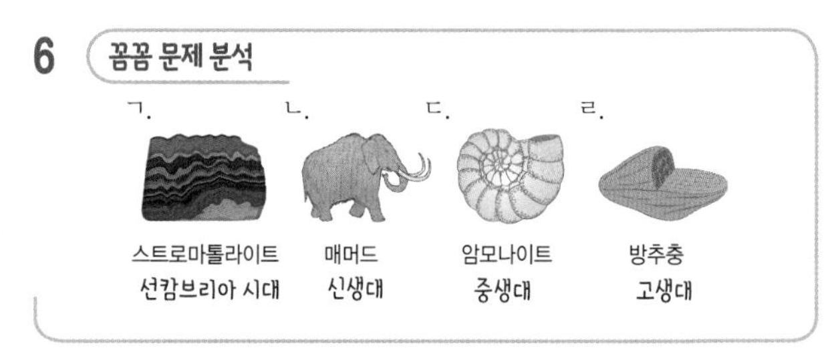

(1) 사이아노박테리아가 퇴적물과 함께 층상으로 쌓여 만들어진 화석은 스트로마톨라이트(ㄱ)이다.
(2) 고생대 말기에 번성하였던 바다 생물 화석은 방추충(ㄹ)이다.
(3) 중생대 바다에서 번성하였던 대표적인 화석은 암모나이트(ㄷ)이다.
(4) 신생대 제4기에 번성하였던 대형 육상 포유류 화석은 매머드(ㄴ)이다.

7 ① 삼엽충, ② 필석, ③ 방추충, ④ 화폐석, ⑤ 갑주어 화석이다. ①, ②, ③, ⑤는 고생대에 살았던 생물이고, ④ 화폐석은 신생대에 살았던 생물이다.

대표 자료 분석

106~107쪽

자료 ❶ **1** e **2** a **3** (1) ○ (2) ○ (3) ○ (4) × (5) ○ (6) ○ (7) ×

자료 ❷ **1** 강수량이 많고, 기온이 높다. **2** ㉠ **3** (1) ○ (2) × (3) ○ (4) × (5) ×

자료 ❸ **1** (다), (바) **2** (가), (나), (다), (라), (마) **3** (1) ○ (2) × (3) ○ (4) ○ (5) × (6) × (7) ○

자료 ❹ **1** ㉠ 시생 누대, ㉡ 원생 누대, ㉢ 고생대, ㉣ 중생대, ㉤ 신생대 **2** ㉣ **3** ㉣ **4** ㉢과 ㉣의 경계 **5** (1) ○ (2) × (3) × (4) ○

1-1 꼼꼼 문제 분석

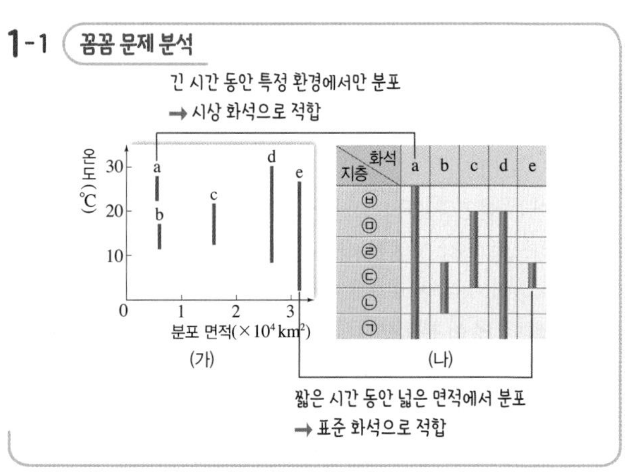

표준 화석으로 가장 적합한 화석은 (가)에서 분포 면적이 넓고, (나)에서 생존 기간이 짧은 e이다.

1-2 시상 화석으로 가장 적합한 화석은 (가)에서 분포 면적이 좁고, (나)에서 생존 기간이 긴 a이다.

1-3 (1) a는 지층 ㉠~㉥까지 분포하므로 생존 기간이 길고, 분포 면적은 좁다.
(2) a는 c보다 생존 온도가 높으므로 따뜻한 기후에서 살았다.
(3) b는 d보다 분포 면적이 좁고, 생존 온도 범위도 좁으므로 환경 변화에 매우 민감한 생물이다.
(4) 생존 기간이 가장 긴 생물 종은 (나)의 모든 지층에서 산출되는 a이다.
(5) 화석에 의한 지층의 대비에는 시상 화석인 a보다 표준 화석인 e가 유용하다.
(6) 화석이 산출되는 지층의 퇴적 환경을 추정하려면 시상 화석인 a가 유용하다.
(7) e는 표준 화석으로 적합한 생물이고, 산호는 현재까지 살고 있으므로 시상 화석에 해당한다.

2-1 나무의 성장은 기온이 높고, 강수량이 많은 환경에서 빠르고, 이때 나무의 나이테 간격이 넓다. 따라서 나무의 나이테 간격이 넓은 시기는 강수량이 많고, 기온이 높다.

2-2 빙하 코어에서 발견되는 공기 방울은 빙하가 생성되는 과정에서 눈과 함께 쌓인 그 당시의 공기 방울이므로 이를 통해 과거 대기의 성분을 직접적으로 알 수 있다.

2-3 (1) (가)의 ㉠ 빙하 코어 연구에서 빙하 코어에 나타나는 줄무늬를 통해 빙하의 나이를 추정할 수 있다.
(2) 산소 동위 원소비$\left(\frac{^{18}O}{^{16}O}\right)$는 기온이 높을 때 높게 나타나므로 (가)의 ㉠ 빙하 코어 연구에서 간빙기보다 빙하기에 산소 동위 원소비가 낮다.
(3) (가)의 ㉢ 꽃가루 연구로 당시 번성하였던 식물 종을 알 수 있으므로 과거의 식생 분포를 파악할 수 있다.
(4) (가)의 ㉠ 빙하 코어 연구로는 최고 수십만 년 전까지의 기후를 조사할 수 있고, ㉡ 나무의 나이테 연구로는 최고 수천 년 전까지의 기후를 조사할 수 있다. (나)의 A는 약 2억 5천만 년 전 이전인 고생대이므로 (가)의 ㉠과 ㉡ 방법을 이용하기는 어렵다.
(5) (나)의 C는 신생대이고, 신생대 후기에 빙하기와 간빙기가 반복되면서 해수면의 높이는 전기에 비해 낮았다.

3-1 꼼꼼 문제 분석

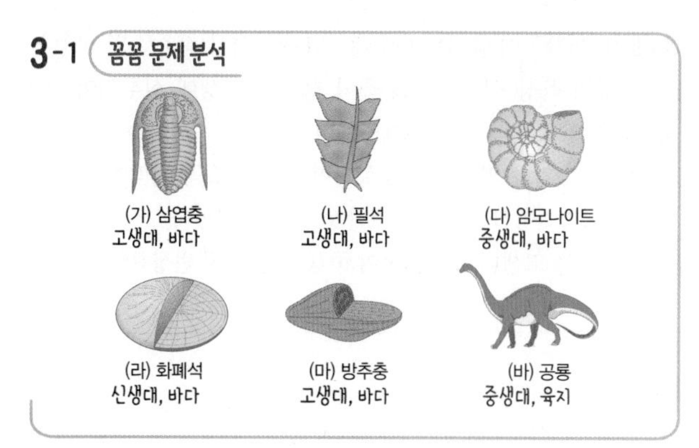

중생대에는 (다) 암모나이트와 (바) 공룡이 번성하였다.

3-2 (가) 삼엽충, (나) 필석, (다) 암모나이트, (라) 화폐석, (마) 방추충은 모두 바다에서 서식하였던 생물이고, (바) 공룡은 육지에서 서식하였던 생물이다.

3-3 (1) (가)와 (나)는 고생대 바다에서 번성한 생물이다.
(2) 고생대의 생물은 (가) 삼엽충, (나) 필석, (마) 방추충이고, 이 중 가장 먼저 출현한 생물은 (가)이다.
(3) (다) 암모나이트는 중생대에, (라) 화폐석은 신생대에 출현하였으므로 (다)가 먼저 출현하였다.
(4) 중생대 말에 멸종된 생물은 중생대 표준 화석인 (다) 암모나이트와 (바) 공룡이다.
(5) (라) 화폐석이 번성한 시기는 신생대이고, 이때 육지에서는 속씨식물이 번성하였다.
(6) (나) 필석은 고생대, (라) 화폐석은 신생대 화석으로 서로 다른 시대의 화석이므로 같은 시기에 형성된 지층에서 함께 산출될 수 없다.
(7) (바)는 중생대 육상 생물이므로 중생대 육상 환경인 호수 환경에서 퇴적된 지층에서 산출될 수 있다.

4-1 ㉠은 시생 누대, ㉡은 원생 누대, ㉢은 고생대, ㉣은 중생대, ㉤은 신생대이다.

4-2 판게아는 중생대 초 이후에 분리되기 시작하였으므로 ㉣ 시기에 분리되기 시작하였다.

4-3 빙하기가 없던 지질 시대는 중생대인 ㉣이다.

4-4 가장 큰 규모의 생물의 대멸종은 ㉢과 ㉣의 경계 시기인 고생대 말에 일어났다.

4-5 (1) 남세균이 출현하면서 생물의 광합성이 최초로 일어났다.
(2) 최초의 육상 식물은 오존층이 형성된 고생대 실루리아기에 출현하였으므로 ㉢ 시기에 해당한다.
(3) ㉢ 시기 말에 판게아가 형성되면서 여러 습곡 산맥이 형성되었으나 히말라야산맥은 신생대인 ㉤에 형성되었다.
(4) 파충류는 고생대에 출현하여 중생대인 ㉣에 번성하였다.

내신 만점 문제 108~110쪽

01 ③ **02** ⑤ **03** 해설 참조 **04** ⑤ **05** ⑤ **06** ④
07 ③ **08** B와 C의 경계 **09** ④ **10** ② **11** ③
12 (가) 신생대, 매머드와 화폐석 (나) 고생대, 삼엽충과 갑주어(또는 필석, 방추충) **13** ② **14** 해설 참조 **15** ② **16** ④

01 ㄱ. 표준 화석은 지질 시대를 알려 주는 화석이므로 이를 이용하여 지층의 생성 순서를 정할 수 있다.
ㄷ. 시상 화석은 퇴적 당시의 환경을 알려 주는 화석이므로 이를 이용하면 지층이 퇴적될 당시의 환경을 알 수 있다.
바로알기 ㄴ. 화석을 이용하여 직접적으로 절대 연령을 측정할 수 없다. 절대 연령은 암석 속에 들어 있는 방사성 동위 원소의 반감기를 이용하여 측정한다.

02 꼼꼼 문제 분석

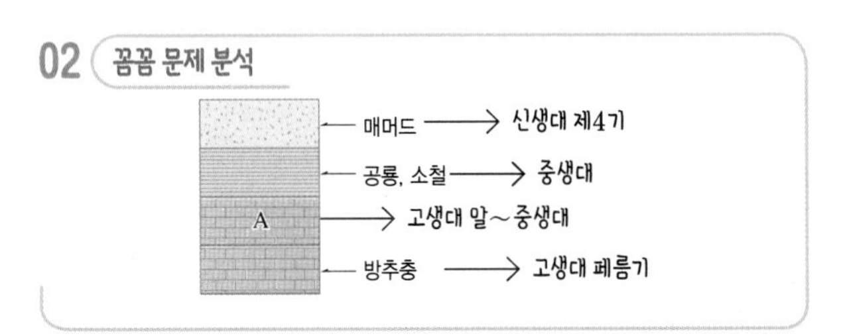

A층은 고생대 말 이후에 퇴적되었으므로 갑주어, 필석이 산출될 수 없다. 따라서 산출될 수 있는 바다 생물 화석은 중생대 암모나이트 화석이다.

03 (가) 방추충은 고생대 표준 화석이고, (나) 고사리와 (다) 산호는 현재까지 생존하고 있는 시상 화석이다.
(1) 퇴적 당시의 환경을 알려 주는 화석은 시상 화석인 (나), (다)이다.
(2) 지층이 퇴적된 지질 시대를 추정하는 데 유용한 화석은 표준 화석인 (가)이다.

모범답안 (1) 시상 화석이고, (나)와 (다)이다.
(2) 표준 화석이고, (가)이다.

채점 기준		배점
(1)	화석의 종류와 예를 모두 옳게 서술한 경우	50 %
	화석의 종류만 옳게 쓴 경우	25 %
(2)	화석의 종류와 예를 모두 옳게 서술한 경우	50 %
	화석의 종류만 옳게 쓴 경우	25 %

04 꼼꼼 문제 분석

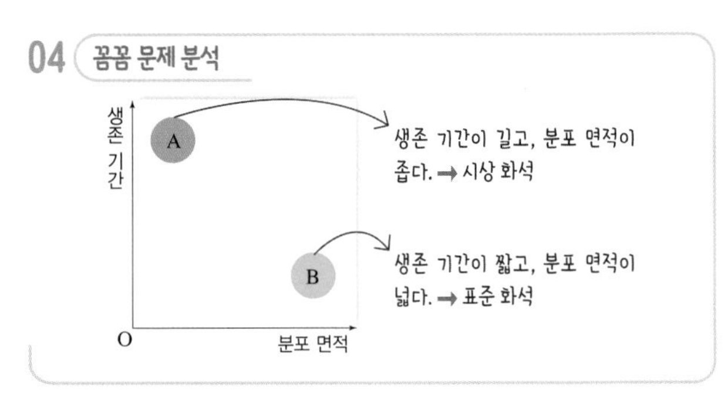

ㄱ. A는 분포 면적이 좁고, 생존 기간이 길므로 시상 화석으로 적합하다.
ㄴ. A는 생존 기간이 길므로 B보다 여러 시대의 지층에 걸쳐 산출된다.
ㄷ. B는 분포 면적이 넓고, 생존 기간이 짧으므로 표준 화석이고, 화석에 의한 지층 대비에는 표준 화석인 B 화석이 적합하다.

05 ⑤ 암석 속의 방사성 동위 원소 반감기 연구로는 고기후를 추정하기 어렵고, 암석의 절대 연령을 알 수 있다.

06 (가) 나무의 나이테 간격은 기온이 높고 강수량이 많을 때 넓어진다.
(다) 수온이 높을수록 ^{18}O의 증발이 잘 일어나므로 바다 생물 화석 속의 산소 동위 원소비$\left(\frac{^{18}O}{^{16}O}\right)$는 낮아진다.
바로알기 (나) 빙하 퇴적물은 한랭한 기후에서 만들어지므로 이 시기에 기온이 낮았다.

07 ㄱ. A는 선캄브리아 시대, B는 고생대, C는 중생대, D는 신생대이다. 고생대(B)에는 오존층이 형성되어 자외선이 차단되면서 육상 식물이 출현하였으므로 대기 중의 오존 농도는 선캄브리아 시대(A)보다 높았다.
ㄴ. 기온 변화를 보면 선캄브리아 시대, 고생대, 신생대는 현재보다 평균 기온이 낮았던 시기인 빙하기가 있었는데 중생대(C)에는 없었다.
바로알기 ㄷ. D 시대의 전기에는 기후가 온난하였으나 후기에는 빙하기가 있었다. 따라서 평균 해수면은 전기가 후기보다 높았을 것이다.

08 꼼꼼 문제 분석

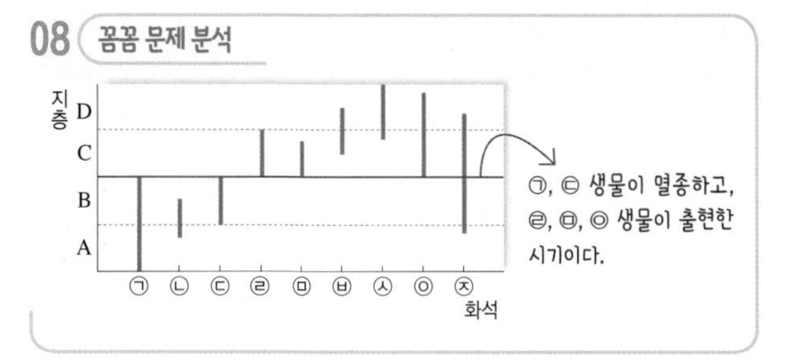

지질 시대는 생물 종의 급변을 경계로 구분한다. B와 C의 경계에서 ㉠, ㉢ 생물이 멸종하고 ㉣, ㉤, ㉧ 생물이 출현하였으므로 생물 종의 급변이 일어났다고 판단할 수 있다. 따라서 이를 경계로 지질 시대를 구분하는 것이 적합하다.

09 ㄴ. 지층 B는 공룡 발자국 화석이 산출되므로 중생대의 육지에서 퇴적되었다.
ㄷ. 산출되는 화석으로 판단할 때 A는 고생대, B는 중생대, C는 신생대에 퇴적된 지층이다. 따라서 가장 젊은 지층은 C이다.
바로알기 ㄱ. 지층 A에서는 해양 생물인 방추충과 산호 화석이 산출되므로 수온이 따뜻하고 얕은 바다에서 생성되었다.

10 ㄴ. 삼엽충은 고생대인 B 시대의 표준 화석이다.
바로알기 ㄱ. A는 선캄브리아 시대로 화석이 거의 발견되지 않는다.
ㄷ. 남세균이 출현한 시기는 시생 누대이고, D는 신생대에 해당한다.

11 ㄱ. (가)는 고생대에, (나)는 중생대에, (다)는 신생대에 번성한 생물이다. 따라서 번성했던 기간은 가장 오랫동안 지속된 고생대에 번성한 (가)가 가장 길다.
ㄴ. (나)가 번성한 중생대 육지에는 공룡이 번성하였다.
바로알기 ㄷ. (다)가 번성한 신생대에는 속씨식물이 번성하였다.

12 꼼꼼 문제 분석

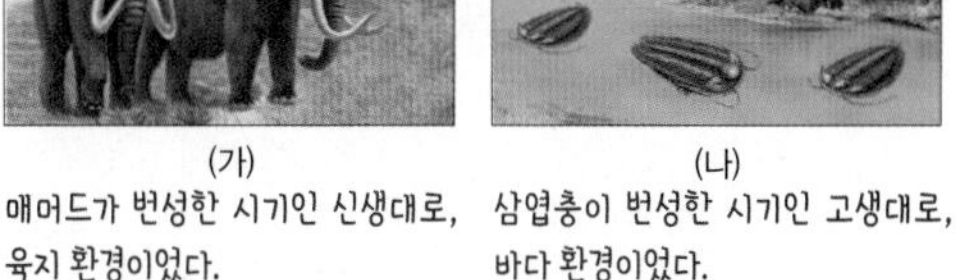

(가)는 매머드가 번성한 신생대의 환경을 복원한 것으로, 신생대에는 매머드와 화폐석이 번성하였다. (나)는 삼엽충이 번성한 고생대의 환경을 복원한 것으로, 고생대에는 삼엽충, 필석, 갑주어, 방추충 등이 번성하였다.

13 ㄴ. 육상 생물이 출현하기 전인 (나) 고생대의 초기에는 생물들이 바다에서만 살았다.
바로알기 ㄱ. (가)는 신생대로, 암모나이트는 중생대의 바다에 번성하였다.
ㄷ. 육지에서 양치식물이 번성한 시대는 (나) 고생대이고, (가) 신생대에는 속씨식물이 번성하였다.

14 꼼꼼 문제 분석

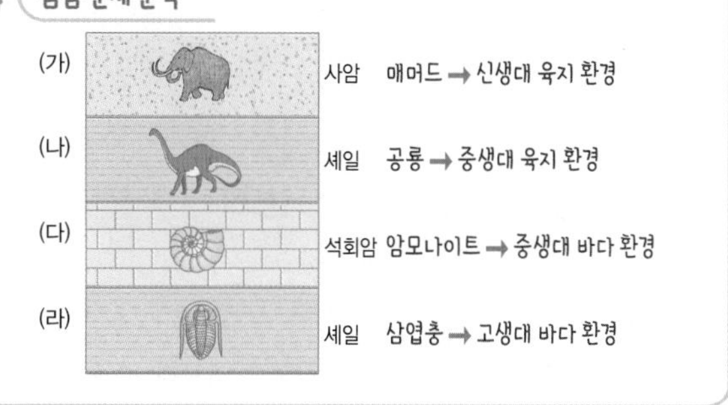

지층 (가)~(라)에서 산출된 화석을 이용하여 지질 시대와 퇴적 환경을 알아낼 수 있다.

모범답안 (가)는 신생대의 육지, (나)는 중생대의 육지, (다)는 중생대의 바다, (라)는 고생대의 바다에서 퇴적되었다.

채점 기준	배점
(가)~(라)의 지질 시대와 퇴적 환경을 모두 옳게 서술한 경우	100 %
(가)~(라) 중 한 가지만 옳게 서술한 경우	25 %

15 ㄴ. A와 B의 경계인 고생대와 중생대 경계 시기에 가장 큰 규모의 생물의 대멸종이 일어났다.
바로알기 ㄱ. A는 어류와 양서류가 번성한 고생대, B는 중생대, C는 신생대이다. 판게아가 갈라지기 시작한 시대는 중생대이다.
ㄷ. 속씨식물은 중생대 백악기에 출현하여 신생대인 C 시대에 번성하였다.

16 꼼꼼 문제 분석

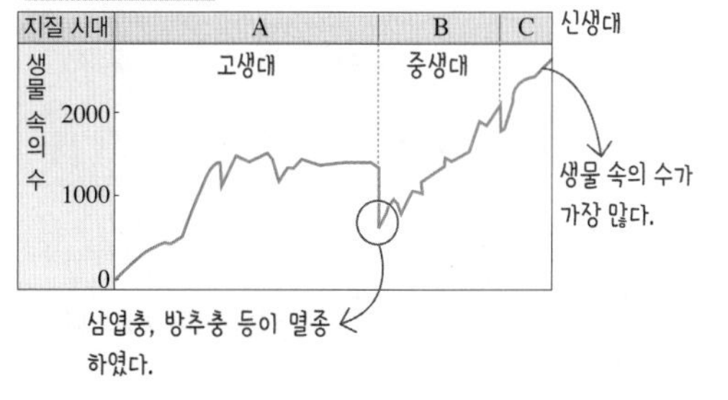

① A는 고생대, B는 중생대, C는 신생대이다.
② B 시기는 중생대이고, 이 시대에는 공룡을 비롯한 파충류가 번성하였다.

③ 지질 시대의 길이는 가장 최근의 지질 시대인 C가 가장 짧다.
⑤ B와 C의 경계 시기인 중생대 말에 중생대에 번성하였던 공룡과 암모나이트가 멸종하였다.
바로알기 ④ 생물 속의 수는 대멸종으로 감소하는 시기가 있지만 최근으로 오면서 대체로 증가하였으므로 생물 속의 수가 가장 많은 지질 시대는 신생대(C)이다.

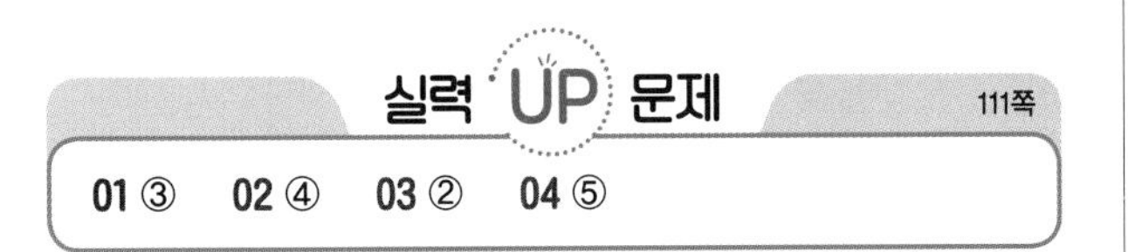

실력 UP 문제 111쪽

01 ③ **02** ④ **03** ② **04** ⑤

01 ㄱ. 주어진 자료는 빙하기가 없고 현재보다 평균 기온이 높았던 중생대의 기후 변화로 이 시대에는 파충류가 번성하였다.
ㄷ. 고생대 말에 형성된 초대륙 판게아는 중생대 트라이아스기 말부터 분리되기 시작하여 쥐라기에는 대서양이 형성되기 시작하였다.
바로알기 ㄴ. 고기후를 연구하는 방법 중 빙하 코어를 이용한 방법은 빙하 코어를 채취할 수 있는 빙하가 있어야 하므로 최대 수십만 년 전의 기후까지만 연구할 수 있는 한계가 있다. 지질 시대와 같이 보다 먼 과거의 기후는 고생물 화석, 지층의 퇴적물, 빙하의 흔적 등을 연구하여 알아낸다.

02 ㄴ. 화폐석과 필석은 모두 바다에 살던 생물 화석이므로 화석이 산출되는 지층은 바다에서 퇴적되었다.
ㄷ. 필석인 (나)는 고생대에 출현하였으므로 신생대에 출현한 (가)보다 먼저 출현하였다.
바로알기 ㄱ. 화폐석인 (가)가 번성했던 시기는 신생대로 이 시대에는 속씨식물이 번성하였다.

03 꼼꼼 문제 분석

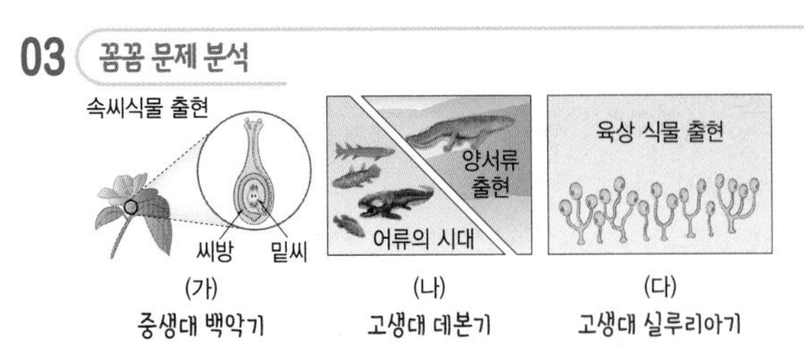

(가) 중생대 백악기 (나) 고생대 데본기 (다) 고생대 실루리아기

최초로 생물이 육상으로 진출한 시기는 고생대이며 동물보다 식물이 먼저 육상에 출현하였다.

ㄷ. (다) 시기에 육상 식물이 출현한 것은 오존층이 자외선을 차단하여 물속이 아닌 육지에도 자외선이 많이 도달하지 않았기 때문이다.

바로알기 ㄱ. (가) 속씨식물의 출현은 중생대 백악기, (나) 어류의 시대와 양서류의 출현은 고생대 데본기, (다) 육상 식물 출현은 고생대 실루리아기에 있었다. 따라서 주요 사건의 순서는 (다) → (나) → (가)이다.
ㄴ. 백악기인 (가) 시기에 판게아는 분리되어 이동하고 있었다.

04 꼼꼼 문제 분석

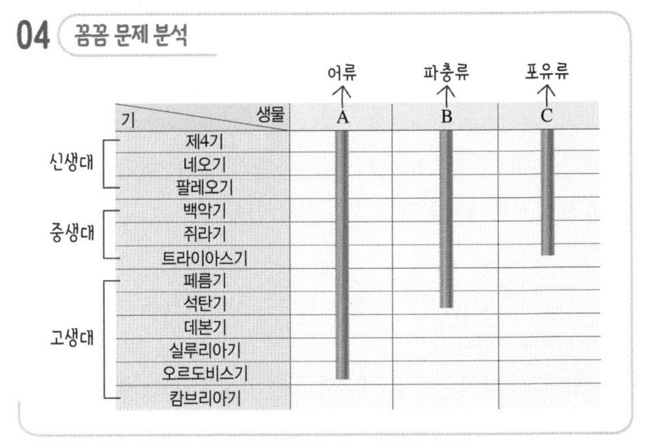

ㄱ. 어류는 고생대 오르도비스기에, 파충류는 고생대 석탄기에 출현하였고, 포유류는 중생대 트라이아스기에 출현하였다. 따라서 A는 어류, B는 파충류, C는 포유류이다.
ㄴ. 포유류인 C는 신생대에 번성하였다.
ㄷ. 파충류는 석탄기에 출현하였는데, 석탄기는 고생대에 해당한다.

중단원 핵심 정리 112~113쪽

❶ 교결 작용 ❷ 화학적 ❸ 해양 환경 ❹ 연흔 ❺ 건열 ❻ 바다 ❼ 연흔 ❽ 횡압력 ❾ 정단층 ❿ 역단층 ⓫ 부정합 ⓬ 관입 ⓭ 포획암 ⓮ 동물군 천이 ⓯ 반감기 ⓰ 표준 화석 ⓱ 시상 화석 ⓲ 빙하 코어 ⓳ 생물계 ⓴ 누대 ㉑ 화폐석 ㉒ 공룡 ㉓ 육상 생물 ㉔ 단세포

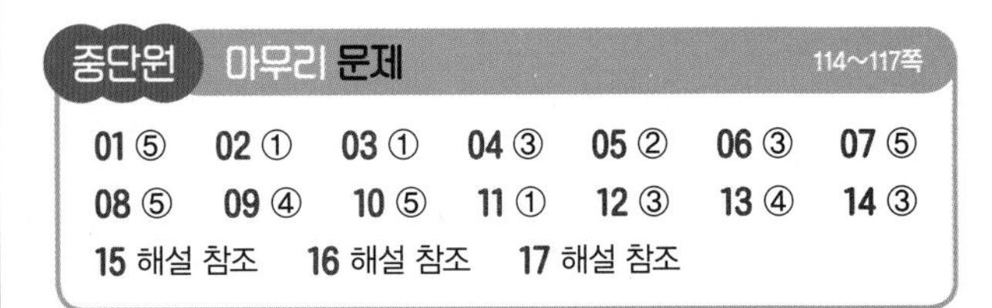

중단원 마무리 문제 114~117쪽

01 ⑤ **02** ① **03** ① **04** ③ **05** ② **06** ③ **07** ⑤ **08** ⑤ **09** ④ **10** ⑤ **11** ① **12** ③ **13** ④ **14** ③ **15** 해설 참조 **16** 해설 참조 **17** 해설 참조

01 ①, ②, ③ A 과정은 퇴적물이 쌓이면서 위에 있는 퇴적물의 압력으로 아래 있는 퇴적물이 눌려져 퇴적물 입자의 간격이 좁아지는 다짐 작용이다. 이 과정에서 퇴적물의 밀도는 증가한다.
④ B 과정은 퇴적물 사이의 빈 공간(공극)이 석회 물질이나 규질로 채워지면서 이 물질이 시멘트와 같은 역할을 하여 퇴적물 입자를 서로 연결시켜 주는 교결 작용이다.
바로알기 ⑤ A, B 과정은 퇴적물에서 일어나는 속성 작용으로, 주로 지표 가까이의 물속에서 일어난다.

02 (가)는 역암, (나)는 사암, (다)는 셰일이고, (가)~(다)는 모두 쇄설성 퇴적암이다.
ㄱ. (가)는 주로 자갈 크기의 퇴적물이 굳어서 생성된 역암이다.
바로알기 ㄴ. (나)는 주로 모래 입자들이 굳어진 사암, (다)는 점토가 굳어진 셰일이다. 퇴적물 입자의 크기가 상대적으로 작은 (다)가 수심이 깊은 환경에서 생성된 것이다.
ㄷ. (다)는 쇄설성 퇴적암인 셰일이고, 묽은 염산을 떨어뜨리면 표면에 기포가 발생하는 퇴적암은 탄산 칼슘 성분인 석회암이다.

03 주로 석회암과 셰일로 구성되어 있고, 고생대 바다 생물인 삼엽충 화석이 산출되며 연흔도 관찰되므로 고생대 해양 환경에서 퇴적된 지층이다.

04 꼼꼼 문제 분석

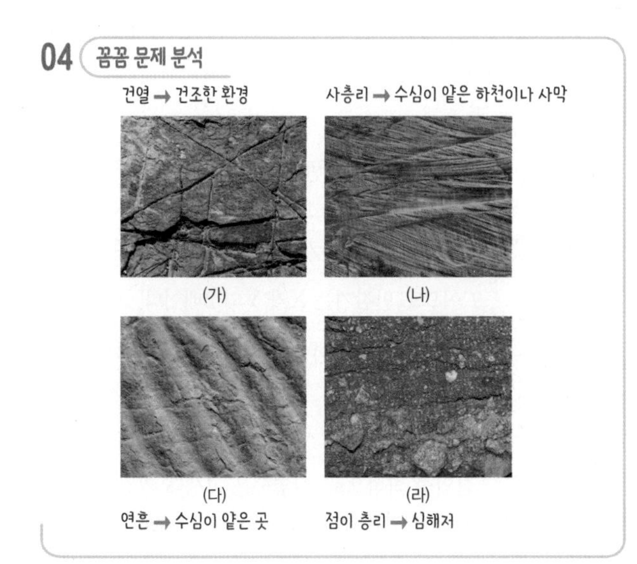

ㄱ. (가)는 건열로, 건조한 환경에서 형성된다.
ㄷ. (라)는 점이 층리로, 크기가 다양한 퇴적물 입자가 한꺼번에 이동하여 쌓이면서 크고 무거운 퇴적물 입자가 먼저 퇴적되고, 작고 가벼운 입자가 나중에 퇴적되어 형성된다. 따라서 퇴적물의 침강 속도 차이 때문에 형성되는 것이다.
바로알기 ㄴ. (나)와 (다)는 각각 사층리와 연흔으로, 주로 수심이 얕은 환경에서 형성된다.

05 꼼꼼 문제 분석

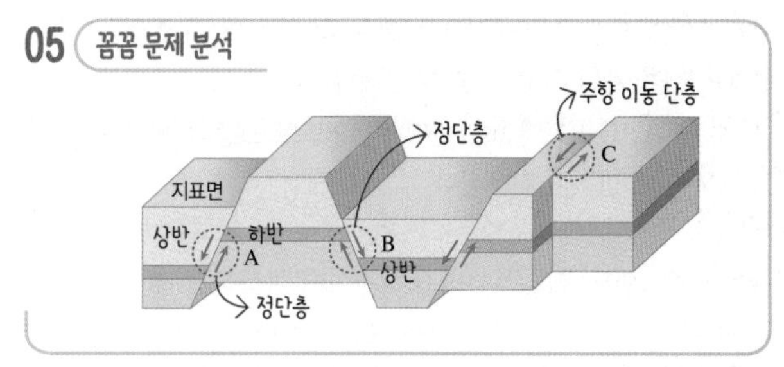

ㄷ. 주향 이동 단층은 지반의 상하 이동이 일어나지 않고 수평으로만 이동이 일어나는 단층으로 판이 어긋나 반대 방향으로 이동하는 보존형 경계에 형성된 변환 단층도 주향 이동 단층의 한 종류이다.
바로알기 ㄱ. A는 단층면을 기준으로 왼쪽의 상반이 아래로 이동하였으므로 정단층이고, B도 단층면을 기준으로 오른쪽의 상반이 아래로 이동하였으므로 정단층이다.
ㄴ. C는 단층면을 경계로 지반이 수평 방향으로 이동했으므로 주향 이동 단층이다. 주향 이동 단층은 수평 방향으로 어긋나게 작용하는 힘에 의해 형성된다.

06 꼼꼼 문제 분석

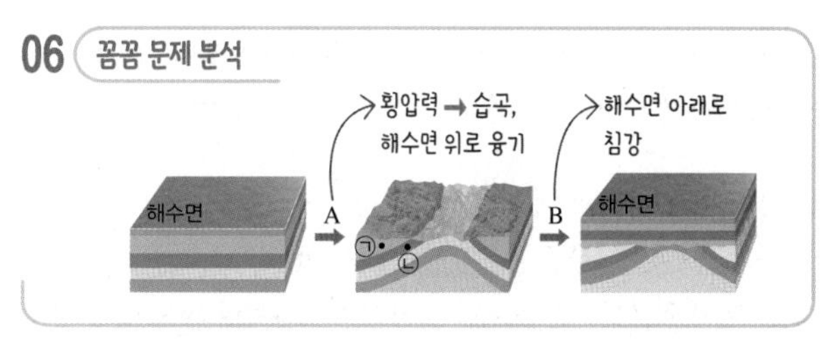

ㄱ. A는 해수면 아래에 쌓여 있던 지층이 횡압력을 받아 습곡이 형성되면서 융기하는 과정으로, 주로 조산 운동 과정에서 일어난다.
ㄷ. A와 B의 과정을 거쳐 형성되는 부정합은 부정합면을 경계로 상하 지층의 경사가 서로 다르므로 경사 부정합이다.
바로알기 ㄴ. ㉠과 ㉡은 연속적으로 퇴적된 지층으로 정합 관계이다. 따라서 퇴적 시기에 큰 시간 간격이 존재하지 않는다.

07 꼼꼼 문제 분석

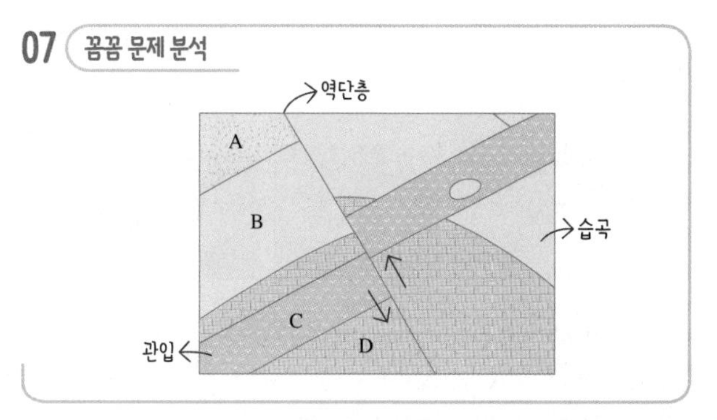

ㄱ. 단층면을 기준으로 오른쪽의 상반이 위로 이동한 역단층이 형성되었고 습곡이 발달하고 있으므로 지층이 퇴적된 후 횡압력을 받았다.

ㄴ. 지층의 생성 순서는 D층 퇴적 → B층 퇴적 → A층 퇴적 → C 관입이므로 D → B → A → C이다.
ㄷ. C가 A, B, D 지층을 관입하였으므로 지층의 생성 순서 결정에 관입의 법칙이 적용된다.

08 ㄱ. (가)는 지표 부근에서 화산암이 만들어질 때 용암이 급격히 냉각되면서 수축하여 기둥 모양으로 만들어진 주상 절리에 해당한다.
ㄴ. (나)는 화강암과 같이 지하 깊은 곳에서 생성된 심성암이 융기하여 지표에 드러날 때 압력 감소에 따라 팽창하면서 잘 형성되는 판상 절리이다.
ㄷ. 절리가 형성되면서 생긴 암석의 틈 사이로 물 등이 스며들면 암석의 풍화가 촉진된다.

09 꼼꼼 문제 분석

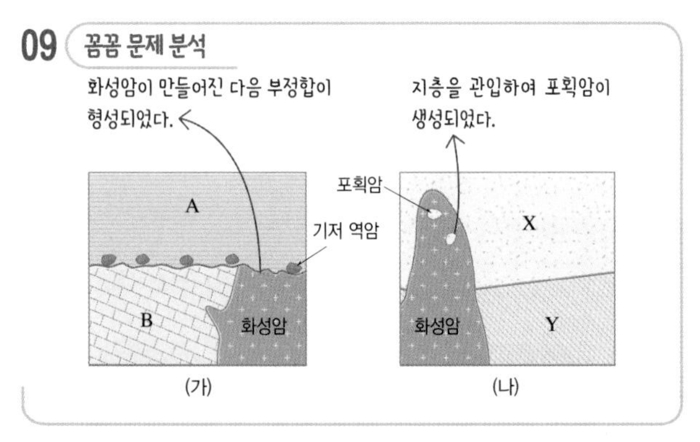

ㄴ. (나)에서 포획암은 포획한 암석인 화성암보다 먼저 생성된 지층에서 떨어져 나온 것이다.
ㄷ. (가)에서 A 지층의 퇴적 시기는 화성암보다 나중이고, (나)에서 X 지층의 퇴적 시기는 화성암보다 먼저이다. (가)와 (나) 두 지역에서 화성암의 절대 연령이 같다고 하였으므로 X 지층의 퇴적 시기는 A 지층보다 빠르다.
바로알기 ㄱ. (가)에서 기저 역암이 있으므로 부정합이 형성되었고, B 지층이 퇴적되고 화성암이 관입한 다음 부정합이 형성되었으므로 A 지층이 화성암보다 나중에 생성되었다.

10 꼼꼼 문제 분석

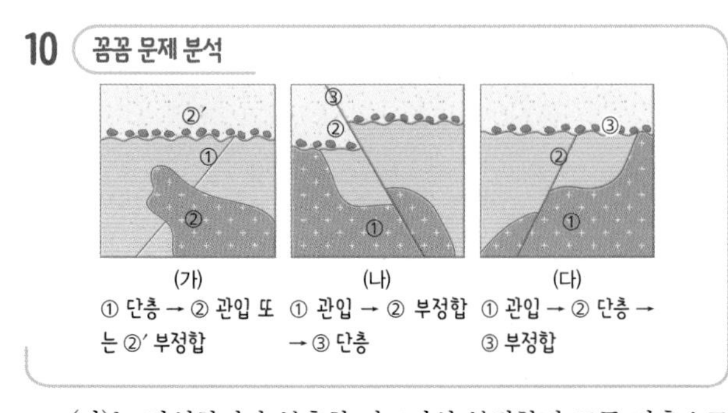

ㄱ. (나)는 관입하거나 분출한 마그마와 부정합면 모두 단층으로 어긋나 있으므로, '마그마의 관입(분출) → 부정합 → 단층'의 순서로 생성되었다.
ㄴ. (다)는 관입하거나 분출한 마그마는 단층으로 어긋나 있고, 부정합면은 단층으로 어긋나지 않았으므로 '마그마의 관입(분출) → 단층 → 부정합'의 순서로 생성되었다.
ㄷ. (가)는 관입한 마그마가 단층면의 일부를 자르고 있으므로 '단층 → 마그마의 관입'의 순서이고, 부정합면은 단층으로 어긋나지 않았으므로 '단층 → 부정합'의 순서이다. 그러나 마그마의 관입과 부정합의 선후 관계는 알 수 없다. (가)와 (다)에서 단층이 부정합보다 먼저 형성되었다.

11 꼼꼼 문제 분석

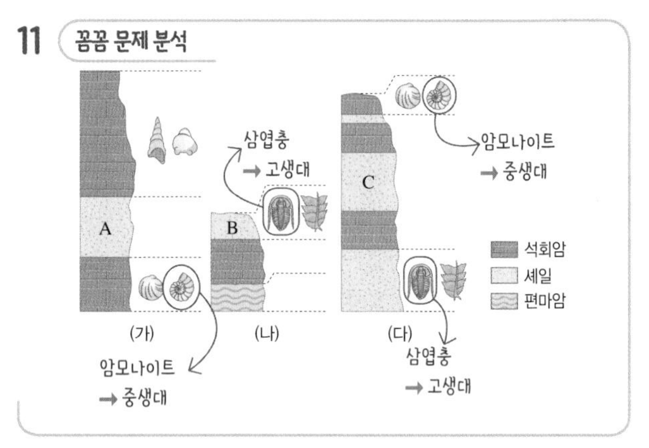

ㄱ. 암모나이트와 삼엽충 화석을 근거로 지층을 대비해 보면 가장 오래된 지층은 (나) 지역의 편마암이다.
바로알기 ㄴ. A~C층이 퇴적된 순서는 B → C → A이다.
ㄷ. C의 하부 지층에서 고생대의 표준 화석인 삼엽충과 필석 화석이 산출되고, C의 상부 지층에서 중생대의 표준 화석인 암모나이트 화석이 산출되므로 C에서는 신생대의 표준 화석인 화폐석 화석이 산출될 수 없다.

12 ㄱ. 방사성 동위 원소 X의 반감기가 T이므로, 시간이 $2T$일 때 방사성 동위 원소 X의 함량 P는 25(%)이다.
ㄴ. 방사성 동위 원소 X의 반감기가 T이고, 방사성 동위 원소 Y의 반감기는 $\frac{1}{2}T$이므로 반감기는 X가 Y의 2배이다.
바로알기 ㄷ. (나)에서 $1.5T$ 시간이 경과하면 Y의 반감기는 3번 경과한 것이므로 Y의 함량은 처음 양의 $\frac{1}{8}$이다.

13 ㄴ. (나)는 삼엽충 화석으로, 삼엽충은 고생대 기간 동안 번성하였으므로 중생대 기간 동안 번성한 (가), (다)보다 번성하였던 기간이 길다.
ㄷ. (다)와 (가)는 중생대의 표준 화석으로, 백악기 말에 멸종하였다.
바로알기 ㄱ. (가)는 중생대 바다 환경에서 퇴적된 지층에서 발견되는 암모나이트 화석이다.

14 ㄱ. 오존층이 형성되어 육상 생물이 출현한 시대는 고생대인 (가)이다.

ㄷ. 중생대인 (다) 시대에는 빙하기가 없었고 신생대인 (나) 시대에는 후기에 여러 번의 빙하기가 있었으므로 평균 기온은 (다) 시대가 (나) 시대보다 높았다.

바로알기 ㄴ. 양치식물은 고생대인 (가) 시대에 번성하였고, 신생대인 (나) 시대에는 속씨식물이 번성하였다.

15 지층에는 사막에서 바람으로 형성된 사층리가 나타난다. 사층리에서 경사가 급한 부분이 모두 위에 있으므로 역전되지 않았다. 따라서 C → B → A 순서로 생성되었다.

모범 답안 사층리, 사층리의 경사가 완만한 부분이 아래쪽이고, 지층이 역전되지 않았으므로 지층 누중의 법칙이 적용되어 생성 순서는 C → B → A이다.

채점 기준	배점
퇴적 구조와 순서를 모두 옳게 서술한 경우	100 %
퇴적 구조와 순서 중 한 가지만 옳게 서술한 경우	50 %

16 꼼꼼 문제 분석

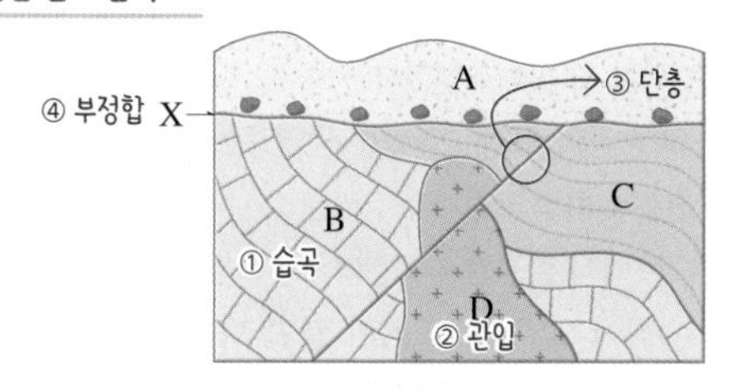

B층과 C층이 퇴적되고 습곡 작용을 받은 후 D의 관입이 일어났다. 이후 역단층이 형성되고 융기와 침강 작용이 일어나 부정합 X가 형성되었다.

모범 답안 부정합, 습곡, 단층, 관입, 관입의 법칙으로 습곡이 관입보다 먼저 일어났고, 이후 단층이 나타났으며, 그 다음 부정합이 형성되었다. 따라서 습곡 → 관입 → 역단층 → 부정합 순이다.

채점 기준	배점
지질 구조와 형성 순서를 모두 옳게 서술한 경우	100 %
지질 구조와 형성 순서 중 한 가지만 옳게 서술한 경우	50 %

17 (1) 지질 시대의 길이는 선캄브리아 시대가 가장 길고, 고생대, 중생대, 신생대로 올수록 짧다.

(2) (나)는 시조새 화석으로 중생대인 C 시대에 출현했던 생물이다.

모범 답안 (1) A: 선캄브리아 시대, B: 고생대, C: 중생대, D: 신생대
(2) 시조새, C

채점 기준		배점
(1)	A~D 지질 시대를 모두 옳게 쓴 경우	40 %
(2)	생물의 이름을 옳게 쓰고, 지질 시대를 옳게 고른 경우	60 %
	생물의 이름만 옳게 쓴 경우	30 %

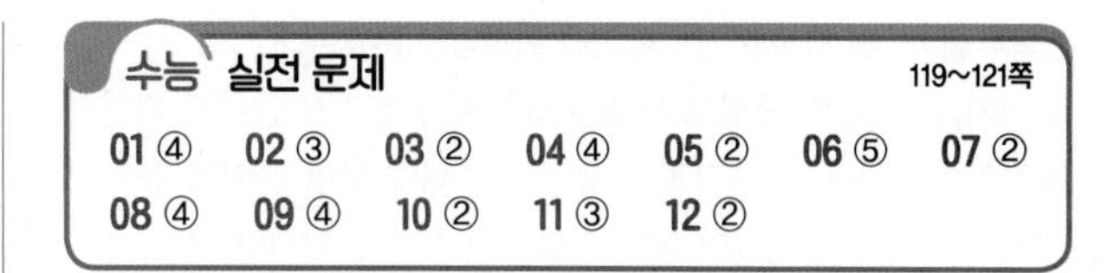

수능 실전 문제 119~121쪽

01 ④ 02 ③ 03 ② 04 ④ 05 ② 06 ⑤ 07 ②
08 ④ 09 ④ 10 ② 11 ③ 12 ②

01 꼼꼼 문제 분석

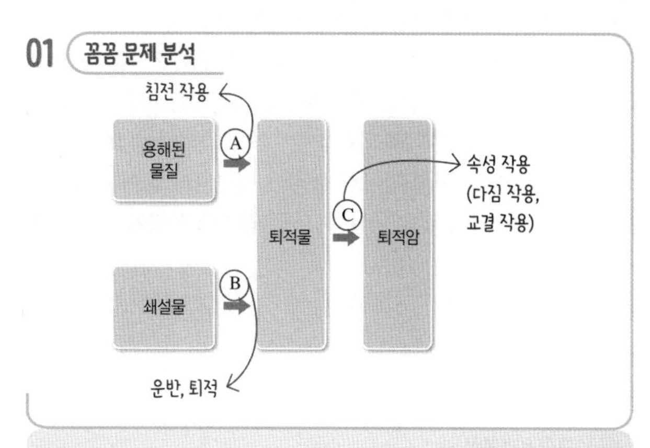

선택지 분석

~~ㄱ~~. A 과정에서 공극이 감소한다. C 과정
ⓛ B는 주로 지표 부근에서 일어난다.
ⓒ C는 속성 작용에 해당한다.

전략적 풀이 ❶ 퇴적물이 퇴적되는 과정을 파악한다.

ㄱ. A 과정은 침전 작용으로, 공극이 감소하지는 않는다. 공극 감소는 C 과정의 다짐·교결 작용을 받으면서 일어난다.

ㄴ. B는 퇴적물이 운반, 퇴적되는 작용으로 주로 지표 부근에서 공기나 물의 작용으로 일어난다.

❷ 퇴적물이 굳어 퇴적암이 되는 과정을 파악한다.

ㄷ. C는 퇴적물이 퇴적암으로 변하는 과정으로, 다짐 작용과 교결 작용이 일어나는 속성 작용에 해당한다.

02 꼼꼼 문제 분석

응회암 (가)	석회암 (나)	암염 (다)
분출된 화산재가 쌓이고 굳어져서 생성된다. → 쇄설물이 퇴적 → 쇄설성 퇴적암	생물체의 유해 등이 해저에 쌓여 굳어져 생성된다. → 유기물이 퇴적 → 유기적 퇴적암	물의 증발로 잔류한 물질이 굳어져 생성된다. → 침전 작용 → 화학적 퇴적암

선택지 분석

ⓖ (가)는 쇄설성 퇴적암에 속한다.
~~ㄴ~~. (나)와 같은 암석에는 사층리가 잘 나타난다. 나타나지 않는다
ⓒ (다)는 건조한 환경에서 잘 형성된다.

전략적 풀이 ❶ 퇴적물 기원에 따라 퇴적암을 분류한다.

ㄱ. (가)는 화산 활동으로 분출된 화산재가 쌓여서 굳어진 쇄설성 퇴적암이다. (나)는 유기물인 생물의 유해가 쌓여 굳어진 유기적 퇴적암, (다)는 침전물이 쌓여 만들어진 화학적 퇴적암이다.

❷ 각 퇴적암의 특징을 옳게 설명하는지 판단한다.

ㄴ. (나)는 생물의 유해가 퇴적되어 굳어진 유기적 퇴적암이다. 사층리는 입자가 조금 굵은 퇴적물이 쌓여서 만들어진 쇄설성 퇴적암에 나타나지만 유기적 퇴적암에는 거의 나타나지 않는다.

ㄷ. (다)는 물의 증발로 잔류한 물질이 침전되어 굳어진 화학적 퇴적암으로, 증발이 잘 일어날 수 있는 건조한 환경에서 잘 형성된다.

03 꼼꼼 문제 분석

부정합면을 경계로 상하 지층이 나란하면 평행 부정합, 상하 지층의 경사가 서로 다르면 경사 부정합이다.

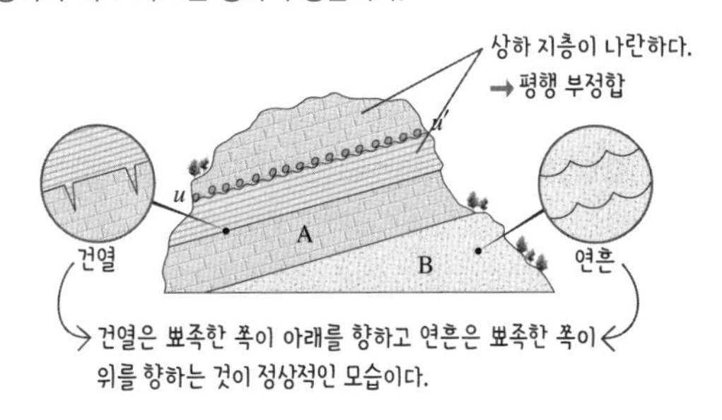

선택지 분석

~~ㄱ.~~ $u-u'$는 경사 부정합이다. 평행

ⓛ A층은 퇴적된 후 건조한 대기에 노출된 적이 있었다.

~~ㄷ.~~ 이 지역의 지층은 역전되었다. 역전되지 않았다

전략적 풀이 ❶ 부정합면을 경계로 위,아래 지층이 서로 평행한지, 경사져 있는지 생각해 본다.

ㄱ. 부정합면 $u-u'$를 경계로 상하 지층이 나란하므로 평행 부정합이다.

❷ 퇴적 구조인 건열이 생성되는 환경을 생각해 본다.

ㄴ. A층에서는 쐐기 모양의 퇴적 구조인 건열이 나타난다. 건열은 수심이 얕은 물 밑에 점토질 물질이 쌓인 후 퇴적물의 표면이 대기에 노출되어 건조해지면서 갈라져 형성된다.

❸ 지층의 상하 판단에 이용되는 퇴적 구조의 정상적인 모습을 생각해 본다.

ㄷ. 건열은 뾰족한 쪽이 아래를 향하고 연흔은 뾰족한 쪽이 위를 향하는 것이 정상적인 모습이다. A층에 나타나는 건열과 B층에 나타나는 연흔은 뒤집어진 모습이 아닌 정상적인 모습으로 나타나고, 부정합면의 기저 역암도 정상적인 분포 모습을 보이므로 지층의 역전은 일어나지 않았다.

04 꼼꼼 문제 분석

- 석회암이 두껍게 퇴적되어 있다. — 유기적, 화학적 퇴적암
- 화석 (가), 완족류 등의 화석이 산출된다. — 바다 환경
- (나)와 같은 퇴적 구조가 나타난다.

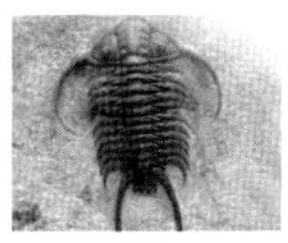
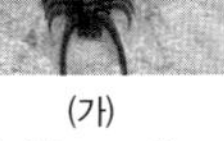

(가)
삼엽충 → 고생대

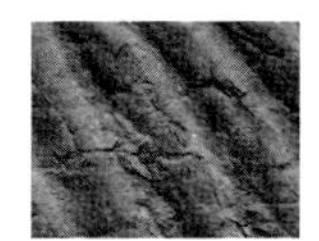

(나)
연흔 → 수심이 얕은 곳

선택지 분석

~~ㄱ.~~ 주로 쇄설성 퇴적암이 분포한다. 유기적, 화학적

ⓛ 고생대에 생성된 암석이 분포한다.

ⓒ (나)는 수심이 얕은 물 밑에서 생성되었다.

전략적 풀이 ❶ 석회암으로 퇴적물의 기원을 추정한다.

ㄱ. 이 지역은 석회암이 퇴적되어 있고, 석회암은 주로 탄산 칼슘이 침전된 화학적 퇴적물이나 석회질 생물체의 유해인 유기적 기원의 퇴적물이 쌓여 만들어진다.

❷ 화석으로 지질 시대를 추정한다.

ㄴ. (가)는 고생대의 표준 화석인 삼엽충이므로 (가)가 산출되는 지층은 고생대에 퇴적되었다.

❸ 퇴적 구조로 퇴적 환경을 추정한다.

ㄷ. (나)는 수심이 얕은 물 밑에서 쌓인 퇴적암에 물결의 흔적이 남아 형성된 퇴적 구조인 연흔(물결 자국)이다.

05 꼼꼼 문제 분석

CO_2 농도가 높을 때 기온이 높으므로 A보다 B 시기에 기온이 높다.

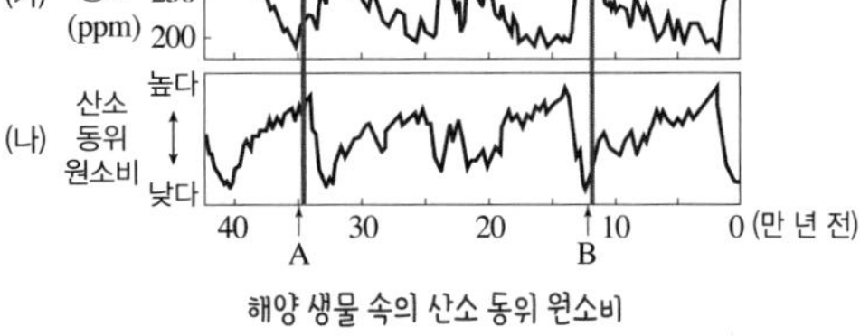

해양 생물 속의 산소 동위 원소비

$\frac{^{18}O}{^{16}O}$는 기온이 낮을 때 높다.

선택지 분석

~~ㄱ.~~ 대륙 빙하의 면적은 A보다 B 시기에 넓었을 것이다. 좁았을

~~ㄴ.~~ 해수 중에서 증발하는 수증기량은 B보다 A 시기에 많을 것이다. 적을

ⓒ (나)는 해양 생물의 껍질에서 측정한 산소 동위 원소 비에 해당한다.

전략적 풀이 ❶ CO_2 농도로 A와 B 시기의 기온을 추정하여 비교해 보고 이를 근거로 두 시기의 대륙 빙하 면적 차이를 생각해 본다.

ㄱ. CO_2 농도가 높을 때 기온이 높으므로 A보다 B 시기가 기온이 높다. 따라서 대륙 빙하의 면적은 A 시기가 B 시기보다 넓었을 것이다.

❷ 증발하는 수증기량은 기온(수온)에 비례한다는 것을 알고 두 시기의 증발량 차이를 생각해 본다.

ㄴ. 해수 중에서 증발하는 수증기량은 수온이 높을수록 많으므로 A 시기가 B 시기보다 적을 것이다.

❸ 대기 중과 해양 생물체 속의 $\frac{^{18}O}{^{16}O}$ 값은 서로 상반되는 것을 알고 (나)의 자료를 수온과 관련지어 생각해 본다.

ㄷ. 대기와 빙하 속의 산소 동위 원소비$\left(\frac{^{18}O}{^{16}O}\right)$는 기온이 낮을 때보다 높을 때가 높다. 그러나 해수 중이나 해양 생물 중의 산소 동위 원소비$\left(\frac{^{18}O}{^{16}O}\right)$는 증발이 잘 일어나지 않는 기온이 낮을 때가 높을 때보다 더 높다. 따라서 (나)에서 $\frac{^{18}O}{^{16}O}$ 값은 기온이 낮은 시기에 크므로 해양 생물의 껍질에서 측정한 산소 동위 원소 비에 해당한다.

06 꼼꼼 문제 분석

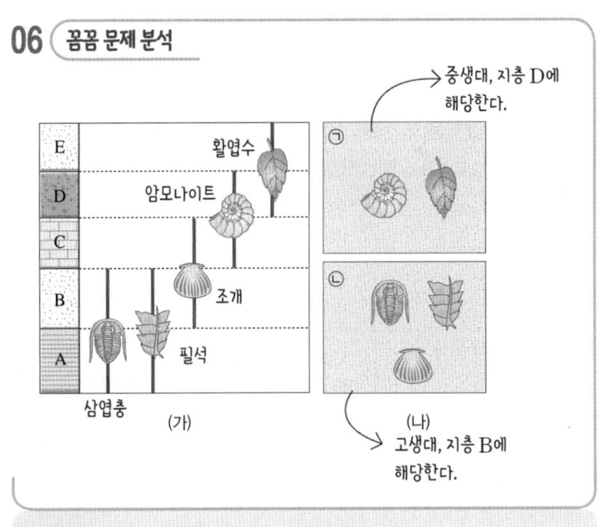

선택지 분석

㉠ 지층 ㉠은 지층 D에 대비된다.
㉡ 지층 ㉠이 지층 ㉡보다 나중에 생성되었다.
㉢ 산출 화석군의 변화는 지층 B와 C의 경계에서 가장 크다.

전략적 풀이 ❶ (가)와 (나) 지역의 지층을 비교하여 대비되는 지층을 찾는다.

ㄱ. 지층 ㉠에서 산출되는 화석군은 암모나이트와 활엽수이고, 이는 지층 D에 해당하는 화석군과 일치한다. 따라서 지층 ㉠은 지층 D에 대비된다.

❷ 표준 화석으로 지질 시대를 비교한다.

ㄴ. 지층 ㉡의 화석군은 삼엽충, 필석으로, 지층 B에 대비된다. 지층 ㉠은 중생대에 생성되었고, 지층 ㉡은 고생대에 생성되었다.

❸ 화석의 산출 여부로 화석의 변화가 가장 큰 경계를 찾는다.

ㄷ. 지층 B와 C의 경계에서 삼엽충과 필석이 멸종하고, 암모나이트가 출현하여 화석군의 변화가 가장 크다.

[07~08] 꼼꼼 문제 분석

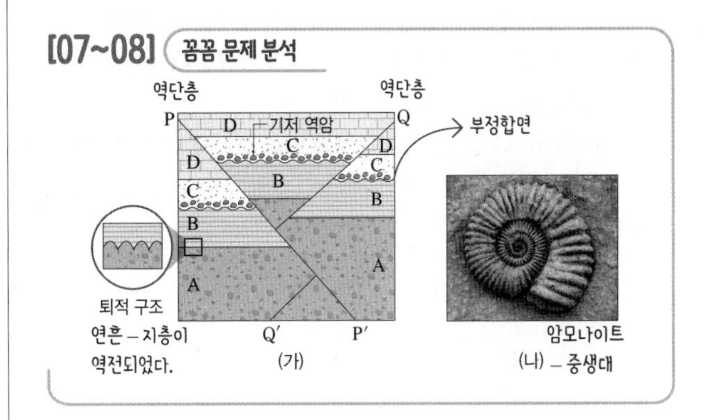

07

선택지 분석

~~ㄱ.~~ A−B 지층: 지층 누중의 법칙 – 지층의 역전이 있었다.
㉡ B−C 지층: 부정합의 법칙
~~ㄷ.~~ C−D 지층: 수평 퇴적의 법칙

전략적 풀이 ❶ 퇴적 구조로 지층의 생성 순서를 정하는 데 이용되는 지사학 법칙을 판단한다.

ㄱ. A−B 지층은 연흔이 뒤집혀서 나타나므로 역전되어 있어 지층 누중의 법칙이 적용되지 못한다.

❷ 지질 구조로 지층의 생성 순서를 정하는 데 이용되는 지사학 법칙을 판단한다.

ㄴ. B−C 지층은 부정합 관계이므로 부정합의 법칙이 적용된다.

ㄷ. C−D 지층은 수평층이므로 수평 퇴적의 법칙으로 지각 변동을 받지 않았다는 것을 알 수 있지만, 지층의 생성 순서는 알 수 없다.

08

선택지 분석

~~ㄱ.~~ A에서 삼엽충 화석이 산출될 수 있다. 없다
㉡ 단층 P−P′와 Q−Q′는 횡압력이 작용하여 형성되었다.
㉢ 이 지역은 단층 Q−Q′가 생기기 전에 수면 위로 노출된 적이 있다.

전략적 풀이 ❶ 화석을 이용하여 지층의 생성 시기를 판단한다.

ㄱ. B는 암모나이트 화석이 산출되므로 중생대 지층이고, B와 A 사이의 퇴적 구조가 역전되어 있으므로 A는 B보다 나중에 생성되었다. 따라서 A에서는 고생대 화석인 삼엽충 화석이 산출될 수 없다.

❷ 단층의 종류와 작용한 힘을 파악한다.

ㄴ. 단층 P−P′와 Q−Q′는 상반이 하반에 대해 위로 올라갔으므로 역단층이다. 역단층은 지층에 횡압력이 작용하여 형성된 것이다.

❸ 단층과 부정합 등 지각 변동과 지층의 생성 순서를 파악한다.

B 퇴적 → A 퇴적 → (지층의 역전) → 부정합 → C 퇴적 → D 퇴적 → 단층 Q−Q′ → 단층 P−P′

ㄷ. 기저 역암이 나타나는 부정합면이 단층 Q−Q′로 절단되었으므로 이 지역은 단층 Q−Q′가 생기기 전에 수면 위로 노출되어 침식 작용을 받았다.

09 꼼꼼 문제 분석

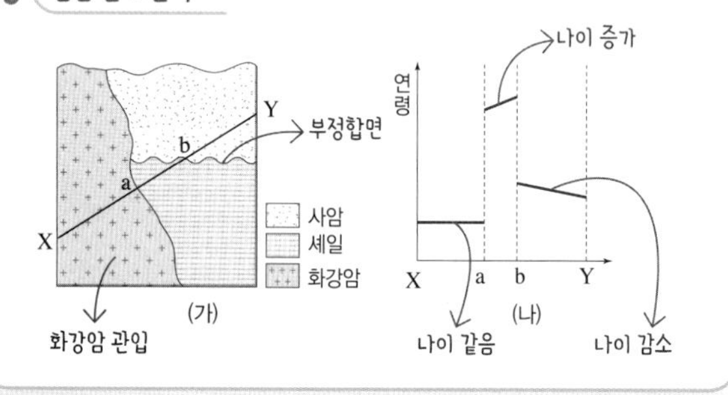

선택지 분석

~~ㄱ.~~ (가)에서 암석의 생성 순서는 화강암 → 셰일 → 사암이다. (셰일 → 사암 → 화강암)

ⓛ 지층의 역전이 일어난 부분은 a−b 구간이다.

ⓒ b−Y 구간이 형성되기 전에 지층의 융기, 침강 작용이 있었다.

전략적 풀이 ❶ (나)를 이용하여 (가)의 연령을 판단하거나 지사학 법칙을 이용하여 (가)의 암석의 생성 순서를 판단한다.

ㄱ. (가)와 (나)를 해석해 보면 구간 X−a에는 화강암, a−b에는 셰일, b−Y에는 사암이 분포하고, 암석의 생성 순서는 암석의 연령이 많은 것부터 셰일 → 사암 → 화강암이다.

지사학 법칙 중 부정합의 법칙과 관입의 법칙을 차례로 적용하면 암석의 생성 순서는 셰일 → 사암 → 화강암이다.

❷ (나)의 암석의 연령을 이용하여 역전된 지층을 찾는다.

ㄴ. (나)에서 a−b 구간의 셰일층은 위로 갈수록 연령이 증가하므로 지층이 역전되었음을 알 수 있다.

❸ 지층의 융기와 침강은 부정합이 형성될 때 일어나므로 부정합의 존재 여부를 판단한다.

ㄷ. 셰일과 사암 사이에 부정합이 존재하므로 b−Y 구간인 사암이 형성되기 전에 지층의 융기, 침강 작용이 있었다.

10 꼼꼼 문제 분석

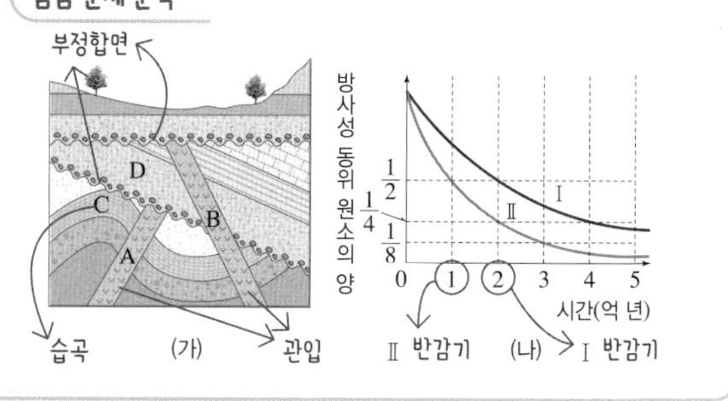

선택지 분석

~~ㄱ.~~ C → D → A → B 순으로 생성되었다. C → A → D → B

~~ㄴ.~~ 지층 D에서는 방추충 화석이 산출될 수 있다. 없다

ⓒ 이 지역은 최소한 3회의 융기 작용이 있었다.

전략적 풀이 ❶ (가)에서 나타나는 지질 구조를 찾고, 지사학 법칙으로 지층의 생성 순서를 정한다.

ㄱ. 화성암과 퇴적층의 생성 순서는 관입의 법칙을 따르므로 C → A → D → B 순으로 생성되었다.

❷ 반감기를 이용하여 관입한 암석의 연령을 판단하고 산출될 수 있는 화석을 추정한다.

ㄴ. 화성암 A, B는 각각 반감기를 1번 거쳤으므로 나이는 각각 2억 년과 1억 년이다. 따라서 지층 D는 중생대에 퇴적되었으므로 고생대의 표준 화석인 방추충 화석이 산출될 수 없다.

❸ 부정합이 나타난 횟수를 찾아 융기가 일어난 횟수를 판단한다.

ㄷ. 이 지역은 2곳의 부정합이 관찰되므로 부정합이 형성되는 과정에서 각각 1회씩의 융기 작용이 있었고, 현재 지층이 육지로 드러나 있으므로 최소한 3회의 융기 작용이 있었다.

11 꼼꼼 문제 분석

지질 시대 경계에는 큰 부정합이 존재한다. A와 B 사이는 고생대와 중생대의 경계에 해당한다. 따라서 두 지층은 부정합 관계이다.

E가 삼엽충 화석이 산출되는 C, D는 관입하였으나, 방추충 화석이 산출되는 B는 관입하지 않았으므로 E는 고생대에 관입하였다.

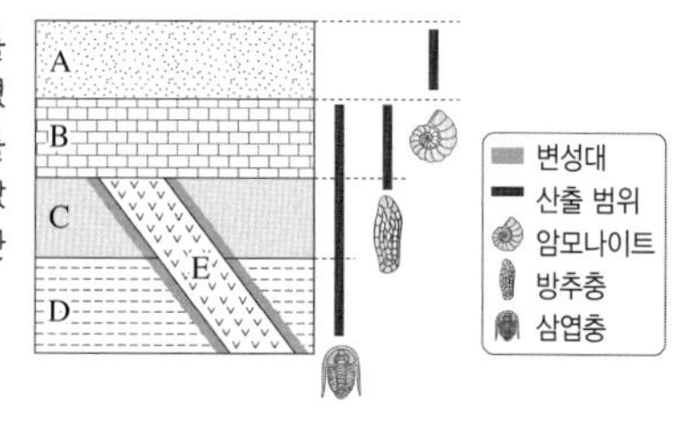

선택지 분석

ⓖ A~D는 모두 바다에서 퇴적된 지층이다.

~~ㄴ.~~ E가 관입한 시대에 겉씨식물이 번성하였다. 양치식물

ⓒ A와 B는 부정합 관계에 해당한다.

전략적 풀이 ❶ A～D에서 산출되는 화석이 어느 환경에서 서식한 생물인지 생각해 본다.

ㄱ. 삼엽충, 방추충, 암모나이트는 모두 해양 환경에서 서식한 생물이므로 A～D는 해양 환경에서 퇴적되었음을 알 수 있다.

❷ 각 지층에서 산출되는 화석을 이용하여 E가 관입한 지질 시대를 파악하고 이 지질 시대에 번성한 식물의 종류를 알아낸다.

ㄴ. E는 삼엽충 화석이 산출되는 C, D는 관입하였으나 방추충 화석이 산출되는 B는 관입하지 않았으므로 고생대에 관입하였다. 고생대에는 양치식물이 번성하였고 겉씨식물은 중생대에 번성하였다.

❸ A와 B의 경계는 화석으로 미루어 고생대와 중생대의 경계임을 파악하고 두 지층의 부정합 관계 여부를 생각해 본다.

ㄷ. 지질 시대의 경계에는 큰 지각 변동에 따른 환경과 생물 변화가 있었으므로 큰 부정합이 존재한다. A와 B 경계는 화석으로 보아 고생대와 중생대의 경계이다. 따라서 A와 B는 부정합 관계에 해당한다.

12 꼼꼼 문제 분석

A는 고생대 오르도비스기 말, B는 고생대 페름기 말, C는 중생대 트라이아스기 말, D는 중생대 백악기 말에 해당한다.

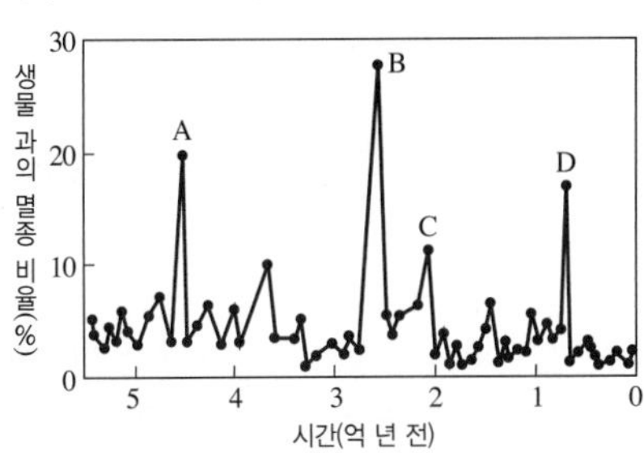

삼엽충은 고생대 말인 B 시기에 멸종되었고 B와 D 시기 사이인 중생대에는 빙하기가 없었다.

선택지 분석

ㄱ. ~~A 시기에~~ 삼엽충이 멸종되었다. B 시기에

ⓛ B와 D 시기 사이에는 빙하기가 없었다.

ㄷ. 판게아가 갈라지기 시작한 시기는 ~~C보다 D에~~ 가깝다. D보다 C에

전략적 풀이 ❶ A, B, C, D가 각각 어느 지질 시대에 해당하는지 파악하고 삼엽충이 멸종한 시기는 어느 시기에 해당하는지 생각해 본다.

ㄱ. A는 고생대 오르도비스기 말, B는 고생대 페름기 말, C는 중생대 트라이아스기 말, D는 중생대 백악기 말이다. 삼엽충은 고생대 페름기 말에 멸종하였으므로 B 시기에 멸종하였고 A 시기에는 번성하였다.

❷ B와 D 시기 사이는 어느 지질 시대에 해당하는지 파악하고 이 시대에 빙하기의 존재 여부를 생각해 본다.

ㄴ. 고생대 페름기 말인 B와 중생대 백악기 말인 D 시기 사이는 중생대 기간에 해당한다. 중생대 기간에는 기후가 온난하여 빙하기가 존재하지 않았다.

❸ 판게아가 갈라지기 시작한 시기를 알고 이 시기가 A～D 중 어느 시기에 가까운지 생각해 본다.

ㄷ. 고생대 말에 만들어진 판게아는 중생대 초기 트라이아스기에 갈라지기 시작하였다. 따라서 판게아가 갈라지기 시작한 시기는 D보다 C에 가깝다.

Ⅱ

대기와 해양

1 대기와 해양의 변화

1 기압과 날씨 변화

개념 확인 문제 127쪽

❶ 기단 ❷ 증가 ❸ 상승 ❹ 고기압 ❺ 하강 ❻ 저기압 ❼ 상승 ❽ 적외 영상 ❾ 정체성 고기압 ❿ 이동성 고기압 ⓫ 시베리아 ⓬ 북태평양 ⓭ 봄, 가을

1 (1) ○ (2) × (3) × (4) ○ **2** ㉠ 저, ㉡ 육지, ㉢ 고, ㉣ 바다 **3** (1) 저 (2) 고 (3) 고 (4) 저 **4** ㉠ 가시, ㉡ 적외 **5** ㉠ 편서풍, ㉡ 봄과 가을 **6** ㄴ, ㄹ

1 (1) 저위도는 따뜻한 지역이므로 저위도에서 형성된 기단은 따뜻한 성질을 갖는다.
(2) 대륙은 해양보다 건조하다. 따라서 대륙에서 형성된 기단은 해양에서 형성된 기단보다 습도가 낮다.
(3) 우리나라 여름철에 영향을 주는 북태평양 기단은 따뜻한 저위도 지역의 바다에서 형성되어 고온 다습하다.
(4) 한랭한 바다를 지나는 온난한 기단은 기단의 하층이 차가운 바다에 열을 빼앗겨 하층부터 냉각되기 때문에 기온이 하강하면서 안정해져 층운형 구름이 생긴다.

2 기단의 성질이 (가)(고온 건조) → (나)(한랭 다습)로 변하였다. 그러므로 이 기단은 기온이 높은 저위도 지역의 수증기 공급이 원활하지 않은 대륙에서 생성되었고, 한랭한 고위도 지역의 차가운 바다 위를 지나 이동하였음을 알 수 있다.

3 (1) 중심부가 주변보다 기압이 낮은 곳은 저기압이고, 중심부가 주변보다 기압이 높은 곳은 고기압이다.
(2) 고기압 중심부에서는 하강 기류가 나타나 날씨가 맑다.
(3) 북반구의 고기압에서는 지상에서 바람이 시계 방향으로 불어 나가고, 저기압에서는 바람이 시계 반대 방향으로 저기압 중심을 향해 불어 들어간다.
(4) 저기압 중심부에서는 상승 기류가 나타나 단열 팽창되므로 구름이 잘 형성된다.

4 구름이나 육지, 바다 등에서 반사된 태양광의 세기를 관측하는 것은 가시 영상이고, 에너지를 방출하고 있는 물체의 온도를 측정하여 나타내는 것은 적외 영상이다.

5 우리나라는 편서풍의 영향을 받는 중위도 지역에 속해 있어 정체성 고기압의 영향을 받는 여름과 겨울을 제외한 봄과 가을에는 양쯔강에서 발원한 이동성 고기압과 저기압이 교대로 통과하면서 날씨에 영향을 준다.

6 우리나라의 여름철에는 남고북저형의 기압 배치를, 겨울철에는 서고동저형의 기압 배치를 이룬다. 문제의 일기도는 남고북저형의 기압 배치로 볼 때 여름철의 일기도이며, 우리나라의 여름철에는 무더위와 열대야 현상이 자주 나타난다. 한파는 겨울철에, 황사는 봄철에 잘 나타나는 현상이다.

완자쌤 비법 특강 132쪽

Q1 C
Q2 편서풍을 따라 이동하기 때문이다.
Q3 남동풍 → 남서풍 → 북서풍

Q1 한랭 전선과 온난 전선 사이에는 따뜻한 공기가 위치하므로 A~E 지역 중 C에서 기온이 가장 높다.

Q2 온대 저기압은 편서풍의 영향을 받아 서쪽에서 동쪽으로 이동해 가므로 온난 전선, 한랭 전선 순으로 통과하며, 전선을 경계로 풍향, 날씨, 기온 등이 크게 달라진다.

Q3 온난 전선 앞쪽은 남동풍이 불다가 온난 전선이 통과하고 나면 남서풍이 불고, 그 후 한랭 전선이 통과하면 북서풍이 분다.

개념 확인 문제 133쪽

❶ 한랭 전선 ❷ 온난 전선 ❸ 한랭 전선 ❹ 온난 전선 ❺ 정체 전선 ❻ 폐색 전선 ❼ A ❽ C ❾ E ❿ G, H ⓫ 편서풍 ⓬ 남서 ⓭ 남동

1 (가) 한랭 전선 (나) 온난 전선 **2** ㉠ B, ㉡ A, ㉢ 빠르다 **3** (1) ○ (2) × (3) ○ (4) ○ **4** (1) (라) → (나) → (가) → (다) (2) (다) **5** (1) × (2) × (3) ○ (4) ○ (5) ×

1 (가)는 찬 공기가 따뜻한 공기 아래로 파고들면서 생기는 한랭 전선이고, (나)는 따뜻한 공기가 찬 공기 위로 타고 올라가면서 생기는 온난 전선이다.

2 전선면의 기울기는 한랭 전선이 온난 전선보다 크다. 따라서 A는 한랭 전선, B는 온난 전선이다. 한랭 전선은 온난 전선보다 이동 속도가 빠르다. 온난 전선면에 발달하는 구름은 두께가 얇은 층운형 구름이고, 한랭 전선면에 발달하는 구름은 두께가 두꺼운 적운형 구름이다.

3 (1) 우리나라의 장마철에 영향을 주는 전선은 정체 전선의 일종인 장마 전선이다.
(2) 장마 전선에서는 남쪽의 따뜻한 공기가 북쪽의 찬 공기를 타고 상승하면서 구름이 형성되므로, 장마 전선의 북쪽에서 많은 비가 내린다.
(3) 우리나라 초여름에 형성된 장마 전선은 남쪽의 따뜻한 기단의 세력이 강해지면 북쪽으로 이동하고, 북쪽의 찬 기단의 세력이 강해지면 남쪽으로 이동한다.
(4) 우리나라 남동쪽에 위치한 북태평양 기단의 세력이 강해지면 전선이 북쪽으로 이동한다.

4 꼼꼼 문제 분석

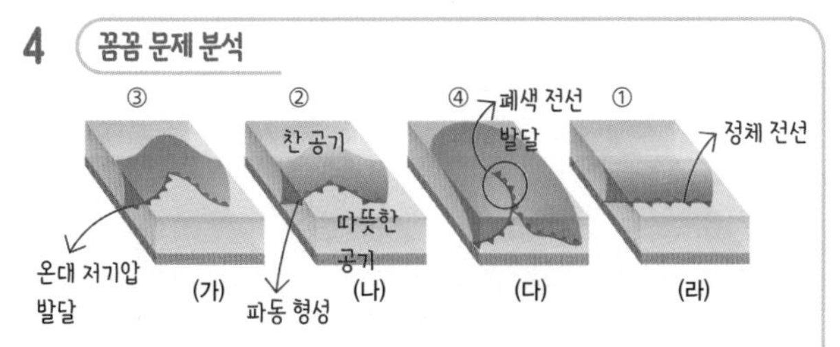

온대 저기압은 정체 전선 형성(라) → 파동 형성(나) → 온대 저기압 발달(가) → 폐색 전선 발달(다)의 과정을 거쳐 발달하고 소멸한다.

(1) 온대 저기압은 찬 공기와 따뜻한 공기가 만나는 정체 전선에서 파동이 생성될 때 발생하며, 한랭 전선과 온난 전선이 겹쳐진 폐색 전선이 형성되면서 소멸한다.
(2) (다)의 폐색 전선은 이동 속도가 빠른 한랭 전선이 이동 속도가 느린 온난 전선을 따라가 겹쳐져서 형성된 전선이다.

5 (1) A 지역은 한랭 전선 뒤쪽이므로 현재 북서풍이 불고 있다.
(2) 한랭 전선 뒤쪽인 A 지역에는 적운형 구름이 잘 발달한다.
(3) A~C 중 기온이 가장 높은 곳은 한랭 전선과 온난 전선 사이인 B 지역이다.
(4) C 지역은 현재 찬 공기의 영향으로 기온이 낮지만 온난 전선이 통과하고 나면 따뜻한 공기의 영향으로 기온이 상승한다.
(5) 온대 저기압이 통과할 때 온난 전선과 한랭 전선이 차례로 통과하므로 풍향은 남동풍(온난 전선 앞) → 남서풍(온난 전선과 한랭 전선 사이) → 북서풍(한랭 전선 뒤)으로 변한다.

대표 자료 분석

134~135쪽

자료 ❶ **1** A: 시베리아 기단, B: 오호츠크해 기단, C: 북태평양 기단, D: 양쯔강 기단 **2** (1) C (2) A, B, C (3) D (4) A **3** 기단 하층의 기온은 높아지고 습도도 높아진다. **4** (1) × (2) ○ (3) ○ (4) ○ (5) ○ (6) ×

자료 ❷ **1** A: 한랭 전선, B: 온난 전선, C: 정체 전선(장마 전선) **2** (가) ㉠ (나) ㉠ **3** (1) ○ (2) × (3) ○ (4) × (5) × (6) ○ (7) ○ (8) ×

자료 ❸ **1** B **2** A **3** 층운형 구름, 넓은 지역에 지속적인 비 **4** (나) **5** (1) ○ (2) × (3) ○ (4) × (5) ×

자료 ❹ **1** 거제 **2** C → B → A **3** C와 B가 관측된 시각 사이 **4** (1) × (2) × (3) ○ (4) ×

1-1 꼼꼼 문제 분석

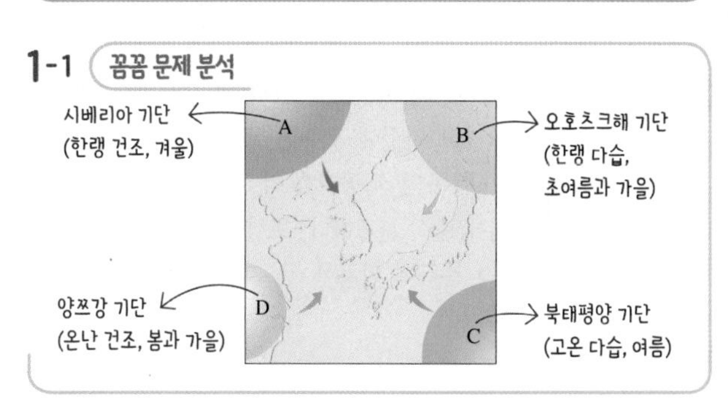

기단은 생성된 지역의 이름을 따서 A는 시베리아 기단, B는 오호츠크해 기단, C는 북태평양 기단, D는 양쯔강 기단이라고 한다.

1-2 (1) 저위도 해양에서 발생한 북태평양 기단(C)은 고온 다습하다.
(2) 정체성 기단은 한 지역에 오래 머무는 기단으로 A, B, C가 이에 해당한다.
(3) 봄철과 가을철에는 양쯔강 기단(D)의 영향을 받는다.
(4) 시베리아 기단(A)은 고위도 대륙에서 발생하여 한랭 건조하며 우리나라의 겨울철 날씨에 영향을 준다.

1-3 A 기단이 우리나라로 확장되면 저위도 쪽으로 이동하므로 지표면으로부터 열을 받아 기온이 상승하고, 황해를 지나는 동안 수증기가 공급되므로 습도가 높아진다. 또한 기단의 하층이 가열되므로 기층이 불안정해져 상승 기류가 활발해 적운형 구름이 발달한다.

1-4 (1) 대륙에서 생성된 A와 D 기단은 건조한 성질을 갖는다.
(2) B는 고위도 지역에서, D는 저위도 지역에서 생성되었으므로 B는 D보다 기온이 낮은 기단이다.
(3) 초여름에 오호츠크해 기단(B)과 북태평양 기단(C)이 만나면 장마 전선이 형성된다.

(4) 무더위, 열대야는 북태평양 기단(C)의 영향으로 우리나라의 여름철에 나타난다.
(5) D의 영향을 받을 때는 봄철과 가을철로, 이동성 고기압의 영향을 받아 날씨 변화가 심하다.
(6) 늦봄에 영서 지방이 영동 지방보다 고온 건조한 날씨가 나타나는 것은 오호츠크해 기단(B)이 확장되면서 태백산맥을 넘어 높새 바람이 불기 때문이다.

2-1 A는 온대 저기압 중심의 남서쪽에 위치하고 전선 기호가 ▲▲▲이므로 한랭 전선이고, B는 온대 저기압 중심의 남동쪽에 위치하면서 전선 기호가 ●●●이므로 온난 전선이다. 또한 C는 전선 기호가 ▲●▲●로 표시되어 있으므로 정체 전선이고, 우리나라에 영향을 주는 정체 전선은 장마 전선이다.

2-2 정체 전선은 찬 기단과 따뜻한 기단의 세력이 비슷하여 전선이 거의 이동하지 않고 한곳에 오랫동안 머무르는 전선으로, 남쪽의 따뜻한 공기가 북쪽의 찬 공기를 타고 상승하므로 구름은 ㉡ 지역보다 ㉠ 지역에 많이 분포한다. 또한 구름에서 많은 비가 내리므로 장마 전선의 북쪽에 위치한 ㉠ 지역이 남쪽에 위치한 ㉡ 지역보다 강수량이 많다.

2-3 (1) 한랭 전선(A)의 뒤쪽 좁은 지역에서는 소나기성 비가 내린다.
(2) 성질이 다른 두 공기가 만나서 생기는 경계면을 전선면이라 하고, 한랭 전선면은 전선면의 경사가 급하므로 적운형 구름이 형성된다.
(3) 한랭 전선면은 온난 전선면보다 전선면의 경사가 급하다.
(4) 한랭 전선(A)은 온난 전선(B)보다 빠른 속도로 이동한다.
(5) 온난 전선은 따뜻한 공기가 차가운 공기를 밀고 가는 전선이므로 온난 전선(B)이 지나면 따뜻한 공기가 이동해 오므로 기온이 높아진다.
(6) 온난 전선(B)이 통과하기 전에는 남동풍이 불고, 통과하고 나면 남서풍이 분다.
(7) C는 정체 전선으로 우리나라에 영향을 주는 장마 전선이다.
(8) C 전선은 정체 전선(장마 전선)으로, 정체 전선 부근의 구름은 북쪽의 찬 공기 위로 남쪽의 따뜻한 공기가 상승하면서 수증기가 응결하여 형성된 것이다. 따라서 C 전선 부근의 구름을 형성하는 수증기는 주로 전선의 남쪽에 위치한 기단에서 공급된다.

3-1 B 지역은 따뜻한 공기의 영향을 받고, A와 C 지역은 찬 공기의 영향을 받으므로 기온이 가장 높은 지역은 B이다.

3-2 A 지역은 북서풍이, B 지역은 남서풍이, C 지역은 남동풍이 분다.

3-3 C 지역은 온난 전선의 앞쪽에 해당하므로 층운형 구름이 발달하고 넓은 지역에 걸쳐 지속적인 비가 내린다.

3-4 온대 저기압은 서쪽에서 동쪽으로 이동해 가므로 온대 저기압이 더 서쪽에 위치해 있는 (나)가 먼저 관측된 것이다.

3-5 (1) 온대 저기압은 온대 지방이나 한대 전선대에서 형성되어 편서풍의 영향을 받아 서에서 동으로 이동해 간다.
(2) (가)는 온대 저기압의 중심 기압이 992 hPa~996 hPa 사이이고, (나)는 996 hPa~1000 hPa 사이이므로 중심 기압은 (가)보다 (나)에서 높다.
(3) A 지역은 한랭 전선 뒤쪽으로, 두꺼운 적운형 구름이 발달하여 좁은 지역에 소나기성 비가 내린다.
(4) 한랭 전선이 통과하기 전인 B 지역은 남서풍이 불고 한랭 전선이 통과한 이후인 A 지역에는 북서풍이 분다.
(5) C 지역은 온난 전선 앞쪽에 위치하여 넓은 지역에 걸쳐 지속적인 비가 내린다. 날씨가 맑은 지역은 한랭 전선과 온난 전선 사이에 있는 B 지역이다.

4-1

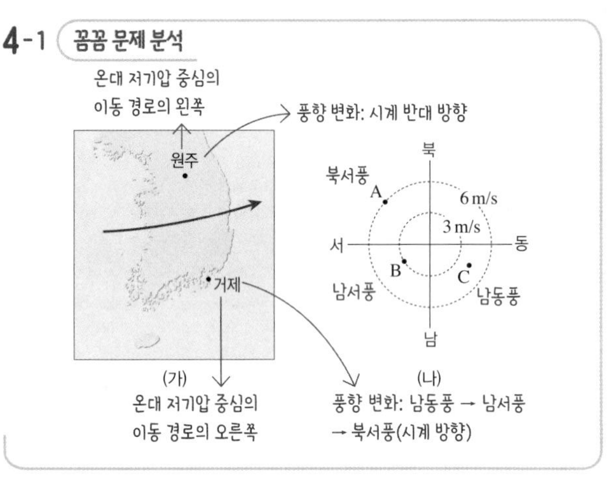

온대 저기압의 중심이 관측 지역의 남쪽을 통과하였다면 풍향이 북동풍 → 북서풍 → 남서풍으로 시계 반대 방향으로 변했을 것이다. (나)에서 풍향이 남동풍, 남서풍, 북서풍이 관측된 것으로 보아 온대 저기압의 중심이 관측 지역의 북쪽을 통과하였다. 따라서 (나)는 온대 저기압의 중심이 이동한 경로의 남쪽에 위치한 거제에서 관측한 결과이다.

4-2 온대 저기압의 중심이 관측 지역의 북쪽을 통과할 때 온난 전선, 한랭 전선 순으로 통과하면서 풍향은 남동풍 → 남서풍 → 북서풍(시계 방향)으로 변한다. 따라서 관측 순서는 C → B → A이다.

4-3 온난 전선이 통과하기 전에는 남동풍이 불고, 통과한 직후에는 남서풍이 분다. 따라서 C(남동풍)와 B(남서풍)가 관측된 시각 사이에 온난 전선이 통과하였다.

4-4 (1) C와 B 사이에는 온난 전선이 통과하였으므로 기온이 높아졌다.
(2) B 바람이 부는 시각에 관측 지역은 온난 전선과 한랭 전선 사이에 위치하므로 날씨가 맑다.
(3) B 바람이 부는 시각보다 A 바람이 부는 시각에 풍속이 더 크므로 등압선의 간격은 A 바람이 부는 시각에 더 좁을 것이다.
(4) A 바람이 부는 시각은 한랭 전선이 통과한 직후로 관측 지역에 적운형 구름이 존재한다.

내신 만점 문제 136~138쪽

01 ④ 02 ③ 03 ③ 04 ③ 05 ① 06 ②
07 ④ 08 ④ 09 ③ 10 ② 11 ⑤ 12 해설 참조
13 ② 14 해설 참조 15 ④ 16 ⑤

01 A는 시베리아 기단, B는 양쯔강 기단, C는 오호츠크해 기단, D는 북태평양 기단이다.
ㄴ. 우리나라 초여름에 오호츠크해 기단(C)과 북태평양 기단(D)이 만나면 장마 전선이 형성된다.
ㄷ. 우리나라의 봄과 가을철에는 중국의 양쯔강 부근에서 발원한 양쯔강 기단(B)의 영향을 받는다.
바로알기 ㄱ. 시베리아 기단(A)은 한랭 건조하고 북태평양 기단(D)은 고온 다습하므로, A 기단은 D 기단보다 기온과 습도가 낮다.

02 꼼꼼 문제 분석

① A가 우리나라에 영향을 줄 때 폭설과 한파가 발생하고 건조한 날씨가 나타나므로 A는 한랭 건조한 시베리아 기단이다.
② B가 우리나라에 영향을 줄 때 온난 건조한 날씨와 황사가 나타나므로 B는 온난 건조한 양쯔강 기단이다.
④ C(오호츠크해 기단)와 D(북태평양 기단)는 해양에서 발생하여 습도가 높다.
⑤ 여름철 무더위를 일으키는 D는 고온 다습한 북태평양 기단이다.
바로알기 ③ A(시베리아 기단)는 온도가 낮고, D(북태평양 기단)는 온도가 높다.

03 ㄷ. 고기압의 중심부에서는 하강 기류가 나타나면서 단열 압축되어 기온이 상승하고 구름이 소멸한다.
바로알기 ㄱ. 고기압 중심부에서는 하강 기류가 나타난다.
ㄴ. 고기압 중심부에서 주변 지역으로 바람이 불어 나간다.

04 꼼꼼 문제 분석

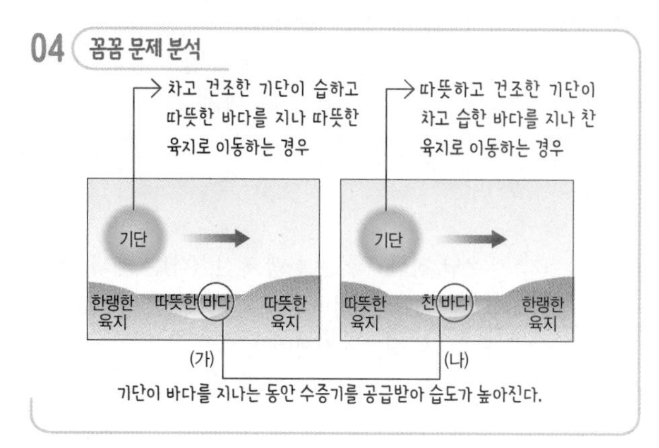

ㄱ. 시베리아 기단이 우리나라로 남하하는 경우는 차고 건조한 기단이 상대적으로 따뜻한 황해를 지나는 경우이므로 (가)에 해당한다.
ㄴ. 적운형 구름은 기단의 하층부가 가열되어 상승 기류가 활발하게 일어날 때 생성되므로 찬 기단이 따뜻한 바다 위를 지나가는 (가)에서 잘 생성된다.
바로알기 ㄷ. 육지에서 발생한 기단이 바다를 지나면 바다의 온도에 관계없이 수증기를 공급받으므로 (가)와 (나)에서 모두 수증기압이 높아진다.

05 ① (가)의 중심부에는 하강 기류가 생기므로 고기압이, (나)의 중심부에는 상승 기류가 생기므로 저기압이 나타난다.
바로알기 ②, ③ (가)의 고기압은 하강 기류에 의해 단열 압축되므로 기온이 상승하고 상대 습도가 감소하여 구름이 소멸하기 때문에 맑은 날씨가 나타난다.
④ (나)의 상승 기류 내에서는 단열 팽창이 일어나 기온이 점점 낮아지고 상대 습도가 증가하여 구름이 생성된다.
⑤ (나)에서는 주변 지역으로부터 저기압 중심을 향해 바람이 시계 반대 방향으로 돌면서 불어 들어온다.

06 ㄴ. (가) 가시 영상에서는 구름의 두께가 두꺼울수록 구름이 태양 빛을 많이 반사하므로 밝게 보인다.
바로알기 ㄱ. (가) 가시 영상은 낮에만, (나) 적외 영상은 24시간 관측이 가능하다.
ㄷ. (나) 적외 영상에서 구름의 높이가 높을수록, 즉 온도가 낮을수록 밝게 보인다. 따라서 상층운은 하층운보다 밝게 보인다.

07 ④ 서쪽에 고기압, 동쪽에 저기압이 존재하여 서고동저형 기압 배치가 나타나므로 겨울철 일기도이다. 겨울철에는 강한 북서 계절풍이 불고 한랭 건조하다.

바로알기 ① 황사 현상은 봄철에 주로 나타나며, 봄철에는 이동성 고기압과 이동성 저기압이 교대로 통과하는 기압 배치가 나타난다.
② 무더위와 열대야 현상은 여름철에 나타나는 현상으로 여름철에는 남고북저형의 기압 배치가 발달한다.
③ 장마 전선은 남쪽의 따뜻한 기단과 북쪽의 찬 기단이 만나 형성되는 정체 전선으로 늦봄과 초여름 사이에 생긴다.
⑤ 북태평양 고기압은 우리나라의 여름철 날씨에 영향을 주는 정체성 고기압이다.

08 ㄴ. (가)는 온난 전선, (나)는 한랭 전선, (다)는 폐색 전선, (라)는 정체 전선이다. 폐색 전선인 (다)는 온난 전선인 (가)와 한랭 전선인 (나)가 만나서 생기는 전선이다.
ㄷ. 정체 전선의 대표적인 예는 장마 전선으로, 여름에 우리나라 부근에 생기는 장마 전선은 북쪽의 찬 기단과 남쪽의 북태평양 기단의 영향을 받아 형성된다.
바로알기 ㄱ. 구름은 온난 전선보다 전선면의 경사가 급한 한랭 전선에서 더 두껍게 나타난다.

09 ㄱ. (가)는 온난 전선의 단면이다. 온난 전선은 따뜻한 공기가 찬 공기 위를 타고 올라가면서 형성되는 전선으로, 온난 전선의 앞쪽 전선면을 따라 층운형 구름이 형성된다.
ㄴ. A는 온난 전선의 뒤쪽에 위치하여 남서풍이 우세하게 불고, B는 온난 전선의 앞쪽에 위치하여 남동풍이 우세하게 분다. (나)는 남서풍을 나타내므로 A에서 본 모습이다.
바로알기 ㄷ. (나)가 관측되는 곳인 A에는 전선면이 없어 구름이 존재하지 않으므로 비가 내리지 않는다. 즉, 온난 전선이 지나간 후인 A에는 맑은 날씨가 나타난다.

10 ① 온대 저기압은 찬 공기와 따뜻한 공기가 만나는 온대 지방에서 발생한다.
③ 온대 저기압은 편서풍의 영향으로 서쪽에서 동쪽으로 이동해 간다.
④ 온대 저기압은 찬 공기와 따뜻한 공기가 만나서 생기므로 찬 공기와 따뜻한 공기 사이에 생기는 온난 전선과 한랭 전선을 대부분 동반한다.
⑤ 온대 저기압은 찬 공기가 따뜻한 공기의 아래로 파고들면서 감소한 기층의 위치 에너지를 에너지원으로 하여 발달한다.
바로알기 ② 온대 저기압은 저기압에 해당하므로 중심 기압이 낮을수록 세력이 강하다.

11 ㄱ. 한랭 전선은 온난 전선보다 이동 속도가 빠르기 때문에 시간이 지나면 두 전선이 겹쳐져 폐색 전선이 형성된다.
ㄴ. 온난 전선과 한랭 전선이 발달한 (가)보다 폐색 전선이 만들어진 (나)가 더 나중에 작성된 것이다. 따라서 온대 저기압은 시간이 지나면 (가)에서 (나)로 변해간다.
ㄷ. 온대 저기압 (가)는 중심 기압이 996 hPa~1000 hPa 사이이고, (나)의 중심 기압은 988 hPa~992 hPa 사이이므로 중심 기압은 (가)보다 (나)에서 더 낮다. 저기압은 중심 기압이 낮을수록 세력이 강하므로 (가)보다 (나)에서 세력이 더 강하다.

12 A는 한랭 전선의 뒤쪽으로 전선 뒤쪽의 좁은 지역에 적운형 구름이 발달하고, B는 온난 전선의 앞쪽으로 전선 앞쪽의 넓은 지역에 층운형 구름이 발달한다.
모범 답안 A 지역에는 적운형 구름이 발달하고 강우 범위가 좁다. B 지역에는 층운형 구름이 발달하고 강우 범위가 넓다.

채점 기준	배점
A와 B 지역의 구름의 종류와 강우 범위를 모두 옳게 서술한 경우	100 %
A와 B 지역의 구름의 종류와 강우 범위 중 한 가지만 옳게 서술한 경우	50 %
A와 B 지역 중 구름의 종류와 강우 범위를 한 곳만 옳게 서술한 경우	50 %

13 꼼꼼 문제 분석

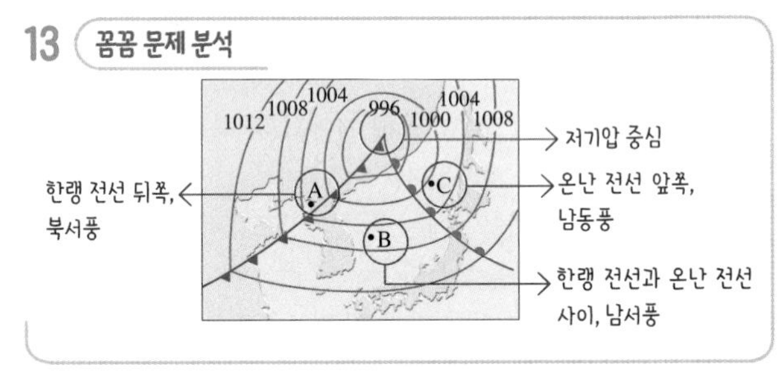

ㄴ. 한랭 전선과 온난 전선 사이에 위치한 B 지역은 따뜻한 공기가 분포하므로 C 지역보다 기온이 높다.
바로알기 ㄱ. 저기압 중심에서 가장 멀리 떨어져 있는 B 지역의 기압이 가장 높다.
ㄷ. C 지역은 온난 전선 앞쪽으로 남동풍이 분다.

14 온대 저기압이 통과할 때 온난 전선의 앞쪽에서는 남동풍이, 한랭 전선과 온난 전선의 사이에서는 남서풍이, 한랭 전선의 뒤쪽에서는 북서풍이 분다.
모범답안 (나)의 시기에는 풍향이 남동풍에서 남서풍으로 변하였으므로 온난 전선이 통과하였고, (다)의 시기에는 풍향이 남서풍에서 북서풍으로 변하였으므로 한랭 전선이 통과하였다.

채점 기준	배점
(나)와 (다) 시기에 통과한 전선을 풍향 변화와 함께 옳게 서술한 경우	100 %
(나)와 (다) 시기에 통과한 전선 중 한 가지만 옳게 서술한 경우	50 %

15 ① (가)는 온대 저기압이 통과할 때 온난 전선의 앞쪽 부분에 발달하는 권운이나 권층운에서 나타나는 햇무리의 모습이다.
② (나)는 한랭 전선의 뒤쪽에 나타나는 적운형 구름이므로 (가)는 (나)보다 온대 저기압이 통과할 때 먼저 관찰된다.
③ 햇무리의 관측은 온난 전선이 접근하고 있음을 알려 주는 현상이다.

⑤ 적운형 구름은 강한 상승 기류가 발생할 때 만들어지는 구름이다.

바로알기 ④ (나)의 적운형 구름은 한랭 전선이 지나고 나면 나타나므로 한랭 전선의 뒤쪽에 나타나는 구름이다.

16 꼼꼼 문제 분석

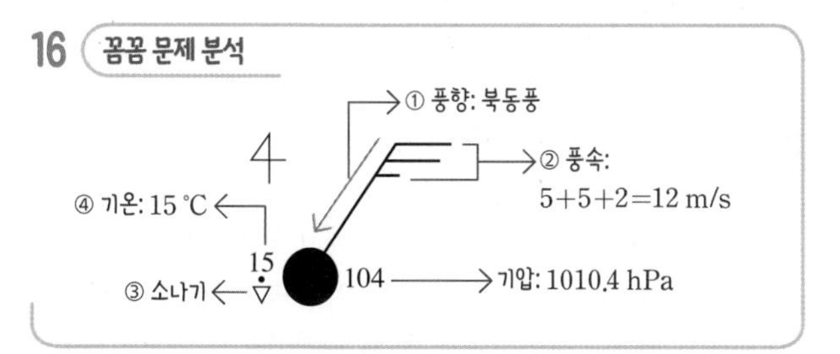

바로알기 ⑤ 기압값은 천의 자리와 백의 자리를 생략하고 소숫점 첫째 자리까지 나타내므로 현재 기압은 1010.4 hPa이다.

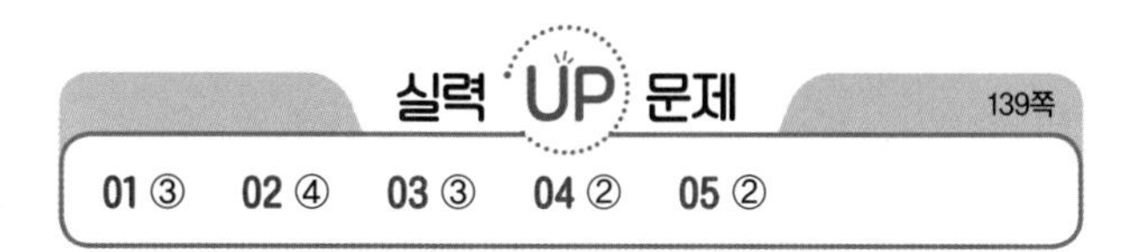

실력 UP 문제 139쪽

01 ③ 02 ④ 03 ③ 04 ② 05 ②

01 ③ A 기단은 북태평양에 발달한 북태평양 기단으로 고온다습하다. 따라서 A 기단이 우리나라에 영향을 주는 계절에는 무덥고 습한 날씨와 열대야 현상이 나타난다.

바로알기 ① 황사 현상은 양쯔강 기단의 영향을 받는 봄철에 자주 발생한다.

② 높새바람은 늦봄에서 초여름에 걸쳐 오호츠크해 기단의 영향을 받을 때 나타나며, 영동 지방에는 냉해 등이 나타나고 영서 지방에는 가뭄이 나타난다.

④ 우리나라는 봄과 가을철에 이동성 고기압과 이동성 저기압이 편서풍의 영향을 받으면서 교대로 통과한다.

⑤ 강풍과 한파, 폭설 등은 시베리아 기단의 영향을 받는 겨울철에 자주 나타난다.

02 ④ 온대 저기압이 통과할 때 온난 전선의 앞쪽에서는 남동풍이, 온난 전선과 한랭 전선 사이에서는 남서풍이, 한랭 전선의 뒤쪽에서는 북서풍이 분다. 따라서 남동풍이 부는 B와 남서풍이 부는 C 사이에 온난 전선이 존재한다.

바로알기 ① A는 북서풍이 불고 있으므로 한랭 전선의 뒤쪽에 위치한다.

② A는 북서풍이 불고 있으므로 한랭 전선의 뒤쪽에 위치하여 찬 공기의 영향을 받고, C는 남서풍이 불고 있으므로 온난 전선과 한랭 전선 사이에 위치하여 따뜻한 공기의 영향을 받는다. 따라서 기온은 찬 공기의 영향을 받는 A가 따뜻한 공기의 영향을 받는 C보다 낮다.

③ B는 남동풍의 영향을 받고 있으므로 온난 전선의 앞쪽에 위치해 있으며, 이 지역에는 층운형 구름으로부터 이슬비가 내린다. 소나기는 한랭 전선의 뒤쪽에 위치한 지역에서 내린다.

⑤ A는 저기압의 중심으로부터 가장 가까운 거리에 위치하므로 A~C 중 A의 기압이 가장 낮다.

03 꼼꼼 문제 분석

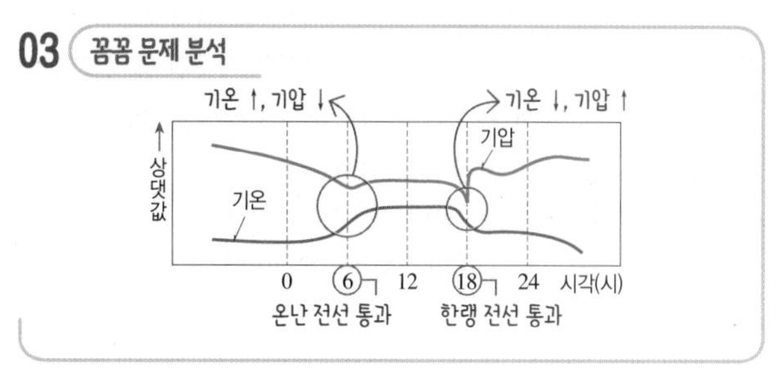

ㄱ. 5시경은 온난 전선이 통과하기 전이므로 남동풍이 분다. 따라서 5시경에는 남풍 계열의 바람이 불었다.

ㄷ. 서울에 온난 전선과 한랭 전선이 차례대로 통과하고 있는 것으로 보아 서울은 온대 저기압 중심의 이동 경로의 오른쪽에 속해 있어 풍향이 시계 방향으로 변한다.

바로알기 ㄴ. 12시경은 온난 전선이 통과하고 한랭 전선이 통과하기 전이므로, 12시경에는 온난 전선과 한랭 전선 사이에 있는 따뜻한 공기의 영향을 받고 있어 구름이 없는 맑은 날씨가 나타난다.

04 꼼꼼 문제 분석

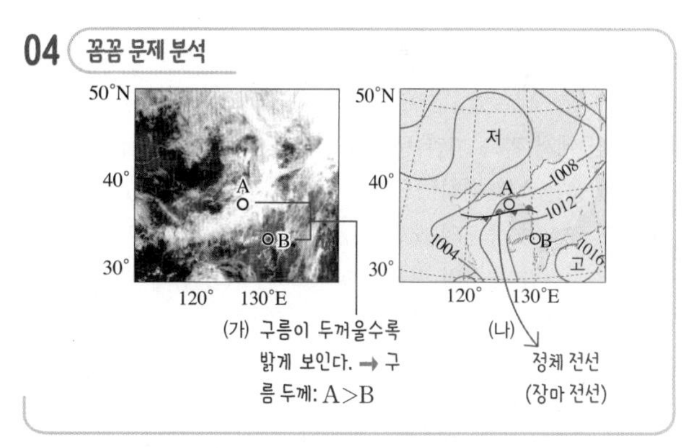

ㄴ. 가시 영상에서는 두꺼운 구름일수록 밝게 관측된다. 따라서 (가) 가시 영상에서 A 지역이 B 지역보다 밝게 관측되므로, 구름의 두께는 A 지역이 B 지역보다 두껍다.

바로알기 ㄱ. 가시 영상인 (가)는 태양 빛이 구름이나 지표면에 의해 반사된 것을 관측한다. 따라서 태양 빛이 존재하지 않는 밤에는 가시 영상을 관측할 수 없다.

ㄷ. A 지역은 정체 전선의 북쪽에 위치한다. 정체 전선은 북쪽의 찬 기단과 남쪽의 따뜻한 기단이 만나 형성되며, 찬 공기 위로 따뜻한 공기가 상승하면서 수증기가 응결하여 구름이 형성되므로 A 지역의 구름은 주로 전선 남쪽의 기단에서 공급받은 수증기가 응결하여 형성된다.

05 ② 한랭 전선과 온난 전선을 동반하는 온대 저기압은 편서풍의 영향을 받아 서쪽에서 동쪽으로 이동해 간다. 온대 저기압의 위치는 (가)가 (나)보다 더 서쪽에 위치해 있으므로 (가)는 (나)보다 12시간 전의 일기도이다.

바로알기 ① (가)의 A 지역은 온난 전선과 한랭 전선 사이에 위치하므로 남서풍이 분다.
③ 일기도가 (가) → (나)로 이동하는 동안 A 지역에는 한랭 전선이 통과하였다. 따라서 (가)에서 A 지역은 따뜻한 공기의 영향을 받았지만 (나)에서 A 지역은 찬 공기의 영향을 받았으므로, 이 기간에 A 지역은 기온이 낮아졌다.
④, ⑤ (나)의 A 지역은 한랭 전선의 뒤쪽에 위치하기 때문에 적운형의 구름으로부터 소나기성 비가 내린다.

2 태풍과 우리나라의 주요 악기상

142쪽

완자쌤 비법 특강
Q1 위험 반원
Q2 B

Q1 풍향이 시계 방향으로 변하고 있으므로 태풍 이동 경로의 오른쪽, 즉 위험 반원에 속하였다.

Q2 (나)에서 관측 기간 동안 풍향이 남동풍 → 남서풍 → 북서풍(시계 방향)으로 변하였으므로 관측소는 온대 저기압이 통과할 때 온대 저기압 중심의 오른쪽(남쪽)에 위치하였다. 따라서 (나)는 온대 저기압 중심의 진행 방향의 오른쪽(남쪽)에 위치한 B에서 관측한 결과이다.

개념 확인 문제 143쪽

❶ 17 ❷ 응결열 ❸ 동심원 ❹ 전선 ❺ 태풍의 눈 ❻ 오른쪽 ❼ 시계 ❽ 왼쪽 ❾ 시계 반대

1 (1) ○ (2) × (3) ○ (4) × (5) ○ **2** (1) X: 기압, Y: 풍속 (2) 낮은 **3** ㉠ 5°~25°, ㉡ 기권, ㉢ 수증기 **4** B, C **5** 안전 반원 **6** (1) × (2) ○ (3) × (4) ○

1 (1) 태풍은 표층 수온이 27 ℃ 이상인 위도 5°~25°의 열대 해상에서 발생한다.
(2) 태풍은 기단 내에서 지구의 자전 효과에 의한 소용돌이가 발생하여 형성되므로 전선을 동반하지 않는다.
(3) 태풍은 육지에 상륙하면 에너지원인 수증기의 공급이 차단되고 지표면과의 마찰이 증가하여 세력이 급격히 약화된다.
(4) 태풍의 중심에서는 약한 하강 기류가 나타나는데, 이곳을 태풍의 눈이라고 한다.
(5) 우리나라는 주로 7월~9월 사이에 집중적으로 태풍의 영향을 받는다.

2 (1) 그래프의 X는 중심으로 갈수록 값이 작아지고 주변으로 갈수록 빠르게 커지는 것으로 보아 기압 분포를 나타낸다. 그래프의 Y는 중심에서 약간 벗어난 부분에서 최댓값을 갖고 주변으로 갈수록 작아지는 것으로 보아 태풍의 풍속 변화를 나타낸다.
(2) 태풍의 중심은 태풍의 눈으로 열대 저기압의 중심에 해당하므로 기압이 가장 낮으며, 약한 하강 기류에 의해 맑은 날씨가 나타나고 바람이 거의 불지 않는다.

3 태풍은 수온이 27 ℃ 이상인 따뜻한 바다, 즉 위도 5°~25°인 열대 해상에서 수권과 기권의 상호 작용에 의해 발생한다. 태풍은 에너지원인 수증기의 공급이 차단되면 세력이 급격히 약해진다.

4 북반구 지역에서는 태풍 이동 경로의 오른쪽 반원이 위험 반원이므로 B와 C가 이에 해당한다. A와 D는 태풍 이동 경로의 왼쪽 반원으로 안전 반원에 해당한다.

5 꼼꼼 문제 분석

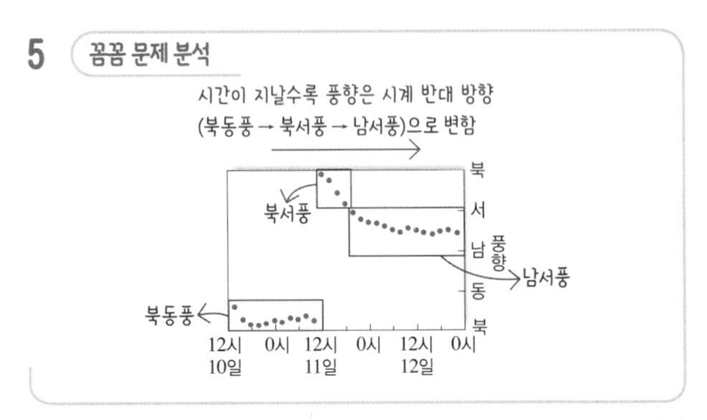

관측 지점의 풍향이 북동풍 → 북서풍 → 남서풍으로 시계 반대 방향으로 변하였으므로, 이 지점은 태풍의 안전 반원(태풍 이동 경로의 왼쪽 반원)에 위치한다.

6 (1) A는 태풍 이동 경로의 왼쪽에 해당하므로 안전 반원에 속한다.
(2) B는 태풍의 눈에 해당하며, 약한 하강 기류가 발생한다.
(3) A는 안전 반원에 속하여 상대적으로 풍속이 느리고 비가 적게 오지만, C는 위험 반원에 속하여 상대적으로 강한 바람이 불고 비가 많이 온다. 따라서 A는 C보다 풍속이 느리다.
(4) B는 태풍의 중심으로 기압이 가장 낮게 나타난다. 따라서 태풍의 주변 지역인 C보다 태풍의 중심인 B의 기압이 더 낮다.

개념 확인 문제

146쪽

❶ 뇌우 ❷ 우박 ❸ 국지성 호우(집중 호우) ❹ 폭설
❺ 황사 ❻ 강풍 ❼ 한파

1 ㉠ 적운, ㉡ 성숙 2 (1) ○ (2) ○ (3) × (4) × 3 여름
4 ㉠ 적란운, ㉡ 상승 5 ⑤ 6 ㉠ 편서풍, ㉡ 봄철 7 (1) ×
(2) × (3) ○

1 뇌우는 강한 상승 기류로 적운이 급격하게 성장하는 적운 단계, 상승 기류와 하강 기류가 공존하는 성숙 단계, 하강 기류가 우세해지면서 뇌우가 소멸하는 소멸 단계로 구분한다.

2 (1) 뇌우는 강한 상승 기류가 나타나는 불안정한 대기에서 적운 또는 적란운이 발생할 때 생긴다.
(2) 뇌우는 천둥과 번개를 동반하고 강한 소나기가 내린다.
(3) 상승 기류만 나타나는 뇌우의 발달 단계는 적운 단계이다.
(4) 강한 상승 기류와 하강 기류가 동시에 나타나는 뇌우의 발달 단계는 성숙 단계이다.

3 2019년 연간 낙뢰 발생 횟수는 약 63 %가 여름철(6월~8월)에 나타났다. 특히 7월의 경우 2019년 중 낙뢰가 가장 많이 발생한 달로, 2019년 전체의 약 27 %를 차지하였다.

4 우박은 두껍게 발달한 적란운 속에 생긴 눈 결정이 하강하다가 강한 상승 기류를 타고 상승과 하강을 반복하면서 만들어진다.

5 국지성 호우는 좁은 지역에 짧은 시간 동안 많은 양의 비가 집중적으로 내리는 현상으로, 집중 호우라고도 한다. 국지성 호우는 국지적 가열에 의해 강한 상승 기류가 발생하고 이로 인해 발생한 적란운에서 좁은 지역에 1시간 동안 30 mm 이상, 혹은 하루 동안 80 mm 이상의 많은 비가 집중적으로 내리거나 연 강수량의 10 % 정도의 비가 하루에 내리는 것을 말한다.

6 우리나라에서 황사는 편서풍을 따라서 서쪽 방향에서 동쪽 방향으로 이동해 간다. 우리나라에서 황사가 가장 많이 발생하는 계절은 봄철이며, 최근에는 가을과 겨울철에도 발생하기도 한다.

7 (1) 뇌우는 한랭 전선에서 강한 상승 기류가 발달하여 적란운이 생성될 때 잘 발생한다. 온난 전선에서는 주로 층운형의 구름이 발달한다.
(2) 대기가 안정한 경우에는 맑은 날씨가 주로 나타나며, 불안정한 대기에서 집중 호우(국지성 호우) 등의 악기상이 나타난다.
(3) 우리나라에 영향을 미치는 황사의 발원지는 대부분 중국과 몽골의 건조한 지역이므로, 이 지역의 사막화를 억제하면 황사 피해를 줄일 수 있다.

대표 자료 분석

147~148쪽

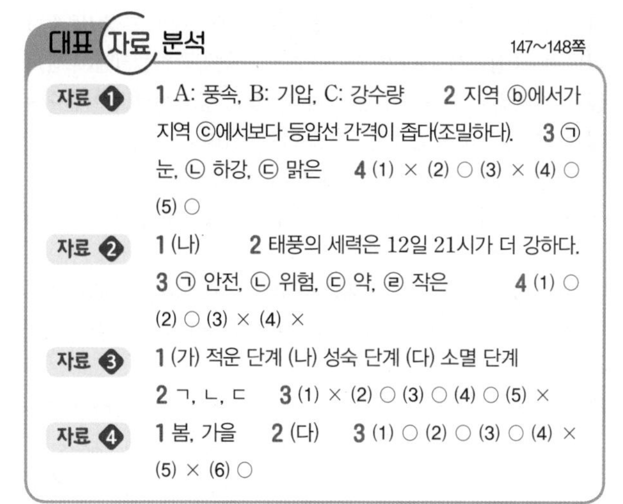

자료 ❶ 1 A: 풍속, B: 기압, C: 강수량 2 지역 ⓑ에서가 지역 ⓒ에서보다 등압선 간격이 좁다(조밀하다). 3 ㉠ 눈, ㉡ 하강, ㉢ 맑은 4 (1) × (2) ○ (3) × (4) ○ (5) ○

자료 ❷ 1 (나) 2 태풍의 세력은 12일 21시가 더 강하다. 3 ㉠ 안전, ㉡ 위험, ㉢ 약, ㉣ 작은 4 (1) ○ (2) ○ (3) × (4) ×

자료 ❸ 1 (가) 적운 단계 (나) 성숙 단계 (다) 소멸 단계 2 ㄱ, ㄴ, ㄷ 3 (1) × (2) ○ (3) ○ (4) ○ (5) ×

자료 ❹ 1 봄, 가을 2 (다) 3 (1) ○ (2) ○ (3) ○ (4) × (5) × (6) ○

1-1 꼼꼼 문제 분석

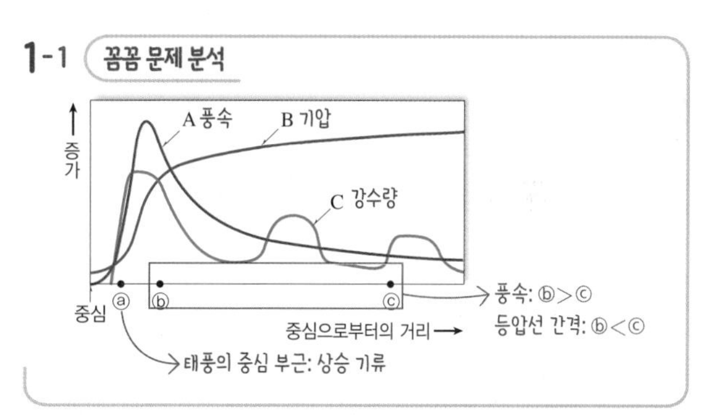

기압은 태풍의 중심으로 갈수록 낮아지고, 풍속은 태풍의 중심부로 갈수록 강해지다가 태풍의 눈에서 약해진다. 강수량은 태풍의 눈을 벗어난 지점에서 가장 많은 강수량이 나타나고, 중심부에서 멀어질수록 대체로 강수량이 감소하지만 구름이 특히 더 많은 부분에서 강수량도 더 많이 나타난다.

1-2 일기도에서 등압선의 간격이 조밀한 지역일수록 풍속이 강한 지역이므로, 풍속이 강한 ⓑ 지역에서가 풍속이 약한 ⓒ 지역에서보다 등압선 간격이 좁다(조밀하다).

1-3 태풍의 중심에서부터 ⓐ 사이에서는 강수량이 거의 나타나지 않는다. 태풍의 중심부에 있으면서 강수량이 거의 나타나지 않는 이 구간을 태풍의 눈이라고 하며, 태풍의 눈에서는 약한 하강 기류에 의해 구름이 소멸하므로 바람도 약하고 맑은 날씨가 나타난다.

1-4 (1) 태풍의 눈을 약간 벗어난 지점에서 바람이 가장 강하게 분다. 태풍의 중심인 태풍의 눈에서는 바람이 거의 불지 않거나 약하게 분다.
(2) 열대 저기압 중에서 중심 부근의 최대 풍속이 17 m/s 이상으로 발달한 경우를 태풍이라 한다. 따라서 태풍은 저기압에 해당하므로 중심부의 기압이 낮을수록 세력이 강하다.

(3) 태풍의 강수량은 태풍의 눈을 벗어난 지점에서 가장 많게 나타나며, 중심에서 거리가 멀어질수록 조금씩 줄어들지만 구름이 많은 지역에서 강수량이 높게 나타나므로 중심에서 멀어질수록 강수량이 일정하게 감소한다고 하기는 어렵다.
(4) 태풍의 눈은 약한 하강 기류에 의해 구름이 소멸하므로 맑은 날씨가 나타나지만, 열대 저기압의 중심에 해당하여 기압이 가장 낮게 나타난다.
(5) A는 풍속이다. 위험 반원에 속하는 지역이 안전 반원에 속하는 지역보다 풍속이 강하게 나타나므로 풍속인 A 값이 크다.

2-1 태풍이 이동하는 동안 관측소 A의 풍향이 시계 방향(동풍 → 남동풍 → 남남서풍 → 남서풍)으로 변하였으므로 관측소 A는 위험 반원에 속해 있다. (가)는 안전 반원, (나)는 위험 반원에 속하므로 관측소 A의 위치는 (나)에 해당한다.

2-2 태풍은 열대 저기압에 속하므로 중심 기압이 낮을수록 세력이 강하다. 태풍 중심 기압은 12일 21시가 13일 03시보다 낮으므로 태풍의 세력은 12일 21시가 13일 03시보다 강하다.

2-3 (가)는 안전 반원에 속하고 (나)는 위험 반원에 속하므로, (가) 지점은 (나) 지점보다 바람의 세기는 약하고 피해도 작게 발생한다.

2-4 (1) (가) 지점은 태풍 이동 경로의 왼쪽(안전 반원)에 위치하므로, 태풍이 지나가는 동안 풍향이 시계 반대 방향으로 변한다.
(2) 12일보다 13일에 태풍 중심 기압이 높아진 것으로 보아 태풍이 우리나라를 통과하는 동안 중심 기압은 대체로 높아지고 있음을 알 수 있다.
(3) 태풍의 경로가 남서쪽에서 북동쪽으로 이동하는 것으로 보아 편서풍의 영향을 받으며 이동한다.
(4) 태풍의 세력이 약해진다는 것은 태풍의 에너지원으로 사용되는 수증기의 공급이 줄어들고 있다는 것을 의미한다.

3-1 뇌우는 적운 단계 → 성숙 단계 → 소멸 단계를 거치면서 발달한다.

3-2 뇌우는 지표면이 국지적으로 가열되어 강한 상승 기류가 생기는 경우에 잘 발생한다. 또, 태풍이나 한랭 전선에서 공기가 빠르게 상승할 때 잘 발생한다.

3-3 (1) 뇌우는 강한 상승 기류로 인해 적운이나 적란운과 같은 적운형 구름이 발생하는 지역에서 나타난다.
(2) 뇌우는 천둥과 번개를 동반하고 소나기가 내리는 현상을 말하며, 때때로 천둥, 번개만 치고 소나기가 내리지 않는 경우가 발생하기도 한다.
(3) (가)의 단계는 적운이 성장하는 단계로 강한 상승 기류만 존재한다.
(4) (나) 단계에서 소나기가 내리기 시작하면 상승 기류와 하강 기류가 동시에 나타나게 된다.
(5) (다) 단계에서는 약한 비가 내리며 뇌우가 점차 소멸한다.

4-1 (나)의 우박은 주로 봄철이나 가을철에 발생한다.

4-2 (가)는 집중 호우, (나)는 우박, (다)는 폭설, (라)는 황사이다. 이들 중에서 겨울철에만 나타나는 현상은 폭설로 시베리아 기단의 영향으로 나타난다.

4-3 (1) 악기상은 대부분 대기가 불안정하여 상승 기류가 발달할 때 나타난다.
(2) 집중 호우는 시간당 30 mm 이상, 하루에 80 mm 이상의 많은 비가 집중적으로 내리는 현상이다.
(3) (나)의 우박은 구름 내에서 상하 운동을 하는 동안 크기가 커지게 되므로 우박을 쪼개면 단면에서 나이테와 같은 층상 구조를 볼 수 있다.
(4) (다)는 폭설로 겨울철 시베리아 기단이 황해를 지나면서 수증기가 충분히 공급되어 우리나라로 확장될 때 주로 나타나는 현상이다. 양쯔강 기단은 봄과 가을철에 우리나라에 영향을 주는 기단이다.
(5) 황사는 3월에서 5월 사이, 즉 주로 봄철에 발생한다.
(6) 황사는 사막 지대의 모래가 바람에 날려 이동하다가 서서히 내려오는 현상이므로 기권과 지권의 상호 작용으로 발생한다.

내신 만점 문제

149~152쪽

01 ③	02 해설 참조	03 ②	04 ②	05 ④	06 ③
07 ⑤	08 ③	09 ⑤	10 ④	11 ②	12 ②	13 ①
14 ⑤	15 ④	16 ④	17 ④		

01 ①, ② 태풍은 열대 저기압 중에서 중심 부근의 최대 풍속이 17 m/s 이상인 것으로, 전선을 동반하지 않고 등압선은 동심원의 형태를 보인다.
④ 태풍은 무역풍의 영향을 받아 발생 초기에는 북서쪽으로 이동하다가 편서풍의 영향을 받는 북위 25°~30° 부근을 지나면 북동쪽으로 이동 방향이 바뀌므로 포물선 궤도를 이루면서 이동해 간다.

⑤ 태풍은 많은 비와 강풍을 동반하여 이동 경로 주변 지역에 큰 피해를 준다.

바로알기 ③ 태풍은 표층 수온이 27 ℃ 이상인 위도 5°~25°인 열대 해상에서 발생한다. 위도 0°~5°의 적도 해상에서는 전향력이 매우 약해 초기 저기압성 소용돌이가 생기는 데 어려움이 있어 열대 저기압이 발생하기 어렵다.

[02~03] 꼼꼼 문제 분석

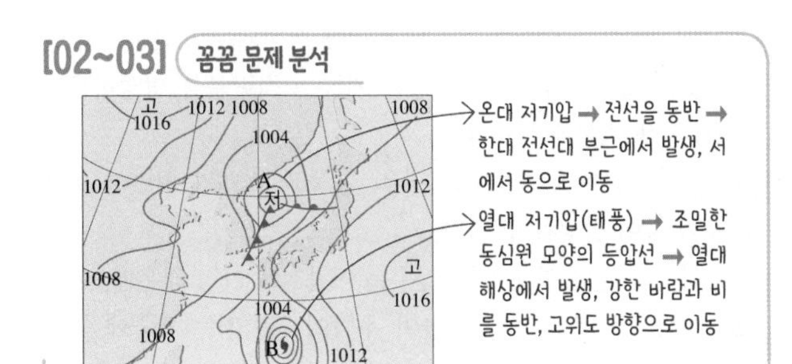

02 저기압 A는 온난 전선과 한랭 전선을 동반하고 있는 것으로 보아 온대 저기압이며, 저기압 B는 등압선이 동심원을 이루고 있고 전선을 동반하지 않는 것으로 보아 열대 저기압이다. 온대 저기압(A)의 에너지원은 찬 공기와 따뜻한 공기가 만나는 과정에서 감소한 기층의 위치 에너지이고, 태풍(B)의 에너지원은 수증기가 응결할 때 방출되는 응결열이다.

모범 답안 A는 온대 저기압으로 에너지원은 기층의 위치 에너지이고, B는 열대 저기압(태풍)으로 에너지원은 수증기의 응결열이다.

채점 기준	배점
A와 B의 종류와 에너지원을 모두 옳게 서술한 경우	100 %
A와 B 중 한 가지만 옳게 서술한 경우	50 %
A와 B의 종류만 옳게 쓴 경우	30 %

03 ① 태풍이 육지에 상륙하면 수증기의 공급이 줄어들고 지표면과의 마찰이 증가하여 세력이 급격히 약해진다. 태풍은 열대 해상에서 발생한 저기압이므로 중심 기압이 높을수록 세력이 약하다.

③ 일반적으로 온대 저기압(A)보다 태풍(B)의 중심 기압이 더 낮고, 태풍(B)의 등압선이 온대 저기압(A)보다 조밀하므로 태풍은 더 강한 바람을 동반한다.

④ 일반적으로 온대 저기압(A)은 편서풍에 의해 동쪽 방향으로 이동하고, 태풍(B)은 무역풍과 편서풍에 의해 고위도 방향으로 포물선 궤도를 그리며 이동한다.

⑤ 온대 저기압(A)은 온대 지방이나 한대 전선대 부근에서, 태풍(B)은 위도 5°~25°의 열대 해상에서 발생한다.

바로알기 ② 온대 저기압(A)과 태풍(B)은 모두 저기압이므로 상승 기류가 발달한다. 하지만 태풍(B)의 경우 중심인 태풍의 눈에서 약한 하강 기류가 나타난다.

04 ㄴ. 풍속의 분포를 볼 때 태풍 중심의 오른쪽이 왼쪽보다 강하게 나타나므로 (가)의 C 지역은 A 지역보다 더 강한 바람이 분다.

바로알기 ㄱ. (가)의 B 지역은 태풍의 눈이 존재하는 곳으로 약한 하강 기류가 생긴다.

ㄷ. (나)에서 X는 기압 분포를, Y는 풍속 분포를 나타낸다.

05 ㄴ. 관측 지역의 풍향은 8월 27일~8월 29일에 북동풍, 동풍, 남동풍, 남서풍, 서풍으로 태풍이 통과하는 동안 풍향이 시계 방향으로 변해가므로 관측 지역은 위험 반원에 속해 있다.

ㄷ. 태풍의 풍속이 가장 강한 8월 28일에 관측 지역은 태풍에 가장 가까운 거리에 위치하여 가장 많은 피해를 입었다.

바로알기 ㄱ. 8월 28일 10시경에 기압이 가장 낮았지만 풍속이 최대인 것으로 보아 관측 지역은 태풍의 중심에는 위치하지 않았지만 태풍과의 거리가 가장 가까웠다.

06 ㄱ. 7월 9일 이후 태풍은 평균 수온이 낮은 바다와 육지를 통과하게 되므로 수증기의 공급이 원활히 이루어지지 않게 되어 세력이 약해진다. 태풍은 저기압이므로 세력이 약해지면 중심 기압이 높아질 것이다.

ㄴ. 7월 9일 이후 태풍은 우리나라 부근의 편서풍이 부는 지역을 통과하므로 이동 속도가 빨라질 것이다.

바로알기 ㄷ. 태풍의 눈은 세력이 강할 때 뚜렷해지며, 태풍의 세력이 약해지면 태풍의 눈이 흐려진다.

07 태풍이 무역풍의 영향을 받으면 북서쪽으로 이동하고, 편서풍의 영향을 받으면 북동쪽으로 이동한다.

ㄱ. 풍속이 가장 강한 B 지역이 위험 반원, 풍속이 가장 약한 C 지역이 안전 반원이므로 태풍은 D에서 A 방향, 즉 북서쪽으로 이동한다.

ㄴ. 상대적으로 풍속이 더 강한 B 지역은 태풍 이동 경로의 오른쪽에 위치한 위험 반원에 해당하고, 상대적으로 풍속이 더 약한 C 지역은 태풍 이동 경로의 왼쪽에 위치한 안전 반원에 해당한다.

ㄷ. 태풍이 북서쪽으로 이동하고 있는 것으로 볼 때 태풍이 무역풍의 영향을 받으며 이동한다. 태풍이 편서풍의 영향을 받는 지역에서는 북동쪽으로 이동한다.

08 ㄱ. 6월 30일경에 태풍은 북서쪽으로 이동하였으므로 태풍은 무역풍의 영향을 받으며 이동하였다.

ㄷ. 태풍은 무역풍이 부는 곳에서부터 편서풍이 부는 방향으로 포물선 궤도를 그리며 이동하므로 편서풍이 부는 곳에서는 북동 방향으로 이동해 간다.

바로알기 ㄴ. 7월 3일 이후 태풍의 중심 기압이 대체로 높아지는 것으로 보아 태풍의 세력이 약해지고 있다. 따라서 7월 4일 18시 이후에도 태풍의 세력은 약해질 것이다.

09 꼼꼼 문제 분석

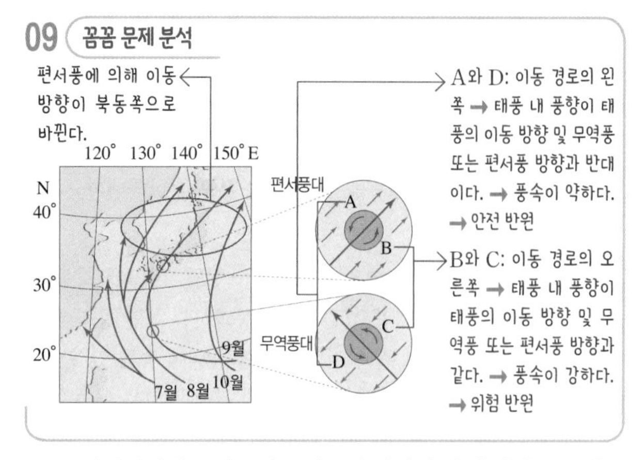

ㄴ. 무역풍대에서는 태풍이 무역풍의 방향과 반대 방향으로 이동하려 하고, 편서풍대에서는 태풍의 이동 방향이 편서풍과 같은 방향이므로 태풍의 이동 속도는 편서풍대에서 더 빠르다.

ㄷ. 태풍 이동 경로의 오른쪽 반원은 태풍 내 풍향이 태풍의 이동 방향 및 대기 대순환에 의한 바람(무역풍, 편서풍)의 방향과 같아 풍속이 왼쪽 반원보다 더 강하다.

바로알기 ㄱ. 태풍 이동 경로의 오른쪽인 B와 C가 위험 반원이고, 왼쪽인 A와 D가 안전 반원이다.

10

ㄴ. 태풍의 중심부는 기압이 가장 낮은 16시경에 통과하였으며, 태풍 중심부의 통과 전보다 통과 후에 강수량이 더 많았다.

ㄷ. 풍향은 북동풍에서 북풍, 서풍으로 변하고 있어 시계 반대 방향으로 변하므로 관측 지역은 안전 반원에 속해 있다. 따라서 상대적으로 피해가 작았다.

바로알기 ㄱ. 태풍의 중심이 가장 가까이 통과할 때 풍속이 거의 최대치에 이르고 있다. 따라서 관측 지역은 태풍의 눈이 이동하는 경로상에 위치하지는 않는다. 태풍의 눈이 이동하는 경로상에 위치하면 태풍의 중심이 통과할 때 풍속이 매우 약해진다.

11

ㄴ. 7일경에 태풍의 중심 기압이 가장 낮게 나타난 것으로 보아 태풍의 세력이 7일경에 가장 강했음을 알 수 있다.

바로알기 ㄱ. 이 태풍은 발생 초기에 북위 17° 부근에서 북서쪽으로 이동하였으므로 무역풍대에서 발생하였다.

ㄷ. 태풍은 대한해협을 지나 동해상으로 이동해 가고 있다. 따라서 부산은 태풍 경로의 왼쪽(안전 반원)에 위치하므로 풍향이 시계 반대 방향으로 변하였다.

12

(가)는 소멸 단계, (나)는 적운 단계, (다)는 성숙 단계이다

① 적운 단계에서는 강한 상승 기류가 발생하여 적운이 급격히 성장하는 단계이다.

③ 뇌우는 국지적 가열로 강한 상승 기류가 형성될 때, 한랭 전선에서 따뜻한 공기가 상승하면서 적란운이 형성될 때, 온대 저기압이나 태풍에 의한 강한 상승 기류가 발달할 때 등 대기가 불안정할 때 잘 발생한다.

④ 천둥과 번개를 동반하여 강한 소나기가 내리는 단계는 성숙 단계인 (다)이다.

⑤ 집중 호우에 의한 피해는 (다) 성숙 단계가 (가) 소멸 단계보다 크다.

바로알기 ② 뇌우의 발달 단계는 적운 단계 → 성숙 단계 → 소멸 단계를 거치므로 순서대로 나열하면 (나) → (다) → (가)이다.

13

A. 뇌우는 강한 상승 기류에 의해 형성되는 적란운에서 발생한다. 열대 저기압의 강한 상승 기류는 적란운을 형성하므로 뇌우의 발생 조건에 해당한다.

바로알기 B. 뇌우가 발생하는 경우, 천둥과 번개가 치면서 소나기, 우박 등이 발생할 수 있다.

C. 우리나라 월별 평균 우박 일수는 여름철에 가장 적은데, 이는 여름철에 지표 부근 기온이 높아 우박이 떨어지는 도중에 녹기 쉽기 때문이다.

14

우리나라는 여름철에는 남고북저형의 기압 배치(남쪽에 고기압, 북쪽에 저기압)가 나타나고, 겨울철에는 서고동저형의 기압 배치(서쪽에 고기압, 동쪽에 저기압)가 나타난다.

ㄱ, ㄷ. 우리나라 주변에서 서쪽에 고기압, 동쪽에 저기압이 배치되는 경우는 겨울철이며, 겨울철에 우리나라는 시베리아 기단으로부터 발생한 시베리아 고기압의 영향으로 강한 북서풍이 분다.

ㄴ. 겨울철 시베리아 고기압의 찬 공기가 남하하면서 황해상에서 열과 수증기를 공급받으면 기층이 불안정해져 상승 기류가 발달하고, 이때 폭설이 잘 발생한다. (나)의 구름 사진에서 보면 서해안 지역인 A에는 구름이 많지만 동해안 지역인 B에는 구름이 보이지 않는다. 따라서 폭설이 내릴 가능성은 B 지역보다 A 지역에서 높다.

15

① 집중 호우는 시간당 30 mm 이상, 하루에 80 mm 이상, 또는 하루에 연강수량의 10 % 이상의 비가 좁은 지역에 집중되는 현상으로, 국지성 호우라고도 한다.

② 집중 호우는 강한 상승 기류가 발달하는 불안정한 대기에서 발생하는 악기상이다.

③ 집중 호우는 강한 상승 기류로 인해 수직 방향으로 높은 곳까지 두껍게 발달하는 적운형 구름에서 생기는 악기상이다.

⑤ 국지성 호우로 인한 피해를 줄이기 위해 사전에 배수로나 하수구를 점검하고 위험 시설물을 제거해야 한다.

바로알기 ④ 집중 호우는 보통 반경 10 km~20 km인 비교적 좁은 지역에서 짧은 시간 동안 많은 비가 내리는 현상이다.

16

① 모래 먼지는 건조한 토양에서 잘 발생하므로 발원지가 건조할수록 황사가 심해진다.

② 황사는 기권과 지권의 상호 작용으로 발원지에서 강풍이 불거나 햇빛이 강하게 비추어 저기압이 형성될 때 발생한다.

③ 황사는 강한 편서풍을 타고 우리나라를 지나 일본, 태평양, 북아메리카까지 이동하기도 한다.
⑤ 인간의 활동이 증가하여 사막화가 진행될수록 황사의 발생 횟수 및 세기가 증가한다.
바로알기 ④ 황사는 발원지에서 저기압이 형성되고 2일~3일 후 우리나라에 고기압이 형성될 때 더 많은 피해가 생긴다.

17 ㄱ. (가)는 미세 먼지에 의해 호흡기 질환이나 안과 질환을 유발하므로 황사이며, 황사는 우리나라의 봄철에 자주 발생하는 현상이다.
ㄷ. (다)는 천둥과 번개를 동반하는 소나기이므로 뇌우이며, 뇌우는 강한 상승 기류로 인해 수직으로 높은 곳까지 두껍게 발달하는 적운이나 적란운이 생길 때 나타난다.
바로알기 ㄴ. (나)는 시베리아 기단이 황해를 지나는 동안 많은 수증기를 공급받아 눈구름을 형성할 때 나타나는 폭설이다. 시베리아 기단은 고위도 지역에서 생성되어 저위도 쪽에 위치한 우리나라 쪽으로 확장된다. 따라서 이동하는 동안 지표면으로부터 열을 공급받아 불안정해지므로 상승 기류가 발달한다.

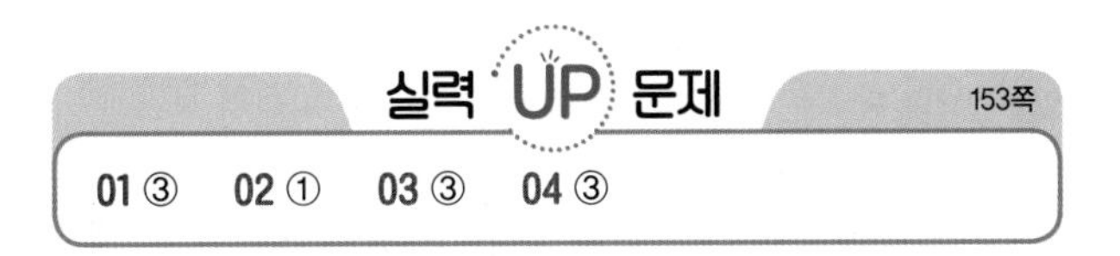

01 ㄱ. 태풍은 7월~9월에 13.9개가 발생하여 다른 계절에 비해 발생 수가 많다.
ㄴ. 우리나라에 영향을 주는 태풍의 수는 3.1개/년으로 1년에 3개 정도이다.
바로알기 ㄷ. 태풍은 발생 해역의 수온이 높을수록 잘 발생한다. 따라서 태풍이 가장 많이 발생하는 7월~9월에 발생 해역의 수온이 가장 높다. 1월~3월에 태풍의 발생 수가 가장 적으므로 태풍 발생 해역의 수온이 가장 낮다.

02 꼼꼼 문제 분석

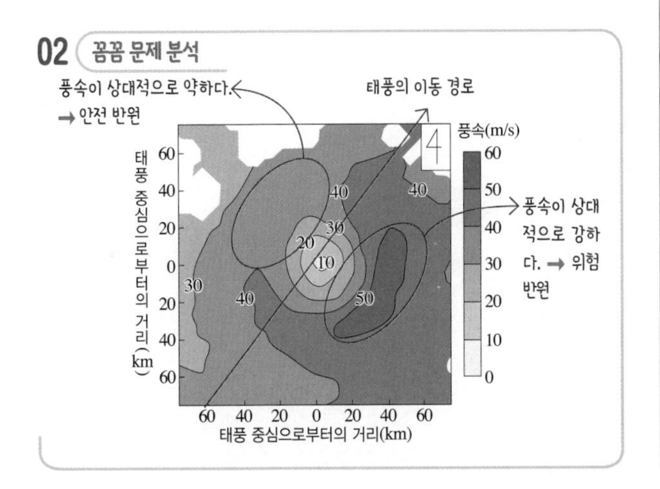

ㄱ. 태풍이 이동할 때 태풍 이동 경로의 오른쪽 반원인 위험 반원이 왼쪽 반원인 안전 반원보다 풍속이 강하게 나타난다. 태풍의 중심을 기준으로 남동쪽이 북서쪽보다 풍속이 강하게 나타나므로 태풍의 중심을 기준으로 남동쪽이 위험 반원, 북서쪽이 안전 반원이다. 위험 반원은 태풍 진행 경로의 오른쪽에 위치하므로, 태풍은 편서풍의 영향을 받으면서 북동쪽으로 이동한다.
바로알기 ㄴ. 편서풍의 영향을 받는 경우는 태풍의 이동 방향과 편서풍의 방향이 같은 동쪽 방향이라 태풍의 이동 속도가 빠르고, 무역풍의 영향을 받는 경우는 태풍이 무역풍의 반대 방향으로 이동하려는 성향을 가지고 있어 태풍의 이동 속도가 느리다.
ㄷ. 태풍의 바람이 중심부를 향해 시계 반대 방향으로 불어 들어가며 중심부에서는 상승 기류가 발생한다.

03 꼼꼼 문제 분석

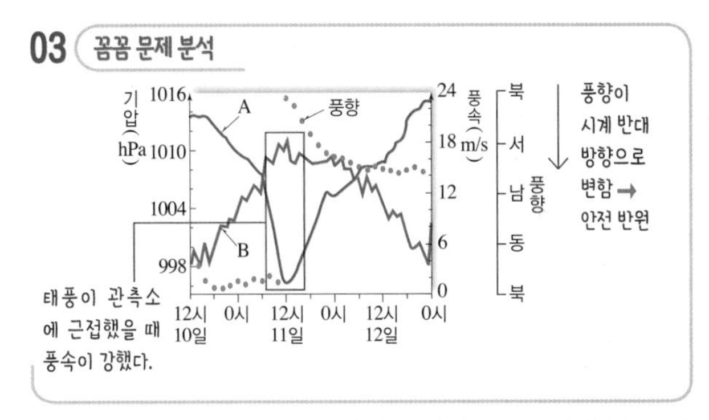

ㄱ. 태풍이 다가옴에 따라 기압(A)은 낮아지고, 풍속(B)은 증가한다.
ㄴ. 태풍이 지나가는 동안 풍향이 북동풍 → 북풍 → 서풍 → 남서풍으로 시계 반대 방향으로 변하였으므로 안전 반원에 위치하였다.
바로알기 ㄷ. 태풍의 눈이 통과하면 풍속이 약하게 나타난다. 11일 12시경에 기압(A)은 가장 낮지만 풍속(B)이 강해 태풍의 눈이 통과하지 않았다. 태풍의 중심이 통과하는 지역에서는 태풍의 중심이 통과하는 시점에 기압이 가장 낮아지면서 풍속도 매우 약해지는 현상이 나타난다.

04 꼼꼼 문제 분석

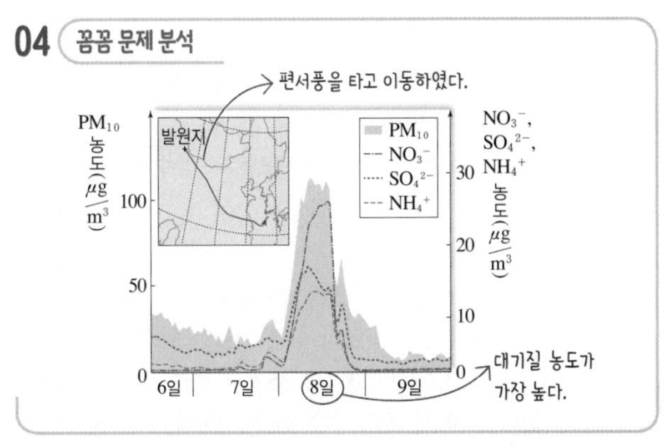

ㄱ. 황사는 중국과 몽골 사막 지역에서 발생하여 서풍 계열의 바람인 편서풍의 영향을 받으며 우리나라로 이동해 와 영향을 준다.

ㄷ. 황사가 발생하는 경우 사람들에게는 호흡기 계통의 질환이 발생할 확률이 높아진다. 2월 8일에 제주도 지역은 황사로 인해 대기질의 미세 먼지 농도가 매우 높아 호흡기 계통의 환자가 많아질 것이다.

바로알기 ㄴ. 황사는 발생 지역에 저기압이 있어 상승 기류가, 영향을 받는 지역에서 하강 기류가 나타나는 고기압이 존재할 때 심해진다. 따라서 대기에 미세 먼지 농도가 증가한 2월 8일에 제주도는 고기압의 영향을 받았을 것이다.

3 해수의 성질

개념 확인 문제

156쪽

❶ 염분 ❷ 염분비 일정 법칙 ❸ 증발량 ❹ 강물 ❺ 용존 기체 ❻ 많은 ❼ 낮을 ❽ 용존 산소

1 (1) ○ (2) ○ (3) × (4) ○ **2** A: 31.10 g, B: 40.00 g **3** (1) ㄴ, ㄹ (2) ㄷ (3) ㄹ, ㅁ **4** ㉠ 적, ㉡ 많 **5** ①, ⑤ **6** (1) × (2) × (3) ○ (4) ○ (5) ×

1 (1) 염분이 35 psu인 해수 1 kg에는 순수한 물 965 g과 염류 35 g이 들어 있다.
(2) 표층 해수의 염분 변화에 가장 큰 영향을 주는 요인은 증발량과 강수량이다.
(3) 해수의 염분이 달라지더라도 염류 사이의 상대적인 비율은 거의 일정하다.(염분비 일정 법칙)
(4) 적도 해역보다 중위도 해역에서 (증발량−강수량)의 값이 크기 때문에 염분이 더 높게 나타난다.

2 (가)의 해수와 (나)의 해수는 각 염류의 함량은 달라도 염분비 일정 법칙에 의해 염류 사이의 성분 비율이 일정하므로 다음과 같은 '24.88 g : 3.48 g = A : 4.35 g'의 비례식에 의해 A의 양을 알 수 있다. 따라서 A의 양은 31.10 g이다. B는 (나) 해수의 전체 염류를 더한 값이므로 31.10 g + 4.35 g + 4.55 g = 40.00 g이 된다.

3 (1) 해수에서 증발량이 증가하면 순수한 물의 양이 줄어들어 염분이 높아진다. 또한 해수의 결빙이 일어날 때에는 물이 얼면서 염류가 빠져나가므로 염분이 증가한다.
(2) 대륙의 연안 지역에서는 염분이 낮은 강물 등의 하천수가 바다로 유입되므로 염분이 낮아진다.
(3) 극지방에서는 해수의 결빙이 일어나면 염분이 증가하고 해빙이 일어나면 염분이 낮아진다. 즉, 극지방의 해수는 결빙과 해빙이 염분 변화에 가장 큰 영향을 준다.

4 적도 해역은 저압대가 위치하여 강수량이 증발량보다 많으므로 표층 염분이 낮게 나타나고, 중위도 해역은 고압대가 위치하여 증발량이 강수량보다 많으므로 표층 염분이 높게 나타난다.

5 해양 생물도 광합성 작용을 할 때는 이산화 탄소를 흡수하고 산소를 배출하며, 호흡 활동을 할 때는 산소를 흡수하고 이산화 탄소를 배출한다. 따라서 해양 생물의 생명 활동에 가장 중요한 용존 기체는 산소와 이산화 탄소이다.

6 (1) 용존 기체 중에서 산소의 일부는 해양 식물의 광합성 과정에서 생성되어 공급되므로 용존 기체 전부가 대기로부터 녹아 들어온 것은 아니다.
(2) 이산화 탄소는 산소보다 용해도가 더 크다. 따라서 산소는 이산화 탄소보다 해수에 적게 녹아 있다.
(3) 표층 해수에는 대기에서 녹아 들어간 산소뿐만 아니라 해양 식물의 광합성 과정에서 생성된 산소가 함께 녹아 있으므로 심층 해수보다 더 많은 산소가 녹아 있다.
(4) 해양 생물들도 호흡 활동을 하는 동안에는 해수에 녹아 있는 산소를 흡수하고 이산화 탄소를 배출한다.
(5) 기체의 용해도는 수온이 낮을수록 증가하므로 해수의 수온이 상승하면 해수에 녹는 산소의 양이 줄어든다.

개념 확인 문제

160쪽

❶ 태양 복사 에너지 ❷ 혼합층 ❸ 수온 약층 ❹ 위도 ❺ 계절 ❻ 낮을수록 ❼ 높을수록 ❽ 낮게

1 A: 혼합층, B: 수온 약층, C: 심해층 **2** ㄱ, ㄷ **3** (1) × (2) ○ (3) ○ (4) × **4** 낮기 **5** 1.0255 g/cm^3 **6** (1) ○ (2) × (3) ○

1 A는 해수 표층에서 깊이에 관계없이 수온이 거의 일정한 층이므로 혼합층이고, B는 수심이 깊어짐에 따라 수온이 급격히 낮아지는 층이므로 수온 약층이며, C는 수심이 가장 깊은 곳으로 수온이 거의 일정하게 나타나므로 심해층이다.

2 혼합층은 태양 복사 에너지에 의해 가열된 표층 해수가 바람에 의해 강제 혼합되어 깊이에 관계없이 수온이 거의 일정하다. 따라서 혼합층의 형성에는 태양 복사 에너지, 바람의 세기 등이 영향을 준다.

3 (1) 중위도 해역은 편서풍이 강하게 분다. 따라서 적도 해역보다 중위도 해역에서 혼합층의 두께가 두껍게 나타난다.
(2) 위도 60° 이상의 고위도 해역은 지표면에 도달하는 태양 복사 에너지보다 지구가 방출하는 지구 복사 에너지의 양이 많기 때문에 냉각된다. 따라서 위도 60° 이상의 해역은 혼합층이 생기지 않는다.
(3) 중위도 해역은 적도 해역보다 바람이 강해 혼합층의 두께가 두껍게 나타나므로 수온 약층이 시작되는 위치가 깊게 나타난다.
(4) 양극 지방에서는 입사되는 태양 복사 에너지의 양이 매우 적어 수온이 높아지기 어렵기 때문에 수심에 따른 수온 변화를 통해 혼합층, 수온 약층, 심해층으로 구분할 수 없다.

4 해수의 밀도는 수온이 낮을수록, 염분이 높을수록 크게 나타난다. A와 B 해역의 염분은 같지만, A 해역보다 B 해역에서 밀도가 크게 나타나는 까닭은 B 해역의 수온이 A 해역의 수온보다 낮기 때문이다.

5 가로축에서 염분 34.4 psu를 찾고, 세로축에서 수온 15 °C를 찾은 후 두 값의 교차점을 지나는 등밀도선의 값을 읽는다. 따라서 이 해수의 밀도는 1.0255 g/cm³이다.

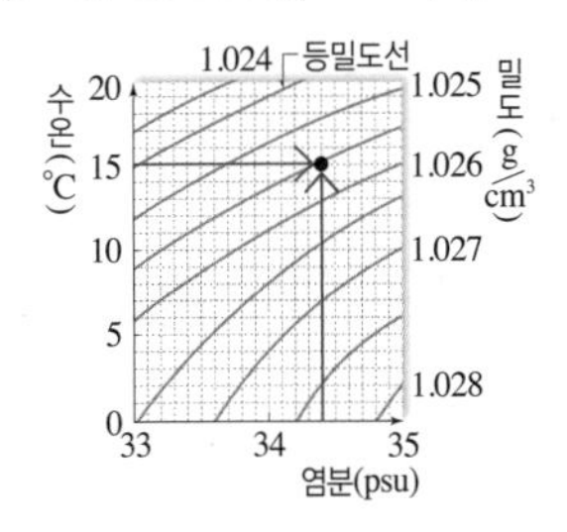

6 (1) 심해층에서는 수심이 달라져도 해수의 밀도가 거의 변하지 않는다.
(2) 수온 약층에서는 깊이에 따라 수온이 급격히 낮아지므로 해수의 밀도가 깊이에 따라 급격히 증가한다.
(3) 적도 해역은 수온이 높고 염분이 낮기 때문에 밀도가 가장 작게 나타난다. 북반구에서 위도 50°~60° 해역은 수온이 낮기 때문에 밀도가 가장 크게 나타난다.

161~162쪽

자료 ❶ 1 ③ 2 ③ 3 (1) ○ (2) ○ (3) × (4) × (5) ○

자료 ❷ 1 A: 혼합층, B: 수온 약층, C: 심해층 2 중위도 해역 3 적기 4 (1) ○ (2) × (3) ○ (4) ○ (5) × (6) ○ (7) ○ (8) ○

자료 ❸ 1 50 m 2 증가한다. 3 수온: 3 °C, 염분: 33.8 psu 4 (1) ○ (2) × (3) × (4) × (5) ○ (6) × (7) ○

자료 ❹ 1 8월 2 표층 수온: 8월, 표층 염분: 2월 3 (1) × (2) ○ (3) ○ (4) × (5) ○ (6) × (7) ○

1-1 꼼꼼 문제 분석

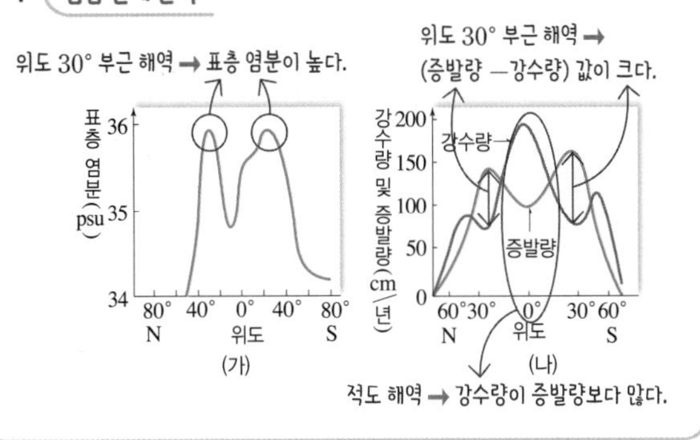

그림 (가)에서 염분은 위도 30° 부근 해역에서 가장 높다.

1-2 그림 (나)에서 (증발량−강수량)의 값이 가장 크게 나타나는 곳은 위도 30° 부근 해역이다.

1-3 (1) 적도 해역은 저압대가 분포하고 상승 기류가 발달하여 구름이 만들어지기 때문에 증발량보다 강수량이 더 많다.
(2) 적도 해역은 저압대가 발달하고, 위도 30° 해역은 고압대가 발달하므로 증발량은 고압대가 발달하는 위도 30° 해역에서 더 많다.
(3) 적도 해역은 태양의 남중 고도가 가장 높아서 지속적으로 가열되어 저압대가 분포하고 상승 기류가 발달한다. 이로 인해 구름이 생성되므로 강수량이 많다.
(4) 그림 (가)에서 적도 해역은 중위도 해역보다 염분이 낮다.
(5) 염류 사이의 비율은 시간과 장소에 관계없이 거의 일정하게 나타나는데, 이를 염분비 일정 법칙이라고 한다.

2-1 해수의 표층으로 깊이에 따른 수온이 거의 일정한 층은 혼합층(A), 혼합층 아래에서 깊이가 깊어질수록 수온이 급격히 낮아지는 층은 수온 약층(B), 가장 깊은 곳에 있으면서 수온이 거의 일정한 층은 심해층(C)이라고 한다.

2-2 혼합층은 태양 복사 에너지에 의해 가열된 후 바람에 의해 강제 혼합되어 만들어진 해수층이다. 따라서 바람의 세기가 강할수록 혼합층의 두께가 두껍다. 즉, 혼합층의 두께가 더 두꺼운 중위도 해역이 적도 해역보다 바람이 더 강하게 분다.

2-3 위도 60° 이상의 고위도 해역은 태양으로부터 입사된 태양 복사 에너지의 양이 매우 적어 표층 해수가 가열되지 못하기 때문에 혼합층이 존재하지 않는다. 즉, 표층과 심층의 온도 차이가 거의 없어 층상 구조가 발달하지 않는다.

2-4 (1) 해수 표면에 있는 A층은 태양 복사 에너지를 직접 흡수하므로, 혼합층의 수온은 태양 복사 에너지의 입사량이 많은 저위도 해역에서 높게 나타난다.
(2) 적도 해역보다 30°N 해역에서 혼합층(A)이 두껍게 나타난다. 혼합층은 바람에 의해 해수가 혼합되어 깊이에 관계없이 수온이 거의 일정하며, 대체로 바람이 강한 지역에서 두껍게 나타나므로 적도 해역보다 30°N 해역에서 바람이 강하게 분다.
(3) 중위도 해역은 적도 해역보다 혼합층의 두께가 두껍게 나타나므로 수온 약층이 시작되는 깊이는 중위도 해역이 더 깊다.
(4) 혼합층(A)이나 심해층(C)은 수심에 관계없이 수온이 거의 일정하고, 수온 약층(B)은 수심이 깊어짐에 따라 수온이 급격히 낮아진다.
(5) 우리나라는 대체로 겨울철이 여름철보다 바람의 세기가 강하기 때문에 혼합층(A)의 두께는 겨울이 여름보다 두껍다.
(6) 수온 약층(B)은 수심이 깊어질수록 수온이 낮아지고 밀도는 커지므로 안정하고, 대류가 일어나지 않으므로 혼합층(A)과 심해층(C) 사이의 물질과 에너지 교환을 억제하는 역할을 한다.
(7) 심해층(C) 해수는 태양 복사 에너지의 영향을 받지 않으므로, 위도별, 계절별 수온 차이가 거의 없다. 즉, 저위도 해역과 고위도 해역의 심해층의 수온이 거의 비슷하게 나타난다.
(8) 구간 h는 30°N 해역에서는 수온 약층이고, 적도 해역에서는 심해층이다. 수온 약층은 심해층보다 깊이에 따른 수온 변화가 크다.

3-1 혼합층은 해수 표층에서 바람의 혼합 작용으로 인해 깊이에 따른 수온이 거의 일정한 층으로, 이 해역 해수의 혼합층은 0 m~50 m 깊이에 해당한다.

3-2 수온 약층에서는 수온이 급격하게 낮아짐에 따라 해수의 밀도가 급격히 증가한다.

3-3 수온 염분도의 세로축은 수온, 가로축은 염분이므로 300 m 지점에서 세로축 값을 읽으면 수온이 3 °C이고, 가로축 값을 읽으면 염분은 33.8 psu이다.

3-4 (1) 수온이 낮아지면 해수의 밀도는 커진다.
(2) 염분이 높아지면 해수의 밀도는 커진다.
(3) 0 m의 해수는 밀도가 약 1.0255 g/cm^{3}이고, 50 m의 해수는 밀도가 약 1.0257 g/cm^{3}이다. 따라서 0 m의 해수는 50 m의 해수보다 밀도가 작다.
(4) 수온 약층은 깊이가 깊어짐에 따라 수온이 급격히 낮아지는 층이다. 200 m~400 m 구간에서는 깊이에 따른 수온 변화가 거의 없다.
(5) 혼합층은 염분이 34.1 psu~34.2 psu 사이이고, 수온 약층은 염분이 33.7 psu~34.2 psu 사이이므로 평균 염분은 혼합층이 수온 약층보다 더 높다.
(6) 심해층은 깊이가 증가해도 수온은 거의 변하지 않으므로 심해층의 밀도는 염분의 영향을 더 크게 받는다.
(7) 50 m~200 m 구간에서는 해수의 밀도가 약 0.001 g/cm^3 변하였고, 200 m~400 m 구간에서는 해수의 밀도가 약 0.0003 g/cm^3 변하였다. 따라서 해수의 밀도 변화는 50 m~200 m 구간이 200 m~400 m 구간보다 크다.

4-1 표층 수온이 높은 8월에 수온 약층이 더 뚜렷하게 발달한다.

4-2 표층 수온은 8월에 더 높고 표층 염분은 2월에 더 높다.

4-3 (1) 수온이 높다고 해서 염분이 높은 것이 아니며, 염분이 높다고 해서 수온이 높은 것은 아니다.
(2) 우리나라 주변에서는 여름철보다 겨울철에 더 강한 바람이 불기 때문에 겨울철에 혼합층의 두께가 더 두껍게 나타난다.
(3) 수심 200 m보다 깊은 곳에서는 2월에서 8월로 계절이 달라져도 수온이 거의 변하지 않고 일정하므로 심해층에 해당한다.
(4) 우리나라는 표층 염분이 겨울철보다 여름철에 더 낮다. 따라서 겨울철보다 여름철에 강수량이 더 많음을 알 수 있다.
(5) 심해층의 해수는 연중 수온과 염분이 거의 변하지 않고 일정하므로 해수의 밀도도 거의 변하지 않고 일정하다.
(6) 표층 해수의 밀도는 수온이 낮고 염분이 높은 겨울철에 더 크다.
(7) 여름철보다 겨울철에 혼합층의 두께가 더 두꺼우므로 겨울철에 바람이 더 강하게 분다는 것을 알 수 있다.

내신 만점 문제

163~166쪽

01 ⑤ **02** 해설 참조 **03** ④ **04** ① **05** ③ **06** ④
07 ④ **08** 해설 참조 **09** ⑤ **10** ② **11** 태양 복사 에너지의 입사량 **12** ③ **13** ① **14** ② **15** A>C>B
16 ⑤ **17** ⑤ **18** ④ **19** ④ **20** ⑤

01 ㄱ. 해수 1 kg에 녹아 있는 염류가 35 g이므로 해수의 평균 염분은 35 psu이다.
ㄴ. 해수에는 Cl^-이 가장 많이 녹아 있다.
ㄷ. 염분은 시간과 장소에 따라 달라져도 염류 사이의 성분 비율은 거의 일정하게 유지된다.

02 평균 해수의 염분이 35 psu일 때 염화 나트륨은 27.2 g이 녹아 있다. 따라서 우리나라 황해에서 채취한 해수의 염화 나트륨 함량이 24.88 g이면 염분을 X라고 할 때 '35 psu : 27.2 g = X : 24.88 g'의 비례식을 세울 수 있다.

모범 답안 35 psu : 27.2 g = X : 24.88 g, 32 psu

채점 기준	배점
비례식을 세우고, 값을 옳게 구한 경우	100 %
비례식만 옳게 세운 경우	60 %

03 염분은 증발량이 많고 강수량이 적으며, 하천수의 유입량이 적을 때 높다. 또한 극지방에서는 해수의 결빙량이 많고 해빙량이 적을 때 염분이 높다.

04 꼼꼼 문제 분석

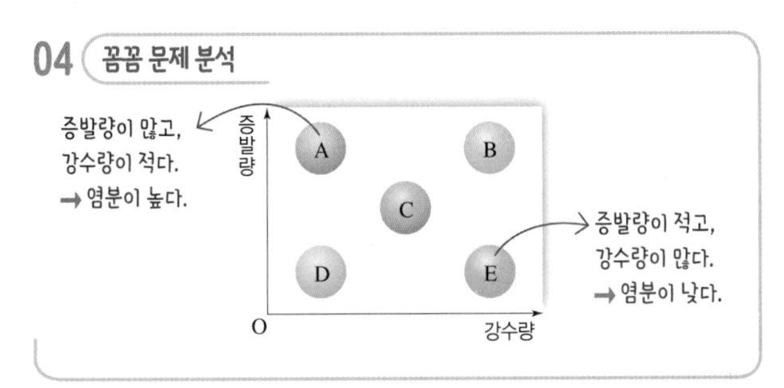

표층 염분에 가장 큰 영향을 미치는 요인은 (증발량－강수량) 값이다. A～E 중 증발량이 많고 강수량은 적은 A 해역의 염분이 가장 높을 것이다.

05 꼼꼼 문제 분석

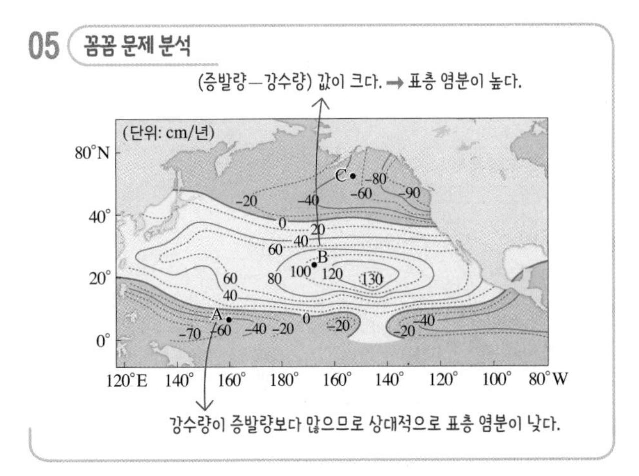

표층 염분은 (증발량－강수량) 값이 클수록 높다. 즉, 증발량이 많고 강수량이 적을수록 염분이 높다.

06 ㄴ. 대륙 연안부는 육지로부터 담수가 유입되므로 대양의 중심 해역보다 표층 염분이 낮다.

ㄷ. 중위도 지역은 증발량이 강수량보다 많은 곳이다. 따라서 중위도 지역의 대륙에는 건조한 기후의 사막 지역이 많이 발달해 있다.

바로알기 ㄱ. 태평양 해역은 표층 염분이 32 psu～36.5 psu, 대서양 해역은 표층 염분이 34 psu～37psu로 나타난다. 따라서 대서양 해역이 태평양 해역보다 염분이 높게 나타난다.

07 생물의 생명 활동에 가장 크게 관여하는 기체는 산소와 이산화 탄소이다. 따라서 A와 B 중 하나는 산소이고 다른 하나는 이산화 탄소이다. 표층 해수에서 농도가 높은 A는 산소이고, 수심이 깊어짐에 따라 농도가 증가하는 B는 이산화 탄소이다.

ㄴ. 바다 생물이든, 육지 생물이든 생물이 호흡 활동을 통해 유기물을 분해하는 데에는 산소가 필요하고, 이 과정에서 생성된 이산화 탄소가 외부로 배출된다. 따라서 산소인 A 기체는 바다 생물의 호흡 활동에 꼭 필요하다.

ㄷ. 수심 1000 m 이상의 심해층에서 A는 수심이 깊어짐에 따라 농도가 증가하는 추세를 보이는데, 이는 산소를 소비하는 생물의 수가 감소하고, 산소를 풍부하게 포함한 극 해역의 표층 해수가 공급되기 때문이다.

바로알기 ㄱ. 이산화 탄소는 산소보다 물에 대한 용해도가 매우 높게 나타난다.

08 산소의 농도가 표층 해수에서 가장 높게 나타나는 까닭은 표층 해수가 대기와 접하여 대기 중의 산소가 용해되어 들어오기도 하고, 바다 식물의 광합성 작용으로 생성된 산소가 해수에 그대로 녹아 들어가기 때문이다.

모범 답안 대기 중의 산소가 해수 표면으로 녹아 들어온다. 해양 식물의 광합성 작용으로 생성되어 공급된다.

채점 기준	배점
A의 농도가 높은 까닭 두 가지를 모두 옳게 서술한 경우	100 %
A의 농도가 높은 까닭을 한 가지만 옳게 서술한 경우	50 %

09 ㄱ. 식물성 플랑크톤은 태양 빛을 받아서 광합성 작용을 하므로 대부분 해수 표층에 존재한다.

ㄴ. 수심 200 m～800 m는 태양 복사 에너지가 거의 도달하지 않는 깊이이므로 식물보다는 동물의 활동이 더 활발하다.

ㄷ. 수심 800 m 이상의 깊이에서 생물의 활동은 매우 적어지고, 극 해역에서 침강한 용존 산소가 많은 해수가 유입되므로 수심이 깊을수록 용존 산소량이 많아진다.

10 꼼꼼 문제 분석

염류	(가)	(나)
염화 나트륨	A	24.88
염화 마그네슘	3.70	3.48
기타	B	3.64
합계	34.00	C 32.00

(가)보다 (나)의 값이 작다. 합한 값이 C이다.

ㄴ. (가)에서 A의 양은 염분비 일정 법칙에 의해 다음 비례식 '34.00 : 32.00=A : 24.88'로 계산된다. 따라서 A는 26.435이다.

바로알기 ㄱ. 동해는 황해보다 염분이 높다. (가)의 염분은 34 psu이고, (나)의 염분은 32 psu(=24.88+3.48+3.64)이다. 따라서 (가)는 동해, (나)는 황해의 염분이다.

ㄷ. 우리나라는 연강수량의 대부분이 여름철에 내리기 때문에 주변 바다에서 측정한 염분은 8월이 2월보다 낮다. 따라서 (나)의 8월 염분은 C보다 작다.

11 위도가 낮을수록 태양의 남중 고도가 높아 지표면에 입사되는 태양 복사 에너지의 양이 많으므로 표층 수온이 높다.

12 ㄱ. 혼합층은 해수의 표층으로, 수심이 깊어져도 수온이 거의 일정한 층이다.

ㄷ. 혼합층에서는 바람에 의해 해수가 혼합되어 연직 수온이 거의 일정하다. 따라서 혼합층의 두께는 바람이 강하게 부는 해역일수록 두껍게 나타난다.

바로알기 ㄴ. 혼합층은 태양 복사 에너지에 의해 가열된 후 바람에 의한 혼합 작용으로 수온이 거의 일정해진 표층 해수층이다. 따라서 단위 면적당 태양 복사 에너지양을 더 많이 흡수한 저위도 해역이 고위도 해역보다 혼합층의 수온이 높다.

13 표층 수온은 흡수하는 태양 복사 에너지양에 비례하는데, 저위도일수록 단위 면적당 태양 복사 에너지를 더 많이 흡수한다. B 해역의 표층 수온이 A 해역보다 더 높으므로 B 해역이 A 해역보다 저위도에 위치한다. 한편, 혼합층의 두께는 A 해역이 B 해역보다 더 두껍게 발달되어 있다. 바람의 세기가 강한 곳일수록 혼합층이 두껍게 발달하므로 A 해역이 B 해역보다 바람의 세기가 강하다.

14 ㄴ. 혼합층은 태양 복사 에너지의 대부분을 흡수하여 가열되는 층이기 때문에 해양의 층상 구조 중 수온이 가장 높은 해수층이다.

바로알기 ㄱ. 혼합층이 가장 두꺼운 중위도 해역에서 바람이 가장 강하게 분다.

ㄷ. 위도 약 60° 이상의 고위도 해역에서는 해양의 층상 구조가 나타나지 않는다.

15 주어진 자료에서 혼합층의 두께는 A>C>B이다. 바람의 세기가 강할수록 혼합층의 두께는 두껍게 나타나므로 바람의 세기는 A>C>B이다.

16 해수의 밀도는 수온이 낮을수록, 염분이 높을수록 크다. 수온이 가장 낮고 염분이 가장 높은 ㉤ 해역에서 해수의 밀도가 가장 크다.

17 ㄱ. 이 해역은 0 m의 수온이 8월에 가장 높은 것으로 보아 북반구 지역에 속한다. 남반구 지역은 2월경에 표층 수온이 가장 높다.

ㄴ. 겨울철인 2월에는 0 m인 해수와 100 m 깊이의 해수 수온이 같으므로 혼합층의 두께가 최소한 100 m 이상이다. 하지만 여름철인 8월에는 0 m 깊이의 해수 수온은 13 °C 정도인데 40 m 깊이의 해수 수온은 8 °C 정도이므로 혼합층의 두께는 최대 40 m 이내이다. 따라서 혼합층의 두께는 여름철보다 겨울철에 더 두껍다.

ㄷ. 수심 100 m 깊이의 해수는 1년 내내 수온 변화가 거의 생기지 않는다.

18 꼼꼼 문제 분석

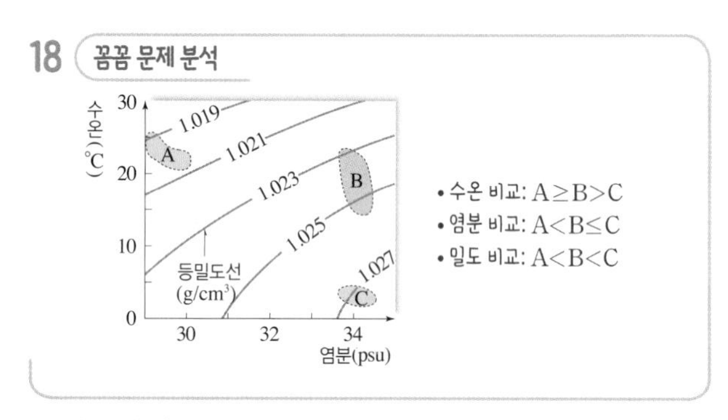

ㄴ. 수온이 일정한 상태에서 수평 방향으로 오른쪽에 위치할수록 밀도가 커지므로 염분이 높아지면 밀도가 증가하는 것을 알 수 있다.

ㄷ. C와 B는 염분이 비슷하지만, C가 수온이 더 낮기 때문에 밀도가 더 크다.

바로알기 ㄱ. A는 수온이 가장 높지만, 염분은 가장 낮다.

19 꼼꼼 문제 분석

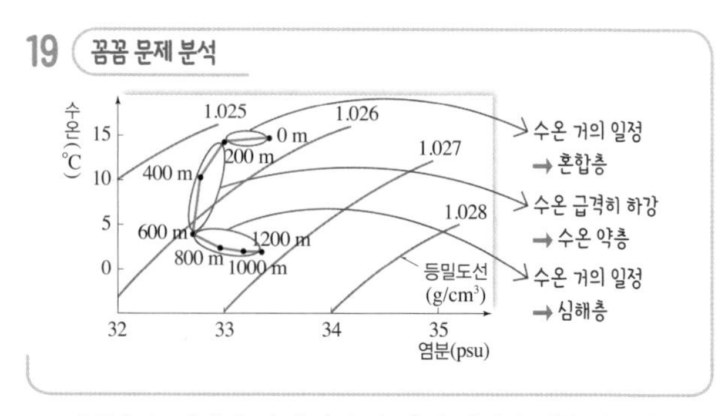

ㄱ. 혼합층은 깊이에 따라 수온이 거의 일정한 해수의 표층으로 자료에서는 수심 200 m까지이며, 이 층 내에서는 수심에 따라 수온이 거의 일정하지만 염분과 밀도는 감소하고 있다.

ㄷ. 수심 1000 m~1200 m에서 수온은 거의 변하지 않으나 밀도가 증가하는 까닭은 염분이 높아지기 때문이다.

바로알기 ㄴ. 이 자료에서 수심 400 m는 수온 약층에 해당한다. 수온 약층은 매우 안정하기 때문에 해수의 상하 혼합이 일어나지 않는다.

20 꼼꼼 문제 분석

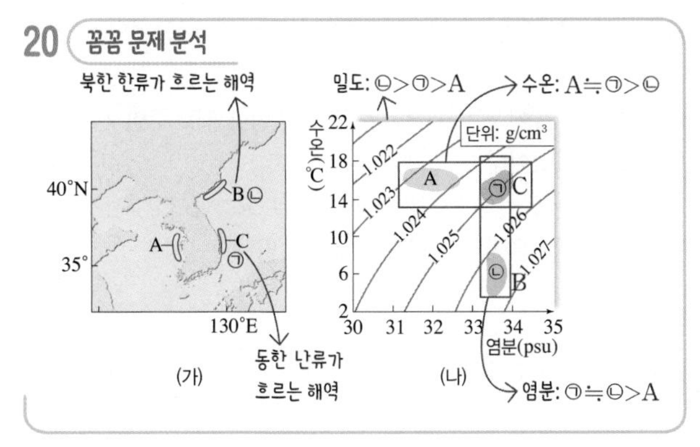

B는 오호츠크해 쪽에서 동해안을 따라 남하하는 북한 한류가 흐르는 해역이고, C는 남해안에서 동해안을 따라 북상하는 동한 난류가 흐르는 해역이다. 따라서 B가 C보다 표층 수온이 낮다.

ㄱ. A는 염분이 약 31 psu~32 psu이고, B와 C는 각각 ㉡, ㉠에 해당하며 염분이 약 33 psu~34 psu에 해당하므로 A는 C보다 염분이 낮다.

ㄴ. B는 한류가 흐르는 해역이고 C는 난류가 흐르는 해역이므로 B가 C보다 표층 수온이 낮다. (나)에서 ㉡이 ㉠보다 수온이 낮으므로 ㉡은 B에 해당하고, ㉠은 C에 해당한다.

ㄷ. A와 C는 수온은 비슷하지만 염분이 다르므로 밀도가 다르게 나타난다. 따라서 A와 C의 해수 밀도 차이는 수온보다 염분의 영향이 더 크다.

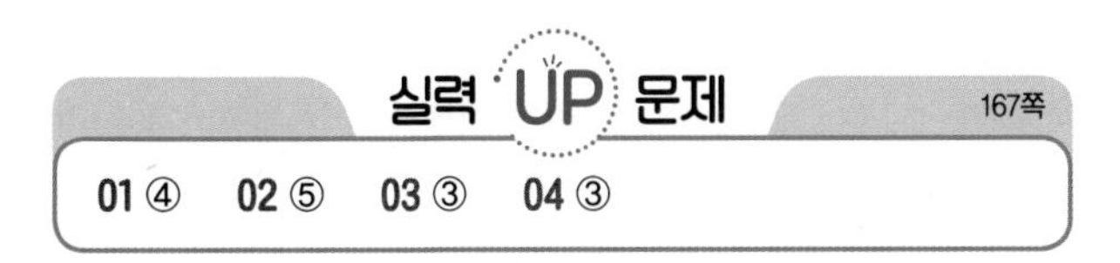

실력 UP 문제 167쪽

01 ④ 02 ⑤ 03 ③ 04 ③

01 꼼꼼 문제 분석

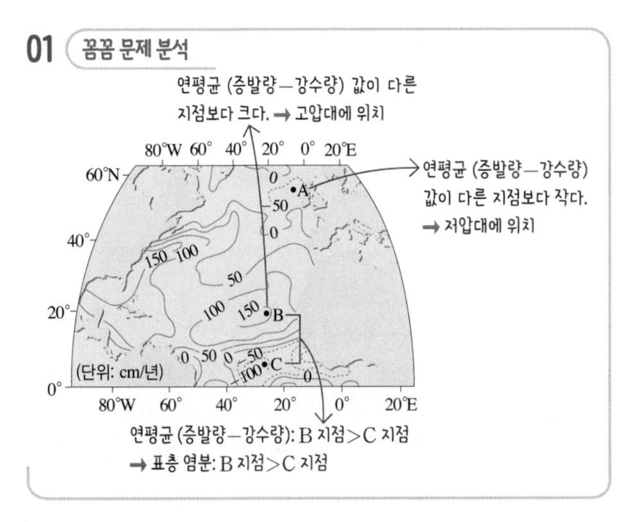

ㄴ. 해수 표층의 염분은 (증발량—강수량) 값이 클수록 높게 나타난다. 연평균 (증발량—강수량)의 값이 C는 약 −100 cm/년, B는 약 150 cm/년이므로 표층 염분은 B 지점이 C 지점보다 높다.

ㄷ. C 지점은 연평균 (증발량—강수량) 값이 약 −100 cm/년이므로 증발량보다 강수량이 많은 해역이다.

바로알기 ㄱ. A는 위도 60° 부근 해역으로 한대 전선대가 분포하므로 강수량이 증발량보다 많다. A~C 중 B 지점은 고압대에 위치한다.

02 ㄱ. 해수의 밀도는 수온이 낮을수록, 염분이 높을수록 크다. A는 B보다 염분이 높지만 밀도가 같으므로 수온이 더 높다는 것을 알 수 있다. 따라서 ㉠은 10보다 크다.

ㄴ. C는 B와 수온은 같지만 염분이 더 낮으므로 밀도는 더 작을 것이다. 해수의 밀도는 순수한 물보다 크므로 ㉡은 1보다 크고 1.027보다 작다.

ㄷ. 표층 해수의 염분은 (증발량—강수량) 값이 클수록 높다. 따라서 A는 C보다 염분이 높으므로 (증발량—강수량)의 값이 크다.

03 ㄱ. 표층 해수의 염분은 (증발량—강수량)의 값이 클수록 크다. 따라서 겨울보다 여름에 염분이 낮기 때문에 겨울보다 여름에 (증발량—강수량)의 값이 작다. 즉, 겨울보다 여름에 강수량이 많다.

ㄴ. 수온 약층은 혼합층의 수온이 높을수록 뚜렷하게 나타난다. 따라서 혼합층의 수온이 높은 8월이 수온이 낮은 2월보다 수온 약층이 더 뚜렷하게 발달한다.

바로알기 ㄷ. 해수의 밀도는 수온이 낮을수록, 염분이 높을수록 크다. 수심 300 m는 2월과 8월의 수온 차와 염분 차가 매우 작기 때문에 밀도 차이도 거의 생기지 않는다. 하지만 수심 0 m는 수온 차가 크고 염분 차도 크기 때문에 밀도 차이도 크게 나타난다. 따라서 계절에 따른 밀도 차이는 수심 0 m가 수심 300 m보다 크게 나타난다.

04 꼼꼼 문제 분석

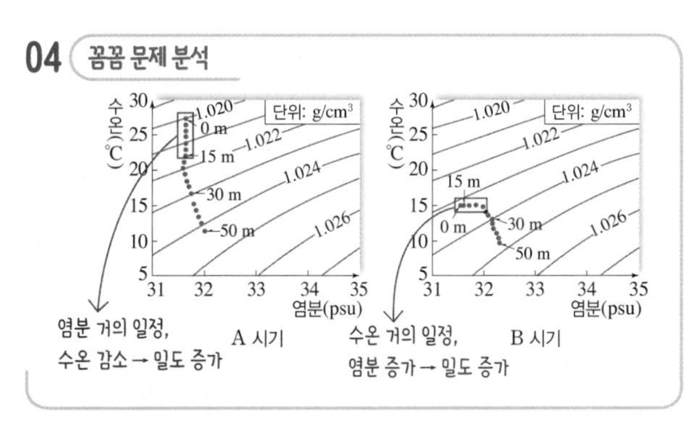

ㄱ. 해수의 표층에서 태양 복사 에너지가 대부분 흡수되므로 해수면에 입사하는 태양 복사 에너지양이 많을수록 표층 수온이 높아진다. A 시기가 B 시기보다 표층 수온이 높으므로 해수면에 입사하는 태양 복사 에너지양은 A 시기가 B 시기보다 많다.

ㄴ. 바람이 강할수록 혼합층의 두께가 두껍게 나타난다. A 시기에는 수심이 깊어짐에 따라 수온이 크게 변하므로 바람이 매우 약하게 부는 것을 알 수 있다. 그러나 B 시기에는 표층 부근 해수에 깊이에 따른 수온 변화가 거의 없는 혼합층이 뚜렷하게 나타난 것으로 볼 때 A 시기보다 B 시기에 바람이 더 강하게 불었음을 알 수 있다.

바로알기 ㄷ. 수심 15 m에서는 A 시기와 B 시기에 수온이 각각 약 22 °C, 약 15 °C로 나타나고, 수심 50 m에서는 A 시기와 B 시기에 수온이 각각 약 11 °C, 약 9 °C로 나타난다. 따라서 A와 B 시기 사이의 수온 변화는 수심 50 m보다 수심 15 m에서 더 크다.

중단원 핵심 정리 168~169쪽

❶ 오호츠크해 기단 ❷ 시베리아 ❸ 높은 ❹ 낮은 ❺ 시계 반대 방향 ❻ 낮 ❼ 밝게 ❽ 밝게 ❾ 적운형 ❿ 층운형 ⓫ 편서풍 ⓬ 서쪽 → 동쪽 ⓭ 남동풍 ⓮ 수증기의 응결열 ⓯ 태풍의 눈 ⓰ 오른쪽 ⓱ 왼쪽 ⓲ 편서풍 ⓳ 염분비 일정 법칙 ⓴ 많고

중단원 마무리 문제 170~173쪽

01 ⑤ 02 ③ 03 ④ 04 ① 05 ④ 06 ⑤ 07 ④ 08 ⑤ 09 ③ 10 ② 11 ④ 12 ③ 13 ① 14 ⑤ 15 ④ 16 ④ 17 ③ 18 해설 참조 19 해설 참조 20 해설 참조

01 ① A는 상승 기류가 발달하므로 저기압이고, B는 하강 기류가 발달하므로 고기압이다.

② 바람은 고기압에서 저기압으로 불어간다. 따라서 바람은 고기압인 B에서 저기압인 A로 불어간다.

③ 저기압 중심에서 상승하는 공기 덩어리는 단열 팽창이 일어나므로 공기 덩어리의 부피가 커진다.

④ 저기압에서 상승하는 공기 덩어리는 단열 팽창하여 기온이 낮아지므로 상대 습도가 증가하여 구름이 생긴다. 따라서 저기압에서는 구름이 많아져 흐리거나 비가 내린다.

바로알기 공기 덩어리 내의 포화 수증기압은 기온이 높을수록 커지며, 상대 습도는 현재 수증기압과 포화 수증기압의 백분율로 나타낸다. 따라서 현재 수증기압이 일정한 상태에서는 기온이 상승하여 포화 수증기압이 증가하면 상대 습도가 낮아진다.

⑤ B 지역에서 하강 기류를 따라 움직이는 공기는 단열 압축되어 기온이 상승하기 때문에 포화 수증기압이 증가하고 상대 습도가 낮아져 구름이 소멸하기 때문에 맑은 날씨가 나타난다.

02 ㄷ. 저기압인 A에서 고기압인 B로 갈수록 기압은 높아진다.

바로알기 ㄱ. A에서는 공기의 수렴이 일어나므로 주변보다 기압이 낮은 저기압이다.

ㄴ. B에서는 공기의 발산이 일어나므로 고기압이고, 하강 기류가 발달하여 구름이 소멸되므로 날씨가 맑다.

03 ㄴ. 한랭 건조한 시베리아 기단이 저위도로 이동하면서 황해를 지나는 동안 기층의 아래쪽부터 가열되어 기단이 불안정해진다.

ㄷ. 시베리아 기단이 따뜻한 황해를 지나 남하하는 동안 불안정해지고 많은 양의 수증기를 공급받으면서 서해안 지역에는 폭설이 내리는 경우가 많다. 따라서 폭설이 내릴 가능성은 A보다 B에서 더 크게 나타난다.

바로알기 ㄱ. 시베리아 고기압이 우리나라로 확장해 올 때, A는 B보다 고위도에 분포하므로 기온이 더 낮다. 따라서 A에서 측정한 높이에 따른 기온 분포는 기온이 더 낮은 Q이다.

04 (가)의 가시 영상에서 구름이 북서 방향에서 남동 방향으로 길게 발달하는 것으로 보아 북서풍이 부는 계절에 관측한 것이며, 북서풍은 시베리아 기단인 A 기단이 영향을 주는 계절에 분다.

05 ㄱ. (가)에서 정체 전선, 즉 장마 전선이 우리나라의 남쪽에 동서로 길게 분포하므로 우리나라의 날씨는 오호츠크해 기단의 영향을 받는다.

ㄴ. (나)일 때 우리나라의 남부 지방은 북태평양 고기압의 영향을 받으므로 우리나라 남부 지방에서는 하강 기류가 발달한다.

바로알기 ㄷ. (가)에서는 우리나라가 한랭 다습한 오호츠크해 기단의 영향을 받고, (나)에서는 우리나라가 고온 다습한 북태평양 기단의 영향을 받는다. 따라서 서울의 하루 중 최고 기온은 오호츠크해 기단의 영향을 받는 (가)보다 북태평양 기단의 영향을 받는 (나)일 때 더 높다.

06 ⑤ B 지점은 따뜻한 공기의 영향을 받으므로 A~D 중 기온이 가장 높다.

바로알기 ① (가)에서 A 지점은 한랭 전선의 뒤쪽이므로 흐리고 강한 소나기가 내린다.

② (가)에서 A 지점에는 적운형 구름이 형성된다.

③ (나)에서 C 지점에는 따뜻한 공기가 찬 공기 위로 올라가면서 형성되는 전선면이 지표와 만나 온난 전선이 나타난다.

④ (나)에서 D 지점은 온난 전선 앞쪽이므로 층운형 구름이 형성된다.

07 꼼꼼 문제 분석

① 한랭 전선면에서는 공기가 빠르게 상승하므로 적운형의 구름이 생성된다.
② (나)는 온난 전선으로 따뜻한 공기가 차가운 공기를 타고 올라갈 때 생성된다.
③ 한랭 전선인 (가)는 온난 전선인 (나)보다 이동 속도가 빠르다.
⑤ 한랭 전선인 (가)와 온난 전선인 (나)가 만나면 폐색 전선인 (다)가 생성된다.
바로알기 ④ 한랭 전선면은 온난 전선면에 비해서 전선면의 경사가 급하다.

08 ㄱ. A 지역은 한랭 전선의 후면으로 강한 소나기가 내린다.
ㄴ. B 지역은 온난 전선과 한랭 전선의 사이에 해당하므로 따뜻한 공기의 영향을 받고, C 지역은 온난 전선의 앞쪽으로 차가운 공기의 영향을 받기 때문에 B 지역이 C 지역보다 기온이 높다.
ㄷ. C 지역은 온난 전선의 앞쪽으로 남동풍이 불고 전선면의 경사가 완만하여 얇고 넓게 발달하는 층운형 구름으로 인해 넓은 지역에 지속적인 비가 내린다.

09 B 지점에는 남서풍이 불고 비교적 날씨가 맑으므로 ㄴ에 해당하며, C 지점은 온난 전선의 앞쪽으로 남동풍이 불면서 지속적인 비가 내리므로 ㄱ에 해당한다.

10 ① A는 등압선이 동심원을 이루고 있으므로 열대 저기압인 태풍이다. 태풍은 위도 5°~25°의 열대 해상에서 발생한다.
③ 태풍은 온난 전선이나 한랭 전선을 동반하지 않기 때문에 등압선이 동심원의 모양을 이루고 있다.
④ 태풍은 열대 저기압에 해당하여 중심 주변으로 강한 상승 기류가 나타나고, 많은 비가 내리고 강한 바람이 분다.
⑤ 태풍은 무역풍의 영향을 받는 지역에서 생성되어 고위도 쪽으로 이동하여 편서풍의 영향을 받으며 이동하므로 포물선 궤도를 따라 이동한다.
바로알기 ② 태풍의 에너지원은 수증기의 응결열(숨은열)이고, 온대 저기압의 에너지원은 기층의 위치 에너지이다. A는 등압선이 동심원을 이루는 태풍에 해당하므로 수증기의 응결열(숨은열)이 에너지원이다.

11 태풍이 육지에 상륙하면 수증기의 공급이 급격히 줄어들기 때문에 수증기가 응결할 때 방출되는 숨은열이 적어져 그 세력이 급격히 약화된다.

12 ㄱ. A는 태풍의 이동 방향이 바뀌는 전향점에 해당한다. 전향점을 기준으로 남쪽에서는 무역풍의 영향을, 북쪽에서는 편서풍의 영향을 받으며 이동한다. 태풍은 무역풍의 영향을 받는 지역에서는 매우 느린 속도로 이동하지만 편서풍의 영향을 받는 지점으로 진입한 이후부터는 이동 속도가 빨라진다. 따라서 태풍의 이동 속도는 A보다 B에서 더 빠르다.
ㄴ. 태풍 주변에서 부는 바람은 태풍의 세력이 강할수록 강하게 분다. 태풍 주변에서 부는 바람의 풍속이 B에서 최댓값을 나타낸 후 고위도로 이동하는 동안 풍속이 점점 약해졌을 것으로 판단되므로, 태풍의 중심 기압은 B에서 가장 낮을 것이다. 따라서 태풍은 세력의 약화로 중심 기압이 B보다 C에서 더 높게 나타난다.
바로알기 ㄷ. 서울은 태풍의 영향을 받는 동안 태풍 이동 경로의 왼쪽에 위치했으므로 안전 반원에 속했다.

13 ㄱ. 태풍의 중심은 주변 지역보다 기압이 상대적으로 낮은 곳에 해당한다. 기압이 높은 곳보다 기압이 낮은 곳에서 해수면의 높이가 높아지게 되므로, 태풍이 이동하는 경로를 따라 해수면의 높이가 주변보다 상대적으로 높게 나타난다. 따라서 ⓛ 경로를 따라 해수면이 최대로 상승한 높이가 주변보다 높게 나타나므로 태풍 중심의 이동 경로는 ⓛ이다.
바로알기 ㄴ. 해수면의 높이가 높아지면 해안 지역에서는 폭풍 해일에 의한 피해를 더 크게 입게 된다. 남해안은 평상시에 비해 해수면이 최대 100 cm 정도 상승하였고, 동해안은 최대 20 cm~40 cm 정도 상승하였다. 따라서 남해안이 동해안보다 폭풍 해일에 의한 피해가 더 컸을 것이다.
ㄷ. A는 ⓛ 경로의 왼쪽에 위치하므로 안전 반원에 속해 있어 태풍이 지나가는 동안 풍향은 시계 반대 방향으로 바뀌었다.

14 ㄴ, ㄷ. 국지성 호우와 우박은 강한 상승 기류가 발달하여 적운형 구름이 생성된 지역에서 잘 나타난다.
바로알기 ㄱ. 국지성 호우와 우박을 발생시키는 적운형 구름은 대기가 불안정한 지역에서 잘 생성된다.

15 염분 34 psu인 해수 3 kg에는 염류가 총 102 g이 들어 있고 나머지 2898 g이 물이다. 해수는 증발하는 동안 순수한 물만 증발하고 염류는 그대로 남기 때문에 이 해수의 질량을 2 kg이 되게 증발시키면 염류는 총 102 g이고 순수한 물은 1898 g이 된다. 따라서 해수 1 kg에는 염류가 51 g, 순수한 물이 949 g이 되므로 염분은 51 psu가 된다.

16 해수의 밀도는 수온이 낮고 염분이 높을수록 크다. 따라서 밀도가 가장 큰 해수는 수온이 낮고 염분이 높은 B이며, 용존 산소량은 수온이 높을수록 적으므로 수온이 가장 높은 C 해수에서 가장 적다.

17 꼼꼼 문제 분석

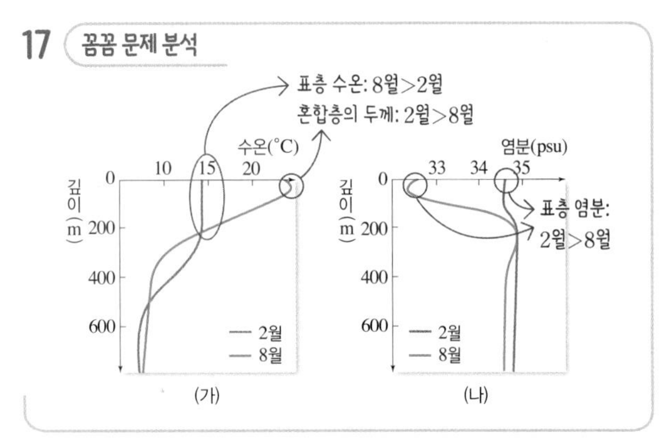

ㄱ. 혼합층은 바람에 의해서 해수가 강제 혼합되어 생성되므로 바람이 강하게 불수록 두께가 두껍다. 따라서 여름철보다 겨울철에 바람이 더 강하게 분다.

ㄷ. 해수의 밀도는 수온이 낮을수록 크고, 염분이 높을수록 크므로 표층 해수의 밀도는 수온이 낮고 염분이 높은 겨울철에 더 크게 나타난다.

바로알기 ㄴ. 비가 많이 오는 지역은 표층 해수의 염분이 낮아진다. 따라서 여름철에 표층 해수의 염분이 낮으므로 겨울철보다 여름철에 강수량이 더 많은 지역에 해당한다.

18 모범 답안 온난 전선이 지날 때에는 차가운 공기의 영향을 받다가 따뜻한 공기의 영향을 받게 되므로 기온이 상승하고, 한랭 전선이 지날 때에는 따뜻한 공기의 영향을 받다가 차가운 공기의 영향을 받게 되므로 기온이 낮아진다.

채점 기준	배점
온난 전선과 한랭 전선 통과 후 기온이 변하는 까닭을 모두 옳게 서술한 경우	100 %
온난 전선 또는 한랭 전선 통과 후 기온이 변하는 까닭 중 한 가지만 옳게 서술한 경우	50 %

19 태풍의 중심은 낮은 기압으로 인해 주변보다 해수면의 높이가 높게 나타난다. 이로 인해 태풍이 해안에 상륙하는 경우에 평상시보다 해수면의 높이가 더 높아져 해일에 의한 피해가 더 커진다.

모범 답안 태풍의 중심은 주변보다 기압이 낮아 해수면의 높이가 상대적으로 더 높게 나타나기 때문이다.

채점 기준	배점
태풍과 주변 지역의 기압 차로 인해 태풍 중심의 해수면 높이가 높아졌다고 옳게 서술한 경우	100 %
태풍 중심의 해수면 높이가 높다는 사실만 언급하여 서술한 경우	50 %

20 혼합층은 깊이에 관계없이 수온이 거의 일정한 표층 해수이다. 따라서 여름철에는 혼합층이 거의 생기지 않고 겨울철에는 수심 약 150 m까지 혼합층이 생긴다.

모범 답안 깊이에 따른 수온 차가 거의 없으면서 밀도가 거의 일정한 혼합층은 여름철에는 거의 생기지 않고, 겨울철에는 수심 약 150 m까지 생긴다.

채점 기준	배점
혼합층의 수온과 밀도 변화에 대하여 함께 서술한 경우	100 %
여름보다 겨울에 혼합층이 두껍다는 사실만 언급하여 서술한 경우	50 %

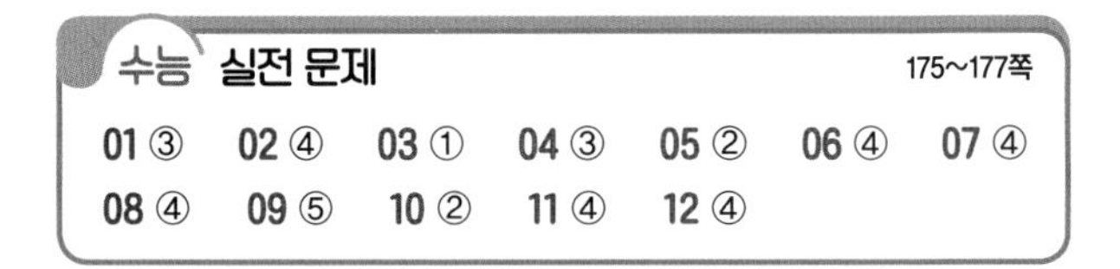

수능 실전 문제

175~177쪽

01 ③ 02 ④ 03 ① 04 ③ 05 ② 06 ④ 07 ④
08 ④ 09 ⑤ 10 ② 11 ④ 12 ④

01 꼼꼼 문제 분석

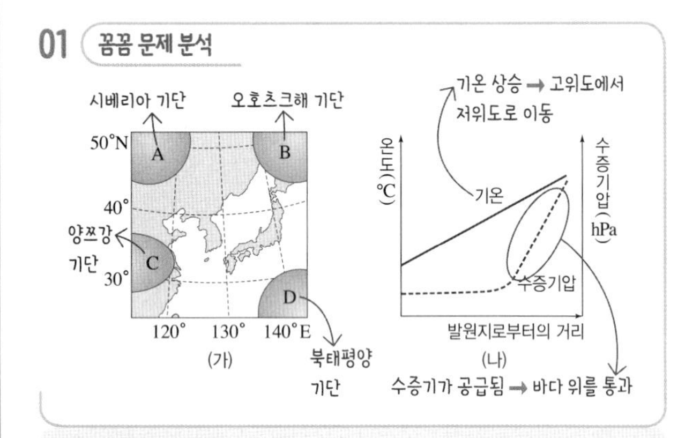

선택지 분석

ㄱ. (나)와 같은 변화가 잘 나타나는 기단은 A이다.

~~ㄴ. (나)에서 기단은 이동하는 동안 점점 안정해진다.~~ 불안정해진다

ㄷ. B 기단은 초여름에 우리나라 영서 지방에 고온 건조한 바람을 불게 한다.

전략적 풀이 ❶ 기단은 발원지의 성질과 유사함을 이해하고, 기단이 이동하여 성질이 다른 지표면을 만나면 성질이 변함을 파악한다.

ㄱ. (나)에서 기온이 점점 상승하므로 고위도에서 저위도로 이동하고, 수증기압이 높아지므로 대륙에서 해양으로 이동하는 기단임을 알 수 있다. 따라서 한랭 건조한 A 기단이 남쪽으로 확장될 때 잘 나타나는 변화이다.

ㄴ. (나)에서 기단은 이동하는 동안 기단의 하층부터 가열되어 대류가 활발해지므로 불안정해진다.

❷ 우리나라 주변의 기단이 영향을 미치는 계절을 파악한다.

ㄷ. B는 오호츠크해 기단으로, 초여름에 동해에서 태백산맥을 넘어오면서 영서 지방에 고온 건조한 바람을 불게 한다.

02 꼼꼼 문제 분석

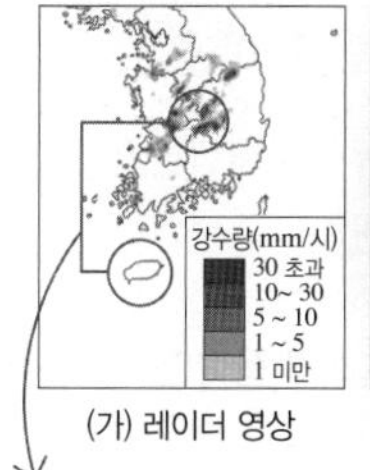

(가) 레이더 영상

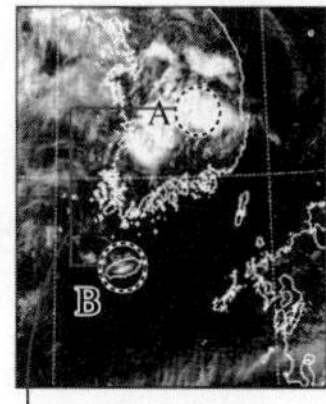

(나) 가시 영상

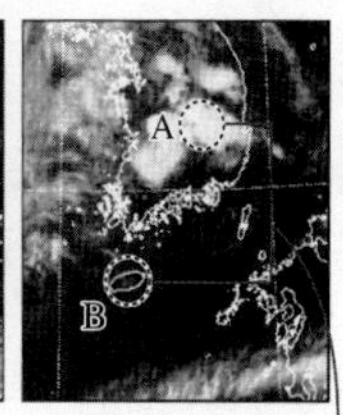

(다) 적외 영상

A 지역은 강수량이 나타나지만, B 지역은 강수량이 나타나지 않는다.

A 지역이 B 지역보다 밝은 흰색이므로 A 지역이 B 지역보다 구름의 두께가 더 두껍다.

A 지역은 B 지역보다 밝은 흰색으로 나타나므로 구름 정상부의 고도는 A 지역이 B 지역보다 높다.

선택지 분석

~~ㄱ~~. A지역의 대기는 안정하다. (불안정)

ⓛ 구름의 두께는 A 지역이 B 지역보다 두껍다.

ⓒ 구름 정상부의 고도는 A 지역이 B 지역보다 높다.

전략적 풀이 ❶ (가) 레이더 영상을 해석하여 강수량을 통해 대기 상태를 파악한다.

ㄱ. (가)의 A 지역에서는 시간당 30 mm가 넘는 강수량이 나타나므로 집중 호우가 발생하였다. 집중 호우는 주로 강한 상승 기류에 의해 적란운이 발달할 때 생성되므로, A 지역의 대기는 불안정하였음을 알 수 있다.

❷ (나) 가시 영상을 해석하여 구름의 두께를 파악한다.

ㄴ. 가시 영상에서는 분포하는 구름의 두께가 두꺼울수록 태양빛을 강하게 반사하여 밝게 보인다. (나)에서 A 지역이 B 지역보다 밝게 보이므로 구름의 두께는 A 지역이 B 지역보다 두껍다.

❸ (다) 적외 영상을 해석하여 구름의 고도를 파악한다.

ㄷ. 적외 영상에서는 분포하는 구름의 고도가 높을수록 온도가 낮아 밝게 보인다. (다)에서 A 지역이 B 지역보다 밝게 보이므로 구름 정상부의 고도는 A 지역이 B 지역보다 높다.

03 꼼꼼 문제 분석

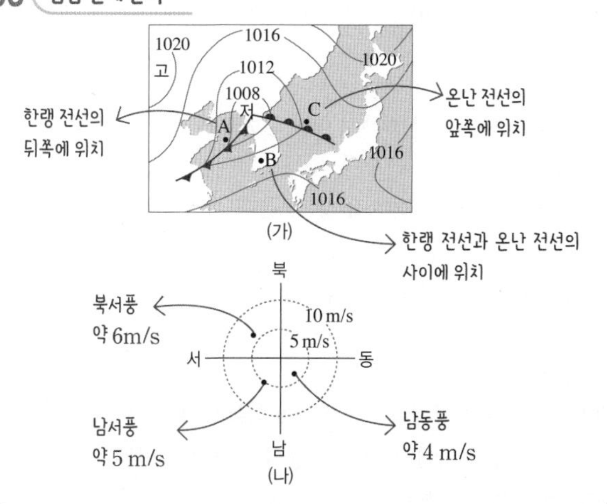

선택지 분석

ⓖ 기압은 B가 A보다 높다.

~~ㄴ~~. C의 풍속은 5 m/s보다 빠르다. (느리다)

~~ㄷ~~. 온난 전선이 C를 통과하는 동안 이 지점의 풍향은 시계 반대 방향으로 바뀐다. (시계 방향)

전략적 풀이 ❶ (가)의 A, B, C 위치와 등압선의 기압을 관련지어 이해한다.

ㄱ. (가)의 B는 기압이 1012 hPa~1016 hPa 사이의 값을 갖는 위치에 있고, A는 1008 hPa~1012 hPa 사이의 값을 갖는 위치에 있으므로 기압은 A보다 B에서 더 높다.

❷ (나)의 풍향과 (가)의 A, B, C 위치를 서로 연결하여 파악한다.

ㄴ. C는 온난 전선의 앞쪽이므로 남동풍이 불고 지속적인 비가 내린다. (나)와 관련지으면 C는 남동풍이 약 4 m/s로 분다. 따라서 C의 풍속은 5 m/s보다 느리다.

ㄷ. A는 북서풍, B는 남서풍, C는 남동풍이 불고 있으므로 관측 지점의 풍향은 남동풍 → 남서풍 → 북서풍으로 바뀐다는 것을 알 수 있다. 따라서 저기압의 중심은 관측 지점의 북쪽으로 통과하였으며, 풍향은 시계 방향으로 바뀐다.

04 꼼꼼 문제 분석

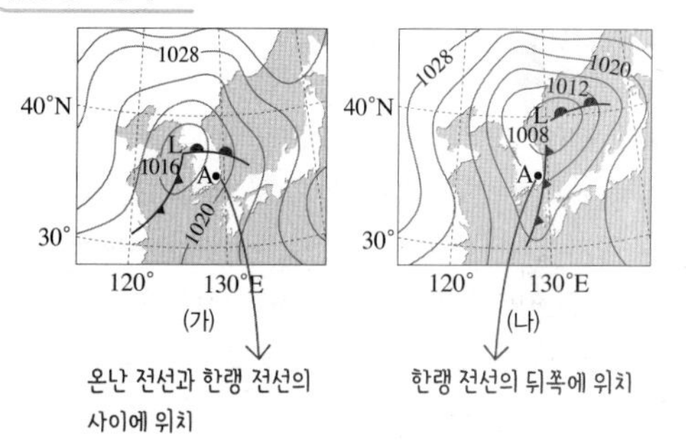

선택지 분석

ⓖ 저기압의 세력은 (가)가 (나)보다 약하다.

~~ㄴ~~. (가)에서 (나)로 변하는 동안 A에서는 비가 지속적으로 내렸다. (비가 내리지 않다가 한랭 전선 통과 후 내린다)

ⓒ 우리나라를 지나는 온대 저기압은 여름철보다 봄철에 형성되기 쉽다.

전략적 풀이 ❶ 저기압은 주변보다 기압이 낮은 곳으로 중심 기압 크기에 의해 세력의 강약을 판단한다는 사실을 이해한다.

ㄱ. (가)는 저기압 중심 기압이 약 1016 hPa이고, (나)는 저기압 중심 기압이 약 1008 hPa이다. 따라서 중심 기압이 높은 (가)가 중심 기압이 낮은 (나)보다 저기압의 세력이 약하다.

❷ 온대 저기압의 생성과 저기압 주변의 날씨 변화를 이해한다.

ㄴ. (가)에서 A는 온난 전선과 한랭 전선 사이에 위치하여 맑은 날씨를 보이지만 (나)에서는 한랭 전선의 뒤쪽에 위치하여 강한

소나기가 내린다. 따라서 (가)에서 (나)로 변하는 동안 A에서는 한랭 전선이 다가올 때까지는 비가 내리지 않다가 한랭 전선이 통과한 직후에 비가 내린다.
ㄷ. 우리나라에는 온대 저기압이 주로 봄철과 가을철에 영향을 주고 있으며, 여름철에는 북태평양 고기압의 영향을 많이 받는다.

05 꼼꼼 문제 분석

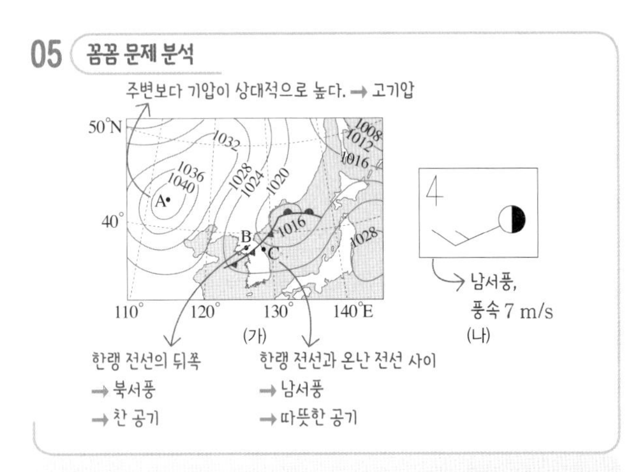

선택지 분석

~~ㄱ.~~ A에는 상승 기류가 나타난다. 하강
ⓛ 기온은 B가 C보다 낮다.
~~ㄷ.~~ (나)는 B의 일기 기호이다. C

전략적 풀이 ❶ A 지역의 기압 분포를 파악한다.
ㄱ. 고기압은 주위보다 기압이 높은 곳으로, 지상에서는 고기압 중심부의 공기가 발산하므로 하강 기류가 발달한다. 따라서 고기압 중심부에 위치한 A에는 하강 기류가 나타난다.
❷ B와 C 지역의 위치로부터 기온과 풍향을 파악한다.
ㄴ. B는 한랭 전선의 뒤쪽에 위치하므로 차가운 공기의 영향을 받고, C는 한랭 전선과 온난 전선 사이에 위치하므로 따뜻한 공기의 영향을 받는다. 따라서 기온은 B가 C보다 낮다.
ㄷ. B는 한랭 전선 뒤쪽에 위치하여 북서풍이 우세하게 불고, C는 한랭 전선과 온난 전선 사이에 위치하여 남서풍이 우세하게 분다. (나)는 남서풍을 나타내므로 C의 일기 기호이다.

06 꼼꼼 문제 분석

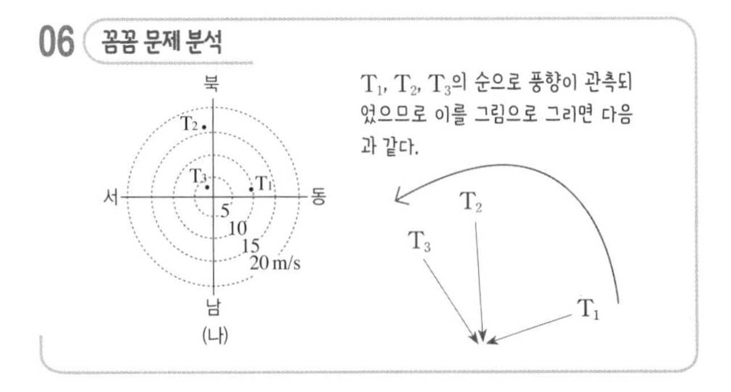

선택지 분석

~~ㄱ.~~ T_1과 T_3일 때 두 풍향이 이루는 각은 180°이다. 180°보다 작다
ⓛ 관측 지점은 태풍 진행 경로의 왼쪽에 위치한다.
ⓒ T_3 이후의 태풍 중심 기압은 높아졌다.

전략적 풀이 ❶ 태풍의 통과 기간 동안 관측소의 풍향이 어느 방향으로 변하는지를 파악한다.
ㄱ, ㄴ. T_1~T_3 동안 풍향이 북동풍 → 북서풍으로 변하였으므로 T_1과 T_3일 때 두 풍향이 이루는 각은 180°보다 작으며, 풍향이 시계 반대 방향으로 변하였다. 따라서 관측소는 태풍 진행 경로의 왼쪽인 안전 반원에 위치한다.
❷ 태풍의 세력 변화와 중심 기압의 관계를 이해한다.
ㄷ. 태풍은 저기압에 해당하므로 중심 기압이 낮을수록 강하고 중심 기압이 높을수록 약하다. 따라서 T_3 지점을 통과한 태풍은 곧바로 소멸하였으므로 태풍은 T_3 지점을 지나면서 세력이 약화되어 중심 기압이 점점 높아져 소멸한다.

07 꼼꼼 문제 분석

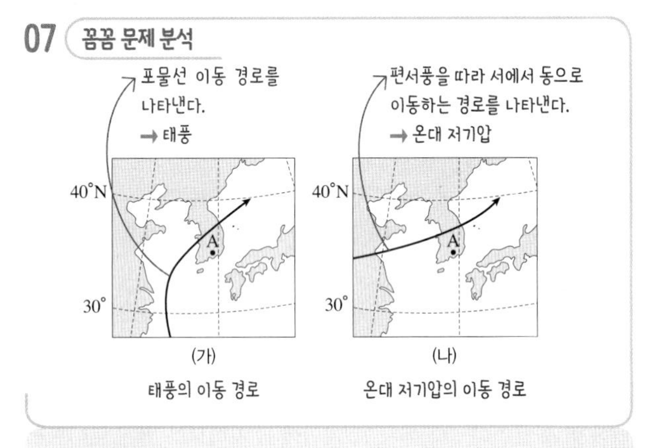

선택지 분석

~~ㄱ.~~ 전선을 동반한다. (가)는 전선을 동반하지 않는다
ⓛ 우리나라를 지나는 동안 편서풍의 영향을 받는다.
ⓒ 우리나라를 지나는 동안 A 지점의 풍향은 시계 방향으로 변한다.

전략적 풀이 ❶ 그림 자료에서 이동 경로를 통해 온대 저기압과 태풍의 경로를 파악한다.
ㄱ. 태풍은 전선을 동반하지 않고, 온대 저기압은 온난 전선과 한랭 전선을 동반한다.
ㄴ. 우리나라는 편서풍의 영향을 받으므로 태풍이나 온대 저기압이 우리나라를 지나는 동안에는 편서풍의 영향을 받아 서쪽에서 동쪽으로 이동한다.
❷ 태풍의 이동 경로에서 안전 반원과 위험 반원을 파악한다.
ㄷ. 북반구에서 저기압 진행 방향의 오른쪽에 있는 지역은 풍향이 시계 방향으로 변한다.

08 꼼꼼 문제 분석

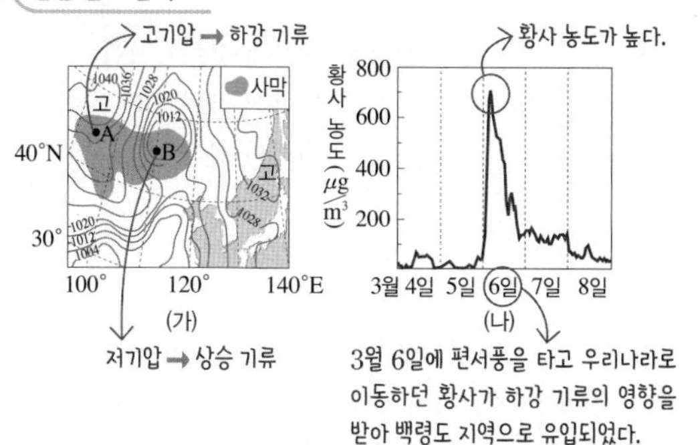

선택지 분석

~~ㄱ.~~ (가)에서 황사의 발원지는 B 지역보다 A 지역일 가능성이 크다. (A 지역보다 B 지역)

ⓛ 3월 6일에 백령도에는 상승 기류보다 하강 기류가 강했을 것이다.

ⓒ 사막의 면적이 줄어들면 황사의 발생 횟수가 감소할 것이다.

전략적 풀이 ❶ 황사의 발생 과정에 대하여 이해한다.

ㄱ. 황사는 모래 먼지가 상승 기류를 타고 올라가 편서풍에 의해 이동하여 우리나라에 영향을 준다. 따라서 (가)에서 황사의 발원지는 저기압이 분포하는 B 지역에서 기류를 타고 상승하였을 가능성이 크다.

❷ 관측 지점에서 황사 농도가 높아진 과정을 이해한다.

ㄴ. 상층의 공기를 타고 이동하던 모래 먼지가 하강 기류를 타고 지표면 부근으로 하강해야 관측 지점에 영향을 줄 수 있다. 따라서 3월 6일에 황사 농도가 매우 높게 나타났던 백령도 지역은 하강 기류가 강하여 상층에서 이동하던 황사 먼지가 지표면으로 내려와 영향을 주었을 것이다.

❸ 발원지가 건조할수록 황사의 발생 횟수가 증가함을 이해한다.

ㄷ. 사막의 면적이 줄어들면 황사 발생 가능 지역의 면적이 줄어들기 때문에 황사의 발생 횟수가 감소할 것이다.

09 꼼꼼 문제 분석

표층 수온: (가)<(나)
표층 염분: (가)>(나)

(가) / (나) — 깊이(m), 수온(°C), 염분(psu), 수온, 염분

• 혼합층의 두께: (가)>(나)

선택지 분석

ⓖ 혼합층은 (가)가 (나)보다 두껍다.

ⓛ (증발량−강수량) 값은 (가)가 (나)보다 크다.

ⓒ 표층 해수의 밀도는 (가)가 (나)보다 크다.

전략적 풀이 ❶ 혼합층의 생성 원인과 염분 변화에 영향을 주는 요인을 이해한다.

ㄱ. 혼합층은 깊이에 관계없이 수온이 거의 일정한 표층 해수를 말하므로 혼합층의 두께는 (가)가 (나)보다 두껍다.

ㄴ. 표층 해수의 염분은 (증발량−강수량)의 값에 비례하여 커지므로 표층 염분이 높은 (가)가 (나)보다 (증발량−강수량)의 값도 크다.

❷ 해수의 밀도에 영향을 주는 요인을 이해한다.

ㄷ. 해수의 밀도는 수온이 낮을수록, 염분이 높을수록 커지므로 수온이 낮고 염분이 높은 (가)가 (나)보다 표층 해수의 밀도가 더 크다.

10 꼼꼼 문제 분석

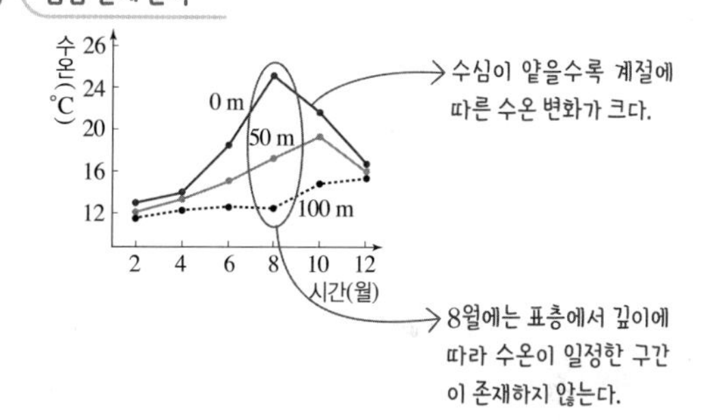

선택지 분석

~~ㄱ.~~ 표층 해수의 밀도는 2월이 가장 작다. (8월)

ⓛ 수심이 깊어질수록 수온의 연교차는 작아진다.

~~ㄷ.~~ 해수면과 수심 100 m 사이의 해수 연직 혼합은 8월에 가장 활발하다. (2월)

전략적 풀이 ❶ 해수의 밀도에 영향을 미치는 요인을 이해한다.

ㄱ. 해수의 밀도는 수온이 낮을수록, 염분이 높을수록 크다. 염분 변화가 없다면 해수의 밀도는 수온이 낮을수록 크다.

❷ 그림으로부터 수심이 깊어짐에 따라 나타나는 수온 변화를 파악한다.

ㄴ. 수심이 0 m → 50 m → 100 m로 깊어질수록 수온을 나타내는 세로축의 변화가 작아진다.

❸ 그림으로부터 계절별로 혼합층이 발달하는 두께를 파악한다.

ㄷ. 해수의 연직 혼합이 활발할수록 깊이에 따른 수온 변화가 작게 나타난다. 그러므로 해수면과 수심 100 m 사이의 해수 연직 혼합은 깊이에 따른 수온 변화가 큰 8월에 비해 깊이에 따른 수온 변화가 작은 2월에 활발하다.

11 꼼꼼 문제 분석

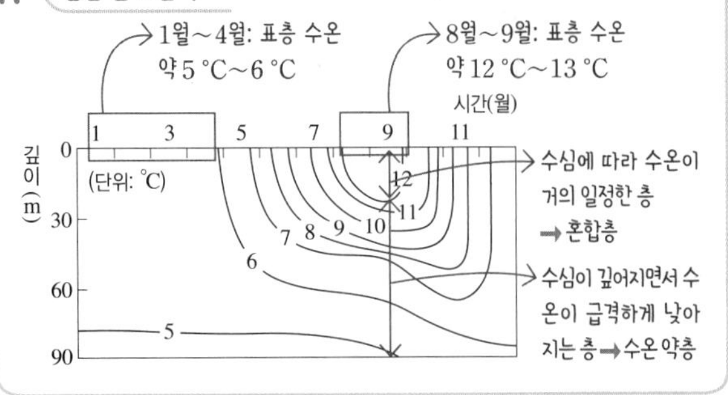

선택지 분석

ㄱ. 북반구에 위치한다.

~~ㄴ~~. 표층에서 수온의 연교차가 10 °C보다 크다. 작다

ㄷ. 수온 약층은 5월보다 9월에 뚜렷하게 나타난다.

전략적 풀이 ❶ 표층의 수온 분포를 해석하여 북반구 해역인지 남반구 해역인지 판단한다.

ㄱ. 태양의 남중 고도가 가장 높고 기온이 가장 높은 시기가 남반구는 1월~2월에, 북반구는 7월~8월에 나타난다. 이 관측 해역은 1월~2월에 수온이 가장 낮고, 7월~8월에 수온이 높으므로 북반구에 위치한다.

❷ 표층 수온 분포를 해석하여 연교차를 알아낸다.

ㄴ. 표층에서 수온은 1년 동안 약 5 °C~6 °C(1월~4월)에서 약 12 °C~13 °C(8월~9월)까지 변하므로 수온의 연교차는 10 °C보다 작다.

❸ 깊이에 따른 수온 분포를 해석하여 혼합층과 수온 약층이 나타나는 구간을 파악한다.

ㄷ. 수온 약층은 표층의 수온이 높아서 수심에 따른 수온 차가 클 때 잘 발달한다. 수심이 60 m보다 깊은 곳에서는 5월과 9월의 수온이 비슷하고, 표층 수온은 9월에 가장 높으므로 9월이 5월보다 수온 약층이 잘 발달한다.

12 꼼꼼 문제 분석

염분은 연안 해역에서 대양의 중앙으로 갈수록 높게 나타난다.
→ (가): 표층 염분 분포

등수온선은 대체로 위도와 나란한 분포를 보인다.
→ (나): 수온 분포

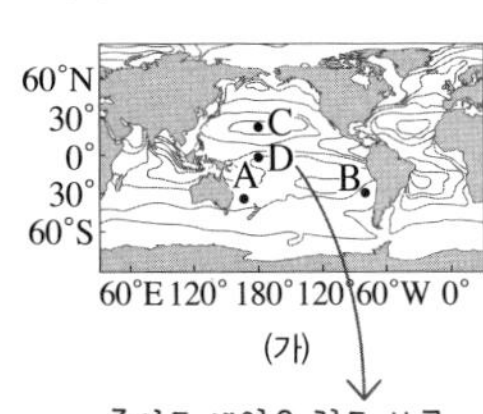

(가)

중위도 해역은 적도 부근 해역보다 염분이 높다.
→ 염분: C>D

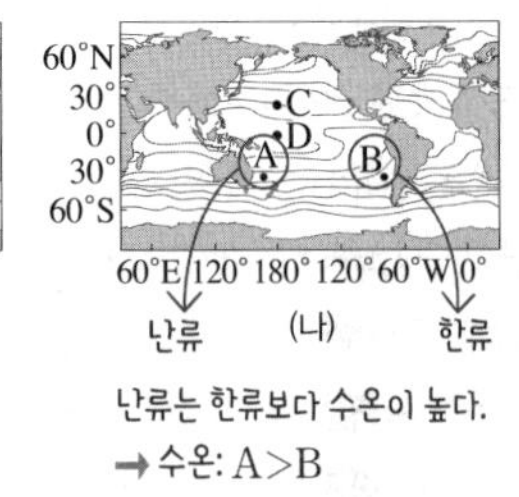

(나)

난류는 한류보다 수온이 높다.
→ 수온: A>B

선택지 분석

~~ㄱ~~. 해수면의 평균 수온 분포를 나타낸 것은 (가)이다. (나)

ㄴ. 해수면의 평균 수온은 A 해역이 B 해역보다 높다.

ㄷ. 해수면의 표층 염분은 C 해역이 D 해역보다 높다.

전략적 풀이 ❶ 수온 분포의 특징을 바탕으로 수온 분포를 나타낸 그림을 찾는다.

ㄱ. 저위도에서 고위도로 갈수록 지표에 도달하는 태양 복사 에너지양이 적어지므로, 저위도에서 고위도로 갈수록 표층 수온이 낮아지고 등수온선은 대체로 위도와 나란하게 나타난다.

❷ 수온 분포를 해석하여 A 해역과 B 해역의 수온을 비교한다.

ㄴ. A 해역에는 난류가 흐르고 B 해역에는 한류가 흐른다. 난류는 한류에 비해 수온이 높으므로, 해수면의 평균 수온은 A 해역이 B 해역보다 높다.

❸ 염분 분포를 해석하여 C 해역과 D 해역의 (증발량－강수량) 값을 비교한다.

ㄷ. 대륙의 연안 해역은 육지로부터 담수가 유입되므로 대양의 중심 해역보다 표층 염분이 낮다. 따라서 해수면의 평균 염분 분포를 나타낸 것은 (가)이다. 표층 해수의 염분은 (증발량－강수량) 값이 클수록 높아지고, 중위도 해역은 적도 부근 해역보다 (증발량－강수량) 값이 크다. 따라서 표층 해수의 염분은 중위도 해역인 C 해역이 적도 부근 해역인 D 해역보다 높다.

2 대기와 해양의 상호 작용

1 해수의 표층 순환

개념 확인 문제

183쪽

❶ 불균형 ❷ 무역풍 ❸ 편서풍 ❹ 아열대 고압대 ❺ 무역풍 ❻ 편서풍 ❼ 아열대 순환 ❽ 쿠로시오 해류 ❾ 동한 난류 ❿ 북한 한류

1 ㉠ 많으므로, ㉡ 남고, ㉢ 적으므로, ㉣ 부족하다 **2** ㉠ 에너지, ㉡ 1, ㉢ 3 **3** (1) A: 극순환 - 극동풍, B: 페렐 순환 - 편서풍, C: 해들리 순환 - 무역풍 (2) (가) 극고압대 (나) 한대 전선대 (다) 아열대 고압대 (라) 적도 저압대 **4** A: 캘리포니아 해류, B: 북적도 해류, C: 쿠로시오 해류, D: 북태평양 해류 **5** (1) ○ (2) × (3) × (4) ○ **6** ㉠ 높, ㉡ 적 **7** 쿠로시오

1 지구는 구형이므로 위도에 따른 에너지 불균형이 나타난다. 적도~위도 38°인 지역은 태양 복사 에너지의 흡수량이 지구 복사 에너지의 방출량보다 많으므로 에너지가 남고, 위도 38°~극인 지역은 태양 복사 에너지의 흡수량이 지구 복사 에너지의 방출량보다 적으므로 에너지가 부족하다.

2 ㉠ 저위도에서는 에너지가 남고, 고위도에서는 에너지가 부족하다. 이 때문에 대기 대순환이 일어나고, 저위도의 남는 에너지를 고위도로 수송한다.
㉡ 지구가 자전하지 않을 때에는 적도와 극 사이에 1개의 순환 세포가 형성된다.
㉢ 지구가 자전할 때에는 적도와 극 사이에 해들리 순환, 페렐 순환, 극순환의 3개 순환 세포가 형성된다.

3 꼼꼼 문제 분석

(가): 극고압대 (나): 한대 전선대 (다): 아열대 고압대 (라): 적도 저압대

(1) 적도~위도 30°에서는 해들리 순환이, 위도 30°~60°에서는 페렐 순환이, 위도 60°~극에서는 극순환이 나타난다.
(2) (가)에서는 극 지역의 상공에서 냉각된 공기가 하강하여 극고압대가 형성되고, (나)에서는 저위도와 고위도에서 각각 이동해 온 편서풍과 극동풍이 만나 한대 전선대가 형성된다. (다)에서는 위도 30° 부근의 상층에서 냉각된 공기가 하강하여 아열대 고압대가 형성되고, (라)에서는 적도에서 가열된 공기가 상승하여 적도 저압대가 형성된다.

4 북태평양에서는 위도 0°~30°N에서 동에서 서로 부는 무역풍에 의해 북적도 해류(B)가 동에서 서로 흐르고, 위도 30°N~60°N에서 서에서 동으로 부는 편서풍에 의해 북태평양 해류(D)가 서에서 동으로 흐른다. 대륙 주변부에서는 저위도에서 고위도로 쿠로시오 해류(C)가, 고위도에서 저위도로 캘리포니아 해류(A)가 흐른다.

5 (1) 표층 해류는 대기 대순환으로 지상에 부는 바람에 의해 동서 방향의 흐름이 생기고, 대륙에 막혀 남북 방향으로 흐름이 변하여 순환을 이룬다.
(2) 북적도 해류는 무역풍에 의해 형성되어 동에서 서로 흐른다. 편서풍에 의해 형성되는 해류는 북태평양 해류, 북대서양 해류, 남극 순환 해류이다.
(3) 북반구의 아열대 해양에서 해류는 시계 방향으로 순환한다.
(4) 열대 순환은 북반구에서 시계 반대 방향으로 순환하고, 남반구에서는 시계 방향으로 순환한다. 아열대 순환은 북반구에서 시계 방향으로 순환하고, 남반구에서는 시계 반대 방향으로 순환한다. 따라서 북반구와 남반구는 적도를 경계로 표층 순환 방향이 대칭적인 분포를 보인다.

6 난류는 수온과 염분이 높고, 용존 산소량과 영양 염류가 적다.

7 우리나라의 주변 난류는 쿠로시오 해류에 근원을 두고 있다. 쿠로시오 해류의 일부가 황해 난류와 동한 난류가 된다.

대표 자료 분석

184쪽

자료 ❶ 1 D: 남적도 해류 2 C: 멕시코만류, E: 동오스트레일리아 해류 3 대칭적 4 (1) ○ (2) ○ (3) ○ (4) × (5) × (6) ○ (7) ×

자료 ❷ 1 A: 쿠로시오 해류, B: 황해 난류, C: 동한 난류, D: 북한 한류, E: 연해주한류 2 C, D 3 ㉠ 높다, ㉡ 적다, ㉢ 낮다, ㉣ 많다 4 (1) ○ (2) × (3) ○ (4) ○

1-1 꼼꼼 문제 분석

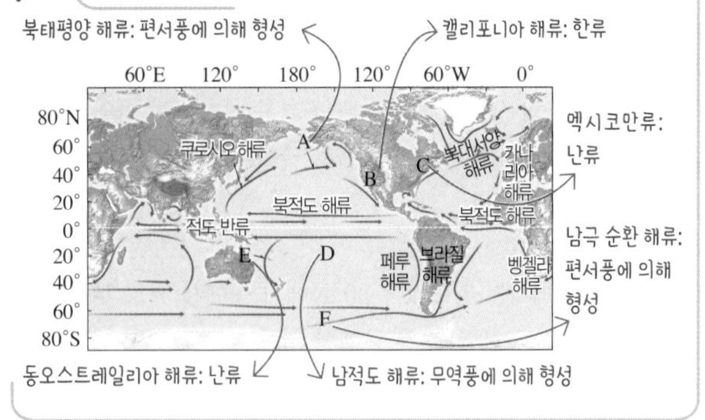

무역풍은 위도 0°~30°에서 부는 바람으로, 동에서 서로 분다. A~F 중 무역풍에 의해 형성된 해류는 남적도 해류(D)이다.

1-2 저위도에서 고위도로 열에너지를 수송하는 해류는 난류이고, A~F 중 멕시코만류(C), 동오스트레일리아 해류(E)가 이에 해당한다.

1-3 아열대 순환은 북반구에서 시계 방향, 남반구에서 시계 반대 방향으로 나타나므로 적도를 경계로 대칭적으로 분포한다.

1-4 (1) 북태평양 해류(A)는 위도 30°N~60°N에서 부는 편서풍의 영향으로 형성된다.
(2) 멕시코만류(C)는 난류이고, 캘리포니아 해류(B)는 한류이다. 난류는 한류보다 고위도로 수송하는 열에너지가 많다.
(3) 남적도 해류(D)는 동에서 서로 부는 무역풍에 의해 형성되므로 해류도 동에서 서로 흐른다.
(4) 난류인 동오스트레일리아 해류(E)가 흐르는 주변 지역은 동일 위도의 다른 지역보다 기후가 온난하다.
(5) 남극 순환 해류(F)는 위도 30°S~60°S에서 부는 편서풍에 의해 형성된다.
(6) 난류인 쿠로시오 해류가 흐르는 해역이 한류인 캘리포니아 해류(B)가 흐르는 해역보다 수온과 염분이 높다.
(7) 아열대 순환은 북반구에서 시계 방향, 남반구에서 시계 반대 방향으로 나타난다.

2-1 A(쿠로시오 해류), B(황해 난류), C(동한 난류)는 난류이고, D(북한 한류), E(연해주한류)는 한류이다.

2-2 조경 수역은 난류와 한류가 만나는 해역으로, 우리나라에서는 동해에 동한 난류(C)와 북한 한류(D)가 만나 형성된다.

2-3 쿠로시오 해류(A)는 난류이고, 연해주한류(E)는 한류이다. 난류는 한류보다 수온과 염분이 높고, 영양 염류와 용존 산소량이 적다.

2-4 (1) 쿠로시오 해류(A)는 북태평양의 아열대 순환에서 저위도에서 고위도로 흐르는 해류로, 우리나라 주변을 흐르는 난류의 근원이다.
(2) 난류인 황해 난류(B)는 한류인 북한 한류(D)보다 용존 산소량이 적다.
(3) 북한 한류(D)는 수온이 낮아 해수의 밀도가 크고, 동한 난류(C)는 수온이 높아 해수의 밀도가 작으므로 두 해류가 만나면 D가 C 아래로 흐른다.
(4) 북한 한류(D)는 연해주한류(E)의 일부가 동해안을 따라 남하하는 해류이다.

내신 만점 문제

185~187쪽

01 ⑤ 02 ③ 03 ⑤ 04 ③ 05 해설 참조 06 ②
07 ④ 08 ④ 09 해설 참조 10 ② 11 ⑤
12 해설 참조 13 ② 14 ④ 15 ②

01 꼼꼼 문제 분석

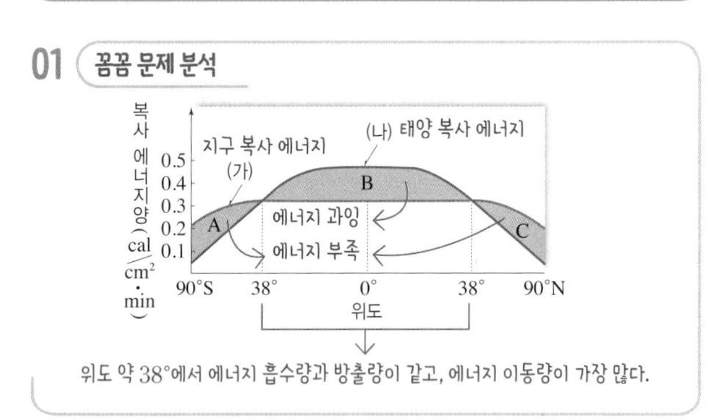

①, ② 지구가 둥글기 때문에 위도별로 흡수되는 에너지양 차이가 큰 (나)는 태양 복사 에너지이고, (가)는 지구 복사 에너지이다. 따라서 A와 C는 부족한 에너지양이고, B는 남는 에너지양이다.
③ 위도 약 38°에서는 입사하는 태양 복사 에너지양과 방출하는 지구 복사 에너지양이 같다.
④ 지구는 복사 평형을 이루므로 부족한 에너지양과 남는 에너지양이 같아 (A+C)=B이다.
바로알기 ⑤ 에너지 흡수량과 방출량이 같은 위도 약 38°에서 에너지 이동량이 가장 많다.

02 ㄱ. 저위도는 에너지 과잉 상태이고, 고위도는 에너지 부족 상태이므로 저위도에서 가열된 공기가 상승하여 고위도로 이동하고 냉각된 후 다시 저위도로 되돌아오는 대기 대순환이 일어나며, 이 과정에서 열에너지가 고위도로 수송된다.
ㄷ. 적도에서 가열된 공기가 각각 북극과 남극 쪽으로 이동하여 순환 세포를 형성하므로 북반구와 남반구의 지상에서의 바람의 방향은 적도를 기준으로 대칭적으로 나타난다.

바로알기 ㄴ. 적도에서 가열된 공기가 상승하여 고위도로 이동하면 전향력에 의해 북반구의 경우 공기의 이동 방향이 점차 오른쪽으로 치우쳐 위도 30°에 도달하면 더 이상 고위도로 이동하지 못하고 냉각되어 하강한다. 따라서 적도에서는 상승 기류, 위도 30°에서는 하강 기류가 발달한다.

03 ⑤ 지구가 자전하지 않을 때 바람은 북반구의 모든 지역에서 북극에서 적도로 불기 때문에 북풍이 나타난다.

바로알기 ①, ②, ③ 지구가 자전하지 않을 때에는 열대류에 의해 적도와 극 사이에 1개의 순환 세포가 형성된다. 열대류와 전향력에 의해 3개의 순환 세포가 형성되는 것은 지구가 자전할 때이다.
④ 적도에서 가열된 공기가 상승하여 이동한다.

04 대기 대순환은 지구 자전의 영향을 받아 적도와 극 사이에 3개의 순환 세포(해들리 순환, 페렐 순환, 극순환)가 형성된다.
ㄱ. 북반구와 남반구에 각각 3개의 순환 세포가 나타나므로 지구 자전에 의해 전향력이 작용할 때 나타나는 대기 순환 모형이다.
ㄴ. 페렐 순환은 위도 30°의 아열대 고압대에서 공기가 하강하고, 위도 60°의 한대 전선대에서 공기가 상승하여 형성되는 간접 순환이다.

바로알기 ㄷ. 적도 지역에서는 저압대가 형성되므로 상승 기류가 발달하고, 극 지역에서는 고압대가 형성되므로 하강 기류가 발달한다.

05 지구가 자전하지 않을 때에는 열대류에 의해 적도와 극 사이에 1개의 순환 세포가 형성되지만, 지구가 자전할 때에는 열대류와 전향력에 의해 적도와 극 사이에 3개의 순환 세포가 형성된다.

모범 답안 위도에 따른 에너지의 불균형에 의해 대기 대순환이 발생하고, 지구의 자전에 의해 3개의 순환 세포가 형성된다.

채점 기준	배점
대기 대순환이 발생하는 원인과 3개의 순환 세포가 형성되는 까닭을 모두 옳게 서술한 경우	100 %
대기 대순환이 발생하는 원인과 3개의 순환 세포가 형성되는 까닭 중 한 가지만 옳게 서술한 경우	50 %

06 꼼꼼 문제 분석

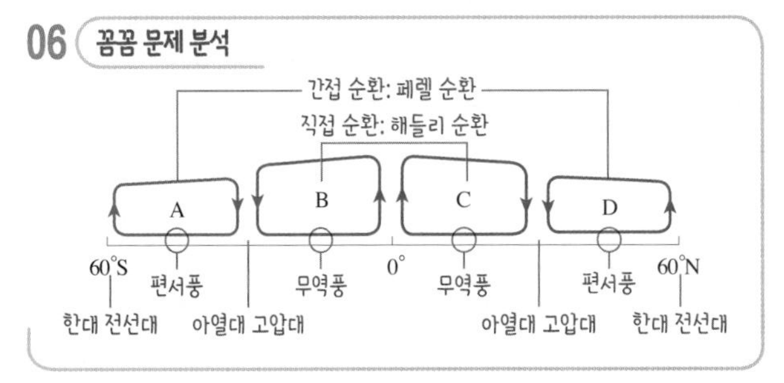

ㄴ. A와 D의 지상에서는 위도 30°에서 하강한 공기가 위도 60° 쪽으로 이동하다가 휘어져 편서풍이 분다. B와 C의 지상에서는 위도 30°에서 하강한 공기가 적도 쪽으로 이동하여 무역풍이 분다. 따라서 A와 D의 지상에서는 주로 서풍 계열의 바람이 불고, B와 C의 지상에서는 주로 동풍 계열의 바람이 분다.

바로알기 ㄱ. 페렐 순환은 위도 30°의 아열대 고압대에서 공기가 하강하고 위도 60°의 한대 전선대에서 공기가 상승하여 형성되는 간접 순환이다. A와 D는 간접 순환이고, B와 C는 직접 순환이다.
ㄷ. 한대 전선대는 위도 60° 부근에서 형성된다. C와 D의 경계 부근에서는 아열대 고압대가 형성된다.

07 ㄴ. 대기 대순환의 바람에 의해 동서 방향으로 흐르던 해류가 대륙에 막혀 남북 방향으로 흐름이 변하여 해류가 흐른다.
ㄷ. 저위도에서 고위도로 흐르는 해류는 난류이고, 고위도에서 저위도로 흐르는 해류는 한류이다.

바로알기 ㄱ. 해수면 위에서 부는 대기 대순환의 바람에 의해 동서 방향으로 흐르는 해류가 형성된다.

08 ①, ② A는 편서풍에 의해 형성된 북태평양 해류이고, B와 C는 각각 북동 무역풍과 남동 무역풍에 의해 형성된 북적도 해류와 남적도 해류이다.
③ D는 대륙에 의해 막혀 있지 않아 남극 대륙 주위를 순환하는 남극 순환 해류이다.
⑤ 북반구와 남반구의 아열대 순환 방향은 적도를 기준으로 대칭을 이루기 때문에 북태평양과 남대서양에서 아열대 순환의 방향은 서로 반대이다.

바로알기 ④ 아열대 해양의 서쪽 연안에서는 저위도에서 고위도로 난류가 흐르고, 동쪽 연안에서는 고위도에서 저위도로 한류가 흐른다.

09 ㉠에서는 북태평양 서쪽 연안을 따라 북쪽으로 난류인 쿠로시오 해류가 흐르고, ㉡에서는 북태평양 동쪽 연안을 따라 남쪽으로 한류인 캘리포니아 해류가 흐른다. 용존 산소량은 수온이 낮을수록 많으므로 ㉡이 ㉠보다 많다.

모범 답안 ㉠: 쿠로시오 해류, ㉡: 캘리포니아 해류, 용존 산소량은 ㉡ 해역이 ㉠ 해역보다 많다.

채점 기준	배점
㉠, ㉡의 해류 이름을 모두 옳게 쓰고, 용존 산소량을 옳게 비교한 경우	100 %
㉠, ㉡의 해류 이름만 모두 옳게 쓴 경우	50 %
㉠, ㉡의 용존 산소량만 옳게 비교한 경우	50 %
㉠, ㉡의 해류 이름 중 한 가지만 옳게 쓴 경우	30 %

10 꼼꼼 문제 분석

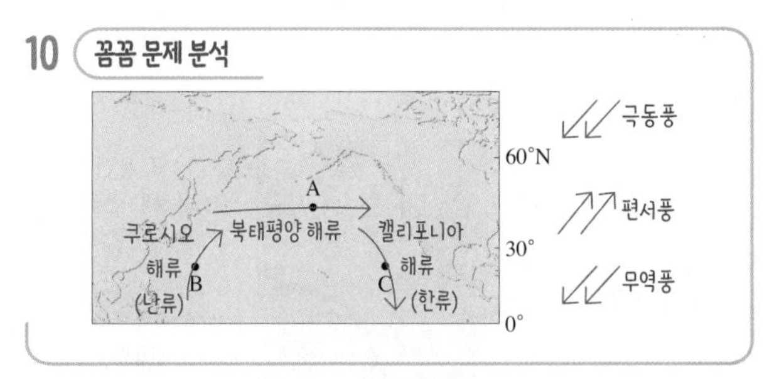

ㄷ. C 해역에는 고위도에서 저위도로 캘리포니아 해류가 흐른다.

바로알기 ㄱ. A 해역에는 북태평양 해류가 흐른다. 북태평양 해류는 위도 30°N~60°N에서 부는 편서풍에 의해 형성된다.
ㄴ. B 해역에는 난류가 흐르고, C 해역에는 한류가 흐르므로 해수의 영양 염류는 B 해역이 C 해역보다 적다.

11 ㄱ. A와 B는 모두 무역풍과 편서풍으로 형성된 표층 해류와 대륙에 막혀 남북 방향으로 흐르는 해류가 이루는 아열대 순환이다.
ㄴ. C는 편서풍에 의해 형성된 남극 순환 해류로, 대륙에 막히지 않아 남극 대륙 주위를 순환한다.
ㄷ. 대기 대순환의 바람은 적도를 기준으로 북반구와 남반구가 대칭을 이룬다. 따라서 표층 순환의 방향도 적도를 기준으로 대칭적으로 나타난다.

12 대기 대순환의 바람의 영향으로 동서 방향으로 흐르는 해류가 형성되고, 대륙에 막혀 남북 방향으로 흐르는 해류가 형성되어 순환을 이룬다.

모범 답안 쿠로시오 해류 → 북태평양 해류 → 캘리포니아 해류 → 북적도 해류, 대기 대순환의 바람에 의해 동서 방향으로 흐르는 해류가 대륙의 영향으로 남북 방향으로 흐르면서 아열대 순환을 이룬다.

채점 기준	배점
해류의 이름을 순서대로 쓰고(시작 해류는 상관없음) 대기 대순환의 바람과 대륙의 영향으로 원인을 옳게 서술한 경우	100 %
해류의 이름만 옳게 쓴 경우	50 %
원인만 옳게 서술한 경우	50 %

13 A 해역에서는 북쪽으로 난류인 멕시코만류가 흐르고, B 해역에서는 남쪽으로 한류인 카나리아 해류가 흐른다. 난류는 한류에 비해 수온과 염분이 높고, 영양 염류와 용존 산소량이 적다.

14 ㄴ. 한류는 난류보다 용존 산소량이 많다. 따라서 북한 한류는 동한 난류보다 용존 산소량이 풍부하다.
ㄷ. 동해에는 동한 난류와 북한 한류가 만나 조경 수역이 형성되어 좋은 어장을 이룬다.
바로알기 ㄱ. 쓰시마 난류는 쿠로시오 해류의 일부가 우리나라 남해와 대한 해협을 거쳐 동해로 흐르는 해류이다. 우리나라 주변을 흐르는 난류의 근원은 쿠로시오 해류이다.

15 꼼꼼 문제 분석

- 한류: 북한 한류(C), 연해주한류
- 난류: 황해 난류(A), 동한 난류(B), 쿠로시오 해류

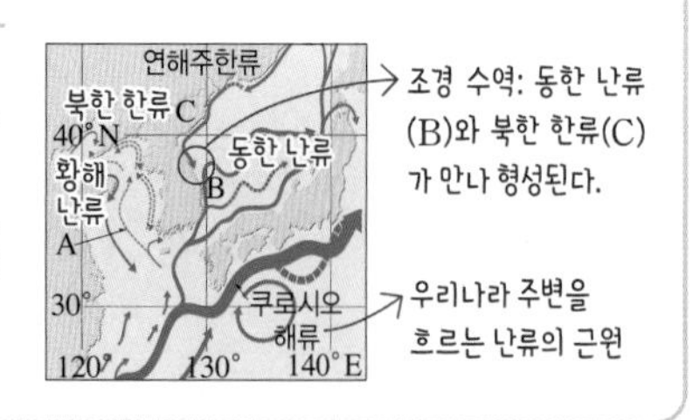

ㄱ. 황해 난류(A)는 쿠로시오 해류의 일부가 제주도 남쪽에서 갈라져 황해를 따라 북상하는 해류이다. 따라서 A의 근원은 쿠로시오 해류이다.
ㄹ. 동한 난류(B)와 북한 한류(C)가 만나 형성되는 조경 수역은 겨울철에는 남하하고, 여름철에는 북상한다. 따라서 조경 수역의 위도는 겨울보다 여름에 높다.
바로알기 ㄴ. 동한 난류(B)의 유속은 여름철에 빠르고, 겨울철에 느리다.
ㄷ. 난류는 한류보다 수온과 염분이 높고, 영양 염류와 용존 산소량이 적다. 따라서 황해 난류(A)는 북한 한류(C)보다 수온과 염분이 높다.

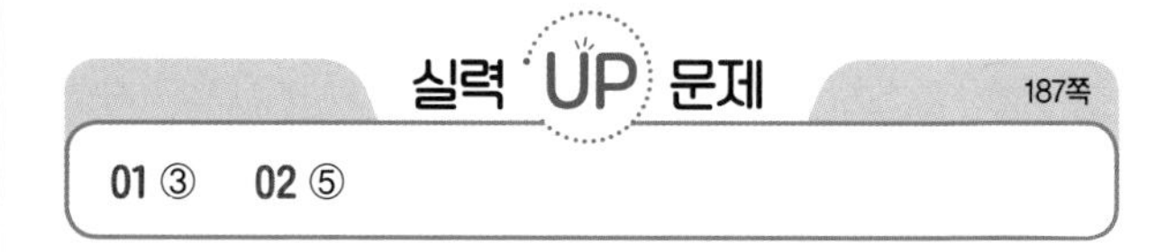

01 ㄱ. A는 북태평양의 서쪽 연안을 따라 북상하는 쿠로시오 해류이다. 쿠로시오 해류의 일부는 황해와 동해로 유입되어 각각 황해 난류와 동한 난류가 된다.
ㄷ. ㉠ 해역은 난류인 쿠로시오 해류와 한류인 오야시오 해류가 만나므로 위도에 따른 수온 변화가 커서 용존 산소량의 변화가 크다. 반면에 ㉡ 해역은 북적도 해류가 갈라지는 해역이므로 위도에 따른 수온 변화가 작아서 용존 산소량의 변화가 작다.
바로알기 ㄴ. B는 편서풍에 의해 형성된 남극 순환 해류로, 이 해류의 일부가 동쪽으로 흐르다가 남아메리카 대륙에 부딪치면 저위도로 이동하는 한류(페루 해류)가 된다.

02 꼼꼼 문제 분석

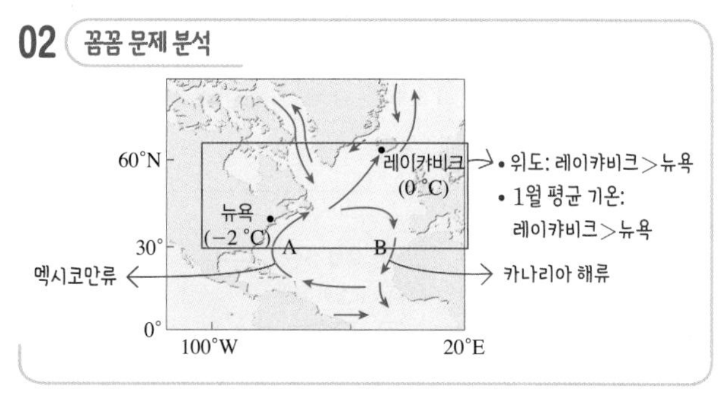

ㄱ. A는 북대서양의 서쪽 연안을 따라 북상하는 멕시코만류이고, 멕시코만류가 편서풍대에 진입하면 북대서양 해류가 되어 동쪽으로 흐른다.
ㄴ. A(멕시코만류)는 난류이고, B(카나리아 해류)는 한류이므로 A는 B보다 수온과 염분이 높다.
ㄷ. 레이캬비크는 뉴욕보다 고위도에 위치하지만 1월 평균 기온은 레이캬비크가 더 높은데, 이는 레이캬비크가 뉴욕보다 난류인 멕시코만류의 영향을 더 크게 받기 때문이다.

02 해수의 심층 순환

개념 확인 문제

191쪽

❶ 심층 순환 ❷ 밀도 ❸ 수괴 ❹ 남극 저층수 ❺ 북대서양 심층수 ❻ 열에너지

1 (1) ○ (2) × (3) × (4) ○ (5) × **2** (1) B (2) ㉠ 커, ㉡ 낮, ㉢ 높 **3** (1) ㉠ >, ㉡ < (2) B **4** C, 남극 저층수

1 (1) 심층 순환은 수온과 염분의 변화 때문에 생기는 해수의 밀도 변화로 일어난다.
(2) 수온이 높아지거나 염분이 낮아지면 해수의 밀도가 작아진다.
(3) 극 해역에서는 해수의 침강이 일어나 저위도로 이동하고, 온대나 열대 해역에서는 해수의 용승이 천천히 일어난다.
(4) 심층 순환은 직접 관측하기 어려우므로 수온과 염분을 측정하여 수온 염분도에 나타내어 수괴를 파악하면 수괴의 기원과 이동 경로를 알 수 있다.
(5) 심층 순환은 표층 순환에 비해 매우 느리게 일어난다.

2 (1) A는 심층의 해수가 용승하므로 저위도이고, B는 표층의 해수가 침강하므로 고위도이다.
(2) B 해역에서 해수의 침강이 일어나기 위해서는 밀도가 커져야 한다. 밀도가 커지기 위해서는 수온이 낮아지거나 염분이 높아져야 한다.

3 꼼꼼 문제 분석

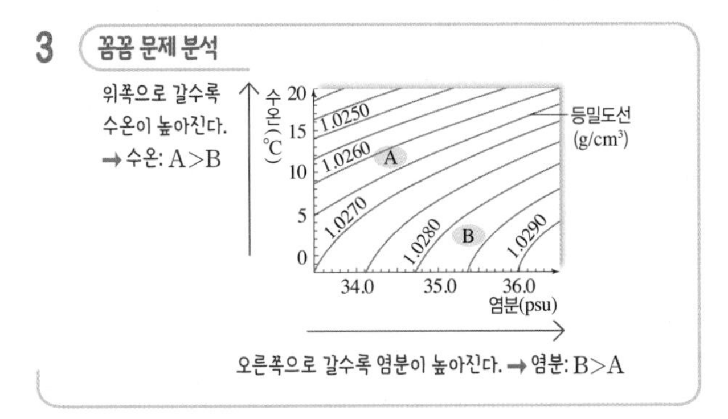

(1) 수온 염분도(T－S도)에서 세로축의 수온은 위쪽으로 갈수록 높아지고, 가로축의 염분은 오른쪽으로 갈수록 높아지므로 평균 수온은 A가 B보다 높고, 평균 염분은 B가 A보다 높다.
(2) 수괴 A는 밀도가 1.0265 g/cm^3보다 작고, 수괴 B는 밀도가 1.0280 g/cm^3보다 크므로 밀도는 B가 A보다 크다. 따라서 두 수괴가 만나면 밀도가 큰 B가 아래쪽으로 가라앉아 흐른다.

4 A는 위도 50°S~60°S에서 침강하여 대서양의 중층을 따라 흐르는 해수이므로 남극 중층수이다. B는 북대서양에서 침강하여 남쪽으로 흐르는 해수이므로 북대서양 심층수이다. C는 남극 대륙 주변에서 침강하고 수심이 가장 깊은 곳을 흐르는 해수이므로 남극 저층수이다. 겨울철 결빙으로 염분이 높아지면서 해수가 심층으로 가라앉아 형성되어 위도 30°N까지 흐르는 해수는 남극 저층수이다.

대표 자료 분석

192~193쪽

자료 ❶ 1 B, C 2 (가) 3 ㉠ 낮, ㉡ 높 4 (1) × (2) × (3) ○ (4) ○ (5) ×

자료 ❷ 1 A: 북대서양 심층수, B: 남극 중층수, C: 남극 저층수 2 (1) 느리다 (2) C 3 (1) × (2) × (3) ○ (4) ○ (5) ○ (6) ×

자료 ❸ 1 ㉠>㉡>수돗물 2 A: ㉠, B: ㉡ 3 A: 남극 대륙 주변 해역, B: 그린란드 주변 해역 4 (1) ○ (2) ○ (3) × (4) × (5) ○

자료 ❹ 1 (가) 노르웨이해 (나) 래브라도해 (다) 웨델해 2 남극 저층수 3 약해진다 4 (1) ○ (2) ○ (3) × (4) × (5) ○ (6) ×

1-1 해수의 밀도는 수온이 낮을수록, 염분이 높을수록 크고, 밀도가 주변의 물보다 큰 해수 덩어리는 아래로 가라앉는다. A는 수조 속의 물보다 수온이 높고 염분이 낮으므로 가라앉지 않으며, B는 수조 속의 물과 수온은 같지만 염분이 높으므로 가라앉는다. C는 수조 속의 물보다 수온이 낮고 염분이 높으므로 가라앉는다.

1-2 바닥으로 가라앉은 물은 수조의 바닥을 따라 퍼져나가므로 (가) 방향으로 이동한다.

1-3 착색한 물과 수조 속의 물의 밀도 차가 클수록 착색한 물은 빠르게 바닥으로 가라앉아 퍼져나간다. 따라서 바닥으로 가라앉은 물의 이동 속도는 수온이 낮을수록, 염분이 높을수록 빠르다.

1-4 (1) 수온이 낮을수록, 염분이 높을수록 밀도가 크므로 착색된 물의 밀도는 C>B>A이다.
(2) 해수의 심층 순환은 대서양 북쪽과 남극 대륙 주변에서 해수의 침강으로 일어나므로 종이컵이 있는 위치는 고위도 해역에 해당한다.
(3) 착색한 물이 바닥으로 가라앉으면 퍼져나가므로 수조 표면의 물은 종이컵 쪽으로 이동한다.
(4) 수온이 낮아져 해수의 결빙이 일어나면 염분은 높아지므로 해수의 침강이 일어나게 된다.
(5) 심층 순환은 표층 순환과 연결되어 있으므로 심층 순환이 약해지면 표층 순환이 약해져 해수에 의한 열에너지 수송량에 변화가 생기게 된다.

2-1 꼼꼼 문제 분석

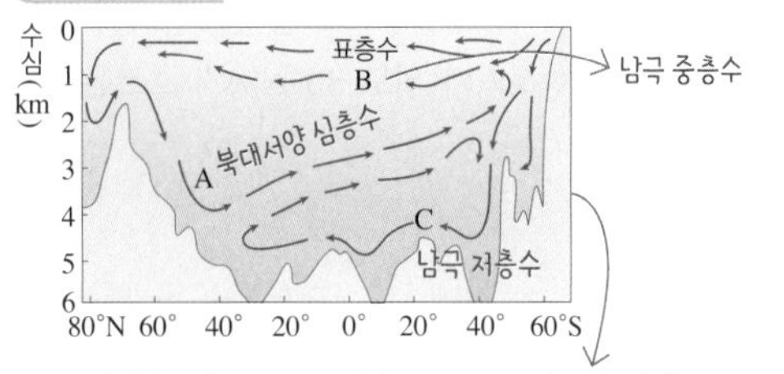

C가 가장 깊은 곳을 흐르고, 그 위쪽으로 A, B가 순서대로 흐름
→ 밀도: C>A>B

A는 북대서양에서 침강하여 남쪽으로 흐르는 해수이므로 북대서양 심층수이다. B는 위도 50°S~60°S에서 침강하여 대서양 중층을 따라 흐르는 해수이므로 남극 중층수이다. C는 남극 대륙 주변에서 침강한 해수이므로 남극 저층수이다.

2-2 (1) 심층 해수인 A~C는 표층 해수보다 이동 속도가 매우 느리다.
(2) 밀도가 큰 해수일수록 깊이 가라앉아 해저 바닥을 따라 해류가 흐른다. 따라서 평균 밀도가 가장 큰 해수는 가장 아래쪽에서 흐르는 C이다.

2-3 (1) 심층 순환은 표층에서 수온이 낮아지거나 염분이 높아져 밀도가 커진 해수가 침강하여 발생한다. 대기 대순환의 바람에 의해 발생하는 것은 표층 순환이다.
(2) A는 B의 아래쪽에서 흐르므로 B보다 밀도가 크다.
(3) A는 북대서양 심층수로, 북대서양 그린란드 남쪽의 래브라도해와 그린란드 동쪽의 노르웨이해에서 표층 해수가 가라앉아 형성된다.
(4) C는 남극 저층수로, 해저를 따라 북쪽으로 확장하여 위도 30°N까지 흐르고, 전 세계 해양으로 퍼져나간다.
(5) 심층 순환은 용존 산소가 풍부한 표층 해수를 심해로 운반하여 산소를 공급한다.
(6) 지구 온난화가 진행되면 극지방의 빙하가 녹고 강수량이 증가하여 해수의 염분이 감소한다. 이에 따라 해수의 밀도가 감소하기 때문에 침강이 약해져 심층 순환이 약해진다.

3-1 소금물이 가라앉는 까닭은 소금물의 밀도가 수돗물보다 크기 때문이다. 한편 ㉠과 ㉡은 농도는 같지만, ㉠이 ㉡보다 온도가 낮으므로 밀도는 ㉠이 더 크다. 따라서 밀도는 ㉠>㉡>수돗물이다.

3-2 A에 넣은 소금물이 B에 넣은 소금물보다 아래로 이동하므로 밀도는 A에 넣은 소금물이 B에 넣은 소금물보다 크다. 따라서 A에는 ㉠, B에는 ㉡의 소금물을 부었다.

3-3 A에 넣은 소금물이 B에 넣은 소금물의 아래로 이동하므로 A에 넣은 소금물은 남극 저층수, B에 넣은 소금물은 북대서양 심층수에 해당한다. 따라서 A가 놓인 위치는 남극 대륙 주변의 침강 해역, B가 놓인 위치는 그린란드 주변의 침강 해역에 해당한다.

3-4 (1) 밀도가 다른 두 물이 이동하다가 만나면 밀도가 큰 물이 밀도가 작은 물 아래로 이동한다. 따라서 소금물 ㉠, ㉡이 가라앉는 까닭은 소금물이 수돗물보다 밀도가 크기 때문이다.
(2) 소금물의 이동 모습을 보면 A에 넣은 소금물이 B에 넣은 소금물보다 아래로 이동하므로, 용기 A에 부은 소금물(㉠)은 용기 B에 부은 소금물(㉡)보다 밀도가 크다.
(3) 남극 저층수는 북대서양 심층수 아래로 이동한다. 따라서 소금물 ㉠은 남극 저층수, 소금물 ㉡은 북대서양 심층수에 해당한다.
(4) 용기 A는 남극 대륙 주변의 침강 해역에 해당하고, 용기 B는 그린란드 주변의 침강 해역에 해당한다.
(5) 소금물 ㉠은 남극 저층수에 해당하므로 실제 해양에서의 기준으로 볼 때 북쪽으로 흐르고, 소금물 ㉡은 북대서양 심층수에 해당하므로 남쪽으로 흐른다.

4-1 심층 순환을 일으키는 침강 해역은 북반구에서는 그린란드 남쪽의 (나) 래브라도해와 그린란드 동쪽의 (가) 노르웨이해에 있으며, 남반구에서는 남극 대륙 주변의 (다) 웨델해에 있다.

4-2 북대서양의 침강 해역에서 침강한 북대서양 심층수는 대서양 서쪽을 따라 흐르고, 남극 대륙 주변에 도달하면 남극 저층수와 만나 남극 대륙 주위를 돌다가 인도양과 태평양으로 흘러 들어가 표층으로 용승하여 표층 순환과 연결된다.

4-3 북대서양 침강 해역에 많은 양의 담수가 유입되면 해수의 염분이 낮아져 밀도가 작아지므로 침강이 약해지고, 침강하는 해수와 연결된 고위도로 이동하는 표층 해류의 흐름도 약해진다.

4-4 (1) 심층 순환과 표층 순환은 연결되어 전 지구를 순환하고 있다.
(2) (가) 해역과 (나) 해역에서 해수가 침강하여 북대서양 심층수가 형성되고 남쪽으로 확장하여 흐른다.
(3) (다) 해역에서는 남극 저층수가 형성되어 북쪽으로 확장하여 흐르고, 전 세계 해양으로 퍼져나간다.
(4) 심층 해수가 인도양과 태평양으로 유입되면서 점차 수온이 높아지므로 인도양에서는 표층으로 상승한다.
(5) 심층 순환은 표층 순환과 연결되어 저위도의 남는 열에너지를 고위도로 수송하여 위도별 에너지 불균형을 해소시킨다.
(6) 심층 순환은 표층 순환과 연결되어 있으므로 심층 순환이 약해지면 표층 순환도 약해진다.

내신 만점 문제 194~196쪽

01 ④	02 ③	03 해설 참조	04 ②	05 ㉠ 35.0, ㉡ 1.0285	06 ①	07 ①	08 ③	09 ②	10 ②
11 ④	12 ⑤	13 ②	14 ③	15 ④	16 해설 참조				

01 ①, ② 심층 순환은 수온과 염분 변화에 따른 밀도 차로 형성되기 때문에 열염 순환이라고도 한다.
③ 심층 순환은 용존 산소가 풍부한 표층 해수를 심해로 운반하여 심해에 산소를 공급해 준다.
⑤ 심층 순환은 표층 순환과 연결되어 저위도의 남는 열에너지를 고위도로 수송하여 위도별 열수지 불균형을 해소시킨다.
바로알기 ④ 표층 순환은 유속이 빠르지만, 심층 순환은 유속이 느리다. 심층 순환이 한 번 순환하는 데에는 약 1000년의 시간이 필요하다.

02 꼼꼼 문제 분석

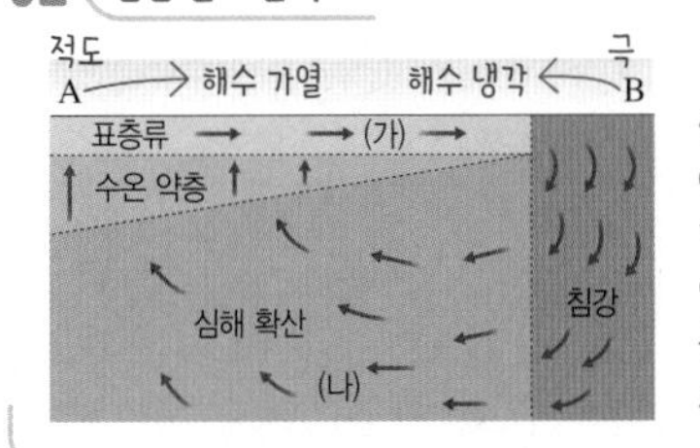

심층 순환의 발생 과정: 극지방에서 냉각된 해수는 밀도가 커져 가라앉는다. → 저위도로 이동하여 온대나 열대 해역에서 천천히 용승한다. → 표층을 따라 극 쪽으로 이동한다.

ㄱ. A는 심층 해수가 용승하는 곳이므로 해수가 가열되는 저위도의 해역이다. B는 표층 해수가 침강하는 곳이므로 해수가 냉각되는 고위도의 해역이다.
ㄷ. 표층 순환은 바람에 의해 일어나고, 심층 순환은 해수의 밀도 차에 의해 일어나므로 해류의 유속은 (가)가 (나)보다 빠르다.
바로알기 ㄴ. B에서 해수의 염분이 낮아지면 해수의 밀도가 작아지므로 침강이 일어나기 어렵다. 따라서 B에서는 해수의 수온이 낮아지거나 염분이 높아질 때 침강이 일어난다.

03 (1) 해수의 밀도는 수온이 낮을수록, 염분이 높을수록 크다. 수온이 같은 상태에서 C는 B보다 염분이 높으므로 밀도는 C>B이고, 염분이 같은 상태에서 B는 A보다 수온이 낮으므로 밀도는 B>A이다.
(2) 표층에서 결빙이 일어날 때는 수온이 낮아지고 염분이 높아져 해수의 성질은 ㉢ 방향으로 변한다. 그에 따라 해수의 밀도가 커지므로 해수가 침강한다.

모범 답안 (1) C>B>A (2) ㉢, 해수의 침강이 일어난다.

채점 기준		배점
(1)	해수의 밀도를 옳게 비교한 경우	30 %
(2)	해수의 성질 변화를 옳게 고르고, 해수의 운동을 옳게 서술한 경우	70 %
	해수의 운동만 옳게 서술한 경우	50 %
	해수의 성질 변화만 옳게 고른 경우	30 %

04 ㄴ. B는 수조의 물보다 밀도가 크므로 B를 종이컵에 부으면 가라앉은 후 수조의 바닥을 따라 퍼지게 된다.
바로알기 ㄱ. 얼음물과 소금물은 수조의 물보다 밀도가 크므로 A와 B 모두 표층의 해수가 침강하여 심층 순환이 발생하는 해역의 해수에 해당한다.
ㄷ. 심층 순환은 고위도 해역에서 발생하므로 종이컵의 위치는 실제 지구의 고위도 침강 해역에 해당한다.

[05~06] 꼼꼼 문제 분석

해수	A	B
수온 (°C)	15	5
염분 (psu)	(㉠ 35.0)	36.0
밀도 (g/cm^3)	1.0260	(㉡ 1.0285)

수온: A>B, 염분: B>A → 밀도: B>A

05 A는 수온이 15 °C이고, 밀도가 1.0260 g/cm^3이므로 수온 염분도를 읽으면 염분은 35.0 psu(㉠)이다.
B는 수온이 5 °C이고, 염분이 36.0 psu이므로 수온 염분도를 읽으면 밀도는 1.0285 g/cm^3(㉡)이다.

06 ㄱ. A와 B가 만나면 밀도가 큰 B가 A의 아래쪽에서 흐를 것이다.
바로알기 ㄴ. A 주변 해수의 수온이 10 °C이고 염분이 같으면 A는 주변 해수보다 밀도가 작으므로 침강하지 않는다.
ㄷ. B의 염분이 34.0 psu로 낮아지면(B′) 밀도는 1.0265 g/cm^3와 1.0270 g/cm^3 사이이므로 A보다 밀도가 크다.

07 ㄱ. 심층 순환은 고위도 해역에서 밀도가 큰 표층의 해수가 침강하여 일어나므로 A는 고위도의 해역이다.
바로알기 ㄴ. A 해역에서 밀도가 큰 해수가 침강하여 심층 순환이 일어나면 표층의 해수는 A 해역 쪽으로 이동하여 심층 순환과 연결된다.
ㄷ. A 해역에서 표층 염분이 증가하면 해수의 밀도가 커지므로 심층 순환이 강화된다.

08 꼼꼼 문제 분석

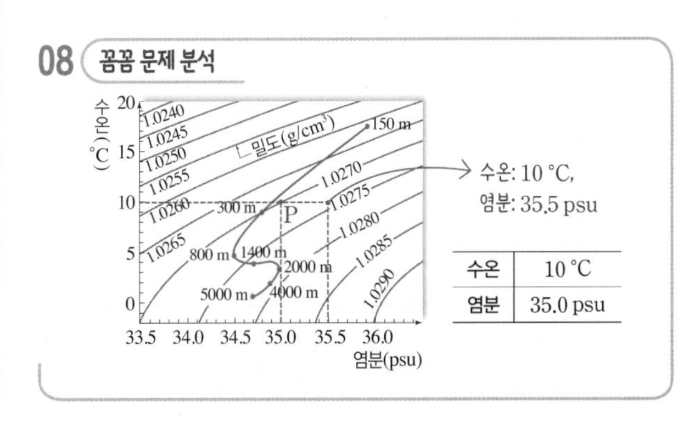

수온	10 °C
염분	35.0 psu

ㄱ. 수심 300 m～800 m 구간에서는 밀도가 증가하지만 수심 4000 m～5000 m 구간에서는 밀도가 거의 일정하므로 밀도 변화는 수심 300 m～800 m 구간이 더 크다.
ㄴ. P의 밀도는 약 1.0270 g/cm^3이므로 수심 150 m의 해수보다 밀도가 크다.
바로알기 ㄷ. P의 염분이 35.5 psu로 높아지면 밀도가 약 1.0274 g/cm^3가 되므로 수심 800 m～1400 m 구간까지 침강한다.

09 ② 찬물이 따뜻한 물보다 밀도가 크므로 칸막이를 들어 올리면 찬물이 수조의 바닥을 따라 흘러 (가)와 같은 흐름이 나타난다. 이는 심층 순환이 일어나는 원리를 설명한 것으로, (가)에 해당하는 해류는 남극 저층류이다.
바로알기 ①, ③, ④, ⑤ 멕시코만류, 북대서양 해류, 북태평양 해류, 남극 순환 해류는 바람에 의해 형성된 표층 해류이다.

10 ㄴ. 북대서양 심층수는 그린란드 부근의 래브라도해와 노르웨이해에서 침강하여 형성된다.
바로알기 ㄱ. 남극 중층수는 남극 저층수보다 밀도가 작으므로 남극 저층수 위로 흐른다.
ㄷ. 남극 저층수는 겨울철에 결빙이 일어나면서 밀도가 커진 해수가 침강하여 형성된다.

11 꼼꼼 문제 분석

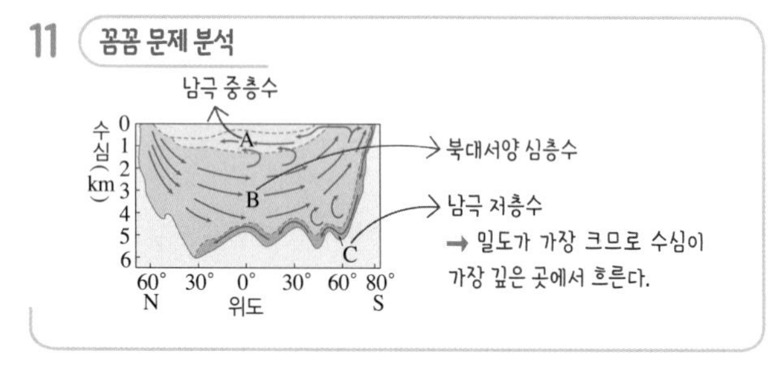

ㄴ. 남극 저층수(C)는 남극 대륙 주변의 웨델해에서 겨울철에 결빙에 의해 침강한 해수이다.
ㄷ. 밀도가 클수록 수심이 깊은 곳을 흐르기 때문에 해수의 밀도는 C>B>A이다.
바로알기 ㄱ. A는 남극 중층수, B는 북대서양 심층수이다.

12 ㄱ. ㉠은 남극 중층수, ㉡은 북대서양 심층수, ㉢은 남극 저층수이다.
ㄴ. 수온 염분도에서 등밀도선은 오른쪽 아래로 갈수록 값이 커진다. 따라서 ㉠～㉢ 중 평균 밀도는 ㉢(남극 저층수)이 가장 크다.
ㄷ. 해수의 밀도는 수온이 낮을수록, 염분이 높을수록 크다. 남극 저층수는 북대서양 심층수보다 염분이 낮은데도 불구하고 밀도가 큰데, 이는 남극 저층수의 수온이 더 낮기 때문이다.

13 꼼꼼 문제 분석

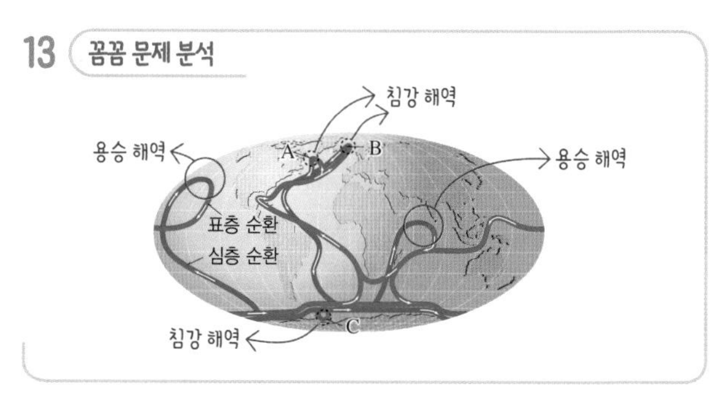

ㄴ. 북대서양 심층수는 대서양의 서쪽을 따라 이동하여 남극 대륙 부근에 도달하면 남극 저층수와 만나며, 대륙 주위를 돌면서 인도양과 태평양으로 유입된다.
바로알기 ㄱ. A와 B는 북대서양의 그린란드 부근의 침강 해역이고, C는 남극 대륙 주변의 침강 해역이다. 따라서 A, B, C 모두 침강 해역이다.
ㄷ. 북태평양에는 침강 해역이 없으며, 수온이 높아진 심층 해수가 용승하여 표층 해류와 연결된다.

14 꼼꼼 문제 분석

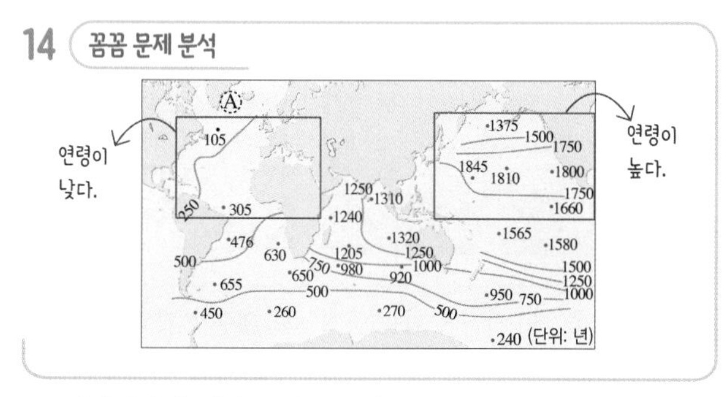

ㄱ. 북대서양의 연령은 약 300년 이하이고, 북태평양의 연령은 약 1300년 이상이다. 이는 북대서양에서 침강한 해수가 북태평양에 도달하기 때문이다.
ㄷ. 대서양에서 해수의 연령은 남반구로 갈수록 높아지므로 대서양에서는 북반구에서 남반구로 해수가 흐른다는 것을 알 수 있다.
바로알기 ㄴ. 해수 중의 산소는 공기 중에서 해수 표면으로 녹아 들어가므로 표면에서 침강한 시간이 길면 용존 산소량은 감소한다. 따라서 남극 대륙 주변 해역의 수심 4000 m에서의 용존 산소량은 북태평양 해역에 비해 많을 것이다.

15 ① 심층 순환의 변화는 표층 순환의 열 수송량에 변화를 주어 기후 변화를 일으킨다.
② 심층 순환은 거의 전 수심과 전 위도에 걸쳐 일어나며, 이때 해수의 물질과 에너지를 순환시킨다.
③ 표층 순환과 심층 순환은 저위도에서 고위도로 열에너지를 수송하여 위도별 에너지 불균형을 해소시키는 역할을 한다.
⑤ 심층 순환에 의해 심층수에 풍부한 영양 염류가 표층으로 공급된다.
바로알기 ④ 용존 산소량은 심층보다 표층에 더 많다. 심층 순환은 표층의 용존 산소를 심해로 운반한다.

16 A 기간은 영거 드라이아스 빙하기이다. 영거 드라이아스 빙하기가 나타난 까닭은 기온이 따뜻해지면서 북극 주변의 빙하가 많이 녹아 북대서양으로 많은 양의 담수가 유입되어 해수의 염분이 낮아졌기 때문이다. 이로 인해 해수의 밀도가 작아져 침강이 약화되었고, 심층 순환에 연결된 표층 해류의 흐름이 약해졌다. 멕시코만류가 북상하지 못하여 유럽 지역의 기온이 낮아졌고, 이를 시작으로 전 지구적으로 춥고 건조한 기후가 되었다.

모범 답안 북극 주변의 빙하가 녹아 북대서양으로 많은 양의 담수가 유입되었고, 해수의 염분이 낮아지면서 밀도가 작아져 침강이 약화되었다. 이로 인해 표층 순환도 약해지면서 고위도로 열을 전달하지 못하여 춥고 건조한 기후가 되었다.

채점 기준	배점
해수의 밀도 감소, 침강 약화를 포함하여 옳게 서술한 경우	100 %
둘 중 한 가지만 포함하여 옳게 서술한 경우	40 %

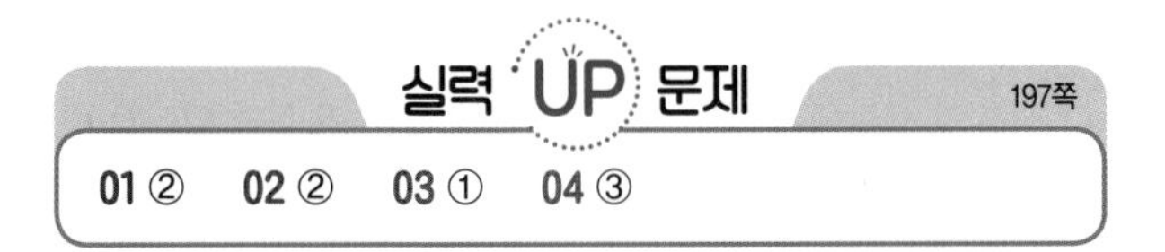

01 ㄴ. B(북대서양 심층수)와 C(남극 저층수)는 수온이 낮은 고위도 해역에서 용존 산소가 풍부한 해수가 침강하여 형성되므로 심해에 산소를 공급한다.

바로알기 ㄱ. A(남극 중층수)는 위도 50°S~60°S에서 침강하여 표층수 아래로 이동하므로 적도 부근에서 침강한 것이 아니다.

ㄷ. (증발량−강수량) 값이 감소하면 염분이 낮아지므로 해수 밀도는 감소한다. 따라서 ㉠ 해역에서 (증발량−강수량) 값이 감소하면 침강이 약해진다.

02 꼼꼼 문제 분석

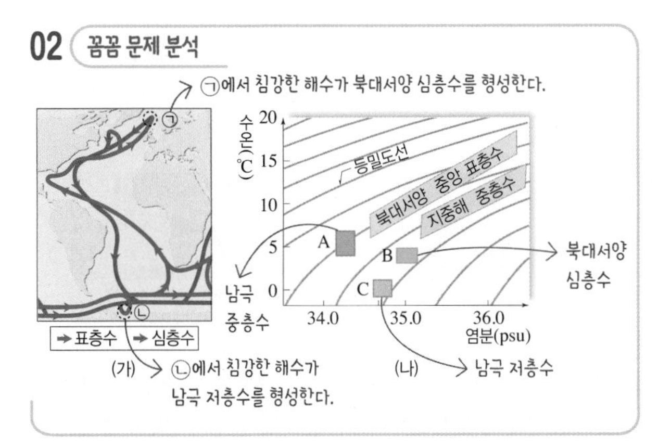

ㄱ. ㉠ 해역은 그린란드 주변 해역에서 표층수의 침강이 일어나는 곳으로, 그린란드에서 ㉠ 해역으로 하천수가 유입되면 해수의 염분이 낮아지면서 밀도가 감소하므로 표층수의 침강은 약해진다.

ㄹ. 해수는 밀도가 클수록 아래에 위치한다. 해수의 밀도는 A<B<C이므로 표층수부터 아래로 내려갈수록 A(남극 중층수) → B(북대서양 심층수) → C(남극 저층수) 순으로 해수를 만나게 된다.

바로알기 ㄴ. ㉡은 해수의 침강이 일어나는 해역으로 ㉡에서는 남극 저층수가 형성된다. 남극 저층수는 남극 중층수(A)나 북대서양 심층수(B)보다 밀도가 크므로, ㉡에서 형성되는 수괴는 C(남극 저층수)에 해당한다.

ㄷ. B(북대서양 심층수)는 그린란드 부근 해역에서 해수의 침강으로 형성된 후 남쪽으로 이동하여 위도 60°S까지 흐른다.

03 ㄱ. 심층 순환은 표층 순환과 연결되어 전 지구 해양을 흐르는 하나의 거대한 순환을 이루므로, 심층 순환이 약해지면 표층 순환도 약해진다. A 시기는 B 시기보다 북대서양 심층 순환의 세기가 강하므로 북대서양에서 고위도로 이동하는 표층 해류의 흐름이 강하다.

바로알기 ㄴ. 북대서양 심층수가 형성되는 그린란드 부근 해역에서 표층수의 침강이 약해지면 북대서양 심층 순환이 약해진다. A 시기는 B 시기보다 북대서양 심층 순환이 강한 것으로 보아 북대서양 심층 순환이 형성되는 해역에서 표층수의 침강이 강했음을 알 수 있다.

ㄷ. 심층 순환은 표층 순환과 연결되어 저위도의 남는 열에너지를 고위도로 수송하여 위도 간 열수지 불균형을 해소하는 역할을 한다. 따라서 심층 순환이 활발할수록 저위도에서 고위도로 이동하는 에너지 수송이 활발하여 저위도와 고위도의 표층 수온 차가 작아진다. A 시기는 B 시기보다 심층 순환의 세기가 강하므로 북대서양에서 저위도와 고위도의 표층 수온 차가 작다.

04 방사성 탄소(^{14}C)는 우주로부터 날아온 고에너지 입자가 대기에서 질소(^{14}N)와 반응하여 생성되고, 다시 붕괴하여 ^{14}N로 되는 과정이 반복되므로 대기 중의 ^{14}C의 농도는 일정하게 유지된다. 그러나 ^{14}C가 해수에 녹은 이후에는 대기와의 접촉이 차단되고, ^{14}C의 붕괴에 의해 시간에 따라 해수 중의 농도가 변하므로 심층 순환이 일어난 이후의 시간을 측정할 수 있는 근거가 된다.

ㄱ. 북태평양에서 해수의 연령은 수백 년 이상으로 오래되었고, 북대서양 고위도와 남극 대륙 주변에서는 해수의 연령이 최근에 가까우므로 북태평양에는 심층 순환의 침강 해역이 없으며, 북대서양 북부와 남극 대륙 주변에 침강 해역이 있다.

ㄷ. 인도양의 저위도 해역에는 연령이 가장 오래된 해수가 있으므로 이곳에서 심층수의 일부는 용승하여 표층수로 되어 표층 순환과 연결된다.

바로알기 ㄴ. 북대서양에서는 서쪽 연안이 동쪽 연안보다 해수의 연령이 적은데, 이는 북대서양의 그린란드 주변 해역에서 침강한 북대서양 심층수가 대체로 서쪽 연안을 따라 남하하여 남극 대륙 부근까지 이동하기 때문이다.

대기와 해양의 상호 작용

개념 확인 문제

200쪽

❶ 오른쪽 ❷ 왼쪽 ❸ 용승 ❹ 침강 ❺ 연안 ❻ 무역풍 ❼ 용승 ❽ 침강 ❾ 안개

1 (1) ㉢ (2) ㉡ (3) ㉣ (4) ㉠ 2 ㉠ 침강, ㉡ 용승, ㉢ 용승, ㉣ 침강 3 (가) 남 (나) 남 4 ㉠ 적도 → 북쪽, ㉡ 적도 → 남쪽, ㉢ 용승 5 (1) (나) (2) (가) (3) (가) 6 (1) ○ (2) ○ (3) × (4) ○

1 (1) 북반구에서 표층 해수의 이동 방향은 해수면에서 바람 방향의 오른쪽 45°이므로 ㉢이다.
(2) 남반구에서 표층 해수의 이동 방향은 해수면에서 바람 방향의 왼쪽 45°이므로 ㉡이다.
(3) 북반구에서 표층 해수의 평균적인 이동 방향은 바람 방향의 오른쪽 90°이므로 ㉣이다.
(4) 남반구에서 표층 해수의 평균적인 이동 방향은 바람 방향의 왼쪽 90°이므로 ㉠이다.

2 북반구 대륙의 동해안에 남풍이 계속 불면 표층 해수는 바람 방향의 오른쪽인 먼 바다 쪽으로 이동하여 해안에는 용승이 일어나고, 북반구 대륙의 서해안에 북풍이 계속 불면 표층 해수는 바람 방향의 오른쪽인 먼 바다 쪽으로 이동하여 해안에는 용승이 일어난다.

3 꼼꼼 문제 분석

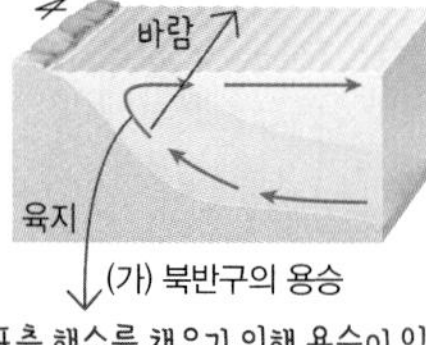

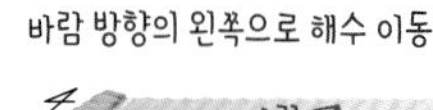

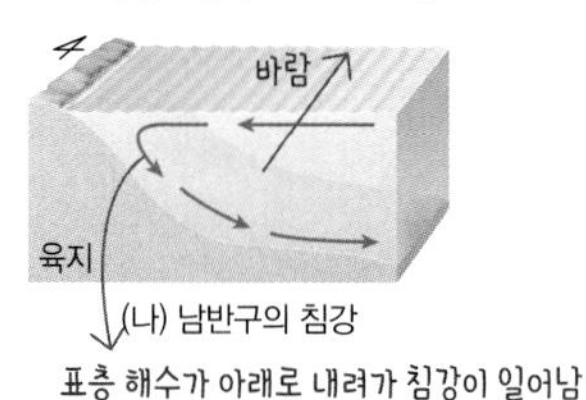

(가) 북반구에서는 표층 해수가 바람 방향의 오른쪽 90°로 이동한다. 그림에서 표층 해수가 동쪽으로 이동하므로 남풍이 분다.
(나) 남반구에서는 표층 해수가 바람 방향의 왼쪽 90°로 이동한다. 그림에서 표층 해수가 서쪽으로 이동하므로 남풍이 분다.

4 북반구에서는 북동 무역풍에 의해 적도에서 북쪽으로 표층 해수가 이동하고 남반구에서는 남동 무역풍에 의해 적도에서 남쪽으로 표층 해수가 이동하는데, 적도 부근에서는 부족해진 해수를 채우기 위해 심층의 찬 해수가 표층으로 이동하는 용승이 일어난다. 이를 적도 용승이라고 한다.

5 꼼꼼 문제 분석

북반구에서는 바람 방향의 오른쪽 90°로 표층 해수가 이동한다.

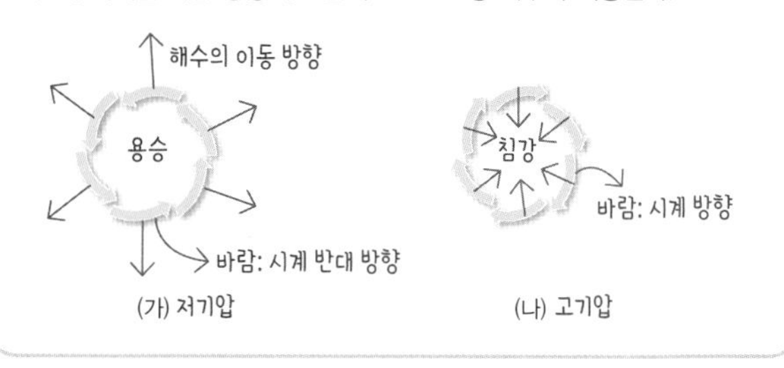

(1) 북반구에서 (가)는 시계 반대 방향으로 바람이 부는 저기압이고, (나)는 시계 방향으로 바람이 부는 고기압이다.
(2) (가)에서는 바람 방향의 오른쪽으로 표층 해수가 이동하여 저기압 중심에서 바깥쪽으로 발산하므로 중심에서는 용승이 일어난다. (나)에서는 바람 방향의 오른쪽으로 표층 해수가 이동하여 고기압 중심으로 해수가 수렴하므로 침강이 일어난다.
(3) 태풍은 열대 저기압으로, 중심부에서 해수의 용승이 일어난다.

6 (1) 용승이 일어나는 해역은 심층의 찬 해수가 올라오므로 표층 수온이 낮아진다.
(2) 심층의 해수에는 영양 염류가 풍부하므로 용승이 일어날 때 심층의 영양 염류가 표층으로 공급된다.
(3) 용승이 일어나는 해역에서는 표층 수온이 낮아지므로 대기가 냉각되어 안개가 자주 발생한다.
(4) 표층 해수에는 산소가 많이 녹아 있으므로 침강이 일어나는 해역은 표층의 용존 산소가 심층으로 이동한다.

203쪽

완자쌤 비법 특강

Q1 ㉠ 고기압, ㉡ 저기압, ㉢ 저기압, ㉣ 고기압

Q1 꼼꼼 문제 분석

수온 편차: (−) ➡ 수온 낮음 ➡ 고기압 형성
수온 편차: (+) ➡ 수온 높음 ➡ 저기압 형성
수온 편차: (+) ➡ 수온 높음 ➡ 저기압 형성
수온 편차: (−) ➡ 수온 낮음 ➡ 고기압 형성

60°N, 0°, 60°S, 120°E 180° 120° 60°W
(가) 엘니뇨 시기
60°N, 0°, 60°S, 120°E 180° 120° 60°W
(나) 라니냐 시기
표층 수온 편차(°C): 4, 2, 0, −2, −4

㉠ 엘니뇨 시기에 서태평양에서 수온 편차가 (−)이므로 평상시보다 표층 수온이 낮아졌다. ➡ 기온이 낮아져 고기압이 형성된다.
㉡ 엘니뇨 시기에 동태평양에서 수온 편차가 (+)이므로 평상시보다 표층 수온이 높아졌다. ➡ 기온이 높아져 저기압이 형성된다.
㉢ 라니냐 시기에 서태평양에서 수온 편차가 (+)이므로 평상시보다 표층 수온이 높아졌다. ➡ 기온이 높아져 저기압이 형성된다.

㉣ 라니냐 시기에 동태평양에서 수온 편차가 (−)이므로 평상시보다 표층 수온이 낮아졌다. ➡ 기온이 낮아져 고기압이 형성된다.

개념 확인 문제 204쪽

❶ 엘니뇨 ❷ 라니냐 ❸ 워커 순환 ❹ 남방 진동 ❺ 고 ❻ 저 ❼ 저 ❽ 고

1 (1) A (2) B (3) B **2** (가) 엘니뇨 시기 (나) 라니냐 시기 **3** (1) (가) (2) (나) (3) (나) (4) (나) (5) (나) **4** ㉠ 엘니뇨, ㉡ 동, ㉢ 증가 **5** (가) 라니냐 시기 (나) 엘니뇨 시기

1 (1) 평상시 따뜻한 해수가 A 해역으로 이동하여 온난 수역이 두꺼우므로 수온 약층이 시작되는 깊이는 A 해역이 B 해역보다 깊다.
(2) B 해역은 영양 염류가 풍부한 심층의 찬 해수가 용승하므로 A 해역보다 영양 염류가 많다.
(3) 수온이 높은 A 해역에서 상승 기류가 발달하고, 수온이 낮은 B 해역에서 하강 기류가 발달하므로 A 해역에서는 저기압이 형성되고, B 해역에서는 고기압이 형성된다.

2 꼼꼼 문제 분석

무역풍이 약해져 따뜻한 표층 해수가 서에서 동으로 이동한다.
무역풍이 강해져 따뜻한 표층 해수가 동에서 서로 강하게 이동한다.
60°N 30° 0° 30° 60°S 120°E 180° 120° 60°W
서태평양 (가) 동태평양
서태평양 (나) 동태평양
동태평양의 수온: (가)>(나)

동태평양의 수온은 엘니뇨 시기에 높고, 라니냐 시기에 낮으므로 (가)는 엘니뇨 시기이고, (나)는 라니냐 시기이다.

3 (1) 엘니뇨 시기인 (가)에서는 무역풍이 약하게 불고, 라니냐 시기인 (나)에서는 무역풍이 강하게 분다. 따라서 따뜻한 표층 해수가 (가)에서는 동쪽으로, (나)에서는 서쪽으로 이동한다.
(2) 엘니뇨 시기에는 따뜻한 표층 해수가 동태평양 쪽으로 이동하면서 동태평양의 용승이 약해지고, 라니냐 시기에는 따뜻한 표층 해수가 서태평양 쪽으로 이동하면서 동태평양의 용승이 강해지므로 동·서태평양의 표층 수온 차이가 더 큰 시기는 (나)이다.
(3) 엘니뇨 시기에는 무역풍이 약해지므로 적도 부근 동태평양에서 서태평양으로 이동하는 따뜻한 표층 해수가 적어진다.
(4) 강수량은 해수면 온도가 높아 상승 기류가 강할수록 많아지므로 서태평양의 강수량은 (나) 시기에 더 많다. (가) 시기에는 서태평양에 고기압이 형성되어 강수량이 감소한다.
(5) 동태평양의 해수면 기압은 찬 해수의 용승이 활발하여 표층 수온이 낮아지는 (나) 시기에 더 높다.

4 엘니뇨가 발생하면 평상시의 워커 순환에서 상승 영역은 적도 중앙 태평양에서 동태평양에 이르는 해역으로 이동한다. 따라서 동태평양에는 저기압이 형성되어 강수량이 증가한다.

5 (가)는 태평양 동쪽의 해면 기압이 서쪽의 해면 기압보다 높으므로 동쪽의 표층 수온이 평상시보다 낮은 라니냐 시기이다. (나)는 태평양 동쪽의 해면 기압이 서쪽의 해면 기압보다 낮으므로 동쪽의 표층 수온이 평상시보다 높은 엘니뇨 시기이다.

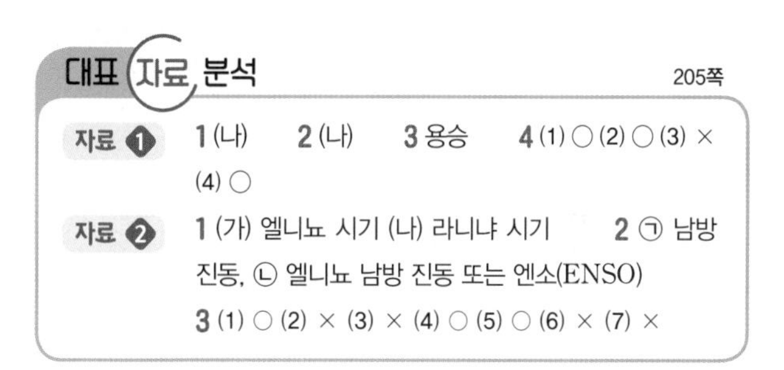

대표 자료 분석 205쪽

자료 ❶ 1 (나) 2 (나) 3 용승 4 (1) ○ (2) ○ (3) × (4) ○

자료 ❷ 1 (가) 엘니뇨 시기 (나) 라니냐 시기 2 ㉠ 남방 진동, ㉡ 엘니뇨 남방 진동 또는 엔소(ENSO)
3 (1) ○ (2) × (3) × (4) ○ (5) ○ (6) × (7) ×

1-1 꼼꼼 문제 분석

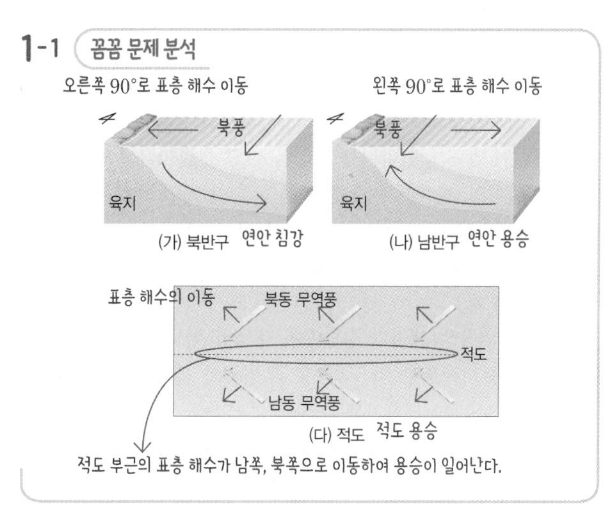

북풍이 지속적으로 불 때 (가)는 연안에 표층 해수가 쌓여 침강하고, (나)는 먼 바다 쪽으로 이동한 연안의 해수를 채우기 위해 심층의 해수가 용승한다.

1-2 북풍이 지속적으로 불 때 연안 용승이 일어나는 (나)에서는 해안에서 먼 바다 쪽으로 표층 해수가 이동하고, 해안에는 찬 해수가 올라오므로 해안에서 먼 바다 쪽으로 갈수록 해수면 온도가 높다.

1-3 북동 무역풍과 남동 무역풍에 의해 표층 해수가 적도에서 고위도 쪽으로 이동하고, 이를 채우기 위해 적도에서는 심층의 찬 해수가 올라오는 용승이 일어난다.

1-4 (1) 북반구인 (가)에서 남풍이 불면 표층 해수는 먼 바다 쪽으로 이동하여 연안 용승이 일어난다.
(2) 남반구인 (나)에서 북풍이 불면 표층 해수는 먼 바다 쪽으로 이동하여 연안 용승이 일어나므로 찬 해수에 의해 공기가 냉각되어 안개가 자주 발생한다.
(3) (나)에서 북풍이 불 때 용승이 일어나고, 남풍이 불 때 침강이 일어나므로 북풍이 불 때 영양 염류가 증가한다.
(4) (다)에서 적도 해역에서는 용승이 일어나므로 주변 해역보다 해수면 온도가 낮다.

2-1 꼼꼼 문제 분석

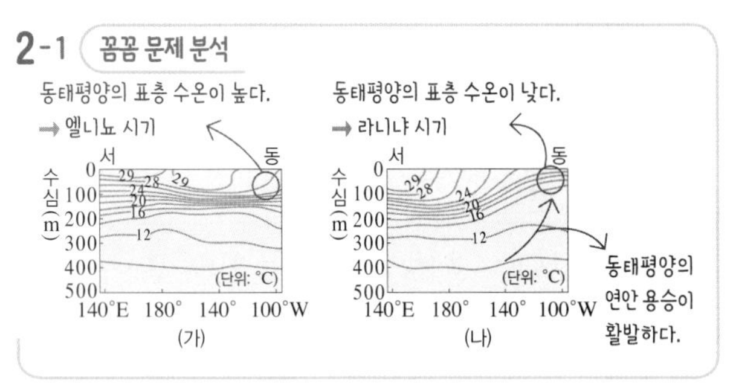

(가)는 태평양 적도 부근 해역의 따뜻한 해수가 동쪽으로 확장되어 있으므로 엘니뇨 시기이다. (나)는 태평양 적도 부근 해역의 따뜻한 해수가 서쪽으로 치우쳐 있으므로 라니냐 시기이다.

2-2 (가) 시기에는 서태평양에 고기압, 동태평양에 저기압이 형성되고 (나) 시기에는 반대가 되는데, 이처럼 동·서 태평양의 해수면 기압이 반대로 나타나는 현상을 남방 진동이라고 한다. (가)와 (나) 시기의 해수면 온도 변화와 해수면 기압 변화는 대기와 해수의 상호 작용으로 서로 영향을 미치므로 두 현상을 합쳐 엘니뇨 남방 진동 또는 엔소(ENSO)라고 한다.

2-3 (1) 무역풍의 세기가 강할수록 태평양 적도 부근 해역의 따뜻한 해수가 서쪽으로 치우치므로 무역풍의 세기는 (가) 엘니뇨 시기보다 (나) 라니냐 시기에 강하다.
(2) 동태평양 적도 부근 해역의 온난 수역의 두께는 서태평양의 따뜻한 해수가 이동해 오는 (가) 시기에 더 두껍다.
(3) 엘니뇨 시기에는 무역풍이 약해져서 동태평양 적도 부근 해역의 연안 용승이 평상시보다 약해지고, 라니냐 시기에는 무역풍이 강해져서 동태평양 적도 부근 해역의 연안 용승이 평상시보다 강해진다.
(4) 라니냐 시기에는 동태평양 해역의 수온이 하강하여 하강 기류가 나타나고, 엘니뇨 시기에는 동태평양 해역의 수온이 상승하여 상승 기류가 나타난다. 따라서 엘니뇨가 나타나는 (가) 시기에는 라니냐가 나타나는 (나) 시기보다 동태평양 해역에 강수량이 증가한다.
(5) 동태평양 적도 부근 해역에서 수심 100 m~200 m 구간의 깊이에 따른 수온 감소율은 (가) 엘니뇨 시기보다 (나) 라니냐 시기에 작다.
(6) 라니냐 시기에는 무역풍이 강해져 따뜻한 표층 해수가 서태평양으로 이동한다. 서태평양에서는 표층 수온이 상승하면서 온난 수역의 두께가 평상시보다 두꺼워지므로 수온 약층이 시작되는 깊이가 깊어진다.
(7) 적도 부근 동태평양에서는 (가) 시기에 해수면 온도가 상승하여 홍수 피해가 발생할 수 있고, (나) 시기에 해수면 온도가 하강하여 가뭄 피해가 발생할 수 있다.

내신 만점 문제 206~208쪽

01 ③ 02 ⑤ 03 해설 참조 04 ② 05 ⑤ 06 ④
07 ⑤ 08 ④ 09 ④ 10 ① 11 ① 12 ①
13 해설 참조 14 ① 15 ⑤

01 꼼꼼 문제 분석

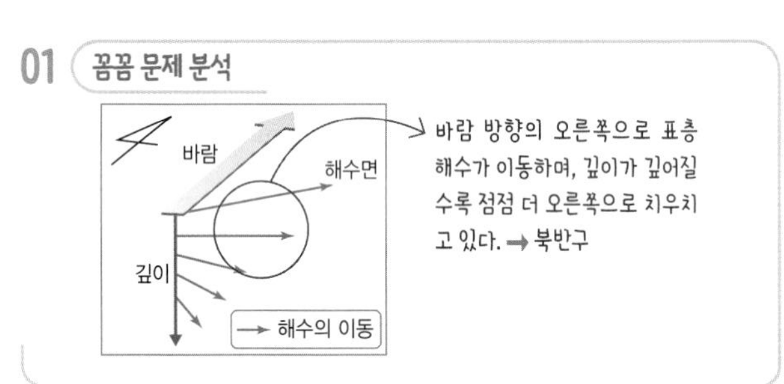

ㄱ. 표층 해수가 바람 방향의 오른쪽으로 이동하므로 북반구 바다를 가정한 것이다. 남반구에서는 바람 방향의 왼쪽으로 이동한다.
ㄴ. 바람과의 마찰력이 작용하여 해수가 이동하는데, 바람의 방향과 해수의 이동 방향이 일치하지 않는 것은 지구 자전의 영향을 받기 때문이다.
바로알기 ㄷ. 마찰층 내에서 표층 해수의 평균적인 이동 방향은 바람 방향의 90° 방향으로, 북반구에서는 바람 방향의 오른쪽 직각 방향이고, 남반구에서는 바람 방향의 왼쪽 직각 방향이다.

02 꼼꼼 문제 분석

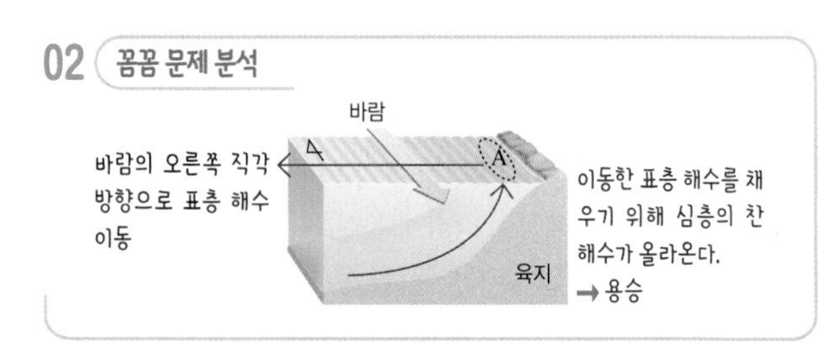

⑤ 연안 용승이 일어나면서 심층의 영양 염류가 풍부한 해수가 올라오므로 A 해역의 표층 해수에 영양 염류가 증가한다.
바로알기 ① 바람이 북쪽에서 불어오므로 북풍이 불고 있다.
② 북반구에서는 지속적인 바람 방향의 오른쪽으로 표층 해수가 이동하므로 먼 바다 쪽(외해 쪽)으로 해수가 이동한다.
③ 먼 바다 쪽으로 이동한 해수를 채우기 위해 심층의 찬 해수가 표층으로 올라오는 연안 용승이 일어난다.
④ 심층의 찬 해수가 올라오므로 A 해역의 기온은 하강한다.

03 꼼꼼 문제 분석

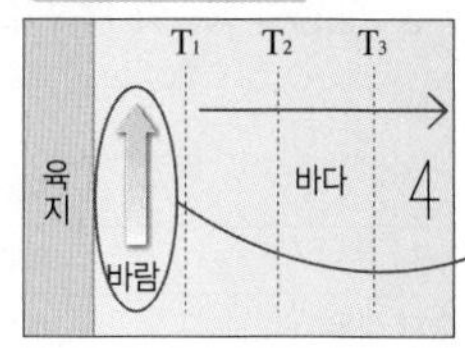

북반구 대륙의 동해안에 남풍이 지속적으로 불면, 표층 해수가 오른쪽 직각 방향인 동쪽으로 이동하면서 찬 해수의 용승이 일어난다. 따라서 해수면의 수온은 $T_3 > T_2 > T_1$이고, 해수면 부근의 공기가 냉각되어 안개가 발생할 가능성이 커진다.

모범 답안 $T_3 > T_2 > T_1$, 찬 해수의 용승에 의해 안개가 발생한다.

채점 기준	배점
수온과 대기 현상을 모두 옳게 서술한 경우	100 %
수온만 옳게 서술한 경우	50 %

04 그림은 남반구 대륙의 동해안에서 북풍이 지속적으로 부는 모습이다. 표층 해수는 북풍의 왼쪽 직각 방향인 먼 바다 쪽으로 이동하여 연안 용승이 일어난다. 수심이 깊어질수록 해수의 온도는 낮아지고 심층의 찬 해수가 해저를 따라 올라와 해안에서 멀어질수록 해수면 온도가 높아지는 수온 분포는 ②와 같다.

05 ㄱ. 북반구에서 표층 해수는 바람 방향의 오른쪽 직각 방향으로 이동하므로 a에서 표층 해수는 북서쪽으로 이동한다.

ㄴ. A 부근에서는 바람이 시계 방향으로 불므로 표층 해수는 중심으로 수렴하고, B 부근에서는 바람이 시계 반대 방향으로 불므로 표층 해수는 중심에서 바깥쪽으로 발산한다.

ㄷ. B에서는 표층 해수가 발산하여 심층의 찬 해수가 위로 솟아오르는 용승이 일어난다. 따라서 수온 약층이 시작되는 깊이는 B에서 가장 얕고, b에서 c로 갈수록 수온 약층이 시작되는 깊이가 깊어진다.

06 ㄴ. 적도를 경계로 북반구의 표층 해수는 북쪽으로, 남반구의 표층 해수는 남쪽으로 이동하여 이를 채우기 위해 적도 부근에서 용승이 일어난다. ➡ 적도 용승

ㄷ. 용승이 일어나면 심층의 영양 염류가 풍부한 해수가 표층으로 이동하므로 주변 해역보다 영양 염류가 풍부해진다.

바로알기 ㄱ. 표층 해수는 남반구에서 바람 방향의 왼쪽 직각 방향으로 이동하므로 적도에서 남쪽으로 이동한다.

07 ㄱ. 연안 용승이 일어나면 심층의 찬 해수가 올라오므로 표층 수온이 낮아진다. 1일보다 3일에 표층 수온이 낮은 것으로 보아, 연안 용승은 1일보다 3일에 활발하였다.

ㄴ. 연안 용승이 일어나는 기간에 이 해역의 표층 해수는 평균적으로 먼 바다 쪽인 동쪽으로 이동해야 하므로 남풍 계열의 바람이 우세하였다.

ㄷ. 연안 용승이 일어나면 심층의 해수가 상승하므로 심층 해수에 포함된 영양 염류가 표층으로 공급된다. 따라서 표층 해수의 영양 염류 농도는 1일보다 4일에 높았다.

08 꼼꼼 문제 분석

A 해역은 캘리포니아 연안 용승 지역, B 해역은 적도 용승 지역, C 해역은 페루 연안 용승 지역이다.

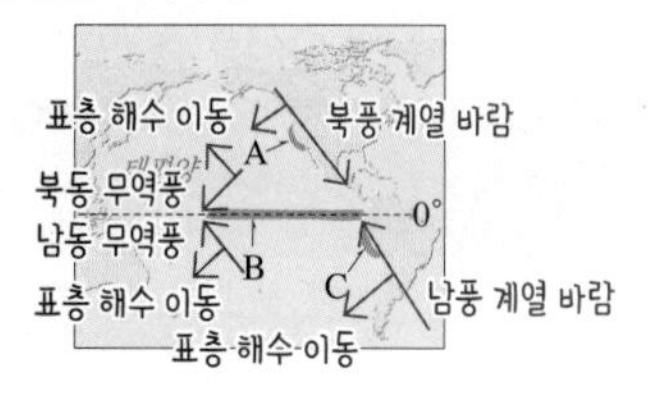

ㄴ. B 해역은 무역풍에 의해 해수의 발산이 일어나므로 이를 채우기 위해 심층의 찬 해수가 올라온다. 따라서 무역풍이 강해지면 해수의 이동이 더 잘 일어나므로 용승이 강해진다.

ㄷ. 용승이 일어나면 심층의 찬 해수가 올라오므로 수온이 낮아지고, 찬 해수에 포함되어 있던 영양 염류가 표층으로 운반되어 플랑크톤이 번성하므로 좋은 어장이 형성된다.

바로알기 ㄱ. A 해역은 북반구에 위치하므로 북풍이 지속적으로 불 때 표층 해수가 바람의 오른쪽 직각 방향인 먼 바다 쪽으로 이동하므로 연안 용승이 일어난다. 반면, C 해역은 남반구에 위치하므로 북풍이 지속적으로 불 때 표층 해수가 바람의 왼쪽 직각 방향인 해안 쪽으로 이동하여 연안 침강이 일어난다. C 해역에서는 남풍이 지속적으로 불 때 연안 용승이 일어난다.

09 ㄴ. 수심 약 60 m 이내의 등밀도선이 해안으로 갈수록 해수 표면 쪽을 향하는 것은 찬 해수의 연안 용승이 일어나기 때문이다. 연안 용승이 일어나는 해역에서는 해안으로부터 멀어질수록 해수면 온도가 높아지므로 이 해역에서 해수면 온도는 동에서 서로 갈수록 높아진다.

ㄷ. 연안 용승이 일어나면서 영양 염류가 풍부한 심층의 해수가 올라오므로 평상시보다 식물성 플랑크톤의 농도가 높아진다.

바로알기 ㄱ. 남반구에서 표층 해수는 바람 방향의 왼쪽 직각 방향으로 이동하므로 이 연안 해역에서는 남풍이 지속적으로 불었다.

10 ㄴ. 수온이 낮은 해역에서 플랑크톤의 농도가 높은 것은 심층의 해수가 용승하면서 영양 염류가 표층에 공급되었기 때문이다.

바로알기 ㄱ. 해안에 가까울수록 수온이 낮아진 것은 연안 용승이 일어났기 때문이다. 북아메리카 대륙은 북반구에 있으므로 대륙의 서해안에 북풍 계열의 바람이 불 때 표층 해수가 먼 바다 쪽으로 이동하여 용승이 일어난다.

ㄷ. 연안 침강이 일어나면 해안으로 갈수록 표층 수온이 낮아지지 않는다.

11 꼼꼼 문제 분석

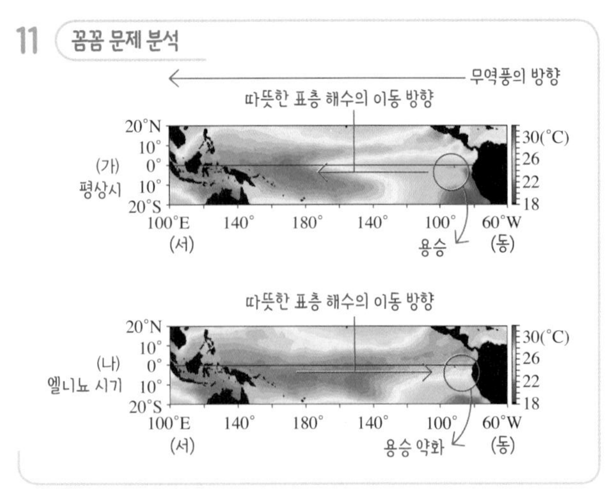

ㄱ. (가)는 따뜻한 표층 해수가 서태평양 쪽으로 이동하므로 평상시이고, (나)는 따뜻한 표층 해수가 동태평양 쪽으로 이동하여 동태평양의 수온이 높으므로 엘니뇨 시기이다.

바로알기 ㄴ. 평상시에는 무역풍에 의해 동 → 서의 표층 해수 흐름이 강하지만, 엘니뇨 시기에는 무역풍이 약해지면서 서 → 동의 표층 해수 흐름이 나타난다. 따라서 무역풍의 세기는 (나)보다 (가) 시기에 강하다.

ㄷ. 평상시에는 열대 태평양의 따뜻한 표층 해수가 동에서 서로 이동하면서 동태평양에 용승이 일어나 표층 수온이 낮다. 엘니뇨 시기에는 표층 해수가 서에서 동으로 이동하면서 동태평양의 용승이 약해져 평상시보다 표층 수온이 높다. 따라서 동태평양의 연안 용승은 (나)보다 표층 수온이 낮은 (가) 시기에 활발하게 일어난다.

12 꼼꼼 문제 분석

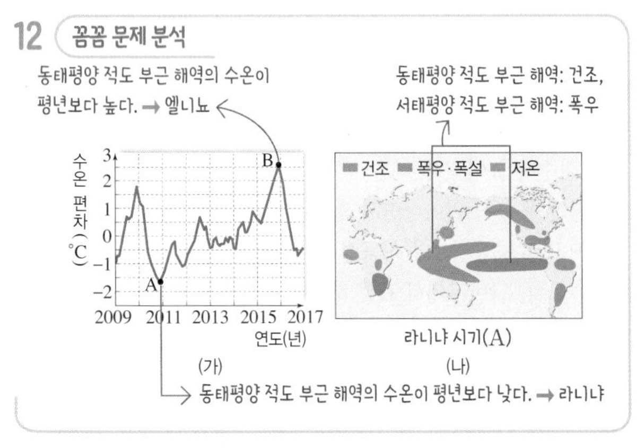

ㄱ. 동태평양 적도 해역의 해수면 온도가 평년보다 낮은 A는 라니냐 시기이고, 평년보다 높은 B는 엘니뇨 시기이다.

바로알기 ㄴ. 무역풍이 약해진 시기에 엘니뇨가 발생하고, 무역풍이 강해진 시기에 라니냐가 발생하므로 무역풍의 세기는 엘니뇨 시기(B)보다 라니냐 시기(A)에 강하다.

ㄷ. 동태평양 적도 부근 해역이 건조하고, 서태평양 적도 부근 해역에 폭우가 발생하는 때는 동태평양 적도 부근 해역의 해수면 온도가 낮은 시기이므로 라니냐 시기(A)이다.

13 모범 답안 무역풍이 약해지면서 열대 태평양의 따뜻한 표층 해수가 서태평양에서 동태평양 쪽으로 이동하여 동태평양의 용승이 약화되고 표층 수온이 높아진다.

채점 기준	배점
제시된 단어를 모두 포함하여 옳게 서술한 경우	100 %
제시된 단어 중 두 가지만 포함하여 옳게 서술한 경우	60 %
표층 수온을 포함하여 서술하지 못한 경우	0 %

14 ㄱ. 동태평양의 표층 수온이 평년보다 높아졌으므로 엘니뇨가 발생한 시기에 해당한다.

바로알기 ㄴ. 무역풍이 약해지면서 서태평양에서는 따뜻한 표층 해수가 동쪽으로 이동하였으므로 평상시보다 온난 수역의 두께가 얇다.

ㄷ. 동태평양에서 표층 수온이 상승한 것은 서태평양의 따뜻한 해수가 이동해 오고, 연안 용승이 약해졌기 때문이다. 따라서 동태평양에서는 표층 해수에 영양 염류가 감소하여 식물성 플랑크톤의 농도가 낮다.

15 꼼꼼 문제 분석

적도 부근에서 평상시보다 무역풍이 강해지는 시기에 라니냐가 발생한다.

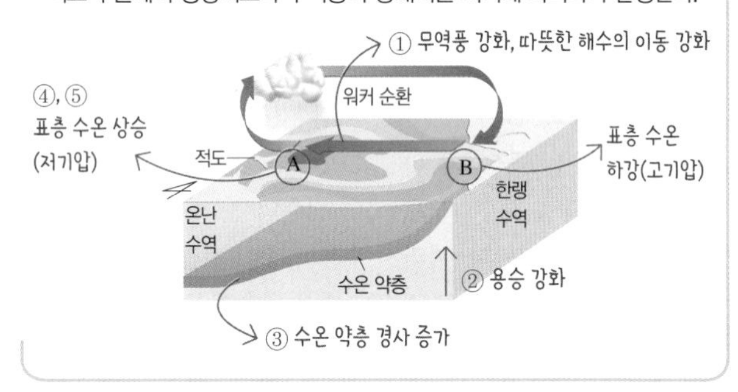

① 무역풍은 동에서 서로 부는 바람으로, 무역풍이 강해지면 B에서 A로 이동하는 따뜻한 표층 해수의 흐름이 평상시보다 강해진다.

② 표층 해수가 A 해역으로 강하게 이동함에 따라 B 해역의 용승이 강해진다.

③ 따뜻한 표층 해수가 B에서 A로 강하게 이동하므로 A 해역은 온난 수역의 두께가 두꺼워져 수온 약층이 나타나는 깊이가 깊어지고, B 해역은 온난 수역의 두께가 얇아져 수온 약층이 나타나는 깊이가 얕아진다. 따라서 동서 방향의 수온 약층 경사가 평상시보다 급해진다.

④ A 해역의 표층 수온이 평상시보다 높아지므로 상승 기류가 강하게 발생하여 해수면 기압은 낮아진다.

바로알기 ⑤ A 해역의 표층 수온이 상승하여 저기압이 강하게 형성되므로 평상시보다 강수량이 많아진다.

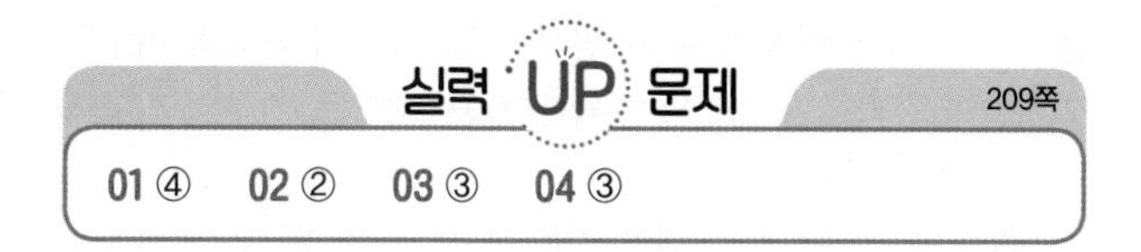

01 꼼꼼 문제 분석

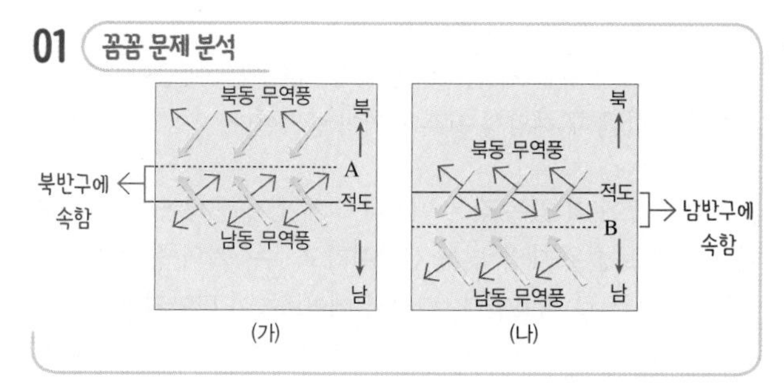

ㄴ. 적도에서 위도 B 사이는 남반구이므로 북동 무역풍의 풍향에 대해 왼쪽 직각 방향인 남동쪽으로 표층 해수가 이동한다.

ㄷ. (가)에서 적도에서 위도 A 사이는 남동 무역풍에 의해 표층 해수가 북동쪽으로 이동하고, 적도 아래의 남반구에서는 남동 무역풍에 의해 표층 해수가 남서쪽으로 이동한다. 이와 마찬가지로 (나)에서 적도 위의 북반구에서는 북동 무역풍에 의해 표층 해수가 북서쪽으로 이동하고, 적도에서 위도 B 사이는 북동 무역풍에 의해 표층 해수가 남동쪽으로 이동한다. 따라서 (가)와 (나) 시기 모두 적도에서 용승이 일어난다.

바로알기 ㄱ. (가) 시기에 위도 A에서는 북동 무역풍에 의해 표층 해수가 북서쪽으로 이동하고, 남동 무역풍에 의해 표층 해수가 북동쪽으로 이동한다. 따라서 위도 A에서는 표층 해수가 북쪽 방향으로 이동하므로 해수의 수렴이 일어나지 않는다.

02 꼼꼼 문제 분석

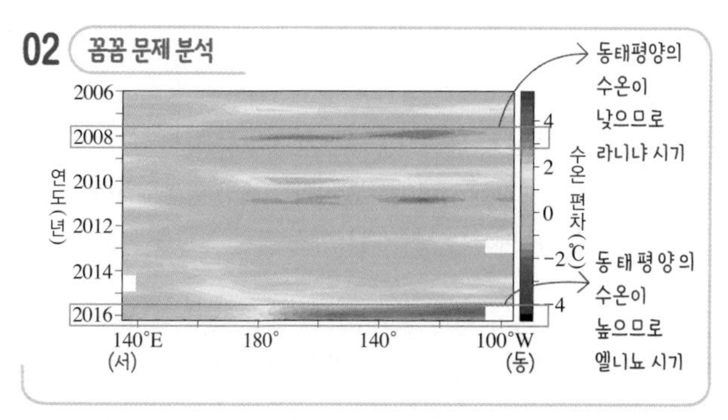

ㄴ. 2008년에 동태평양에서는 해수면 온도가 낮아졌으므로 해수면 기압이 높아져 하강 기류가 발달하므로 강수량이 감소하였다.

바로알기 ㄱ. 2008년에는 동태평양의 해수면 온도가 평년보다 낮아졌으므로 라니냐가 발생하였다.

ㄷ. 2016년에는 엘니뇨가 발생하였으므로 서태평양에서는 하강 기류가 발달하여 가뭄 피해가 발생하였다.

03 ㄱ. (가) 시기에는 관측한 해면 기압 차(B 기압−A 기압)가 (+) 값이므로 해면 기압은 A 해역이 B 해역보다 낮았다. 따라서 라니냐가 발생하였다.

ㄷ. 열대 태평양의 해면 기압 차가 (+) 값과 (−) 값이 번갈아 나타나므로 엘니뇨 시기와 라니냐 시기를 거치면서 동서 방향의 주기적인 변화가 나타나는데, 이를 남방 진동이라고 한다.

바로알기 ㄴ. (나) 시기에는 A 해역이 B 해역보다 해면 기압이 높으므로 A 해역에서 고기압이, B 해역에서 저기압이 형성되는 엘니뇨가 발생하였다.

04 꼼꼼 문제 분석

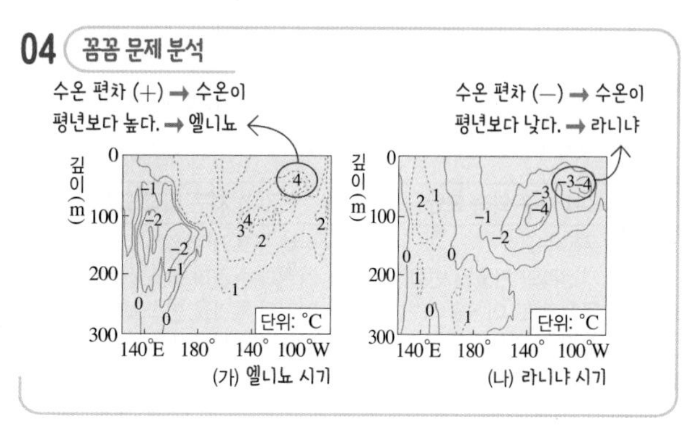

ㄱ. 엘니뇨 시기와 비교할 때 라니냐 시기는 무역풍의 세기가 강화되어 동태평양 적도 부근 해역에서의 용승이 강해진다.

ㄷ. 라니냐 시기에는 동태평양의 따뜻한 표층 해수가 평상시보다 서태평양 쪽으로 많이 이동하므로 동태평양의 수온 약층이 나타나기 시작하는 깊이가 얕아지고 서태평양의 수온 약층이 나타나기 시작하는 깊이가 깊어진다. 따라서 동태평양과 서태평양의 수온 약층이 나타나기 시작하는 깊이 차이는 라니냐 시기가 엘니뇨 시기보다 크다.

바로알기 ㄴ. 엘니뇨 시기에는 평상시보다 서태평양 해수면 평균 기압은 높아지고, 라니냐 시기에는 평상시보다 서태평양 해수면 평균 기압은 낮아진다. 따라서 서태평양에서의 해면 기압은 엘니뇨 시기보다 라니냐 시기가 낮다.

213쪽

Q1 지구 자전축의 기울기가 커지면 북반구와 남반구 모두 기온의 연교차가 커지므로 북반구에 있는 우리나라의 기온의 연교차는 커진다.

개념 확인 문제

214쪽

❶ 세차 운동 ❷ 기울기(경사) ❸ 이심률 ❹ 많을 ❺ 증가 ❻ 감소 ❼ 수권 ❽ 인위적

1 (가) ㄱ, ㅂ (나) ㄴ, ㄷ, ㄹ, ㅁ 2 (1) × (2) ○ 3 ㉠ 작아지고, ㉡ 작아진다 4 (1) ○ (2) × (3) ○ 5 (1) 감소 (2) 증가 (3) 대륙성 6 ㉠ 에어로졸, ㉡ 응결핵

1 기후 변화의 자연적 요인은 천문학적 현상에 의한 지구 외적 요인과 지구 내적 요인으로 구분한다.

(가) 지구 외적 요인	(나) 지구 내적 요인
• 세차 운동(ㄱ) • 지구 자전축의 기울기 변화(ㅂ) • 지구 공전 궤도 이심률의 변화 • 밀란코비치 주기 • 태양 활동의 변화	• 수륙 분포의 변화(ㄴ) • 기권과 수권의 상호 작용(ㄷ) • 대기의 투과율 변화(ㄹ) • 지표면의 상태 변화(ㅁ) • 생물의 변화

2 꼼꼼 문제 분석

지구 자전축의 경사 방향이 변하는 현상을 세차 운동이라고 한다.

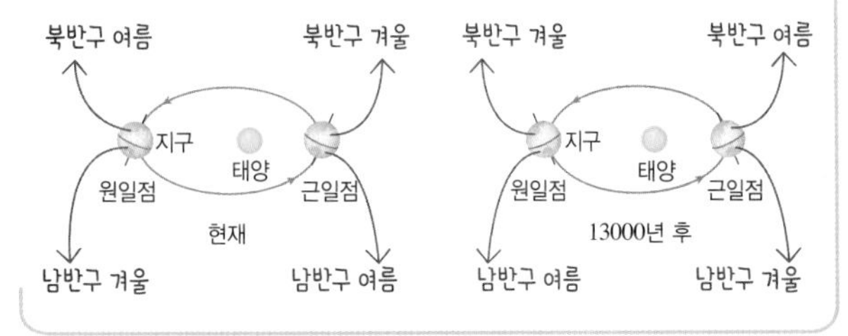

(1) 현재 북반구는 지구가 원일점에 있을 때 태양을 향해 기울어져 있으므로 근일점에 있을 때보다 태양의 남중 고도가 더 높다. 따라서 태양 복사 에너지를 더 많이 받으므로 계절은 여름이다.
(2) 현재와 13000년 후에 지구 자전축의 경사 방향이 반대로 되므로 근일점과 원일점에서 계절이 반대로 된다.

3 지구 자전축의 기울기가 커지거나 작아질 때, 북반구와 남반구에서 기온의 연교차 변화의 경향성은 같게 나타난다. 북반구와 남반구 모두 기울기가 커질 때 기온의 연교차가 커지고, 기울기가 작아질 때 기온의 연교차가 작아진다.

4 (1) 이심률은 타원 모양의 납작한 정도를 나타내므로 공전 궤도 이심률은 A가 B보다 크다.
(2) A는 B보다 공전 궤도 이심률이 크므로 근일점에서 태양과 지구 사이의 거리는 더 가깝고, 원일점에서 태양과 지구 사이의 거리는 더 멀다.
(3) 공전 궤도 이심률이 A→B로 변하면 원일점과 태양 사이의 거리가 가까워지므로 지구에 도달하는 태양 복사 에너지양이 증가한다.

5 (1) 빙하는 태양 빛을 잘 반사하므로 빙하가 녹으면 지구의 반사율이 감소하여 대기의 투과율이 증가하므로 지구의 기온이 높아진다.
(2) 대기 중의 화산재는 태양 빛을 반사하므로 지구의 반사율을 증가시켜 지구의 기온을 낮춘다.
(3) 판게아가 형성될 때 건조한 대륙성 기후 지역이 증가하고, 판게아가 분리될 때 해양성 기후 지역이 증가한다.

6 대기 중에 떠 있는 작은 액체나 고체 입자를 에어로졸이라고 한다. 에어로졸은 태양 빛을 산란시키고, 수증기의 응결을 일으키는 응결핵으로 작용한다. 따라서 에어로졸이 많아지면 구름의 양이 증가하여 태양 빛을 반사시키므로 지구의 기온이 낮아진다.

개념 확인 문제

218쪽

❶ 같다 ❷ 온실 효과 ❸ 지구 온난화 ❹ 온실 기체 ❺ 해수면 상승 ❻ 상승 ❼ 신재생

1 (1) ○ (2) ○ (3) × (4) ○ (5) × 2 ㄱ 3 (1) ○ (2) × (3) × (4) ○ (5) × 4 ㉠ 융해, ㉡ 상승, ㉢ 낮, ㉣ 높, ㉤ 감소 5 A, C

1 (1) 태양 복사 에너지는 여러 가지 파장의 복사 에너지로 이루어져 있지만 가시광선 영역의 에너지를 가장 많이 방출한다.
(2) 지구는 태양에 비해 온도가 낮으므로 대부분 적외선을 복사 에너지로 방출한다.
(3) 온실 기체는 지표와 대기가 방출하는 적외선을 흡수하여 온실 효과를 일으키는 기체이므로 지구 복사 에너지를 잘 흡수한다.
(4) 지구는 복사 평형을 이루므로 태양으로부터 흡수한 복사 에너지양만큼 지구 복사 에너지를 우주로 방출한다.
(5) 지구는 온실 효과가 일어나지 않더라도 복사 평형을 이루며, 온실 효과가 일어날 때보다 낮은 온도에서 복사 평형을 이룬다.

2 ㄱ. 지구는 복사 평형을 이루므로 태양 복사 에너지의 흡수량(A)과 지구 복사 에너지의 방출량(B)이 같다.
ㄴ. 지표가 흡수하는 복사 에너지는 A+D이고, 지표가 방출하는 복사 에너지는 C+E이므로 A+D=C+E이다.
ㄷ. 지표가 방출하는 복사 에너지 C+E 중 일부는 지표로 재방출(D)되고, 나머지는 우주 공간으로 방출되므로 B=C+E−D이다.

3 (1) 지구 온난화는 대기 중의 온실 기체 농도 증가로 온실 효과가 강화되어 일어난다.
(2) 지구의 평균 기온은 최근 들어 상승 폭이 증가하는 추세이다.
(3) 지구 온난화가 일어나면 지구 전체의 증발량이 증가하므로 강수량도 증가한다.

(4) 한반도는 평균 기온의 상승으로 점차 아열대 기후 지역이 확대되고 있다.
(5) 신재생 에너지의 사용량을 늘리면 화석 연료의 사용량이 줄어들어 대기 중으로 배출되는 온실 기체의 양이 감소한다. 따라서 지구 온난화를 줄일 수 있다.

4 지구 온난화의 영향으로 고위도 해역의 수온이 높아져 대서양 심층 순환(열염 순환)이 약해진다. 이로 인해 열에너지 순환에 변화가 생겨 지역에 따라 기상 이변이 발생한다.

5 지구 온난화가 일어나면 해수 온도가 상승한다. 수온이 상승하면 기체의 용해율이 감소하므로 해수의 이산화 탄소 용해율은 감소하고, 대기 중의 이산화 탄소 농도가 증가하여 지구 온난화가 더 심해질 수 있다.

대표 자료 분석

219~220쪽

자료 ❶	1 높았다 2 (1) ㉠ 낮, ㉡ 컸 (2) 작았다 3 (1) × (2) ○ (3) × (4) ○ (5) ○
자료 ❷	1 여름: B와 C, 겨울: A와 D 2 (1) ㉠ 상승, ㉡ 하강, ㉢ 커진다 (2) ㉠ 상승, ㉡ 하강, ㉢ 커진다 3 (1) × (2) ○ (3) × (4) ○ (5) ×
자료 ❸	1 30 % 2 144 3 일정하게 유지된다 4 (1) ○ (2) × (3) × (4) ○ (5) ○
자료 ❹	1 (1) 컸다 (2) 증가 (3) 상승 (4) 화석 연료 2 (1) ○ (2) ○ (3) × (4) ×

1-1 이산화 탄소는 온실 기체이므로 이산화 탄소 농도가 높았던 시기에 기온이 높았다.

1-2 (1) 빙하의 부피는 기온이 낮을수록 크다.
(2) 기온이 높은 시기에는 빙하의 부피가 감소한다.

1-3 (1) 대기 중의 이산화 탄소는 지표가 방출하는 복사 에너지를 흡수하여 온실 효과를 일으켜 기후 변화를 일으킨다.
(2) 기온이 높을수록 빙하 얼음의 산소 동위 원소비$\left(\frac{^{18}O}{^{16}O}\right)$가 높다. 약 13만 년 전에는 약 5만 년 전보다 기온이 높았으므로 빙하 얼음을 이루는 산소 동위 원소비$\left(\frac{^{18}O}{^{16}O}\right)$가 높았다.
(3) 빙하는 반사율이 높다. 약 20만 년 전에는 약 15만 년 전보다 빙하의 부피가 작았으므로 극지방의 지표면 반사율이 낮았다.
(4) 약 2만 년 전에는 현재보다 빙하의 부피가 크므로 현재보다 해수면 높이가 낮았을 것이다.
(5) 대기 중 이산화 탄소 농도 변화는 지표에서 방출하는 복사 에너지의 흡수율을 변화시켜 기후 변화를 일으키므로 지구 내적 요인에 해당한다.

2-1 꼼꼼 문제 분석

(가)는 지구 공전 궤도 이심률의 변화를, (나)는 세차 운동과 지구 자전축의 기울기가 증가한 모습을 나타낸 것이다.

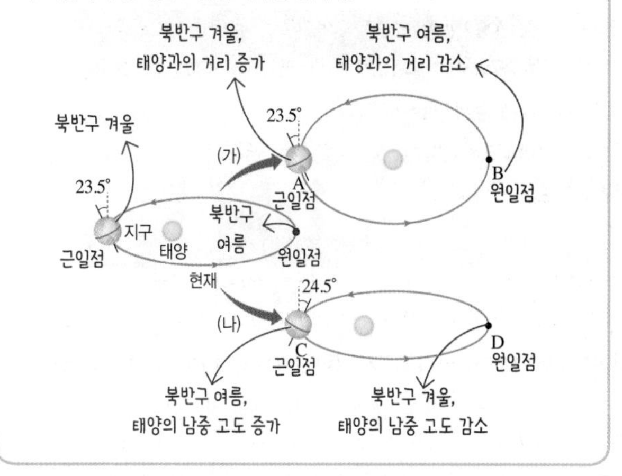

B와 C는 북반구가 태양을 향하여 북반구에서 태양의 남중 고도가 높으므로 여름이고, A와 D는 남반구가 태양을 향하여 북반구에서 태양의 남중 고도가 낮으므로 겨울이다.

2-2 (1) (가)에서 북반구 계절이 여름인 B의 위치는 현재보다 태양과 지구 사이의 거리가 가까워지므로 여름 기온은 상승한다. 북반구 계절이 겨울인 A의 위치는 현재보다 태양과 지구 사이의 거리가 멀어지므로 겨울 기온은 하강한다.
따라서 여름에는 기온이 상승하고, 겨울에는 기온이 하강하므로 기온의 연교차는 커진다.
(2) 현재는 원일점에서 북반구가 여름이지만, (나)에서는 근일점(C)에서 북반구가 여름이 된다. 북반구에서 여름에 태양과 지구 사이의 거리가 가까워지고, 자전축의 기울기가 커져 태양의 남중 고도가 높아지므로 여름 기온은 상승한다.
현재는 근일점에서 북반구가 겨울이지만, (나)에서는 원일점(D)에서 북반구가 겨울이 된다. 북반구에서 겨울에 태양과 지구 사이의 거리가 멀어지고, 자전축의 기울기가 커져 태양의 남중 고도가 낮아지므로 겨울 기온은 하강한다.
따라서 여름에는 기온이 상승하고, 겨울에는 기온이 하강하므로 기온의 연교차는 커진다.

2-3 (1) (가)에 의해 근일점인 A에서 태양과 지구 사이의 거리는 현재보다 증가하였다.
(2) (가)는 공전 궤도 모양이 타원에서 원에 가까워지는 변화이므로 공전 궤도 이심률이 감소한다.
(3) (가)에서 자전축의 경사 방향은 변하지 않으므로 계절은 현재와 같다.
(4) (나)에서 원일점일 때 계절이 현재와 반대로 되는 것은 자전축의 경사 방향이 변하는 세차 운동 때문이다.
(5) (나)에서 자전축의 기울기가 증가하였으므로 북반구 여름에 지표가 태양 쪽으로 더 기울어져 태양의 남중 고도가 증가한다.

3-1 꼼꼼 문제 분석

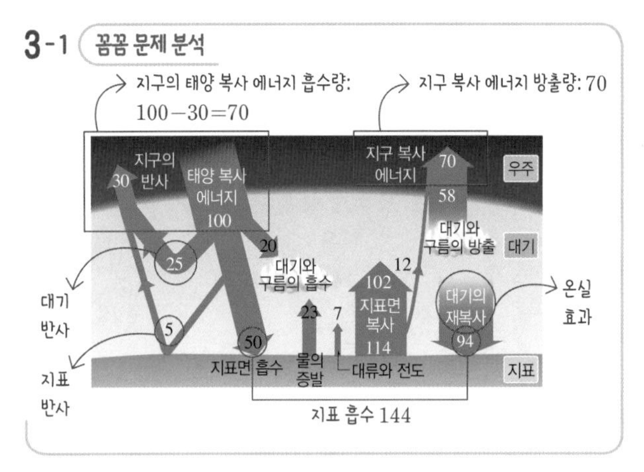

대기에 의한 반사량이 25이고, 지표에 의한 반사량이 5이므로 대기와 지표에 의한 태양 복사 에너지의 반사율은 30(%)이다.

3-2 지표는 태양으로부터 50, 대기로부터 94의 복사 에너지를 받으므로 태양과 대기로부터 144의 복사 에너지를 받는다.

3-3 복사 에너지의 흡수량과 방출량이 같아 복사 평형을 이루면 물체의 온도가 일정하게 유지된다. 지구는 복사 에너지의 흡수량(70)과 방출량(70)이 같아 복사 평형을 이루므로 연평균 기온이 일정하게 유지된다.

3-4 (1) 지표는 태양으로부터 50을 받고, 대기로부터 94를 받으므로 대기로부터 더 많은 복사 에너지를 받는다.
(2) 지구에 도달한 태양 복사 에너지의 반사율이 30 %이므로 흡수율은 70 %이다.
(3) 지표가 태양과 대기로부터 흡수한 에너지 144 중 23은 물의 증발, 7은 대류와 전도에 의해 방출된다.
(4) 에너지 출입량을 비교해 보면, 대기의 흡수량은 20+23+7+102=152이고, 방출량은 58+94=152이다. 지표의 흡수량은 50+94=144이고, 방출량은 23+7+114=144이다. 대기와 지표는 모두 흡수량과 방출량이 같아 평형을 이룬다.
(5) 대기 중의 온실 기체는 적외선을 잘 흡수하므로 대기는 태양 복사 에너지보다 지표가 방출하는 복사 에너지를 잘 흡수한다. 대기가 태양으로부터 흡수한 복사 에너지는 20, 지표로부터 흡수한 복사 에너지는 102이다.

4-1 (1) (가)에서 지구의 평균 기온은 상승하는 추세이고, 평균 기온의 상승 폭은 1960년대 이전보다 이후에 컸다.
(2) (나)에서 1750년대 이후 이산화 탄소, 메테인, 산화 이질소 등 대기 중의 온실 기체 농도가 증가하였으며, 1900년대 초반까지는 증가 폭이 매우 작았으나 1960년대 이후 증가 폭이 커졌다.
(3) (다)에서 1900년 이후 지구 온난화의 영향으로 빙하의 융해와 해수의 열팽창에 의해 평균 해수면이 점차 상승하였다.
(4) (라)에서 1960년대 이후 화석 연료, 시멘트, 원유 생산 과정 등의 인간 활동이 활발해지면서 대기 중의 이산화 탄소 농도가 증가하였다.

4-2 (1) 1960년대 이후 화석 연료의 사용량 증가로 대기 중의 이산화 탄소 농도가 급격히 증가하여 지구의 평균 기온이 크게 상승하였다.
(2) 메테인과 산화 이질소는 온실 기체이므로 이들 기체의 농도가 증가하면 지구의 평균 기온이 상승한다.
(3) 해수면 상승은 지구 기온 상승에 의해 해수의 열팽창이 일어나고 빙하가 녹아 빙하 면적이 감소하여 일어난다.
(4) 지구 온난화가 심화되면 빙하 면적이 감소하여 극지방의 지표면 반사율은 감소할 것이다.

내신 만점 문제

221~224쪽

01 ④ 02 ② 03 ③ 04 해설 참조 05 ⑤ 06 ② 07 ㄷ, ㄹ 08 ② 09 ② 10 ⑤ 11 ③ 12 해설 참조 13 ② 14 ④ 15 (다)>(나)>(가) 16 ⑤ 17 ④ 18 ⑤ 19 해설 참조 20 ② 21 ㄱ, ㄴ, ㄷ

01 ㄴ. 이산화 탄소 농도와 기온 편차가 같은 경향성을 보인다. 이산화 탄소 농도가 높았던 시기에 기온이 높았다.
ㄷ. 지구의 평균 기온은 A 시기가 B 시기보다 높았으므로 빙하를 이루는 얼음의 산소 동위 원소비$\left(\frac{^{18}O}{^{16}O}\right)$는 A 시기가 B 시기보다 높았다.
바로알기 ㄱ. 나무의 나이테는 수천 년 단위의 기후 변화를 알 수 있으며, 수십만 년 단위의 기후 변화는 빙하의 얼음을 분석하여 알아낸다.

02 ㄴ. 대륙과 해양은 열용량이 다르므로 수륙 분포의 변화는 대기와 해수의 순환에 영향을 주어 기후 변화를 일으키며, 특히 해수의 순환은 대륙 분포의 변화에 큰 영향을 받는다.
바로알기 ㄱ. 지구 자전축의 기울기가 증가하면 여름 기온은 더 상승하고, 겨울 기온은 더 하강하지만 계절이 정반대로 바뀌지는 않는다.
ㄷ. 화산 폭발은 (나) 자연적 요인 중 지구 내적 요인에 해당한다. (가)는 자연적 요인 중 지구 외적 요인이고, (다)는 인위적 요인이다.

03 꼼꼼 문제 분석

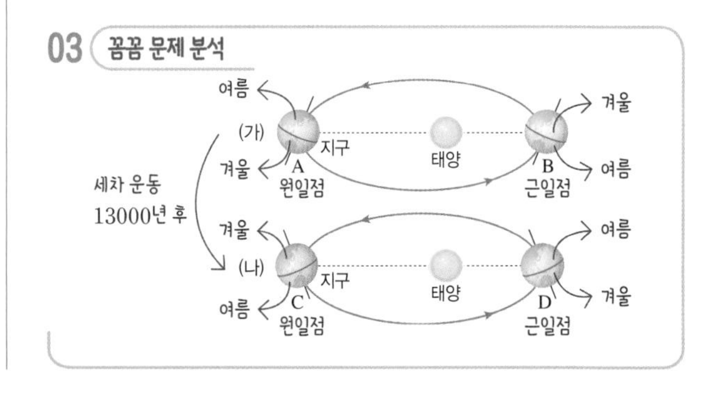

ㄱ. A와 D에서 북반구(우리나라)가 남반구보다 태양의 남중 고도가 높으므로 북반구는 여름이고, 남반구는 겨울이다.

ㄴ. B와 C에서 우리나라는 겨울인데, 태양과의 거리는 B가 C보다 가까우므로 겨울의 기온은 (가) 시기가 (나) 시기보다 높다.

바로알기 ㄷ. (가)에서 (나)로 변하면 태양과의 거리 변화에 의해 여름에는 기온이 상승하고, 겨울에는 기온이 하강하므로 기온의 연교차는 커진다.

04 (1) 자전축 기울기가 커지면 여름철에는 태양의 남중 고도가 높아지고, 겨울철에는 태양의 남중 고도가 낮아진다.

(2) 자전축의 기울기가 작아지면 북반구와 남반구 모두 여름철에는 태양의 남중 고도가 낮아지고, 겨울철에는 태양의 남중 고도가 높아지므로 중위도 지역에서 기온의 연교차가 작아진다.

모범 답안 (1) 높아진다.

(2) 여름철에는 태양의 남중 고도가 낮아지고, 겨울철에는 태양의 남중 고도가 높아지므로 중위도 지역에서 기온의 연교차가 작아진다.

채점 기준		배점
(1)	태양의 남중 고도 변화를 옳게 쓴 경우	40 %
(2)	판단의 근거와 함께 기온의 연교차 변화를 옳게 서술한 경우	60 %
	기온의 연교차 변화만 옳게 쓴 경우	30 %

05 ㄱ. 지구 자전축의 방향이 변하는 것은 지구 자전축이 회전하는 세차 운동이 일어나기 때문이다.

ㄴ. 세차 운동의 주기가 약 26000년이므로 자전축의 방향이 A에서 B로 되는 데 약 13000년이 걸린다.

ㄷ. 자전축의 방향이 A에서 B로 되면 여름인 위치에서 겨울이 되고, 겨울인 위치에서 여름이 되어 계절이 반대로 변한다.

06 꼼꼼 문제 분석

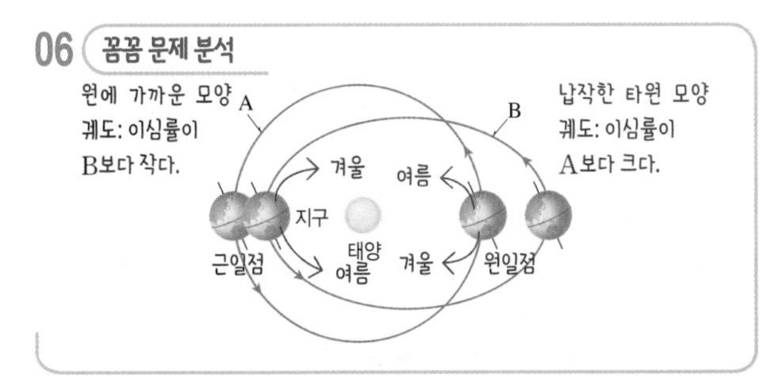

ㄷ. 근일점에서 북반구는 겨울인데, A에서 B로 변하면 태양과 지구 사이의 거리가 감소하므로 겨울 기온은 상승한다. 원일점에서 북반구는 여름인데, A에서 B로 변하면 태양과 지구 사이의 거리가 증가하므로 여름 기온은 하강한다. 따라서 북반구 기온의 연교차는 작아진다.

바로알기 ㄱ. 공전 궤도 모양이 A에서 B로 변하면 납작한 타원으로 바뀌므로 공전 궤도 이심률은 커진다.

ㄴ. 공전 궤도 이심률 변화에 의해 계절이 반대로 바뀌지는 않는다. A와 B 모두 북반구의 계절은 근일점에서 겨울이고, 원일점에서 여름이다.

07 ㄷ, ㄹ. B에서 A로 변하면 북반구 겨울의 평균 기온이 낮아지고, 여름의 평균 기온이 높아지므로 기온의 연교차가 커진다.

바로알기 ㄱ. 자전축의 경사는 변하지 않았으므로 태양의 남중 고도는 변하지 않는다.

ㄴ. 우리나라는 북반구에 있다. 공전 궤도가 B에서 A로 변하면 북반구 겨울에 지구와 태양 사이의 거리가 멀어지므로 지구에 도달하는 태양 복사 에너지의 입사량이 감소한다.

08 ㄷ. 지구 공전 궤도 이심률이 증가할수록 납작한 타원 모양이 되므로 ㉠(지구 공전 궤도 이심률)이 증가하면 원일점과 태양 사이의 거리가 멀어져 원일점에서 태양 복사 에너지의 입사량이 감소한다.

바로알기 ㄱ. 지구는 시계 반대 방향으로 자전하지만 세차 운동에 의한 지구 자전축의 회전 방향은 시계 방향이므로 지구의 자전 방향과 반대이다.

ㄴ. 지구 자전축 경사각이 증가하거나 감소하면 태양의 남중 고도가 변하므로 여름이나 겨울의 기온 변화가 생기지만 계절이 변하는 것은 아니다. 지구 공전 궤도상에서 여름과 겨울이 나타나는 위치가 변하는 것은 세차 운동인 (가) 때문이다.

09 꼼꼼 문제 분석

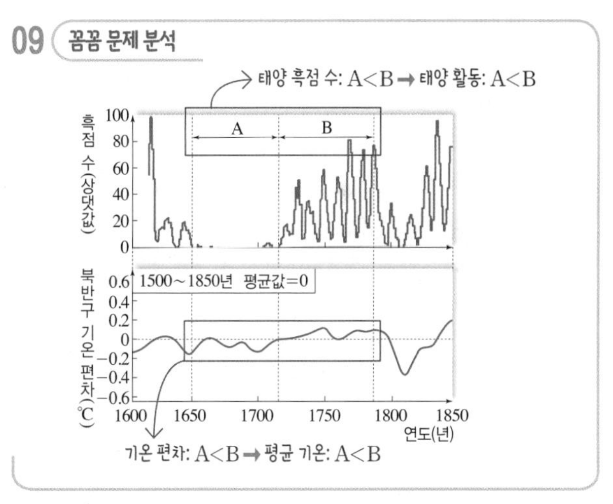

ㄴ. B 시기보다 A 시기에 북반구의 기온이 낮은 것은 태양 복사 에너지의 입사량이 적었기 때문이다.

바로알기 ㄱ. B 시기보다 A 시기에 태양 흑점 수가 적었으므로 태양 활동은 B 시기에 더 활발하였다.

ㄷ. 태양 활동이 활발한 시기에는 태양 복사 에너지의 입사량이 많아져 지구의 기온이 높아진다.

10 ①, ②, ③, ④ 화산 폭발에 의한 화산재 분출, 빙하 면적의 감소, 수륙 분포의 변화, 온실 기체의 농도 변화는 지구 내부에서 일어나는 일로, 기후 변화의 지구 내적 요인이다.

바로알기 ⑤ 지구 자전축의 기울기 변화는 천문학적인 원인으로, 지구 외적 요인이다.

11 ㄱ. 세 화산 모두 화산 폭발 직후 대기의 투과율이 감소하였다.
ㄴ. 대기의 투과율이 감소하면 지표에 도달하는 태양 복사 에너지양이 감소하므로 지표면 기온은 낮아진다.
바로알기 ㄷ. 대기로 방출되는 이산화 탄소는 기온을 높이는 역할을 한다. 대기의 투과율에 가장 큰 영향을 준 화산 분출물은 태양 빛을 반사시킨 화산재였다.

12 지표면의 반사율이 감소하면 지표가 흡수하는 태양 복사 에너지양이 증가하여 기온이 상승하고, 지표면의 반사율이 증가하면 지표가 흡수하는 태양 복사 에너지양이 감소하여 기온이 하강한다.

모범 답안 아스팔트 면적이 증가하면 평균 기온이 상승하고, 콘크리트 면적이 증가하면 평균 기온이 하강한다.

채점 기준	배점
두 경우의 기온 변화를 모두 옳게 서술한 경우	100 %
두 경우의 기온 변화 중 한 가지만 옳게 서술한 경우	50 %

13 ① 판게아가 분리되어 작은 대륙으로 나누어지므로 대륙의 영향이 감소하고, 해양의 영향이 증가하여 해양성 기후 지역이 증가한다.
③ 해양성 기후의 특징인 겨울에 온난하고, 여름에 시원하며, 기온의 연교차가 작은 지역이 증가한다.
④ 대륙이 여러 개로 분리되면서 해류의 방향이 다양해지면 지구의 전 지역으로 에너지가 고루 분배될 수 있다.
⑤ 대륙과 해양은 비열, 열용량, 태양 빛의 반사율이 다르므로 대륙과 해양의 분포가 달라지면 기후가 변한다.
바로알기 ② 판게아가 형성되면 대륙 내 건조한 대륙성 기후 지역이 증가하지만, 판게아가 분리되면 해양성 기후 지역이 증가한다.

14 꼼꼼 문제 분석

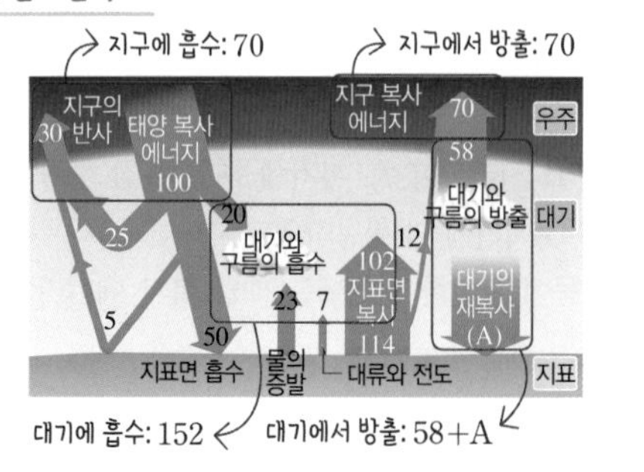

ㄱ. 대기가 흡수하는 총 에너지양은 대기와 구름의 흡수(20)+물의 증발(23)+대류와 전도(7)+지표면 복사(102)=152이다.
ㄷ. 지구는 복사 에너지의 흡수량(70)과 방출량(70)이 같아 복사 평형을 이루므로 연평균 기온이 일정하게 유지된다.
바로알기 ㄴ. 대기가 흡수하는 총 에너지양(152) 중 우주로 방출하는 양(58)을 제외한 나머지가 지표로 재복사되므로 A는 94이다.

15 (가) 반사율$=\frac{\text{반사량}}{\text{입사량}}\times 100(\%)$이다. 대기 반사(25)+지표면 반사(5)=30이므로 지구의 반사율은 $\frac{30}{100}\times 100=30(\%)$이다.
(나) 투과율$=\frac{\text{투과량}}{\text{입사량}}\times 100(\%)$이다. 지구에 도달한 태양 복사 에너지(100) 중 지표면에 도달한 에너지는 55이므로 투과율은 $\frac{55}{100}\times 100=55(\%)$이다.
(다) 흡수율$=\frac{\text{흡수량}}{\text{입사량}}\times 100(\%)$이다. 지표면이 방출하는 복사 에너지(114) 중 대기에 흡수되는 에너지는 102이므로 흡수율은 $\frac{102}{114}\times 100 ≒ 89.5(\%)$이다.

16 ㄱ. 자연적 요인만 고려했을 때는 기온 변화가 거의 없으며, 1960년 이후 기온이 약간 낮아지는 경향을 보인다.
ㄴ. A와 B의 기온 변화를 비교해 보면, 온실 기체만 고려했을 때보다 화산 활동 등 자연적 요인과 인위적 요인을 모두 고려했을 때 기온이 더 낮게 나타나므로 기후 변화의 자연적 요인 중에는 기온을 낮추는 요인도 있다.
ㄷ. 관측 기온과 B, C를 비교해 보면 B의 기온 변화가 더 크게 나타나므로 현재의 지구 온난화는 자연적 요인보다는 인위적 요인의 영향이 더 크다.

17 ㄴ. 해수 온도가 상승하면 해수의 열팽창과 빙하의 융해로 해수면의 높이(B)는 상승하고, 해안 저지대가 침수하여 육지의 면적(C)은 감소한다.
ㄷ. 대륙 빙하의 면적이 감소하여 지표면의 반사율(D)이 감소하면 지표면의 태양 복사 에너지의 흡수율이 증가하여 극지방의 지표면 온도는 상승한다.
바로알기 ㄱ. 지구 기온이 상승하면 해수의 온도(A)도 상승한다. 해수 온도가 상승하면 해수 밀도는 감소하므로 해수의 연직 순환은 일어나기 어려워진다.

18 ① 수온이 상승하여 난류성 어종이 증가하고, 한류성 어종이 감소한다.
② 겨울의 길이가 점차 짧아지고, 여름의 길이가 점차 길어지는 추세이다.
③ 기온 상승으로 열대야 일수가 증가한다.
④ 대기 중의 이산화 탄소 농도가 증가함에 따라 해수에 녹는 이산화 탄소의 양이 증가하여 해수의 pH가 낮아진다.

바로알기 ⑤ 겨울의 길이가 짧아지고, 봄의 시작이 빨라지므로 봄꽃의 개화 시기가 빨라진다.

19 겨울의 길이가 짧아지므로 시베리아 고기압의 영향은 약해진다. 여름의 길이가 길어지므로 기온 상승으로 아열대 기후대가 북쪽으로 더 넓어진다.

모범 답안 시베리아 고기압의 영향은 약해지고, 아열대 기후대의 영향을 받는 지역이 넓어진다.

채점 기준	배점
시베리아 고기압의 영향과 아열대 기후대의 변화를 모두 옳게 서술한 경우	100 %
시베리아 고기압의 영향과 아열대 기후대의 변화 중 한 가지만 옳게 서술한 경우	50 %

20 ① 해양에 영양분을 공급하여 식물성 플랑크톤의 양을 늘리면 광합성이 활발해져 대기 중 이산화 탄소를 더 흡수한다.
③ 신재생 에너지의 사용량을 늘리면 화석 연료의 사용량이 줄어들어 대기 중으로 배출되는 온실 기체의 양이 감소한다. 따라서 지구 온난화를 줄일 수 있다.
④ 이산화 탄소는 온실 기체이므로 대기 중의 이산화 탄소를 포집하여 지층에 저장하면 지구 온난화를 억제할 수 있다.
⑤ 빛에너지 전환 효율이 높은 발광 다이오드(LED) 기술을 개발하여 에너지의 효율성을 개선하면 온실 기체의 배출량을 줄여 지구 온난화를 억제할 수 있다.
바로알기 ② 천연가스는 화석 연료이므로 연소시키면 이산화 탄소를 방출한다. 따라서 화석 연료 대신 신재생 에너지의 사용량을 늘려야 한다.

21 ㄱ. 광합성에 이산화 탄소가 이용되므로 해양 생물의 광합성이 더 활발해지면 해수에 녹아 있는 이산화 탄소의 소비가 증가한다. 이에 따라 해수에 녹을 수 있는 대기 중 이산화 탄소의 양이 증가하므로 지구 온난화를 억제할 수 있다.
ㄴ. 성층권에 에어로졸을 뿌리면 지구의 반사도가 증가하므로 지구 온난화를 억제할 수 있다.
ㄷ. 우주에 반사막을 설치하면 지구에 흡수되는 태양 복사 에너지의 양을 줄여 지구 온난화를 억제할 수 있다.

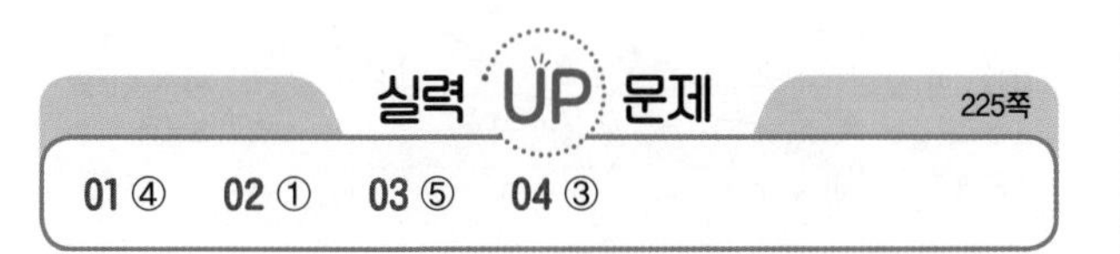

01 ㄴ. 빙하 면적이 감소하면 지표면의 반사율이 감소하여 지표가 흡수하는 태양 복사 에너지양이 증가하므로 지구의 기온은 상승한다.
ㄷ. 현재는 지구가 근일점에 있을 때 북반구는 겨울이다. 현재로부터 약 13000년 후 지구 자전축의 경사 방향은 현재와 반대가 되므로 지구가 근일점에 있을 때 북반구는 여름이다.
바로알기 ㄱ. 지표면의 상태 변화, 대기의 투과율 변화, 수륙 분포의 변화 등은 지구 내적 요인에 해당하고, 자전축 경사 방향 변화 등과 같은 천문학적 요인은 지구 외적 요인에 해당한다.

02 꼼꼼 문제 분석

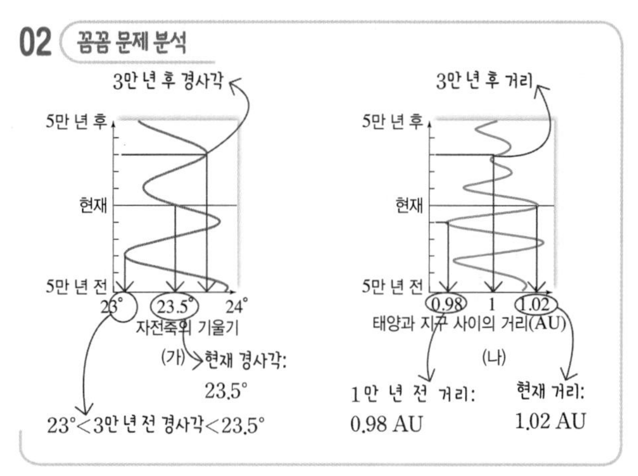

ㄱ. (가)만을 고려할 때, 3만 년 전에는 현재보다 자전축의 기울기(경사각)가 작으므로 여름 기온은 낮고, 겨울 기온은 높아 기온의 연교차가 현재보다 작았다.
바로알기 ㄴ. (나)만을 고려할 때, 1만 년 전에는 현재보다 여름의 태양과 지구 사이의 거리가 가까워지므로 여름의 기온은 높았다.
ㄷ. 3만 년 후 북반구 여름철 태양과 지구 사이의 거리가 현재보다 가까워진다. 태양과 지구 사이의 평균 거리는 일정하므로 여름철 태양과 지구 사이의 거리가 가까워지면 겨울철 태양과 지구 사이의 거리는 멀어지게 된다.

03 ㄱ. 지표는 대기(94)와 태양(x)으로부터 $(94+x)$의 에너지를 흡수하고, 물의 증발·대류·전도(30)와 지표면 복사(12+102)로 (30+12+102)의 에너지를 방출하므로 $94+x=30+12+102$이다. 따라서 지표가 흡수한 태양 복사 에너지(x)는 50이다.
ㄴ. 지표 복사 에너지 114 중 12의 에너지가 대기를 투과하므로 대기 투과율은 $\frac{12}{114}\times100≒10.5(\%)$이다.
ㄷ. 지표와 대기가 우주로 방출하는 복사 에너지는 70이고, 지표가 흡수하는 태양 복사 에너지는 50이므로 대기가 흡수하는 태양 복사 에너지는 20이다. 대기는 지표로부터 102, 태양으로부터 20의 복사 에너지를 흡수하므로 대기가 지표로부터 흡수하는 복사 에너지는 태양으로부터 흡수하는 복사 에너지의 약 5배이다.

04 꼼꼼 문제 분석

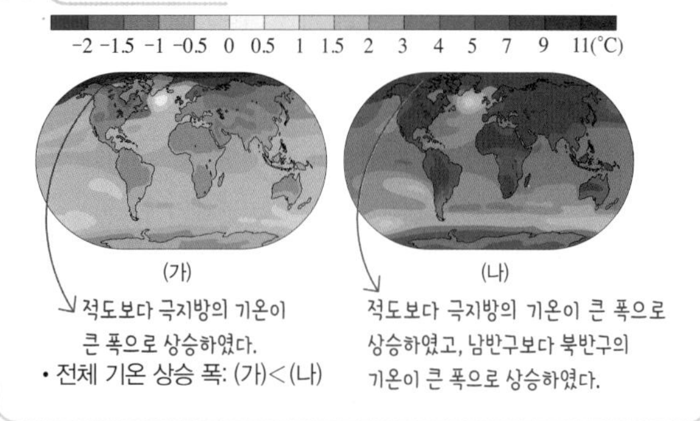

ㄱ. 대기 중의 온실 기체 농도가 높을수록 지구 온난화의 영향이 커지므로 (가)는 (나)보다 온실 기체 농도가 낮은 경우를 가정한 모형이다.

ㄷ. (나)에서 북반구는 남반구보다 기온 편차가 크게 나타나므로 지구 온난화의 영향은 북반구가 더 클 것으로 예측된다.

바로알기 ㄴ. 극지방의 빙하가 녹으면서 지표면 반사율이 감소하므로 (가)와 (나) 모두 적도보다 극에서의 기온 상승 폭이 클 것으로 예측된다.

중단원 핵심 정리 226~227쪽

❶ 무역풍 ❷ 한대 전선대 ❸ 북적도 ❹ 북태평양 ❺ 쿠로시오 해류 ❻ 밀도 ❼ 수온 염분도(T-S도) ❽ 남극 저층수 ❾ 북대서양 심층수 ❿ 약해진다 ⓫ 오른쪽 ⓬ 연안 용승 ⓭ 연안 침강 ⓮ 남방 진동 ⓯ 약해진다 ⓰ 강해진다 ⓱ 커진다 ⓲ 작아진다 ⓳ 상승 ⓴ 상승

중단원 마무리 문제 228~231쪽

01 ⑤ 02 ③ 03 ③ 04 ④ 05 ④ 06 ④ 07 ② 08 ① 09 (가), (라) 10 ⑤ 11 ④ 12 ③ 13 ③ 14 ② 15 ③ 16 ⑤ 17 ④ 18 해설 참조 19 해설 참조 20 해설 참조

01 ㄱ. 그래프의 면적은 에너지의 총 수송량을 뜻한다. 따라서 대기가 해양보다 에너지의 총 수송량이 많다.

ㄴ. 북반구에서는 에너지 수송량이 (+) 값이므로 에너지 수송은 북쪽 방향이고, 남반구에서는 에너지 수송량이 (−) 값이므로 에너지 수송은 남쪽 방향이다. 따라서 에너지 수송은 적도에서 극 방향으로 일어난다.

ㄷ. 대기의 에너지 수송량이 최대인 위도는 북반구와 남반구 모두 위도 약 40°이다.

02 ㄱ. (가)는 지구가 자전하는 경우, (나)는 지구가 자전하지 않는 경우의 대기 대순환 모형이다.

ㄴ. (가)의 a에서는 하강 기류에 의해 고압대가 형성되고, b에서는 북쪽과 남쪽에서 모여든 공기가 상승하여 저압대(한대 전선대)를 형성하므로 지표면의 평균 기압은 a가 b보다 높다.

바로알기 ㄷ. (가)에서는 0°와 a 사이, b와 90°N 사이에 각각 직접 순환이 형성되고, (나)에서는 0°와 90°N 사이에 직접 순환이 형성되므로 직접 순환의 공간적 규모는 (나)가 (가)보다 크다.

03 ㉠ 0°와 a 사이의 지상에서는 무역풍, a와 b 사이의 지상에서는 편서풍, b와 90°N 사이의 지상에서는 극동풍이 분다.

㉡ 편서풍에 의해 표층 해수는 서 → 동으로 이동하고, 무역풍에 의해 표층 해수는 동 → 서로 이동한다.

04 ㄴ. 표층 해수의 용존 산소량은 수온이 낮을수록 많다. 따라서 용존 산소량은 난류가 흐르는 A(쿠로시오 해류)가 한류가 흐르는 C(캘리포니아 해류)보다 적다.

ㄷ. D는 적도와 30°N 사이에 위치하므로, D에 흐르는 해류는 해들리 순환에 의해 형성된 무역풍의 영향으로 동에서 서로 이동하는 북적도 해류이다.

바로알기 ㄱ. A에서는 난류가 흐르고, B에서는 난류와 한류가 만나 조경 수역을 이루므로 위도에 따른 수온 변화는 B가 A보다 크다.

05 ㄴ. 동한 난류(B)는 쿠로시오 해류(A)의 지류인 쓰시마 난류의 일부가 동해로 흘러가면서 우리나라 남동 연안을 따라 북상하는 해류이다.

ㄷ. 동한 난류(B)와 북한 한류(C)는 동해에서 조경 수역을 이루며, 겨울철에는 조경 수역이 저위도로 이동하고, 여름철에는 조경 수역이 고위도로 이동한다.

바로알기 ㄱ. 난류는 한류보다 용존 산소량이 적으므로 난류인 쿠로시오 해류(A)는 북한 한류(C)보다 용존 산소량이 적다.

06 꼼꼼 문제 분석

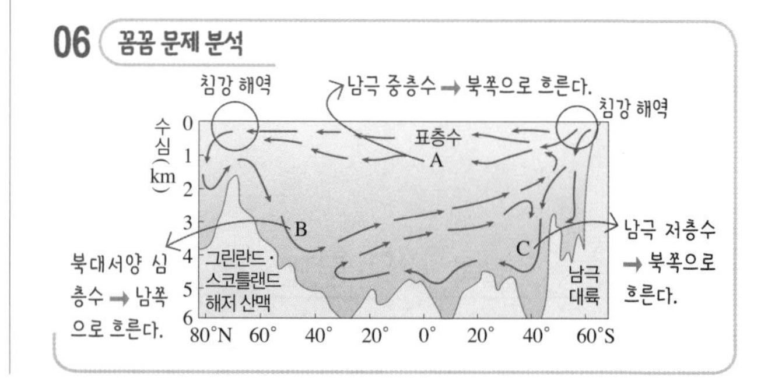

ㄴ. 해수의 밀도가 클수록 더 깊은 수심에서 흐른다. 따라서 해수 A~C의 밀도를 비교하면 C(남극 저층수)>B(북대서양 심층수)>A(남극 중층수)이다.
ㄷ. 북반구에서는 그린란드 부근의 노르웨이해, 래브라도해에서 침강이 일어나고, 남반구에서는 남극 대륙 주변의 웨델해에서 침강이 일어난다.
바로알기 ㄱ. B는 북대서양 심층수이다. 남극 중층수는 대서양의 중층을 따라 북쪽으로 이동하는 A이다.

07 ㄴ. A는 그린란드 부근의 침강 해역으로, 수온이 상승하면 해수의 밀도가 작아지므로 침강이 약화된다.
바로알기 ㄱ. 전 지구적인 해수의 순환은 심층 순환과 표층 순환이 연결되어 있으며, 한 번 순환하는 데 약 1000년이 걸린다.
ㄷ. B에서는 심층수의 수온이 상승하면서 심층수가 표층으로 용승한다.

08 꼼꼼 문제 분석

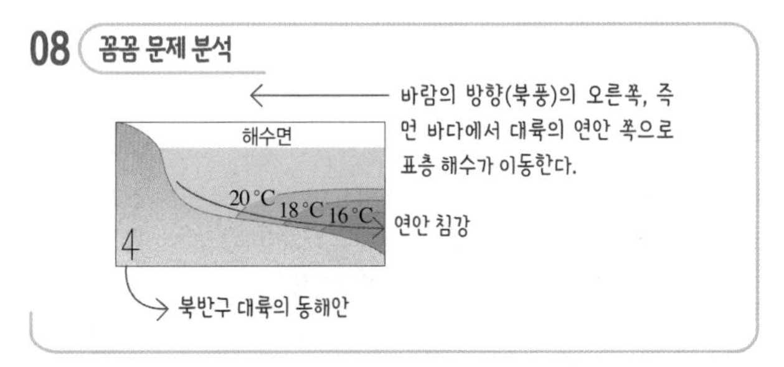

ㄱ. 해안의 해수면 온도가 높고 깊이에 따른 수온 분포로 보아, 따뜻한 표층 해수가 해안 쪽으로 이동하여 해저를 따라 연안 침강이 일어났다.
바로알기 ㄴ. 표층 해수가 대륙의 연안 쪽으로 이동하였고, 바람 방향의 오른쪽으로 이동한 것이므로 북풍이 지속적으로 불었다.
ㄷ. 대륙 연안의 해수면 온도가 높고, 대기는 수온의 영향을 받으므로 이 해역은 따뜻한 날씨가 계속되었다.

09 꼼꼼 문제 분석

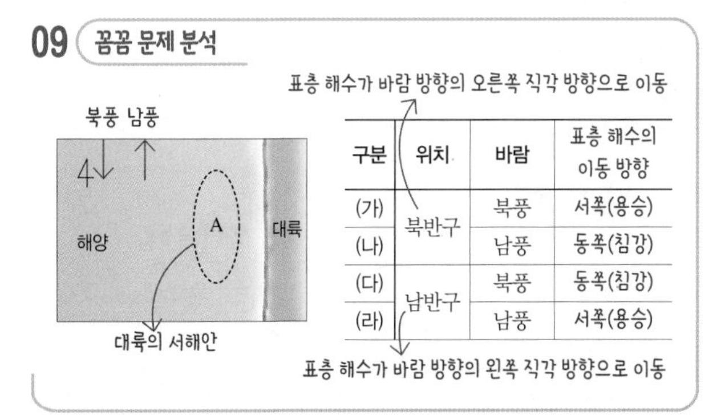

구분	위치	바람	표층 해수의 이동 방향
(가)	북반구	북풍	서쪽(용승)
(나)		남풍	동쪽(침강)
(다)	남반구	북풍	동쪽(침강)
(라)		남풍	서쪽(용승)

북반구에서는 바람 방향의 오른쪽 직각 방향, 남반구에서는 바람 방향의 왼쪽 직각 방향으로 표층 해수가 이동하므로 (가)는 북풍의 오른쪽인 서쪽(먼 바다 쪽)으로, (라)는 남풍의 왼쪽인 서쪽(먼 바다 쪽)으로 표층 해수가 이동하여 연안에서 용승이 일어난다.

10 ㄱ. A 해역에서 주변보다 수온이 낮은 까닭은 표층의 해수가 먼 바다 쪽으로 이동하면서 심층의 찬 해수가 용승하였기 때문이다. 북반구에서 표층 해수의 평균적인 이동 방향은 바람 방향의 오른쪽 직각 방향이므로, A 해역에는 북풍 계열의 바람이 지속적으로 불고 있다.
ㄴ. 용승이 일어나면 찬 해수에 녹아 있는 영양 염류가 표층으로 이동하여 A 해역은 연안 용승이 일어나므로 동일 위도의 주변 해역보다 영양 염류가 많다.
ㄷ. 찬 해수의 용승으로 표층의 수온이 낮아졌으므로 해수면의 기온이 낮아져 안개의 발생 빈도가 높아진다.

11 꼼꼼 문제 분석

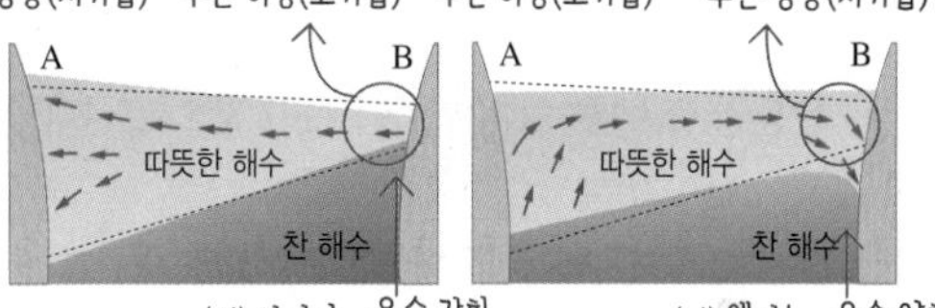

ㄴ. 평상시에 A 해역은 수온이 높아 저기압, B 해역은 수온이 낮아 고기압이 발달한다. (가)의 A에서는 평상시보다 기압이 낮아지고, B에서는 평상시보다 기압이 높아진다. (나)의 A에서는 평상시보다 기압이 높아지고, B에서는 평상시보다 기압이 낮아진다. 따라서 A와 B의 기압 차이는 (가)가 (나)보다 크다.
ㄷ. (나)의 B에서는 용승이 약해지므로 수온 약층이 시작되는 깊이는 평상시보다 깊어진다.
바로알기 ㄱ. (가)는 따뜻한 해수가 동에서 서로 강하게 이동하므로 무역풍이 강해진 라니냐 시기이고, (나)는 따뜻한 해수가 서에서 동으로 이동하므로 무역풍이 약해진 엘니뇨 시기이다.

12 ㄱ. (가)는 무역풍이 약화되면서 동태평양 적도 부근 해역의 표층 수온이 평상시보다 상승한 엘니뇨 시기이고, (나)는 무역풍이 강화되면서 동태평양 적도 부근 해역의 표층 수온이 평상시보다 하강한 라니냐 시기이다.
ㄴ. (가) 시기에는 무역풍이 약해지면서 동태평양의 연안 용승이 평상시보다 약해지고, (나) 시기에는 무역풍이 강해지면서 동태평양의 연안 용승이 평상시보다 강해진다.
바로알기 ㄷ. (나) 시기에 서태평양 적도 부근 해역의 표층 수온은 평상시보다 높아졌으므로 평균 해면 기압은 평상시보다 낮았다.

13 ㄱ. 자전축 경사각이 커지면 북반구 여름에는 태양의 평균 남중 고도가 높아지고, 북반구 겨울에는 태양의 평균 남중 고도가 낮아지므로 기온의 연교차는 커진다.
ㄷ. A 시기에는 (가)에 의해 북반구 여름 기온이 상승하고, (나)에 의해 북반구 여름 기온이 상승하므로 현재보다 북반구 여름 기온이 높다.

바로알기 ㄴ. 현재 남반구는 근일점에서 여름이지만, (나)에 의해 남반구는 원일점에서 여름이므로 남반구 여름 기온은 하강한다.

14 A와 비교하여 B 시기에는 공전 궤도 이심률이 더 크다.
ㄷ. 공전 궤도 이심률이 커지면 근일점과 태양 사이의 거리는 가까워지고, 원일점과 태양 사이의 거리는 멀어지므로 근일점과 원일점에서 지구가 받는 태양 복사 에너지양의 차이가 커진다.
바로알기 ㄱ. 공전 궤도 이심률이 커지면 공전 궤도의 모양이 더 납작한 타원으로 된다.
ㄴ. 공전 궤도의 모양 변화에 따라 원일점과 근일점에서 받는 태양 복사 에너지양이 달라지지만, 태양과 지구의 평균 거리가 변하지 않으므로 지구가 1년 동안 받는 태양 복사 에너지양은 일정하게 유지된다.

15 ㄱ. 화산 분출 이후 기온 편차가 (−) 값으로 나타났으므로 지구의 기온이 낮아졌다.
ㄷ. 화산 분출 이후 지구의 기온이 낮아진 것은 대기를 통과하여 지표에 도달하는 태양 복사 에너지양이 감소하였기 때문이다. 따라서 1992년에는 1991년보다 태양 복사 에너지의 대기 투과율이 작았다.
바로알기 ㄴ. 기온 변화에 가장 큰 영향을 준 것은 대기로 방출된 화산재와 이산화 황 등의 에어로졸로, 태양 복사 에너지를 반사시키거나 산란시켜 대기 투과율을 낮춰 기온이 낮아졌다.

16 ①, ② 태양 복사 에너지는 주로 가시광선 영역, 지구 복사 에너지는 대부분 적외선 영역의 에너지이다.
③ 지구는 복사 평형을 이룬다.
④ 대기 중의 온실 기체가 증가하면 지표가 방출하는 복사 에너지의 흡수량이 증가하여 지구 온난화가 일어난다.
바로알기 ⑤ 온실 기체는 적외선을 잘 흡수하므로 태양 복사 에너지보다 지구 복사 에너지의 흡수율이 높다.

17 ㄴ. A가 B보다 평균 기온이 더 크게 상승하므로 빙하의 융해와 해수의 열팽창에 의한 해수면의 상승은 A가 B보다 더 크게 나타난다.
ㄷ. 기온과 수온이 상승하면 해수의 증발량이 증가하여 대기 중의 수증기가 많아지므로 강수량이 증가한다. 따라서 강수량은 A가 B보다 더 크게 증가한다.
바로알기 ㄱ. A의 기온 변화가 B보다 더 큰 까닭은 A가 B보다 대기 중의 온실 기체 농도가 더 높기 때문이다.

18 (1) 해수의 밀도는 수온이 낮을수록, 염분이 높을수록 커지는데, 염분보다 수온 차이의 영향을 더 크게 받는다.
모범 답안 (1) C
(2) 수온이 낮아지거나 염분이 높아지면 해수의 밀도가 커지면서 해수가 가라앉아 해저를 따라 이동하여 심층 순환이 발생한다.

채점 기준		배점
(1)	C를 고른 경우	50 %
(2)	수온과 염분의 변화로 밀도의 변화를 설명하고, 심층 순환 발생 원리를 옳게 서술한 경우	50 %
	밀도 변화 설명 없이 수온과 염분 변화만 옳게 서술한 경우	20 %

19 A와 B 시기는 모두 동태평양 해역의 관측 수온이 평년보다 높으므로 엘니뇨가 발생하였다. 엘니뇨가 발생한 시기에는 무역풍이 약하여 동태평양 연안의 용승이 약해지고, 해수면 온도가 높아져 강수량이 증가한다.
모범 답안 용승이 약해지고, 강수량이 증가한다.

채점 기준	배점
용승과 강수량의 변화를 모두 옳게 서술한 경우	100 %
용승과 강수량의 변화 중 한 가지만 옳게 서술한 경우	50 %

20 최근 대기 중의 이산화 탄소 농도와 기온이 급격히 상승하고 있다. 따라서 대기 중의 이산화 탄소 농도를 낮추기 위해 이산화 탄소 배출을 줄이는 방안(화석 연료의 사용을 억제하는 방안), 대기 중의 이산화 탄소를 감축시키는 방안 등을 찾는다.
모범 답안 신재생 에너지 사용량을 늘린다, 에너지 효율성을 개선한다, 이산화 탄소의 포집 및 저장 기술을 개발한다, 해양 비옥화를 시행한다, 우주 반사막을 설치한다, 성층권에 에어로졸을 분사한다.

채점 기준	배점
과학적 방안 두 가지를 모두 옳게 서술한 경우	100 %
과학적 방안 한 가지만 옳게 서술한 경우	50 %

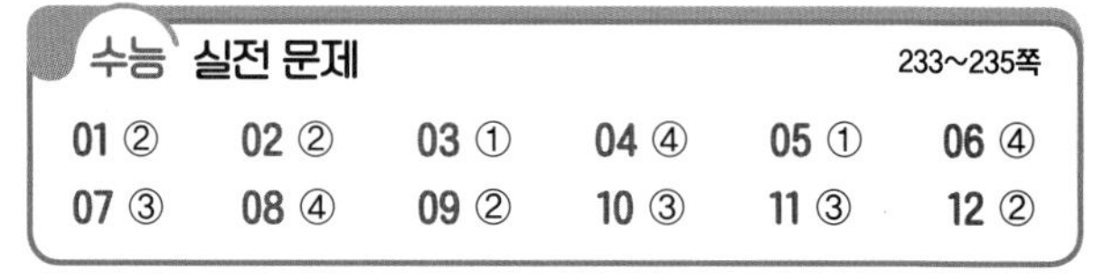

01 꼼꼼 문제 분석

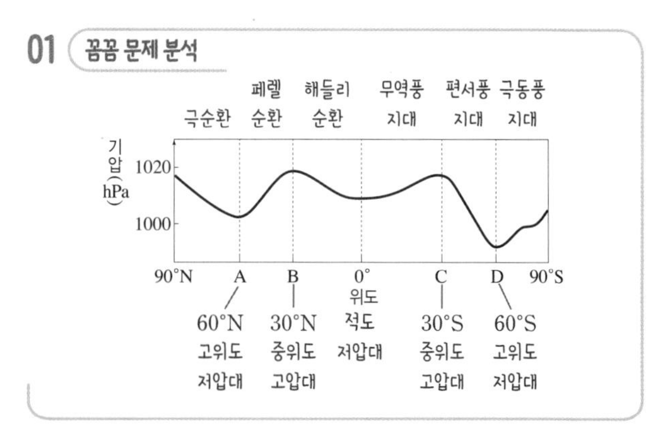

선택지 분석

~~ㄱ~~. 온대 저기압은 A보다 B에서 발생 빈도가 높다. B보다 A

~~ㄴ~~. 적도와 C 사이의 지표에서는 주로 서풍(동풍) 계열의 바람이 분다.

ⓒ C와 D 사이의 표층 해류는 서에서 동으로 흐른다.

전략적 풀이 ❶ A~D의 위도를 파악하고, 위도별 대기 대순환으로 온대 저기압의 발생 위치와 바람의 방향을 판단한다.

ㄱ. 온대 저기압은 북쪽의 찬 공기와 남쪽의 따뜻한 공기가 만나는 정체 전선에서 발생한다. A는 한대 전선대(고위도 저압대)이고, B는 중위도 고압대이므로 온대 저기압은 A에서 주로 발생한다.

ㄴ. 적도와 C(중위도 고압대) 사이의 지표에서는 남동 무역풍이 불므로 지표에서는 주로 동풍 계열의 바람이 분다.

❷ 위도별 해양의 표층 순환을 파악한다.

ㄷ. C는 중위도 고압대이고, D는 한대 전선대(고위도 저압대)이므로 C와 D 사이에는 편서풍이 불고, 편서풍의 영향으로 표층 해류는 서에서 동으로 흐른다.

02 꼼꼼 문제 분석

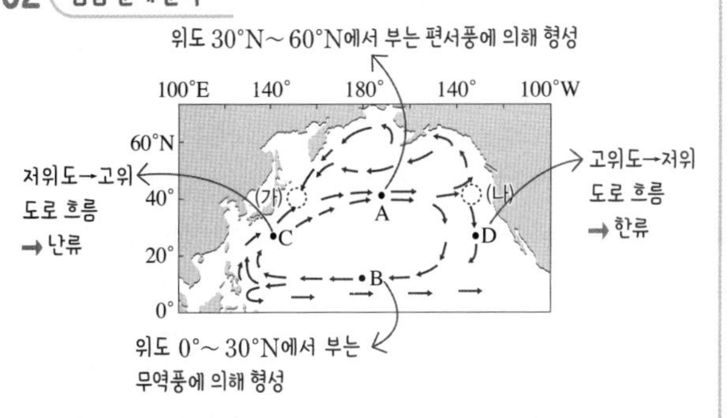

A: 북태평양 해류, B: 북적도 해류, C: 쿠로시오 해류, D: 캘리포니아 해류

선택지 분석

~~ㄱ~~. 해류 A는 무역풍(편서풍), 해류 B는 편서풍(무역풍)의 영향으로 형성된다.

ⓛ 해류 C는 해류 D보다 고위도로의 열에너지 수송량이 많다.

~~ㄷ~~. 표층 해수의 등온선 간격은 (가) 해역보다 (나) 해역에서 좁게 나타날 것이다. 넓게

전략적 풀이 ❶ 해류가 형성된 원인을 파악한다.

ㄱ. A는 편서풍의 영향으로 형성된 북태평양 해류이고, B는 무역풍의 영향으로 형성된 북적도 해류이다.

❷ 해류의 특성을 파악한다.

ㄴ. 쿠로시오 해류(C)는 저위도에서 고위도로 흐르는 난류이고, 캘리포니아 해류(D)는 고위도에서 저위도로 흐르는 한류이므로 고위도로의 열에너지 수송량은 C가 더 많다.

ㄷ. (가) 해역에서는 난류인 쿠로시오 해류와 한류가 만나 수온 변화가 심하여 표층 수온의 등온선 간격이 좁게 나타난다.

03 꼼꼼 문제 분석

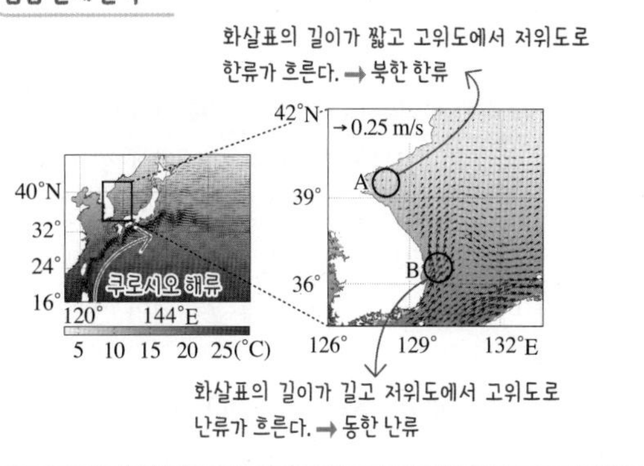

선택지 분석

ⓖ 동한 난류는 북한 한류보다 유속이 빠르다.

~~ㄴ~~. 동한 난류는 39°N 해역에서 북한 한류가 되어 남하한다. 되지 않는다

~~ㄷ~~. 동해안에서 표층 해수의 용존 산소량은 A 해역보다 B 해역에서 많다. 적다

전략적 풀이 ❶ 우리나라 주변의 해류를 파악하고 화살표의 뜻을 이해한다.

ㄱ. 화살표의 길이는 해류의 속도를 뜻한다. 동한 난류가 흐르는 해역의 화살표 길이가 북한 한류가 흐르는 해역의 화살표 길이보다 길다. 따라서 동한 난류는 북한 한류보다 유속이 빠르다.

ㄴ. 북한 한류는 연해주한류가 연해주 연안을 따라 남쪽으로 이동하다가 갈라져 동해안으로 남하하는 해류로, 동한 난류가 변한 것이 아니다.

❷ 우리나라 주변의 해류를 한류와 난류로 구분한다.

ㄷ. B 해역에는 난류(동한 난류)가 흐르고, A 해역에는 한류(북한 한류)가 흐른다. 수온이 낮을수록 표층 해수의 용존 산소량이 많다. 따라서 B 해역은 A 해역보다 용존 산소량이 적다.

04 꼼꼼 문제 분석

[실험 과정]

(가) 수조에 상온의 물을 채우고, 바닥에 작은 구멍이 뚫린 종이컵을 수조의 한쪽 모서리에 고정시킨다.

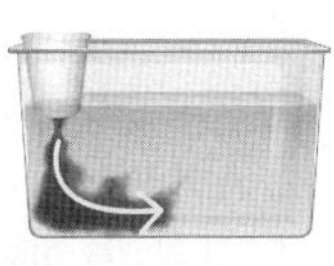

(나) 잉크로 착색시킨 상온의 소금물을 종이컵에 천천히 부으면서 ㉠종이컵 바닥의 구멍을 통해 흘러나오는 소금물의 흐름을 관찰한다.

→ 수조 바닥으로 가라앉은 후 바닥을 따라 천천히 퍼져나간다.

선택지 분석

㉠ (나)에서 소금물은 수조 바닥으로 가라앉는다.
㉡ 소금물의 온도를 낮추면 ㉠이 더 뚜렷해진다.
~~ㄷ~~. 남반구 해역에서는 ㉠에 해당하는 흐름이 나타나지 않는다. 나타난다

전략적 풀이 ❶ 수온과 염분 변화에 따른 밀도 변화를 이해한다.

ㄱ. 소금물은 수조의 물보다 염분이 높기 때문에 밀도가 더 크다. 따라서 (나)에서 소금물은 수조 바닥으로 가라앉는다.

ㄴ. 수온이 낮아지면 밀도는 커진다. 따라서 소금물의 온도를 낮추면 밀도가 더 커지므로 상온의 물과 분리되어 ㉠을 더 뚜렷하게 볼 수 있다.

❷ 해수의 침강이 일어나는 해역을 파악한다.

ㄷ. 소금물이 가라앉는 것은 해수의 침강에 해당하며, 해수의 침강은 북반구와 남반구에서 모두 일어난다. 대표적인 침강 해역은 북대서양에는 그린란드 부근의 래브라도해와 노르웨이해, 남극 대륙 주변에서는 웨델해가 있다.

05 꼼꼼 문제 분석

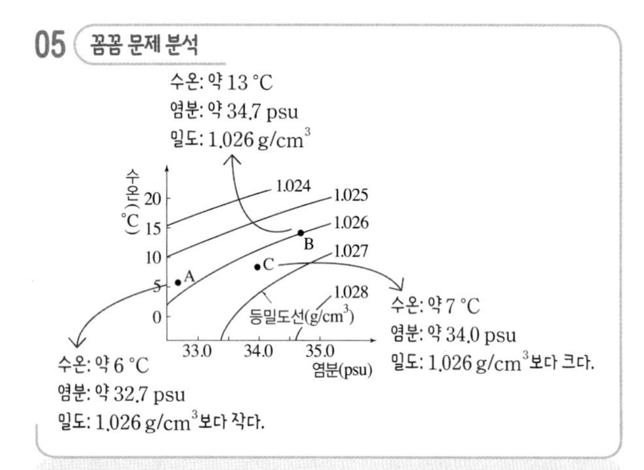

선택지 분석

㉠ 밀도가 가장 작은 해수는 A이다.
~~ㄴ~~. B는 C보다 염분이 높기 때문에 밀도가 작다. 수온
~~ㄷ~~. C에서 결빙이 일어나면 밀도는 작아진다. 커진다

전략적 풀이 ❶ 수온 염분도(T-S도)의 등밀도선상에서 해수 A~C의 밀도를 파악한다.

ㄱ. 등밀도선 1.026 g/cm^{3}를 기준으로 밀도를 비교하면 C>B>A이므로 해수 A의 밀도가 가장 작다.

❷ 수온, 염분, 밀도의 관계를 이해한다.

ㄴ. 수온이 낮을수록, 염분이 높을수록 밀도는 커진다. B는 C보다 염분이 높지만, 수온이 높기 때문에 밀도가 작다.

ㄷ. C에서 수온이 낮아지면 결빙이 일어난다. 이때 해수의 염분이 높아지므로 밀도가 커진다.

06 꼼꼼 문제 분석

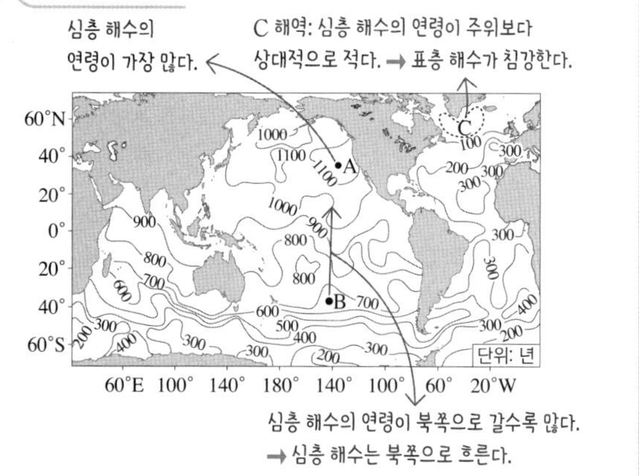

선택지 분석

~~ㄱ~~. A는 북태평양의 침강 해역이다. 용승
㉡ B에서 심층 해수는 북쪽으로 흐른다.
㉢ C 해역에서는 북대서양 심층수가 형성된다.

전략적 풀이 ❶ 태평양 해수의 연령을 해석하여 심층 해수의 이동 방향을 파악한다.

ㄱ. A는 심층 해수의 연령이 전 대양에 걸쳐 가장 많으므로 심층 해수가 수온이 상승하면서 용승하여 표층 순환과 연결되는 곳이다.

ㄴ. 표층 해수가 침강한 이후 심층 해수가 이동하면 연령이 점차 증가한다. B에서 북쪽으로 갈수록 심층 해수의 연령이 많아지는 것으로 보아 심층 해수가 북쪽으로 흐른다는 것을 알 수 있다.

❷ 북대서양 해수의 연령을 해석하여 표층 해수가 침강하여 심층수가 형성되는 지역인지 파악한다.

ㄷ. C 해역은 심층 해수의 연령이 100년 이하이며, 주위보다 상대적으로 심층 해수의 연령이 적다. 이는 표층 해수가 침강한 이후 오랜 시간이 경과하지 않았다는 것을 의미하며, C는 그린란드 인근 해역으로 표층 해수가 침강하여 북대서양 심층수를 형성한다.

07 꼼꼼 문제 분석

우리나라는 북반구에 위치하며 울산 앞바다는 대륙의 동해안이다.

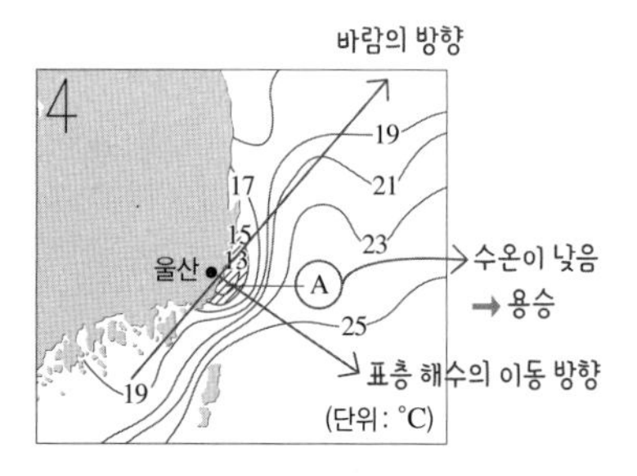

선택지 분석

ㄱ. 심층의 찬 해수가 용승하였다. (○)

ㄴ. 이 시기에 북풍 계열의 바람이 불었다. (×) 남풍

ㄷ. 해수면 부근에서 안개가 발생할 가능성이 컸다. (○)

전략적 풀이 ❶ 수온 분포를 해석하여 용승 여부를 판단한다.

ㄱ. 울산 앞바다에서 해안으로 갈수록 표층 수온이 낮아진 것은 심층의 찬 해수가 용승하였기 때문이다.

❷ 표층 해수의 이동 방향으로부터 바람의 방향을 추정한다.

ㄴ. 대륙의 연안에서는 표층 해수가 먼 바다 쪽으로 이동할 때 용승이 일어난다. 북반구에서 표층 해수의 평균적인 이동 방향은 바람 방향의 오른쪽 직각 방향이므로 이 시기에 남풍 계열의 바람이 불어 대륙의 연안에서 먼 바다 쪽으로 표층 해수가 이동하였다.

❸ 용승의 영향을 판단한다.

ㄷ. 수온이 낮아지면 해수면 위의 공기가 냉각되므로 해수면 부근에서 안개가 발생할 가능성이 크다.

08 꼼꼼 문제 분석

높이(km) 20, 15, 10, 5, 0 / 구름의 양(%) 0, 5, 10, 15, 20

A → 엘니뇨 시기, B → 평상시

구름의 양(%) → 동태평양 적도 부근 해역 구름의 양: A>B

→ A 시기가 B 시기보다 동태평양 적도 부근 해역의 표층 수온이 높다.

→ A 시기가 B 시기보다 동태평양 적도 부근 해역의 따뜻한 해수층의 두께가 두껍다.

선택지 분석

ㄱ. 동태평양 적도 부근 해역에서 연안 용승은 A가 B보다 활발하다. (×) 약하다

ㄴ. 동태평양 적도 부근 해역에서 수온 약층이 나타나기 시작하는 깊이는 A가 B보다 깊다. (○)

ㄷ. 서태평양 적도 부근 해역의 강수량은 A가 B보다 적다. (○)

전략적 풀이 ❶ 구름의 양을 해석하여 엘니뇨 시기와 평상시를 파악한다.

엘니뇨 시기에는 서태평양의 따뜻한 해수가 동태평양 쪽으로 이동하여 동태평양 적도 부근 해역에서 표층 수온이 상승하고 이로 인해 기압이 낮아져 상승 기류가 발달하고 구름의 양이 많아진다. 따라서 A는 엘니뇨 시기, B는 평상시이다.

❷ 엘니뇨 시기에 동태평양 적도 부근 해역의 특징을 파악한다.

ㄱ. 엘니뇨 시기에는 평상시에 비해 무역풍이 약화되어 동태평양 적도 부근 해역에서 연안 용승이 약해진다. 따라서 동태평양 적도 부근 해역에서 연안 용승은 A가 B보다 약하다.

ㄴ. 엘니뇨 시기에 동태평양 적도 부근 해역에서는 표층 수온이 상승하면서 따뜻한 해수층의 두께가 두꺼워지므로 수온 약층이 나타나기 시작하는 깊이가 깊어진다. 따라서 동태평양 적도 부근 해역에서 수온 약층이 나타나기 시작하는 깊이는 A가 B보다 깊다.

❸ 엘니뇨 시기에 서태평양 적도 부근 해역의 해수와 대기의 특징을 파악한다.

ㄷ. 엘니뇨 시기에 서태평양 적도 부근 해역에서는 표층 수온이 평상시보다 낮아지고, 이에 따라 기압이 높아지므로 평상시보다 하강 기류가 활발해 강수량이 평상시보다 감소한다. 따라서 서태평양 적도 부근 해역의 강수량은 A가 B보다 적다.

09 꼼꼼 문제 분석

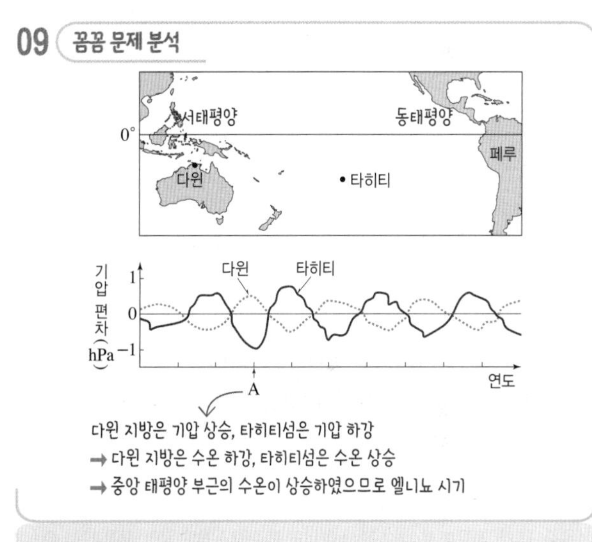

선택지 분석

ㄱ. 다윈 지방에서는 상승 기류가 강했다. (×) 약했다

ㄴ. 동태평양의 강수량이 감소하였다. (×) 증가

ㄷ. 페루 연안에서 용승이 약화되었다. (○)

전략적 풀이 ❶ 다윈과 타히티의 기압 편차로 대기 순환을 추정하고, 강수량을 판단한다.

ㄱ. 다윈 지방은 기압이 높아졌으므로 상승 기류가 약했다.

ㄴ. 타히티섬 부근은 기압이 낮아졌으므로 상승 기류가 강하여 중앙 태평양의 강수량이 증가하였다.

❷ 다윈과 타히티의 기압 편차로 해수면 온도를 추정하여 엘니뇨와 라니냐를 판단한다.

ㄷ. 다윈 지방의 기압이 평년보다 높고, 타히티섬의 기압이 평년보다 낮은 것은 서태평양의 따뜻한 해수가 동쪽으로 이동하여 중앙 태평양의 수온이 상승했기 때문이다. 따라서 A 시기에 엘니뇨가 발생하였으며, 페루 연안에서 용승이 약화되었다.

10 꼼꼼 문제 분석

23.5° 북반구 겨울 지구 태양 A 남반구 여름 B

(가)

북반구 여름 21.5° 지구 태양 C D 남반구 겨울

(나)

선택지 분석

㉠ A와 C에서 계절은 반대로 나타난다.

~~ㄴ~~. 지구의 연평균 기온은 (가)가 (나)보다 높다. 같다

㉢ 북반구가 받는 태양 복사 에너지의 양은 B보다 D에서 적다.

전략적 풀이 ❶ 지구 자전축이 기울어진 방향으로 태양의 남중 고도를 추정하여 계절을 판단한다.

ㄱ. A에서 북반구는 태양의 남중 고도가 낮아 겨울이고, C에서 북반구는 태양의 남중 고도가 높아 여름이므로 계절이 반대로 나타난다.

❷ 지구와 태양 사이의 거리로 지구의 연평균 기온을 판단한다.

ㄴ. (가)와 (나)에서 지구와 태양 사이의 평균 거리가 같으므로 지구가 1년 동안 받는 태양 복사 에너지의 양은 변하지 않으며, 지구의 연평균 기온도 같다.

❸ 지구 자전축의 기울기 방향과 경사각으로 B와 D에서 북반구가 받는 태양 복사 에너지양을 비교한다.

ㄷ. B에서는 북반구가 여름이고, D에서는 북반구가 겨울이다. 또한, 자전축의 경사각이 B가 D보다 크므로 북반구가 받는 태양 복사 에너지의 양은 B가 D보다 많다.

11 꼼꼼 문제 분석

우주, 대기, 지표에서 각각 복사 에너지 흡수량과 방출량이 같아 복사 평형이 이루어진다.

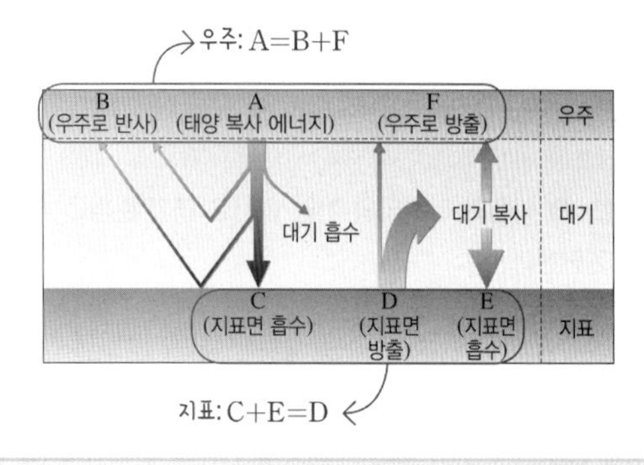

선택지 분석

㉠ A=B+F이다.

㉡ D의 복사 에너지는 대부분 적외선이다.

~~ㄷ~~. 대기 중에 온실 기체가 증가하면 C+E가 감소한다. 증가

전략적 풀이 ❶ 각 영역에서 복사 평형이 이루어지므로 흡수량과 방출량을 찾아 비교한다.

ㄱ. 지구는 복사 평형을 이루므로 태양 복사 흡수량(A−B)은 지구 복사 방출량(F)과 같다. ➡ (A−B)=F ∴ A=B+F

❷ 태양 복사와 지구 복사의 특징을 파악한다.

ㄴ. 지표는 태양으로부터 주로 가시광선을 흡수하고, 적외선을 방출하므로 D는 대부분 적외선이다.

❸ 온실 기체 증가로 인한 지구 온난화의 영향을 알고, 온실 기체가 흡수하고 방출하는 것이 무엇인지 파악한다.

ㄷ. 대기 중의 온실 기체가 증가하면 복사 에너지의 대기 흡수량이 증가하여 지표로 재복사하는 양이 증가한다. 따라서 지표의 흡수량(C+E)이 증가하여 지표의 온도가 높아지고, 지표에서 대기로 방출하는 양(D)도 증가한다.

12 꼼꼼 문제 분석

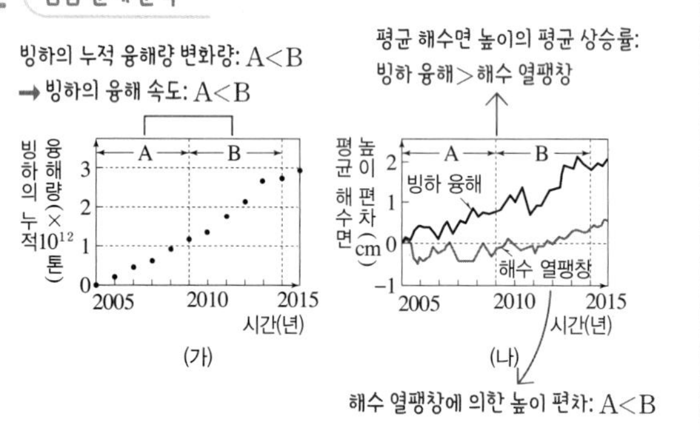

선택지 분석

~~ㄱ~~. 빙하의 융해 속도(톤/년)는 A 기간이 B 기간보다 크다. 작다

~~ㄴ~~. (나)에서 해수 열팽창이 해수면 상승에 끼친 영향은 A 기간이 B 기간보다 크다. 작다

㉢ (나)의 전 기간 동안 평균 해수면 높이의 상승은 해수 열팽창에 의한 것보다 빙하 융해에 의한 영향이 더 크다.

전략적 풀이 ❶ (가)를 해석하여 빙하의 융해 속도를 파악한다.

ㄱ. A와 B는 각각 5년의 기간으로 같고, 이 기간 동안 빙하의 누적 융해량 변화는 B 기간이 더 크므로 빙하의 융해 속도(톤/년)는 B 기간이 A 기간보다 크다.

❷ (나)에서 그래프를 해석하여 빙하 융해와 해수의 열팽창이 해수면 상승에 끼친 영향을 파악한다.

ㄴ. (나)에서 A 기간에는 해수 열팽창에 의한 평균 해수면 높이 편차가 (−) 값이지만 B 기간에는 해수 열팽창에 의한 평균 해수면 높이 편차가 (+) 값이므로 해수 열팽창이 해수면 상승에 끼친 영향은 B 기간이 A 기간보다 크다.

ㄷ. (나)의 전 기간 동안 해수 열팽창이 평균 해수면 높이 상승에 끼친 영향보다 빙하 융해가 평균 해수면 높이 상승에 끼친 영향이 더 크다.

III

우주

1 별과 외계 행성계

1 별의 물리량

개념 확인 문제 241쪽

❶ 짧아 ❷ 높은 ❸ 낮은 ❹ 색지수 ❺ 작은 ❻ 흡수 ❼ 분광형 ❽ F ❾ 높다

1 (1) 짧아진다 (2) 낮다 **2** ㄱ, ㄷ, ㄹ **3** (1) (나) (2) (가) (3) (가) **4** (1) 방출 스펙트럼 (2) 연속 스펙트럼 (3) 흡수 스펙트럼 **5** ㄴ, ㄷ **6** (1) 표면 온도 (2) ㉠ 고온, ㉡ 저온 **7** O형−B형−A형−F형−G형−K형−M형

1 꼼꼼 문제 분석

복사 에너지의 상대 세기
자외선
가시광선
적외선
6000 K
5000 K
4000 K
3000 K
0
1.0
2.0
파장(μm)
최대 에너지를 방출하는 파장: 6000 K<5000 K<4000 K<3000 K

(1) 빈의 변위 법칙에 따르면 별의 표면 온도(T)가 높을수록 최대 에너지를 방출하는 파장(λ_{max})이 짧아진다.
(2) 별은 표면 온도가 높을수록 짧은 파장의 빛을 더 많이 방출하여 파란색으로 보이고, 표면 온도가 낮을수록 긴 파장의 빛을 더 많이 방출하여 붉은색으로 보인다.

2 별은 표면 온도가 높을수록 파란색을 띠고, 표면 온도가 낮을수록 붉은색을 띤다. 분광형은 표면 온도가 높은 별은 O형, 낮은 별은 M형으로 하여 별을 표면 온도에 따라 분류한 것이다. 별은 표면 온도가 높을수록 색지수가 작다. 따라서 별의 색, 분광형, 색지수는 표면 온도를 추정할 수 있는 물리량이다.

3 (1) (가)는 V 필터보다 B 필터를 통과한 별빛이 더 밝고, 밝을수록 등급이 작으므로 B 등급이 V 등급보다 작다. (나)는 B 필터보다 V 필터를 통과한 별빛이 더 밝으므로 B 등급이 V 등급보다 크다.
(2) (가)는 B 등급이 V 등급보다 작아 색지수(B−V)가 (−) 값이다. (나)는 B 등급이 V 등급보다 커 색지수(B−V)가 (+) 값이다.
(3) 별의 표면 온도가 높을수록 색지수는 작다. 색지수는 (가)가 (나)보다 작으므로 표면 온도는 (가)가 (나)보다 높다.

4 (1) 방출 스펙트럼은 고온·저밀도의 기체가 방출하는 빛을 분광기로 관측할 때, 특정한 파장 영역에서만 밝은색의 방출선이 나타나는 것이다.
(2) 연속 스펙트럼은 고온의 광원에서 방출되는 빛을 분광기로 관측할 때 모든 파장에 걸쳐 빛이 무지개 색깔의 연속적인 띠로 나타나는 것이다.
(3) 흡수 스펙트럼은 연속 스펙트럼을 나타내는 고온의 광원 앞에 저온의 기체가 있을 때 기체를 통과한 빛을 분광기로 관측하면, 연속 스펙트럼 중간 중간에 기체가 흡수한 에너지 때문에 검은색 흡수선이 나타나는 것이다.

5 별의 표면 온도에 따라 스펙트럼의 유형이 달라지므로 스펙트럼을 분석하면 별의 표면 온도를 알 수 있다. 스펙트럼에서 흡수선이 나타나는 위치는 기체의 종류에 따라 다르므로, 별의 대기 성분을 이루는 기체의 종류를 알아낼 수 있다.

6 (1), (2) 별의 분광형은 별의 표면 온도에 따라 스펙트럼에 나타나는 흡수선의 종류와 세기를 기준으로 하여 고온에서 저온 순으로 O, B, A, F, G, K, M형으로 분류한다. 각 분광형은 다시 고온의 0에서 저온의 9까지, 10단계로 세분한다.
예 A형은 F형보다 표면 온도가 높고, A0형은 A9형보다 표면 온도가 높다.

7 별의 표면 온도는 O형이 가장 높고, M형으로 갈수록 낮아진다.

개념 확인 문제 244쪽

❶ 광도 ❷ 실제 밝기 ❸ 크다 ❹ 절대 등급 ❺ 표면 온도 ❻ σT^4 ❼ 표면 온도 ❽ 광도

1 (1) ○ (2) × (3) ○ (4) × **2** (가) A (나) E **3** ㉠ 2.5, ㉡ 100 **4** (1) $E=\sigma T^4$ (2) $L=4\pi R^2\cdot\sigma T^4$ **5** ㉠ 광도, ㉡ 표면 온도 **6** (1) ○ (2) × (3) × (4) ○ **7** (1) 100 (2) $\frac{1}{4}$ (3) 160

1 (1) 별이 단위 시간 동안 표면에서 방출하는 에너지의 총량을 광도라고 한다.
(2) 광도가 같은 별이라도 별까지의 거리가 다르면 겉보기 등급이 서로 다르다. 광도가 같은 별의 절대 등급은 모두 같다.
(3) 절대 등급은 모든 별이 지구로부터 같은 거리(10 pc)에 있다고 가정할 때의 밝기로 정한 등급이므로 실제 밝기를 의미한다. 따라서 절대 등급을 비교하여 별의 광도를 비교할 수 있다.

(4) 등급이 작을수록 밝은 별이므로 절대 등급이 작은 별일수록 광도가 큰 별이다.

2 (가) 겉보기 등급은 우리 눈에 보이는 별의 밝기를 나타낸 등급이다. 따라서 우리 눈에 가장 밝게 보이는 별은 겉보기 등급이 가장 작은 A이다.
(나) 절대 등급은 별을 10 pc의 거리에 옮겨 놓았다고 가정했을 때의 밝기를 나타낸 등급으로, 절대 등급을 비교하여 별의 광도를 비교할 수 있다. 따라서 광도가 가장 큰 별은 절대 등급이 가장 작은 E이다.

3 별의 밝기는 등급으로 나타내며, 등급이 작을수록 밝은 별이다. 1등급인 별은 6등급인 별보다 100배 밝으므로 1등급 사이의 밝기 차는 $100^{\frac{1}{5}} \fallingdotseq 2.5$배이다. 따라서 절대 등급이 태양보다 5등급 작은 별은 태양보다 광도가 100배 크고, 절대 등급이 태양보다 1등급 작은 별은 태양보다 광도가 약 2.5배 크다.

4 (1) 별은 흑체와 유사하며, 표면 온도가 T인 흑체가 단위 시간 동안 단위 면적에서 방출하는 에너지양(E)은 $E=\sigma T^4$이다.
(2) 별의 광도(L)는 별이 단위 시간 동안 단위 면적에서 방출하는 에너지양인 $E=\sigma T^4$에 별의 표면적인 $4\pi R^2$을 곱하여 나타낼 수 있다. 따라서 $L=4\pi R^2 \cdot \sigma T^4$이다.

6 반지름이 R, 표면 온도가 T인 별의 광도(L) 식은 $L=4\pi R^2 \cdot \sigma T^4$이다.
(1) 광도 식에서 별의 반지름(R)이 같을 경우, 표면 온도(T)가 높을수록 광도(L)가 크다.
(2) 광도 식에서 별의 표면 온도(T)가 같을 경우, 반지름(R)이 클수록 광도(L)가 크다.
(3) 광도 식에서 두 별의 반지름(R)이 같을 경우, 표면 온도(T)가 2배이면 광도(L)는 $2^4=16$배이다.
(4) 광도 식에서 두 별의 표면 온도(T)가 같을 경우, 반지름(R)이 $\frac{1}{2}$배이면 광도(L)는 $\left(\frac{1}{2}\right)^2=\frac{1}{4}$배이다.

7 (1) 별의 절대 등급은 A가 B보다 5등급이 작으므로 광도는 A가 B의 100배이다.
(2) 별의 표면 온도는 A가 3000 K, B가 12000 K이므로 A가 B의 $\frac{1}{4}$배이다.
(3) 별의 광도는 A가 B의 100배, 표면 온도는 A가 B의 $\frac{1}{4}$배이므로 A와 B의 반지름을 각각 R_A, R_B라고 하면,
$L=4\pi R^2 \cdot \sigma T^4$($L$: 광도)으로부터 $\frac{L_A}{L_B}=\frac{R_A^2}{R_B^2}\cdot\frac{T_A^4}{T_B^4}=100$,
$\left(\frac{R_A}{R_B}\right)^2=\left(\frac{T_B}{\frac{1}{4}T_B}\right)^4\cdot 100=(16\times 10)^2 \quad \therefore R_A=160R_B$이다.

245~246쪽

자료 ❶ 1 짧다 2 2 3 16 4 (1) × (2) × (3) ○
자료 ❷ 1 ㉠ 색지수, ㉡ 표면 온도, ㉢ 낮 2 별 b 3 별 b 4 (1) ○ (2) × (3) × (4) ○ (5) ×
자료 ❸ 1 표면 온도 2 낮아진다 3 (1) A0 (2) Ca Ⅱ의 흡수선 4 (1) × (2) ○ (3) × (4) ×
자료 ❹ 1 ㉠ $\frac{1}{2}$, ㉡ 2 2 100 3 2.5 4 (1) × (2) ○ (3) × (4) × (5) ○

1-1

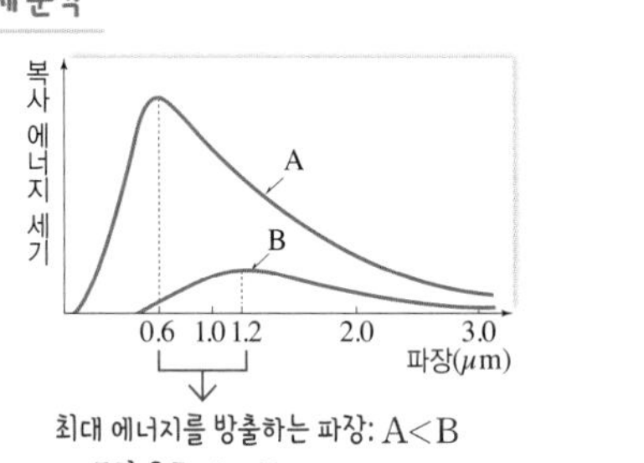

빈의 변위 법칙에 따르면 흑체의 표면 온도(T)가 높을수록 최대 에너지를 방출하는 파장(λ_{max})이 짧아진다.

1-2 최대 에너지를 방출하는 파장은 A가 0.6 μm, B가 1.2 μm이므로 B가 A의 2배이다. 빈의 변위 법칙에 따르면 최대 에너지를 방출하는 파장은 표면 온도에 반비례하므로, 표면 온도는 A가 B의 2배이다.

1-3 광도는 반지름의 제곱과 표면 온도의 4제곱에 비례하므로, 반지름이 같은 두 별의 광도는 표면 온도의 4제곱에 비례한다. 표면 온도는 A가 B의 2배이므로 광도는 A가 B의 16배이다.

1-4 (1) 별은 표면 온도가 높을수록 짧은 파장의 빛을 더 많이 방출하므로 파란색으로 보이고, 표면 온도가 낮을수록 긴 파장의 빛을 더 많이 방출하므로 붉은색으로 보인다. A는 B보다 표면 온도가 높으므로 파랗게 보인다.
(2) 색지수는 별의 표면 온도가 높을수록 작다. 표면 온도는 A가 B보다 높으므로 색지수는 A가 B보다 작다.
(3) 절대 등급이 클수록 광도가 작은 별이다. 광도는 A가 B보다 크므로 절대 등급은 A가 B보다 작다.

2-2 별 b는 B 필터보다 V 필터를 통과한 빛의 세기가 더 강하므로 B 필터보다 V 필터로 볼 때 더 밝게 보인다.

2-3 별 a는 V 필터보다 B 필터로 볼 때 밝게 보이므로 B 등급이 V 등급보다 작아 색지수(B−V)가 0보다 작다. 별 b는 B 필터보다 V 필터로 볼 때 밝게 보이므로 V 등급이 B 등급보다 작아 색지수(B−V)가 0보다 크다. 따라서 색지수(B−V)는 별 b가 별 a보다 크다.

2-4 (1) 별 a는 V 필터보다 B 필터로 볼 때 더 밝게 보이므로 B 등급이 V 등급보다 작다.
(2) 별 b는 B 필터를 통과한 빛이 V 필터를 통과한 빛보다 어두우므로 B 등급이 V 등급보다 크다. 따라서 색지수(B−V)는 (+) 값을 가진다.
(3) 별 a가 별 b보다 빛의 세기가 최대인 파장이 짧으므로 최대 에너지를 방출하는 파장이 더 짧다.
(4) 별의 표면 온도는 최대 에너지를 방출하는 파장에 반비례한다. 최대 에너지를 방출하는 파장은 별 a가 별 b보다 짧으므로 표면 온도는 별 a가 별 b보다 높다.
(5) 별은 표면 온도가 높을수록 파랗게 보이고, 표면 온도가 낮을수록 붉게 보인다. 별 a는 별 b보다 표면 온도가 높으므로 더 파랗게 관측될 것이다.

3-1 꼼꼼 문제 분석

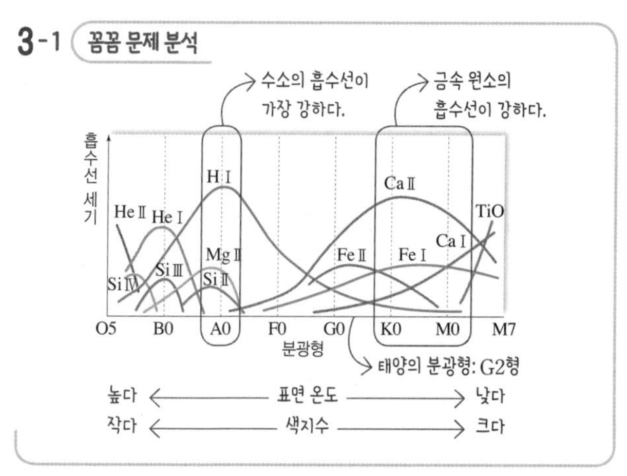

별들의 대기 성분은 거의 비슷한데도 별의 스펙트럼에서 흡수선의 종류와 세기가 다르게 나타나는 까닭은 별의 표면 온도에 따라 대기에 존재하는 원소들이 이온화되는 정도가 다르고, 각각 가능한 이온화 단계에서 특정한 흡수선을 형성하기 때문이다.

3-2 별은 표면 온도에 따라 O, B, A, F, G, K, M형으로 분류하는데, 분광형이 O형인 별에서 M형인 별로 갈수록 표면 온도가 낮아진다.

3-3 (1) 수소(H Ⅰ) 흡수선이 가장 강하게 나타나는 분광형은 A0형이다.
(2) 태양의 분광형은 G2형이다. G2형 별은 칼슘 이온(Ca Ⅱ)의 흡수선이 가장 강하게 나타난다.

3-4 (1) 표면 온도는 O형인 별에서 M형인 별로 갈수록 낮아지므로 분광형이 G0형인 별은 B0형인 별보다 표면 온도가 낮다.
(2) 분광형이 G0형인 별은 M0형인 별보다 표면 온도가 높고, 별의 표면 온도가 높을수록 색지수는 작다. 따라서 분광형이 G0형인 별은 M0형인 별보다 색지수가 작다.
(3) 수소 흡수선은 A0형(표면 온도 약 10000 K)인 별에서 가장 강하게 나타난다.
(4) 금속 원소의 흡수선은 표면 온도가 낮은 K형 또는 M형인 별에서 강하게 나타난다.

4-1 빈의 변위 법칙에 따르면, 별이 최대 에너지를 방출하는 파장은 표면 온도에 반비례한다. 최대 에너지를 방출하는 파장이 A가 B의 $\frac{1}{2}$배이므로 표면 온도는 A가 B의 2배이다.

4-2 별의 광도는 절대 등급으로 비교한다. A의 절대 등급은 B보다 5등급 작고, 5등급 사이의 밝기는 100배 차이가 나므로 광도는 A가 B의 100배이다.

4-3 별의 광도 식 $L=4\pi R^2\cdot\sigma T^4$에서 $\frac{L_A}{L_B}=\frac{R_A^2}{R_B^2}\cdot\frac{T_A^4}{T_B^4}=100$이고, 표면 온도는 A가 B의 2배이므로 $\left(\frac{R_A}{R_B}\right)^2=\frac{100}{16}$, $R_A=2.5R_B$이다. 따라서 반지름은 A가 B의 2.5배이다.

4-4 (1) 빈의 변위 법칙에 따르면, 별이 최대 에너지를 방출하는 파장은 표면 온도에 반비례한다.
(2) A와 B는 겉보기 등급이 같으므로 겉보기 밝기가 같다.
(3) 별의 광도는 절대 등급으로 비교한다. 절대 등급이 A가 B보다 5등급 작으므로 광도는 A가 B의 100배이다.
(4) 별의 광도는 A가 B보다 크지만 겉보기 밝기는 A와 B가 같다. 따라서 A는 B보다 별까지의 거리가 멀다.
(5) 슈테판·볼츠만 법칙에 의하면 단위 시간 동안 단위 면적당 별이 방출하는 에너지양은 표면 온도의 4제곱에 비례한다. 별의 표면 온도는 A가 B보다 높으므로, 단위 시간 동안 단위 면적당 별이 방출하는 에너지양은 A가 B보다 많다.

내신 만점 문제 247~250쪽

01 ③ 02 ② 03 ③ 04 ② 05 ④ 06 ③
07 해설 참조 08 ⑤ 09 ② 10 ① 11 ② 12 ③
13 해설 참조 14 ⑤ 15 ⑤ 16 ① 17 해설 참조
18 ⑤ 19 ⑤ 20 ④ 21 해설 참조

01 ③ 사진 등급과 안시 등급의 차이를 색지수라고 한다. 표면 온도가 낮은 별일수록 눈에 민감한 노란색이나 붉은색 빛을 많이 방출하기 때문에 안시 등급의 값이 작다. 따라서 색지수가 클수록 표면 온도가 낮은 별이다. 별빛의 스펙트럼에 나타난 흡수선을 분석하여 표면 온도에 따라 분류한 것이 분광형이므로 분광형으로 표면 온도를 추정할 수 있다.

바로알기 연주 시차로 별까지의 거리를 알 수 있고, 절대 등급으로는 광도를 알 수 있다.

02 ① 흑체는 입사된 모든 에너지를 흡수하고 흡수된 모든 에너지를 완전히 방출하는 이상적인 물체이다. 별은 이상적인 흑체는 아니지만 파장에 따른 복사 에너지의 분포를 보면 거의 흑체에 가깝다.

③ 표면 온도가 높은 별일수록 최대 에너지를 방출하는 파장이 짧아져 파란색을 띠고, 표면 온도가 낮은 별일수록 최대 에너지를 방출하는 파장이 길어져 붉은색을 띤다.

④ 표면 온도가 높은 별일수록 색지수가 작다. 따라서 색지수가 (+) 값인 별은 (−) 값인 별보다 표면 온도가 낮다.

⑤ 별의 분광형에 따른 표면 온도는 O>B>A>F>G>K>M형 순이다. 태양의 분광형은 G형이므로 분광형이 O형인 별은 태양보다 표면 온도가 높다.

바로알기 ② 빈의 변위 법칙에 따르면 흑체가 최대 에너지를 방출하는 파장은 표면 온도에 반비례한다.

03 꼼꼼 문제 분석

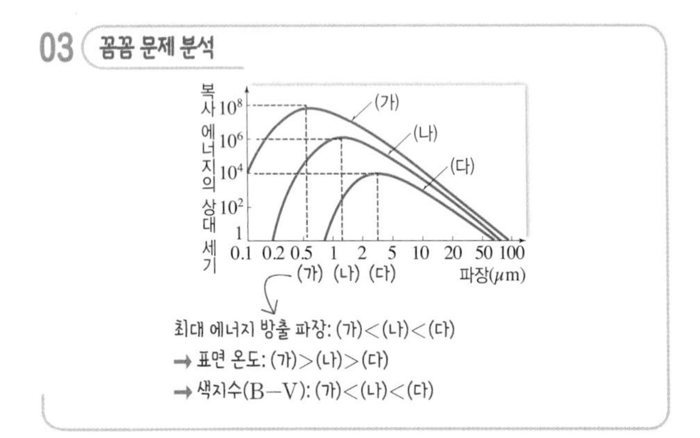

ㄱ. 그림에서 최대 에너지를 방출하는 파장은 (가)가 가장 짧다.

ㄷ. 표면 온도가 높은 별은 긴 파장 영역보다 짧은 파장인 자외선과 파란색 파장 영역에서 에너지를 많이 방출하므로 B 등급이 V 등급보다 작다. 즉, 색지수(B−V)는 별의 표면 온도가 높을수록 작고, 표면 온도가 낮을수록 크다. 따라서 색지수(B−V)가 가장 큰 별은 표면 온도가 가장 낮은 (다)이다.

바로알기 ㄴ. 빈의 변위 법칙$\left(\lambda_{max}=\dfrac{a}{T}\right)$에 따르면, 별이 최대 에너지를 방출하는 파장(λ_{max})은 표면 온도(T)에 반비례한다. 따라서 별의 표면 온도는 최대 에너지를 방출하는 파장이 가장 짧은 (가)가 가장 높다.

04 꼼꼼 문제 분석

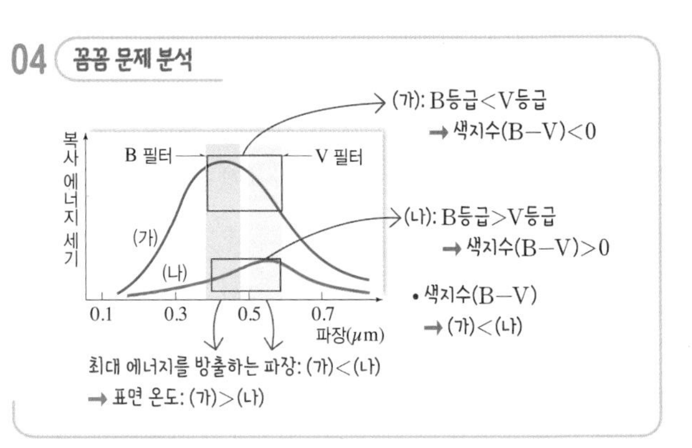

ㄴ. (가)는 B 필터를 통과한 빛이 V 필터를 통과한 빛보다 밝으므로 B 등급이 V 등급보다 작다.

바로알기 ㄱ. 별이 최대 에너지를 방출하는 파장은 표면 온도에 반비례한다. 최대 에너지를 방출하는 파장이 (가)가 (나)보다 짧으므로 표면 온도는 (가)가 (나)보다 높다.

ㄷ. 색지수(B−V)는 별의 표면 온도가 높을수록 작다. 따라서 표면 온도가 더 높은 (가)가 (나)보다 색지수가 작다.

05 (가)−ㄱ. 17세기 중반 뉴턴은 프리즘을 통과한 태양 빛이 무지개처럼 여러 색으로 나누어지는 것을 발견하고, 이를 스펙트럼이라고 불렀다.

(나)−ㄷ. 19세기, 허긴스는 여러 성운의 스펙트럼에서 방출선을 발견하였다.

(다)−ㄴ. 19세기 초, 프라운호퍼는 분광기를 사용하여 태양과 별의 스펙트럼을 자세히 관찰한 결과, 연속 스펙트럼에 나타나는 수백 개의 검은 선(흡수선)들을 확인하였다.

(라)−ㄹ. 20세기 초, 피커링과 캐넌은 수소의 흡수선 세기에 따라 별의 스펙트럼을 A형~P형의 16가지로 구분하였고, 캐넌은 이를 7가지로 재분류하였다.

06 ㄱ. (가)에서는 흡수 스펙트럼이, (나)에서는 방출 스펙트럼이 나타난다.

ㄷ. 동일한 기체라면 이온화하는 데 동일한 파장의 에너지를 흡수하거나 방출하므로 흡수선이나 방출선이 나타나는 파장이 동일하다.

바로알기 ㄴ. 별의 분광형을 분류하는 데 쓰인 것은 (가)와 같은 흡수 스펙트럼이다.

07 별의 구성 물질이 같더라도 표면 온도에 따라 원소들이 이온화되는 정도가 달라지기 때문에 흡수선의 종류와 세기가 달라진다.

모범 답안 별의 표면 온도에 따라 원소들이 이온화되는 정도가 다르고, 각각 가능한 이온화 단계에서 특정한 흡수선이 형성되기 때문이다.

채점 기준	배점
표면 온도와 이온화되는 정도로 옳게 서술한 경우	100 %
별의 표면 온도가 다르기 때문이라고만 서술한 경우	70 %

08 별의 스펙트럼에는 별의 대기 중 원소가 빛의 특정한 파장 영역을 흡수하여 어두운 흡수선이 나타난다.

ㄱ. A0형인 별은 표면 온도가 약 10000 K인 별로, H I가 흡수하는 파장 영역에서 가장 강한 흡수선이 나타난다.

ㄴ. 표면 온도가 약 6000 K인 G0형 별은 표면 온도가 약 30000 K인 B0형 별보다 표면 온도가 낮다.

ㄷ. 태양의 분광형은 G2형이다. 따라서 태양의 스펙트럼에서는 Ca II 흡수선이 H I 흡수선보다 강하게 나타난다.

09 ㄷ. 표면 온도가 높은 별일수록 최대 에너지를 방출하는 파장이 짧다. (나)는 (다)보다 표면 온도가 낮으므로 최대 에너지를 방출하는 파장이 길다.

바로알기 ㄱ. 흡수 스펙트럼은 별 표면에서 방출된 빛이 별의 대기층을 통과하면서 대기를 구성하는 원소들에 의해 일부 빛이 흡수되어 나타난다. 별들은 화학 조성이 비슷하지만 표면 온도에 따라 대기의 구성 원소들이 이온화된 정도가 달라 흡수선의 종류와 세기가 달라진다. 별의 분광형은 별의 표면 온도에 따라 스펙트럼에 나타나는 흡수선의 종류와 세기를 기준으로 분류한다.

ㄴ. 별의 표면 온도가 높은 것부터 분광형을 나열하면 O, B, A, F, G, K, M형 순이다. 따라서 표면 온도가 가장 높은 별은 (다)이다.

10 ㄱ. 분광형이 B5형인 별의 스펙트럼에서는 M5형인 별에 비해 수소 흡수선이 강하게 나타난다. 분광형은 수소 흡수선의 세기가 강한 것부터 A, B, C …의 순으로 나열한 것을 나중에 표면 온도가 높은 것부터 O, B, A, F, G, K, M형의 순으로 정렬한 것이다.

바로알기 ㄴ. 표면 온도가 낮은 별은 금속 원소와 분자들에 의한 흡수선이 많으므로 저온의 별이 고온의 별에 비해 흡수선의 개수가 많다.

ㄷ. 별의 최대 에너지를 방출하는 파장은 표면 온도에 따라 다르지만, 동일한 원소가 만드는 흡수선의 파장은 표면 온도와 관계없다.

11 ② 절대 등급이 작을수록 실제로 밝은 별이므로 광도가 크다.

바로알기 ① 광도는 단위 시간 동안 별의 전체 표면에서 방출하는 에너지의 총량이다.

③ 별의 광도가 같더라도 별까지의 거리가 다르면 겉보기 밝기는 다르다.

④, ⑤ 별의 광도(L) 식은 $L=4\pi R^2\cdot\sigma T^4$($R$: 반지름, T: 표면 온도, σ: 슈테판·볼츠만 상수)이므로 광도는 반지름의 제곱에 비례하고, 표면 온도의 4제곱에 비례한다.

12 ㄱ. 겉보기 등급이 작은 별일수록 우리 눈에 밝게 보인다.
➡ 겉보기 밝기: (가)>(나)>(다)

ㄴ. 광도가 가장 큰 별은 절대 등급이 가장 작은 (나)이다.
➡ 광도: (나)>(다)>(가)

바로알기 ㄷ. 표면 온도는 B형>F형>K형이므로 B형 별인 (가)의 표면 온도가 가장 높다. ➡ 표면 온도: (가)>(다)>(나)

13 모범 답안 (1) $-2.5\log\dfrac{L_B}{L_A}$

(2) $M_B-M_A=-2.5\log\dfrac{L_B}{L_A}$에 $M_A=3$, $M_B=-2$를 대입하면 $-5=-2.5\log\dfrac{L_B}{L_A}$에서 $100L_A=L_B$이다. 즉, B의 광도는 A의 광도의 100배이다.

채점 기준		배점
(1)	포그슨 공식을 옳게 쓴 경우	50 %
(2)	별 B의 광도가 A의 광도의 몇 배인지 포그슨 공식을 이용하여 옳게 서술한 경우	50 %

14 ㄱ. 흑체의 단위 시간당 단위 면적당 방출되는 에너지양이 σT^4이므로 표면적이 $4\pi R^2$인 흑체의 전체 표면에서 방출되는 에너지의 총량은 $4\pi R^2\cdot\sigma T^4$이다.

ㄴ. 별의 광도(L)는 $L=4\pi R^2\cdot\sigma T^4$이므로 표면 온도($T$)와 광도($L$)를 알면 반지름($R$)을 구할 수 있다.

ㄷ. 별의 광도는 반지름의 제곱에 비례하고, 표면 온도의 4제곱에 비례하므로 어느 별이 진화하여 반지름이 10배, 표면 온도가 $\dfrac{1}{2}$배가 되면 별의 광도는 $10^2\cdot\left(\dfrac{1}{2}\right)^4=6.25$배 커진다.

15 ㄴ. 5등급 사이의 밝기 차는 100배이고, (가)가 (나)보다 절대 등급이 10등급 작으므로 광도는 (가)가 (나)의 $100^2=10000$배이다.

ㄷ. (가)와 (나)는 분광형이 같으므로 표면 온도가 같다. 표면 온도와 광도 비로부터 다음과 같이 반지름 비를 구할 수 있다.

$$\frac{L_{(가)}}{L_{(나)}}=\left(\frac{R_{(가)}}{R_{(나)}}\right)^2\cdot\left(\frac{T_{(가)}}{T_{(나)}}\right)^4,\ 10000=\left(\frac{R_{(가)}}{R_{(나)}}\right)^2\cdot 1^4$$

$\therefore \dfrac{R_{(가)}}{R_{(나)}}=100$, 즉, 별의 반지름은 (가)가 (나)의 100배이다.

바로알기 ㄱ. (가)와 (나)는 분광형이 같으므로 표면 온도가 같다.

16 ㄴ. (가)는 (나)와 반지름이 같지만, 광도는 (나)보다 작다. 반지름이 같을 때 광도는 표면 온도의 4제곱에 비례하므로 (가)는 (나)보다 표면 온도가 낮다.

바로알기 ㄱ. (가)는 (나)보다 절대 등급이 크므로 광도는 작다.

ㄷ. (가)는 (나)와 표면 온도가 다르므로 분광형이 다르다.

17 주어진 별은 태양과 분광형이 같으므로 표면 온도가 같다. 별의 절대 등급은 태양보다 5등급 작으므로 광도는 태양보다 100배 크다. 별의 표면 온도가 같을 때 광도는 반지름의 제곱에 비례하므로 별의 반지름은 태양보다 10배 크다.

모범 답안 표면 온도는 태양과 같고, 광도는 태양의 100배이며, 반지름은 태양의 10배이다.

채점 기준	배점
세 물리량을 모두 옳게 서술한 경우	100 %
세 물리량 중 두 가지만 옳게 서술한 경우	60 %
세 물리량 중 한 가지만 옳게 서술한 경우	30 %

18 ㉠: 최대 에너지를 방출하는 파장은 별의 표면 온도에 반비례한다. 표면 온도는 A가 B의 2배이므로 최대 에너지를 방출하는 파장은 B가 A의 2배이다.

㉡: B의 광도가 A의 100배이므로 절대 등급은 B가 A보다 5등급 작다.

㉢: 광도는 B가 A의 100배이고, 표면 온도는 B가 A의 $\frac{1}{2}$배이다. $L=4\pi R^2\cdot\sigma T^4$에서 $R\propto\frac{\sqrt{L}}{T^2}$이고, $\frac{R_B}{R_A}=\sqrt{\frac{L_B}{L_A}}\times\left(\frac{T_A}{T_B}\right)^2=10\times4=40$이다. 따라서 B의 반지름은 A의 40배이다.

따라서 ㉠, ㉡, ㉢의 크기를 비교하면 ㉢>㉡>㉠이다.

19 꼼꼼 문제 분석

광도가 같다. / O→B→G→M형으로 갈수록 표면 온도가 낮다.

별	절대 등급	분광형	표면 온도
Ⓐ	5	O	30000 K
B	5	B	15000 K
C	−6	G	6000 K
Ⓓ	−5	M	3000 K

D는 A보다 절대 등급이 10등급 작다. ➡ D의 광도는 A의 10000배이다. / 실제로 가장 밝은 별이다. / 최대 에너지를 방출하는 파장이 가장 길다.

⑤ D는 A보다 절대 등급이 10등급 작으므로 D의 광도는 A의 10000배이다. 관계식 $L=4\pi R^2\cdot\sigma T^4$에서

$\frac{L_D}{L_A}=10000=\frac{4\pi R_D^2\sigma\cdot(3000\text{ K})^4}{4\pi R_A^2\sigma\cdot(30000\text{ K})^4}=\left(\frac{R_D}{R_A}\right)^2\cdot\frac{1}{10^4}$,

$\left(\frac{R_D}{R_A}\right)^2=10^8$이므로 $\frac{R_D}{R_A}=10^4$이 된다. 따라서 D는 A보다 반지름이 10000배 큰 별이다.

바로알기 ① 실제로 가장 밝은 별은 절대 등급이 가장 작은 C이다.

② 최대 에너지를 방출하는 파장이 가장 긴 별은 표면 온도가 가장 낮은 D이다.

③ 표면에서 단위 시간 동안 단위 면적당 방출하는 에너지($E=\sigma T^4$)가 가장 많은 별은 표면 온도가 가장 높은 A이다.

④ A와 B는 절대 등급이 같으므로 광도가 같으며, 표면 온도는 A가 B의 2배이다. 관계식 $L=4\pi R^2\cdot\sigma T^4$으로부터 광도가 같을 때 반지름은 표면 온도의 제곱에 반비례하므로 별의 반지름은 B가 A의 4배이다.

20 ㄴ. B는 반지름이 A보다 3배 크고, 표면 온도는 A의 $\frac{2}{3}$배이므로 $L=4\pi R^2\cdot\sigma T^4$에서 광도는 A의 $\frac{16}{9}\left[=3^2\times\left(\frac{2}{3}\right)^4\right]$배이다. 별의 절대 등급은 광도가 클수록 작으므로 B의 절대 등급은 A의 절대 등급인 −0.1등급보다 작다.

ㄷ. A와 C는 절대 등급이 같으므로 광도가 서로 같고, C는 A보다 반지름이 9배 크다. $L=4\pi R^2\cdot\sigma T^4$에서 $\frac{L_C}{L_A}=\frac{R_C^2}{R_A^2}\cdot\frac{T_C^4}{T_A^4}=1$이고 $81\cdot\frac{T_C^4}{T_A^4}=1$, $T_C=\frac{1}{3}T_A$이므로 C의 표면 온도는 A의 $\frac{1}{3}$(=3000 K)배이다.

바로알기 ㄱ. 표면 온도가 높은 별일수록 최대 에너지를 방출하는 파장이 짧다. 표면 온도는 A가 B보다 높으므로 최대 에너지를 방출하는 파장은 A가 B보다 짧다.

21 별의 광도는 별이 단위 시간 동안 단위 면적에서 방출하는 에너지양에 별의 표면적을 곱하여 구한다. 별이 단위 시간 동안 단위 면적에서 방출하는 에너지양은 슈테판·볼츠만 법칙으로부터 σT^4이고, 별의 표면적은 $4\pi R^2$이므로 별의 광도(L)를 구하는 식은 $L=4\pi R^2\cdot\sigma T^4$이다.

모범 답안 별의 크기를 구하기 위해서 알아야 하는 물리량은 표면 온도와 광도이다. 표면 온도는 색지수나 분광형을 측정하여 알 수 있고, 광도는 별의 절대 등급을 태양의 절대 등급과 비교하여 알 수 있다.

채점 기준	배점
별의 크기를 구하기 위해 필요한 두 가지 물리량을 고르고, 각 물리량을 알 수 있는 방법을 옳게 서술한 경우	100 %
별의 크기를 구하기 위해 필요한 두 가지 물리량을 고르고, 각 물리량을 알 수 있는 방법 중 하나만 옳게 서술한 경우	70 %
별의 크기를 구하기 위해 필요한 두 가지 물리량만 옳게 고른 경우	50 %

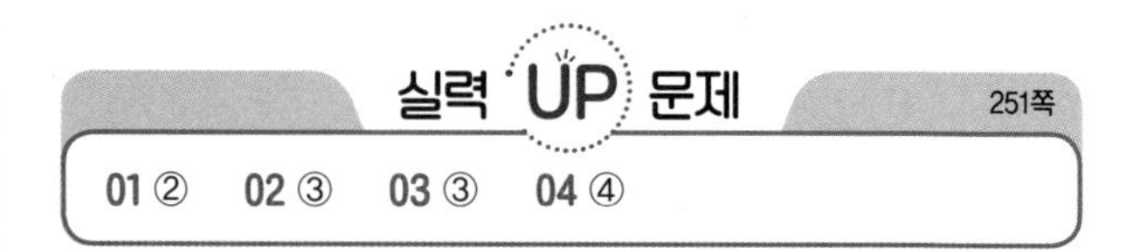

01 꼼꼼 문제 분석

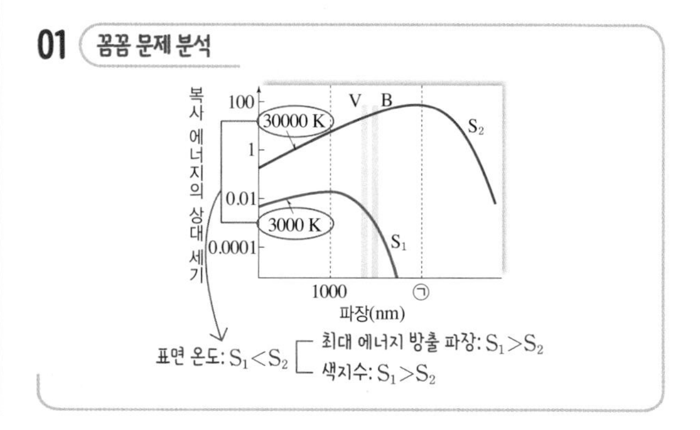

ㄴ. 광도(L)는 $L=4\pi R^2 \cdot \sigma T^4$이므로 별의 반지름($R$)이 같을 때 표면 온도($T$)의 4제곱에 비례한다. S_1과 S_2의 반지름이 같고 표면 온도는 S_2가 S_1의 10배이므로, 광도는 S_2가 S_1보다 10^4배 크다.

바로알기 ㄱ. 빈의 변위 법칙에 따르면 별이 최대 에너지를 방출하는 파장은 표면 온도에 반비례한다. S_2의 표면 온도(T)는 S_1의 10배이므로 최대 에너지를 방출하는 파장(λ_{max})은 S_1의 $\frac{1}{10}$배이다. 따라서 ㉠은 1000 nm의 $\frac{1}{10}$배인 100 nm이다.

ㄷ. 색지수(B−V)는 별의 표면 온도가 높을수록 작다. 표면 온도는 S_1이 S_2보다 낮으므로 색지수(B−V)는 S_1이 S_2보다 크다.

02 ㄱ. 별의 표면 온도가 높은 것부터 낮은 것 순으로 분광형을 나열하면 O, B, A, F, G, K, M형이다. 따라서 별의 표면 온도는 (가)>(다)>(나)이다.

ㄴ. (가)는 (나)보다 표면 온도가 높으므로 가시광선보다 파장이 짧은 자외선 영역에서 방출하는 빛의 상대적 세기가 더 강하다. 따라서 (가)는 (나)보다 가시광선 영역의 복사 에너지 세기에 대한 자외선 영역의 복사 에너지 세기의 상대적인 비율이 높다.

바로알기 ㄷ. 수소(H I) 흡수선은 표면 온도가 약 10000 K인 A형 별에서 강하게 나타나므로 (다)보다 (가)에서 강하게 나타난다.

03 별의 광도를 구하는 식은 $L=4\pi R^2 \cdot \sigma T^4$($L$: 광도, R: 반지름, T: 표면 온도)이다.

ㄷ. 광도는 (가)와 (다)가 같지만 표면 온도는 (가)가 (다)보다 낮다. 따라서 반지름은 (가)가 (다)보다 크다.

바로알기 ㄱ. (가)는 반지름이 태양의 10배이다. 만약 (가)의 표면 온도가 태양과 같다면 광도는 태양의 100배가 되어야 한다. 하지만 (가)의 광도는 태양의 10배이므로 표면 온도는 태양의 표면 온도인 6000 K보다 낮다. 따라서 (가)는 (나)보다 표면 온도가 낮다.

ㄴ. (나)는 반지름이 태양의 5배이다. 만약 (나)의 표면 온도가 태양과 같다면 광도는 태양의 25배인데, (나)의 표면 온도는 태양보다 높으므로 광도는 태양의 25배보다 크다. 따라서 ㉠은 25보다 크다.

04 ㄴ. 단위 시간 동안 방출하는 총 에너지의 양은 광도를 의미한다. ㉡과 ㉢은 절대 등급이 같으므로 광도가 같다.

ㄷ. ㉢은 ㉣보다 절대 등급이 크므로 광도가 작지만 ㉣보다 겉보기 등급이 작으므로 더 밝게 보인다. 실제 밝기는 ㉣이 더 밝은데 겉보기 밝기는 ㉢이 더 밝으므로 별까지의 거리는 ㉢이 ㉣보다 가깝다.

바로알기 ㄱ. ㉠은 ㉡보다 색지수가 크므로 표면 온도가 낮다. 빈의 변위 법칙에 따르면 별의 표면 온도가 낮을수록 최대 에너지를 방출하는 파장이 길다. 따라서 최대 에너지를 방출하는 파장은 표면 온도가 더 낮은 ㉠이 ㉡보다 길다.

2 H-R도와 별의 분류

254쪽

완자쌤 비법 특강

Q1 시리우스 A

Q2 초거성, 거성, 주계열성, 백색 왜성

Q1 H-R도에서 시리우스 A가 태양보다 왼쪽 위에 위치한 주계열성이므로 광도가 더 크다.

Q2 H-R도에서 오른쪽 위에 분포할수록 반지름이 큰 별이다. 따라서 반지름이 큰 것부터 별을 나열하면 초거성, 거성, 주계열성, 백색 왜성이다.

개념 확인 문제

255쪽

❶ H-R도 ❷ 높고 ❸ 작다 ❹ 주계열성 ❺ 거성 ❻ 초거성 ❼ 백색 왜성 ❽ 광도 계급

1 (1) ㄱ, ㄹ, ㅁ (2) ㄴ, ㅂ **2** (1) ㉠ (2) ㉤ (3) ㉣ **3** ㉠ 주계열성, ㉡ 거성, ㉢ 초거성, ㉣ 백색 왜성 **4** 주계열성 **5** (1) × (2) ○ (3) ○ (4) × (5) × **6** (1) ○ (2) × (3) ○

1 H-R도는 별의 특성에 따라 가로축은 표면 온도, 세로축은 광도로 하여 나타낸 것이다.

(1) 색(ㄱ), 분광형(ㄹ), 색지수(ㅁ)는 별의 표면 온도와 관련이 있으므로 H-R도의 가로축에 나타낼 수 있다.

(2) 절대 등급(ㅂ)은 별의 광도(ㄴ)와 관련이 있으므로 H-R도의 세로축에 나타낼 수 있다.

2 (1) 절대 등급이 작을수록 광도가 크므로 위쪽 방향(㉠)으로 갈수록 광도가 크다.

(2) 별의 분광형이 O형으로 갈수록 표면 온도가 높고, M형으로 갈수록 표면 온도가 낮으므로 왼쪽 방향(㉤)으로 갈수록 표면 온도가 높다.

(3) 표면 온도가 낮고 광도가 클수록 반지름이 큰 별이므로 오른쪽 위 방향(㉣)으로 갈수록 반지름이 크다.

3 H-R도의 왼쪽 위에서 오른쪽 아래로 이어지는 좁은 띠 영역에 분포하는 ㉠은 주계열성, 주계열성의 오른쪽 위에 분포하는 ㉡은 거성, 거성 위쪽에 분포하는 ㉢은 초거성이다. 주계열성의 왼쪽 아래에 분포하는 ㉣은 백색 왜성이다.

4 주계열성은 H-R도의 왼쪽 위에서 오른쪽 아래로 이어지는 좁은 띠 영역에 분포하므로 질량과 크기가 매우 다양하다. 별의 약 90 %가 주계열성에 속한다.

5 (1) H-R도에서 주계열성의 왼쪽 아래에 분포하는 별은 백색 왜성이다.
(2) 주계열성은 질량이 클수록 많은 양의 에너지를 방출하므로 광도가 크다.
(3) 거성은 H-R도에서 주계열성의 오른쪽 위에 분포하므로 표면 온도가 낮고 반지름이 크다.
(4) H-R도에서 오른쪽 위로 갈수록 평균 밀도가 작으므로 초거성은 거성보다 평균 밀도가 작다.
(5) 백색 왜성은 H-R도에서 주계열성의 왼쪽 아래에 분포하므로 표면 온도가 높고, 광도가 작다.

6 (1) 광도 계급이 Ⅰ인 별은 초거성, Ⅱ는 밝은 거성, Ⅲ은 거성, Ⅳ는 준거성, Ⅴ는 주계열성, Ⅵ은 준왜성, Ⅶ은 백색 왜성이다.
(2) 두 별의 표면 온도가 같을 때, 광도 계급의 숫자가 작을수록 광도가 크므로 광도 계급이 Ⅱ인 별은 광도 계급이 Ⅲ인 별보다 광도가 크다.
(3) 두 별의 표면 온도가 같을 때, 광도 계급의 숫자가 작을수록 광도와 반지름이 크다. 따라서 표면 온도가 같을 때 광도 계급이 Ⅰ인 별은 광도 계급이 Ⅲ인 별보다 반지름이 크다.

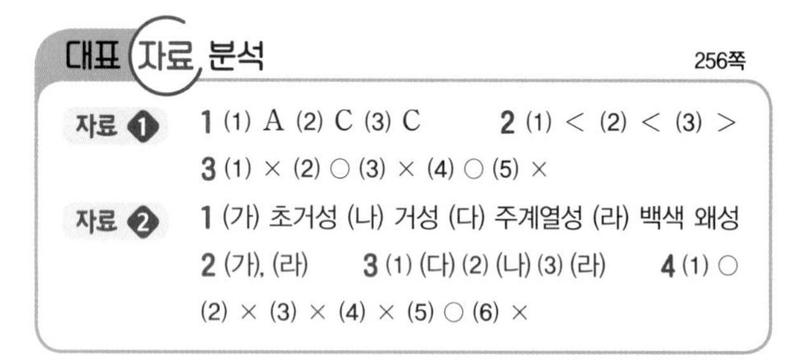

대표 자료 분석 256쪽

자료 ❶ **1** (1) A (2) C (3) C **2** (1) < (2) < (3) >
3 (1) × (2) ○ (3) × (4) ○ (5) ×

자료 ❷ **1** (가) 초거성 (나) 거성 (다) 주계열성 (라) 백색 왜성
2 (가), (라) **3** (1) (다) (2) (나) (3) (라) **4** (1) ○ (2) × (3) × (4) × (5) ○ (6) ×

1-1 꼼꼼 문제 분석

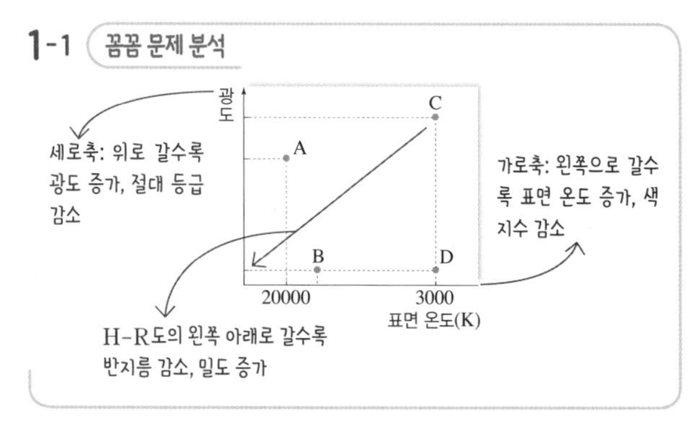

(1) H-R도의 가로축에서 왼쪽으로 갈수록 표면 온도가 높다. 따라서 표면 온도가 가장 높은 별은 A이다. ➡ A>B>C=D
(2) H-R도의 세로축에서 위로 갈수록 광도가 크다. 따라서 광도가 가장 큰 별은 C이다. ➡ C>A>B=D
(3) 광도는 반지름의 제곱에 비례하고, 표면 온도의 4제곱에 비례한다. 별 C와 D의 표면 온도가 가장 낮지만, C가 A, B, D보다 광도가 크기 때문에 반지름이 가장 크다.

1-2 (1) 별의 색지수는 표면 온도가 높을수록 작다. 별 A는 C보다 표면 온도가 높으므로 색지수가 작다.
(2) 광도가 클수록 절대 등급이 작다. 별 A는 D보다 광도가 크므로 절대 등급이 작다.
(3) H-R도에서 왼쪽 아래로 갈수록 평균 밀도가 크다. 별 B는 H-R도에서 C보다 왼쪽 아래에 위치하므로 평균 밀도가 크다.

1-3 (1) 별 B와 D는 광도가 같으므로 절대 등급이 같다.
(2) 별 C와 D는 표면 온도가 같은데 광도는 C가 더 크다. 따라서 별 C는 D보다 반지름이 더 크다.
(3) 별 D는 B보다 표면 온도가 낮으므로 붉은색을 띤다.
(4) H-R도에서 왼쪽 아래로 갈수록 별의 평균 밀도가 크므로 별 B의 평균 밀도가 가장 크다.
(5) 최대 에너지를 방출하는 파장은 표면 온도에 반비례한다. A~D 중 A의 표면 온도가 가장 높으므로 최대 에너지를 방출하는 파장이 가장 짧다.

2-1 꼼꼼 문제 분석

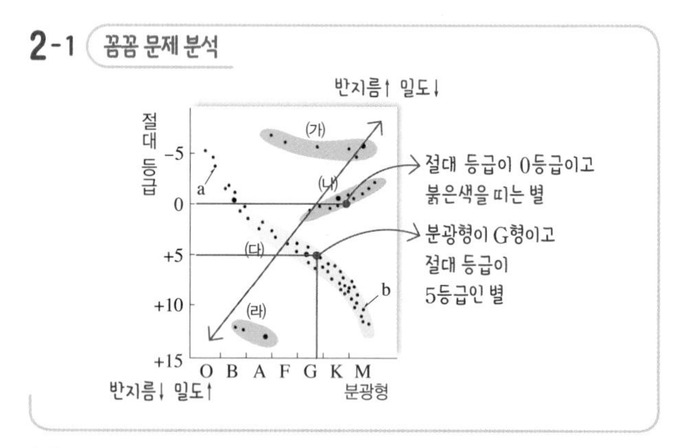

(가)는 초거성, (나)는 거성, (다)는 주계열성, (라)는 백색 왜성이다.

2-2 H-R도에서 주계열성의 오른쪽 위에 놓인 별들은 표면 온도가 낮은데도 광도가 매우 큰 것으로 보아 반지름이 매우 크다. 주계열성의 왼쪽 아래에 놓인 별들은 표면 온도가 매우 높은데도 광도가 매우 작은 것으로 보아 반지름이 매우 작다. 따라서 반지름이 가장 큰 별의 종류는 (가)이고, 반지름이 가장 작은 별의 종류는 (라)이다

2-3 (1) 분광형이 G형이고 절대 등급이 5등급인 별은 (다) 주계열성이다.
(2) 절대 등급이 0등급이고 붉은색을 띠는 별은 (나) 거성이다.
(3) 표면 온도가 높지만, 반지름이 작아 광도가 작은 별은 (라) 백색 왜성이다.

2-4 (1) 별의 약 90 %는 주계열성인 (다)에 속한다.
(2) H-R도에서 오른쪽 위로 갈수록 평균 밀도가 작다. (가)는 H-R도에서 (라)보다 오른쪽 위에 위치하므로 평균 밀도가 작다.

(3) 주계열성은 H-R도에서 왼쪽 위에 분포할수록 표면 온도가 높고, 광도가 크며, 질량과 반지름이 크다. 별 a는 b보다 H-R도에서 왼쪽 위에 위치하므로 질량이 크다.
(4) 태양은 주계열성인 (다)에 속한다.
(5) (나)와 (다)의 분광형이 동일할 때 (나)는 (다)보다 절대 등급이 작으므로 광도가 더 크다.
(6) (다)와 (라)의 광도가 동일할 때 (다)는 (라)보다 H-R도 상에서 오른쪽에 분포하므로 표면 온도가 더 낮다.

내신 만점 문제

257~258쪽

01 ①	02 ①	03 해설 참조	04 ⑤	05 ①	06 ⑤
07 ②	08 해설 참조	09 ⑤	10 ①	11 ③	

01 H-R도는 별의 특성에 따라 가로축은 표면 온도, 색지수, 분광형(스펙트럼형)으로, 세로축은 광도와 절대 등급으로 하여 나타낸 것이다.

02 ② H-R도의 세로축은 별의 실제 밝기와 관련된 물리량을 나타내므로 별의 절대 등급이나 별의 광도로 나타낼 수 있다.
③ 별의 약 90 %가 주계열성에 속한다. 따라서 가장 많은 수의 별이 분포하는 집단은 주계열성이다.
④ 거성과 주계열성의 분광형이 같은 경우 거성이 주계열성보다 반지름이 매우 크므로 광도가 더 크다.
⑤ H-R도에서 반지름이 평균적으로 가장 작은 별의 집단은 표면 온도는 높지만, 광도가 작은 백색 왜성이다.
바로알기 ① H-R도의 가로축은 별의 표면 온도와 표면 온도를 나타내는 색지수, 분광형으로 나타낼 수 있다.

03 꼼꼼 문제 분석

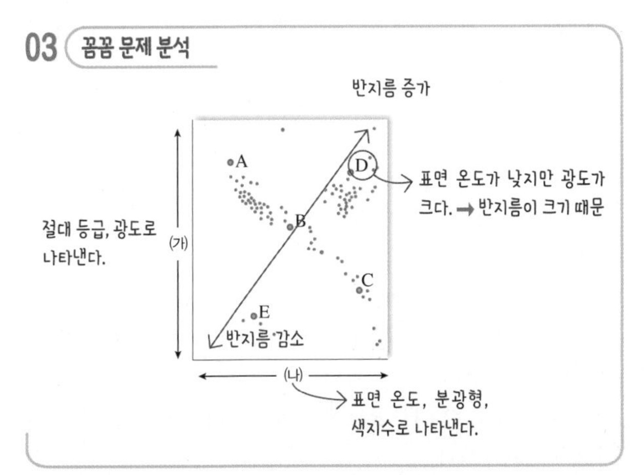

(1) H-R도에서 가로축은 표면 온도, 분광형(스펙트럼형), 색지수로 나타내고, 세로축은 광도, 절대 등급으로 나타낸다.
(2) 주계열성은 질량이 클수록 광도가 크고 표면 온도가 높다. A는 C보다 질량이 크므로 주어진 H-R도에서 위로 갈수록 광도가 커지고, 왼쪽으로 갈수록 표면 온도가 높아진다. H-R도에서 오른쪽 위에 위치한 D는 표면 온도가 낮은데도 광도가 매우 크므로 반지름이 가장 크다.

모범 답안 (1) (가) 광도, 절대 등급 (나) 표면 온도, 분광형(스펙트럼형), 색지수
(2) D, D는 표면 온도가 낮은데도 광도가 크므로 반지름이 가장 크다.

채점 기준		배점
(1)	(가)와 (나)를 모두 옳게 서술한 경우	50 %
	(가)와 (나) 중 하나만 옳게 서술한 경우	25 %
(2)	반지름이 가장 큰 별을 고르고, 그 까닭을 옳게 서술한 경우	50 %
	반지름이 가장 큰 별만 고른 경우	20 %

04 꼼꼼 문제 분석

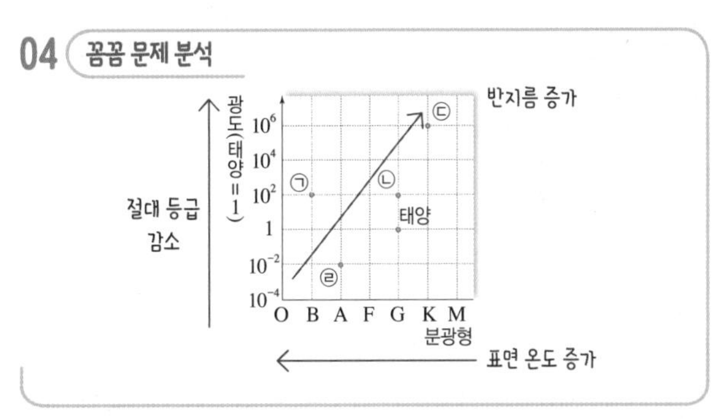

ㄴ. 별 ㉠은 분광형이 B형이고, 태양은 분광형이 G형이므로 별 ㉠은 태양보다 표면 온도가 높다.
ㄷ. 별 ㉡은 ㉢보다 표면 온도가 높은데도 광도는 더 작기 때문에 ㉢보다 반지름이 작다.
바로알기 ㄱ. 절대 등급이 가장 작은 별은 광도가 가장 큰 ㉢이다.

05 꼼꼼 문제 분석

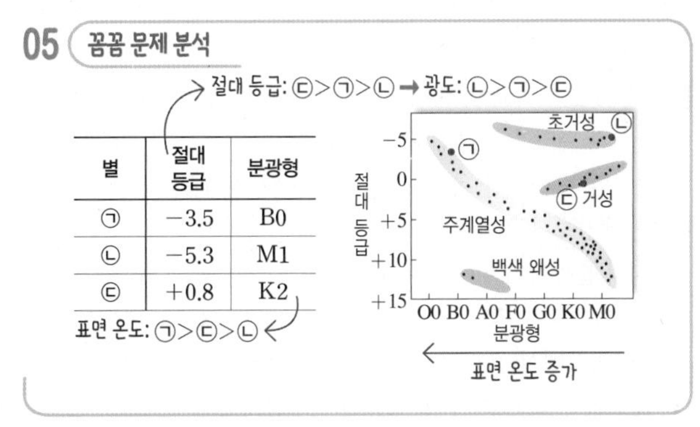

별	절대 등급	분광형
㉠	−3.5	B0
㉡	−5.3	M1
㉢	+0.8	K2

ㄱ. 절대 등급과 분광형을 H-R도에 표시해 보면 ㉠은 주계열성이고, ㉡은 초거성, ㉢은 거성이다.
바로알기 ㄴ. ㉡은 분광형이 M1형인 표면 온도가 낮은 별이므로 파란색보다는 붉은색으로 관측된다.
ㄷ. $L=4\pi R^2\cdot\sigma T^4$에서 $R\propto\frac{\sqrt{L}}{T^2}$이므로 반지름($R$)은 광도($L$)가 클수록, 표면 온도($T$)가 낮을수록 크다. ㉠~㉢ 중 ㉡이 광도가 가장 크고 표면 온도는 가장 낮으므로, 반지름이 가장 크다.

06 ①, ②, ③ 주계열성은 표면 온도가 높을수록 광도, 질량, 반지름이 크다.
④ 별은 일생에서 가장 오랜 기간을 주계열성으로 보낸다. 따라서 대부분의 별들은 주계열성에 속한다.
바로알기 ⑤ 주계열성의 대표적인 별은 스피카, 직녀성, 시리우스 A, 태양 등이 있다. 알데바란, 아르크투루스는 거성의 대표적인 별이다.

07 ① H-R도에서 왼쪽 아래로 갈수록 별의 평균 밀도가 크다. 백색 왜성은 거성보다 H-R도에서 왼쪽 아래에 분포하므로 평균 밀도가 크다.
③ H-R도에서 위로 갈수록 별의 절대 등급이 작다. 초거성은 거성보다 H-R도에서 위에 분포하므로 절대 등급이 작다.
④ H-R도에서 오른쪽 위로 갈수록 반지름이 큰 별이고, 왼쪽 아래로 갈수록 반지름이 작은 별이다. 초거성은 주계열성에 비해 오른쪽 위에 분포하므로 반지름이 크다.
⑤ 중성자별이나 블랙홀은 광도가 너무 작거나 가시광선을 방출하지 않기 때문에 H-R도에 나타나지 않는다.
바로알기 ② H-R도에서 위로 갈수록 광도가 크다. 백색 왜성은 거성보다 H-R도에서 아래에 분포하므로 광도가 작다.

08 별의 광도는 반지름의 제곱에 비례하고, 표면 온도의 4제곱에 비례한다. 백색 왜성은 표면 온도가 높지만, 반지름이 매우 작으므로 광도가 매우 작다.
모범 답안 백색 왜성은 표면 온도가 높지만 반지름이 매우 작기 때문에 광도가 매우 작다.

채점 기준	배점
백색 왜성의 광도가 작은 까닭을 반지름을 포함하여 옳게 서술한 경우	100 %
반지름을 포함하지 않고 서술한 경우	0 %

09 (가)는 주계열성, (나)는 거성, (다)는 백색 왜성이다.
ㄱ. (가)와 태양은 주계열성이다. 주계열성은 H-R도의 왼쪽 위에 분포할수록 표면 온도가 높고, 광도와 반지름, 질량이 크다. (가)는 태양보다 왼쪽 위에 위치하므로 질량과 반지름이 크다.
ㄴ. 별의 분광형에서 O형의 표면 온도가 가장 높고, M형으로 갈수록 낮아진다. 따라서 (나)는 (가)보다 표면 온도가 낮다.
ㄷ. H-R도에서 오른쪽 위로 갈수록 평균 밀도가 작다. (다)는 H-R도에서 (나)보다 왼쪽 아래에 위치하므로 평균 밀도가 크다.

10 ㄱ. 광도 계급이 Ⅴ인 별은 주계열성이다. 주계열성은 표면 온도가 높을수록 절대 등급이 작으므로 광도가 크다.
바로알기 ㄴ. 두 별의 광도 계급이 같아도 분광형이 다르면 표면 온도가 다르다.
ㄷ. 두 별의 분광형(표면 온도)이 같다면 광도 계급의 숫자가 작을수록 광도와 반지름이 크다. 따라서 광도 계급이 Ⅰ인 별은 Ⅳ인 별보다 반지름이 크다.

11 ㄱ. 분광형에 따른 표면 온도는 O>B>A>F>G>K>M형 순이다. (가)는 A형 별, (나)는 G형 별이므로 표면 온도는 (가)가 (나)보다 높다.
ㄴ. (가)는 광도 계급이 Ⅴ이므로 A형 별 중에서 주계열성에 해당한다.
바로알기 ㄷ. 분광형은 고온의 0에서 저온의 9까지 세분된다. (나)는 분광형이 G0형이므로 G형 별 중에서 표면 온도가 가장 높다.

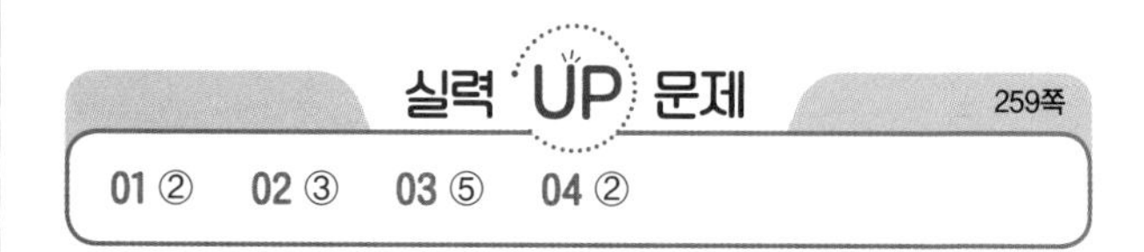

01 A는 초거성, B는 거성, C는 주계열성, D는 백색 왜성이다.
ㄷ. 주계열성은 H-R도에서 왼쪽 위에 분포할수록 표면 온도가 높고, 광도가 크며, 질량과 반지름이 크다. 따라서 주계열성인 C는 표면 온도가 높을수록 질량이 크다.
바로알기 ㄱ. H-R도에서 세로축은 광도나 절대 등급으로 나타낼 수 있다. 그 중에서 위로 갈수록 값이 작아지는 물리량은 절대 등급이다.
ㄴ. 광도 계급은 초거성(A)이 Ⅰ, 거성(B)이 Ⅲ, 주계열성(C)이 Ⅴ, 백색 왜성(D)이 Ⅶ이다. 따라서 광도 계급의 숫자는 백색 왜성인 D가 가장 크다.

02 꼼꼼 문제 분석

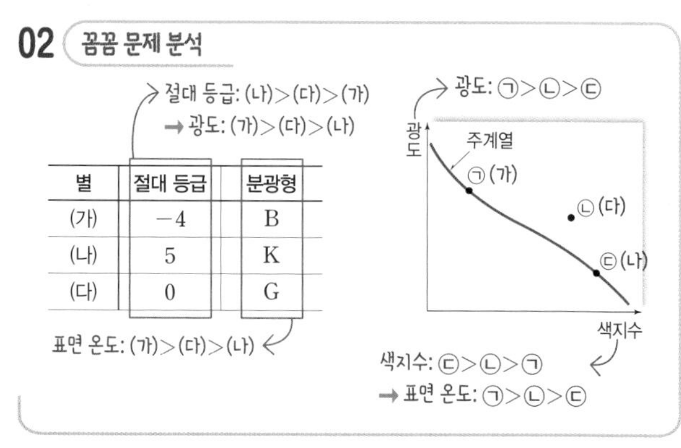

ㄱ. 표에서 절대 등급이 작을수록 광도가 크므로 광도는 (가)>(다)>(나)이고, H-R도에서 광도는 ㉠>㉡>㉢이다. 따라서 (가)는 ㉠, (나)는 ㉢, (다)는 ㉡이다.
ㄴ. (가)와 (나)는 주계열성이다. 주계열성은 H-R도의 왼쪽 위에 분포할수록 표면 온도가 높고, 광도가 크며, 질량과 반지름이 크다. (가)가 (나)보다 H-R도에서 왼쪽 위에 위치하므로 질량은 (가)가 (나)보다 크다.
바로알기 ㄷ. (가)와 (나)는 주계열성이고 (다)는 거성이므로, 평균 밀도는 (다)가 가장 작다.

03 ㄱ. 절대 등급은 별이 10 pc의 거리에 있다고 가정했을 때의 밝기를 등급으로 나타낸 것이다. A까지의 거리가 10 pc이므로 A는 겉보기 등급과 절대 등급이 같다. 따라서 A의 절대 등급은 −5이다.
ㄴ. 별의 절대 등급이 5등급 차이가 날 때 광도는 100배 차이가 난다. A는 태양보다 절대 등급이 10등급 작으므로 A의 광도는 태양보다 10^4배 크다. 그림에서 광도가 태양의 10^4배인 별의 질량은 태양의 약 10배이다. 따라서 A의 질량은 태양의 약 10배이다.
ㄷ. A와 태양의 광도를 각각 L, $L_{\odot}$, 반지름을 R, $R_{\odot}$, 표면 온도를 T, $T_{\odot}$라고 하면, 광도의 비는 $\dfrac{L}{L_{\odot}}=\dfrac{R^2 \cdot T^4}{R_{\odot}^2 \cdot T_{\odot}^4}$으로 나타낼 수 있다. A의 광도는 태양의 10^4배이므로 광도의 비 $\dfrac{L}{L_{\odot}}=10000$이고, A의 표면 온도는 30000 K, 태양의 표면 온도는 6000 K이므로 표면 온도의 비 $\dfrac{T}{T_{\odot}}=\dfrac{30000\,\text{K}}{6000\,\text{K}}=5$이다.
$\dfrac{L}{L_{\odot}}=\left(\dfrac{R}{R_{\odot}}\right)^2 \cdot 5^4=10000$에서 태양 반지름에 대한 A의 반지름 $\dfrac{R}{R_{\odot}}=\dfrac{100}{25}=4$이다. 따라서 A의 반지름은 태양의 4배이다.

04 ㄷ. 주계열성은 H-R도의 왼쪽 위에 분포할수록 표면 온도가 높고, 광도가 크며, 질량과 반지름이 크다. 태양이 ㉣보다 H-R도에서 왼쪽 위에 위치하므로 질량이 크다.
바로알기 ㄱ. 광도 계급이 Ⅱ인 ㉠은 밝은 거성이고, Ⅰb인 ㉡은 덜 밝은 초거성, Ⅶ인 ㉢은 백색 왜성, Ⅴ인 ㉣은 주계열성이다.
ㄴ. 별이 단위 시간 동안 단위 면적에서 방출하는 에너지양은 표면 온도의 4제곱에 비례한다. 분광형은 ㉡이 K형, ㉢이 A형이므로 표면 온도는 ㉢이 ㉡보다 높다. 따라서 단위 시간 동안 단위 면적에서 방출하는 에너지양은 ㉢이 ㉡보다 많다.

별의 진화

개념 확인 문제 263쪽

❶ 크 ❷ 낮 ❸ 원시별 ❹ 질량 ❺ 수소 핵융합 ❻ 중력 ❼ 짧아 ❽ 적색 거성 ❾ 초신성

1 (1) × (2) ○ (3) × (4) ○ (5) × **2** 주계열성 **3** ㄱ → ㄴ → ㄹ → ㄷ → ㅁ **4** ㉠ 철, ㉡ 초신성, ㉢ 철 **5** (1) 탄소 (2) 철 **6** (1) ○ (2) × (3) ○

1 (1) 별은 성간 물질이 밀집된 성운 내부의 밀도가 크고, 온도가 낮은 영역에서 성운이 중력 수축하여 탄생한다.
(2), (3) 밀도가 크고 온도가 낮은 성운이 중력 수축하여 온도와 밀도가 증가하면 원시별이 형성된다. 원시별이 계속 중력 수축하여 표면 온도가 약 1000 K에 이르면 가시광선을 방출하기 시작하는데, 이 단계의 별을 전주계열 단계의 별이라고 한다. 전주계열 단계에서 중력 수축이 계속 일어나 중심부의 온도가 약 1000만 K에 이르면 중심핵에서 수소 핵융합 반응이 시작되어 주계열성이 된다.
(4) 성운에서 주계열성이 탄생하기까지 계속 중력 수축이 일어나므로 이 기간 동안 밀도는 점차 증가한다.
(5) 질량이 큰 원시별일수록 중력 수축이 빠르게 일어나 주계열 단계에 빨리 도달한다.

2 별의 일생 중 가장 오랫동안 머무르는 단계는 중심핵에서 수소 핵융합 반응으로 에너지를 생성하는 주계열성이다. 주계열성은 질량이 클수록 방출하는 에너지양이 많아져 연료를 빨리 소모하기 때문에 수명이 짧다.

3 태양과 질량이 비슷한 별은 '성운(ㄱ) → 원시별(ㄴ) → 주계열성(ㄹ) → 적색 거성(ㄷ) → 행성상 성운, 백색 왜성(ㅁ)'의 진화 단계를 거친다.

4 태양보다 질량이 매우 큰 별은 적색 거성보다 훨씬 크고 광도가 큰 초거성으로 진화하는데, 별의 중심부에서 헬륨, 탄소, 네온, 산소, 규소 핵융합 반응이 차례로 일어나 철까지 만들어지면 핵융합 반응이 더 이상 일어나지 않는다. 별의 중심부에 철로 구성된 핵이 만들어지면 중력 수축이 일어나 매우 불안정한 상태를 유지하다가 초신성 폭발이 일어나는데, 폭발 과정에서 철보다 무거운 원소가 생성된다.

5 태양과 질량이 비슷한 별은 중심핵에서 헬륨 핵융합 반응까지 일어나 탄소가 생성될 수 있다. 태양보다 질량이 매우 큰 별은 중력 수축에 의해 중심부의 온도가 더 높아지므로 더 무거운 원소의 핵융합 반응이 일어나 마지막에는 철로 이루어진 핵이 만들어진다.

6 (1) 주계열성의 중심부에서 수소 핵융합 반응이 끝나면 헬륨 핵을 둘러싼 수소층에서 핵융합 반응이 일어나 별의 바깥층이 팽창하므로 크기가 매우 커져 적색 거성 또는 초거성으로 진화한다.
(2) 적색 거성의 중심핵에서는 헬륨 핵융합 반응이 일어나고 헬륨 핵을 둘러싼 수소층에서는 수소 핵융합 반응이 일어난다.
(3) 태양보다 질량이 매우 큰 별은 초거성 이후 초신성 폭발이 일어나고, 중심핵은 더욱 수축하여 중성자별이나 블랙홀이 된다.

대표 자료 분석 264쪽

자료 ❶ 1 A: 원시별, B: 주계열성, C: 적색 거성, D: 행성상 성운, E: 백색 왜성 2 수소 핵융합 반응 3 ② 4 (1) × (2) ○ (3) ○ (4) ×

자료 ❷ 1 주계열성 2 (나) 3 (1) ○ (2) ○ (3) ○ (4) × (5) × (6) ○ (7) ×

1-1 A는 원시별이고, B는 H-R도의 왼쪽 위에서 오른쪽 아래로 이어지는 좁은 띠 영역에 속하는 주계열성이다. C는 주계열성이 진화하여 광도가 크고 표면 온도가 낮은 적색 거성이고, D와 E는 각각 진화 마지막 단계에 해당하는 행성상 성운과 백색 왜성이다.

1-2 B 단계(주계열 단계)에서의 주요 에너지원은 수소 핵융합 반응으로 발생한 에너지이다.

1-3 그림은 헬륨 핵이 중력 수축할 때 발생하는 열에너지에 의해 헬륨 핵을 둘러싼 소수층에서 수소 핵융합 반응이 일어나 별의 바깥층이 팽창하는 모습이다. 별의 바깥층이 팽창하면서 크기가 커지면 표면 온도는 낮아지고 광도는 증가한다. 따라서 이 내부 구조는 주계열성(B)에서 적색 거성(C)으로 진화하는 단계에 해당한다.

1-4 (1) 원시별이 주계열성으로 진화할 때(A → B) 원시별의 질량이 클수록 H-R도에서 주로 수평 방향으로 진화하여 왼쪽 위에 분포한다.
(2) B 단계의 별(주계열성)은 내부 기체 압력 차이로 발생한 힘과 중력이 평형을 이루어 별의 크기가 일정하게 유지된다.
(3) 주계열성이 적색 거성으로 진화할 때(B → C)에는 헬륨 핵을 둘러싼 수소층에서 수소 핵융합 반응이 일어나 바깥층이 팽창하므로 별의 크기가 커진다.
(4) E 단계에서 별은 흰색으로 관측된다. A~E 단계에서 붉은색으로 관측되는 별은 적색 거성 단계인 C 단계이다.

2-1 꼼꼼 문제 분석

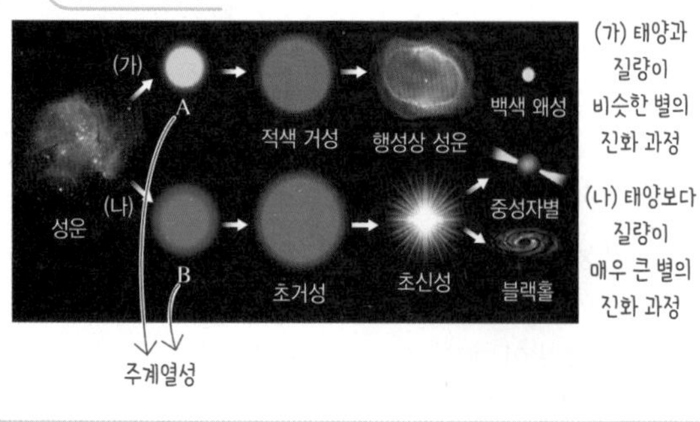

별은 성운에서 만들어져 수소 핵융합 반응이 일어나는 주계열성이 되고, 질량에 따라 다른 진화 과정을 거친다. 따라서 A와 B에 공통으로 해당하는 별은 주계열성이다.

2-2 (가)는 태양과 질량이 비슷한 별의 진화 과정이고, (나)는 태양보다 질량이 매우 큰 별의 진화 과정이다.

2-3 (1) 주계열성 이후 별은 질량에 따라 진화 과정이 달라진다.
(2) 행성상 성운은 태양과 질량이 비슷한 별의 진화 과정에서 만들어진다. 적색 거성 단계를 거쳐 별은 주기적으로 팽창과 수축을 반복하는 불안정한 상태가 되다가 별의 바깥층이 우주 공간으로 방출되어 행성상 성운이 만들어지고, 중심핵은 더욱 수축하여 백색 왜성이 된다.
(3) 질량이 태양과 비슷한 별의 중심부에서는 헬륨 핵융합 반응까지만 일어난다. 질량이 매우 큰 별에서는 중심부의 온도가 계속 높아져 헬륨보다 무거운 원소들의 핵융합 반응이 일어나 점점 더 무거운 원소가 만들어지고 최종적으로 철까지 만들어지면 핵융합 반응은 멈춘다.
(4) 별의 질량이 클수록 중력 수축에 의해 중심부의 온도가 더 높아지므로 핵융합 반응이 계속 일어나 중심부에서 더 무거운 원소가 만들어진다.
(5) A와 B는 모두 주계열성이므로 중심핵에서 수소 핵융합 반응이 일어난다.
(6) 별의 내부에서 생성될 수 있는 가장 무거운 원소는 철이고, 금이나 우라늄 등 철보다 무거운 원소는 초신성 폭발 과정에서 만들어진 것이다.
(7) 블랙홀은 초신성 폭발 후 별의 중심핵이 수축하여 밀도가 매우 커지면서 중력이 매우 커져 형성된 것으로, 빛조차도 탈출하지 못한다.

내신 만점 문제 265~267쪽

01 ② 02 ⑤ 03 ② 04 ① 05 ⑤ 06 ② 07 ① 08 ① 09 ④ 10 해설 참조 11 ② 12 ⑤ 13 ④

01 성운의 밀도가 크면 중력이 크게 작용하여 물질이 모인다. 이때 성운의 온도가 높으면 기체가 서로 밀어내는 압력이 높아서 중력 수축하기 어렵다. 따라서 밀도가 크고, 온도가 낮은 성운일수록 중력 수축하기 쉽기 때문에 별이 탄생할 가능성이 크다.

02 ① 별은 밀도가 크고 온도가 낮은 성운에서 탄생한다. (가) 성운은 주로 분자 상태의 수소로 구성된다.

② (가) 성운은 밀도가 큰 부분이 중력에 의해 수축하여 반지름이 감소하면서 밀도가 증가한다.

③ (나) 원시별에서 빛을 내는 에너지원은 중력 수축 에너지이다. 원시별의 중심부 온도는 핵융합 반응이 일어날 정도로 높지 않다.

④ (가) 성운에서 (나) 원시별이 되는 과정에서 중력 수축에 의해 중심부 온도가 높아진다.

바로알기 ⑤ (나) 원시별의 중심부 온도가 약 1000만 K에 이르면 수소 핵융합 반응으로 에너지를 생성하는 주계열성이 된다.

03 ㄷ. 원시별이 중력에 의해 수축하면 크기(반지름)가 작아지며, 단위 부피당 질량이 커져 밀도가 커진다.

바로알기 ㄱ. 질량이 $0.08\,M_{\odot}$ 이하인 원시별은 중심부 온도가 1000만 K에 이르지 못해 수소 핵융합 반응이 일어나지 않으므로 별(주계열성)이 되지 못하고 그대로 식어 갈색 왜성이 된다.

ㄴ. 질량이 큰 원시별일수록 중력 수축이 빠르게 일어나 주계열 단계에 빨리 도달하므로 주계열성이 되는 데 걸리는 시간이 짧다.

04 꼼꼼 문제 분석

질량이 큰 원시별일수록 주계열에 빨리 도달한다.

광도 변화량: $10\,M_{\odot}$인 원시별<$1\,M_{\odot}$인 원시별,
표면 온도 변화량: $10\,M_{\odot}$인 원시별>$1\,M_{\odot}$인 원시별

ㄱ. 원시별의 질량이 클수록 중력 수축이 빠르게 일어나 중심부 온도가 수소 핵융합 반응이 가능한 온도까지 상승하는 데 걸리는 시간이 짧다. 즉, 질량이 큰 원시별일수록 주계열에 도달하는 시간이 짧으며, 이는 진화 속도가 빠름을 의미한다.

바로알기 ㄴ. 광도가 클수록 절대 등급이 작다. 따라서 질량이 큰 원시별일수록 광도가 큰(=절대 등급이 작은) 주계열성으로 진화한다.

ㄷ. 태양보다 질량이 큰 원시별은 H-R도에서 주로 수평 방향으로 진화하여 표면 온도 변화가 크게 나타난다. 태양과 질량이 비슷하거나 태양보다 질량이 작은 원시별은 H-R도에서 주로 수직 방향으로 진화하여 광도 변화가 크게 나타난다. 따라서 주계열에 도달하는 동안 $\frac{\text{광도 변화량}}{\text{표면 온도 변화량}}$은 $1\,M_{\odot}$인 원시별이 $10\,M_{\odot}$인 원시별보다 크다.

05 ① 주계열성의 질량이 클수록 방출하는 에너지양이 많아져 연료를 빨리 소모하므로 수명이 짧아진다.

② 주계열성의 중심핵에서는 수소가 융합하여 헬륨을 생성하는 수소 핵융합 반응이 일어난다.

③ 주계열성은 수소 핵융합 반응으로 내부 온도가 높아져 팽창하려는 내부 기체 압력 차이로 발생한 힘과 중심 쪽으로 수축하려는 중력이 평형을 이루어 크기가 일정하게 유지된다.

④ 원시별이 중력 수축하여 중심부 온도가 약 1000만 K에 이르면 수소 핵융합 반응을 하는 주계열성이 탄생한다.

바로알기 ⑤ 주계열성은 중심부에서 수소 핵융합 반응으로 에너지를 방출하는 별로, 별을 구성하는 원소가 대부분 수소이기 때문에 별은 일생의 대부분을 주계열성으로 보낸다.

06 ② 별의 질량이 클수록 중심부의 온도가 높아 핵융합 반응이 빠르게 진행되고, 방출하는 에너지양이 많아져 연료를 빨리 소모하기 때문에 진화 속도가 빠르다. 따라서 별의 진화 속도는 주로 별의 질량에 따라 결정된다.

07 꼼꼼 문제 분석

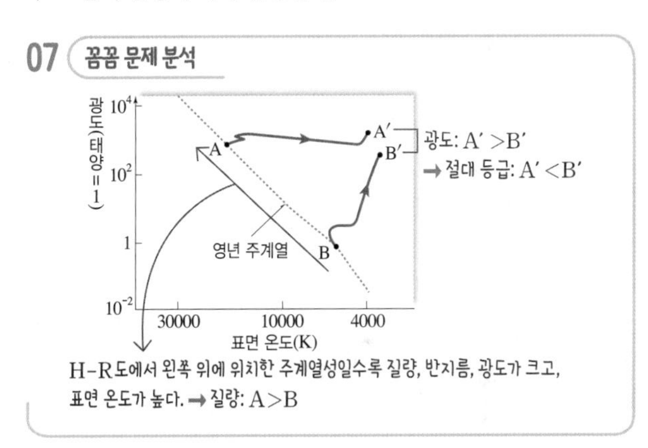

H-R도에서 왼쪽 위에 위치한 주계열성일수록 질량, 반지름, 광도가 크고, 표면 온도가 높다. → 질량: A>B

ㄱ. 주계열성은 H-R도에서 왼쪽 위로 갈수록 질량과 반지름, 광도가 크고, 표면 온도가 높다. 따라서 A가 B보다 질량이 크다.

바로알기 ㄴ. A′가 B′보다 광도가 크므로 절대 등급은 A′가 B′보다 작다.

ㄷ. 주계열성은 질량이 클수록 방출하는 에너지양이 많아 연료를 빨리 소모하기 때문에 주계열에 머무는 기간이 짧아진다. A는 B보다 질량이 크므로 주계열에 머무는 기간이 짧다.

08 꼼꼼 문제 분석

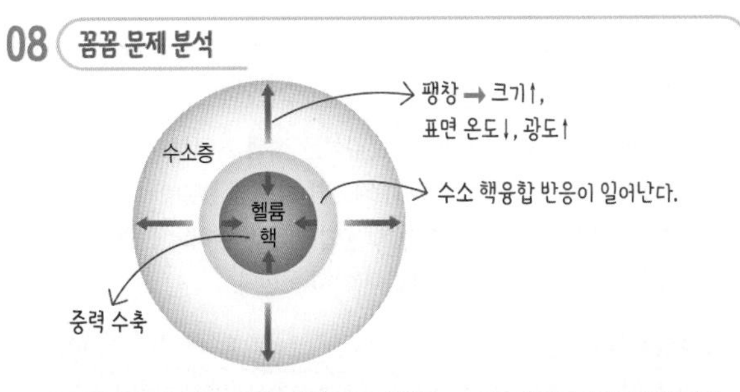

헬륨 핵은 수축하고 별의 바깥층은 팽창하므로 주계열성에서 적색 거성으로 진화하는 단계의 내부 구조이다.

태양과 질량이 비슷한 별이 주계열 단계에서 중심부의 수소가 모두 소모되어 헬륨 핵이 되면 더 이상 수소 핵융합 반응이 일어나지 않으므로 내부 기체의 압력 차이로 발생한 힘보다 중력이 커져서 중력 수축이 일어난다.(③) 이때 발생한 중력 수축 에너지에 의해 헬륨 핵 바깥의 수소층이 가열되어 수소 핵융합 반응이 일어난다.(⑤) 이로 인해 별의 바깥층이 팽창하고 표면 온도는 낮아져(②) 붉게 보이는 적색 거성이 된다.(④)

바로알기 ① 주계열성에서 적색 거성으로 진화하면 크기가 커지면서 광도가 증가한다.

09 꼼꼼 문제 분석

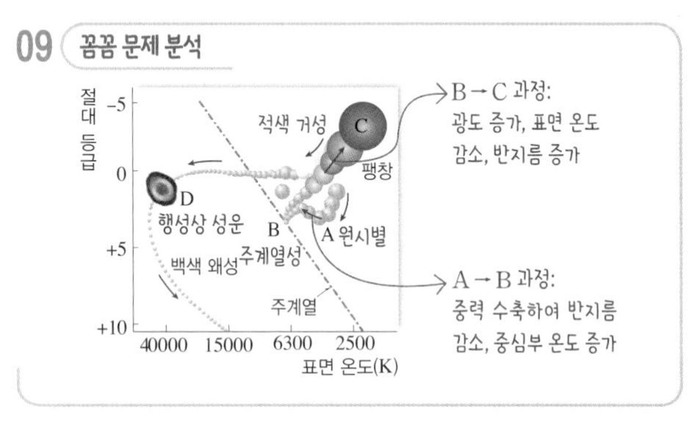

①, ② A → B 과정에서 원시별(A)이 중력 수축에 의해 중심부 온도가 높아져 약 1000만 K에 도달하면 수소 핵융합 반응으로 에너지를 생성하는 주계열성(B)이 된다.

③ B → C 과정에서 헬륨으로 이루어진 중심핵은 중력 수축하고, 이때 발생한 에너지에 의해 헬륨 핵 바깥쪽의 수소층이 가열되어 수소 핵융합 반응이 일어난다. 이로 인해 별의 바깥층이 팽창하면서 적색 거성(C)으로 진화한다.

⑤ C → D 과정에서는 별의 내부가 불안정하여 팽창과 수축을 반복하다가 바깥층은 우주 공간으로 방출되어 행성상 성운(D)이 되고, 중심핵은 백색 왜성이 된다.

바로알기 ④ 별은 주계열 단계(B)에서 가장 오랫동안 머문다.

10 태양과 질량이 비슷한 주계열성은 중심핵에서 헬륨 핵융합 반응까지 일어나 적색 거성으로 진화한다. 중력 수축에 의한 중심부의 온도가 탄소 핵융합 반응이 일어날 수 있는 온도까지는 이르지 못하기 때문에 초거성으로 진화하지 못한다. 태양보다 질량이 매우 큰 주계열성은 중심부의 온도가 충분히 높아지기 때문에 적색 거성보다 더욱 팽창하여 초거성이 된다.

모범 답안 태양과 질량이 비슷한 주계열성은 적색 거성을 거쳐 행성상 성운, 백색 왜성이 된다. 태양과 질량이 비슷한 별은 중심부에서 헬륨 핵융합 반응 이후 더 무거운 원소를 만드는 핵융합 반응이 일어날 만큼 온도가 높아지지 못하기 때문에 초거성 단계를 거치지 못한다.

채점 기준	배점
태양과 질량이 비슷한 주계열성의 진화 과정과 초거성 단계를 거치지 못하는 까닭을 모두 옳게 서술한 경우	100 %
둘 중 한 가지만 옳게 서술한 경우	50 %

11 태양과 질량이 비슷한 별은 '주계열성 → 적색 거성 → 행성상 성운, 백색 왜성'으로, 태양보다 질량이 매우 큰 별은 '주계열성 → 초거성 → 초신성 → 중성자별 또는 블랙홀'로 진화한다. 따라서 A는 태양과 질량이 비슷한 별, ㉠은 백색 왜성이고, B는 태양보다 질량이 매우 큰 별, ㉡은 중성자별 또는 블랙홀이다.

ㄴ. 주계열성의 중심핵에서 수소 핵융합 반응이 멈추면 헬륨 핵이 수축하기 시작한다. 중력 수축으로 발생한 열에너지에 의해 헬륨 핵을 둘러싼 수소층에서 수소 핵융합 반응이 일어나고, 이로 인해 별의 바깥층이 팽창한다. 별이 팽창하여 반지름이 커지면서 광도가 증가하지만 표면 온도가 낮은 적색 거성, 초거성이 된다. 따라서 Ⅱ단계의 별은 Ⅰ단계의 별보다 반지름이 크고 표면 온도가 낮다.

바로알기 ㄱ. Ⅰ단계에서 A는 태양과 질량이 비슷한 별이고, B는 태양보다 질량이 매우 큰 별이므로 Ⅰ단계에서 별의 질량은 A가 B보다 작다.

ㄷ. ㉠은 백색 왜성, ㉡은 중성자별 또는 블랙홀이므로 밀도는 ㉡이 ㉠보다 크다.

12 ㄴ. 별의 중심부에서 핵융합 반응으로 생성될 수 있는 가장 무거운 원소는 철이다. 철보다 무거운 원소는 초신성 폭발 과정에서 생성된다.

ㄷ. (가) 행성상 성운은 태양과 질량이 비슷한 별의 진화 단계이고, (나) 초신성은 태양보다 질량이 매우 큰 별의 진화 단계이다.

ㄹ. 별이 수명을 다하면 별을 이루던 물질들은 행성상 성운이나 초신성을 통해 우주 공간으로 퍼져나간다. 이 물질은 다시 성운을 이루어 새로운 별이나 행성, 생명체를 만드는 재료가 된다.

바로알기 ㄱ. 태양과 질량이 비슷한 별은 적색 거성 이후 별이 팽창과 수축을 반복하면서 바깥층의 물질 일부가 우주 공간으로 방출되어 행성상 성운이 만들어지고 중심핵은 더욱 수축하여 백색 왜성이 된다. 태양보다 질량이 매우 큰 별은 초신성 폭발 후 중심핵이 수축하여 중성자별이나 블랙홀이 된다.

13 꼼꼼 문제 분석

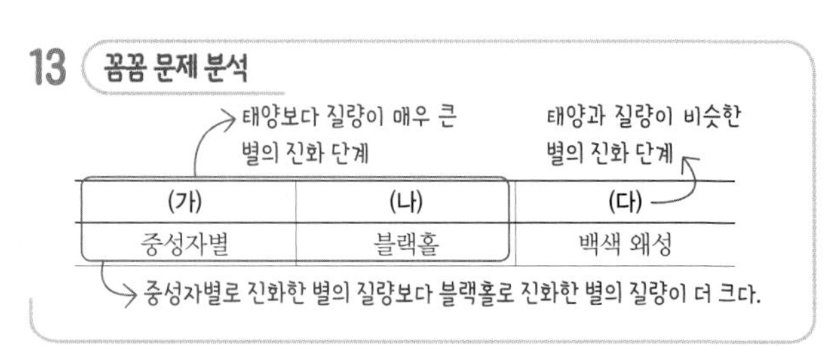

ㄴ. 천체의 밀도는 백색 왜성<중성자별<블랙홀이므로 최종 진화 단계의 밀도가 가장 큰 천체는 (나)이다.

ㄷ. 주계열성의 질량이 클수록 수소가 빨리 소모되어 주계열에 머무는 기간이 짧다. 따라서 주계열에 머무는 기간은 상대적으로 질량이 작은 (다)가 가장 길다.

바로알기 ㄱ. 태양이 진화하면 최종적으로 (다)와 같은 백색 왜성에 이른다.

실력 UP 문제 267쪽

01 ③ 02 ②

01 꼼꼼 문제 분석

별의 질량: (가)<(나)<(다)
→ 별이 주계열 단계에 머무는 시간: (가)>(나)>(다)

주계열성	중심핵 질량	최종 진화 단계
(가)	$M<1.4\,M_{\odot}$	A 백색 왜성
(나)	$1.4\,M_{\odot}<M<3\,M_{\odot}$	중성자별
(다)	$M>3\,M_{\odot}$	B 블랙홀

→ 초신성 폭발 과정에서 철보다 무거운 원소가 생성된다.

ㄱ. (가)는 중심핵 질량이 태양 질량의 1.4배를 넘지 않는 별로, 최종 진화 단계는 백색 왜성(A)이다. (다)는 중심핵 질량이 태양 질량의 3배가 넘어 질량이 매우 큰 별로, 최종 진화 단계가 블랙홀(B)이다.

ㄴ. 주계열성은 질량이 클수록 수명이 짧다. (가)는 (나)보다 질량이 작은 주계열성이므로 수명이 (나)보다 길다.

바로알기 ㄷ. (다)는 질량이 매우 큰 별이므로 별 내부에서 핵융합 반응으로 철까지 생성되고, 초신성 폭발 과정에서 금, 납, 우라늄 등 철보다 무거운 원소가 생성된다.

02 꼼꼼 문제 분석

광도: B의 광도는 A의 광도의 100배보다 더 크다.
→ 절대 등급: B가 A의 등급에서 5등급 이상 더 작다.

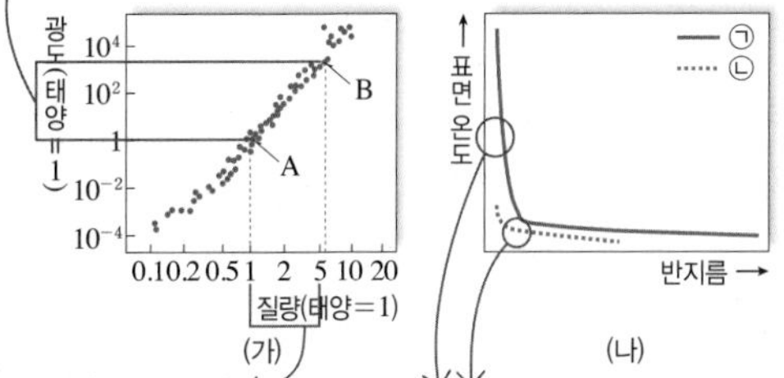

광도(태양=1): 10^4, 10^2, 1, 10^{-2}, 10^{-4}
질량(태양=1): 0.1 0.2 0.5 1 2 5 10 20
(가)
표면 온도, 반지름 →, ㉠, ㉡
(나)

질량은 B가 A의 5배보다 크다.

㉠이 ㉡보다 반지름과 표면 온도 변화량이 크다.
→ ㉠이 ㉡보다 질량이 큰 별의 물리량 변화

ㄴ. 주계열성의 질량이 클수록 중심부의 온도가 높아 수소 핵융합 반응이 빠르게 일어나 수소를 빨리 소모하므로 별이 주계열 단계에 머무는 시간이 짧아진다. 따라서 주계열 단계에 머무는 시간은 질량이 작은 A가 질량이 큰 B보다 길다.

바로알기 ㄱ. B의 광도는 A의 광도의 100배보다 더 크다. 절대 등급이 5등급 작으면 광도는 100배 크므로 B의 절대 등급은 A의 절대 등급에서 5등급 이상 더 작은 값이다.

ㄷ. 태양보다 질량이 큰 주계열성은 주계열 단계가 끝난 직후부터 진화하는 동안 반지름과 표면 온도의 변화가 태양보다 크다. A는 질량이 태양 정도이고, B는 질량이 태양의 5배보다 크다. 따라서 B는 ㉠에, A는 ㉡에 해당한다.

4 별의 에너지원과 내부 구조

개념 확인 문제 271쪽

❶ 중력 수축 에너지 ❷ 수소 핵융합 ❸ 양성자·양성자 반응(p-p 반응) ❹ 탄소·질소·산소 순환 반응(CNO 순환 반응) ❺ 정역학 평형 ❻ 복사층 ❼ 대류핵 ❽ 철

1 (1) 중력 수축 에너지 (2) 수소 핵융합 반응 (3) 1000만 **2** ㉠ 수소, ㉡ 헬륨, ㉢ 에너지 **3** (1) (가) (2) (나) **4** A: 기체 압력 차이로 발생한 힘, B: 중력 **5** (가) **6** (1) ○ (2) × (3) ○

1 (1) 원시별의 에너지원은 원시별이 중력에 의해 수축할 때 위치 에너지의 감소로 발생하는 에너지이다.
(2) 주계열성의 주요 에너지원은 수소 원자핵이 융합하여 헬륨 원자핵을 만들면서 에너지를 생성하는 수소 핵융합 반응이다.
(3) 수소 핵융합 반응은 별의 중심부 온도가 약 1000만 K 이상이 되었을 때 일어나기 시작한다.

2 수소 핵융합 반응은 4개의 수소 원자핵이 융합하여 1개의 헬륨 원자핵을 만드는 반응으로, 핵융합 반응 과정에서 줄어든 질량이 질량·에너지 등가 원리에 따라 에너지로 전환된다.

3 (가)는 양성자·양성자 반응(p-p 반응)이고, (나)는 탄소·질소·산소 순환 반응(CNO 순환 반응)이다.
(1) 중심부 온도가 약 1800만 K 이하인 별에서는 (가) 양성자·양성자 반응(p-p 반응)이, 약 1800만 K 이상인 주계열성에서는 (나) 탄소·질소·산소 순환 반응(CNO 순환 반응)이 우세하다.
(2) 탄소·질소·산소 순환 반응(CNO 순환 반응)에서는 탄소, 질소, 산소가 촉매 역할을 하여 수소 원자핵 4개가 반응에 참여하여 헬륨 원자핵이 생성된다.

4 주계열성에서는 수소 핵융합 반응으로 내부 온도가 높아져 기체 압력 차이로 바깥쪽으로 팽창하려는 힘(A)과 중력(B)이 평형을 이루어 크기가 일정하게 유지된다.

5 (가)는 핵융합 반응이 일어나는 중심핵이 있고, 그 주위로 복사층, 대류층이 차례로 둘러싸고 있으므로 질량이 태양과 비슷한 주계열성의 내부 구조이다. (나)는 중심부에서 대류로 에너지가 전달되는 대류핵이 있고, 바깥층에서는 복사로 에너지가 전달되므로 질량이 태양의 약 2배 이상인 주계열성의 내부 구조이다.

6 (1) 질량이 태양보다 매우 큰 별은 중심부의 온도가 높아 헬륨 핵융합 반응 이후에도 무거운 원소의 핵융합 반응이 계속 일어나 최종적으로 철(Fe)까지 생성된다.

(2) 질량이 태양과 비슷한 별의 중심부에서는 헬륨 핵융합 반응까지 일어나 탄소와 산소까지 생성된다. 그림에서 탄소와 산소보다 더 무거운 원소가 만들어졌으므로 태양보다 질량이 매우 큰 별의 내부 구조이다.
(3) 그림에서 별의 중심으로 갈수록 무거운 원소가 분포하므로 별의 중심으로 갈수록 무거운 원소가 만들어졌다.

272~273쪽

완자쌤 비법 특강

Q1 수소 핵융합 반응
Q2 헬륨 → 탄소 → 규소 → 철

Q1 주계열성은 수소 원자핵 4개가 융합하여 헬륨 원자핵 1개를 만드는 반응인 수소 핵융합 반응으로 빛을 낸다.

Q2 질량이 태양보다 매우 큰 별의 중심부에서 핵융합 반응이 진행될수록 점차 무거운 원소(헬륨 → 탄소 → 산소 → 마그네슘 → 규소 → 철)가 만들어진다.

대표 자료 분석 274쪽

자료 ❶ 1 헬륨 2 주계열성 3 탄소·질소·산소 순환 반응 4 (1) ○ (2) × (3) ○ (4) × (5) ○

자료 ❷ 1 (가) 2 (1) > (2) > (3) < (4) > 3 (1) × (2) ○ (3) × (4) ○ (5) × (6) ○ (7) ×

1-1 꼼꼼 문제 분석

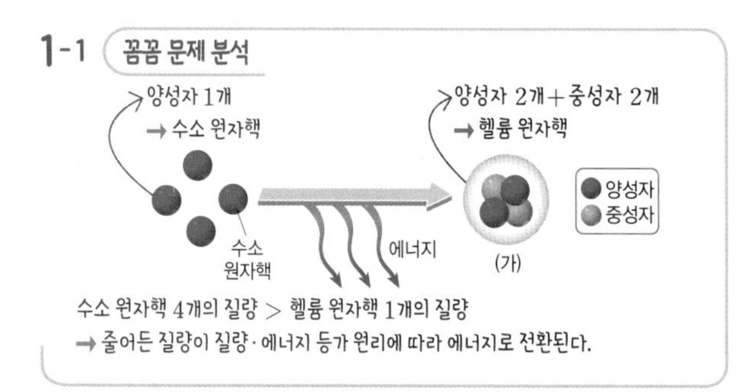

수소 핵융합 반응은 4개의 수소 원자핵이 융합하여 1개의 헬륨 원자핵을 만드는 반응이다.

1-2 중심핵에서 수소 핵융합 반응이 일어나는 별은 주계열성이다.

1-3 주계열성에서 일어나는 수소 핵융합 반응에는 양성자·양성자 반응(p-p 반응)과 탄소·질소·산소 순환 반응(CNO 순환 반응)이 있다. 양성자·양성자 반응에서는 양성자의 직접적인 충돌에 의해 헬륨이 생성되고, 탄소·질소·산소 순환 반응에서는 탄소, 질소, 산소가 촉매 역할을 하여 헬륨이 생성된다. 중심부 온도가 약 1800만 K 이하인 주계열성에서는 양성자·양성자 반응이, 중심부 온도가 약 1800만 K 이상인 주계열성에서는 탄소·질소·산소 순환 반응이 우세하게 일어난다.

1-4 (1) 수소 핵융합 반응은 원시별이 중력 수축하여 중심부 온도가 약 1000만 K 이상이 되었을 때 일어나기 시작한다.
(2) 수소 핵융합 반응에서 반응물인 수소 원자핵 4개를 합한 질량은 생성물인 1개의 헬륨 원자핵 (가)의 질량보다 크다.
(3) 핵융합 반응으로 생성된 원자핵의 질량은 반응하는 원자핵의 총 질량보다 작으며 이때 줄어든 질량은 질량·에너지 등가 원리에 따라 에너지로 전환된다.
(4) 질량·에너지 등가 원리에 따르면 핵융합 반응으로 줄어든 질량에 광속의 제곱을 곱한 양만큼 에너지가 발생한다.
(5) 태양과 질량이 비슷한 별의 중심핵에서는 수소 핵융합 반응이 끝난 후 헬륨 핵융합 반응까지 일어날 수 있다.

2-1 (가)는 중심에 대류핵이 있고, 주위를 복사층이 둘러싸고 있으므로 질량이 태양의 약 2배 이상인 주계열성의 내부 구조이다. (나)는 핵 주변에 복사층이 있고, 주위를 대류층이 둘러싸고 있으므로 질량이 태양과 비슷한 주계열성의 내부 구조이다. 따라서 별 (가)가 (나)보다 질량이 크다.

2-2 (1) 주계열성은 질량이 클수록 크기가 크다. 별 (가)는 (나)보다 질량이 크므로 별 (가)의 크기가 (나)보다 크다.
(2) 주계열성의 질량이 클수록 광도가 크다. 별 (가)는 (나)보다 질량이 크므로 별 (가)의 광도가 (나)보다 크다.
(3) 주계열성의 질량이 클수록 수소가 빨리 소모되어 수명이 짧다. 별 (가)는 (나)보다 질량이 크므로 수명이 짧다.
(4) 주계열성의 질량이 클수록 핵융합 반응이 활발히 진행되므로 중심부 온도가 높아진다. 별 (가)는 (나)보다 질량이 크므로 중심부 온도가 높다.

2-3 (1) 복사층에서는 복사로 에너지를 전달한다. 대류로 에너지를 전달하는 곳은 대류층이다.
(2) 질량이 태양과 비슷한 별은 (나)와 같이 중심부에서 반지름의 약 70 %까지 복사로 에너지를 전달하고, 바깥층에서는 대류로 에너지를 전달한다.
(3), (4) 주계열성의 질량이 클수록 광도와 반지름이 크고 표면 온도가 높다. (가)는 (나)보다 질량이 크므로 반지름이 크고 표면 온도가 높다.

(5) 별의 표면 온도가 높을수록 최대 에너지를 방출하는 파장이 짧아진다. 표면 온도는 (가)가 (나)보다 높으므로 최대 에너지를 방출하는 파장은 (가)가 (나)보다 짧다.
(6) 주계열성의 질량이 클수록 방출하는 에너지양이 많아 연료를 빨리 소모하기 때문에 주계열에 머무는 기간이 짧아진다. (가)는 (나)보다 질량이 크므로 주계열에 머무는 기간이 짧다.
(7) (가)와 (나)는 모두 주계열성이므로 중심핵에서 수소 핵융합 반응이 일어난다.

내신 만점 문제 275~276쪽

01 ③ 02 ① 03 ③ 04 ③ 05 ③ 06 해설 참조
07 ⑤ 08 ① 09 ③

01 ㄱ. A는 주계열성의 주요 에너지원인 수소 핵융합 반응에 의한 에너지이다.
ㄴ. B는 원시별의 주요 에너지원인 중력 수축 에너지이다. 중력 수축 에너지는 별이 중력에 의해 수축할 때 위치 에너지의 감소로 생성되는 에너지로, 별의 탄생이나 진화 과정에서 내부 온도를 높이는 역할을 한다.
바로알기 ㄷ. C는 헬륨 핵융합 반응이다. 무거운 원소일수록 원자핵 사이에 작용하는 전기적 반발력이 커지기 때문에 핵융합 반응에 필요한 온도가 높아진다. 따라서 헬륨 핵융합 반응(C)은 수소 핵융합 반응(A)보다 더 높은 온도에서 일어난다.

02 그림은 4개의 수소 원자핵이 융합하여 1개의 헬륨 원자핵을 만드는 수소 핵융합 반응을 나타낸 것이다.
②, ④ 수소 핵융합 반응에서 생성된 1개의 헬륨 원자핵의 질량은 4개의 수소 원자핵을 합한 질량보다 약 0.7 %가 줄어드는데, 줄어든 질량이 질량·에너지 등가 원리에 따라 에너지로 전환된다.
③ 태양은 주계열성이므로 중심부에서 수소 핵융합 반응이 일어난다.
⑤ 주계열성에서 일어나는 수소 핵융합 반응에는 양성자·양성자 반응(p-p 반응)과 탄소·질소·산소 순환 반응(CNO 순환 반응)이 있다. 양성자·양성자 반응은 중심부 온도가 약 1800만 K 이하인 별에서 우세하게 일어나고, 탄소·질소·산소 순환 반응은 중심부 온도가 약 1800만 K 이상인 별에서 우세하게 일어난다.
바로알기 ① 수소 핵융합 반응은 헬륨 원자핵이 생성되는 반응이다. 탄소 원자핵이 생성되는 반응은 헬륨 핵융합 반응이다.

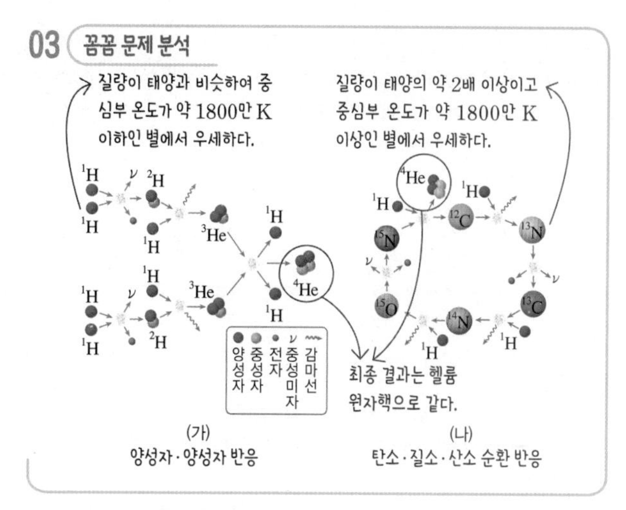

ㄱ. (가)는 양성자·양성자 반응이고, (나)는 탄소·질소·산소 순환 반응이다.
ㄷ. 양성자·양성자 반응은 별 중심부의 온도가 약 1800만 K 이하일 때 우세하게 일어나고, 탄소·질소·산소 순환 반응은 별 중심부의 온도가 약 1800만 K 이상일 때 우세하게 일어난다.
바로알기 ㄴ. 탄소·질소·산소 순환 반응에서는 수소 원자핵 4개가 융합해서 1개의 헬륨 원자핵이 만들어지며, 탄소는 촉매의 역할만 한다.

04 ㄱ. A는 별의 중심부 온도가 약 1800만 K 이하일 때 우세하게 일어나므로 양성자·양성자 반응이다. B는 별의 중심부 온도가 약 1800만 K 이상일 때 우세하게 일어나므로 탄소·질소·산소 순환 반응이다.
ㄷ. 태양의 중심부 온도는 약 1500만 K이므로 A 반응(양성자·양성자 반응)이 우세하게 일어난다.
바로알기 ㄴ. 중심부 온도가 2000만 K일 때 A 반응(양성자·양성자 반응)과 B 반응(탄소·질소·산소 순환 반응)이 둘 다 일어나고 있으며, B 반응이 우세하게 일어난다.

05 ㄱ. (가)는 별의 중심 쪽으로 수축하려는 힘인 중력이다.
ㄴ. 수소 핵융합 반응이 일어나면 4개의 수소 원자핵이 융합하여 1개의 헬륨 원자핵이 생성된다.
바로알기 ㄷ. 주계열성의 내부에서는 수소 핵융합 반응으로 발생한 열에너지에 의해 내부 기체의 압력이 증가하여 바깥쪽으로 팽창하려는 기체 압력 차이로 발생하는 힘과 중심 쪽으로 수축하려는 중력이 평형을 이룬다. 따라서 주계열성은 크기가 일정하게 유지된다.

06 별 내부의 한 지점에 미치는 힘에는 바깥쪽으로 팽창하려는 기체 압력 차이로 발생하는 힘과 중심으로 향하는 중력이 있다. 두 힘이 평형을 이루면 별의 크기가 일정하게 유지된다.
모범 답안 별 내부에서 기체 압력 차이로 발생하는 힘과 중력이 평형을 이루고 있는 상태인 정역학 평형을 유지하고 있기 때문이다.

채점 기준	배점
기체 압력 차이로 발생하는 힘과 중력을 포함하여 옳게 서술한 경우	100 %
정역학 평형을 이루기 때문이라고만 서술한 경우	50 %

07 꼼꼼 문제 분석

대류층 복사층 핵
(가)
내부 구조: 핵-복사층-대류층
→ 질량이 태양과 비슷한 별

복사층 대류핵
(나)
내부 구조: 대류핵-복사층
→ 질량이 태양의 약 2배 이상인 별

① (가)는 내부 구조가 중심부터 '핵—복사층—대류층'이므로 질량이 태양과 비슷한 별이고, (나)는 내부 구조가 중심부터 '대류핵—복사층'이므로 질량이 태양의 약 2배 이상인 별이다. 따라서 질량은 (가)가 (나)보다 작다.
② 주계열성의 질량이 클수록 중심부 온도가 높다. 질량은 (나)가 (가)보다 크므로 중심부 온도는 (나)가 (가)보다 높다.
③ 별의 질량이 클수록 에너지를 빠르게 소모하므로 수명이 짧다. (가)는 (나)보다 질량이 작은 주계열성이므로 수명이 더 길다.
④ (가)와 (나)는 모두 주계열성이므로 수소 핵융합 반응으로 에너지를 생성한다.
바로알기 ⑤ (가)는 질량이 태양과 비슷한 주계열성의 내부 구조이고, (나)는 질량이 태양의 약 2배 이상인 주계열성의 내부 구조이다. 따라서 태양의 내부 구조는 (가)에 해당한다.

08 (가)는 중심에서 수소가 융합하여 헬륨을 생성하는 수소 핵융합 반응이 일어나므로 주계열성이다. (나)는 중심에서 헬륨이 융합하여 탄소를 생성하는 헬륨 핵융합 반응이 일어나고, 헬륨 핵을 둘러싼 수소층에서 수소 핵융합 반응이 일어나므로 적색 거성이다.
① 현재 주계열성인 태양은 중심부에서 수소 핵융합 반응으로 에너지를 생성하므로 내부 구조는 (가)와 같다.
바로알기 ② (가)는 주계열성이므로 정역학 평형 상태이다. 따라서 크기가 일정하게 유지된다.
③ (나)에서는 헬륨 핵을 둘러싼 수소층에서 수소 핵융합 반응이 일어나 헬륨이 생성된다.
④ (가)의 중심핵에서 일어나는 수소 핵융합 반응은 중심핵 온도가 약 1000만 K 이상일 때 일어나고, (나)의 중심핵에서 일어나는 헬륨 핵융합 반응은 중심핵 온도가 약 1억 K 이상일 때 일어난다.
⑤ 주계열성 중심부에서 수소가 고갈되어 수소 핵융합 반응이 멈추면, 헬륨으로 이루어진 중심핵은 수축하고, 헬륨 핵을 둘러싼 수소층에서 수소 핵융합 반응이 일어난다. 이로 인해 내부 압력이 증가하여 (가)의 주계열성은 바깥층이 팽창하여 반지름이 커지고 표면 온도가 낮아져 (나)의 적색 거성으로 진화한다.

09 ㄱ. (가)는 중심부에 최종적으로 탄소와 산소로 구성된 핵이 존재하므로 질량이 태양과 비슷한 별이다. (나)는 중심부에 최종적으로 철로 구성된 핵이 존재하므로 질량이 태양보다 매우 큰 별이다. 따라서 (가)는 (나)보다 질량이 작다.
ㄷ. 별의 중심핵에서는 점점 높은 온도에서 핵융합 반응이 일어나 무거운 원소가 생성되므로, 중심으로 갈수록 무거운 원소로 이루어진 구조가 된다. 따라서 (나)에서 중심 쪽에 있는 원소일수록 높은 온도에서 생성된 것이다.
바로알기 ㄴ. (가)는 질량이 태양과 비슷한 별이므로 진화의 최종 단계에서 백색 왜성이 된다. (나)는 질량이 태양보다 매우 큰 별이므로 진화의 최종 단계에서 중성자별이나 블랙홀이 된다.

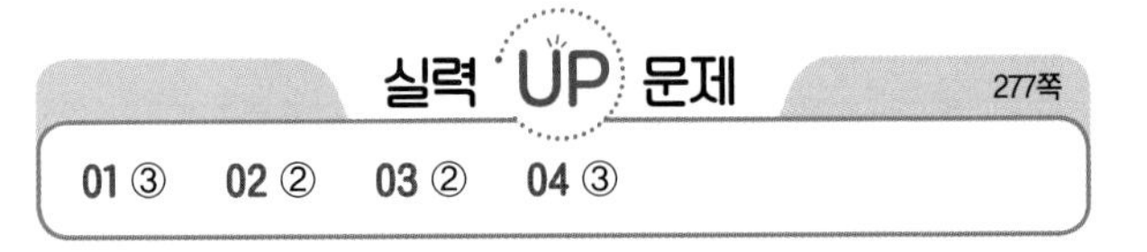

01 꼼꼼 문제 분석

핵융합 반응	반응 원소	생성 원소	반응 온도(K)
수소	수소	헬륨	$(1\sim3)\times10^7$
헬륨	헬륨	탄소, 산소	2×10^8
탄소	탄소	산소, 네온, 마그네슘	8×10^8
산소	산소	규소, 황	2×10^9
규소	규소, 황	철	3×10^9

수소 → 헬륨 → 탄소 → 산소 → 규소로 갈수록 무거워진다.
무거운 원소일수록 더 높은 온도에서 핵융합 반응이 일어난다.

ㄱ. 표에서 생성 원소는 반응 원소보다 더 무거운 원소이다. 핵융합 반응은 가벼운 원소가 융합하여 더 무거운 원소를 만드는 반응이다.
ㄴ. 헬륨을 만드는 수소 핵융합 반응은 $(1\sim3)\times10^7$ K의 온도에서 일어나고, 헬륨보다 더 무거운 탄소, 산소를 만드는 헬륨 핵융합 반응은 2×10^8 K의 온도에서 일어난다. 따라서 더 무거운 원소의 핵융합 반응이 일어나기 위해서는 더 높은 온도가 필요하다.
바로알기 ㄷ. 태양은 현재 주계열성으로, 중심핵에서는 수소 핵융합 반응이 일어나고 있으며, 헬륨 핵융합 반응은 일어나지 않는다. 따라서 현재 태양의 중심핵 온도는 2×10^8 K보다 낮다.

02 • 학생 B: (나)에서 태양의 중심핵에 있는 탄소는 헬륨 핵융합 반응의 결과로 생성된 것이다. 따라서 (나)의 태양은 중심핵에서 헬륨 핵융합 반응이 일어나는 적색 거성 단계에 해당된다.

바로알기 • 학생 A: 태양의 내부에서 수소 핵융합 반응이 일어나는 곳은 중심핵과 중심핵을 둘러싼 수소층이다. 중심에서 멀리 떨어져 있는 곳의 수소는 핵융합 반응에 사용되지 않는다.
• 학생 C: 태양의 중심핵에서 수소가 고갈되어 수소 핵융합 반응이 멈추면 별의 중력과 평형을 이루던 기체 압력 차에 의한 힘이 감소하여 중심핵에서 중력 수축이 일어난다. 이때 발생한 중력 수축 에너지에 의해 헬륨 핵을 둘러싼 수소층에서 수소 핵융합 반응이 일어나 별이 팽창하면서 광도가 급격히 커지지만 표면 온도는 낮아져 붉게 보이는 적색 거성이 된다. 따라서 태양의 표면 온도는 주계열성인 (가)보다 적색 거성인 (나)에서 더 낮다.

03 ㄷ. A(p-p 반응)는 질량이 태양과 비슷하여 중심부 온도가 약 1800만 K 이하인 별에서 우세하게 일어나고, B(CNO 순환 반응)는 질량이 태양의 약 2배 이상이고 중심부 온도가 약 1800만 K 이상인 별에서 우세하게 일어난다. 주계열성은 질량이 클수록 에너지를 빠르게 방출하여 주계열 단계에 머무는 시간이 짧다. B가 우세하게 일어나는 별은 A가 우세하게 일어나는 별보다 질량이 크므로 주계열 단계에 머무는 시간이 더 짧다.
바로알기 ㄱ. (가)는 내부 구조가 중심부터 '대류핵－복사층'이므로 질량이 태양의 약 2배 이상인 주계열성이다. 주계열성은 질량이 클수록 광도가 크므로 (가)는 태양보다 광도가 크고, 절대 등급이 작다.
ㄴ. A는 중심부 온도가 약 1800만 K 이하인 주계열성에서 우세하게 일어나는 p-p 반응(양성자·양성자 반응)이고, B는 중심부 온도가 약 1800만 K 이상인 주계열성에서 우세하게 일어나는 CNO 순환 반응(탄소·질소·산소 순환 반응)이다. (가)와 같이 질량이 태양의 약 2배 이상인 주계열성은 중심부 온도가 약 1800만 K 이상이므로 중심핵에서의 에너지 생성량은 p-p 반응(A)보다 CNO 순환 반응(B)이 더 많다.

04 (가)에서 ㉠은 주계열 단계, ㉡은 주계열성에서 적색 거성으로 진화하는 단계, ㉢은 적색 거성 단계이다. (나)는 별의 중심핵에서 헬륨 핵융합 반응이 일어나고, 중심핵을 둘러싼 수소층에서 수소 핵융합 반응이 일어나고 있으므로 적색 거성 단계에서의 내부 구조이다.
ㄱ. ㉠은 주계열 단계이므로 중심핵에서 수소 핵융합 반응이 일어난다. 태양 정도의 질량을 가진 주계열성은 p-p 반응이 CNO 순환 반응보다 우세하게 일어난다.
ㄷ. (나)는 적색 거성의 내부 구조이다. 적색 거성의 내부 구조는 (가)의 ㉢에서 나타난다.
바로알기 ㄴ. ㉡은 별이 주계열성에서 적색 거성으로 진화하는 단계이다. 이때 헬륨 핵은 아직 연소가 일어나지 않아 중력 수축하면서 중심부의 온도가 높아지고, 그 영향으로 헬륨 핵을 둘러싼 수소층에서 수소 핵융합 반응이 일어나 별이 팽창하면서 표면 온도는 낮아지고 광도는 커진다.

5 외계 행성계와 외계 생명체 탐사

개념 확인 문제

282쪽

❶ 외계 행성 ❷ 짧아 ❸ 감소 ❹ 미세 중력 렌즈
❺ 케플러 우주 망원경

1 (1) ○ (2) ○ (3) × (4) × (5) ○ **2** (1) A: 중심별, B: 행성
(2) A **3** c 구간 **4** ㉠ 미세 중력 렌즈 현상, ㉡ 행성

1 (1) 행성은 크기가 작고 스스로 빛을 내지 못하므로 별보다 매우 어두워서 직접적으로 관측하기 어렵다. 따라서 주로 간접적인 방법으로 찾는다.
(2) 별이 관측자에게서 멀어지면 별빛의 파장이 길어져 스펙트럼에서 적색 편이가 나타난다.
(3) 행성이 중심별을 가려서 식 현상이 일어나므로 중심별의 밝기가 어두워진다.
(4) 행성의 반지름이 클수록 행성이 중심별을 가리는 면적이 넓어지므로 중심별의 밝기 감소량이 커진다.
(5) 행성의 공전 궤도면과 시선 방향이 나란하지 않아도 중력이 작용하기 때문에 미세 중력 렌즈 현상을 이용하여 외계 행성을 탐사할 수 있다.

2 꼼꼼 문제 분석

중심별이 지구에 접근한다. → 파장이 짧아진다.(청색 편이)
B′ A 공통 질량 중심 A′ B
중심별이 지구에서 멀어진다. → 파장이 길어진다.(적색 편이)

(1) 중심별과 행성은 공통 질량 중심 주위를 공전하는데, 중심별의 질량이 행성보다 훨씬 크므로 움직임이 작은 A가 중심별이고, 움직임이 큰 B가 행성이다.
(2) A의 위치일 때 중심별은 지구에 접근하므로 스펙트럼에서 파장이 짧은 쪽으로 이동하는 청색 편이가 나타난다. A′의 위치일 때 중심별은 지구에서 멀어지고 있으므로 스펙트럼에서 파장이 긴 쪽으로 이동하는 적색 편이가 나타난다.

3 a 구간은 행성이 중심별 앞을 지나기 전이고, b 구간은 행성이 중심별 앞을 지나기 시작하여 완전히 가리기 전까지의 시간이다. c 구간은 중심별의 겉보기 밝기가 최소일 때로, 행성 전체가 중심별을 가리면서 중심별 앞을 지나가는 시간이다. 행성이 공전하면서 중심별 앞쪽을 완전히 가렸을 때 별빛의 밝기가 최소이므로 c 구간과 같은 밝기가 나타난다.

4 미세 중력 렌즈 현상은 뒤쪽에 있는 별에서 오는 빛이 앞쪽에 있는 별의 중력에 의해 미세하게 굴절되는 현상이다. 이때 앞쪽 별이 행성을 가지고 있다면, 행성의 중력으로 인해 추가적인 밝기 증가가 나타나 뒤쪽 별의 밝기 변화가 불규칙해지는데, 이를 이용하여 외계 행성의 존재 여부를 알 수 있다.

개념 확인 문제

286쪽

❶ 외계 생명체 ❷ 액체 ❸ 대기 ❹ 자전축 ❺ 전파

1 생명 가능 지대 **2** (1) 광도 (2) 클수록 (3) 기체 (4) 지구 **3** (1) × (2) × (3) × (4) ○ (5) ○ (6) ○ **4** (1) ㉠ 크고, ㉡ 짧다 (2) ㉠ 멀어, ㉡ 넓어 (3) B **5** ㉠ 외계 지적 생명체, ㉡ 전파 망원경

1 중심별 주위에서 물이 액체 상태로 존재할 수 있는 거리의 영역을 생명 가능 지대라고 한다.

2 (1) 생명 가능 지대는 중심별 주위에서 물이 액체 상태로 존재할 수 있는 거리의 영역으로, 중심별의 광도 등의 영향을 받는다.
(2) 생명 가능 지대는 중심별의 광도와 밀접한 연관이 있다. 중심별의 광도가 클수록 생명 가능 지대는 별에서 멀어지고, 생명 가능 지대의 폭은 넓어진다.
(3) 별과 행성 사이의 거리가 너무 가까우면 행성의 표면 온도가 높아 물이 증발한다.
(4) 태양계에서 생명 가능 지대는 금성과 화성 사이에 위치하며, 태양계 행성 중 유일하게 지구가 생명 가능 지대에 속한다.

3 (1) 행성에 생명체가 존재하기 위해서는 행성이 중심별에서 적당한 거리에 있어야 한다.
(2) 행성에 생명체가 존재하기 위해서는 행성이 생명 가능 지대에 속하여 액체 상태의 물이 존재해야 한다. 액체 상태의 물은 비열이 높아 많은 양의 열을 오랫동안 보존할 수 있고, 다양한 물질을 녹일 수 있는 좋은 용매이므로 생명체가 탄생하고 진화할 수 있는 환경을 제공한다.
(3), (4) 행성이 탄생한 후 생명체가 탄생하고 진화하기까지 충분한 시간이 필요하므로 중심별의 진화 속도가 느리고 수명이 충분히 길어야 한다.
(5) 행성에 생명체가 존재하기 위해서는 온실 효과를 일으켜 행성의 온도를 알맞게 유지하고, 우주에서 오는 생명체에 해로운 자외선을 차단하는 적절한 두께의 대기가 있어야 한다.
(6) 행성에 생명체가 존재하기 위해서는 우주에서 오는 유해한 우주선으로부터 생명체를 보호하는 자기장이 행성에 존재해야 한다.

4 꼼꼼 문제 분석

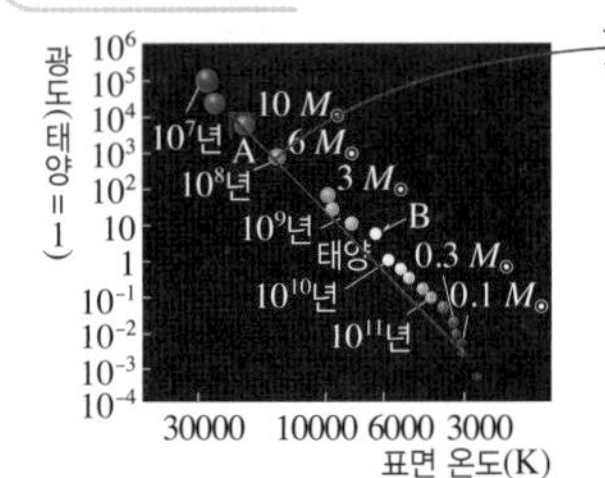

주계열성의 질량이 클수록 광도가 크고, 수명이 짧다. → 별 A가 별 B보다 질량, 광도, 반지름이 크고, 표면 온도가 높지만 수명은 짧다.

(1) 주계열성은 질량이 클수록 광도, 반지름이 크고, 표면 온도가 높지만, 에너지를 빠르게 방출하므로 수명이 짧다.
(2) 주계열성은 질량이 클수록 광도가 크다. 따라서 주계열성인 중심별의 질량이 클수록 생명 가능 지대는 중심별에서 멀어지고, 생명 가능 지대의 폭은 넓어진다.
(3) 질량(광도)이 큰 별은 수명이 짧기 때문에 생명체가 탄생하여 진화할 수 있는 시간이 충분하지 않다. 행성이 탄생하여 최초의 생명체가 출현하는 데 약 10억 년이 걸린다고 할 때 외계 생명체 탐사를 위해서는 수명이 10억 년보다 긴 별 B를 조사하는 것이 적합하다. 별 A는 수명이 10^8(1억)년보다 짧으므로 별 A 주위를 공전하는 외계 행성에 생명체가 존재하기 어렵다.

5 세티(SETI) 프로젝트는 전파 망원경을 이용하여 외계의 지적 생명체가 보내는 인공적인 전파를 찾는 프로젝트이다.

대표 자료 분석

287~288쪽

자료 ❶	**1** (가) ㄴ (나) ㄱ (다) ㄷ **2** (1) ○ (2) × (3) ○ (4) × (5) ×
자료 ❷	**1** 시선 속도 변화, 식 현상 **2** ③ **3** (1) ○ (2) × (3) ○
자료 ❸	**1** ㉠ 액체, ㉡ 크, ㉢ 멀어진다 **2** 지구 **3** (1) ○ (2) × (3) ○ (4) ×
자료 ❹	**1** ㉠ 높다, ㉡ 낮다, ㉢ 크다, ㉣ 작다, ㉤ 짧다, ㉥ 길다 **2** ㉠ 작기, ㉡ 가까워야 **3** 수명 **4** (1) × (2) ○ (3) ×

1-1 (가) 별의 시선 속도 변화 이용: 행성과 별이 공통 질량 중심 주위를 공전하면 별빛의 파장 변화가 나타난다. 따라서 별의 스펙트럼에서 흡수선의 파장 변화로 별의 움직임을 알아낼 수 있고, 이로부터 행성의 존재를 확인할 수 있다.
(나) 식 현상 이용: 중심별 주위를 공전하는 행성이 중심별의 앞을 지날 때 별의 일부가 가려져 밝기가 감소하므로 이로부터 외계 행성의 존재를 확인할 수 있다.

(다) 미세 중력 렌즈 현상 이용: 먼 천체의 빛이 앞쪽에 있는 별의 중력에 의해 미세하게 굴절되는 현상이 나타나는데, 이를 미세 중력 렌즈 현상이라고 한다. 이때 앞쪽 별이 행성을 가지고 있다면 행성의 중력으로 인해 추가적인 밝기 증가가 나타나는데, 이를 이용하면 앞쪽 별의 행성의 존재 여부를 확인할 수 있다.

1-2 (1) 별은 행성과 공통 질량 중심 주위를 서로 공전하므로 시선 방향에서 별이 가까워질 때와 멀어질 때 별빛의 도플러 효과를 관측하여 별 주변 외계 행성의 존재를 확인할 수 있다.
(2) (나)는 행성이 중심별의 앞면을 지날 때 별의 일부가 가려지는 식 현상을 이용하여 외계 행성을 탐사한다. 별빛이 휘어지는 현상을 이용하여 외계 행성을 탐사하는 방법은 (다)이다.
(3) (다)는 먼 천체의 밝기 변화를 관측하여 앞쪽 별 주변의 외계 행성 존재 여부를 확인하는 방법이다.
(4) (가)는 행성의 질량이 클수록 별의 움직임이 커서 도플러 효과가 크게 나타나 탐사에 유리하다. (나)는 행성의 반지름이 클수록 별의 밝기가 크게 감소하므로 탐사에 유리하다.
(5) (다)는 행성의 공전 궤도면과 관측자의 시선 방향이 나란하지 않아도 천체의 중력이 작용하므로 행성을 탐사할 수 있다.

2-1 꼼꼼 문제 분석

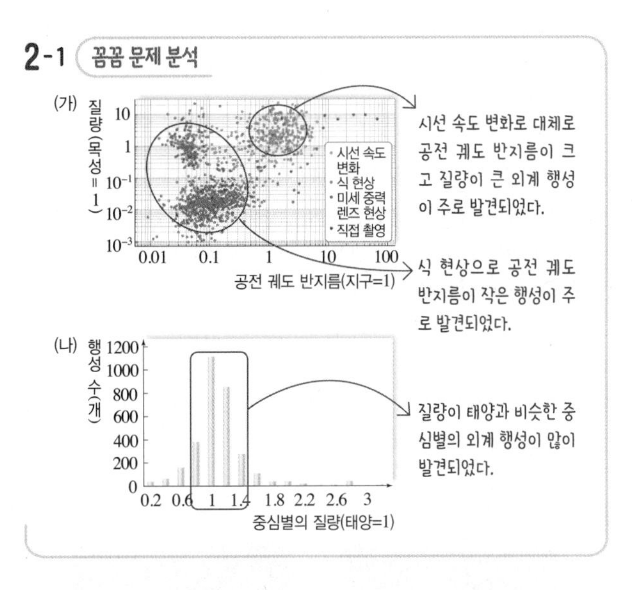

2-2 (나)에서 외계 행성이 많이 발견되는 중심별의 질량은 태양 질량의 0.8배~1.4배이다.

2-3 (1) (가)에서 지구보다 큰 공전 궤도 반지름을 가진 외계 행성들은 질량이 큰 것들이 주로 발견된다. 이는 지구보다 큰 공전 궤도 반지름을 가지면서 질량이 작은 행성들은 중심별에 미치는 영향이 작아서 발견되기 어렵기 때문이다.
(2) 외계 행성의 공전 궤도 반지름은 식 현상보다 시선 속도 변화를 이용하여 알아낸 것이 대체로 크다.
(3) (나)에서 지금까지 태양과 질량이 비슷한 별에서 외계 행성이 가장 많이 발견되었다.

3-1 중심별의 주위에서 물이 액체 상태로 존재할 수 있는 거리의 영역을 생명 가능 지대라고 한다. 주계열성인 중심별의 질량이 클수록 광도가 커지고, 광도가 클수록 생명 가능 지대는 별에서 멀어지고 생명 가능 지대의 폭이 넓어진다.

3-2 태양계에서 생명 가능 지대는 금성과 화성 사이이며, 이에 해당하는 행성은 지구가 유일하다.

3-3 (1) 중심별의 광도가 클수록 생명 가능 지대는 별에서 멀어지고 생명 가능 지대의 폭이 넓어진다.
(2) 주계열성인 중심별의 질량이 클수록 광도가 커서 생명 가능 지대는 별에서 멀어진다. 따라서 중심별의 질량이 클수록 생명체가 존재할 수 있는 행성의 공전 궤도 반지름은 커진다.
(3) 중심별의 수명이 짧으면 별 주위를 공전하는 행성에서 생명체가 탄생하여 진화할 수 있는 시간이 부족하다. 따라서 행성에 생명체가 존재하려면 별의 수명이 충분히 길어서 행성이 생명 가능 지대에 충분히 머물 수 있어야 한다.
(4) 태양이 적색 거성으로 진화하면 크기가 커져 광도가 증가하기 때문에 태양계의 생명 가능 지대는 현재보다 태양으로부터 멀어지고 그 폭도 넓어질 것이다.

4-1 꼼꼼 문제 분석

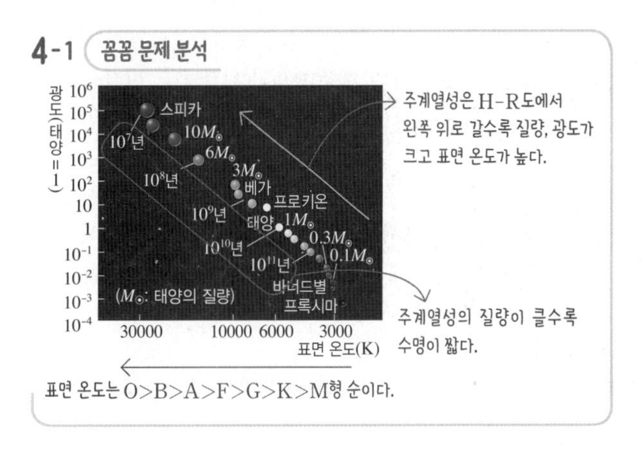

4-2 프록시마는 광도가 매우 작은 별이다. 별(주계열성)의 광도가 작을수록 표면 온도가 낮기 때문에 생명 가능 지대는 중심별에 가까워진다.

4-3 스피카는 질량이 매우 큰 별이다. 중심별의 질량이 크면 중심부의 온도가 매우 높아 핵융합 반응 속도가 빠르다. 따라서 연료 소모율이 커서 별의 수명이 짧아진다. 별의 수명이 짧으면 별 주위를 공전하는 행성에서 생명체가 탄생하여 진화할 수 있는 시간이 부족하다. 따라서 중심별의 질량이 너무 크면 생명체가 존재하기에 적합한 환경을 이루지 못한다.

4-4 (1) 별(주계열성)의 질량이 클수록 중심부의 온도가 높아 핵융합 반응이 활발하게 일어나 연료를 빠르게 소모한다. 따라서 별의 질량이 클수록 수명이 짧다.

(2) 지적 생명체가 존재하려면 중심별의 수명이 충분히 길어서 생명체가 진화할 시간이 충분해야 한다. 스피카보다 프로키온의 수명이 길기 때문에 프로키온을 중심별로 하는 행성에 지적 생명체가 존재할 가능성이 크다.

(3) 바너드별은 표면 온도가 낮은 별이다. 바너드별을 중심별로 하는 행성이 적당한 온도를 가지려면 별에 가까이 있어야 한다. 하지만 행성이 중심별에 너무 가까이 있으면 별의 중력을 크게 받아 환경이 불안정해져 생명체가 안정적으로 진화하기 어렵다.

내신 만점 문제

289~292쪽

01 ③	02 ③	03 해설 참조	04 ①	05 ④	06 ④
07 ③	08 해설 참조	09 ③	10 ②	11 ③	12 ②
13 ②	14 ①	15 ⑤	16 해설 참조	17 ③	18 ①
19 ⑤					

01 ① 외계 행성은 별에 비해 크기가 매우 작고 스스로 빛을 내지 못하기 때문에 외계 행성을 직접 관측하는 것은 어렵다.

② 행성과 중심별이 공통 질량 중심을 공전하면서 별에 미세한 떨림이 일어나면서 별빛의 파장 변화가 나타난다. 따라서 별의 스펙트럼을 분석하여 도플러 효과를 이용하면 별의 움직임을 알아낼 수 있고, 이로부터 외계 행성의 존재를 확인할 수 있다.

④ 미세 중력 렌즈 현상은 거리가 다른 2개의 별이 같은 시선 방향에 있을 때 뒤쪽 별에서 오는 빛이 앞쪽 별의 중력에 의해 미세하게 굴절되어 휘어지는 현상이다. 이때 앞쪽 별이 행성을 가지고 있으면 뒤쪽 별의 밝기 변화가 불규칙해지므로 이를 이용하여 외계 행성을 탐사할 수 있다.

⑤ 중심별의 밝기가 행성에 비해 매우 밝기 때문에 중심별을 가리고 행성을 찾는다.

바로알기 ③ 식 현상은 별의 주기적인 밝기 변화를 관측하여 행성의 존재를 확인하는 방법이다. 별빛의 파장 변화로 행성의 존재를 탐사하는 방법은 중심별의 시선 속도 변화를 이용하는 것이다.

02 행성과 중심별은 공통 질량 중심 주위를 같은 주기와 같은 방향으로 공전한다.

ㄱ. 중심별이 A 위치일 때 (나)에서 흡수선이 파장이 긴 쪽으로 이동하는 적색 편이가 나타난다.

ㄷ. 행성의 질량이 클수록 중심별의 움직임이 커서 별빛의 시선 속도 변화가 크게 나타나므로 흡수선의 파장 변화가 커진다.

바로알기 ㄴ. 중심별이 A 위치일 때 스펙트럼에서 적색 편이가 나타나므로 중심별은 지구에서 멀어지고 있다. 따라서 중심별은 시계 방향으로 공전하고 있으며, 행성도 시계 방향인 ㉡ 방향으로 공전한다.

03 행성의 질량이 클수록 중심별과 행성의 공통 질량 중심이 중심별로부터 멀어져 별의 움직임이 더 크다.

모범 답안 행성의 질량이 클수록 중심별의 움직임이 커서(시선 속도 변화가 커서) 도플러 효과가 크게 나타나기 때문에 탐사에 유리하다.

채점 기준	배점
행성의 질량이 클수록 중심별의 움직임이 더 크다는 내용을 포함하여 옳게 서술한 경우	100 %
도플러 효과가 크게 나타나기 때문이라고만 서술한 경우	50 %

04 중심별과 외계 행성이 공통 질량 중심을 중심으로 공전함에 따라 중심별은 미세한 떨림이 일어나면서 시선 방향으로 가까워지거나 멀어지는 시선 속도 변화가 나타난다.

ㄱ. A는 별의 시선 속도 변화 주기이고, 이 주기는 별과 행성이 공통 질량 중심을 중심으로 공전하는 주기와 같다. 따라서 A는 외계 행성의 공전 주기이다.

바로알기 ㄴ. 외계 행성의 공전 궤도면이 시선 방향에 수직일 경우에는 중심별이 시선 방향으로 후퇴하거나 접근하는 효과가 나타나지 않기 때문에 B는 0이 된다.

ㄷ. t는 중심별의 시선 속도가 $(-)$ 값에서 $(+)$ 값으로 바뀌는 시기로, 중심별이 지구로 다가오다가 멀어지기 시작하는 시점이다. 이때 외계 행성은 중심별의 뒤쪽에 위치하므로 t일 때 외계 행성에 의한 식 현상은 일어나지 않는다.

05 ㄱ. 행성의 반지름이 클수록 중심별을 가리는 면적이 넓어지므로 중심별의 겉보기 밝기 감소량(a)이 크게 나타난다.

ㄷ. 관측자의 시선 방향이 행성의 공전 궤도면과 나란할 경우, 행성이 중심별 주위를 공전하면서 별의 일부를 가린다. 따라서 별의 겉보기 밝기는 (나)에서와 같이 감소하는 구간이 나타난다.

바로알기 ㄴ. 행성이 중심별의 앞면을 지나는 동안 식 현상이 일어나 별의 밝기가 감소하므로 (나)에서 밝기가 감소한 시간은 행성이 중심별의 앞면을 지나는 시간이다.

06 꼼꼼 문제 분석

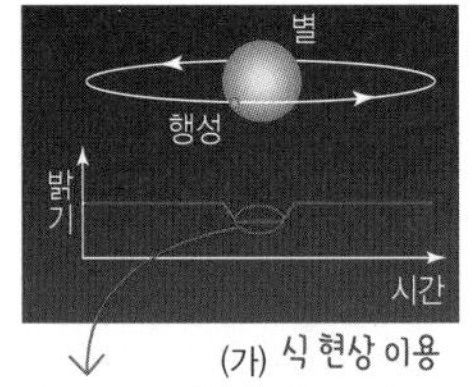

(가) 식 현상 이용

행성 전체가 별의 일부를 가리면 별의 밝기가 가장 어둡게 관측된다.

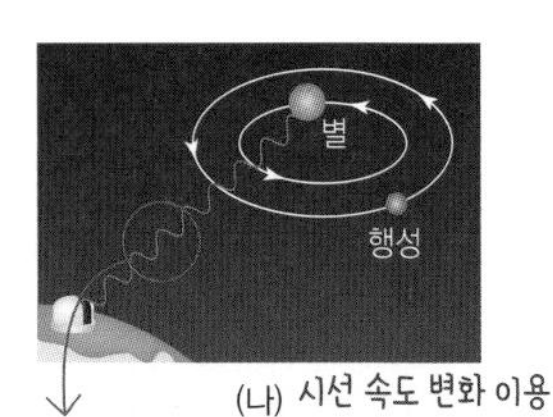

(나) 시선 속도 변화 이용

별이 관측자에게 가까워지면 파장이 짧아진다. ➡ 청색 편이가 나타난다.

ㄱ. (가)는 별 주위를 공전하는 행성이 별을 가리면 별의 밝기가 감소하는 식 현상을 이용하여 행성을 탐사한다.

ㄴ. (나)에서 별은 관측자 방향으로 접근하여 별빛의 파장이 짧아지므로 스펙트럼에서 흡수선이 파란색 쪽으로 이동하는 청색 편이가 나타난다.

바로알기 ㄷ. 관측자의 시선 방향과 행성의 공전 궤도면이 수직이면 별의 밝기 변화나 파장 변화가 나타나지 않아 (가)와 (나) 방법을 모두 이용할 수 없다.

07 ㄱ. 미세 중력 렌즈 현상을 이용한 탐사 방법은 시선 방향에 위치한 거리가 다른 두 별에서 행성이 있는 앞쪽 별(B)이 이동할 때 뒤쪽 별(A)의 밝기가 미세하게 변하는 것을 이용한다.
ㄴ. A와 B가 관측자의 시선 방향으로 일직선상에 놓일 때 중력 렌즈 효과가 최대가 되어 별 A의 밝기가 최대(a)로 나타난다.
바로알기 ㄷ. 미세 중력 렌즈 현상을 이용한 외계 행성 탐사 방법은 앞쪽 별(B)과 앞쪽 별을 공전하는 행성의 중력에 의해 뒤쪽 별의 밝기가 변하는 것이다. 따라서 (나)에서 b는 B에 행성이 있기 때문에 나타난다.

08 모범 답안 (1) 미세 중력 렌즈 현상
(2) • 특징: 행성의 공전 궤도면과 관측자의 시선 방향이 나란하지 않아도 행성을 발견할 수 있다. 질량이 작은 행성을 탐사할 때 유리하다. 공전 궤도 긴반지름이 큰 행성을 탐사할 때 유리하다.
• 한계점: 외계 행성계가 먼 천체 앞을 여러 번 지나가지 않으므로 주기적인 관측이 불가능하다. 항상 하늘을 관측해야 한다.

채점 기준		배점
(1)	미세 중력 렌즈 현상이라고 쓴 경우	50 %
(2)	특징과 한계점을 모두 옳게 서술한 경우	50 %
	특징과 한계점 중 한 가지만 옳게 서술한 경우	25 %

09 ㄱ. 케플러 우주 망원경이 지구형 행성을 찾는 까닭은 목성형 행성보다 지구와 비슷한 환경의 행성에 생명체가 존재할 가능성이 크기 때문이다.
ㄷ. 케플러 우주 망원경은 식 현상을 이용하여 외계 행성을 탐사한다. 식 현상을 이용한 방법은 행성의 공전 궤도면이 거의 관측자의 시선 방향과 나란할 때 이용할 수 있다.
바로알기 ㄴ. 케플러 우주 망원경은 외계 행성이 중심별 앞면을 지날 때 별의 밝기가 어두워지는 식 현상을 이용하여 외계 행성을 찾는다.

10 꼼꼼 문제 분석

질량이 태양과 비슷하거나 태양보다 작은 중심별에서 외계 행성이 많이 발견되었다.

공전 궤도 반지름이 지구보다 큰 행성들의 질량 → 대체로 지구의 질량보다 크다.

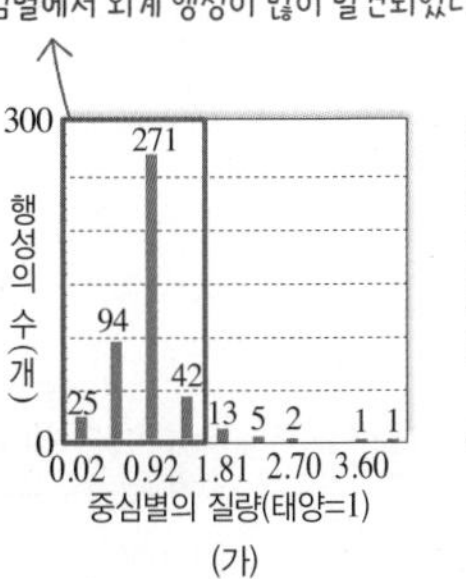

(가)

행성의 질량(지구=1)
10000 1000 100 10 1
0.01 0.1 1 10 100
행성의 공전 궤도 반지름(지구=1)
식 현상 / 시선 속도 변화 / 미세 중력 렌즈 현상 / 기타
(나)

ㄷ. (나)에서 발견된 외계 행성 중 공전 궤도 반지름이 지구보다 큰 행성들은 대체로 질량이 지구보다 크다.
바로알기 ㄱ. (가)에서 외계 행성이 많이 발견되는 중심별은 질량이 태양과 비슷하거나 태양보다 작은 경우가 많다.
ㄴ. (나)에서 미세 중력 렌즈 현상을 이용하여 발견된 외계 행성의 수가 가장 적다.

11 ㄱ. 별의 표면 온도가 낮을수록 생명 가능 지대의 거리는 별로부터 가까워지고 폭은 좁아진다.
ㄴ. 생명 가능 지대는 액체 상태의 물이 존재할 수 있는 영역이다. 행성 A는 생명 가능 지대에 위치하므로 행성 A에는 액체 상태의 물이 존재할 수 있다.
바로알기 ㄷ. 별의 표면 온도가 5000 K이고, 별로부터의 거리가 2 AU인 행성은 중심별로부터 생명 가능 지대보다 바깥쪽에 위치하므로 생명체 존재 가능성이 작다.

12 ㄴ. B는 생명 가능 지대에 위치하고, A는 중심별로부터 생명 가능 지대보다 가까이에 위치한다. 따라서 행성의 표면 온도는 B가 A보다 낮다.
바로알기 ㄱ. 중심별의 광도가 클수록 생명 가능 지대는 멀어지고 생명 가능 지대의 폭은 넓어진다. A의 중심별은 C의 중심별보다 생명 가능 지대가 가깝고 생명 가능 지대의 폭이 좁으므로 광도가 작다. 광도가 클수록 절대 등급이 작으므로 A의 중심별은 C의 중심별보다 절대 등급이 크다.
ㄷ. 중심별의 질량이 클수록 진화 속도가 빨라 행성이 생명 가능 지대에 머무를 수 있는 시간이 짧아진다.

13 꼼꼼 문제 분석

생명 가능 지대의 폭과 거리에 해당 / 생명 가능 지대까지의 거리에 해당

주계열성	질량 (태양=1)	생명 가능 지대 (AU)	공전 궤도 반지름(AU)	
A	(1.2보다 작다.)	0.3~0.5	0.4	⊙
B	1.2	1.2~2.0	1.5	⊙
C	2.0	(2.0보다 멀고 폭이 넓어진다.)	3.0	⊙

생명 가능 지대까지의 거리: A<B<C
→ 중심별의 질량: A<B<C
→ 생명 가능 지대의 폭: A<B<C

ㄷ. 중심별의 질량이 클수록 생명 가능 지대는 별로부터 멀어지고 그 폭도 넓어진다. C는 B보다 질량이 크기 때문에 생명 가능 지대의 폭도 B보다 넓다.
바로알기 ㄱ. 주계열성의 질량이 클수록 광도가 크므로 생명 가능 지대는 별에서 멀어지고 그 폭도 넓어진다. A의 생명 가능 지대(0.3~0.5)는 B의 생명 가능 지대(1.2~2.0)보다 거리가 가깝고 폭이 좁으므로 A의 질량은 B의 질량인 1.2보다 작다.

ㄴ. 주계열성의 질량이 클수록 별의 표면 온도가 높다. A는 B보다 질량이 작으므로 별의 표면 온도가 낮다.

14 꼼꼼 문제 분석

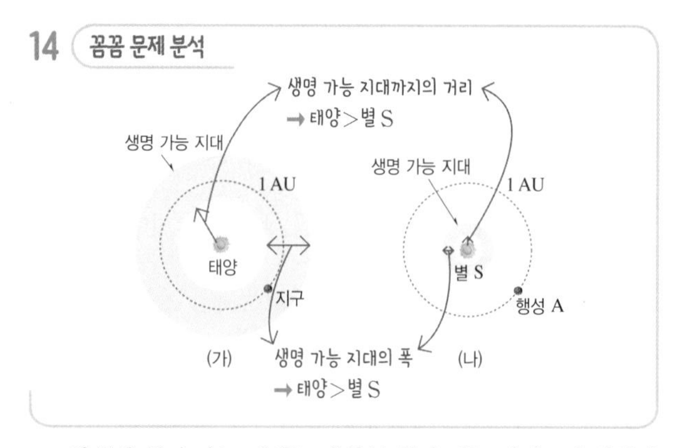

ㄱ. 별 S의 생명 가능 지대는 태양의 생명 가능 지대보다 중심별로부터 가깝고 폭이 좁으므로 별 S는 태양보다 광도가 작다. 주계열성은 질량이 클수록 광도가 크므로 별 S는 태양보다 질량이 작다.

바로알기 ㄴ. 행성 A는 중심별로부터 생명 가능 지대보다 멀리 있으므로 표면 온도가 물이 액체 상태로 존재하는 온도보다 낮아서 물이 존재한다면 고체 상태일 것이다.

ㄷ. 액체 상태의 물이 존재할 수 있는 영역의 폭은 생명 가능 지대의 폭이 넓은 (가)가 (나)보다 넓다.

15 ⑤ 적절한 두께의 대기는 생명체에 해로운 자외선을 차단하고, 온실 효과를 일으켜 행성의 온도를 유지하며 낮과 밤의 온도 차를 줄여 생명체가 살 수 있는 환경을 만든다.

바로알기 ①, ④ 행성의 표면 온도가 높으면 물이 증발하여 기체 상태의 물이 존재할 것이다. 행성의 표면 온도가 낮으면 물이 얼어 고체 상태의 물이 존재할 것이다. 행성에 생명체가 존재하기 위해서는 액체 상태의 물이 존재해야 하므로 행성의 표면 온도가 적당해야 한다.

② 행성에 생명체가 존재하기 위해서는 행성이 생명 가능 지대에 충분히 오랜 시간 머물러 있어야 한다. 따라서 진화 속도가 빠른 별은 행성에 생명체가 존재하기 어렵다.

③ 행성에 생명체가 존재하기 위해서는 행성의 자전축이 적당히 기울어져 있어 계절 변화가 극심하게 나타나지 않아야 한다.

16 모범 답안 태양에서 적당한 거리에 위치하여 액체 상태의 물이 존재한다, 자전 주기에 따른 낮과 밤의 길이가 적당하다, 자전축이 적당히 기울어져 있어 계절 변화가 나타난다, 적당한 대기압과 대기 성분에 의한 온실 효과에 의해 적절한 온도가 유지된다, 자기장이 존재한다, 위성인 달이 존재한다, 중심별인 태양의 질량이 적당하다 등

채점 기준	배점
지구에 생명체가 존재하는 까닭을 세 가지 모두 옳게 서술한 경우	100 %
지구에 생명체가 존재하는 까닭을 두 가지만 옳게 서술한 경우	70 %
지구에 생명체가 존재하는 까닭을 한 가지만 옳게 서술한 경우	40 %

17 ㄱ. 별의 광도가 클수록 에너지 방출량이 많고, 중심부의 연료 소모율이 커진다. 따라서 별의 수명이 짧다.

ㄴ. 프로키온은 스피카보다 질량이 작다. 별의 질량이 작을수록 광도가 작아 생명 가능 지대는 별에 가까워진다. 따라서 중심별로부터 생명 가능 지대까지의 거리는 프로키온이 스피카보다 가깝다.

바로알기 ㄷ. 생명체가 탄생하여 진화하기까지는 상당히 긴 시간이 필요하므로 행성이 생명 가능 지대에 있더라도 어떤 행성에 생명체가 존재하려면 중심별의 수명이 충분히 길어야 한다. 질량이 매우 큰 별은 수명이 짧으므로 행성에서는 생명체가 탄생하여 진화하기 어렵다. 질량이 매우 작은 별은 광도가 작아서 생명 가능 지대는 별 가까이에 형성되며 폭도 좁아진다. 이때 행성이 별에 너무 가까이 있으면 행성의 자전 속도가 느려지므로 행성에 밤과 낮의 변화가 없어져 생명체가 살기 어렵다.

18 ② 지구의 극한 환경에 사는 생명체를 연구하여 생명체와 생명체가 살 수 있는 환경에 대해 연구한다.

③ 과학자들은 지구에 떨어진 운석을 분석하여 간접적으로 외계 생명체의 존재 유무를 연구한다.

④ 태양계 밖의 외계 생명체 탐사를 위해 우주 망원경으로 생명 가능 지대에 속한 외계 행성을 찾고, 행성의 대기 성분을 분석하여 생명체가 존재할 수 있는 환경인지 파악하는 연구가 진행되고 있다.

⑤ 외계 생명체 탐사 활동은 지구에서 생명체가 어떻게 탄생하여 진화했는지 연구하는 데 도움이 된다.

바로알기 ① 태양계 내의 외계 생명체 탐사를 위해 별(항성)이 아닌 태양계 행성이나 행성의 위성에 탐사정을 보내 탐사한다.

19 ㄱ. 세티(SETI) 프로젝트는 전파를 발사할 수 있을 정도로 문명을 가진 외계의 지적 생명체를 찾는 프로젝트이다.

ㄷ. 세티(SETI) 프로젝트에서는 외계에서 오는 전파 중에서 인공적으로 만들어진 것을 찾는다.

바로알기 ㄴ. 세티(SETI) 프로젝트는 외계에서 날아오는 전파 신호를 찾는 프로젝트이므로 전파 망원경을 이용하며, 전파는 지구 대기를 잘 통과하므로 주로 지상에서 관측한다.

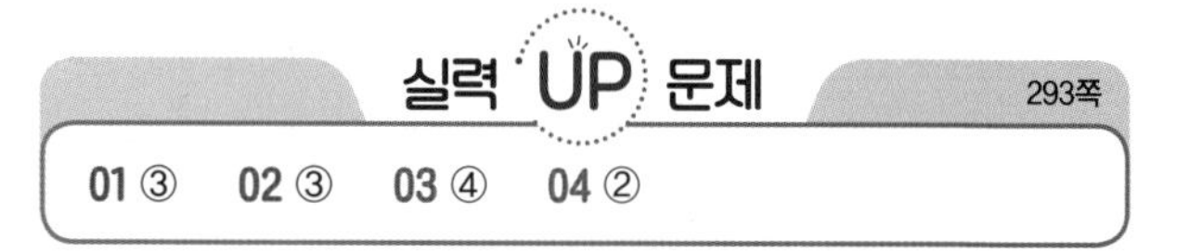

01 꼼꼼 문제 분석

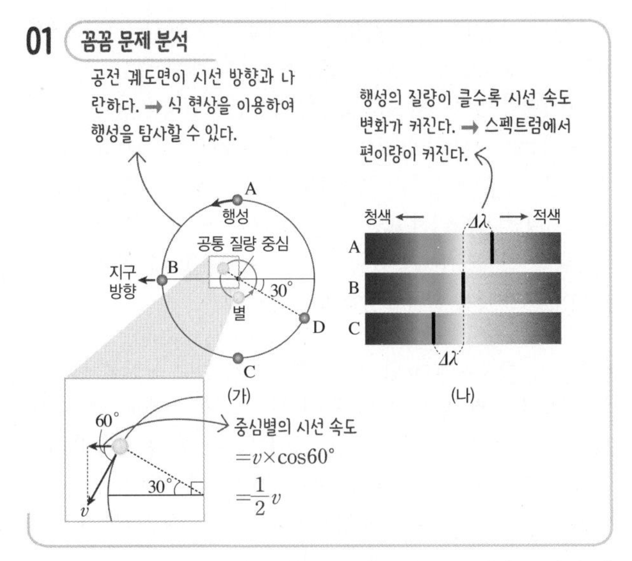

ㄱ. 행성의 질량이 클수록 중심별과 행성의 공통 질량 중심의 위치가 별에서 멀어진다. 이로 인해 중심별이 공통 질량 중심을 공전하는 속도가 커져 스펙트럼의 최대 편이량인 $\Delta\lambda$가 커진다.

ㄷ. 행성의 공전 궤도면이 관측자의 시선 방향과 나란하므로 행성에 의해 나타나는 식 현상을 관측하여 외계 행성의 존재를 확인할 수 있다.

바로알기 ㄴ. 중심별과 행성은 공통 질량 중심을 중심으로 같은 주기와 방향으로 공전한다. 행성이 A를 지날 때 중심별은 시선 방향과 나란하게 운동하며, 행성이 D를 지날 때 중심별은 시선 방향과 60°의 각도를 이루며 운동한다. 중심별의 공전 속도를 v라고 하면, 행성이 A를 지날 때 중심별의 시선 속도는 공전 속도인 v와 같고, 행성이 D를 지날 때 중심별의 시선 속도는 $v\times\cos60°=\frac{1}{2}v$이다. 즉, 중심별의 시선 속도의 크기는 행성이 A를 지날 때가 D를 지날 때의 2배이다. 중심별의 어느 흡수선의 파장 변화량은 중심별의 시선 속도 크기에 비례하므로, 흡수선의 파장 변화량은 행성이 A를 지날 때가 D를 지날 때의 2배이다. 행성이 A를 지날 때 이 흡수선의 파장 변화량이 $\Delta\lambda$이므로, 행성이 D를 지날 때 이 흡수선의 파장 변화량은 $\frac{1}{2}\Delta\lambda$이다.

02 ㄱ. 식 현상이 일어나는 주기는 행성의 공전 주기와 같으므로 A의 공전 주기는 2T, B의 공전 주기는 T이다. 따라서 A와 B의 공전 주기의 비는 2 : 1이다.

ㄴ. 행성의 반지름이 클수록 중심별을 가리는 면적이 넓어지기 때문에 중심별의 밝기 감소량이 크다. A에 의한 중심별의 밝기 감소량이 B에 의한 중심별의 밝기 감소량보다 크므로 행성의 반지름은 A가 B보다 크다.

바로알기 ㄷ. B보다 A에 의한 식 현상으로 중심별의 밝기가 감소한 시간이 길게 나타나고 있다. 따라서 행성에 의해 식이 지속되는 시간은 A가 B보다 길다.

03 ㄴ. 중심별인 B와 C의 질량이 같고, 외계 행성 b와 c의 공전 궤도 반지름이 같으므로 외계 행성의 질량이 클수록 중심별의 시선 속도 변화량이 크다. 외계 행성의 질량은 b가 c보다 크므로 중심별의 시선 속도 변화량은 B가 C보다 크다.

ㄷ. 중심별인 A와 C는 표면 온도와 반지름이 같으므로 광도가 같다. 그런데 c는 a보다 공전 궤도 반지름이 작으므로 중심별에서 더 가까운 곳에 위치해 있다. 따라서 표면 온도는 중심별에서 더 가까운 c가 a보다 높다.

바로알기 ㄱ. 중심별의 반지름과 표면 온도가 같을 때 외계 행성의 반지름이 클수록 행성의 식 현상에 의한 중심별의 겉보기 밝기 변화가 크다. 중심별인 A와 B는 반지름과 표면 온도가 같고, 행성의 반지름은 b가 a보다 크므로 행성의 식 현상에 의한 중심별의 겉보기 밝기 변화는 B가 A보다 크다.

04 꼼꼼 문제 분석

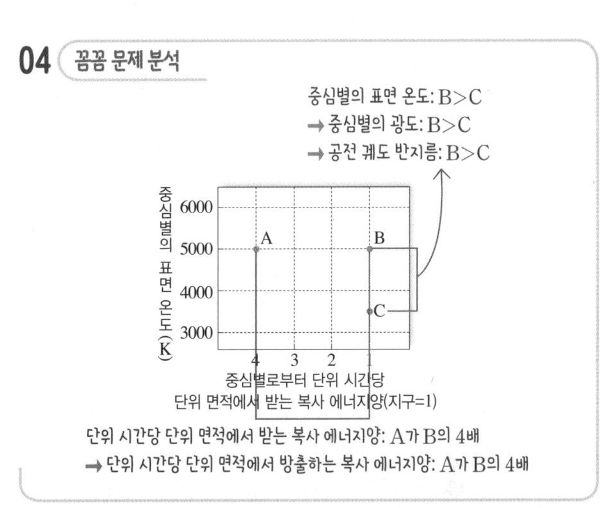

ㄴ. 행성이 단위 시간당 단위 면적에서 받는 복사 에너지양은 중심별의 광도가 클수록, 중심별로부터의 거리가 가까울수록 많다. 주계열성은 표면 온도가 높을수록 광도가 크므로 B의 중심별이 C의 중심별보다 광도가 크다. 따라서 B와 C가 단위 시간당 단위 면적에서 받는 복사 에너지양이 같기 위해서는 B가 C보다 중심별로부터의 거리가 멀어야 한다. 따라서 행성의 공전 궤도 반지름은 B가 C보다 크다.

바로알기 ㄱ. 중심별로부터 단위 시간당 단위 면적에서 받는 복사 에너지양은 A가 B의 4배이므로, 행성이 복사 평형을 이룰 때, 단위 시간당 단위 면적에서 방출하는 복사 에너지양은 A가 B의 4배이다. 슈테판·볼츠만 법칙($E=\sigma T^4$)에 따르면, 흑체가 단위 시간 동안 단위 면적에서 방출하는 에너지양은 표면 온도의 4제곱에 비례한다. 따라서 A의 표면 온도는 B의 $\sqrt{2}$배이다.

ㄷ. A와 B는 중심별의 광도가 같은데 B만 생명 가능 지대에 위치하고, A는 생명 가능 지대보다 안쪽에 위치하므로 A는 B보다 공전 궤도 반지름이 작다. A의 중심별의 광도가 커지면 생명 가능 지대는 현재보다 중심별로부터 멀어지므로 A는 생명 가능 지대에 속할 수 없다.

중단원 핵심 정리 294~295쪽

❶ 높을수록 ❷ 낮을수록 ❸ 작다 ❹ 크다 ❺ 수소 ❻ 절대 ❼ 크다 ❽ 크다 ❾ 초거성 ❿ 백색 왜성 ⓫ 짧다 ⓬ 백색 왜성 ⓭ 초신성 ⓮ 중력 수축 ⓯ 수소 핵융합 ⓰ 중력 ⓱ 철 ⓲ 식 현상 ⓳ 미세 중력 렌즈 현상 ⓴ 생명 가능 지대

중단원 마무리 문제 296~299쪽

01 ③ 02 ⑤ 03 ② 04 ① 05 ② 06 ⑤ 07 ⑤ 08 ⑤ 09 ② 10 ⑤ 11 ④ 12 ② 13 ③ 14 ③ 15 해설 참조 16 해설 참조 17 해설 참조 18 해설 참조

01 ㄱ. 최대 에너지를 방출하는 파장은 A가 800 nm, B가 400 nm이므로 A가 B보다 길다.

ㄴ. 빈의 변위 법칙에 따르면, 별이 최대 에너지를 방출하는 파장은 표면 온도에 반비례한다. 최대 에너지를 방출하는 파장이 A가 B의 2배이므로, 표면 온도는 B가 A의 2배이다.

바로알기 ㄷ. 표면 온도가 높은 별일수록 짧은 파장의 빛을 많이 방출하므로 파랗게 보인다. 따라서 표면 온도가 더 높은 B는 A보다 파랗게 보인다.

02 ① (가)는 연속 스펙트럼, (나)는 흡수 스펙트럼, (다)는 방출 스펙트럼이다.

② 고온의 고체에서는 (가)와 같은 연속 스펙트럼이 나타난다.

③ 고온의 별 주위에 저온의 성운이 있으면 성운의 기체에 특정 파장의 빛이 흡수되어 (나)와 같은 흡수 스펙트럼이 나타난다.

④ 분광형은 표면 온도에 따라 별의 스펙트럼에 나타나는 흡수선의 위치와 종류가 달라지는 것을 이용하여 별을 분류한 것이다.

바로알기 ⑤ 고온·고밀도의 기체에서는 (가)와 같은 연속 스펙트럼으로 나타나고, 고온·저밀도(예 가열된 성운)의 기체에서는 (다)와 같은 방출 스펙트럼으로 나타난다.

03 꼼꼼 문제 분석

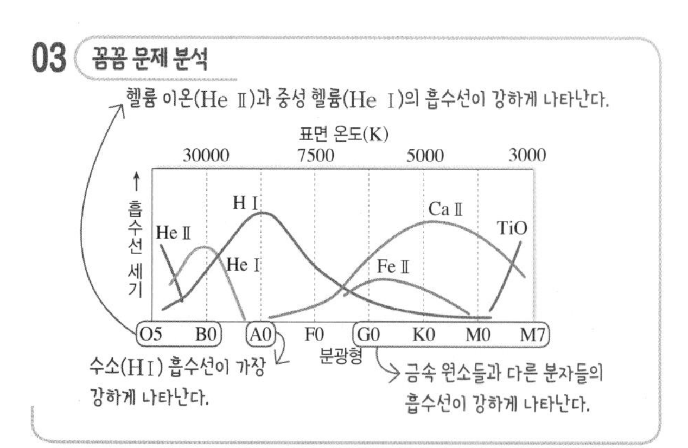

ㄴ. 헬륨 이온(He Ⅱ)은 30000 K 이상의 고온에서, 중성 헬륨(He Ⅰ)은 30000 K 전후에서 흡수선을 강하게 만든다.

ㄹ. K0형인 별의 칼슘 이온(Ca Ⅱ) 흡수선이 원래 파장보다 길어지는 현상은 적색 편이이므로, 이 별은 지구에서 멀어지고 있다.

바로알기 ㄱ. 수소 흡수선은 약 10000 K인 A형 별에서 가장 강하게 나타난다. 따라서 표면 온도가 높을수록 강한 것은 아니다.

ㄷ. 금속 원소인 칼슘 이온(Ca Ⅱ)과 철 이온(Fe Ⅱ)의 흡수선은 표면 온도가 낮은 별에서 강하게 나타난다.

04 ㄱ. 가로축에 표면 온도, 세로축에 절대 등급을 나타낸 H-R도에서 별 A와 C는 왼쪽 위에서 오른쪽 아래로 향하는 대각선에 분포하는 주계열성이다. H-R도에서 왼쪽 위에 위치한 주계열성일수록 질량이 크므로 A는 C보다 질량이 크다.

바로알기 ㄴ. 색지수는 표면 온도가 높을수록 작다. B는 C보다 표면 온도가 높으므로 색지수가 작다.

ㄷ. $L=4\pi R^2\cdot\sigma T^4$에서 $R\propto\frac{\sqrt{L}}{T^2}$이다. 별 A는 절대 등급이 B보다 10등급 작으므로 광도(L)는 B의 $100^2=10000$배이고, 표면 온도(T)는 B와 같으므로 반지름(R)은 B의 100배이다.

05 꼼꼼 문제 분석

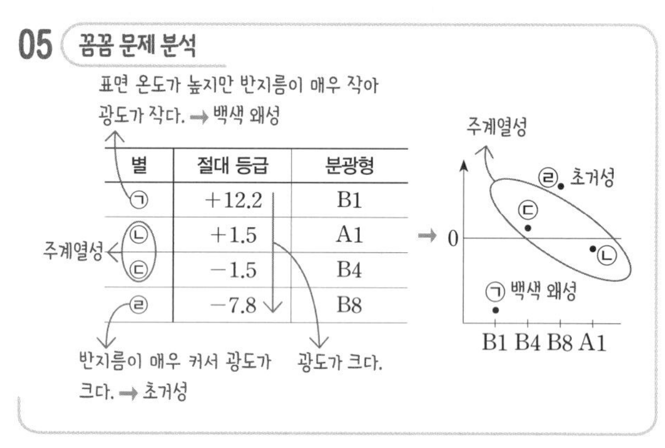

별	절대 등급	분광형
㉠	+12.2	B1
㉡	+1.5	A1
㉢	−1.5	B4
㉣	−7.8	B8

ㄷ. H-R도의 왼쪽 아래에 위치한 별일수록 반지름이 작고, 밀도가 크다. 따라서 평균 밀도는 백색 왜성인 ㉠이 초거성인 ㉣보다 크다.

바로알기 ㄱ. ㉠은 절대 등급이 커서 광도가 작지만 표면 온도는 매우 높은 별로, 백색 왜성에 해당한다.

ㄴ. 주계열성은 H-R도의 왼쪽 위에 분포할수록 표면 온도가 높고, 광도가 크며, 질량과 반지름이 크다. 따라서 질량은 광도가 크고, 표면 온도가 더 높은 ㉢이 ㉡보다 크다.

06 ㄱ. 분광형이 같을 때 광도 계급이 Ⅲ인 ㉡이 광도 계급이 Ⅴ인 ㉢보다 광도가 크다.

ㄴ. 분광형에 따른 표면 온도는 O>B>A>F>G>K>M형 순이므로 G형인 ㉡이 M형인 ㉠보다 표면 온도가 더 높다.

ㄷ. 반지름은 광도가 클수록, 표면 온도가 낮을수록 크다. 따라서 반지름이 가장 큰 별은 표면 온도는 가장 낮으면서 광도가 가장 큰 ㉠이다.

07 꼼꼼 문제 분석

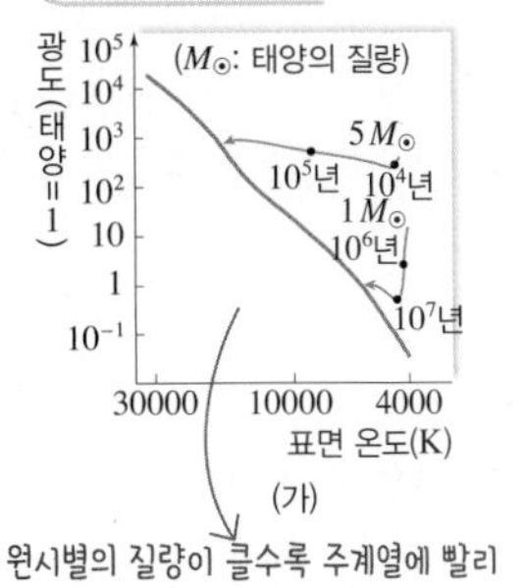

원시별의 질량이 클수록 주계열에 빨리 도달하고, 별의 광도가 크며, 표면 온도가 높은 주계열성이 된다.

주계열성의 질량이 클수록 적색 거성으로 빠르게 진화하고, 적색 거성으로 진화할 때 광도가 유지되거나 증가한다.

ㄱ. (가)에서 원시별의 질량이 클수록 H-R도에서 주계열의 왼쪽 위에 분포하여 표면 온도가 높은 주계열성이 된다.

ㄴ. (나)에서 $1M_{\odot}$과 $5M_{\odot}$인 별이 주계열 단계를 벗어나면 표면 온도는 낮아지지만, 반지름이 커져 광도가 유지되거나 증가한다.

ㄷ. 원시별의 질량이 클수록 주계열성이 되거나 주계열성에서 벗어나 별의 마지막 단계로 진화하는 데 걸리는 시간이 짧다.

08 꼼꼼 문제 분석

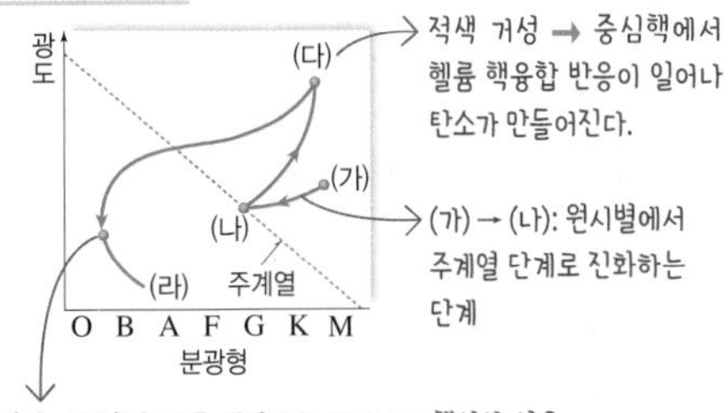

ㄱ. (가) → (나) 과정은 원시별이 중력 수축하며 온도가 높아지고 밀도가 커져 주계열 단계에 이르는 과정이다.

ㄴ. (다)는 적색 거성으로 중심부의 온도가 약 1억 K에 도달하면 헬륨 핵융합 반응이 일어나 탄소와 산소로 구성된 핵이 만들어진다. 따라서 핵융합 반응이 끝난 (다)의 중심부는 대부분 탄소와 산소로 이루어져 있다.

ㄷ. 질량이 태양과 비슷한 별은 적색 거성 단계 이후 바깥층은 차츰 우주 공간으로 퍼져나가 행성상 성운을 만들고 중심핵은 수축하여 백색 왜성이 된다. 따라서 질량은 백색 왜성인 (라)가 적색 거성인 (다)보다 작다.

09

ㄴ. 초신성은 태양보다 질량이 매우 큰 별이 진화할 때 나타나므로 초신성 후에는 중성자별이나 블랙홀로 진화할 것이다.

바로알기 ㄱ. 태양과 질량이 비슷한 별은 '주계열성 → 적색 거성 → 행성상 성운, 백색 왜성'의 진화 과정을 거친다. 초신성은 태양보다 질량이 매우 큰 별의 진화 단계이다.

ㄷ. 별의 일생 중 가장 오랫동안 머무는 단계는 주계열 단계이다.

10

ㄱ, ㄴ. 질량이 태양과 비슷한 주계열성(A)은 적색 거성 단계를 거쳐 행성상 성운과 백색 왜성으로 진화하고, 질량이 태양보다 매우 큰 주계열성(B)은 초거성 단계를 지나 초신성 폭발 후 중성자별이나 블랙홀로 진화한다.

ㄷ. 별의 중심부에서 핵융합 반응으로 생성되는 가장 무거운 원소는 철이다. 철보다 무거운 원소는 B와 같이 태양보다 질량이 매우 큰 별의 진화 과정 중 초신성 폭발 과정에서 생성될 수 있다.

11

(가)는 중심부터 '핵-복사층-대류층'이므로 질량이 태양과 비슷한 주계열성의 내부 구조이고, (나)는 중심부터 '대류핵-복사층'이므로 질량이 태양의 약 2배 이상인 주계열성의 내부 구조이다.

ㄴ. 별은 질량이 클수록 진화 속도가 빠르다. (가)는 (나)보다 질량이 작으므로 진화 속도가 느리다.

ㄷ. 수소 핵융합 반응 중 양성자·양성자 반응은 질량이 태양과 비슷하여 중심부 온도가 약 1800만 K 이하인 별에서 우세하게 일어나고, 탄소·질소·산소 순환 반응은 질량이 태양의 약 2배 이상이고 중심부 온도가 약 1800만 K 이상인 별에서 우세하게 일어난다. 따라서 탄소·질소·산소 순환 반응은 (가)보다 (나)에서 우세하게 일어난다.

바로알기 ㄱ. (가)의 별은 태양과 질량이 비슷한 주계열성이므로 진화의 최종 단계에서 백색 왜성이 된다.

12

ㄴ. (가)보다 (나)일 때 태양 중심부에서 수소(A)의 질량비가 작고 헬륨(B)의 질량비는 크므로 (나)에서 태양이 주계열성으로 머문 기간이 더 길다. 따라서 태양의 나이는 (가)보다 (나)일 때 많다.

바로알기 ㄱ. 주계열성인 태양의 중심부에서 수소 핵융합 반응이 일어나 헬륨이 생성되므로 중심에서 수소의 질량비는 작고, 헬륨의 질량비는 크다. 따라서 중심에서 질량비가 작은 A는 수소이고, B는 헬륨이다.

ㄷ. 태양이 주계열 단계에 도달했을 때에는 약 75 %의 수소(A)와 약 25 %의 헬륨(B)이 중심에서 표면까지 골고루 분포하였다. 이로부터 태양이 원시별 단계에 있을 때에도 중심부에 헬륨(B)이 존재하였다는 것을 알 수 있다.

13

ㄱ. A는 행성이 중심별의 앞을 지나면서 중심별의 밝기 변화가 나타나는 주기이므로 행성의 공전 주기에 해당한다.

ㄴ. 행성의 반지름(R)이 2배가 되면 행성의 단면적(πR^2)은 4배가 되므로 행성이 중심별을 가리는 면적도 4배가 된다. 따라서 중심별의 밝기 변화량인 a는 4배로 커진다.

바로알기 ㄷ. 중심별의 겉보기 밝기가 최소일 때, 중심별과 행성은 시선 방향으로 거의 일직선상에 위치하여 시선 방향에 거의 수직한 방향으로 움직인다. 따라서 이 기간에 별빛 스펙트럼의 편이량이 가장 작다.

14 주계열성은 질량이 클수록 광도가 커서 생명 가능 지대가 중심별로부터 멀어지고, 생명 가능 지대의 폭이 넓어진다.
ㄱ. S의 생명 가능 지대가 1 AU보다 멀리 있으므로, 질량은 S가 태양보다 크다.
ㄴ. A는 생명 가능 지대보다 중심별에 가까이 있고, B는 생명 가능 지대에 있다. 따라서 중심별로부터 단위 시간당 단위 면적에서 받는 복사 에너지양은 A보다 B가 지구와 비슷하다.
바로알기 ㄷ. 주계열성의 질량이 클수록 중심부 온도가 높아 수소 핵융합 반응이 빠르게 일어나므로 광도가 크지만, 수소를 급격히 소모해 수명은 짧다. S는 질량이 태양보다 커서 수명이 태양보다 짧으므로 중심별로부터 복사 에너지를 공급받을 수 있는 시간은 B가 지구보다 짧다.

15 꼼꼼 문제 분석

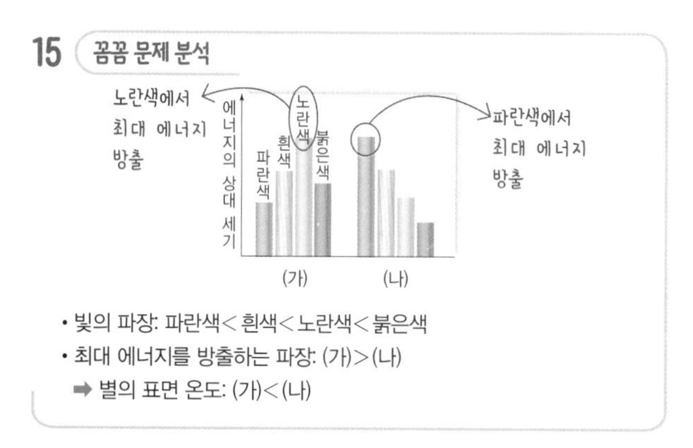

모범 답안 (나), 상대적으로 파장이 짧은 파란색 영역에 분포하는 에너지 세기가 가장 강하기 때문이다.

채점 기준	배점
(나)를 고르고, 그 까닭을 옳게 서술한 경우	100 %
(나)만 고른 경우	50 %

16 절대 등급이 작은 별일수록 광도가 큰 별이다. 별의 광도는 반지름의 제곱에 비례하고, 표면 온도의 4제곱에 비례한다. 따라서 반지름은 광도가 클수록, 표면 온도가 낮을수록 크다.

모범 답안 C, 별 C는 표면 온도가 가장 낮은데도 광도가 가장 크기 때문에 반지름이 가장 크다.

채점 기준	배점
C를 고르고, 그 까닭을 옳게 서술한 경우	100 %
C만 고른 경우	50 %

17 태양보다 질량이 매우 큰 별은 중심부의 온도가 높아 수소 핵융합 반응이 빠르게 진행되고 초거성 단계로 빨리 진화한다. 초거성 단계에서는 별의 중심부에서 탄소, 네온, 산소, 규소 핵융합 반응이 차례로 일어나 철까지 만들어지고, 핵융합 반응이 더 이상 일어나지 않으면 별은 매우 불안정한 상태를 유지하다가 초신성 폭발이 일어난다. 이때 바깥쪽 물질은 우주 공간으로 방출되고 중심핵은 더욱 수축하여 중성자별이나 블랙홀이 된다.

모범 답안 초거성으로 진화하여 초신성 폭발이 일어난 후 중성자별이나 블랙홀이 된다.

채점 기준	배점
'초거성 → 초신성 → 중성자별이나 블랙홀'의 진화 과정을 모두 옳게 서술한 경우	100 %
중성자별이나 블랙홀이 된다라고만 서술한 경우	50 %

18 (가) 행성이 있는 별이 지나갈 경우 먼 천체의 밝기가 추가적으로 밝아진다.
(나) 행성이 있는 별의 스펙트럼에서는 적색 편이나 청색 편이가 나타난다.

모범 답안 외계 행성의 존재를 탐사하기 위해 (가)는 먼 천체의 밝기 변화를, (나)는 별빛의 스펙트럼 변화를 관측해야 한다.

채점 기준	배점
(가)와 (나)를 모두 옳게 서술한 경우	100 %
(가)와 (나) 중 한 가지만 옳게 서술한 경우	50 %

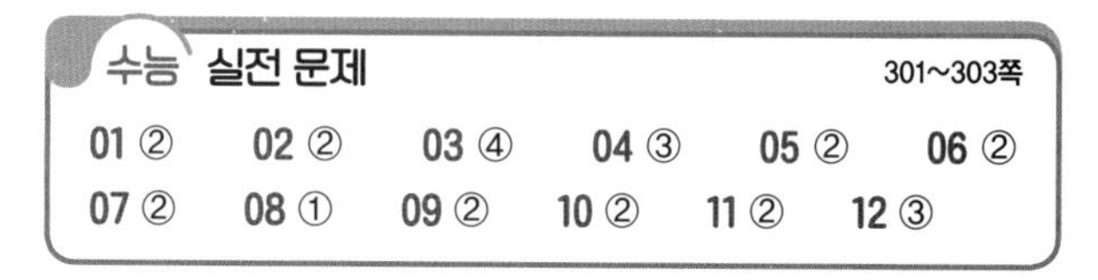

수능 실전 문제 301~303쪽

01 ② 02 ② 03 ④ 04 ③ 05 ② 06 ②
07 ② 08 ① 09 ② 10 ② 11 ② 12 ③

01 꼼꼼 문제 분석

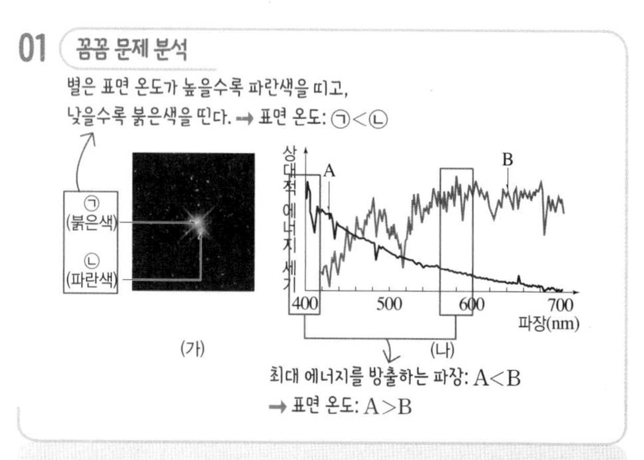

선택지 분석
ㄱ. 별의 표면 온도는 ㉠이 ㉡보다 높다. 낮다
ㄴ. (나)에서 최대 에너지를 방출하는 파장은 A가 B보다 길다. 짧다
ㄷ. (가)의 ㉠에 해당하는 것은 B이다.

전략적 풀이 ❶ 별의 색과 표면 온도의 관계를 파악한다.
ㄱ. 별은 표면 온도가 높을수록 최대 에너지를 방출하는 파장이 짧아 파란색을 띠고, 표면 온도가 낮을수록 최대 에너지를 방출하는 파장이 길어 붉은색을 띤다. ㉠은 붉은색을 띠고, ㉡은 파란색을 띠므로 표면 온도는 ㉠이 ㉡보다 낮다.

❷ 빈의 변위 법칙을 적용하여 (나)를 해석하고, 이를 (가)와 연계하여 판단한다.

빈의 변위 법칙$\left(\lambda_{max}=\frac{a}{T}\right)$에 따르면, 별의 표면 온도가 높을수록 최대 에너지를 방출하는 파장이 짧아진다.

ㄴ. (나)에서 A는 약 400 nm의 파장에서 최대 에너지를 방출하고, B는 약 580 nm의 파장에서 최대 에너지를 방출한다. 따라서 최대 에너지를 방출하는 파장은 A가 B보다 짧다.

ㄷ. (가)에서 ㉠은 ㉡보다 표면 온도가 낮으므로 최대 에너지를 방출하는 파장이 길다. 따라서 (나)에서 ㉠에 해당하는 것은 최대 에너지를 방출하는 파장이 더 긴 B이다.

02 꼼꼼 문제 분석

등급이 작을수록 밝다.
→ 겉보기 밝기: (나)>(가)>(다)

별	반지름(태양=1)	거리(pc)	겉보기 등급
(가)	1180	200	0.4
(나)	80	240	0.2
(다)	6	75	1.6

(나)는 가장 거리가 먼데 겉보기 밝기가 가장 밝다. → 광도가 가장 크다.

(다)는 가장 거리가 가까운데 겉보기 밝기가 가장 어둡다. → 광도가 가장 작다.

선택지 분석

ㄱ. 표면 온도는 (가)가 (나)보다 높다. 낮다

㉡ 단위 시간 동안 표면에서 방출하는 에너지의 총량은 (다)가 (가)보다 적다.

ㄷ. (가), (나), (다)는 모두 주계열성이다. 주계열성인 것은 아니다

전략적 풀이 ❶ 거리와 광도, 반지름, 표면 온도 사이의 관계를 적용하여 두 별의 표면 온도를 비교한다.

ㄱ. (나)가 (가)보다 멀리 있지만 겉보기 밝기가 밝으므로 광도가 더 크다. 광도는 표면 온도가 높을수록, 반지름이 클수록 크다. (나)는 (가)보다 광도가 큰데 반지름은 (가)보다 매우 작으므로 표면 온도가 (가)보다 높다.

❷ 광도의 의미를 파악하고, 거리와 등급의 관계로 광도를 비교한다.

ㄴ. 별이 단위 시간 동안 표면에서 방출하는 에너지의 총량은 광도를 의미한다. (가)가 (다)보다 멀리 있는데 겉보기 등급이 작은 까닭은 (가)가 (다)보다 광도가 크기 때문이다. 따라서 단위 시간 동안 표면에서 방출하는 에너지의 총량은 (가)가 (다)보다 많다.

❸ 주계열성의 물리량의 관계를 파악하고, 세 별의 광도와 반지름의 관계가 주계열성과 일치하는지 판단한다.

ㄷ. 주계열성은 광도가 클수록 표면 온도가 높고, 질량과 반지름이 크다. 세 별의 광도는 (다)<(가)<(나)인데 반지름은 (다)<(나)<(가)이다. 세 별의 광도 관계와 반지름 관계가 일치하지 않으므로 세 별 모두가 주계열성인 것은 아니다.

03 꼼꼼 문제 분석

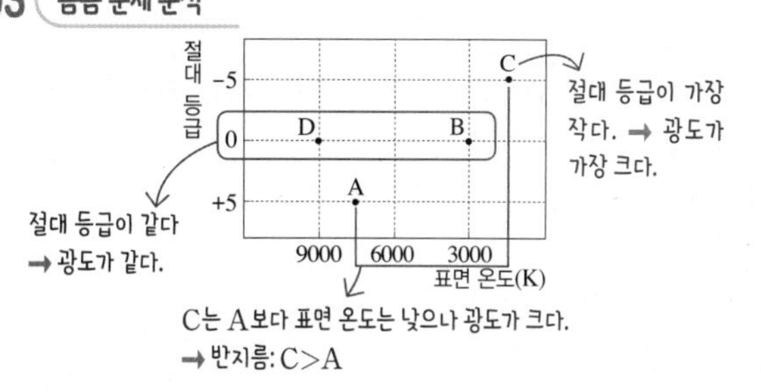

선택지 분석

ㄱ. 광도가 가장 큰 별은 A이다. C

㉡ 별의 크기는 C가 A보다 크다.

㉢ B의 반지름은 D의 9배이다.

전략적 풀이 ❶ 별의 광도를 의미하는 물리량을 찾는다.

ㄱ. 광도는 별의 실제 밝기로, 절대 등급으로 비교할 수 있다. 광도가 가장 큰 별은 절대 등급이 가장 작은 C이다.

❷ 별의 광도를 나타내는 식으로부터 광도와 표면 온도의 관계를 파악하여 반지름을 비교한다.

ㄴ. 별의 광도(L) 식은 $L=4\pi R^2\cdot\sigma T^4$($R$: 반지름, T: 표면 온도)이므로 $L\propto R^2\cdot T^4$이다. C는 A보다 표면 온도는 낮으나 광도가 크다. 따라서 별의 크기(R)는 C가 A보다 매우 크다.

ㄷ. B와 D는 절대 등급이 같으므로 광도가 같다. B의 광도를 L_B, D의 광도를 L_D라고 하면,

$$\frac{L_B}{L_D}=\left(\frac{R_B}{R_D}\right)^2\cdot\left(\frac{T_B}{T_D}\right)^4=1,\ 1=\left(\frac{R_B}{R_D}\right)^2\cdot\left(\frac{3000}{9000}\right)^4$$

$\therefore R_B=9R_D$이므로 B의 반지름은 D의 9배이다.

04 꼼꼼 문제 분석

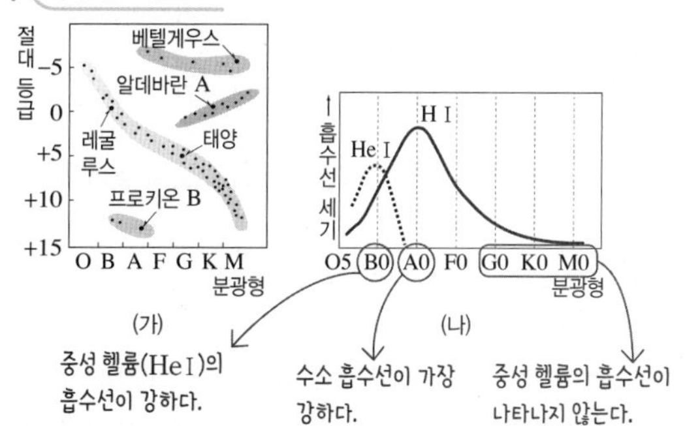

선택지 분석

㉠ 레굴루스에서는 중성 헬륨(He I)과 수소(H I)의 흡수선이 나타난다.

㉡ 프로키온 B에서는 수소(H I)의 흡수선이 강하게 나타난다.

ㄷ. 태양, 알데바란 A, 베텔게우스에서는 중성 헬륨(He I)의 흡수선이 나타난다. 나타나지 않는다

전략적 풀이 ❶ 레굴루스의 분광형을 판단하고, 분광형에 따른 흡수선의 세기를 해석한다.

ㄱ. 레굴루스의 분광형은 B형이다. B형에서는 중성 헬륨(He Ⅰ)과 수소(H Ⅰ)의 흡수선이 나타난다.

❷ 프로키온 B의 분광형을 판단하고, 분광형에서 강하게 나타나는 흡수선을 파악한다.

ㄴ. 프로키온 B의 분광형은 A형이다. A형에서는 수소(H Ⅰ) 흡수선이 강하게 나타난다.

❸ 중성 헬륨의 흡수선이 나타나는 별의 분광형을 파악하고, 이를 태양, 알데바란 A, 베텔게우스의 분광형과 비교한다.

ㄷ. 중성 헬륨(He Ⅰ)의 흡수선은 분광형이 A형인 별보다 표면 온도가 높은 별에서만 나타난다. 태양, 알데바란 A, 베텔게우스는 분광형이 각각 G형, K형, M형이므로 표면 온도가 A형인 별보다 낮다. 따라서 중성 헬륨(He Ⅰ)의 흡수선이 나타나지 않는다.

05 꼼꼼 문제 분석

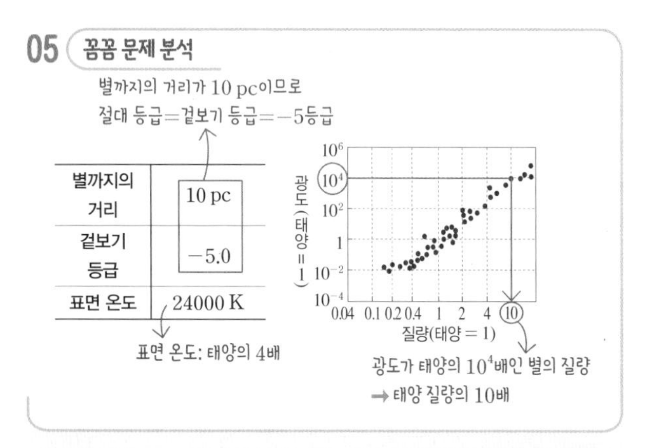

선택지 분석

~~ㄱ.~~ 단위 시간 동안 단위 면적에서 방출하는 에너지양은 A가 태양의 16배이다. 256배

~~ㄴ.~~ $\frac{\text{A의 반지름}}{\text{태양의 반지름}}$은 $\frac{\text{A의 질량}}{\text{태양의 질량}}$보다 크다. 작다

ⓒ 주계열 단계 이후 A는 초거성으로 진화할 것이다.

전략적 풀이 ❶ 슈테판·볼츠만 법칙을 이용하여 A의 물리량을 태양과 비교한다.

ㄱ. 슈테판·볼츠만 법칙($E=\sigma T^4$)에 따르면 단위 시간 동안 단위 면적에서 방출하는 에너지양(E)은 표면 온도(T)의 4제곱에 비례한다. A의 표면 온도는 태양의 4배이므로, 단위 시간 동안 단위 면적에서 방출하는 에너지양은 태양의 4^4배=256배이다.

❷ 등급과 거리의 관계, 별의 광도를 나타내는 식으로부터 A의 반지름을 파악하고, 질량-광도 관계로부터 A의 질량을 파악한다.

ㄴ. 절대 등급은 별이 10 pc의 거리에 있다고 가정했을 때의 밝기 등급이다. A는 별까지의 거리가 10 pc이므로 절대 등급은 겉보기 등급과 같은 −5등급이다. 태양의 절대 등급은 5등급이고, 5등급의 밝기 차는 100배이므로 A의 광도는 태양 광도의 $100^2=10^4$배이다.

A의 표면 온도는 태양의 4배, 광도는 태양의 10^4배이므로 별의 광도 식 $L=4\pi R^2\cdot\sigma T^4$, $R\propto\frac{\sqrt{L}}{T^2}$로부터

$$\frac{\text{A의 반지름}}{\text{태양의 반지름}}=\frac{R}{R_\odot}\propto\frac{\sqrt{\frac{L}{L_\odot}}}{\frac{T^2}{T_\odot^2}}=\frac{\sqrt{10^4}}{4^2}=\frac{100}{16}=6.25\text{이다.}$$

주계열성의 질량-광도 관계에서 광도가 태양 광도의 10^4배인 A의 질량은 태양 질량의 10배이므로 $\frac{\text{A의 질량}}{\text{태양의 질량}}=10$이다.

따라서 $\frac{\text{A의 반지름}}{\text{태양의 반지름}}$은 $\frac{\text{A의 질량}}{\text{태양의 질량}}$보다 작다.

❸ 질량에 따른 별의 진화 과정을 이해한다.

ㄷ. 질량이 태양 질량의 10배인 별은 '주계열성 → 초거성 → 초신성 폭발 → 중성자별 또는 블랙홀'의 진화 과정을 거치므로 A는 주계열 단계 이후 초거성으로 진화할 것이다.

06 꼼꼼 문제 분석

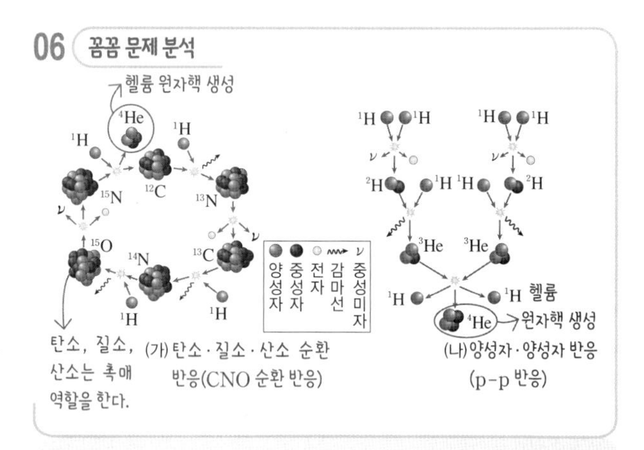

선택지 분석

~~ㄱ.~~ (가)에 의해 별의 중심부에서는 새로운 탄소, 질소, 산소가 생성된다. 생성되지 않는다

~~ㄴ.~~ 반응을 통해 최종적으로 생성되는 원자핵은 (가)보다 (나)에서 무겁다. 무겁지 않다

ⓒ (가)와 (나)가 계속 진행됨에 따라 별의 질량은 점점 감소한다.

전략적 풀이 ❶ 수소 핵융합 반응의 종류별 특징을 이해한다.

ㄱ. (가)는 탄소·질소·산소 순환 반응(CNO 순환 반응)이고, (나)는 양성자·양성자 반응(p-p 반응)이다. (가)에서 탄소, 질소, 산소는 수소 원자핵이 융합하여 헬륨 원자핵을 형성하는 데 촉매 역할을 한다.

❷ 탄소·질소·산소 순환 반응과 양성자·양성자 반응에서 생성되는 원자핵을 파악한다.

ㄴ. (가) 탄소·질소·산소 순환 반응은 탄소, 질소, 산소가 촉매 역할을 하여 4개의 수소 원자핵이 1개의 헬륨 원자핵으로 바뀌면서 에너지를 생성하는 반응이다.

(나) 양성자·양성자 반응은 수소 원자핵 6개가 여러 반응 단계를 거치면서 헬륨 원자핵 1개가 만들어지고 수소 원자핵 2개가 방출되면서 에너지를 생성하는 반응이다. 따라서 탄소·질소·산소 순환 반응과 양성자·양성자 반응은 반응 경로가 다를 뿐, 반응을 통해 최종적으로 생성되는 원자핵은 헬륨 원자핵으로 동일하다.

❸ 수소 핵융합 반응에서의 질량·에너지 등가 원리를 이해한다.

ㄷ. 수소 핵융합 반응에서는 핵융합 반응으로 생성된 헬륨 원자핵 1개의 질량이 반응에 참여한 수소 원자핵 4개의 질량의 합보다 작아 질량 손실이 일어나며, 손실된 질량이 에너지로 전환되어 방출된다. 따라서 (가)와 (나)의 반응이 계속 진행됨에 따라 별의 질량은 점점 감소한다.

07 꼼꼼 문제 분석

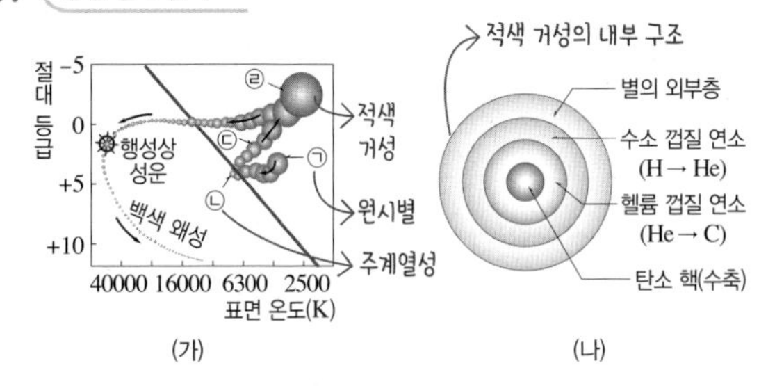

㉠ → ㉡: 중력 수축 에너지로 인해 중심부 온도가 높아진다.

㉡: 중심핵에서 수소 핵융합 반응이 일어난다.

㉢: 주계열성에서 적색 거성으로 진화하는 중간 과정이므로 중심핵은 수축하고 바깥층은 팽창한다.

㉣: 중심핵에서 헬륨 핵융합 반응이 일어나 탄소를 생성하고 탄소 핵이 된다.

선택지 분석

~~ㄱ~~. (가)의 ㉠에서 ㉡으로 진화하는 동안 수소 핵융합 반응이 일어난다. 일어나지 않는다

~~ㄴ~~. (가)의 ㉢ 단계에서는 중심핵에서 탄소 핵융합 반응이 일어난다. 일어나지 않는다

ⓒ (나)는 (가)에서 ㉣ 단계의 내부 구조이다.

전략적 풀이 ❶ 원시별과 주계열성의 에너지원을 파악한다.

ㄱ. ㉠은 원시별, ㉡은 주계열성이다. 원시별에서 주계열성으로 진화하는 동안 중력 수축 에너지가 방출된다. 수소 핵융합 반응은 주계열성의 내부에서 일어난다.

❷ 주계열성에서 적색 거성으로 진화할 때 별의 내부에서 일어나는 현상을 파악한다.

ㄴ. ㉢ 단계에서는 헬륨으로 이루어진 중심핵은 수축하고 중심핵 외곽에서는 수소 핵융합 반응이 일어나면서 바깥층이 팽창하여 적색 거성으로 진화한다. 태양과 질량이 비슷한 별에서는 중심핵에서 헬륨 핵융합 반응까지 일어나고 탄소 핵융합 반응은 일어나지 않는다. 탄소 핵융합 반응은 태양보다 질량이 매우 큰 별에서 일어난다.

❸ (나)의 내부 구조가 나타나는 진화 단계를 파악한다.

ㄷ. (나)는 중심핵이 탄소로 이루어져 있고 중심핵을 둘러싸는 바깥층에서 수소 핵융합 반응과 헬륨 핵융합 반응이 일어나고 있는 단계의 내부 구조로, (나)는 적색 거성 단계의 내부 구조이다.

08 꼼꼼 문제 분석

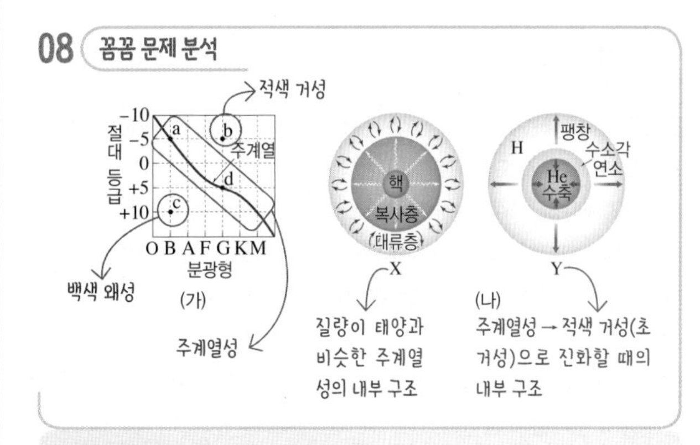

선택지 분석

ⓐ a는 d보다 질량이 크다.

~~ㄴ~~. X는 b의 내부 구조이다. d

~~ㄷ~~. c가 진화하면 Y와 같은 구조로 변한다. a, d

전략적 풀이 ❶ 주계열성의 질량-광도 관계를 적용하여 a와 d의 질량을 비교한다.

ㄱ. 절대 등급이 작을수록 광도가 크고, 주계열성은 광도가 클수록 질량이 크다. a는 d보다 절대 등급이 작아 광도가 크므로 질량이 크다.

❷ 주계열성의 질량에 따른 내부 구조를 파악한다.

ㄴ. X는 질량이 태양과 비슷한 주계열성의 내부 구조이다. 따라서 X는 a~d 중 태양과 질량이 비슷하면서 주계열성인 d의 내부 구조이다. b는 적색 거성이므로 X가 나타나지 않는다.

❸ 적색 거성의 내부 구조를 파악한다.

ㄷ. c는 적색 거성인 b가 진화하여 만들어지는 백색 왜성이다. Y는 주계열성에서 적색 거성(초거성)으로 진화할 때의 내부 구조이다. 따라서 주계열성인 a나 d가 진화하면 Y와 같은 구조로 변한다.

09 꼼꼼 문제 분석

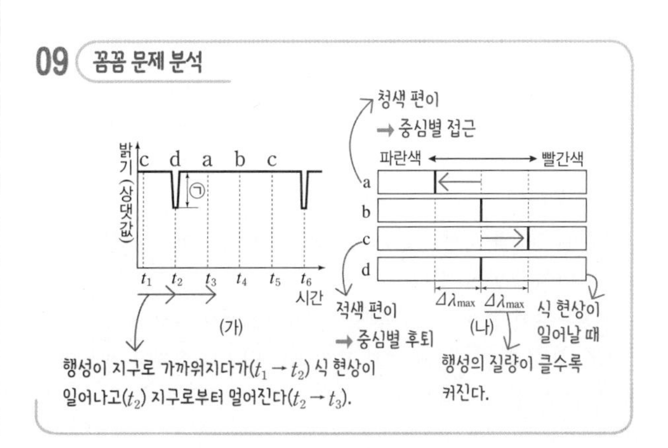

선택지 분석

~~ㄱ.~~ (가)의 t_3에 관측한 스펙트럼은 (나)에서 c에 해당한다. a

ⓛ 행성의 반지름이 클수록 (가)에서 ㉠은 커진다.

~~ㄷ.~~ 같은 조건에서 행성의 질량이 2배가 되면 $\Delta\lambda_{max}$는 $\frac{1}{2}$배가 된다. $\frac{1}{2}$배가 되는 것은 아니다

전략적 풀이 ❶ 행성에 의한 식 현상이 일어날 때를 전후하여 중심별과 행성의 시선 속도 변화를 파악한다.

ㄱ. t_2일 때 식 현상이 일어났으므로, t_3일 때 행성은 지구로부터 멀어지고 있고, 중심별은 지구와 가까워지고 있다. 따라서 t_3일 때 관측한 중심별의 스펙트럼은 청색 편이가 나타나는 a에 해당한다.

❷ 행성에 의한 식 현상이 일어날 때 행성의 단면적과 중심별의 밝기 변화량의 관계를 이해한다.

ㄴ. ㉠은 행성에 의해 가려진 별의 겉보기 밝기 변화량이다. 행성의 반지름이 클수록 행성이 별을 가리는 면적이 커지므로 식 현상이 일어날 때 겉보기 밝기 변화량인 ㉠이 커진다.

❸ 행성의 질량에 따른 중심별의 공전 속도 변화를 파악하고, 이를 통해 스펙트럼의 최대 편이량을 파악한다.

ㄷ. 같은 조건에서 행성의 질량이 커지면 행성과 중심별의 공통 질량 중심이 행성 쪽으로 이동하므로 중심별의 공전 속도가 커져 $\Delta\lambda_{max}$가 커진다. 따라서 행성의 질량이 2배가 되면 $\Delta\lambda_{max}$가 $\frac{1}{2}$배가 되는 것은 아니다.

10 꼼꼼 문제 분석

→ 미세 중력 렌즈 현상 이용

거리가 다른 2개의 별이 같은 시선 방향에 있을 경우 뒤쪽 별의 별빛이 앞쪽 별의 중력에 의해 굴절된다. 이때 앞쪽 별이 행성을 가지고 있으면 뒤쪽 별의 밝기가 불규칙하게 나타난다.

별 S
행성
별
지구
t_1 t_2 t_3 t_4

별 S의 밝기가 가장 밝다.
행성에 의한 추가적인 밝기 변화가 나타난다.

선택지 분석

~~ㄱ.~~ 관측자의 시선 방향과 행성의 공전 궤도면이 나란할 때만 이용할 수 있다. 나란하지 않아도

ⓛ 지구에서 관측되는 별 S의 밝기는 t_2에서 가장 밝다.

~~ㄷ.~~ 다른 탐사 방법에 비해 공전 궤도 반지름이 작은 행성의 탐사에 유리하다. 큰

전략적 풀이 ❶ 미세 중력 렌즈 현상을 이용한 외계 행성 탐사 방법과 다른 방법의 특징과 한계점을 비교해 본다.

ㄱ. 관측자의 시선 방향과 행성의 공전 궤도면이 나란하지 않아도 중력이 작용하므로 행성의 중력에 의해 배경별의 추가적인 밝기 증가가 나타날 수 있다.

ㄷ. 미세 중력 렌즈 현상을 이용한 행성의 탐사는 다른 탐사 방법에 비해 공전 궤도 반지름이 큰 행성의 탐사에 유리하다. 행성의 공전 궤도 반지름이 크면 언제 식 현상이 일어날지 몰라 식 현상을 이용하기 어렵고, 행성과 별의 공전 속도가 너무 느려 별빛의 스펙트럼 편이량이 매우 작게 나타나기 때문에 시선 속도 변화를 이용하기 어렵다.

❷ 앞쪽 별과 뒤쪽 별이 일직선상에 위치할 때 미세 중력 렌즈 현상에 의한 뒤쪽 별의 밝기 변화를 판단해 본다.

ㄴ. 지구에서 관측하는 S의 밝기는 앞쪽 별과 뒤쪽 별이 일직선상에 위치하는 t_2에서 가장 밝게 나타난다.

11 꼼꼼 문제 분석

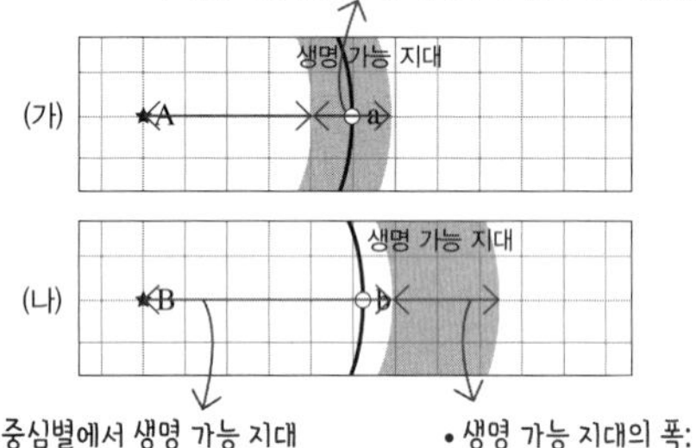

선택지 분석

~~ㄱ.~~ 질량은 A가 B보다 크다. 작다

~~ㄴ.~~ B의 광도가 증가하면 b는 생명 가능 지대에 위치할 수 있다. 위치할 수 없다

ⓒ 행성이 단위 시간 동안 단위 면적에서 중심별로부터 공급받는 에너지양은 a가 b보다 적다.

전략적 풀이 ❶ 생명 가능 지대의 거리와 폭을 비교하여 중심별의 질량을 비교한다.

ㄱ. 중심별의 광도가 클수록 생명 가능 지대는 중심별에서 멀어지고 생명 가능 지대의 폭이 넓어진다. B가 A보다 생명 가능 지대가 멀고 생명 가능 지대의 폭이 넓으므로 광도가 크다. 주계열성은 질량이 클수록 광도가 크므로 질량은 A가 B보다 작다.

❷ 중심별의 광도에 따른 생명 가능 지대의 거리와 폭의 변화를 파악한다.

ㄴ. 중심별의 광도가 클수록 생명 가능 지대는 중심별에서 멀어지고 생명 가능 지대의 폭은 넓어진다. 따라서 B의 광도가 증가하면 b는 생명 가능 지대로부터 더 벗어나게 된다.

❸ a와 b의 위치를 파악하고, 이를 통해 중심별로부터 단위 시간 동안 단위 면적에서 받는 에너지양을 비교한다.

ㄷ. a는 생명 가능 지대에 위치하고, b는 생명 가능 지대보다 안쪽에 위치하므로 행성이 단위 시간 동안 단위 면적에서 중심별로부터 공급받는 에너지양은 b가 a보다 많다.

12 꼼꼼 문제 분석

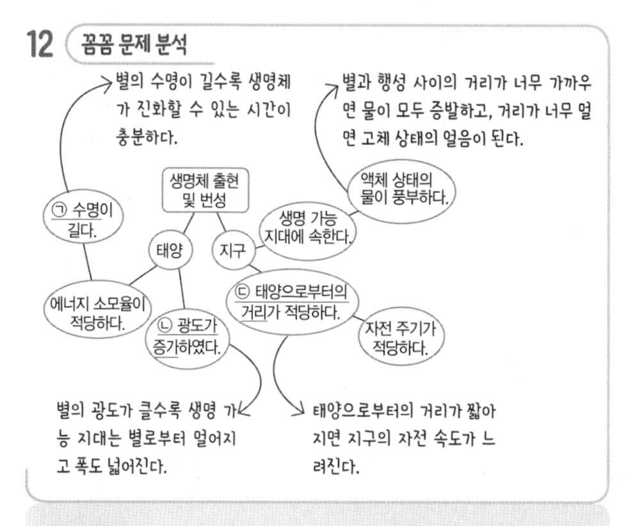

선택지 분석

ㄱ. ㉠은 생명체가 진화할 수 있는 시간적 환경에 해당한다.

ㄴ. ㉡에 의해 태양계에서 생명 가능 지대의 폭은 감소하였다. (→ 증가)

ㄷ. ㉢이 매우 짧았다면 지구의 자전 주기는 현재보다 매우 길었을 것이다.

전략적 풀이 ❶ 생명체가 탄생하여 진화하기 위한 중심별의 수명 조건을 이해한다.

ㄱ. 별은 행성의 생명체에 에너지를 공급하므로 별의 수명은 행성에 생명체가 출현하여 진화할 수 있는 시간적 환경에 해당한다. 따라서 별의 수명이 길수록 생명체가 진화할 수 있는 시간이 충분히 길어진다.

❷ 중심별(태양)의 광도에 따른 생명 가능 지대의 폭의 변화를 파악한다.

ㄴ. 중심별의 광도가 클수록 생명 가능 지대의 폭은 넓어지므로 태양의 광도가 증가하면서 태양계에서 생명 가능 지대의 폭은 증가하였다.

❸ 중심별(태양)로부터의 거리가 행성(지구)의 자전 운동에 미치는 영향을 파악한다.

ㄷ. 태양으로부터의 거리가 매우 짧으면 중심별로부터 받는 중력의 영향이 커져 행성의 자전 속도가 느려지고, 자전 주기가 길어져 결국에는 공전 주기와 같아진다. 따라서 태양으로부터의 거리(㉢)가 매우 짧았다면 지구의 자전 주기는 현재보다 매우 길었을 것이다.

2 외부 은하와 우주 팽창

1 외부 은하

개념 확인 문제 309쪽

❶ 형태(모양) ❷ 타원 ❸ 정상 나선 ❹ 막대 나선 ❺ 불규칙 ❻ 전파 ❼ 세이퍼트 ❽ 퀘이사

1 (가) 정상 나선 은하 (나) 타원 은하 (다) 불규칙 은하 **2** ㉠ 막대, ㉡ 정상 나선, ㉢ 막대 나선 **3** (1) ○ (2) × (3) × (4) × **4** 전파 은하: (가), 세이퍼트은하: (다), 퀘이사: (나) **5** 퀘이사 **6** (1) ○ (2) ○ (3) × (4) ○ (5) ○

1 (가)는 은하핵에서 나선팔이 직접 뻗어 나온 정상 나선 은하이고, (나)는 타원 모양의 타원 은하이다. (다)는 일정한 모양이나 규칙적인 구조가 나타나지 않는 불규칙 은하이다.

2 나선 은하는 막대 모양 구조의 유무에 따라 중심부에 막대 구조가 없는 정상 나선 은하와 막대 구조가 있는 막대 나선 은하로 구분하며, 우리은하는 막대 나선 은하에 속한다.

3 (1) 타원 은하에서 모양이 구에 가까운 것은 E0, 가장 납작한 것은 E7로 세분하였다. 따라서 E0은 E7보다 구형에 가깝다.
(2) 타원 은하는 대부분 늙고 붉은색 별들로 이루어져 있지만 나선 은하의 경우 나선팔에는 젊고 파란색 별들이, 은하핵에는 늙고 붉은색 별들이 주로 분포한다. 따라서 늙고 붉은색 별의 비율은 나선 은하보다 타원 은하에서 높다.
(3) 성간 물질로부터 별이 탄생하므로 성간 물질이 많은 은하일수록 젊은 별을 많이 포함한다.
(4) 은하에서 나이가 많은 별들이 차지하는 비율은 나선 은하보다 타원 은하에서 더 높게 나타난다. 따라서 타원 은하에서 나선 은하로 진화하는 것은 아니다. 즉, 허블이 제시한 은하 분류 체계는 은하의 진화 순서와는 상관이 없다.

4 (가)는 중심핵 양쪽에 로브(lobe)라고 하는 둥근 돌출부와 중심핵에서 로브로 이어지는 제트가 대칭적으로 관측되는 것으로 보아 전파 은하이다. (나)는 매우 멀리 있어 별처럼 보이지만 일반 은하의 수백 배 정도의 에너지를 방출하는 퀘이사이다. (다)는 중심부가 예외적으로 밝고 푸른색을 띠는 세이퍼트은하이다.

5 퀘이사는 매우 멀리 있어 별처럼 보이지만 일반 은하의 수백 배 정도의 에너지를 방출하는 은하로 적색 편이가 매우 크게 나타난다.

6 (1) 전파 은하는 일반 은하보다 수백~수백만 배 이상의 강한 전파를 방출하는 은하이다.
(2) 퀘이사는 수많은 별들로 이루어진 은하이지만 너무 멀리 있어 하나의 별처럼 보이며, 매우 먼 거리에서 빠른 속도로 멀어지고 있어서 적색 편이가 매우 크게 나타난다.
(3) 초기 우주에서 형성된 은하는 퀘이사로, 일반 은하보다 훨씬 먼 곳에서 빠른 속도로 멀어져 가고 있다.
(4) 세이퍼트은하는 은하 전체의 광도에 대한 중심부의 광도가 매우 크다.
(5) 은하가 서로 충돌하더라도 별보다 별 사이의 공간이 훨씬 크기 때문에 내부에 있는 별들이 서로 충돌하는 일은 거의 없다.

대표 자료 분석

310쪽

자료 ❶ 1 (1) 모양의 규칙성 여부 (2) 나선팔의 유무 (3) 막대 모양 구조의 유무 2 F 3 (1) × (2) × (3) ○ (4) ○ (5) ×

자료 ❷ 1 (가) 전파 은하 (나) 세이퍼트은하 (다) 퀘이사 2 ㉠ 적색 편이, ㉡ 초기 우주 3 (1) ○ (2) × (3) ○ (4) × (5) ○

1-1 허블은 외부 은하를 모양(형태)을 기준으로 타원 은하(C), 나선 은하(D), 불규칙 은하(B)로 분류하였다. 나선 은하는 중심부의 막대 모양 구조의 유무에 따라 정상 나선 은하(E)와 막대 나선 은하(F)로 세분하였다.
(1) A는 타원 은하와 나선 은하가 속해 있고, B는 불규칙 은하이다. 모양의 규칙성 여부에 따라 A와 B 집단으로 분류한다.
(2) C는 타원 은하이고, D는 나선 은하이다. 나선팔의 유무에 따라 C와 D 집단으로 분류한다.
(3) E는 정상 나선 은하, F는 막대 나선 은하이다. 은하핵을 가로지르는 막대 모양 구조의 유무에 따라 E와 F 집단으로 분류한다.

1-2 나선팔이 있고, 중심부에 막대 모양의 구조가 있는 은하는 막대 나선 은하(F)이다. 나선 은하는 나선팔이 감긴 정도와 은하핵의 상대적인 크기에 따라 a, b, c로 세분한다.

1-3 (1) 허블의 은하 분류 체계는 은하를 모양(형태)에 따라 분류한 것으로, 은하의 진화 순서와는 관계가 없다.
(2) 타원 은하(C)는 성간 물질이 거의 없고 비교적 늙고 붉은색의 별들로 이루어져 있다.
(3) 나선 은하(D)의 나선팔에는 젊고 파란색의 별들과 성간 물질이 많이 분포한다.
(4) 나선 은하 중에서 중심부에 나선팔이 직접 연결되어 있는 은하는 정상 나선 은하(E)이다.
(5) 우리은하는 막대 나선 은하(F)에 속한다.

2-1 (가) 보통의 은하에 비해 강한 전파를 방출하는 은하는 전파 은하이다.
(나) 보통의 은하에 비해 아주 밝은 핵과 넓은 방출선이 나타나는 은하는 세이퍼트은하이다.
(다) 수많은 별들이 모여 있는 은하이지만 너무 멀리 떨어져 있어서 별처럼 보이는 것은 퀘이사이다.

2-2 퀘이사는 초기 우주에서 형성된 천체로, 일반 은하보다 훨씬 먼 곳에서 빠른 속도로 멀어져 가고 있어 스펙트럼을 관측하면 적색 편이가 매우 크게 나타난다.

2-3 (1) 전파 은하는 가시광선 영역에서 대부분 타원 은하로 관측된다.
(2) 전파 은하는 가시광선 영역에서 대부분 타원 은하로 관측되지만, 전파 영역에서 중심핵 양쪽에 강력한 전파를 방출하는 로브(lobe)라고 하는 둥근 돌출부와 중심핵에서 로브로 이어지는 제트가 관측된다. 이처럼 전파 은하에서 전파를 방출하는 영역은 가시광선으로 관측되는 영역과 다르게 나타난다.
(3) 세이퍼트은하는 일반 은하에 비해 은하 전체의 광도에 대한 중심부의 광도가 비정상적으로 크게 관측된다.
(4) 퀘이사는 가시광선뿐만 아니라 모든 파장 영역에서 매우 강한 에너지를 방출하며, 은하 전체의 광도에 대한 중심부의 광도가 세이퍼트은하보다 크다.
(5) 외부 은하 중에는 특이 은하들이 존재하는데, 특이 은하는 일반 은하에 비해 중심부에서 강한 전파나 X선 등 막대한 양의 에너지를 방출하는 특징이 있다.

내신 만점 문제

311~313쪽

01 ④ 02 ③ 03 ③ 04 해설 참조 05 ⑤ 06 ① 07 ③ 08 ② 09 ① 10 해설 참조

01 B는 불규칙 은하, C는 타원 은하, D는 나선 은하, E는 정상 나선 은하, F는 막대 나선 은하이다.
④ 정상 나선 은하(E)와 막대 나선 은하(F)는 은하핵을 가로지르는 막대 모양 구조의 유무로 분류한다.
바로알기 ① A와 B는 모양의 규칙성 여부에 따라 분류한다.
② C는 타원 모양이고 나선팔이 없으므로 타원 은하이다.
③ D는 은하 중심부를 나선팔이 감싸고 있으므로 나선 은하이다.
⑤ 허블은 외부 은하를 형태(모양)에 따라 분류하였다.

02 꼼꼼 문제 분석

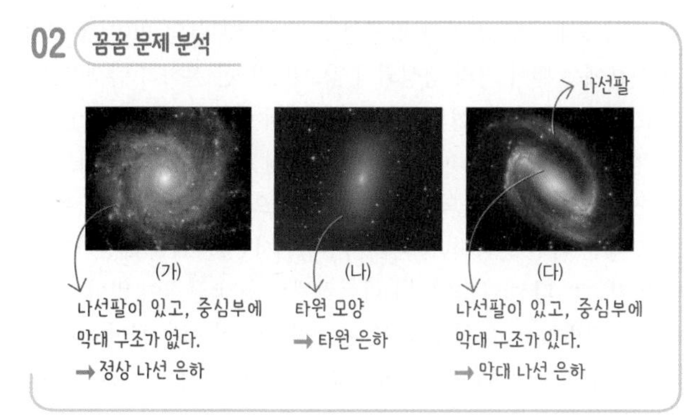

(가)는 정상 나선 은하, (나)는 타원 은하, (다)는 막대 나선 은하이다.

ㄱ. 나선 은하의 나선팔에는 성간 물질이 많이 분포하고, 타원 은하에는 성간 물질이 거의 없다. 따라서 나선 은하는 타원 은하보다 성간 물질의 비율이 높다.

ㄷ. 우리은하는 막대 나선 은하에 속하므로 (다)와 같은 유형으로 분류된다.

바로알기 ㄴ. 타원 은하는 비교적 늙고 붉은색의 별들로 이루어져 있다.

03 꼼꼼 문제 분석

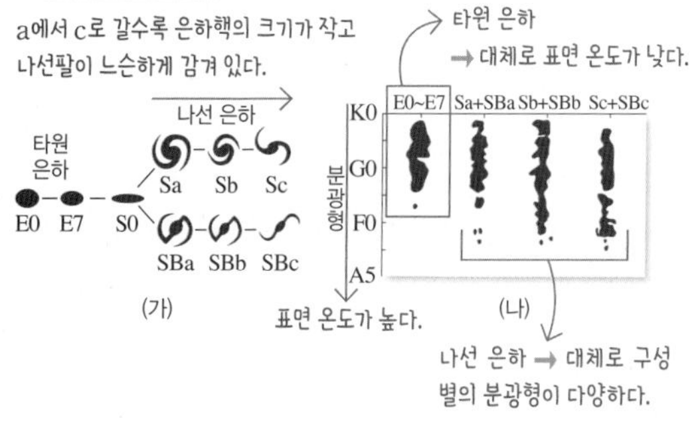

ㄱ. 은하 형성 초기에는 새로운 별의 탄생이 비교적 활발하지만 시간이 지남에 따라 별이 탄생할 수 있는 성간 물질의 양이 줄어들어 그 정도가 감소한다. 타원 은하는 현재 성간 물질의 양이 적으므로 별의 탄생은 은하 형성 초기에 활발하였을 것이다.

ㄷ. 나선 은하는 타원 은하보다 분광형이 G형과 K형인 별들이 적고, 분광형이 F형인 별들을 많이 포함한다. 따라서 나선 은하는 타원 은하보다 비교적 표면 온도가 높은 젊은 별의 비율이 높다.

바로알기 ㄴ. 나선 은하에서 a, b, c의 분류 기준은 나선팔이 감긴 정도와 은하핵의 상대적인 크기이다. a에서 c로 갈수록 상대적으로 은하핵의 크기가 작고 나선팔이 느슨하게 감겨 있다.

04

모범 답안 (1) 은하의 형태(모양), 막대 나선 은하

(2) 타원 은하는 모양이 규칙적이고, 성간 물질이 거의 없어 별의 탄생이 활발하지 않으며, 주로 늙고 붉은색 별로 구성되어 있다. 불규칙 은하는 모양이 규칙적이지 않으며, 성간 물질이 풍부하여 별의 탄생이 활발하고, 주로 젊고 파란색 별로 구성되어 있다.

채점 기준		배점
(1)	은하 분류 기준과 우리은하의 형태를 옳게 쓴 경우	40 %
	은하 분류 기준과 우리은하의 형태 중 한 가지만 옳게 쓴 경우	25 %
(2)	타원 은하와 불규칙 은하의 차이점 두 가지 이상을 옳게 서술한 경우	60 %
	타원 은하와 불규칙 은하의 차이점을 한 가지만 옳게 서술한 경우	20 %

05

(가)는 은하 전체의 광도에 대한 중심부의 광도가 매우 크고, 가시광선 영역에서 대부분 나선 은하로 관측되는 세이퍼트은하이다. (나)는 중심핵 양쪽에 강력한 전파를 방출하는 로브(lobe)가 있고, 중심핵에서 로브로 이어지는 제트가 대칭적으로 관측되므로 전파 은하이다.

ㄱ. (가)는 나선팔이 보이므로 허블의 은하 분류에 의하면 나선 은하에 해당한다.

ㄴ. (나)는 전파 은하로, 은하핵에서 강한 전파를 방출한다.

ㄷ. (가)와 (나)는 특이한 유형의 스펙트럼을 나타내거나 특정 파장의 전자기파를 방출하기 때문에 모양에 의한 분류 외에 특이 은하로 분류된다.

06

ㄱ. 일반 은하에 비해 넓은 방출선을 보이고, 가시광선 영역에서 대부분 나선 은하로 관측되는 (가)는 세이퍼트은하이다. 일반 은하보다 수백~수백만 배 이상 강한 전파를 방출하고, 중심에서 제트가 나타나는 (나)는 전파 은하이다.

바로알기 ㄴ. 가시광선 영역에서 세이퍼트은하는 대부분 나선 은하로 관측되고, 전파 은하는 대부분 타원 은하로 관측된다.

ㄷ. 우주 탄생 초기에 만들어져 적색 편이가 매우 크게 나타나는 천체는 퀘이사이다.

07 꼼꼼 문제 분석

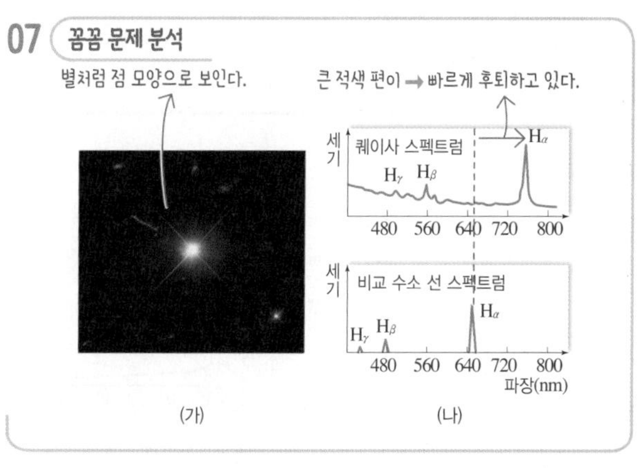

ㄱ. 퀘이사는 매우 멀리 있기 때문에 별처럼 점 모양으로 보이지만 수많은 별들이 모여 있는 은하이다.

ㄴ. (나)에서 비교 수소 선 스펙트럼에 비해 퀘이사의 스펙트럼에서는 파장이 매우 길어져 있다. 이것은 퀘이사가 매우 빠른 속도로 멀어지기 때문에 적색 편이가 크게 나타나는 것이다.

바로알기 ㄷ. 퀘이사는 적색 편이가 매우 크게 나타나므로 후퇴 속도가 매우 빠르다는 것을 알 수 있다.

08 ㄷ. C는 세이퍼트은하이다. 이와 같은 특이 은하는 강한 전자기파를 방출하는 활동성이 강한 은하핵을 가지고 있으므로 중심부에 블랙홀이 있을 것으로 추정된다.

바로알기 ㄱ. A는 퀘이사로, 수많은 별들이 있는 은하이지만 매우 멀리 있어서 별처럼 점 모양으로 관측된다. 퀘이사는 빠른 속도로 후퇴하면서 지구로부터 매우 멀리 떨어져 있으나 강한 에너지를 방출하여 밝게 관측된다.

ㄴ. B는 일반 은하보다 수백 배 이상의 강한 전파를 방출하는 전파 은하이다. 전파 은하는 퀘이사인 A보다 평균 후퇴 속도는 작다.

09 ㄱ. 충돌하는 두 은하 사이에는 척력보다 인력이 강하게 작용하므로 서로 가까워지다가 충돌하게 된다.

바로알기 ㄴ. 두 은하가 충돌하는 과정에서 은하 내의 성간 물질이 압축되어 밀도가 커지고, 이로 인해 성운의 중력 수축이 일어나 새로운 별의 탄생이 활발해진다.

ㄷ. 두 은하가 충돌하기 전 한 은하에서 다른 은하를 관측하면 그 은하가 상대적으로 접근하므로 청색 편이가 나타난다.

10 모범 답안 별의 크기보다 별 사이의 공간이 훨씬 크기 때문에 두 은하가 충돌하더라도 은하 내의 별들이 직접 충돌하는 일은 거의 없다.

채점 기준	배점
별들이 직접 충돌하는 일이 거의 없는 까닭을 옳게 서술한 경우	100 %
별 사이의 공간이 크기 때문이라고만 서술한 경우	50 %

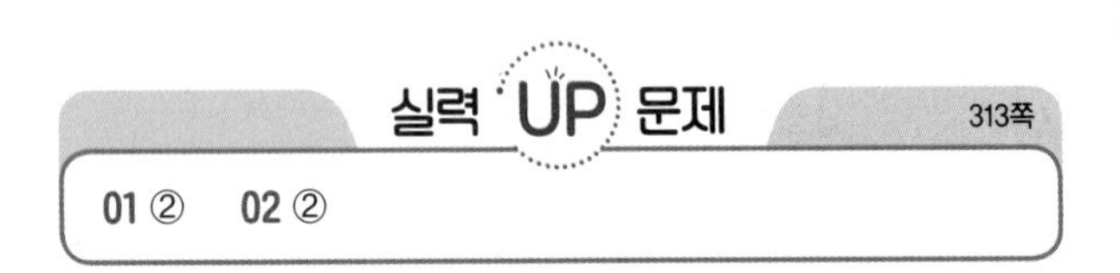

01

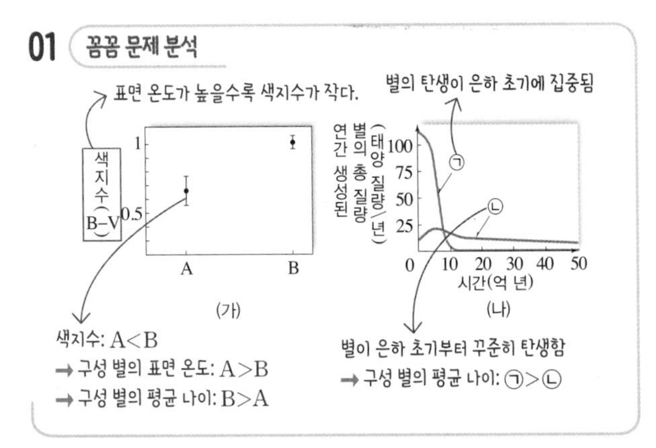

늙은 별의 표면 온도가 대체로 낮으며, 표면 온도가 낮을수록 색지수가 크다. 타원 은하는 나선 은하보다 표면 온도가 낮은 늙은 별의 비율이 높으므로 구성 별의 색지수가 크다. 따라서 B는 타원 은하인 E0이고, A는 나선 은하인 Sb이다.

ㄷ. (나)에서 ㉠은 은하가 탄생한 초기에 대부분의 별이 생성되고 이후에는 별이 거의 생성되지 않으며, ㉡은 은하가 탄생한 이후로 꾸준히 별이 생성되고 있다. 따라서 은하를 구성하는 별들의 평균 나이는 ㉠이 ㉡보다 많다. 타원 은하는 나선 은하보다 은하를 구성하는 별들의 평균 나이가 많으므로, ㉠은 타원 은하이고 ㉡은 나선 은하이다. 따라서 (나)에서 ㉠은 B에 해당한다.

바로알기 ㄱ. 나선 은하(A)의 나선팔에는 성간 물질이 많아 별의 탄생이 활발하고, 타원 은하(B)는 성간 물질이 매우 적어 새로운 별의 탄생이 거의 없다. 따라서 새로운 별의 탄생은 B보다 A에서 활발하다.

ㄴ. 나선 은하(A)가 시간이 흘러 타원 은하(B)로 진화하는 것은 아니다. 허블의 은하 분류 체계는 은하의 진화 순서와는 특별한 관련이 없다.

02 (가)는 수많은 별들로 이루어진 은하이지만 너무 멀리 있어서 하나의 별처럼 보이는 퀘이사이고, (나)는 은하 중심부가 예외적으로 밝고 푸른색을 띠는 세이퍼트은하이다.

ㄷ. (나) 세이퍼트은하는 은하 전체의 밝기에 대한 중심부의 밝기가 매우 크지만, 하나의 별처럼 관측되는 (가) 퀘이사는 은하 전체의 밝기와 중심부의 밝기 차이가 거의 없다. 따라서 $\frac{\text{은하 중심부의 밝기}}{\text{은하 전체의 밝기}}$는 (가)가 (나)보다 크다.

바로알기 ㄱ. (가) 퀘이사가 별처럼 보이는 까닭은 방출하는 에너지가 일반 은하의 수백 배에 달하지만 거리가 매우 멀기 때문이다.

ㄴ. 퀘이사는 지구로부터 너무 멀리 있어 가시광선 사진에서 하나의 별처럼 보이므로 은하의 형태를 구분하기 어렵다. 따라서 (가) 퀘이사는 허블의 은하 분류 체계로 분류하기 어렵다. (나) 세이퍼드은하는 허블의 분류 체계에 의하면 주로 나선 은하로 분류된다.

2 빅뱅 우주론

개념 확인 문제 317쪽

❶ 빠르다 ❷ 허블 ❸ 허블 상수 ❹ 팽창 ❺ 멀어 ❻ 없다 ❼ 허블 상수 ❽ 광속

1 적색 편이 **2** (1) A (2) A (3) A **3** (1) ○ (2) × (3) ○
4 (1) 허블 상수 (2) 50 (3) 크게 **5** (1) ○ (2) × (3) ○ (4) × (5) ×

1 대부분의 외부 은하의 스펙트럼에서는 흡수선이 파장이 긴 붉은색 쪽으로 이동하는 현상인 적색 편이가 나타난다.

2 (1) 은하 A가 B보다 흡수선이 원래의 파장보다 긴 쪽으로 더 많이 이동하였으므로 적색 편이량이 더 크다.
(2) 적색 편이량이 클수록 후퇴 속도가 빠르다. 은하 A가 B보다 적색 편이량이 크므로 후퇴 속도가 더 빠르다.
(3) 후퇴 속도가 빠를수록 멀리 있는 은하이다. 은하 A가 B보다 후퇴 속도가 빠르므로 우리은하로부터 더 멀리 있다.

3 (1) 허블 법칙에 의하면 외부 은하의 후퇴 속도는 그 은하까지의 거리에 비례하여 커진다.
(2) 허블 법칙에 의하면 멀리 있는 은하일수록 후퇴 속도가 빠르며, 이는 우주가 팽창하고 있음을 의미한다.
(3) 허블 상수는 우주가 얼마나 빠르게 팽창하는지를 나타내는 상수이므로, 허블 상수가 클수록 우주의 팽창 속도가 빠르다는 것을 의미한다.

4 꼼꼼 문제 분석

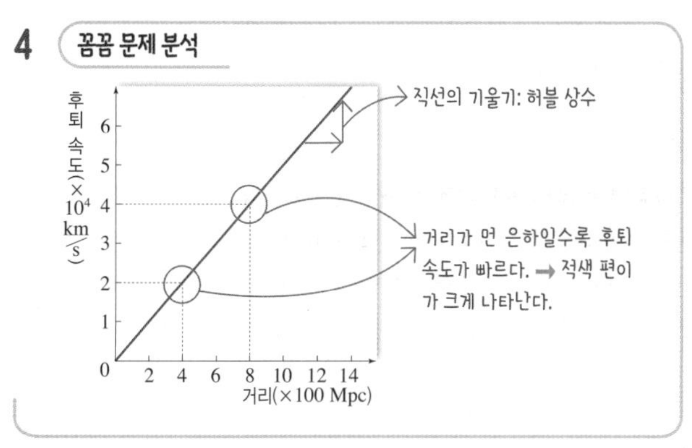

(1) 외부 은하의 거리와 후퇴 속도의 관계 그래프에서 기울기 $\left(\frac{\text{후퇴 속도}}{\text{거리}}\right)$는 허블 상수($H$)를 의미한다.
(2) 허블 상수(H)는 $\frac{40000\ \text{km/s}}{800\ \text{Mpc}} = 50\ \text{km/s/Mpc}$이다.
(3) 외부 은하의 후퇴 속도가 빠를수록 적색 편이가 크게 나타난다. 거리가 400 Mpc인 은하보다 800 Mpc인 은하의 후퇴 속도가 더 빠르므로 적색 편이가 더 크게 나타난다.

5 (1) 너무 가까워서 서로 끌어당기는 은하를 제외하고 멀리 있는 대부분의 은하는 우주가 팽창하기 때문에 서로 멀어진다.
(2) 우주 공간이 팽창할 때 은하 사이의 거리는 멀어지지만 은하 자체의 크기가 커지는 것은 아니다.
(3) 우주는 모든 방향으로 팽창하고 있으므로 어느 방향의 은하를 보아도 적색 편이가 관측된다.
(4) 다른 은하에서 관측하더라도 우리은하가 멀어지고 있으므로 우리은하를 팽창하는 우주의 중심이라고 할 수 없다.
(5) 허블 상수의 역수$\left(\frac{1}{H}\right)$는 우주의 나이에 해당한다.

321쪽

완자쌤 비법 특강 · **Q1** 우주의 편평성 문제

Q1 우주 배경 복사를 관측한 결과, 우주는 대체로 편평하다. 우주가 이처럼 편평하려면 초기 우주의 밀도가 특정한 값을 가져야 하는데, 빅뱅 우주론에서는 그 근거를 제시하지 못하였다. 이를 우주의 편평성 문제라고 한다.

개념 확인 문제

322쪽

❶ 빅뱅(대폭발) ❷ 우주 배경 복사 ❸ 3 : 1 ❹ 편평성 ❺ 작았 ❻ 크다 ❼ 가속 팽창

1 정상 우주론 **2** (1) 일정하다 (2) 감소한다 (3) 감소한다 **3** (1) ○ (2) ○ (3) × **4** ㉠ 3000, ㉡ 길어, ㉢ 2.7 **5** 우주의 지평선 문제 **6** (1) ○ (2) × (3) ○

1 우주가 팽창하여도 우주의 온도와 밀도는 변하지 않고 항상 일정한 상태를 유지한다는 이론은 정상 우주론이다. 정상 우주론에서는 우주가 팽창하면서 새로 생긴 공간에 물질이 계속 생성되어 우주의 총 질량이 증가한다.

2 빅뱅(대폭발) 우주론에 따르면 우주는 총 질량이 일정한데 계속 팽창하므로 우주의 평균 밀도는 감소하고 온도는 낮아진다.

3 (1), (2) 빅뱅 우주론은 우주의 모든 물질과 에너지가 초고온, 초고밀도 상태로 한 점에 모여 있다가 대폭발을 일으켜 팽창하면서 현재의 상태로 되었다는 이론으로, 우주가 팽창하고 있음을 밝힌 허블의 관측을 바탕으로 한 우주론이다.
(3) 초기 우주에서 생성된 양성자와 중성자의 개수비는 약 7 : 1이었고, 이로부터 생성된 수소와 헬륨의 질량비는 약 3 : 1이다.

4 우주 배경 복사는 우주의 온도가 약 3000 K일 때 원자가 형성되면서 물질에서 빠져나온 빛이다. 우주의 부피가 팽창하여 온도가 낮아지면서 파장이 길어져 현재는 약 2.7 K의 온도에 해당하는 파장으로 관측된다.

5 빅뱅 우주론에 따르면 우주의 지평선 반대쪽 양 끝 지점은 정보를 교환할 수 없어 초기 우주의 에너지 밀도가 균일하게 관측되는 까닭을 설명하기 어렵다. 이를 우주의 지평선 문제라고 한다.

6 (1) 급팽창 이론(인플레이션 이론)은 우주의 크기가 급팽창하기 전에는 우주의 지평선보다 작았고, 급팽창 이후에는 우주의 지평선보다 크다고 가정하여 기존 빅뱅 우주론으로 설명할 수 없는 우주의 지평선 문제, 편평성 문제 등을 해결하였다.

(2) 급팽창 이론에서는 급팽창 이전에는 우주의 크기가 우주의 지평선보다 작았고, 빅뱅 이후 약 10^{-36}초~10^{-34}초 사이에 우주가 빛보다 빠른 속도로 급격하게 팽창하여 우주의 크기가 우주의 지평선보다 커졌다고 설명한다.
(3) 우주가 감속 팽창한다면 멀리 있는 Ia형 초신성은 일정한 속도로 팽창하는 우주보다 더 가까운 곳에 있을 것이므로 더 밝게 보여야 하지만, 실제 관측한 결과는 더 어둡게 보였다. 즉, 일정한 속도로 팽창하는 우주보다 더 멀리 있다는 것으로, 이는 우주의 가속 팽창을 의미한다.

대표 자료 분석

323~324쪽

자료 ❶	1 ㉠ 적색, ㉡ 우리은하에서 멀어진다 2 ㉠ 크므로, ㉡ 빠르다 3 (1) × (2) ○ (3) ○ (4) × (5) ×
자료 ❷	1 80 km/s/Mpc 2 ㄱ, ㄴ 3 (1) ○ (2) ○ (3) × (4) ○ (5) ×
자료 ❸	1 ㉠ 우주 배경 복사, ㉡ 빅뱅(대폭발) 2 (1) × (2) ○ (3) × (4) ○ (5) ○
자료 ❹	1 (가) 빅뱅 우주론 (나) 급팽창 이론 2 ㉠ 같고, ㉡ 크다 3 우주의 지평선 문제, 우주의 편평성 문제, 자기 홀극 문제 4 (1) ○ (2) ○ (3) × (4) × (5) ○

1-1 은하 A의 스펙트럼에서 흡수선의 위치가 원래 위치보다 파장이 긴 붉은색 쪽으로 이동하는 적색 편이가 나타나는데, 이는 은하 A가 우리은하에서 멀어지고 있기 때문이다.

1-2 외부 은하의 스펙트럼에서 적색 편이가 크게 나타날수록 후퇴 속도가 빠르다. 은하 B는 은하 A보다 흡수선의 적색 편이가 크게 나타나므로 후퇴 속도가 빠르다.

1-3 (1) 은하 A의 스펙트럼에서 흡수선이 붉은색 쪽으로 이동하는 적색 편이가 나타난다.
(2) 은하 B의 스펙트럼에서 적색 편이가 나타나므로 은하 B는 우리은하로부터 멀어지고 있다.
(3) 정지 상태의 스펙트럼과 비교했을 때 은하 B가 은하 A보다 흡수선이 이동한 정도가 크므로 파장 변화량이 더 크다.
(4) 외부 은하의 스펙트럼에서 적색 편이량이 클수록 후퇴 속도가 빠르고, 우리은하로부터 멀리 있다. 은하 B는 은하 A보다 스펙트럼에서 적색 편이량이 크므로 우리은하로부터의 거리가 더 멀다.
(5) 은하 A와 은하 B는 우리은하로부터 멀어지고 있으므로 은하의 시선 방향 속도는 후퇴 속도와 같다. 따라서 은하의 시선 방향 속도는 후퇴 속도가 큰 은하 B가 은하 A보다 크다.

2-1 그래프에서 직선의 기울기는 허블 법칙($v=H\cdot r$)에서 허블 상수(H)에 해당한다.
$H=\frac{v}{r}=\frac{800\text{ km/s}}{10\text{ Mpc}}=80\text{ km/s/Mpc}$이다.

2-2 ㄱ. 그래프에서 직선의 기울기는 허블 상수(H)에 해당하고, 우주의 나이는 허블 상수의 역수$\left(\frac{1}{H}\right)$에 해당한다. 따라서 직선의 기울기(허블 상수)가 작아지는 경우에 우주의 나이는 더 많아진다.
ㄴ. 우주의 크기는 $\frac{c}{H}$이므로, 직선의 기울기(허블 상수)가 작아지는 경우에 우주의 크기는 더 커진다.
ㄷ. 은하의 적색 편이량은 직선의 기울기가 커져 후퇴 속도가 빠른 경우에 더 크게 나타난다.

2-3 (1) 허블 법칙($v=H\cdot r$)에서 은하의 후퇴 속도(v)는 거리(r)에 비례한다.
(2) 멀리 있는 은하일수록 후퇴 속도가 빠르므로 스펙트럼의 적색 편이량이 크다.
(3) 그래프에서 기울기$\left(\frac{v}{r}\right)$는 허블 상수(H)를 의미한다.
(4) 그림은 허블 법칙을 나타낸 것으로, 멀리 있는 외부 은하일수록 후퇴 속도가 빠르고 적색 편이가 크게 나타난다. 이는 우주가 팽창하여 은하들 사이의 간격이 점점 넓어지고 있음을 의미한다.
(5) 우리은하가 아닌 다른 은하에서 보더라도 은하들 사이의 거리는 멀어지는 것으로 관측된다. 따라서 우주의 중심을 특정한 한 점으로 정할 수 없다.

3-1 꼼꼼 문제 분석

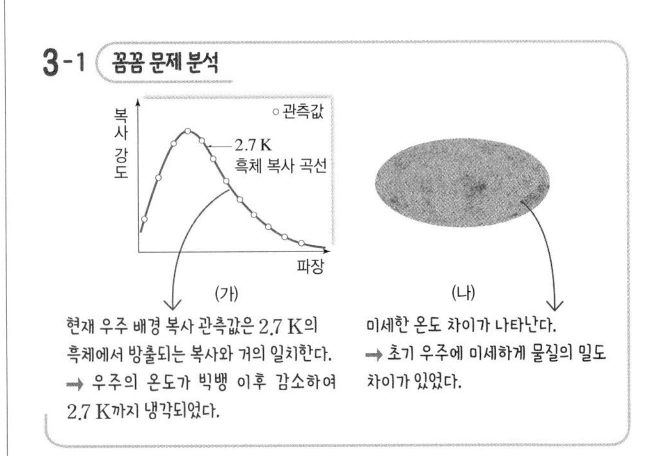

빅뱅 우주론에서 예측했던 우주 배경 복사가 실제로 우주 공간 내의 어느 방향에서나 약 2.7 K 복사로 관측된다. 즉, 우주 배경 복사는 빅뱅 우주론의 강력한 증거에 해당한다.

3-2 (1) 우주 배경 복사는 빅뱅(대폭발)이 일어나고 약 38만 년 후에 우주의 온도가 약 3000 K일 때 물질에서 빠져나왔다.

(2) 빅뱅 이후 우주가 계속 팽창하여 온도가 낮아졌다.
(3) 우주 배경 복사는 우주의 온도가 약 3000 K일 때 물질에서 빠져나와 생성되었으며, 우주의 팽창으로 온도가 낮아지면서 현재는 약 2.7 K으로 파장이 길어져서 관측된다.
(4) (가)와 같이 현재 관측되는 우주 배경 복사는 2.7 K의 흑체에서 방출되는 복사와 거의 일치한다.
(5) (나)에서 미세한 온도의 차이가 나타나는 것으로 보아 우주 배경 복사는 공간 분포에 미세한 차이가 있다.

4-1 (나)에서 우주의 크기가 급격히 커지는 구간이 있으므로 (나)는 급팽창 이론이고, (가)는 빅뱅 우주론이다.

4-2 (가) 빅뱅 우주론에서 우주는 광속으로 팽창하므로 우주의 크기는 우주의 지평선과 같다. (나) 급팽창 이론에서는 A 시기에 우주가 광속보다 빠른 속도로 팽창하여 우주의 크기가 우주의 지평선보다 커졌다.

4-3 급팽창 이론은 빅뱅 우주론으로 설명할 수 없었던 세 가지 문제점(우주의 지평선 문제, 우주의 편평성 문제, 자기 홀극 문제)을 해결하였다.

4-4 (1) A 시기는 급팽창이 일어났던 시기이다. 급팽창 이전의 초기 우주의 크기는 (가)의 경우가 (나)의 경우보다 크다.
(2) (나)가 (가)보다 A 시기에 우주의 크기가 급격하게 증가했다. 따라서 A 시기에 우주의 팽창 속도는 (가)가 (나)보다 작다.
(3) 우주 배경 복사는 빅뱅으로부터 약 38만 년이 지났을 때 방출되었고, A 시기의 급팽창은 이보다 훨씬 이른 시기(빅뱅 후 약 10^{-36}초~10^{-34}초 사이)에 일어났다.
(4) 현재 우주는 완벽할 정도로 평탄하지만 빅뱅 우주론에서는 그 이유를 설명하지 못한다. (나) 급팽창 이론에서는 우주가 급격히 팽창하여 공간의 크기가 매우 커지면 관측되는 우주의 영역은 편평하게 보인다고 설명한다.
(5) 우주 배경 복사가 우주의 양쪽 반대편 지평선에서 거의 같게 관측되는 것(=지평선 문제)은 (나)의 A 시기에 일어난 급팽창으로 설명된다.

내신 만점 문제 325~328쪽

01 ① 02 해설 참조 03 ⑤ 04 ⑤ 05 ② 06 해설 참조 07 ① 08 ③ 09 ③ 10 ③ 11 ② 12 ④ 13 ③ 14 ③ 15 ② 16 ① 17 ③

01 별빛은 광속(c)으로 이동한다. 정지 상태로 관측될 때 별빛의 파장을 λ_0이라 하면, 속도 v로 후퇴하는 은하에서 온 별빛은 파장 변화($\lambda-\lambda_0$)가 생긴다. 따라서 $c:\lambda_0=v:\lambda-\lambda_0$의 관계가 성립하며 이를 후퇴 속도 v에 대해서 정리하면 $v=c\times\frac{\lambda-\lambda_0}{\lambda_0}$이다.

02 꼼꼼 문제 분석

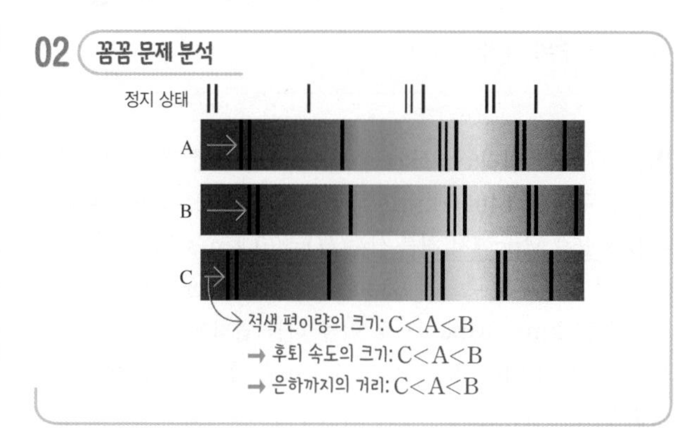

모범 답안 (가) B, 후퇴 속도가 빠른 은하일수록 흡수선의 적색 편이량이 크게 나타나므로 적색 편이가 가장 큰 B의 후퇴 속도가 가장 빠르다.
(나) B, 거리가 먼 은하일수록 후퇴 속도가 빠르므로 후퇴 속도가 가장 빠른 B가 우리은하로부터 가장 멀리 있는 은하이다.

채점 기준	배점
(가)와 (나)를 모두 옳게 서술한 경우	100 %
(가)와 (나) 중 한 가지만 옳게 서술한 경우	50 %

03 허블 법칙으로 알 수 있는 사실은 다음과 같다.
- 우주는 팽창하고 있다.
- 허블 상수의 역수가 우주의 나이이다. ➡ ①
- 우주의 나이를 통해 우주의 크기를 파악할 수 있다. ➡ ②
- 대부분의 외부 은하 스펙트럼에서 적색 편이가 관측된다. ➡ ③
- 멀리 있는 외부 은하일수록 적색 편이량이 크므로 후퇴 속도가 빠르다. ➡ ④

바로알기 ⑤ 허블 법칙으로 우주가 팽창하고 있고, 이에 따라 은하는 서로 멀어지고 있음을 알 수 있다.

04 ㄱ. 멀리 있는 외부 은하일수록 후퇴 속도가 빠르므로 적색 편이가 일어난 양($\varDelta\lambda$)이 크다.
ㄴ. A의 후퇴 속도는 $v=c\times\frac{\varDelta\lambda}{\lambda_0}=(3\times10^5\text{ km/s})\times\frac{40\text{ nm}}{400\text{ nm}}$ $=30000\text{ km/s}$이다.
ㄷ. 허블 법칙 $v=H\cdot r$에 후퇴 속도(v)$=30000$ km/s와 거리(r) 400 Mpc을 대입하면, 30000 km/s$=H\times400$ Mpc으로부터 허블 상수(H)는 75 km/s/Mpc이다.

05 ㄷ. 허블 법칙은 은하가 서로 멀어지고 있음을 나타내며, 이것은 우주의 팽창에 의한 현상이다. 따라서 팽창하는 우주에서 은하 A와 B 사이의 우주 공간은 확장되고 있다.

바로알기 ㄱ. 우리은하로부터의 거리는 A에서 C로 갈수록 멀어지고, 후퇴 속도도 A에서 C로 갈수록 커지므로 은하의 후퇴 속도와 거리는 비례 관계이다. ➡ 허블 법칙($v=H\cdot r$)
ㄴ. 그래프의 가로축은 거리(r), 세로축은 후퇴 속도(v)이므로 그래프의 기울기$\left(\frac{v}{r}\right)$는 허블 상수(H)에 해당한다. 허블 상수의 역수는 우주의 나이를 나타낸다.

06 (1) 허블 법칙($v=H\cdot r$)을 은하 A와 B에 적용하여 허블 상수를 구하면 14000 km/s$=H\times$200 Mpc, 31500 km/s$=H\times$450 Mpc에서 허블 상수(H)=70 km/s/Mpc이다.
(2) 은하 C는 후퇴 속도가 63000 km/s이고, (1)에서 구한 허블 상수가 70 km/s/Mpc이므로 이를 허블 법칙에 적용하여 거리를 구하면 63000 km/s=70 km/s/Mpc×㉠에서 ㉠=900 Mpc이다.

모범 답안 (1) 70 km/s/Mpc
(2) 63000 km/s=70 km/s/Mpc×㉠, ㉠=900 Mpc

채점 기준		배점
(1)	허블 상수를 옳게 구한 경우	50 %
(2)	(1)의 허블 상수로 식을 옳게 세우고, ㉠을 옳게 구한 경우	50 %
	(1)의 허블 상수로 식만 옳게 세운 경우	30 %

07 ㄱ. (가)에서는 은하들 사이의 거리가 멀어지고, 공간상 기준이 되는 점 a와 b 사이의 거리도 멀어지고 있다. (가)에서 은하가 서로 멀어지는 까닭은 은하와 은하 사이의 공간 자체가 확장하고 있기 때문이다.
바로알기 ㄴ. (가)와 (나)에서 모두 은하 사이의 거리가 서로 멀어지고 있다. 따라서 (나)의 은하 A에서 관측한 다른 은하의 스펙트럼에서는 적색 편이가 나타난다.
ㄷ. (가)에서는 우주 공간이 커지면서 은하들 사이의 거리가 멀어지고, (나)에서는 우주 공간이 일정한 크기를 유지한 상태에서 은하들이 어떤 한 은하(A 은하)를 중심으로 멀어진다. 실제 우주의 팽창은 은하가 놓여 있는 우주 공간 자체가 확장하는 것이므로 (나)보다 (가)에 해당한다.

08 ① 은하 A는 우리은하에서 멀어지고 있으므로 도플러 효과에 의해 적색 편이가 나타난다.
② 은하 A에서 C로 갈수록 거리가 멀고 후퇴 속도가 빠르다. 따라서 거리가 먼 은하일수록 후퇴 속도가 빠르다.
④ 은하 C의 후퇴 속도가 은하 B의 후퇴 속도보다 빠르므로 은하 C에서 은하 B를 보면 은하 B는 7100 km/s(=21300 km/s−14200 km/s)의 속도로 멀어지고 있다. 따라서 은하 C에서 은하 B를 관측하면 적색 편이가 나타난다.
⑤ 은하 A~C 중 어느 값으로 구해도 허블 상수는 같다. 은하 B의 값으로 구해 보면, 허블 상수는 은하의 후퇴 속도를 거리로 나눈 값이므로 $H=\frac{14200\text{ km/s}}{200\text{ Mpc}}=71\text{ km/s/Mpc}$이다.
바로알기 ③ 우리은하에서 관측할 때 은하 A~C는 멀어지고 있고, A, B, C 어느 은하에서 관측하여도 다른 은하가 멀어지고 있다. 따라서 은하가 멀어지는 중심은 정할 수 없다.

09 ㄱ. 후퇴 속도가 빠를수록 적색 편이가 크게 나타난다. 후퇴 속도는 A가 B보다 빠르므로, 같은 거리에 있는 은하의 적색 편이는 A가 B보다 크게 나타난다.
ㄴ. 그래프의 기울기가 허블 상수에 해당한다. 그래프의 기울기는 A가 B보다 크므로 허블 상수는 A가 B보다 크다.
바로알기 ㄷ. 허블 법칙 $v=H\cdot r$을 적용하여 A에서 구한 허블 상수는 15000 km/s$=H\times$200 Mpc에서 H=75 km/s/Mpc이다. B에서 구한 허블 상수는 10000 km/s$=H\times$200 Mpc에서 H=50 km/s/Mpc이다. 허블 상수는 A가 B의 1.5배이고, 우주의 나이는 허블 상수의 역수이므로 B가 A의 1.5배이다.

10 ㄱ. (가)의 빅뱅 우주론 모형에서는 우주의 질량이 일정하다. 반면 (나)의 정상 우주론 모형에서는 우주가 팽창하는 동안 새로운 물질이 계속 생겨나면서 평균 밀도가 일정하게 유지되므로 우주 전체의 질량이 증가한다.
ㄴ. (가)의 빅뱅 우주론에서는 질량이 일정한 상태에서 우주가 계속 팽창하므로 우주의 평균 밀도는 계속 감소한다. (나)의 정상 우주론에서는 우주가 팽창하면서 빈 공간에 새로운 물질이 계속 생겨나므로 우주의 평균 밀도는 일정하게 유지된다.
바로알기 ㄷ. (나)의 정상 우주론에서는 은하들의 간격이 일정한데, 이는 우주가 팽창하면서 과거의 은하들은 멀어지고 그 사이에 새로운 은하들이 생기기 때문이다. 과거의 은하들은 서로 멀어지고 있기 때문에 은하들의 적색 편이를 관측할 수 있다.

11 ㄴ. 빅뱅(대폭발) 이후 우주가 팽창하면서 우주의 온도는 감소한다. 따라서 우주의 온도는 C 시기가 A 시기보다 낮다.
바로알기 ㄱ. 빅뱅(대폭발) 이후 우주를 구성하는 물질의 총 질량이 일정한 상태에서 우주가 계속 팽창해 왔다. 따라서 우주를 구성하는 물질의 평균 밀도는 시간이 지남에 따라 점점 감소하므로 B 시기가 A 시기보다 작다.
ㄷ. 우주 배경 복사는 빅뱅 약 38만 년 후 원자가 형성되면서 물질로부터 빠져나와 우주 전체에 균일하게 퍼져 있는 빛이므로, B 시기에 형성되었다.

12 ④ WMAP 위성 관측 결과 우주 배경 복사는 미세한 온도 차이가 나타난다. 이는 초기 우주에서 밀도의 불균형이 있었음을 의미하며, 이로 인해 별이나 은하가 만들어질 수 있었다.

바로알기 ① 우주 배경 복사는 우주의 온도가 약 3000 K일 때 방출되었으며 우주 팽창으로 점차 식어서 현재는 약 2.7 K인 물체가 방출하는 복사파와 같은 파장으로 관측된다.
② A는 2.7 K 흑체 복사 곡선에서 복사 에너지 세기가 최대가 되는 파장이다. 우주 초기에는 현재보다 온도가 높았으므로 복사 에너지 세기가 최대가 되는 파장은 현재보다 짧았다.
③ (나)의 우주 배경 복사 분포도에서 미세한 온도 차이가 나타나는 까닭은 초기 우주의 물질 분포가 미세하게 불균일했기 때문이다. WMAP 위성은 지구 대기 밖에서 우주 배경 복사를 관측했기 때문에 지구 대기의 영향은 제거되었다.
⑤ 우주 배경 복사는 빅뱅 우주론에서 예측했던 내용과 관측 결과가 일치하여 빅뱅 우주론의 증거가 되었다.

13 ㄱ. 초기 우주에서 양성자와 중성자의 개수 비율은 14 : 2, 즉 7 : 1이다.
ㄷ. 현재 우주에 존재하는 헬륨은 대부분 초기 우주에서 일어난 핵합성으로 생성되었으므로 초기 우주에서 수소와 헬륨의 질량비 약 3 : 1은 현재 우주에서 관측되는 수소와 헬륨의 질량비와 거의 같다. 우주에 분포하는 수소와 헬륨의 질량비는 빅뱅 우주론에서 예측한 값과 일치하므로 빅뱅 우주론의 증거가 된다.
바로알기 ㄴ. 양성자 2개와 중성자 2개가 결합하여 헬륨 원자핵 1개가 만들어지고, 남은 양성자 12개는 각각 수소 원자핵이 된다. 헬륨 원자핵의 질량은 수소 원자핵 질량의 약 4배이므로, 수소 원자핵과 헬륨 원자핵의 질량비는 약 12 : 4=약 3 : 1이다.

14 (나)는 A 시기에 급팽창이 일어나 우주의 반지름이 급격하게 커졌으므로 급팽창 이론이고, (가)는 빅뱅 우주론이다.
ㄱ. 초기 우주의 크기(반지름)는 (가) 빅뱅 우주론의 경우가 (나) 급팽창 이론의 경우보다 크다.
ㄴ. (나) 급팽창 이론에서의 급팽창은 A 시기에 발생하였다.
바로알기 ㄷ. (나)의 급팽창 이론에서는 우주가 급팽창하기 전에는 우주의 크기가 우주의 지평선보다 작았기 때문에 우주 내부의 빛이 충분히 뒤섞여 에너지 밀도가 균일해질 수 있었다고 설명한다. 따라서 (나) 급팽창 이론은 (가) 빅뱅 우주론의 지평선 문제를 해결하였다.

15 꼼꼼 문제 분석

우주의 크기
①
②
③
⑥
⑤
④
빅뱅 A B 시간

① → ② → ③으로 갈수록 기울기가 완만해진다. ➡ 우주의 팽창 속도가 점점 감소한다.(감속 팽창)

④ → ⑤ → ⑥으로 갈수록 기울기가 급해진다. ➡ 우주의 팽창 속도가 점점 증가한다.(가속 팽창)

ㄷ. B 시기에는 우주가 가속 팽창하므로 Ia형 초신성은 일정한 속도로 팽창하는 우주보다 더 멀리 있어 겉보기 등급이 크게 관측될 것이다.
바로알기 ㄱ. A 시기에는 시간에 따라 우주의 크기가 증가하는 정도가 작아지므로 감속 팽창하고 있으며, B 시기에는 우주의 크기가 증가하는 정도가 커지므로 가속 팽창하고 있다.
ㄴ. 허블 상수는 우주가 팽창하는 정도를 의미하는데, 우주의 팽창에서 감속 및 가속의 과정이 존재한다면 허블 상수는 시간에 따라 일정하지 않고 변화하는 것이다.

16 꼼꼼 문제 분석

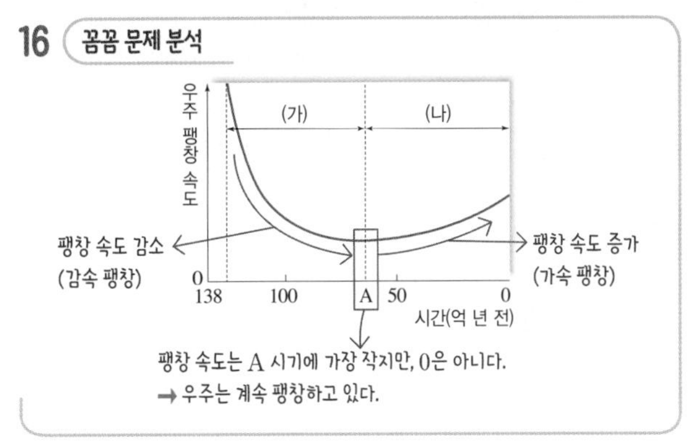

ㄱ. (가)에서는 우주의 팽창 속도가 감소하고 있고(감속 팽창), (나)에서는 우주의 팽창 속도가 증가하고 있다(가속 팽창).
바로알기 ㄴ. A 시기를 기준으로 우주는 팽창 속도가 감소했다가 0이 되지 않고 증가하므로 계속 팽창한다. 따라서 A 시기는 우주의 팽창 속도가 가장 작은 시기이지만 우주의 크기가 가장 작은 시기는 아니다.
ㄷ. 우주의 급팽창은 빅뱅 직후(빅뱅 후 10^{-36}~10^{-34}초 사이)에 일어났으므로 (가)의 이전에 일어났다.

17 ㄱ. Ia형 초신성은 겉보기 등급이 클수록 적색 편이가 크므로 후퇴 속도가 크다.
ㄴ. 절대 등급이 일정한 Ia형 초신성은 거리가 멀수록 더 어둡게 보이므로 겉보기 등급이 커진다. 그래프에서 점선은 우주가 일정한 속도로 팽창하는 경우 초신성의 겉보기 등급을 이론적으로 계산한 결과이다. 실제로 관측된 초신성은 이 값보다 겉보기 등급이 더 큰 것으로 나타나고 있는데, 이는 이론적으로 계산된 값보다 실제로 더 어둡게 보인다는 의미이다.
바로알기 ㄷ. 우주가 일정한 속도로 팽창하는 경우 초신성의 겉보기 등급은 그래프의 점선 상의 값을 보이게 된다. 우주가 가속 팽창하는 경우에 초신성의 겉보기 등급은 점선 상의 값보다 더 크게(더 어둡게) 나타나고, 우주가 감속 팽창하는 경우에는 초신성의 겉보기 등급은 점선 상의 값보다 더 작게(더 밝게) 나타난다. 실제로 초신성의 겉보기 등급은 점선에서의 값보다 더 큰 것(더 어두운 것)으로 나타나고 있으므로, 우주가 가속 팽창하고 있다는 것을 알 수 있다.

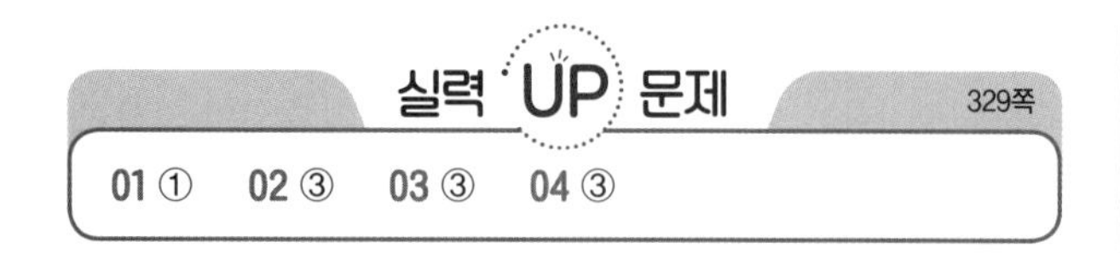

01 꼼꼼 문제 분석

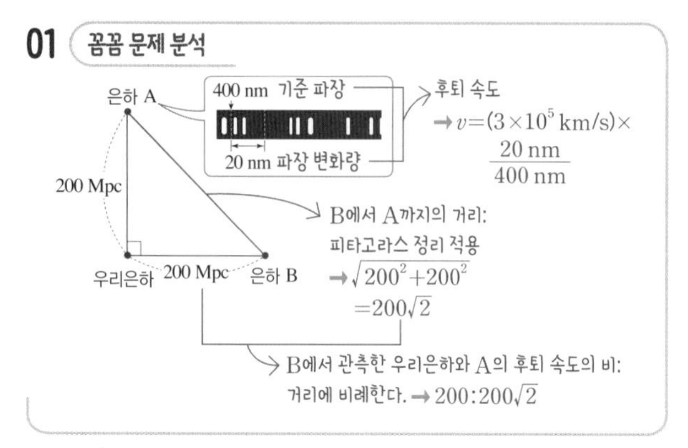

외부 은하의 후퇴 속도는 $v=c\times\frac{\Delta\lambda}{\lambda_0}$($c$: 빛의 속도, λ_0: 기준 파장, $\Delta\lambda$: 파장 변화량)로 구할 수 있다.

ㄱ. A의 스펙트럼에서 기준 파장이 400 nm, 파장 변화량이 20 nm이므로 A의 후퇴 속도는 $v=(3\times10^5\text{ km/s})\times\frac{20\text{ nm}}{400\text{ nm}}=15000\text{ km/s}$이다. 후퇴 속도와 거리 200 Mpc을 허블 법칙($v=H\cdot r$)에 적용하여 허블 상수를 구하면 $H=\frac{v}{r}=\frac{15000\text{ km/s}}{200\text{ Mpc}}=75\text{ km/s/Mpc}$이다.

바로알기 ㄴ. 허블 법칙에 따르면 외부 은하의 후퇴 속도는 은하까지의 거리에 비례한다. B에서 우리은하까지의 거리는 200 Mpc이고, B에서 A까지의 거리는 그림에서 피타고라스 정리를 적용하여 구하면 $\sqrt{200^2+200^2}\text{ Mpc}=200\sqrt{2}\text{ Mpc}$이다. 따라서 B에서 관측한 우리은하와 A의 후퇴 속도 비는 $200:200\sqrt{2}=1:\sqrt{2}$이다.

ㄷ. 우리은하에서 A까지의 거리와 B까지의 거리가 같으므로 A와 B의 후퇴 속도가 같다. 후퇴 속도가 같으면 적색 편이량 $\left(\frac{\Delta\lambda}{\lambda_0}\right)$이 같으므로, $\frac{20\text{ nm}}{400\text{ nm}}=\frac{x}{600\text{ nm}}$에서 $x=30\text{ nm}$이다. 따라서 우리은하에서 관측한 B의 스펙트럼에서 600 nm의 기준 파장을 갖는 흡수선은 630 nm로 관측된다.

02 ㄱ. C의 스펙트럼에서 기준 파장이 500.0 nm, 관측 파장이 531.2 nm이므로 후퇴 속도는 $v=c\times\frac{\Delta\lambda}{\lambda_0}=(3\times10^5\text{ km/s})\times\frac{(531.2-500.0)\text{ nm}}{500.0\text{ nm}}=18720\text{ km/s}$이다. 후퇴 속도와 거리 260 Mpc을 허블 법칙($v=H\cdot r$)에 적용하여 허블 상수를 구하면 $H=\frac{v}{r}=\frac{18720\text{ km/s}}{260\text{ Mpc}}=72\text{ km/s/Mpc}$이다.

ㄷ. • 우리은하에서 A까지의 거리: 그림에서 피타고라스 정리를 적용하여 구하면 $\sqrt{260^2+195^2}\text{ Mpc}=325\text{ Mpc}$이다.

• 우리은하에서 B까지의 거리: B의 스펙트럼에서 기준 파장이 500.0 nm, 관측 파장이 523.4 nm이므로 B의 후퇴 속도는 $v=(3\times10^5\text{ km/s})\times\frac{(523.4-500.0)\text{ nm}}{500.0\text{ nm}}=14040\text{ km/s}$이다. $v=H\cdot r$에서 $r=\frac{v}{H}$이므로 우리은하에서 B까지의 거리는 $r=\frac{14040\text{ km/s}}{72\text{ km/s/Mpc}}=195\text{ Mpc}$이다.

∴ A에서 B까지의 거리=우리은하에서 A까지의 거리+우리은하에서 B까지의 거리=325 Mpc+195 Mpc=520 Mpc

바로알기 ㄴ. B의 스펙트럼에서 적색 편이량$\left(\frac{\Delta\lambda}{\lambda_0}\right)$은 기준 파장별로 같아야 하므로 $\frac{(㉠-460.0)\text{ nm}}{460.0\text{ nm}}=\frac{(523.4-500.0)\text{ nm}}{500.0\text{ nm}}$로부터 ㉠은 약 481.5이다.

03 A에서 설명하는 미래 우주는 현재 우주와 비교하여 밀도와 온도가 감소하고 질량은 변하지 않으면서 팽창하여 크기가 커지므로 A는 빅뱅 우주론이다. B에서 설명하는 미래 우주는 현재 우주와 비교하여 밀도와 온도가 변하지 않고 질량이 증가하면서 팽창하여 크기가 커지므로 B는 정상 우주론이다.

ㄱ. 빅뱅 우주론(A)에서는 우주가 팽창하면서 물질이 새롭게 생성되지 않으므로 밀도는 점점 감소한다.

ㄷ. 허블 법칙은 멀리 떨어진 은하일수록 더 빠른 속도로 멀어진다는 의미로, 우주가 팽창한다는 증거가 된다. 빅뱅 우주론(A)과 정상 우주론(B) 모두 우주가 팽창하고 있다는 사실을 전제로 하고 있으므로 허블 법칙은 두 우주론에서 모두 적용될 수 있다.

바로알기 ㄴ. 정상 우주론(B)에 따르면 우주가 팽창하면서 생긴 빈 공간에 새로운 물질이 꾸준히 만들어지는데, 이는 퀘이사가 지구 근처에서는 발견되지 않고 아주 먼 거리에서만 관측된다는 것을 설명할 수 없다.

04 ㄱ. 급팽창 이론에서는 빅뱅 초기에 우주가 급격히 팽창하였기 때문에 자기 홀극의 밀도가 매우 낮아져 자기 홀극을 관측하기 어렵게 되었다고 설명하여 빅뱅 우주론의 자기 홀극 문제를 해결하였다.

ㄷ. 우주의 지평선 밖에서 방출된 빛은 지구에서 관측할 수 없다. 우주가 앞으로도 급팽창할 경우 전체 우주에서 관측 가능한 우주(우주의 지평선)의 비율은 줄어들게 된다. 따라서 관측 가능한 천체의 수도 줄어들 것이다.

바로알기 ㄴ. 우주의 지평선은 우주가 광속으로 팽창한다고 가정할 때 우주의 크기이며, 우주의 지평선의 반지름은 광속에 우주 나이를 곱한 값이다. 따라서 우주의 지평선의 지름은 광속에 우주 나이를 곱한 값의 2배이다.

암흑 물질과 암흑 에너지

개념 확인 문제

332쪽

❶ 보통 물질 ❷ 암흑 물질 ❸ 암흑 에너지 ❹ 표준 우주 모형 ❺ 암흑 에너지 ❻ 보통 물질 ❼ 밀도 ❽ 열린 우주 ❾ 평탄 우주 ❿ 닫힌 우주 ⓫ 암흑 에너지

1 (1) ○ (2) ○ (3) × (4) ○ **2** (가) **3** A: 암흑 에너지, B: 암흑 물질, C: 보통 물질 **4** (1) 열린 (2) 작다 (3) 팽창 **5** ㉠ 암흑 에너지, ㉡ 가속 팽창

1 (1) 보통 물질은 빛과 상호 작용하여 광학적으로 관측 가능하다.
(2) 암흑 물질은 눈에는 보이지 않지만 중력의 작용으로 물질을 끌어당기기 때문에 우주 초기에 별과 은하가 생기는 데 중요한 역할을 하였다.
(3) 물질의 중력 효과로 빛의 경로가 휘는 중력 렌즈 현상으로 암흑 물질의 존재를 추정할 수 있다.
(4) 현재의 우주는 가속 팽창하고 있는데, 이는 암흑 에너지가 우주에 있는 물질의 중력과 반대인 척력으로 작용하면서 우주의 팽창을 가속시키기 때문이다.

2 

꼼꼼 문제 분석

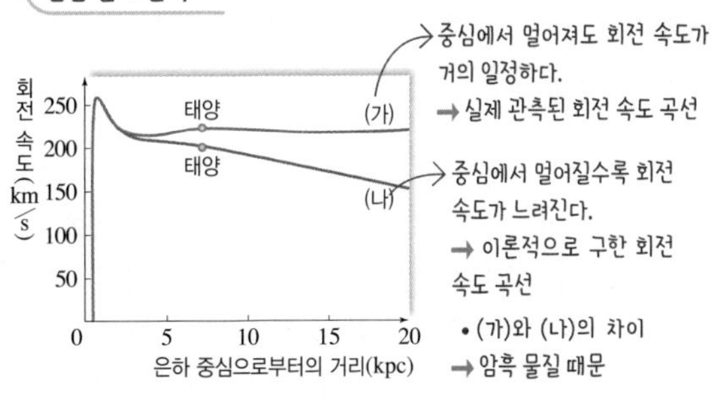

(가)는 실제로 관측된 우리은하의 회전 속도 곡선이고, (나)는 눈에 보이는 물질들만 고려하여 이론적으로 구한 우리은하의 회전 속도 곡선이다. 태양계처럼 회전 중심부에 질량의 대부분이 모여 있는 경우에는 회전 중심(태양)으로부터 거리가 멀수록 회전 속도가 느려지는 케플러 회전을 한다. 우리은하의 실제 회전 곡선이 케플러 회전을 하지 않는 것은 은하 중심부에 대부분의 질량이 모여 있지 않고, 은하 외곽에도 상당한 양의 물질(암흑 물질)이 존재하기 때문이다.

3 현재 우주는 물질(보통 물질+암흑 물질)과 암흑 에너지로 구성되어 있으며, 암흑 에너지>암흑 물질>보통 물질 순으로 분포한다.

4 꼼꼼 문제 분석

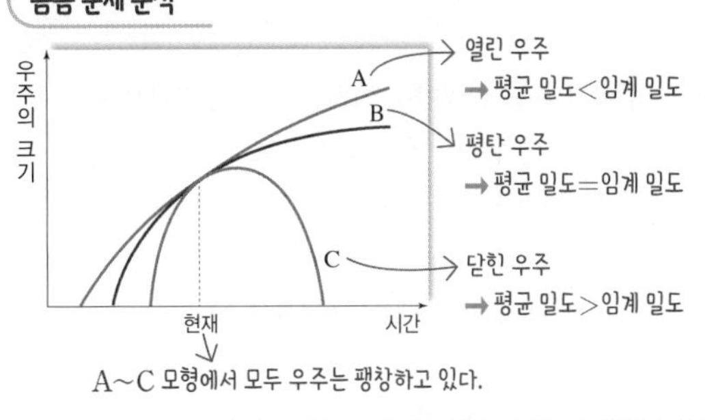

우주의 미래는 우주의 평균 밀도에 따라 결정된다.
• 우주의 평균 밀도가 임계 밀도보다 작을 때 우주는 영원히 팽창하는 열린 우주(A)가 된다.
• 우주의 평균 밀도가 임계 밀도보다 클 때 중력의 작용이 우세하여 우주의 팽창 속도가 계속 감소하면서 결국에는 우주의 크기가 다시 감소하는 닫힌 우주(C)가 된다.
• 우주의 평균 밀도가 임계 밀도와 같을 때 우주의 팽창 속도가 점점 감소하여 0에 수렴하는 평탄 우주(B)가 된다.

5 최신 관측 결과 현재 우주는 가속 팽창하고 있다. 가속 팽창의 에너지원은 우주에서 척력으로 작용하는 암흑 에너지이다. 우주가 팽창하면서 암흑 에너지의 비율이 높아지면 우주는 팽창 속도가 점점 빨라지는 가속 팽창을 한다.

대표 자료 분석

333쪽

자료 ❶ 1 A: 실제 관측한 회전 속도, B: 예측된 회전 속도 2 ㉠ 크다, ㉡ 암흑 물질 3 (1) × (2) ○ (3) ○ (4) ○

자료 ❷ 1 A: 암흑 에너지, B: 암흑 물질 2 A 3 (1) × (2) × (3) ○ (4) ○ (5) × (6) ×

1-1 나선 은하는 은하 중심부에 질량의 대부분이 모여 있기 때문에 나선 은하의 회전 속도는 은하의 중심에서 멀어질수록 느려질 것으로 예상되었다. 그러나 실제로 관측한 결과는 은하 중심에서 멀어져도 회전 속도가 거의 일정하였다. 이는 은하의 외곽부에 암흑 물질이 존재함을 의미한다. 따라서 A는 실제 관측한 회전 속도이고, B는 관측 가능한 물질만을 이용하여 예측된 회전 속도이다.

1-2 은하 중심에 대한 별들의 회전 속도는 실제 관측값(A)이 계산 값(B)보다 크다. 나선 은하의 회전 속도 곡선에서 실제 관측값(A)과 계산 값(B)이 서로 다른 것은 은하 중심부에 대부분의 질량이 모여 있지 않고, 은하 외곽에도 상당한 양의 물질(암흑 물질)이 존재함을 의미한다.

1-3 (1) 은하 질량의 대부분은 암흑 물질이 차지하는 것으로 추정된다.
(2) 은하의 회전 속도에 영향을 미치는 물질의 질량은 별과 성간 물질(보통 물질)을 관측하여 계산한 질량보다 훨씬 크다.
(3) 암흑 물질이 분포하는 곳에서는 중력 렌즈 현상으로 인해 빛의 경로가 휘어지기도 하고, 주변의 별이나 은하의 운동이 교란되기도 한다. 이러한 중력 렌즈 현상을 통해 암흑 물질의 존재를 추정할 수 있다.
(4) 은하단에 속한 은하들의 이동 속도는 매우 빠르기 때문에 은하단에서 탈출해야 할 것으로 생각되는데, 실제로 은하들이 은하단에 묶여 있는 것은 암흑 물질이 은하단을 유지시키는 데 중요한 역할을 하고 있기 때문으로 추정된다.

2-1 최근 우주 망원경 관측 결과, 우주를 구성하는 요소들은 보통 물질이 4.9 %, 암흑 물질이 26.8 %, 암흑 에너지가 68.3 %를 차지한다. 따라서 현재 가장 많은 A가 암흑 에너지이고, 두 번째로 많은 B가 암흑 물질이다.

2-2 우주의 가속 팽창을 일으키는 원인으로 추정되는 것은 척력으로 작용하는 암흑 에너지(A)이다.

2-3 (1) 우주가 가속 팽창하기 위해서는 우주에 있는 물질의 중력과 반대 방향으로 작용하는 힘이 존재해야 한다. 우주 공간 자체의 에너지가 척력으로 작용한다고 여겨지며, 이를 암흑 에너지라고 한다.
(2) 우주를 팽창시키는 요소, 즉 암흑 에너지는 빈 공간에서 나오는 에너지이기 때문에 우주 크기가 작았던 초기보다 우주가 팽창하여 공간이 커진 현재에 그 비율이 더 크다.
(3) 현재 우주를 구성하는 지배적인 요소는 암흑 에너지인 A이다.
(4) 암흑 물질인 B의 존재는 나선 은하의 회전 속도 곡선, 중력 렌즈 현상 등을 통해 추정할 수 있다.
(5) 암흑 물질(B)은 빛을 방출하지 않아 보이지 않지만 질량이 있어 중력적인 방법으로 존재를 추정할 수 있는 물질을 말한다.
(6) 암흑 물질(B)은 눈에 보이지 않는 물질로, 전자기파를 방출하거나 흡수하지 않는다.

내신 만점 문제 334~335쪽

01 ④　02 해설 참조　03 ③　04 ②　05 ①　06 ①
07 ③　08 ③　09 ③

01 ㄴ. 암흑 물질은 질량이 있어 우주에서 중력으로 작용하므로 우주를 수축시키는 역할을 한다.
ㄷ. 우주에서 척력으로 작용하는 암흑 에너지의 비율이 중력으로 작용하는 물질의 비율보다 높으면 우주는 가속 팽창한다.
바로알기 ㄱ. 암흑 물질은 빛을 방출하지 않아 눈에 보이지 않지만 질량이 있어 중력적인 방법으로 존재를 추정할 수 있는 물질이다.

02 모범 답안 나선 은하의 중심에서 멀어져도 회전 속도가 거의 일정하다, 암흑 물질의 중력의 효과로 빛의 경로가 휘어진다, 은하들이 은하단에 묶여 있다. 등

채점 기준	배점
암흑 물질 존재의 추정 근거 두 가지를 모두 옳게 서술한 경우	100 %
암흑 물질 존재의 추정 근거를 한 가지만 옳게 서술한 경우	50 %

03 ㄱ. 실제로 관측한 우리은하의 회전 속도 곡선은 A와 같이 나타난다. 눈에 보이는 물질(보통 물질)만을 고려하여 이론적으로 계산한 회전 속도 곡선은 B이다.
ㄷ. 태양계처럼 회전 중심에 질량의 대부분이 모여 있는 경우에 B와 같이 회전 중심에서 멀어질수록 회전 속도가 느려지게 된다. 그러나 우리은하의 실제 회전 속도 곡선이 A와 같이 관측되는 것은 은하 원반은 물론 헤일로에도 많은 질량이 존재하기 때문이다. 그리고 이들 질량의 상당량이 암흑 물질로 여겨진다.
바로알기 ㄴ. 우리은하 질량의 대부분이 은하 중심부에 집중되어 있다면 우리은하의 회전 속도 곡선은 B와 같아야 하는데, 실제로 A와 같이 나타나는 것은 우리은하 외곽에도 보이지 않는 질량이 존재한다는 증거이다.

04 ㄷ. 퀘이사의 빛이 굴절한 것은 은하 C의 중력 때문이다. 은하 C의 관측 가능한 물질의 양을 이용해 계산한 중력의 크기보다 중력 렌즈 효과를 통해 계산한 중력의 크기가 더 클 경우, 은하 C와 그 주변 암흑 물질에 의한 중력 효과가 더해진 것으로 판단할 수 있으며, 이를 통해 암흑 물질의 양을 계산할 수 있다.
바로알기 ㄱ. 이미지 A와 B는 동일한 퀘이사의 빛이므로 스펙트럼은 거의 동일하다.
ㄴ. 퀘이사의 빛이 굴절되는 것은 은하 C와 그 주변의 중력에 의한 것으로 은하 C의 광도가 크기 때문은 아니다.

05 우주를 구성하는 물질과 에너지에는 암흑 에너지, 암흑 물질, 보통 물질이 있으며, A는 암흑 에너지, B는 암흑 물질이다.
ㄱ. 우주를 구성하는 물질과 에너지 중에서 가장 많은 양을 차지하는 것은 암흑 에너지로 약 68.3 %를 차지한다.
바로알기 ㄴ. 현재 우주는 가속 팽창하고 있으며, 이는 암흑 에너지가 중력과 반대인 척력으로 작용하기 때문으로 추정된다.
ㄷ. 성간 물질은 우주 공간에 존재하는 기체와 티끌 등의 물질로, 보통 물질에 해당한다.

06 꼼꼼 문제 분석

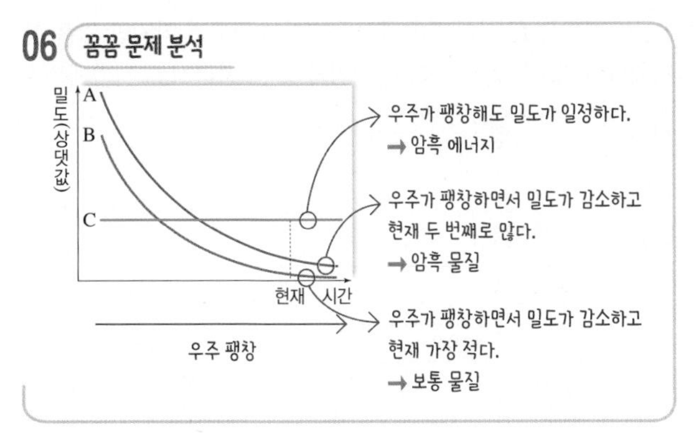

현재 우주 구성 요소의 비율은 암흑 에너지 > 암흑 물질 > 보통 물질 순이다.

ㄱ. A와 B는 우주가 팽창하면서 밀도가 감소하므로 물질에 해당한다. 상대적으로 밀도가 큰 A는 암흑 물질이고, B는 보통 물질이다.

바로알기 ㄴ. 전자기파로는 관측되지 않아 중력적인 방법에 의해서만 그 존재를 추정할 수 있는 것은 암흑 물질(A)이다.

ㄷ. 암흑 에너지(C)는 시간이 지나도 밀도가 일정하므로 우주가 팽창함에 따라 총량은 증가한다.

07

ㄱ. 우주의 평균 밀도가 임계 밀도보다 큰 우주는 닫힌 우주이다. 닫힌 우주는 공 모양의 양(+)의 곡률을 가진다.

ㄴ. 말 안장을 닮은 음(−)의 곡률을 가진 우주는 열린 우주이다. 열린 우주는 우주의 평균 밀도가 임계 밀도보다 작을 때 영원히 팽창하는 우주이다.

바로알기 ㄷ. (다)는 평탄 우주로, 평탄 우주는 우주의 평균 밀도가 임계 밀도와 같다. 열린 우주는 우주의 평균 밀도가 임계 밀도보다 작고, 닫힌 우주는 우주의 평균 밀도가 임계 밀도보다 크다. 따라서 우주의 평균 밀도는 열린 우주인 (나)가 가장 작다.

08 꼼꼼 문제 분석

가속 팽창 우주 → 암흑 에너지의 작용으로 우주 팽창 속도가 빨라진다.

우주의 크기 / A / B 평탄 우주 / 현재 / C 닫힌 우주 → 중력의 작용이 우세하여 결국 우주가 수축한다. / 시간

ㄱ. 우주에서 암흑 에너지의 양은 우주 구성 요소의 약 68.3 %이며, 암흑 에너지의 작용으로 우주의 팽창 속도가 빨라지고 있는 것으로 보고 있다. 세 가지 우주 모형에서 암흑 에너지의 작용이 가장 우세한 것은 우주의 팽창 속도가 점점 빨라지는 A 모형이다.

ㄴ. 암흑 물질은 눈에 보이지 않으므로 정확한 양을 알 수 없지만 암흑 물질의 양이 많을수록 중력의 작용이 우세해지기 때문에 결국 우주는 다시 수축하는 모형을 따르게 된다. 따라서 우주에 분포하는 암흑 물질의 양이 가장 많은 모형은 우주의 크기가 커지다가 다시 수축하게 되는 C이다.

바로알기 ㄷ. Ia형 초신성의 관측으로 과학자들은 현재 우주가 가속 팽창하고 있음을 알게 되었다. 따라서 앞으로 우주는 A 모형을 따라 팽창해 갈 것으로 예측된다.

09 꼼꼼 문제 분석

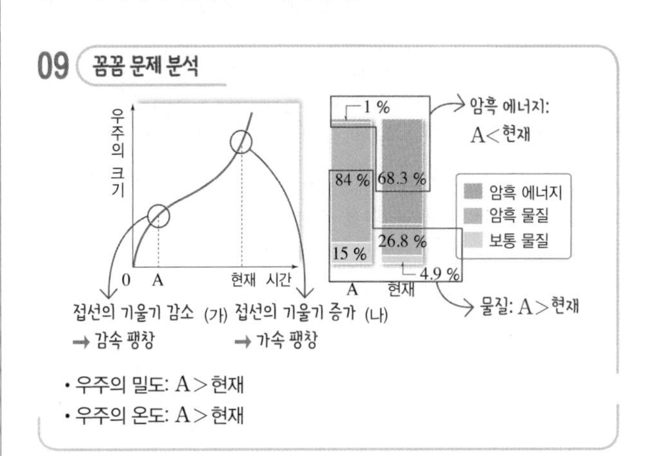

ㄱ. 우주의 팽창 속도는 시간에 따른 크기 변화율인 접선의 기울기와 같다. 현재 시점에서 접선의 기울기가 커지므로 우주는 팽창 속도가 점점 증가하여 가속 팽창하고 있다.

ㄴ. 암흑 에너지의 비율은 A 시점일 때 1 %, 현재는 68.3 %이므로 A 시점보다 현재가 높다.

바로알기 ㄷ. (가)는 빅뱅 우주론에서의 시간에 따른 우주의 크기 변화를 나타낸 것이다. 현재보다 A 시점일 때 우주의 물질과 에너지가 모여 있어 우주의 온도가 높다.

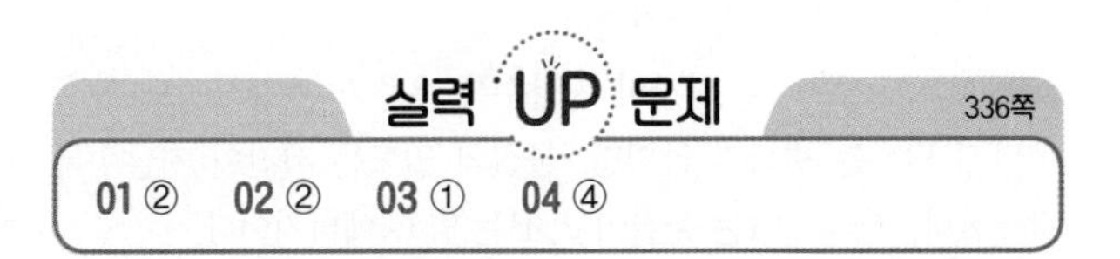

01 꼼꼼 문제 분석

은하 중심에서 멀어질수록 회전 속도가 증가한다. → 강체 회전

회전 속도가 계산한 속도에 비해 크다. → 암흑 물질이 분포한다.

회전 속도(km/s) 300, 200, 100 / A / B / 태양 / 0 1 4 8 12 16 / 은하 중심으로부터의 거리(kpc)

태양 부근의 별들은 은하 중심에서 멀어질수록 회전 속도가 감소한다.

강체 회전은 회전 중심으로부터의 거리가 증가할수록 회전 속도가 증가하고, 회전 중심으로부터의 거리에 상관없이 회전 주기가 동일하다. 케플러 회전은 회전 중심으로부터 거리가 증가할수록 회전 속도가 감소한다.

ㄷ. 우리은하의 외곽에 위치한 별들의 회전 속도는 관측 가능한 물질로 계산한 속도에 비해 매우 크다. 이는 은하 외곽에도 상당량의 물질(암흑 물질)이 분포하고 있음을 의미한다. 따라서 우리은하에 암흑 물질이 없다면 B 구간의 평균 회전 속도는 지금보다 감소할 것이다.

바로알기 ㄱ. A 구간에서는 강체 회전하므로 은하 중심에서 멀어질수록 회전 속도가 빨라지지만, 회전 주기는 동일하다.

ㄴ. 태양 부근에 있는 별들은 은하 중심에서 멀어질수록 회전 속도가 감소한다.

02 꼼꼼 문제 분석

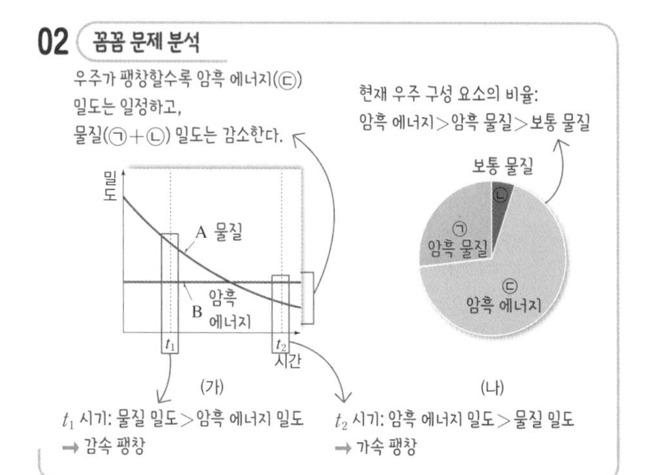

ㄴ. t_1 시기에는 물질 밀도가 암흑 에너지 밀도보다 크므로 우주는 감속 팽창한다. t_2 시기에는 암흑 에너지 밀도가 물질 밀도보다 크므로 우주는 가속 팽창한다.

바로알기 ㄱ. 빅뱅 후 시간이 지날수록 우주가 팽창하여도 암흑 에너지 밀도는 변하지 않지만, 물질의 밀도는 시간이 지날수록 감소한다. 따라서 A는 물질이고, B는 암흑 에너지이다.

ㄷ. t_2 시기는 t_1 시기보다 물질(㉠+㉡) 밀도가 작지만 암흑 에너지(㉢) 밀도는 t_2 시기와 t_1 시기가 같다. 따라서 t_2 시기에는 t_1 시기보다 $\frac{(㉠+㉡)의\ 밀도}{㉢의\ 밀도}$가 작다.

03 꼼꼼 문제 분석

우주 모형	$\frac{\rho_m}{\rho_c}$	$\frac{\rho_\Lambda}{\rho_c}$	$\frac{\rho_m}{\rho_c}+\frac{\rho_\Lambda}{\rho_c}$
A	0.3	0	0.3 → 열린 우주
B	0.3	0.7	1.0 → 평탄 우주
C	1.0	0	1.0 → 평탄 우주

B: 암흑 에너지 밀도(ρ_Λ)>물질 밀도(ρ_m)이고, 평탄 우주이다.

$\frac{\rho_m}{\rho_c}+\frac{\rho_\Lambda}{\rho_c}=1$이면 $\rho_m+\rho_\Lambda$(우주의 평균 밀도)가 ρ_c(임계 밀도)와 같은 평탄 우주이다. $\frac{\rho_m}{\rho_c}+\frac{\rho_\Lambda}{\rho_c}>1$이면 우주의 평균 밀도가 임계 밀도보다 큰 닫힌 우주이다. $\frac{\rho_m}{\rho_c}+\frac{\rho_\Lambda}{\rho_c}<1$이면 우주의 평균 밀도가 임계 밀도보다 작은 열린 우주이다.

ㄱ. A는 $\frac{\rho_m}{\rho_c}+\frac{\rho_\Lambda}{\rho_c}=0.3$이므로 열린 우주이다.

바로알기 ㄴ. B는 $\frac{\rho_m}{\rho_c}+\frac{\rho_\Lambda}{\rho_c}=1$이므로 평탄 우주이다. 평탄 우주는 곡률이 0이다.

ㄷ. 현재 우주는 평탄 우주이며, 암흑 에너지에 의해 가속 팽창하는 우주이다. 따라서 현재의 우주 특성을 잘 나타내려면 $\frac{\rho_m}{\rho_c}+\frac{\rho_\Lambda}{\rho_c}=1$이 되고, 암흑 에너지를 포함해야 한다. A~C 중 B가 $\frac{\rho_m}{\rho_c}+\frac{\rho_\Lambda}{\rho_c}=0.3+0.7=1$이고, 암흑 에너지 밀도($\rho_\Lambda$)가 물질 밀도($\rho_m$)보다 크므로 현재 우주의 특성에 가장 부합한다.

04 꼼꼼 문제 분석

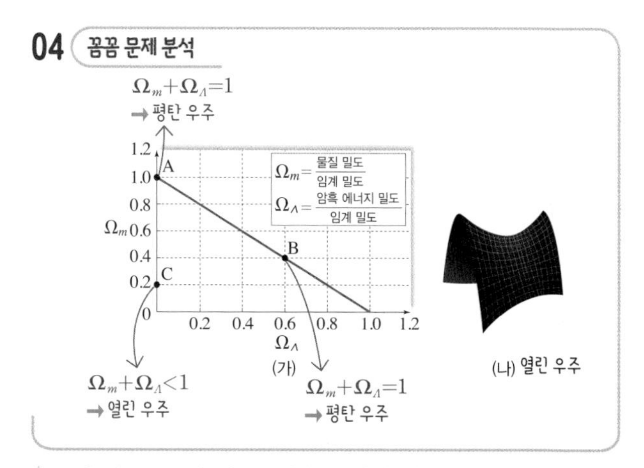

우주의 밀도=물질 밀도+암흑 에너지 밀도이다. Ω_m과 Ω_Λ의 합이 1이면(우주의 밀도=임계 밀도) 평탄 우주, 1보다 작으면(우주의 밀도<임계 밀도) 열린 우주, 1보다 크면(우주의 밀도>임계 밀도) 닫힌 우주이다.

ㄴ. A와 B는 Ω_m과 Ω_Λ의 합이 1이므로 평탄 우주이다. A는 암흑 에너지 밀도가 0($\Omega_\Lambda=0$)이므로 가속 팽창을 하지 않고, B는 암흑 에너지 밀도가 물질 밀도보다 크므로($\Omega_\Lambda>\Omega_m$) 가속 팽창한다. 따라서 우주의 온도는 가속 팽창을 하는 B가 A보다 빠르게 감소한다.
ㄷ. (나)는 열린 우주 모형의 기하학적인 구조이다. C는 Ω_m과 Ω_Λ의 합이 1보다 작은 열린 우주이므로 (나)의 기하학적 구조를 가지고 있다.
바로알기 ㄱ. C는 Ω_m과 Ω_Λ의 합이 1보다 작으므로 열린 우주이다. 열린 우주는 음(−)의 곡률을 가진다.

중단원 핵심 정리 337~338쪽

❶ 나선 ❷ 막대 모양 구조 ❸ 불규칙 ❹ 전파 ❺ 적색 편이 ❻ 허블 ❼ 빅뱅 ❽ 증가 ❾ 감소 ❿ 감소 ⓫ 우주 배경 복사 ⓬ 지평선 ⓭ 가속 팽창 ⓮ 암흑 물질 ⓯ 중력 렌즈 ⓰ 암흑 에너지 ⓱ 평탄 우주 ⓲ 암흑 에너지

중단원 마무리 문제 339~341쪽

01 ② 02 ⑤ 03 ④ 04 ② 05 ① 06 ⑤ 07 ⑤ 08 ③ 09 ③ 10 ① 11 해설 참조 12 해설 참조 13 해설 참조 14 해설 참조

01 (가)는 타원 모양이므로 타원 은하이고, (나)는 규칙적인 형태가 없는 불규칙 은하이다.
ㄷ. 불규칙 은하는 성간 물질이 많고, 타원 은하는 성간 물질이 거의 없다. 따라서 은하의 질량에 대한 성간 물질의 질량비는 (가)가 (나)보다 작다.
바로알기 ㄱ. 타원 은하는 E0에서 E7로 갈수록 납작한 모양이다. (가)는 납작한 타원체 모양으로, 구에 가까운 E0에 해당하지 않는다.
ㄴ. 불규칙 은하가 타원 은하로 진화하는 것은 아니다. 허블의 은하 분류는 은하의 진화와는 관계가 없다.

02 ㄱ. (가)는 세이퍼트은하로 모양에 따라 분류할 경우 나선 은하에 해당한다. 세이퍼트은하는 일반적인 은하에 비해 중심부가 밝으며, 은하핵에서 넓은 방출 스펙트럼이 관측된다.
ㄴ. 전파 은하인 (나)는 일반적인 타원 은하에 비해 방출되는 전파의 세기가 강한 특이 은하이다.
ㄷ. 퀘이사는 적색 편이가 매우 크게 나타나는 천체로, 매우 멀리 있기 때문에 강력한 에너지를 방출하는 은하임에도 불구하고 별처럼 점 모양으로 관측된다.

03 외부 은하의 후퇴 속도(v)와 파장 변화량($\Delta\lambda$) 사이에는 $v=c\times\frac{\Delta\lambda}{\lambda_0}$($c$: 빛의 속도, λ_0: 원래의 파장)의 관계가 성립한다.
ㄴ. (나)의 방출선 파장(5346 Å)과 기준 파장(4860 Å)을 이용하여 후퇴 속도를 구하면 $v=(3\times10^5\ \text{km/s})\times\frac{(5346-4860)\ \text{Å}}{4860\ \text{Å}}$ $=30000\ \text{km/s}$이다.
ㄷ. (나)가 (가)보다 적색 편이량이 커서 후퇴 속도가 빠르므로 우리은하로부터 더 멀리 있다.
바로알기 ㄱ. 동일한 은하의 스펙트럼에서 각 방출선의 적색 편이량$\left(\frac{\Delta\lambda}{\lambda_0}\right)$은 같아야 한다. 따라서 (가)의 방출선의 원래의 파장이 4340 Å일 때와 4860 Å일 때의 적색 편이량이 같으므로 $\frac{(㉠-4340)\ \text{Å}}{4340\ \text{Å}}=\frac{(5103-4860)\ \text{Å}}{4860\ \text{Å}}$에서 ㉠은 4557이다.

04 ㄷ. A와 B는 지구에서 관측한 시선 방향이 서로 반대이기 때문에 시선 방향에서 서로 반대인 지점에서 방출되었다. 따라서 A와 B는 현재 빛을 통해 상호 작용할 수 없다. 그럼에도 두 지점의 온도가 거의 같은 것은 과거에는 빛을 통해 상호 작용하였던 것을 의미한다. 빅뱅 우주론에서는 이를 설명할 수 없지만 급팽창 이론에서는 우주 생성 초기에 우주가 빛보다 빠른 속도로 팽창하였기 때문에 급팽창이 일어나기 전 가까이 있었던 A와 B 지점은 빛을 통해 상호 작용할 수 있었다고 설명하였다.
바로알기 ㄱ. 우주 배경 복사는 현재 우주의 물질 분포가 아닌 우주 배경 복사가 방출된 우주 초기의 물질 분포를 나타낸다.
ㄴ. (가)는 2000년대에 관측한 것으로 1960년대에 관측한 (나)에 비해 온도 차이가 선명하게 나타난다. (가)와 (나)가 서로 다르게 관측되는 이유는 기술이 발달하여 정밀한 관측이 가능해졌기 때문이다.

05 꼼꼼 문제 분석

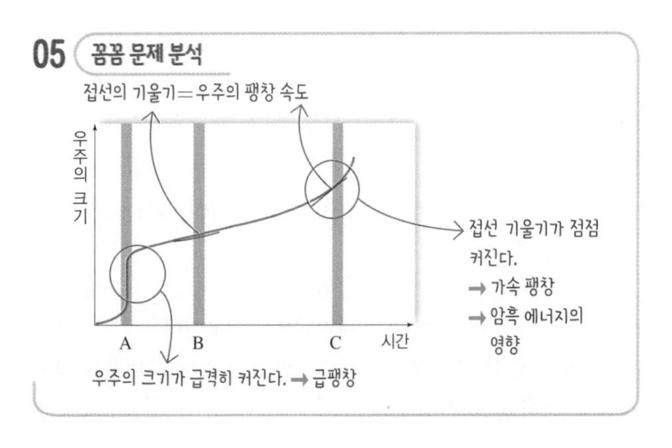

ㄱ. A 시기에 우주의 크기가 급격하게 커지는 급팽창이 일어났다.

바로알기 ㄴ. 우주의 팽창 속도는 그래프의 접선의 기울기와 같다. 그래프에서 접선의 기울기는 C 시기>B 시기이므로 우주의 팽창 속도는 C 시기>B 시기이다.

ㄷ. 우주의 팽창에 미치는 암흑 에너지의 영향은 우주가 팽창하여 공간이 늘어날수록 커지므로 B 시기가 C 시기보다 작다.

06 ㄱ. Ia형 초신성은 겉보기 등급이 클수록 멀리 있으므로 후퇴 속도가 크다. 따라서 Ia형 초신성은 겉보기 등급이 클수록 적색 편이가 크다.

ㄴ. Ia형 초신성을 관측하여 얻은 겉보기 등급이 후퇴 속도로 예상한 겉보기 등급보다 더 크다. 즉, 더 어둡게 관측된다.

ㄷ. 후퇴 속도를 이용하여 가속 팽창하지 않는 우주에서 예상한 겉보기 등급보다 실제 관측한 초신성의 겉보기 등급이 더 크게 측정되었다. 이는 우주가 가속 팽창하지 않는다고 가정했을 때보다 초신성이 더 멀리 있다는 것을 의미하며, 우주가 가속 팽창하고 있음을 알려 준다.

07 꼼꼼 문제 분석

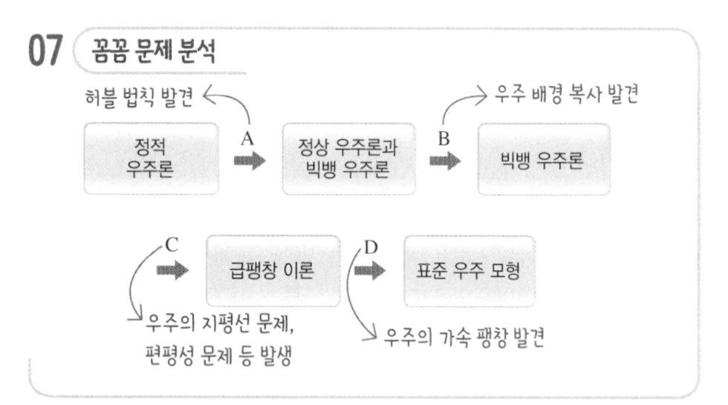

A. 허블 법칙이 발견(ㄹ)된 후 우주가 팽창한다는 사실이 밝혀져 정적 우주론은 팽창 우주의 개념을 포함해 정상 우주론으로 발전하였고, 정상 우주론과 빅뱅 우주론이 경쟁하게 되었다. B. 1965년 우주 배경 복사가 발견(ㄱ)되고 우주에서 수소와 헬륨의 질량비가 확인되면서 빅뱅 우주론이 경쟁에서 승리하였다. 그러나 C. 빅뱅 우주론은 우주의 지평선 문제, 우주의 편평성 문제(ㄷ) 등을 설명하지 못하였다. 이 문제들은 1979년 구스가 급팽창 이론을 제안하면서 해결되었다. 이후 D. 우주의 가속 팽창이 발견(ㄴ)되고, 가속 팽창을 설명하는 암흑 에너지까지 포함한 표준 우주 모형으로 우주의 상태를 설명하고 있다.

08 현재 우주의 구성 요소를 비율이 큰 것부터 나열하면 암흑 에너지>암흑 물질>보통 물질 순이다. 따라서 A는 암흑 에너지, B는 암흑 물질이다.

ㄱ. 암흑 에너지(A)는 우주의 물질에 대해 척력으로 작용하여 현재 우주를 가속 팽창시키는 에너지원으로 작용한다.

ㄷ. 암흑 물질(B)이 보통 물질보다 상대적으로 높은 비율을 차지하므로 ㉠이 ㉡보다 크다.

바로알기 ㄴ. 암흑 물질(B)은 우주에서 중력으로 작용하고 암흑 에너지(A)는 중력과 반대인 척력으로 작용하면서 우주를 가속 팽창시킨다. 따라서 암흑 에너지(A)에 비해 상대적으로 암흑 물질(B)의 양이 많을 때 우주는 감속 팽창한다.

09 꼼꼼 문제 분석

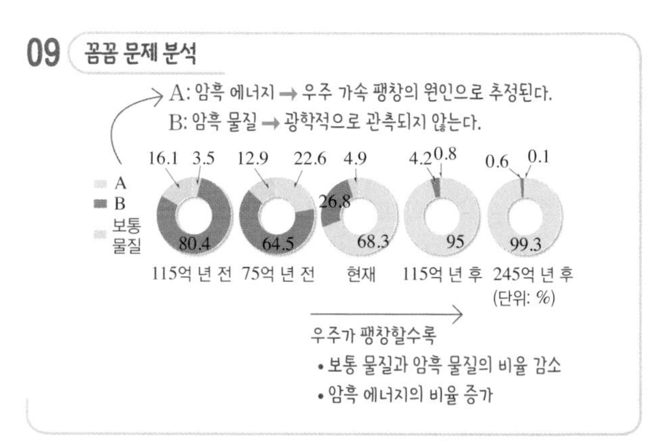

A는 암흑 에너지이고, B는 암흑 물질이다.

ㄱ. 주어진 자료를 보면 우주가 팽창할수록 보통 물질의 비율이 감소함을 알 수 있다.

ㄴ. 현재 우주에서 가장 큰 비중(68.3 %)을 차지하는 A는 암흑 에너지로 중력과 반대 방향으로 작용하여 우주를 가속 팽창시키는 원인으로 추정되고 있다.

바로알기 ㄷ. B(암흑 물질)는 광학적으로 관측되지 않아 우리은하의 회전 속도 곡선이나 중력 렌즈 현상으로부터 그 존재를 추정한다.

10 ㄱ. 그림에서 시간에 따른 우주 크기의 증가율은 점점 더 커진다. 이는 우주의 팽창 속도가 점점 빨라지고 있음을 의미한다.

바로알기 ㄴ. 암흑 물질은 중력을 유발하지만 빛과 상호 작용하지 않는 물질이다. 그러나 암흑 에너지는 우주의 팽창 속도를 빨라지게 하는 에너지로, 중력과 반대되는 척력을 유발한다.

ㄷ. 가시광선으로 관측 가능한 물질은 빛과 상호 작용을 하는 물질인 보통 물질 중에서도 일부분에 해당한다. 따라서 가시광선으로 관측 가능한 물질의 양은 우주의 구성 물질 중 보통 물질의 비율인 4.9 %보다 작고, 우주 구성 물질의 대부분을 차지하는 암흑 물질은 빛과 상호 작용하지 않으므로 중력적인 방법에 의해서만 검출된다.

11 허블은 외부 은하를 형태에 따라 타원 은하, 나선 은하, 불규칙 은하로 분류하였다. 나선 은하는 은하핵을 가로지르는 막대 모양의 구조가 있는 막대 나선 은하와 막대 모양의 구조가 없는 정상 나선 은하로 구분한다.

모범 답안 (가) 은하핵과 나선팔이 있다.
(나) 막대 나선 은하는 은하핵을 가로지르는 막대 모양의 구조가 있고, 정상 나선 은하는 막대 모양의 구조가 없다.

채점 기준	배점
(가)와 (나)를 모두 옳게 서술한 경우	100 %
(가)와 (나) 중 한 가지만 옳게 서술한 경우	50 %

12 스펙트럼 (나)는 (가)에 비하여 흡수선이 붉은색 쪽으로 더 많이 이동하였다. 흡수선의 적색 편이량이 클수록 후퇴 속도가 빠르며, 후퇴 속도가 빠를수록 멀리 있는 은하이다.

모범 답안 (나), (나)는 (가)보다 스펙트럼 흡수선의 적색 편이가 더 크게 나타나기 때문이다.

채점 기준	배점
(나)를 고르고, 까닭을 옳게 서술한 경우	100 %
(나)만 옳게 고른 경우	40 %

13 우주의 팽창 속도가 일정하다고 가정했을 때 우주의 나이는 허블 상수의 역수이다.

모범 답안 우주의 나이는 허블 상수의 역수로 계산할 수 있다. 따라서 허블 상수 값이 현재의 $\frac{1}{2}$배로 줄어든다면 우주의 나이는 2배로 늘어나 약 276억 년(=138억 년×2)이 될 것이다.

채점 기준	배점
우주의 나이를 허블 상수의 역수로 계산함을 언급하여 옳게 서술한 경우	100 %
'우주의 나이는 2배로 늘어난다'라고만 서술한 경우	50 %

14 빅뱅 우주론에서는 우주가 팽창하는 동안 우주의 총 질량에는 변화가 없고, 밀도와 온도는 감소한다. 정상 우주론에서는 우주가 팽창하는 동안 일정한 밀도와 온도를 유지하므로 새로운 물질이 계속 생겨나 질량이 증가한다.

모범 답안 빅뱅 우주론에서는 질량이, 정상 우주론에서는 밀도 또는 온도가 일정하다.

채점 기준	배점
두 우주론에서의 물리량을 옳게 서술한 경우	100 %
두 우주론 중 하나의 우주론에서의 물리량만 옳게 서술한 경우	50 %

수능 실전 문제 343~344쪽

01 ② 02 ④ 03 ② 04 ④ 05 ② 06 ③
07 ④ 08 ③

01 꼼꼼 문제 분석

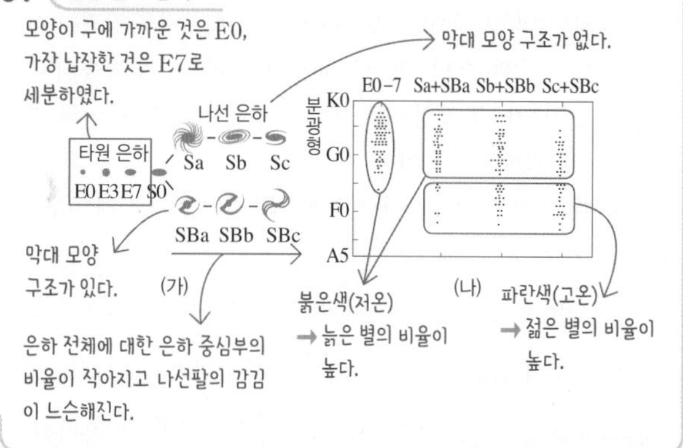

선택지 분석

ㄱ. (×) 타원 은하는 E0에서 E7로 갈수록 구에 가깝다. → 납작해진다

ㄴ. (×) 타원 은하보다 나선 은하에서 붉은색 별의 비율이 더 높다. → 낮다

ㄷ. (○) 나선 은하는 막대 모양 구조의 유무와 나선팔이 감긴 정도에 따라 세분한다.

전략적 풀이 ❶ 타원 은하의 모양 변화를 분석한다.

ㄱ. 타원 은하는 E0 → E7로 갈수록 은하의 모양이 납작해진다.

❷ 타원 은하와 나선 은하의 구성 별들을 파악한다.

ㄴ. 분광형이 O형인 별에서 M형인 별로 갈수록 표면 온도가 낮고, 붉은색에 가깝다. 타원 은하는 나선 은하보다 분광형이 K형에 가까운 별이 많으므로 표면 온도가 낮아 붉은색을 띠는 별의 비율이 더 높다.

❸ 나선 은하의 S와 SB 모양의 다른 점을 찾는다.

ㄷ. 나선 은하는 막대 모양 구조의 유무에 따라 정상 나선 은하와 막대 나선 은하로 분류하며, 나선팔이 감긴 정도와 은하핵의 상대적인 크기에 따라 a, b, c로 세분한다.

02 꼼꼼 문제 분석

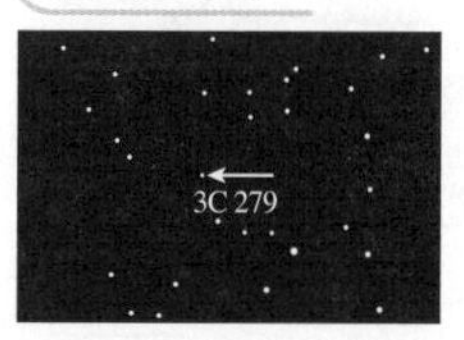

거리(억 광년)	53
적색 편이량 $\left(z=\frac{\Delta\lambda}{\lambda_0}\right)$	0.53
겉보기 등급	17.8

퀘이사 → 매우 멀리 있어 별처럼 보이지만 일반 은하의 수백 배 정도의 에너지를 방출하는 은하

$0.53=\frac{\Delta\lambda}{400}=\frac{\lambda-400}{400}$

$\lambda=0.53\times400+400=612$ nm

선택지 분석

ㄱ. (×) 태양과 같은 하나의 별(항성)이다. → 별이 아니다

ㄴ. (○) 도플러 효과가 없을 때 400 nm에서 나타나던 흡수선이 3C 279에서는 약 612 nm에서 나타날 것이다.

ㄷ. (○) 현재로부터 53억 년 전 이전에 생성되었다.

전략적 풀이 ❶ 퀘이사의 특성을 파악한다.

ㄱ. 퀘이사는 별(항성)처럼 보이지만 그 정체는 매우 강력한 에너지를 방출하는 은하이다. 퀘이사에서 강한 에너지가 방출되고 있는데도 퀘이사가 점 모양으로 보이는 것은 수십억 광년의 매우 먼 거리에 위치하기 때문이다.

❷ 흡수선의 적색 편이가 나타날 때 파장의 길이 변화를 계산하는 방법을 파악한다.

ㄴ. 적색 편이량$\left(\frac{\Delta\lambda}{\lambda_0}\right)$에서 $\Delta\lambda$는 파장 변화량 즉, 관측된 파장(λ)−원래의 파장(λ_0)이다. 따라서 도플러 효과가 없을 때의 원래의 흡수선 파장(λ_0)을 알면 적색 편이량$\left(\frac{\lambda-\lambda_0}{\lambda_0}\right)$을 이용하여 적색 편이된 파장을 구할 수 있다. 퀘이사 3C 279의 적색 편이량은 0.53이고, 도플러 효과가 없을 때 나타나는 흡수선 파장은 400 nm이므로 $0.53=\frac{\Delta\lambda}{\lambda_0}=\frac{\lambda-\lambda_0}{\lambda_0}=\frac{\lambda-400}{400}$이다.

$\lambda=0.53\times400+400=612$이므로, 3C 279에서는 이 흡수선이 612 nm에서 나타날 것이다.

❸ 천체의 거리 단위 중 광년의 의미를 이해한다.

ㄷ. 지구로부터 3C 279까지의 거리가 53억 광년이므로 3C 279로부터 빛이 출발하여 지구까지 도달하는 데는 53억 년이 걸린다. 현재 이 퀘이사가 관측되고 있으므로 이 퀘이사는 적어도 53억 년 전 이전에 생성되었다.

03 꼼꼼 문제 분석

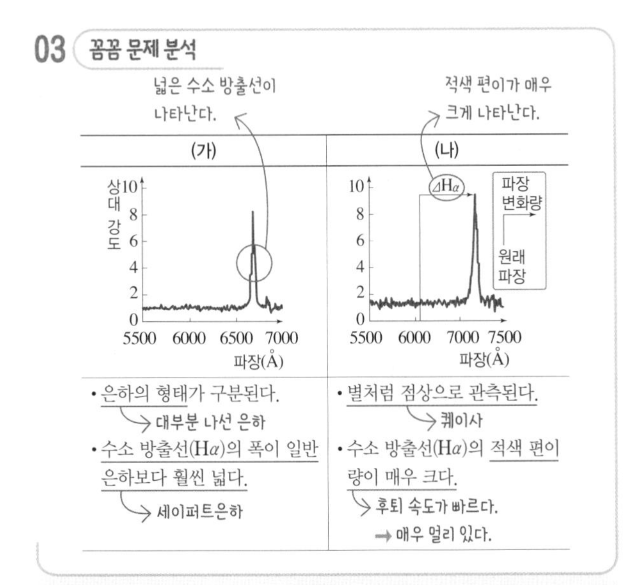

선택지 분석

✗ㄱ. (가)는 퀘이사이다. 세이퍼트은하

✗ㄴ. 허블의 은하 분류 체계에 의하면 (가)는 대부분 나선 은하, (나)는 타원 은하로 분류된다. 분류가 어렵다

ⓒ ㄷ. 우리은하로부터 거리는 (가)보다 (나)가 더 멀다.

전략적 풀이 ❶ 세이퍼트은하와 퀘이사의 특징을 적용하여 (가)와 (나)를 구분한다.

ㄱ. (가)는 방출선의 폭이 일반 은하보다 훨씬 넓고 광학적으로 대부분 나선 은하로 관측되는 세이퍼트은하이고, (나)는 보통 은하보다 매우 멀리 있어 별처럼 관측되며 매우 큰 적색 편이가 나타나는 퀘이사이다.

❷ 허블의 은하 분류 체계로 은하를 분류한다.

ㄴ. 세이퍼트은하는 가시광선 영역에서 대부분 나선 은하로 분류되지만, 퀘이사는 지구로부터 매우 멀리 있으므로 가시광선 사진에서 은하의 형태를 구분하기 어렵다.

❸ 허블 법칙과 도플러 효과를 적용하여 거리를 비교한다.

ㄷ. 적색 편이가 클수록 후퇴 속도가 빠르며, 후퇴 속도가 빠를수록 우리은하로부터 멀리 있다. (나)는 (가)보다 적색 편이량이 크므로 우리은하로부터 더 멀리 있다.

04 꼼꼼 문제 분석

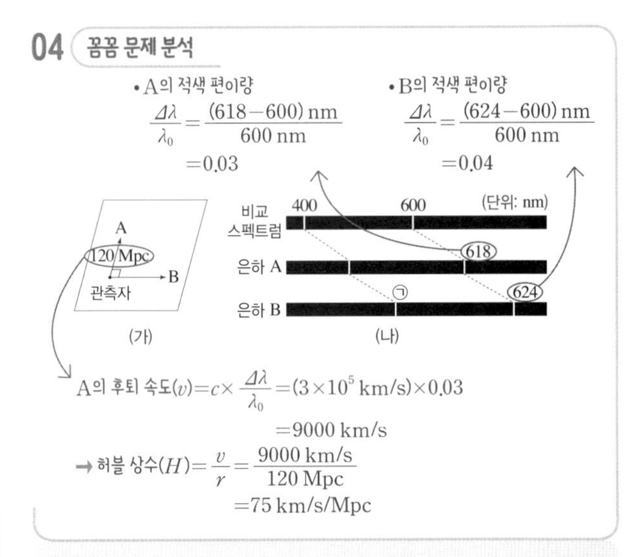

선택지 분석

✗ㄱ. ㉠은 424이다. 416

ⓛ ㄴ. A와 B의 스펙트럼 관측 자료로부터 구한 허블 상수는 70 km/s/Mpc보다 크다.

ⓒ ㄷ. A에서 B까지의 거리는 200 Mpc이다.

전략적 풀이 ❶ 적색 편이량을 구하는 식으로부터 적색 편이된 파장을 구한다.

ㄱ. 적색 편이량은 $\frac{\Delta\lambda}{\lambda_0}=\frac{\lambda-\lambda_0}{\lambda_0}$이다. 은하 B의 관측 파장($\lambda$)은 624 nm, 원래의 파장($\lambda_0$)은 600 nm이므로

적색 편이량$\left(\frac{\lambda-\lambda_0}{\lambda_0}\right)$은 $\frac{(624-600)\,\text{nm}}{600\,\text{nm}}=0.04$이다. 같은 은하에서 적색 편이량은 동일하므로, $0.04=\frac{(㉠-400)\,\text{nm}}{400\,\text{nm}}$에서 ㉠은 416이다.

❷ A의 후퇴 속도를 구한 후 이를 허블 법칙에 적용하여 허블 상수를 구한다.

ㄴ. A의 후퇴 속도는 $v=(3\times10^5\text{ km/s})\times\dfrac{(618-600)\text{ nm}}{600\text{ nm}}$ $=9000$ km/s이다. A의 후퇴 속도와 거리 120 Mpc을 허블 법칙($v=H\cdot r$)에 적용하여 허블 상수를 구하면, 9000 km/s $=H\cdot120$ Mpc에서 $H=75$ km/s/Mpc이다. 따라서 A와 B의 스펙트럼 관측 자료로부터 구한 허블 상수는 70 km/s/Mpc보다 크다.

❸ 적색 편이량과 거리의 관계를 파악하고, 피타고라스 정리를 적용하여 A와 B 사이의 거리를 계산한다.

ㄷ. 은하의 적색 편이량은 후퇴 속도에 비례하고, 후퇴 속도는 은하까지의 거리에 비례한다. 따라서 은하의 적색 편이량은 은하까지의 거리에 비례한다. A의 적색 편이량$\left(\dfrac{\lambda-\lambda_0}{\lambda_0}\right)$은 $\dfrac{(618-600)\text{ nm}}{600\text{ nm}}=0.03$, B의 적색 편이량은 $\dfrac{(624-600)\text{ nm}}{600\text{ nm}}=0.04$이므로, 은하 사이의 거리에 피타고라스 정리를 적용하면 A까지의 거리 : B까지의 거리 : A에서 B까지의 거리$=3:4:5$이다. A까지의 거리가 120 Mpc이므로, A에서 B까지의 거리는 120 Mpc$\times\dfrac{5}{3}=200$ Mpc이다.

05 꼼꼼 문제 분석

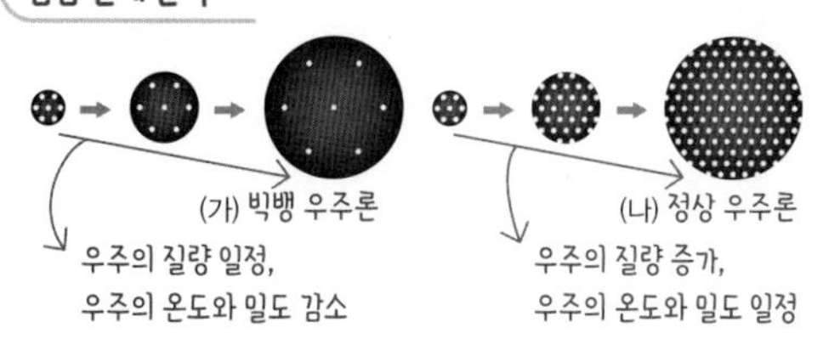

(가), (나) 모두 우주의 팽창을 전제로 하고 있다.
➔ 허블 법칙이 적용된다.

선택지 분석

ㄱ. (X) 우주의 질량이 증가하는 모형은 (가)이다. (나)

ㄴ. (O) 우주의 온도가 일정하게 유지되는 모형은 (나)이다.

ㄷ. (X) 허블 법칙은 (가)의 우주 모형에만 적용된다. (가), (나)

전략적 풀이 ❶ 시간에 따른 우주의 물리량 변화로 우주론을 판단한다.

ㄱ. 빅뱅 우주론에서는 우주가 팽창하는 동안 우주의 질량이 일정하게 유지되므로 (가)는 빅뱅 우주론 모형이다. 정상 우주론에서는 우주가 팽창하면서 생겨난 공간에 새로운 물질이 계속 생성되므로 우주의 질량이 증가한다. 따라서 (나)는 정상 우주론 모형이다.

ㄴ. (가)는 우주가 팽창하는데 질량이 일정하므로 우주의 온도가 점점 낮아진다. (나)는 우주가 팽창할수록 질량이 증가하여 우주의 온도가 일정하게 유지된다.

❷ 허블 법칙이 우주 팽창을 의미한다는 것을 알고 우주론에 적용한다.

ㄷ. 빅뱅 우주론과 정상 우주론 모두 우주의 팽창을 전제로 하고 있으므로 허블 법칙이 적용된다.

06 꼼꼼 문제 분석

우주가 급팽창하여 공간의 크기가 매우 커지면 우주 전체가 휘어져 있더라도 관측되는 우주의 영역은 편평하게 보인다. ➔ 우주의 편평성 문제 해결

급팽창
빅뱅
㉠
현재
(가)
보통 물질
A
B
암흑 물질
C
암흑 에너지
(나)

우주가 팽창할수록 물질(A+B)의 비율은 감소하고 암흑 에너지(C)의 비율은 증가한다.

현재 우주는 척력으로 작용하는 암흑 에너지의 비율이 중력으로 작용하는 물질의 비율보다 높다. ➔ 가속 팽창

선택지 분석

ㄱ. (O) 현재 우주가 거의 완벽할 정도로 편평하게 관측되는 것은 빅뱅 직후 일어난 급팽창으로 설명된다.

ㄴ. (O) $\dfrac{\text{C의 비율}}{\text{A의 비율}+\text{B의 비율}}$은 현재가 ㉠ 시기보다 크다.

ㄷ. (X) 현재 우주의 팽창 속도가 증가하는 것은 B의 영향 때문이다. C

전략적 풀이 ❶ 빅뱅 직후 일어난 급팽창으로 빅뱅 우주론의 문제점들을 설명할 수 있었음을 이해한다.

ㄱ. 관측 결과 현재 우주는 거의 편평한데, 빅뱅 우주론에서는 우주가 편평한 까닭을 설명하지 못한다. 급팽창 이론에서는 빅뱅 직후 우주가 급격히 팽창하여 공간이 매우 커지면 우주 전체가 휘어져 있더라도 관측되는 우주의 영역은 편평하게 보일 수 있다고 설명함으로써 우주의 편평성 문제를 해결하였다.

❷ 현재 우주 구성 요소의 상대적인 비율과, 우주가 팽창함에 따라 각 우주 구성 요소의 비율이 어떻게 변하는지 파악한다.

ㄴ. 현재 우주 구성 요소의 비율은 암흑 에너지 > 암흑 물질 > 보통 물질이다. 따라서 A는 보통 물질, B는 암흑 물질, C는 암흑 에너지이다. 우주가 팽창하면서 우주 공간이 커질수록 암흑 에너지(C)의 비율은 높아지지만 물질(A+B)의 비율은 낮아진다. 따라서 $\dfrac{\text{C의 비율}}{\text{A의 비율}+\text{B의 비율}}$은 현재가 ㉠ 시기보다 크다.

ㄷ. 현재 우주의 팽창 속도가 증가하는(가속 팽창하는) 것은 우주에 존재하는 물질들의 중력을 합한 것보다 더 크게 암흑 에너지(C)가 척력으로 작용하고 있기 때문이다. 우주에서 암흑 물질(B)의 영향이 커지면 우주의 팽창 속도는 작아진다.

07 꼼꼼 문제 분석

보통 물질 A
암흑 물질 B
C
암흑 에너지
(가) 현재 우주

우주의 크기
0 T_1 T_2 시간
(나)

접선 기울기 감소 → 감속 팽창 → 물질의 영향이 크다.
접선 기울기 증가 → 가속 팽창 → 암흑 에너지의 영향이 크다.

선택지 분석

ㄱ. 우리은하를 구성하는 물질은 대부분 A이다. B
ㄴ. T_1 시기에 우주의 크기 변화에 가장 큰 영향을 미치는 것은 B이다.
ㄷ. 우주에 존재하는 C의 총량은 T_2 시기가 T_1 시기보다 많다.

전략적 풀이 ❶ (가)에서 상대적인 비율에 따른 우주 구성 요소를 판단하고, 우리은하를 구성하는 대부분의 물질을 판단한다.

ㄱ. 현재 우주 구성 요소의 비율은 암흑 에너지>암흑 물질>보통 물질이므로, A는 보통 물질, B는 암흑 물질, C는 암흑 에너지이다. 우리은하를 구성하는 물질은 암흑 물질과 보통 물질이며, 우리은하의 회전 속도 분포로부터 암흑 물질이 보통 물질보다 많다는 것이 밝혀졌다.

❷ 암흑 물질과 암흑 에너지가 우주 팽창에 미치는 영향을 파악한다.

ㄴ. T_1 시기는 물질의 중력의 영향이 커서 감속 팽창이 일어났다. 따라서 이 시기에 우주의 크기 변화에 가장 큰 영향을 미치는 것은 암흑 물질(B)이다.

❸ 우주가 팽창함에 따라 각 우주 구성 요소의 양이 어떻게 변하는지 파악한다.

ㄷ. 빈 공간에서 나오는 암흑 에너지는 시간이 지나도 밀도가 일정하므로 시간이 지날수록 총량은 점점 증가한다. 따라서 우주에 존재하는 암흑 에너지(C)의 총량은 T_2 시기가 T_1 시기보다 많다.

08 꼼꼼 문제 분석

겉보기 등급
24 22 20 18 16 14
가속 팽창
감속 팽창
•: 초신성 관측 결과
0.2 0.4 0.6 0.8 1.0
적색 편이량 $\left(z=\frac{\Delta\lambda}{\lambda_0}\right)$
(가)

밀도
A 물질
B 암흑 에너지
현재
시간 →
(나)

감속 팽창하는 우주보다 가속 팽창하는 우주에서 더 멀리 위치한다. → Ia형 초신성은 더 어둡게 관측되므로 겉보기 등급이 크게 나타난다.
암흑 에너지의 밀도는 시간에 따라 일정 → 우주는 팽창하여 부피가 계속 증가 → 암흑 에너지의 양은 계속 증가

선택지 분석

ㄱ. 현재 우주는 가속 팽창하고 있다.
ㄴ. 현재 우주의 팽창 속도는 A보다 B의 영향을 많이 받는다.
ㄷ. 앞으로 우주 전체에서 B의 양은 일정하게 유지된다. (증가한다)

전략적 풀이 ❶ Ia형 초신성 관측을 통해 우주의 가속 팽창을 밝힌 과정에 대해 생각해 본다.

ㄱ. 절대 등급이 거의 일정한 Ia형 초신성은 감속 팽창하는 우주보다 가속 팽창하는 우주에서 더 멀리 위치하고 있어야 하므로 더 어둡게 관측되어 겉보기 등급이 크게 나타난다. (가)에서 초신성의 관측 결과는 가속 팽창하는 우주 모형과 일치하므로 현재 우주는 가속 팽창하고 있다.

❷ 우주의 가속 팽창에 영향을 미치는 우주 구성 요소를 파악한다.

ㄴ. 우주가 팽창하면서 물질의 밀도는 감소하지만 암흑 에너지의 밀도는 일정하게 유지된다. 따라서 A는 물질이고 B는 암흑 에너지이다. 암흑 에너지는 우주에 널리 퍼져 있으며 척력으로 작용해 우주를 가속 팽창시키는 역할을 한다. 반대로 물질은 끌어당기는 힘을 작용하여 팽창을 억제하는 역할을 하고 있다. 현재 우주는 가속 팽창하고 있으므로 물질보다 암흑 에너지의 영향을 많이 받고 있다.

❸ 우주의 팽창에 따라 암흑 에너지의 양은 어떻게 변하는지 파악한다.

ㄷ. 우주는 팽창하여 부피가 계속 커지는데 암흑 에너지의 밀도는 시간에 따라 일정하게 유지되므로 우주 전체에서 암흑 에너지의 양은 계속 증가하게 된다.